**실기시험 완벽대비**

- 일반기계기사
- 기계설계(산업)기사
- 컴퓨터응용가공산업기사
- 생산자동화산업기사
- 기계가공기능장
- 금형기능장
- 전산응용기계제도기능사
- 기계 관련 자격증 3D 모델링

# Autodesk
# Inventor 2020
## 쉽게 따라 하기

정연택 · 강문원 공저

### 본서의 구성

- 01장 Inventor 2020 시작하기
- 02장 스케치 생성하기
- 03장 부품 모델링하기
- 04장 3D 형상 솔리드 모델링 따라 하기
- 05장 하향식 드릴 지그 모델링 따라 하기
- 06장 조립품 작성 따라 하기
- 07장 프레젠테이션 작성 따라 하기
- 08장 idw 도면 템플릿 작성 및 3D 도면작업 따라 하기
- 09장 2D 도면작업 따라 하기
- 10장 서피스 형상 모델링 따라 하기
- 11장 판금 부품 작성 따라 하기
- 12장 용접물 작업 따라 하기
- 부록 과년도 기출문제

**NCS 능력 단위**

〈기계 요소 설계 직종〉
3D 형상 모델링 작업
3D 형상 모델링 검토

〈기계 시스템 설계 직종〉
형상 모델링 작업
형상 모델링 검토

예제 소스 제공 https://cafe.naver.com/bookwk
[도서자료 → Autodesk Inventor 2020 → 예제 파일] 클릭

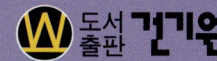

## 저자 약력

■ **정연택**
- 강원대학교 기계메카트로닉스과 석사과정 졸업
- 현재 대한상공회의소 인력개발원 교수
  삼성전자 첨단기술연구소 제조기술대학 치공구설계 외래교수
  두산중공업 기술연수원 Jig 분야 외래교수
  티앤씨샤크(주) 애눌러커터 분야 외래교수
  한국산업인력공단 일반기계분야 전문위원
  NCS 기계분야 전문위원
  기계분야 기사, 산업기사, 기능사 필기 및 실기 출제위원
  기계가공기능장, 기계설계기사, 컴퓨터응용가공산업기사

■ **강문원**
- 명지대학교 공과대학 졸업
- 현재 ㈜한도 부사장
  산업포장(대통령상) 수상
  자동차 조향장치·제동장치 전문 엔지니어
  자동차 조향장치 분야 특허 다수 보유

## Autodesk Inventor 2020 쉽게 따라 하기

정가 ▮ 38,000원

지은이 ▮ 정연택·강문원
펴낸이 ▮ 차 승 녀
펴낸곳 ▮ 도서출판 건기원

2020년 8월 27일 제1판 제1인쇄
2020년 8월 31일 제1판 제1발행

주소 ▮ 경기도 파주시 연다산길 244(연다산동 186-16)
전화 ▮ (02)2662-1874~5
팩스 ▮ (02)2665-8281
등록 ▮ 제11-162호, 1998. 11. 24

- 건기원은 여러분을 책의 주인공으로 만들어 드리며 출판 윤리 강령을 준수합니다.
- 본 교재를 복제·변형하여 판매·배포·전송하는 일체의 행위를 금하며, 이를 위반할 경우 저작권법 등에 따라 처벌받을 수 있습니다.

ISBN 979-11-5767-519-7　13560

# PREFACE 머리말

산업사회의 급속한 변화로 앞으로의 3D CAD는 설계제도의 단순한 도면으로서 머물지 않고 설계자의 의도를 보다 현실적으로 3차원으로 표현하면서 설계자가 실수할 수 있는 부분을 사전에 고려할 수 있는 각종 도구를 제공하고 있다.

세계적으로 160여 개국에서 사용되는 Autodesk Inventor에는 초보자와 숙련된 CAD 사용자를 포함하여 모든 사용자에게 도움이 되는 다양한 학습 도구가 있는 3D CAD 분야에서 가장 앞서가는 소프트웨어라 볼 수 있다.

Auto CAD 개발사인 미국의 오토데스크는 100여 개가 넘는 다양한 솔루션을 제공하고 있고, 그중에서 각종 기계 부품에 3D로 적용할 수 있는 인벤터(Inventor)는 제조업체들의 제품개발 사이클을 촉진하고 설계데이터를 유용하게 작성, 관리, 공유 기능을 제공할 수 있도록 제작되었으며 최신 3D 기술을 접목하여 조립품을 포함하는 복잡한 형상의 3D 설계 분야에서 유용하게 사용할 수가 있다.

일반적으로 3D 솔리드 모델링 사용 목적은 모델해석, 간섭확인, CAM 작업, 2D 도면생성 등이며 파라 메트릭 솔리드 모델링은 더욱더 빠르고 쉽게 3D 모델링을 생성할 수 있고, 모델링 변경이 간단하고, 설계 기간을 단축함으로써 설계비용을 절감할 수 있다.

본 교재는 명령어 설명 위주의 교재에서 탈피하여 수검자 스스로 이해하고 모델링을 생성하여 도면을 작성할 수 있도록 단원별 예제로 쉽게 따라 할 수 있도록 하였으며, 최근 실기문제를 포함하여 과년도 문제도 충분하게 수록하였다. 일반기계기사, 전산응용기계제도기능사, 기계설계(산업)기사, 컴퓨터응용가공 산업기사, 생산자동화 산업기사, 기계가공기능장, 금형기능장 등 기계 관련 자격증 실기시험에 많은 도움이 될 것으로 확신한다.

이 책을 출간하면서 설명이 부적절하거나 부족한 점들은 앞으로 지속해서 수정·보완할 것을 약속드리며 끝으로 교재 집필에 많은 도움을 주신 도서출판 건기원 사장님과 직원들에게도 감사드린다.

저자 씀

# CONTENTS 차례

**Inventor 2020 시작하기**

**Chapter 1　Inventor 2020 시작하기　• 12**

1. 2020 Inventor 실행하기 ……………………………………………12
2. 파일 열기(Open) ……………………………………………………14
3. 파일 저장 ……………………………………………………………16
4. 다른 이름으로 저장(Save As) ……………………………………16
5. 프로젝트 새로 만들기 ……………………………………………21
6. 화면구성 ……………………………………………………………25
7. 마우스 사용법 ………………………………………………………25
8. 보기 도구 명령 ……………………………………………………26
9. 화면표시 모드(비주얼 스타일) …………………………………27
10. 단축키 설정 ………………………………………………………28
11. 바로 가기 키 및 명령 별명 사용 ………………………………29
12. 환경 설정 …………………………………………………………30

**스케치 생성하기**

**Chapter 2　스케치 생성하기　• 34**

1. 스케치 시작하기 ……………………………………………………34
2. 선(L) …………………………………………………………………34
3. 스플라인 ……………………………………………………………36
4. 호(A) …………………………………………………………………37
5. 원(C) …………………………………………………………………39
6. 타원 …………………………………………………………………41
7. 직사각형 ……………………………………………………………42
8. 슬롯 …………………………………………………………………43
9. 폴리곤 ………………………………………………………………44
10. 모따기 ……………………………………………………………45
11. 모깎기 ……………………………………………………………46
12. 점, 중심점 …………………………………………………………47

13. 미러 ········································································································ 48
14. 패턴 ········································································································ 49
15. 간격띄우기 ···························································································· 51
16. 이동 ········································································································ 51
17. 회전 ········································································································ 53
18. 복사 ········································································································ 55
19. 연장 ········································································································ 55
20. 자르기 ···································································································· 56
21. 텍스트 ···································································································· 56
22. 구속조건 ································································································ 57
23. 일반 치수 ······························································································ 60
24. 자동 치수 ······························································································ 61
25. 스케치 연습하기 ·················································································· 65

## Chapter 3  부품 모델링하기 • 70

부품 모델링하기

1. 응용프로그램 옵션설정-부품 ······························································ 71
2. 돌출 ········································································································ 72
3. 회전 ········································································································ 80
4. 구멍 ········································································································ 82
5. 쉘 ············································································································ 83
6. 모따기 ···································································································· 84
7. 모깎기 ···································································································· 85
8. 제도(면 기울기) ···················································································· 88
9. 직사각형 패턴 ······················································································ 90
10. 원형 패턴 ······························································································ 92
11. 기본 참조 평면표시 ············································································ 93
12. 평면 ········································································································ 94
13. 축 ············································································································ 97
14. 형상 투영 ······························································································ 98

# CONTENTS 차례

15. 스윕 ········································································· 99
16. 로프트 ····································································· 102
17. 분할(면, 부품) ························································· 110
18. 코일 ········································································· 111
19. 리브 ········································································· 117
20. 스레드 ····································································· 118
21. 결합 ········································································· 121
22. 파생 ········································································· 121
23. 객체 복사 ······························································· 125
24. 본체 이동 ······························································· 125
25. 굽힘 ········································································· 127
26. 엠보싱 ····································································· 128
27. 전사 ········································································· 130
28. 미러 ········································································· 131
29. 곡면 스티치 ··························································· 133
30. 두껍게 하기/간격띄우기 ······································· 134
31. 조각 ········································································· 136
32. 연장 ········································································· 137
33. 면 대체 ··································································· 138

3D 형상 솔리드 모델링 따라 하기

| Chapter 4 | 3D 형상 솔리드 모델링 따라 하기 • 142 |

1. 플레이트 따라 하기 ··············································· 142
2. 브래킷 따라 하기 ··················································· 153
3. 본체 커버 따라 하기 ············································· 161
4. 링크 따라 하기 ······················································· 167
5. V 벨트 풀리 따라 하기 ········································· 172
6. 편심 축 따라 하기 ················································· 177
7. 하우징 따라 하기 1 ··············································· 186
8. 하우징 따라 하기 2 ··············································· 202

9. 하우징 따라 하기 3 ·············································215
10. 본체 따라 하기 1 ··············································233
11. 본체 따라 하기 2 ··············································250
12. 스퍼기어 따라 하기 ············································264
13. 스프로켓 휠 따라 하기 ········································279
14. 웜 축 따라 하기 ················································285
15. 웜 휠 따라 하기 ················································291
16. 디자인 엑셀러레이터를 이용한 웜과 웜 기어 따라 하기 ······299
17. 헬리컬 기어 따라 하기 ········································311
18. 베벨 기어 따라 하기 ···········································319
19. 래크 따라 하기 ··················································337
20. 피니언 따라 하기 ···············································348
21. 볼베어링(6202) 모델링하기 ··································358
22. 오일실(G계열: d(15)×D(30)×B(7)) 모델링하기 ···········361

**하향식 드릴 지그 모델링 따라 하기**

## Chapter 5  하향식 드릴 지그 모델링 따라 하기   • 364

1. 어셈블리 방식 ·····················································364
2. 어셈블리 구조 만들기 ···········································366

**조립품 작성 따라 하기**

## Chapter 6  조립품 작성 따라 하기   • 414

1. 조립품 응용 프로그램 옵션 ····································414
2. 구속조건 배치 ·····················································419
3. 편심왕복장치 조립품 따라 하기 ·····························425

**프레젠테이션 작성 따라 하기**

## Chapter 7  프레젠테이션 작성 따라 하기   • 450

1. 프리젠테이션 시작하기 ········································450
2. 프레젠테이션 작성하기 ········································458

# CONTENTS 차례

## idw 도면 템플릿 작성 및 3D 도면작업 따라 하기

### Chapter 8  idw 도면 템플릿 작성 및 3D 도면작업 따라 하기 •480

1. Standard.idw 실행하기 ····················································480
2. 시트 편집 ··········································································481
3. 스타일 편집기 수정 ··························································482
4. 도면 층에서 선 굵기 지정하기 ········································483
5. 텍스트 스타일 설정하기 ··················································484
6. 치수 스타일 설정하기 ······················································485
7. 형상 공차 스타일 설정하기 ············································487
8. 데이텀 스타일 설정하기 ··················································487
9. 표면 거칠기 스타일 설정하기 ········································488
10. 객체 기본값 스타일 설정하기 ······································488
11. 뷰 주석 스타일 설정하기 ··············································489
12. 도면 경계 작성하기 ······················································489
13. 수검란 작성하기 ····························································491
14. 표제란 작성하기 ····························································495
15. Templates에 저장하기 ·················································503
16. 3차원 렌더링 등각 투상도 작성하기 ··························504
17. 부품 질량 구하기 ··························································512
18. 렌더링 등각 투상도(3D) 출력하기 ······························515

## 2D 도면작업 따라 하기

### Chapter 9  2D 도면작업 따라 하기  •520

1. 도면작업 시작하기 ····························································520
2. 기준 뷰 작성하기 ····························································521
3. 투영 및 브레이크 뷰 작성하기 ········································523
4. 상세 뷰 작성하기 ····························································535
5. 중심선 작업하기 ································································536
6. 치수 기입하기 ····································································539

7. 표면거칠기 및 기하공차 기입하기 ......545
8. 스케치 기호 만들기 ......556
9. 인벤터에서 완성된 최종 완성 2D 부품 도면 ......560
10. Auto CAD에서 도면작업하기 ......561

### Chapter 10  서피스 형상 모델링 따라 하기 • 568

1. 충전기 따라 하기 ......568
2. 핸드폰 따라 하기 ......583
3. 자물쇠 형상 따라 하기 ......598
4. 패드 형상 따라 하기 ......616
5. 컵 모양 따라 하기 ......632
6. 로프트 행거 따라 하기 ......644
7. 로프트 브래킷 따라 하기 ......658
8. 핸드폰 충전기 따라 하기 ......671
9. 광마우스 모델링 따라 하기 ......688
10. 핸드폰 본체 커버 따라 하기 ......707
11. 서피스 및 솔리드 파일 변환하기 ......717

### Chapter 11  판금 부품 작성 따라 하기 • 728

1. 판금 시작하기 ......728
2. 판금 기본값 ......729
3. 판금 면 ......730
4. 플랜지 ......731
5. 컨투어 플랜지 ......732
6. 로프트 플랜지 ......733
7. 윤곽선 롤 ......733
8. 햄 ......734

# CONTENTS 차례

9. 절곡부 …………………………………………………… 735
10. 접기 ……………………………………………………… 735
11. 잘라내기 ………………………………………………… 736
12. 구석 이음매 …………………………………………… 737
13. 립 ………………………………………………………… 737
14. 전개/재접힘 …………………………………………… 738
15. 판금 따라 하기 ………………………………………… 739

### Chapter 12  용접물 작업 따라 하기 • 752

용접물 작업 따라 하기

1. 용접물 조립품 작성 ……………………………………… 753
2. 조립품 및 용접물 조립품 간의 차이 ………………… 753
3. 용접 비드 유형 …………………………………………… 754
4. 필렛 용접 ………………………………………………… 755
5. 모깎기 용접 ……………………………………………… 756
6. 그루브 용접 ……………………………………………… 757
7. 필렛 용접 따라 하기 …………………………………… 758
8. 그루브 용접 따라 하기 ………………………………… 760

### 부록  과년도 실기문제 • 763

과년도 실기문제

부록 1 일반기계기사, 산업기사, 기능사 실기문제 …………… 764
부록 2 컴퓨터응용가공산업기사 모델링 실기문제 ……………806
부록 3 기계설계산업기사, 일반기계기사 실기문제 및 해설도 …833

CHAPTER 1

# Inventor 2020 시작하기

1. 2020 Inventor 실행하기
2. 파일 열기(Open)
3. 파일 저장
4. 다른 이름으로 저장(Save As)
5. 프로젝트 새로 만들기
6. 화면구성
7. 마우스 사용법
8. 보기 도구 명령
9. 화면표시 모드(비주얼 스타일)
10. 단축키 설정
11. 바로 가기 키 및 명령 별명 사용
12. 환경 설정

**학습목표**

Autodesk Inventor를
이용하기 위한 기본사용자의 인터페이스와
기본명령어 실행방법, 파일의 저장경로, 파일을 유지,
관리 및 작업환경을 설정할 수 있다.

# Inventor 2020 시작하기

## 1. 2020 Inventor 실행하기

**1 실행**: 바탕화면에서 Autodesk Inventor(  ) 아이콘을 더블클릭한다.

**2** 다음과 같이 초기화면이 나타난다.

**3** 새로 만들기 아이콘을 클릭하면 새 파일 대화상자가 표시된다.

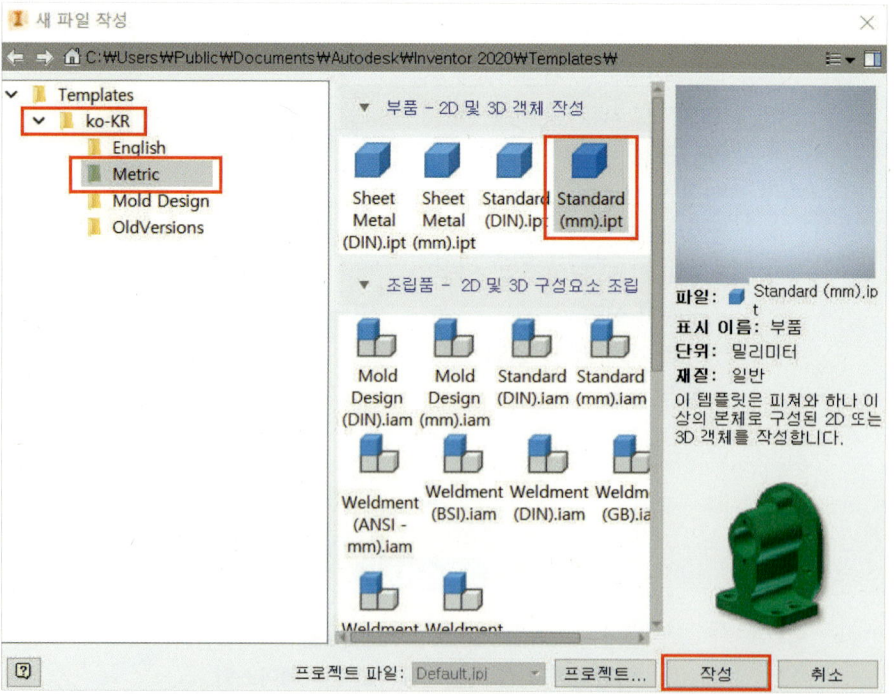

**4** 위의 새 파일 대화상자에서 부품(part)을 작성할 때 기본적인 스케치는 아래 그림과 같이 XZ 평면을 선택하고 스케치를 시작한다.

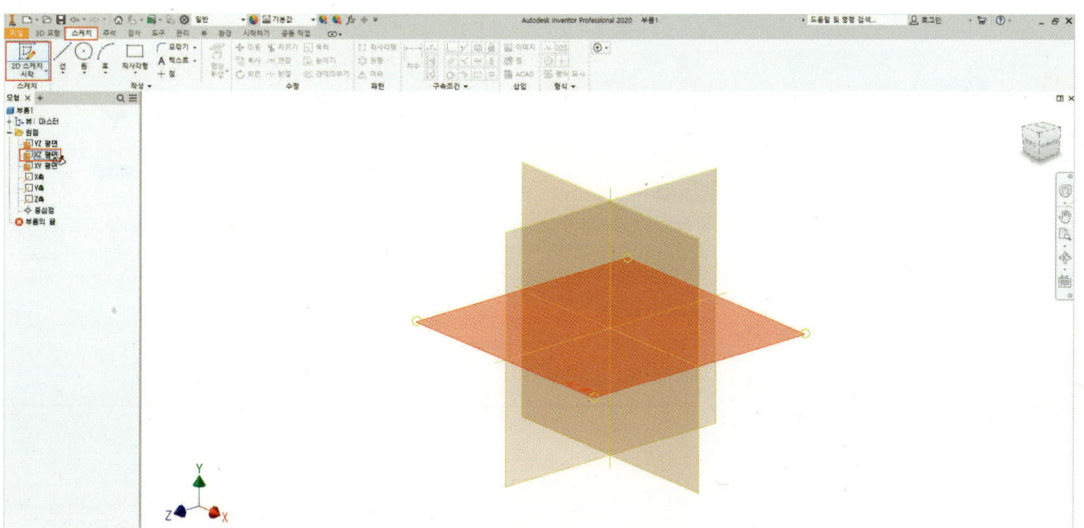

5 아래 그림과 같이 스케치 초기화면이 나타난다.

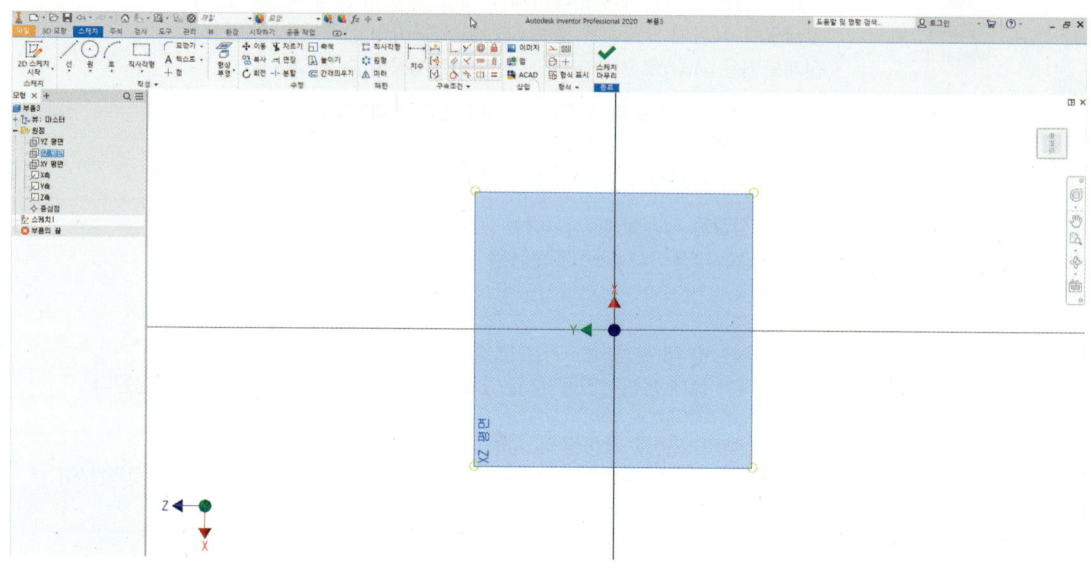

## 2. 파일 열기(Open)

열기 도구는 이전 설계 작업에서 저장된 기존의 각종 파일들을 열 수 있는 기능을 제공한다.

1 아래 그림에서 열기 아이콘 클릭한다. 열기를 선택하고 하위 메뉴에서 열기 아이콘을 선택한다.

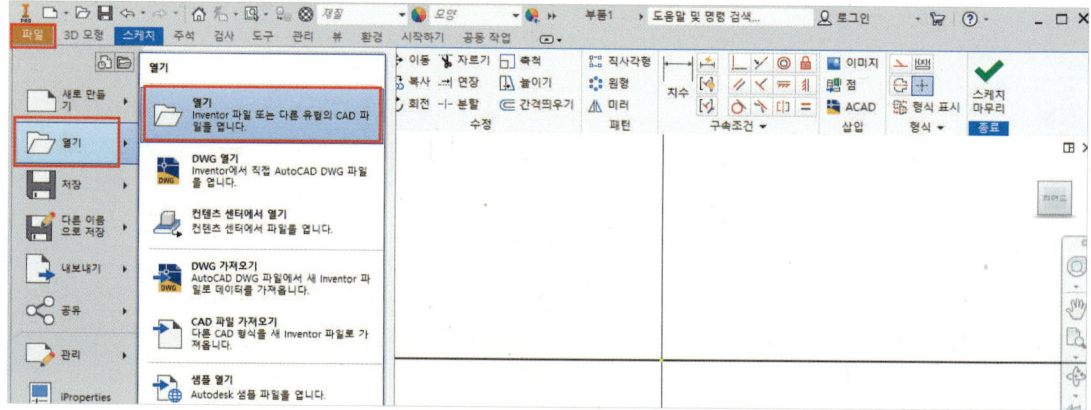

❷ 열어볼 파일을 선택할 수 있게 활성 프로젝트에 있는 경로 및 파일을 보여준다.

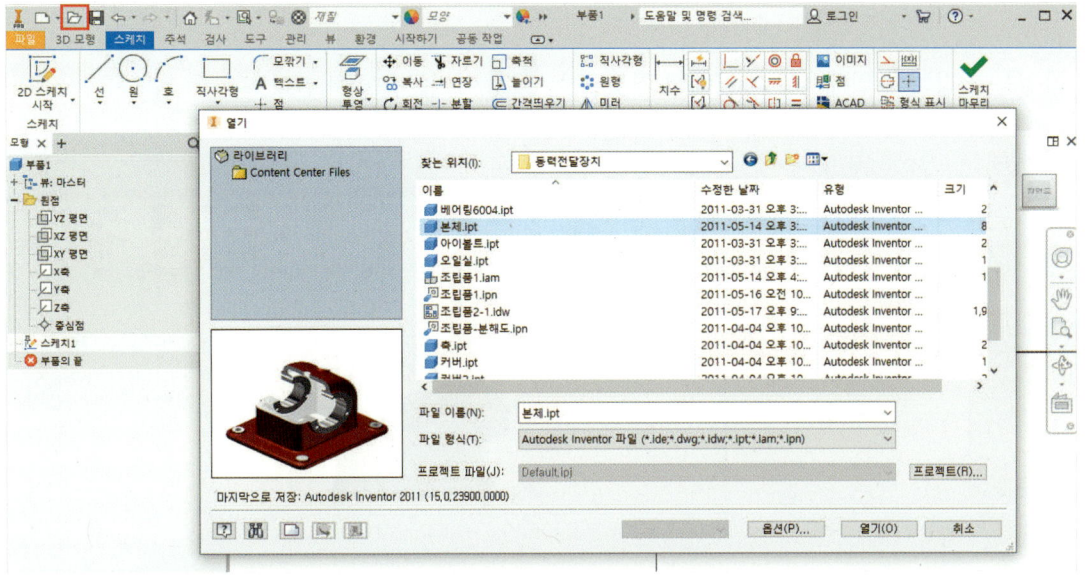

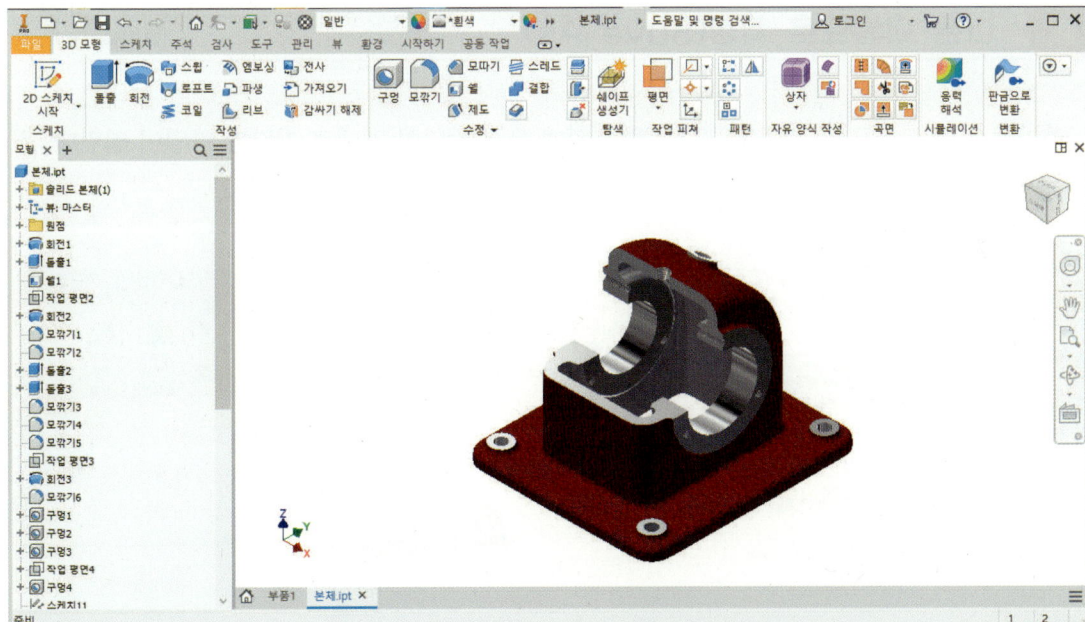

## 3. 파일 저장

파일을 저장하기 위해서는 파일에서 저장 또는  아이콘을 클릭한다.

## 4. 다른 이름으로 저장(Save As)

파일에서 다른 이름으로 저장을 클릭하면 원래 문서는 닫히고 새로 저장된 파일이 열린다. 원래 파일의 내용은 변경되지 않는다.

다른 이름으로 사본 저장은 대화상자에 지정된 파일은 저장되고 원래 파일은 열린 상태로 유지하며, 저장할 파일 형식도 다음 그림처럼 지정하여 저장할 수 있다.

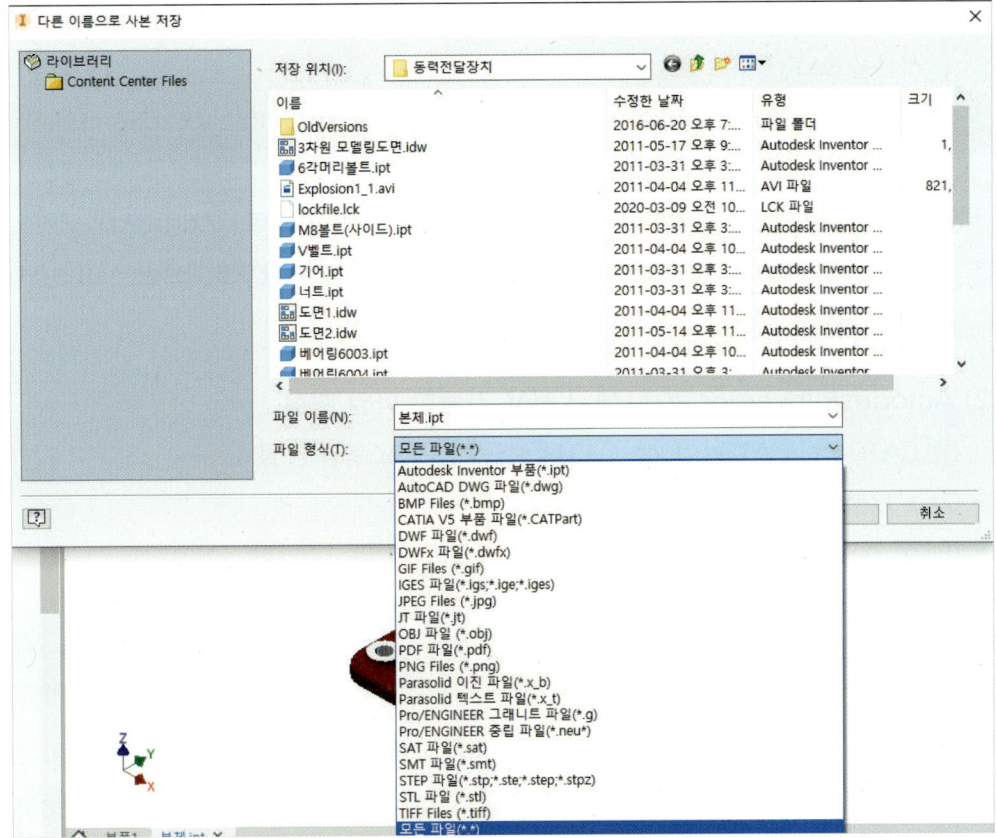

(1) Autodesk Inventor에서 부품과 조립품 등은 다양한 형식으로 저장할 수 있다.

　① 부품(ipt.): IPT, DWF, DWFx, PDF, BMP, GIF, IGES, IPT, JPEG, JT, PNG, SAT, STEP, TIFF, STL, CATIA V5(.CATPart), Parasolid 이진(.x_b), Parasolid 텍스트(.x_t), Pro/ENGINEER 그래니트(.g), Pro/ENGINEER 중립(.neu) 등으로 저장할 수 있다.

　② 조립품(iam.): IAM, DWF, DWFx, PDF, BMP, GIF, IGES, JPEG, JT, PNG, SAT, STEP, STL, TIFF, CATIA V5(.CATProduct), Parasolid 이진(.x_b), Parasolid 텍스트(.x_t), Pro/ENGINEER 그래니트(.g), Pro/ENGINEER 중립(.neu) 등으로 저장할 수 있다.

　③ 도면(idw.): IDW, Autodesk Inventor 도면(DWG), Autodesk Inventor 도면(IDW), AutoCAD 도면 파일(DWG), DWF, DWFx, PDF, DWG, DXF, BMP, GIF, JPG 또는 JPEG, PNG, TIFF 등 파일로 저장할 수 있다.

　④ 판금(ipt.) 플랫 패턴: IPN, DWF, DWFx, PDF, BMP, GIF, IGES, JPG 또는 JPEG,

JT, PNG, SAT, STEP 모형 검색기에서 플랫 패턴을 마우스 오른쪽 버튼으로 클릭하고 사본을 SAT, DWG 또는 DXF로 저장한다.

⑤ 프레젠테이션(ipn.) 파일: DWF, DWFx, PDF, BMP, GIF, JPG 또는 JPEG, PNG, TIFF 등으로 저장할 수 있다.

⑥ Auto CAD 도면(dwg): Autodesk Inventor 도면(DWG), AutoCAD 도면(DWG), Autodesk Inventor 도면(IDW), DWF, DWFx, PDF, DXF, BMP, GIF, JPG 또는 JPEG, PNG, TIFF 등으로 저장할 수 있다.

### (2) Autodesk Inventor 2011에서 사용 가능한 파일 형식

① .CATPart, .CATProduct: CATIA V5 부품 및 조립품 파일

② .x_b, .x_t: Parasolid 이진 및 텍스트 파일

③ .g, .neu: Pro/ENGINEER 그래니트 및 중립 파일

④ BMP: 래스터 이미지

⑤ DWF: 도면을 웹에 게시하는 데 사용되며, Autodesk Design Review에서도 볼 수 있는 2D 벡터 파일이다.

⑥ DWFx: 3D ASCII 파일. Internet Explorer 7에 게시된 데이터(2D만)를 볼 수 있다. 게시된 3D 데이터를 보려면 무료 뷰어인 Autodesk Design Review를 설치한다. 이 뷰어는 www.autodesk.com에서 다운로드할 수 있다.

⑦ DWG: AutoCAD 도면 파일 및 Autodesk Inventor 도면 파일이다.

⑧ DXF: Drawing Interchange Format의 약어로 다른 CAD 시스템에서 읽을 수 있는 도면 정보가 들어 있는 텍스트 파일이다.

⑨ GIF: Graphics Interchange Format의 약어이다.

⑩ IGES: Initial Graphics Exchange Specification의 약어로 디지털 표현 및 CAD/CAM 시스템 간의 정보 교환을 위한 ANSI 표준 형식이다.

⑪ JPEG: 압축된 이미지 형식으로, 일반적으로 GIF 이미지보다는 선 도면, 텍스트 또는 아이콘 그래픽에 덜 적합하다.

⑫ JT: JT 파일 형식은 데이터 보관, 가시화, 공동 작업 및 데이터 공유에 사용되는 CAD 중립적인 경량 데이터 형식이다.

⑬ PDF: PDF(Portable Document Format)는 원하는 대로 모니터 또는 프린터에 표시되는 서식이 있는 문서를 작성한다. 파일을 PDF 형식으로 보려면 Adobe Systems에서 배포하는 무료 응용프로그램인 Adobe Reader가 필요하다.

⑭ PNG: Portable Network Graphics의 약어로 무손실 데이터 압축을 사용하는 비트맵 이미지 형식이다. GIF, JPEG, BMP보다 더 좋은 품질의 그래픽을 제작할 수 있다.

⑮ SAT: ASCII 파일에 저장된 형상 객체이다.

⑯ STEP: 현재 데이터 변환 표준의 몇 가지 한계를 극복하기 위해 개발된 국제 형식이다. 다른 CAD 시스템에서 작성된 파일을 STEP 형식으로 변환하여 Inventor로 가져올 수 있다. (버전 AP214 및 AP203E2)

⑰ STL: 스테레오 리소그래피를 위한 솔리드, 영역, 부품 및 부분 조립품의 출력 파일이다. STL 형식은 전체 모형을 대략적으로 묘사한 여러 개의 플랫 면으로 축소시킨다.

⑱ XML: 매개변수를 서식이 있는 리스트로 출력한다.

## (3) 공통적으로 사용하는 대표적인 CAD/CAM 그래픽스 표준 규격

① DXF: Data Exchange File의 약자로서 도면 교환 형식. 다른 CAD 시스템에서 읽을 수 있는 도면 정보가 들어 있는 텍스트 파일로 미국의 Autodesk사에서 개발한 AutoCAD Data와 호환성을 위해 제정한 ASCⅡ Format이다. DXF는 ASCⅡ문자로 구성되어 있어서 일반적으로 Text Editor에 의해 편집이 가능하고, 다른 컴퓨터 하드웨어에서도 처리가 가능하다. 또한 DXF의 구조는 Header Section, Tables Section, Blocks Section 및 Entities Section으로 구성되어 있으며, 데이터의 종류(그룹)를 미리 알려주는 그룹 코드(Group Code)가 있다.

② IGES: Inter Graphics Exchange Specification의 약자로 디지털 표현 및 CAD/CAM 시스템 간의 정보 교환을 위한 ANSI 표준 형식으로 1979년 미국의 NBS(National bureay of standard)에 의해서 제안되었고, 1980년 규정이 정립되면서 Version 1.0이 발표되었다. IGES는 기계, 전기, 전자, 유한요소해석(FEM), Solid Model 등의 표현 및 3차원 곡면 데이터를 포함하여 CAD/CAM Data를 교환하는 세계적인 표준이고, IGES는 3차원 모델링 기법인 CSG(Constructuve Solid Geometry : 기본 입체의 집합연산 표현 방식) Modeling과 B-rap(Boundary representation : 경계 표현 방식)에 의한 모델을 정의할 수 있으며, File은 FORTRAN Program File과 비슷한 80문자의 ASCⅡ(Ammerican Standard Code Information interchange)로 한 Line이 구성된다. IGES 파일의 구조는 Start, Global, Directory, Parameter, Terminate 5개의 섹션(Section)으로 구성되어 있다.

③ STEP: Standard for Exchange Product Model Data의 약자로서 현재 데이터 변환 표준의 몇 가지 한계를 극복하기 위해 개발된 국제 형식이다. 다른 CAD 시스템에서 작

성된 파일을 STEP 형식으로 변환하여 Autodesk Inventor로 가져올 수 있다. STEP은 제품의 모델과 이와 관련된 데이터의 교환에 관한 국제규격(ISO 10303)으로 정식 명칭은 "Industrial automation system-Product dara representation and exchange-ISO 10303"이다. 1984년 시작하여 1994년 이후 국제규격으로 인정되었다. STEP은 정식 명칭과 같이 제품데이터(product)의 표현(representation) 및 교환(exchange)을 위한 국제표준규격이다. 개념 설계에서 상세 설계, 시 제품, 테스트, 생산, 생산 지원 등의 제품에 관련된 Life Cycle의 모든 부문에 적용되는 데이터를 뜻한다. 그러므로 형상 데이터뿐만 아니라 부품표(BOM), 재료, 관리데이터, NC 가공 데이터 등 많은 종류의 Data를 포함하고 있다. 이러한 것이 CAD/CAM System 표준이 되고 있는 IGES나 DXF와의 차이점이다.

DXF나 IGES는 형상 데이터, 속성 데이터 등 CAD/CAM 시스템에서 사용하는 데이터만을 교환할 수 있기 때문이다.

④ STL: Stereo Lithography의 약자로 스테레오 리소그래피를 위한 솔리드, 영역, 부품 및 부분 조립품의 출력 파일, STL 형식은 전체 모형을 대략적으로 묘사한 여러 개의 플랫 패싯으로 축소시킨다. 이 규격은 쾌속 조형(3D 프린터)의 표준 입력 파일 포맷으로 많이 사용되고 있으며, 1987년 미국의 3D system사가 Albert Consulting Group에 의뢰하여 만들어진 것이다. 3차원 데이터의 서피스 모델을 삼각형 다면체(facet)로 근사시킨 것으로 CAD/CAM S/W 개발자들이 STL 파일을 표준출력의 옵션으로 선정하였다. IGES, STEP 등 각종 표준규격 파일들을 STL 파일로 변환시키는 소프트웨어들이 개발되고 있다. 쾌속 조형 소프트웨어 알고리즘은 모드 STL 기반을 가지고 있다. 이 STL 파일은 ASCⅡ 포맷과 Binary 포맷이 있는데, Binary 포맷이 이 ASCⅡ 포맷보다 용량이 25%이므로 Binary 포맷을 주로 사용하고 있다. 또 STL 파일은 내부처리 구조가 다른 CAD/CAM 시스템에서 쉽게 정보를 교환할 수 있는 장점을 가지고 있으나, 모델링된 곡면을 정확히 삼각형 다면체로 옮길 수 없는 점과 이를 정확히 변환시키려면 용량이 많이 차지하는 단점도 있다.

## 5. 프로젝트 새로 만들기

**1** 프로젝트 아이콘을 클릭한다.

**2** 새로 만들기를 선택한다.

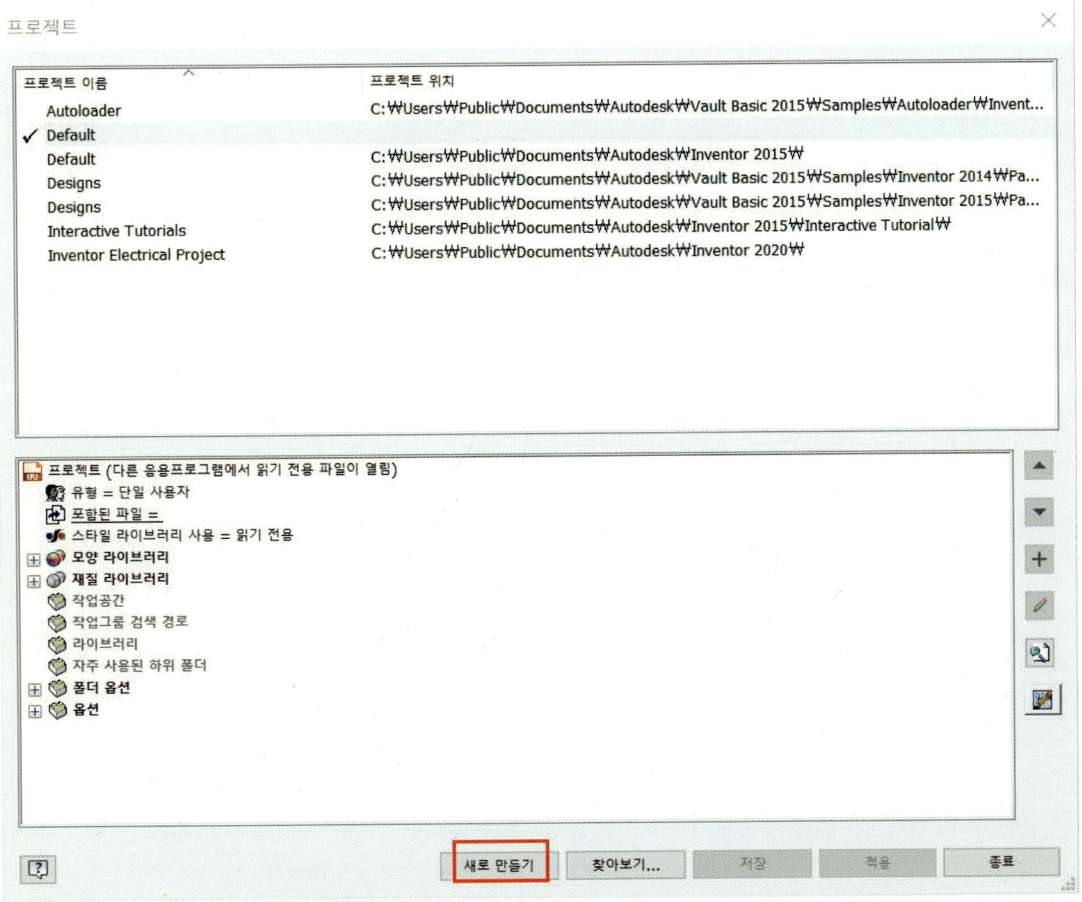

**3** 새 단일 사용자 프로젝트를 체크하고 다음을 선택한다.

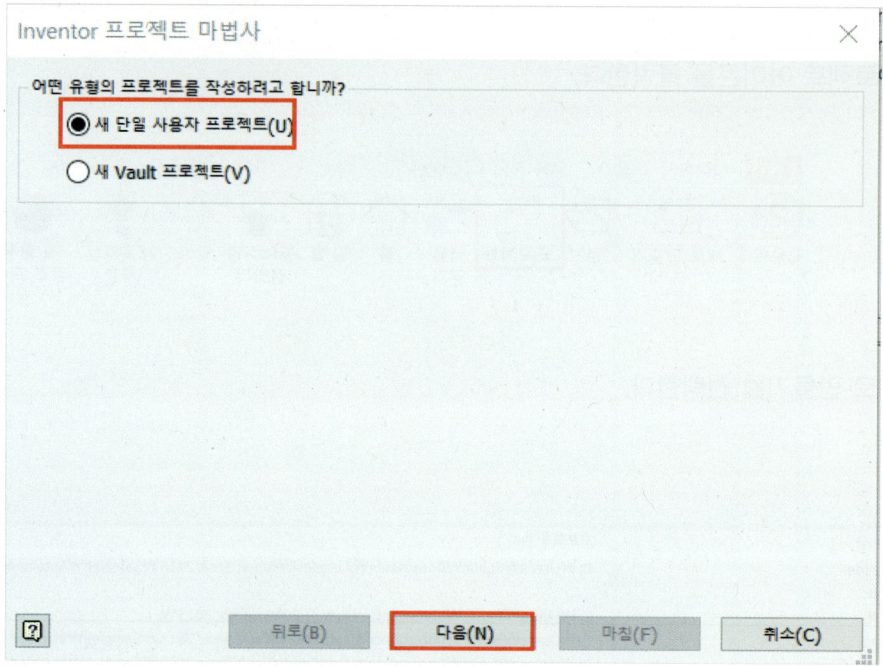

**4** 아래 그림과 같이 설정하고 다음을 선택한다.

5 마침을 선택한다.

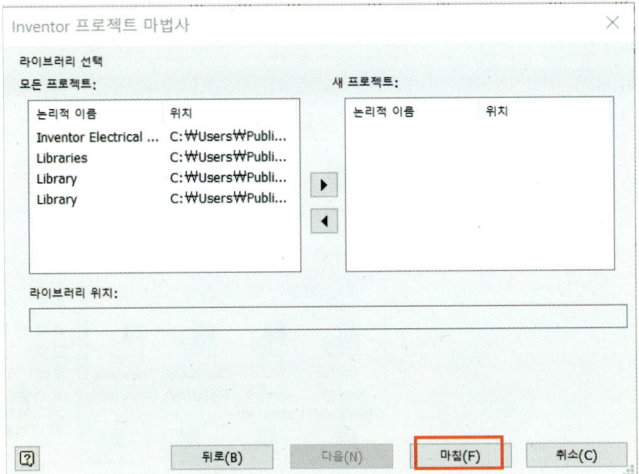

6 확인을 클릭한다.

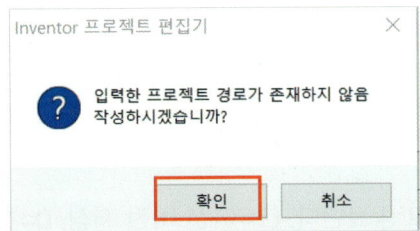

7 아래와 같이 설정을 확인한다.

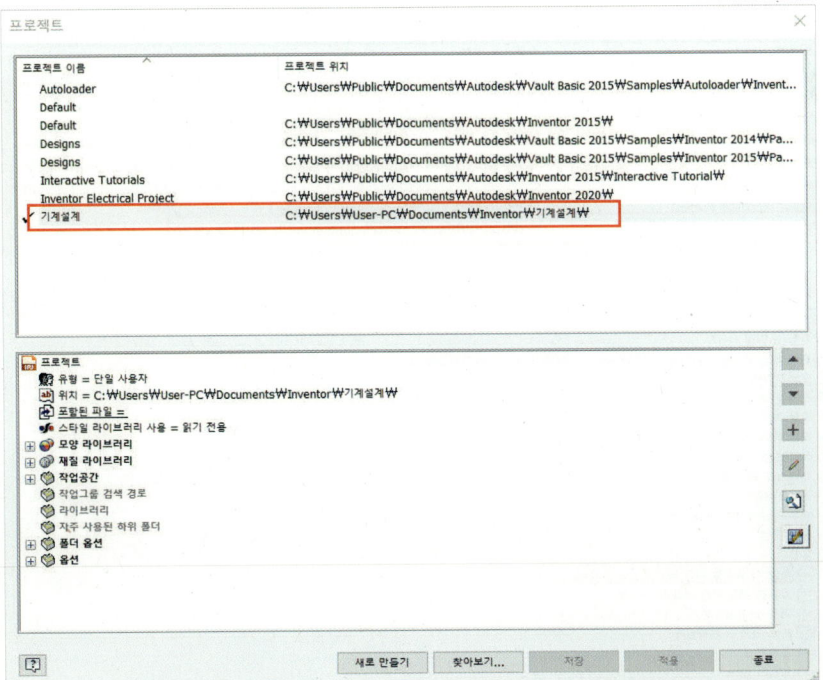

8 새로 만들기에서 프로젝트를 확인한다.

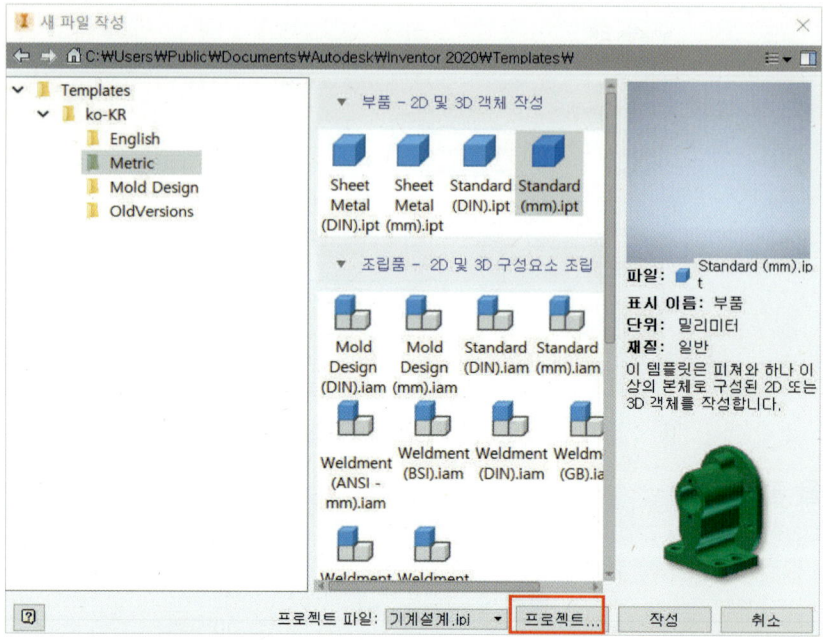

9 아래 그림처럼 확인하고 종료한다. (1=이전 버전 저장, 0=현재 버전 저장)

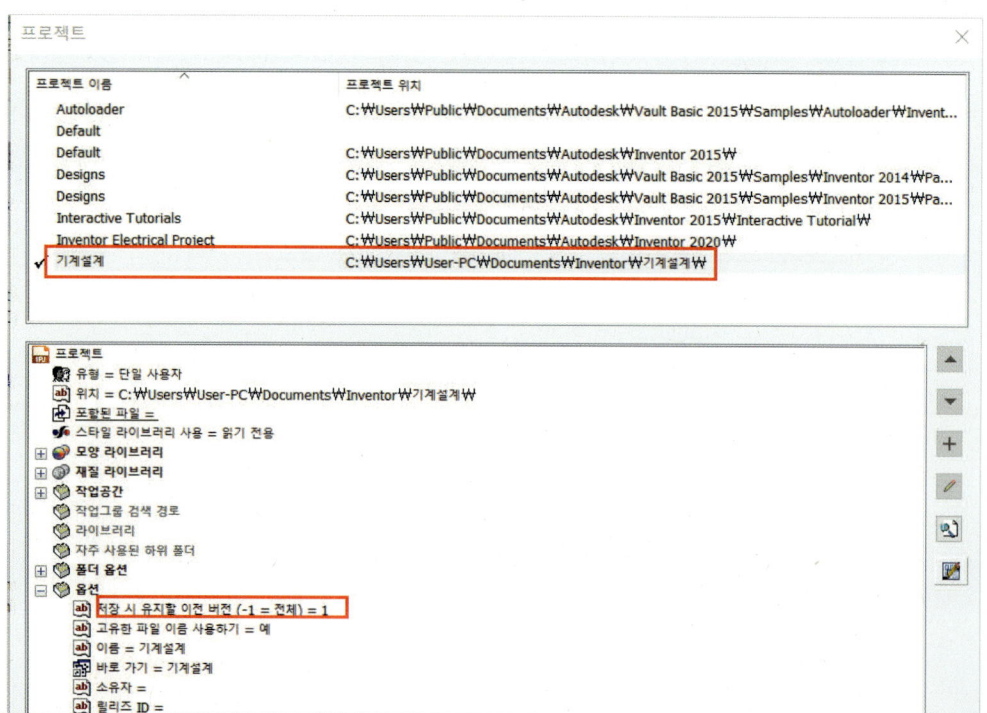

## 6. 화면구성

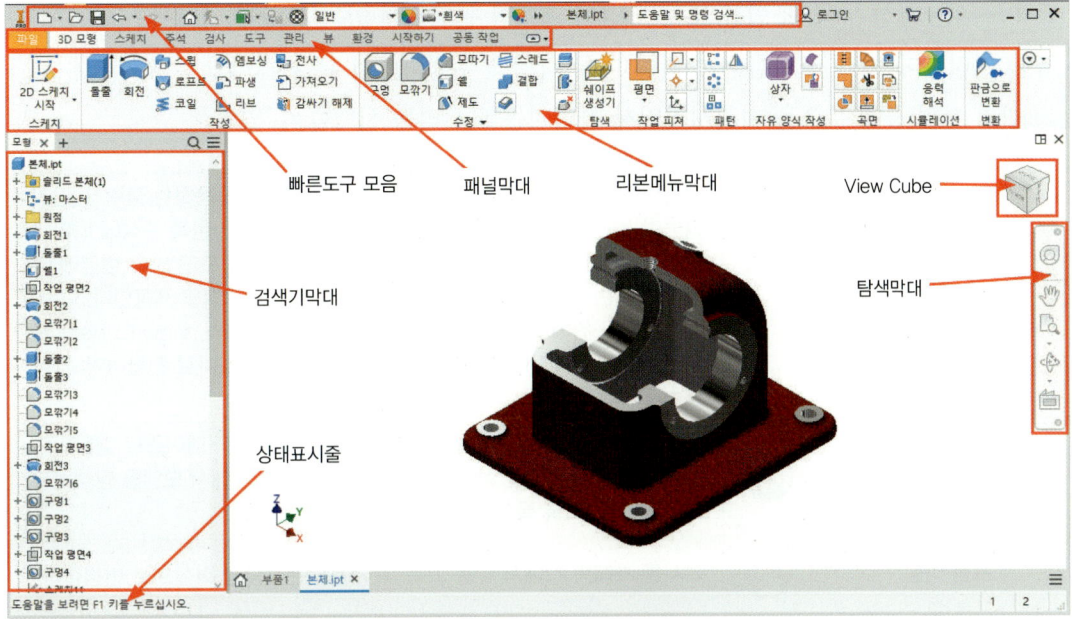

❋ Standard. ipt 작성 창에서 메뉴 구성

## 7. 마우스 사용법

◀ MB2(휠): 위아래로 굴리면 화면 확대축소
◀ MB2(휠): 누르고 움직이면 화면 이동(초점 이동)
◀ MB2(휠)+Shift : 동시에 같이 누르고 움직이면 화면 자유 회전
◀ MB1+F2: 동시에 누르면 화면 이동(초점 이동)
◀ MB1+F3: 동시에 누르면 위아래 이동 시 화면 확대·축소
◀ MB1+F4: 동시에 누르면 자유 회전
◀ MB1+Shift : 추가 선택

# 8. 보기 도구 명령

보기 도구는 활성 부품, 조립품 또는 도면의 그래픽 윈도우에 있는 뷰나 엔지니어 노트북에 있는 뷰를 처리한다. 보기 도구를 사용하여 다른 작업을 수행하면서 뷰를 처리할 수 있다. 예를 들어, 모깎기 작업 중에 부품을 회전시키면서 가려지는 모서리를 선택할 수 있다.

| | | |
|---|---|---|
| View Cube | | 모형의 표준 뷰와 등각투영 뷰 사이에서 전환할 때 사용하는 클릭 및 끌기 가능한 불변의 인터페이스이다. View Cube는 창의 한쪽 구석에 나타나며 모형 위에 비활성 상태로 표시된다. View Cube 도구는 뷰 변경에 따라 달라지는 모델의 현재 관측점에 대한 시각적 피드백을 제공한다. View Cube 도구 위에 커서를 놓으면 이 도구가 활성화된다. View Cube를 끌기 또는 클릭하거나, 사용 가능한 사전 설정 뷰 중 하나로 전환하거나, 현재 뷰를 회전하거나, 모델의 홈 뷰로 변경할 수 있다. |
| Steering Wheels | | 휠이라고도 하며 다수의 일반 탐색 도구를 단일 인터페이스로 결합함으로써 사용자의 시간을 절약할 수 있다. 휠은 다른 뷰에서 모델을 탐색하고 조정할 수 있도록 특정 작업에 사용된다. |
| 초점 이동 | | 커서를 그래픽 창에서 뷰를 끄는 데 사용되는 4방향 화살표로 변경한다. |
| 줌 | | 커서를 뷰를 줌 확대하거나, 줌 축소하는 데 사용되는 화살표로 변경한다. |
| 줌 전체 | | 부품 또는 조립품에서 모형의 모든 도면요소가 그래픽 창에 맞도록 뷰를 줌한다. 도면에서 모든 활성 시트가 그래픽 창에 맞도록 뷰를 줌한다. |
| 줌 선택 | | 부품 또는 조립품에서 선택된 모서리, 피쳐, 선 또는 기타 도면요소가 그래픽 창을 채울 수 있게 줌한다. 줌 버튼을 클릭하기 전 또는 후에 도면요소를 선택할 수 있다. 도면에서 사용되지 않는다. |
| 줌창 | | 커서를 뷰의 프레임을 정의하는 데 사용되는 십자선으로 변경한다. 프레임에 있는 도면요소는 그래픽 창을 채울 수 있게 줌한다. |
| 회전 | | 부품 또는 조립품에서 뷰에 회전 기호 및 커서를 추가한다. 뷰를 중심 표식, 수평 또는 수직 축, X 및 Y 축을 중심으로 화면에 평면형으로 회전시킬 수 있고 도면에서 사용되지 않는다. |
| 구속된 회전 | | 모형 공간에서 축을 기준으로 모형을 회전하는 것은 모형을 기준으로 관찰 위치를 가로, 세로로 이동하는 것과 같다. |
| 면보기 | | 부품 또는 조립품에서 선택된 도면요소를 화면에 평면형으로 표시하거나 선택된 모서리 또는 선을 화면에 수평으로 표시하려면 모형을 줌하고 회전한다. 도면에서 사용되지 않는다. |
| 이전 | | 현재 뷰를 이전 뷰 방향 및 줌 값으로 변경한다. 뷰 탭의 탐색 패널에 기본적으로 있는 이전 뷰 명령은 탐색 막대 오른쪽 맨 아래에 있는 드롭다운 화살표를 클릭하고, 사용자화 메뉴에서 이전 뷰를 선택하여 탐색 막대에 추가할 수 있다. 부품, 조립품 및 도면에서 이전 뷰를 사용할 수 있다. |

| 다음 |  | 이전 뷰가 사용된 후 다음 뷰로 되돌린다. 뷰 탭의 탐색 패널에 기본적으로 있는 다음 뷰 명령은 탐색 막대 오른쪽 맨 아래에 있는 드롭다운 화살표를 클릭하고, 사용자화 메뉴에서 다음 뷰를 선택하여 탐색 막대에 추가할 수 있다. 부품, 조립품 및 도면에서 다음 뷰를 사용할 수 있다. |
|---|---|---|

## 9. 화면표시 모드(비주얼 스타일)

리본에서 뷰 탭 다음 중에서 선택한다. 비주얼 스타일은 그래픽 창에서 모형 면과 모서리 화면표시를 제어한다. 이 명령은 활성 부품 또는 조립품의 그래픽 창에서 뷰의 화면표시를 변경한다. 엔지니어 노트북에서 개별 뷰의 비주얼 스타일을 변경하거나 주에 있는 모든 뷰를 변경할 수 있다.

| 사실적 | | 고품질 음영처리를 사용하여 사실적 텍스처된 모형으로 모양 색상은 Autodesk 재질 라이브러리에서 가져온다. |
|---|---|---|
| 음영처리 | | 부드러운 음영처리된 모형으로 사물의 색깔과 질감을 갖도록 표시된 표준 모양 색상이다. |
| 모서리로 음영처리 | | 가시적 모서리로 부드러운 음영처리된 모형으로 사물의 색깔과 질감을 갖도록 표시된 표준 모양 색상이다. |
| 숨겨진 모서리로 음영처리 | | 숨겨진 모서리로 부드럽게 보이도록 음영처리된 모형으로 사물의 색깔과 질감을 갖도록 표시된 표준 모양 색상이다. 복잡한 조립품이나 부품의 경우 혼돈을 줄 수 있다. |
| 와이어프레임 | | 모형 모서리만 표시되며 면 가시성은 꺼져 있다. |
| 숨겨진 모서리가 있는 와이어프레임 | | 숨겨진 모서리가 보이도록 사물의 외곽선 표시로 가시성은 꺼져 있다. |
| 가시적 모서리만 있는 와이어프레임 | | 숨겨진 모서리가 제거된 모형으로 면 가시성은 꺼져 있다. |
| 단색 | | 단순화된 단색 음영처리 모형으로 표준 모양 색상은 5이다. |
| 수채화 | | 손으로 그린 수채화 모양으로 표준 모양 색상은 6, 7이다. |
| 그림 | | 손으로 그린 모양으로 표준 모양 색상은 8이다. |

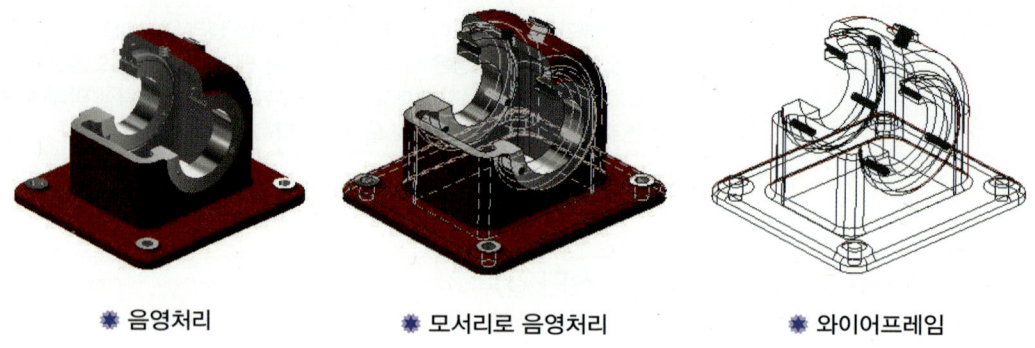

❋ 음영처리　　　　❋ 모서리로 음영처리　　　　❋ 와이어프레임

## 10. 단축키 설정

단축 명령으로 새로 지정 또는 수정이 가능하다.
패널 도구의 옵션에서 사용자화를 클릭한다.

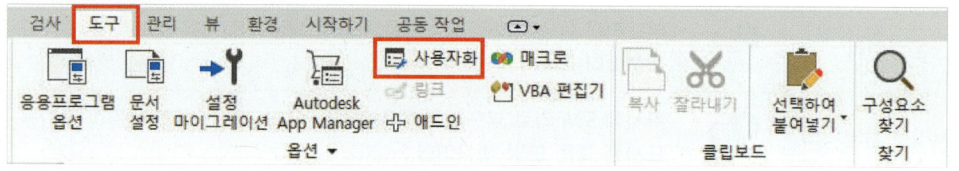

사용자화 창에서 키보드 탭을 클릭하여 아래 그림처럼 설정한다.

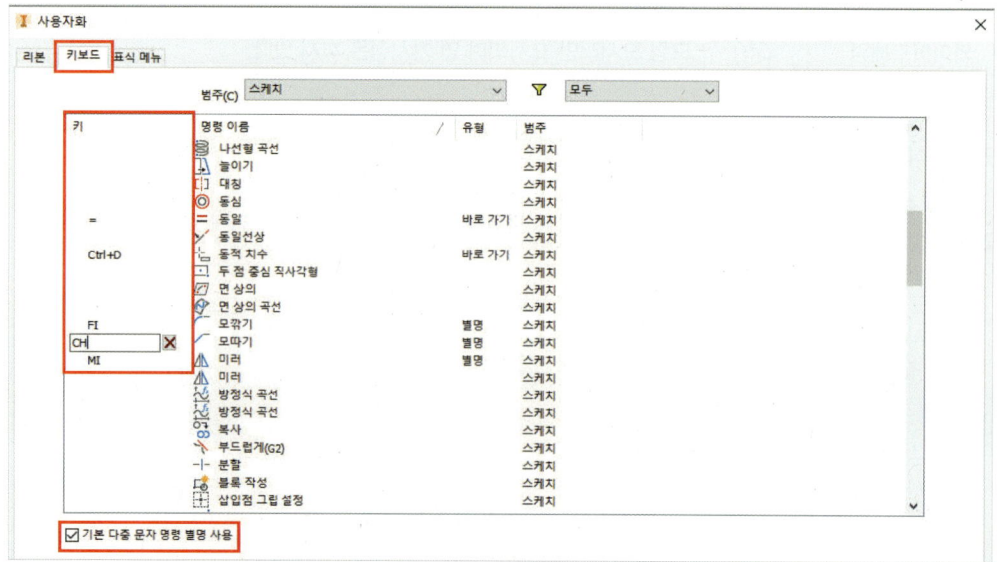

## 11. 바로 가기 키 및 명령 별명 사용

일반적인 Microsoft Windows 바로 가기 키 및 Autodesk Inventor 명령 별명을 사용하여 Autodesk Inventor에서 특정 작업을 수행할 수 있다.

| 바로 가기 키 및 명령 별명을 사용하여 Autodesk Inventor 명령 시작 ||
|---|---|
| 키 | 결과 |
| F1 | 활성 명령 또는 대화상자에 대한 도움말 |
| F2 | 그래픽 창을 초점이동 |
| F3 | 그래픽 창에서 줌 확대 또는 축소 |
| F4 | 그래픽 창에서 객체 회전 |
| F5 | 이전 뷰로 되돌아감 |
| ⇤ | 활성 선 명령에서 마지막으로 스케치한 세그먼트 제거 |
| Del | 선택한 객체 삭제 |
| Esc | 명령 종료 |
| 스페이스바 | 3D 회전 명령이 활성화되어 있을 때 표준 등각투영 및 단일 평면 뷰와 다이나믹 회전 사이를 전환한다. |
| Alt + 마우스 끌기 | 조립품에서 메이트 구속조건 적용 스케치에서는 스플라인 쉐이프 점 이동 |
| Ctrl + Y | 명령복구 활성화(마지막 명령 취소를 취소함) |
| Ctrl + Z | 명령취소 활성화(마지막 동작을 취소함) |
| Shift + 마우스 오른쪽 버튼 클릭 | 선택 명령 메뉴 활성화 |
| Shift + 회전 도구 | 그래픽 창에서 자동으로 모형 회전, 클릭하면 종료됨 |
| B | 도면에 품번 기호 추가 |
| C | 조립품 구속조건 추가 |
| D | 스케치 또는 도면에 치수 추가 |
| E | 윤곽을 돌출시킴 |
| FC | 도면에 형상 공차 틀 추가 |
| H | 구멍 피쳐 추가 |
| L | 선 또는 호 작성 |
| ODS | 세로좌표 치수 추가 |
| P | 현재 조립품에 구성 요소 배치 |
| R | 회전 피쳐 작성 |
| S | 면 또는 평면에 2D 스케치 작성 |
| T | 현재 프리젠테이션 파일에서 부품 미세 조정 |

| Windows 바로 가기 키 사용 ||
|---|---|
| 키 | 결과 |
| Ctrl + C | 선택한 항목 복사 |
| Ctrl + N | 문서 작성 |
| Ctrl + O | 새 문서 열기 |
| Ctrl + P | 활성 문서 인쇄 |
| Ctrl + S | 활성 문서 저장 |
| Ctrl + V | 클립보드의 항목을 활성 문서에 붙여 넣음 |
| Ctrl + Y | 명령 복구 |
| Ctrl + Z | 명령 취소 |

## 12. 환경 설정

실행: 리본 메뉴 도구 → 옵션 → 응용프로그램 옵션()

### (1) 일반 체크

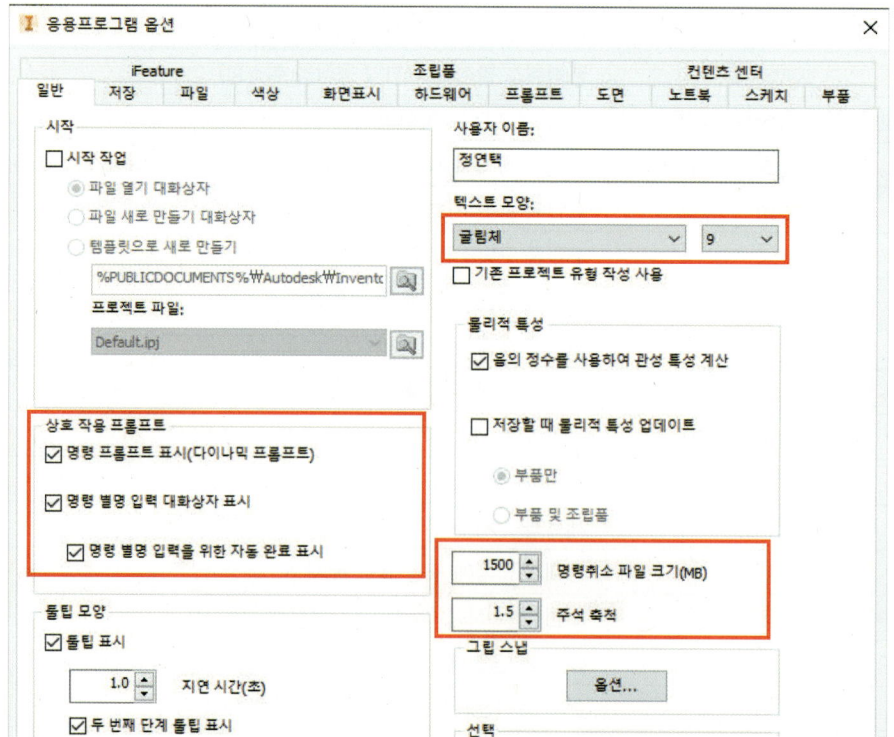

(2) 화면표시 체크

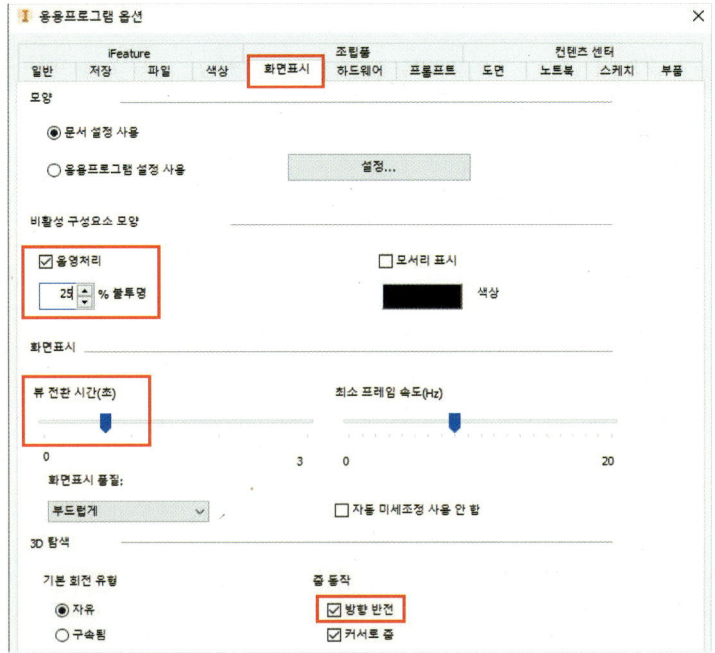

(3) 도면 체크

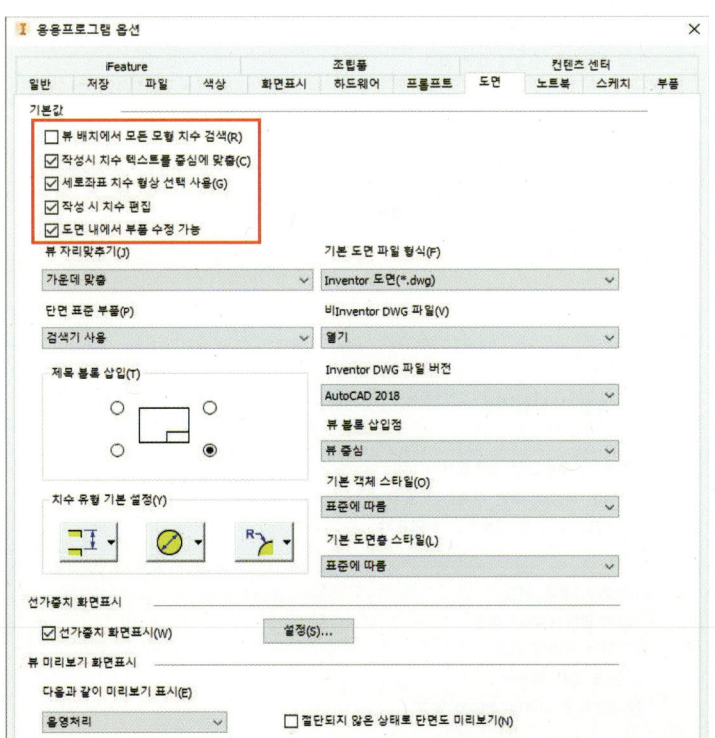

### (4) 스케치 체크

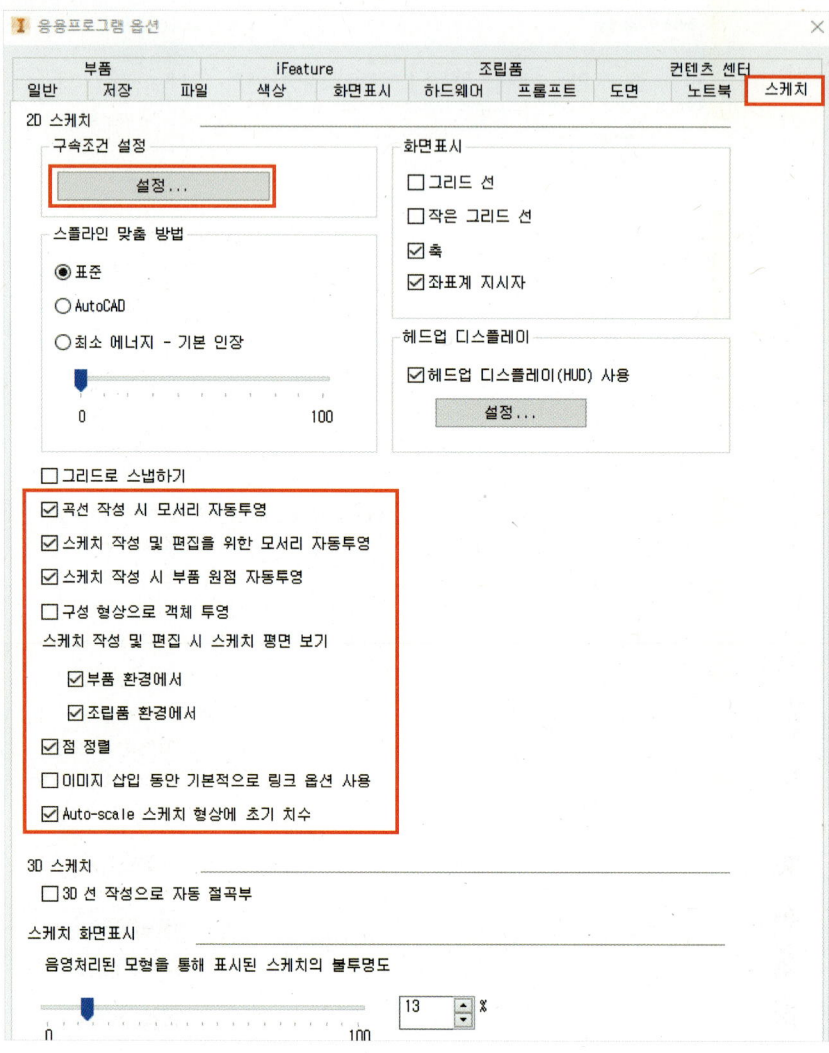

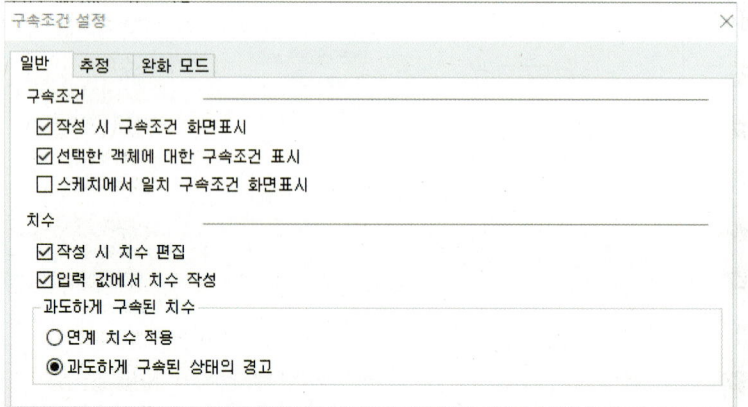

# CHAPTER 2

# 스케치 생성하기

1. 스케치 시작하기
2. 선(L)
3. 스플라인
4. 호(A)
5. 원(C)
6. 타원
7. 직사각형
8. 슬롯
9. 폴리곤
10. 모따기
11. 모깎기
12. 점, 중심점
13. 미러
14. 패턴
15. 간격띄우기
16. 이동
17. 회전
18. 복사
19. 연장
20. 자르기
21. 텍스트
22. 구속조건
23. 일반 치수
24. 자동 치수
25. 스케치 연습하기

**학습목표**

형상 구속조건을 이용한
스케치 평면 작성과 치수를 기입하고 그리기 명령으로
전체 설계제도 프로세스를 이해하고 2D 스케치할 수 있다.

# 스케치 생성하기

스케치는 기하학적 형상 정의에 사전에 작업하는 기능으로 선택된 작업 면에 윤곽을 정의하여 돌출 및 회전 또는 스윕 등의 형상 객체를 정의하는 데 이용된다. 작성된 스케치를 이용하여 구속조건에 따른 매개변수에 의한 수정이 가능하다.

## 1. 스케치 시작하기

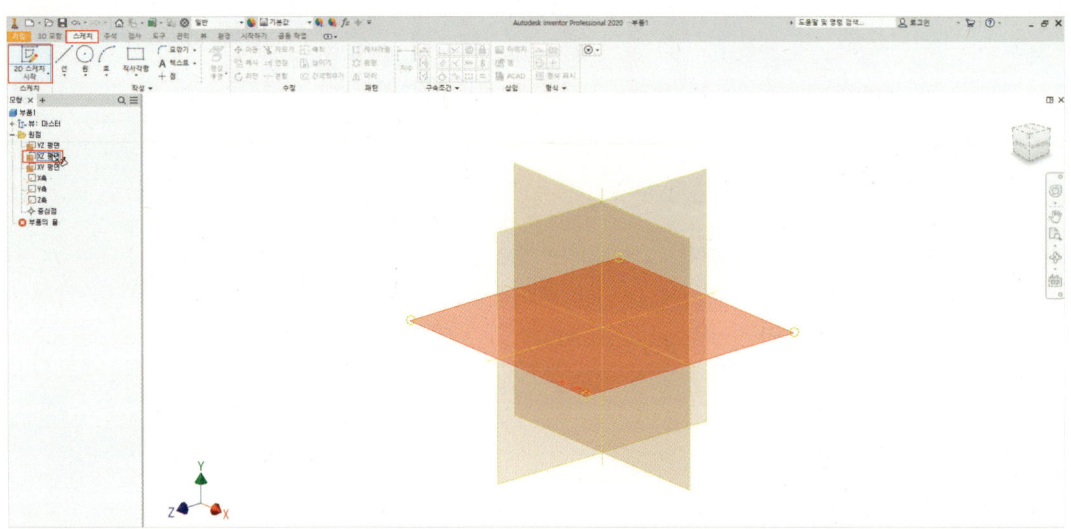

## 2. 선(L)

**실행**: 리본 메뉴 스케치 → 작성 → 선

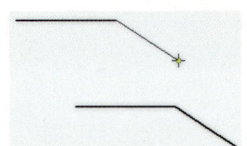 스케치 탭의 선 명령을 사용하여 선 세그먼트 및 형상에 접하거나 수직인 호를 작성한다.

## 선 및 호 생성 따라 하기

❶ 그래픽 창을 클릭하여 선의 시작점을 설정한다.
❷ 첫 번째 점을 찍고 커서를 위로 이동하여 그래픽 창에 클릭을 하면 수직선이 생성된다.
❸ 끝점에 선이 연결되어 있는 상태에서, 선의 끝점을 마우스 왼쪽 버튼으로 누른 상태에서 호 생성 방향으로 드래그하면, 선과 호를 함께 생성할 수 있다.
❹ 커서를 아래로 이동하여 그림처럼 수직선이 생성된다. 여기서 화면상에 평행과 접선이 표시된다.
❺ 같은 방법으로 끝점을 연결한다.

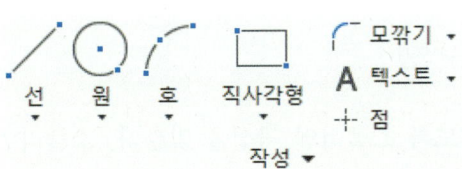

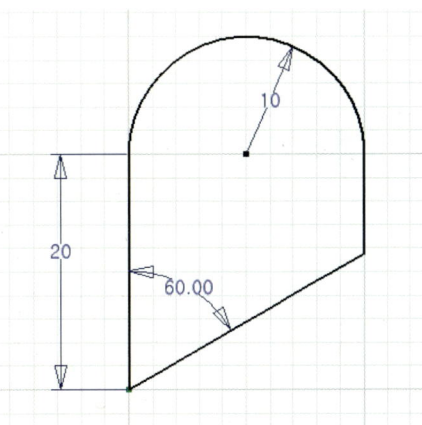

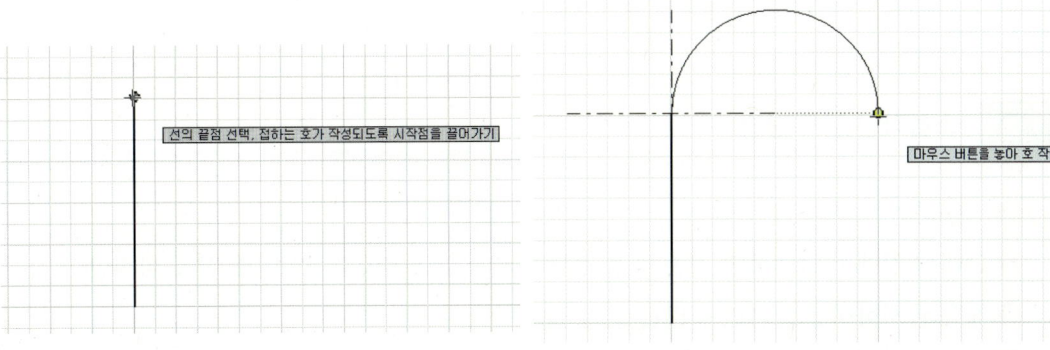

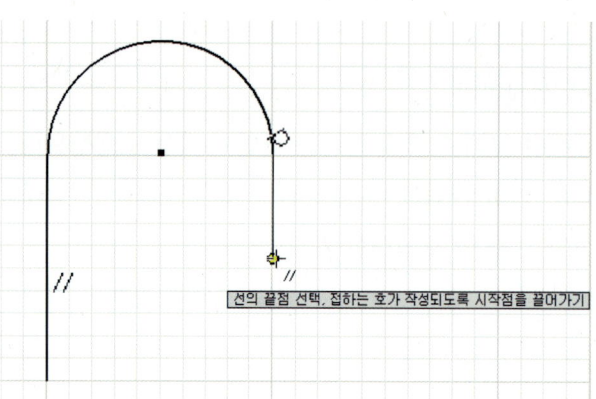 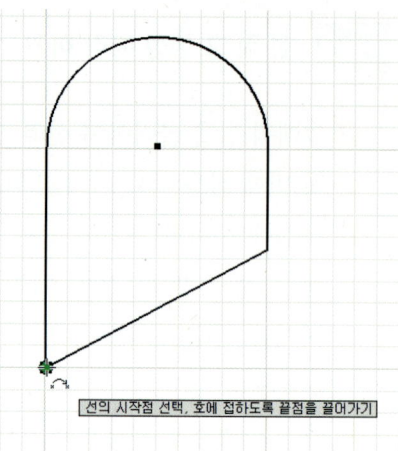

❋ 선 및 호 생성 따라 하기

## 3. 스플라인

> 　　 **실행**: 리본에서 스케치 → 작성 → 스플라인

지정된 점을 통과하도록 스플라인 곡선을 맞춘다. 스플라인을 종료하려면 끝점을 두 번 클릭하거나 마우스 오른쪽 버튼을 클릭한 다음 작성을 선택한다. 마우스 오른쪽 버튼을 클릭하여 종료를 선택하기 전까지는 스플라인을 계속 작성할 수 있다.

### 스플라인 절차 방법

❶ 스플라인 도구를 선택한다.
❷ 그래픽 창에서 클릭하여 기존 점을 선택하거나, 스플라인의 첫 번째 점을 설정한다.
❸ 계속 클릭하여 스플라인에 많은 점을 작성한다.
❹ 두 번 클릭하여 마지막 스플라인 점을 선택하거나, 마우스 오른쪽 버튼을 클릭한 다음 작성을 선택하여 스플라인을 종료한다.
❺ 클릭하여 다른 스플라인을 시작하거나, 원하면 마우스 오른쪽 버튼을 클릭한 다음 종료를 선택하여 스플라인 작성을 중지한다.

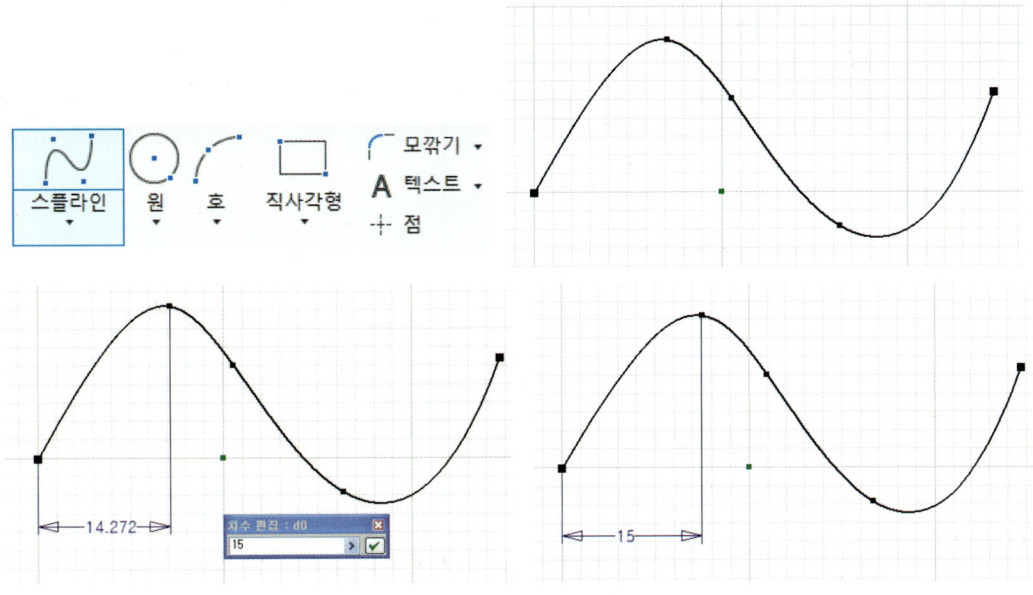

❋ 스플라인 따라 하기

## 4. 호(A)

실행: 리본에서 스케치 → 작성 → 호

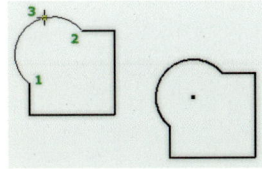
스케치 탭의 호 명령을 사용하여 호의 세 점으로 호를 작성하거나, 중심점과 두 끝점에서 호를 작성하거나, 끝점에서 곡선에 접하도록 호를 작성한다.

| | | |
|---|---|---|
| | 3점 호 | 호에서 두 끝점과 한 점으로 정의된 호를 작성한다. 첫 번째 클릭은 첫 번째 끝점을 설정하고, 두 번째는 다른 끝점(현의 길이)을 설정하고, 세 번째 점은 호의 방향과 반지름을 설정한다. |
| | 중심점 호 | 중심점과 두 끝점에 의해 정의된 호를 작성한다. 첫 번째 클릭은 중심점을 설정하고, 두 번째는 반지름과 시작점을 지정하고, 세 번째 점은 호를 완성한다. |
| | 접선 호 | 기존 곡선의 끝점에서 호를 작성한다. 첫 번째 클릭(곡선의 끝점에서)은 접하는 끝점을 설정하고, 두 번째 점은 접선 호의 끝을 설정한다. |

**세 점에서 호 작성 절차 방법**

❶ 리본에서 스케치 → 작성 → 3점 호를 클릭한다.
❷ 그래픽 창을 클릭하여 호의 시작점을 작성한다.
❸ 커서를 이동하고 클릭하여 호의 끝점을 설정한다.
❹ 커서를 이동하여 호 방향을 미리 보고 클릭하여 호의 점을 설정한다.

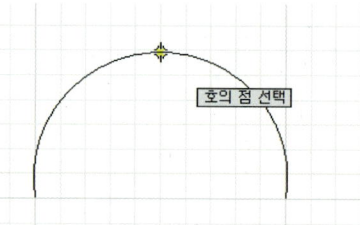
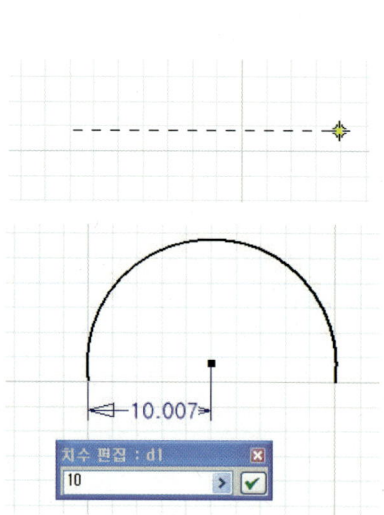
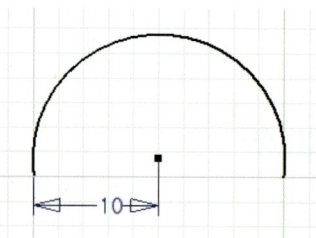

❋ 세 점에서 호 작성 따라 하기

 **중심점에서 호 작성 절차**

❶ 리본에서 스케치 → 작성 → 중심점 호를 클릭한다.
❷ 그래픽 창을 클릭하여 호의 중심점을 작성한다.
❸ 클릭하여 호의 반지름과 시작점을 설정한다.
❹ 커서를 이동하여 호 방향을 미리 보고 클릭하여 끝점을 설정한다.

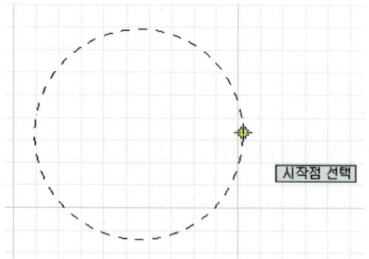
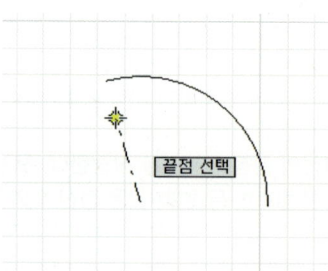
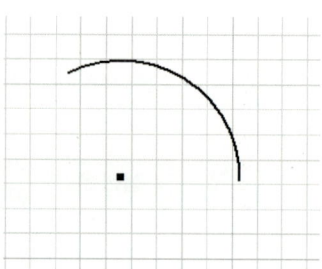

❋ 중심점에서 호 작성 따라 하기

**곡선에 접하는 호 작성 절차**

❶ 리본에서 스케치 → 작성 → 접하는 호를 클릭한다.
❷ 커서를 곡선 위로 이동하여 끝점을 강조한다.
❸ 곡선에서 끝점 근처를 클릭하여 강조된 끝점에서 호를 시작한다.
❹ 커서를 이동하여 호를 미리 보고 클릭하여 끝점을 설정한다.

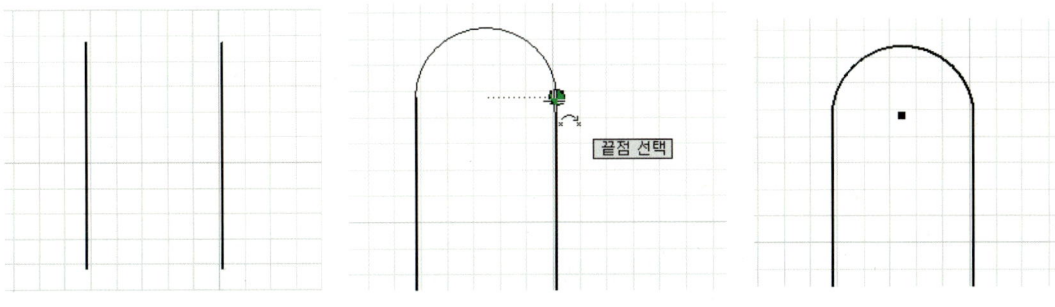

✹ 접하는 호 작성 따라 하기

## 5. 원(C)

 실행: 리본에서 스케치 → 작성 → 원

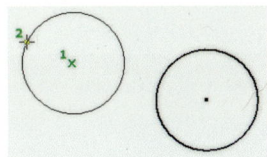 스케치 탭의 원 명령을 사용하여 중심점과 반지름에서 원을 작성하거나, 3개의 선에 접하도록 원을 작성한다.

| | | |
|---|---|---|
| ⊙ | 중심점 원 | 중심점과 반지름상의 점으로 정의된 원을 작성한다. 첫 번째 클릭으로 중심점이 설정되고, 두 번째 클릭으로 반지름이 지정된다. 두 번째 점이 선, 호, 원 또는 타원인 경우 접선 구속조건이 적용된다. |
| ◯ | 접하는 원 | 원주상의 3개의 선에 접하는 원을 작성한다. 첫 번째 클릭으로 원과 첫 번째 선의 접점이 설정된다. 두 번째 클릭으로 원과 두 번째 선의 접점이 설정된다. 세 번째 점으로 원(세 번째 선에 접하는 원)의 지름이 설정된다. |

**중심점 원 작성 절차**

❶ 리본에서 스케치 → 작성 → 중심점 원을 클릭한다.
❷ 그래픽 창을 클릭하여 중심점을 설정한다.
❸ 커서를 이동하여 원 반지름을 미리 보고 클릭하여 설정한다.
❹ 필요하면 계속해서 원을 작성한다.

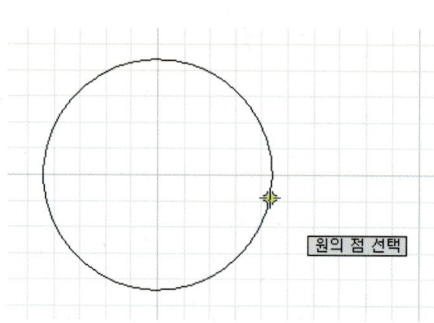
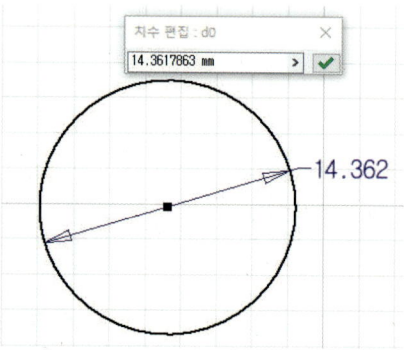

✳ 중심점 원 작성 따라 하기

 **세 선에 접하는 원 작성 절차**

❶ 리본에서 스케치 탭 → 작성 패널 → 접하는 원을 클릭한다.
❷ 선을 클릭하여 원에 대한 첫 번째 접선을 설정한다.
❸ 다른 선을 클릭하여 두 번째 접선을 설정한다.
❹ 세 번째 선 위로 커서를 이동하여 원을 미리 보기한다.
❺ 세 번째 선을 클릭하여 세 선에 접하는 원을 작성한다.
❻ 필요하면 계속해서 원을 작성한다.

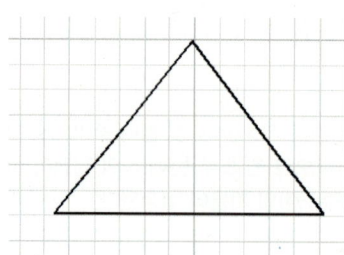
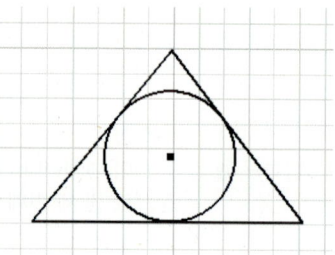

✳ 세 선에 접하는 원 작성 따라 하기

40 Autodesk Inventor 2020 쉽게 따라 하기

## 6. 타원

 **실행**: 리본에서 스케치 탭 → 작성 패널 → 타원

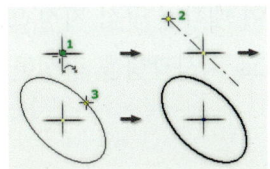 스케치 탭의 타원 명령을 사용하여 타원을 작성한다. 중심점, 장축 및 단축을 정의하여 타원을 구성한다.

|  | 타원 | 중심점, 장축 및 단축에서 타원을 작성한다. 첫 번째 클릭은 중심점을 설정하고, 두 번째 클릭은 첫 번째 축의 방향과 길이를 설정하며, 세 번째 점은 타원 위의 임의의 점이 될 수 있다. |
|---|---|---|

 **타원 작성 절차**

❶ 리본에서 스케치 탭 → 작성 패널 → 타원을 클릭한다.
❷ 그래픽 창에서 클릭하여 타원 중심점을 작성한다.
❸ 중심선에 의해 지시된 첫 번째 축의 방향으로 커서를 이동한다. 축의 방향과 길이를 클릭하여 설정한다.
❹ 커서를 이동하여 두 번째 축의 길이를 미리 본 후, 타원을 클릭하여 작성한다.
❺ 타원 작성을 종료하려면 Esc 키를 누르거나 다른 명령을 클릭한다.

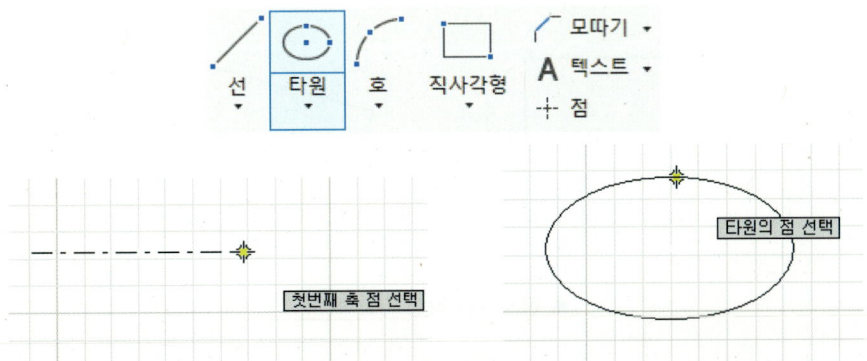

✹ 타원 작성 따라 하기

# 7. 직사각형

실행: 리본에서 스케치 탭 → 작성 패널 → 직사각형

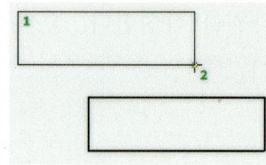
스케치 탭의 직사각형 명령을 사용하여 대각선 구석 지정 또는 길이와 폭 지정과 같은 두 가지 방법으로 직사각형을 작성한다. 직사각형의 각 면은 선 세그먼트이다.

###  대각선 구석(두 점)으로 직사각형 작성 절차 방법

❶ 리본에서 스케치 탭 → 작성 패널 → 2점 직사각형을 클릭한다.
❷ 그래픽 창을 클릭하여 첫 번째 구석 점을 설정한다.
❸ 커서를 대각선으로 이동한 다음 클릭하여 두 번째 점을 설정한다.

###  지정된 길이 및 폭(세 점)으로 직사각형 작성 절차

❶ 리본에서 스케치 탭 → 작성 패널 → 3점 직사각형을 클릭한다.
❷ 그래픽 창을 클릭하여 첫 번째 구석 점을 설정한다.
❸ 커서를 이동하고 클릭하여 첫 번째 변의 길이와 방향을 설정한다.
❹ 커서를 이동하고 클릭하여 인접한 변의 길이를 설정한다.

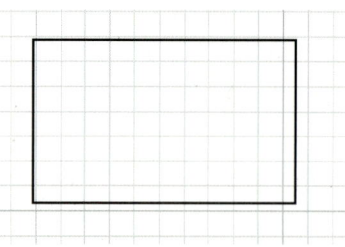 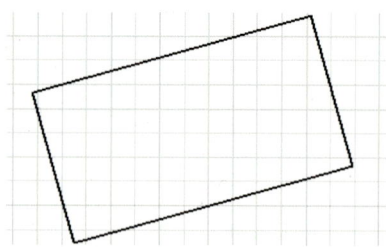

❋ 직사각형 작성 따라 하기

## 8. 슬롯

 실행: 리본에서 스케치 탭 → 작성 패널 → 슬롯

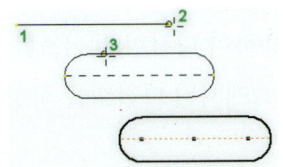

슬롯 중심호의 시작점과 끝점을 지정한다. 슬롯 폭을 클릭하여 지정하거나, 슬롯 호의 지름이나 반지름을 입력한다.

### 전체 슬롯 작성 절차

❶ 리본에서 스케치 탭 → 작성 패널 → 슬롯을 클릭한다.
❷ 슬롯 중심 호의 시작점과 끝점을 지정한다.
❸ 슬롯 폭을 클릭하여 지정하거나 슬롯 호의 지름이나 반지름을 입력한다.

### 3점 호 슬롯 작성 절차

❶ 리본에서 스케치 탭 → 작성 패널 → 슬롯을 클릭한다.
❷ 슬롯 중심 호의 시작점과 끝점을 지정한다.
❸ 중심 호에서 세 번째 점을 지정하거나, 중심 호 반지름을 입력한다.
❹ 슬롯 폭을 클릭하여 지정하거나 슬롯 호의 지름이나 반지름을 입력한다.

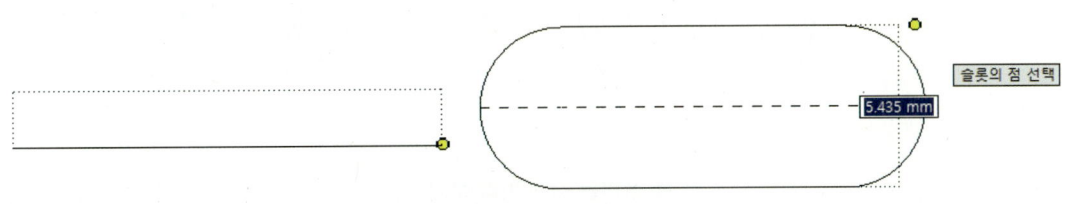

✹ 전체 슬롯 작성 따라 하기

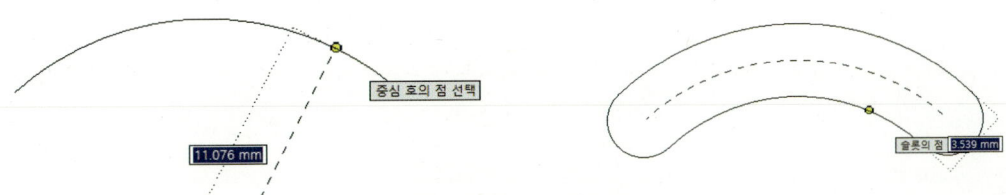

✹ 3점 호 슬롯 작성 따라 하기

## 9. 폴리곤

 실행: 리본에서 스케치 탭 → 작성 패널 → 폴리곤

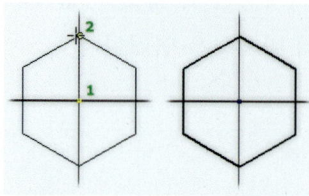

스케치 탭의 다각형 명령을 사용하여 다각형 쉐이프를 작성한다. 최대 120개의 면을 갖는 스케치된 다각형을 작성할 수 있다.

 **다각형 작성 절차**

❶ 리본에서 스케치 탭 → 작성 패널 → 폴리곤을 클릭한다.
❷ 다각형 대화상자에서 내접 또는 외접 아이콘을 선택한다.
❸ 변의 개수를 지정한다.
❹ 다각형의 중심을 클릭한다.
❺ 끌어서 다각형 크기를 결정한다.

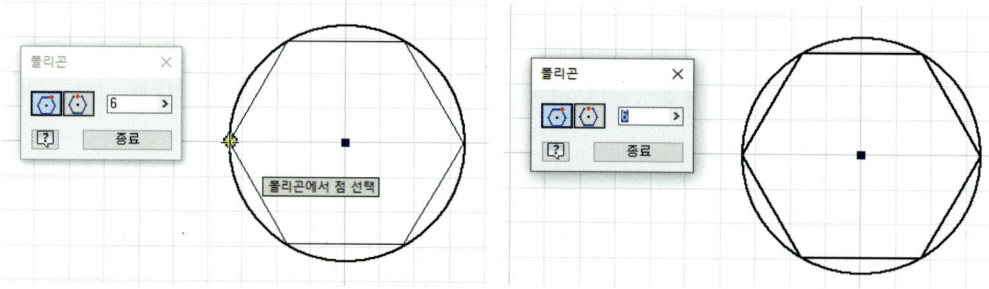

❋ 폴리곤 작성 따라 하기

# 10. 모따기

>  실행: 리본에서 스케치 탭 → 작성 패널 → 모따기

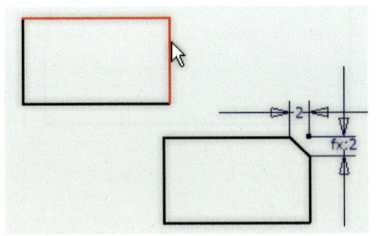

두 선 또는 두 개의 평행하지 않은 선의 구석이나 교차점에 스케치의 모따기를 배치한다. 모따기는 동일한 거리, 두 개의 동일하지 않은 거리 또는 거리와 각도에 따라 지정된다. 다중 모따기도 단일 명령으로 작성된다. 모따기 형태와 크기는 개별적으로 지정된다.

| | | |
|---|---|---|
| 치수 작성 | | 모따기 크기를 나타낼 정렬된 치수를 배치한다. |
| 매개변수와 동일 | = | 현재 명령 복제에서 첫 번째 작성된 모따기의 거리와 각도를 설정한다. |
| 형태 및 거리 | | 동일 거리는 선택된 선의 점 또는 교차점으로부터 동일한 간격띄우기 거리로 정의된다. |
| | | 동일하지 않은 거리는 선택된 선 각각의 점 또는 교차점으로부터 지정된 거리로 정의된다. |
| | | 거리와 각도는 첫 번째 선택된 선으로부터의 각도와 두 번째 선택된 선의 교차점으로부터의 거리 간격띄우기로 정의된다. |

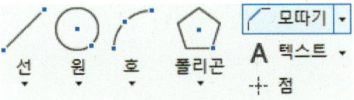

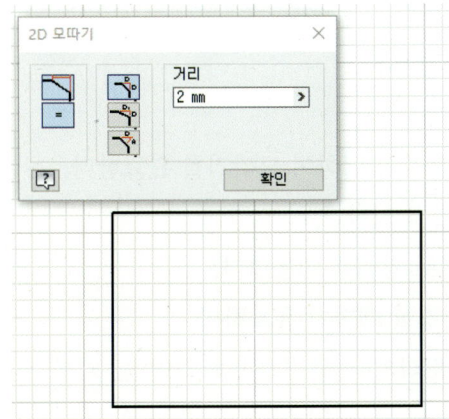

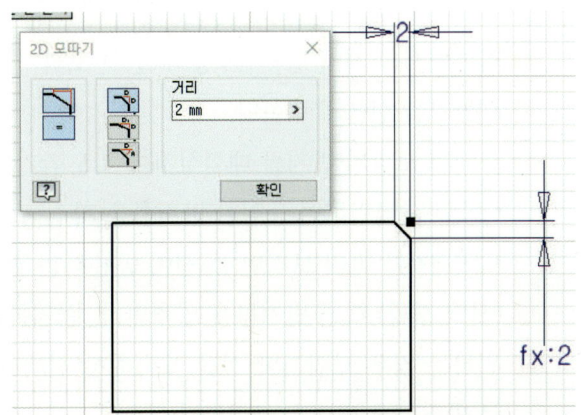

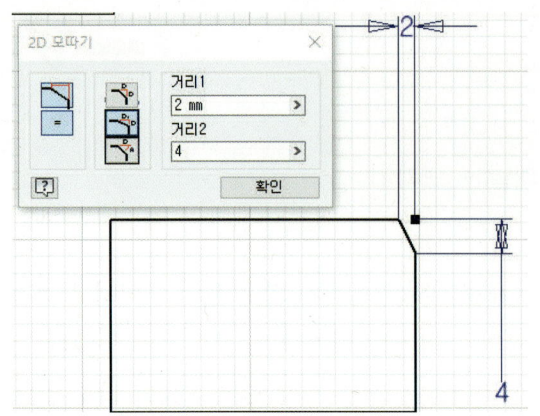 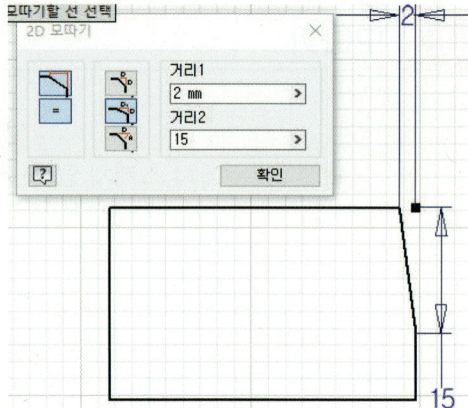

❋ 스케치 모따기 작성 따라 하기

## 11. 모깎기

>  실행: 리본에서 스케치 탭 → 작성 패널 → 모깎기

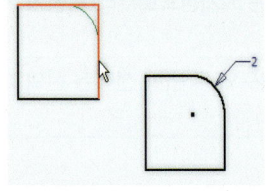 두 선의 구석이나 교차점에 지정된 반지름의 호를 배치하여 스케치의 구석(꼭짓점)을 라운드 처리한다. 모깎기 호는 모깎기에 의해 잘리거나 확장된 곡선에 접하게 된다.

### 모깎기 작성 절차

❶ 리본에서 스케치 탭 → 작성 패널 → 모깎기를 클릭한다.
❷ 모깎기할 선을 클릭한다.
❸ 스케치 모깎기 반지름 대화상자에서 모깎기 반지름을 입력하여 모깎기를 완료한다.
  • 동일을 클릭하여 동일한 반지름을 가진 모깎기를 작성한다.
  • 모깎기를 미리 보려면 두 선이 공유하는 끝점 위로 커서를 이동한다.
❹ (선택 사항) 다른 반지름을 입력한다. 반지름은 변경할 때까지 유효하다.
❺ 원하는 경우 모깎기할 선을 계속해서 선택한다. 모깎기 작성을 종료하려면 Esc 키를 누르거나 다른 명령을 클릭한다.

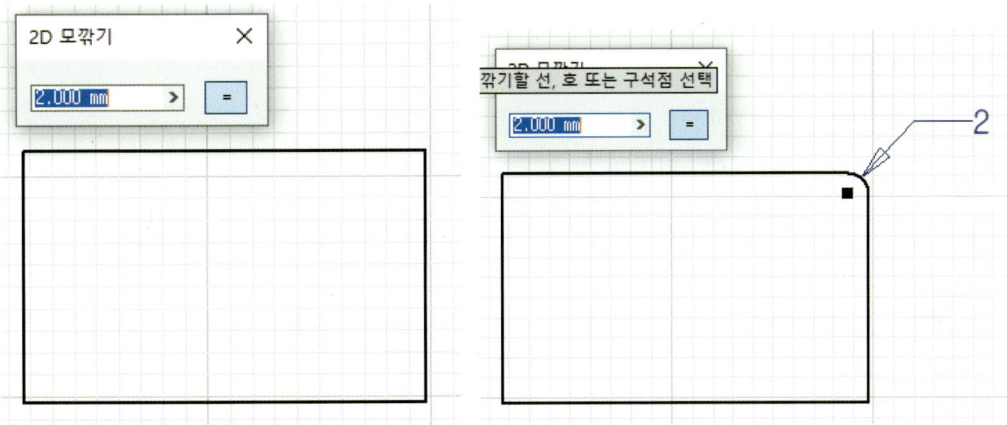

❋ 스케치 모깎기 작성 따라 하기

## 12. 점, 중심점

실행: 리본에서 작성 패널 → 점/중심점

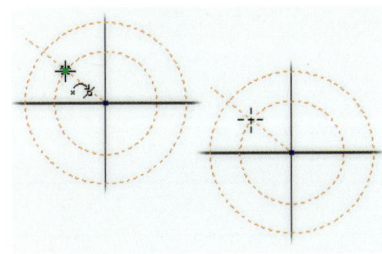

스케치 점 또는 중심점을 작성하려면 2D 또는 3D 스케치부터 작성한다. 빈 파일에는 스케치 평면이 사전 설정되어 있으므로 점 배치를 시작할 수 있다.

### 중심점 또는 스케치 점 작성 절차 방법

❶ 리본에서 작성 패널 → 점/중심점 도구를 클릭한다.
❷ 그래픽 창을 클릭하여 점을 배치한다.
❸ 필요한 경우 표준 도구막대의 전환을 사용하여 스케치 점과 중심점 작성 간에 전환할 수 있다.
❹ 기존 형상에 점을 구속하려면 커서를 형상 위로 이동하고 커서에 일치 기호가 나타날 때 클릭한다.

❺ 기존 형상에 점을 정확하게 배치하려면 마우스 오른쪽 버튼을 클릭하고 다음 중 하나를 수행한다.

- 중간점을 선택한 다음 선 또는 곡선을 클릭한다.
- 중심을 선택한 다음 원 또는 타원을 클릭한다.
- 교차를 선택한 다음 두 개의 교차 요소를 클릭한다.

> **TIP** 3D 스케치 점을 이동하려면 점을 마우스 오른쪽 버튼으로 클릭한 후 3D 이동/회전을 선택한다. X, Y 및 Z 좌표를 입력하여 공간에서 점을 재배치한다.

## 13. 미러

 **실행**: 리본에서 → 패턴 패널 → 미러

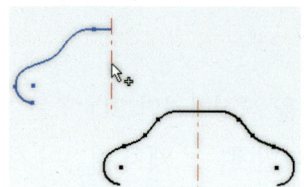 선택한 선을 중심으로 선택한 스케치 형상을 미러한다.

| 선택 | 미러시킬 스케치 형상을 선택한다. |
|---|---|
| 미러 선 | 스케치 형상을 미러시킬 선을 선택한다. |

### 스케치 미러 작성 절차

❶ 리본에서 스케치 탭 → 패턴 패널 → 미러를 클릭한다.
❷ 미러 대화상자에서 선택을 클릭한다.
❸ 미러시킬 형상을 선택한다.
❹ 대화상자에서 미러 선을 클릭한다.
❺ 미러 선을 선택한다.
❻ 대화상자에서 적용을 클릭하여 스케치를 미러시킨다.

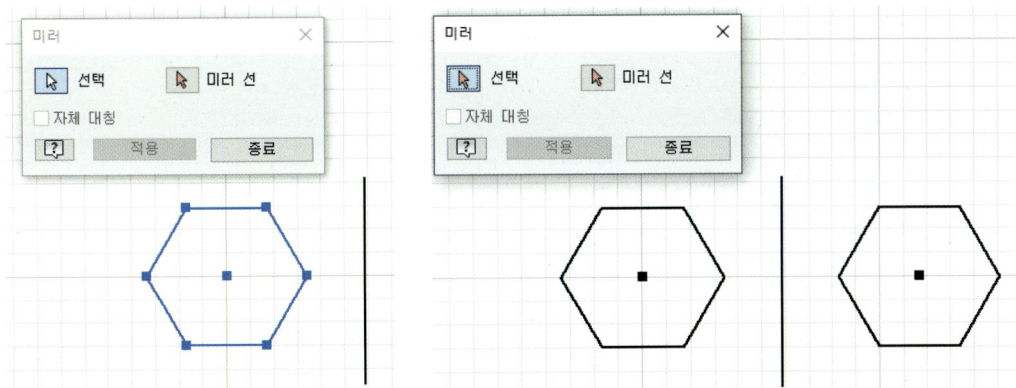

❋ 스케치 미러 작성 따라 하기

### 14. 패턴

> 실행: 리본에서 스케치 탭 → 패턴 패널 → 원형 또는 직사각형

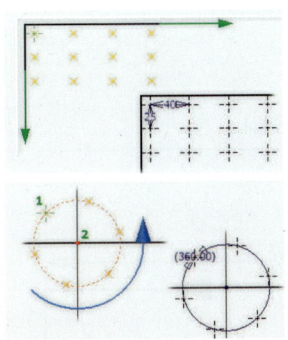

스케치 탭의 원형 및 직사각형 패턴 명령을 사용하여 원래 스케치의 패턴을 작성한다. 패턴이 작성된 형상은 완전히 구속된다. 이 구속조건은 그룹으로 유지된다. 패턴 구속조건을 제거할 경우 패턴 형상의 모든 구속조건이 삭제된다.

### (1) 원형 패턴(  )

| 형상 | 패턴을 작성할 형상을 선택한다. |
|---|---|
| 축 | 패턴을 작성할 중심축을 선택한다. |
| 방향 반전 | 패턴 방향을 반전한다. |
| 개수 | 패턴에서 선택된 형상을 포함하여 요소 개수를 지정한다. |
| 간격 | 첫 번째 패턴 요소와 마지막 패턴 요소 간의 각도를 지정한다. 기본값은 360도이다. 이 필드에 파라메트릭 방정식을 사용할 수 있다. |
| 자세히 | 형상을 억제하고 패턴 작성 방법을 제어하는 도구를 제공한다. |

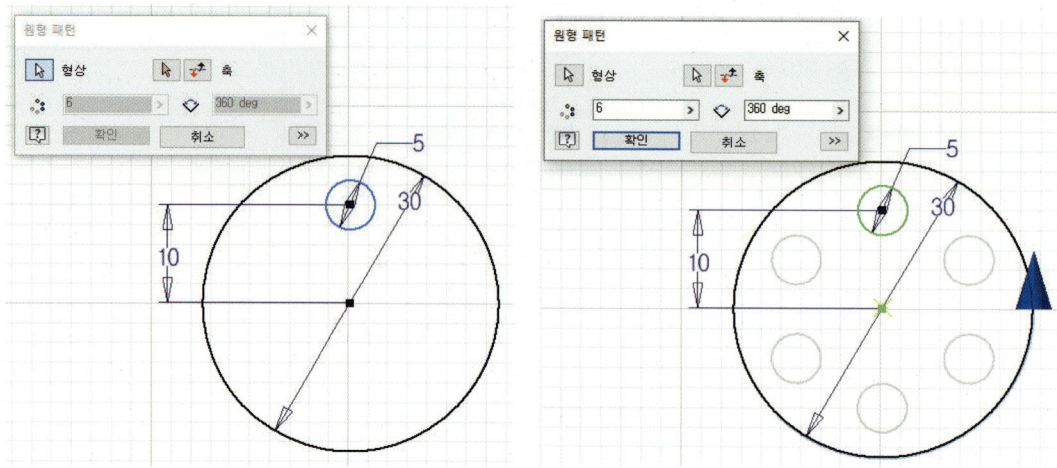

❋ 원형 패턴 작성 따라 하기

## (2) 직사각형 패턴( )

| 형상 | 패턴을 작성할 형상을 선택한다. |
|---|---|
| 방향 1 | 첫 번째 방향, 반복되는 합계 및 패턴 거리를 지정한다. |
| 방향 2 | 두 번째 방향, 반복되는 합계 및 패턴 거리를 지정한다. |
| 자세히 | 형상을 억제하고 패턴 작성 방법을 제어하는 도구를 제공한다. |

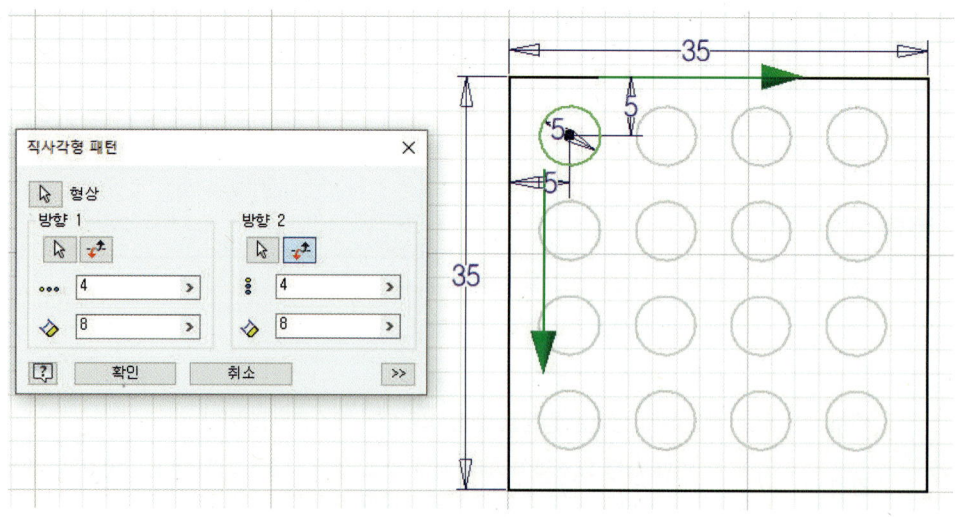

❋ 직사각형 패턴 작성 따라 하기

## 15. 간격띄우기

> 실행: 리본에서 스케치 탭 → 수정 패널 → 간격띄우기

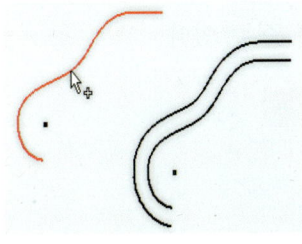
선택된 형상의 사본을 작석하고 원점에서 지정된 거리에 배치한다. 스케치 탭의 간격띄우기 명령을 사용하여 선택한 스케치 형상을 복제하고 원점으로부터 간격띄우기 거리에 형상을 배치한다. 기본적으로 간격띄우기 형상은 원래 형상에서 등거리로 구속(동일 구속조건)된다.

두 개의 설정값이 적용된다.

| 루프 선택 | 기본 설정값이 루프(끝점에서 결합된 곡선)를 설정한다. 개별적으로 하나 이상의 곡선을 선택하려면 마우스 오른쪽 버튼을 클릭하고 선택 표시를 지운 다음 곡선을 클릭한다. |
|---|---|
| 구속 간격띄우기 | 기본 설정값은 새 형상과 원래 형상 간의 거리를 등거리가 되도록 구속한다. 동일 구속조건을 제거하려면 마우스 오른쪽 버튼을 클릭하고 선택 표시를 지운다. 간격띄우기 형상을 치수와 구속조건으로 재배치할 수 있다. |

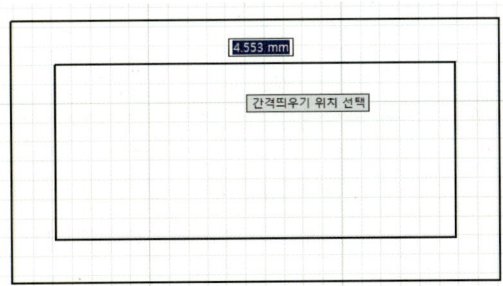 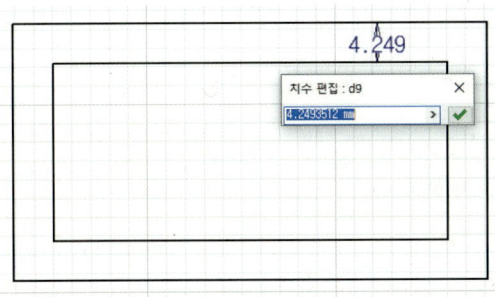

✸ 간격띄우기 작성 따라 하기

## 16. 이동

> 실행: 리본에서 스케치 탭 → 수정 패널 → 이동

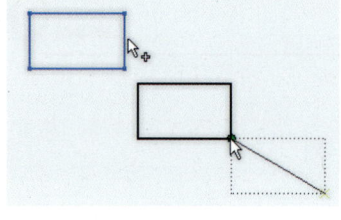

지정된 점에서 선택된 스케치 형상을 이동하거나 형상의 사본을 작성한다. 선택된 형상이 선택되지 않은 형상에 대한 구속조건을 가지면 구속된 형상 또한 이동한다. 스케치 탭의 이동 명령을 사용하여 선택한 스케치 형상을 이동하거나 형상의 사본을 이동한다. 선택한 형상과 연관된 구속조건은 이동 작업에 영향을 줄 수 있다.

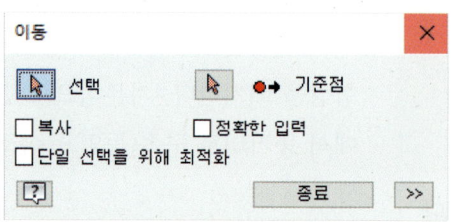

| | |
|---|---|
| 선택 | 이동할 형상을 선택한다. 선택 버튼을 클릭한 후 그래픽 창에서 형상을 선택한다. |
| 시작점 | 형상이 이동할 시작점을 설정한다. 그래픽 창에서 점을 선택한다. |
| 끝점 | 선택된 시작점의 대상점을 설정한다. 그래픽 창에서 점을 선택한다. |
| 복사 | 선택된 형상을 위치에 둔 채로 선택된 형상을 복사하여 지정된 끝점에 배치한다. 확인란을 선택하여 iMate를 억제한다. 확인란의 선택을 취소하면 선택된 형상이 이동한다. |
| 적용 | 지정된 이동 또는 복사를 적용하고 선택 버튼을 활성화하여 다른 이동을 지정할 수 있다. |

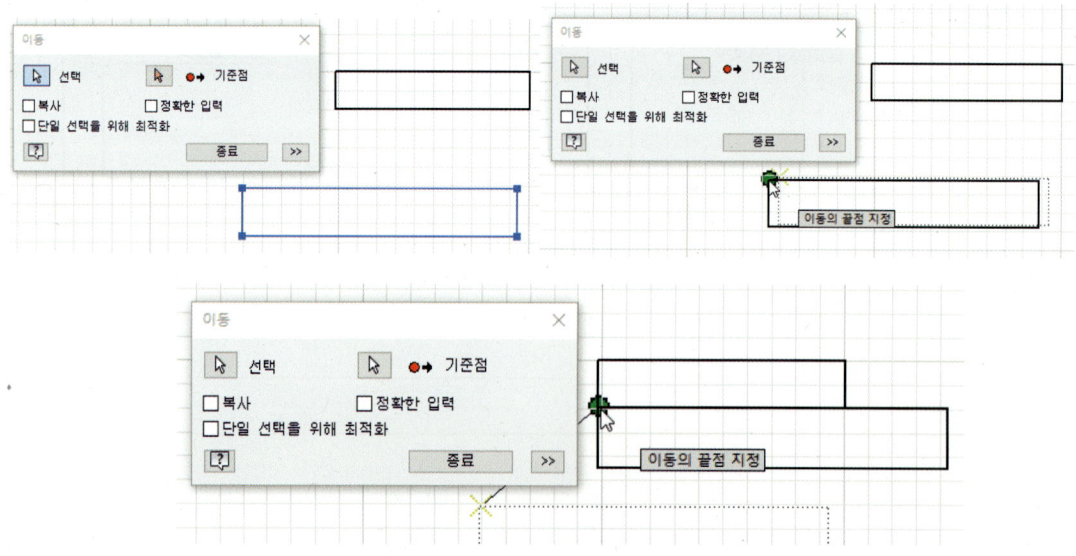

※ 스케치 이동 작성 따라 하기

## 17. 회전

> 실행: 리본에서 스케치 탭 → 수정 패널 → 회전

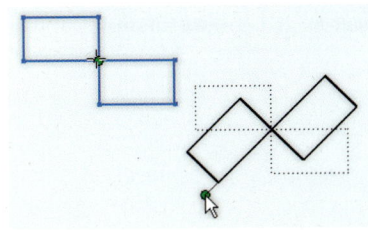

선택 명령이 사용 가능한 상태로 회전 대화상자가 열린다.

스케치 도구막대의 회전 버튼을 사용하여 지정된 중심점에 상대적으로 스케치된 형상을 회전하거나 형상의 회전된 사본을 작성한다. 구속조건을 가진 형상이 회전하면 모든 구속된 형상도 또한 회전한다.

스케치 탭의 회전 명령을 사용하여 지정된 중심점에 상대적으로 스케치 형상을 회전하거나 형상의 회전된 사본을 작성한다. 선택한 형상과 연관된 구속조건은 회전 작업에 영향을 줄 수 있다.

| | |
|---|---|
| 선택 | 회전할 형상을 선택한다. 선택 버튼을 클릭한 후 그래픽 창에서 형상을 선택한다. |
| 중심점 | 형상이 회전할 기준 중심점을 설정한다. 그래픽 창에서 점을 선택한다. |
| 각도 | 회전 각도를 지정한다. 각도를 입력하거나 화살표를 클릭한 다음 리스트에서 각도를 선택한다. |
| 복사 | 선택된 형상을 위치에 둔 채로 선택된 형상을 복사하여 지정된 각도에 배치한다. 확인란을 선택하여 형상의 사본을 회전한다. 확인란의 선택을 취소하면 선택된 형상이 회전한다. |
| 적용 | 지정된 회전 또는 복사를 적용하고 선택 버튼을 활성화하여 다른 회전을 지정할 수 있다. |

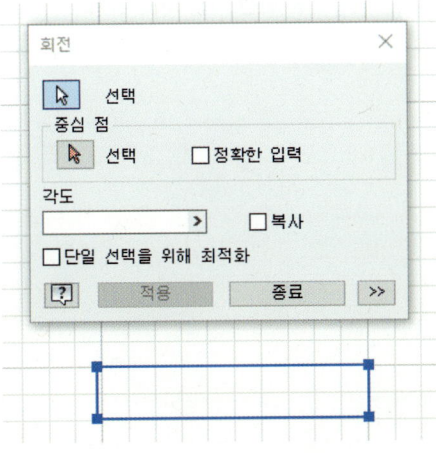

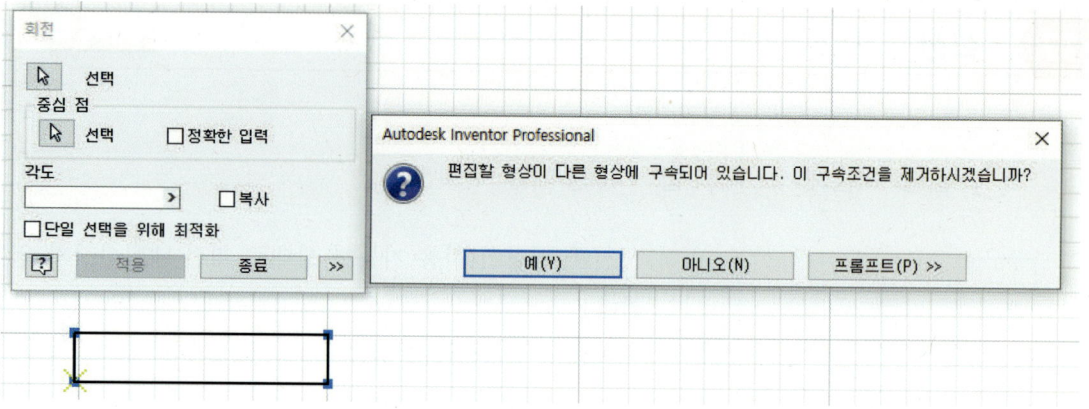

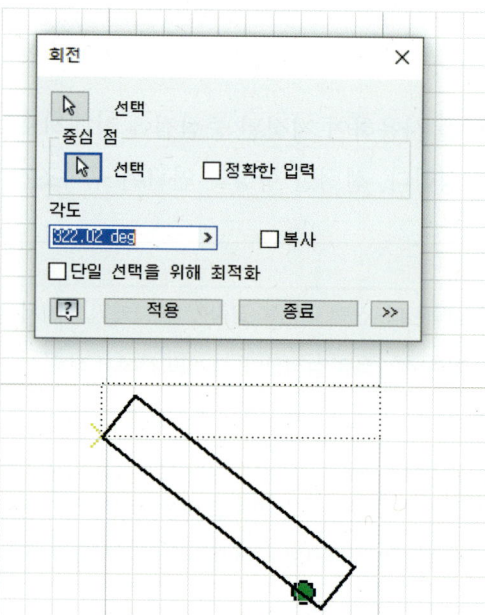

✸ 회전 작성 따라 하기

## 18. 복사

실행: 리본에서 스케치 탭 → 수정 패널 → 복사

선택 명령이 사용 가능한 상태로 복사 대화상자가 열린다.

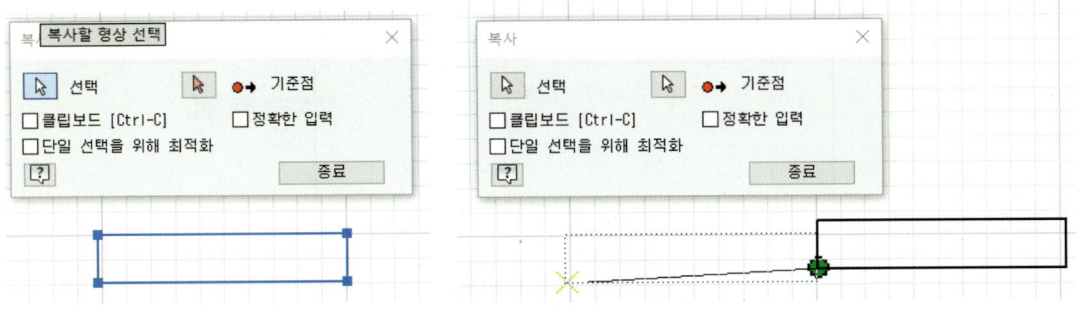

❈ 복사 작성 따라 하기

## 19. 연장

실행: 리본에서 스케치 탭 → 수정 패널 → 연장

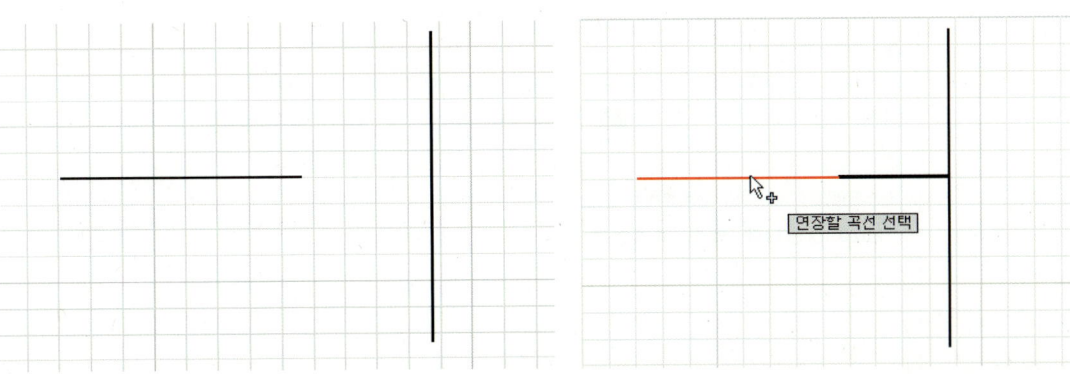

❈ 연장 작성 따라 하기

## 20. 자르기

 실행: 리본에서 스케치 탭 → 수정 패널 → 자르기

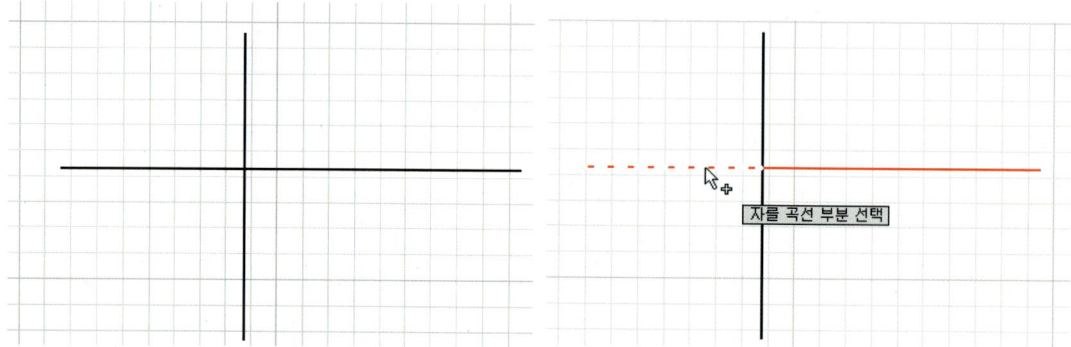

❋ 자르기 작성 따라 하기

## 21. 텍스트

A 실행: 리본에서 스케치 작성 패널 → 텍스트

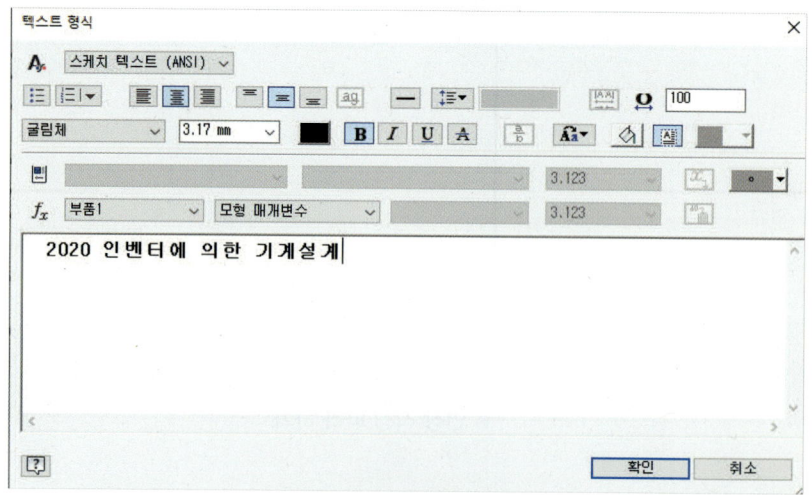

❋ 텍스트 작성 따라 하기

## 22. 구속조건

### (1) 작업 흐름: 구속조건 표시( )

① 리본에서 스케치 탭 → 구속조건 패널 → 구속조건 표시를 차례로 클릭한다.
② 구속조건 그림문자를 표시하려면 구속된 형상 위에 커서를 놓거나, 형상을 클릭하거나, 창 선택 방법을 사용하여 더 넓은 영역을 선택한다. 그러면 선택된 형상에 대한 모든 구속조건을 나타내는 구속조건 그림문자가 표시된다.
③ 일치 구속조건 그림문자를 표시하려면 노란색 일치 구속조건 점 위에 커서를 놓는다.
  • 여러 곡선이 한 점을 공유하는 경우에는 일치 구속조건 그림문자가 각 곡선에 표시된다.
④ 다음 중 하나를 수행한다.
  • 계속해서 구속조건을 표시한다.
  • 마우스 오른쪽 버튼을 클릭한 다음 종료 또는 다른 명령을 선택한다.

> **참고**
> 여러 곡선이 한 점을 공유하는 경우에는 동시 구속조건이 각 곡선에 표시된다. 구속조건이 하나의 곡선에 대해 삭제된 경우 그 곡선은 이동 가능하다. 모든 일치 구속조건이 삭제될 때까지 이외의 곡선은 구속된 상태로 남아 있다.

| 명칭 | 아이콘 | 옵션 및 기능 | 명칭 | 아이콘 | 옵션 및 기능 |
|---|---|---|---|---|---|
| 일치 구속조건 | | | 수평 구속조건 | | |
| 동일선상 구속조건 | | | 수직 구속조건 | | |
| 동심 구속조건 | | | 접선 구속조건 | | |

| 명칭 | 아이콘 | 옵션 및 기능 | 명칭 | 아이콘 | 옵션 및 기능 |
|---|---|---|---|---|---|
| 고정 구속조건 | 🔒 | | 부드럽게 | | |
| 평행 구속조건 | ∥ | | 대칭 구속조건 | [¦] | |
| 직각 구속조건 | ⊥ | | 동일 구속조건 | = | |

### (2) 구속조건 추정 우선순위

① 평행 및 직각: 먼저 형상 간의 관계를 정의하는 구속조건을 찾은 다음 스케치 그리드의 좌표를 본다.

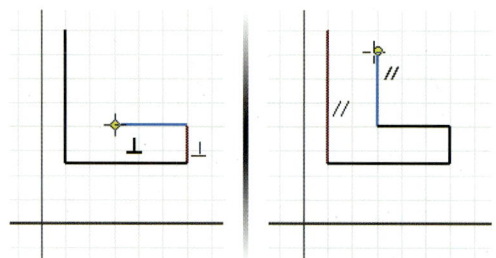

② 수평 및 수직: 먼저 스케치 좌표에 대한 스케치 형상의 방향을 정의하는 구속조건을 찾은 다음 스케치 형상 간의 구속조건을 찾는다.

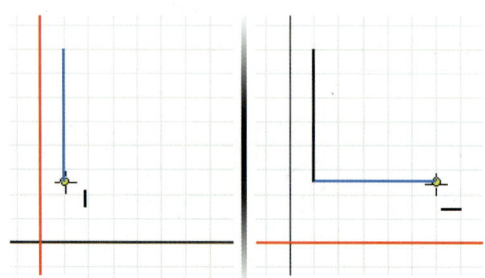

**스케치 구속조건 추가 따라 하기**

❶ 스케치 패널에서 선 도구를 클릭한다. 다음 그림과 같은 형상의 스케치를 작도한다.

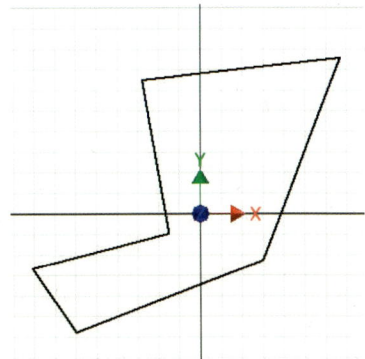

❷ 2D 스케치 패널에서 구속조건 표시 도구를 클릭한다. 스케치의 기울어진 선 위에 커서를 놓으면 현재 설정된 구속조건이 표시된다.

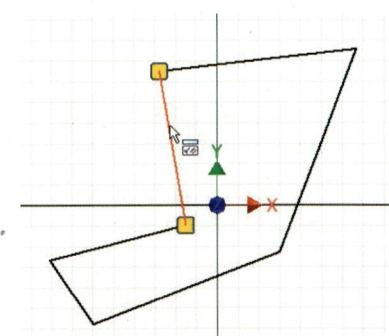

❸ 스케치의 기울어진 선은 수직이어야 하므로 이제 수직 구속조건을 추가한다. 2D 스케치 패널의 구속조건 도구 옆에 있는 아래쪽 화살표를 클릭하여 수직 구속조건을 클릭하고 기울어진 선을 선택한다.

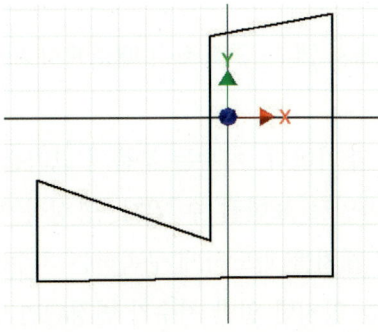

❹ 스케치의 나머지 기울어진 선은 모두 수평이어야 하므로 이제 수평 구속조건을 추가한다. 2D 스케치 패널의 구속조건에서 수평 구속조건을 클릭하고, 기울어진 선을 선택한다.

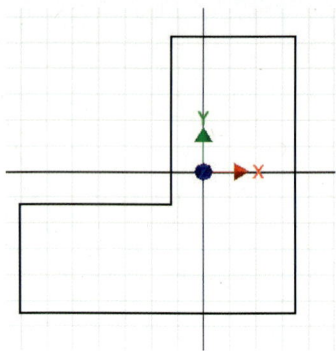

❺ 그래픽 윈도우에서 마우스 오른쪽 버튼을 클릭한 다음 종료를 선택하고, 다시 마우스 오른쪽 버튼을 클릭한 다음 "전체 구속조건 표시"를 선택하면 다음 그림과 같이 전체 구속조건이 표시된다.

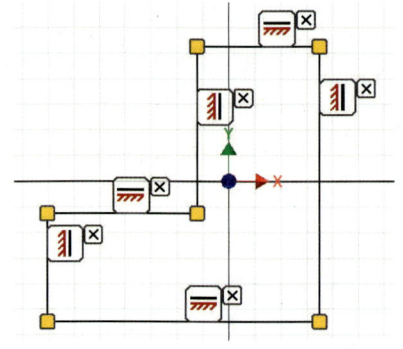

## 23. 일반 치수

>  **실행**: 리본에서 스케치 탭 → 구속조건 패널에서 치수

치수 명령은 스케치에 치수를 추가한다. 치수는 부품의 크기를 제어한다. 치수는 숫자 상수나 방정식의 변수 또는 매개변수 파일로 표현될 수 있다. 방정식(예: d5=d2)으로 계산한 치수는 "fx" 머리말과 함께 표시된다. 스케치를 과도하게 구속하는 치수(연계)는 괄호로 둘러싸여 있다. 치수는 형상의 크기를 조절하지는 않지만 일반 치수가 변경되면 업데이트된다.

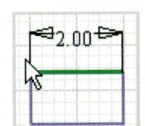
❋ 요소 하나의 선형 치수

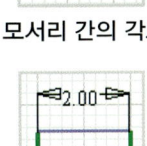
❋ 두 모서리 간의 각도 치수

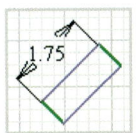
❋ 두 요소 간에 정렬된 치수

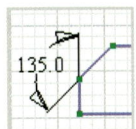
❋ 두 요소 간의 선형 치수

❋ 3점 간의 각도 치수

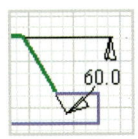
❋ 참조선에서 나온 각도 치수

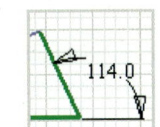
❋ 외부 각도의 각도 치수

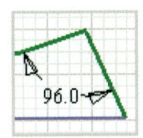
❋ 내부 각도의 각도 치수

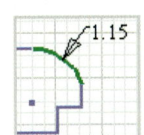
❋ 반지름 치수

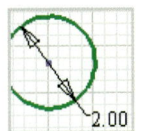
❋ 지름 치수

## 24. 자동 치수

 **실행**: 리본에서 스케치 탭 → 구속 패널 → 자동 치수기입 및 구속조건

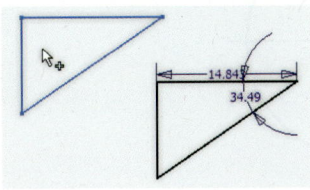 스케치 탭, 구속 패널에서 치수 및 구속조건 명령을 같이 사용하면 중요한 치수를 배치할 수 있다. 형상을 개별적으로 선택하거나 다중 선택하거나 창 선택하여 치수 또는 구속조건을 추가 또는 제거할 수 있다.

선택된 스케치 형상에 누락된 치수와 구속조건을 자동으로 적용한다.

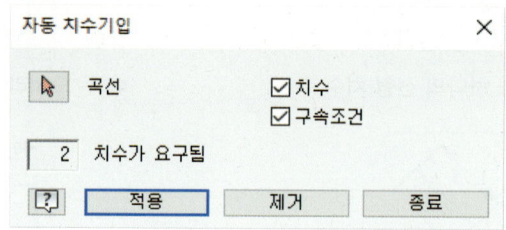

| 곡선 | 치수를 기입할 형상을 선택한다. |
|---|---|
| 치수 | 기본적으로 켜져 있다. 자동 치수를 선택된 형상에 적용한다. 선택 표시를 지워서 치수를 제외한다. |
| 구속조건 | 기본적으로 켜져 있다. 자동 구속조건을 선택된 형상에 적용한다. 선택 표시를 지워서 구속조건을 제외한다. |
| 치수가 요구됨 | 스케치를 완전히 구속하는 데 필요한 구속조건 및 치수의 개수를 표시한다. 치수와 구속조건 중 하나라도 솔루션에서 제외되면 해당 개수는 표시된 총수에서 제거된다. |
| 적용 | 치수와 구속조건을 선택된 형상에 적용한다. |
| 제거 | 치수와 구속조건을 선택된 형상에서 제거한다. |
| 종료 | 대화상자를 닫는다. |

 **스케치에 치수 적용 따라 하기**

치수를 적용할 스케치를 다음과 같이 작성한다.

❶ 스케치에 치수 구속조건을 지정하기 위해 2D 스케치 패널의 치수 도구를 클릭한다.

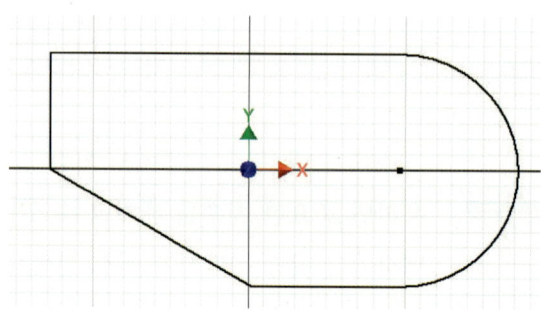

❷ 왼쪽의 호와 접하는 두 수평선의 양 끝점 부분을 클릭한 후 치수가 기입될 위치를 지정한다.

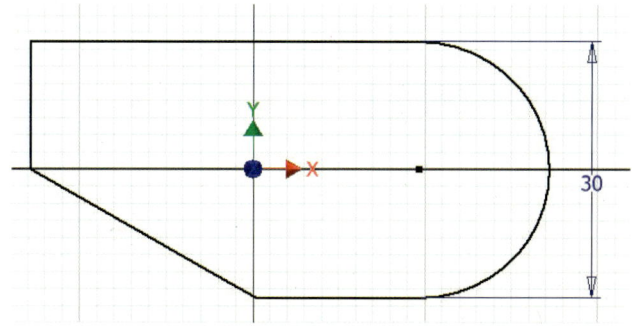

❸ 외형선 하단의 수평선을 선택하여 치수를 추가하고, 치수를 두 번 클릭하면 치수 편집 대화상자가 표시된다. 마우스로 이전에 기입된 첫 번째 치수를 선택하면, d0 변숫값이 대화상자에 표시되고, 방정식 형태로 d0*1.5를 입력한다. 자동으로 선의 길이가 주어진 값으로 조정된다.

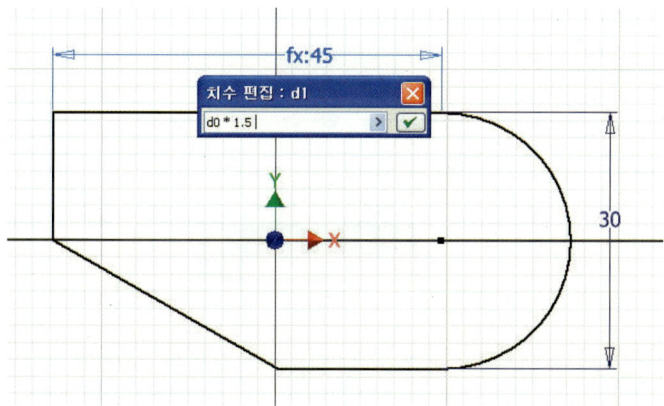

❹ 외형선 하단의 수평선을 선택하여 치수를 추가하고, 치수를 두 번 클릭하면 치수 편집 대화상자가 표시된다. 마우스로 이전에 기입된 첫 번째 치수를 선택하면, d0 변숫값이 대화상자에 표시되고, 방정식 형태로 d0/2를 입력한다. 자동으로 선의 길이가 주어진 값으로 조정된다.

CHAPTER 2 스케치 생성하기

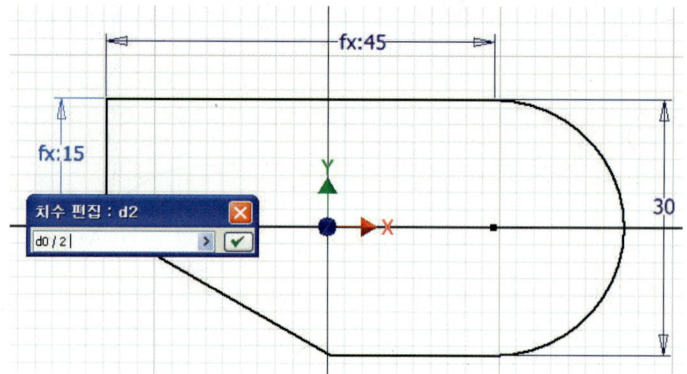

❺ 외형선 상단의 수평선과 기울어진 선이 경사진 선이 각도 치수를 지정하기 위해 수평선과 경사진 선의 중간점을 선택하고 치수가 기입될 위치를 지정하면 각도 치수가 추가된다. 치수를 두 번 클릭하면 치수 편집 대화상자가 표시되고, 각도 값을 상수 형태로 150을 입력하면 각도가 150도로 변경된다.

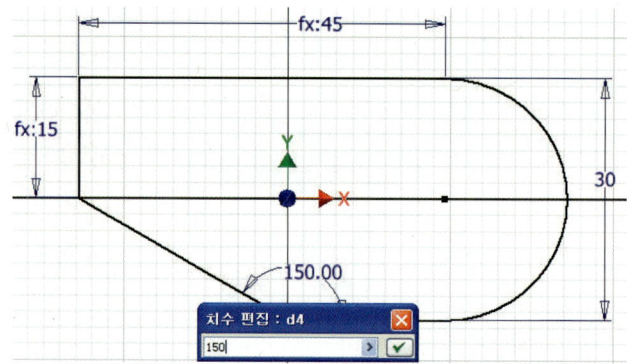

❻ 메뉴에서 [도구] → [문서 설정] → [단위]를 지정하여 모델링 치수 표시를 "표현식으로 표시"로 적용하면 치수 간의 연관관계를 쉽게 이해할 수 있다.

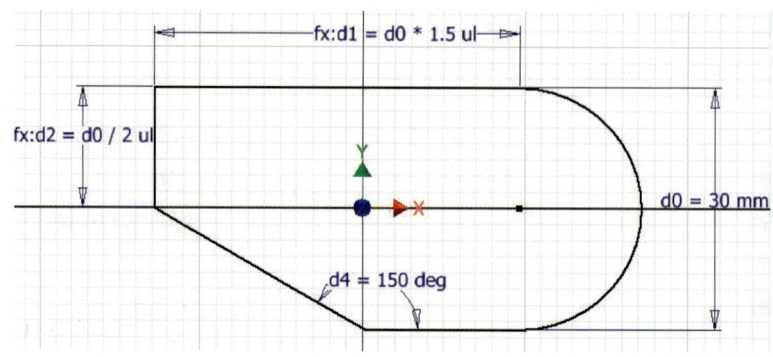

## 25. 스케치 연습하기

(1) 도면 1

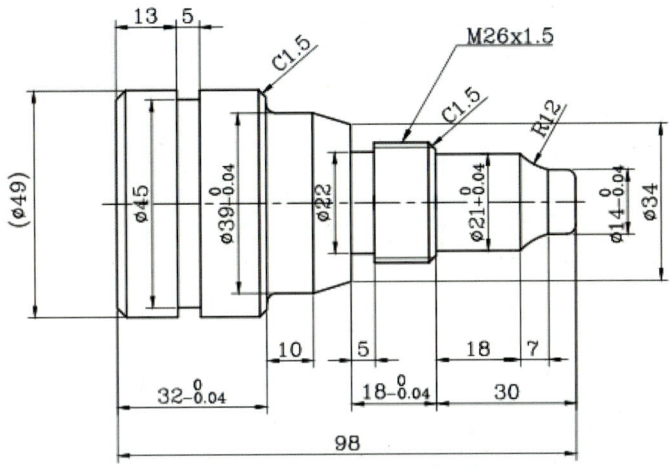

(2) 도면 2

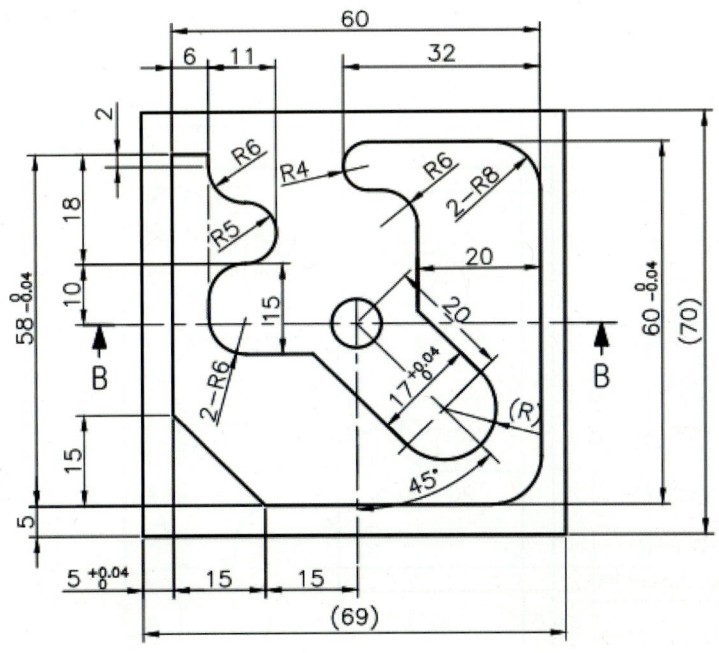

(3) 도면 3

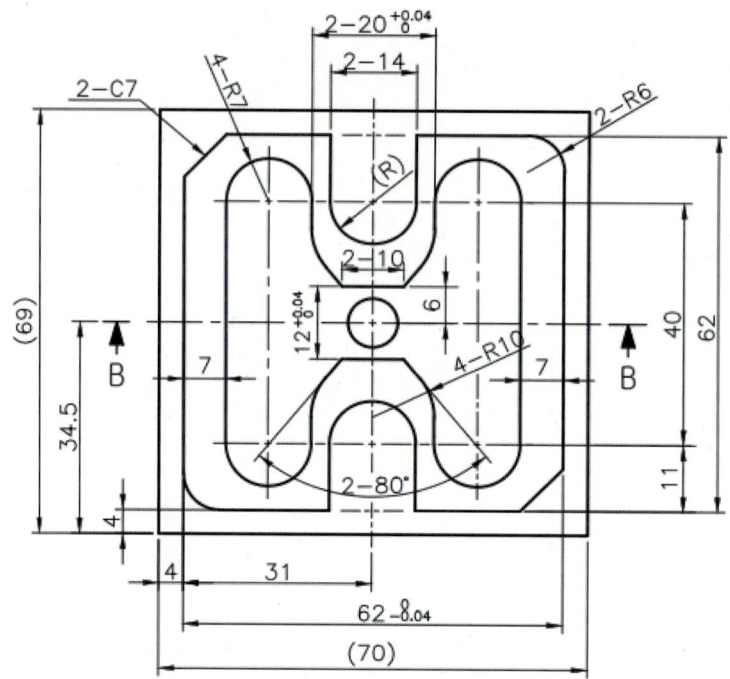

(4) 도면 4

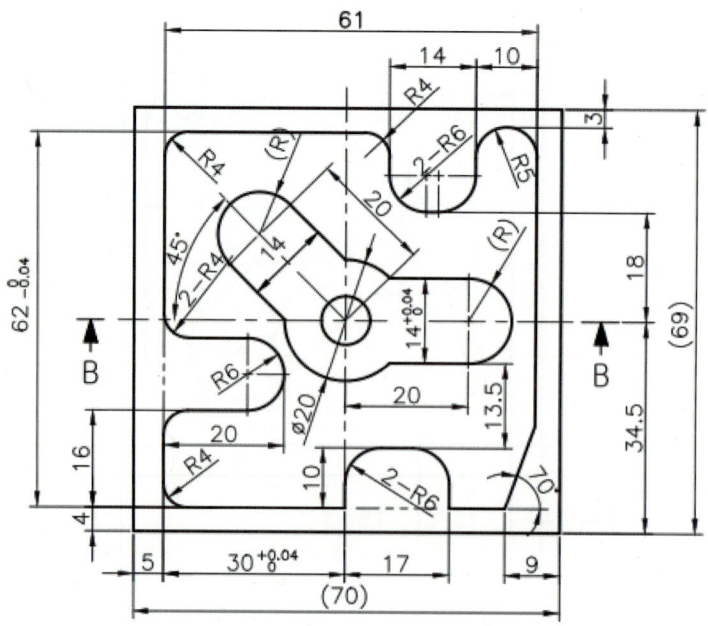

(5) 도면 5

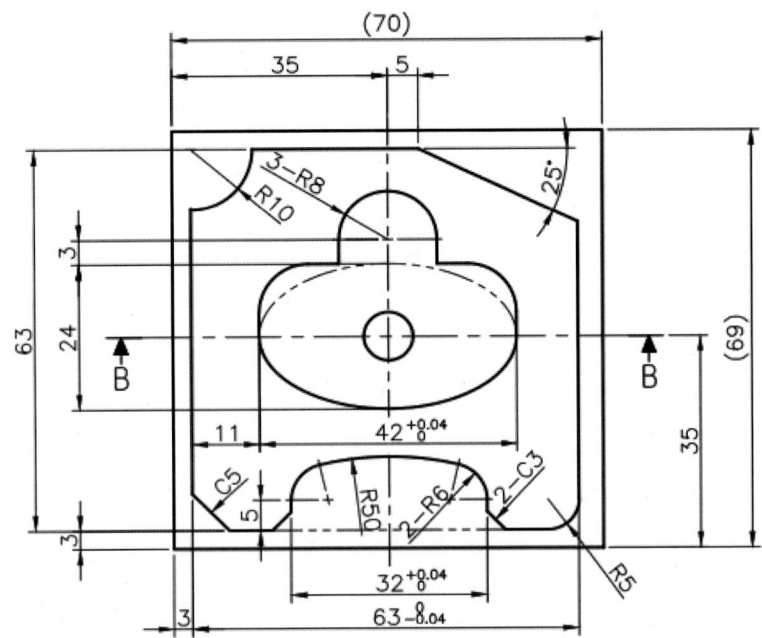

# CHAPTER 3

# 부품 모델링하기

1. 응용프로그램 옵션설정-부품
2. 돌출
3. 회전
4. 구멍
5. 쉘
6. 모따기
7. 모깎기
8. 제도(면 기울기)
9. 직사각형 패턴
10. 원형 패턴
11. 기본 참조 평면표시
12. 평면
13. 축
14. 형상 투영
15. 스윕
16. 로프트
17. 분할(면, 부품)
18. 코일
19. 리브
20. 스레드
21. 결합
22. 파생
23. 객체 복사
24. 본체 이동
25. 굽힘
26. 엠보싱
27. 전사
28. 미러
29. 곡면 스티치
30. 두껍게 하기/간격띄우기
31. 조각
32. 연장
33. 면 대체

**학습목표**

2D 스케치로부터 작성된 도형을
피쳐를 추가하여 생성된 모델링을 결합, 수정, 편집하여
도면의 요구대로 3D 모델링 부품을 작성할 수 있다.

# 부품 모델링하기

 **도면과 모델링의 차이는 무엇입니까?**

부품의 쉐이프 부분을 정의하는 2차원 스케치를 작성하여 모델링 3차원 솔리드 피쳐를 시작하는 경우가 종종 있다. 스케치에는 선, 호, 원 및 치수의 작성이 포함된다. CAD 제품에서 도면을 작성해 본 경험이 있는 사용자라면 이러한 내용에 익숙할 것이다. Inventor의 스케치 도구는 모양과 느낌이 이전에 사용되었던 2차원 형상 도구와 유사하다. 하지만 Inventor의 스케치 도구를 사용하면 Inventor 스케치 형상이 작성되는 동안 관계 정보를 캡처할 수 있다. 이것이 도면과 모델링의 주된 차이점이다. 이러한 관계 또는 구속조건을 올바르게 적용하면 필요한 편집 프로세스를 보다 쉽고 예측 가능하도록 만들 수 있다.

2D 설계 환경에서는 사용자가 형상의 의미를 추적해야 하므로 형상을 임의의 순서로 작성할 수 있다. 3D 모델링 순서는 물리적 부품의 작성과 유사하며 피쳐의 작성은 일반적으로 이전 피쳐의 영향을 받는다. 이 피쳐 계층구조를 사용하면 컴퓨터에서 형상의 의미를 추적할 수 있다. 예를 들어, 2D 도면을 작성할 때에는 먼저 구멍을 나타내는 원을 작성한 다음 구멍을 배치할 스톡을 나타내는 직사각형을 작성할 수 있다. 3D에서 모델링을 수행하는 동안에는 먼저 구멍을 작성할 모형이 있어야 구멍을 배치할 수 있으므로 이러한 순서가 필요하지 않는다.

하향식 설계 또는 골조 모델링 기술을 사용하여 조립품 설계를 시작하는 경우가 종종 있다. 조립품의 일부 또는 전체 부품을 나타내는 스케치를 사용하여 솔리드 모델링 프로세스를 시작할 수 있다. 개별 부품 모형은 조립품 모형의 컨텍스트에 있는 단일 스케치의 형상을 사용하여 작성된다. 흔히 상향식 접근 방식을 사용하여 조립품 모형이 작성된다. 이 과정에서 이전에 작성한 부품 모형은 최종 조립품을 나타내기 위해 함께 배치된다.

모형에 피쳐 또는 구성요소를 모두 추가한 후에는 세 가지 일반 뷰 도면을 작성한다. 모형의 뷰가 도면 시트에 정렬된다. 모형에 대한 솔리드 표현이 있으므로 시스템이 각 도면 뷰에 솔리드 또는 점으로 표시될 모서리를 인식한다. 그러나 도면의 치수를 수동으로 적용할 수 있으며, 모형 스케치에 배치한 치수를 가져와 적절한 도면 뷰에서 이 치수를 사용할 수도 있다. 도면에서 배치된 모형 뷰를 사용하므로 모형을 변경하면 변경된 내용이 업데이트된 도면에 자동으로 반영된다.

그 밖의 도구를 통해 설계의 기능적인 측면을 지원하면서 컴퓨터를 최대한 활용할 수 있다. 이러한 도구를 사용하면 세 가지 치수 모형 및 설계에 따른 특정 설계 매개변수를 사용하여 볼트 연결, 샤프트, 기어열 설계, 베어링 수명, 스프링 및 구조 하중 모두의 엔지니어링 무결성을 확인할 수 있다.

설계 시 도면과 모델링 접근 방식을 모두 사용하여 익숙한 엔지니어링 도면을 작성할 수 있다. 2D 접근 방식에서는 도면에서 부품을 작성하는 데 필요한 물리적 정보를 캡처하는 반면, 솔리드 모델링 접근 방식에서는 도면이 모형 작성에 사용할 여러 도면 중 하나에 불과하다.

## 1. 응용프로그램 옵션설정-부품

실행: 리본 메뉴 도구 → 옵션 → 응용프로그램 옵션(  )

## 2. 돌출

 **실행**: 리본에서 모형 탭 → 작성 패널 → 돌출

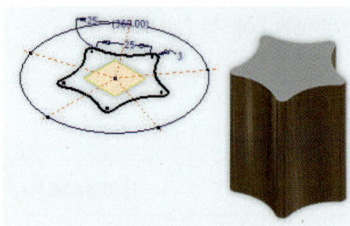

스케치된 프로파일에 깊이를 추가하여 피쳐 또는 본체를 작성한다. 조립품에서 돌출은 종종 부품을 관통하도록 자르는 데 사용된다. 피쳐의 쉐이프는 스케치 쉐이프, 돌출 범위 및 테이퍼 각도에 따라 제어된다.

###  간단한 돌출 따라 하기

❶ 리본 메뉴의 새로 만들기에서 돌출( Standard.ipt ) 아이콘을 클릭한다. XZ 평면을 선택한다.
❷ 그림과 같이 15×25로 스케치한 후 스케치 마무리 버튼을 클릭한다.
❸ 돌출 아이콘을 클릭한 후 프로파일을 선택 후, 거리 20을 입력한 후 확인한다.
❹ 자세히 클릭 후 테이퍼 15를 입력한 후 확인한다.
❺ 다시 쉐이프 클릭 후 방향을 변경한 후 확인한다.

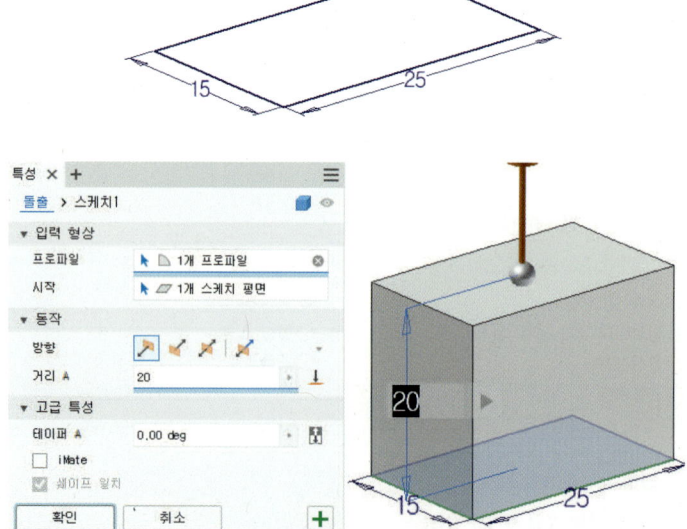

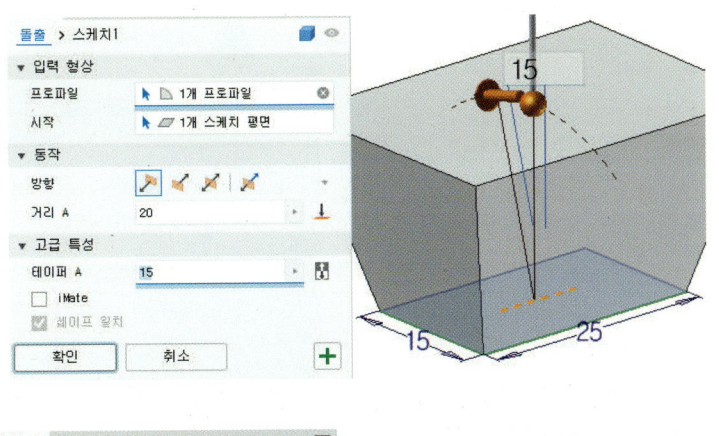

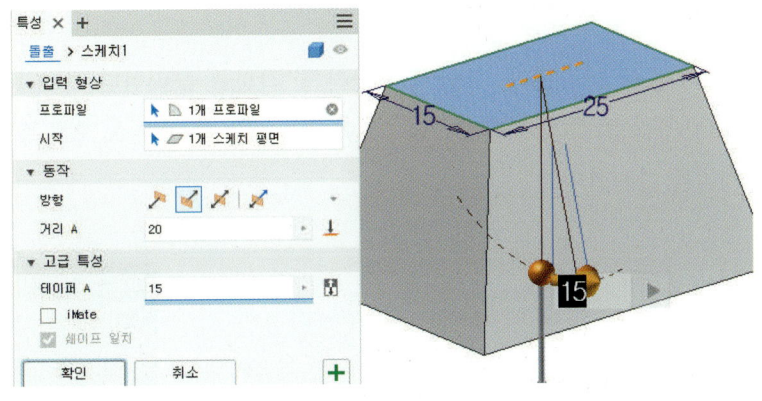

❋ 간단한 돌출 따라 하기

###  돌출로 육각 구멍붙이볼트(렌치볼트) 따라 하기

❶ 리본 메뉴의 새로 만들기에서 돌출( Standard.ipt ) 아이콘을 클릭한다. XY 평면을 선택한다.

❷ 아래 그림처럼 2점 직사각형으로 스케치를 하고 중심선으로 선을 변경한다. 치수기입을 하고 스케치 복귀를 한다. 회전 아이콘을 이용하여 그림처럼 회전한다.

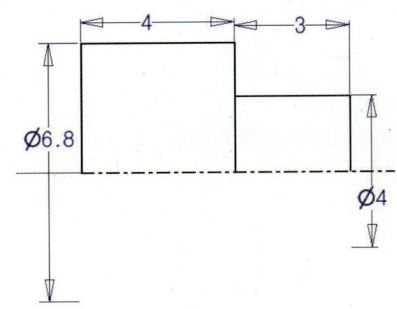

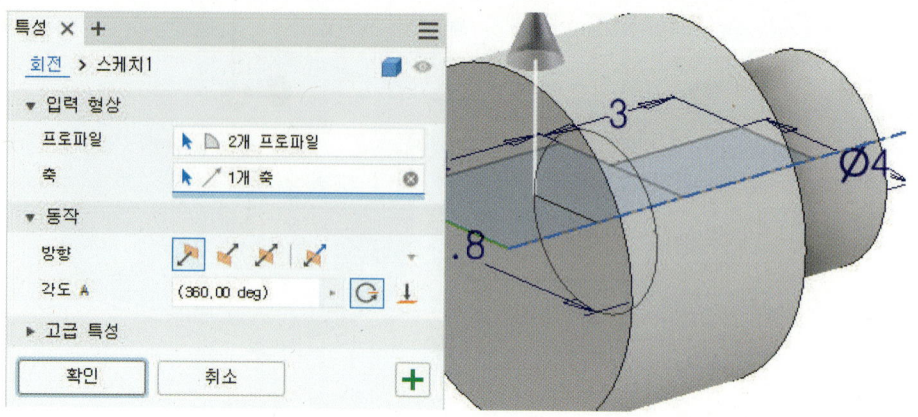

❸ 모따기 아이콘을 클릭한다. 그림처럼 거리 및 각도를 클릭한다. 거리는 볼트 지름 4/10 및 각도(45°)를 입력하고 확인한다. 그림처럼 뒷면에 마우스 오른쪽 버튼을 클릭하고 새 스케치를 클릭한다.

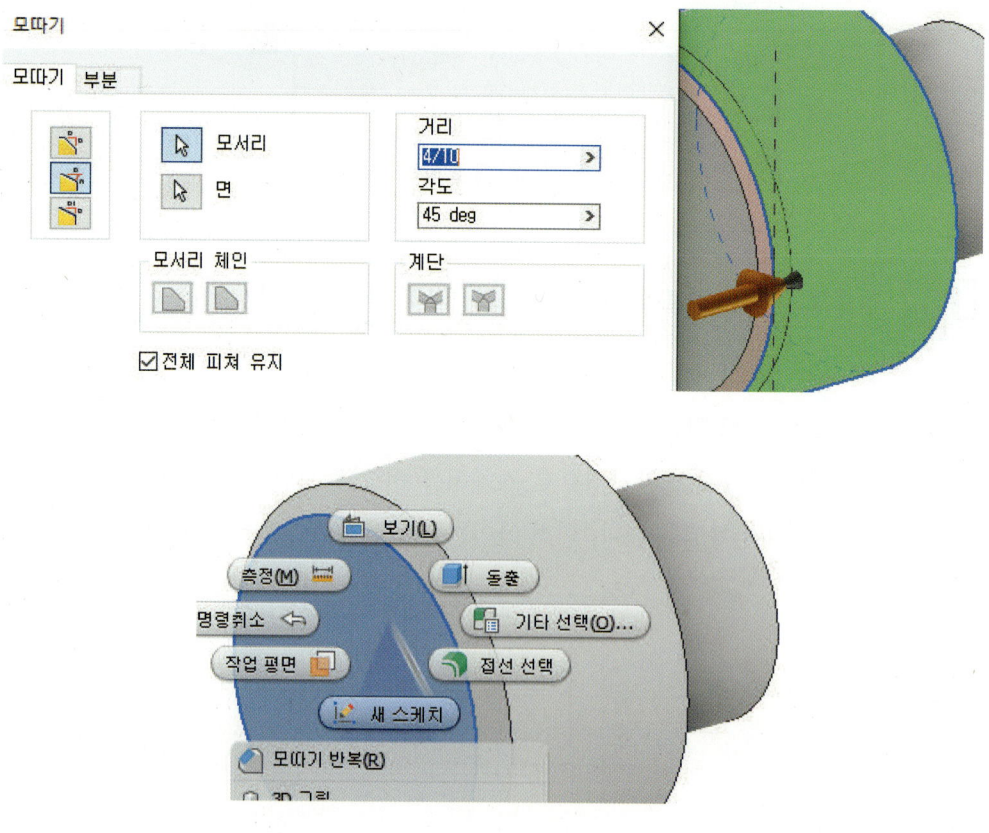

❹ 그림처럼 원 아이콘을 클릭하여 ⌀4 원을 그린 후, 폴리곤 아이콘을 이용하여 6을 입력하여 수직구속조건을 수직선에 주고 그림처럼 스케치를 한 후 종료한다.

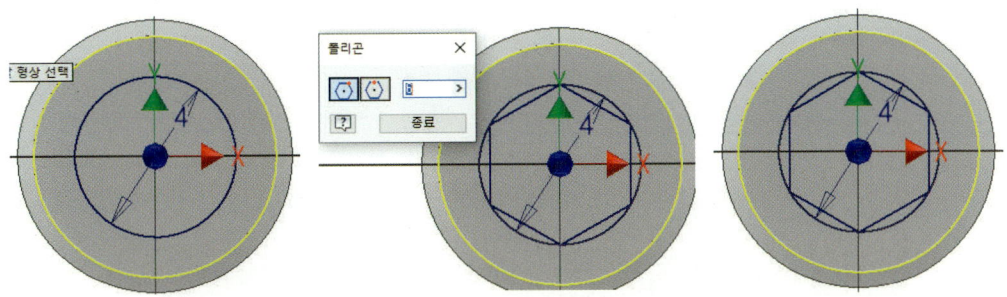

❺ 돌출 아이콘을 이용하여 그림처럼 입력하고 확인한다. 그림처럼 모서리를 클릭하여 작업 축을 생성한다.

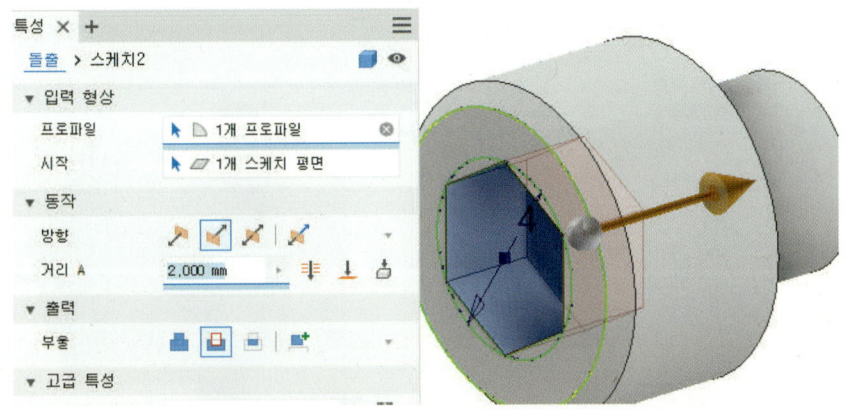

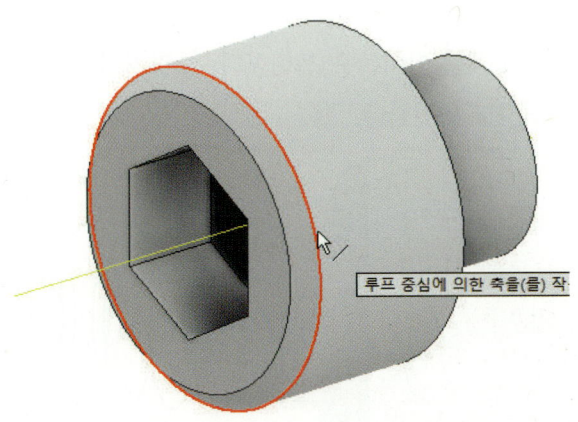

❻ 그림처럼 마우스 오른쪽 버튼을 클릭한 후 새 스케치를 선택한 다음 형상 투영을 한 후 스케치를 종료한다.

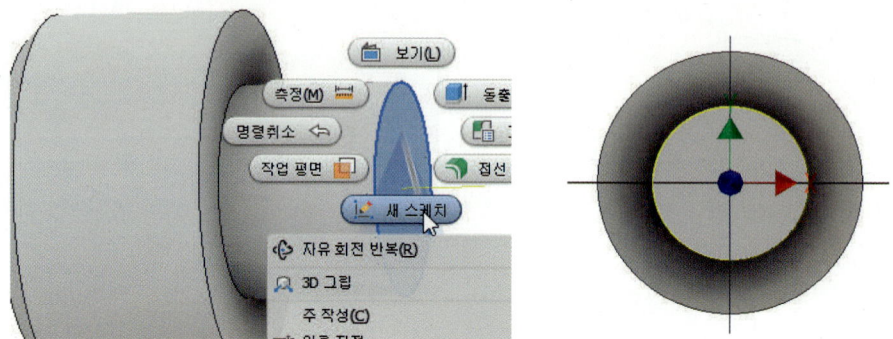

❼ 돌출 아이콘을 이용하여 그림처럼 설정하고, 양방향 선택, 거리 1을 입력, 고급 특성에서 테이퍼(-60)를 입력하고 확인한다.

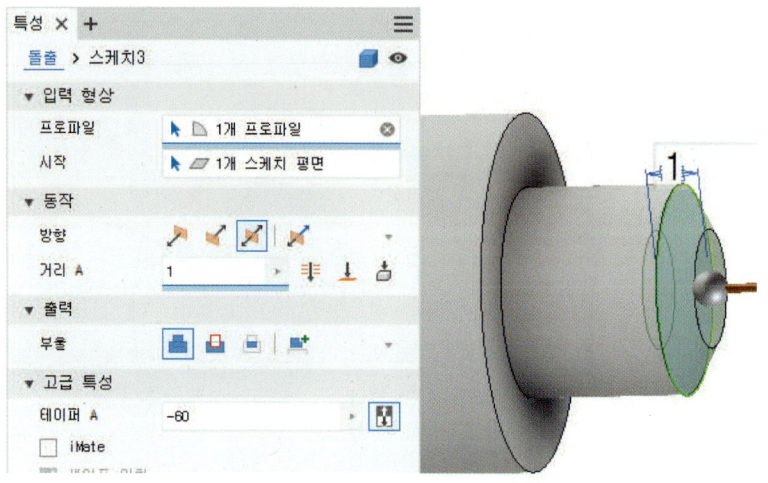

❽ 패턴에서 직사각형 패턴 아이콘을 선택한다. 그림처럼 방향 1을 설정한 후 열 개수 10, 열 간격 1을 입력하고 확인한다.

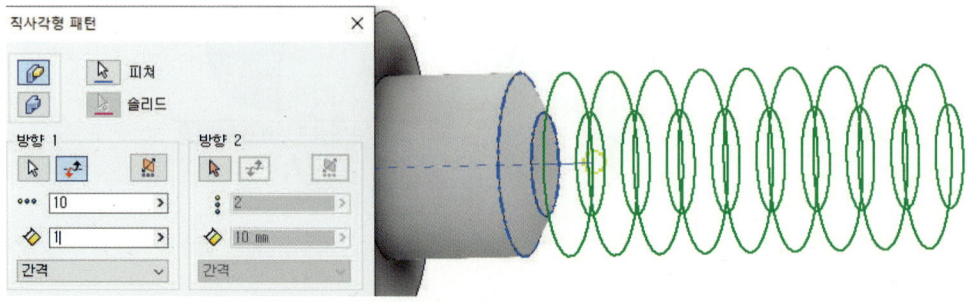

❾ 작업 축 가시성에서 체크를 해제하고, 최종 완성을 확인한다.

### 돌출로 M4 탭(암나사) 따라 하기

❶ 리본 메뉴의 새로 만들기에서 돌출(  Standard.ipt ) 아이콘을 클릭한 후 XY 평면을 선택한다.

❷ 그림처럼 2점 직사각형으로 스케치를 하고, 중심선으로 선을 변경을 한다. 치수 아이콘을 이용하여 치수기입하고 스케치를 종료한다.

❸ 회전 아이콘을 이용하여 그림처럼 설정하고 확인한다.

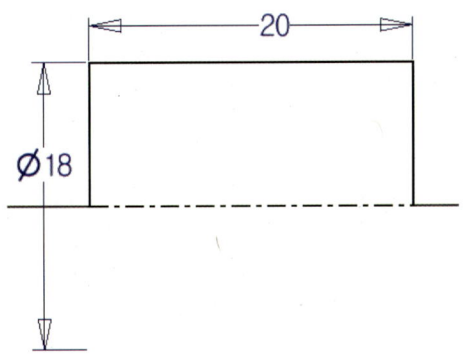

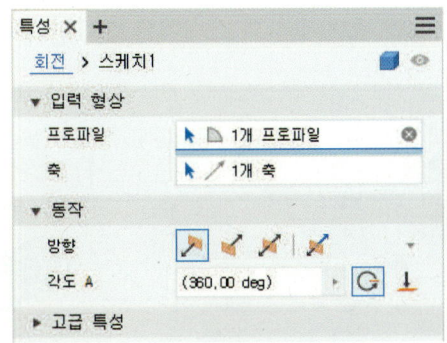

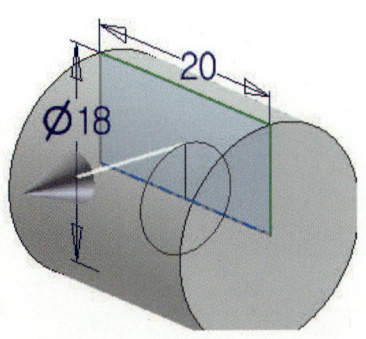

CHAPTER 3 부품 모델링하기

❹ 그림처럼 마우스 오른쪽 버튼을 클릭하고, 새 스케치를 선택한 후 원 아이콘을 이용하여 스케치 후 그림처럼 치수기입을 하고 스케치를 종료한다.

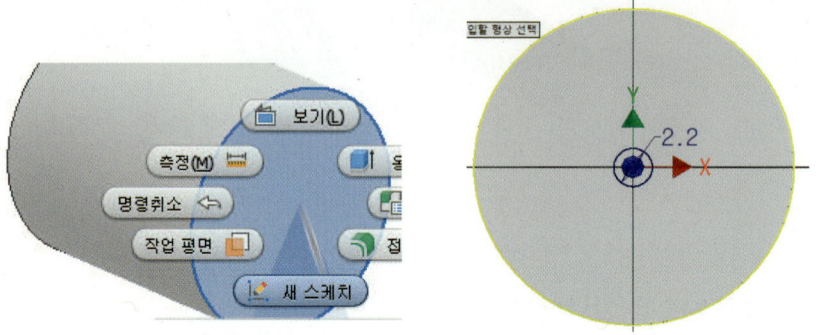

❺ 돌출 아이콘을 선택하고 그림처럼 프로파일 선을 선택한 후 차집합, 양방향, 거리 1, 고급 특성에서 테이퍼(60)를 입력하고 확인한다.

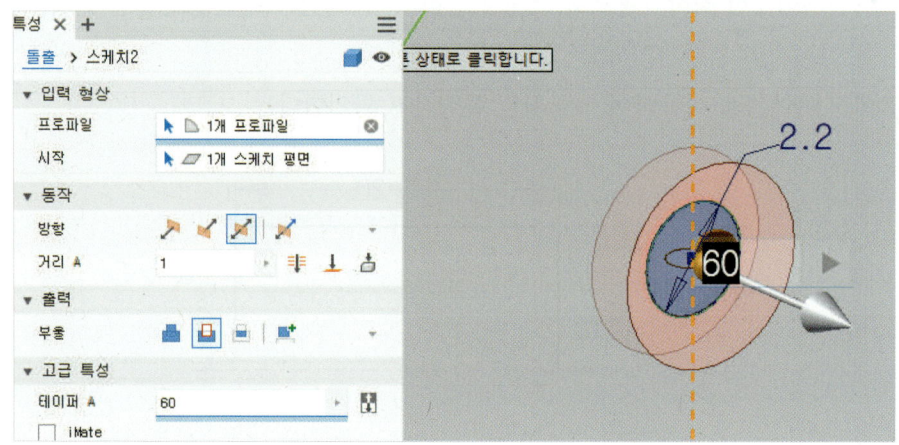

❻ 그림처럼 축 생성을 하고 패턴에서 직사각형 아이콘을 선택한다. 그림처럼 방향을 설정하고 열 개수 10, 열 간격 1을 입력하고 확인한다. XY 평면을 선택하고 가시성을 클릭한다. 마우스 오른쪽 버튼을 클릭하고 작업 평면에서 새 스케치를 선택한다.

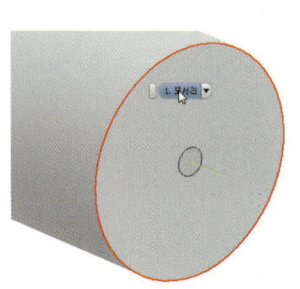 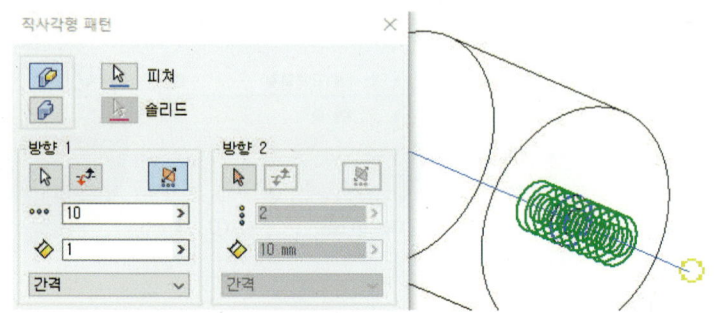

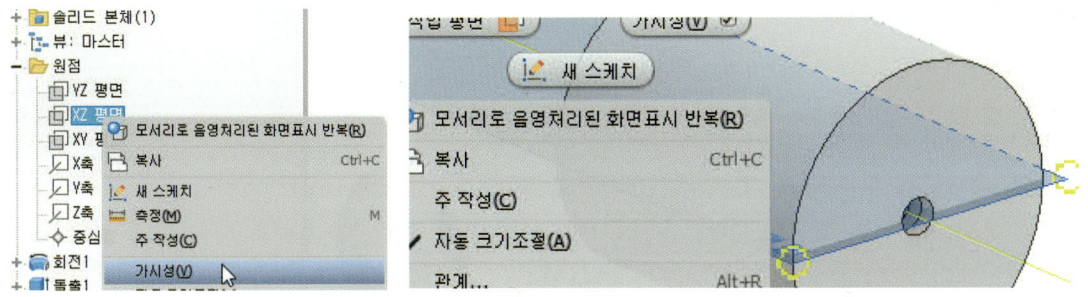

❼ 그림처럼 F7 그래픽 슬라이스 및 형상 투영을 하고, 스케치한 후 치수기입을 하고 스케치를 종료한다.

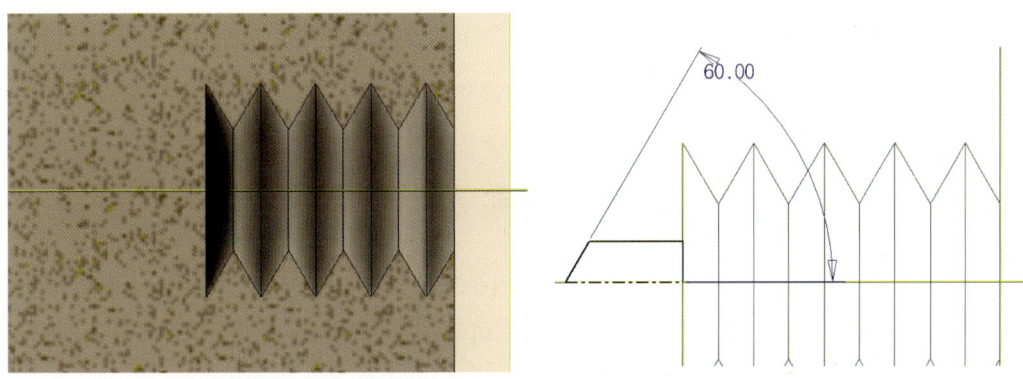

❽ 회전 아이콘을 이용하여 그림처럼 설정하고 확인한다. 와이어프레임으로 내경을 확인한다.

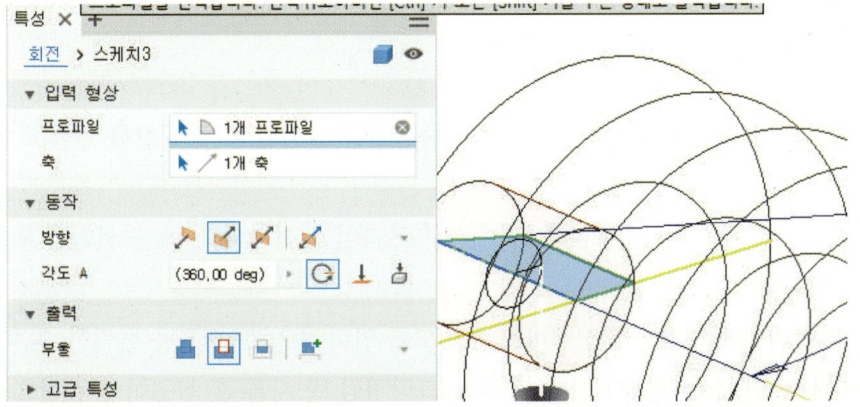

CHAPTER 3 부품 모델링하기

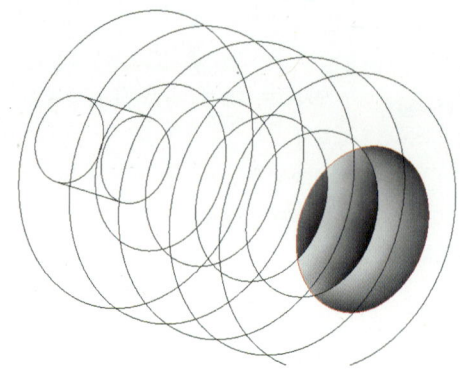

## 3. 회전

 실행: 리본에서 모형 탭 → 작성 패널 → 회전

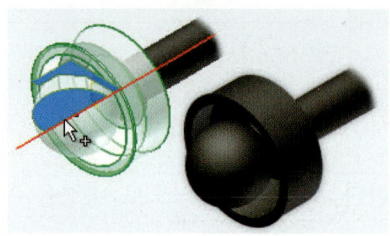 축을 기준으로 하나 이상의 스케치된 프로파일을 회전하여 피쳐 또는 본체를 작성한다. 곡면을 제외하고 프로파일은 닫힌 루프여야 한다.

 **회전 따라 하기**

❶ XY 평면의 스케치상에서 그림처럼 중심선을 클릭한 후 중심선을 만들고, 그림 모양처럼 스케치하고 스케치를 종료한다.
❷ 회전아이콘을 클릭하고, 쉐이프에서 프로파일을 선택하고, 축을 선택한 후 범위는 전체를 클릭한 후 확인한다.
❸ 다시 범위에서 각도를 선택하고, 180도를 입력 후 방향 버튼을 클릭한 후 확인하다.
❹ 다시 스케치 상태에서 원을 그리고, 그림처럼 반 자른 후 복귀하여 회전으로 전체 선택 후 확인하면 구 모양이 된다.

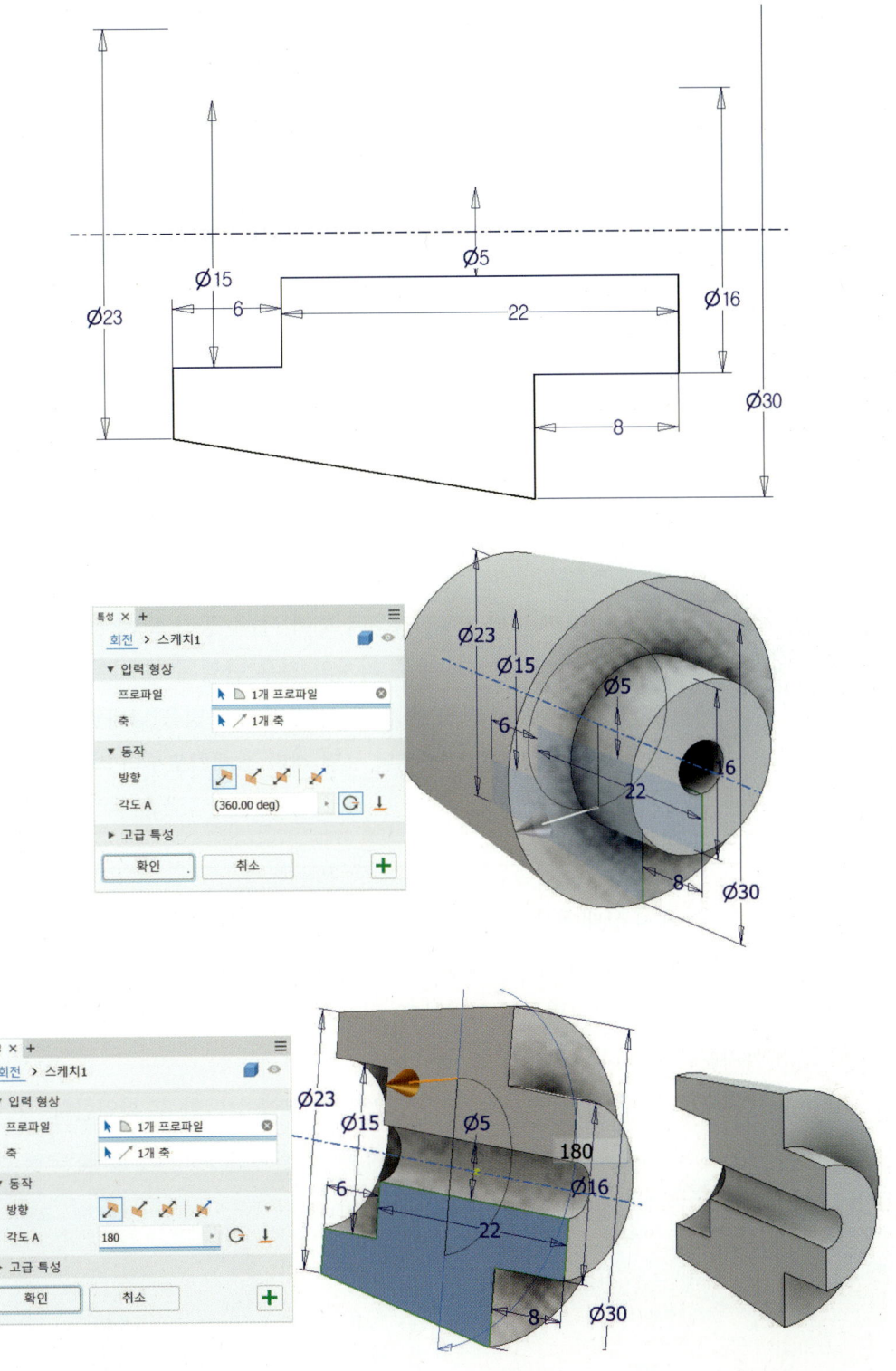

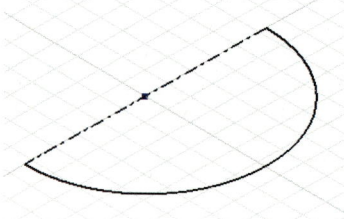 

❋ 회전 따라 하기

## 4. 구멍

 실행: 리본에서 모형 탭 → 수정 패널 → 구멍

  파라메트릭 드릴, 카운터 보어, 접촉 공간 또는 카운터 싱크 구멍 피쳐를 작성한다. 부품 피쳐의 경우 단일 구멍 피쳐는 동일한 구성(지름과 종료 방법)을 가진 여러 개의 구멍을 나타낼 수 있다. 다른 구멍은 동일하고, 공유된 구멍 패턴 스케치로부터 작성될 수 있다.

 **구멍 따라 하기**

❶ XZ 평면의 스케치 상태에서 직사각형 40×20으로 스케치한 후 복귀하여 10mm만큼 돌출한 후 윗면에 선택하여 마우스 오른쪽을 누르고 새 스케치를 클릭한다.
❷ 점 아이콘을 클릭하여 그림처럼 입력하고, 치수기입을 하고 복귀를 한다.
❸ 구멍 아이콘을 클릭하고 중심을 클릭한다.
❹ 전체 관통으로 한 후 탭 구멍을 선택하고, 그림처럼 5를 선택한 후 확인한다.

 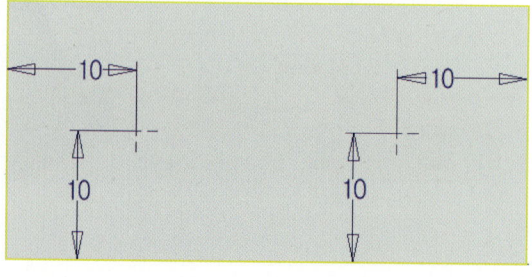

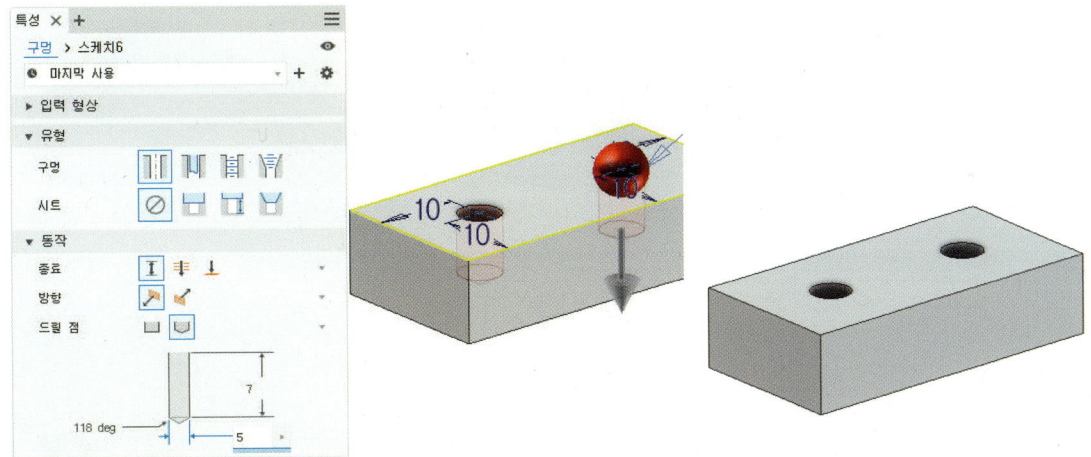

❋ 구멍 따라 하기

## 5. 쉘

 **실행**: 리본에서 모형 탭 → 수정 패널 → 쉘

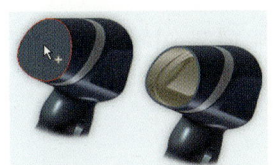 부품 내부에서 재질을 제거하여 지정된 두께의 벽으로 속이 빈 구멍을 작성한다. 선택된 면을 제거하여 쉘 개구부를 구성할 수 있다.

### 쉘 피쳐 작성 따라 하기

❶ XZ 평면의 스케치에서 직사각형 20×40 스케치 후 10mm 돌출한다.

❷ 쉘 도구를 클릭한다.

❸ 면 제거를 클릭한 다음, 면을 선택하여 그래픽 창에서 제거한다.

❹ 면을 미리 선택하면 자동으로 강조된다.

❺ 방향 버튼을 클릭하여 선택된 면(내부, 외부 또는 모두)의 곡면으로부터 간격띄우기를 한 쉘의 방향을 지정한다.

❻ 기본 면 두께를 입력하고 확인한다.

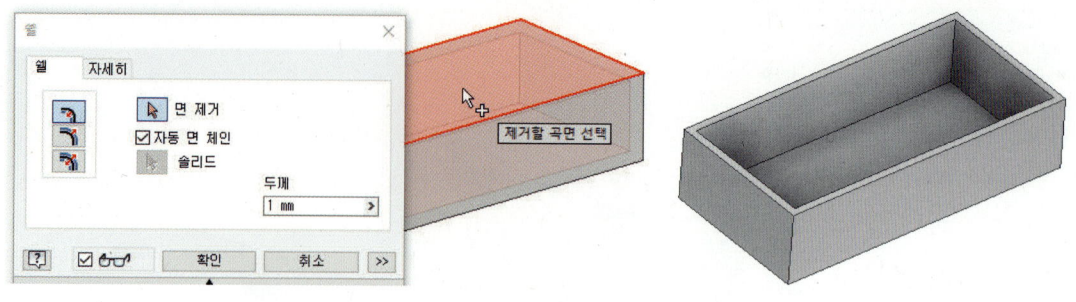

❋ 쉘 따라 하기

## 6. 모따기

**실행**: 리본에서 모형 탭 → 수정 패널 → 모따기

하나 이상의 부품 모서리에 모따기를 추가한다. 모서리 모양을 지정하고 모서리를 개별적으로 또는 체인의 부품으로 선택한다. 단일 작업에서 작성된 모든 모따기는 하나의 피쳐이다.

조립품 환경에서 작성된 모따기에 대해 여러 개의 부품에서 형상을 선택할 수 있다.

① 거리: 두 면의 모서리로부터 같은 간격의 거리로 모따기를 작성한다.

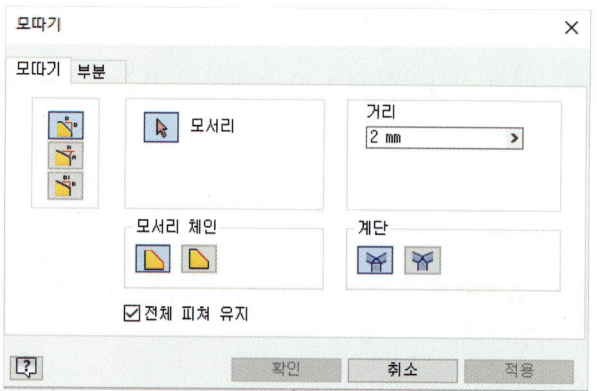

② 거리 및 각도: 모서리로부터의 간격띄우기와 한 면에서 그 간격띄우기까지의 각도에 의해 정의된 모따기를 작성한다.

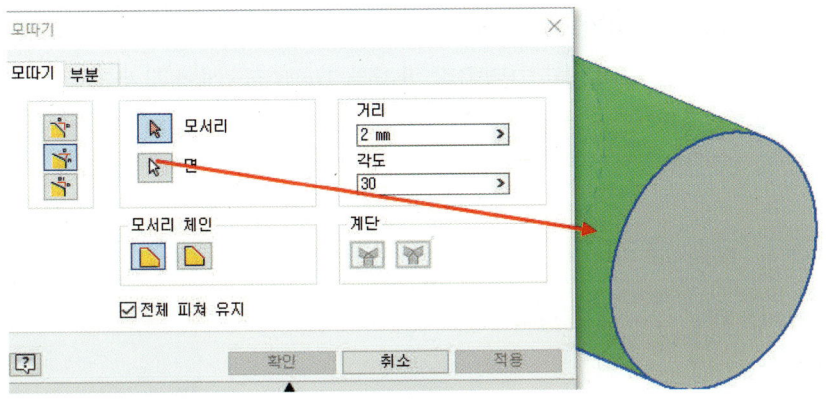

③ 2개의 거리: 각 면에 대해 지정된 거리를 사용하여 하나의 모서리에 모따기를 작성한다.

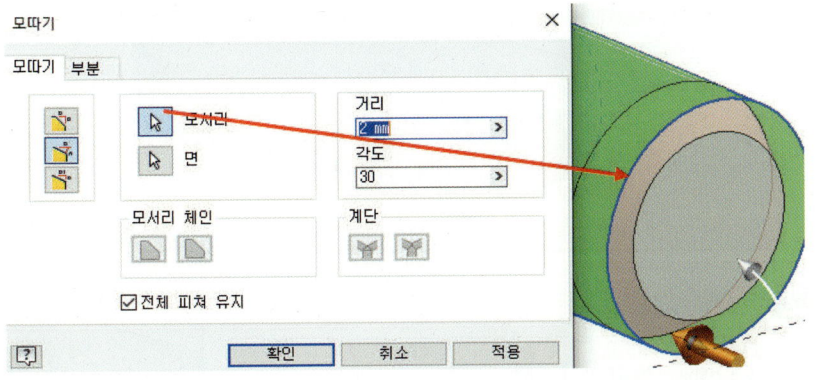

## 7. 모깎기

 **실행**: 리본에서 모형 탭 → 수정 패널 → 모깎기

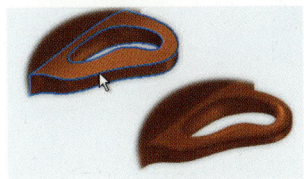
2개의 면 세트 사이 또는 3개의 인접 면 세트 사이에서 하나 이상의 부품 모서리에 모깎기 또는 라운드를 추가한다. 모서리 모깎기의 경우 접선(G1) 또는 부드러운(G2) 연속성을 인접 면에 적용할 수 있다.

모깎기 따라 하기 1

❶ XZ 평면의 스케치에서 직사각형 20×40으로 스케치 후 10mm 돌출한다.
❷ 모따기 아이콘을 클릭하고 그림처럼 반지름 2mm로 3개의 모서리를 선택한다.
❸ 다시 변수를 선택하고 그림처럼 시작과 끝점을 선택하여 값을 입력한 후 적용한다.

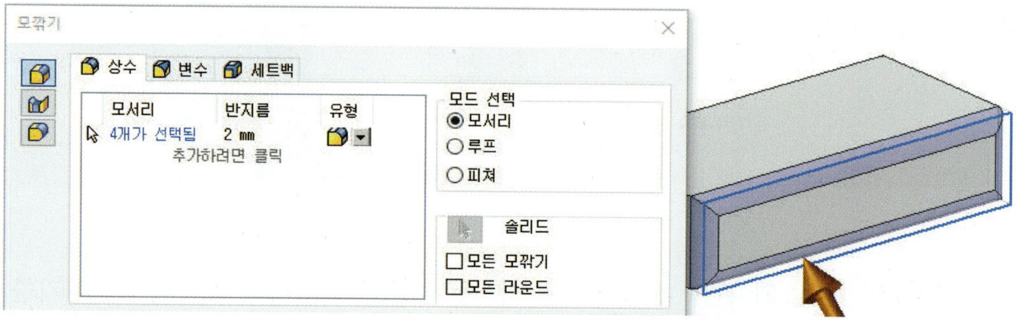

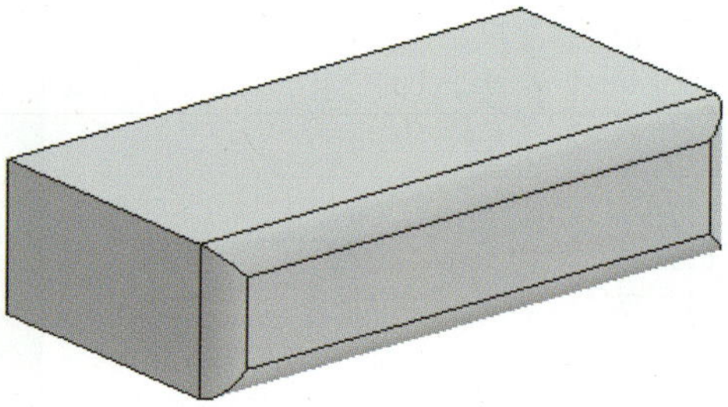

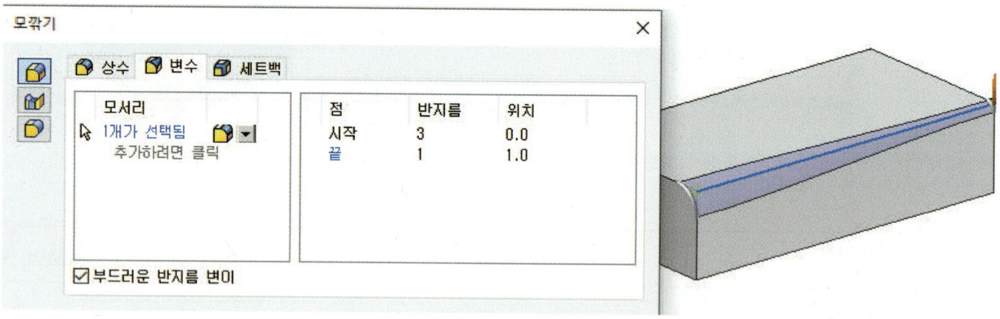

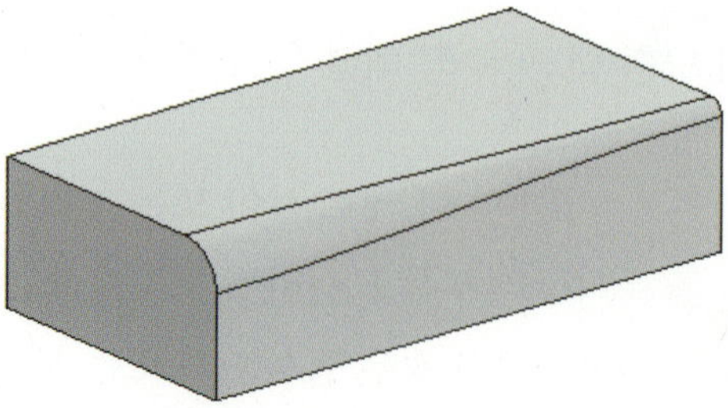

❋ 모깎기 따라 하기 1

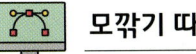 **모깎기 따라 하기 2**

❶ XZ 평면의 스케치 상태에서 직사각형으로 30×20으로 스케치한 후 복귀를 누르고, 20mm 돌출한다.

❷ 다시 윗면을 선택한 후 새 스케치에서 30×15로 스케치한 후 복귀하여 돌출에서 제거를 선택하고 거리 15mm 입력 후 확인한다.

❸ 모깎기 버튼을 클릭 후 전체 둥글리기 버튼 클릭 후 첫 번째 측면 세트 1을 선택하고, 두 번째 중심 면 세트를 선택한 다음, 마지막으로 그림처럼 측면 세트 2를 클릭하여 확인한다.

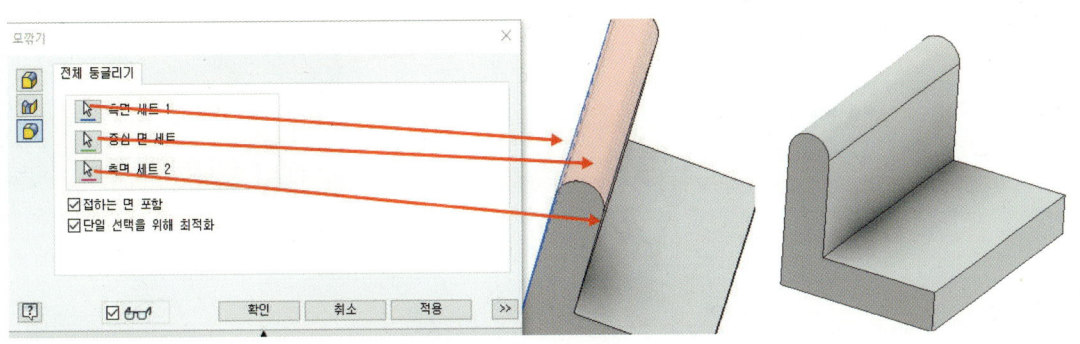

❋ 모깎기 따라 하기 2

 **모깎기 따라 하기 3**

❶ XZ 평면의 스케치 상태에서 직사각형으로 30×20으로 스케치한 후 복귀를 누르고, 20mm 돌출한다.

❷ 다시 윗면을 선택한 후 새 스케치에서 가운데 30×10으로 스케치한 후 복귀하여 돌출에서 제거를 선택하고, 거리 값 10mm 입력 후 확인한다.

❸ 모따기 버튼을 클릭 후 그림처럼 거리 값 2mm로 한 후 모서리를 선택하고 확인한다.

❹ 다시 모깎기 버튼 클릭 후 면을 선택하고, 그림처럼 면 세트 1과 면 세트 2를 차례대로 선택한 후 적용한다.

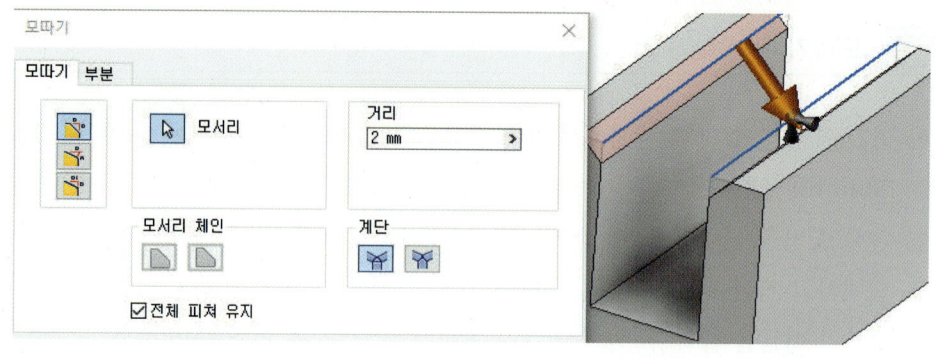

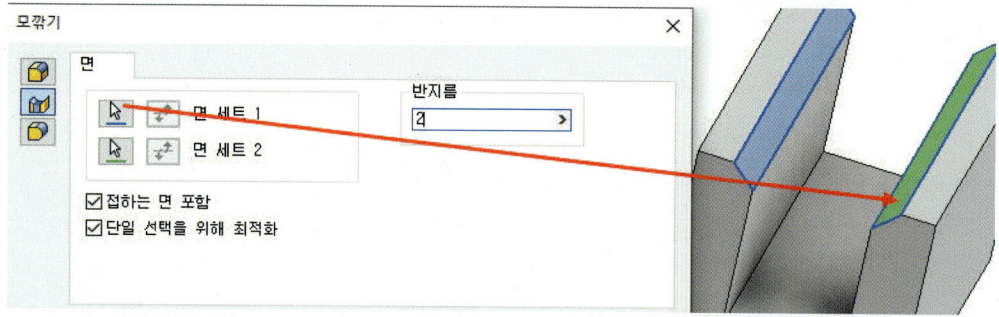

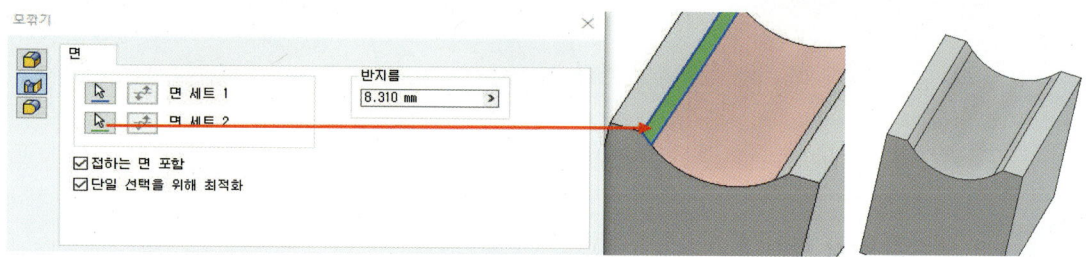

❋ 모깎기 따라 하기 3

## 8. 제도(면 기울기)

실행: 리본에서 모형 탭 → 수정 패널 → 제도

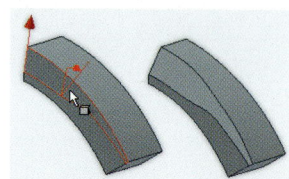 피쳐의 지정된 면에 기울기를 적용한다. 기울기 각도는 고정된 모서리 또는 접하는 모서리, 기존 피쳐의 고정 면이나 작업 평면으로부터 계산된다.

**면 기울기 따라 하기**

❶ XZ 평면의 스케치 상태에서 직사각형으로 30×20으로 스케치한 후 복귀를 누르고, 20mm 돌출한다.
❷ 제도를 클릭한다.
❸ 고정된 모서리 또는 고정된 평면 버튼을 클릭하여 기울기 유형을 지정한다.
❹ 인장 방향 또는 기울일 고정된 평면과 면을 선택한다.
  • 고정된 모서리 기울기의 경우 인장 방향을 정의한다. 원하는 인장 방향에 맞게 방향 화살표가 정렬될 때까지 면, 작업 평면, 모서리 또는 축 위로 커서를 이동한 다음 클릭하여 선택한다.
  • 고정된 평면 기울기의 경우 고정된 평면형 면이나 작업 평면을 클릭한다. 필요하면 방향 반전을 클릭하여 인장 방향을 변경한다.
❺ 기울일 면을 선택한다. 면 위로 커서를 움직이면 기호가 고정된 모서리와 기울기의 방향을 나타낸다. 필요한 경우 Ctrl 키를 누른 상태에서 면이나 모서리를 클릭하여 선택 세트에서 제거한다.
❻ 기울기 각도를 입력한다.
❼ 확인을 클릭한다.

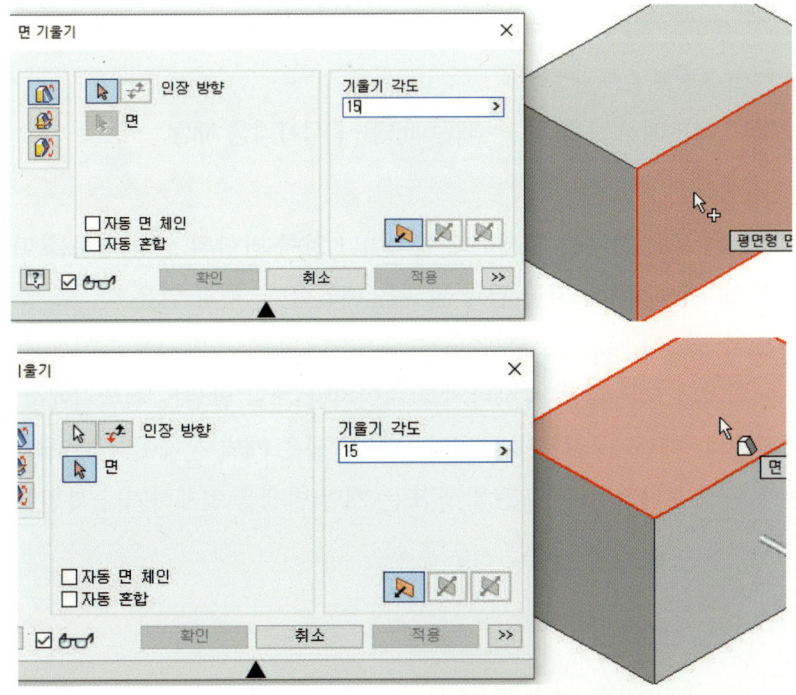

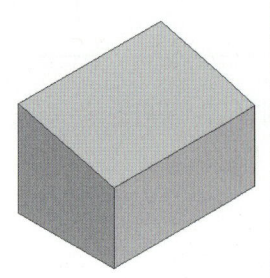
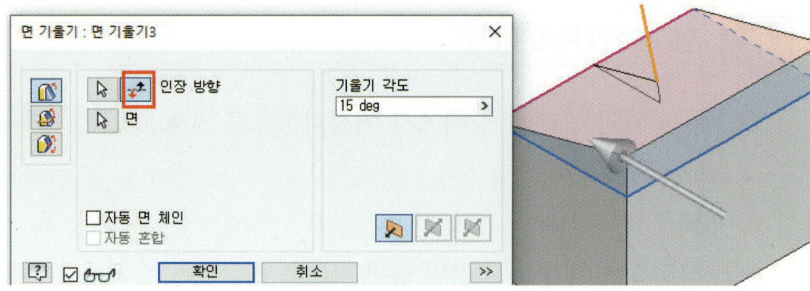

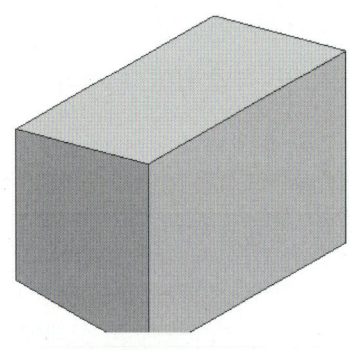

❋ 면 기울기 따라 하기

## 9. 직사각형 패턴

 **실행**: 리본에서 모형 탭 → 패턴 패널 → 직사각형 패턴

하나 이상의 피쳐 또는 본체를 복제하고 한쪽이나 양쪽 방향의 선형 경로를 따라 또는 직사각형 패턴의 특정 개수와 간격에 따라 결과 발생을 배열한다. 행과 열은 선, 호, 스플라인 또는 잘린 타원일 수 있다.

패턴에 있는 피쳐의 모든 발생은 하나의 피쳐이지만 개별 발생은 검색기에서 패턴 피쳐 아이콘 아래에 나열된다. 패턴에 있는 새 본체의 모든 발생은 개별 본체이다. 본체가 검색기에서 패턴 피쳐 아이콘 아래에 나열된다. 모든 발생 또는 개별 발생을 억제하거나 복원할 수 있다.

**직사각형 패턴 따라 하기**

❶ XZ 평면의 스케치 상태에서 직사각형으로 50×50으로 스케치한 후 복귀를 누르고, 10mm 돌출한다.
❷ 다시 윗면(평면)을 선택하고 새 스케치에 그림처럼 점을 선택하고, 치수기입을 5mm를 기입한다.
❸ 스케치를 종료하고 패턴에 직사각형 아이콘을 선택한다.
❹ 아래 그림처럼 피쳐를 선택하고 방향 1을 선택한 후 개수 5개, 거리 10mm을 입력하고, 방향 2를 선택한다. 개수 4개, 거리 12mm를 입력하고 확인한다.

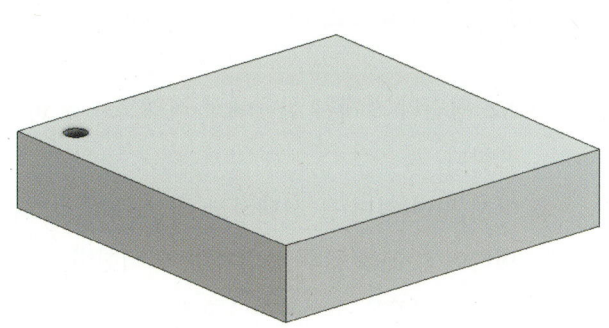
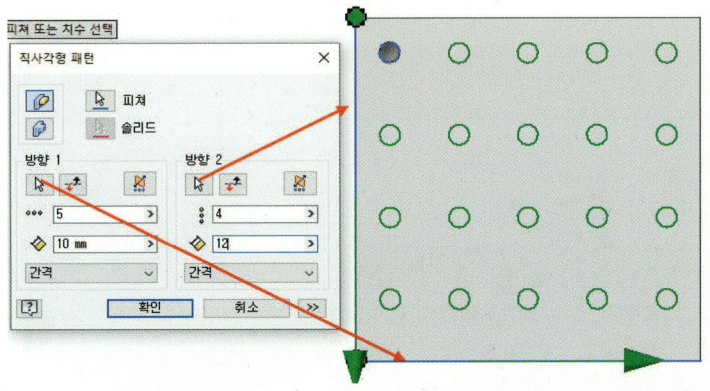
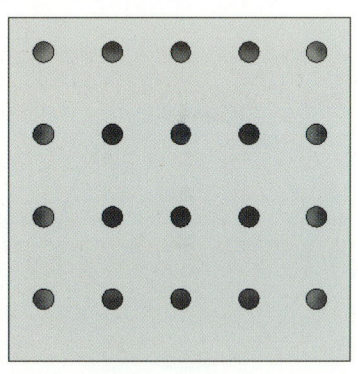

❋ 직사각형 패턴 따라 하기

## 10. 원형 패턴

 **실행**: 리본에서 모형 탭 → 패턴 패널 → 원형 패턴

하나 이상의 피쳐 또는 본체를 복제하고 호 또는 원의 특정 개수 및 간격에 따라 결과 발생을 배열한다. 피쳐 패턴에 있는 피쳐의 모든 발생은 하나의 피쳐이지만, 개별 발생은 검색기에서 패턴 피쳐 아이콘 아래에 나열된다. 패턴에 있는 새 본체의 모든 발생은 개별 본체이다. 본체가 검색기에서 패턴 피쳐 아이콘 아래에 나열된다. 모든 발생 또는 개별 발생을 억제하거나 복원할 수 있다.

 **원형 패턴 따라 하기**

❶ XZ 평면의 스케치 상태에서 직경으로 φ50으로 스케치한 후 복귀를 누르고 10mm 돌출한다.

❷ 다시 윗면(평면)을 선택하고 새 스케치의 그림처럼 φ40로 스케치하고, 점 아이콘을 선택하여 φ40의 원주 선의 점을 클릭한다.

❸ 구멍 아이콘을 선택하여 5를 선택한 후 확인한다.

❹ 아래 그림처럼 피쳐를 선택하고 회전축에서 원주면을 선택한다. 배치에서 8, 360을 입력하고 확인한다.

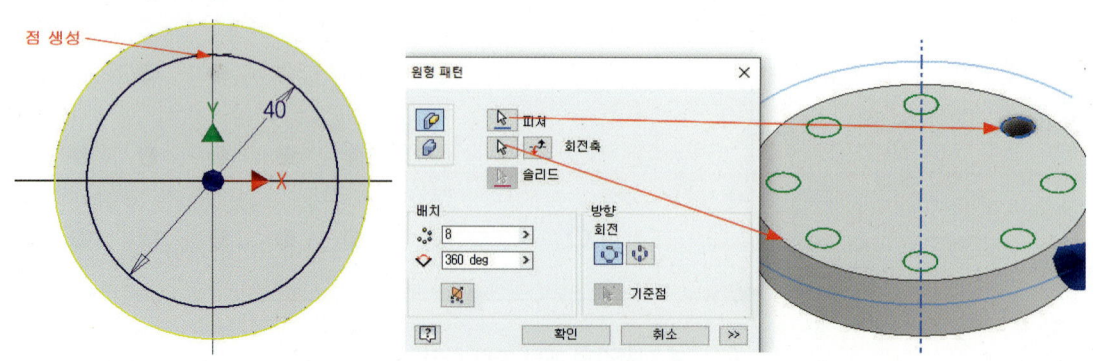

✹ 원형 패턴 따라 하기

## 11. 기본 참조 평면표시

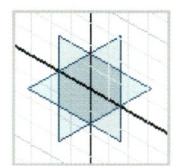
새로운 각 파일에는 XYZ 좌표의 원점에서 교차하는 기본 작업 평면이 있다. 참조 평면을 표시하면 정확하게 피쳐를 작성하는 데 도움이 된다.

###  참조 평면표시 절차 방법

❶ 참조 평면을 보려면 그래픽 창에서 마우스 오른쪽 버튼을 클릭하고 등각투영 뷰를 클릭한다.

❷ 검색기에서 원점 옆 더하기 기호를 클릭한다.

❸ 표시할 참조 평면을 선택한 후 마우스 오른쪽 버튼을 클릭하여 메뉴에서 가시성을 선택한다.
  • 원하면 다음 중 하나의 작업을 수행한다.
  • 참조 평면의 크기를 조절하려면 마우스로 구석을 가리켜 크기 조절 기호를 표시한 후 구석을 끌어 온다.

❹ 참조 평면을 이동하려면 마우스로 모서리를 가리켜 이동 기호를 표시한 후 모서리를 끌어 온다.

> 주  스케치 버튼을 클릭한 후 참조 평면을 클릭하여 스케치 평면으로 설정한다.
> 숨겨진 중심점은 참조 평면의 교차 지점에 있다. 부품 원점에 상대적으로 스케치를 배치하려면 스케치 도구막대의 형상 투영 도구를 사용하여 중심점을 스케치 평면에 투영한다.

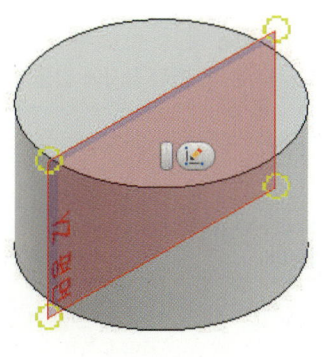
▲ YZ 평면 선택

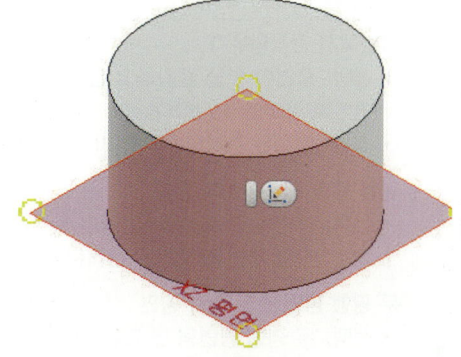
▲ XZ 평면 선택

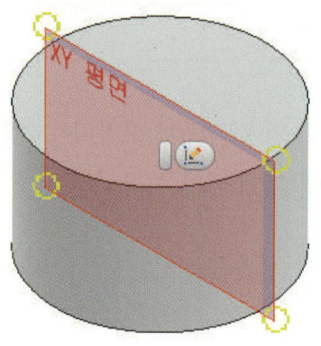
▲ XY 평면 선택

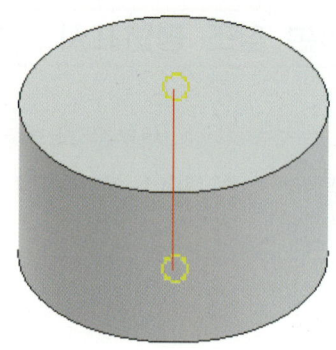
▲ Y축 선택

❋ 참조 평면표시하기

## 12. 평면

 **실행:** 리본에서 모형 탭 → 작업 피쳐 패널 → 평면 명령

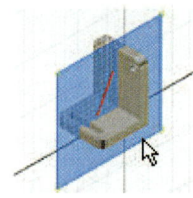 리본에서 모형 탭 → 작업 피쳐 패널 → 평면 명령을 선택한 다음 피쳐 꼭짓점, 모서리, 면 또는 기타 작업 피쳐를 사용하여 작업 평면을 정의한다. 조립품의 경우는 제외하고, 작업 피쳐 명령을 위해 평면을 선택해야 할 경우 직렬형 작업 평면을 작성할 수 있다.

| | |
|---|---|
|  | **평면(기존 방법)**<br>• 선택: 작업 평면을 정의할 적합한 꼭짓점, 모서리 또는 면<br>• 결과: 선택한 객체를 통과하는 작업 평면을 작성한다. |
|  | **평면에서 간격띄우기**<br>• 선택: 평면형 면을 클릭하고 간격띄우기 방향으로 가져온다. 편집 상자에 값을 입력하여 간격 띄우기 거리를 지정한다.<br>• 결과: 지정된 간격띄우기 거리에서 선택된 면에 평행인 작업 평면을 작성한다. |
|  | **점을 통과하여 평면에 평행**<br>• 선택: 평면형 면 또는 작업 평면 및 임의의 점(어느 순서나 가능)<br>• 결과: 작업 평면 좌표계는 선택된 평면에서 파생된다. |
|  | **두 평행 평면 간의 중간 평면**<br>• 선택: 두 평행 평면형 면 또는 작업 평면<br>• 결과: 새 작업 평면은 좌표계에 따라 방향이 정해지고 첫 번째 선택한 평면과 같은 외부 법선을 포함한다. |

**원환의 중간 평면**
- 선택: 원환
- 결과: 원환의 중심 또는 중간 평면을 통과하는 작업 평면이 작성된다.

**모서리를 중심으로 평면에 대한 각도**
- 선택: 부품 면이나 평면과 면에 평행인 모서리나 선
- 결과: 부품 면 또는 평면으로부터 90도인 작업 평면을 작성한다. 편집 상자에 원하는 각도를 입력하고 선택 표시를 클릭하여 새 각도에서 재설정한다.

**3점**
- 선택: 임의의 세 점(끝점, 교차점, 중간점, 작업점 등)
- 결과: 양의 X축은 첫 번째 점에서 두 번째 점을 향하고, 양의 Y축은 세 번째 점을 통과하여 양의 X축에 직각이다.

**두 개의 동일 평면상 모서리**
- 선택: 두 개의 동일 평면상 작업 축, 모서리 또는 선
- 결과: 양의 X축은 첫 번째 선택된 모서리를 따라 방향이 정해진다.

**모서리를 통과하여 곡면에 접함**
- 선택: 곡선 모양의 면과 선형 모서리(순서에 관계 없음)
- 결과: X축은 면에 접하는 선으로 정의된다. 양의 Y축은 X축으로부터 모서리까지 정의된다.

**점을 통과하여 곡면에 접함**
- 선택: 곡면과 끝점, 중간점 또는 작업점
- 결과: X축은 면에 접하는 선으로 정의된다. 양의 Y축은 X축에서 점까지 정의된다.

**곡면에 접하고 평면에 평행**
- 선택: 표면 그리고 평면형 면 또는 작업 평면(어느 순서나 가능)
- 결과: 새 작업 평면 좌표계는 선택된 평면에서 파생된다. 이 방법은 면에 접하는 작업 평면이나 평면에 수직인 평면을 작성하는 데 사용된다.

**점을 통과하여 축에 수직**
- 선택: 선형 모서리 또는 축과 점(순서에 관계없음)
- 결과: 양의 X축의 방향은 평면과 축의 교차점에서 점을 향한다. 양의 Y축 방향을 지정한다.

**점에서 곡선에 수직**
- 선택: 비 선형 모서리 또는 스케치 곡선(호, 원, 타원 또는 스플라인) 및 곡선의 꼭짓점, 모서리 중간점, 스케치 점 또는 작업점
- 결과: 새 작업 평면은 곡선에 수직이며 점을 통과한다.

## 작업 평면 따라 하기

❶ 그림처럼 지름 φ30으로 스케치한 후 20mm를 돌출한다.
❷ 원점에서 YZ 평면을 선택하고, MB3 버튼을 이용하여 가시성을 클릭한다.
❸ 그림처럼 평면을 선택하여 곡면을 드래그한 후 30으로 하고 확인한다.

❹ 그림처럼 작업 평면에 새 스케치를 선택한다.
❺ 그림처럼 스케치하고 종료한 후 거리 60을 입력하여 돌출한다.

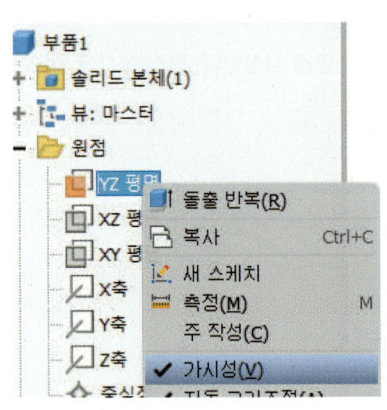
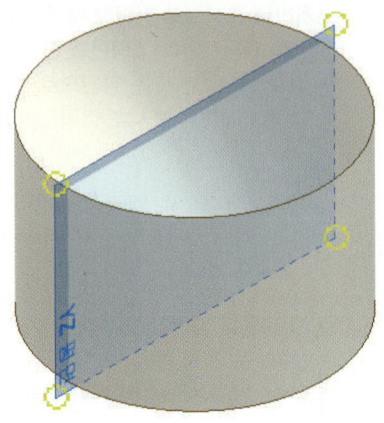
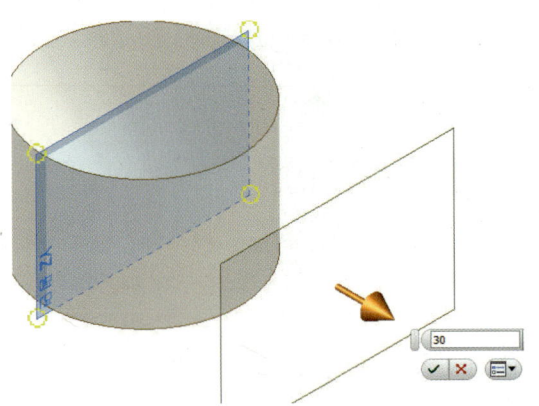
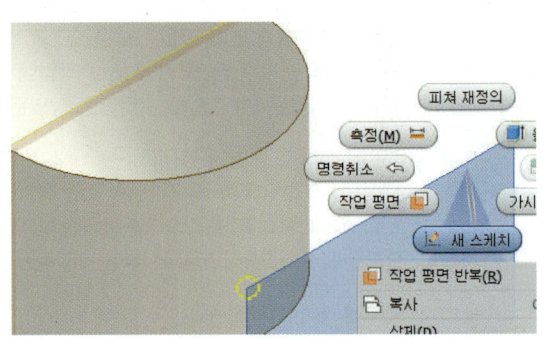
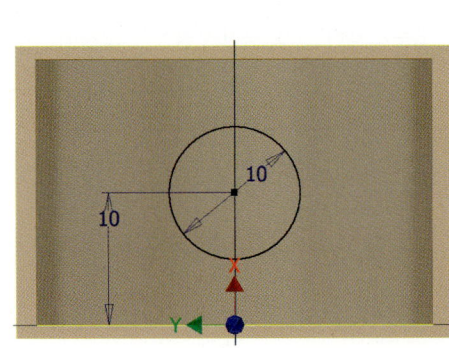

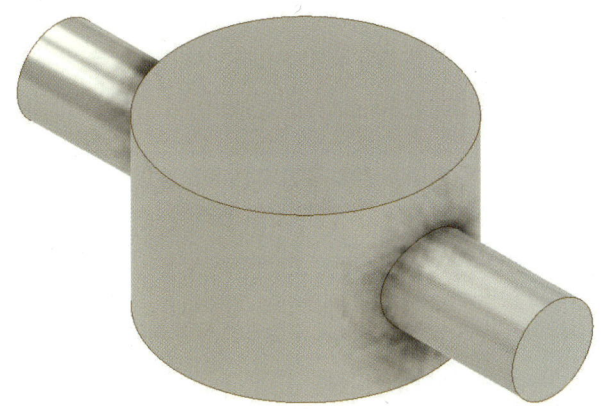

❋ 작업 평면 표시하기

## 13. 축

| | 실행: 리본에서 모형 탭 → 작업 피쳐 패널 → 축 |

축 명령을 사용하여 사용되지 않은 스케치 형상, 점 또는 부품 모서리를 작업 축으로 지정한다.

부품 파일에서 다른 작업 피쳐 명령에 작업 축을 직렬형으로 작성할 수 있다.

**축: (기존 방법)**
- 선택: 작업 축을 정의할 적합한 모서리, 선, 평면 또는 점
- 결과: 선택한 객체를 통과하는 작업 축을 작성한다.

**선 또는 모서리에 있음**
- 선택: 선형 모서리. 2D 및 3D 스케치 선을 선택할 수도 있다.
- 결과: 작성된 작업 축은 선택한 선형 모서리 또는 스케치 선과 동일선상에 있다.

**점을 통과하여 선에 평행**
- 선택: 끝점, 중간점, 스케치 점 또는 작업점. 그런 다음 선형 모서리 또는 스케치 선을 선택한다.
- 결과: 점을 통과하고 선택한 선형 모서리에 평행한 작업 축이 작성된다.

**두 점 통과**
- 선택: 두 끝점, 교차점, 중간점, 스케치 점 또는 작업점. 조립품에서는 여러 개의 점을 선택할 수

- 없다.
- 결과: 선택된 점으로 작업 축이 작성되며, 첫 번째 점에서 두 번째 점으로 향하는 양의 방향으로 위치한다.

**두 평면의 교차선**
- 선택: 평행하지 않은 두 개의 작업 평면 또는 평면형 면
- 결과: 평면과 교차점과 일치하는 작업 축이 작성된다.

**점을 통과하여 평면에 수직**
- 선택: 평면형 면 또는 작업 평면 및 점
- 결과: 점을 통과하여 선택된 평면에 수직으로 작업 축이 작성된다.

**원형 또는 타원형 모서리의 중심 통과**
- 선택: 원형 또는 타원형 모서리. 모깎기 모서리를 선택할 수도 있다.
- 결과: 작성된 작업 축은 원형, 타원형 또는 모깎기 축과 일치한다.

**회전된 면 또는 피쳐 통과**
- 선택: 회전된 면 또는 피쳐
- 결과: 작성된 작업 축은 면 축이나 피쳐 축과 일치한다.

## 14. 형상 투영

**실행**: 리본에서 스케치 탭 → 그리기 패널 → 형상 투영

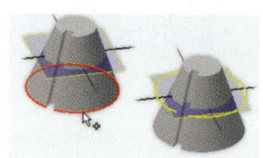 형상 투영 명령은 활성 스케치 평면에 모형 모서리, 루프, 꼭짓점, 작업 축, 작업점 또는 사용되지 않은 스케치 형상을 투영한다.

 **절단 모서리 투영**: 리본에서 스케치 탭 → 그리기 패널 → 절단 모서리 투영

절단 모서리 투영 도구는 모서리가 스케치 평면을 교차할 때, 단면 평면에 의해 절단된 구성요소의 활성 스케치 평면에 모형 모서리를 투영한다. 투영된 형상은 연관적이지 않기 때문에 상위 형상이 이동되거나 크기가 변경된 경우에 업데이트되지 않는다.

플랫 패턴 투영: 리본에서 스케치 탭 → 그리기 패널 → 플랫 패턴 투영

플랫 패턴 투영 도구는 결합되지 않은 면을 스케치 평면으로 전개하여 결합되지 않은 면에 속한 모서리에 스케치 구속조건이 참조될 수 있도록 한다. 이 방법은 주로 절곡부에 단면을 작성할 때 사용된다. 선택한 면은 절곡부와 연결되어야 하며 스케치 평면과 동일한 판금 면에 있어야 한다.

## 15. 스윕

선택한 경로를 따라 하나 이상의 스케치 프로파일을 스윕하여 피쳐 또는 새 솔리드 본체를 작성한다. 다중 프로파일을 사용하는 경우 해당 프로파일이 동일한 스케치에 있어야 하며, 경로는 열린 루프 또는 닫힌 루프 모두 가능하지만 프로파일 평면을 관통해야 한다.

스윕 피쳐에는 교차 평면에 최소 두 개의 사용되지 않은 스케치, 프로파일 및 경로가 필요하고, 추가 곡선 또는 곡면을 안내 레일이나 안내 곡면으로 선택하여 프로파일 축척과 비틀림을 제어할 수 있다.

 실행: 리본에서 모형 탭 → 작성 패널 → 스윕

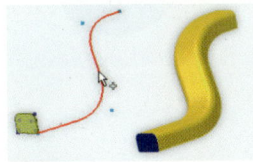 평면형 경로를 따라 스케치된 프로파일을 이동시켜 피쳐를 작성한다. 스윕 피쳐를 작성하기 위해서는 교차하는 평면에 사용되지 않은 스케치 두 개, 프로파일 및 경로가 필요하다.

 스윕 따라 하기 1

❶ XY 평면에서 2D 스케치에서 아래 그림과 같이 스케치하고 스케치를 종료한다.
❷ 작업 평면을 클릭하고 그림처럼 곡선과 끝점을 선택한다.
❸ 그림처럼 작업 평면에 마우스 오른쪽을 클릭하여 새 스케치를 클릭한다.
❹ 그림처럼 중심점 원(6, 12)을 그린 후 치수기입을 하고 복귀를 클릭한다.
❺ 스윕 아이콘을 클릭하고 확인한다.

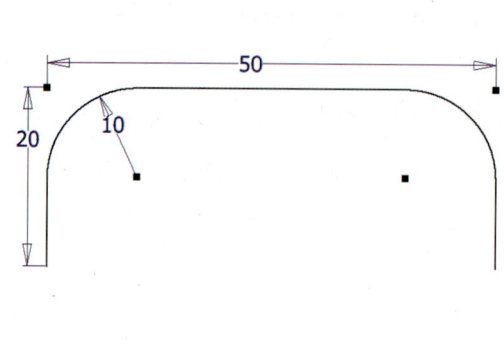
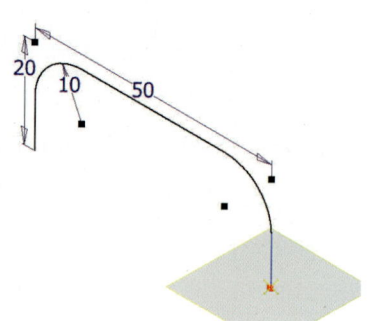
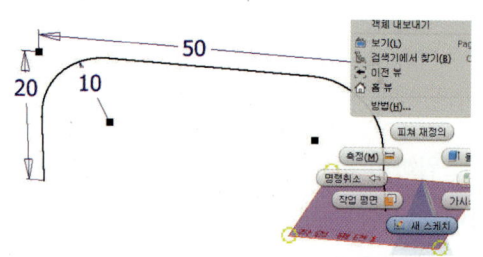
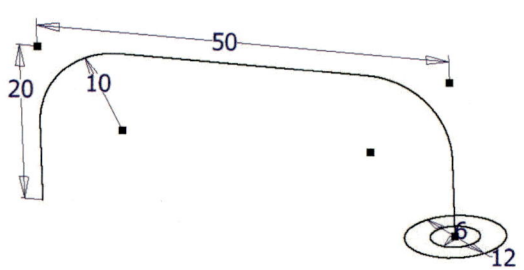
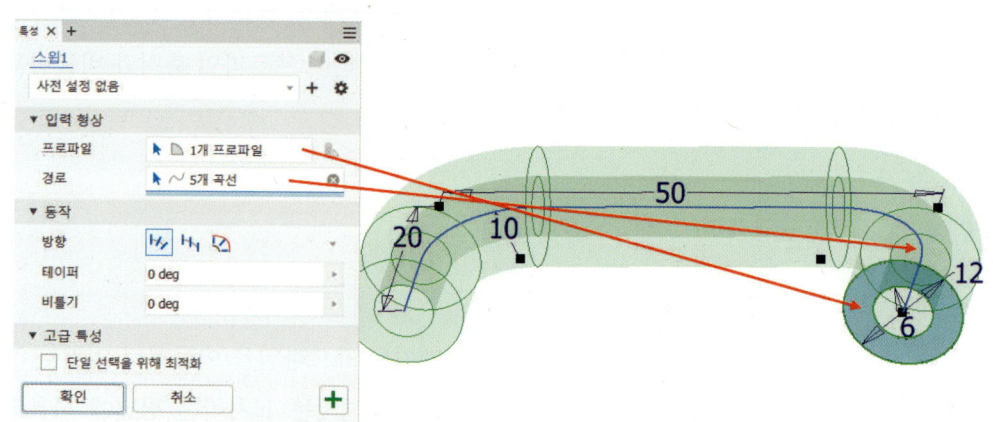

❊ 스윕 따라 하기 1

## 스윕 따라 하기 2

❶ 열기에서 스윕 예제 1을 선택하여 아래 그림과 같이 열기한다.
❷ 스윕 아이콘을 선택하여 아래 그림과 같이 설정하고 확인한다.
❸ 조각 아이콘을 선택하여 아래 그림과 같이 설정하고 확인한다.

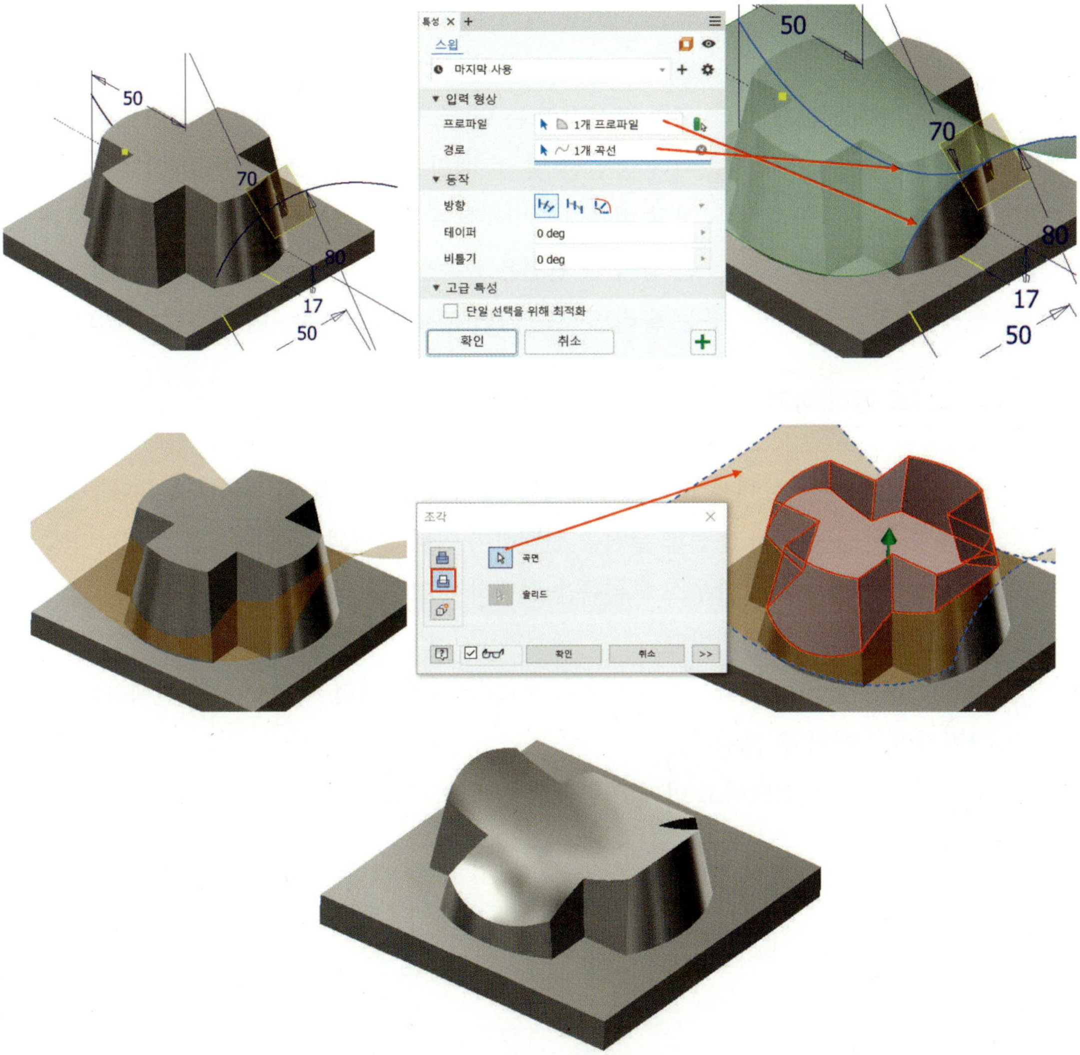


✸ 스윕 곡면 따라 하기 2

# 16. 로프트

 **실행**: 리본에서 모형 탭 작성 패널 로프트

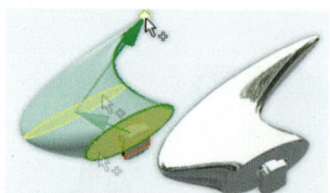

로프트 피쳐는 여러 프로파일이나 부품 면 사이의 혼합 또는 변이에 의해 작성된다. 이러한 프로파일은 로프트 내 단면 피쳐라고 한다. 단면은 2D 또는 3D 스케치의 곡선, 모형 모서리 또는 면 루프일 수 있다. 로프트 쉐이프는 레일이나 중심선 및 점 매핑으로 미세 조정하여 쉐이프를 조정하고 비틀림을 방지할 수 있다. 열린 로프트의 경우 한쪽 또는 양쪽 끝 단면은 뾰족하거나 접하는 점일 수 있다. 로프트는 솔리드 또는 곡면 본체를 작성하는 데 사용될 수 있다.

 **로프트 따라 하기 1**

❶ XY 평면의 스케치상에서 그림처럼 호를 스케치 및 치수기입 후 복귀를 누른다.
❷ 평면 아이콘을 선택하고 선과 끝점을 선택하여 아래 그림과 같이 평면을 생성한다.
❸ 작업 평면을 클릭하고 마우스 오른쪽을 선택하여 그림처럼 새 스케치를 선택한다.
❹ 그림처럼 스케치 후 복귀한다.
❺ 작업 평면을 클릭하고 마우스 오른쪽을 선택하여 그림처럼 새 스케치를 선택한다.
❻ 그림처럼 스케치 후 복귀한다.
❼ 로프트 아이콘을 선택하고 아래 그림처럼 선택하고 확인한다.

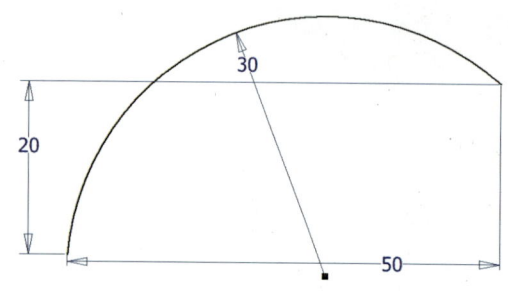 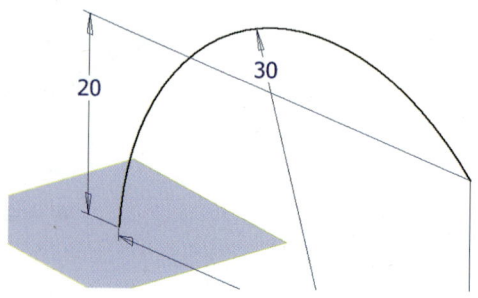

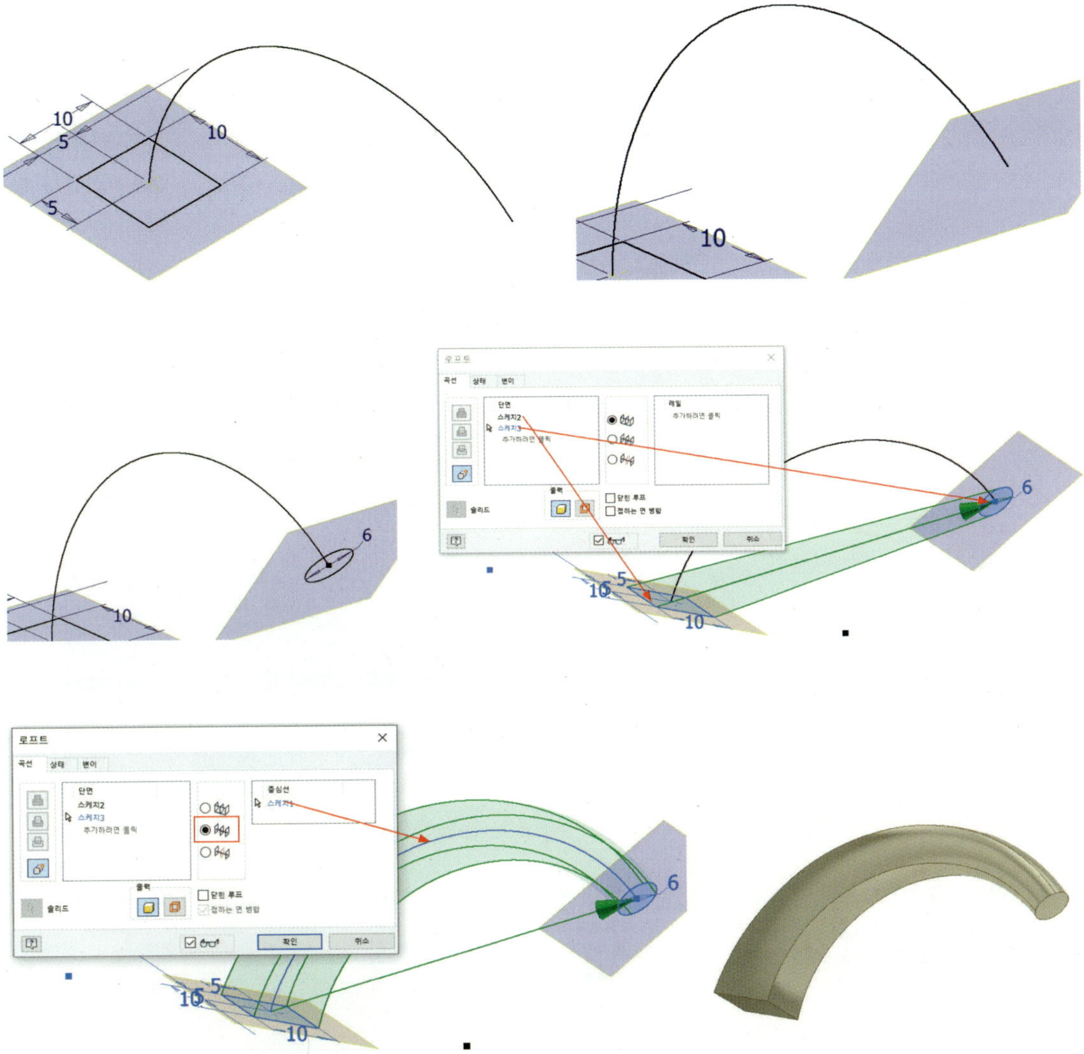

❀ 로프트 따라 하기 1

 **로프트 따라 하기 2**

❶ 열기에서 로프트 예제 1을 선택하여 다음 그림과 같이 열기한다.
❷ 로프트 아이콘을 선택하여 다음 그림과 같이 순서대로 설정하고 확인한다.
❸ 모깎기 아이콘을 선택하여 반지름 4를 입력한 후 2군데를 선택하고 확인한다.

CHAPTER 3 부품 모델링하기

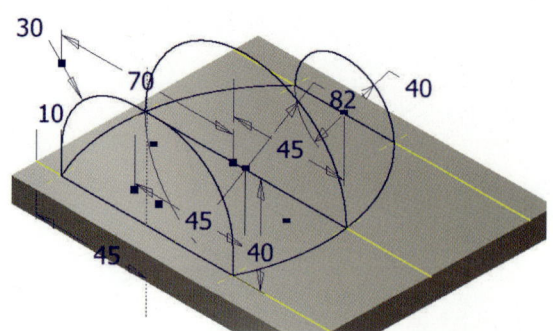

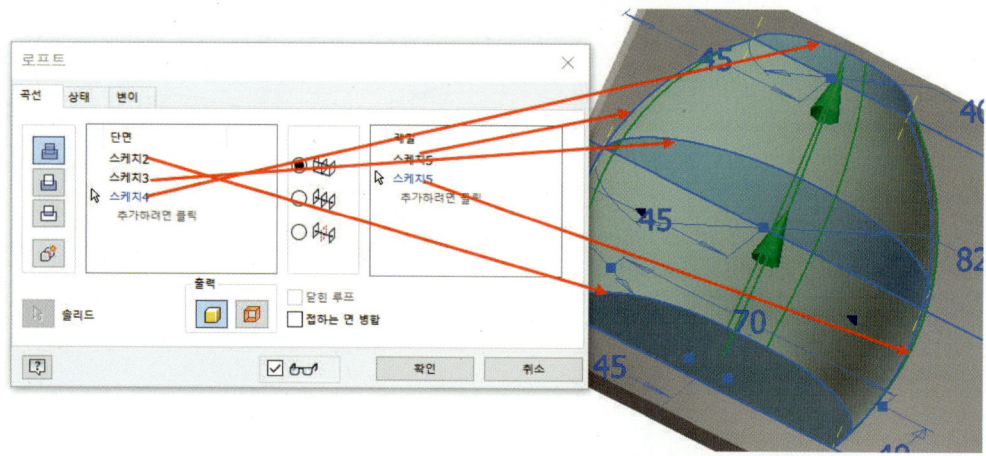

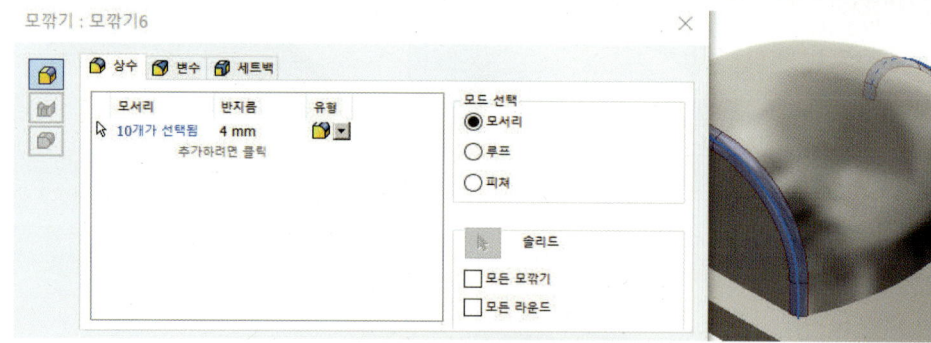

❋ 로프트 따라 하기 2

**로프트에 의한 PAN 따라 하기**

❶ XY 평면에서 지름 φ55로 스케치하고, 치수기입한 후 종료한다. 그림처럼 돌출을 55만 큼한다.

❷ 돌출된 원통 윗면을 마우스 오른쪽을 선택하여 스케치 면을 잡아서 지름 φ50으로 스케치하고 종료한다.

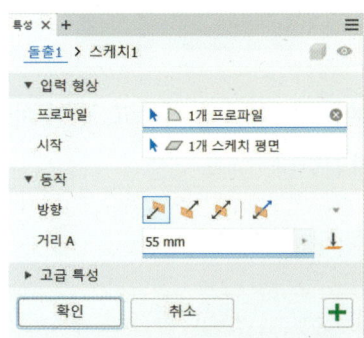 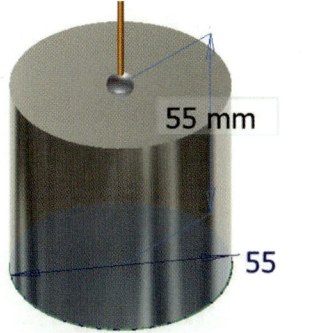 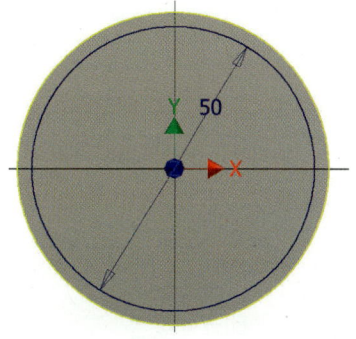

❸ 그림처럼 15만큼 돌출하고 확인한다.

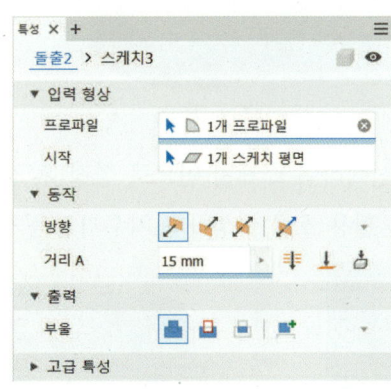 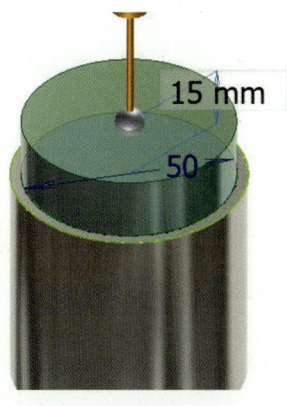

❹ 돌출 후 그림처럼 모깎기 버튼을 클릭하여 라운드10하여 확인하고, 그림처럼 작업 축을 만들어 준다. 작업 축 선택 후 원통을 클릭한다.

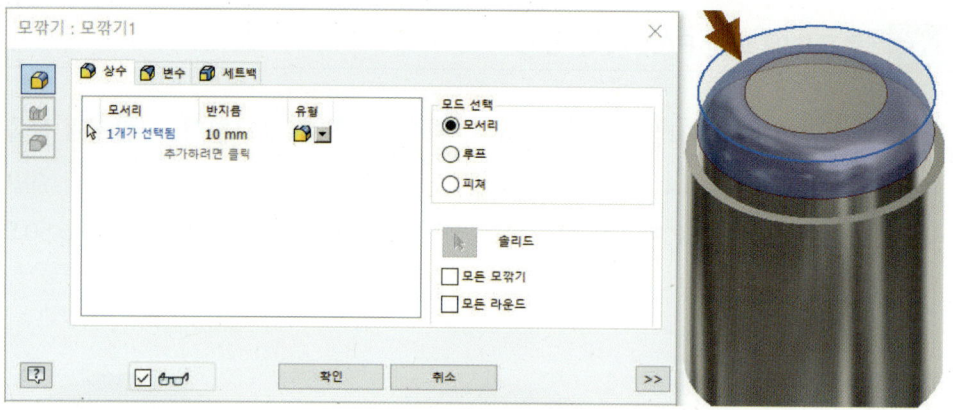

❺ 모형 원점에서 그림처럼 YZ 평면을 MB3 버튼을 이용하여 가시성을 클릭하고, 평면 아이콘을 선택하여 마우스로 드래그하여 55/2를 입력 후 확인한다.

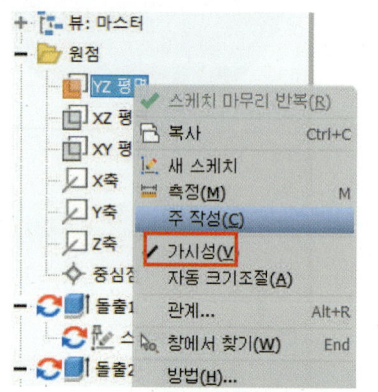 

❻ 만들어진 평면을 마우스 오른쪽을 선택하여 스케치 면으로 설정 후 절단 모서리 투영 기능을 활용 투영을 하고, 투영된 선을 활용 호를 생성하고 치수기입을 사용 구속을 시킨다.

 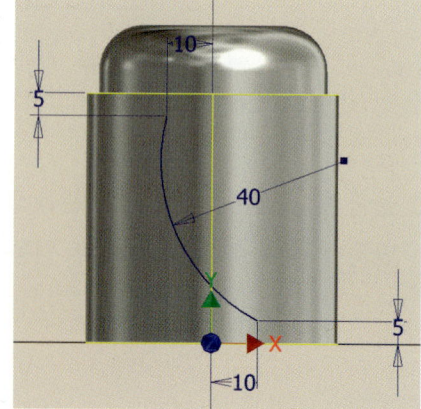

❼ 그림처럼 만들어졌던 작업 평면을 YZ 평면 쪽으로 75mm만큼 하나 더 생성한다.

❽ 새로운 작업 평면에 마우스 오른쪽을 선택하여 새 스케치를 선택하고, 다음 그림처럼 스케치 및 치수기입 후 스케치를 종료한다.

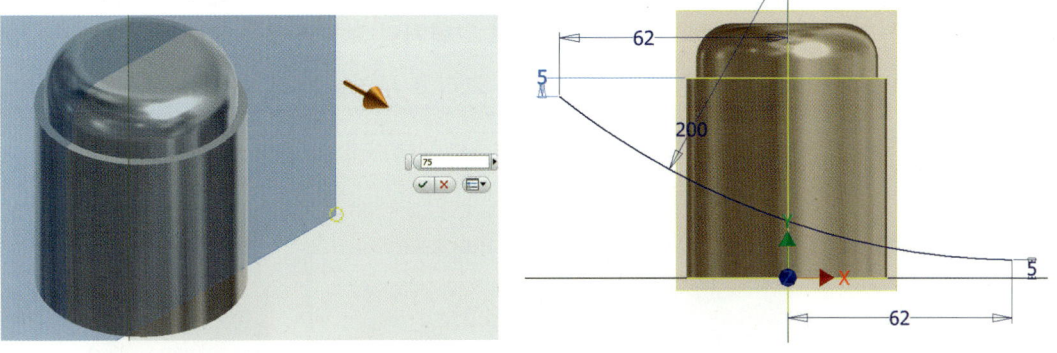

❾ 그림처럼 보스 윗면을 마우스 오른쪽을 선택하여 새 스케치로 선택하고, 아래 그림처럼 원 스케치 및 치수기입 후 스케치를 종료한다.

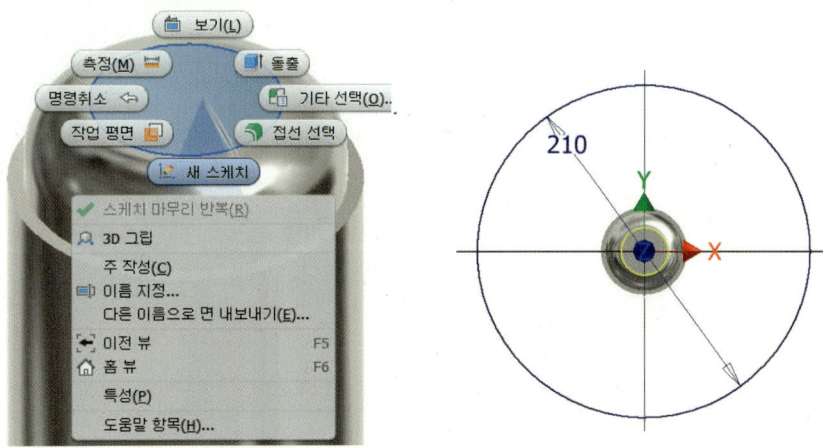

❿ 돌출 아이콘을 이용하여 그림처럼 설정하고 확인한다.

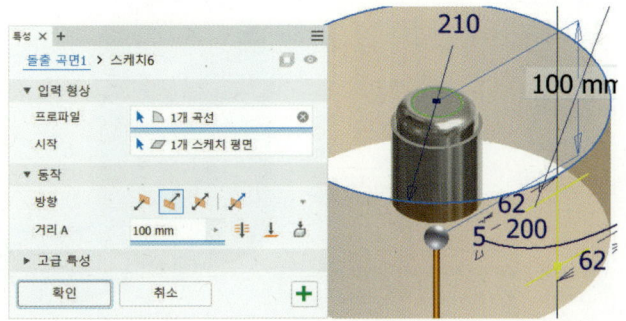

⑪ 모형에서 3D 스케치( 3D 스케치 시작 )로 선택하고 3차원 교차곡선( )을 클릭한다. 아래 그림처럼 교차 형상 정의 1 R40을 선택하고, 교차 형상 정의 2는 보스 축을 선택한다. 다시 그림처럼 교차 형상 정의 1 R200을 선택하고, 교차 형상정의 2는 곡면원통을 선택한다. 그림처럼 가시성 체크를 해제하고 그림처럼 교차곡선을 생성된다. 만드는 방법은 3D 교차 곡선을 클릭 후 투영될 곡면 그리고 투영한 곡선 순서로 누르면 작업이 완료된다.

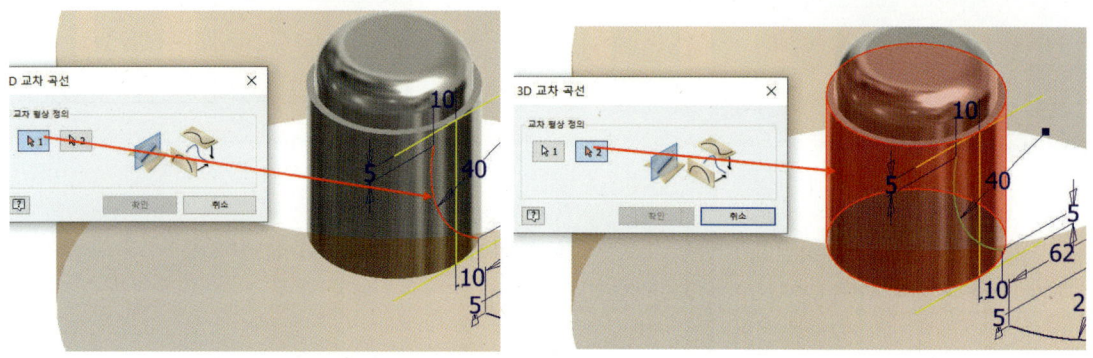

⑫ 로프트 기능을 활용하여 투영된 곡선을 스케치 1, 2를 로프트한다. 두껍게 하기 아이콘을 클릭하여 Loft된 곡면을 살을 조금 주고, 양쪽으로 2mm로 하고 확인한다.

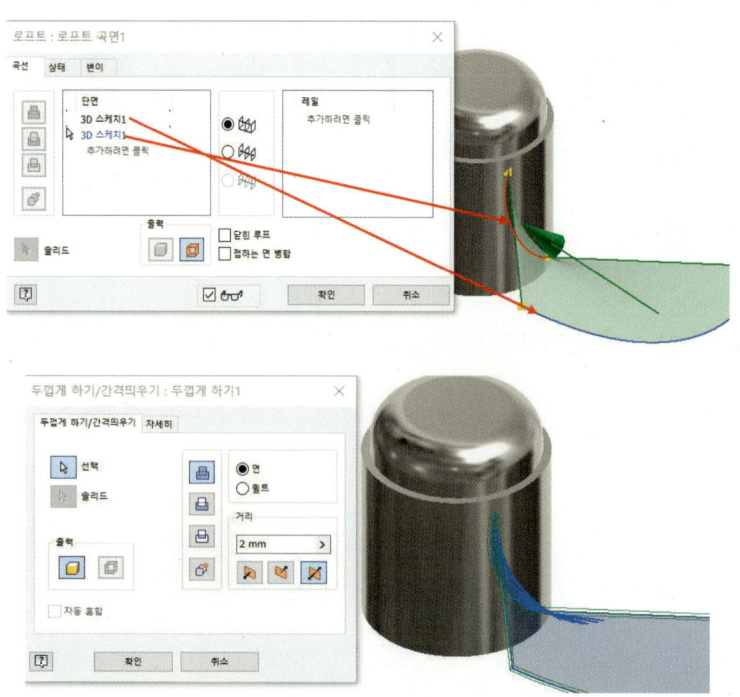

⑬ 모깎기 아이콘을 클릭하여 그림처럼 모깎기 R22 라운드를 한다.

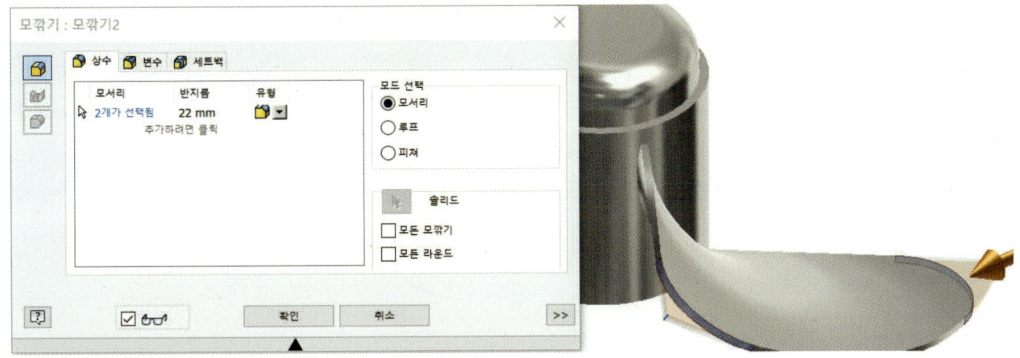

⑭ 원형 패턴 아이콘을 클릭하여 그림처럼 설정하고 확인한다.

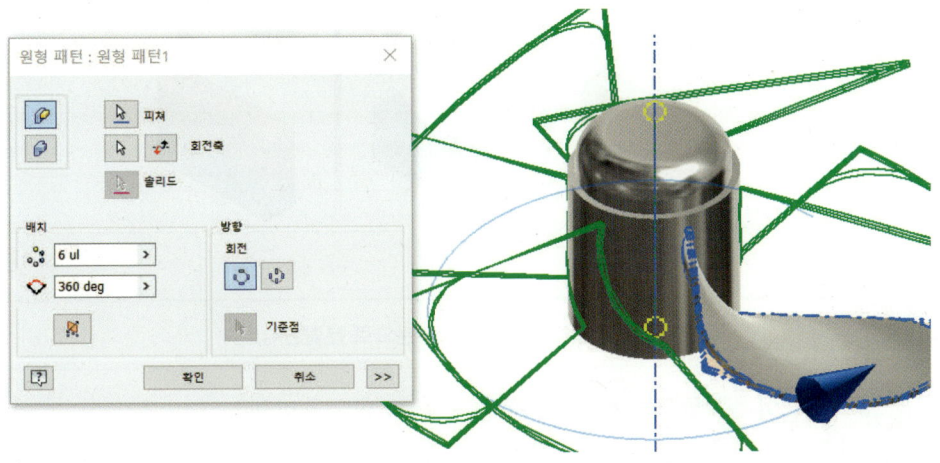

완성 후 위에서 보면 조금 틀린 걸 볼 수 있는데, 이와 같은 현상은 작은 호를 투영할 때 원통보다 조금 작게 그린다. 즉, 작은 원통이 지름이 ϕ50이니까 ϕ45 정도로 하나 그려서 3D 교차 곡선을 활용하면 해결 가능하다.

## 17. 분할(면, 부품)

>  **실행**: 리본 메뉴에서 모형 탭 → 수정 패널 → 분할

부품 면을 분할하고, 전체 부품을 자르고, 결과로 발생하는 면 중 하나를 제거하거나 솔리드를 두 개의 본체로 분할한다. 면 분할은 분할된 양쪽 면에 기울기가 적용될 수 있도록 허용한다. 면을 분할할 3D 곡선을 선택할 수도 있다.

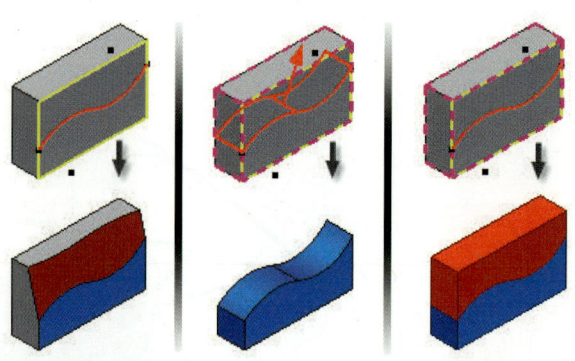

| 면 분할 | | 하나 이상의 면을 선택하여 두 부분으로 분할한다. |
|---|---|---|
| 솔리드 자르기 | | 부품 또는 본체를 선택하여 분할하고 한 면을 버린다. |
| 솔리드 분할 | | 솔리드 본체를 두 개의 조각으로 분할하는 데 사용할 작업 평면 또는 분할 선을 선택한다. |

###  분할 따라 하기

① 열기에서 과제 폴더에 분할.ipt를 선택 후 확인한다.
② 리본 메뉴에서 모형 탭 → 수정 패널 → 분할을 클릭한다.
③ 아래 그림처럼 솔리드 자르기를 선택하고 분할 도구는 곡면을 선택하다.
④ 그림처럼 제거 방향을 확인하고 확인한다.

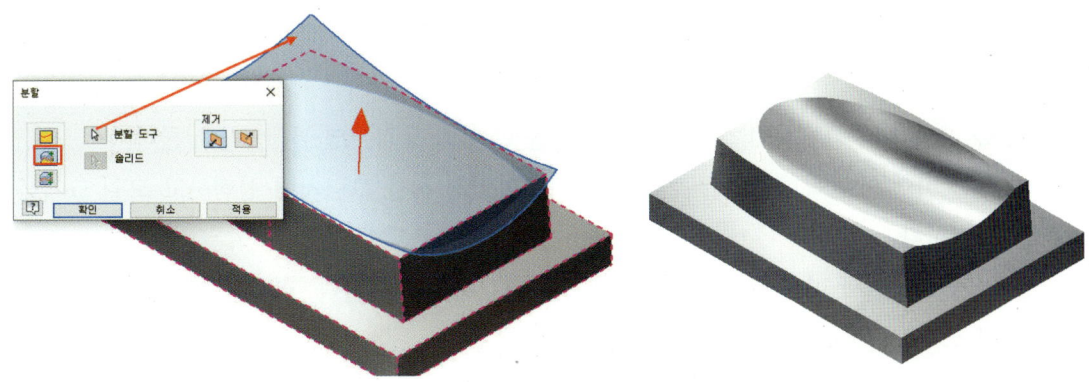

# 18. 코일

 실행: 리본에서 모형 탭 → 작성 패널 → 코일

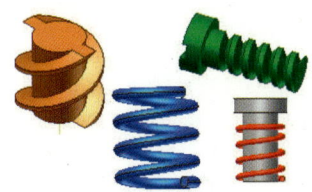

나선 기반 피쳐 또는 본체를 작성한다. 원통형 곡면에 코일 스프링 및 스레드를 작성하는 데 사용한다.

| 코일 쉐이프 | 프로파일과 축을 선택하고 코일 회전 방향을 지정한다. 축이 작업 축이 아니면 프로파일과 축은 동일한 스케치 내에 있어야 한다. |
|---|---|
| 코일 크기 | 피치, 회전, 높이를 지정하여 코일의 작성 방법을 지정한다. 세 개의 매개변수에서 두 개를 지정하면 세 번째 매개변수가 계산된다. |
| 코일 엔드 | 코일의 시작과 끝에 대한 끝 조건을 지정한다. 헬릭스만 평평하고 코일의 프로파일은 평평하지 않는다. |

 **코일 스프링 작성하기**

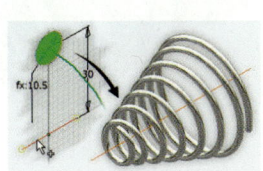

시작하려면 코일 피쳐의 횡단면을 나타내는 프로파일을 스케치한 후 선 도구 또는 작업 축 도구를 사용하여 코일의 회전축을 작성한다.

코일 및 스파이럴 스프링 따라 하기

❶ XZ 평면에서 그림처럼 스케치하고 복귀를 한 다음 등각투영 뷰(F6)를 누른다.
❷ 코일 아이콘 선택 후 코일쉐이프에서 프로파일과 축을 그림처럼 선택하고 코일 크기를 클릭한다.
❸ 코일 크기에서 피치 8mm, 회전 6바퀴를 입력하고 확인한다. 코일을 다시 피처 편집하여 스파이럴 스프링으로 변환한다.

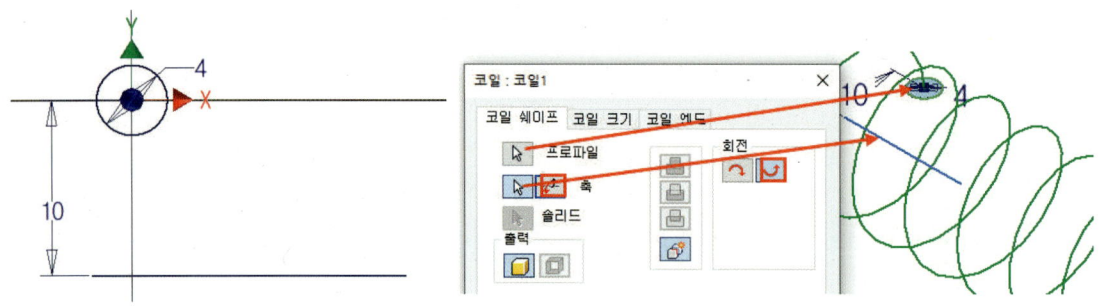

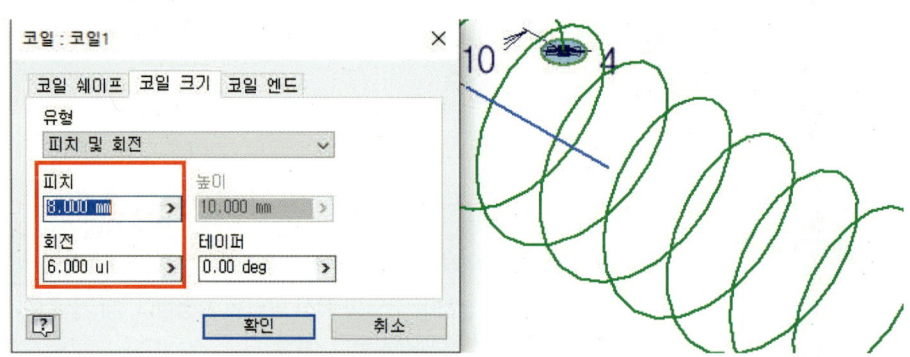

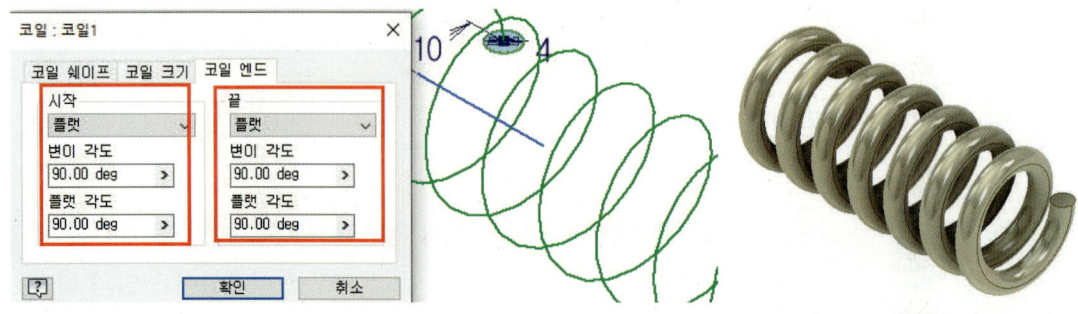

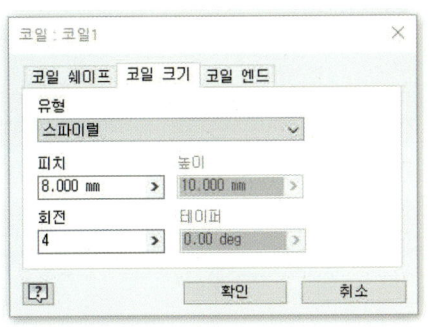 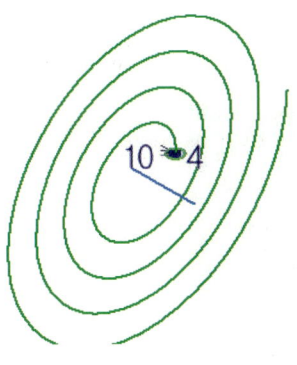 

✹ 코일 및 스파이럴 스프링 따라 하기

 **코일에 의한 PAN 따라 하기**

❶ XY 평면에서 지름 ⌀45로 스케치하고 치수기입한 후 종료한다. 그림처럼 돌출을 50만큼 한다.

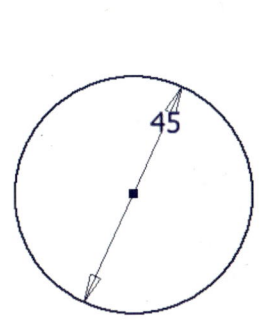 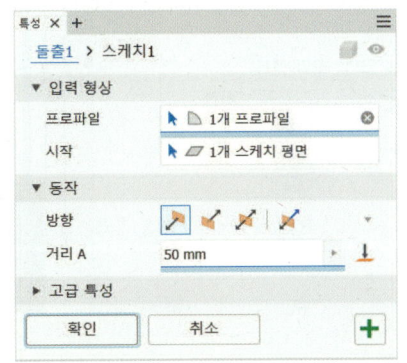 

❷ 그림처럼 모형 원점에서 XZ 평면 → 가시성을 클릭하고, 생성된 작업 평면에 마우스 오른쪽 버튼을 선택하고 새 스케치를 클릭한다.

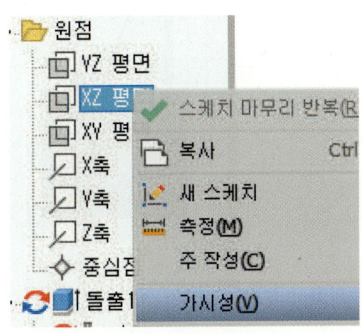 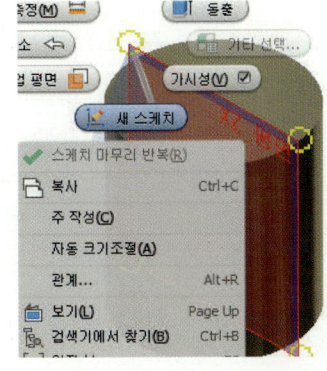

CHAPTER 3 부품 모델링하기 113

❸ 아래 그림처럼 스케치 및 치수기입 후 스케치를 종료한다.

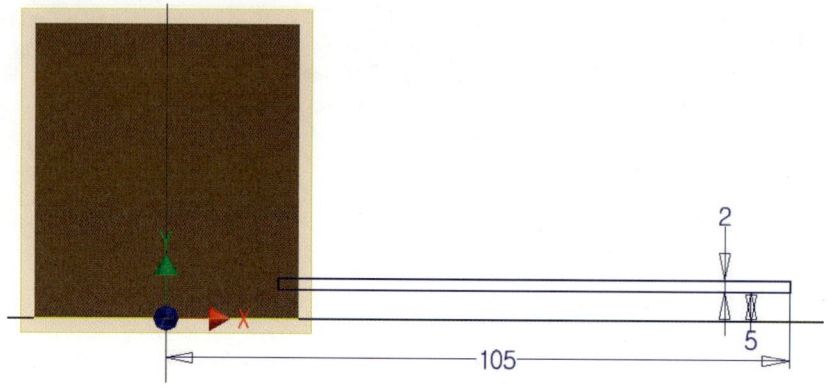

❹ 코일 아이콘을 클릭하고, 그림처럼 코일 쉐이프와 코일 크기를 설정한 후 확인한다.

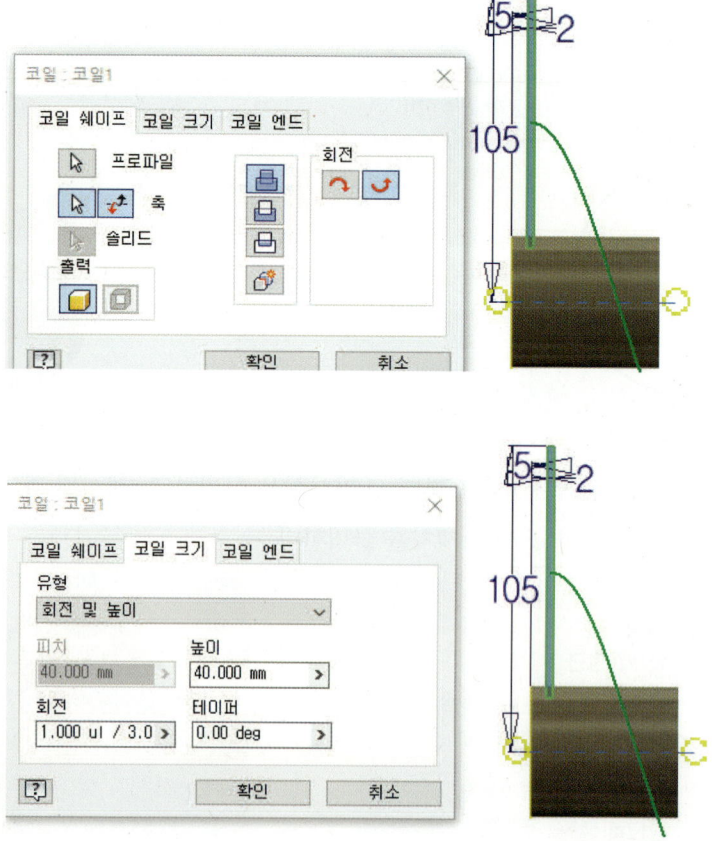

❺ 모깎기 아이콘을 클릭하여 그림처럼 R25, R4를 설정하고 확인한다.

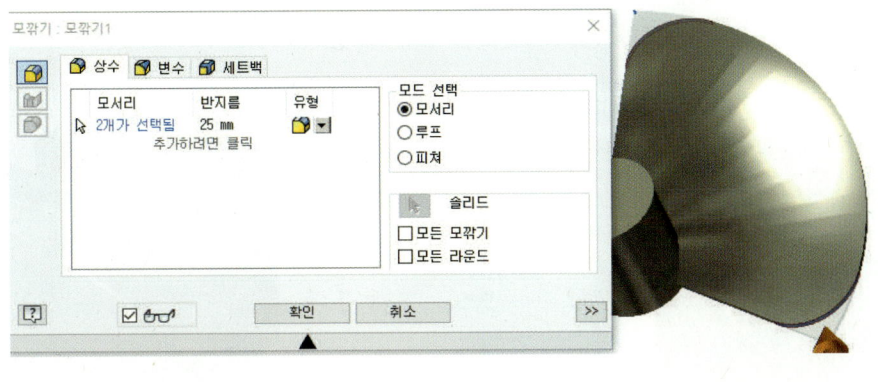

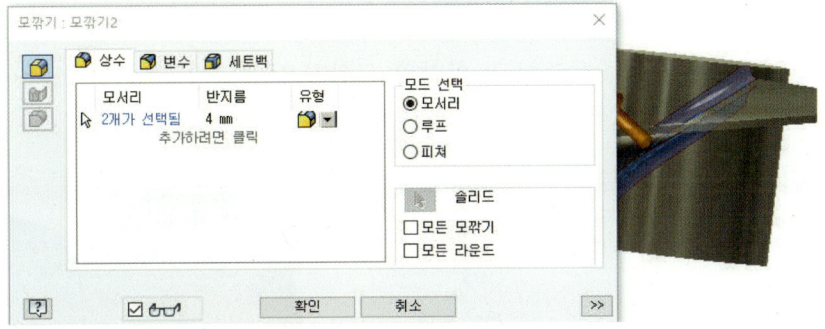

❻ 원형 패턴 아이콘을 클릭하여 그림처럼 피쳐를 설정하고 축을 선택한 후 확인한다.

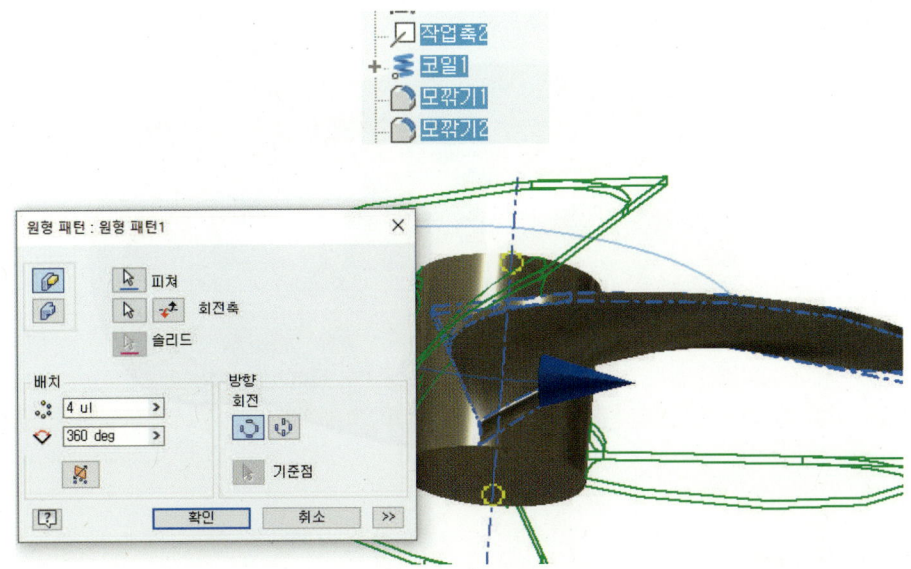

CHAPTER 3 부품 모델링하기

❼ 그림처럼 윗면을 작업 평면에 마우스 오른쪽 버튼을 선택하고, 새 스케치 면으로 선택하고 ϕ40을 스케치 후 스케치를 종료한다.

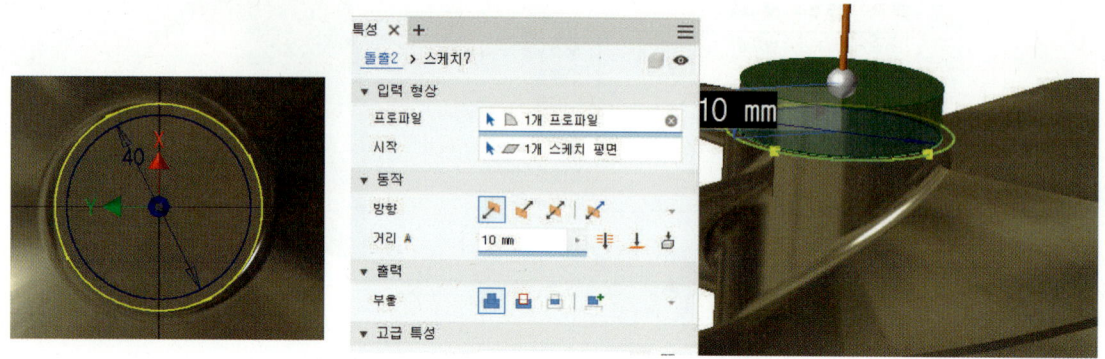

❽ 그림처럼 10mm만큼 돌출하고, 확인 후 모깎기 R6을 확인한다.

❾ 아래 그림은 완성된 그림이다.

## 19. 리브

 **실행**: 리본에서 모형 탭 → 작성 패널 → 리브

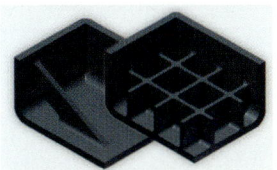 열린 프로파일 또는 닫힌 프로파일을 사용하여 리브(박판 지지 세이프)를 작성한다.

 **리브 따라 하기**

❶ XZ 평면에서 직사각형 30×20으로 스케치한 후 복귀하여 5mm 돌출하고 확인한다.
❷ 윗면을 선택하고 새 스케치를 클릭한다.
❸ 그림과 같이 스케치한 후 복귀를 선택한 후 20mm로 돌출한다.
❹ 그림과 같이 평면 아이콘을 클릭하고, 가운데로 새 평면을 만든 후 평면을 선택하여 새 스케치한다.
❺ 그림과 같이 스케치하고 복귀를 한다.
❻ 리브 두께 3mm를 입력한 후 확인한다.
❼ 리브 아이콘을 클릭하고, 프로파일을 선택한 후 방향 아이콘을 클릭하여 마우스로 그림처럼 방향을 확인한다.

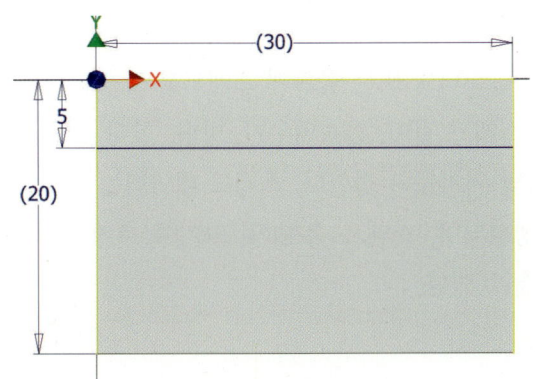 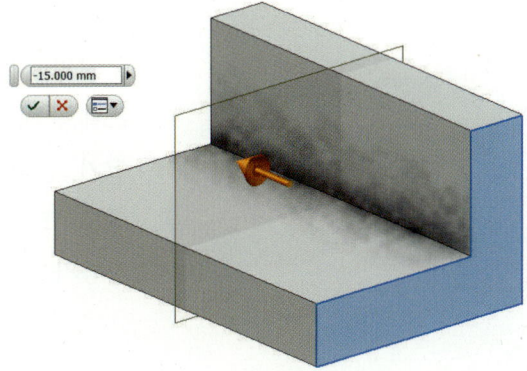

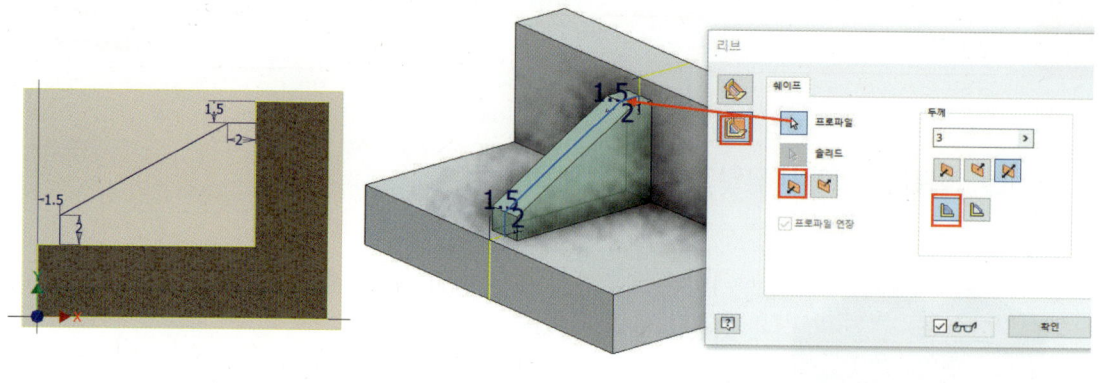

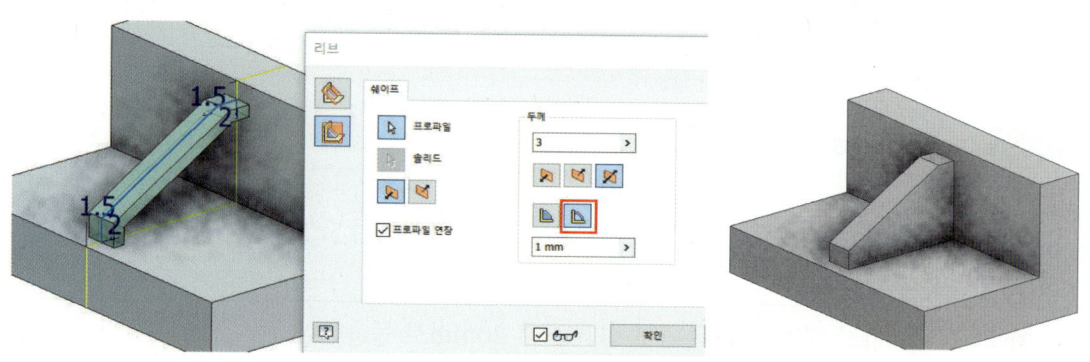

✹ 리브 따라 하기

## 20. 스레드

실행: 피쳐 패널의 [스레드] 도구를 클릭

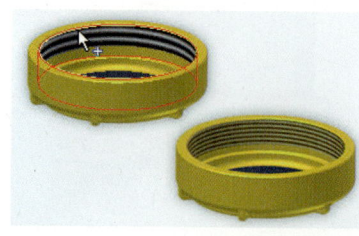

구멍, 샤프트, 스터드 또는 볼트에 스레드를 작성한다. 스레드 위치, 스레드 길이, 간격띄우기, 방향, 형태, 호칭 크기, 클래스 및 피치를 지정한다. 스레드 데이터는 스프레드시트에 생성되며, 스레드 유형 및 크기를 추가하여 사용자 지정할 수 있다.

**스레드 작성 따라 하기**

❶ XY 평면에서 그림처럼 스케치 후 치수를 기입하고 복귀한 후 피쳐 모드로 전환하고, 피쳐 패널 창의 회전 아이콘을 클릭하고 확인한다.

❷ 스레드를 클릭 후 위치와 사양을 그림처럼 입력 후 확인한다. (스레드는 나산의 데이터 값이 엑셀 데이터로 되어 있기 때문에 반드시 엑셀이 설치되어 있어야만 스레드 기능이 실행된다.)

❸ 그림처럼 모따기 아이콘 클릭 후 값을 입력하고 확인한다.

❹ 손잡이 널링 작성을 위해 그림처럼 형식에서 스타일 편집기를 클릭하고 색상을 클릭한다.

❺ 기본값 클릭 후 새 스타일 이름을 널링으로 확인하고 선택을 클릭한다.

❻ 텍스처에서 이미지 사용을 체크하고 그림처럼 Knur1.bmp을 선택하고 확인한 후 종료한다.

❼ 널링 부위를 마우스로 선택하고 마우스 오른쪽 버튼 클릭 후 특성을 선택하여 널링을 확인한다.

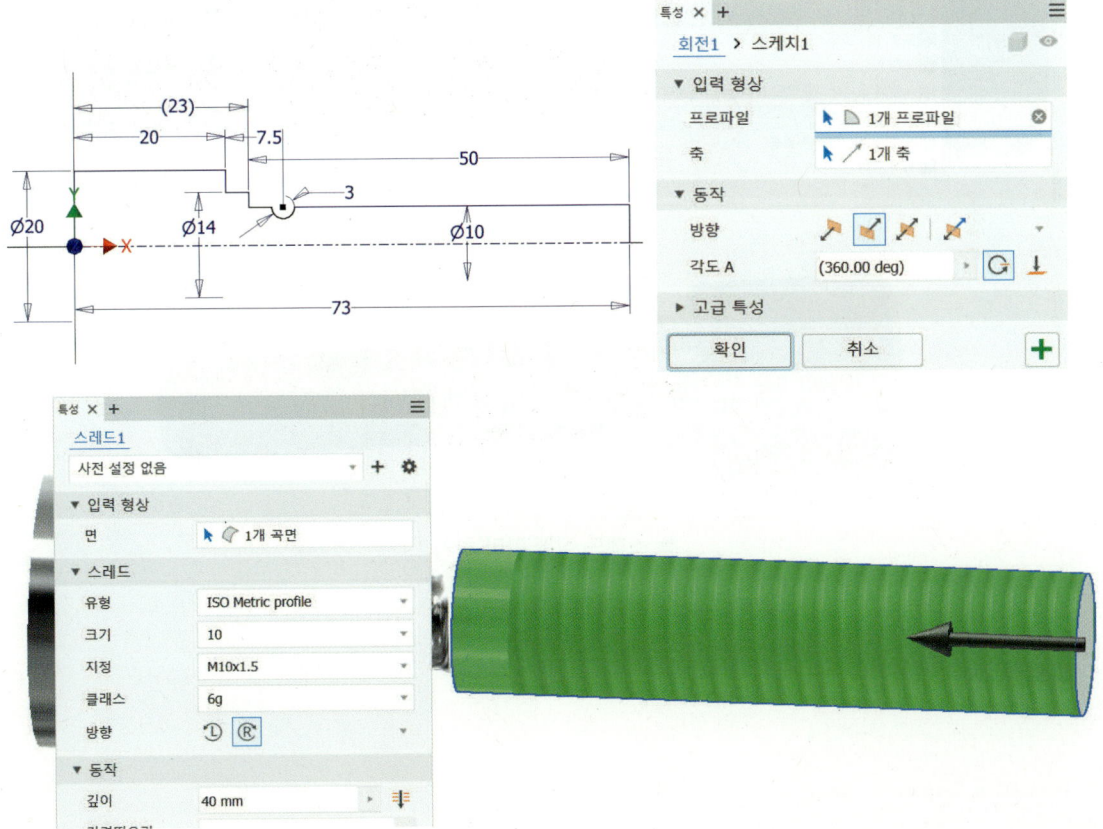

CHAPTER 3 부품 모델링하기

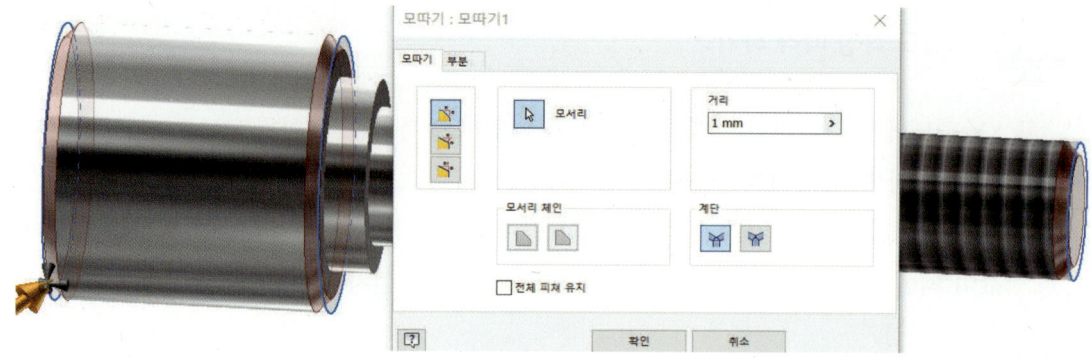

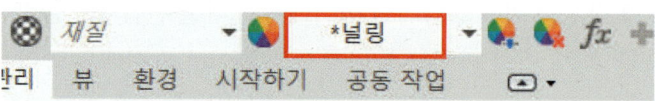

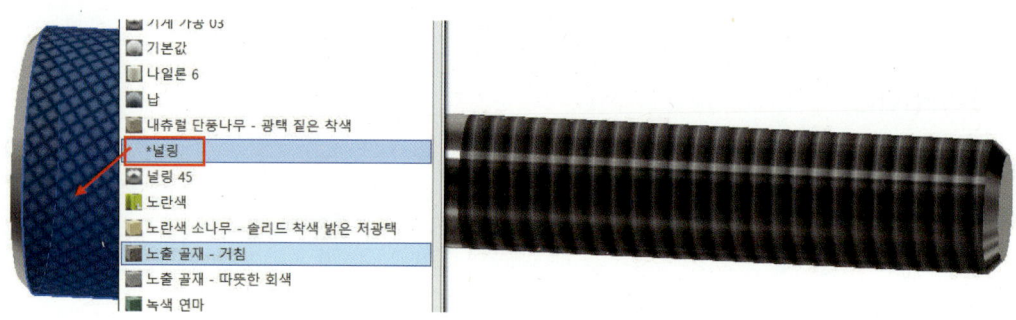

❋ 스레드 작성 따라 하기

## 21. 결합

 **실행**: 리본 메뉴에서 모형 탭 → 수정 패널 → 결합

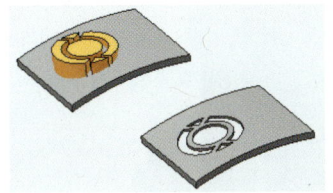

솔리드 본체의 체적을 결합하여 하나 이상의 솔리드 본체를 결합한다. 결합 작업으로 도구본체의 체적이 기준 솔리드에 추가된다. 잘라내기 작업으로 도구본체의 체적이 기준 솔리드에서 제거된다. 교차 작업으로 선택된 본체의 공유 체적에서 기준 솔리드가 수정된다.

## 22. 파생

 **실행**: 리본 메뉴에서 3D 모형 탭 → 삽입 패널 → 파생

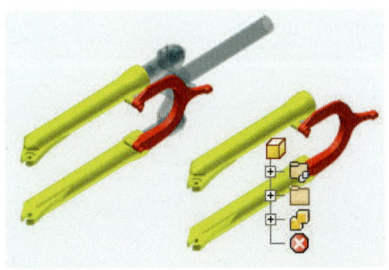

Autodesk Inventor 부품을 기준 부품으로 사용하여 새 파생 부품을 작성한다. 솔리드 본체, 가시적 2D 및 3D 스케치, 작업 피쳐, 곡면, 매개변수 및 iMates를 파생 부품에 통합할 수 있다.

파생 부품은 원래 부품보다 크거나 작게 축척할 수 있으며, 기준 부품의 원래 작업 평면을 사용하여 대칭될 수 있다. 파생 부품의 위치와 방향은 기준 부품과 동일하다.

### 결합 따라 하기 1

❶ 열기에서 과제 폴더에 결합-1.ipt를 선택한 후 확인한다.
❷ 리본 메뉴에서 관리의 작성에서 파생 과제 폴더에 결합-2.ipt를 선택한 후 확인한다.

❸ 리본 메뉴에서 모형 탭 → 수정 패널 → 결합(  )을 선택한다.
❹ 기준은 원통을 도구본체는 동기식 풀리를 확인한다.
❺ 모깎기 아이콘을 클릭하여 아래 그림처럼 2mm를 입력하고 확인한다.

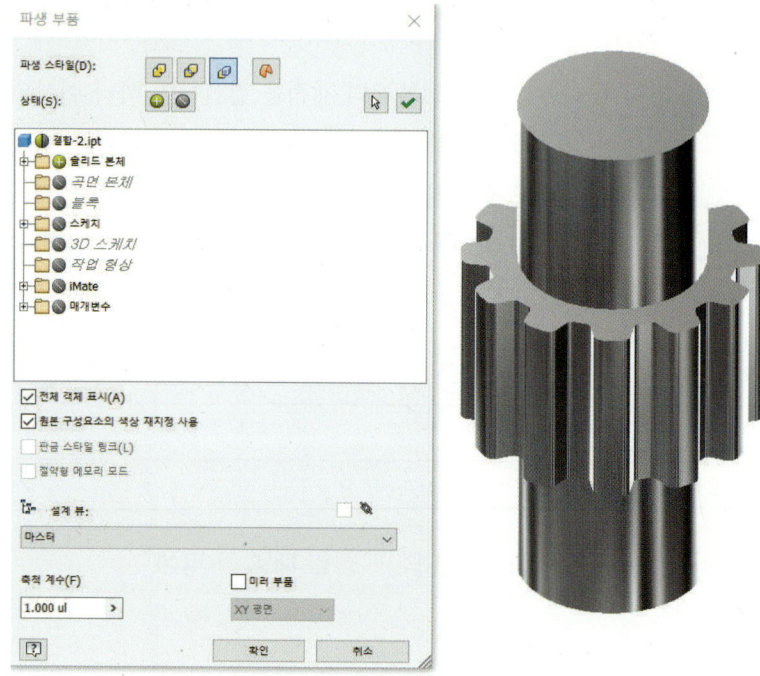

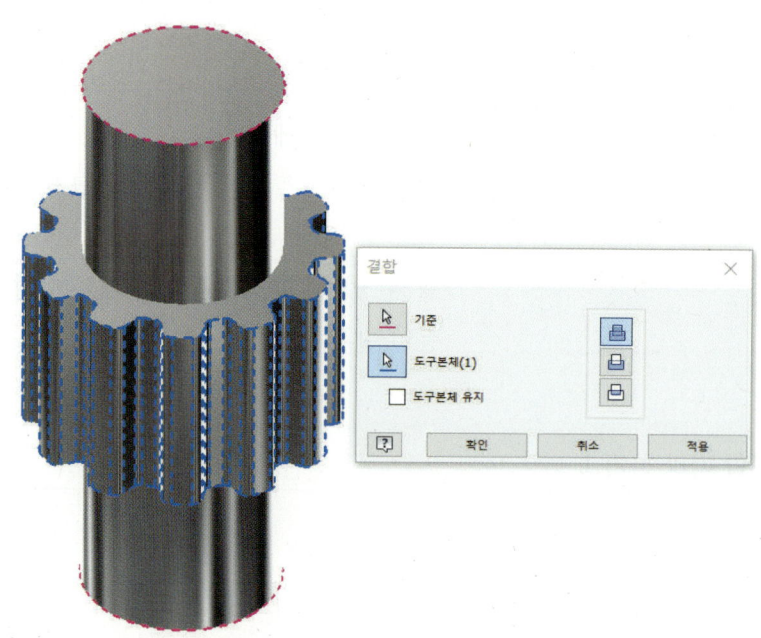

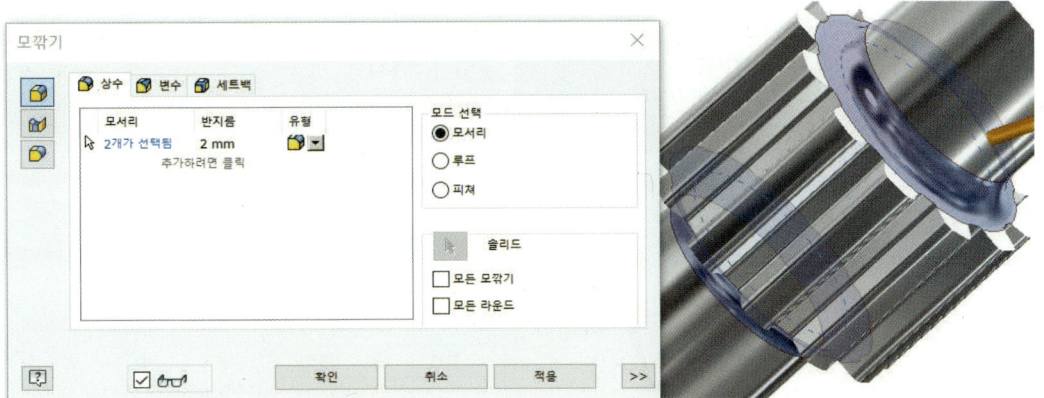

❋ 결합 따라 하기 1

## 결합 따라 하기 2

❶ 새로 만들기를 클릭한다.
❷ 그림처럼 XY 평면에서 지름 40mm에 돌출 10mm를 생성한다.
❸ 리본 메뉴의 삽입에서 파생을 클릭한다.
❹ 결합-2ipt를 선택 후 확인한다.
❺ 리본 메뉴에서 모형의 수정에서 결합을 클릭한다.
❻ 기준은 ⌀50 지름의 원통을 도구본체는 동기식 풀리를 선택한다.
❼ 차집합 선택 후 확인한다.

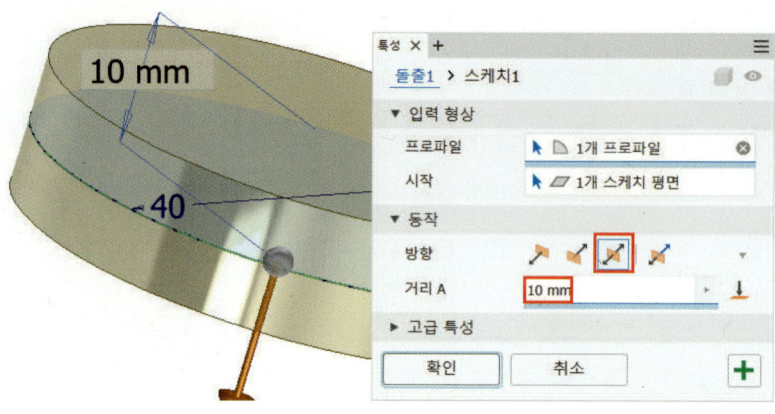

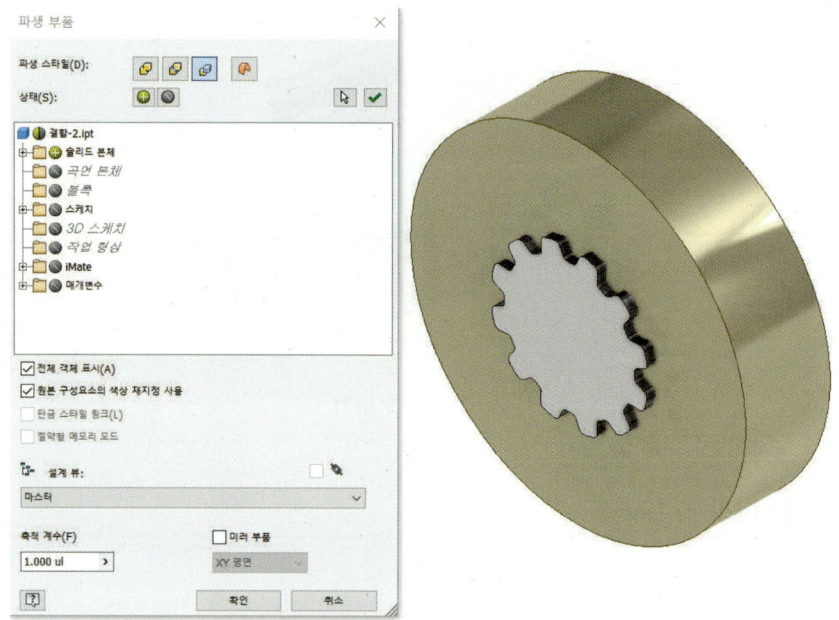

❋ 결합 따라 하기 2

## 23. 객체 복사

 **실행**: 리본 메뉴에서 모형 탭 → 수정 패널 → 객체 복사

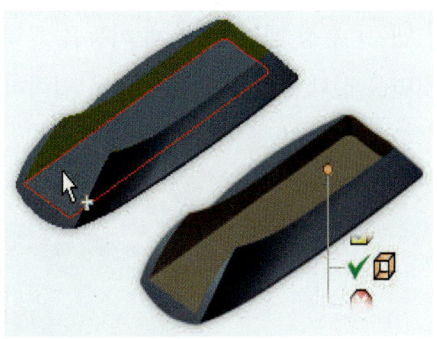

객체 복사를 사용하여 다음과 같이 작업한다.
- 조립품에서 한 부품으로부터 다른 부품에 곡면 형상의 연관 또는 비연관 사본을 작성한다. 예를 들면, 조립품에서 원본 부품의 결합 곡면을 같은 조립품의 대상 부품에 복사하여 대상 부품에서 참조로 사용할 수 있다.
- 부품 파일 내의 형상을 구성 환경 내에서 복합, 기준 곡면 또는 그룹으로 복사하거나 이동한다. 예를 들어, 구성 환경과 부품 모델링 환경 간의 사본을 작성하거나 형상을 이동할 수 있다.

## 24. 본체 이동

 **실행**: 리본 메뉴에서 모형 탭 → 수정 패널 → 본체 이동

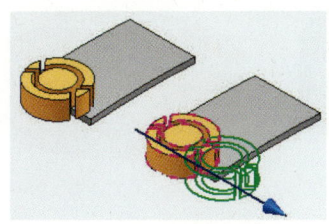 다중 본체 부품 파일에서 원하는 방향으로 솔리드 본체를 이동한다. 이 본체는 가져온 파생 구성요소이거나 일반적인 모델링 명령을 사용하여 작성된 부품 본체일 수 있다.

**객체 복사 및 본체 이동 따라 하기**

❶ 열기에서 과제 폴더에 객체 복사-3.ipt를 선택 후 확인한다.
❷ 리본 메뉴에서 모형 탭 → 수정 패널 → 객체 복사를 클릭한다.
❸ 아래 그림처럼 면으로 선택, 윗면과 측면을 선택하고 확인한다.
❹ 리본 메뉴에서 모형 탭 → 수정 패널 → 본체 이동을 클릭한다.
❺ 본체 선택은 모델 윗면을 선택한다. Z축에 -40을 입력하고 확인한다.

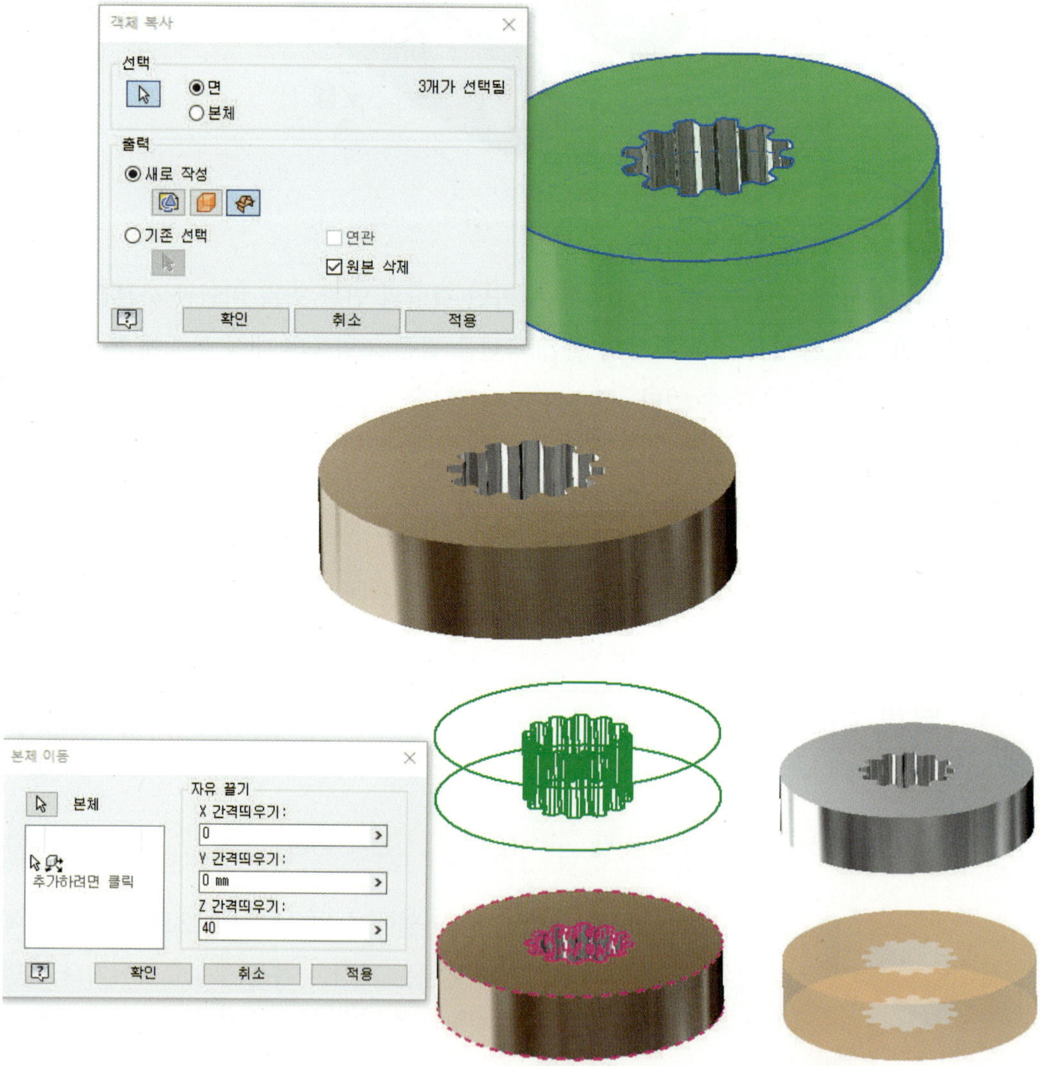

❋ 객체 복사 및 본체 이동 따라 하기

## 25. 굽힘

 **실행**: 리본 메뉴에서 모형 탭 → 수정 패널 → 굽힘

굽힘을 사용하여 부품의 일부를 굽힌다. 절곡부 선을 사용하여 절곡부의 접선 위치를 정의한 후 굽힐 부품 면, 굽힐 방향, 각도, 반지름 또는 호 길이를 지정할 수 있다.

주 굽힘은 판금 적용에 사용할 수 없다.

 **굽힘 따라 하기**

❶ 열기에서 과제 폴더에 굽힘 .ipt를 선택 후 확인한다.
❷ 리본 메뉴에서 모형 탭 → 수정 패널 → 굽힘을 클릭한다.
❸ 아래 그림처럼 윗면을 선택하고 새 스케치를 선택한다.
❹ 그림처럼 형상 투영 후 스케치하고 종료한다.
❺ 리본 메뉴에서 모형 탭 → 수정 패널 → 굽힘을 클릭하고 그림처럼 설정하고 확인한다.

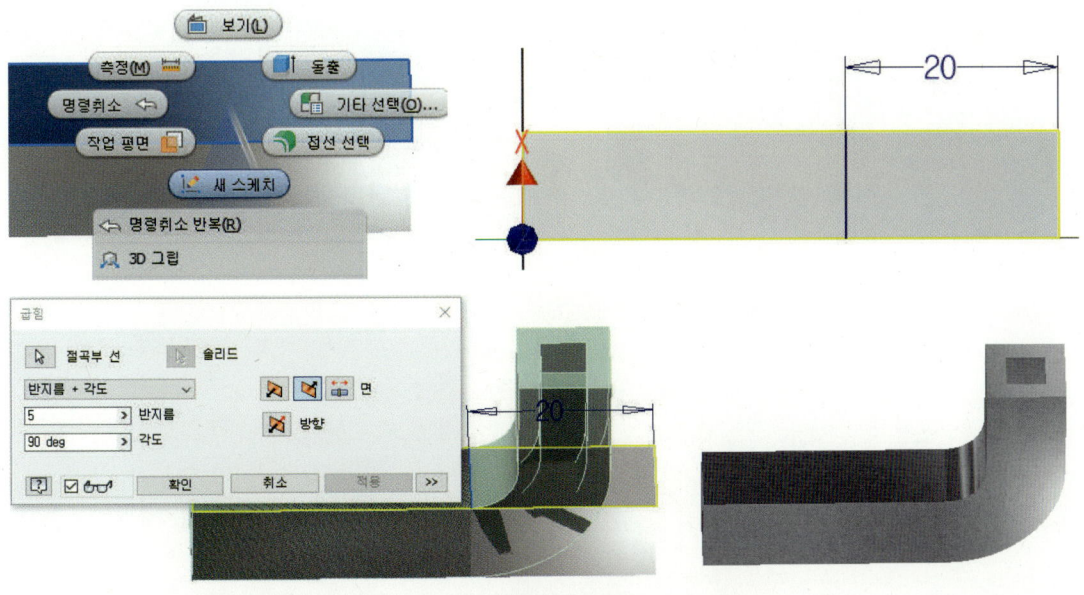

✹ 굽힘 따라 하기

## 26. 엠보싱

 **실행**: 리본 메뉴에서 모형 탭 → 작성 패널 → 엠보싱

 지정된 깊이와 방향으로 모형 면에 상대적으로 프로파일을 볼록하게 하거나 오목하게 하여 엠보싱 피쳐를 작성한다. 엠보싱 영역은 전사나 채색할 수 있는 곡면을 제공할 수 있으며, 오목한 영역은 조립품의 다른 구성요소를 배치하는 데 사용될 수 있다.

### 엠보싱 따라 하기 1

❶ XZ 평면상에서 그림처럼 직사각형 20×40로 스케치한 후 복귀하여 10mm만큼 돌출한다.
❷ 작업 평면 아이콘을 클릭한 후 부품 윗면을 선택하고 마우스로 그림처럼 드래그한다.
❸ 그림처럼 스케치를 하고 직사각형 패턴을 아래 그림과 설정하고 복귀 버튼을 클릭한다.
❹ 엠보싱을 클릭하고 프로파일 선택 후 오목과 볼록을 그림처럼 선택하여 확인한다.

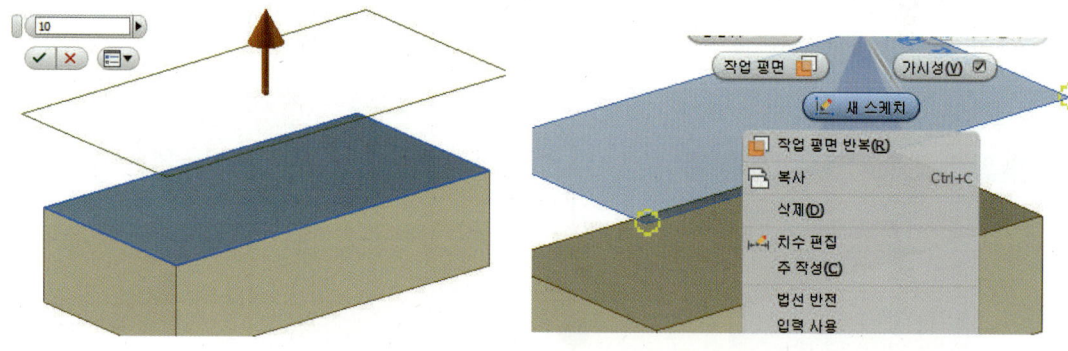

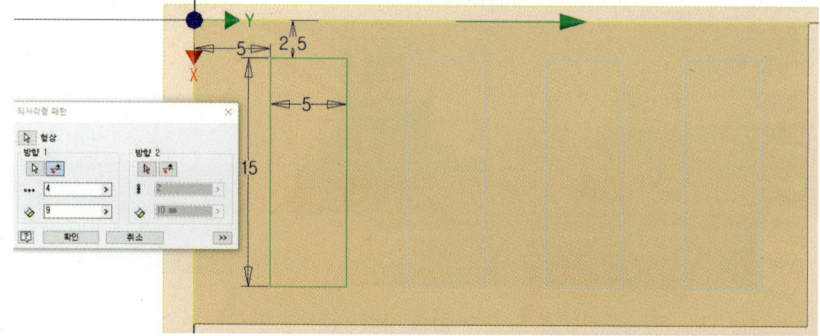

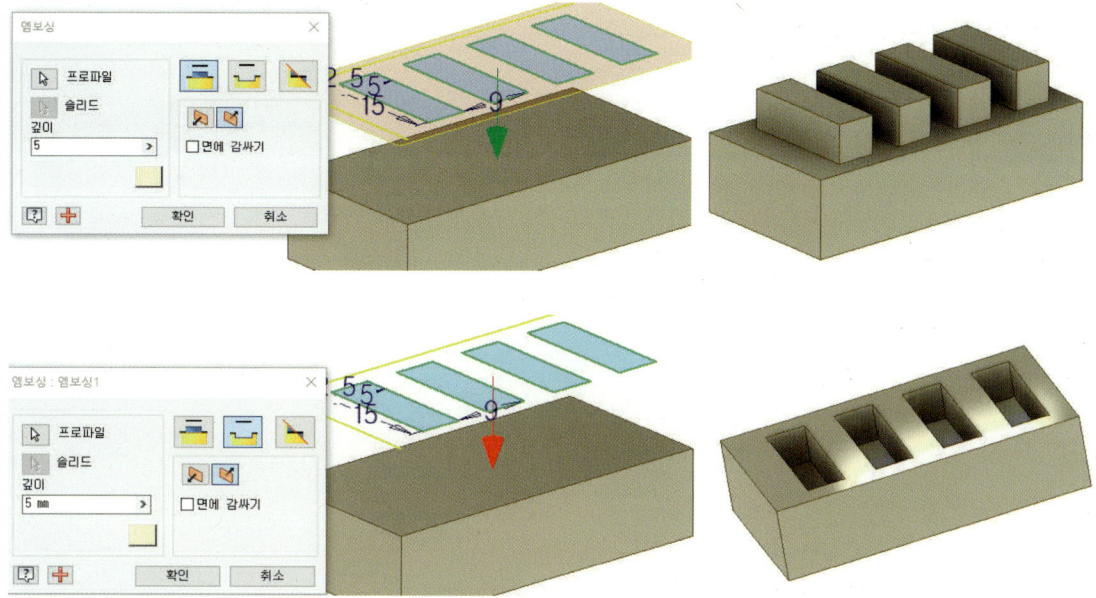

❈ 엠보싱 따라 하기 1

 **엠보싱 따라 하기 2**

❶ XY 평면상에서 그림처럼 직사각형 20×40로 스케치한 후 복귀하여 10mm만큼 돌출한다.
❷ 그림처럼 윗면을 새 스케치 면으로 선택한다.
❸ 아이콘을 선택하고 그림처럼 인벤터 엠보싱 텍스트를 설정하고 확인한다.
❹ 엠보싱을 클릭하고 프로파일 선택 후 오목과 볼록을 그림처럼 선택하여 확인한다.

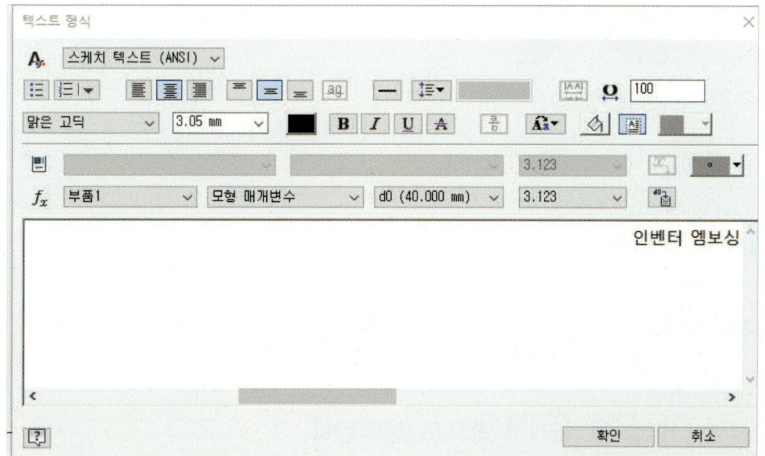

CHAPTER 3 부품 모델링하기

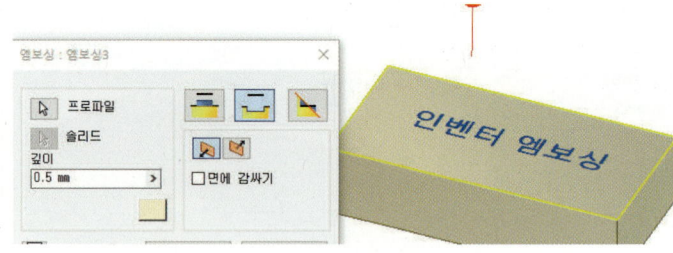
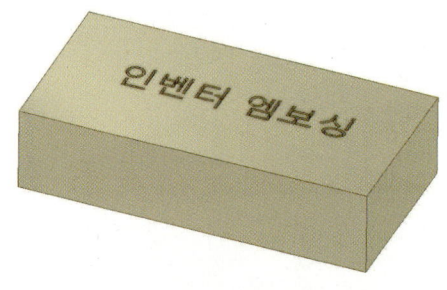

❈ 엠보싱 따라 하기 2

## 27. 전사

 **실행**: 리본 메뉴에서 모형 탭 → 작성 패널 → 전사

  부품 면에 레이블, 상표명 아트, 로고, 보증 스티커 등 제조 요구 사항을 나타내는 이미지를 적용하여 전사 피쳐를 작성한다. 조립품에서 다른 구성요소를 깔끔하게 나타내거나 패키지를 손상시키지 않기 위해 후미진 곳에 전사를 적용할 수 있다. 이미지는 비트맵, Word 문서 또는 Excel 스프레드시트일 수 있다.

### 전사 따라 하기

❶ XY 평면상에서 그림처럼 직사각형 30×50으로 스케치한 후 복귀하여 10mm만큼 돌출한다.
❷ 그림처럼 윗면을 새 스케치 면으로 선택한다.

❸ 이미지 아이콘을 선택하고 태극기.bmp 불러온다. 그림처럼 치수기입을 하고 스케치를 종료한다.

❹ 전사를 클릭하고 그림처럼 선택하여 확인한다.

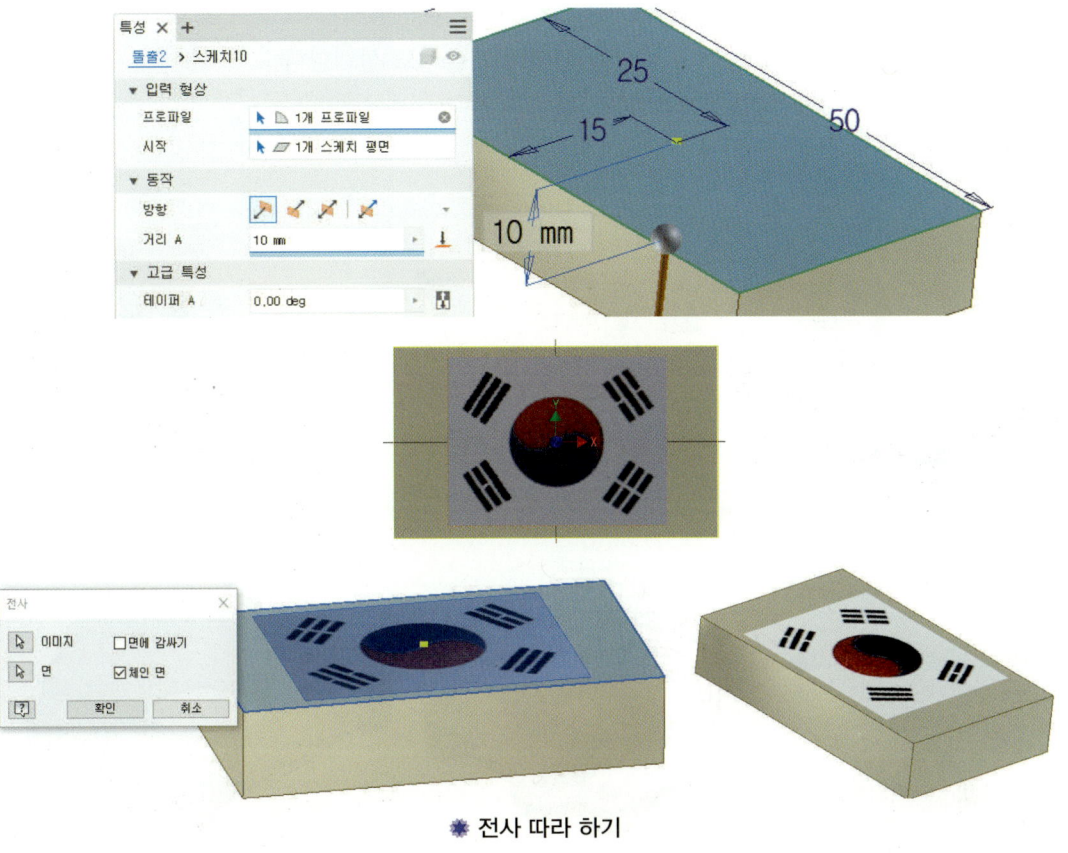

✿ 전사 따라 하기

## 28. 미러

실행: 리본 메뉴에서 모형 탭 → 패턴 패널 → 미러

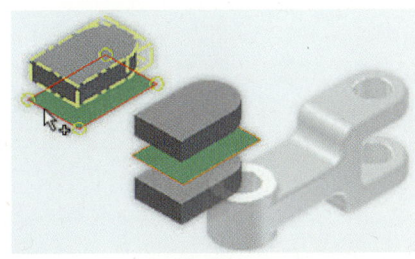

작업 평면이나 평면형 면은 선택된 피쳐를 미러시킬 미러 평면으로 사용할 수 있다. 미러된 피쳐는 선택된 피쳐의 반전된 사본이다. 조립품에서는 스케치된 피쳐만 미러시킬 수 있다.

CHAPTER 3 부품 모델링하기　131

**미러 따라 하기**

❶ 열기의 과제 폴더에서 미러.ipt를 선택한 후 확인한다.
❷ 리본 메뉴에서 모형 탭 → 패턴 패널 → 미러를 클릭한다.
❸ 아래 그림처럼 전체 솔리드 대칭을 선택하고 솔리드 선택한다.
❹ 미러 평면은 작업 평면을 선택하고 확인한다.

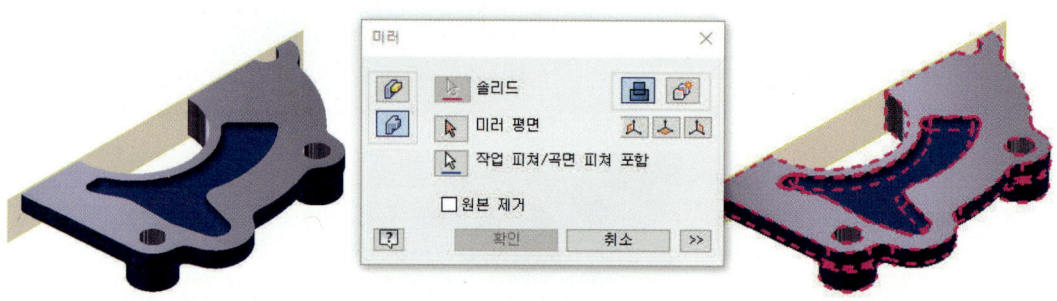

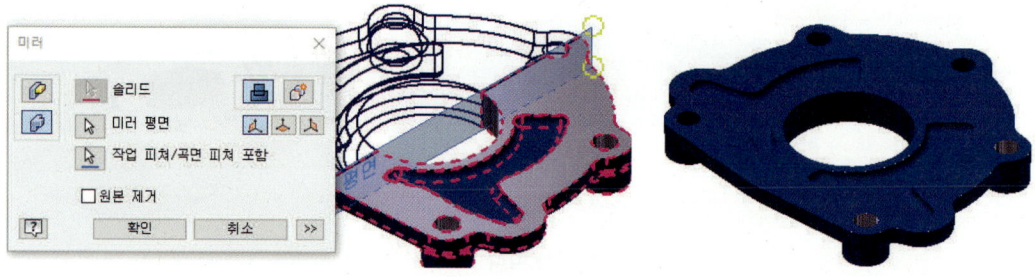

❋ 미러 따라 하기

## 29. 곡면 스티치

2개 이상의 서페이스를 결합할 수 있다. 곡면을 함께 스티치하여 퀼트 또는 솔리드를 만든다. 성공적으로 스티치하려면 곡면 모서리가 인접해 있어야 한다.

> **실행**: 리본 메뉴에서 모형 탭 → 곡면 패널 → 스티치

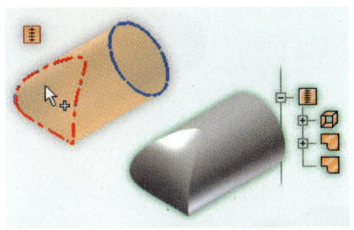

파라메트릭 곡면을 선택하여 퀼트 또는 솔리드 본체로 다 함께 스티치한다. 또한 곡면이 스티치에 적합한지 여부를 분석하는 데 사용된다. 이후에 편집할 수 있는 스티치 피쳐가 작성된다.

### 곡면 스티치 따라 하기

❶ 열기에서 과제폴더에 곡면 스티치.ipt를 선택한 후 확인한다.
❷ 리본 메뉴에서 모형 탭 → 곡면 패널 → 스티치를 클릭한다.
❸ 아래 그림처럼 적용하고 확인한다.

✦ 스티치 따라 하기

# 30. 두껍게 하기/간격띄우기

 **실행**: 리본 메뉴에서 모형 탭 → 곡면 패널 → 두껍게 하기/간격띄우기

부품의 면 또는 퀼트에 두께를 추가 또는 제거하거나, 부품 면 또는 곡면에서 간격띄우기 곡면을 작성하거나, 새 솔리드를 작성한다.

부품 또는 퀼트의 면에 두께를 추가하거나 제거한다.

하나 이상의 면 또는 퀼트의 간격띄우기 곡면을 작성한다.

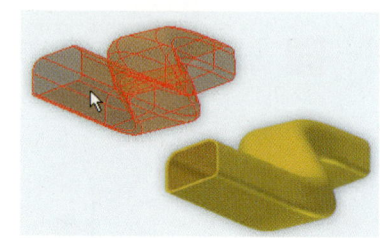

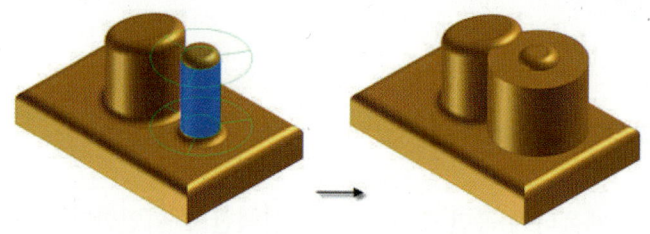

❋ 자동 혼합을 사용하지 않은 경우

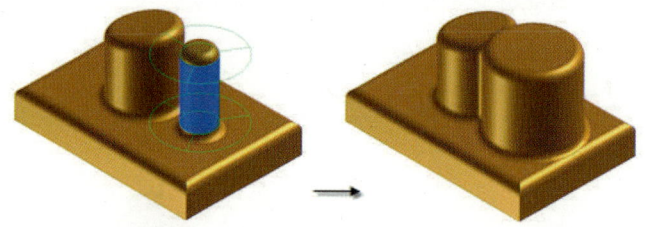

❋ 자동 혼합을 사용한 경우

 **두껍게 하기/간격띄우기 따라 하기 1**

❶ 열기에서 과제 폴더에 두껍게 하기/간격띄우기1.ipt를 선택한 후 확인한다.
❷ 리본 메뉴에서 모형 탭 → 수정 패널 → 두껍게 하기/간격띄우기를 클릭한다.
❸ 아래 그림처럼 적용하고 확인한다.

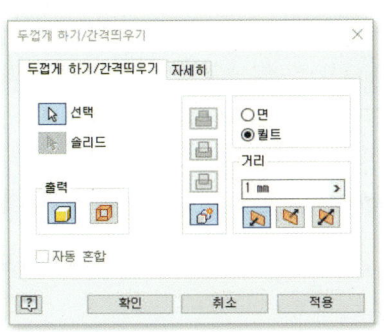 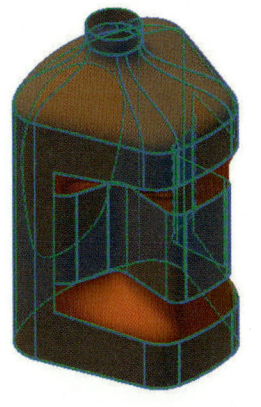 

❈ 두껍게 하기/간격띄우기 따라 하기 1

## 두껍게 하기/간격띄우기 따라 하기 2

❶ 열기에서 과제 폴더에 두껍게 하기/간격띄우기2.ipt를 선택한 후 확인한다.
❷ 리본 메뉴에서 모형 탭 → 수정 패널 → 두껍게 하기/간격띄우기를 클릭한다.
❸ 아래 그림처럼 적용하고 확인한다.

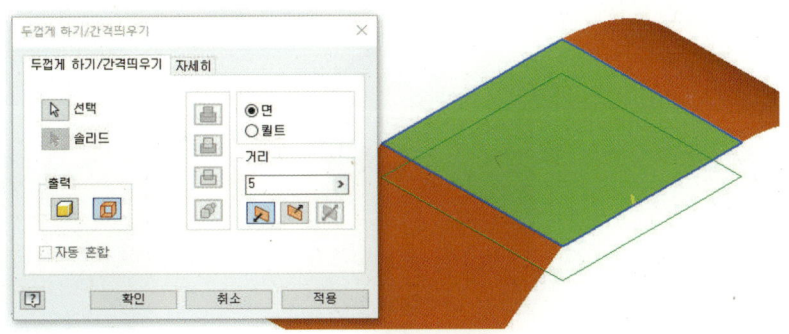

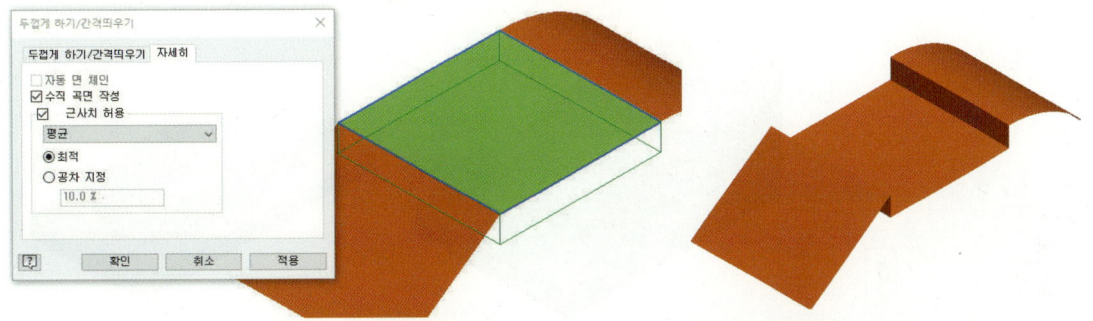

❈ 두껍게 하기/간격띄우기 따라 하기 2

# 31. 조각

 실행: 리본 메뉴에서 모형 탭 → 곡면 패널 → 조각

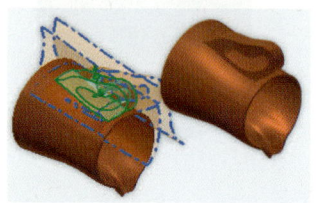 자유형 경계 곡면 형상을 기준으로 솔리드 모형이나 곡면에서 재질을 추가하고 제거한다. 곡면은 자르지 않아도 공통 모서리를 공유한다.

## 조각 따라 하기

❶ 열기에서 과제 폴더에 조각1.ipt를 선택한 후 확인한다.
❷ 리본 메뉴에서 모형 탭 → 곡면 패널 → 조각을 클릭한다.
❸ 아래 그림처럼 적용하고 확인한다.
❹ 다시 열기에서 과제 폴더에 조각.ipt를 선택한 후 확인한다.

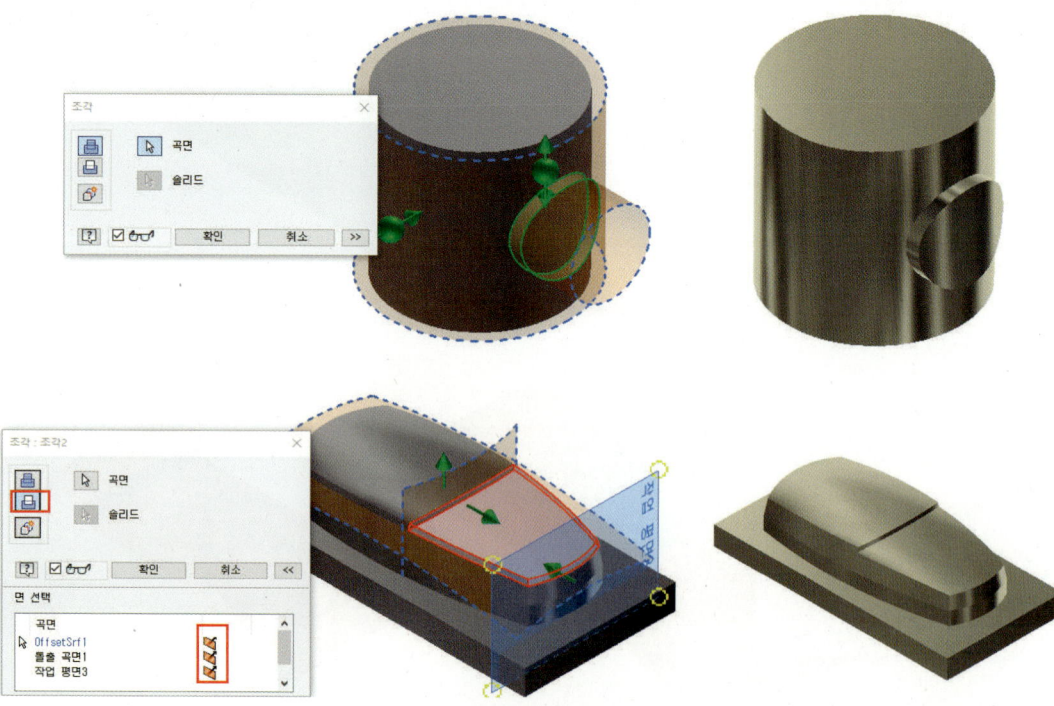

❋ 조각 따라 하기

## 32. 연장

실행: 리본 메뉴에서 모형 탭 → 곡면 패널 → 연장

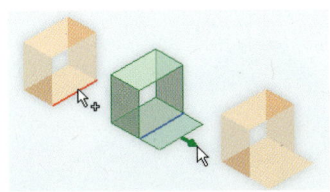

거리 또는 종료 평면을 지정하여 하나 이상의 방향으로 곡면을 연장한다.

### 연장 따라 하기 1

① 열기에서 과제 폴더에 연장-1.ipt를 선택한 후 확인한다.
② 리본 메뉴에서 모형 탭 → 곡면 패널 → 연장을 클릭한다.
③ 아래 그림처럼 적용하고 확인한다.

❋ 연장 따라 하기 1

**연장 따라 하기 2**

❶ 열기에서 과제 폴더에 연장-2.ipt를 선택한 후 확인한다.
❷ 리본 메뉴에서 모형 탭 → 곡면 패널 → 연장을 클릭한다.
❸ 아래 그림처럼 적용하고 확인한다.

✻ 연장 따라 하기 2

## 33. 면 대체

 **실행**: 리본 메뉴에서 모형 탭 → 곡면 패널 → 면 대체

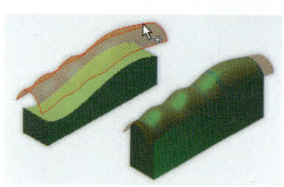 하나 이상의 부품 면을 다른 면으로 대체한다. 새 면은 부품을 완전히 교차하며, 필요한 경우 면 대체는 새 면을 잘라 기존 부품 면과 일치시킨다.

 **면 대체 따라 하기**

❶ 열기에서 과제 폴더에 면 대체-1.ipt를 선택 후 확인한다.
❷ 리본 메뉴에서 모형 탭 → 곡면 패널 → 면 대체를 클릭한다.
❸ 아래 그림처럼 적용하고 확인한다.

 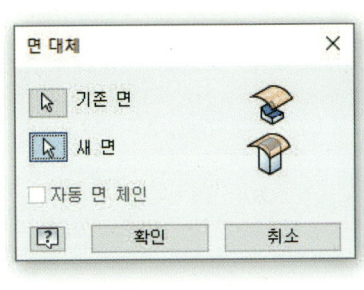 

✹ 면 대체 따라 하기

# CHAPTER 4

# 3D 형상 솔리드 모델링 따라 하기

1. 플레이트 따라 하기
2. 브래킷 따라 하기
3. 본체 커버 따라 하기
4. 링크 따라 하기
5. V 벨트 풀리 따라 하기
6. 편심 축 따라 하기
7. 하우징 따라 하기 1
8. 하우징 따라 하기 2
9. 하우징 따라 하기 3
10. 본체 따라 하기 1
11. 본체 따라 하기 2
12. 스퍼기어 따라 하기
13. 스프로켓 휠 따라 하기
14. 웜 축 따라 하기
15. 웜 휠 따라 하기
16. 디자인 엑셀러레이터를 이용한 웜과 웜 기어 따라 하기
17. 헬리컬 기어 따라 하기
18. 베벨 기어 따라 하기
19. 래크 따라 하기
20. 피니언 따라 하기
21. 볼베어링(6202) 모델링하기
22. 오일실(G계열: d(15)×D(30)×B(7)) 모델링하기

### 학습목표

이전 단원에서 학습한 내용을 바탕으로
각종 기계부품을 KS 제도법에 따라 도면을 이해하고,
솔리드 모델링을 완성하여 각종 기계설계제도 관련 기능사, 산업기사,
기사 시험을 대비하여 합격할 수 있다.

# CHAPTER 4. 3D 형상 솔리드 모델링 따라 하기

## 1. 플레이트 따라 하기

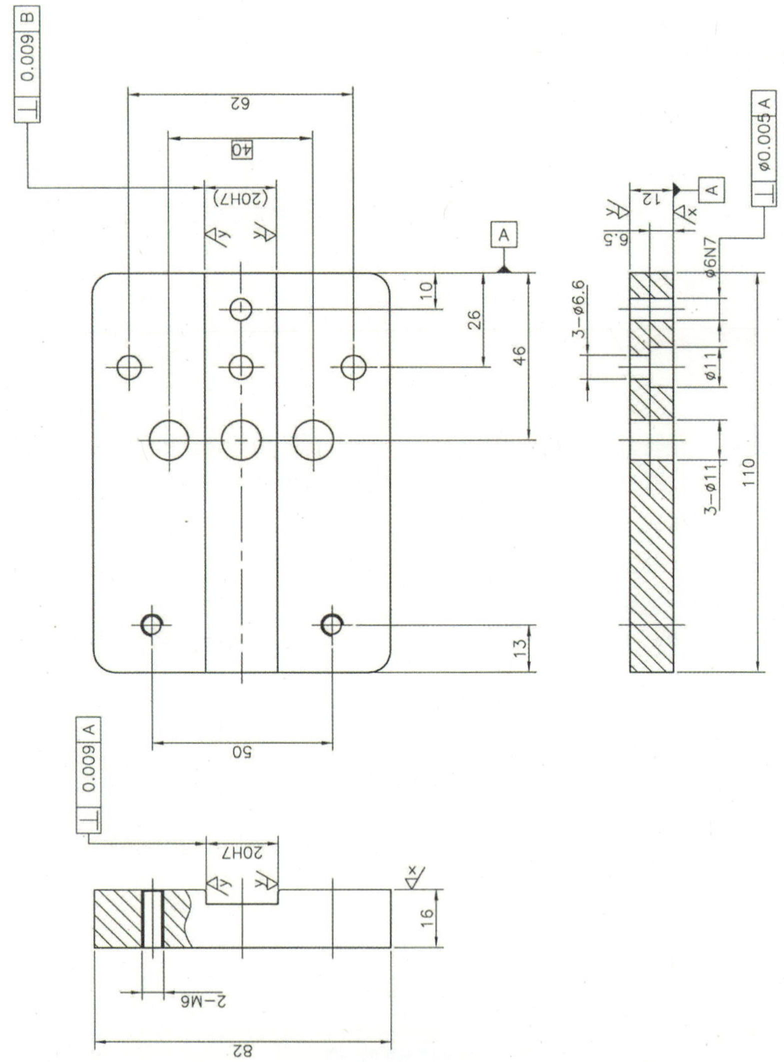

# 1. Part 모델링 파일(.ipt) 실행하기

**1** 새 파일 대화상자의 기본값에서 Standard.ipt를 선택한 후 확인 버튼을 눌러 실행시킨다.

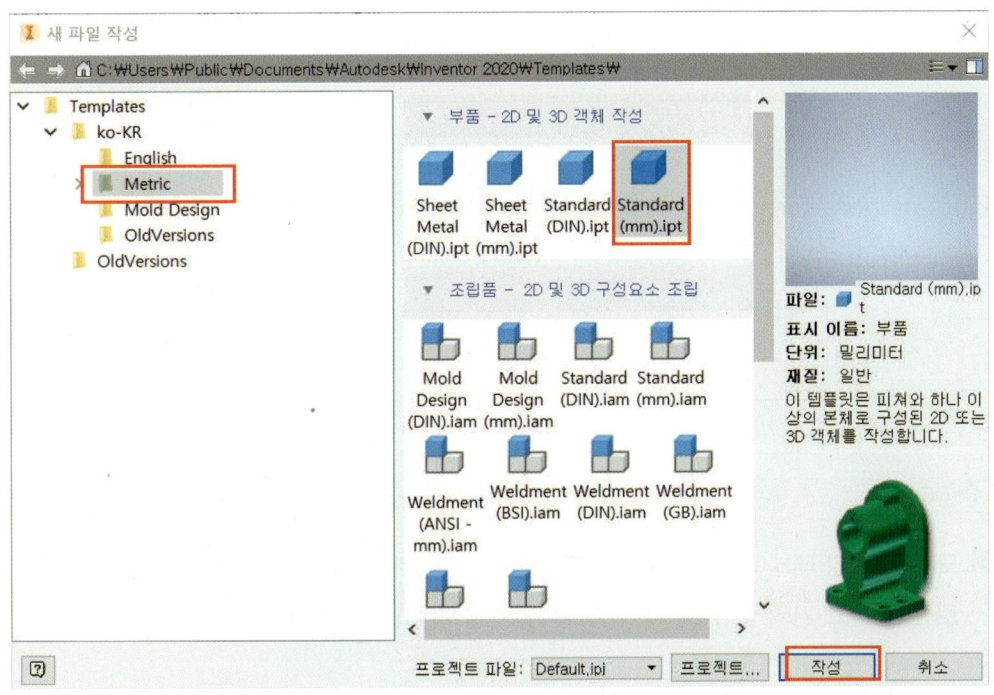

## 2. 플레이트 형상 기본 2D 스케치 작성 및 돌출하기

**1** 스케치 도구에서 선 또는 직사각형 아이콘을 선택한 후 마우스를 이용하여 아래와 같이 대략의 형상을 작성하고 치수 아이콘을 사용하여 아래와 같이 정확한 치수를 입력한다.

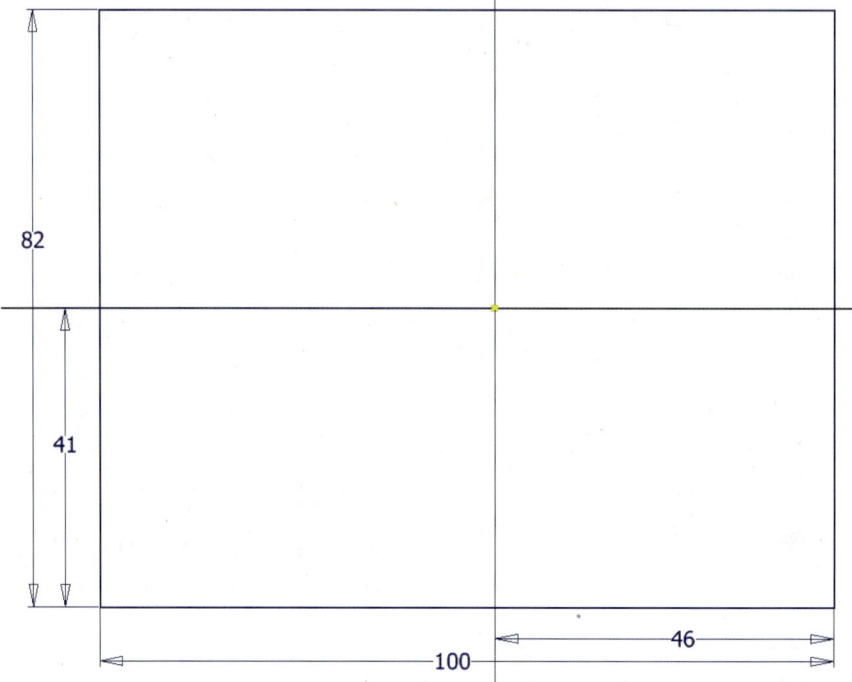

**2** 모형의 작성 패널에서 돌출 아이콘을 선택한다. 위의 돌출 대화상자에서 돌출 영역을 거리로 선택하고 거리 값 16을 입력한 후 확인을 클릭한다.

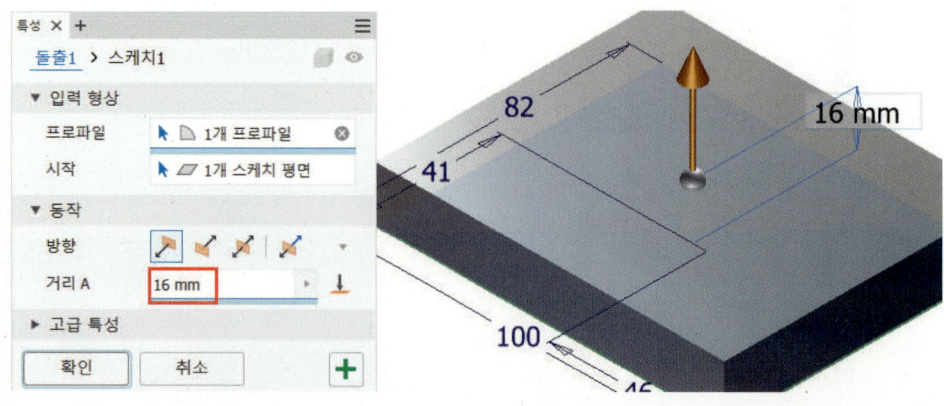

3 절단할 형상을 스케치하기 위하여 그림과 같이 MB3 버튼을 누르고, 스케치 아이콘을 선택한 후 기본 형상의 스케치할 면을 선택한다.

4 스케치 모드로 변경된 것을 확인하고 직사각형 아이콘을 이용하여 아래와 같이 절단하고자 하는 형상을 스케치 하고, 치수 아이콘을 이용하여 정확한 치수를 입력한 후 스케치 마무리를 선택한다.

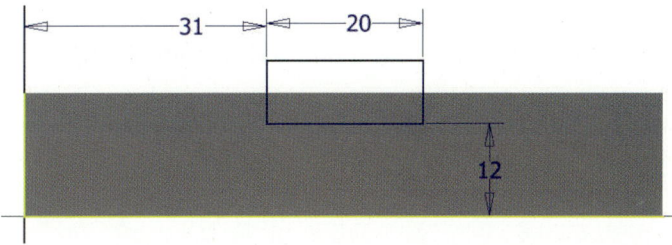

5 모형의 작성 패널에서 돌출 아이콘을 클릭한다. 스케치해 놓은 형상을 선택하고 돌출유형을 두 번째에 있는 차집합으로 선택한 후에 돌출에서 범위 전체로 선택하고 확인을 누른다.

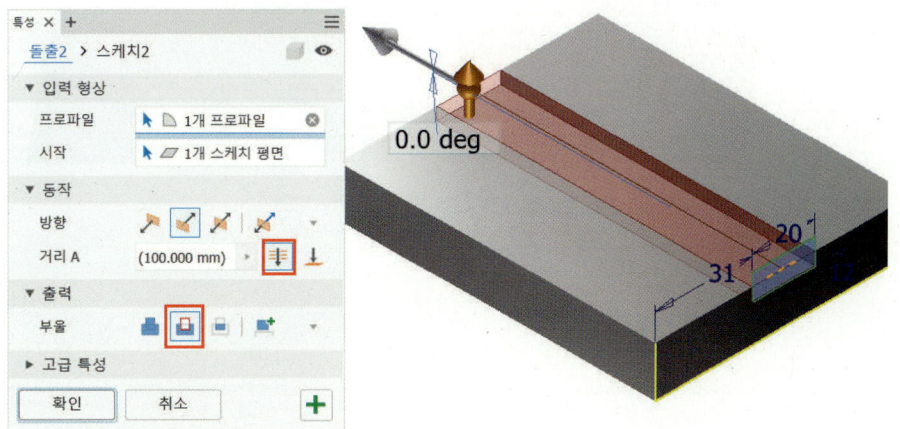

6 모형의 수정 패널에서 모깎기 아이콘을 선택한다. 모깎기 대화상자에서 모깎기의 반지름 값 6을 입력한 후 모깎기 할 모서리를 차례대로 클릭한 다음 확인을 선택한다.

## 3. 구멍 작업하기

1 구멍 중심을 표시하기 위해 그림처럼 면을 선택하고 MB3 버튼을 이용하여 새 스케치를 선택한다.

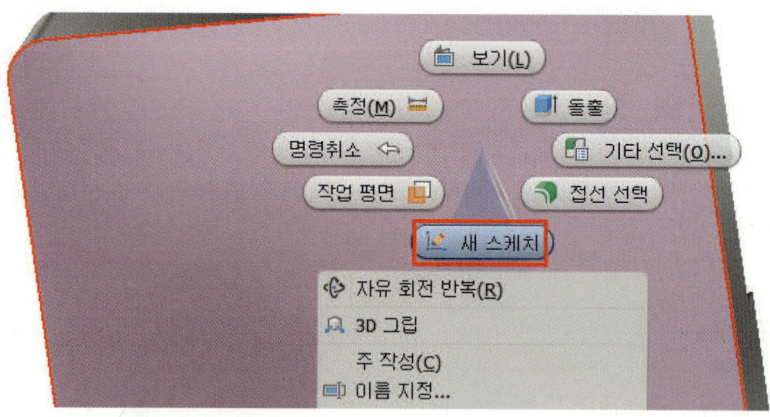

2 스케치 패널에서 점, 중심점 아이콘을 선택한 후 스케치 면의 임의의 위치에 클릭하여 구멍 중심의 위치를 표시한다. 치수 아이콘을 사용하여 아래와 같이 정확한 구멍 중심의 위치를 결정한 후 수직 구속조건을 이용하여 점의 수직 위치로 정렬하고 스케치를 마무리한다.

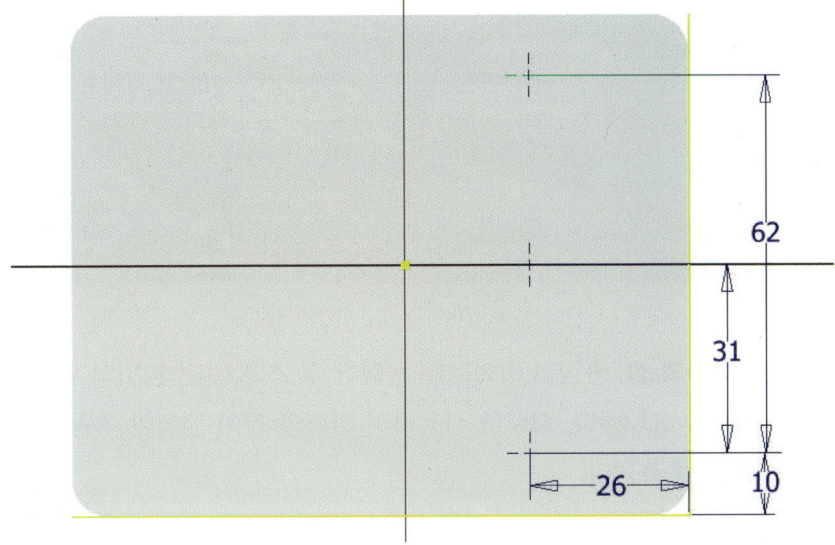

3 모형의 수정 패널에서 구멍 아이콘을 클릭하고 구멍 대화상자에서 구멍 유형 중 두 번째에 있는 카운터 보어를 선택한다. 그림과 같이 치수 값을 입력한 후 확인 버튼을 눌러 구멍 작업을 완료한다.

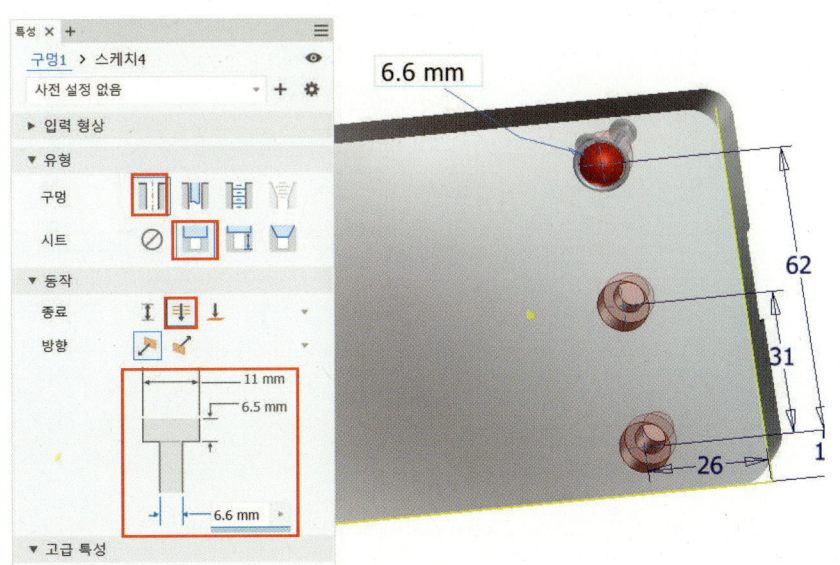

4 그림처럼 면을 선택하고 MB3 버튼을 이용하여 새 스케치를 선택한다.

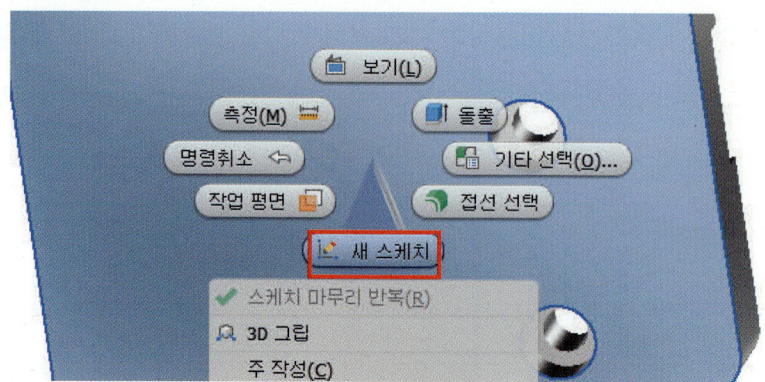

5 스케치 패널 막대의 점, 중심점 아이콘을 선택한 후 스케치 면 임의의 위치에 클릭하여 구멍 중심의 위치를 표시한다. 치수를 사용하여 아래와 같이 정확한 구멍 중심의 위치를 지정하고 스케치를 종료한다.

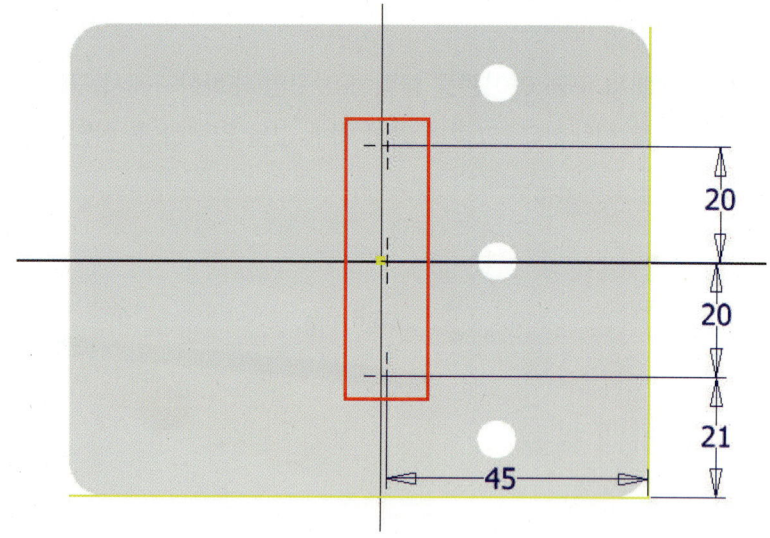

6 모형의 수정 패널에서 구멍 아이콘을 선택한다. 구멍 대화상자에서 그림과 같이 설정하고 확인 버튼을 눌러 구멍 작업을 완료한다.

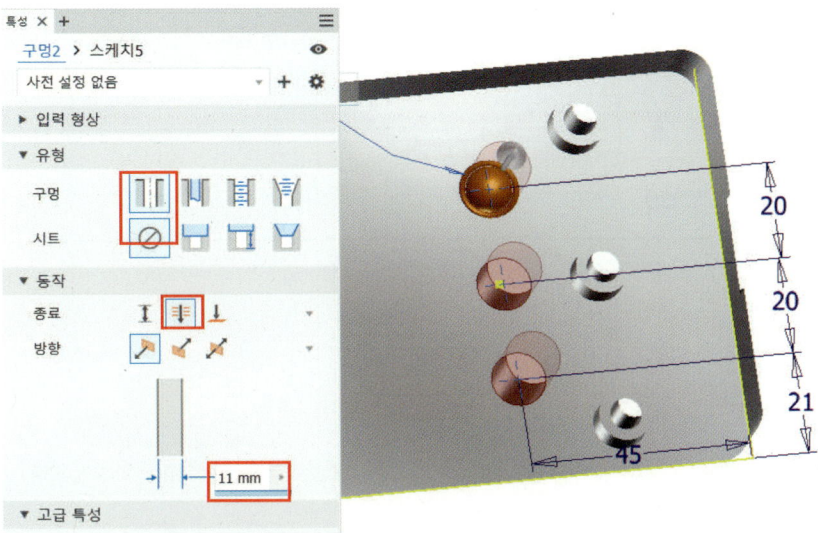

7 위와 마찬가지로 나사구멍 중심을 표시하기 위해 그림처럼 면을 선택하고 MB3 버튼을 이용하여 새 스케치를 선택한다.

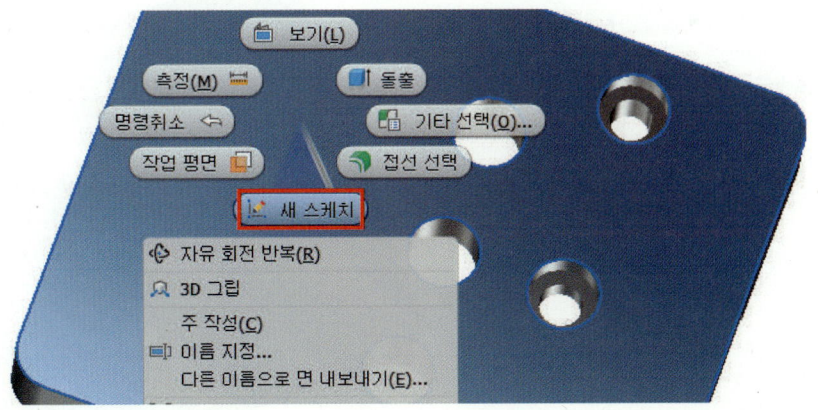

8 점, 중심점 아이콘을 선택한 후 스케치 면 임의의 위치에 클릭하여 구멍 중심의 위치를 표시하고, 치수 아이콘을 사용하여 아래와 같이 정확한 구멍 중심의 위치를 지정한다.

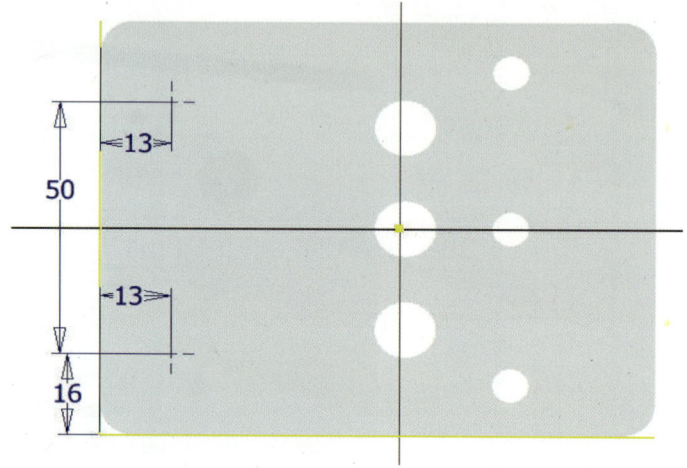

9 피쳐 모드 모형에서 구멍 아이콘을 선택하고, 아래 그림처럼 설정하고 확인한다.

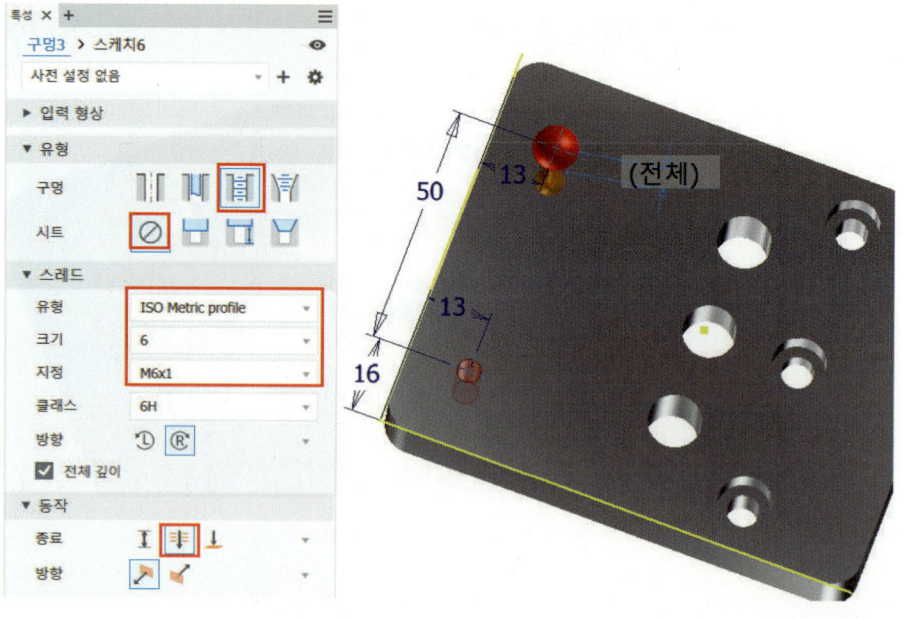

🔟 앞의 부품 공작도를 참고하여 동일한 방법으로 점 위치를 스케치하고 치수기입한 후 종료한다.

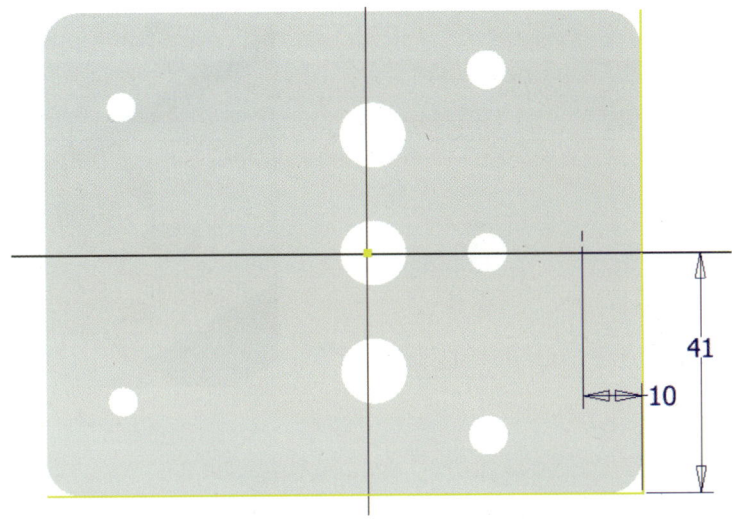

1️⃣1️⃣ 모형의 수정 패널에서 구멍 아이콘을 선택하고 아래 그림처럼 설정한 후 확인한다.

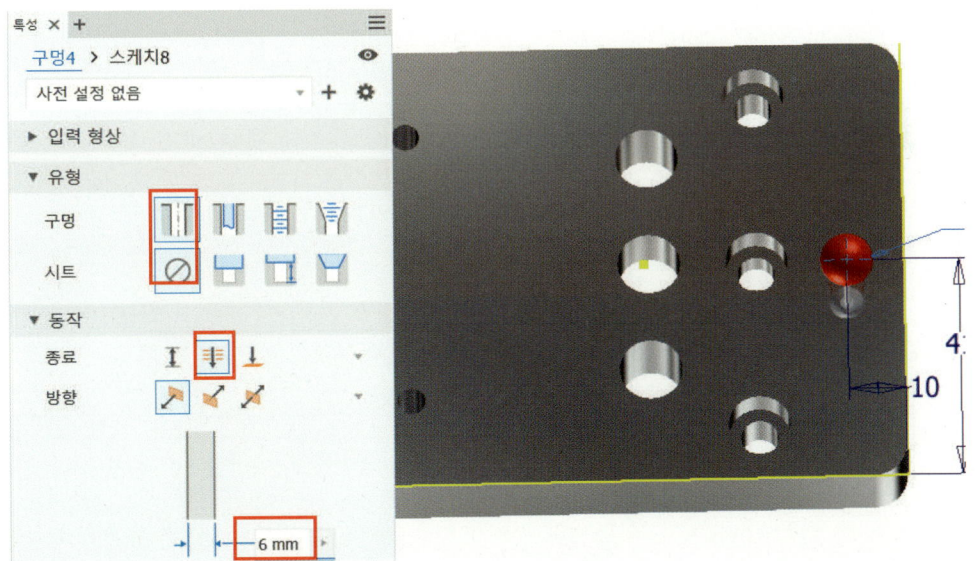

CHAPTER 4 3D 형상 솔리드 모델링 따라 하기

12 모형의 수정 패널에서 모따기 아이콘을 선택한다. 모따기 거리 값을 1로 입력하고, 모따기 하고자 하는 모서리를 마우스로 차례대로 선택하고 확인한다.

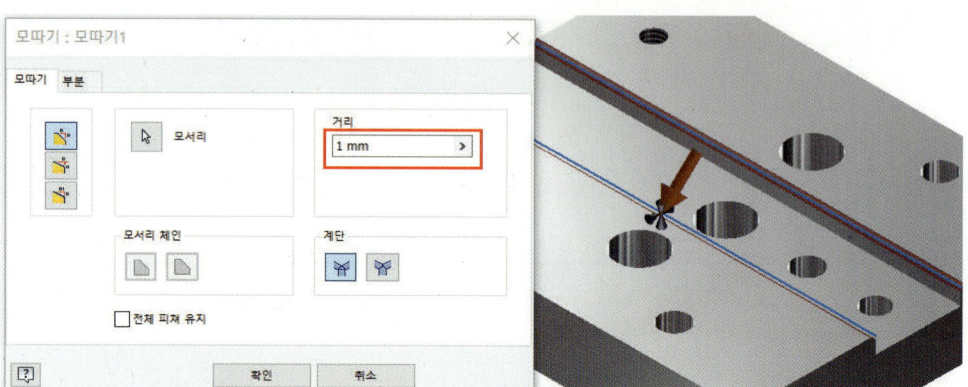

## 📖 2. 브래킷 따라 하기

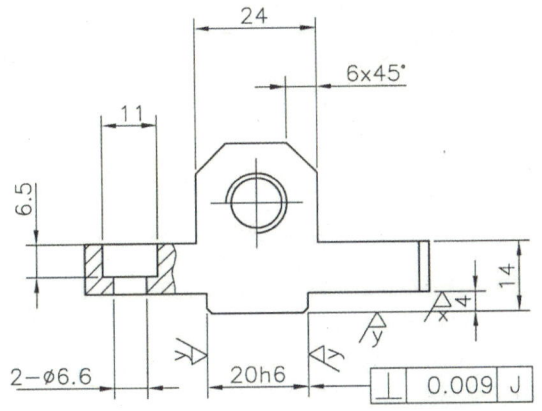
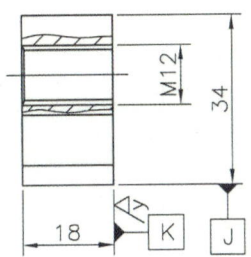
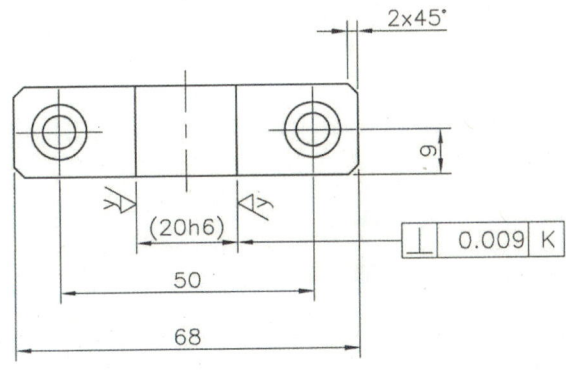

## 1. 브래킷 형상 기본 2D 스케치 작성하기

**1** 스케치 도구에서 선 아이콘을 선택한 후 마우스를 이용하여 아래와 같이 대략의 형상을 작성한다.

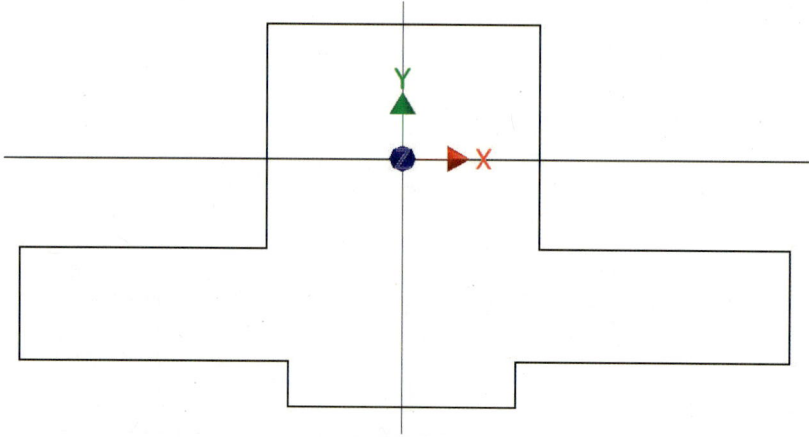

**2** 스케치한 형상은 좌우 대칭의 형상이므로 동일 치수의 중복 입력을 피하기 위해 스케치에 구속조건을 부여하도록 한다. 동일 구속조건 아이콘을 선택한다. 동일한 길이를 갖는 두 선분을 차례대로 선택한다. (1~2, 3~4, 5~6, 7~8, 9~10)

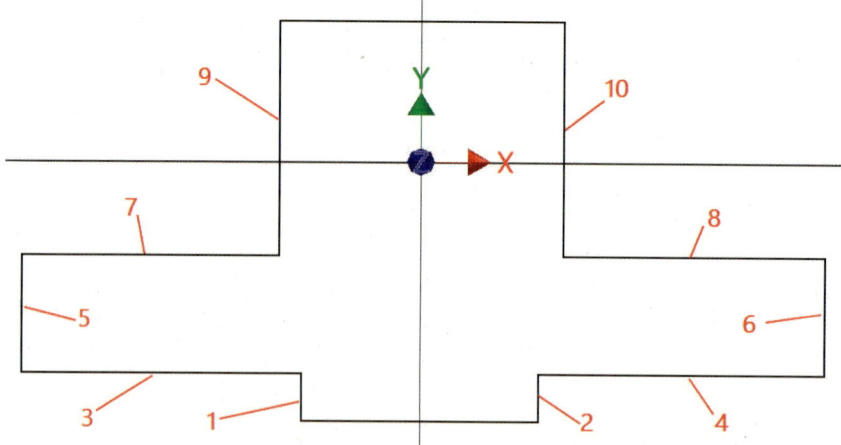

3 치수 아이콘을 사용하여 아래와 같이 정확한 치수를 입력한 후 스케치 마무리를 선택한다.

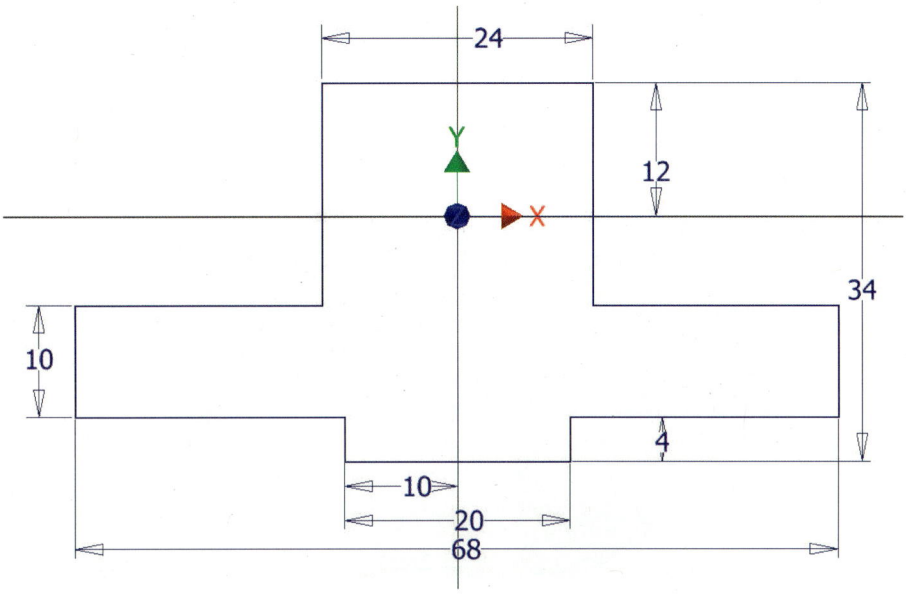

## 2. 돌출을 이용하여 돌출 피쳐 작성하기

1 모형의 작성 패널에서 돌출 아이콘을 선택하여 위의 돌출 대화상자에서 범위 영역을 거리로 택하고, 거리 값에 18을 입력한 후 확인을 클릭한다.

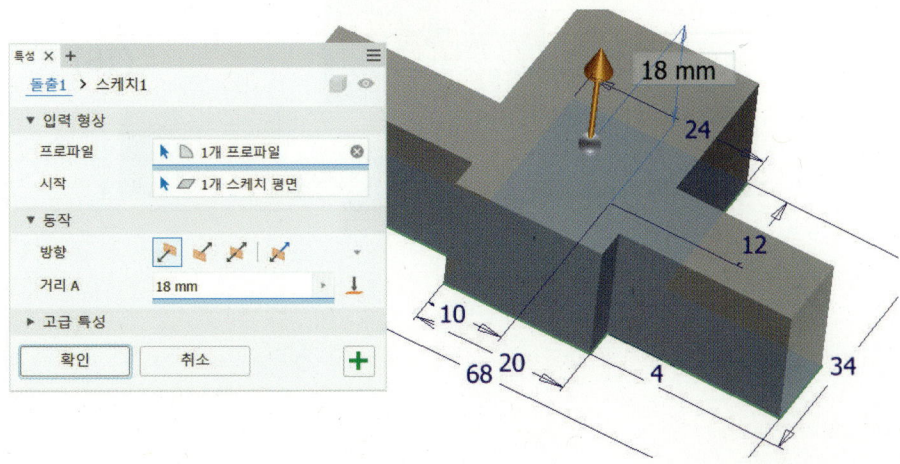

## 3. 구멍 작업하기

**1** 면을 선택한 후 마우스 오른쪽 버튼을 클릭하여 새 스케치를 선택한다.

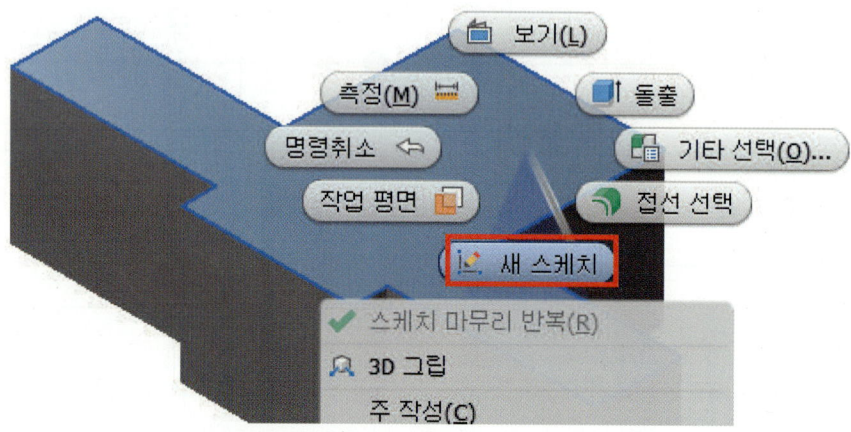

**2** 스케치에서 점, 중심점 아이콘을 선택한 후 스케치 면의 원점 위치에서 클릭하여 구멍 중심의 위치를 표시한다. 치수 아이콘을 사용하여 아래와 같이 구멍 중심의 위치를 확인하고 스케치를 종료한다.

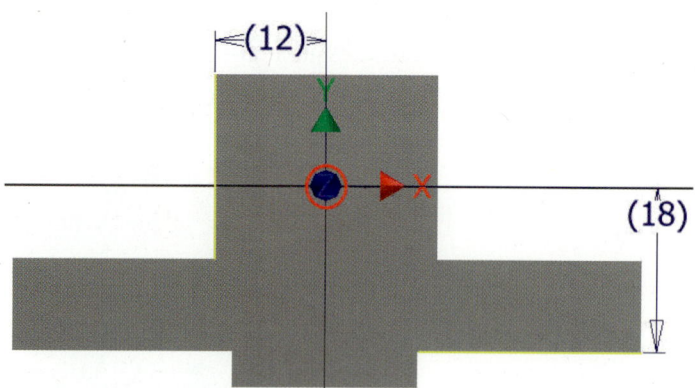

3 구멍 작업을 위하여 모형의 구멍 아이콘을 클릭하고, 그림처럼 설정한 후 확인한다.

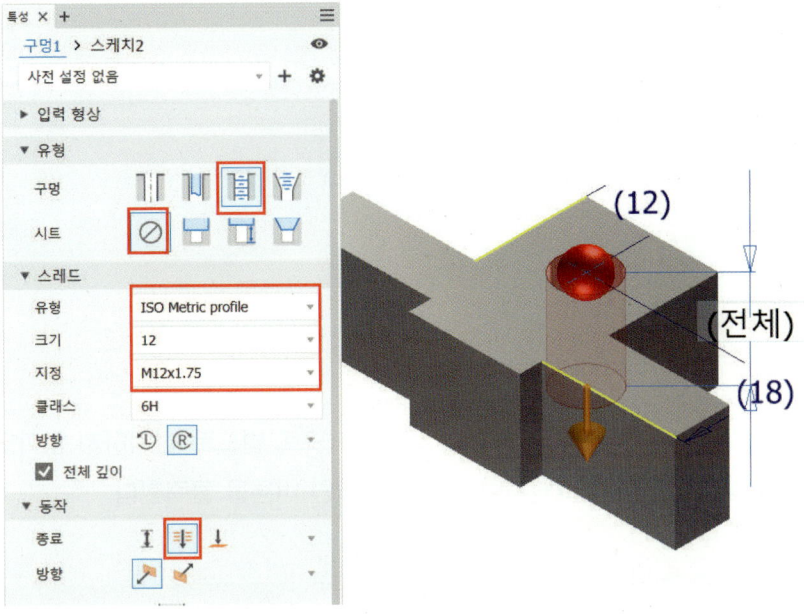

4 다시 구멍을 작성하고자 하는 면에 스케치 아이콘을 생성한다.

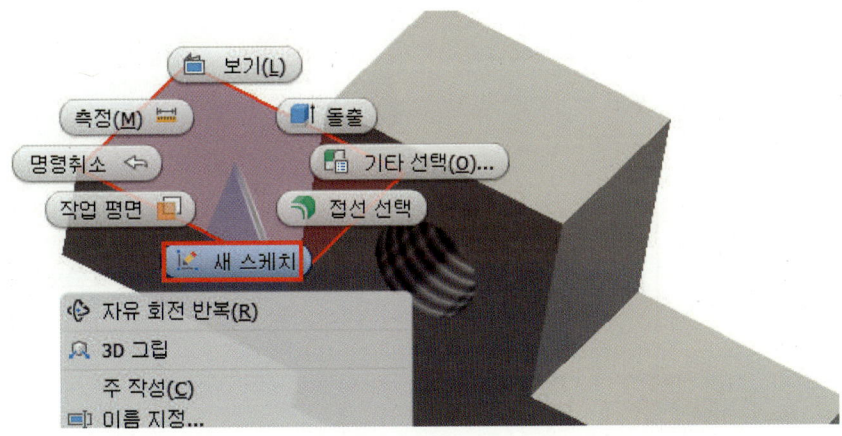

5 점 중심점 아이콘을 사용하여 작성하고자 하는 구멍의 대략적인 위치를 지정한 후 치수 아이콘을 이용하여 정확한 치수를 입력하고 스케치를 종료한다.

6 구멍 아이콘을 클릭한다. 구멍 중심이 하나뿐이므로 별도로 선택하지 않아도 자동 선택되었다. 구멍 대화상자에서 그림처럼 설정하고 확인 버튼을 클릭한다.

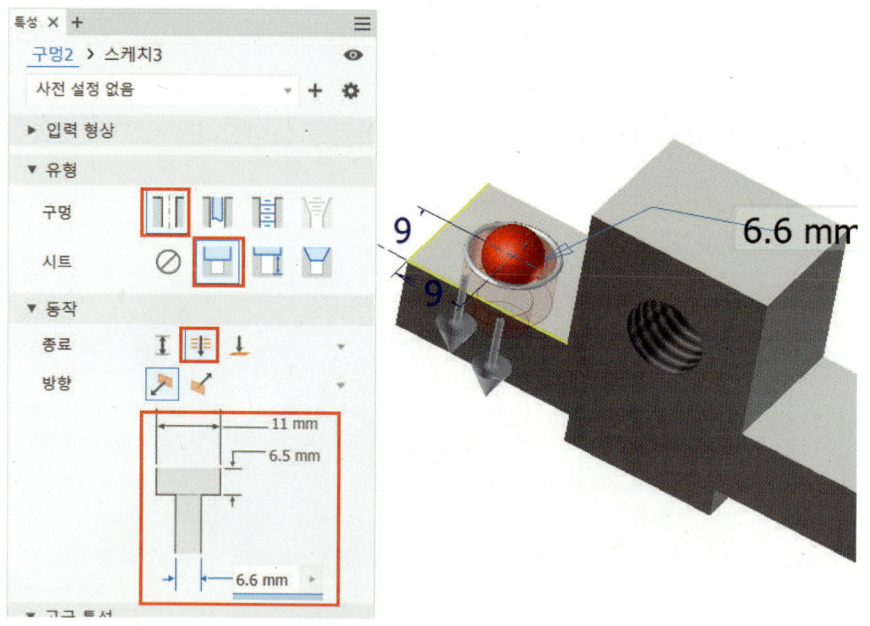

## 4. 대칭 피쳐 작성하기

**1** 피쳐를 대칭 복사하기 위해서는 피쳐를 대칭할 수 있는 대칭면이 필요하다. 이를 위해 새로운 작업 평면을 만들기 위해서 [두 평면 사이의 중간평면] 을 선택한다.

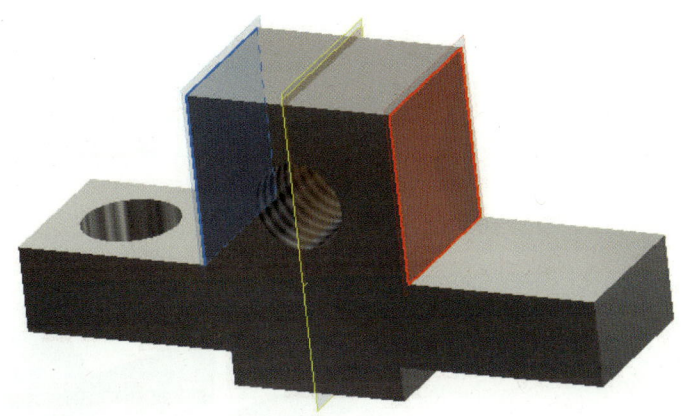

**2** 위에서 작성한 작업 평면을 대칭 평면으로 사용하여 카운터 보어를 대칭시켜 본다. 미러 아이콘을 클릭하면 아래와 같은 대화상자가 나타난다. 먼저 대칭시키고자 하는 피쳐인 카운터 보어 구멍을 마우스로 선택하고 미러 평면을 선택하고 확인한다.

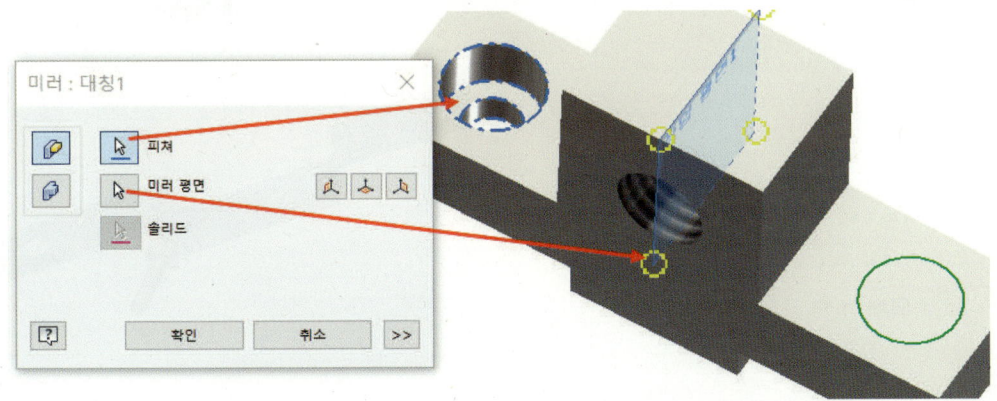

CHAPTER 4 3D 형상 솔리드 모델링 따라 하기

3 모형의 수정 패널 막대에서 모따기 아이콘을 선택한 후 아래 그림과 같이 모따기를 하고 확인한다.

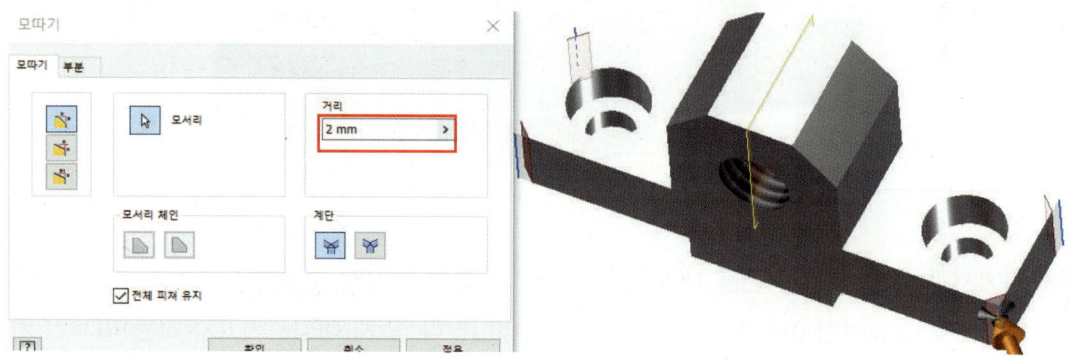

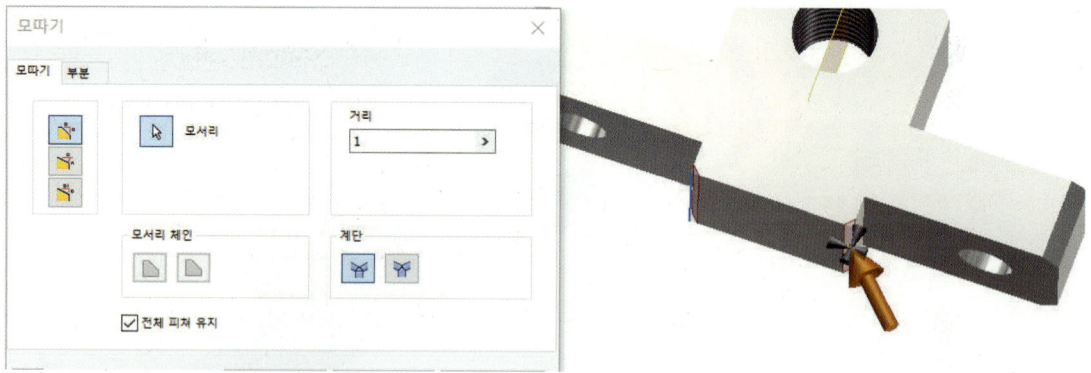

## 3. 본체 커버 따라 하기

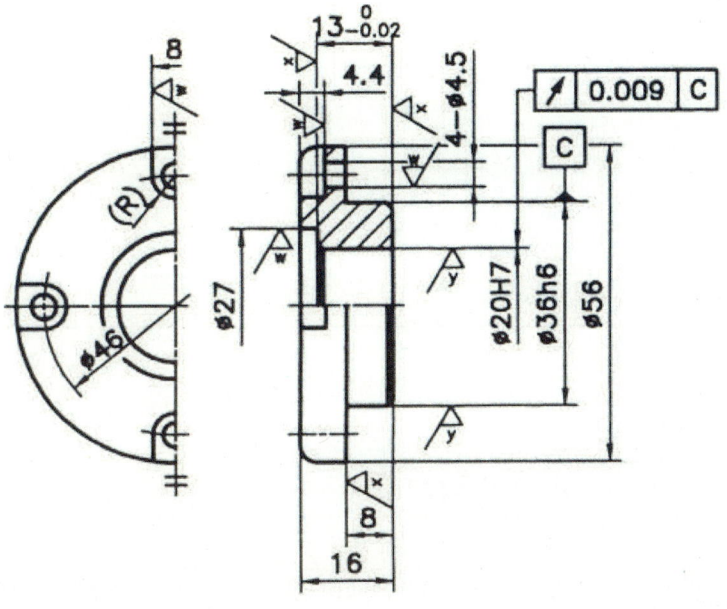

## 1. 본체 커버 형상 기본 2D 스케치 작성 및 치수기입하기

1. 스케치 그리기 모드에서 선 아이콘을 선택한 후 마우스를 이용하여 아래와 같이 대략의 형상을 작성한다.
2. 아래와 같이 회전의 축이 될 선을 중심선을 선택하면 아래와 같이 회전축이 중심선으로 표시되어 치수 입력 시 반경이 아닌 직경으로 표시된다.
3. 치수 아이콘을 사용하여 아래와 같이 정확한 치수를 입력하고 스케치 마무리를 종료한다.

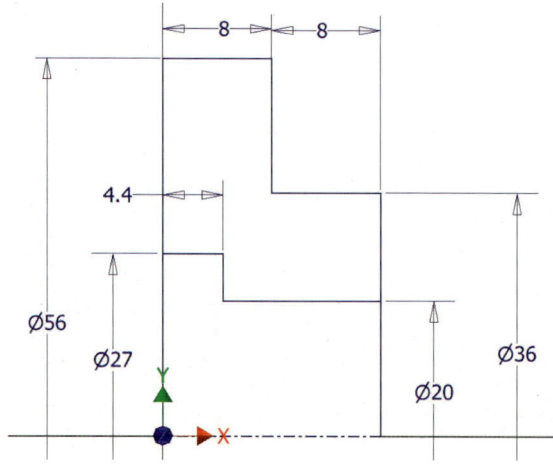

## 2. 회전을 이용하여 회전 작성하기

1. 모형의 작성 패널에서 회전 아이콘을 선택한 후 위의 회전 대화상자에서 프로파일을 선택하고 축을 선택한 다음 확인을 클릭한다.

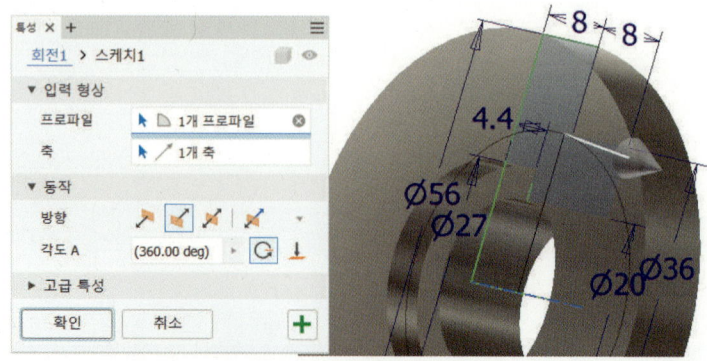

162 Autodesk Inventor 2020 쉽게 따라 하기

## 3. 돌출을 사용하여 절단 작업하기

**1** 그림처럼 면을 선택하고, MB3 버튼을 이용하여 새 스케치를 선택한다.

**2** 선과 원 아이콘 등을 이용하여 아래와 같이 절단하고자 하는 형상을 스케치한 후 일반치수 아이콘을 이용하여 정확한 치수를 입력하고 스케치를 종료한다.

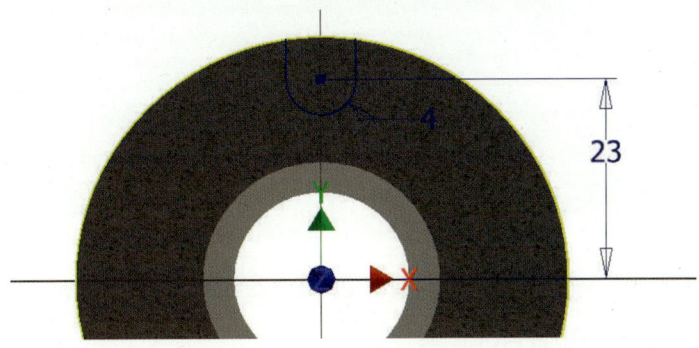

**3** 돌출 아이콘을 클릭하고 차집합을 선택한 후에 범위에서 거리를 선택한 후 절단할 깊이 값 4.4를 입력하고 확인을 누른다.

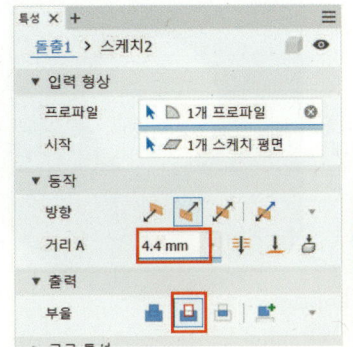 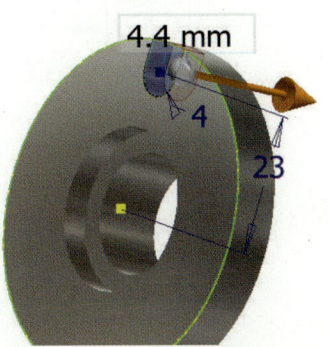

## 4. 구멍 작업하기

**1** 그림처럼 면을 선택하고 MB3 버튼을 이용하여 새 스케치를 선택한다.

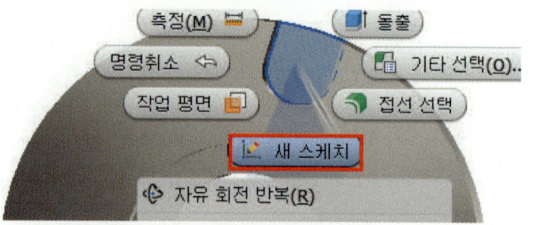

**2** 형상 투영 아이콘을 사용하여 구멍의 중심이 나타나도록 호를 클릭한다.

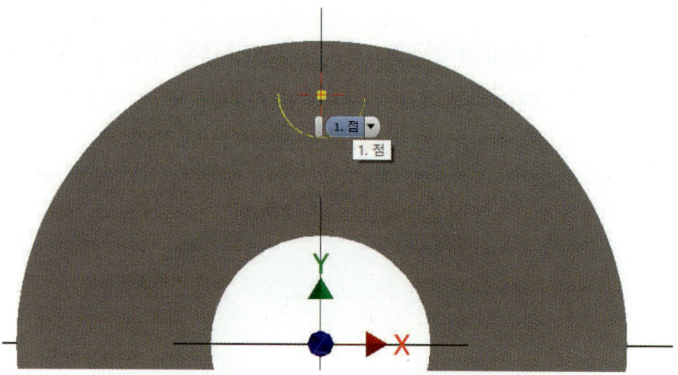

**3** 스케치를 종료 후 구멍 아이콘을 선택하고, 마우스로 작업화면 형상의 구멍 중심을 클릭한 다음 아래 그림과 같이 설정하고 확인한다.

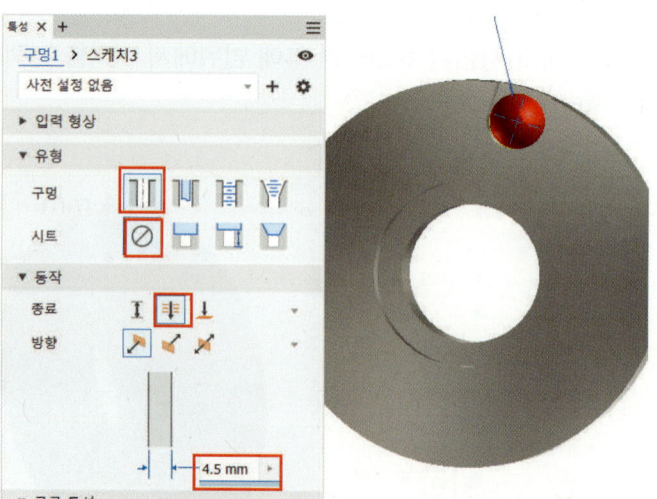

### 5. 피쳐 패턴 작업하기

① 원형 패턴 명령을 사용하여 아래 그림과 같이 설정하여 작성한 절단 형상과 구멍을 원주를 따라 3개 더 작성한다.

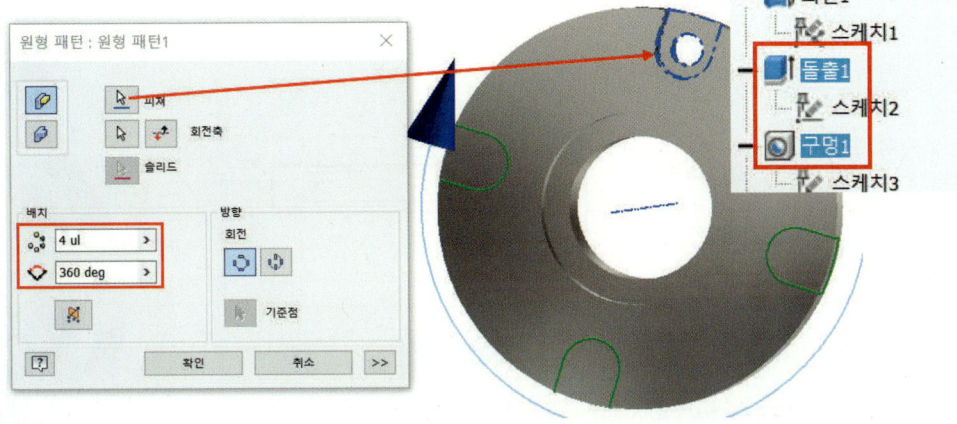

### 6. 모깎기 작업하기

① 모깎기 아이콘을 선택하여 모깎기 대화상자에서 모깎기의 반지름 3을 입력한 후 모깎기 할 모서리들을 클릭한 다음 확인을 선택한다.

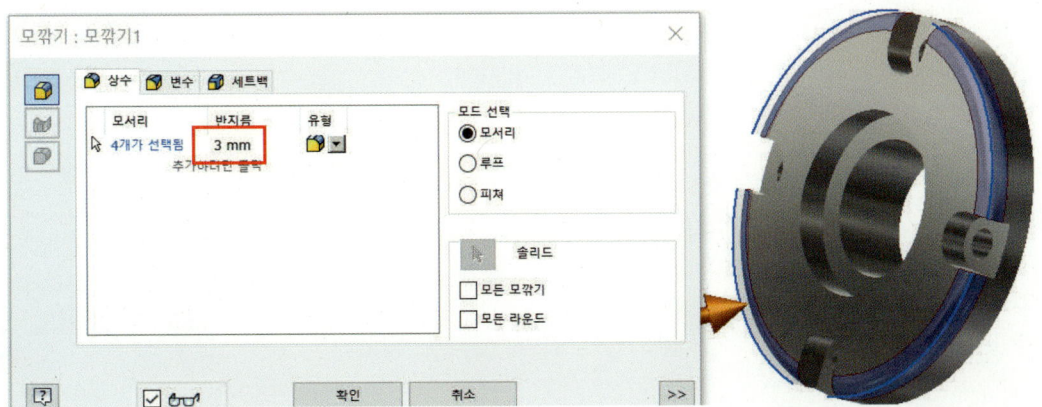

## 7. 모따기 작업 및 완성

**1** 모따기 아이콘을 선택하여 아래 그림과 같이 선택하고, 거리 값에는 1을 입력한 후 클릭한다. (2군데)

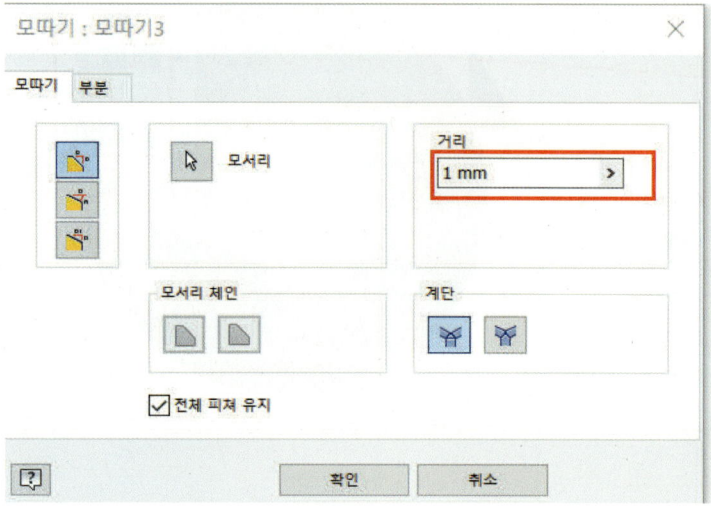 

## 4. 링크 따라 하기

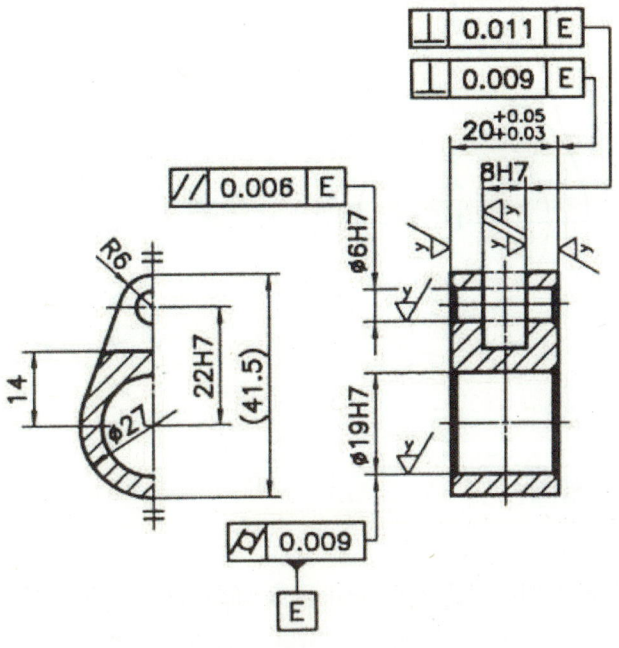

## 1. 링크 형상 기본 2D 스케치 작성하기

**1** 스케치 모드에서 선 아이콘과 원 아이콘을 이용하여 아래와 같이 대략의 형상을 작성한다.

**2** 원, 선 아이콘을 사용해서 아래와 같이 스케치하고, 스케치한 선분과 호가 접하도록 접선 구속조건을 선택하고 접해야 하는 선과 호를 1-2, 3-4 차례대로 클릭한다. 수직 구속조건을 선택하여 중심점 5와 6을 클릭한다. 일반 치수 아이콘을 이용하여 정확한 치수를 입력하고 스케치를 종료한다.

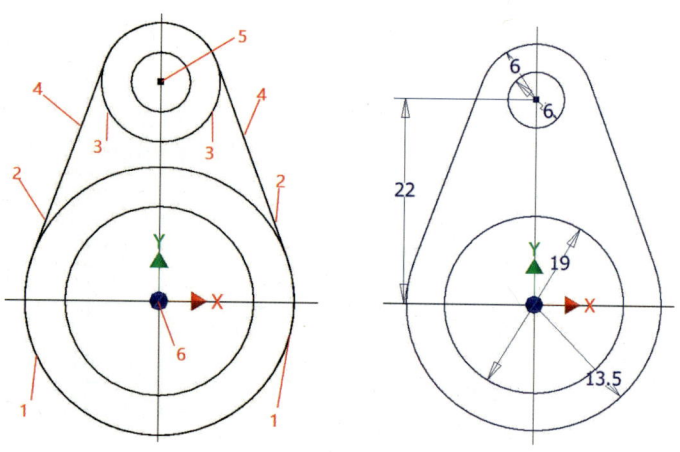

## 2. 기본 형상 돌출하기

**1** 작성 모드에서 돌출 아이콘을 선택하여 돌출 대화상자가 나타나면 작업화면에 있는 돌출 영역을 마우스로 선택한 후 돌출에서 거리를 선택하고, 돌출 거리 값 20을 입력한 후 확인을 클릭한다.

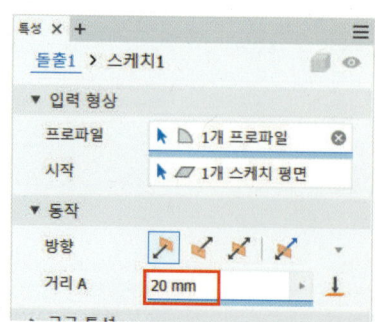 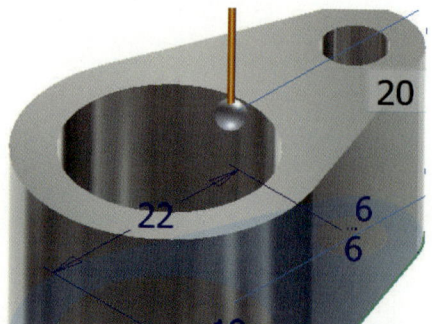

## 3. 작업 축 및 작업 평면 작성하기

1️⃣ 작업 피쳐 모드의 작업 축 아이콘을 클릭하고 축을 작성할 구멍 안쪽을 선택한다.

2️⃣ 아래 그림과 같이 브라우저 창의 YZ 평면에서 가시성 체크를 선택한다.

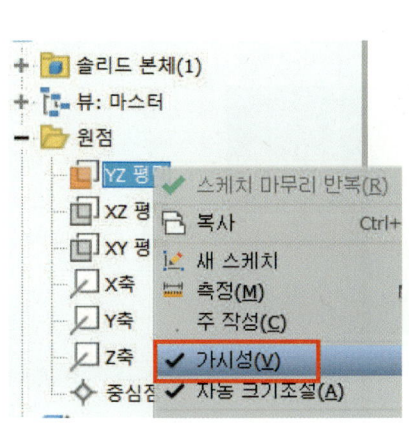 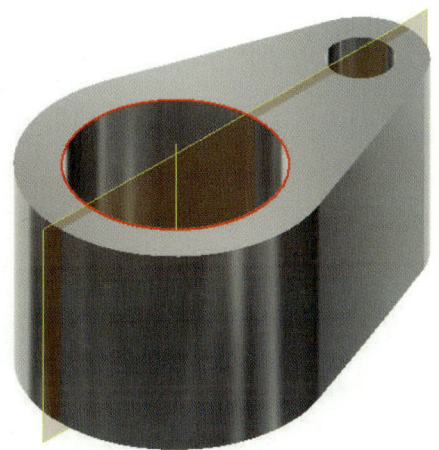

3️⃣ 작성한 작업 평면에 스케치를 하기 위해 작업 평면을 선택하여 MB3 버튼을 이용하여 새 스케치를 선택한다.

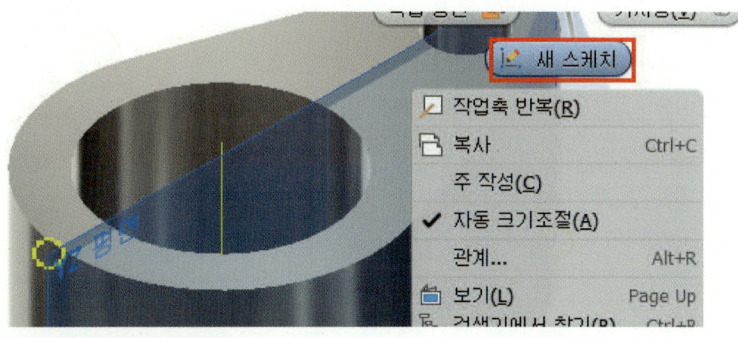

## 4. 돌출 형상 절단하기

1. 작업 평면을 표시한 후 작업 평면을 정면으로 놓고 그래픽 슬라이스(F7)를 선택한다.
2. 절단된 모서리 투영 아이콘을 클릭하여 스케치 평면에 투영시킨다. 절단하고자 하는 형상을 직사각형 아이콘을 이용하여 스케치하고, 치수 아이콘으로 정확한 치수를 입력한다.

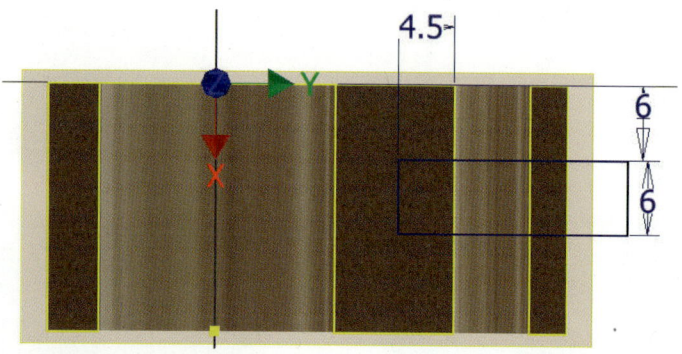

3. 스케치를 종료하고 돌출 아이콘을 선택하여 돌출 대화상자 유형에서 두 번째에 있는 절단(차집합) 모드를 선택하고 절단할 영역을 선택한다. 양방향으로 정한 후 확인을 클릭한다.

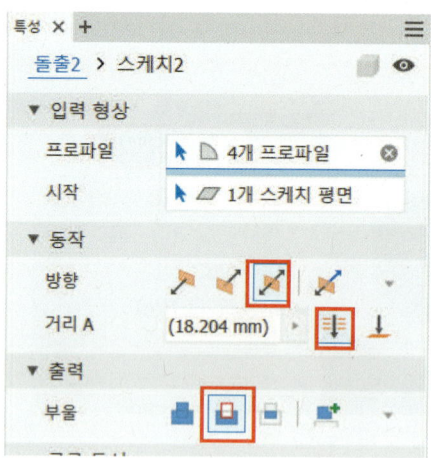 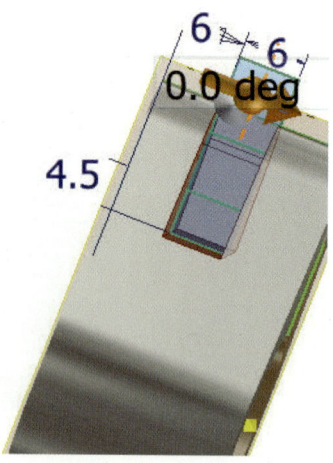

## 5. 모따기 작업하기

**1** 모따기 아이콘을 클릭하여 모서리 4군데를 선택하고, 거리 값에는 1을 입력한 후 모따기 한다.

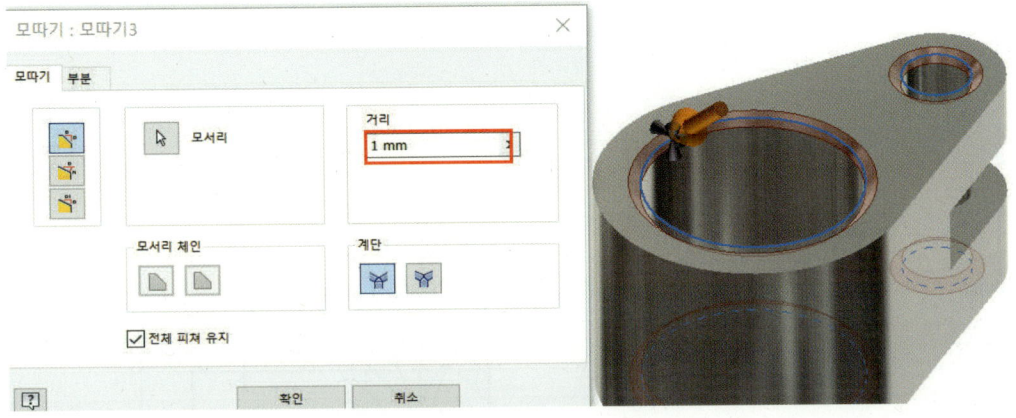

# 5. V 벨트 풀리 따라 하기

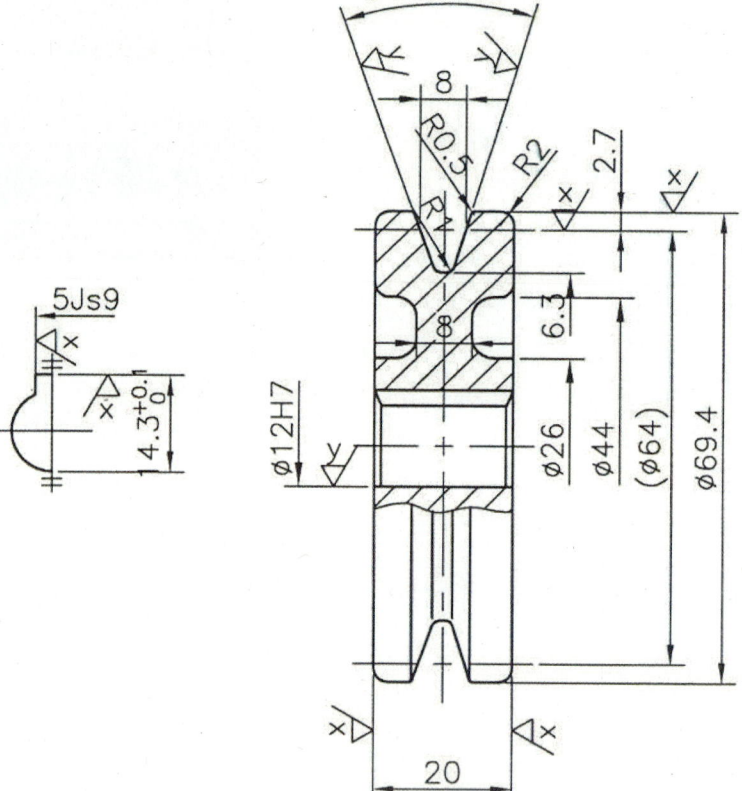

# 1. V 벨트 형상 기본 2D 스케치 작성하기

**1** 선 아이콘을 선택한 후 마우스를 이용하여 아래와 같이 대략의 형상을 작성한다. 중심선 아이콘을 선택하여 바닥 선을 중심선으로 바꾸어 준다. 정확한 치수를 입력하고 종료한다.

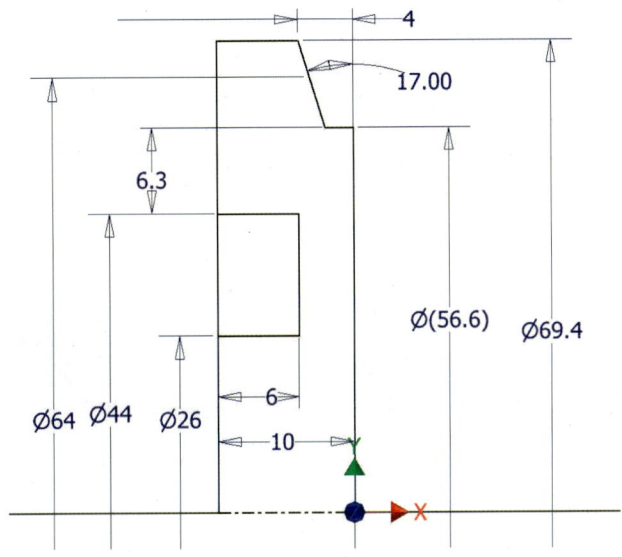

**2** 회전 아이콘을 클릭한다. 아래 그림과 같이 프로파일과 회전축을 선택한 후 확인을 선택한다.

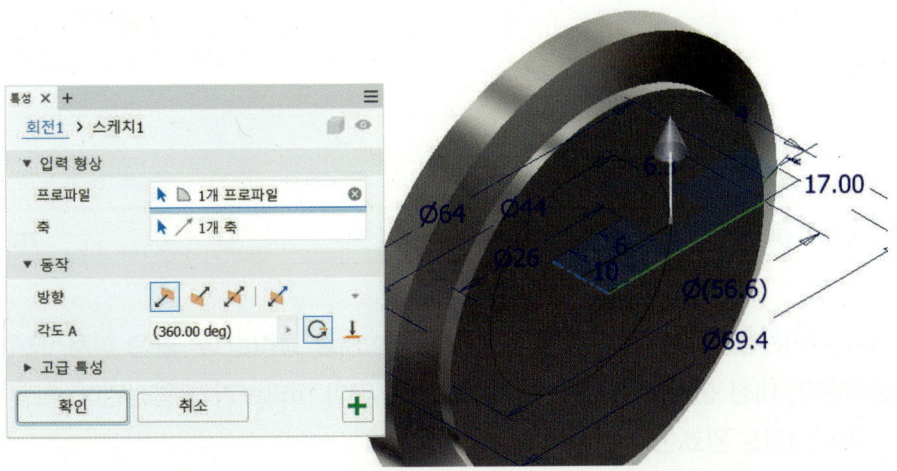

## 2. 모깎기 피쳐 작성하기

**1** 모깎기 아이콘을 선택하여 서로 다른 반지름값의 모깎기는 첫 번째 개체를 선택한 후 반지름값을 2로 수정한다. 그리고 두 번째 모서리를 클릭하고 반지름값을 0.5로 수정한다. 세 번째 모서리를 클릭하고 반지름값을 1로 수정한다. 모두 마쳤으면 확인 버튼을 클릭한다.

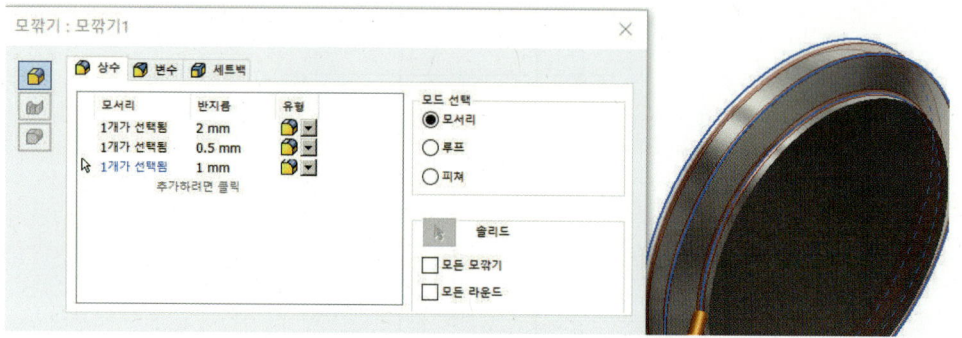

**2** 모깎기 아이콘을 선택한다. 반지름값을 3으로 수정하고 확인 버튼을 클릭한다.

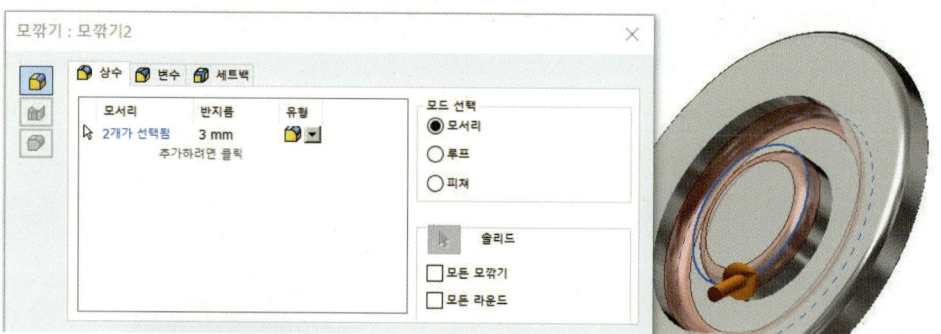

## 3. 대칭하기

**1** 미러 아이콘을 선택하여 대칭 대화상자에서 피쳐를 클릭한 후 회전 피쳐, 모깎기 피쳐를 선택한다. 대칭 평면을 클릭하면 다음 그림과 같이 미리보기가 형성된다. 확인 버튼을 클릭하여 대칭을 완료한다.

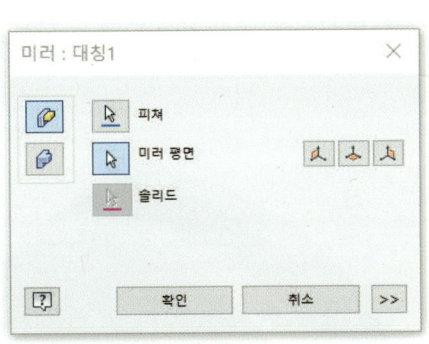
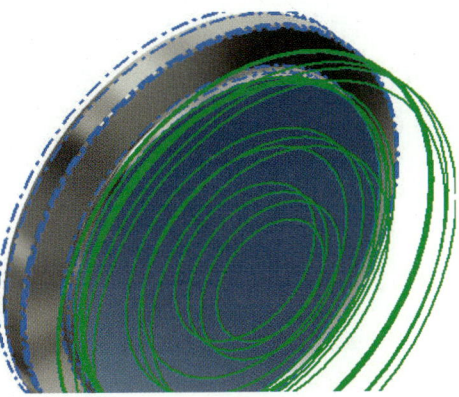

## 4. 구멍 및 키 홈 작성하기

**1** 스케치 아이콘을 선택하고 풀리 형상의 정면을 클릭하여 새 스케치 면으로 정의한다.

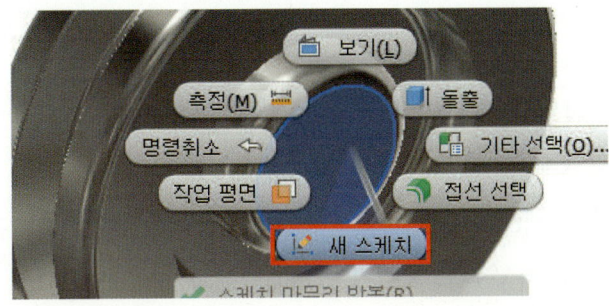

**2** 원, 선 아이콘과 치수 아이콘을 사용하여 아래와 같은 스케치를 작성하고 스케치를 종료한다.

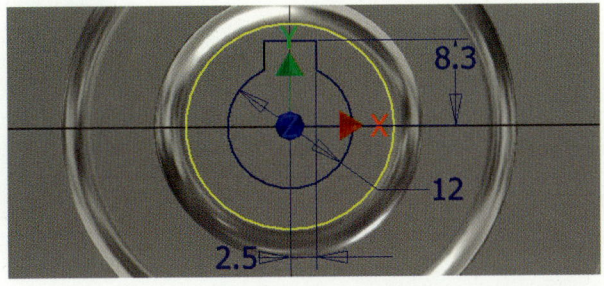

3️⃣ 돌출 아이콘을 선택하고 스케치 영역을 선택한다. 돌출 대화상자에서 절단(차집합) 모드로 선택하고 범위를 전체로 선택한 후 돌출 방향을 클릭하여 반대 방향으로 설정하고 확인 버튼을 클릭한다.

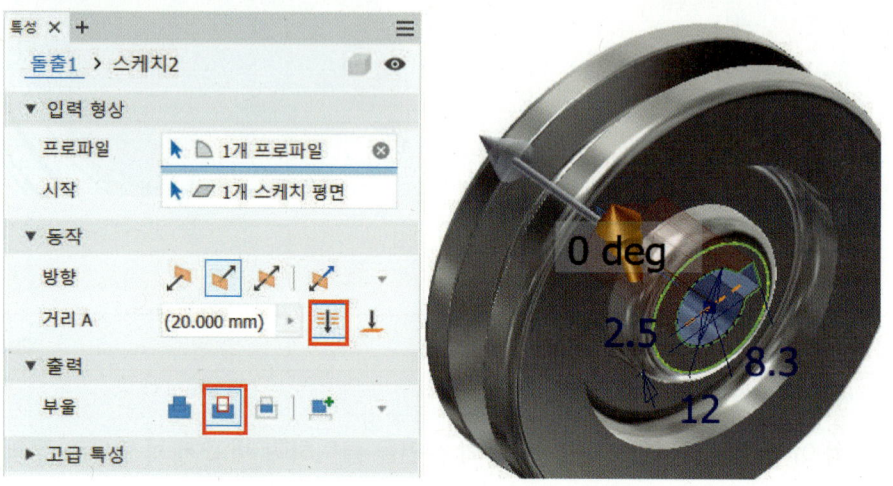

## 5. 모따기 피쳐 작성하기

1️⃣ 모따기 아이콘을 선택하고 모서리(양쪽) 축의 삽입부를 선택하고 거리에는 1을 입력한 후 확인 버튼을 클릭한다. V 벨트 풀리가 완성되었다.

## 6. 편심 축 따라 하기

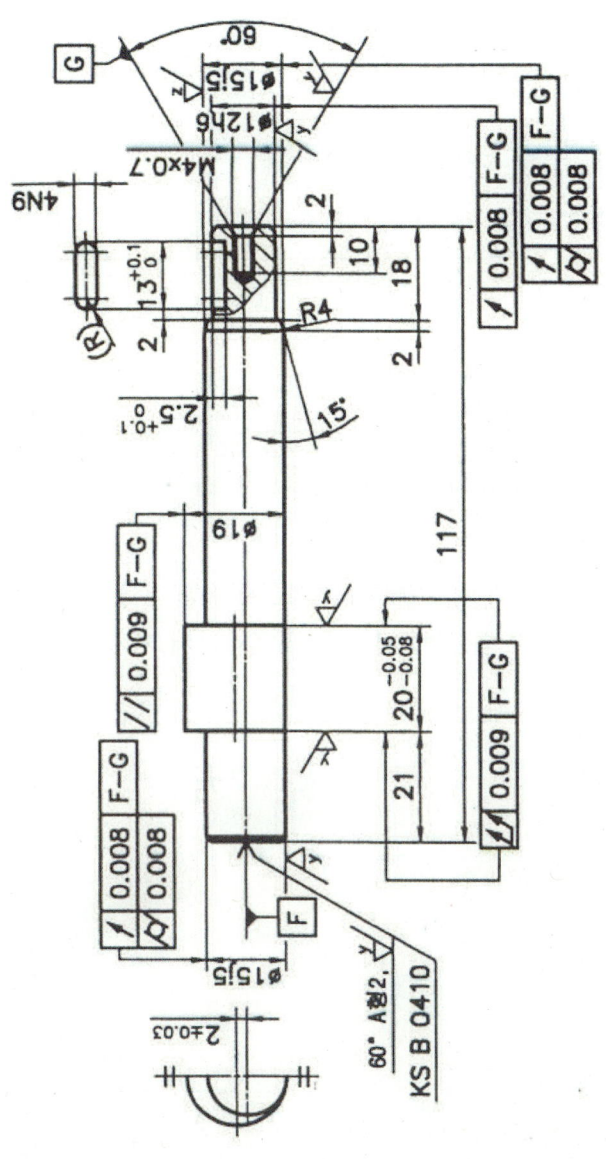

## 1. 기본 2D 스케치 작성하기

① 선 아이콘을 선택한 후 마우스를 이용하여 대략의 형상을 작성하고, 아래와 같이 정확한 치수를 입력하여 스케치를 완성하고 종료한다.

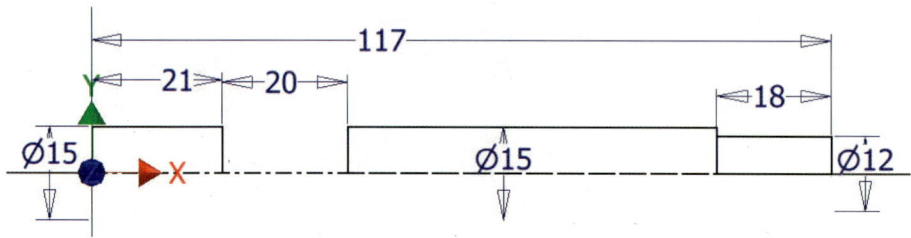

## 2. 회전 형상 작성하기

① 회전 아이콘을 선택하여 작업화면에서 회전시킬 영역(음영 처리된 부분)을 마우스로 선택하고, 회전축의 앞에서 중심선을 선택한다. 돌출에서 전체를 선택하고 확인을 클릭한다.

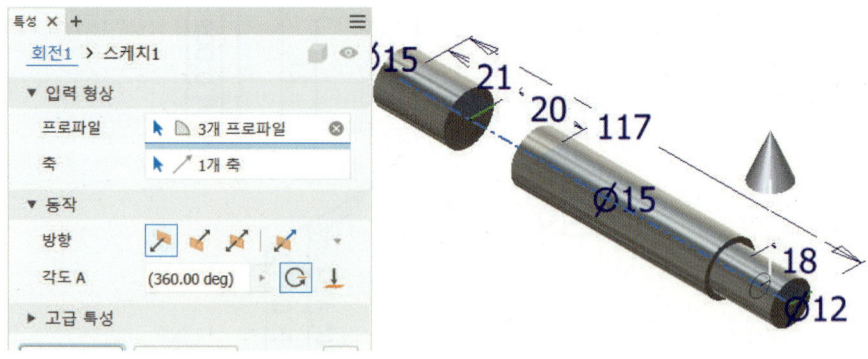

## 3. 편심된 축 부분 형상 작성하기

**1** 원을 스케치하기 위해 면을 선택하고 MB3 버튼을 이용하여 새 스케치를 선택한다.

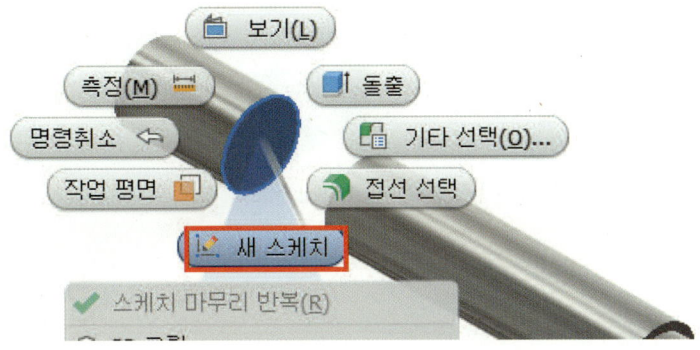

**2** 스케치 평면을 기준으로 하는 단면을 확인하기 위해 모눈이 나타난 상태에서 마우스 오른쪽을 클릭하여 그래픽 슬라이스를 선택하여 단면을 확인한다. 스케치 패널 창의 중심점 원 아이콘을 사용하여 대략적인 원을 스케치한 후 아래와 같이 정확한 치수를 입력하고 스케치를 종료한다.

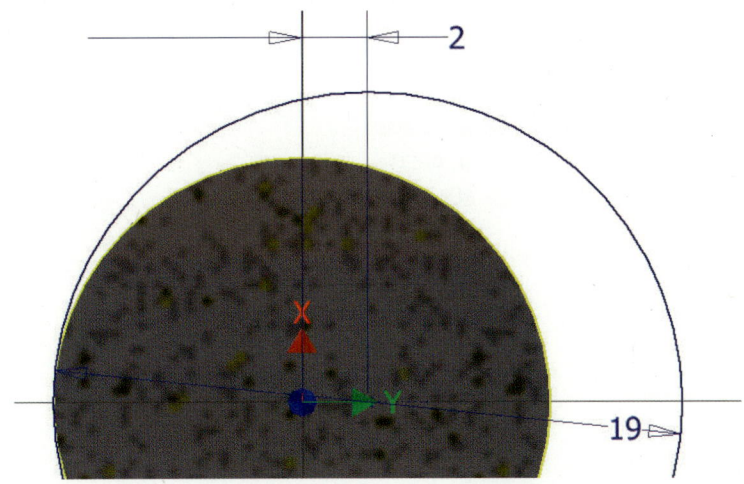

❸ 돌출 아이콘을 선택하여 돌출시킬 영역을 선택하고, 돌출 대화상자의 돌출에서 거리 값을 22로 입력하고 확인을 클릭한다.

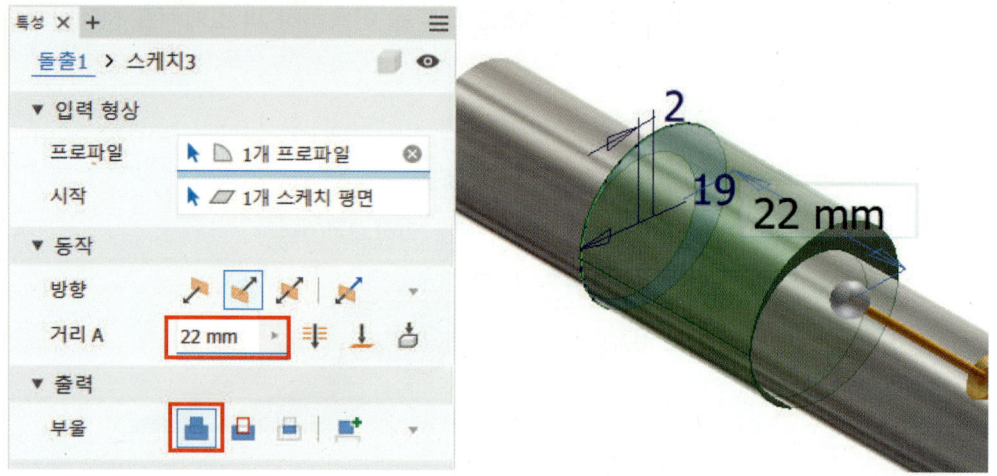

## 4. 작업 평면 작성하기

❶ 검색기 창의 원점에서 XY 평면을 MB3 버튼을 이용하여 가시성을 선택한다.

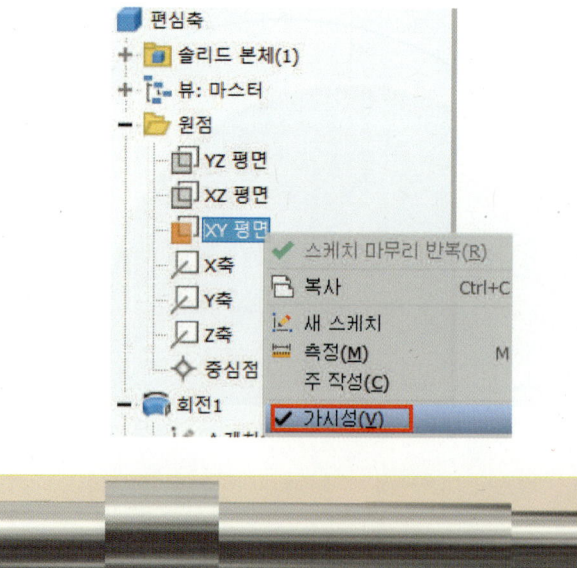

2 평면 아이콘을 클릭하고 앞에서 작성해 놓은 작업 평면을 클릭한 채로 위쪽 방향으로 드래그한다. 3.5를 입력하고 확인한다.

3 보기 용이하도록 먼저 작성한 작업 평면의 오른쪽을 클릭해서 가시성 체크를 지워 가시성을 꺼준다.

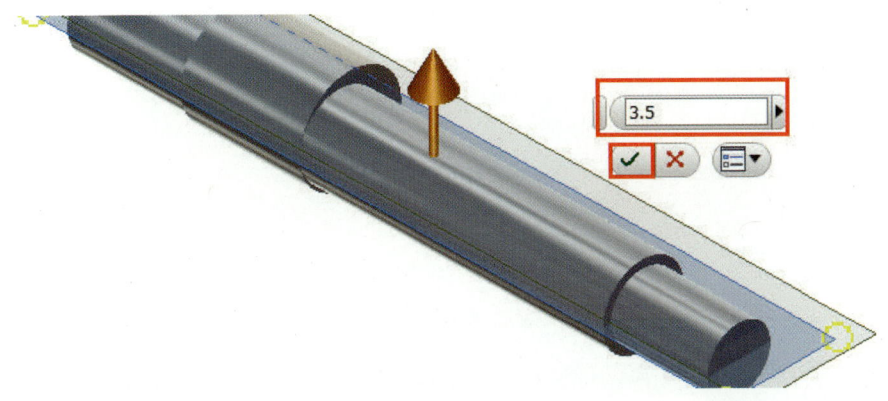

## 5. 형상 절단하기

1 스케치 아이콘을 클릭하고 단면을 표시하기 위해 작업화면에서 마우스 오른쪽을 클릭하여 그래픽 슬라이스를 선택한다.

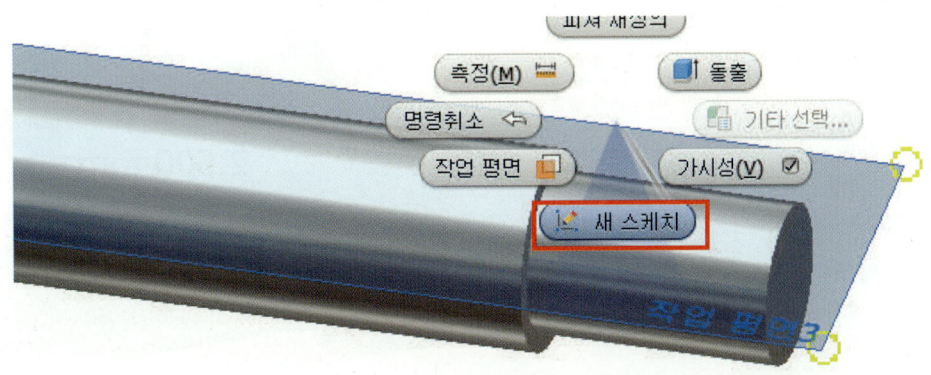

**2** 선 아이콘을 선택하여 절단할 형상의 대략적인 스케치를 한다.

**3** 접선 구속조건을 선택하여 접선해야 하는 선과 호를 차례대로 클릭하고 치수 아이콘을 사용하여 정확한 치수를 입력하고 종료한다.

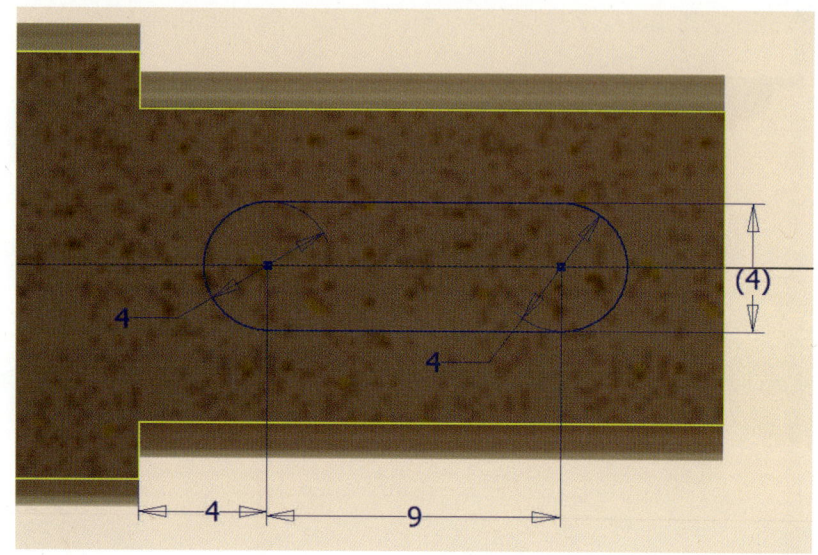

**4** 돌출 아이콘을 선택하여 대화상자의 돌출을 전체로 설정하고 절단 방향을 확인한 후 확인을 클릭한다.

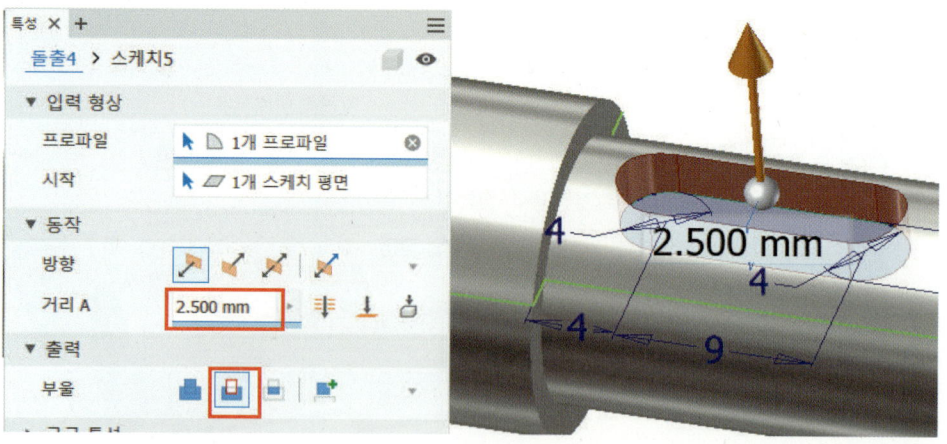

## 6. 구멍 나사 작업하기

**1** 구멍 중심을 표시하기 위해 면을 선택하고, MB3 버튼을 이용하여 새 스케치를 클릭한 후 구멍을 위치시킬 면을 선택한다.

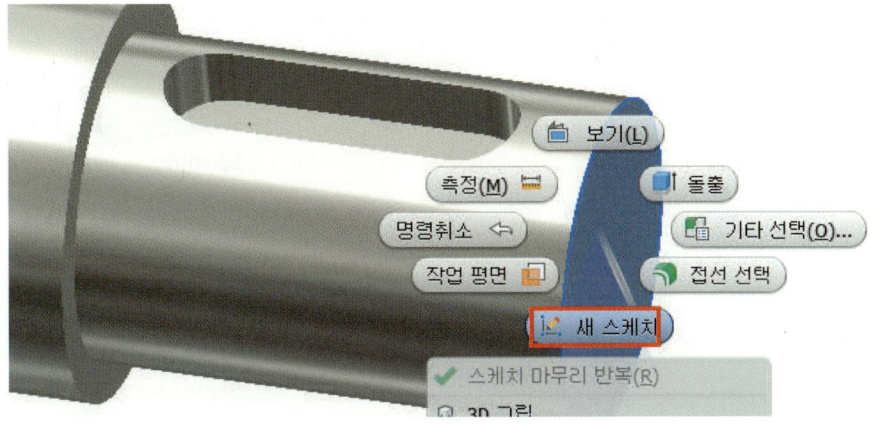

**2** 점 아이콘을 이용하여 축 중심의 점을 선택하고 스케치를 종료한다.

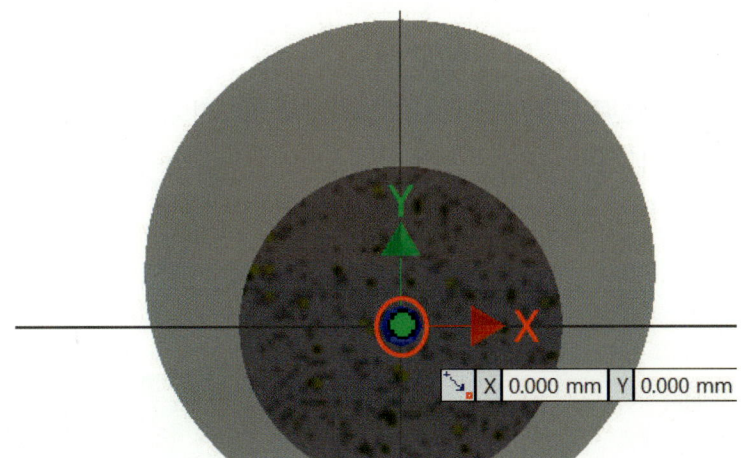

❸ 구멍 아이콘을 클릭한 후 아래 그림과 같이 설정하고 확인한다.

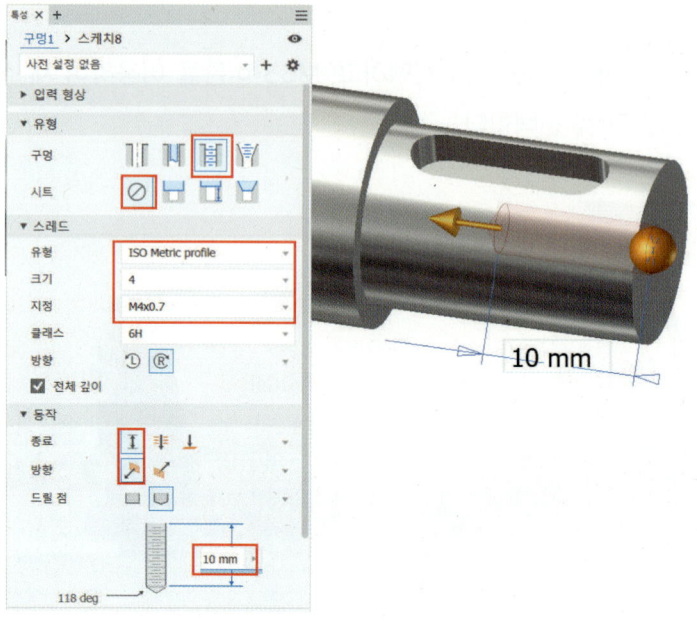

## 7. 모따기 작성하기

❶ 모따기 아이콘을 선택하고, 모따기 대화상자에서 모따기 유형 중 두 번째에 있는 거리/각도 유형을 선택하여 거리 값에는 2를, 각도 값에는 15를 입력한 후 모따기 할 면을 차례대로 클릭한다.

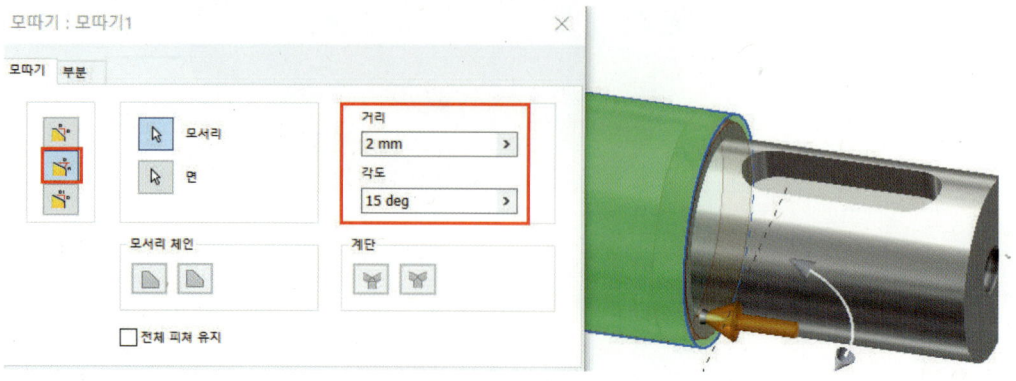

**2** 다시 모따기에서 거리로 설정하고, 거리 값 1mm로 하여 모서리 2군데를 선택한 후 확인한다.

## 7. 하우징 따라 하기 1

# 1. 돌출 피쳐 작성하기

**1** 직사각형 아이콘을 사용하여 대략의 형상을 스케치하고, 치수 아이콘을 사용하여 아래와 같이 정확한 치수를 입력한 후 스케치를 종료한다.

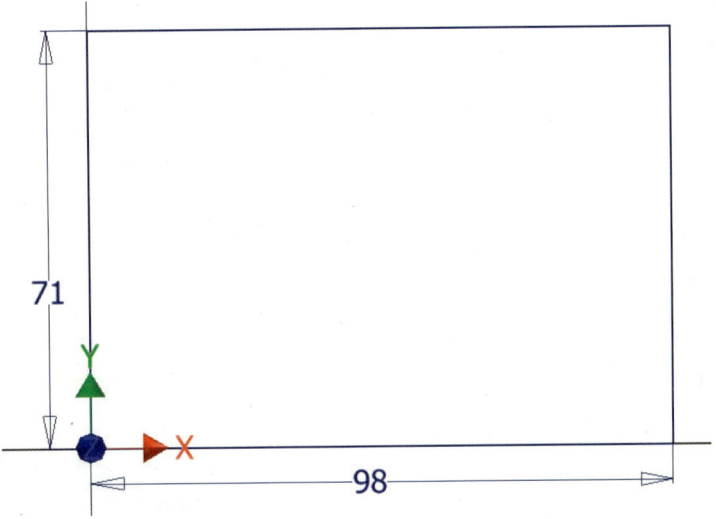

**2** 돌출 아이콘을 선택하고, 돌출 거리가 10mm로 되어 있는 것을 확인한 후 확인 버튼을 클릭한다.

CHAPTER 4 3D 형상 솔리드 모델링 따라 하기

3 평면 아이콘을 선택하고 평행한 면 1을 선택한 후 작업 평면을 만들고자 하는 방향으로 마우스를 드래그한다. 아래 그림과 같이 −44를 입력한 후 적용하면 새로운 작업 평면이 완성된다.

4 작업 평면을 스케치 평면으로 정의하기 위하여 MB3 버튼을 이용하여 새 스케치를 선택한다.

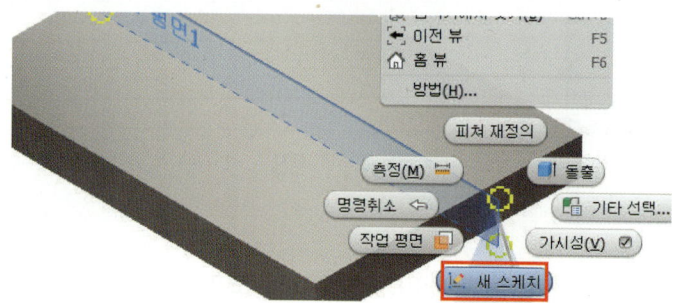

5 마우스 오른쪽 클릭하여 나타나는 팝업 메뉴에서 그래픽 슬라이스 메뉴를 선택한다.

6 원 아이콘을 사용하여 아래와 같이 스케치하고, 치수 아이콘을 사용하여 정확한 치수를 기입한 다음 스케치를 종료한다.

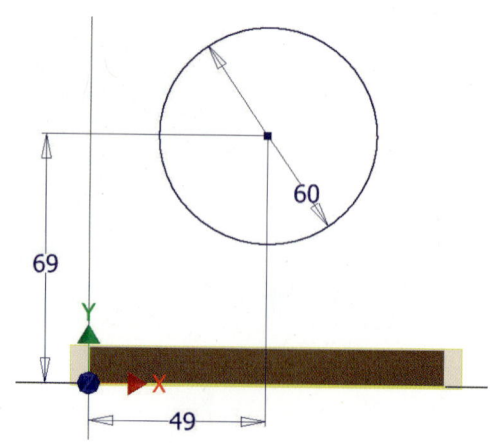

7 돌출 아이콘을 클릭하고 스케치한 원을 돌출할 프로파일로 선택과 돌출 거리에 52를 입력한다. 돌출 방향을 "양쪽"으로 한 후 확인 버튼을 눌러 돌출을 종료한다.

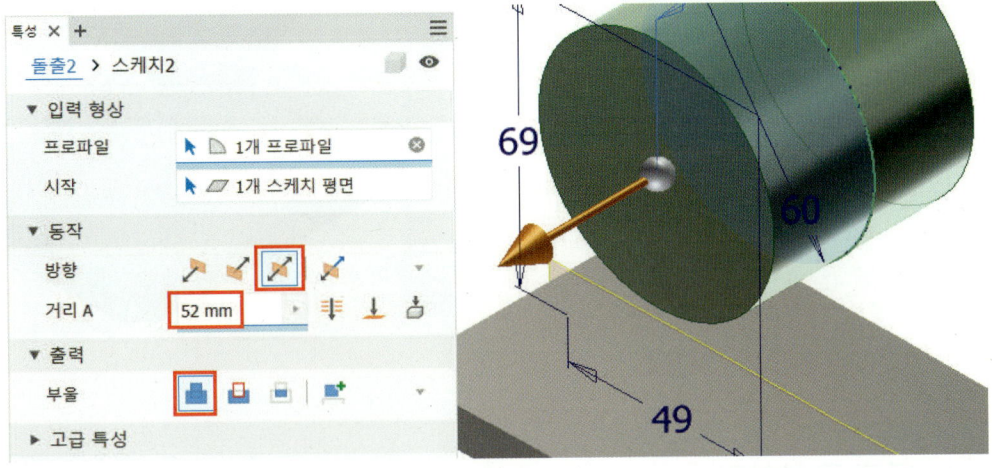

## 2. 모깎기 피쳐 작성하기

1 모깎기 아이콘을 선택하여 위의 모깎기 대화상자에서 반지름값을 클릭하여 10으로 수정 입력한다. 작업화면에서 모깎기 할 모서리를 4군데를 선택한 후 확인 버튼을 클릭하여 모깎기를 완성한다.

② 모깎기 대화상자에서 반지름값을 3으로 입력하고 작업 화면의 모서리를 선택하고 확인한다.

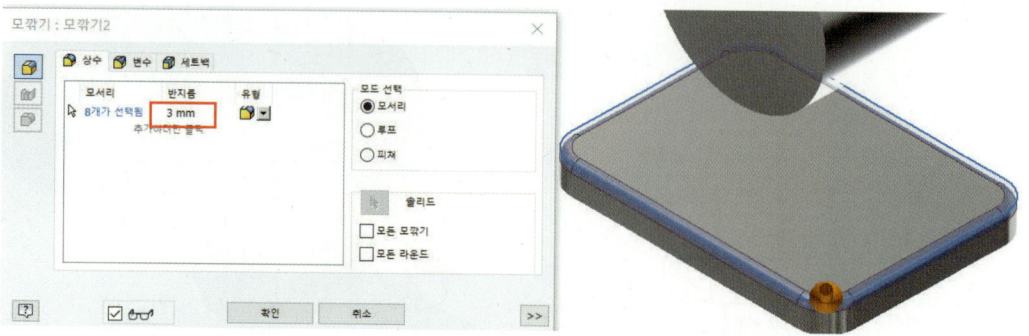

## 3. 돌출 작성하기

① 작업 평면에 MB3 버튼을 이용하여 새 스케치를 선택한다.

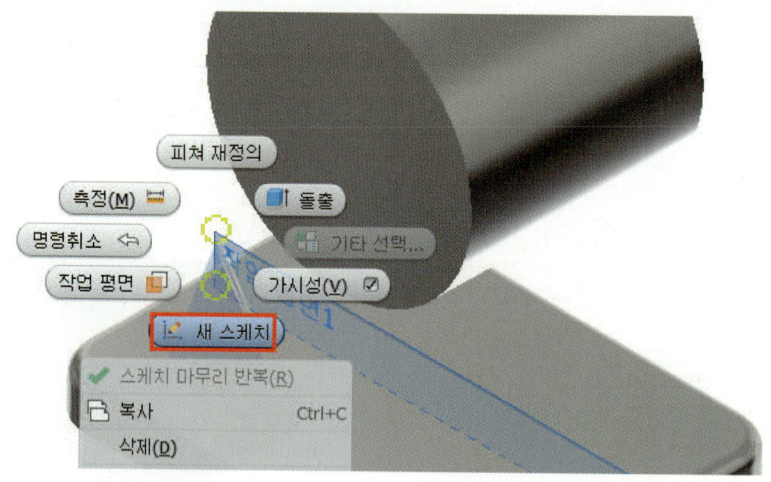

② 마우스 오른쪽 버튼을 눌러 나타나는 팝업 메뉴 중 그래픽 슬라이스를 선택하여 작업 평면을 기준으로 하는 단면을 표시한다.

③ 스케치 그리기 모드에서 절단 모서리 투영을 선택한다.

4 선 아이콘을 이용해 아래와 같은 스케치를 작성한다. 이때 원 및 호와 선이 접하는 부분에 접선 구속조건을 추가(1-2, 3-4/5-6, 7-8 순서대로 클릭)한 후 스케치를 종료한다.

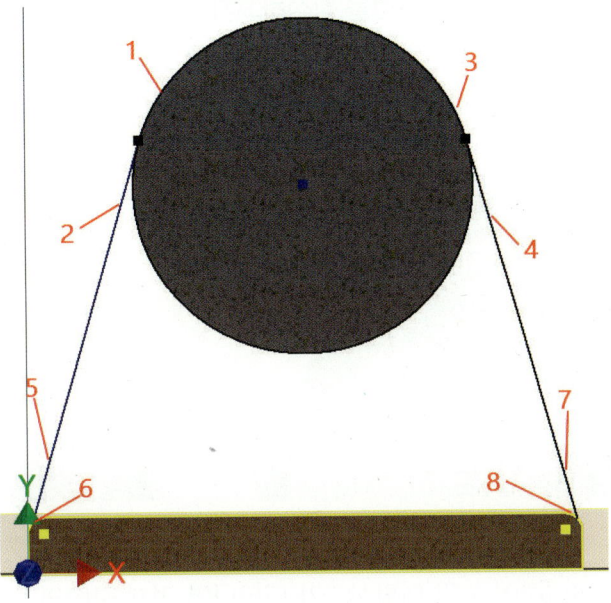

5 작성 모드에서 돌출 아이콘을 클릭하여 프로파일을 선택한다. 돌출 대화상자에서 돌출 거리 값 6을 입력하고, 돌출 방향을 "양쪽"으로 선택한 후 확인 버튼을 클릭한다.

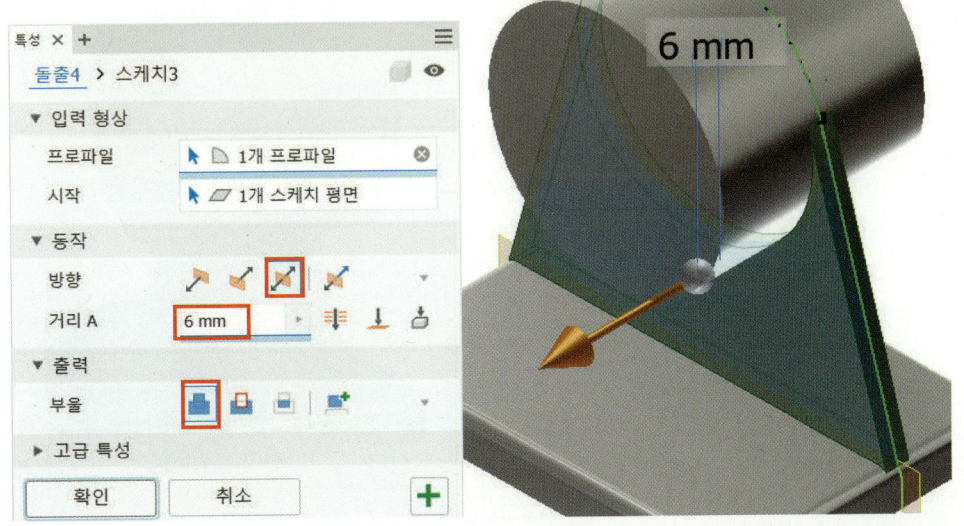

CHAPTER 4 3D 형상 솔리드 모델링 따라 하기

## 4. 구멍 작성하기

1 새 스케치 아이콘을 선택하고 구멍을 작성하고자 하는 면을 클릭한다.
2 형상 투영을 확인한 후 지정한 면 위의 구멍 중심에 표시를 확인하고 스케치를 종료한다.

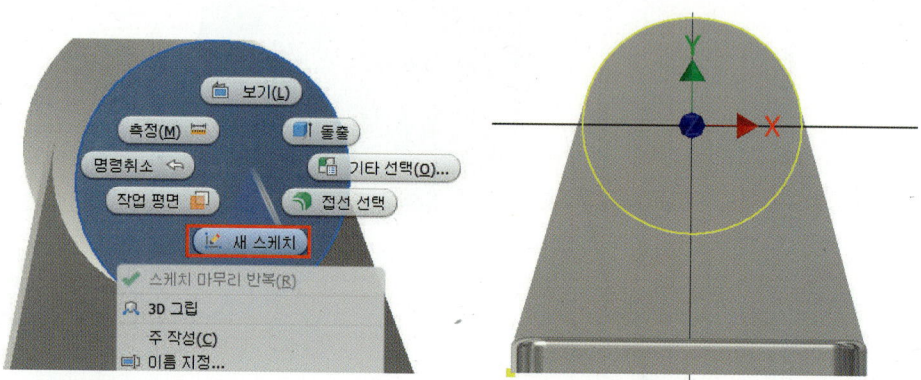

3 구멍 아이콘을 클릭하여 구멍 대화상자가 나타나면 먼저 구멍의 중심을 선택한다. 구멍 대화상자에서 아래 그림처럼 설정하고 확인한다.

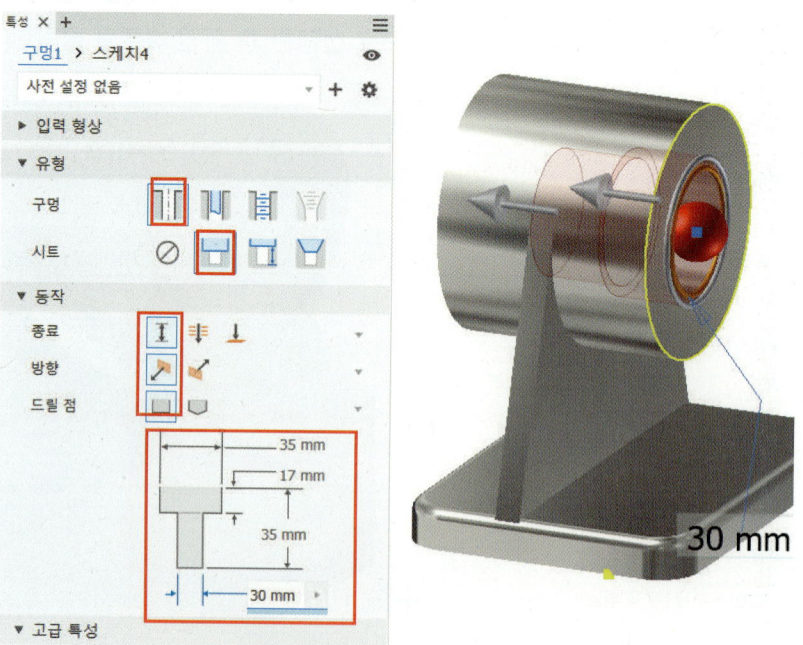

4 다시 구멍을 작성하기 위해서 새 스케치를 클릭한다.
5 구멍 중심을 표시하기 위해 형상 투영 아이콘을 누른 후 모서리를 클릭하고 스케치를 종료한다.

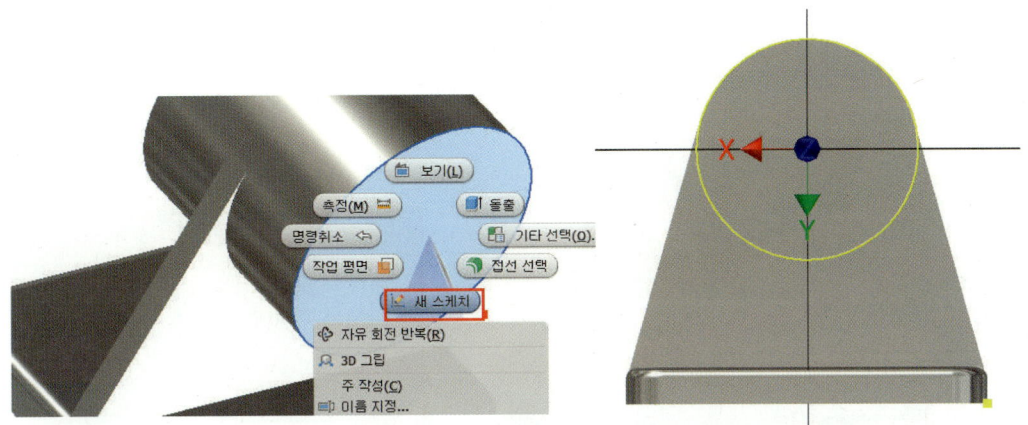

6 구멍 아이콘을 클릭하여 구멍 대화상자가 나타나면 먼저 구멍의 중심을 선택한다. 구멍 대화상자에서 아래 그림처럼 설정하고 확인한다.

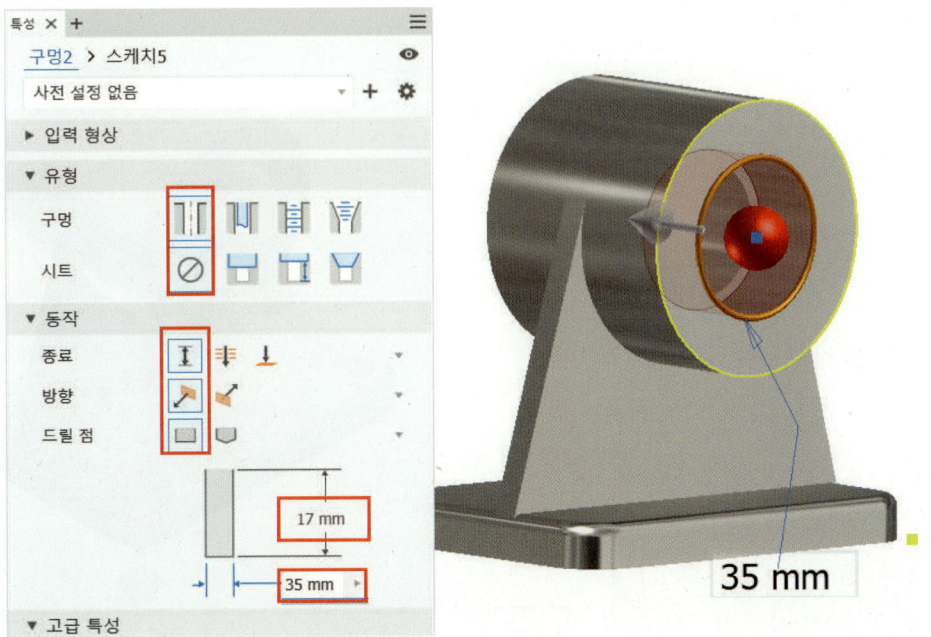

CHAPTER 4 3D 형상 솔리드 모델링 따라 하기

## 5. 구멍 및 패턴 작성하기

① 새 스케치를 클릭하고 구멍을 작성할 본체 바닥 면을 선택한다.

② 형상 투영 아이콘을 클릭 후 선을 선택하여 원의 중심을 투영하면 구멍 중심이 표시된다. 스케치를 종료한다.

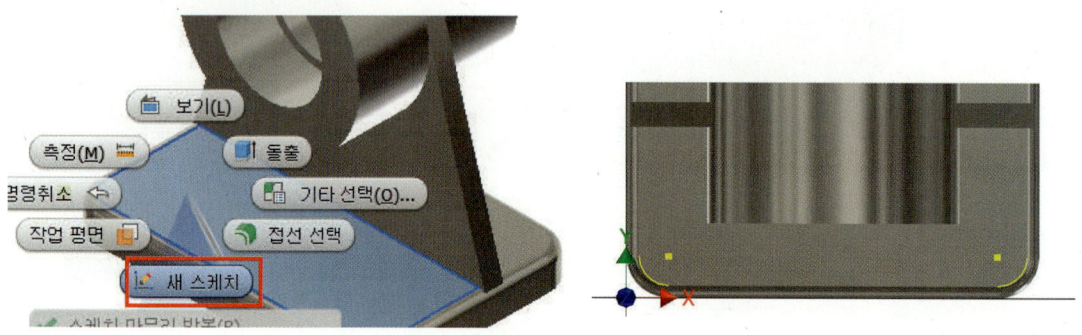

③ 구멍 아이콘을 선택하고 구멍 대화상자가 나타나면 작성할 구멍 중심을 선택한다. 구멍 대화상자에서 종료를 전체 관통으로 선택하고, 오른쪽 미리보기 그림에서 드릴 직경을 9로 입력한다. 확인 버튼을 눌러 구멍 작업을 완료한다.

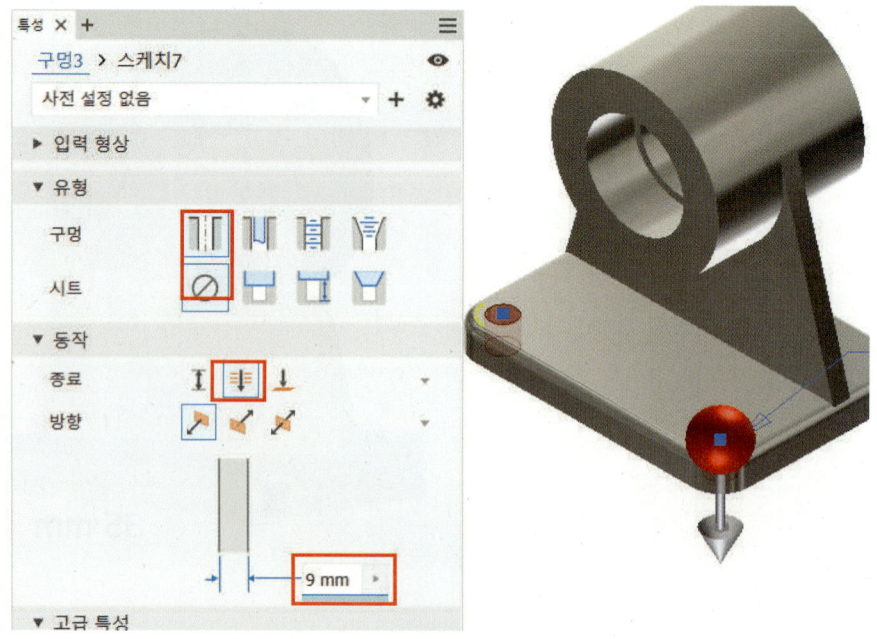

4 직사각형 패턴 아이콘을 선택한 후 직사각형 대화상자의 방향에서 방향 화살표를 누르고 앞에서 선택한 구멍 피쳐를 복사할 방향의 모서리를 선택하고, 아래 그림처럼 설정하고 확인한다.

## 6. 리브 작성하기

1 평면 아이콘을 선택하고, 면 화살표를 클릭한 후 마우스로 드래그하면서 −49를 입력하고 확인한다. 그림처럼 MB3 버튼을 이용하여 자동 크기조절을 클릭한다.

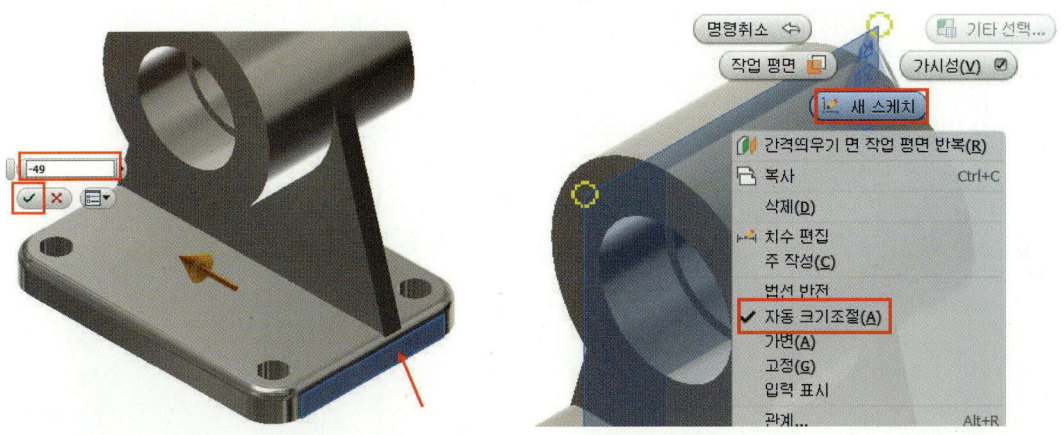

2 그림처럼 MB3 버튼을 이용하여 새 스케치를 클릭한다.

3 마우스 오른쪽을 클릭하여 나타나는 팝업 메뉴에서 그래픽 슬라이스 메뉴를 선택한다.

4 절단 모서리 투영 메뉴를 클릭하여 아래와 같이 절단 모서리가 투영되도록 한다.

5 선 아이콘을 사용하여 아래와 같이 스케치하고 일반 치수 아이콘을 사용하여 정확한 치수를 입력한다.

6 모깎기한 모서리의 호와 새로 그린 선을 차례대로 선택하여 두 선과 호가 접하도록 한다. 스케치를 종료하고 작성 모드에 리브 아이콘을 선택한다.

7 두께 값에 6을 입력하고, 리브 돌출 방향을 "양쪽"으로 설정한 후 확인 버튼을 클릭한다.

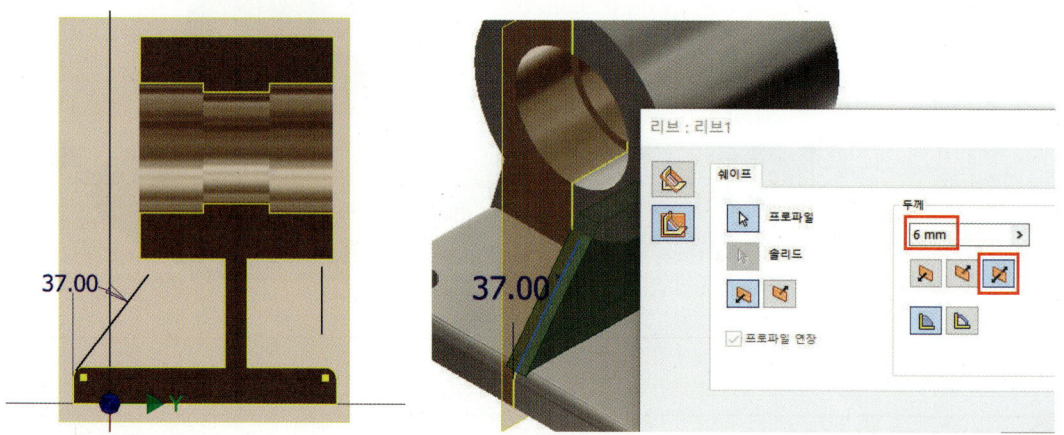

8 동일한 방법으로 반대쪽 리브도 완성한다. 앞에서 작성한 스케치를 다시 보이도록 하기 위해 검색기 창의 리브 표시 내역 앞의 + 표시를 내려 스케치가 보이도록 한 후 스케치를 마우스로 클릭한 다음 다시 오른쪽 클릭을 하여 나타나는 팝업 메뉴 중 스케치 공유 메뉴를 선택한다.

9 리브를 만들기 위해 앞에서 작성했던 스케치가 다시 나타난다.

10 리브 대화상자로 돌아와 두께 값에 6을 입력하고, 리브 돌출 방향을 "양쪽"으로 설정한 후 확인 버튼을 클릭한다. 리브가 완성되었다.

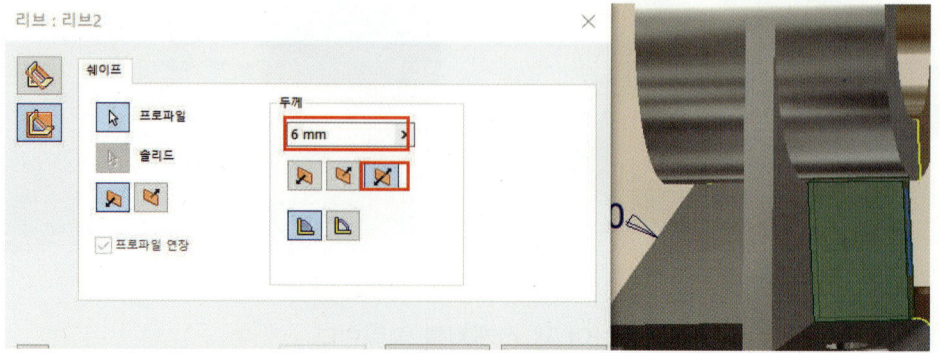

## 7. 모깎기 작성하기

**1** 모깎기 아이콘을 선택하여 반지름값에 3을 입력하고, 도구막대의 회전 아이콘을 사용하여 아래의 두 모서리를 클릭한 후 확인 버튼을 클릭한다.

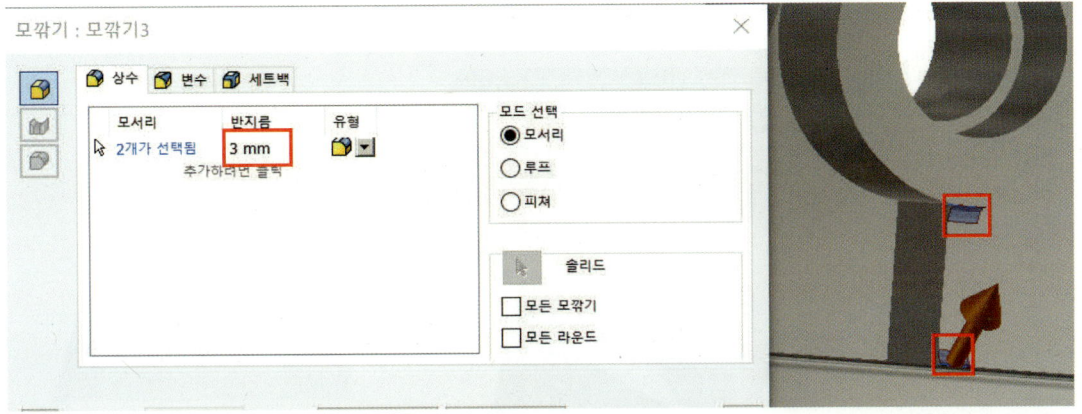

**2** 모깎기 아이콘을 선택하여 반지름값에 2.5를 입력하여 모깎기 할 모서리를 선택한다.

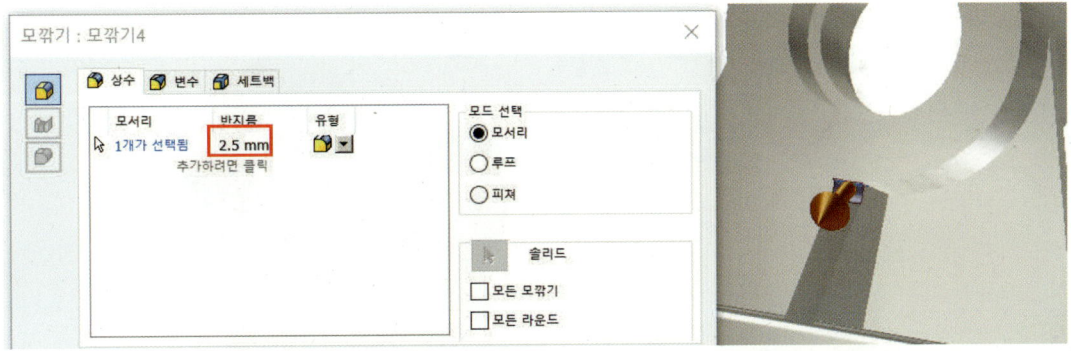

## 8. 구멍 탭 작성하기

**1** 스케치 아이콘을 선택하고 본체의 원통 정면을 클릭한다.

**2** 형상 투영 아이콘을 클릭하고, 그림의 원을 선택하여 투영을 한다. 점, 중심점 아이콘을 클릭하고 원통 면 위에 대략의 구멍 중심 위치에 원통 중심과 일치하는 점을 작성한다.

**3** 구멍 아이콘을 선택하여 아래 그림과 같이 설정하고 확인한다.

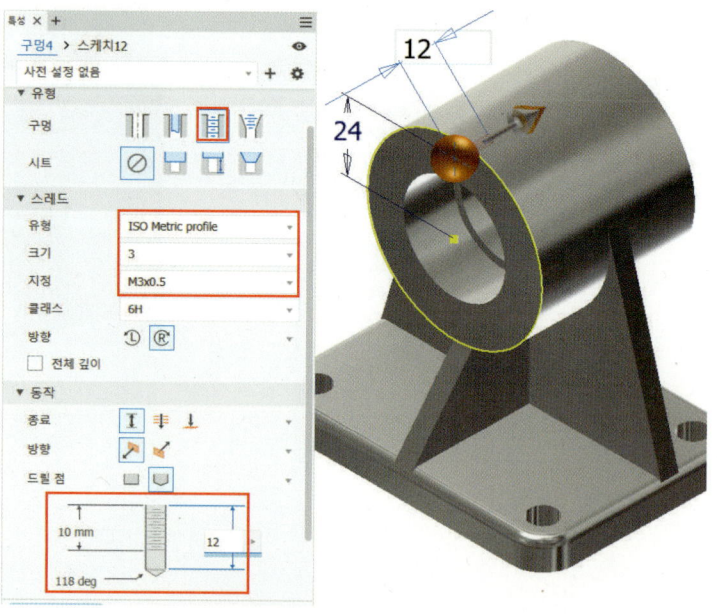

4 원형 패턴 아이콘을 클릭해서 앞에서 작성한 구멍을 선택하고, 원형 패턴 대화상자의 회전 축을 누른 다음 패턴 개수에 3을 입력하고, 확인 버튼을 눌러 패턴 피쳐를 완성한다.

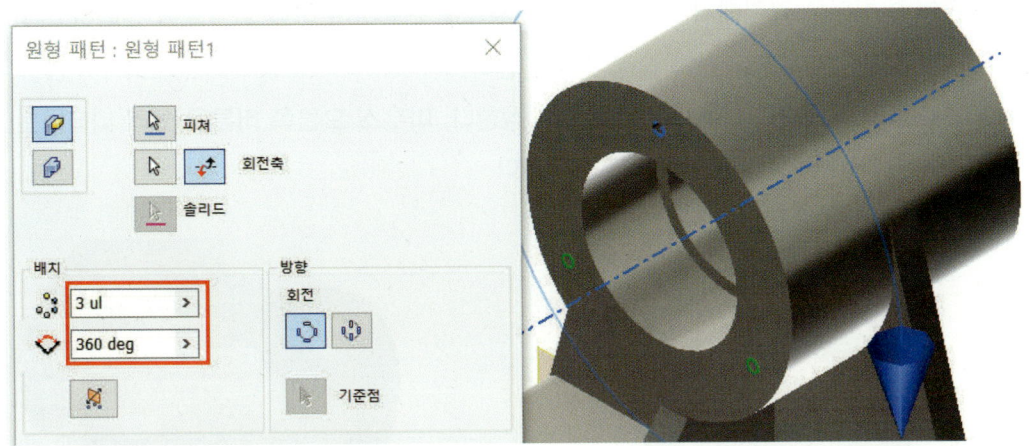

5 원통의 반대쪽에도 구멍 피쳐를 복사한다. 미러 아이콘을 클릭하여 작업화면의 구멍 피쳐를 마우스로 선택하고, 대칭 평면 버튼을 선택한 후 작업 평면을 선택하고 확인 버튼을 클릭한다.

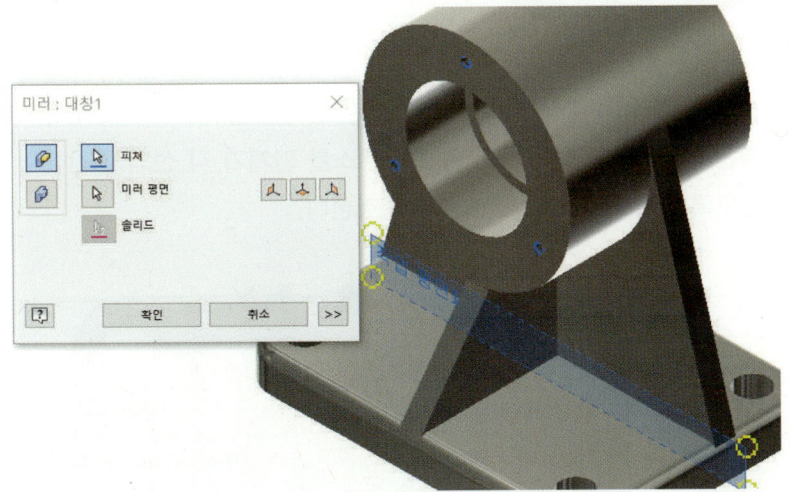

## 9. 평면 작성하기

1. 평면 아이콘을 클릭해서 평면에서 간격띄우기를 선택하여 바닥 화살표를 선택하고, 마우스 위로 드래그하여 89mm를 입력 후 확인한다.

2. 완성된 작업 평면 위에 새 스케치를 작성한다. 마우스 오른쪽 버튼을 눌러 나타나는 팝업 메뉴 중 그래픽 슬라이스 메뉴를 선택한다.

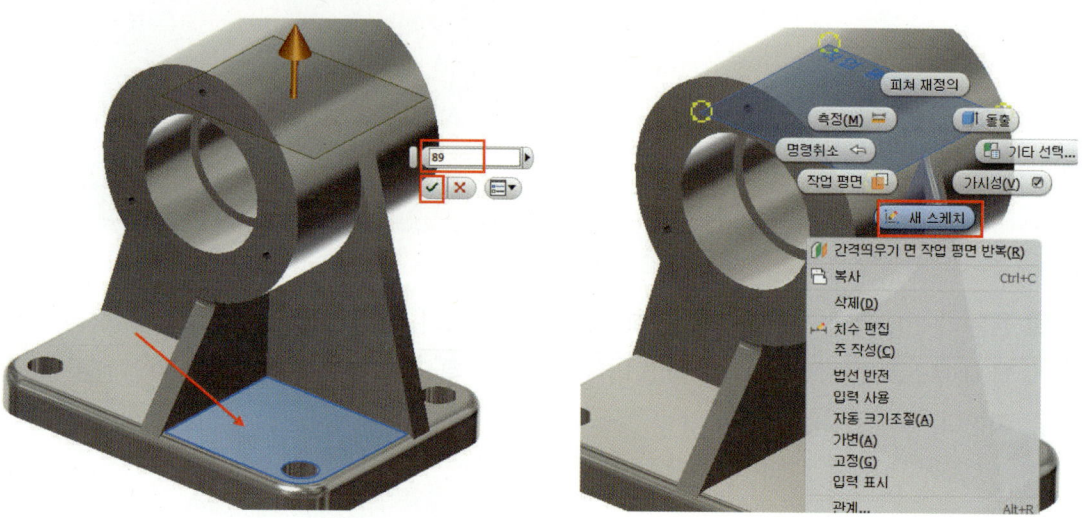

3. 절단 모서리 투영 메뉴를 선택하고 점, 중심점 아이콘을 클릭하여 구멍 중심을 지정한다. 이때 투영된 가로, 세로 선의 중간점에 마우스를 가져가 각 선의 중간점의 위치에 구멍 중심이 생기도록 점을 클릭하고 스케치를 종료한다.

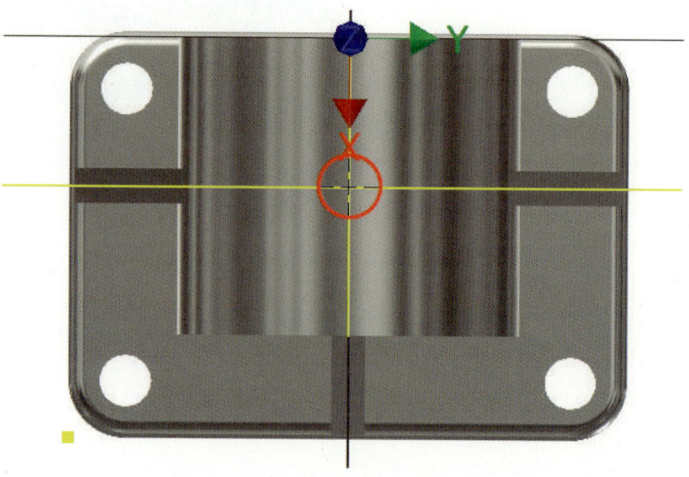

**4** 구멍 아이콘을 클릭하여 아래 그림과 같이 설정하고 확인한다.

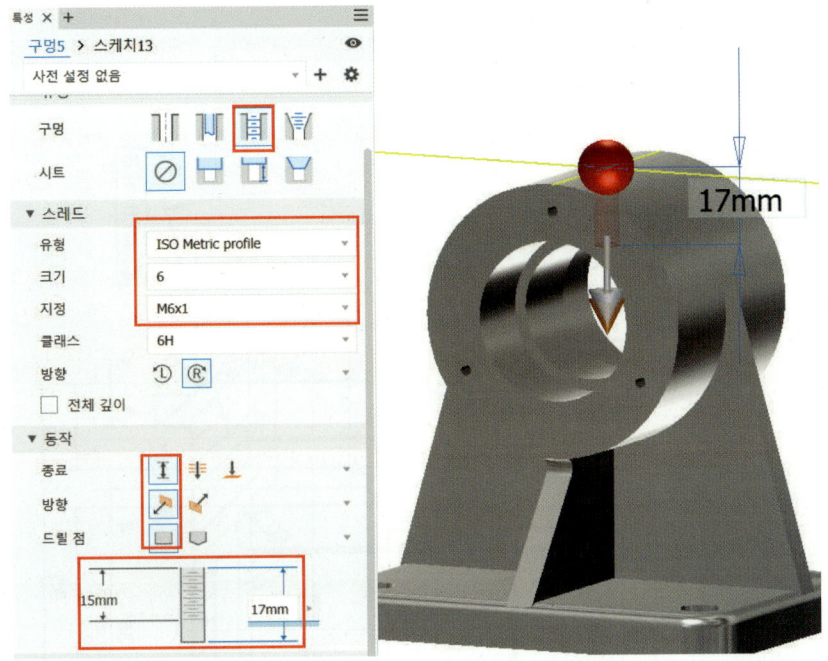

## 8. 하우징 따라 하기 2

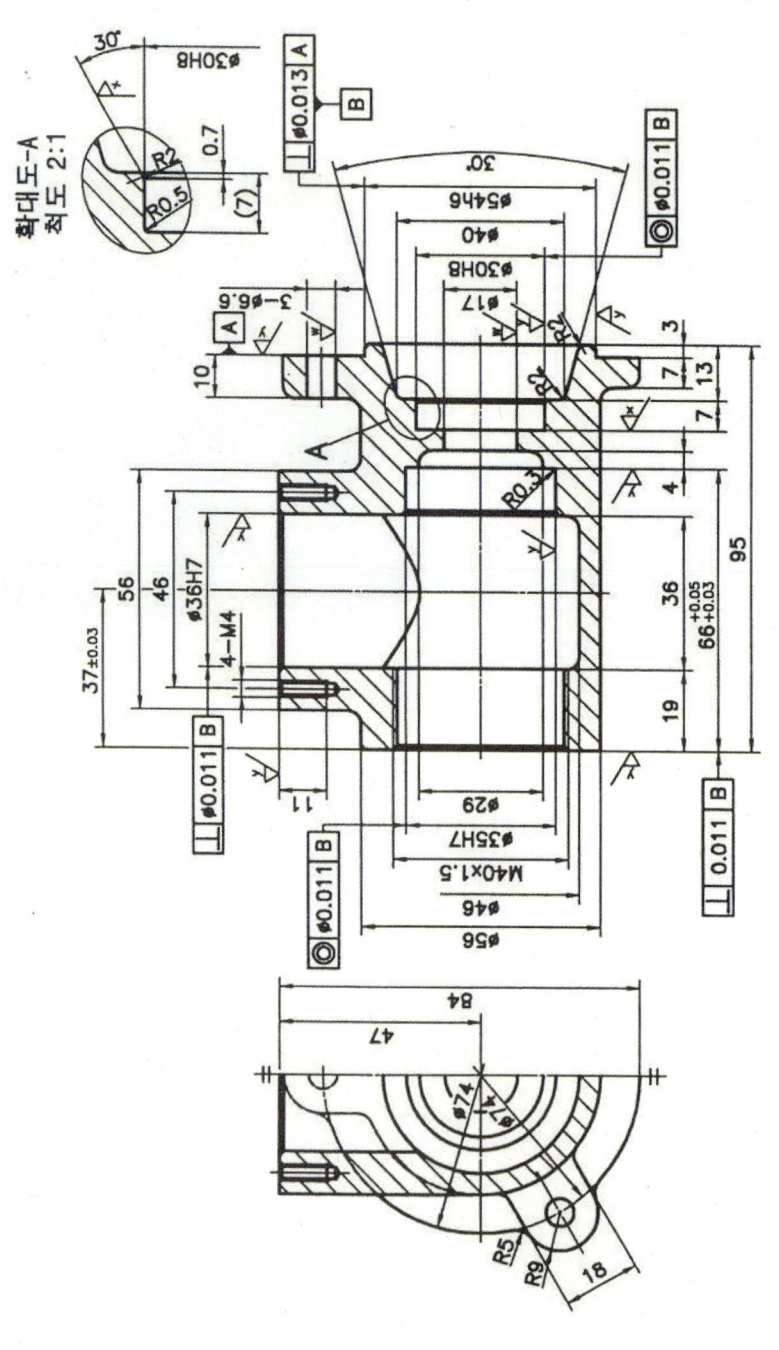

# 1. 회전 작성하기

**1** 선 아이콘을 선택한 후 마우스를 이용하여 아래와 같이 대략의 형상을 작성한다. 이와 같이 그려진 후 화살표로 표시된 중심선을 중심선으로 변경한다.

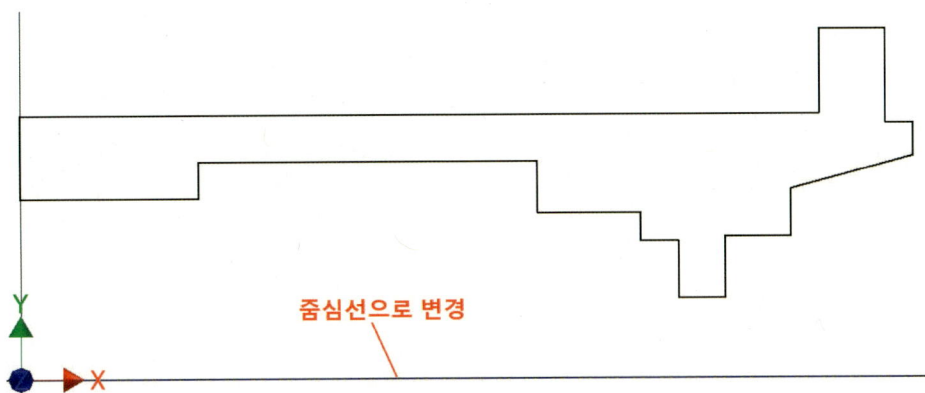

중심선으로 변경

**2** 치수 아이콘을 사용하여 아래와 같이 정확한 치수를 입력한다. 회전 돌출을 사용하여 기준선으로 반지름값을 입력하고 스케치를 종료한다.

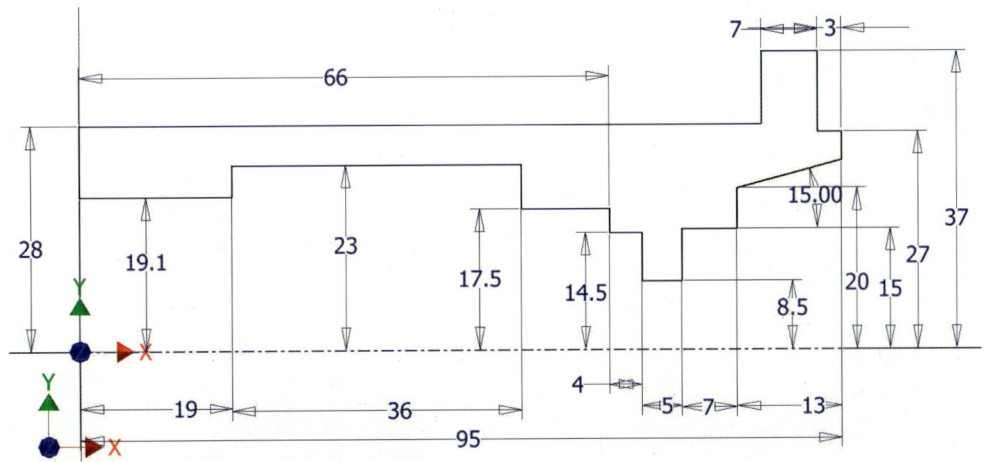

CHAPTER 4 3D 형상 솔리드 모델링 따라 하기

❸ 회전 아이콘을 선택한다. 회전(Revolve) 대화상자에서 전체를 선택하고 확인을 클릭한다.

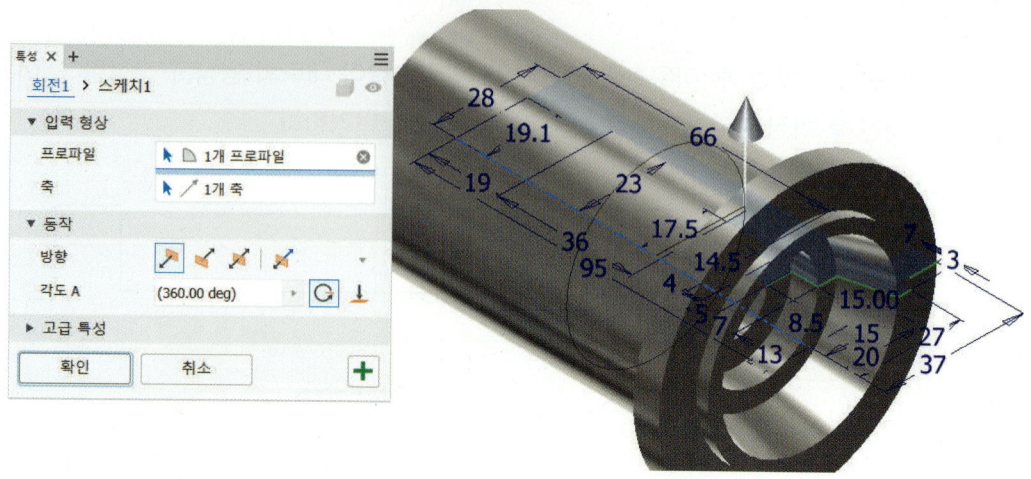

## 2. 돌출 피쳐 작성하기

❶ 모형에서 원점을 더블클릭한 후 XY 평면을 MB3 버튼을 클릭한다. 가시성을 체크하고 평면 아이콘을 클릭한다.

❷ 아래 그림과 같이 간격띄우기 치수 입력창에서 작업 평면은 XY축 중심으로 Z축 방향으로 마우스를 드래그한 후, 값은 47을 입력하고 확인한다.

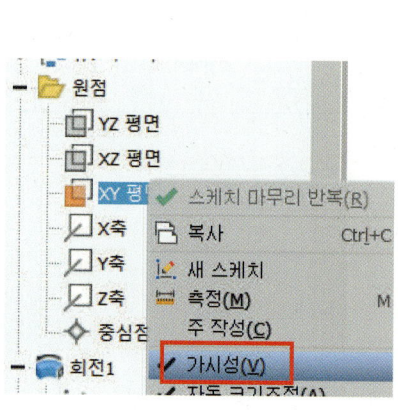
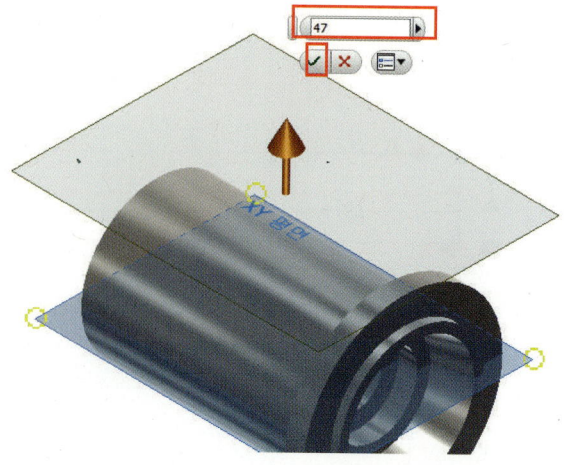

3 아래 그림과 같이 새 스케치를 선택한다.

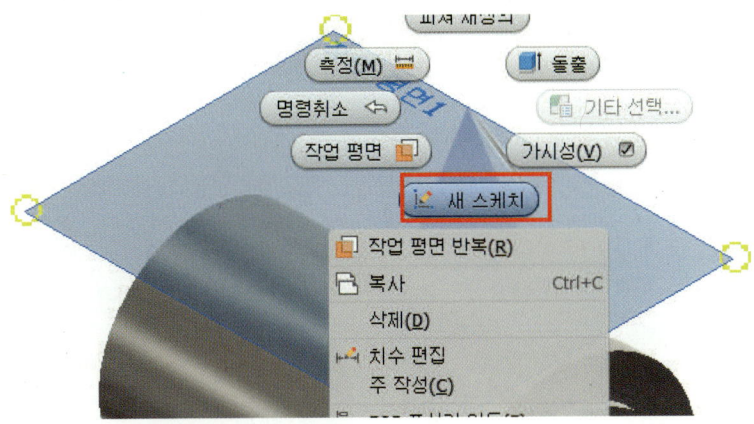

4 47만큼 이동된 XY 평면에서 스케치 모드로 변화시킨 후 원 아이콘을 사용하여 원을 그린다. 그림처럼 치수를 기입하고 스케치를 종료한다.

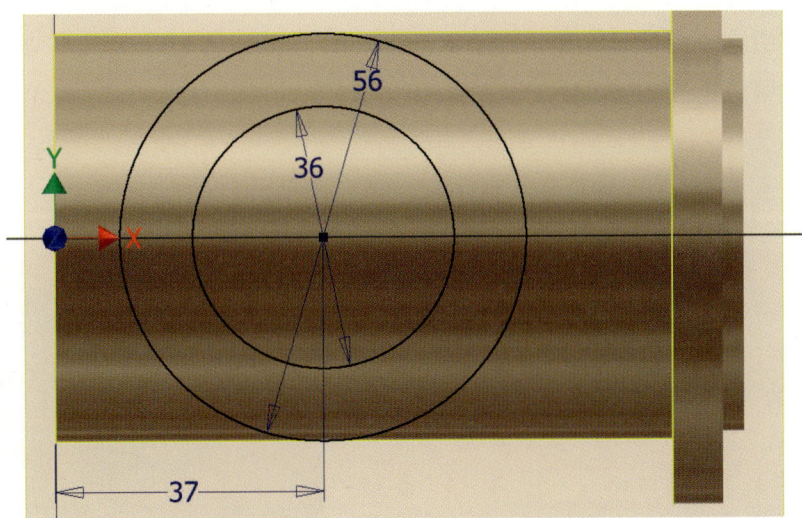

5 돌출 아이콘을 클릭하고 프로파일을 선택한다. 돌출에서 범위를 "다음 면까지"로 지정하면 돌출된 피쳐가 본체와 부드럽게 연결된다. 아래의 돌출 대화상자에서 그림처럼 설정하고 확인을 클릭한다.

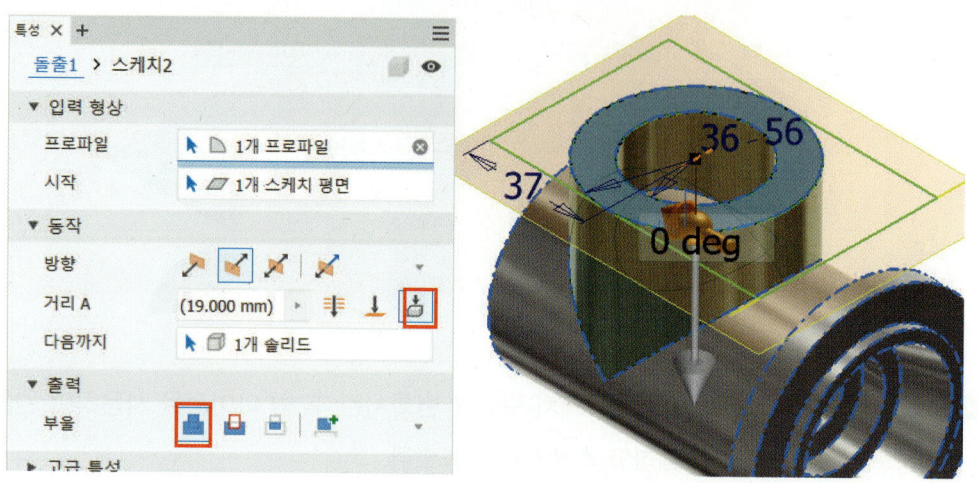

6 구멍 부위를 스케치 모드에서 형상 투영하여 스케치하도록 한다. 스케치 패널에서 형상 투영을 선택하고, 구멍(Hole)이 될 선을 클릭한다.

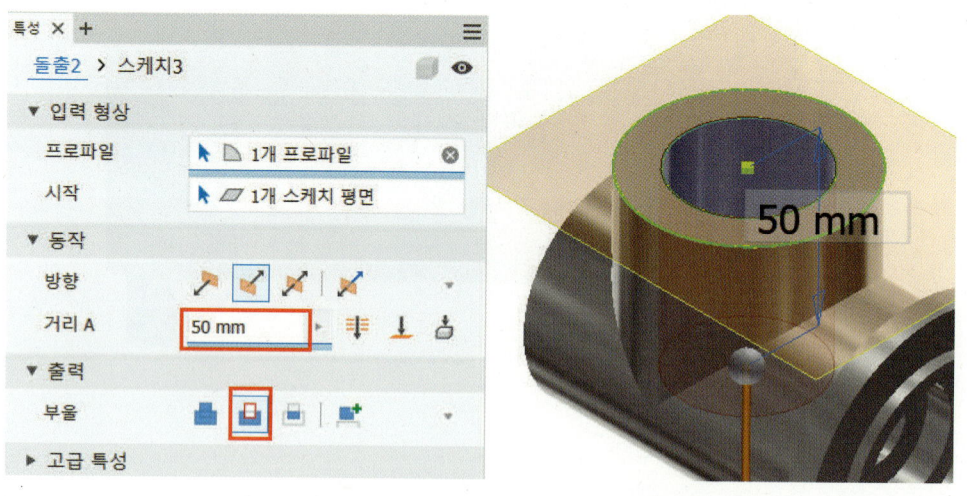

**7** 아래 그림과 같이 새 스케치를 선택한다.

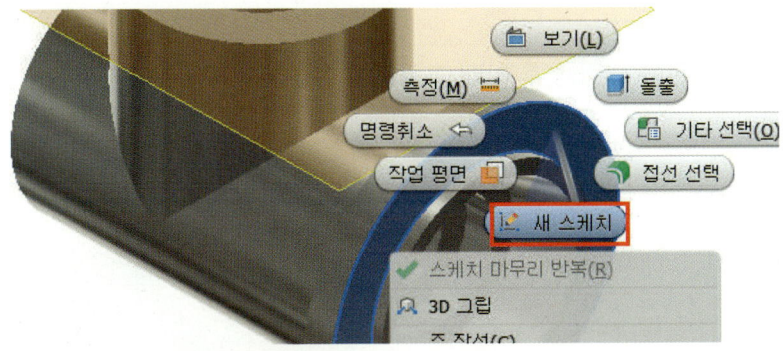

**8** 아래 그림과 같이 스케치하고 종료한다.

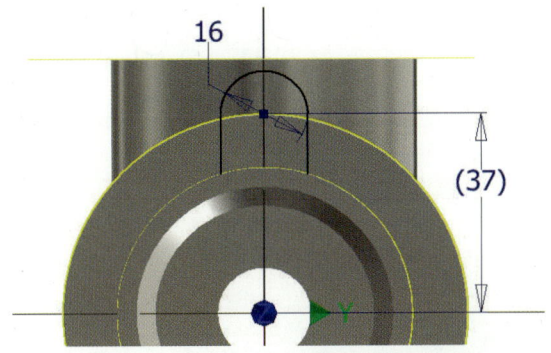

**9** 돌출(단축키 E) 모드로 전환하여 아래와 같이 설정하고 확인한다.

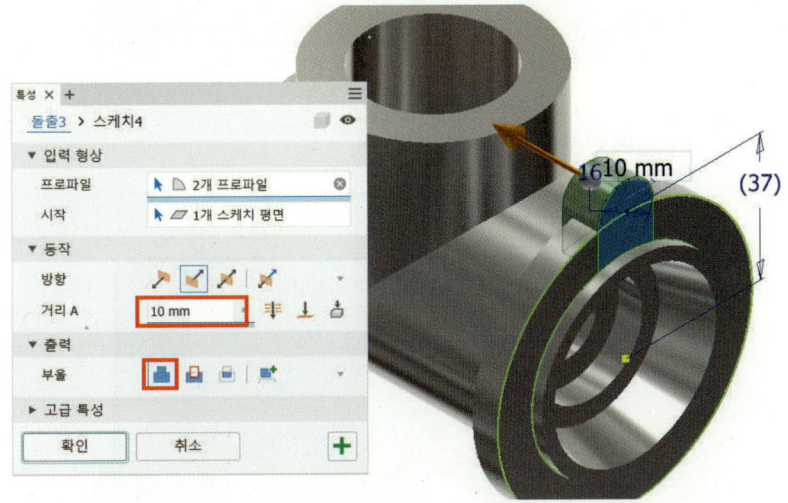

### 3. 원형 패턴 작업하기

**1** 원형 패턴 아이콘을 클릭한 후 아래 그림처럼 설정하고 확인한다.

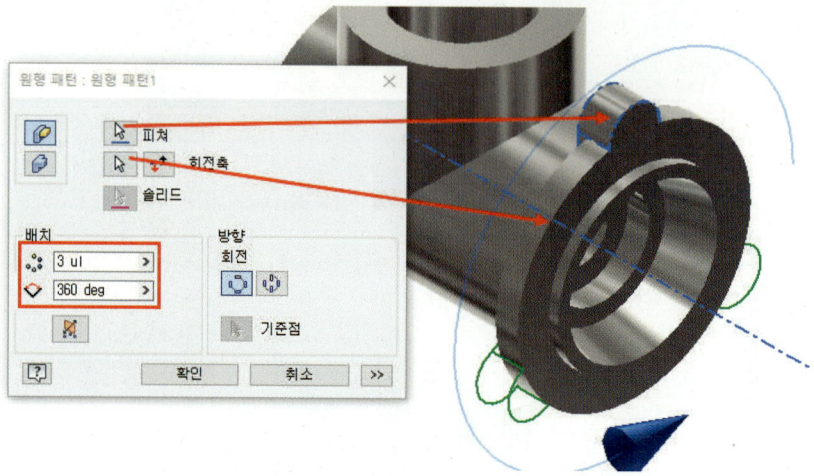

**2** 아래 그림처럼 새 스케치를 클릭한다.

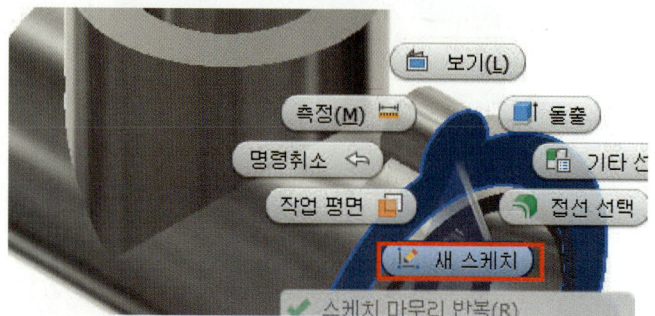

**3** 아래 그림과 같이 스케치하고 종료한다.

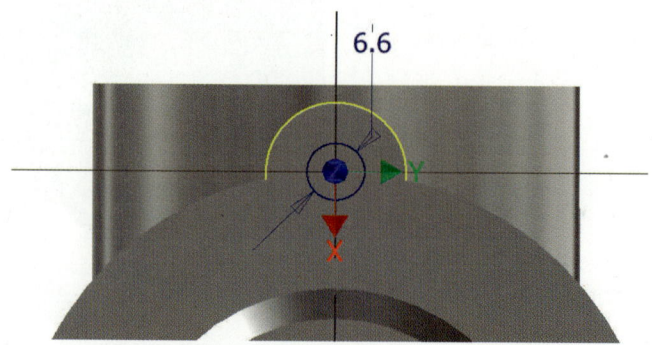

4 아래 그림과 같이 설정하고 확인한다.

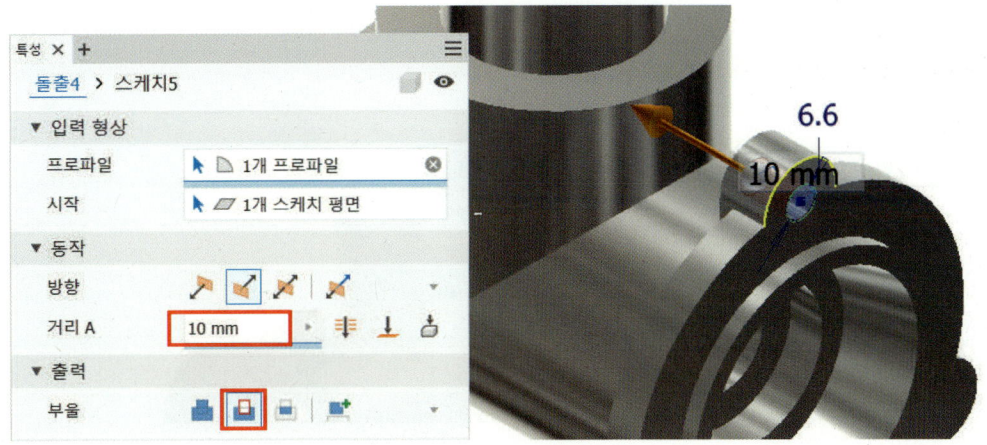

5 원형 패턴 아이콘을 클릭한 후 아래 그림처럼 설정하고 확인한다.

CHAPTER 4 3D 형상 솔리드 모델링 따라 하기

## 4. 구멍 탭 작업하기

**1** 아래 그림처럼 새 스케치를 선택한다.

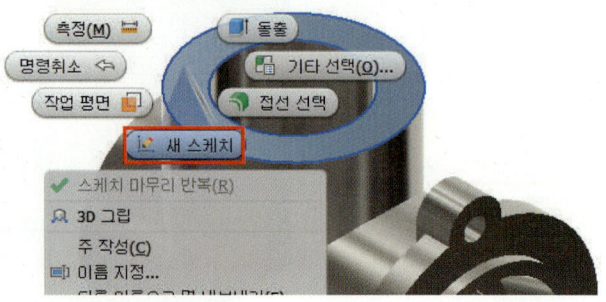

**2** 아래와 같이 점 아이콘을 이용하여 점의 위치를 찍고 치수기입 후 종료한다.

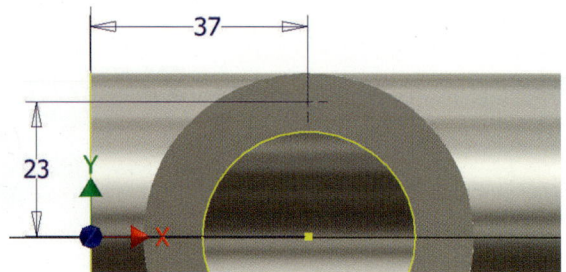

**3** 구멍 아이콘을 선택하여 아래 그림과 같이 설정하고 확인한다.

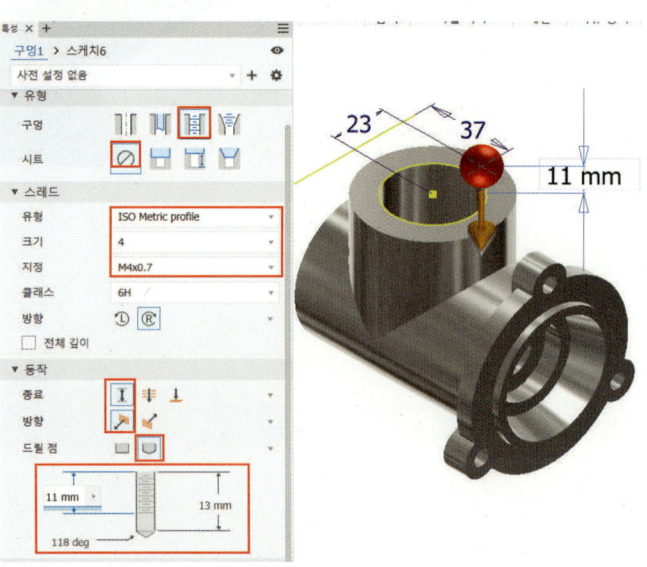

4 원형 패턴 아이콘을 클릭하여 아래 그림처럼 설정하고 확인한다.

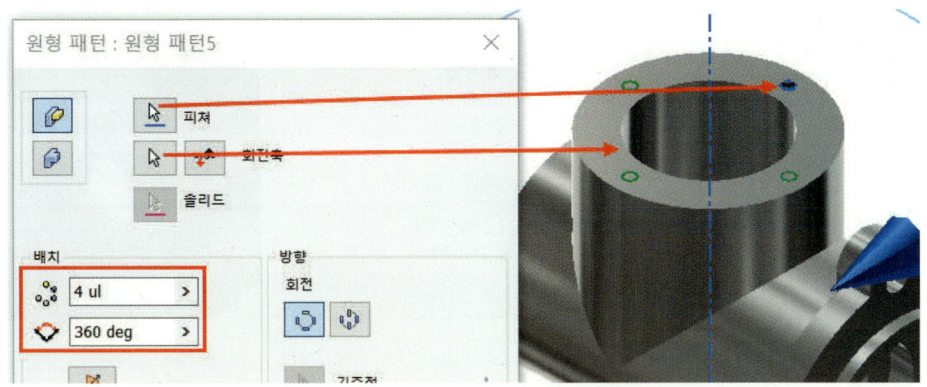

## 5. 모깎기 하기

1 반지름 5 라운드하기

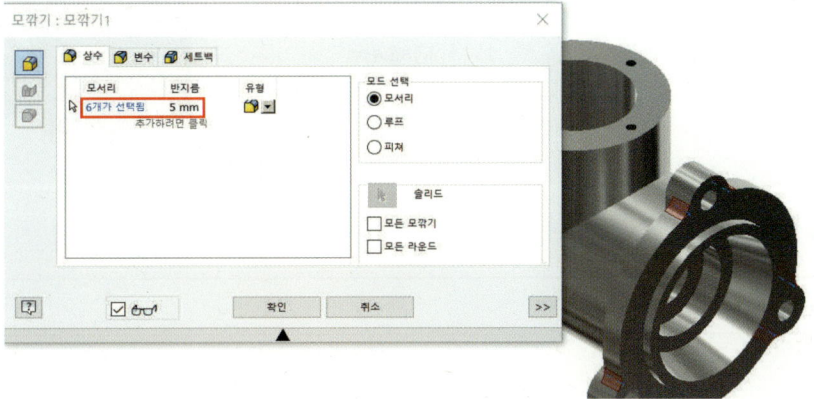

2 반지름 3 라운드하기

**3** 반지름 2 라운드하기

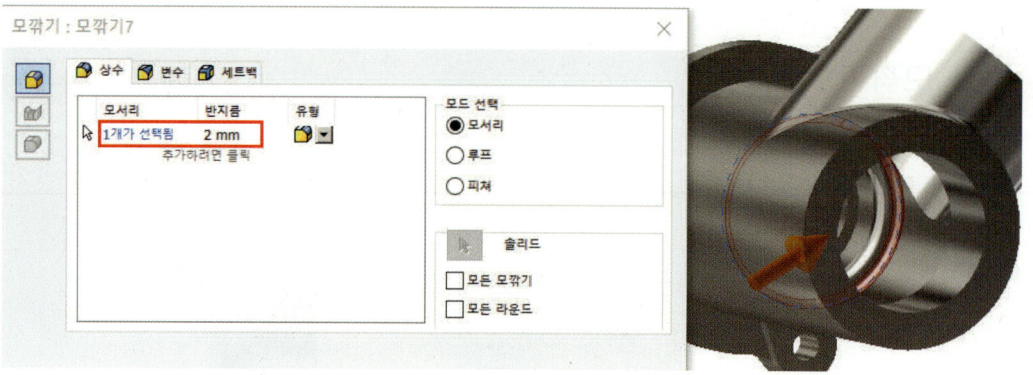

## 6. 모따기 하기

**1** 순서는 다음과 같다.

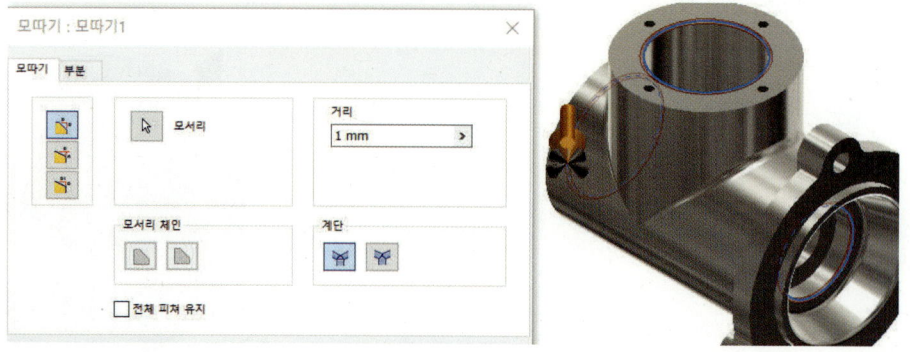

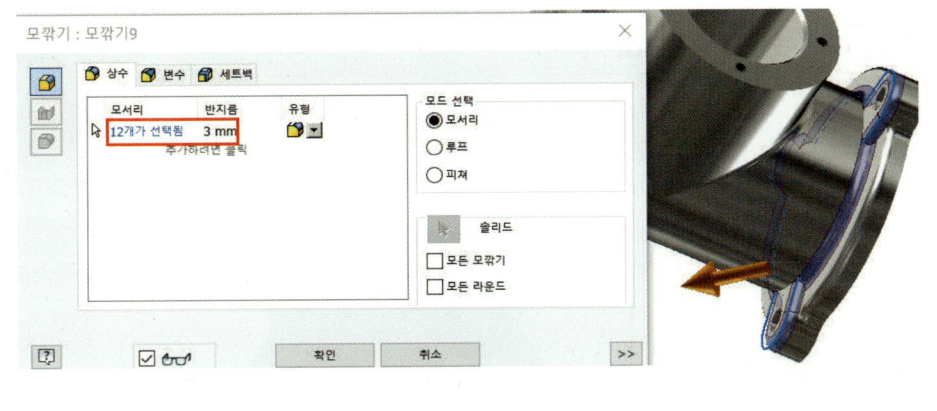

## 7. 스레드 나사 작업하기

**1** 아래 그림과 같이 설정하고 확인한다.

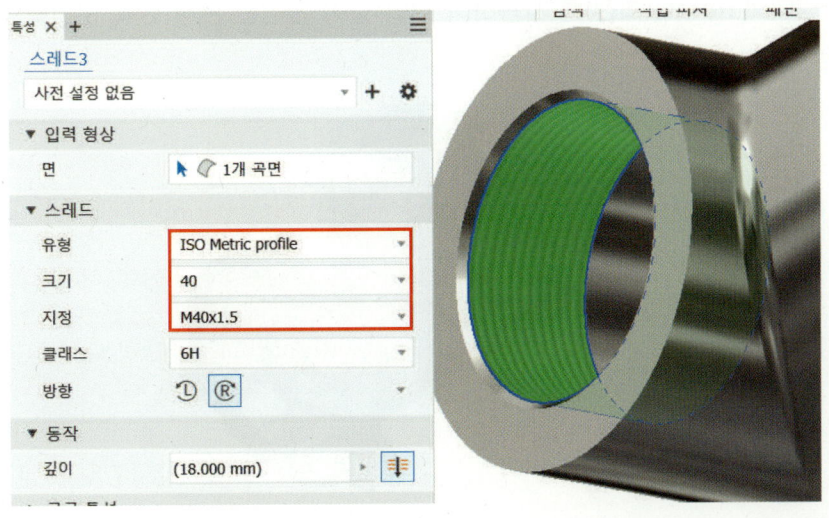

CHAPTER 4 3D 형상 솔리드 모델링 따라 하기

## 8. 한쪽 단면도 작성하기

① 스케치 패널에서 기준축을 중심으로 1/4 스케치한다.

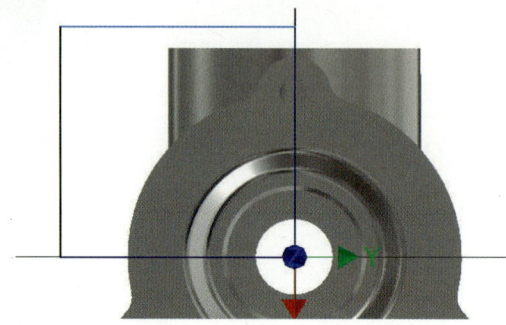

② 스케치 종료 후 부품 피쳐에서 돌출을 선택한다. 아래 그림의 돌출 대화상자처럼 설정한 후 확인하여 돌출 제거한다.

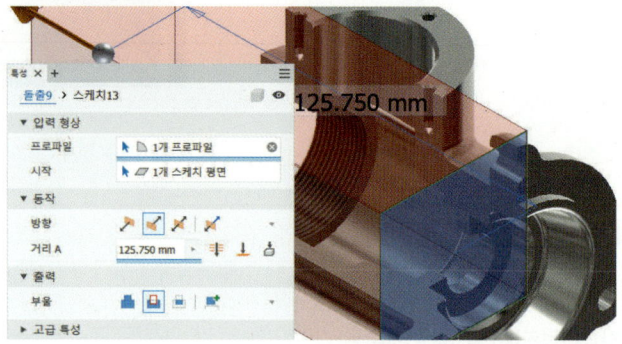

③ 도구막대의 Rotate(회전)를 사용하여 위와 같이 완성된 본체 한쪽 단면도 형상을 확인하여 완성한다.

## 9. 하우징 따라 하기 3

CHAPTER 4 3D 형상 솔리드 모델링 따라 하기

# 1. 회전 작성하기

**1** 선 아이콘을 이용하여 대략의 형상을 스케치한다. 그다음 치수 아이콘을 사용하여 아래와 같이 정확한 치수를 입력한다. 중심선으로 선택하고 스케치를 종료한다.

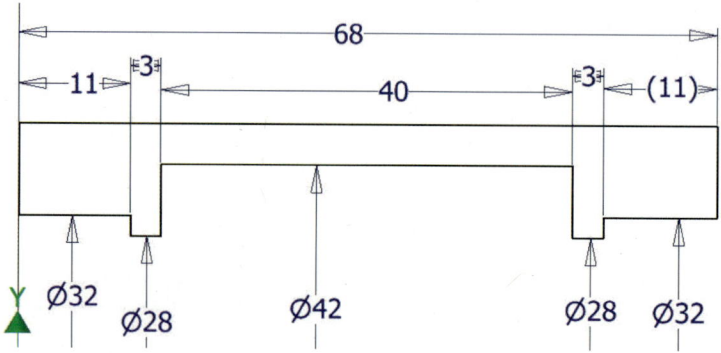

**2** 회전을 선택하여 아래와 같이 프로파일을 방금 전에 스케치작업한 것을 선택한다. 그다음 축을 중심선으로 선택한다. 임의의 형상이 나타났으면 확인 버튼을 누른다.

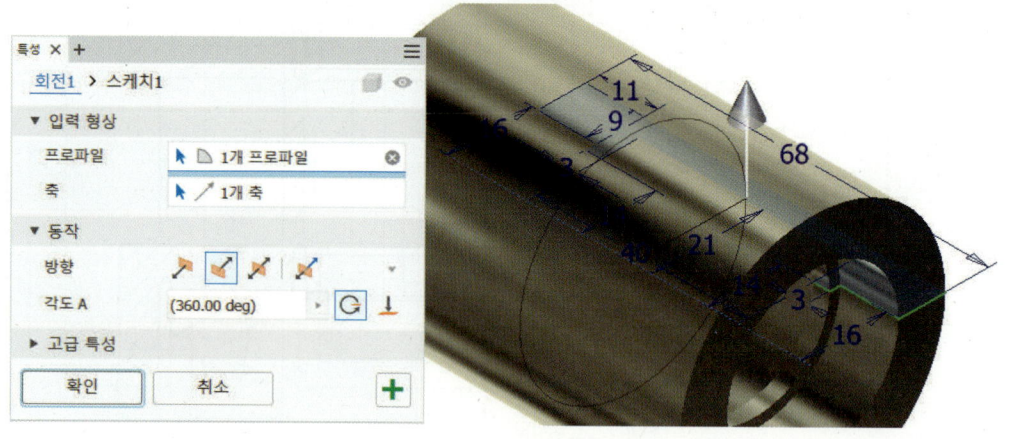

## 2. 돌출 작성하기

1. 형상이 생겼으면 왼쪽 검색기 막대의 원점에서 XY 평면을 선택하여 가시성을 체크한다. 그러면 아래와 같이 작업 평면이 보이게 된다. 평면을 선택하여 XY 면을 선택한 상태로 마우스를 아래로 끌어당긴다. 그다음 간격띄우기에 치수를 −66으로 기입한 뒤 확인을 눌러준다.
2. 새로 생성한 작업 평면에 스케치를 선택하여 새 스케치 평면을 생성한다.

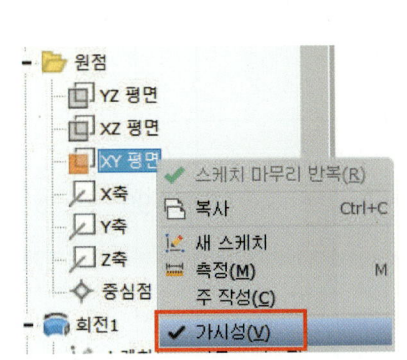

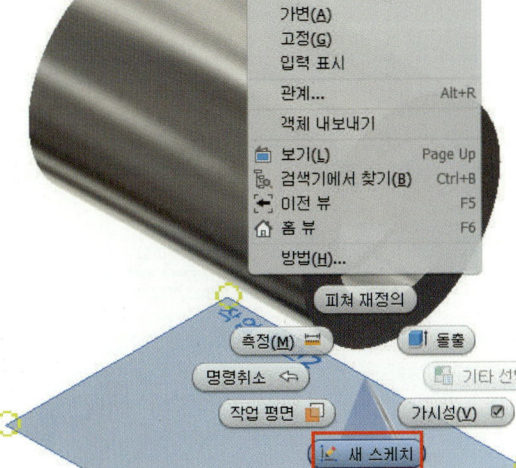

CHAPTER 4 3D 형상 솔리드 모델링 따라 하기

3 형상 투영을 이용해서 형상 투영을 한다. 그다음 스케치의 편의성을 위하여 마우스 오른쪽을 선택하여 그래픽 슬라이스를 선택한다. 그래픽 슬라이스를 하였으면 2점 직사각형을 선택하여 아래와 같이 대략의 형상을 스케치한다. 그다음 아래와 같이 치수를 선택하여 치수를 기입한다. 그다음 중심선을 구성선으로 변경하여 가상선으로 만든 뒤 스케치를 종료한다.

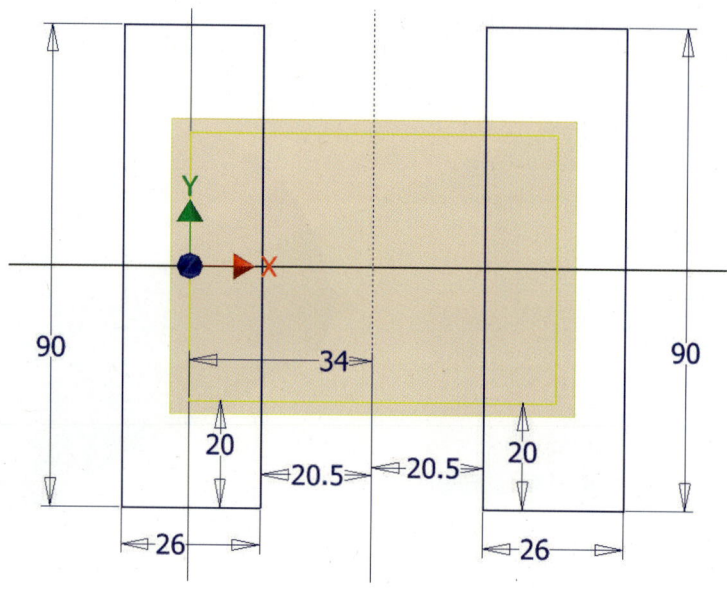

4 돌출을 선택하여 스케치 작업한 형상을 선택한다. 그다음 확인 버튼을 누른다.

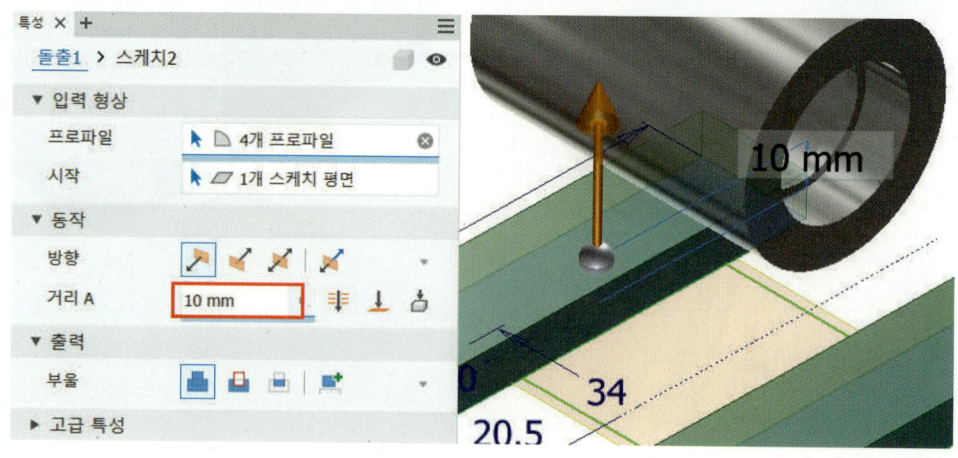

5 아래 그림과 같이 윗면을 선택한 후 새 스케치를 선택하여 스케치 평면을 생성한다.

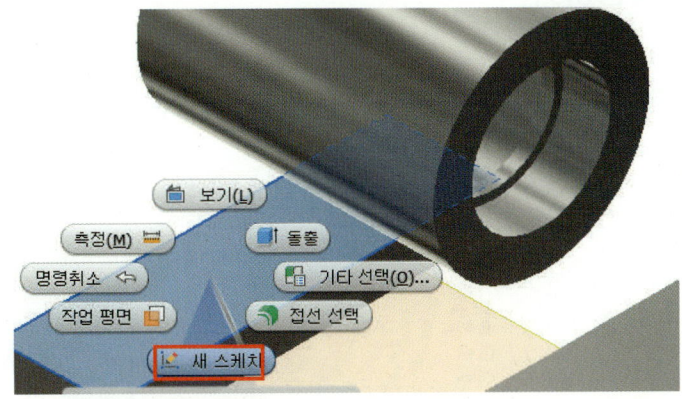

6 구속조건의 접선을 이용하여 두 면과 원이 접선 구속이 되게 한다. 한쪽이 접선 구속이 되었으면 돌출 피쳐의 4군데 꼭짓점 부분의 원들을 똑같이 접선 구속을 시켜준다. 치수기입 후 종료한다.

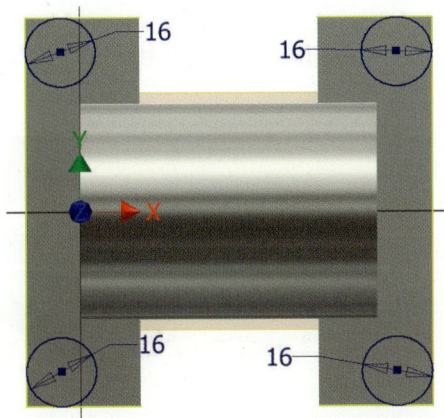

7 돌출을 이용하여 작업한 스케치를 선택한 뒤 거리 값을 3으로 입력한 뒤 확인한다.

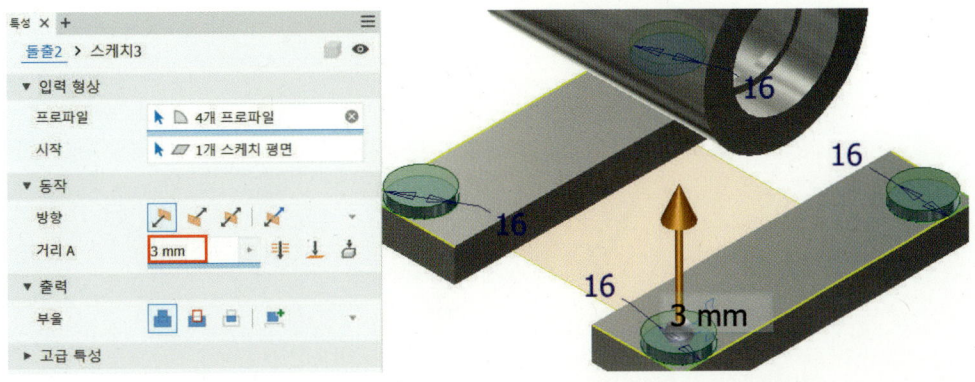

CHAPTER 4 3D 형상 솔리드 모델링 따라 하기

## 3. 모깎기 작성하기

**1** 모깎기를 이용하여 아래와 같이 선택된 모서리 6개 부분을 선택한다. 그다음 반지름을 3으로 기입한 후 확인을 눌러준다.

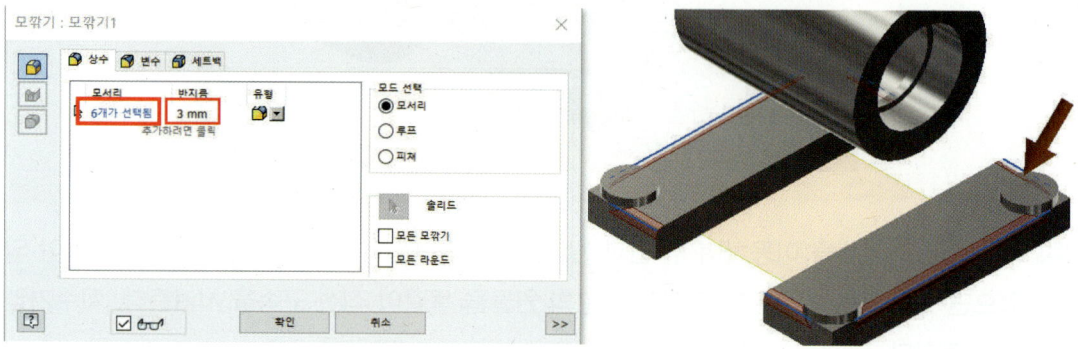

**2** 아래와 같이 선택된 모서리 4군데를 클릭하고, 반지름 8을 입력한 후 확인을 눌러준다.

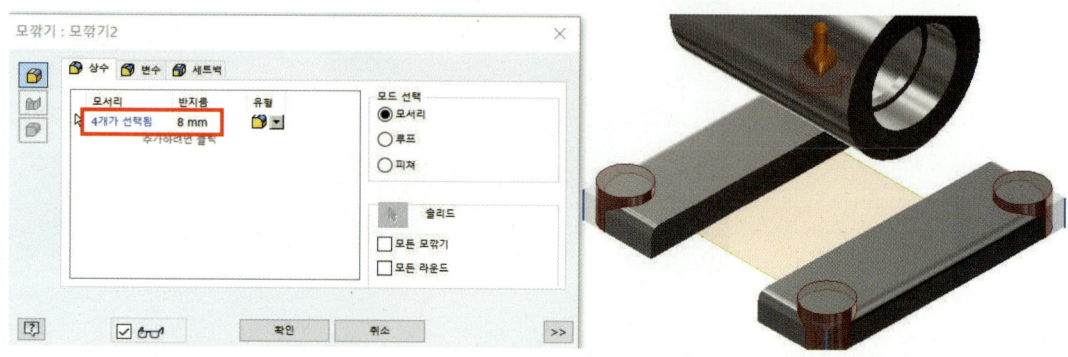

## 4. 돌출 리브 작성하기

**1** 평면을 선택하여 아래와 같이 옆 부분(화살표 부분)을 선택한 채로 마우스를 오른쪽으로 끈다. 그다음 치수 −45를 입력한 뒤 확인을 누른다.

**2** 아래 그림처럼 새 스케치를 선택한다.

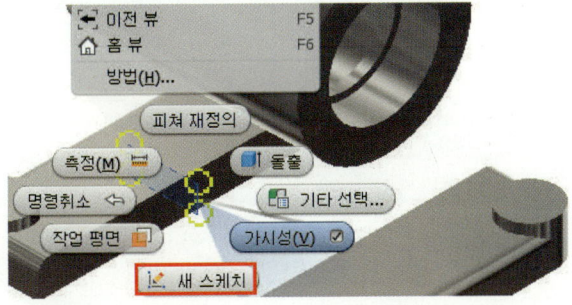

**3** 그래픽 슬라이스를 선택하여 스케치 작업을 편하게 한다.

**4** 형상 투영을 하였으면 아래와 같이 대략의 형상을 스케치한 후 접선 구속을 부여하고 종료한다.

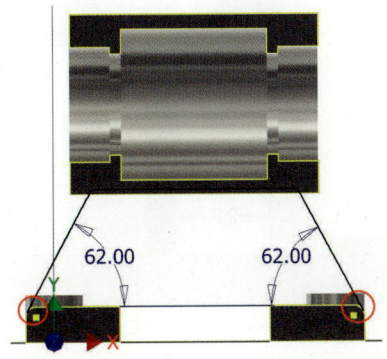

5️⃣ 돌출을 사용하여 작업한 스케치 형상을 선택한다. 그다음 거리 값 6을 입력한 후 방향은 양방향으로 한 뒤 확인 버튼을 누른다.

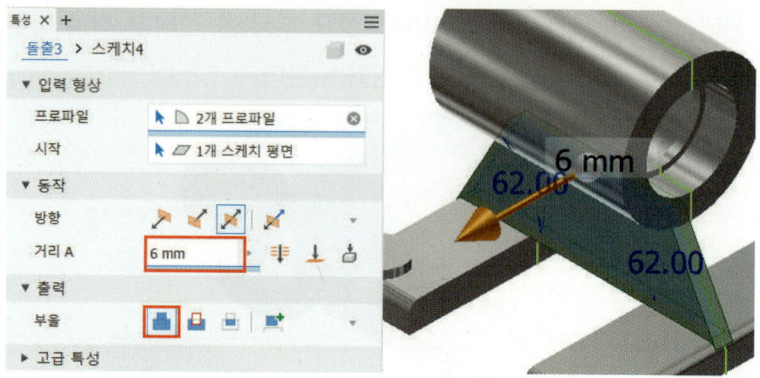

6️⃣ 아래와 같이 새 스케치 평면을 생성한다. 그다음 그래픽 슬라이스를 선택하여 스케치 작업을 편하게 한다.

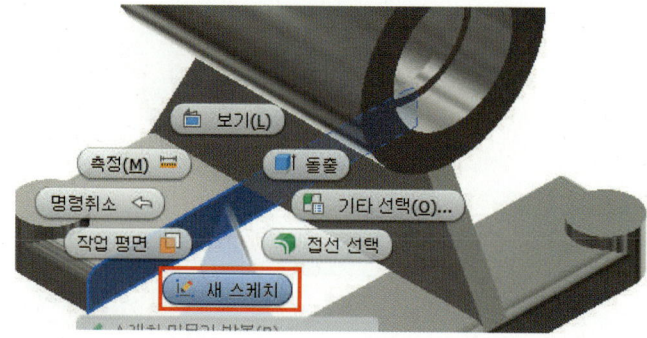

7️⃣ 형상 투영을 하였으면 아래와 같이 대략의 형상을 스케치한다. 그다음 일반 치수를 선택하여 아래와 같이 치수를 기입한 뒤 복귀를 선택하여 스케치를 종료한다.

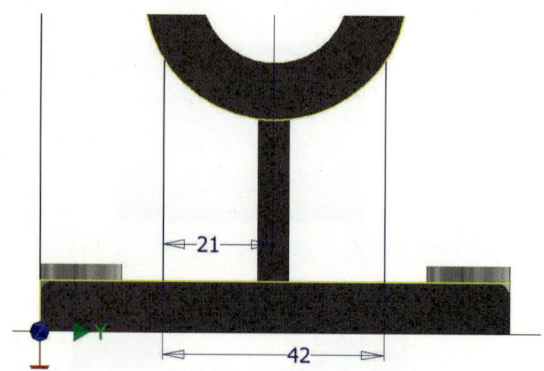

8 돌출을 사용하여 방금 작업한 스케치 형상을 선택한다. 그다음 거리 값 8을 입력하고 방향을 밖으로 돌린 뒤 확인 버튼을 누른다. 돌출이 피쳐가 완성이 되었으면 반대쪽도 똑같이 반복하여 아래와 같이 완성된다.

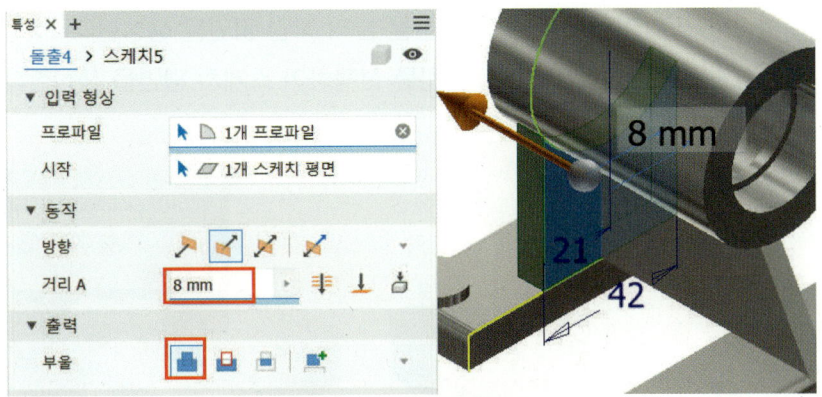

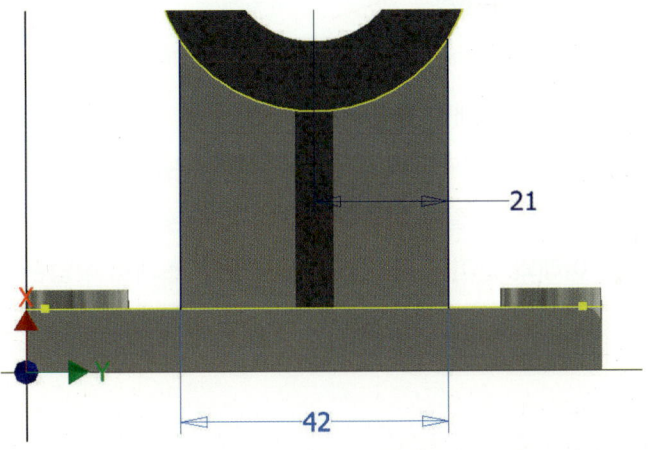

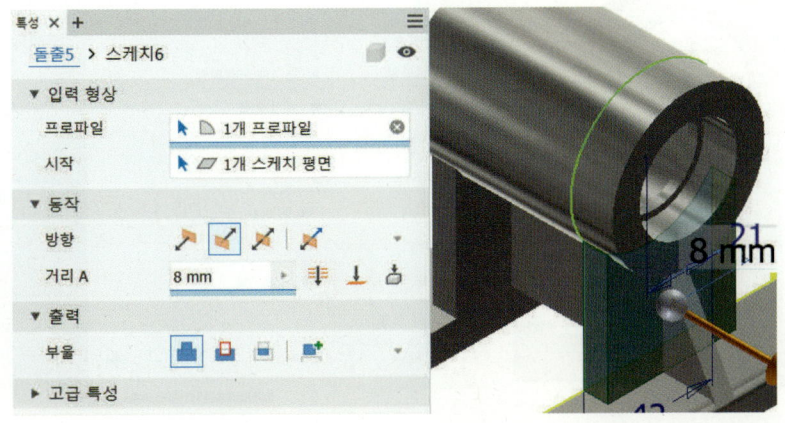

CHAPTER 4 3D 형상 솔리드 모델링 따라 하기

## 5. 회전 작성하기

**1** 평면을 선택하여 아래와 같이 옆면을 선택한 상태로 마우스를 왼쪽으로 끌어당긴다. 그다음 치수를 -46.5로 기입한 뒤 확인 버튼을 눌러 작업 평면을 생성한다.

**2** 생성된 작업 평면을 선택하여 새 스케치를 선택하여 스케치 평면을 생성한다.

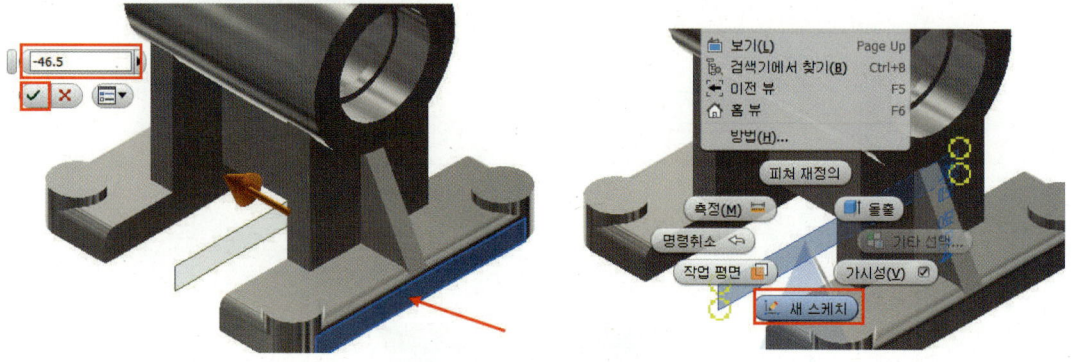

**3** 스케치의 편의성을 위해 그래픽 슬라이스를 선택하여 스케치 작업을 한다.

**4** 그래픽 슬라이스를 하였으면 아래와 같이 선택한 부분을 형상 투영을 한다.

**5** 대략의 형상을 스케치한 후 일반 치수를 사용하여 완성시키고 스케치를 종료한다.

**6** 회전을 이용하여 아래와 같이 프로파일을 방금 전에 스케치 작업한 것을 선택한다. 그다음 축을 선택하여 가상선을 선택한다. 임의의 형상이 나타났으면 확인을 눌러준다.

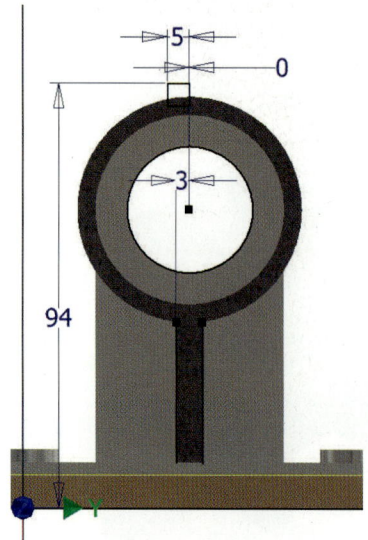
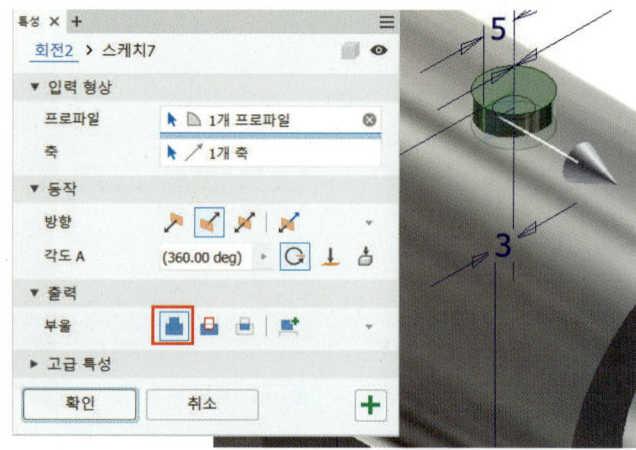

7 방금 전에 스케치 작업을 했던 작업 평면에 다시 새 스케치 평면을 생성한다.
8 그래픽 슬라이스를 하였으면 형상 투영을 사용하여 아래와 같이 선택한 부분을 형상 투영한다. 대략의 선을 스케치한 뒤 치수 아이콘을 사용하여 치수를 기입한다. 이때 직각 구속이 잡히면서 스케치하여야 한다. 그다음 점을 사용하여 선택된 부분에 점을 찍는다. 치수를 기입하고 종료한다.

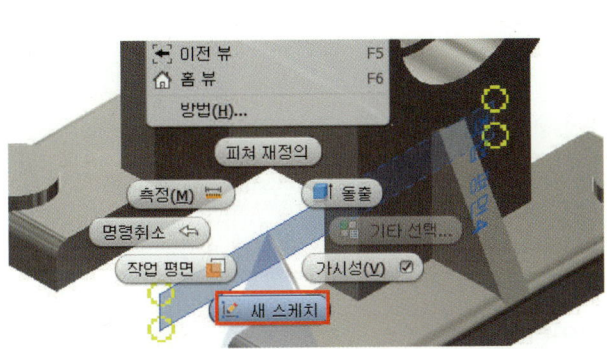
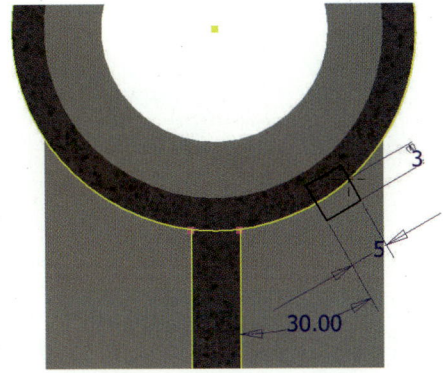

9 프로파일을 방금 전에 스케치 작업한 것을 선택한다. 그다음 축을 선택하여 중심선을 선택하고 확인을 눌러준다.

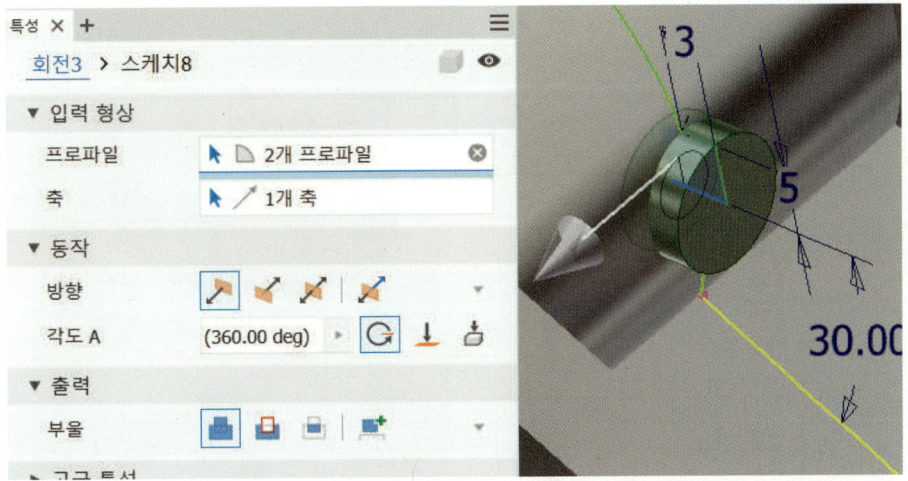

## 6. 탭 및 구멍 작업하기

**1** 아래 그림과 같이 새 스케치를 선택한다.

**2** 형상 투영 후 점 아이콘을 이용하여 중앙 중심에 점을 클릭한다.

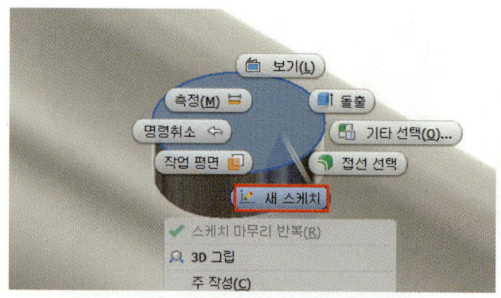
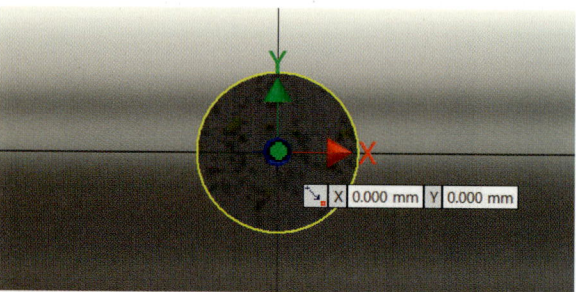

**3** 아래 그림과 같이 탭 작업을 설정하고 확인한다.

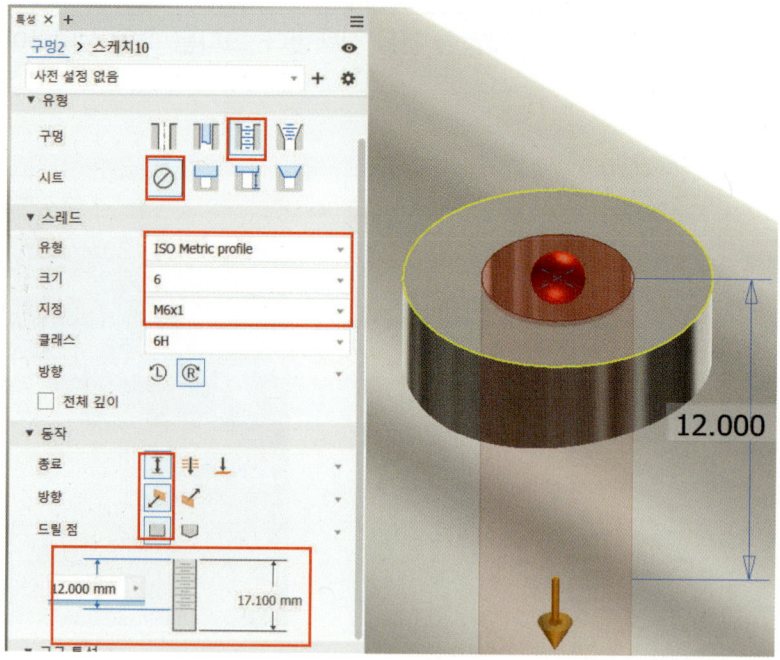

4 아래 그림과 같이 새 스케치를 선택한다.

5 형상 투영 후 점 아이콘을 이용하여 중앙 중심에 점을 클릭한다.

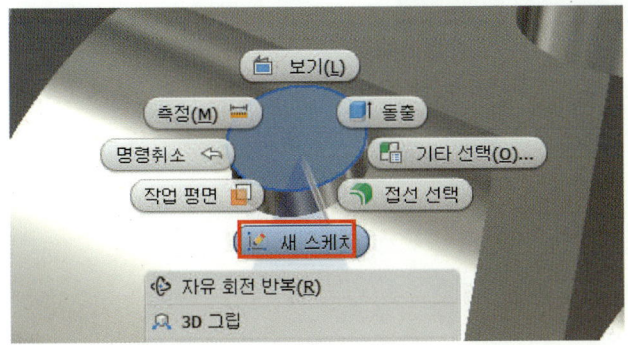 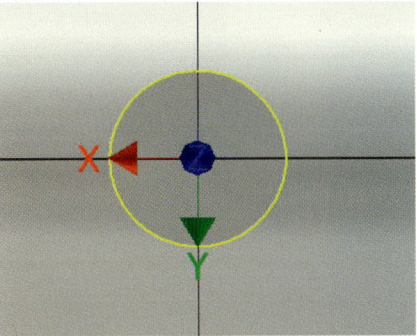

6 아래 그림과 같이 탭 작업을 설정하고 확인한다.

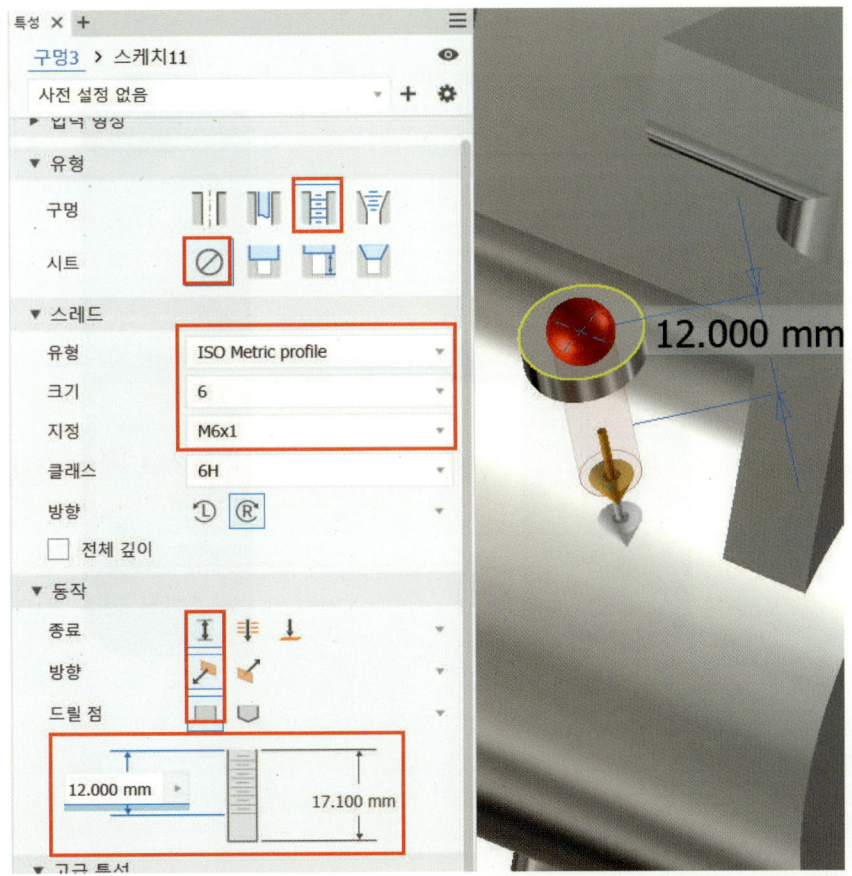

**7** 아래 그림과 같이 새 스케치를 선택한다.

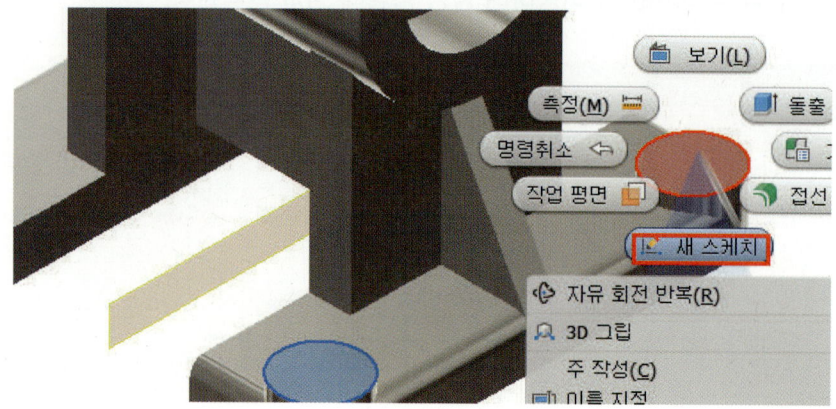

**8** 아래 그림처럼 형상 투영한 후 스케치를 종료한다.

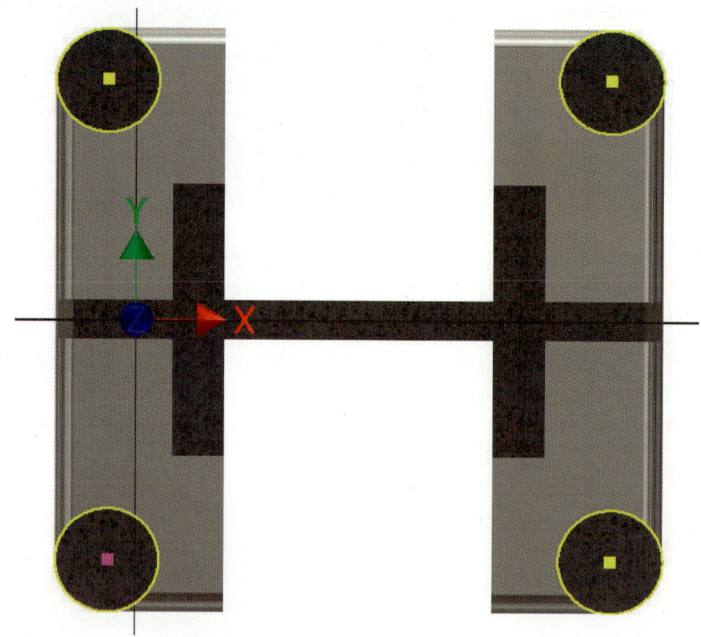

**9** 아래 그림과 같이 구멍 작업을 설정하고 확인한다.

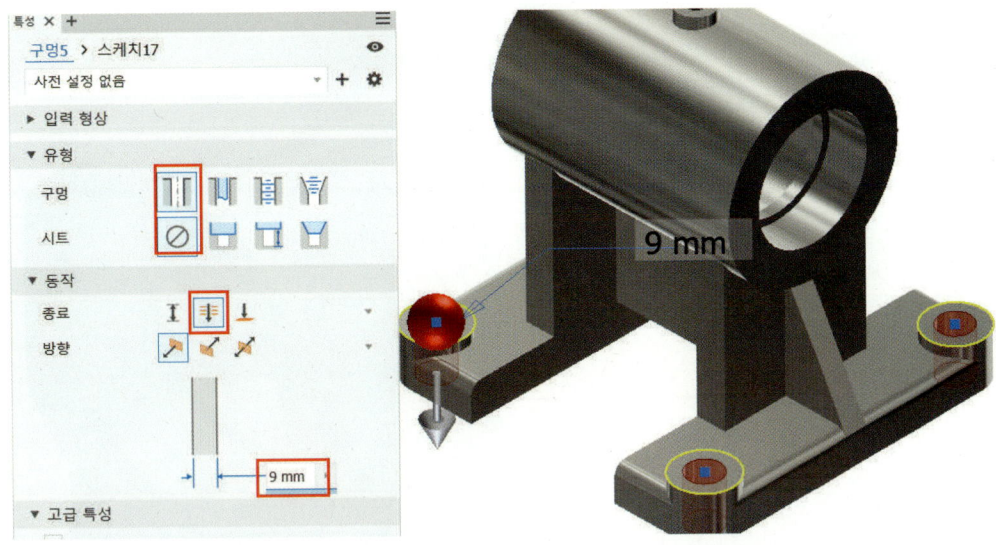

**10** 작업 평면 스케치 작성하고 스케치를 종료한다.

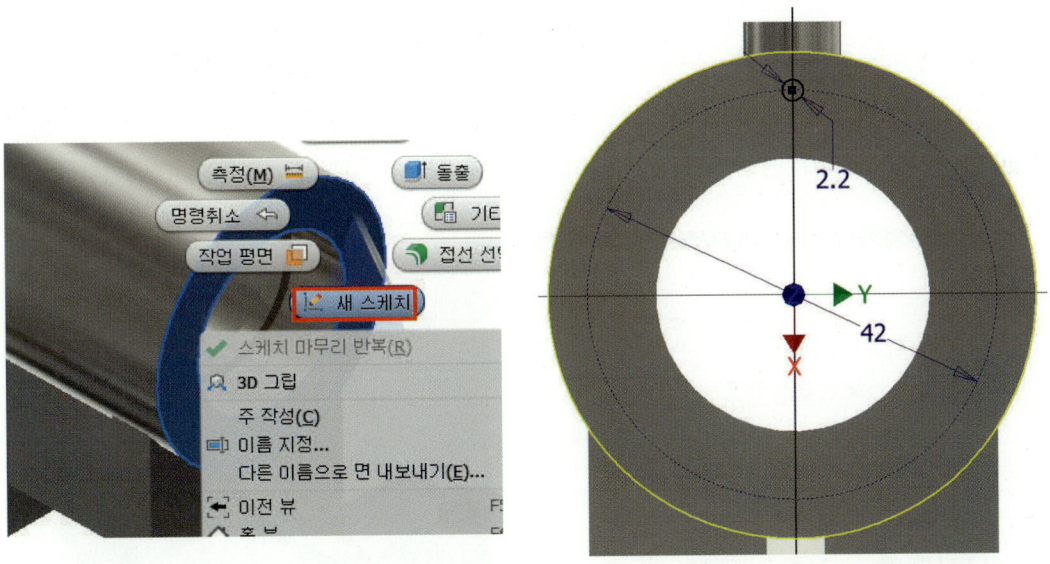

**11** 아래 그림처럼 설정하고 확인을 눌러준다.

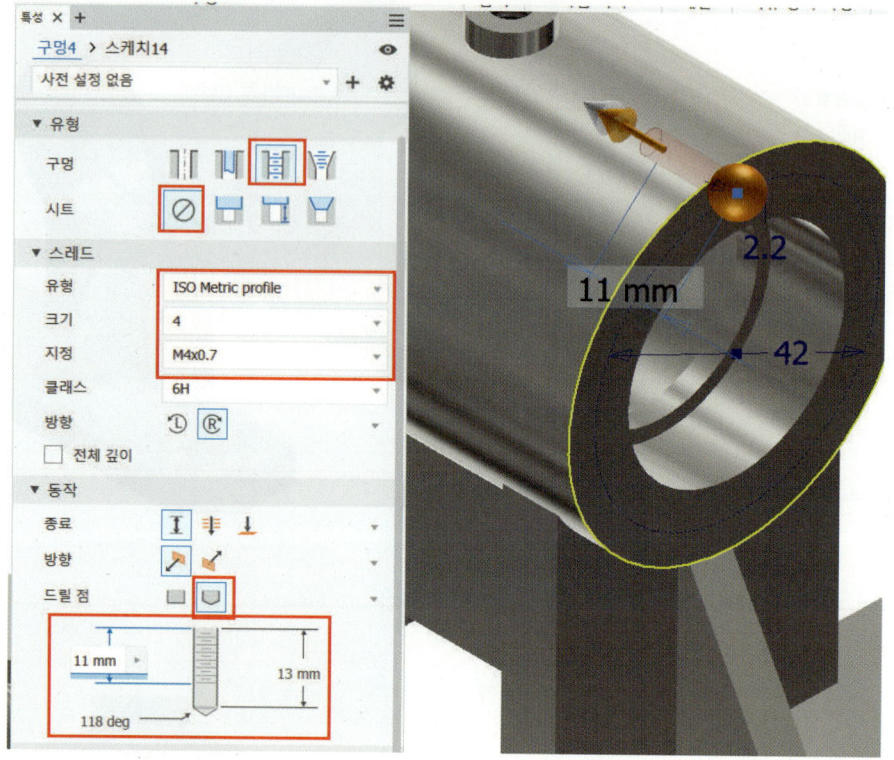

**12** 아래 그림과 같이 원형 패턴을 작성하고 확인한다.

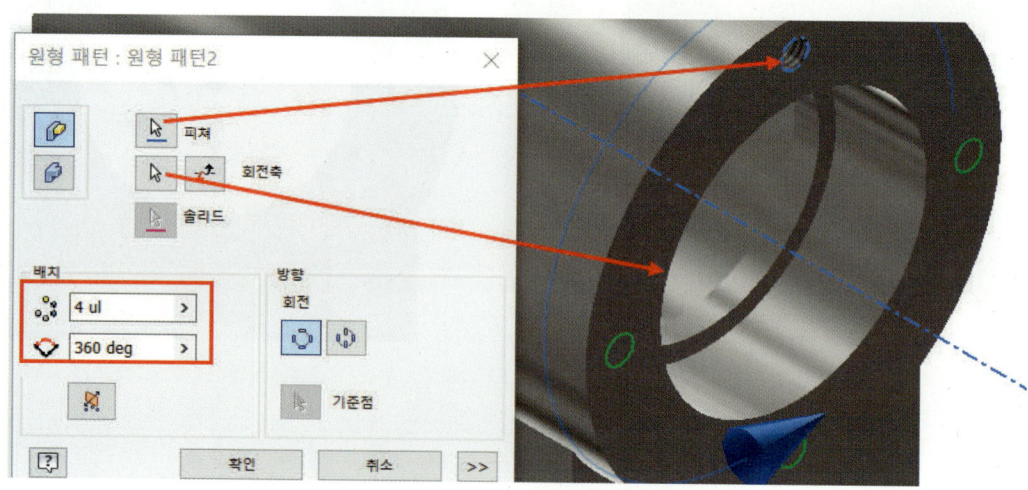

## 7. 대칭 피쳐 작성하기

1. 원형 패턴이 완성이 되었으면 부품 피쳐의 대칭을 선택하고 확인을 누른다. 반대쪽도 탭 피쳐가 나타난 것을 볼 수 있다.

## 8. 모깎기 및 모따기 작성하기 및 완성하기

1. 모깎기와 모따기를 이용하여 아래 그림과 같이 필요한 부분에 모깎기, 모따기를 생성해 준다.

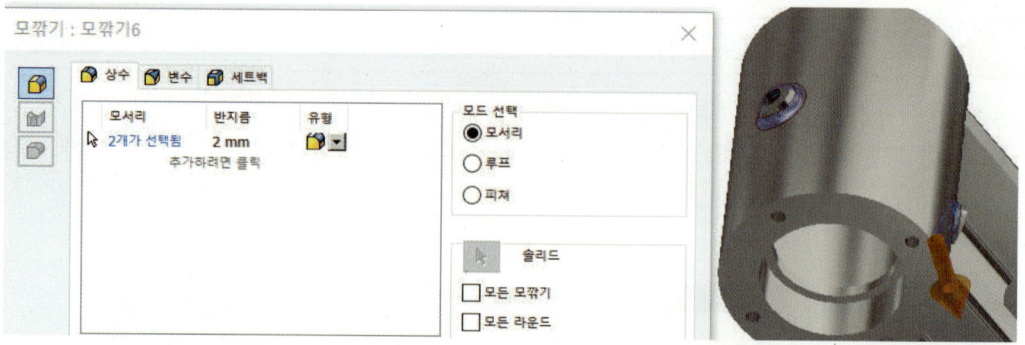

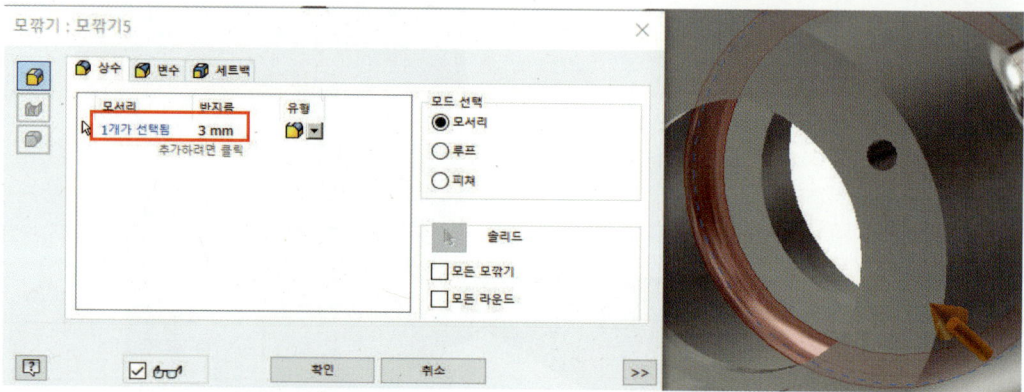

## 📖 10. 본체 따라 하기 1

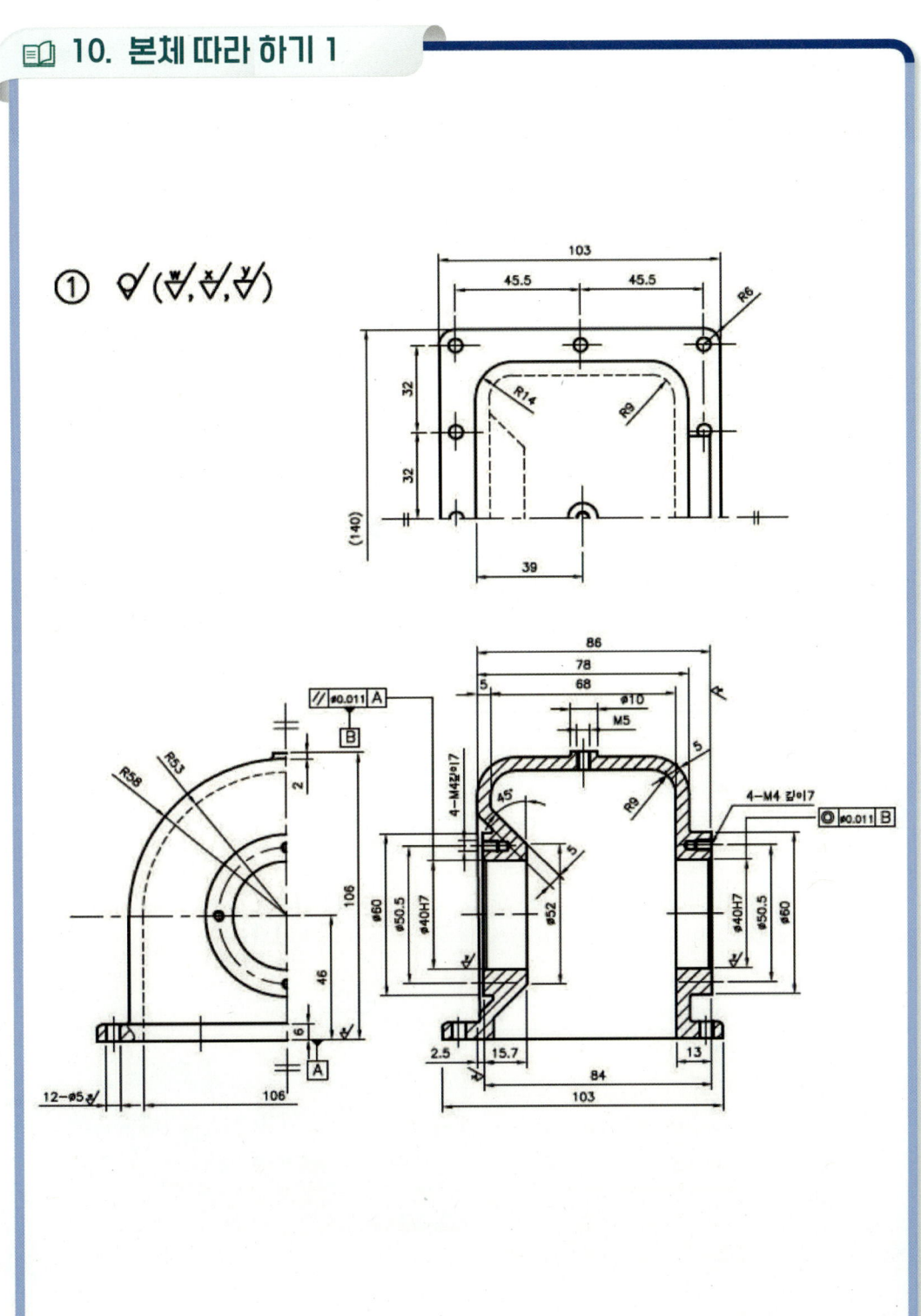

# 1. 회전 작업하기

1. 직사각형 아이콘을 사용하여 대략의 형상을 스케치하고 치수 아이콘을 사용하여 아래와 같이 정확한 치수를 입력한다. 바닥 선은 회전을 위한 중심선으로 변경하고 스케치를 종료한다.

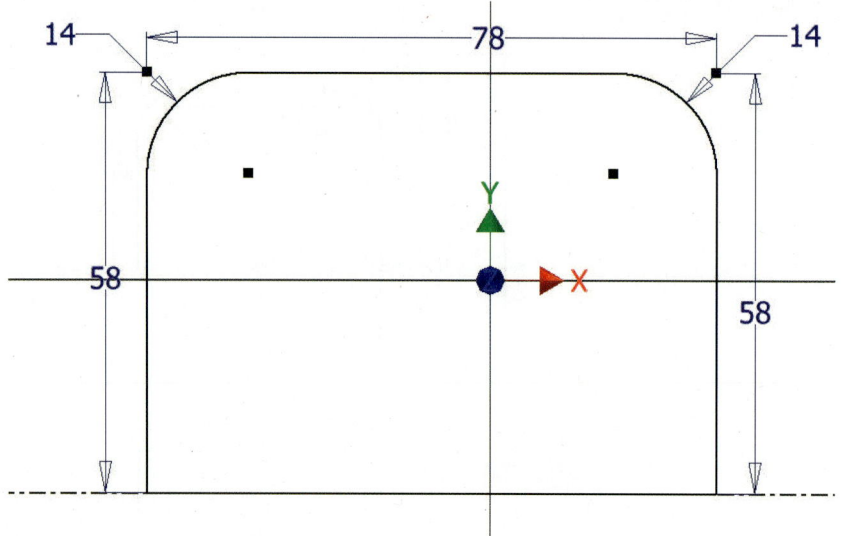

2. 회전 아이콘을 선택한다. 회전(Revolve) 대화상자에서 180을 입력하고 확인을 클릭한다.

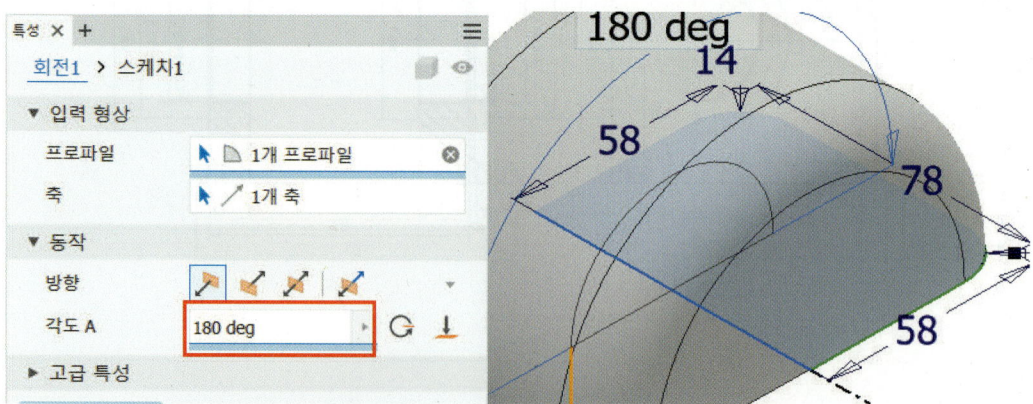

## 2. 돌출 작업하기

**1** 그림처럼 MB3 버튼을 이용하여 새 스케치를 선택한다.

**2** 형상 투영 아이콘을 클릭하여 그림처럼 평면을 선택하여 선을 투영한다.

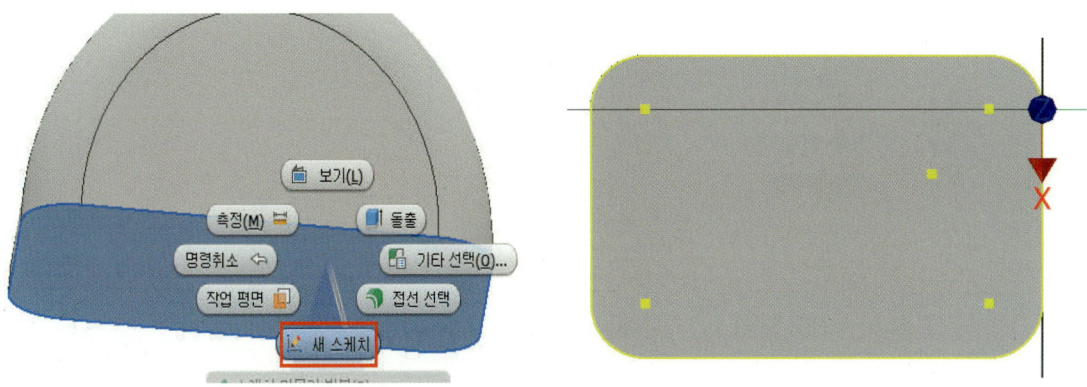

**3** 아래 그림처럼 설정하고 확인한다.

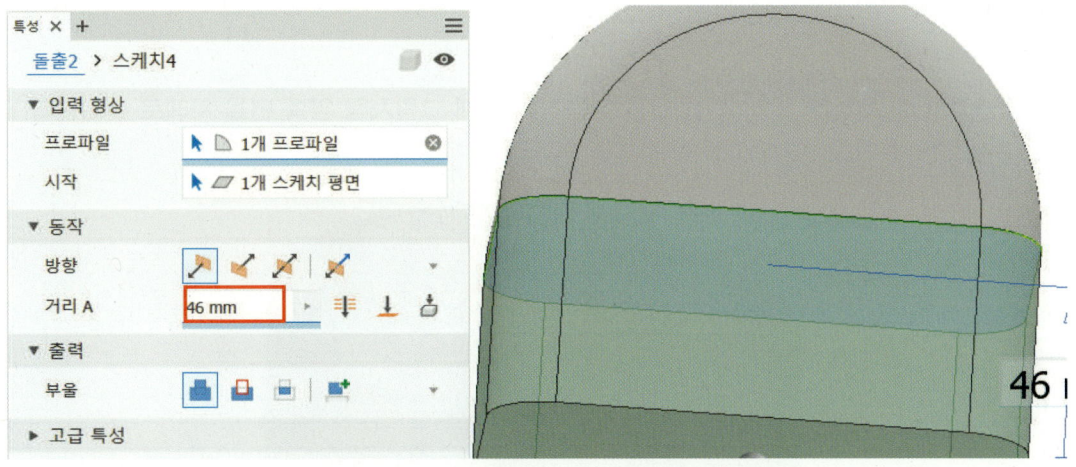

## 3. 쉘 작업하기

① 쉘 아이콘을 이용하여 두께 5mm의 안쪽을 제거하고 확인한다.

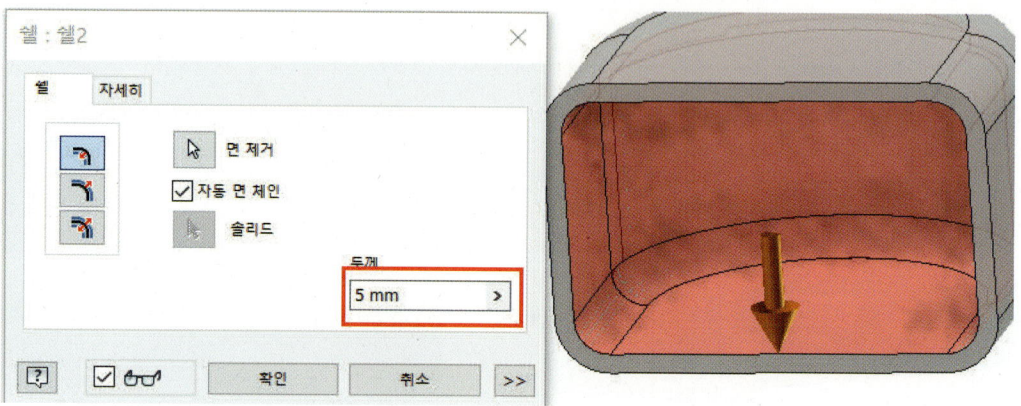

## 4. 회전 작업하기

① 평면에서 두 평면 사이의 중간평면 을 이용하여 아래 그림처럼 양쪽 면을 차례로 선택한다.

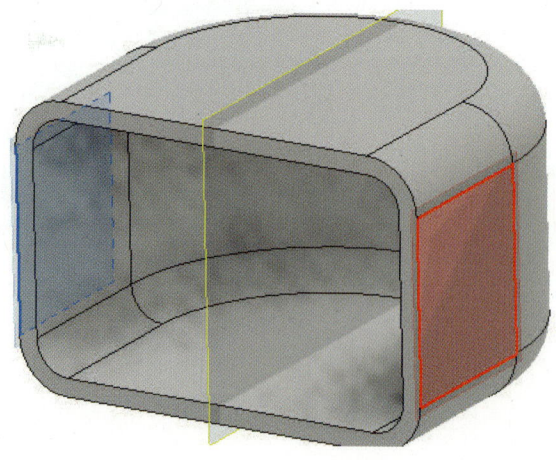

2 생성된 작업 평면을 이용하여 마우스 오른쪽 버튼을 선택하여 새 스케치 작업을 선택한다.

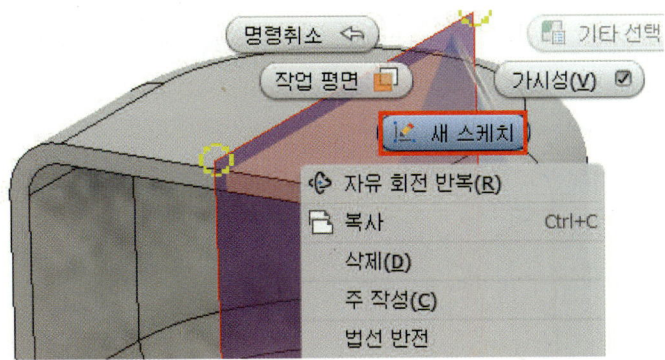

3 뷰에서 비주얼 스타일에서 와이어 프레임을 선택하고 아래 그림처럼 스케치하고 종료한다.

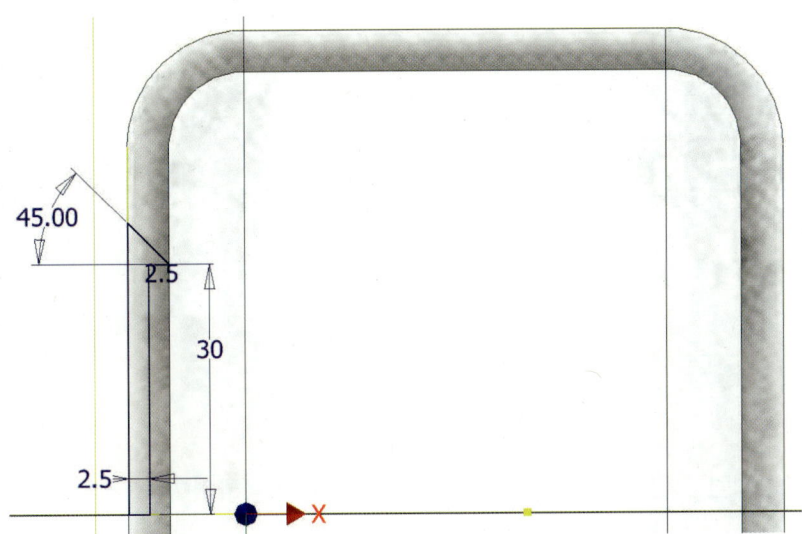

4 아래 그림처럼 회전을 선택하여 전체를 제거한다.

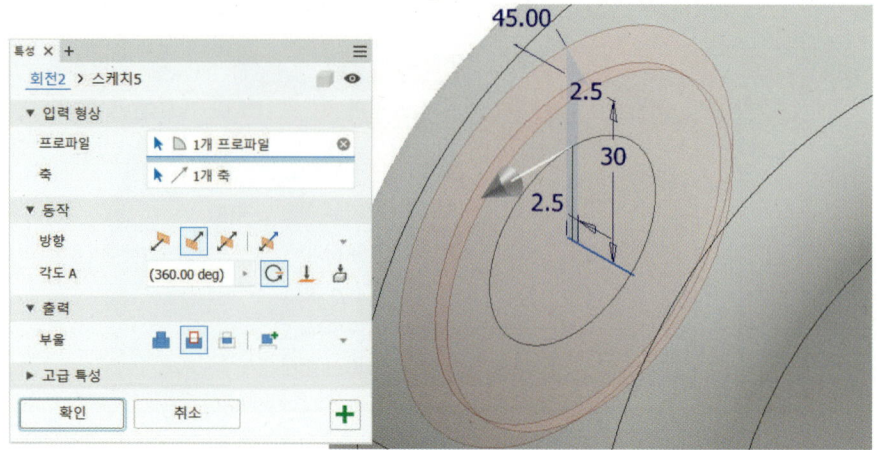

5 모깎기를 선택하고 바깥쪽 모서리는 2mm, 안쪽은 0.5mm로 반지름을 부여하고 확인한다.

6 아래 그림처럼 작업 평면을 선택하고 MB3 버튼을 이용하여 새 스케치를 선택한다.

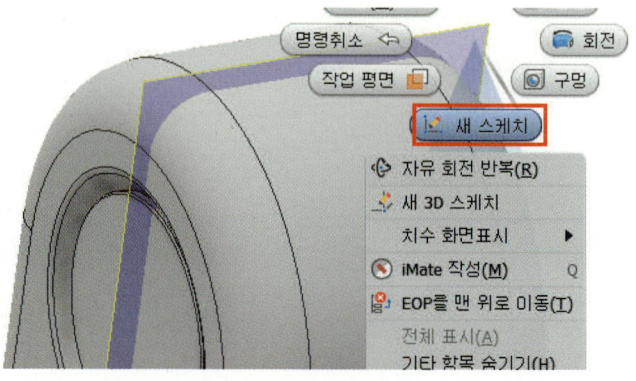

**7** 형상 투영 아이콘을 선택하고 그림에서 화살표 부위 선을 투영한 후 아래 그림과 같이 스케치와 치수기입을 하고 스케치를 종료한다. (뷰에서 와이어프레임으로 설정한다.)

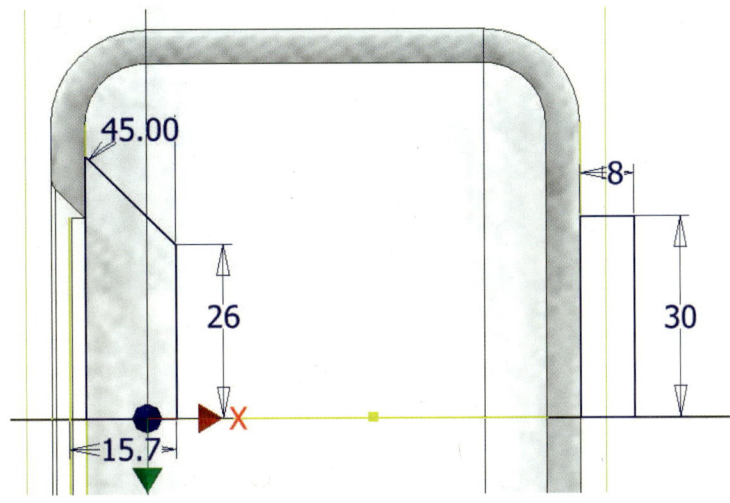

**8** 작성 탭에서 회전 아이콘을 이용하여 아래 그림처럼 전체를 회전하고 확인한다.

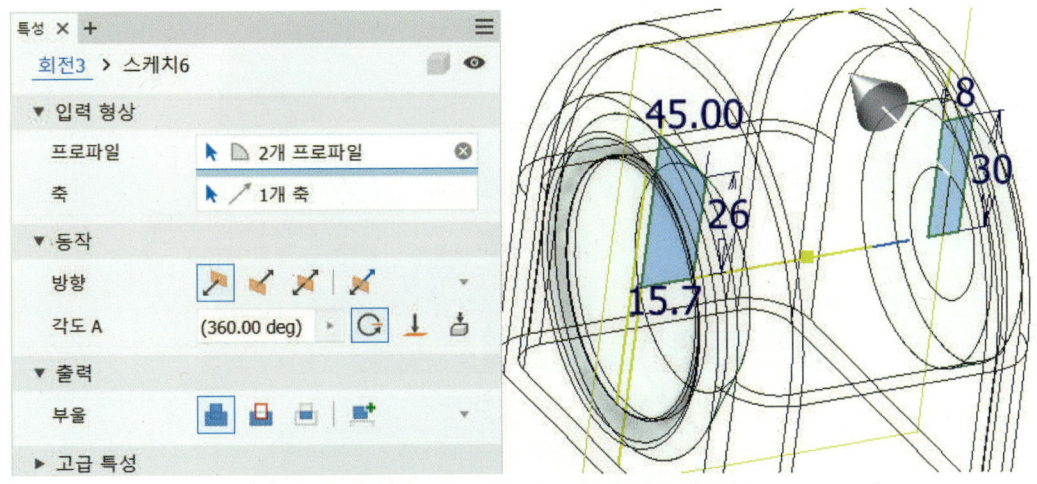

CHAPTER 4 3D 형상 솔리드 모델링 따라 하기

🟥9 모깎기 아이콘을 이용하여 아래 그림처럼 모서리 3군데를 라운드 작업을 한다.

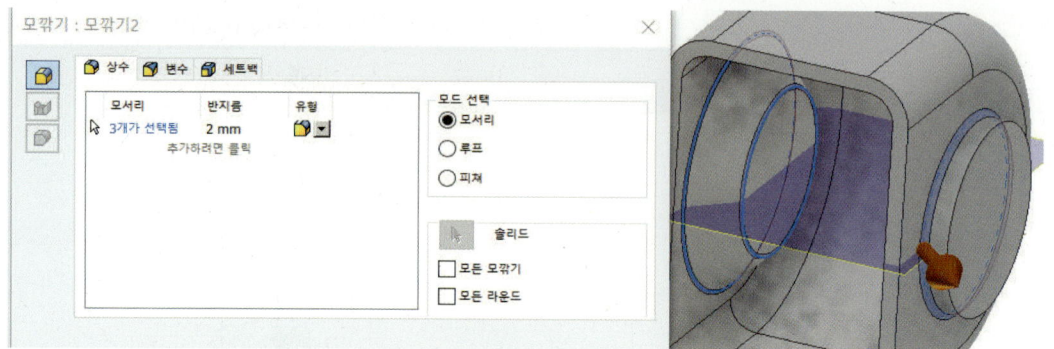

## 5. 돌출 제거 작업하기

🟥1 그림처럼 평면을 선택하고 MB3 버튼을 이용하여 새 스케치를 선택한다. 아래 그림처럼 스케치 작업하고 스케치를 종료한다.

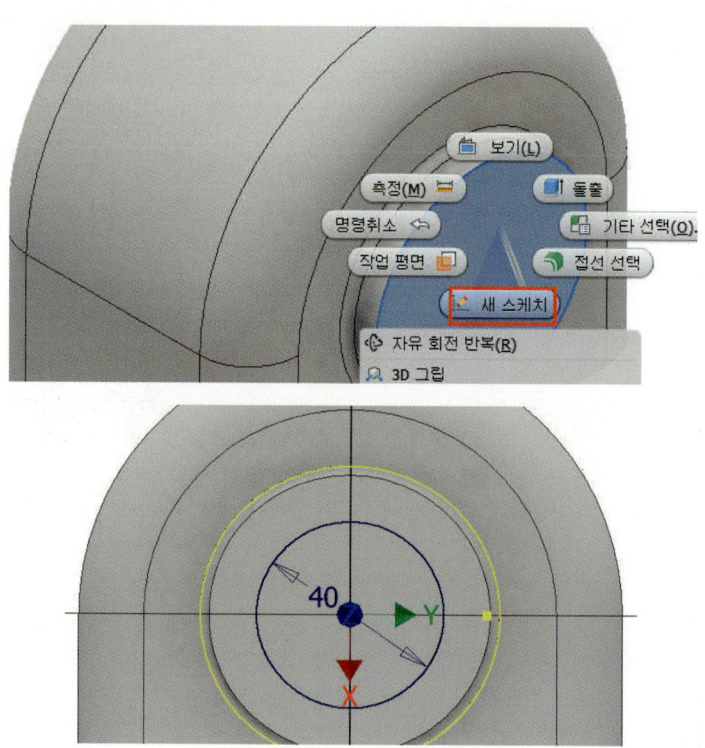

2 작성에서 돌출 아이콘을 이용하여 아래 그림처럼 전체를 제거하고 확인한다.

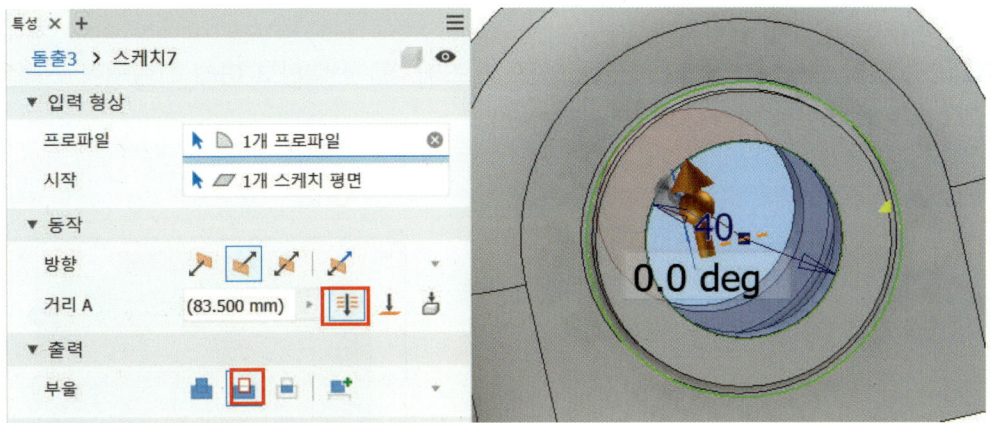

3 모깎기 아이콘을 이용하여 아래 그림처럼 모서리 4군데를 라운드 작업을 한다.

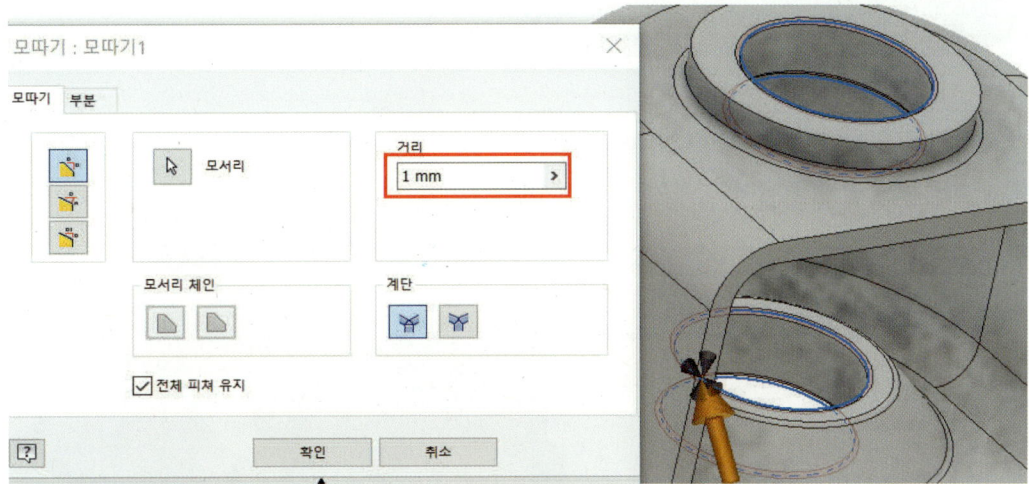

## 6. 돌출 결합 작업하기

**1** 바닥 면을 선택하고 MB3 버튼을 이용 새 스케치를 선택하고 아래 그림처럼 스케치와 치수기입을 작업을 하고 스케치를 종료한다.

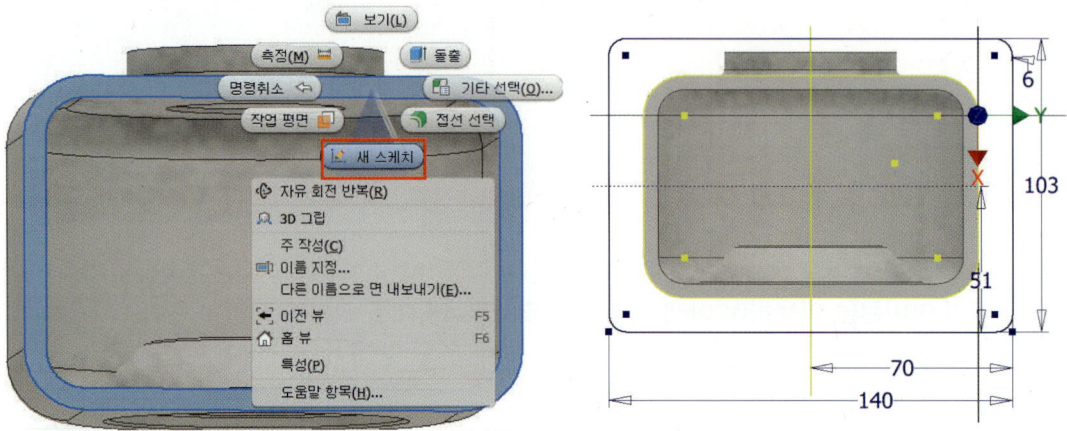

**2** 아래 그림처럼 바닥 면을 6mm로 돌출 결합하고 확인한다.

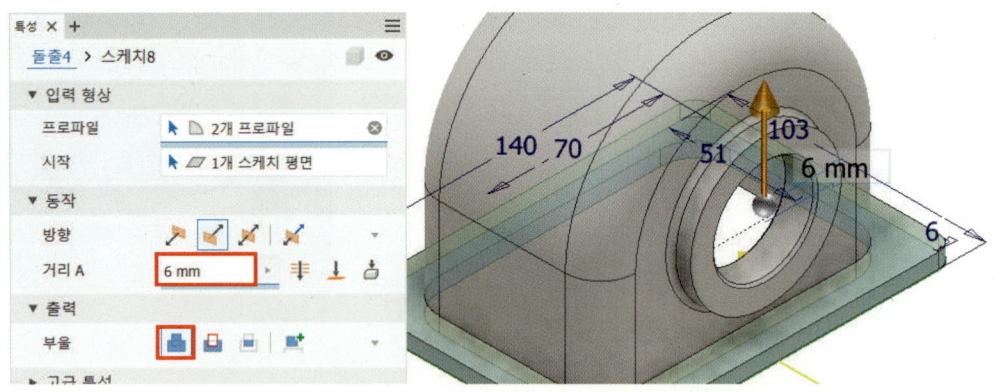

## 7. 바닥 면 구멍 작업하기

**1** 아래 그림처럼 새 스케치를 선택한다.

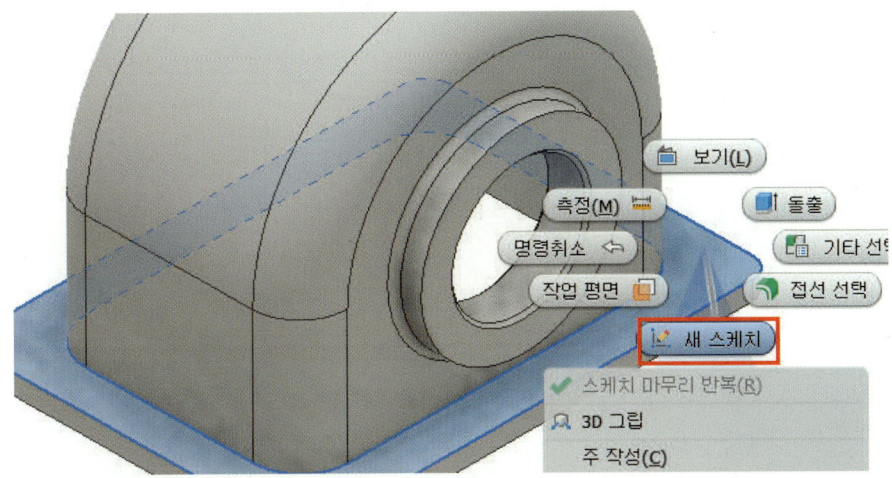

**2** 점 아이콘을 선택하여 위치를 선택하고 치수기입을 한 후 스케치를 종료한다.

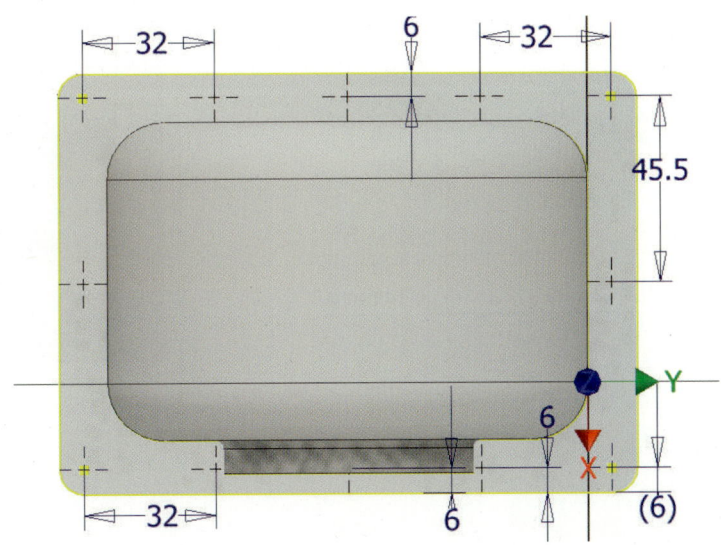

**3** 구멍 아이콘을 선택하여 6mm를 입력 후 전체 관통으로 확인한다.

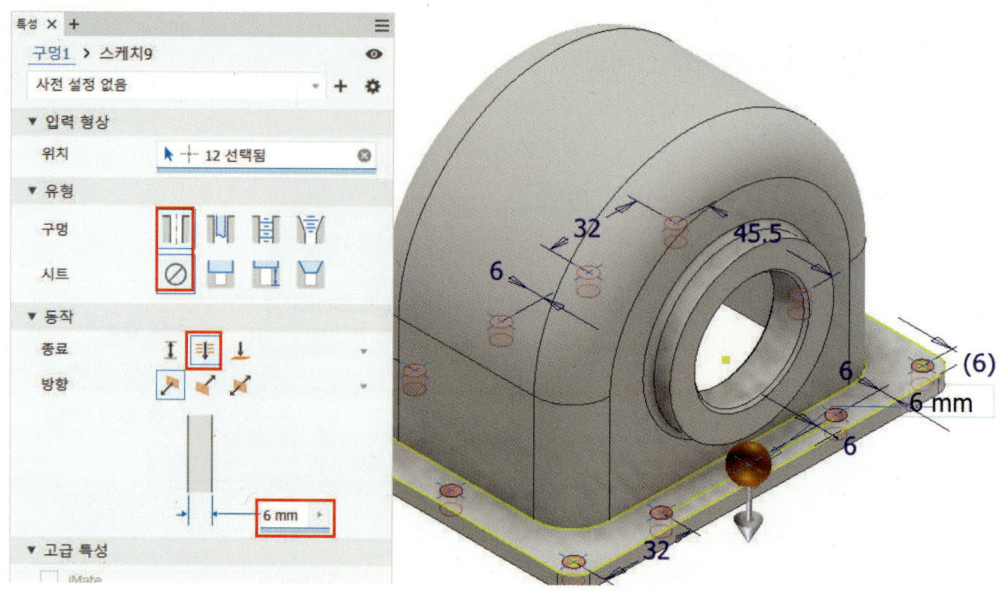

**4** 아래 그림처럼 모깎기 1mm를 입력하고 모서리를 선택한 후 확인한다.

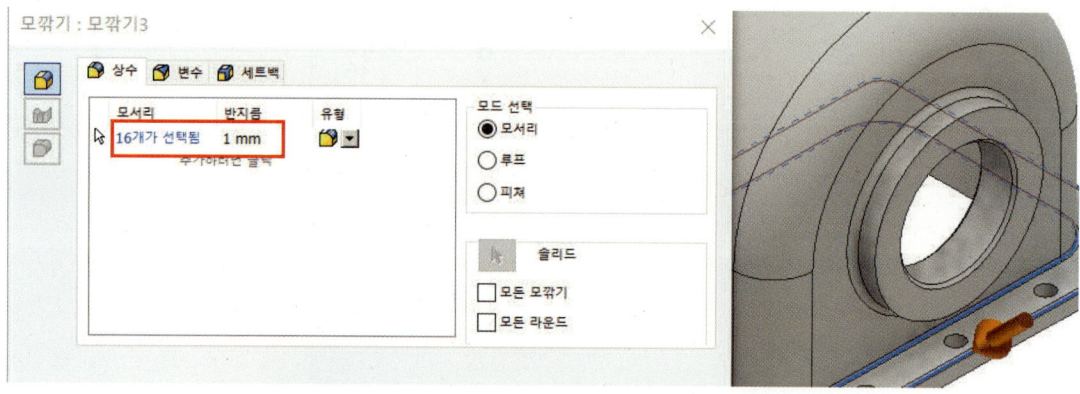

## 8. 구멍 탭 작업하기

1 아래 그림처럼 모형에서 작업 평면을 선택하고 MB3 버튼을 누르고 새 스케치를 선택한다.

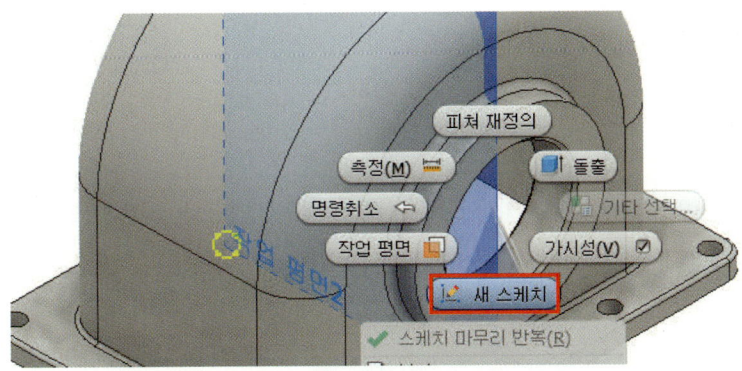

2 MB3 버튼을 이용하여 그래픽 슬라이스를 선택하고 형상 투영을 한 후 아래 그림처럼 스케치하고 종료한다.

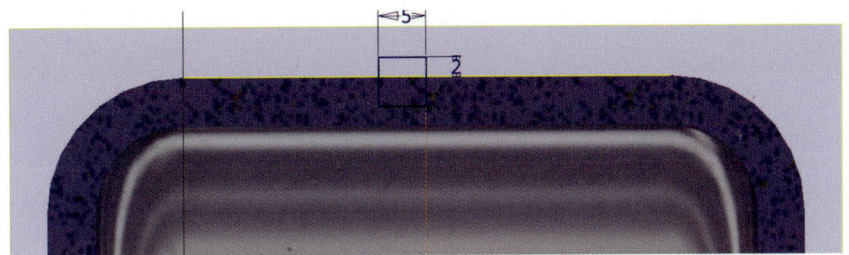

3 그림처럼 전체를 회전 결합하고 확인한다.

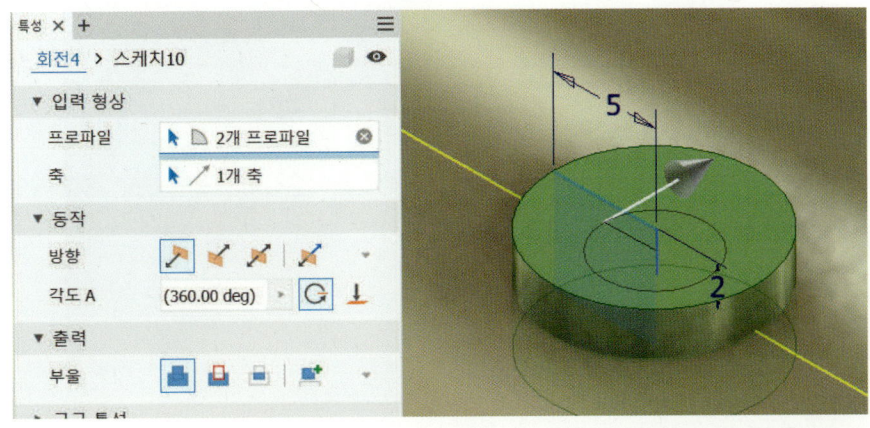

CHAPTER 4 3D 형상 솔리드 모델링 따라 하기

4 모깎기 아이콘을 선택하고 1mm 라운드 작업을 한다.

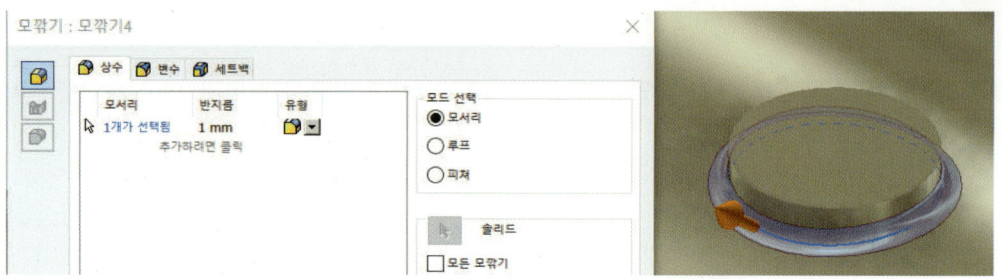

5 그림처럼 윗면을 선택하고 마우스 오른쪽 버튼을 이용 새 스케치를 선택한다. 형상 투영하고 중앙 중심에 점을 표시하고 스케치를 종료한다.

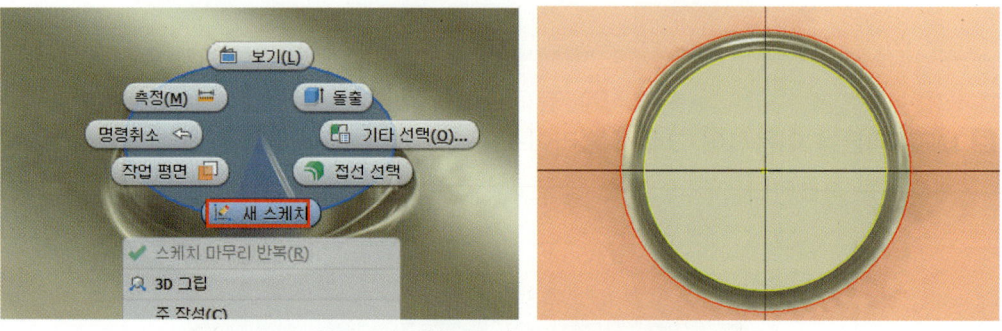

6 구멍을 선택하여 아래 그림과 같이 설정하고 탭 작업을 확인한다.

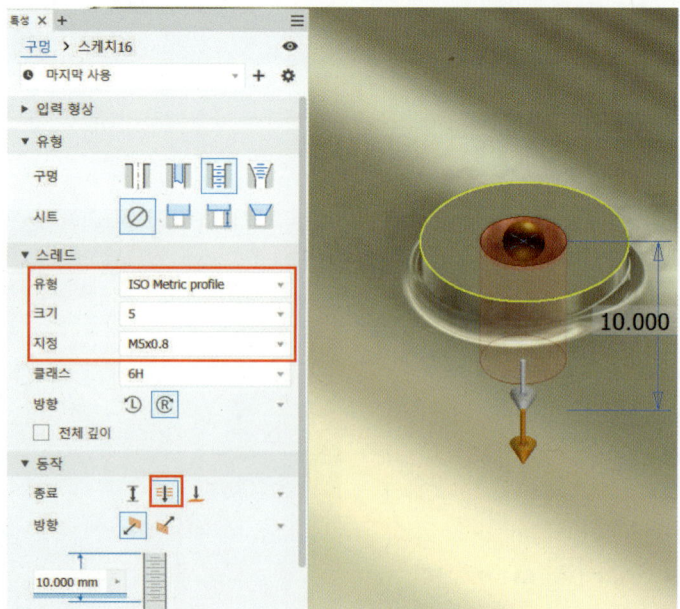

**7** 그림처럼 작업 평면을 선택하고 MB3 선택 후 새 스케치를 선택한다.

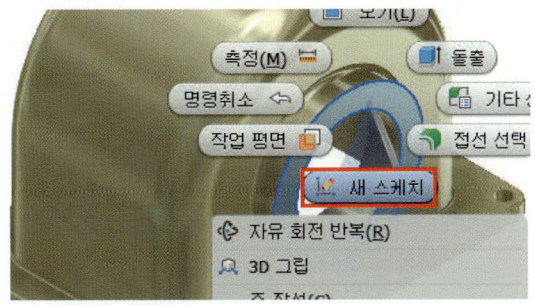

**8** 아래 그림처럼 스케치와 치수기입을 하고 점을 클릭하고(원 안에) 스케치를 종료한다.

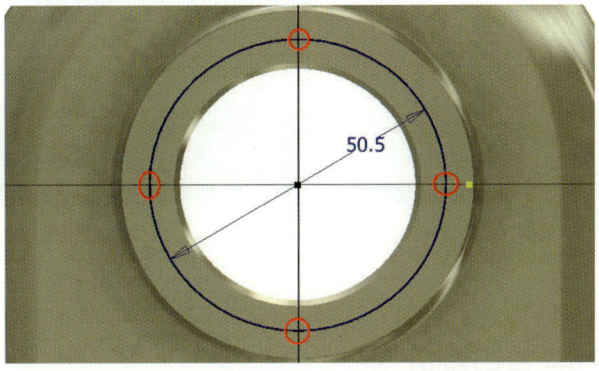

**9** 구멍을 선택하여 아래 그림과 같이 설정하고 탭 작업을 확인한다.

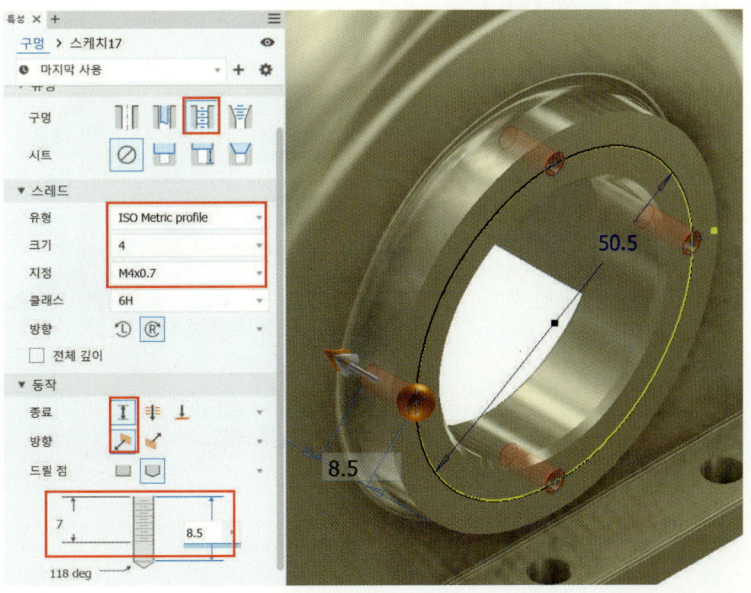

CHAPTER 4  3D 형상 솔리드 모델링 따라 하기   247

## 9. 미러 작업하기

① 피쳐에서 나사구멍을 선택하고, 반대쪽 면에 대칭으로 복사하기 위해서 미러 평면은 가운데 작업 평면을 선택하고 확인한다.

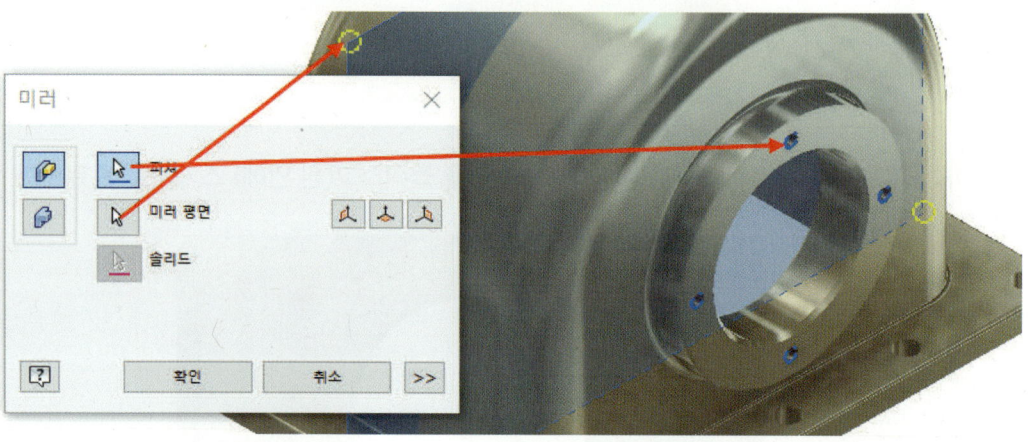

## 10. 한쪽 단면도 작성하기

① 그림처럼 새 스케치를 선택한다.

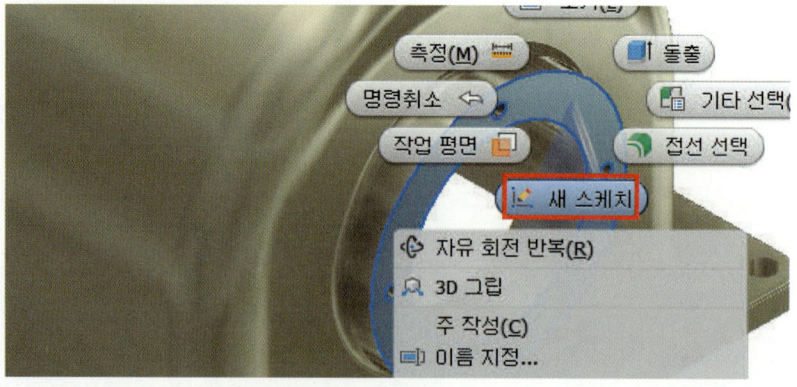

**2** 스케치에서 기준 축을 중심으로 1/4 스케치한다.

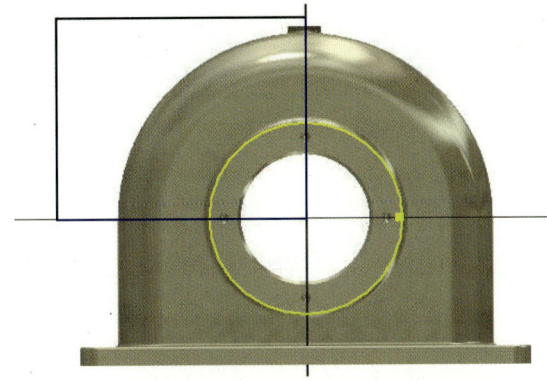

**3** 돌출 아이콘을 선택하고, 아래의 그림의 돌출 대화상자처럼 설정한 후 확인하고 돌출을 제거한다.

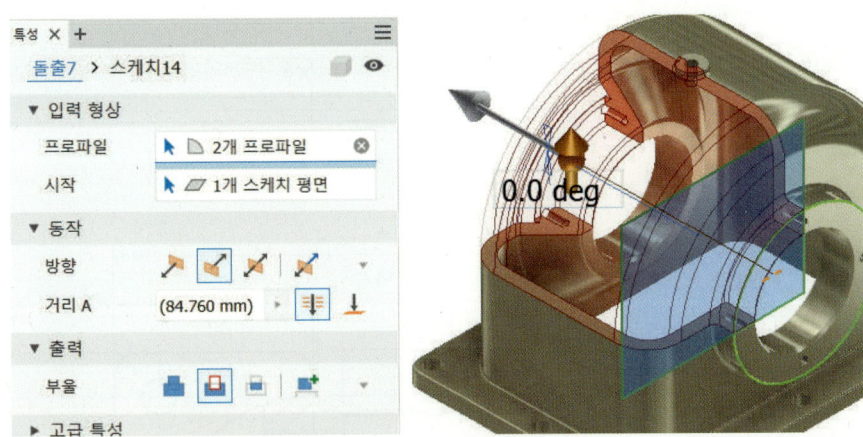

**4** 아래 그림처럼 완성된 본체 형상을 확인하여 완성한다.

CHAPTER 4  3D 형상 솔리드 모델링 따라 하기

## 11. 본체 따라 하기 2

## 1. 본체 형상 기본 2D 스케치 작성 및 돌출 작업하기

**1** 선 아이콘을 사용하여 대략의 형상을 스케치하고, 치수 아이콘을 사용하여 아래와 같이 정확한 치수를 입력한 후 스케치를 종료한다. 중심선은 구성선으로 변경한다.

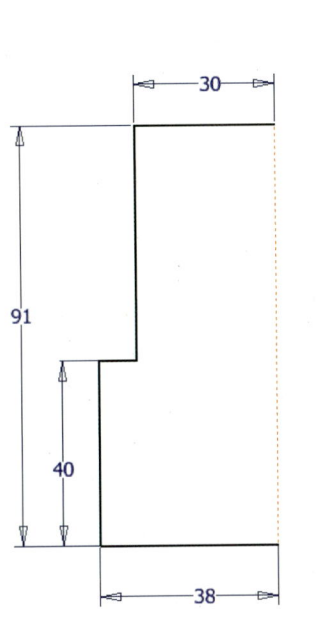 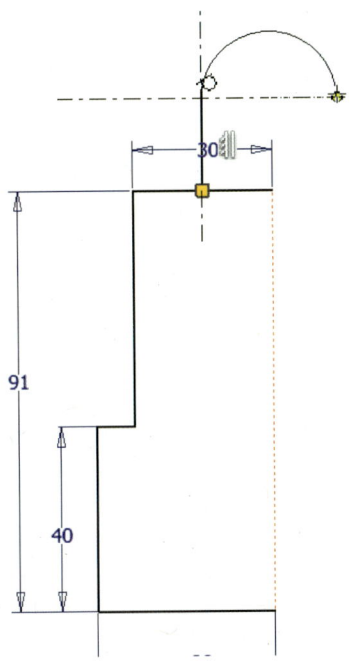

**2** 미러 아이콘을 이용하여 선택 모드에서 모든 스케치 선을 선택하고, 대칭선 모드는 구성선을 클릭한다.

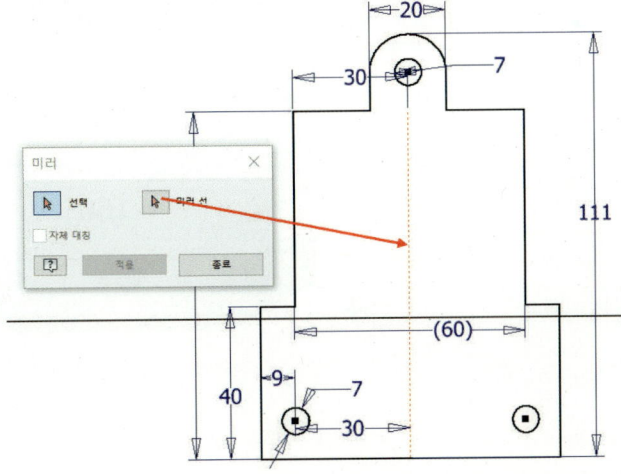

**3** 원 아이콘을 이용하여 스케치와 치수기입을 하고, 아래 그림처럼 대칭을 이용하여 원을 아래와 같이 적용하고 스케치를 마무리한다.

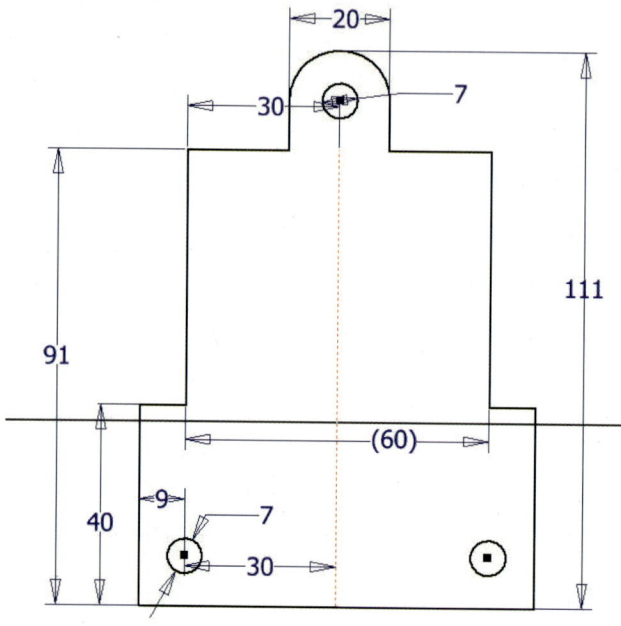

**4** 돌출 아이콘을 이용하여 아래 그림처럼 10mm를 입력하고 적용한다.

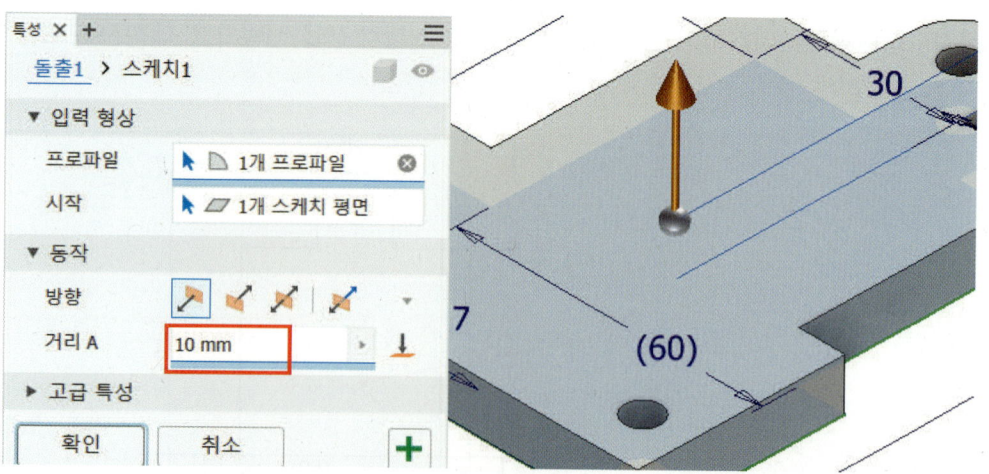

## 2. 돌출 및 구멍 작업하기

**1** 아래 그림처럼 면을 선택하고 MB3 버튼을 이용 새 스케치를 클릭한다.

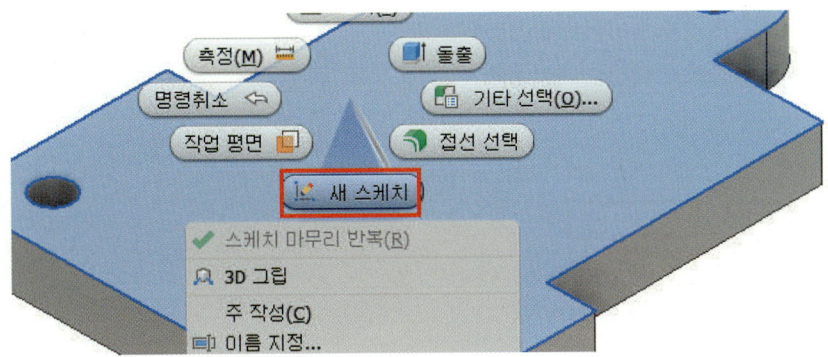

**2** 그림처럼 형상을 투영하고 3점 호를 이용하여 스케치하고 종료한다.

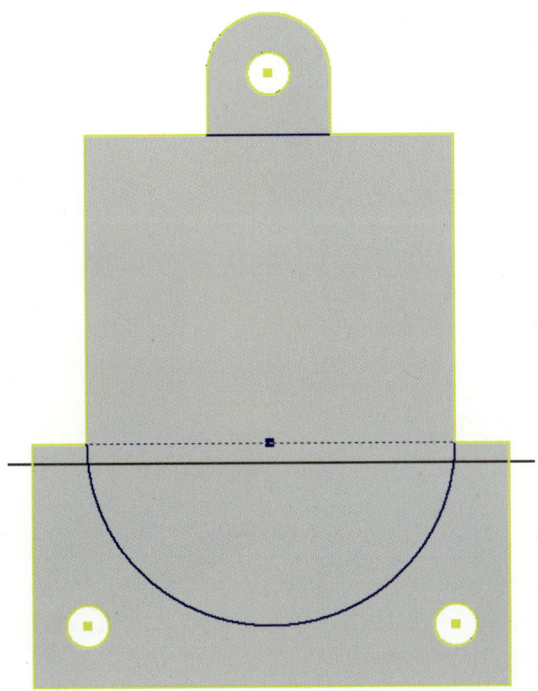

**3** 돌출 아이콘을 이용하여 거리 60을 입력 후 결합으로 확인한다.

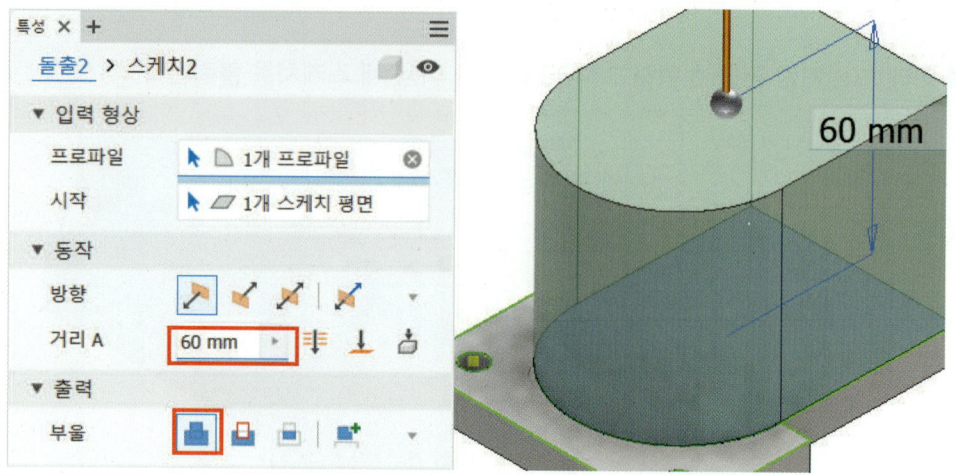

**4** 구멍을 이용하여 동심으로 모서리를 선택하고 전체 관통으로 30mm를 입력하고 확인한다.

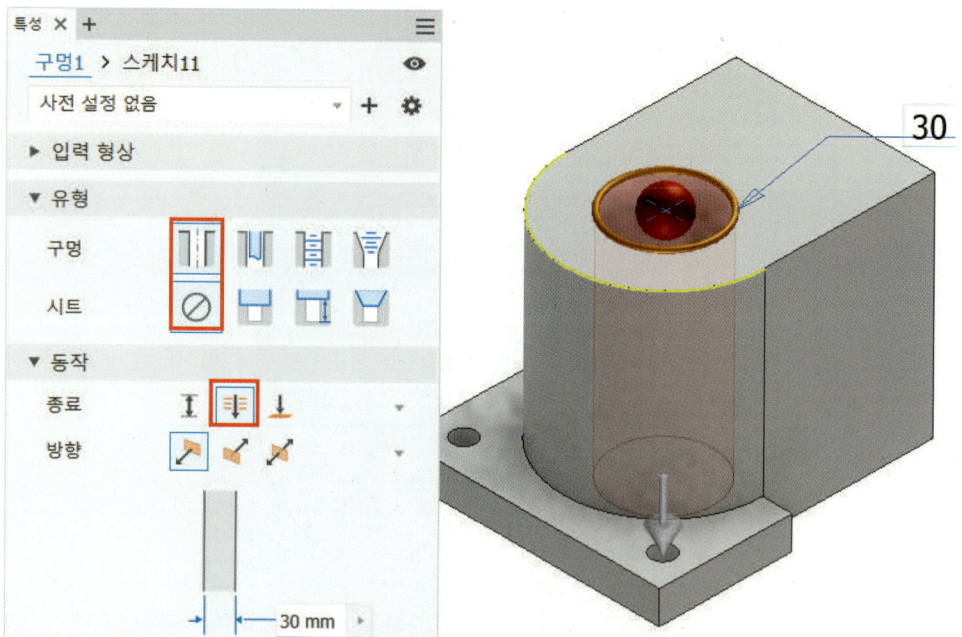

5 모깎기 아이콘을 이용하여 라운드 25를 입력한 후 모서리를 선택하고 확인한다.

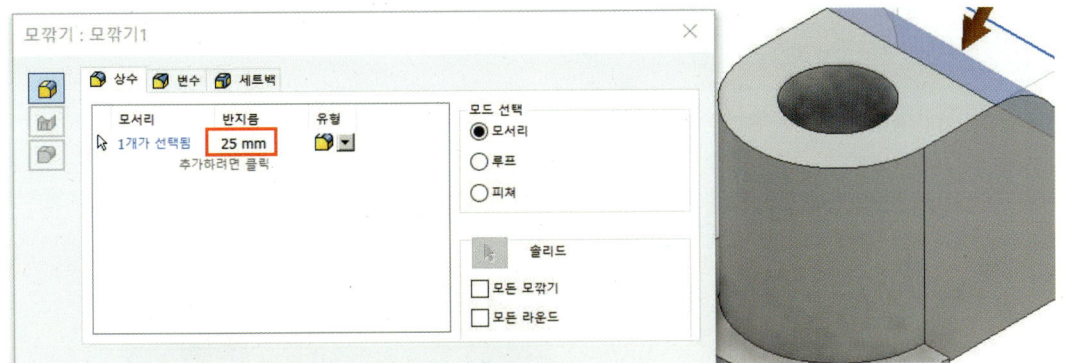

## 3. 구멍 작업 및 모깎기 작업하기

1 아래 그림처럼 새 스케치를 선택한다.

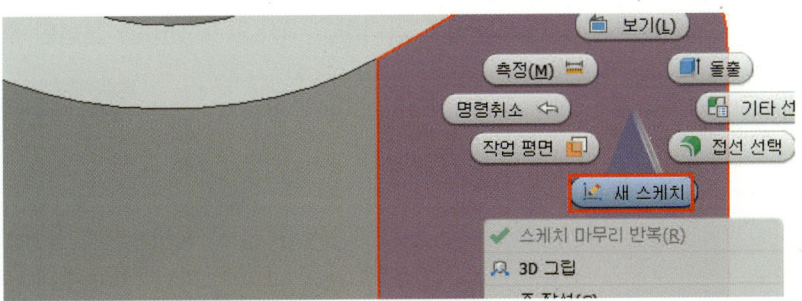

2 그림처럼 형상을 투영하고, 점 아이콘의 위치를 선택하고, 치수기입을 한 후 종료한다.

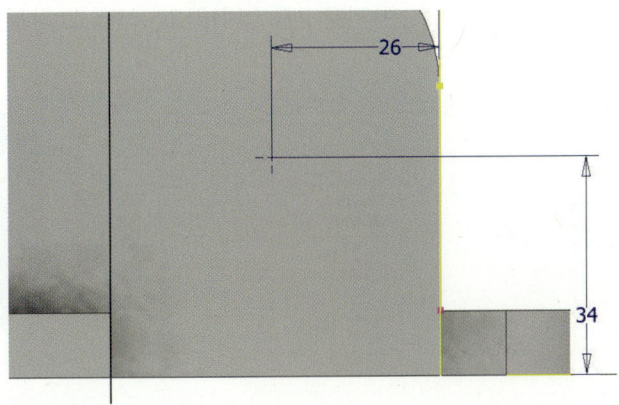

3 구멍 아이콘을 선택하고, 카운터 보어를 선택하고, 아래와 같이 치수기입 후 확인한다.

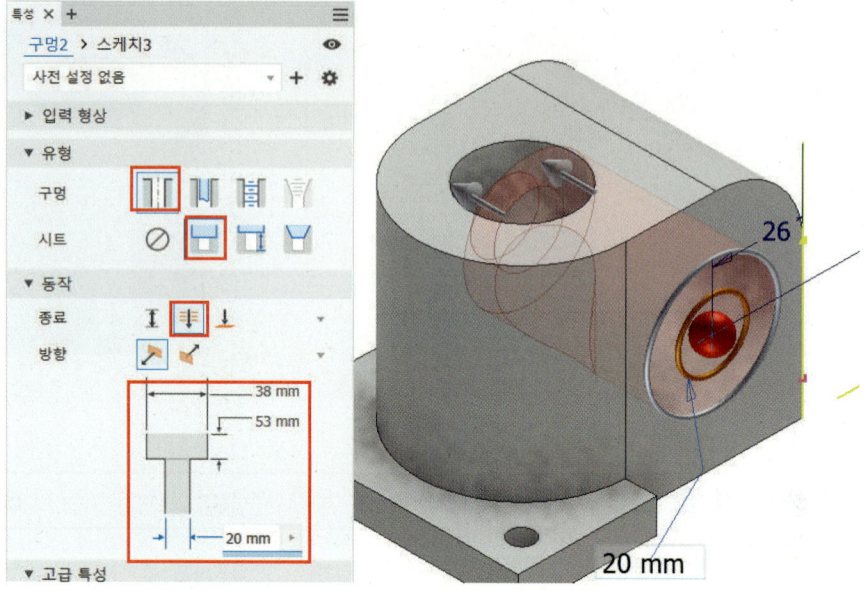

4 모깎기 아이콘을 선택하고, 반지름 5를 입력하고, 4개의 모서리를 선택한 후 확인한다.

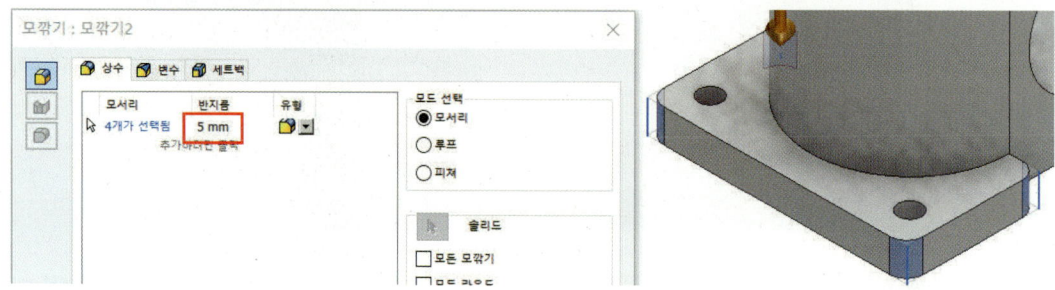

5 다시 모깎기 아이콘을 선택하고, 반지름 2를 입력하고, 아래 그림처럼 모서리를 선택한 후 확인한다.

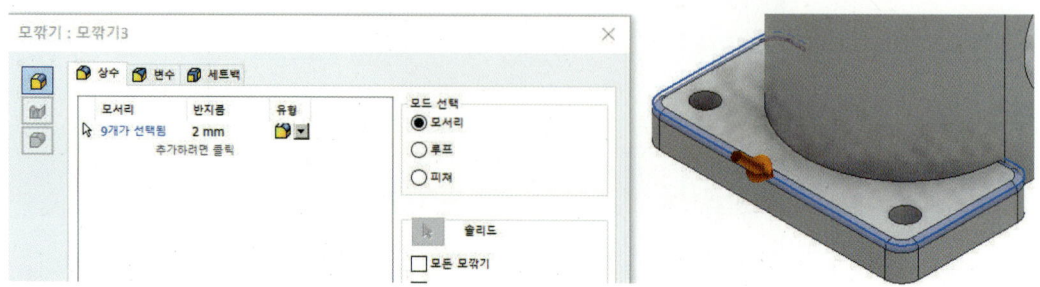

6 같은 방법으로 아래 그림처럼 모서리를 선택하고 확인한다.

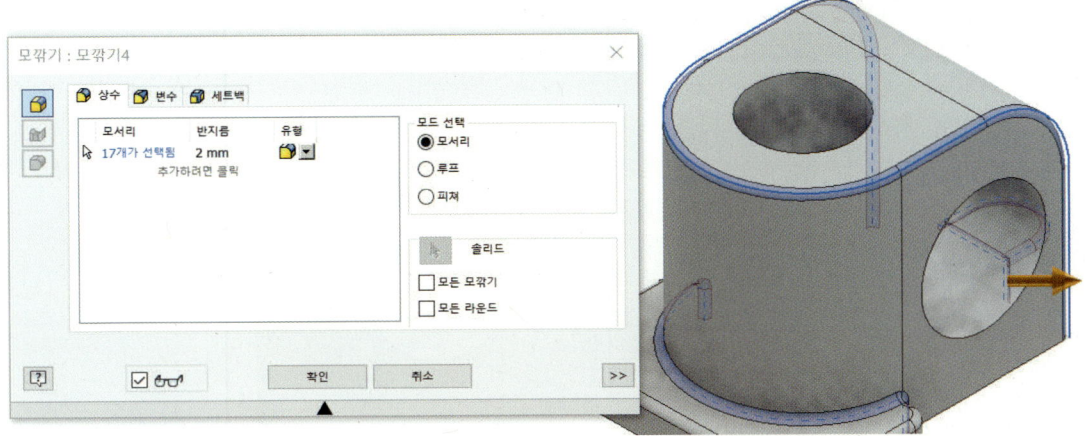

## 4. 돌출 제거 작업하기

1 아래 그림처럼 새 스케치를 선택한다.

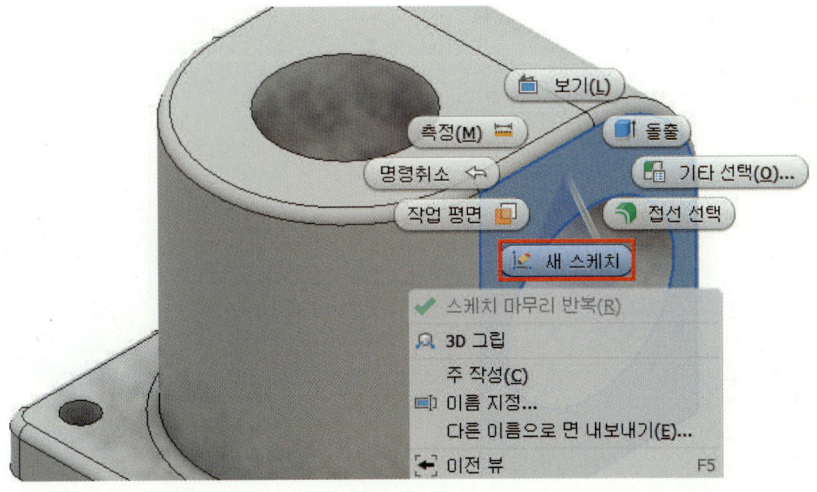

**2** 아래 그림처럼 형상 투영한 후 직사각형 아이콘을 이용하여 스케치하고 종료한다.

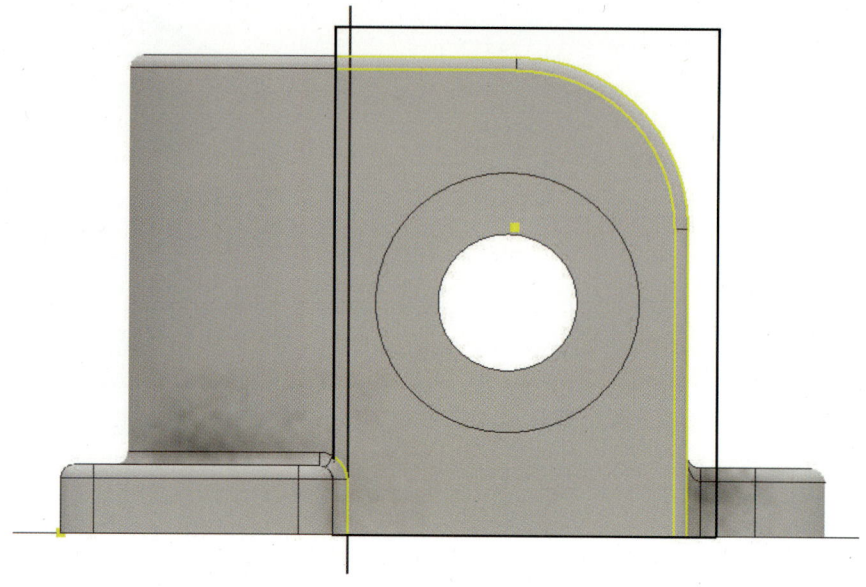

**3** 돌출 아이콘을 이용하여 거리 6을 입력 후 제거 및 양쪽으로 설정하고 확인한다.

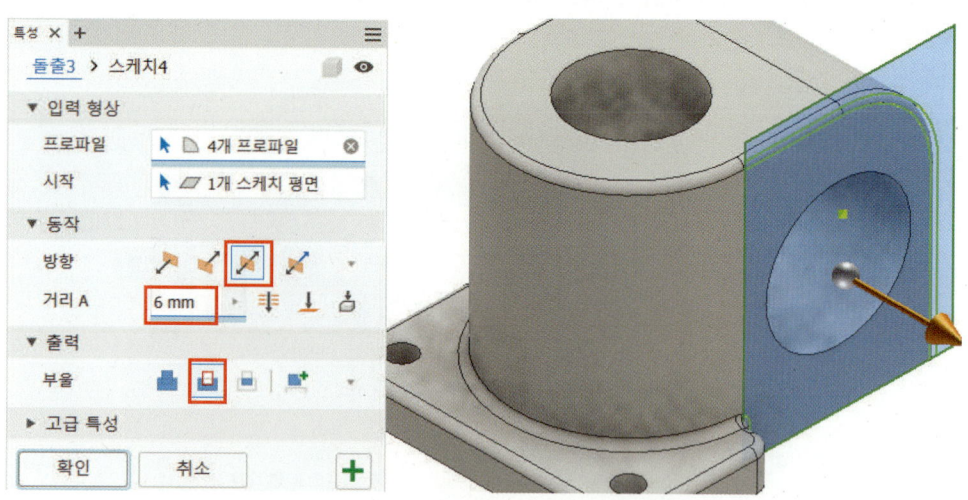

4 아래 그림처럼 새 스케치를 선택한다.

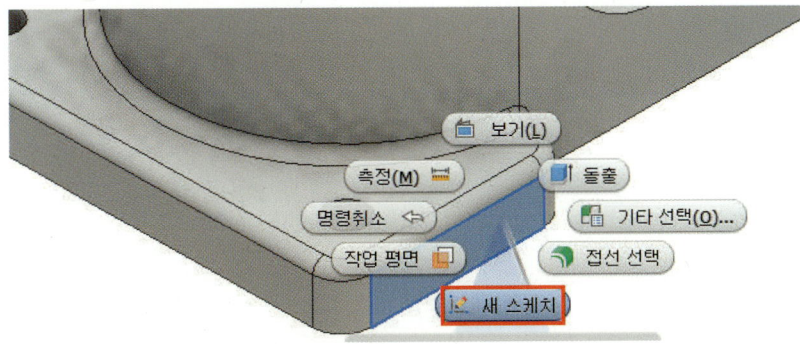

5 그림처럼 형상 투영 후 직사각형 아이콘을 이용하여 스케치 및 치수기입하고 종료한다.

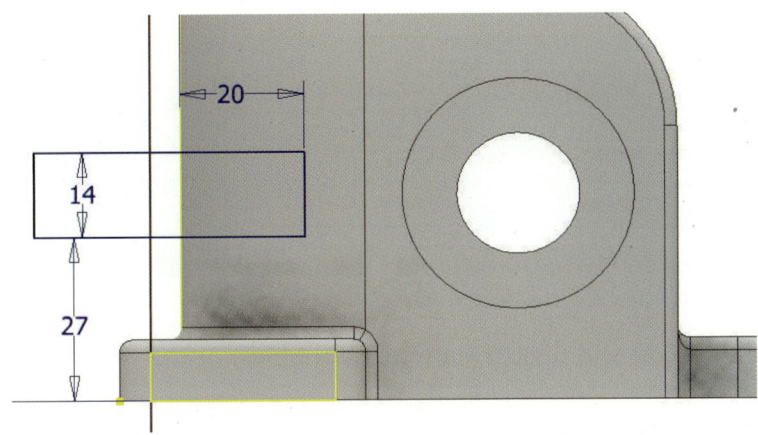

6 돌출 아이콘을 이용하여 전체를 제거하고 확인한다.

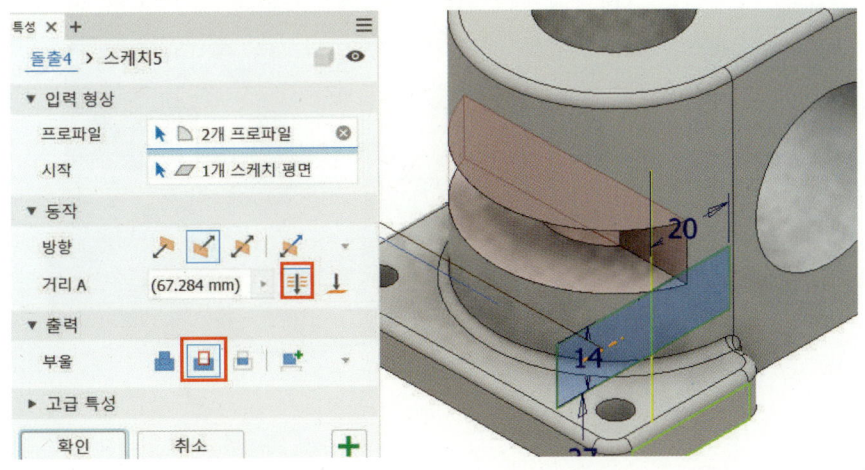

## 5. 구멍 탭 작업하기

**1** 아래 그림처럼 새 스케치를 선택한다.

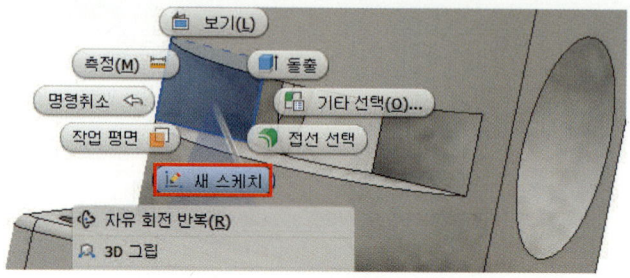

**2** 원 아이콘을 이용하여 아래 그림처럼 스케치와 치수를 입력한 후 종료한다.

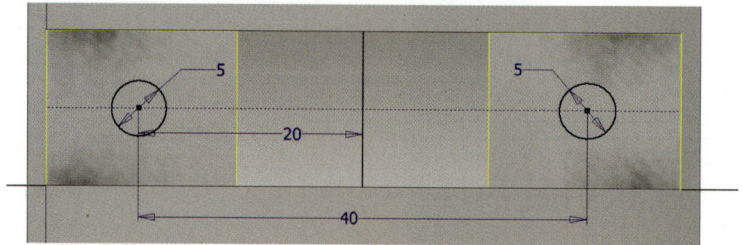

**3** 구멍 아이콘을 이용하여 아래 그림 설정과 같이 M5 탭 작업을 확인한다.

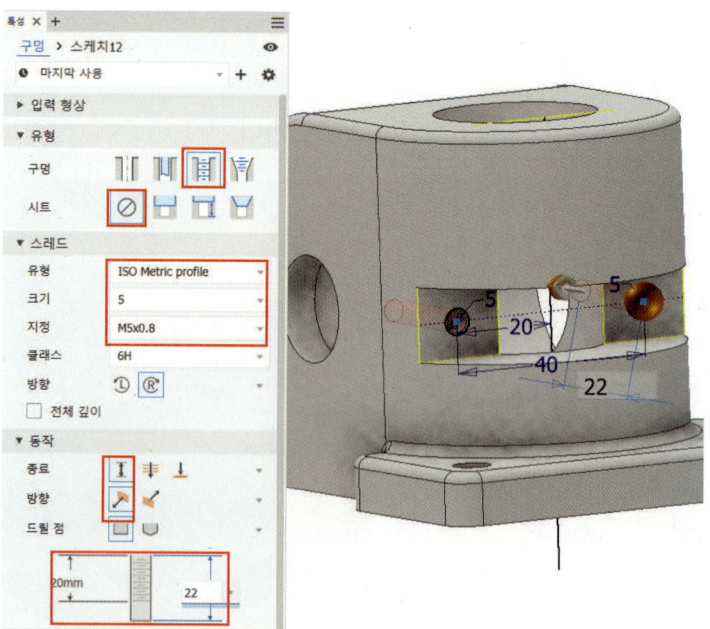

**4** 아래 그림처럼 새 스케치를 선택한다.

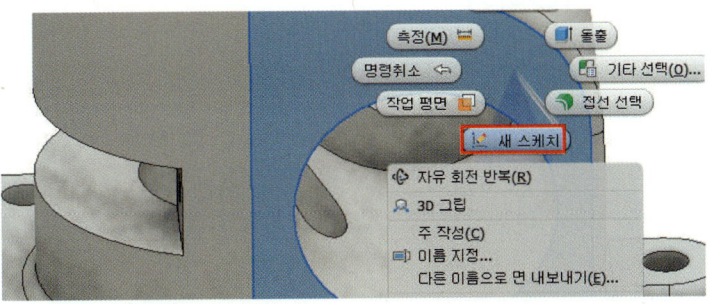

**5** 아래 그림처럼 형상을 투영하고, 중심선은 구성선으로 바꾸고, 원 스케치와 치수기입을 완료한 후 종료한다.

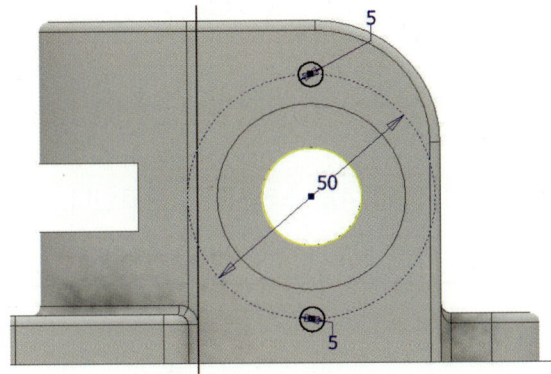

**6** 구멍을 선택한 후 그림처럼 선택하고, M5 탭 작업을 아래 그림의 순서에 맞게 설정하고 확인한다.

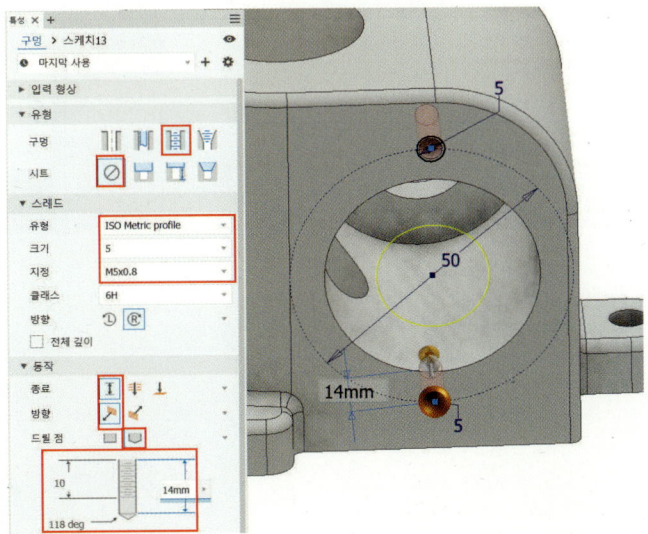

## 6. 한쪽 단면도 작성하기

**1** 아래 그림처럼 새 스케치를 선택한다.

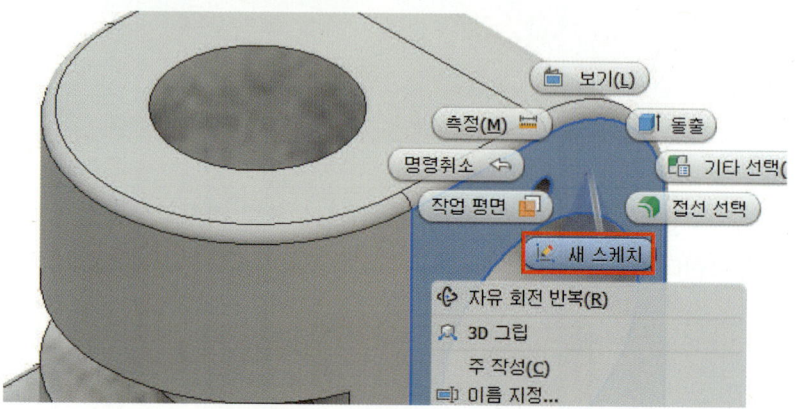

**2** 스케치에서 기준축을 중심으로 1/4을 스케치하고 종료한다.

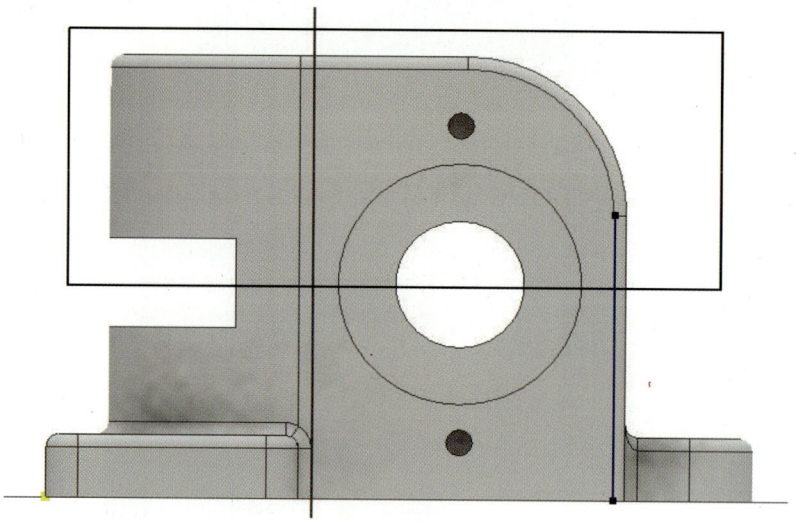

**3** 스케치 종료 후 돌출을 선택한다. 아래의 그림처럼 설정하고 돌출을 제거한다.

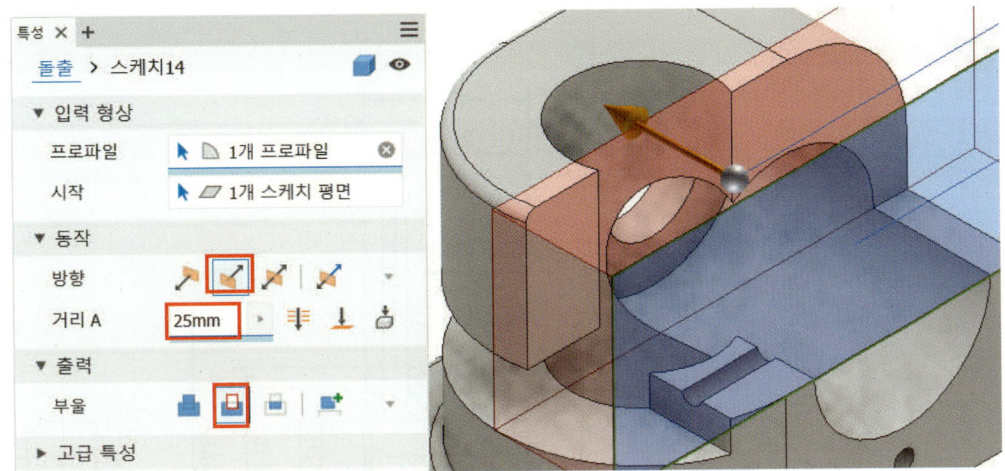

**4** 완성된 본체 형상을 확인하여 완성한다.

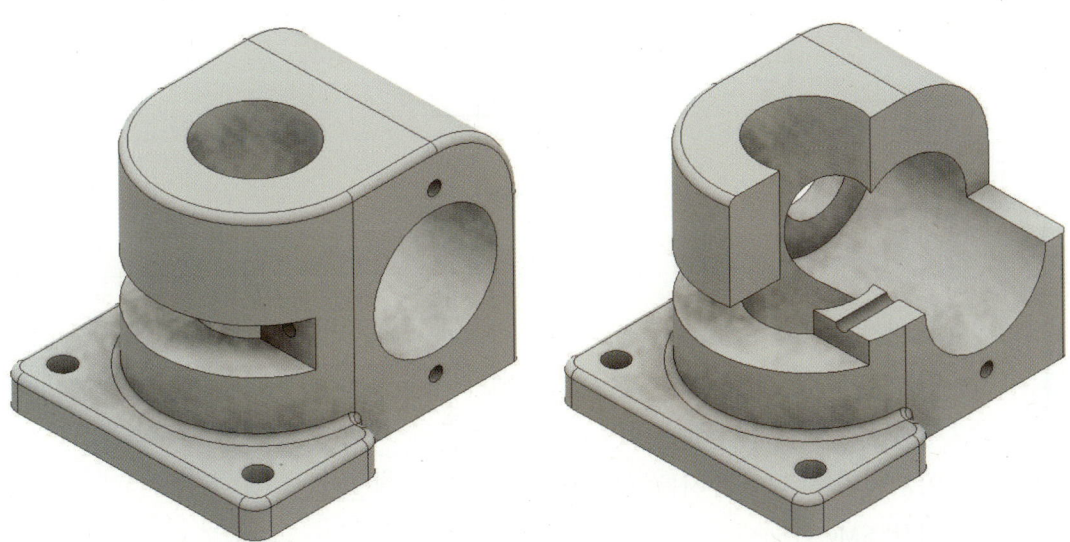

CHAPTER 4 3D 형상 솔리드 모델링 따라 하기

## 12. 스퍼기어 따라 하기

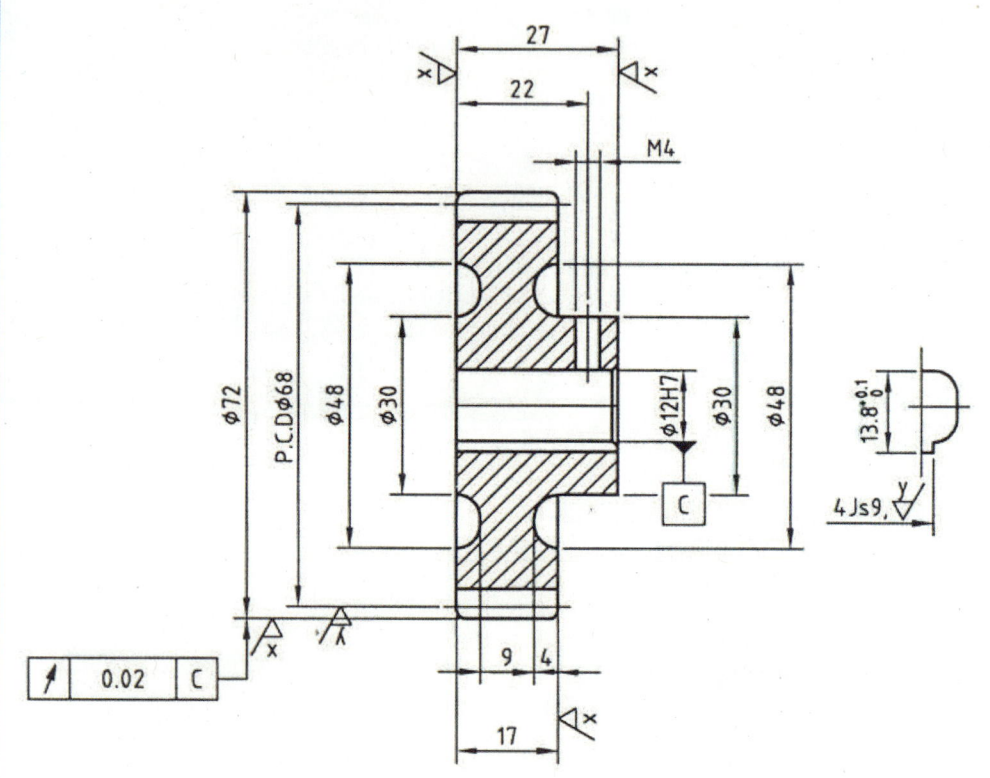

※ 스퍼기어 기초 상식
  이높이: M×2.25
  피치원 지름(PCD): M×Z
  이끝원 지름: 피치원 지름×(2+M)
  재질: SMC415

| 스퍼기어 요목표 | | |
|---|---|---|
| 기어치형 | 표준 | |
| 공구 | 치형 | 보통이 |
|  | 모듈 | 2 |
|  | 압력각 | 20° |
| 잇수 | 34 | |
| 피치원 지름 | 68 | |
| 전체 이높이 | 4.5 | |
| 다듬질 방법 | 호브 절삭 | |
| 정밀도 | KS B 1405, 5급 | |

## 1. 스퍼기어 형상 기본 2D 스케치 작성 및 회전 작성하기

**1** 직사각형과 선 아이콘을 선택한 후 마우스를 이용하여 아래와 같이 대략의 형상을 작성한다. 수직과 동일선상 구속조건을 적용한다. 회전의 축으로 사용할 바닥 선을 선택하고, 중심선 아이콘을 선택한다. 치수 아이콘을 사용하여 아래와 같이 정확한 치수를 입력한 후 스케치를 종료한다.

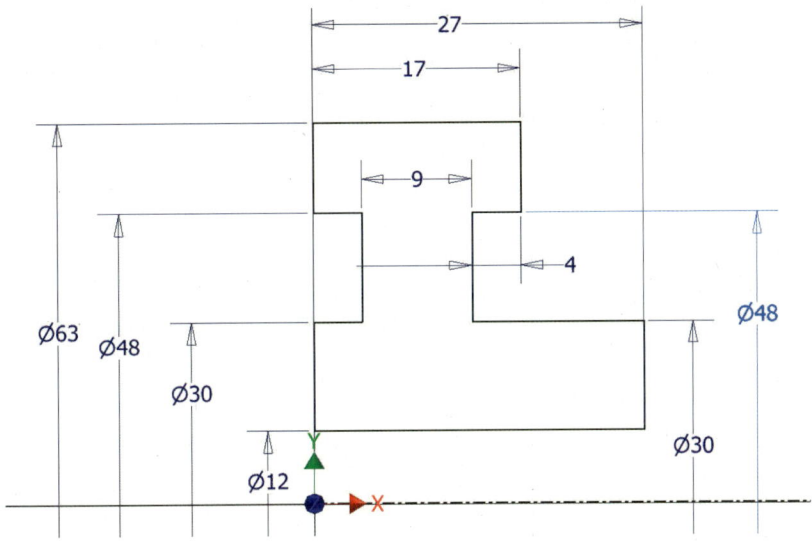

**2** 회전 아이콘을 클릭하여 닫힌 루프가 단 하나이므로 회전 영역이 자동으로 선택되었으며, 앞에서 회전축을 중심선으로 지정해 놓았으므로 회전축도 자동으로 선택되어 미리보기가 되면 확인한다.

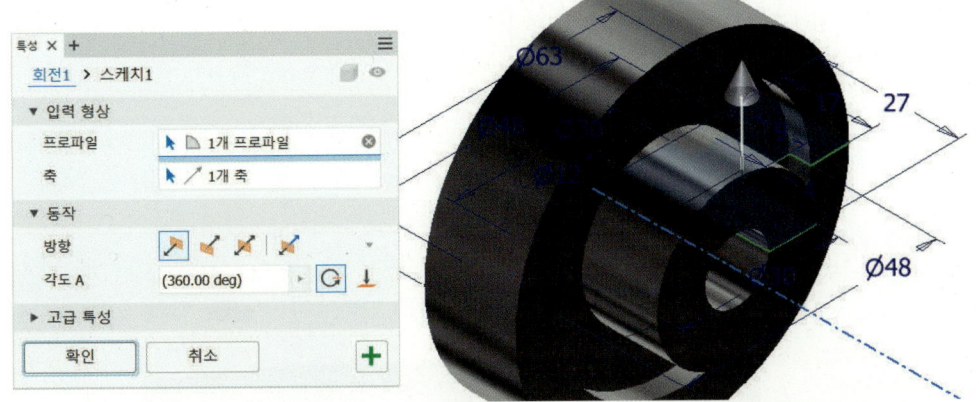

CHAPTER 4 3D 형상 솔리드 모델링 따라 하기

## 2. 기어 돌출 작성하기

**1** 스케치 아이콘을 클릭하고 피쳐의 정면을 선택하여 새 스케치 평면으로 정의한다.

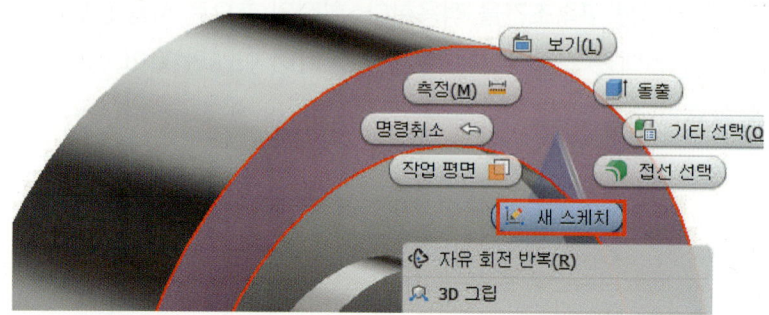

**2** 원과 선, 호 아이콘을 이용하여 아래 그림과 같이 스케치한 후 종료한다.

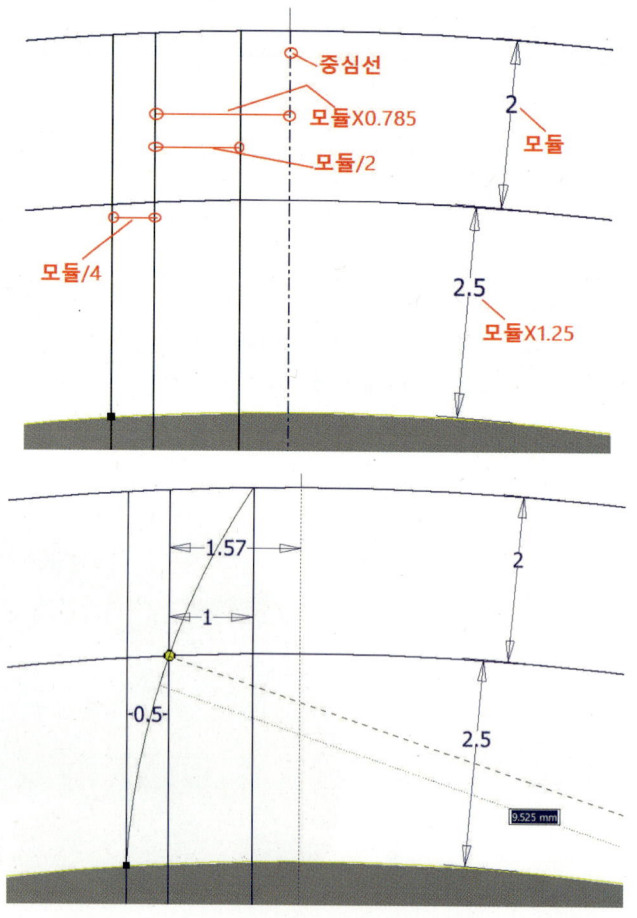

3 미러 아이콘을 이용하여 아래 그림과 같이 설정하고, 구성선으로 변경한 후 종료한다.

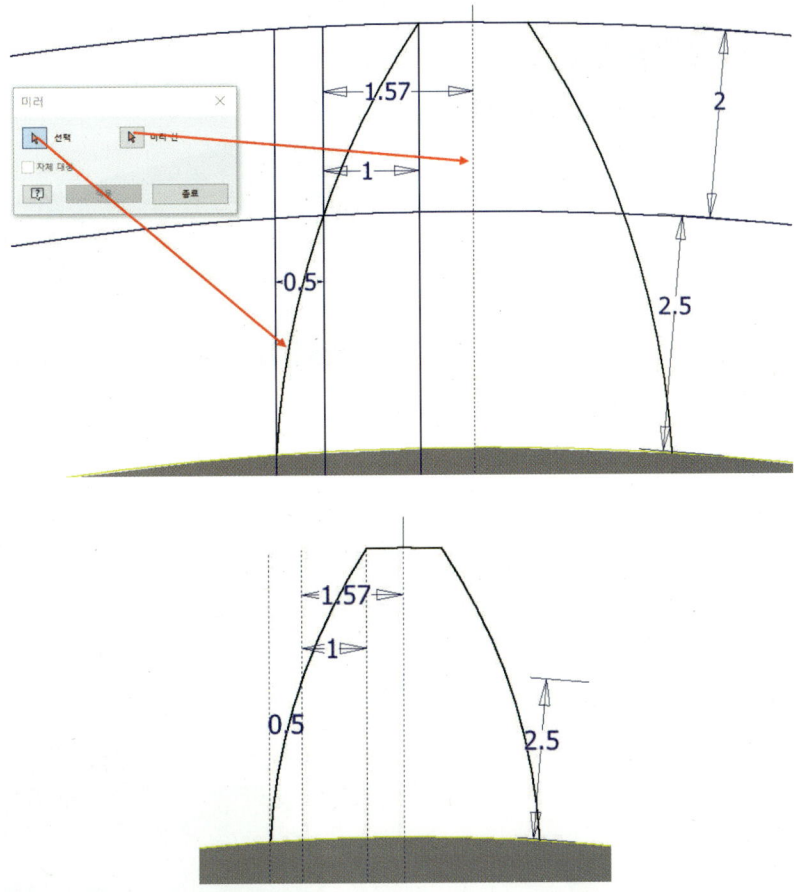

4 돌출 아이콘을 이용하여 돌출 영역으로 앞에서 스케치한 기어의 이 형상을 선택하고, 돌출 대화상자에서 돌출 거리 값으로 17을 입력하고 확인 버튼을 클릭한다.

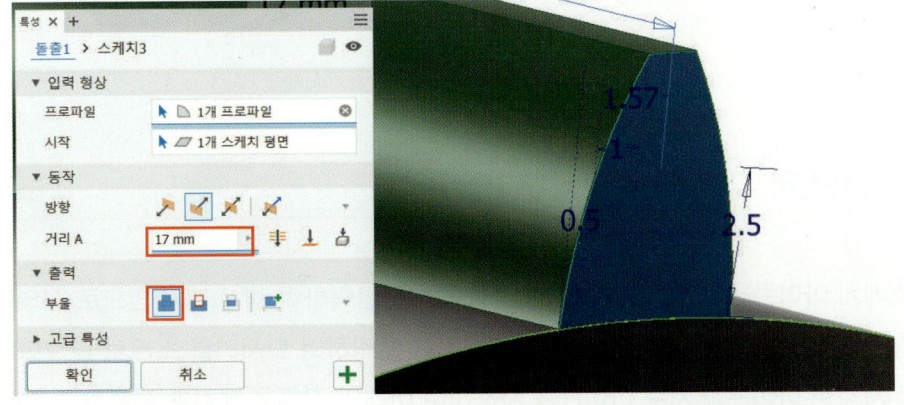

5 모따기 아이콘을 선택하고, 거리 값에 1을 입력하고 확인한다.

6 원형 패턴 아이콘을 클릭하여 기어의 이 형상 돌출 피쳐와 모따기 피쳐를 선택한 후 회전축 화살표를 누른다. 회전축으로 피쳐의 원통 면을 선택한다. 다시 패턴 대화상자에서 배치에 복사할 개수 34를 입력하고 확인 버튼을 클릭한다.

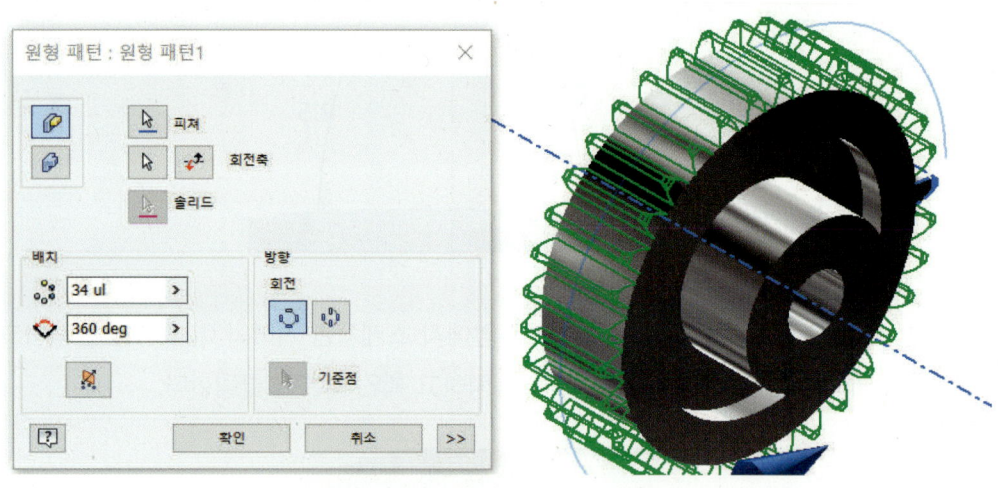

## 3. 절단 및 구멍 피쳐 작성하기

1 스케치 아이콘을 선택하고 기어 형상의 정면을 클릭하여 새 스케치 면으로 정의한다.

2 형상 투영 아이콘을 클릭하고 위의 모서리를 클릭하여 모서리를 스케치 면 위로 투영한다. 직사각형 아이콘과 치수 아이콘을 사용하여 아래와 같은 스케치를 작성하고 종료한다.

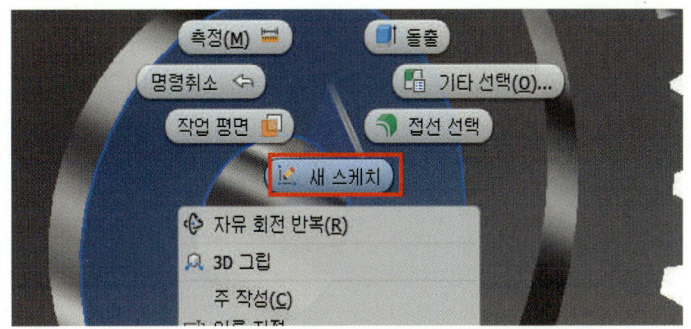

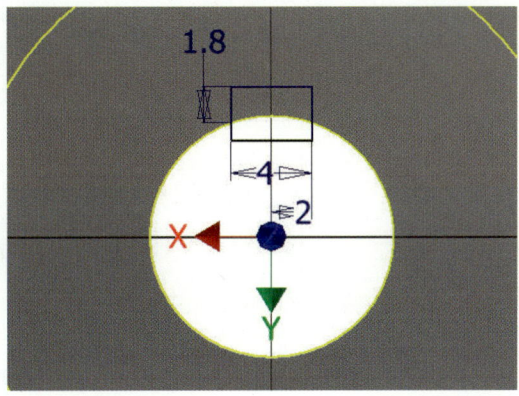

3 돌출 아이콘을 클릭하여 앞에서 작성한 스케치 영역을 선택하고, 차집합으로 설정한 후 확인한다.

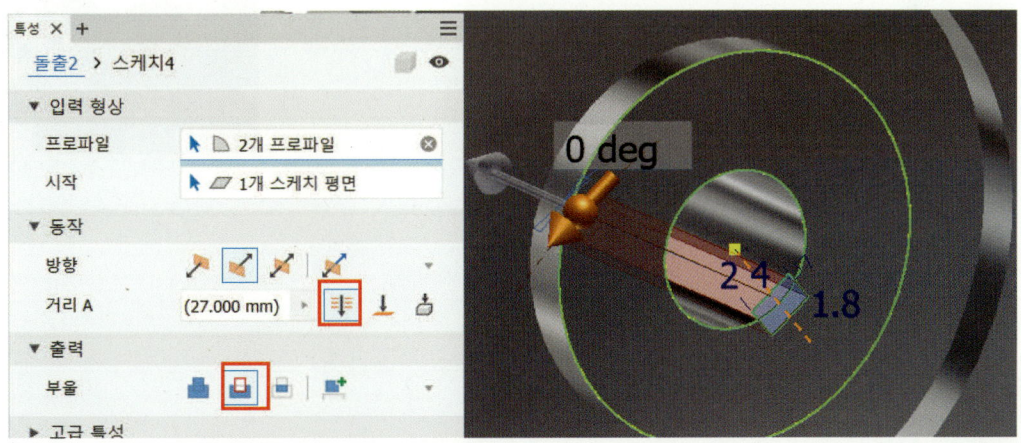

CHAPTER 4 3D 형상 솔리드 모델링 따라 하기

## 4. 모깎기 피쳐 작성하기

모깎기 아이콘을 클릭하여 모깎기1과 모깎기2 대화상자의 반지름값에 각각 3을 입력하고 확인 버튼을 클릭한다.

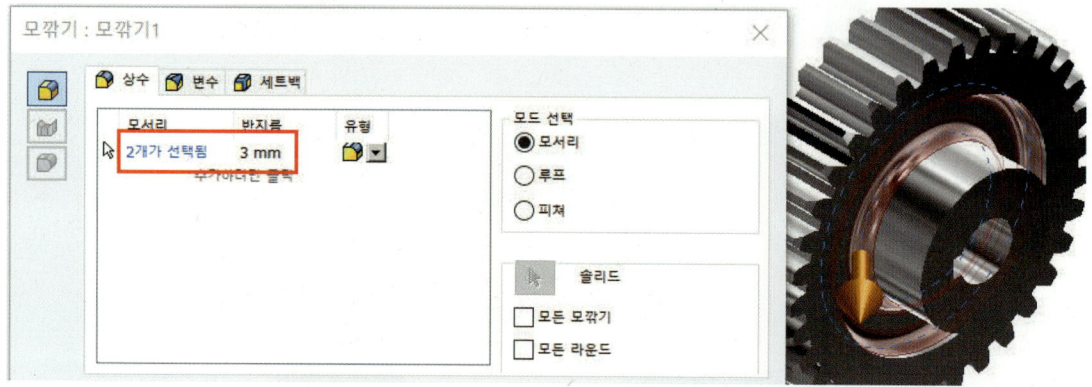

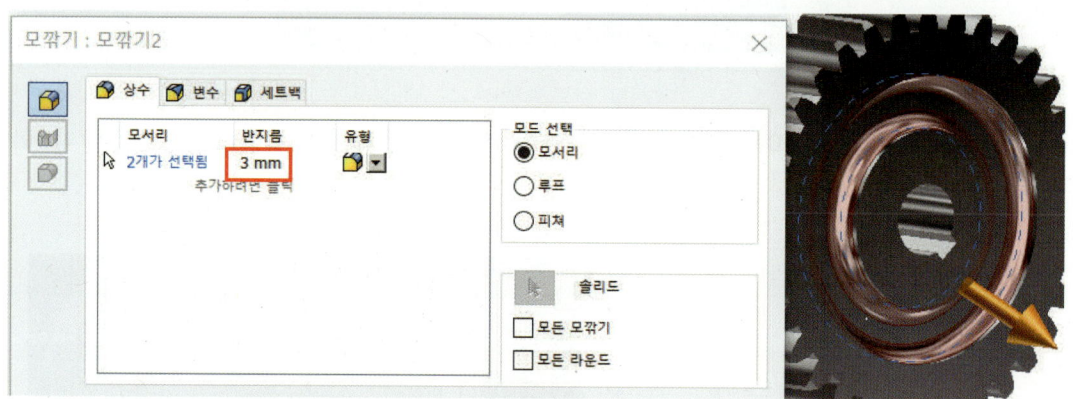

## 5. 작업 평면 작성 및 나사 구멍 작업하기

■ 검색기 창의 원점 폴더 앞의 + 표시를 눌러 하위 메뉴가 나타나도록 한 후 XZ 평면을 선택한다.

② 마우스 오른쪽 버튼을 이용하여 가시성을 체크한다. 작업 평면 아이콘을 선택하여 아래그림처럼 마우스로 XZ 평면을 드래그한다. 15mm를 입력하고 확인한다.

여기서 부터 드래그한다.

CHAPTER 4 3D 형상 솔리드 모델링 따라 하기   271

3 스케치 아이콘을 선택하고, 앞에서 만든 작업 평면을 선택하여 새 스케치 평면으로 지정한다.

4 마우스 오른쪽을 클릭하여 나타나는 팝업 메뉴 중 그래픽 슬라이스 메뉴를 선택하여 작업 평면을 기준으로 하는 단면을 표시한다.

5 점 중심점 아이콘을 선택하여 구멍 중심 위치를 정하고, 치수 아이콘을 사용하여 정확한 위치를 지정한 후 스케치를 종료한다.

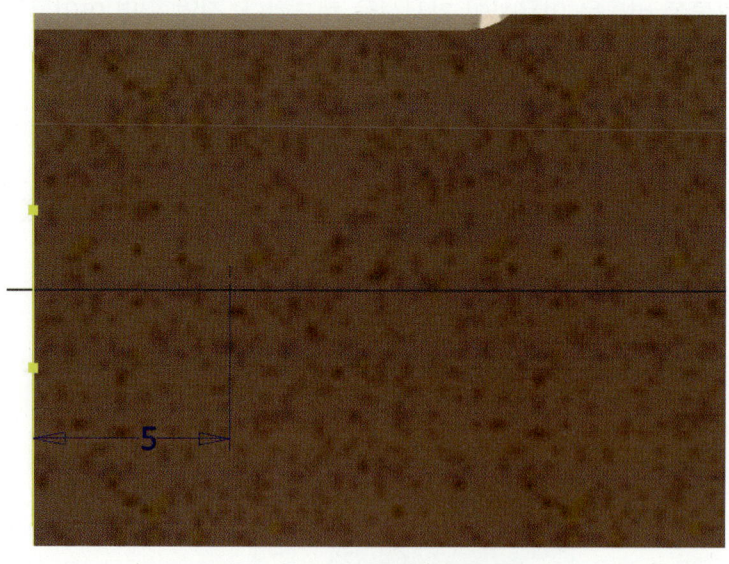

6 구멍 아이콘을 선택하여 그림처럼 탭을 설정하고 확인한다.

## 6. 디자인 엑셀러레이터를 이용한 스퍼기어 설계하기

1 기어 부위 모델링을 삭제하고 스케치 편집에서 Φ63 → Φ72로 수정한 후 스케치를 종료한다.

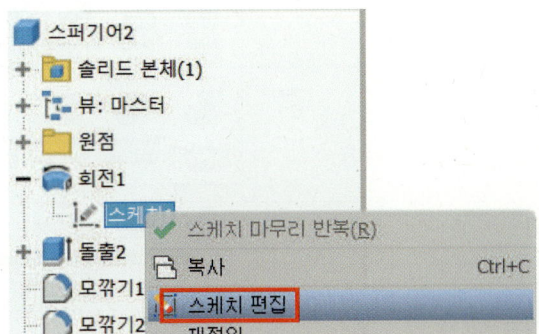

CHAPTER 4 3D 형상 솔리드 모델링 따라 하기

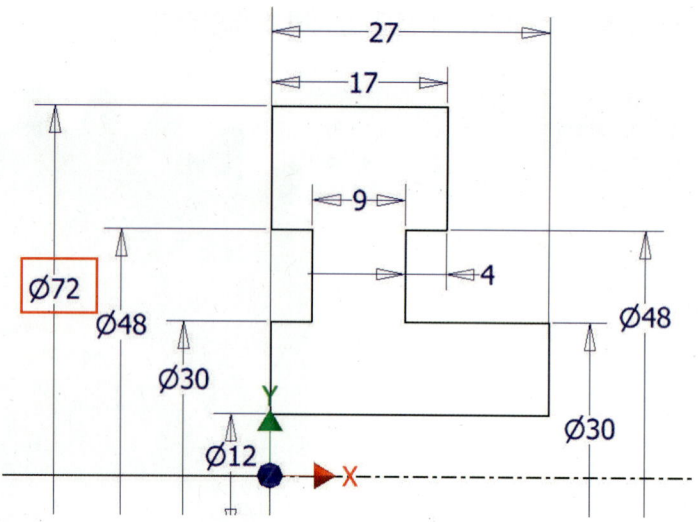

**2** 저장 버튼을 클릭한다.

**3** 새로 만들기를 클릭한다.

**4** Standard.iam(조립품)을 선택한 후 작성을 클릭한다.

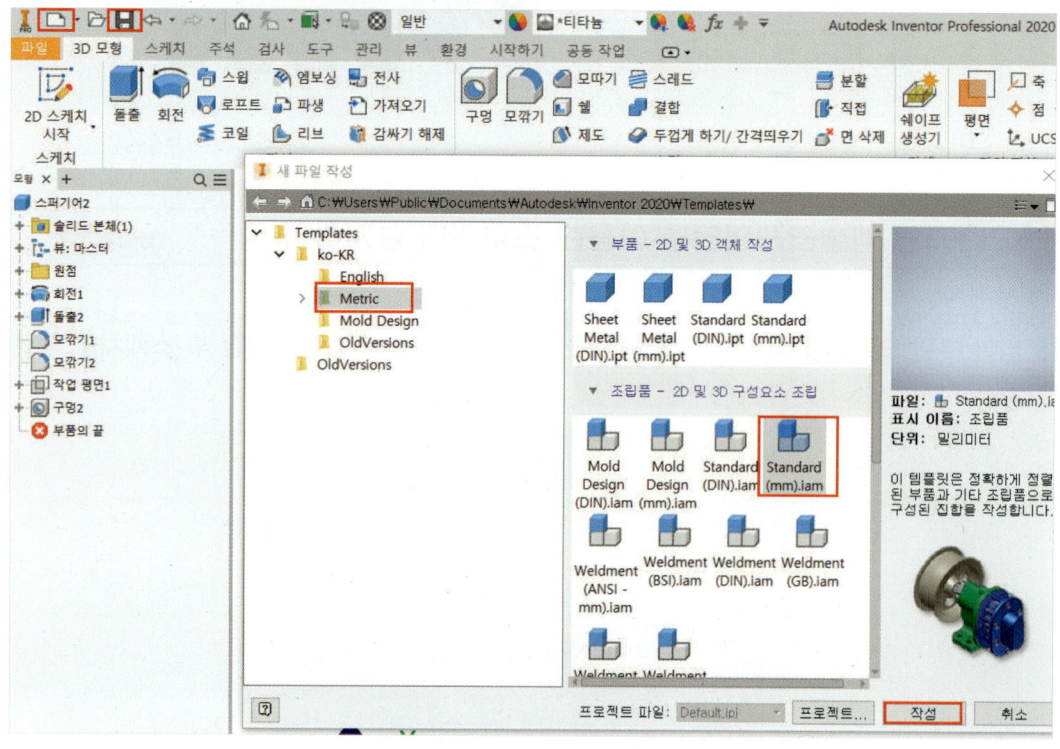

5 배치를 클릭하고 열기를 클릭한다.

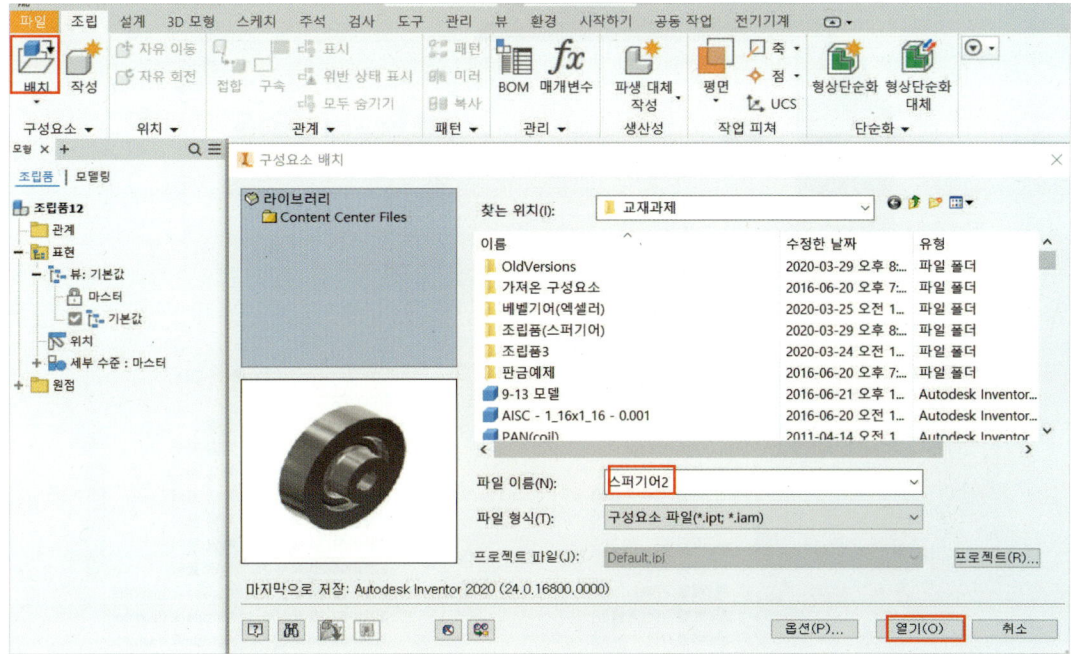

6 적당한 위치에 선택하고 Esc를 누른다.
7 설계에서 스퍼기어를 선택한다.

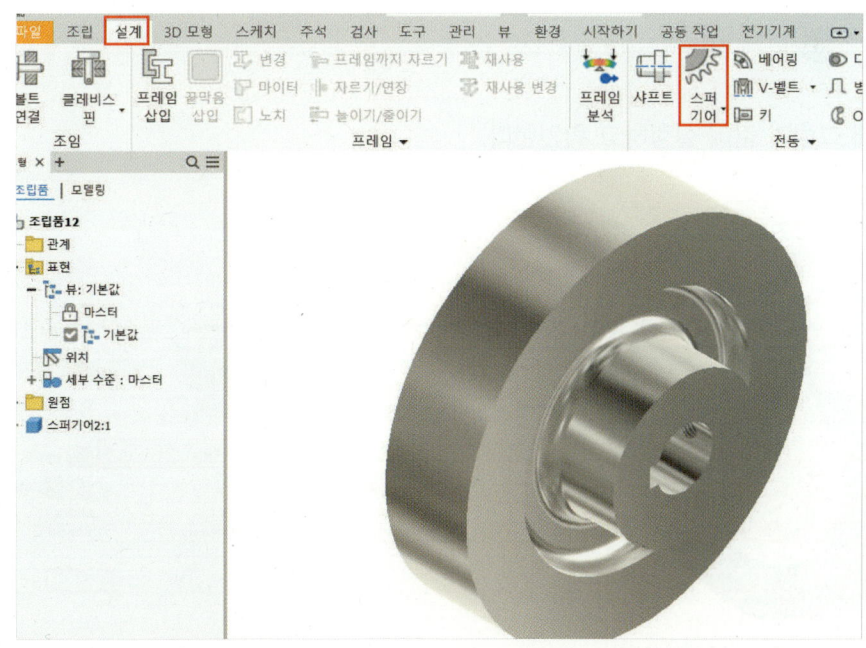

CHAPTER 4 3D 형상 솔리드 모델링 따라 하기

**8** 확인한 후 파일 이름을 결정하고, 열기한 후 저장한다.

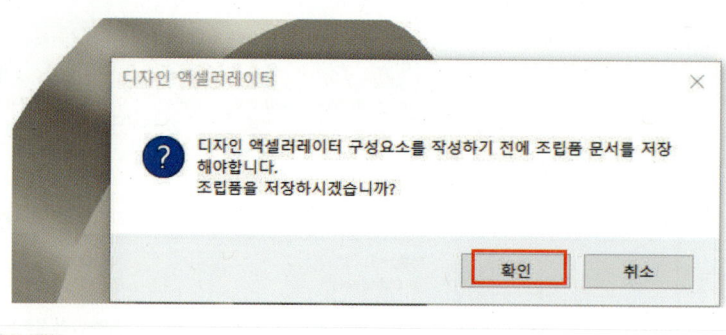

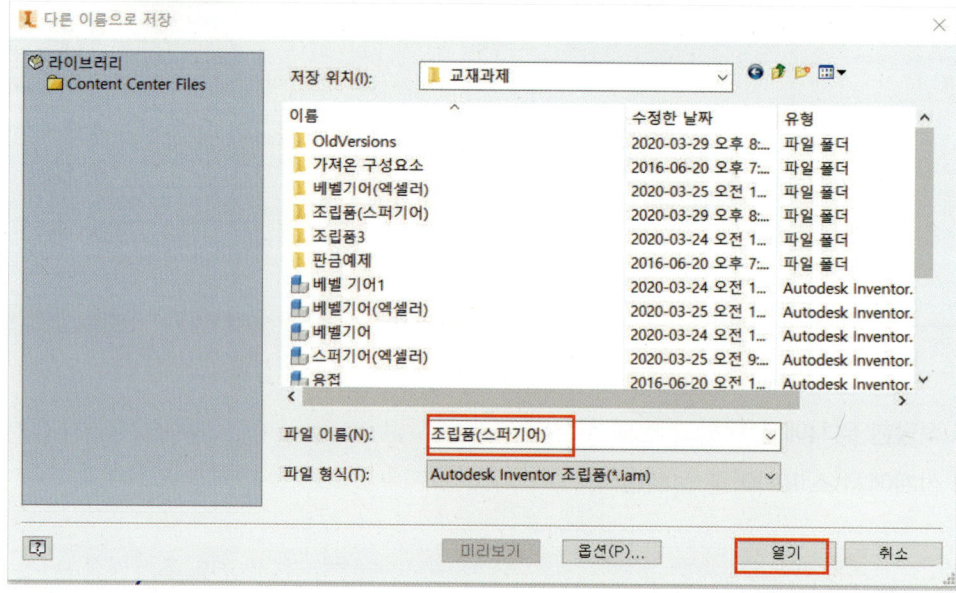

**9** 아래 그림과 같이 설정하고 확인한다.

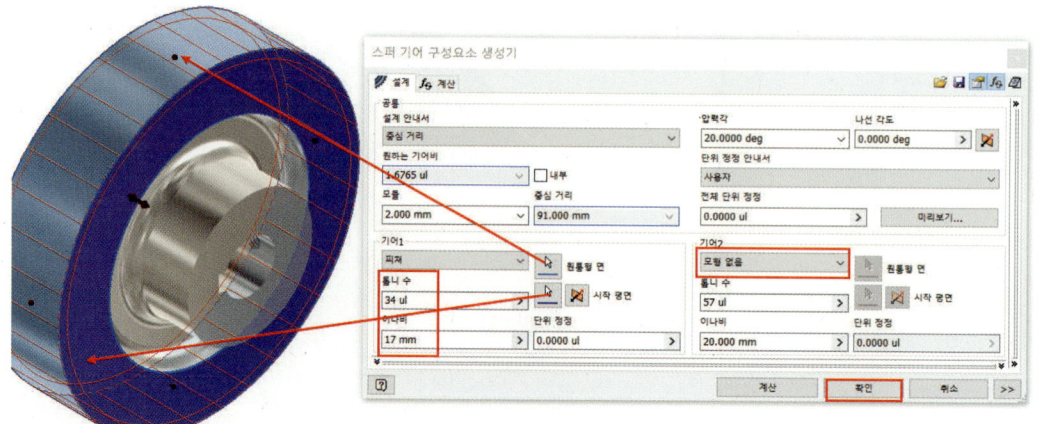

10 더블클릭하면 3D 모형 공간으로 변경된다.

11 다름 이름으로 저장한다.

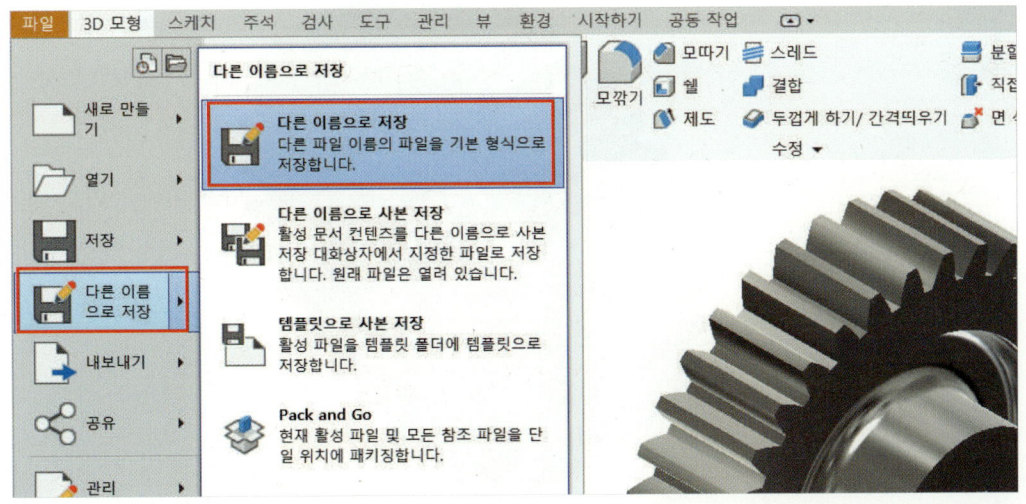

**12** 다음과 같이 *.ipt(단품)로 저장한다.

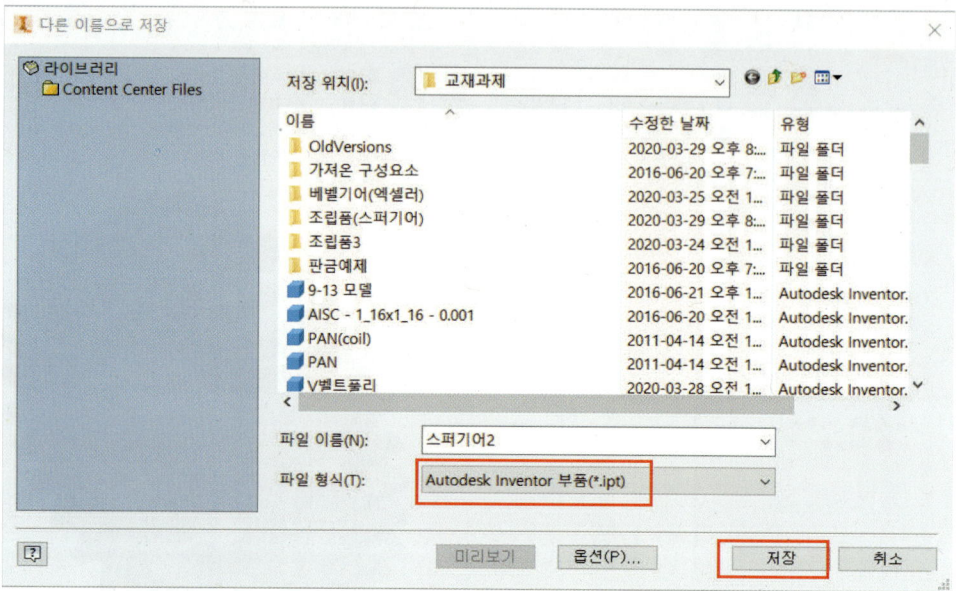

**13** 최종 완성된 상태이다.

## 13. 스프로켓 휠 따라 하기

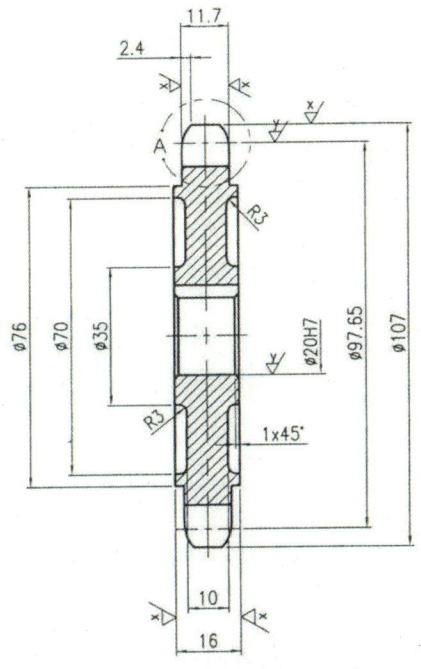

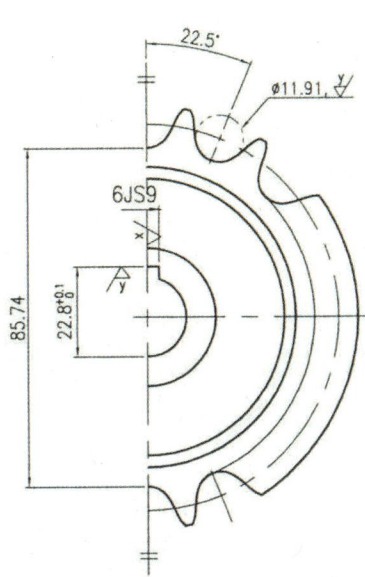

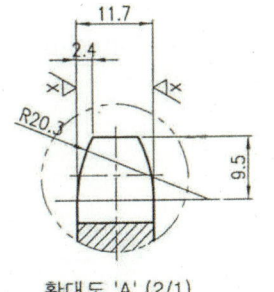

확대도 'A' (2/1)

| 스프로킷 휠 요목표 ||| 
|---|---|---|
| 체 인 | 호칭 번호 | 60 |
| | 원주 피치 | 19.05 |
| | 롤러 외경 | ⌀11.91 |
| 스프로킷 | 잇수 | 16 |
| | 치형 | U |
| | 피치원 지름 | ⌀97.65 |

# 1. 스프로켓 휠 형상 기본 2D 스케치 작성 및 회전하기

**1** 아래 그림과 같이 스케치하고 수직선은 구성선으로 변경하고 수평선은 중심선으로 바꾼 후 치수기입 아이콘을 이용하여 도면을 보고 치수기입을 한다.

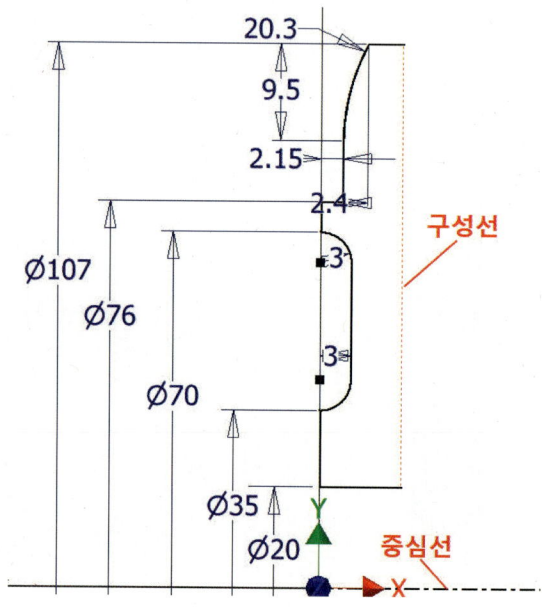

**2** 미러 아이콘을 이용하여 아래 그림과 같이 설정하고 스케치를 종료한다.

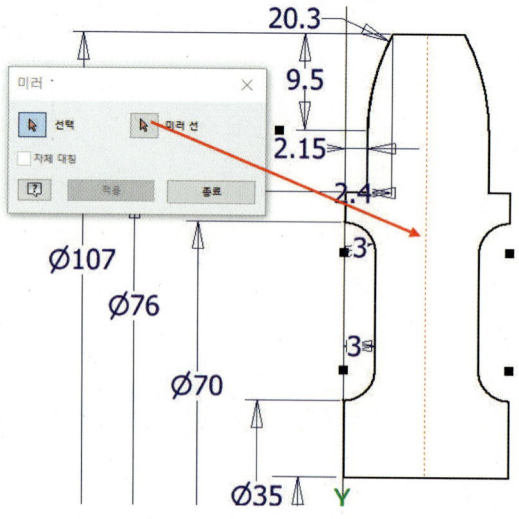

3 회전 아이콘을 클릭한다. 프로파일 면 1과 축 2를 선택한다. 닫힌 루프가 단 하나이므로 회전 영역이 자동으로 선택되었으며, 앞에서 회전축을 중심선으로 지정해 놓았으므로 회전축도 자동으로 선택되어 미리보기 되어진다. 확인 버튼을 클릭한다.

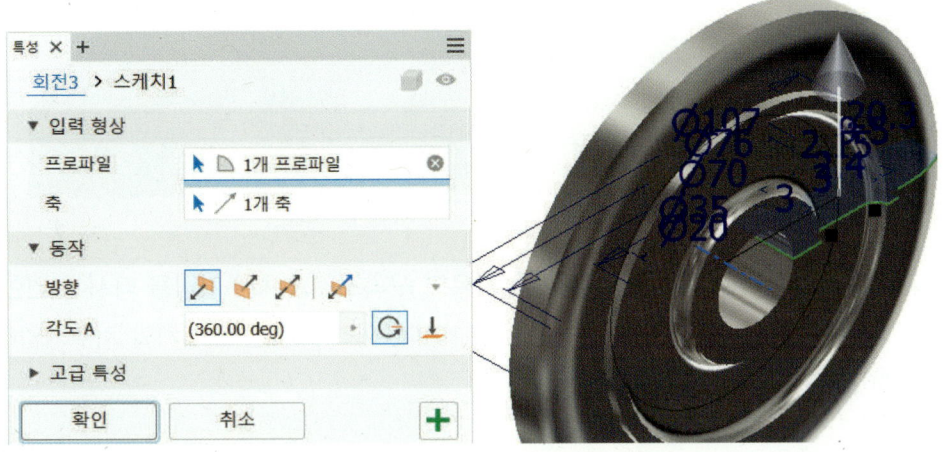

## 2. 스프로켓 휠의 돌출 작성하기

1 면1을 선택하고 마우스 오른쪽 버튼을 클릭하여 새 스케치를 클릭한다.

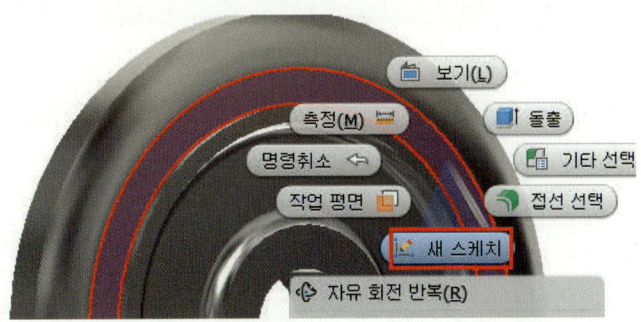

2 형상 투영 아이콘을 이용하여 선1을 선택한다. 중심점 원 아이콘을 이용하여 피치원 지름 Ø97.65에 구속조건(접선, 수직, 일치)을 적용하여 그림처럼 그리고 치수기입을 한다.

CHAPTER 4 3D 형상 솔리드 모델링 따라 하기　281

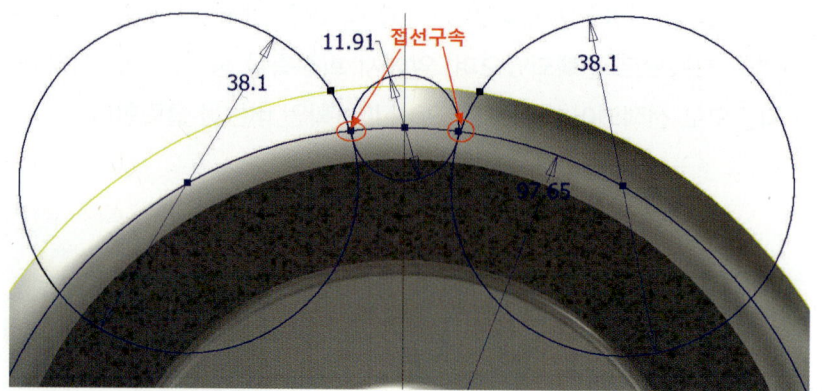

3  자르기 아이콘을 이용하여 그림처럼 자르고 구속조건과 치수기입을 다시 확인한다. 여기서 원주피치 19.05, 롤러 외경이 Ø11.91이다. 아래 그림은 스케치와 치수기입이 완료된 상태이다. 스케치를 종료한다.

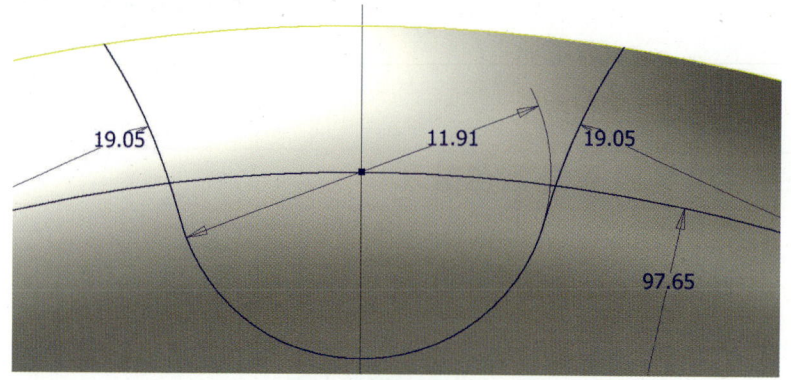

4  돌출 아이콘을 선택한다. 프로파일 면 1을 선택하고, 절단(차집합)을 클릭하고, 범위는 전체로 클릭한 후 확인한다.

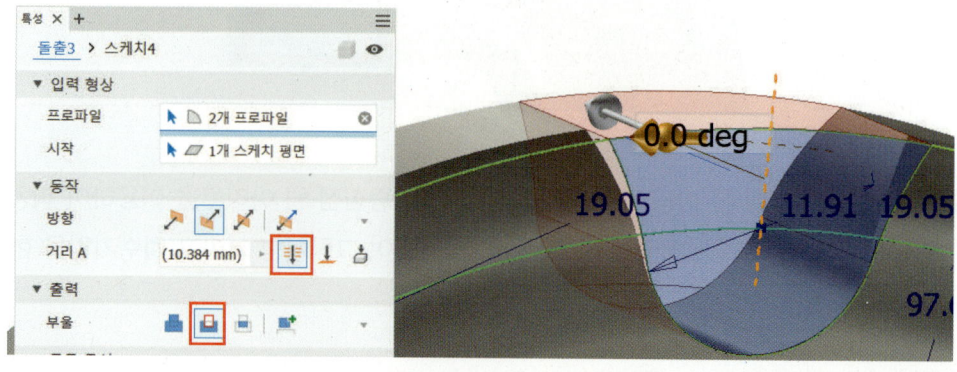

5　원형 패턴 아이콘을 클릭한다. 개별 피쳐 패턴을 선택하고 피쳐를 선택한 다음 작업 축을 선택한다. 배치에서 잇수 16을 입력하고 확인한다.

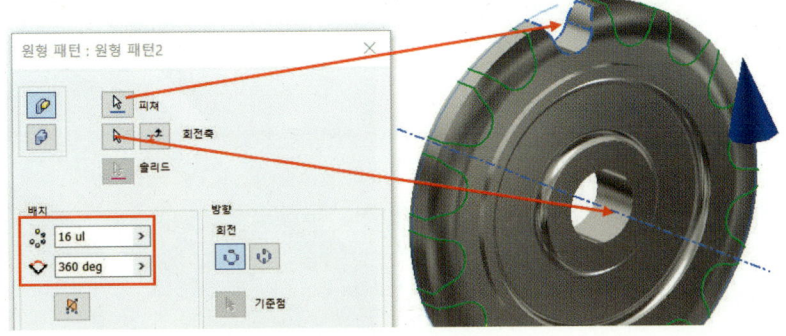

6　면1을 선택하고 마우스 오른쪽 버튼을 클릭한 후 새 스케치를 클릭한다.

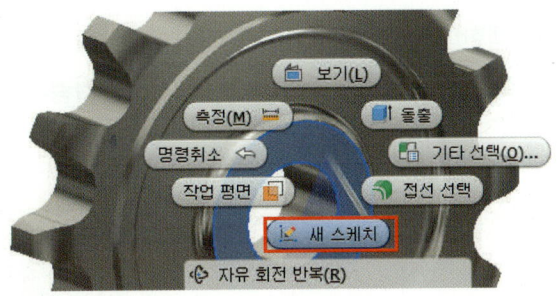

## 3. 절단 및 키 홈 작성하기

1　형상 투영 아이콘을 이용하여 선을 선택하고 스케치 패널 창의 직사각형 아이콘과 일반 치수 아이콘을 사용하여 아래와 같은 스케치를 작성하고 종료한다.

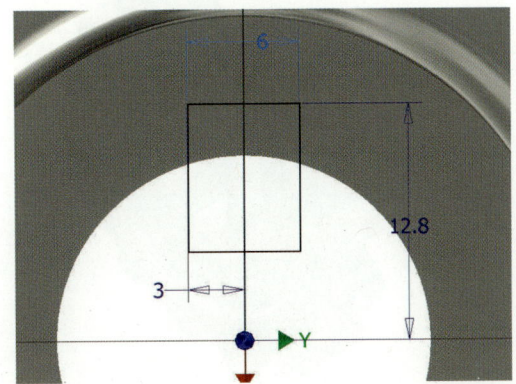

2 돌출 아이콘을 선택한다. 프로파일은 앞에서 작성한 스케치 영역 면 1을 선택한다. 절단(차집합)을 클릭하고 범위는 전체를 선택하고 방향을 설정하고 확인한다.

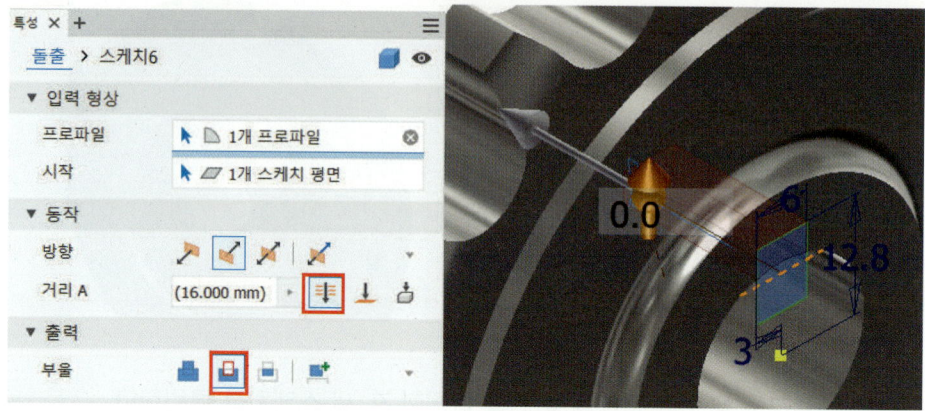

3 모따기 아이콘을 선택한다. 거리를 클릭하고 거리 값은 1을 입력 후 자유회전 아이콘을 이용하여 모서리를 양쪽으로 선택하고 확인하면 아래 그림처럼 완성이 된다.

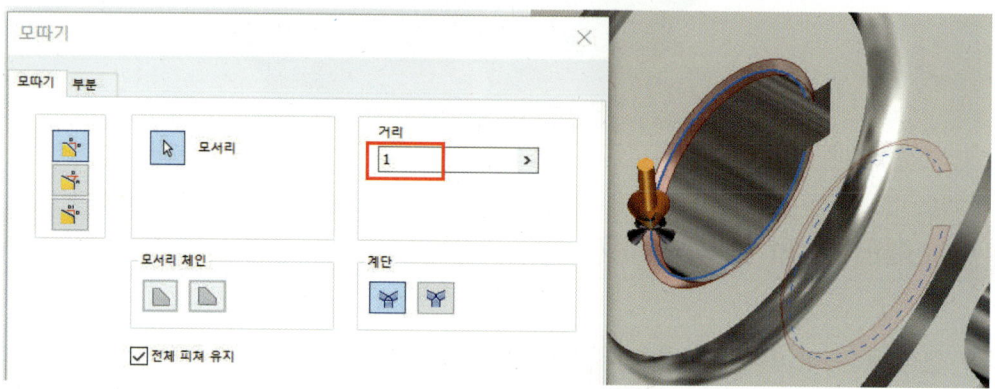

## 14. 웜 축 따라 하기

| 웜과 웜기어 요목표 | | |
|---|---|---|
| 구분 | ② | ③ |
| 치형기준단면 | | 축직각 |
| 원주피치 | | 6.28 |
| 리드 | | 12.56 |
| 줄수와 방향 | | 2줄, 우 |
| 줄수 | | 2 |
| 압력각 | | 20° |
| 잇수 | — | 32 |
| 피치원지름 | φ18 | φ62 |
| 리드각 | | 12°31' |
| 다듬질방법 | | 호브절삭 |

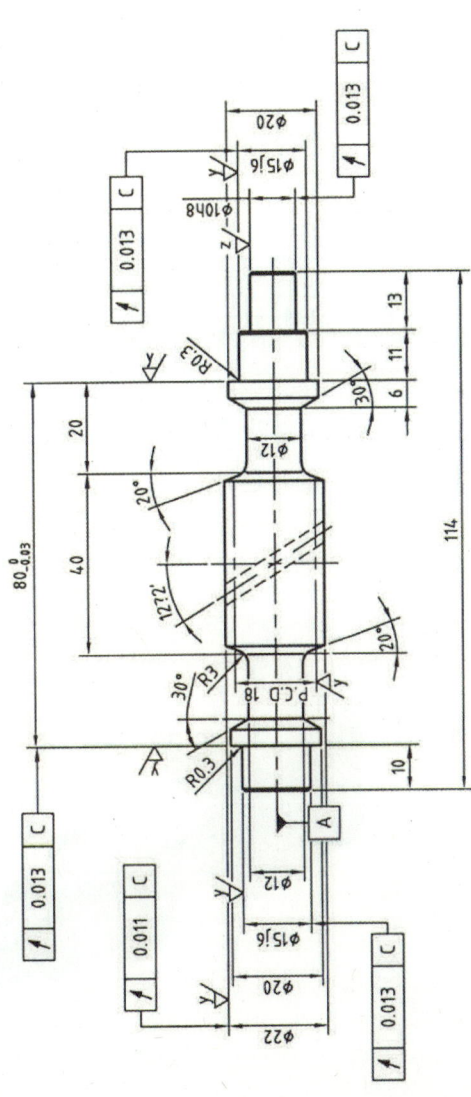

# 1. 2D 스케치 작성 및 회전 작업하기

**1** 선 아이콘을 선택한 후 아래와 같이 대략의 형상을 작성한다. 회전의 축으로 중심선 아이콘을 선택하여 중심선으로 만들어준다. 치수 아이콘을 사용하여 아래와 같이 정확한 치수를 입력한다. 스케치를 종료한다.

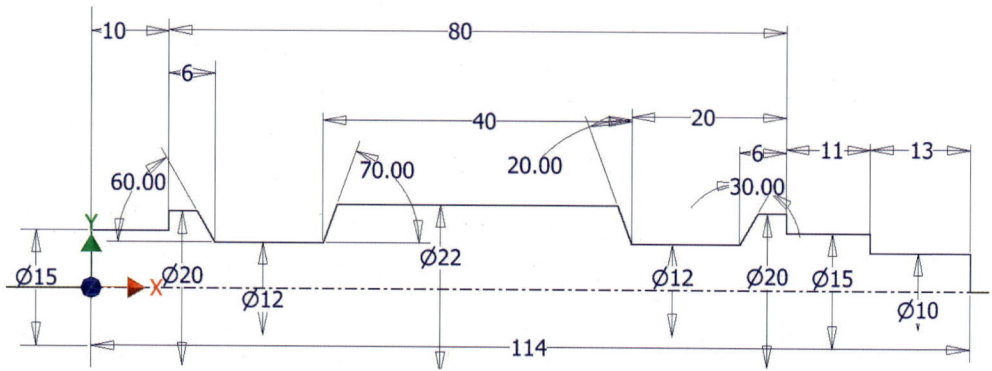

**2** 회전 아이콘을 이용하여 대화상자 창의 프로파일과 중심축을 차례로 선택하고, 그림과 같이 프로파일과 회전축을 선택한 후 확인 버튼을 누른다.

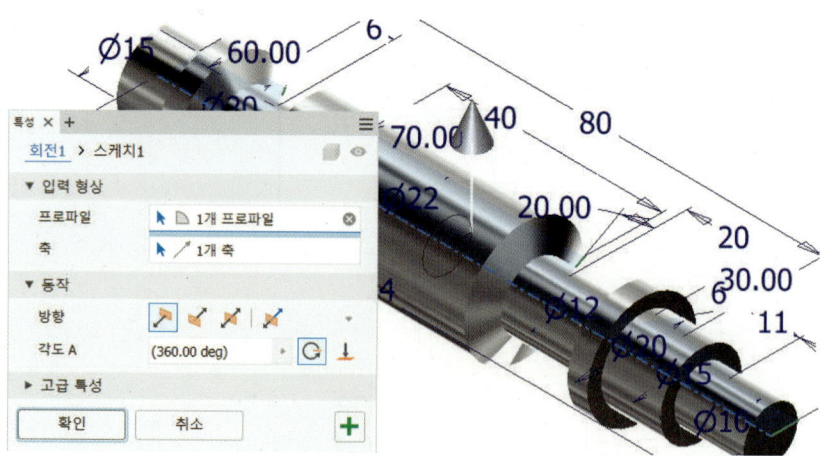

## 2. 작업 평면 작성 및 코일에 의한 웜 축 작업하기

**1** 검색기 창의 원점에서 XY 평면을 선택하고(MB3) 가시성을 체크한다.

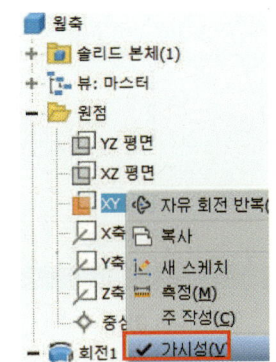

**2** 작성한 작업 평면에 새 스케치를 선택하여 확인한다.

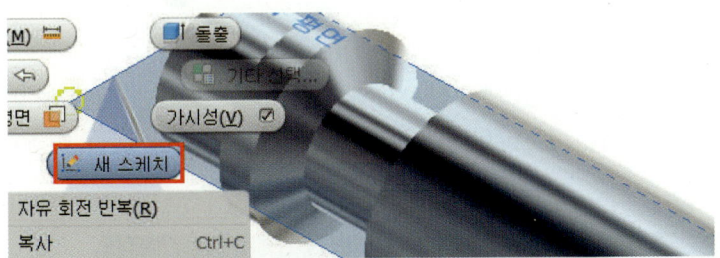

**3** 작업 평면을 기준으로 하는 단면을 표시하기 위해 작업 화면에서 마우스 오른쪽을 클릭하여 그래픽 슬라이스를 선택한다.

**4** 형상 투영 아이콘을 클릭하고 모서리를 투영시킨다. 선 아이콘을 선택하여 코일을 할 형상의 대략적인 스케치한 후 치수 아이콘을 사용하여 정확한 치수를 입력하고 스케치를 종료한다.

> **참고**
>
> M(모듈) = 2, 압력각 = 20°, H = 2 × 2.25 = 4.5
> 3.14 = 원주율(π) × 2(모듈) / 2(치형 절반) = 3.14 × 2/2 = 3.14

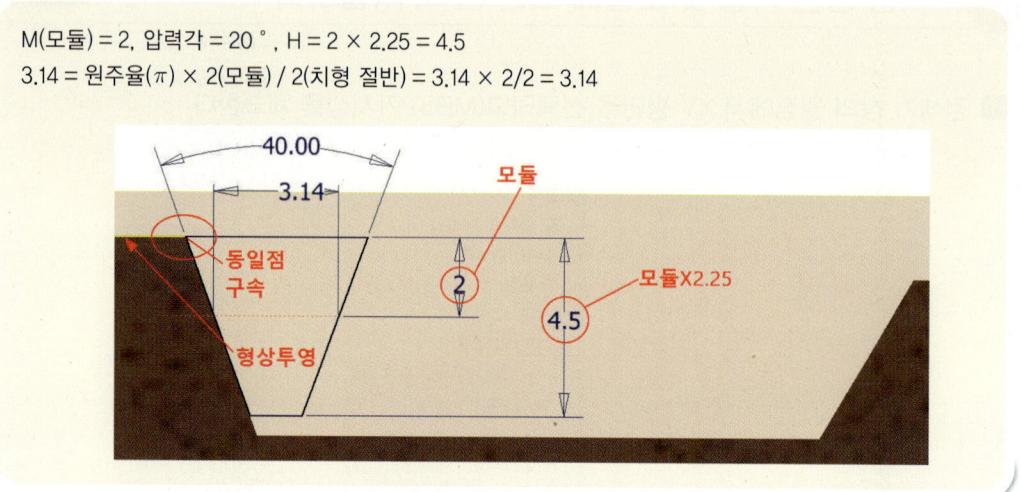

5 작업 축( 축 ) 아이콘을 클릭하여 축 외경(화살표)을 선택한다.

6 코일 아이콘을 선택하여 코일 대화상자에서 쉐이프 영역의 축 화살표를 클릭하고, 그림처럼 축을 선택한다. (반대 방향으로 코일의 미리보기가 되면 코일 대화상자의 반전 아이콘을 선택한다.)

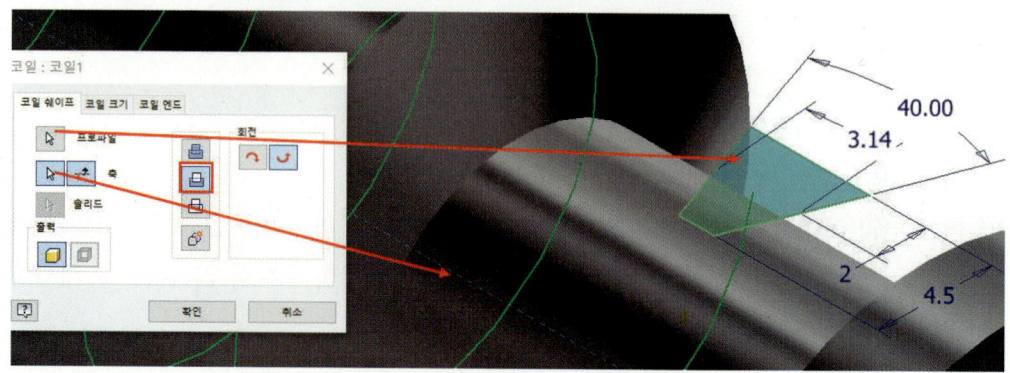

7 코일 대화상자에서 코일 크기 탭을 선택한다. 유형을 피치 및 높이로 선택하고, 피치값을 6.28(6.28 = 3.14 × 2(M)), 높이 값은 가공될 실제 치수보다 약간 크게 한 45 정도로 입력한다. 확인 버튼을 클릭하고, 브라우저 창에서 작업 평면을 선택하고, 오른쪽 클릭하여 가시성의 체크를 지워 가시성을 꺼준다. 작업 축을 동일한 방법으로 가시성을 꺼준다.

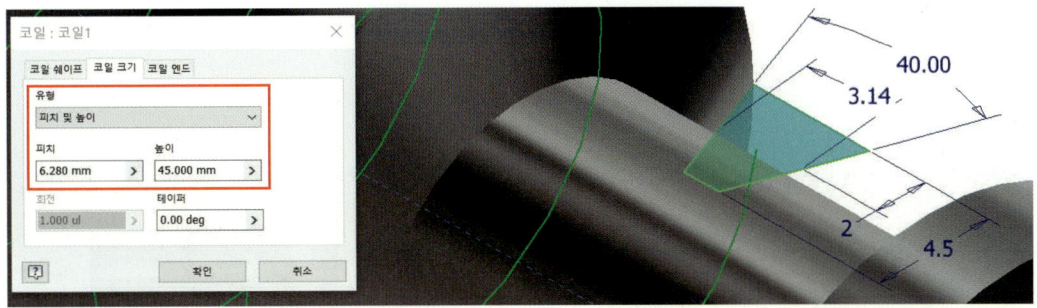

## 3. 모깎기 작성하기

1 모깎기 아이콘을 선택하여 모깎기 대화상자에서 반지름값을 3과 0.3으로 설정하고 모드 선택에서 모서리를 체크한 후 모깎기 할 모서리를 차례대로 클릭한 다음 확인을 선택한다.

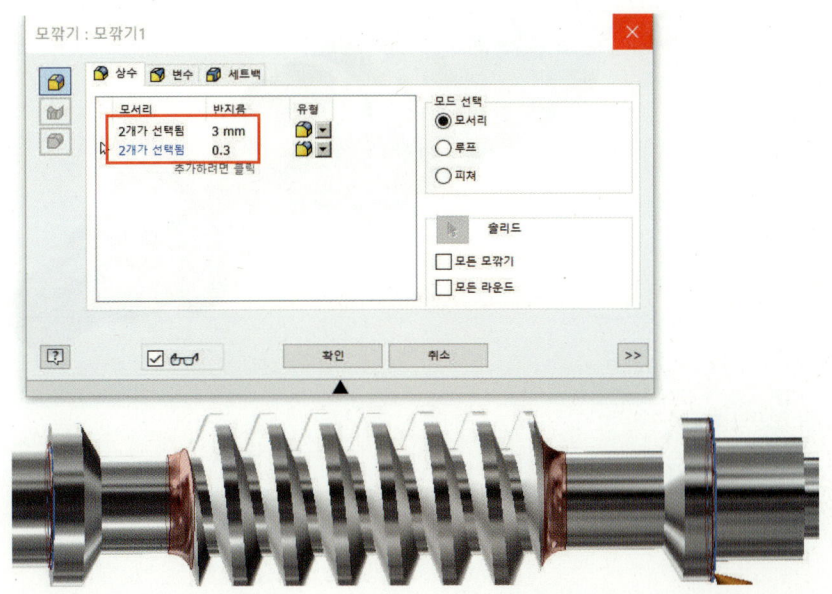

## 4. 모따기 작업하기

**1** 모따기 아이콘을 선택하고 모따기 대화상자에서 거리 및 각도를 클릭한 후 거리 값을 1, 각도 값을 45deg로 설정한 후 모따기 하고자 하는 모서리를 마우스로 선택한다.

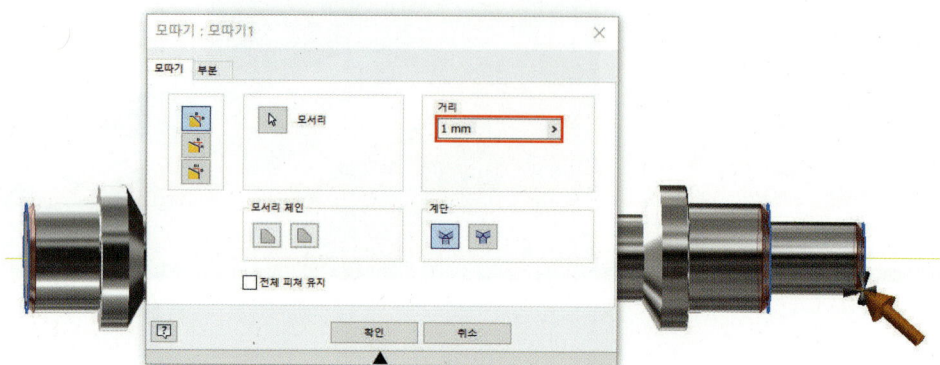

**2** 웜 축이 완성되었다.

## 15. 웜 휠 따라 하기

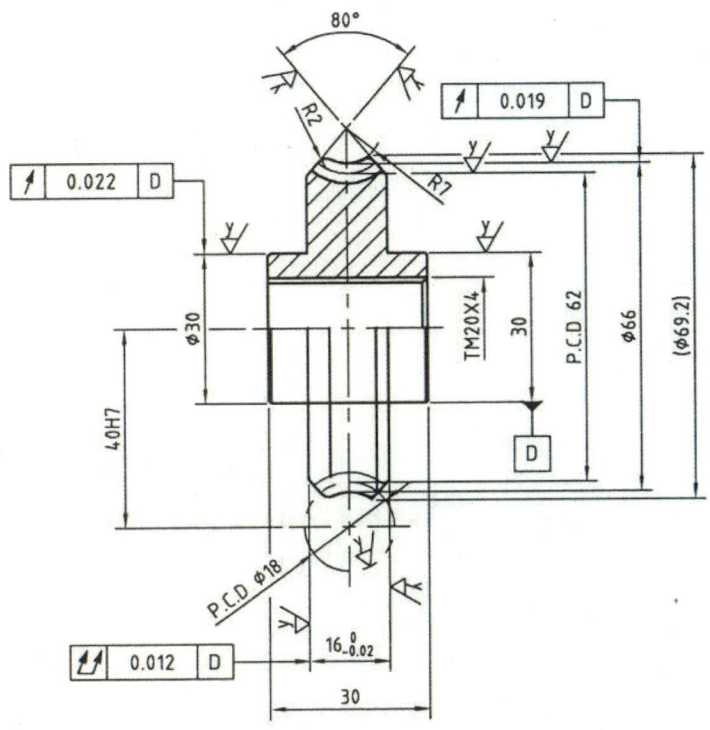

| 웜과 웜 기어 요목표 | | |
|---|---|---|
| 품번<br>구분 | ② | ③ |
| 치형 기준 단면 | 축직각 | |
| 원주 피치 | 6.28 | |
| 리드 | 12.56 | |
| 줄 수와 방향 | 2줄, 우 | |
| 모듈 | 2 | |
| 압력각 | 20° | |
| 잇수 | – | 32 |
| 정밀도 | $\phi$18 | $\phi$62 |
| 리드각 | 12°31' | |
| 다듬질 방법 | 연삭 | 호브절삭 |

# 1. 2D 스케치 작성하기

**1** 선, 직사각형 아이콘을 선택한 후 마우스를 이용하여 아래와 같이 대략의 형상을 작성하고 구성선 아이콘을 클릭하여 수직선을 구성선으로 변경한다.

**2** 동일한 방법으로 중심선 아이콘을 이용하여 수평선을 중심선으로 변경한다. 치수 아이콘을 사용하여 아래와 같이 정확한 치수를 입력한다.

**3** 미러 아이콘을 선택하고, 선 모두를 차례대로 클릭하고, 대칭선으로 구성선을 클릭한 후 스케치를 종료한다.

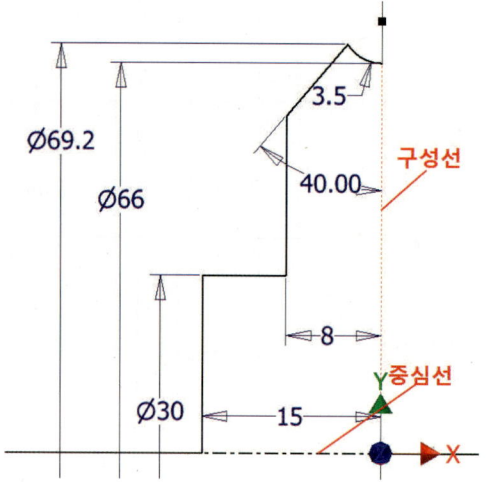

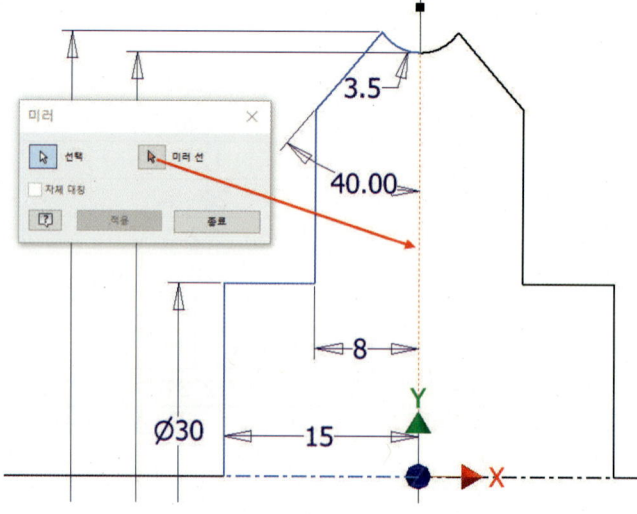

## 2. 회전 작성하기

1. 회전 아이콘을 클릭하고 중심선 때문에 회전 아이콘을 누르면 바로 미리보기가 된다.
2. 스케치 아이콘을 선택하고 면을 클릭하여 새 스케치 면으로 정의한다.

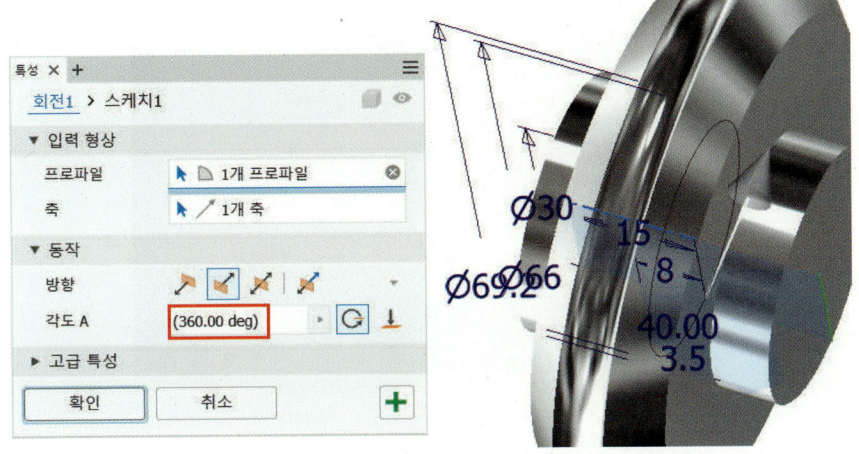

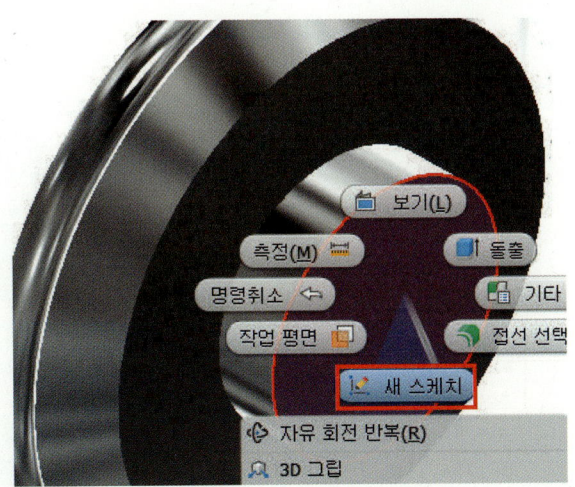

## 3. 구멍나사 작업하기

**1** 형상 투영 아이콘을 선택하여 원 아이콘과 일반 치수 아이콘을 사용하여 아래와 같은 스케치를 작성하고 종료한다.

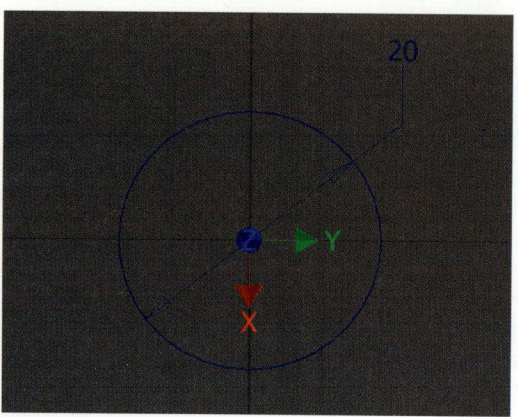

**2** 구멍 아이콘을 클릭하여 아래 그림과 같이 구멍나사를 설정하고 확인한다.

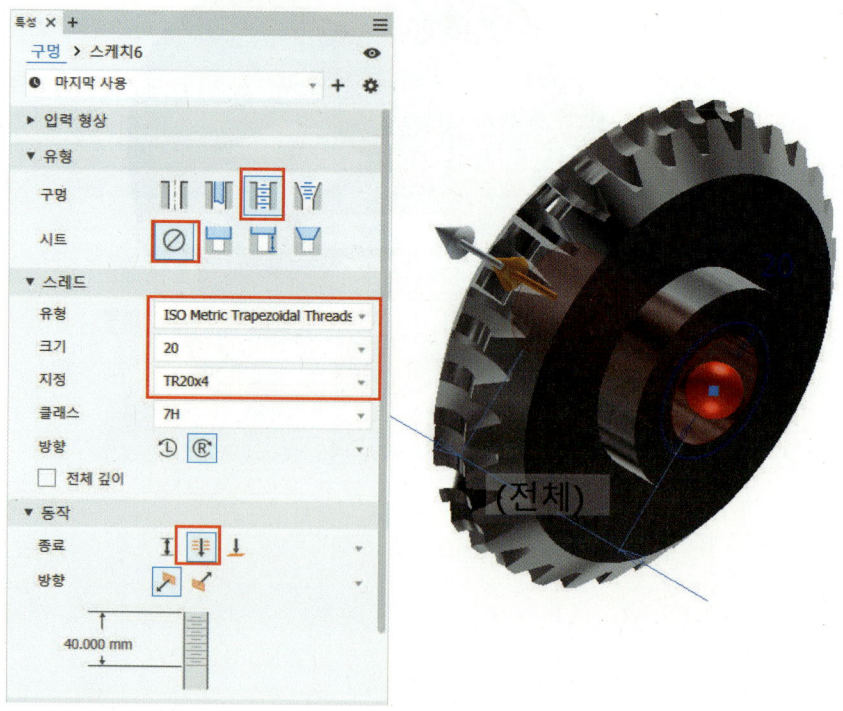

## 4. 작업 평면 생성 및 웜 휠 작업하기

**1** 검색기 창의 원점 폴더 앞의 + 표시를 눌러 하위 메뉴가 나타나도록 한 후 XY 평면을 선택하고, MB3 버튼을 이용하여 가시성을 체크하면 작업 평면이 생성된다.

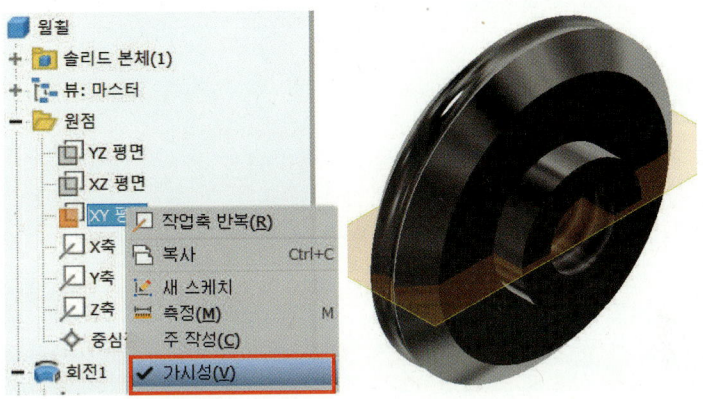

**2** XY 평면에 작업 평면이 완성되면 다시 작업 평면 아이콘을 클릭하여 앞에서 만든 작업 평면을 선택한 상태에서 위쪽의 방향으로 드래그하면 옵셋 거리 값 40을 입력한다.

**3** 스케치 아이콘을 클릭하고 앞에서 만든 두 번째 작업 평면을 새 스케치를 선택한다.

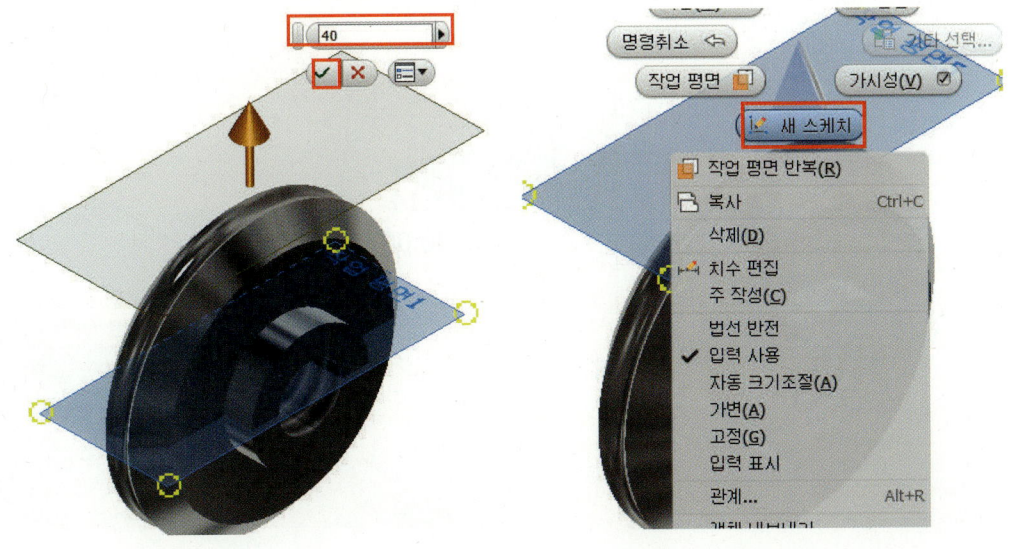

4 그림과 같이 치형 스케치를 한다. 치수 아이콘을 이용하여 아래와 같이 정확한 값을 정의하고 종료한다.

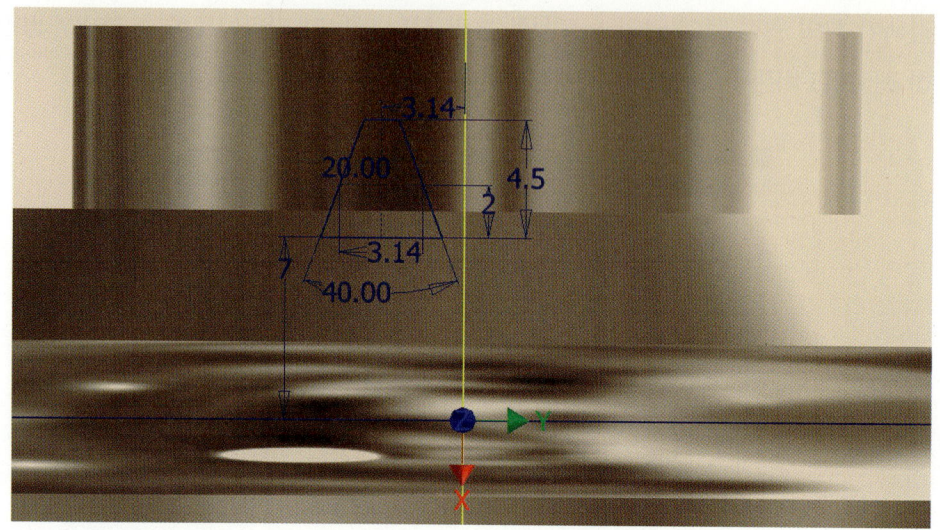

5 코일 아이콘을 선택하여 코일 대화상자에서 쉐이프 영역의 축 화살표를 클릭하고 그림의 축을 선택한다. (만일 그림과 다른 반대방향으로 코일이 미리보기가 되면 코일 대화상자의 반전 아이콘을 선택한다.)

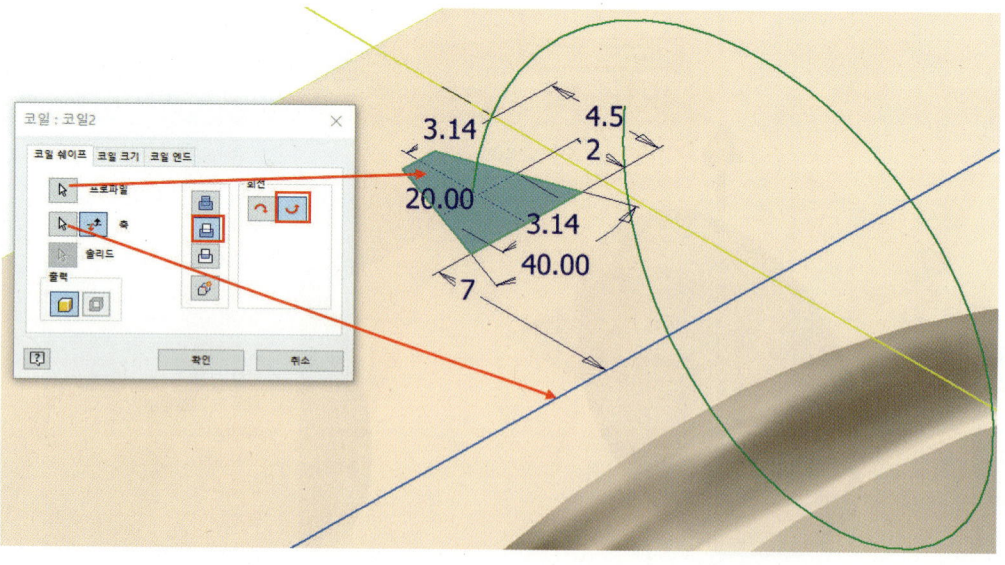

6 코일 대화상자에서 코일 크기 탭을 선택한 후 유형은 피치 및 높이로 설정하고 피치와 높이 값을 모두 6.28로 입력하여 확인 버튼을 누른다.

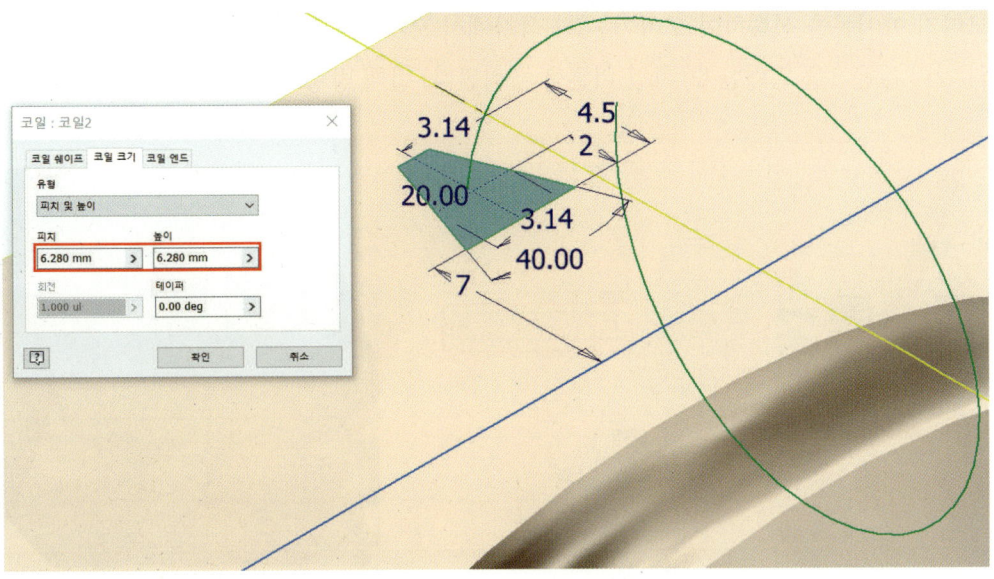

7 원형 패턴 아이콘을 클릭하고, 앞에서 작성한 치형 피쳐를 선택하고, 원형 패턴 대화상자의 회전축 버튼을 클릭한 후 작업 축을 클릭한다. 원형 패턴 대화상자의 배치 영역의 패턴 개수에 31을 입력하고 확인한다. 작업 축 아이콘을 선택하고 내경을 클릭하여 작업 축을 작성한다.

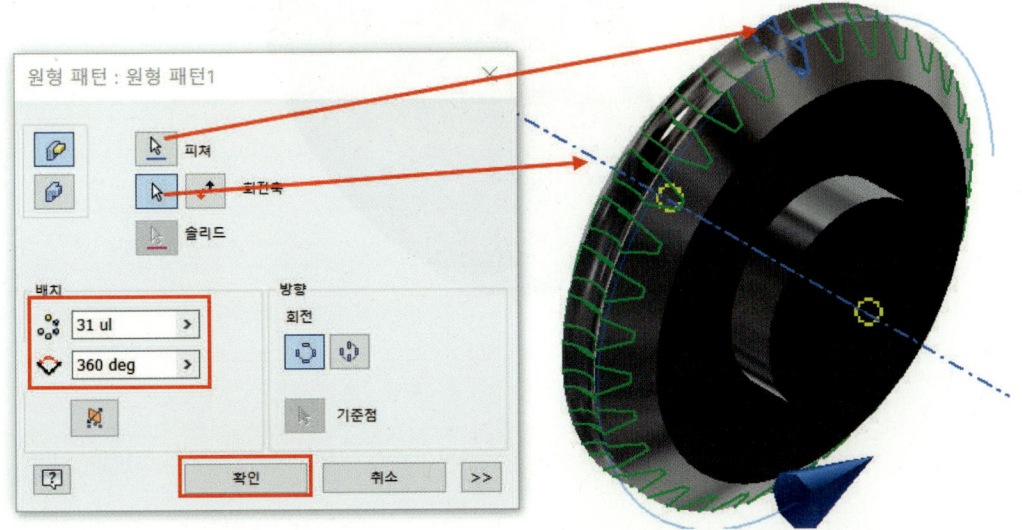

## 5. 모따기 작성하기

　　모따기 아이콘을 선택하여 모따기 대화 상자에서 모서리를 차례대로 클릭한다. 모따기 대화상자의 거리 값은 1을 입력한 후 확인 버튼을 클릭한다. 반대 방향도 같은 방법으로 모따기한다.

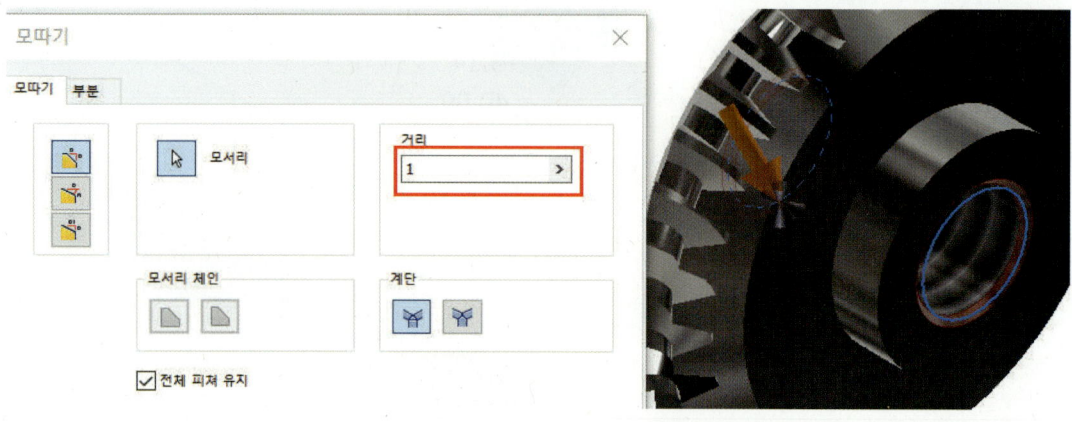

# 16. 디자인 엑셀러레이터를 이용한 웜과 웜 기어 따라 하기

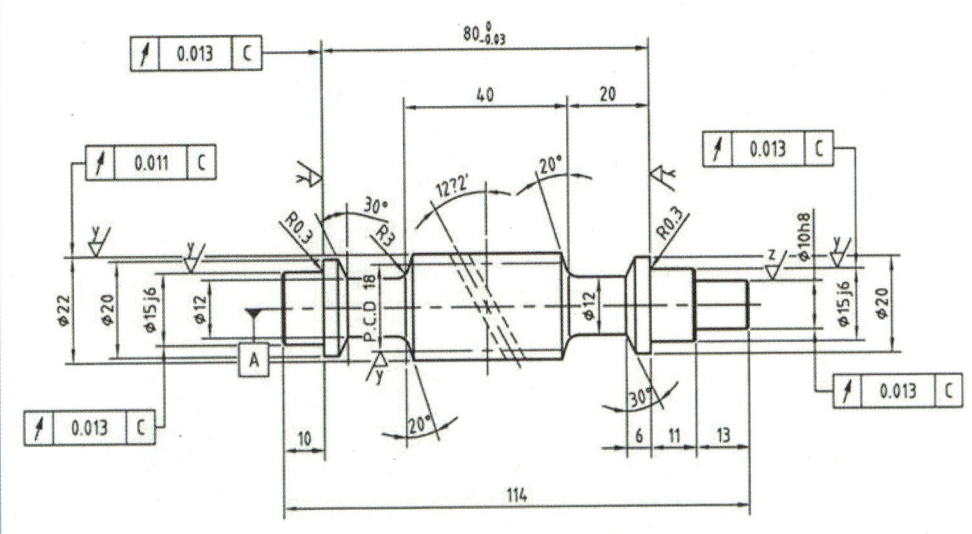

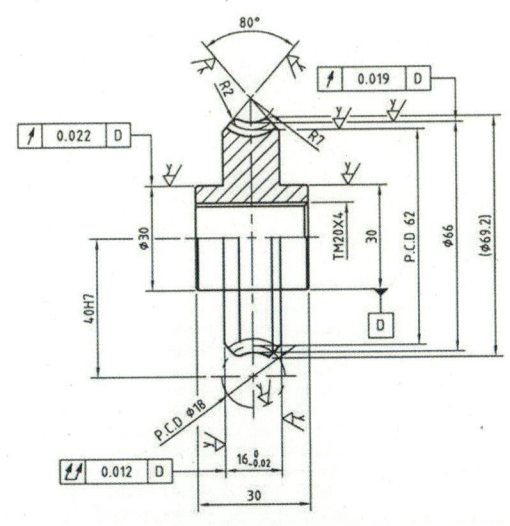

| 웜과 웜 기어 요목표 | | |
|---|---|---|
| 품번<br>구분 | ② | ③ |
| 치형 기준 단면 | 축직각 | |
| 원주 피치 | 6.28 | |
| 리드 | 12.56 | |
| 줄수와 방향 | 2줄, 우 | |
| 모듈 | 2 | |
| 압력각 | 20° | |
| 잇수 | – | 32 |
| 정밀도 | $\phi$18 | $\phi$62 |
| 리드각 | 12°31' | |
| 다듬질 방법 | 연삭 | 호브 절삭 |

CHAPTER 4 3D 형상 솔리드 모델링 따라 하기

# 1. 새로 만들기 및 저장하기

**1** 아래 그림과 같이 설정하고 작성한다.

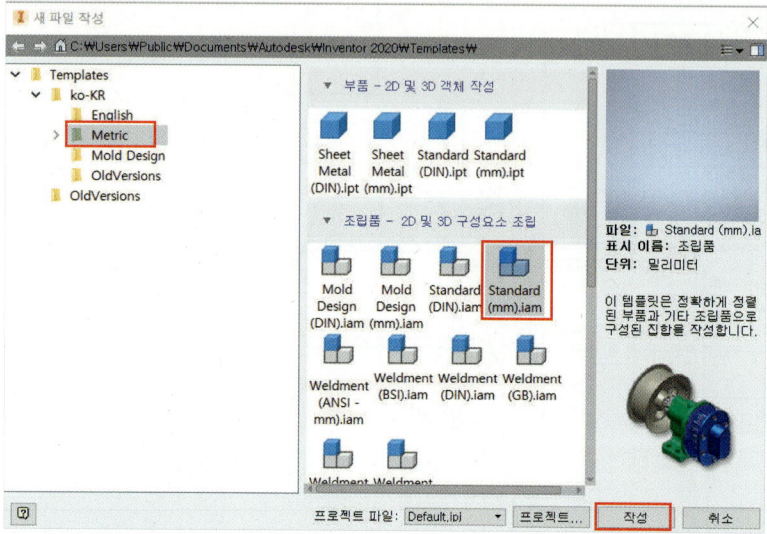

**2** 설계에서 웜 기어를 클릭한다.

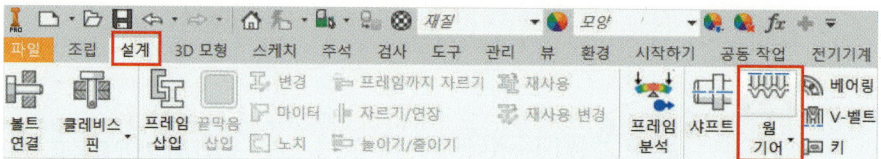

**3** 아래 그림과 같이 다른 이름으로 저장한다.

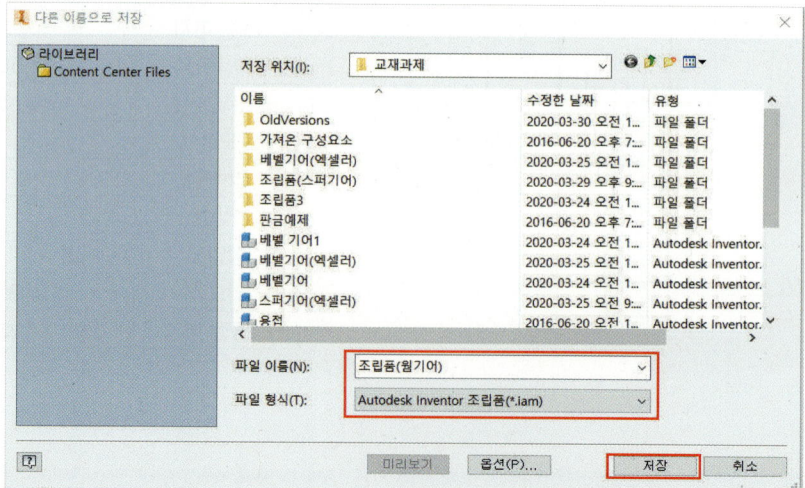

## 2. 웜과 웜 기어 설계하기

**1** 아래 그림처럼 설정하여 계산하고 확인한다.

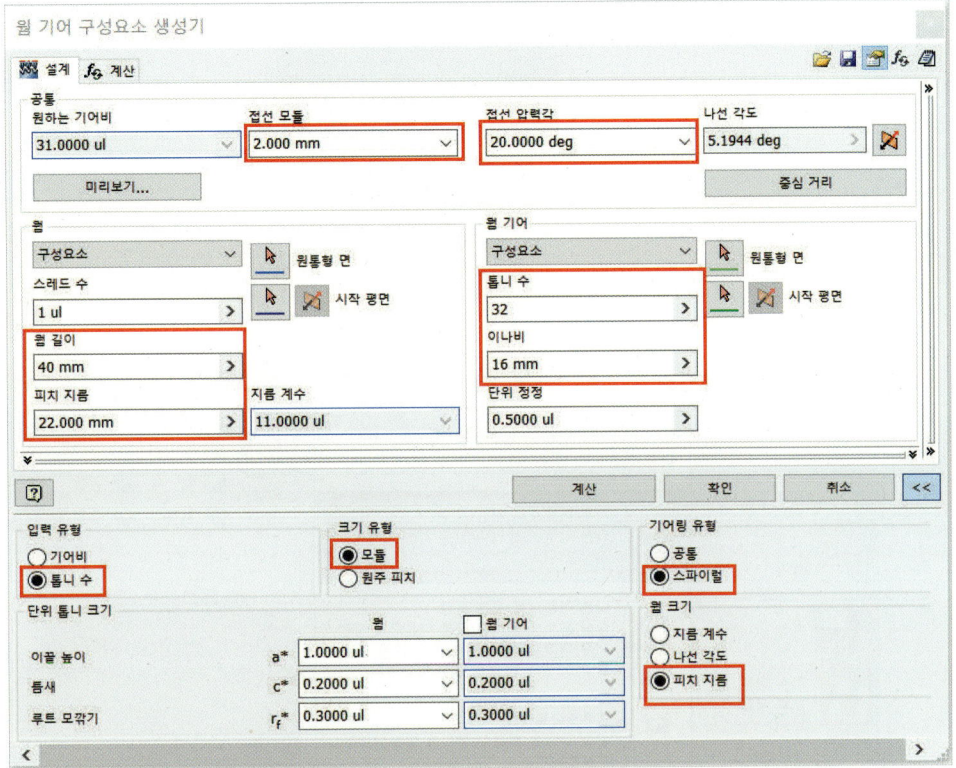

**2** 아래 그림과 같이 웜과 웜 기어가 생성된다.

CHAPTER 4 3D 형상 솔리드 모델링 따라 하기

❸ 우측의 웜 휠 기어를 더블클릭을 2번 하면 3D 모형 상태에서 저장한다. 오른쪽 위에 복귀(2번)한다.

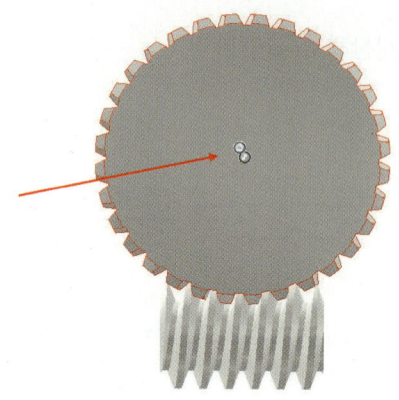

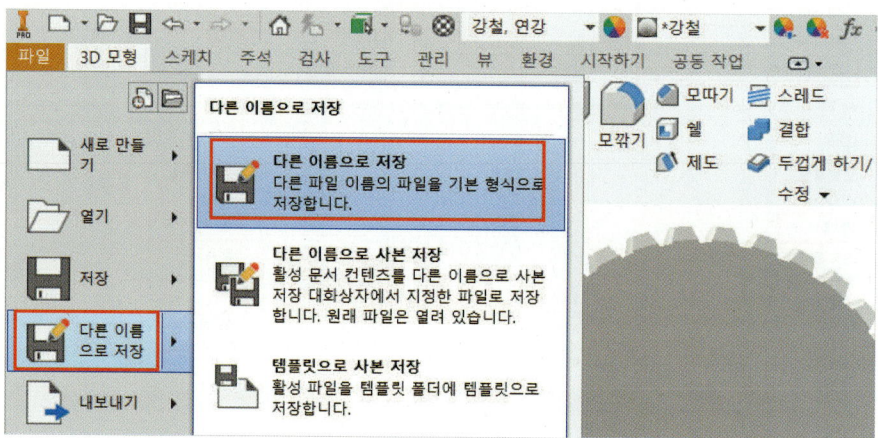

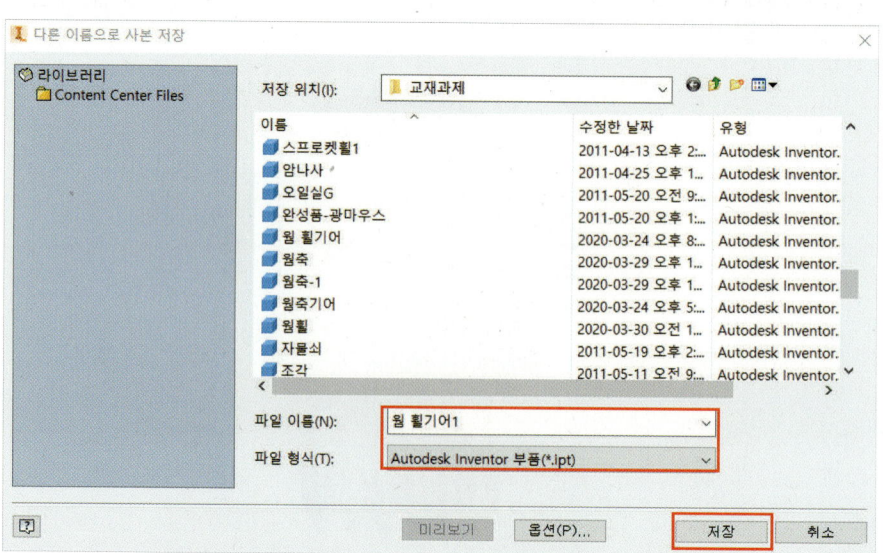

**4** 아래 측에 웜 축을 더블클릭(2번)하여 3D 모형 상태에서 저장한다. 오른쪽 위에 복귀(2번) 한다.

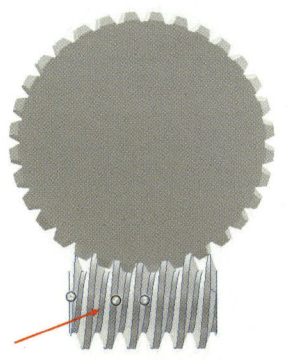

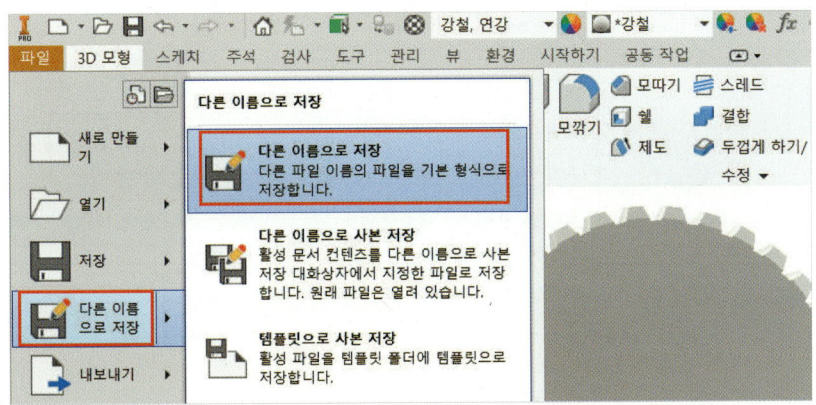

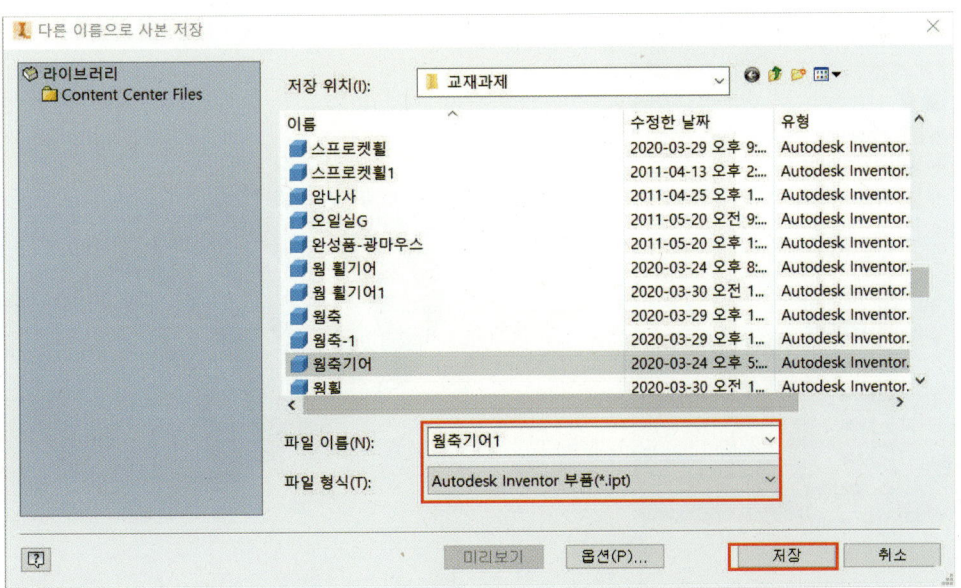

CHAPTER 4 3D 형상 솔리드 모델링 따라 하기

## 3. 웜 축 기어 축 완성하기

**1** 아래 그림과 같이 웜 축 기어를 열기( )한다.

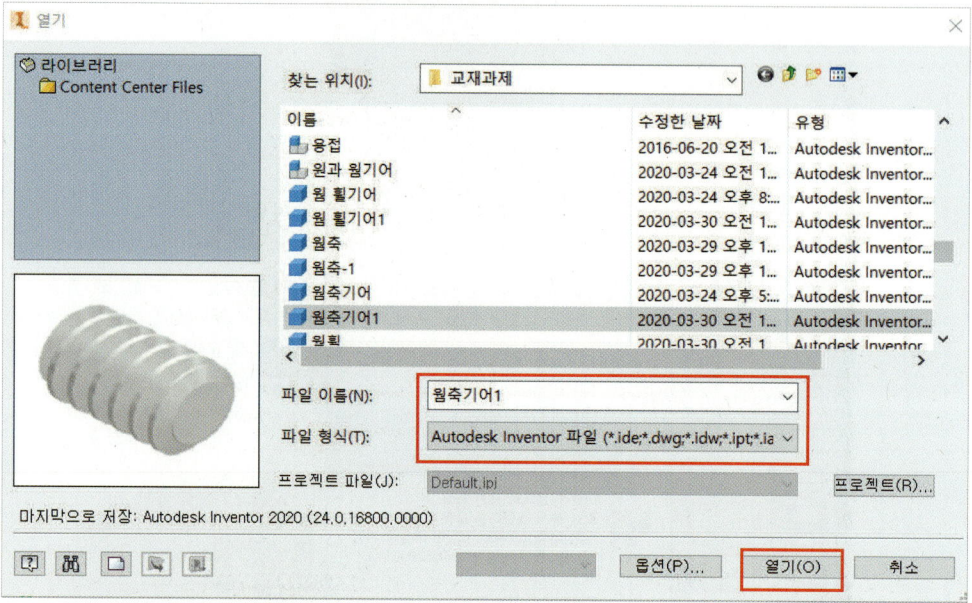

**2** 아래 그림과 같이 XZ 평면에서 가시성을 체크한다.

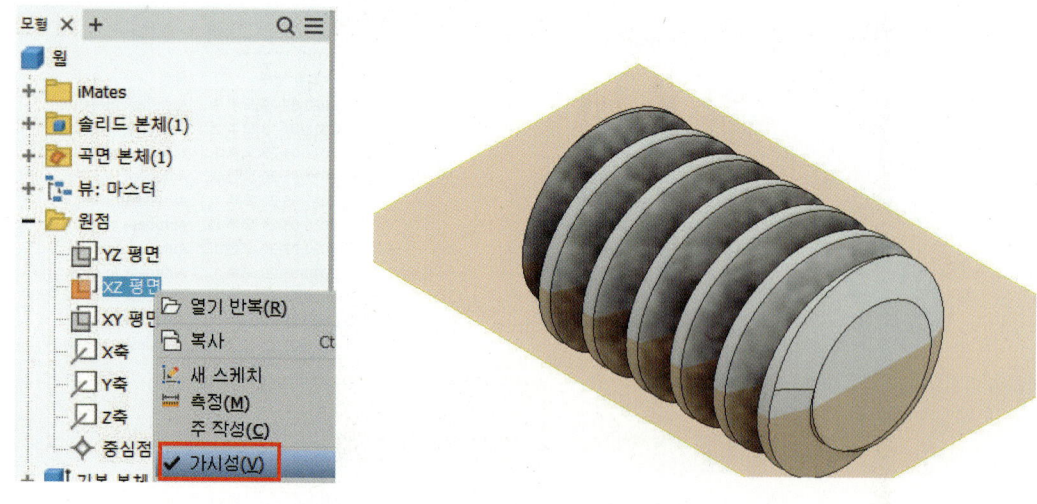

3 평면을 마우스 오른쪽 새 스케치를 선택한다.

4 마우스 오른쪽을 클릭한 후 그래픽 슬라이스를 체크한다.

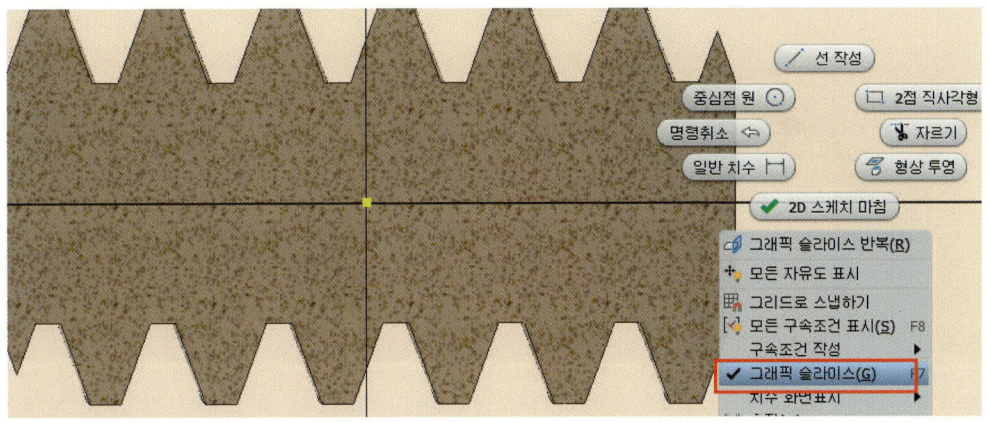

5 아래 그림과 같이 스케치하고 종료한다.

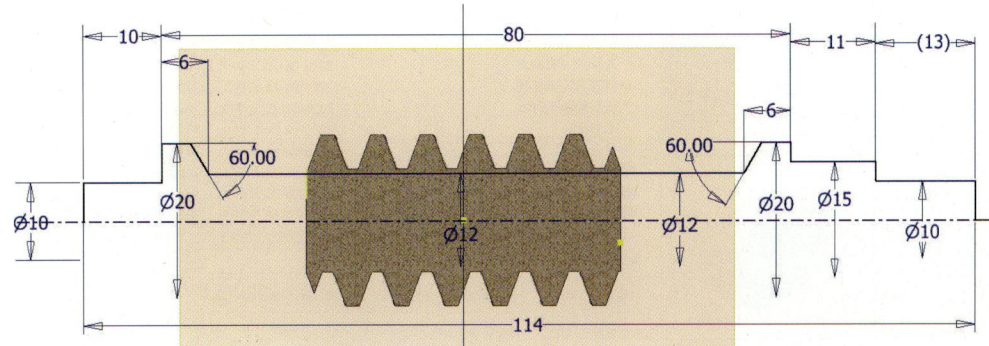

6 회전 아이콘을 이용하여 아래 그림과 같이 설정하고 확인한다.

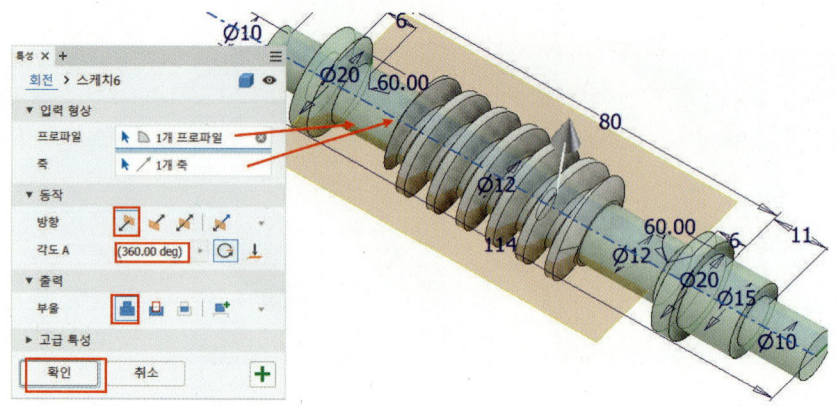

7 아래 그림과 같이 모따기한다.

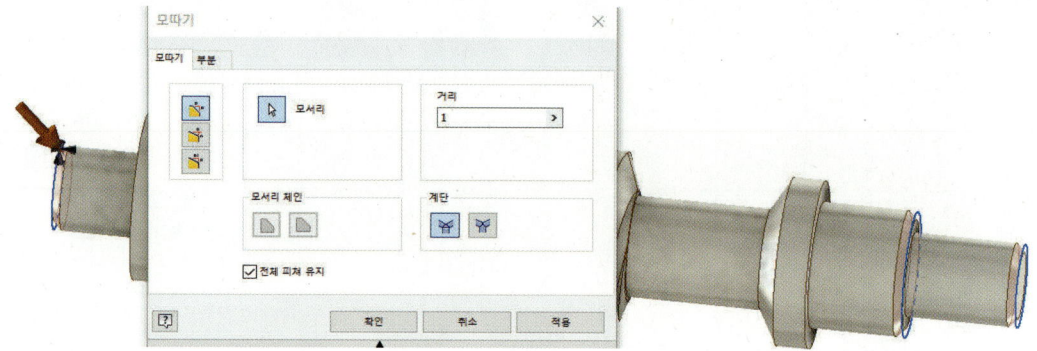

8 완성된 그림이다.

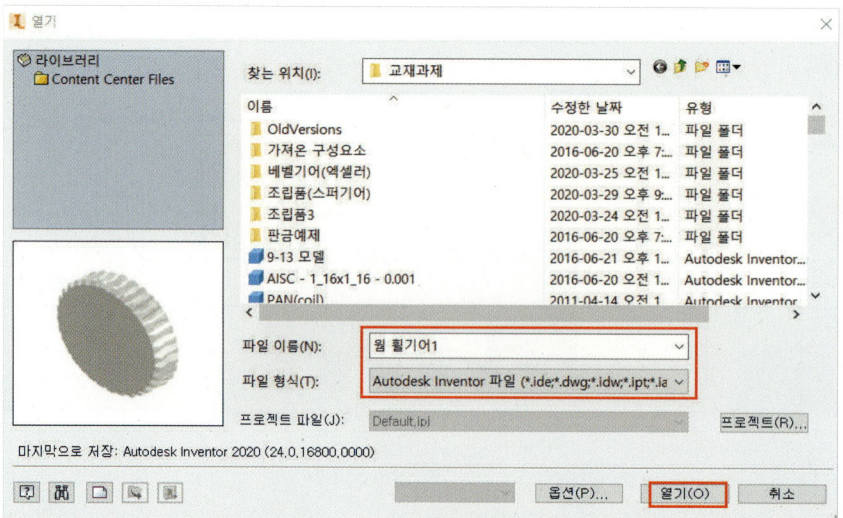

## 4. 웜 휠 기어 완성하기

**1** 아래 그림과 같이 열기를 선택한다.

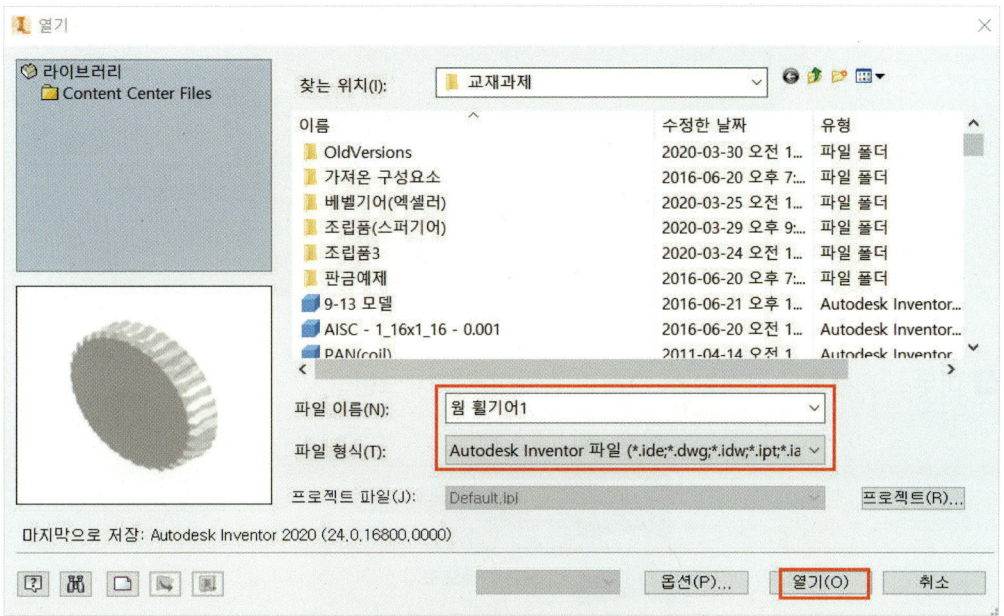

**2** 아래 그림과 같이 XZ축 가시성을 체크한다.

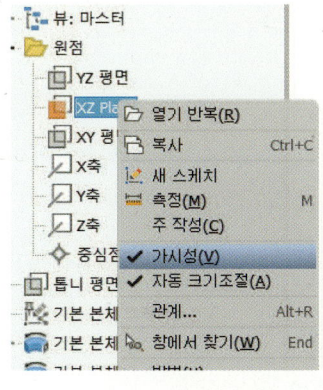 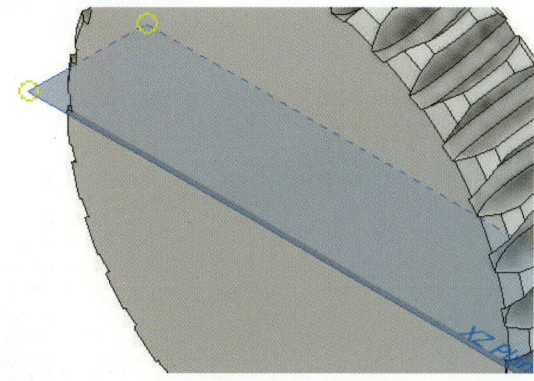

CHAPTER 4 3D 형상 솔리드 모델링 따라 하기 **307**

**3** 평면에서 마우스 오른쪽을 클릭한 후 새 스케치를 선택한다.

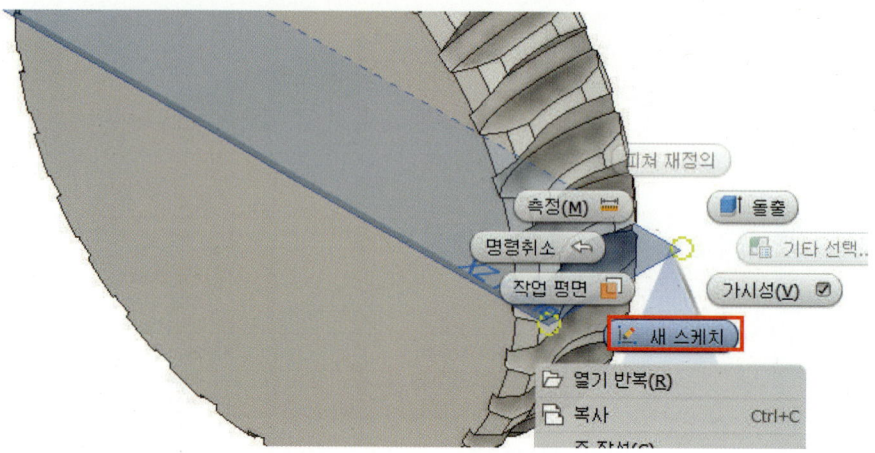

**4** 마우스 오른쪽을 클릭한 후 그래픽 슬라이스를 체크한다.

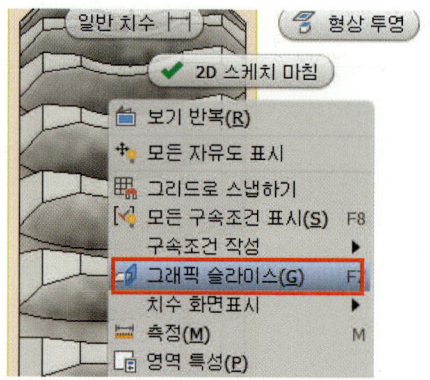

**5** 아래 그림과 같이 스케치하고 종료한다.

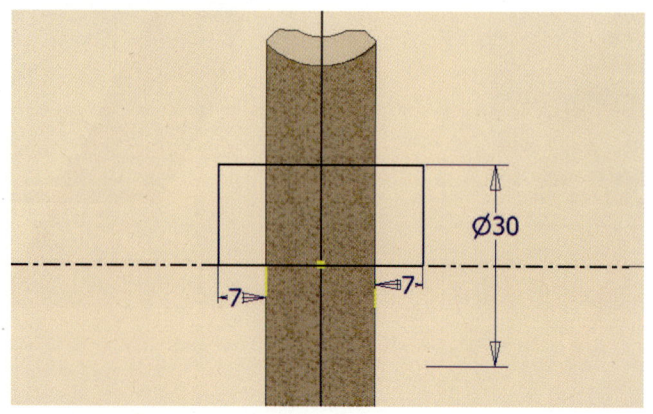

6 회전 아이콘을 이용하여 아래 그림과 같이 설정하고 확인한다.

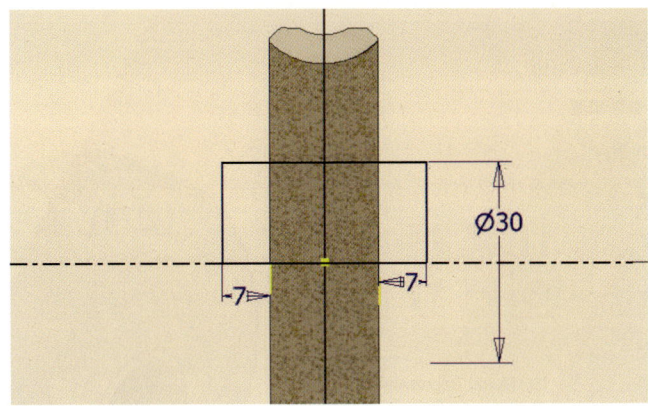

7 아래 그림과 같이 새 스케치를 선택한다.

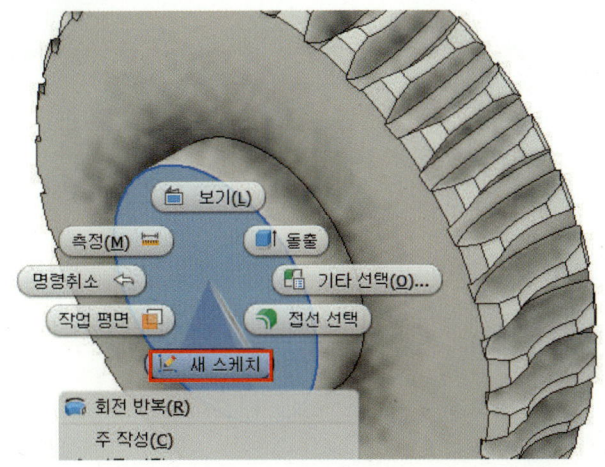

8 아래와 같이 스케치한다.

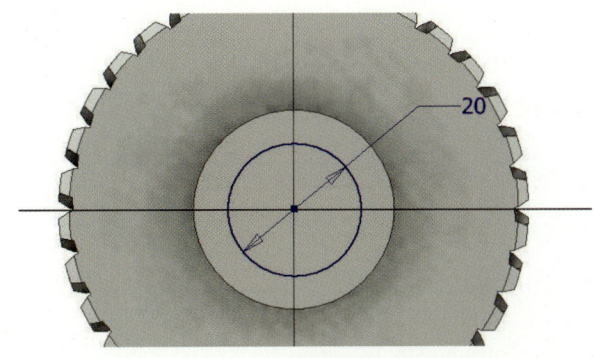

CHAPTER 4 3D 형상 솔리드 모델링 따라 하기

9 구멍 아이콘을 이용하여 나사 작업을 아래와 같이 설정하고 확인한다.

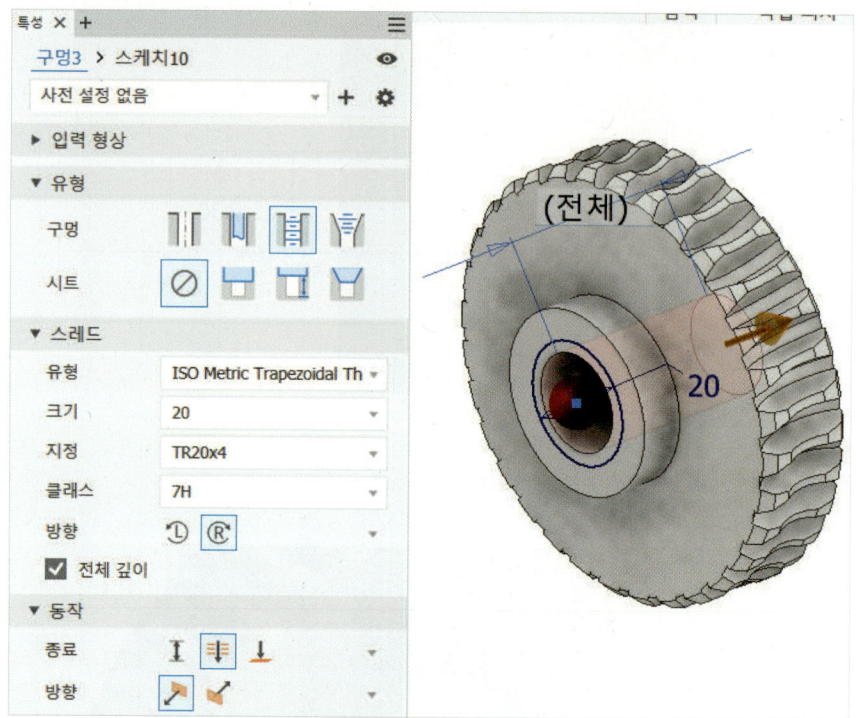

10 모따기 아이콘을 이용하여 아래 그림과 같이 설정한 후 확인을 클릭한다.

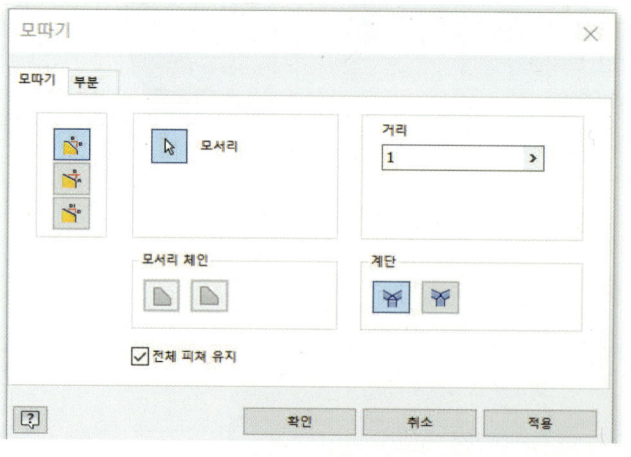
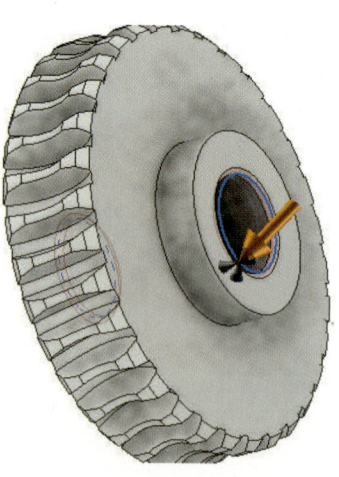

# 17. 헬리컬 기어 따라 하기

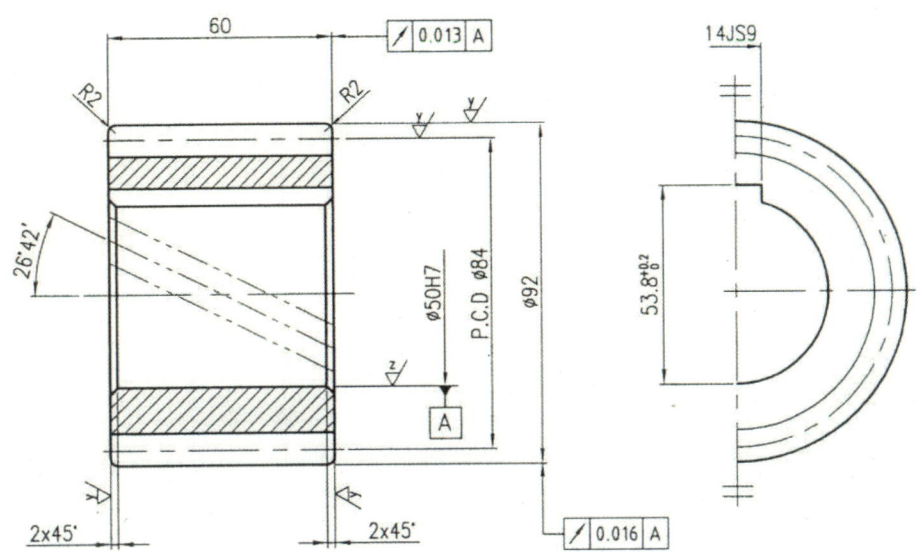

| 헬리컬 기어 | | |
|---|---|---|
| 기어 치형 | | 표준 |
| 공구 | 치형 | 보통이 |
| | 모듈 | 4 |
| | 압력각 | 20° |
| 잇수 | | 19 |
| 치형 기준면 | | 치직각 |
| 비틀림 각 | | 26°42′ |
| 피치원 지름 | | $\phi$85.071 |
| 전체 이높이 | | 9 |
| 다듬질 방법 | | 호브 절삭 |
| 정밀도 | | KS B 1405, 1급 |

## 1. 헬리컬 기어 형상 기본 2D 스케치 및 회전 작성하기

**1** 직사각형, 선 아이콘을 선택한 후 아래와 같이 형상을 작성한다. 중심선 아이콘을 이용하여 바닥 선을 바꾼 후 치수 아이콘을 이용하여 도면을 보고 치수기입을 하고 복귀 버튼을 클릭한다.

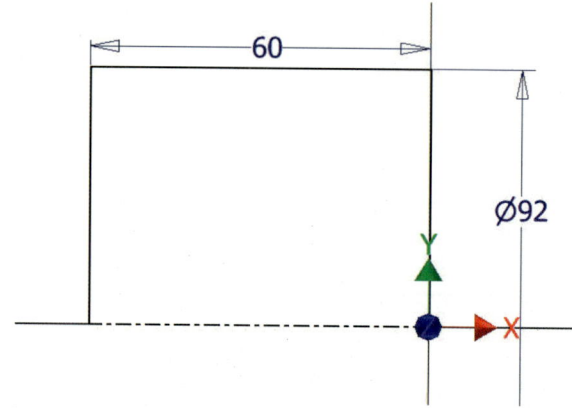

**2** 회전 아이콘을 클릭하여 닫힌 루프가 단 하나이므로 회전 영역이 자동으로 선택되었으며, 앞에서 회전축을 중심선으로 지정해 놓았으므로 회전축도 자동으로 선택된다. 확인 버튼을 클릭한다.

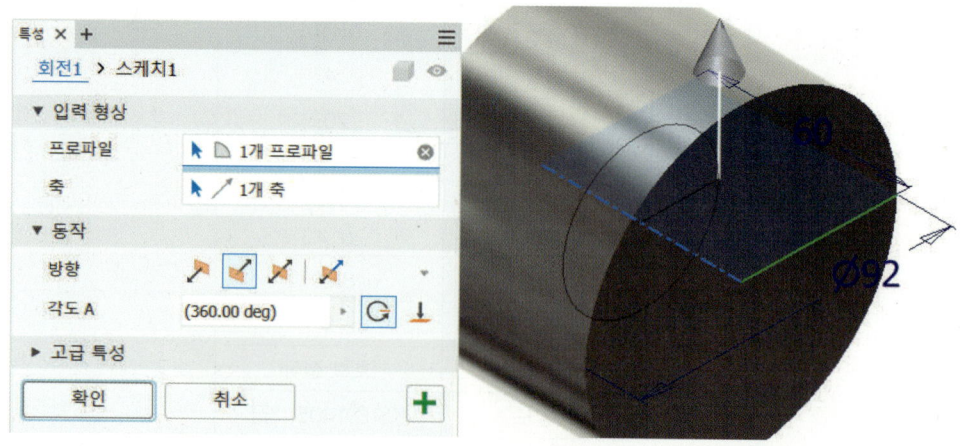

## 2. 모깎기 작성하기

1 모깎기 아이콘을 선택하여 모깎기 대화상자의 반지름값에 2를 입력하고 모서리를 클릭하고 확인 버튼을 클릭한다.

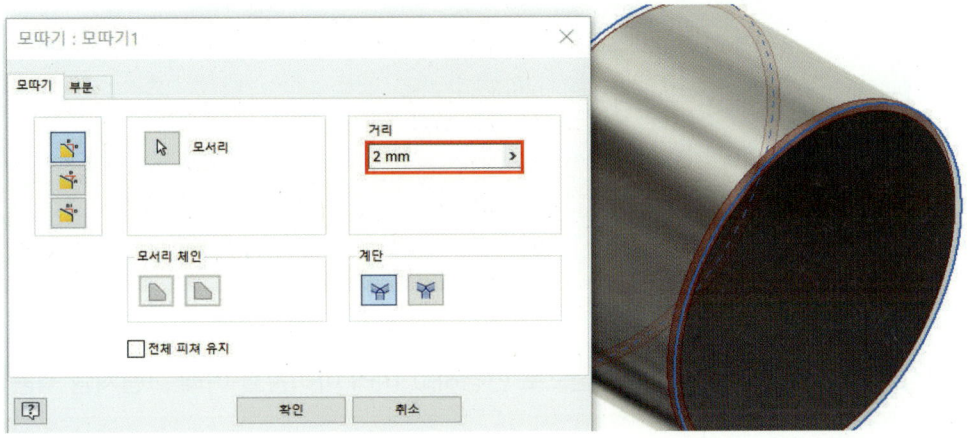

## 3. 헬리컬 기어의 코일 작성하기

1 면을 선택하고 마우스 오른쪽 버튼을 클릭하여 새 스케치를 클릭한다.

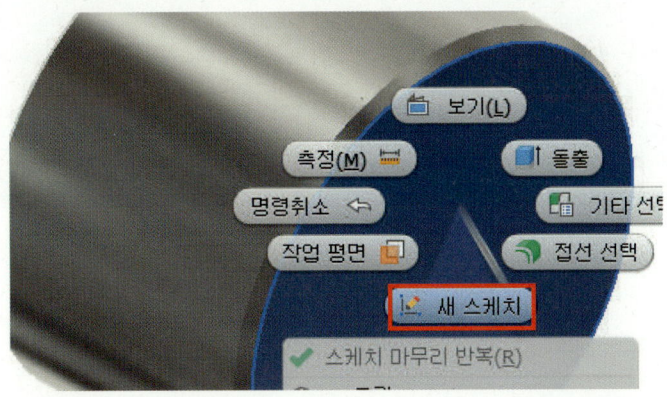

2 아래 그림처럼 스케치를 작성한다.

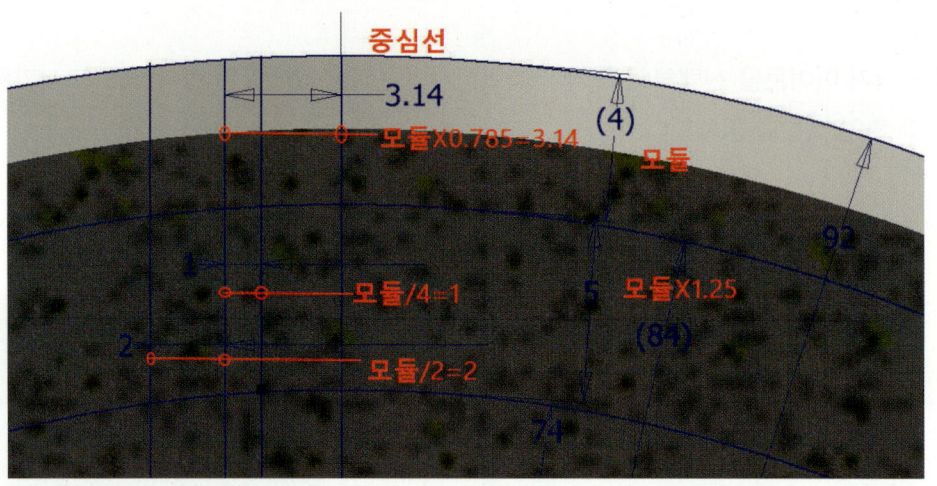

3 구성선 아이콘을 클릭하여 구성선으로 변경하고 미러 아이콘을 아래 그림처럼 적용한다.

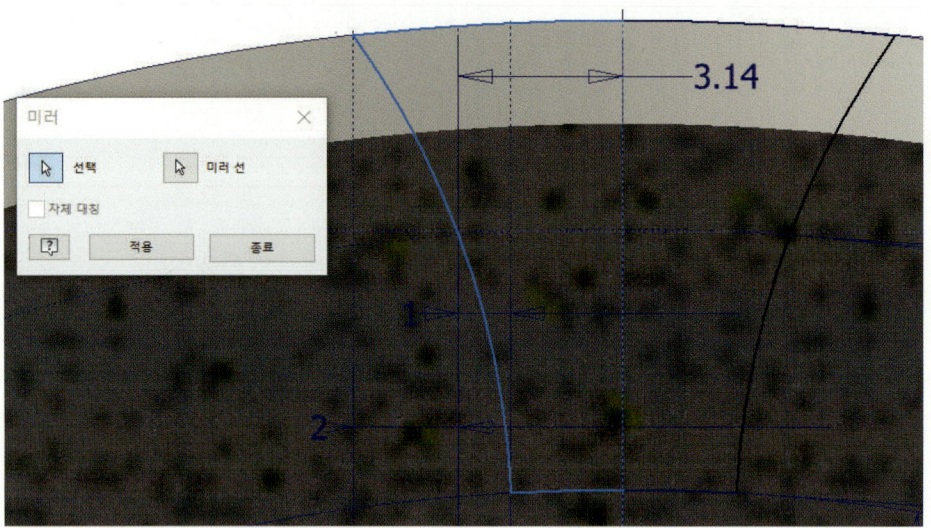

4 중심축을 만들기 위해서 작업 축 아이콘을 이용하여 X축으로 중심축을 만든다. 코일 아이콘을 클릭하고, 코일 쉐이프에서 프로파일 면을 선택한 후 작업 축 선을 선택한다. 절단(차집합)을 선택하고 방향을 헬리컬 회전방향을 변경한다.

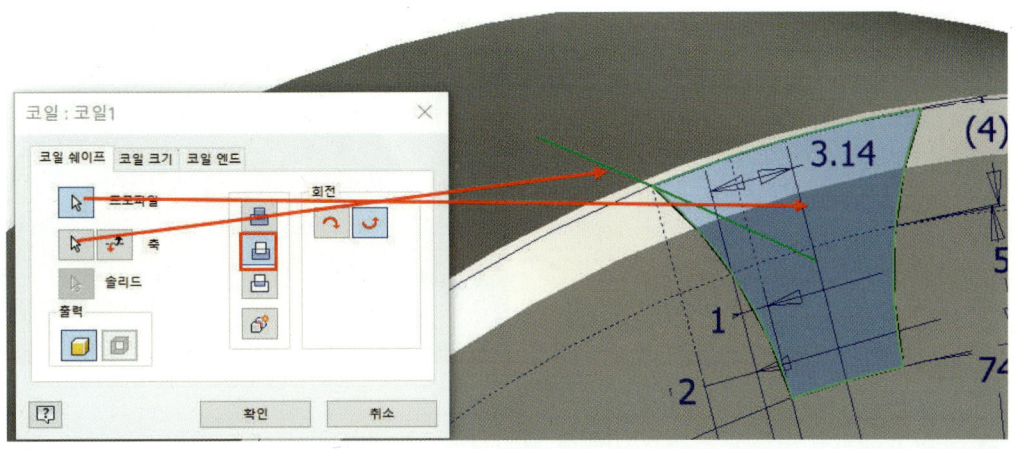

5 코일 크기를 선택하고 유형에서 회전 및 높이를 선택하고 높이 값 60을 입력한다. 회전에서 1/360/4(모듈)×26.42(비틀림 각)를 입력하고 확인을 클릭한다.

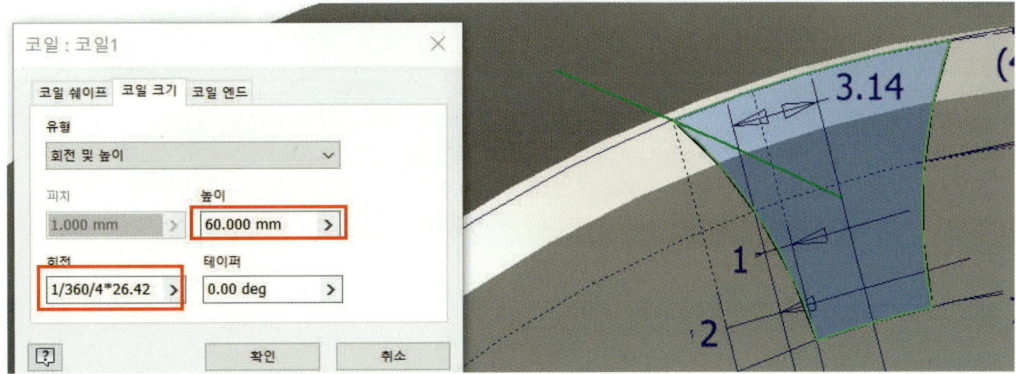

6 원형 패턴 아이콘을 클릭하여 개별 피쳐 패턴을 선택하고 피쳐를 선택한 다음 작업 축을 선택한다. 배치에서 잇수 19를 입력하고 확인한다.

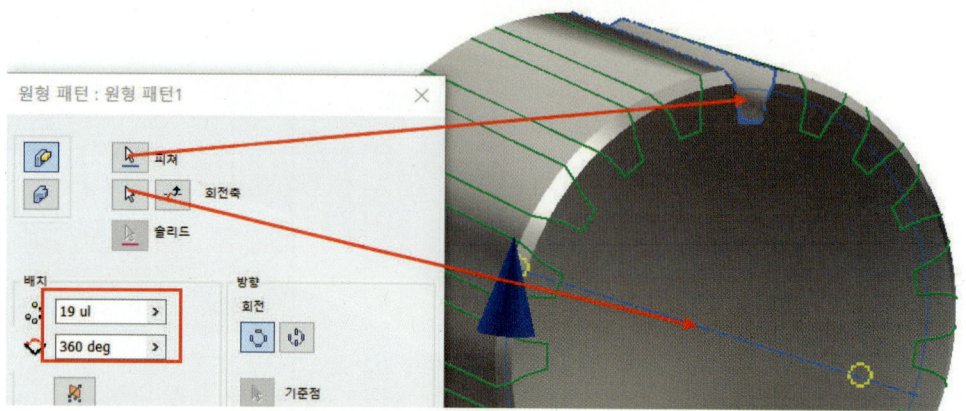

7 면을 선택하고 마우스 오른쪽 버튼을 클릭하고 새 스케치를 클릭한다.

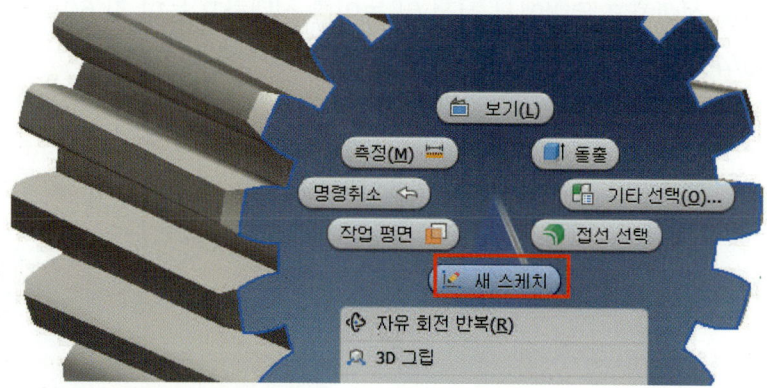

## 4. 돌출구멍 작성하기

**1** 직사각형 아이콘, 일반 치수 아이콘을 사용하여 아래와 같은 스케치를 작성하고 종료한다.

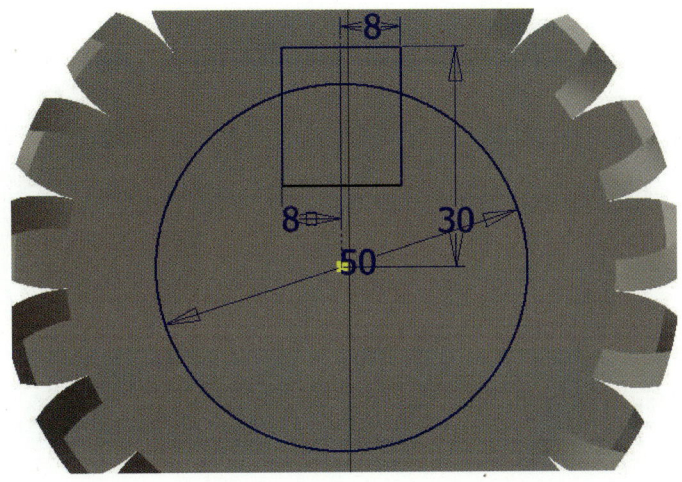

**2** 돌출 아이콘을 클릭하여 프로파일은 앞에서 작성한 스케치 영역 면을 선택한다. 절단(차집합)을 클릭한 후 범위는 전체를 선택하고 확인한다.

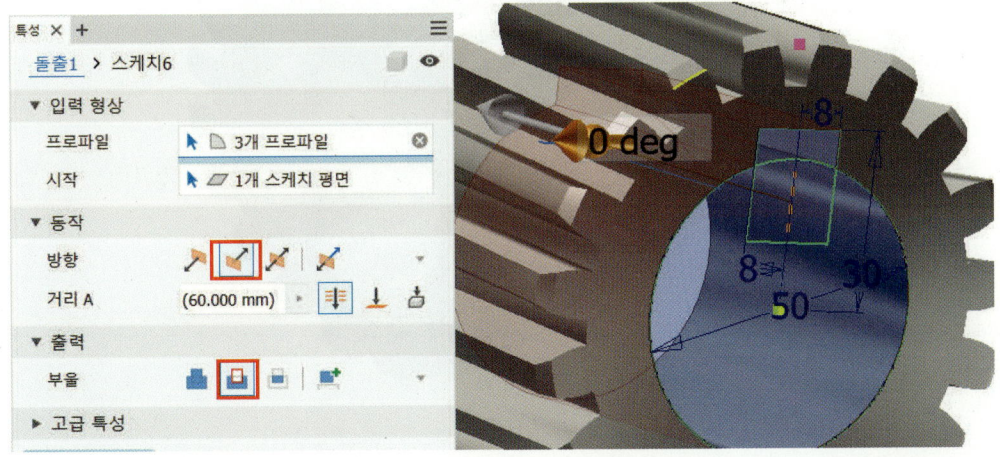

# 5. 모따기 작성하기

**1** 모따기 아이콘을 선택하여 거리를 클릭하고, 거리 값은1 입력 후 자유회전 아이콘을 이용하여 모서리를 양쪽으로 선택하고 확인하면 오른쪽 그림처럼 완성이 된다.

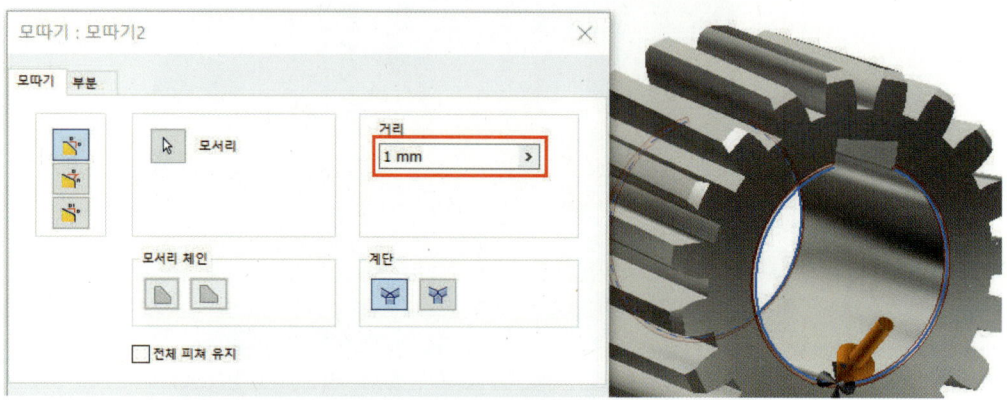

## 18. 베벨 기어 따라 하기

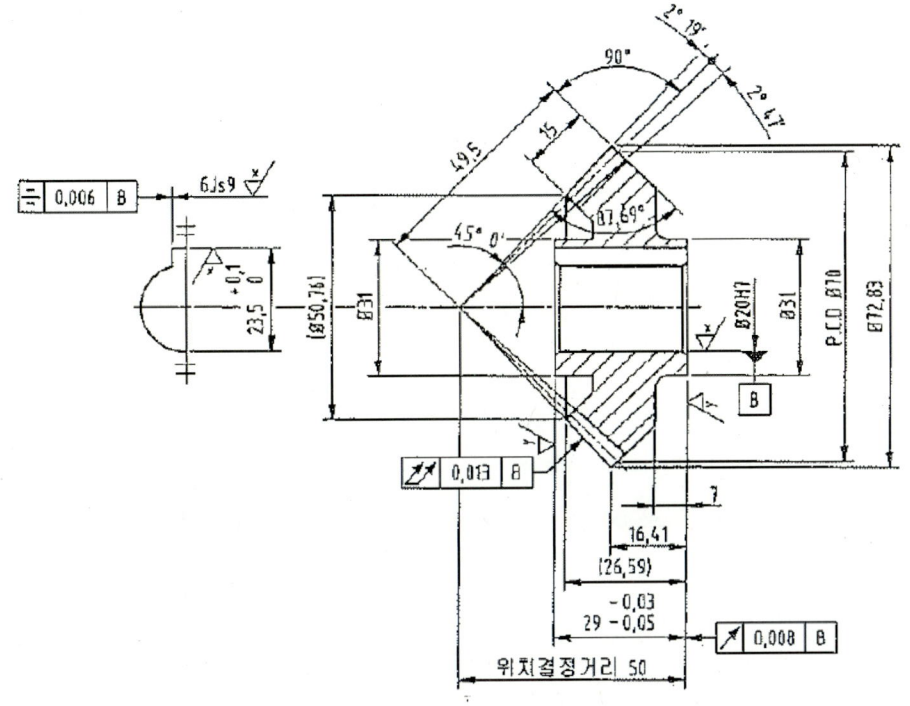

| 베벨 기어 요목표 | |
|---|---|
| 치형 | 글리슨식 |
| 압력각 | 20° |
| 축각 | 90° |
| 모듈 | 2 |
| 잇수 | 35 |
| 피치원 지름 | Φ70 |
| 피치원 축각 | 45° |
| 다듬질 방법 | 호브 절삭 |
| 정밀도 | KS B ISO 1328-1, 4급 |

# 1. 베벨 기어 형상 기본 2D 스케치 및 회전 작성하기

**1** 직사각형 아이콘을 선택한 후 마우스를 이용하여 아래와 같이 설계도를 작성한다. 중심선 아이콘을 이용하여 바닥 수평선을 바꾼다. 도면을 보고 치수기입을 하고 스케치에서 종료한다.

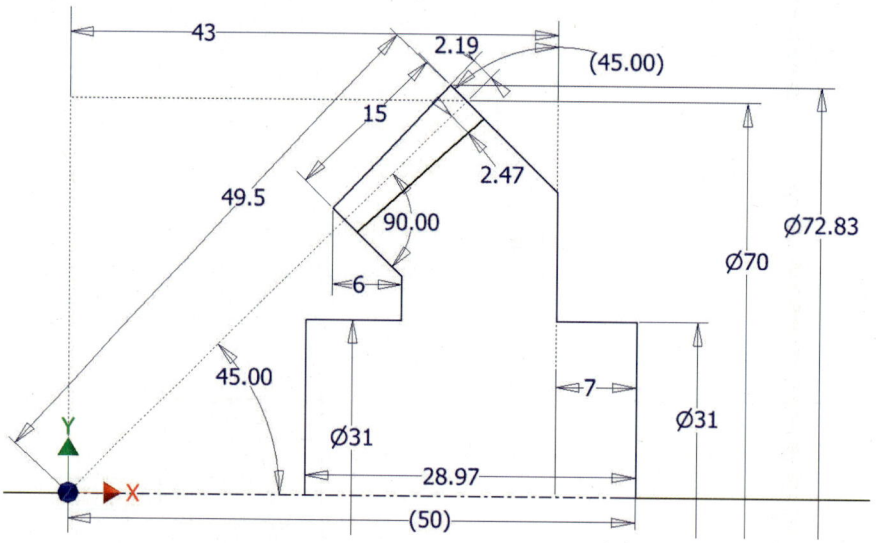

**2** 회전 아이콘을 클릭한다. 닫힌 루프가 단 하나이므로 회전 영역이 자동으로 선택되었으며, 앞에서 회전축을 중심선으로 지정해 놓았으므로 회전축도 자동으로 선택되어 미리보기가 된다. 확인 버튼을 클릭한다.

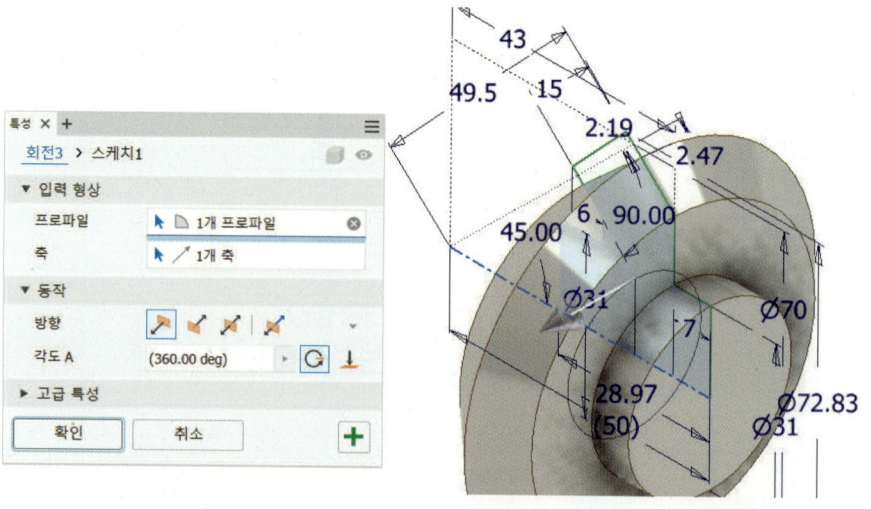

## 2. 베벨 기어의 작성하기

1. 회전에서 사용한 스케치를 공유한다.
2. 3D 모형에 평면을 클릭하고 선1을 선택한 후 면2 선택을 순서대로 클릭한다.

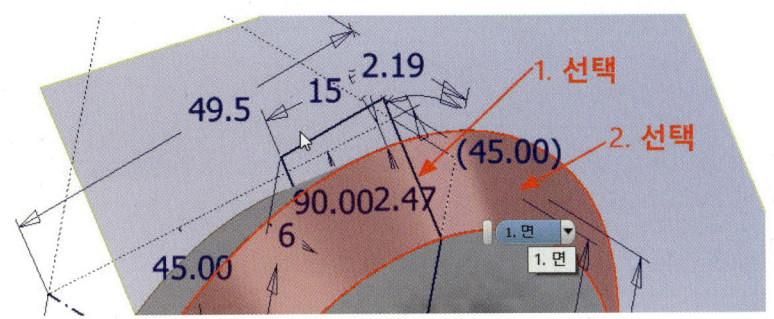

3. 앞에서 생성된 평면을 선택하고, 마우스 오른쪽을 클릭한 후 새 스케치를 선택한다.

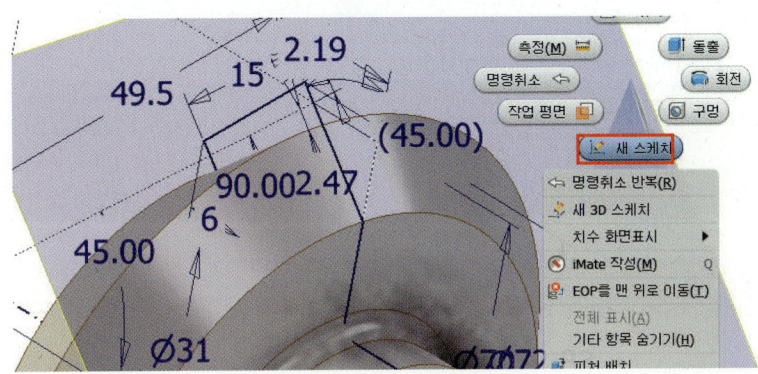

4. 스케치에서 아래 그림과 같이 형상 투영할 평면을 선택한다.

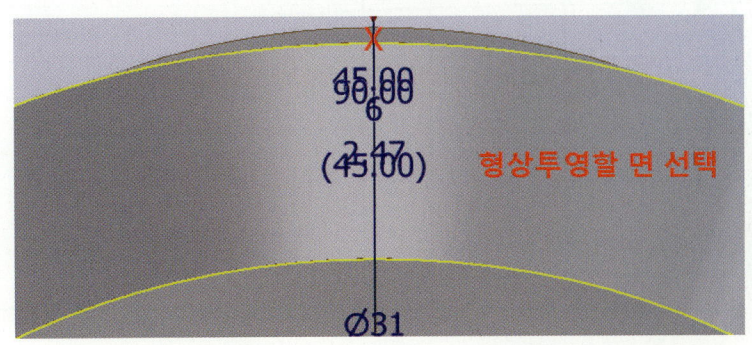

**5** 아래 그림과 같이 투영된 원을 클릭하여 간격띄우기 2개의 원을 생성하고, 아래 그림과 같이 간격띄우기 원과 일치가 되도록 선 2개를 형상 투영한다.

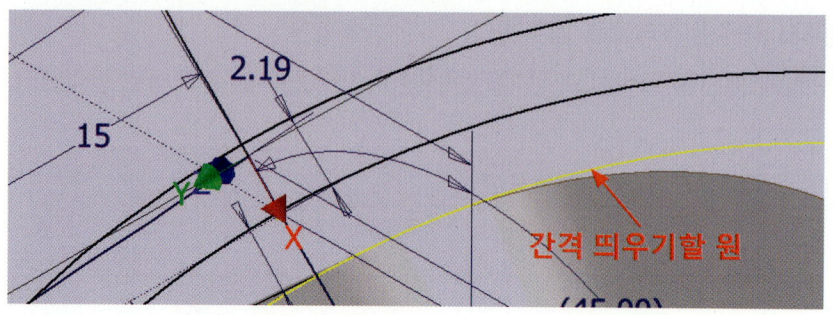

**6** 일치 구속조건을 이용하여 투영한 선을 원과 일치시킨다.

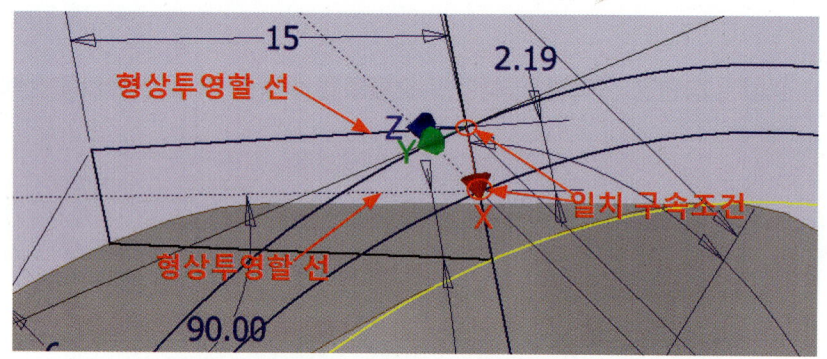

**7** 아래 그림을 참조하여 바깥 원보다 길게 수직선 3개를 제도하고 치수를 기입한다.

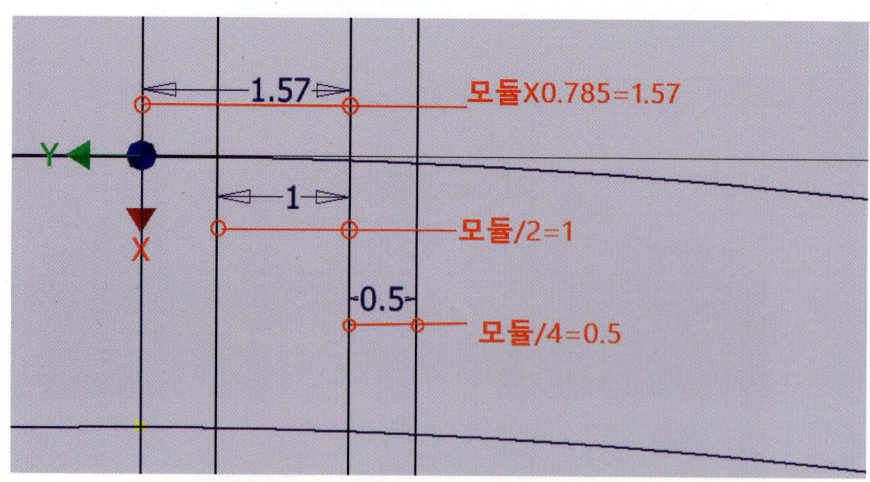

8 호 아이콘을 이용하여 아래 그림처럼 3점을 클릭한다.

9 미러 아이콘을 이용하여 아래 그림처럼 적용한다.

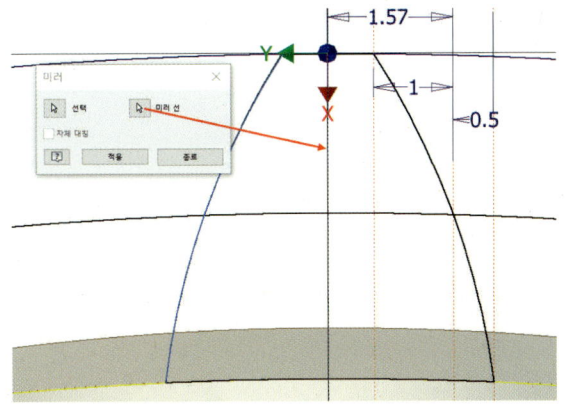

10 원 아이콘을 이용하여 피치원 지름과 호의 교차점에 원(지름은 임의로)을 제도하고, 구성선으로 변경한 후 스케치를 종료한다.

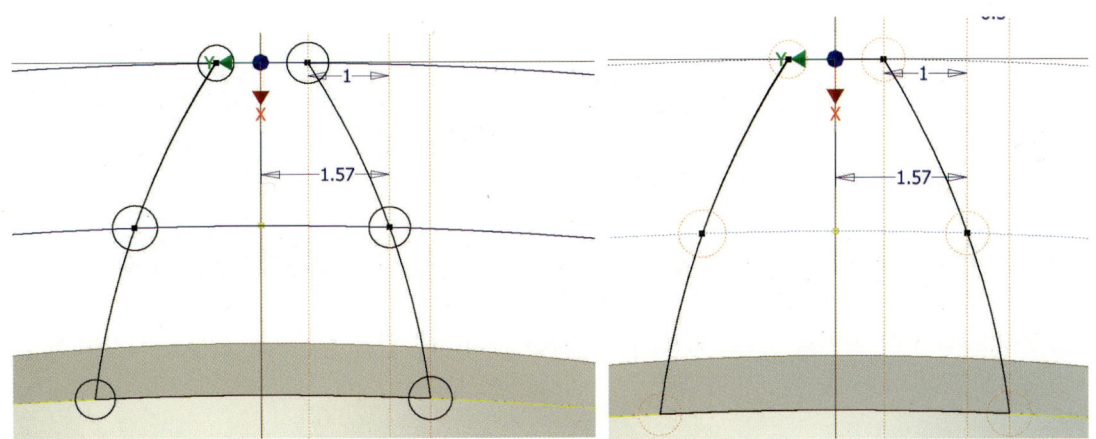

11 아래 그림처럼 3D 모형에 3D 스케치 시작 스케치를 선택한다.

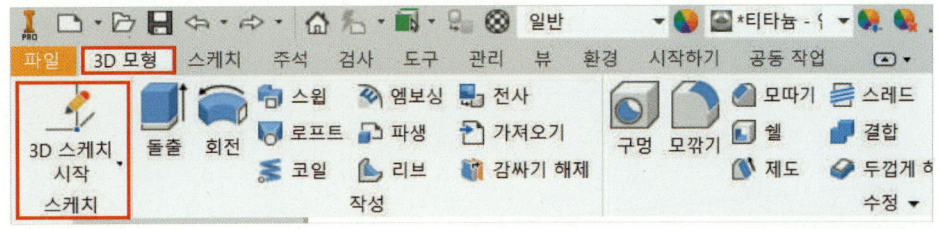

12 아래 그림처럼 원점과 6개의 직선을 연결한다.

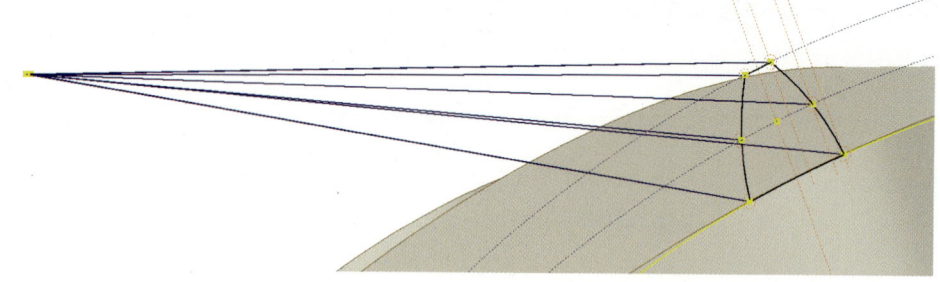

13 3D 모형에 평면에서 아래 그림처럼 기어 이를 스케치한 평면을 클릭하고, 원점 방향으로 17mm 이동한다.

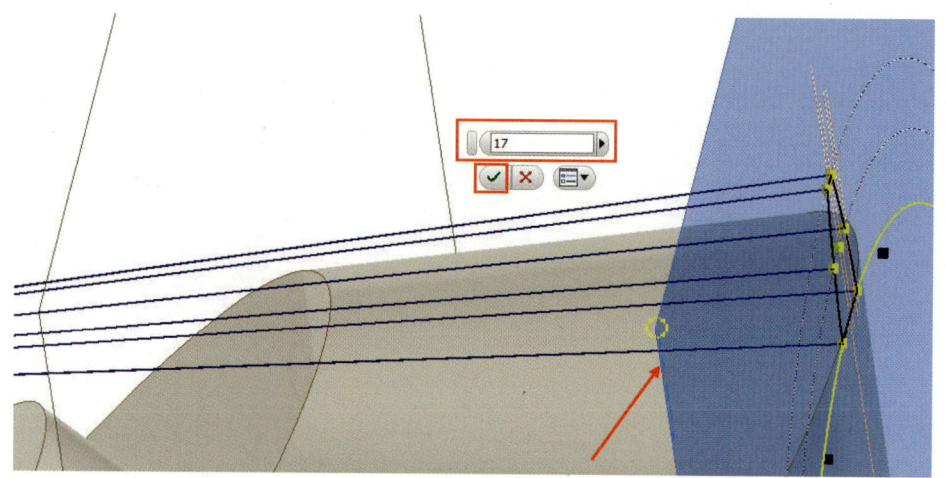

14 간격띄우기 한 평면을 3D 스케치를 클릭하여 교차점에 점을 생성하면 6개의 작업이 생성된다.

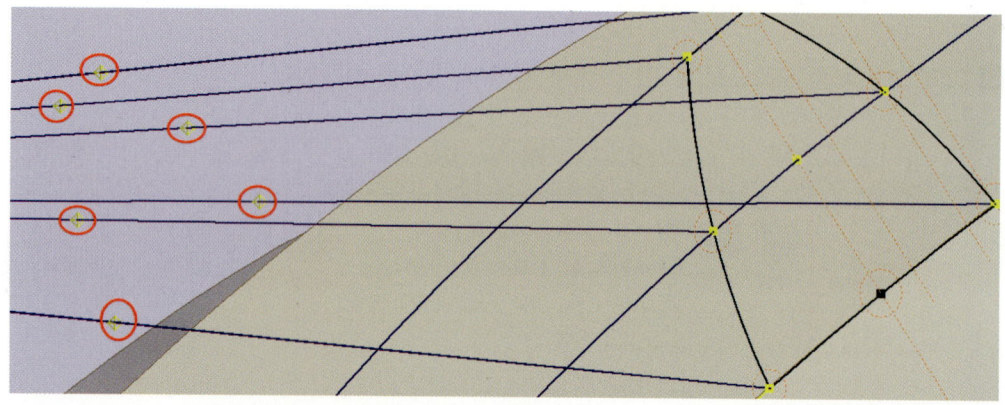

15 스케치에서 형상 투영 아이콘을 이용하여 작업 점 6개의 형상을 투영한다.

16 가시성을 전부 체크 해제하고, 3D 스케치를 이용하여 선과 호 아이콘을 이용하여 아래 그림과 같이 연결한다.

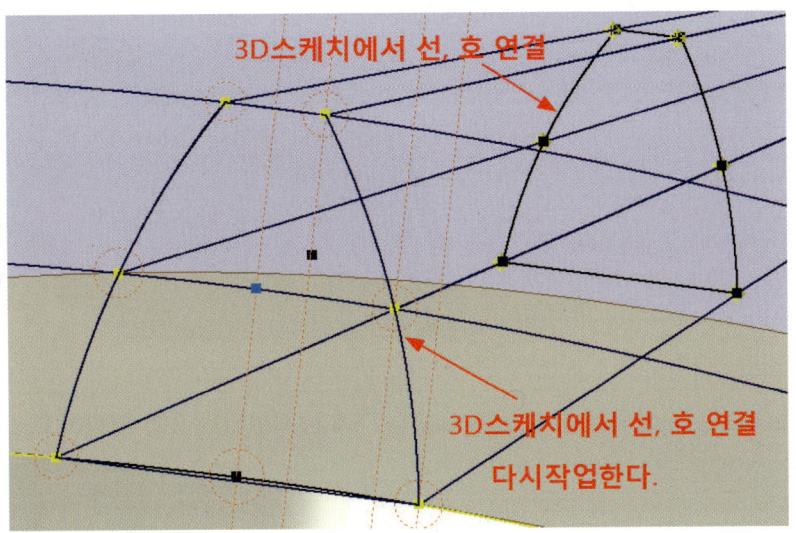

## 3. 베벨 기어 작성하기

1 아래 그림처럼 로프트를 작성한다.

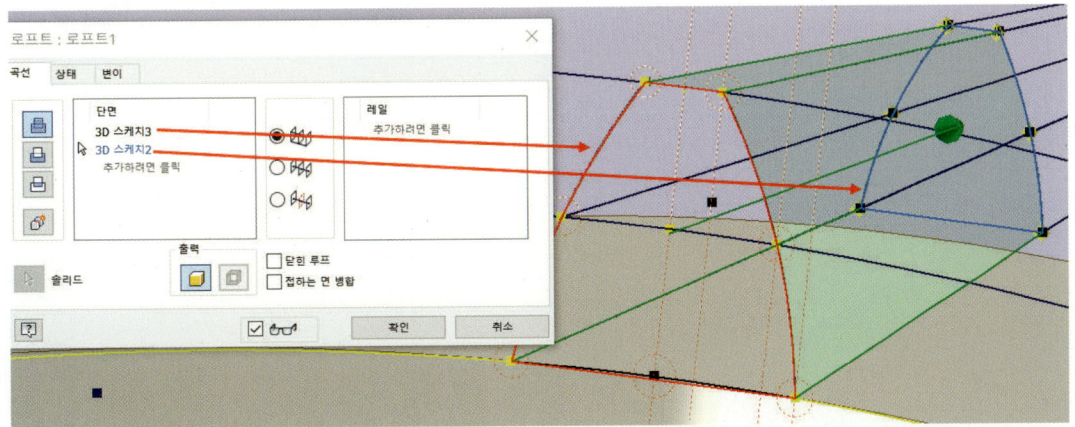

2 원형 패턴을 클릭하여 아래 그림과 같이 설정하고 확인한다.

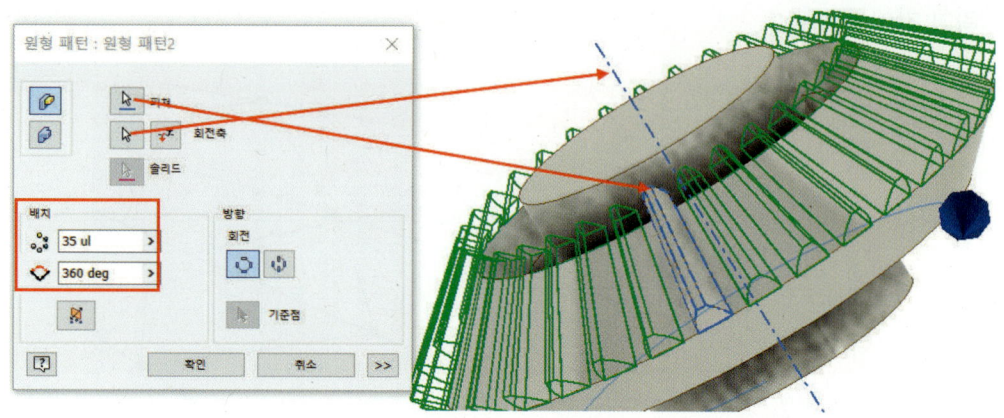

3 모깎기 아이콘을 선택한다. 모깎기 대화상자의 반지름값에 2를 입력하고, 모서리를 선택한 후 확인 버튼을 클릭한다.

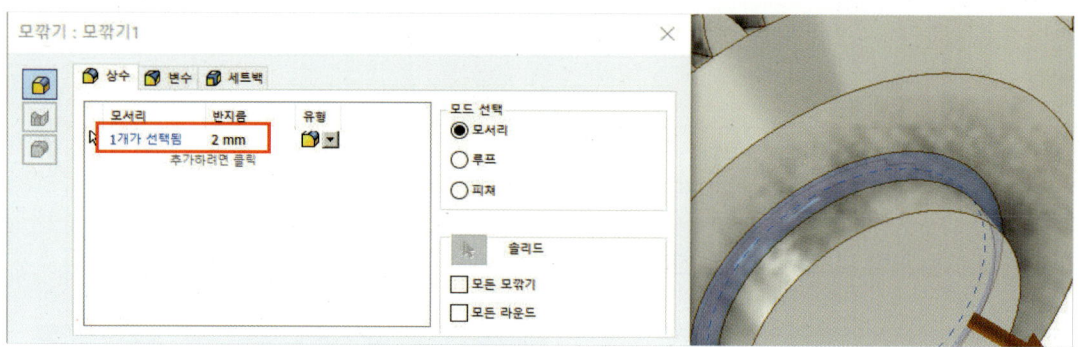

## 4. 돌출 및 구멍 작성하기

**1** 면을 선택한 후 마우스 오른쪽 버튼을 클릭하고 새 스케치를 클릭한다. 중심선 아이콘과 직사각형 아이콘, 일반 치수 아이콘을 사용하여 아래와 같은 스케치를 작성한 후 스케치를 마무리한다.

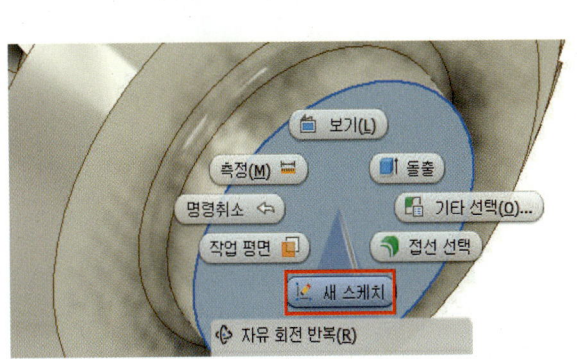
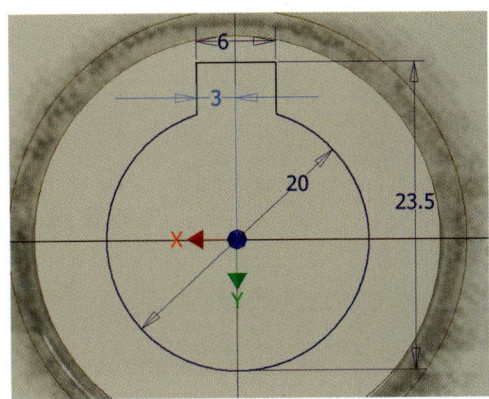

**2** 돌출 아이콘을 선택한다. 프로파일은 앞에서 작성한 스케치 영역 면을 선택한다. 절단(차집합)을 클릭하고 범위는 전체를 선택하고 확인한다.

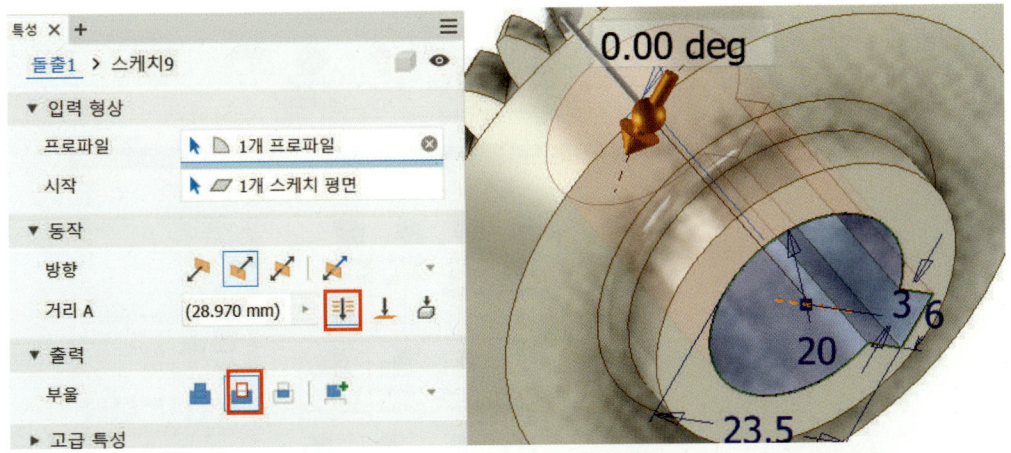

## 5. 모따기 작성하기

1️⃣ 모따기 아이콘을 선택하여 아래 그림과 같이 설정하고 확인한다. 반대쪽도 같은 방법으로 확인한다.

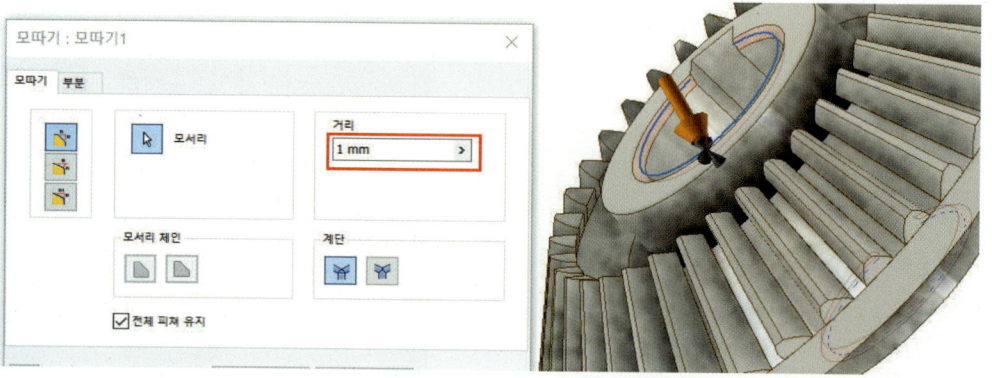

## 6. 디자인 엑셀러레이터를 이용한 베벨 기어 생성하기

1️⃣ 시작하기에 새로 만들기에서 Standard(mm).iam을 클릭한다.

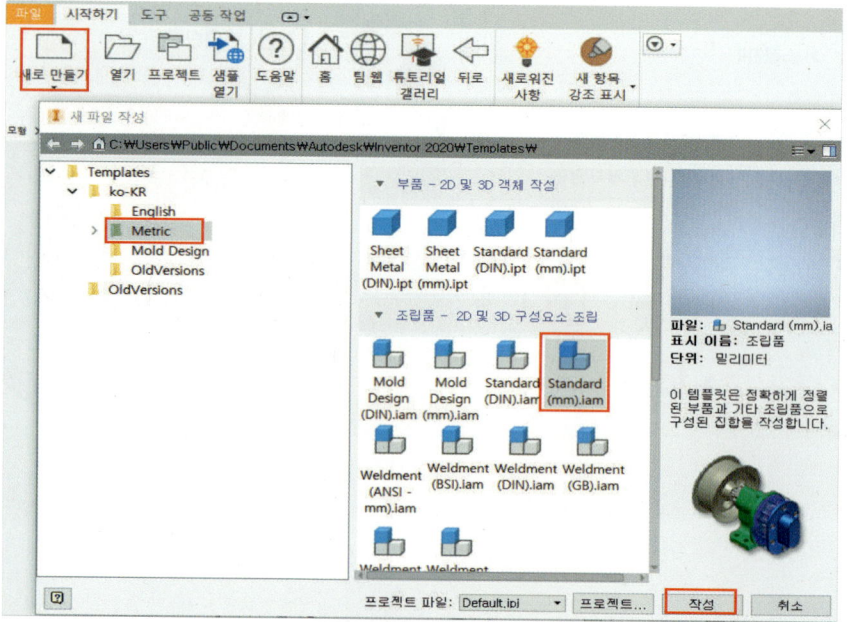

2 설계에서 베벨 기어를 클릭한다.

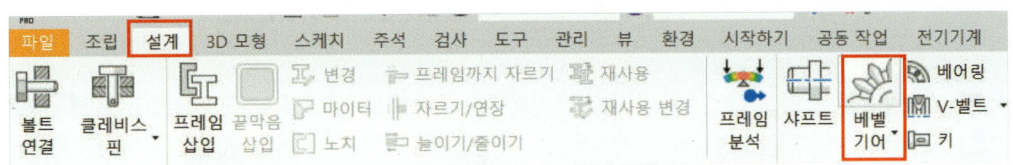

3 아래와 같이 저장한다.

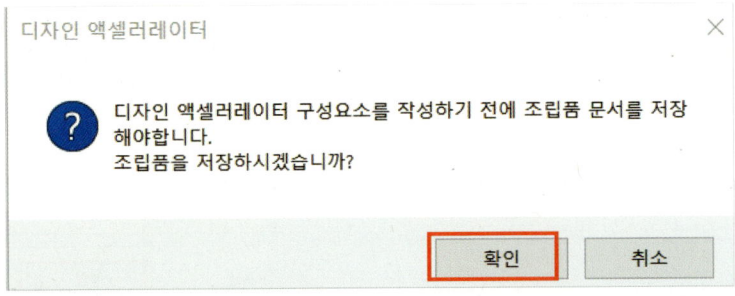

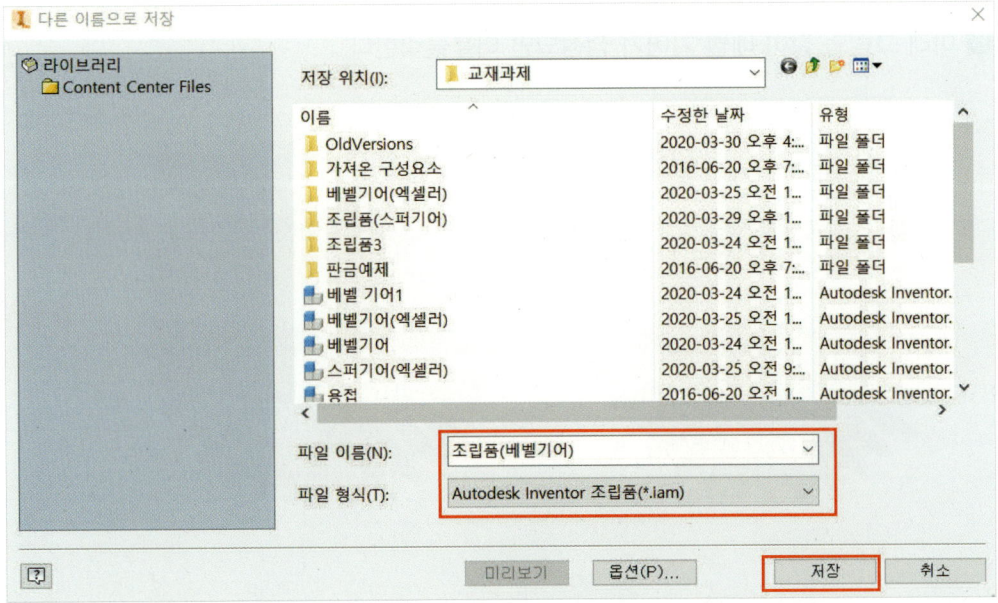

4 도면을 참조하여 아래 그림과 같이 설정하고 계산하고 확인한다.

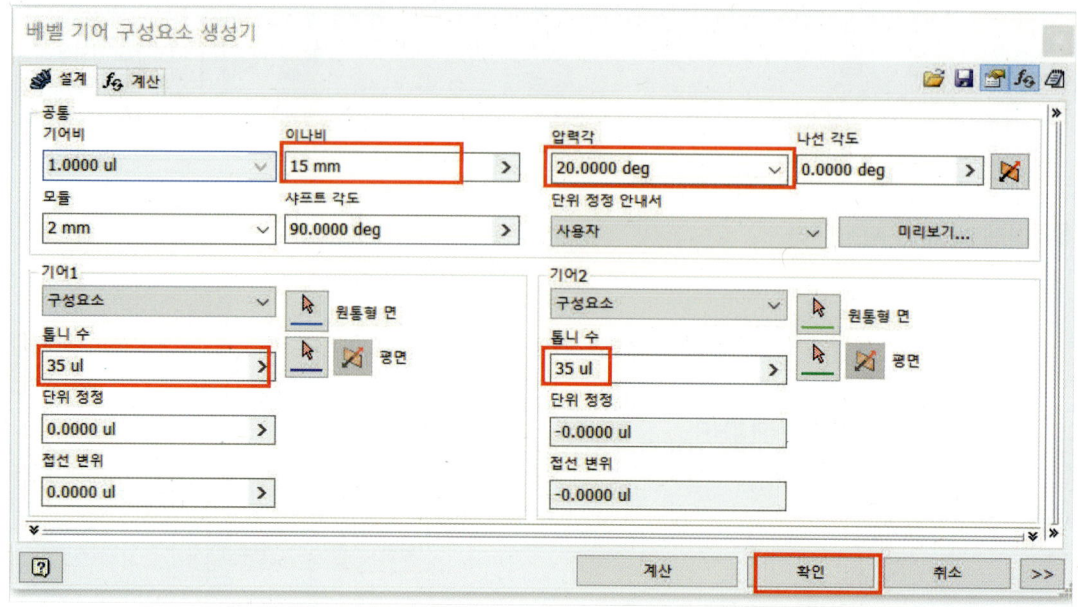

5 아래 그림과 같이 베벨 기어가 생성되면 더블클릭한다.

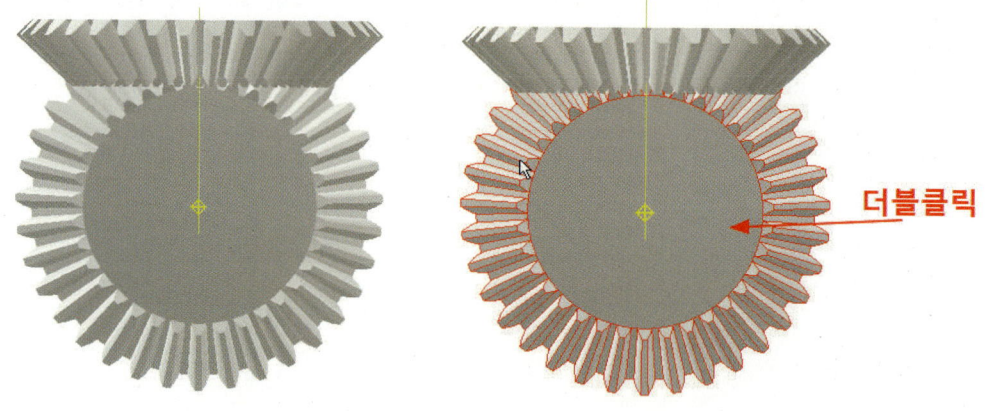

6 베벨 기어를 더블클릭(2번)하면 모형 공간으로 돌아간다. 파일 메뉴에서 다른 이름으로 사본 저장하기를 선택하여 파일 이름을 입력한 후 저장한다.

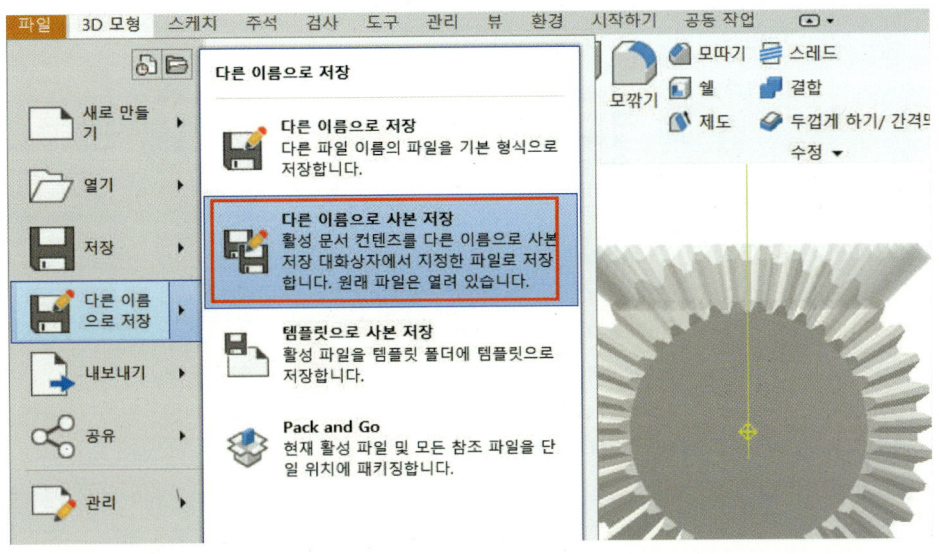

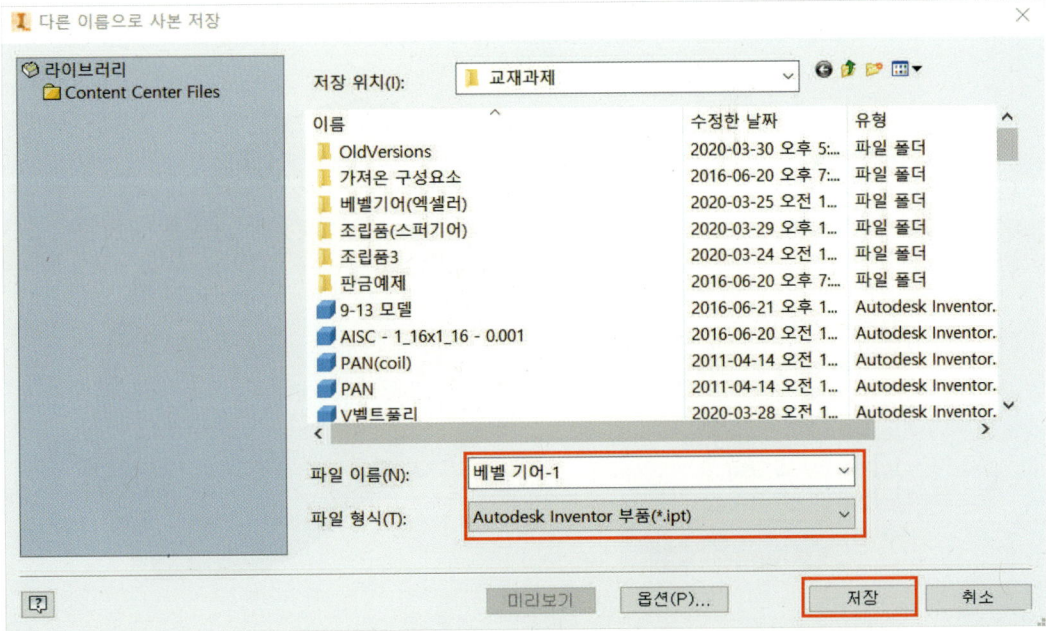

CHAPTER 4 3D 형상 솔리드 모델링 따라 하기

**7** 아래 그림처럼 열기한다.

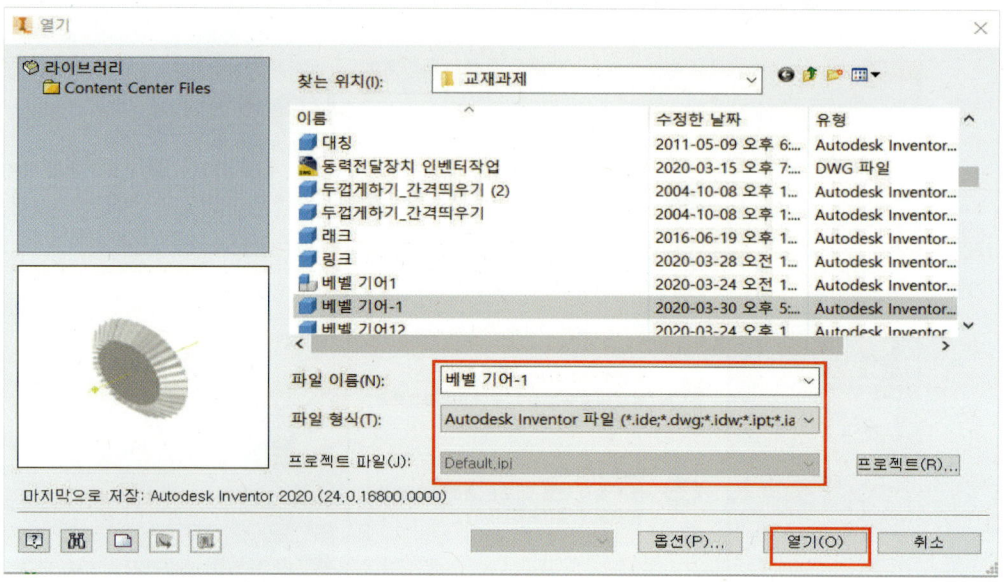

**8** 아래 그림처럼 가시성을 체크한다.

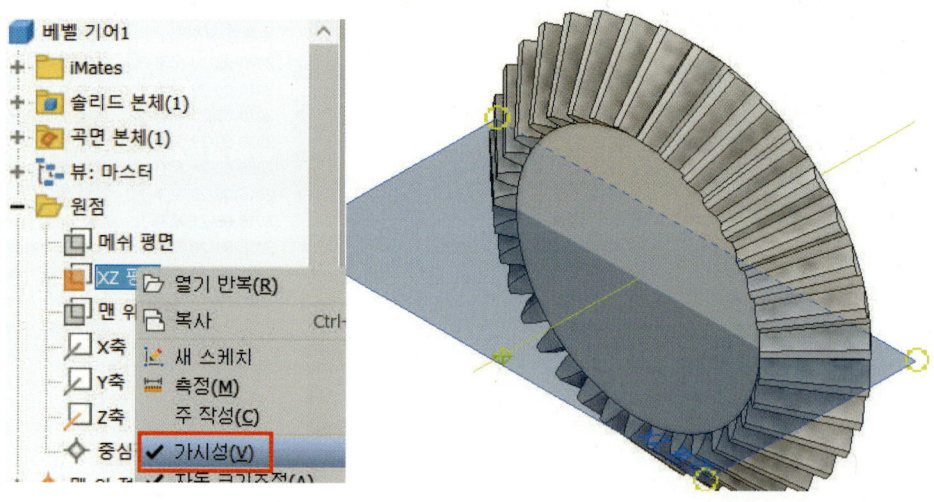

**9** 평면을 선택하여 마우스 오른쪽을 클릭하고 새 스케치를 선택한다. 마우스 오른쪽을 클릭한 다음 그래픽 슬라이스를 선택한다.

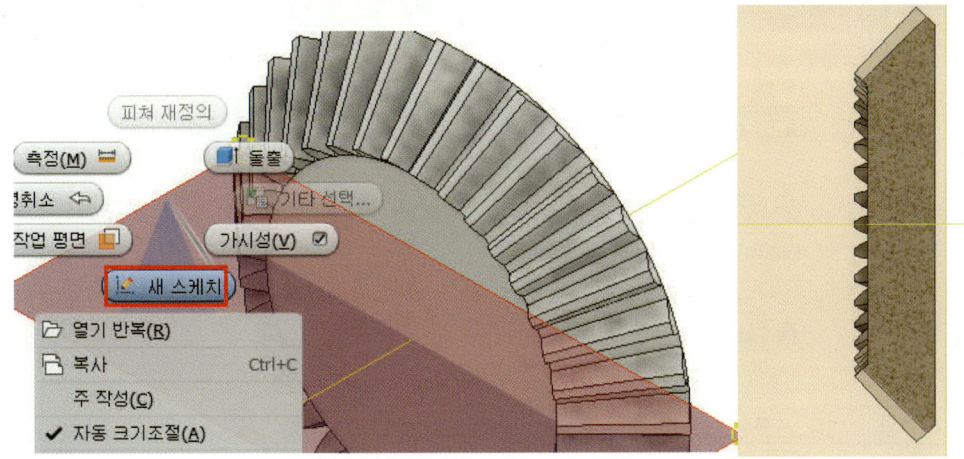

**10** 아래 그림과 같이 스케치한다.

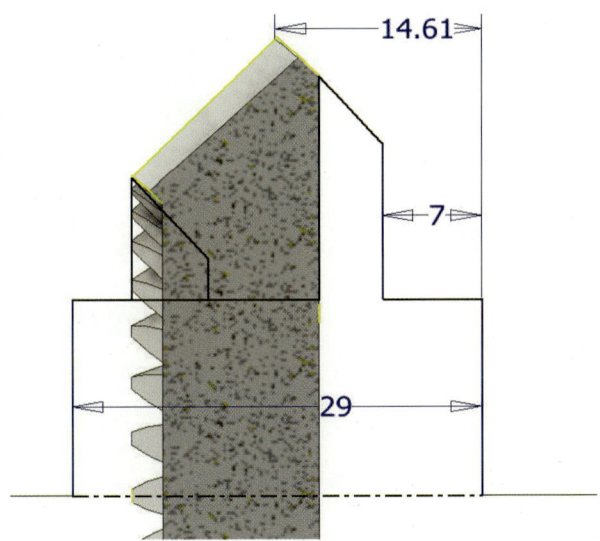

CHAPTER 4 3D 형상 솔리드 모델링 따라 하기

11 회전 아이콘을 이용하여 아래와 같이 설정하고 확인한다.

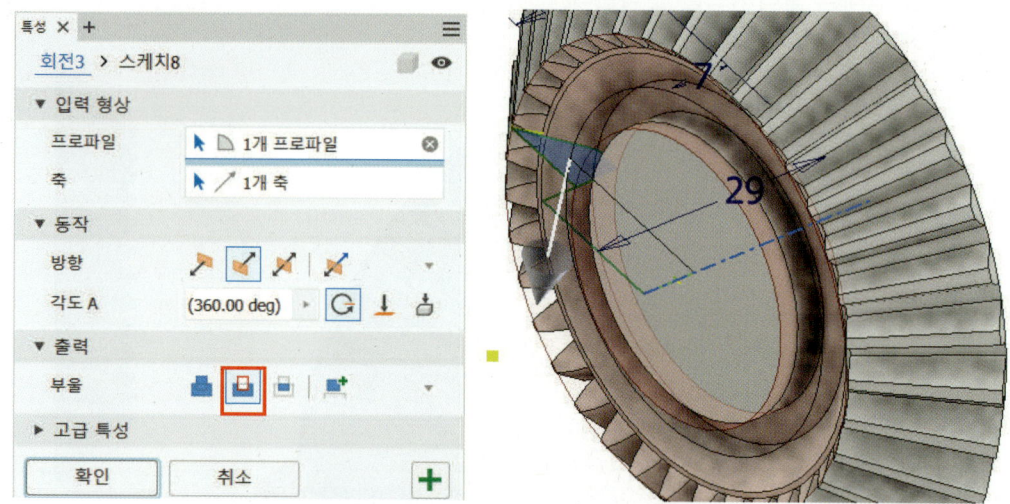

12 회전 아이콘을 이용하여 아래와 같이 설정하고 확인한다.

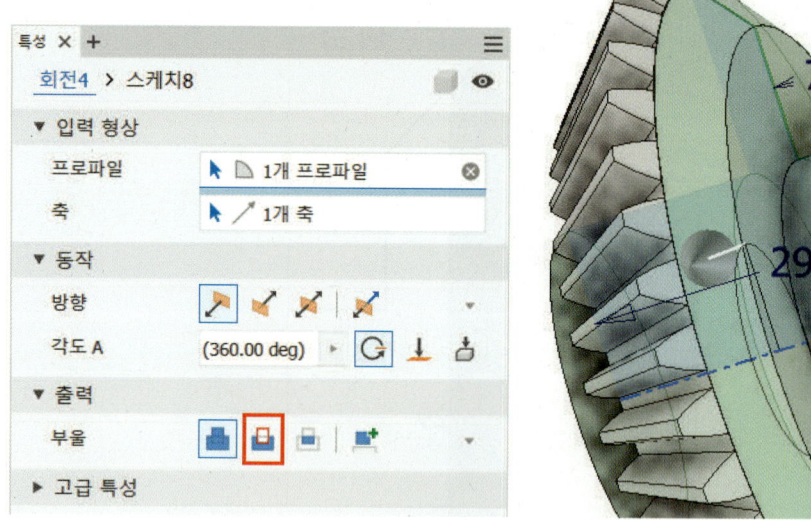
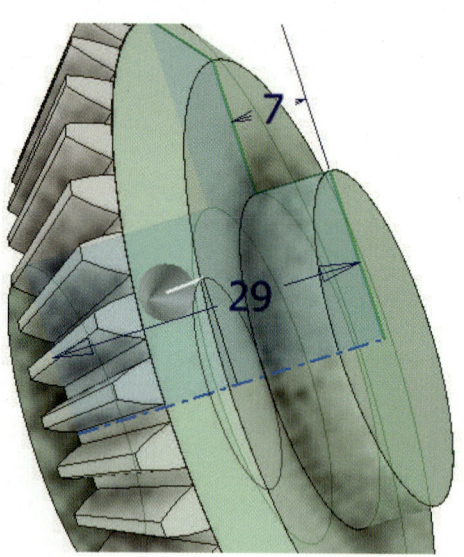

13 모따기 아이콘을 클릭하여 아래 그림처럼 확인한다.

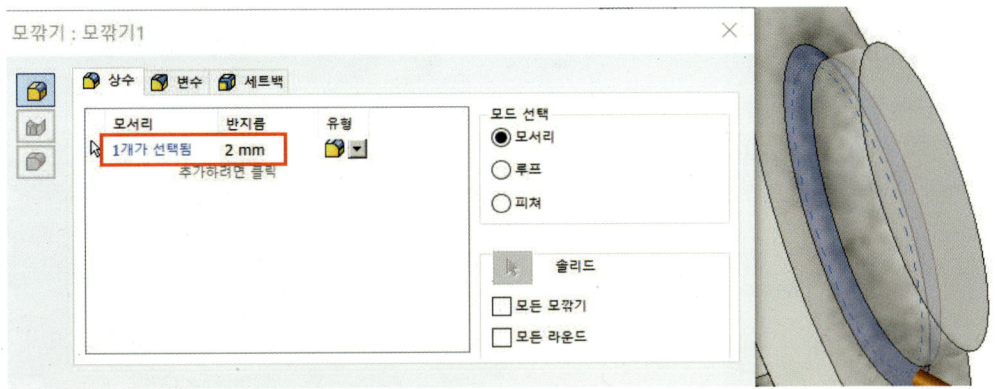

14 아래 그림과 같이 새 스케치를 클릭한 후 도면을 참조하여 스케치한다.

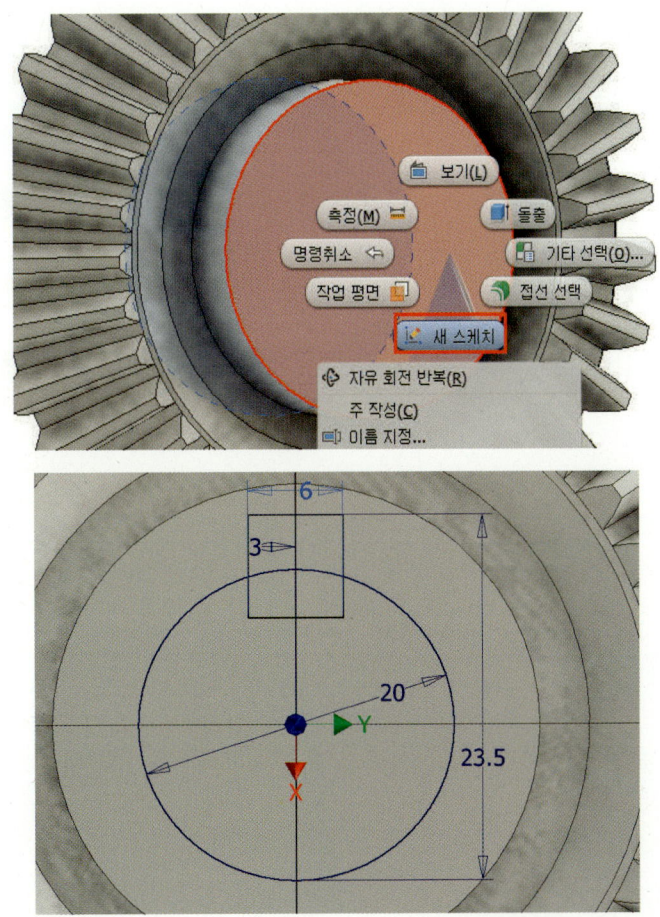

15 돌출 아이콘을 이용하여 아래 그림처럼 설정하고 확인한다.

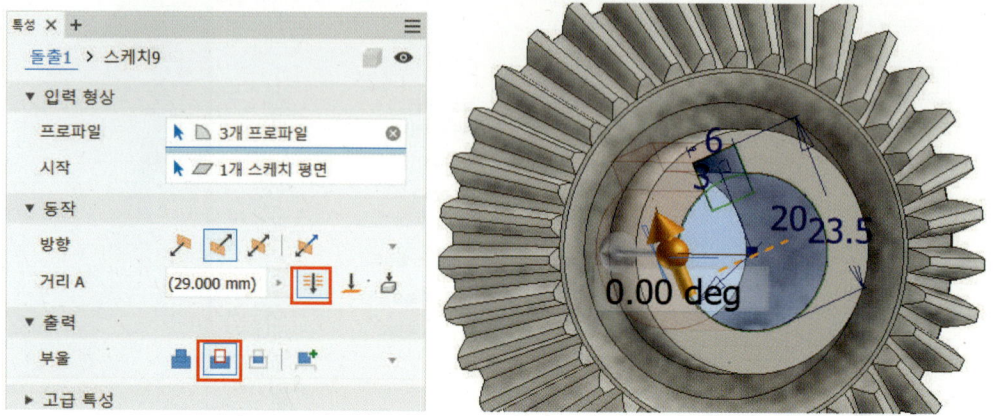

16 구멍 양쪽에 모따기를 하고 확인한다.

## 19. 래크 따라 하기

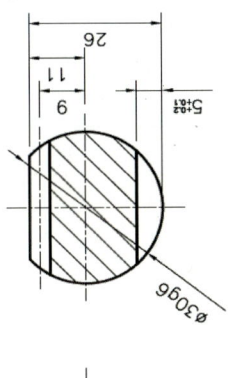
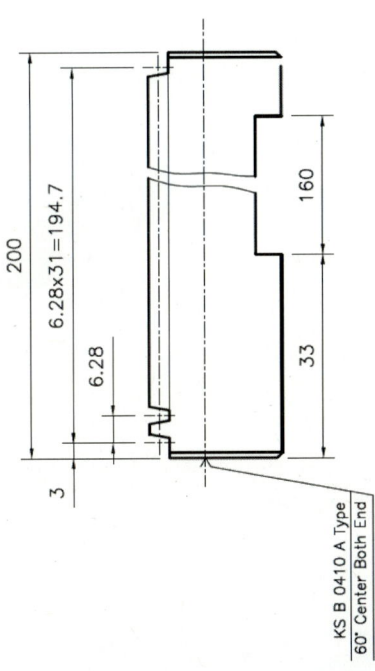

# 1. 래크 기어 형상 기본 2D 스케치 작성 및 돌출 작성하기

**1** 직사각형 아이콘을 이용하여 스케치와 치수기입을 완성하고 종료한다.

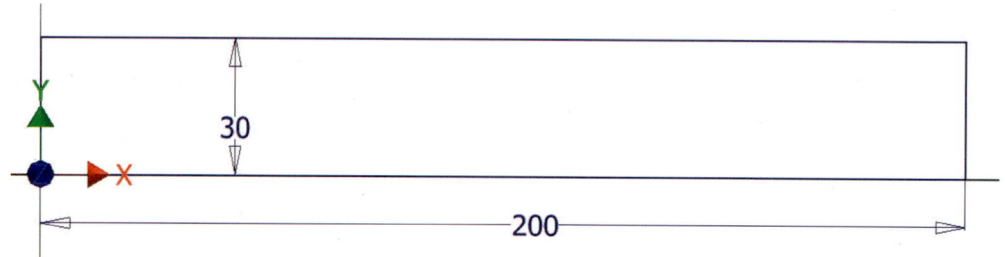

**2** 돌출 아이콘을 이용하여 거리 26을 입력하고 확인한다.

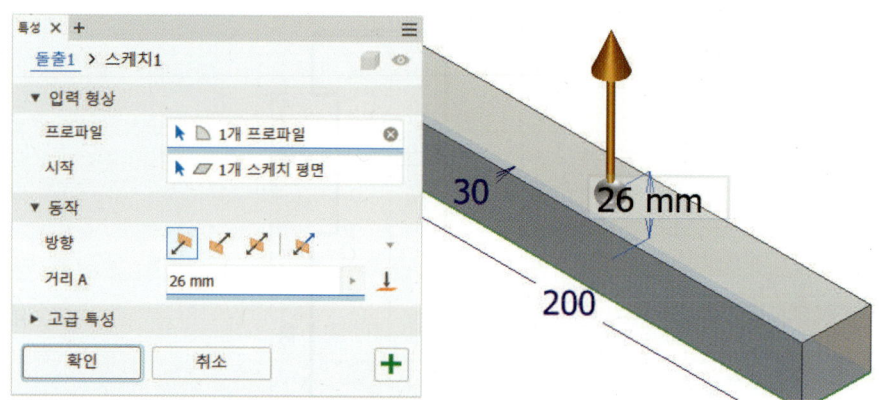

**3** 아래 그림처럼 새 스케치를 선택한다.

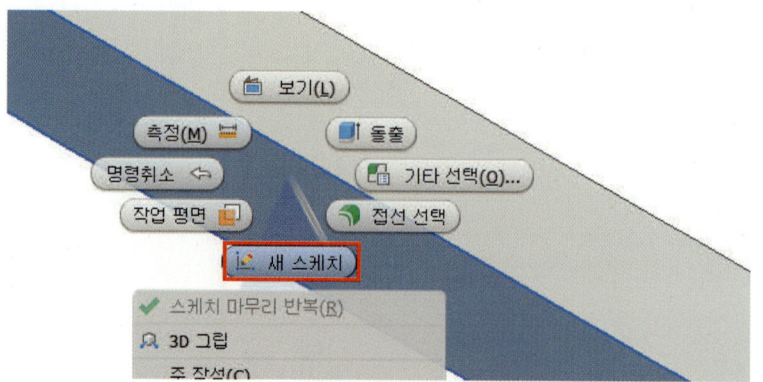

4 아래 그림처럼 형상을 투영하고 직사각형 아이콘을 이용하여 스케치 후 종료한다.

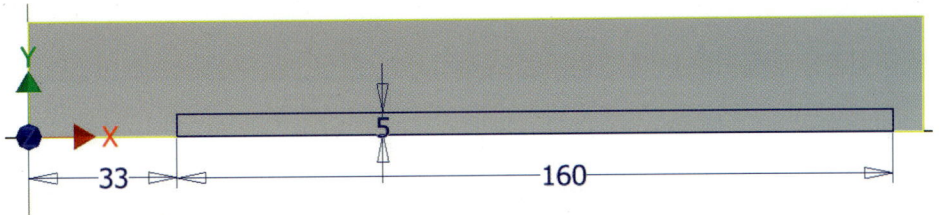

5 돌출 아이콘을 이용하여 26mm 제거를 확인한다.

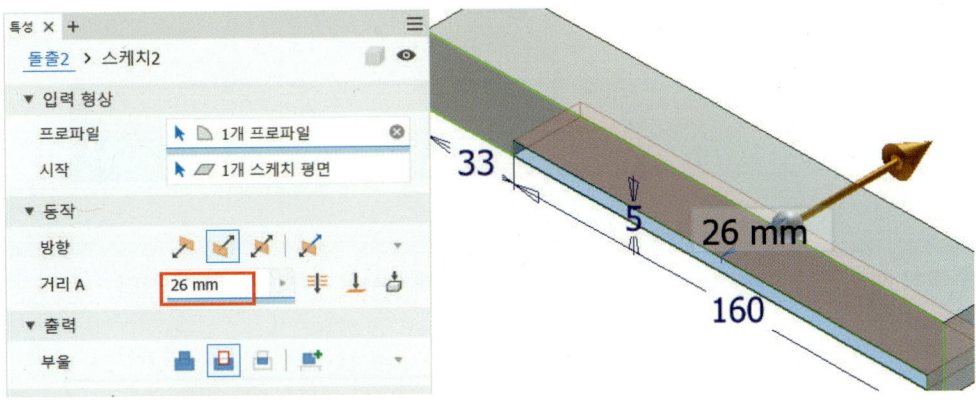

6 다시 아래 그림처럼 새 스케치를 선택한다.

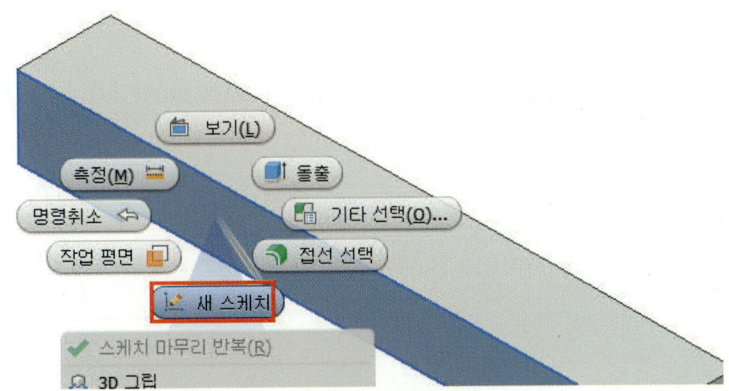

## 2. 래크 기어 작업하기

**1** 선 아이콘을 이용하여 아래 그림처럼 스케치하고, 중심선은 구성선으로 변경한다.

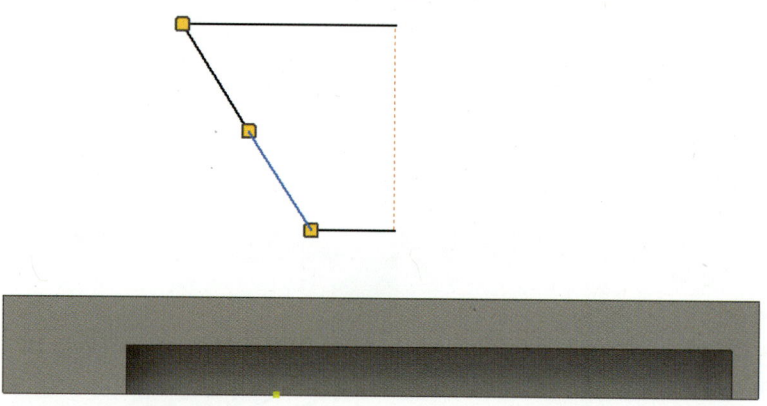

**2** 대칭 아이콘을 이용하여 모든 선을 선택하고, 대칭선은 구성선을 선택한다.

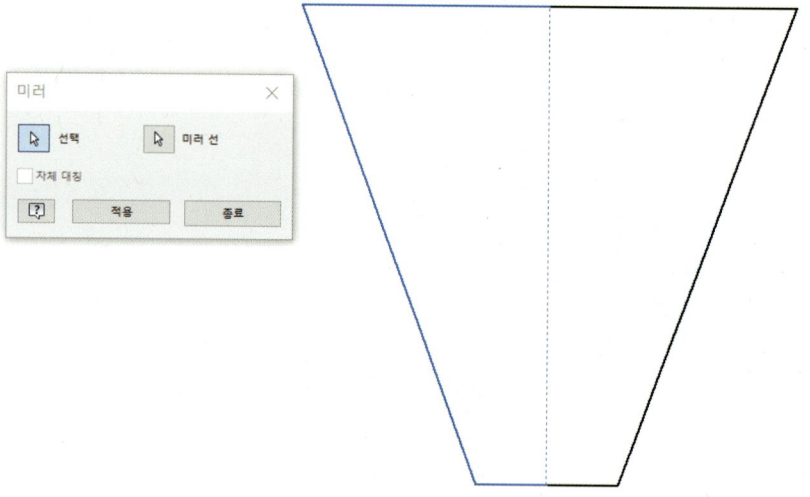

3 아래 그림처럼 치수기입을 완료한다. 이높이: M(모듈 2×2.25)

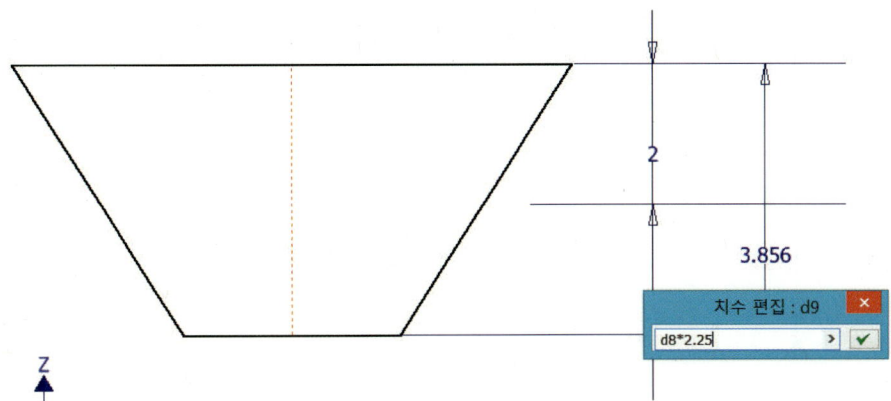

4 아래 그림처럼 압력각 20도 등 치수기입을 최종 완료한다.

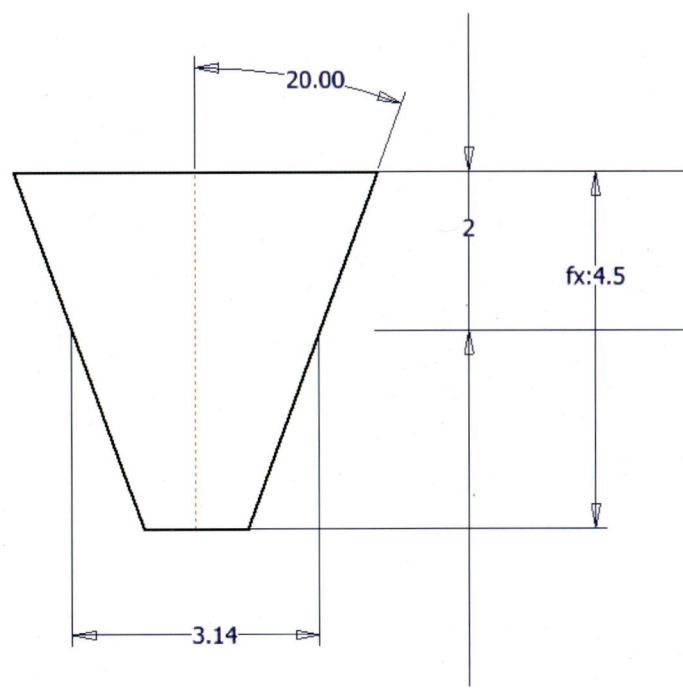

**5** 구속조건에서 동일선상( ) 아이콘을 선택하여 기어 윗선과 모델링 위 모서리 선을 선택하고, (200-194.7)/2+6.28=8.93 치수기입을 하고 스케치를 종료한다.

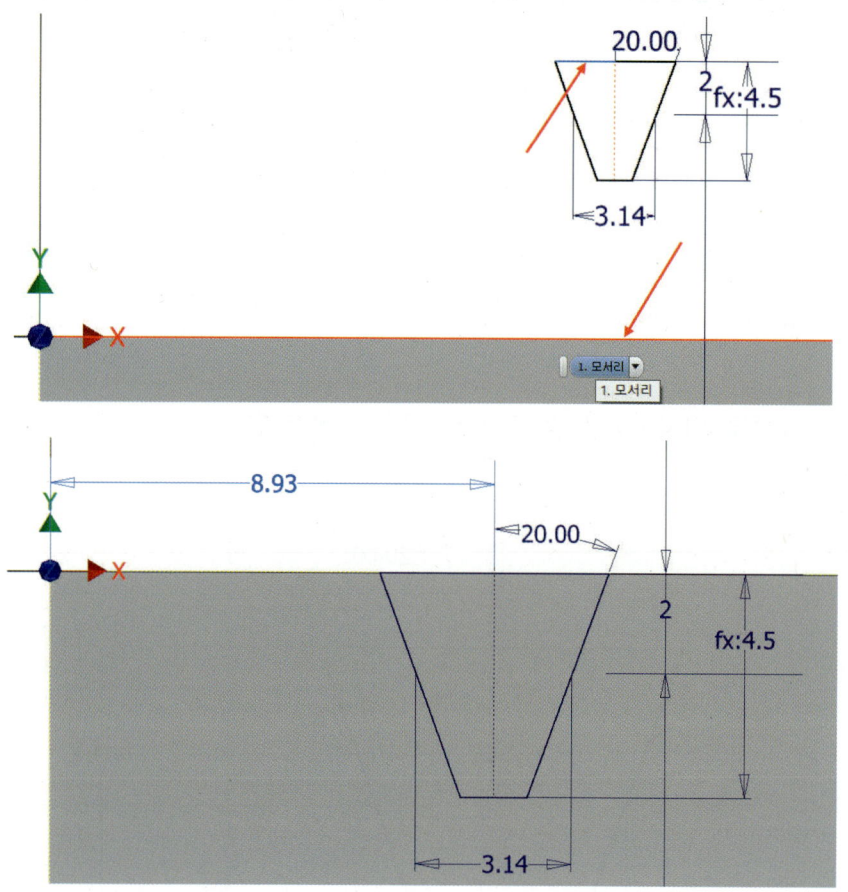

**6** 돌출 아이콘을 선택하고 전체를 제거한 후 확인한다.

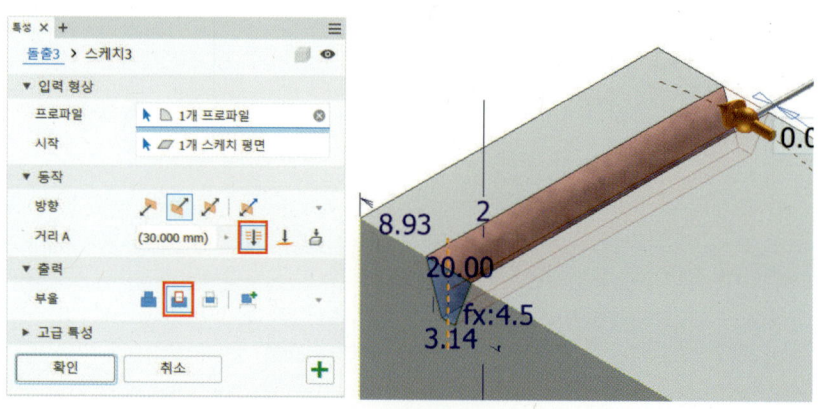

**7** 직사각형 패턴 아이콘을 이용하여 피치 6.28, 개수 31을 입력하고 확인한다.

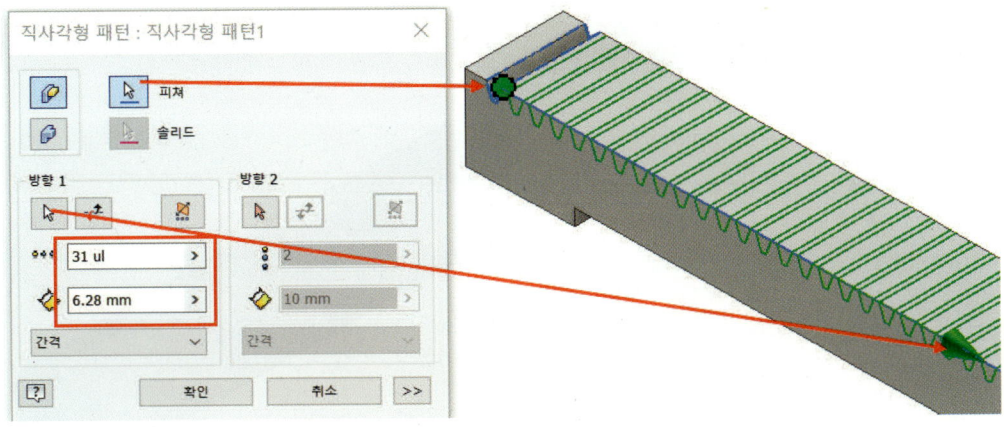

## 3. 돌출 교차에 의한 원형가공하기

**1** 다시 아래 그림처럼 새 스케치를 선택한다. 접선 원 아이콘을 이용하여 아래 그림처럼 스케치를 완성하고 종료한다.

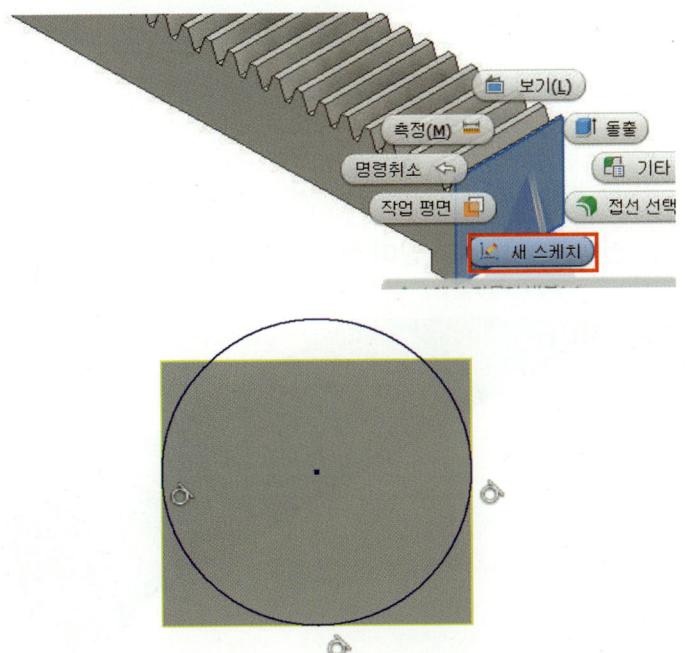

**2** 돌출 아이콘을 선택하고, 전체 교차를 선택하고 확인한다.

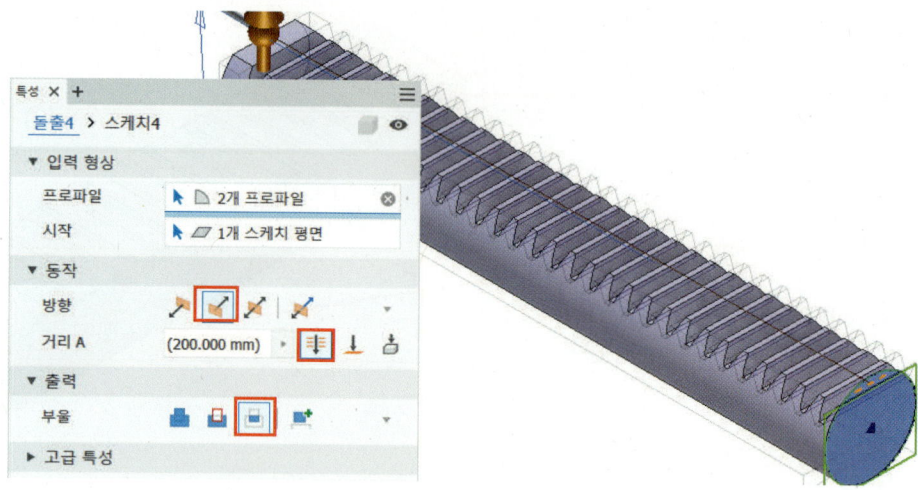

**3** 아래 그림처럼 새 스케치를 선택한다.

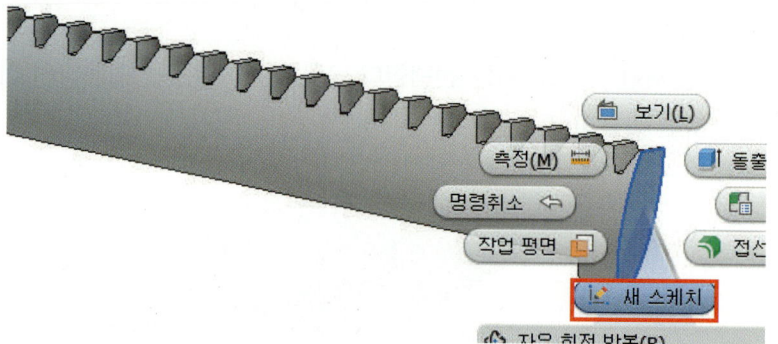

**4** 형상 투영을 선택한 후 그림과 같이 형상 투영을 클릭하고 스케치를 종료한다.

5 돌출 아이콘을 선택하고 다음 면까지 제거하고 확인한다.

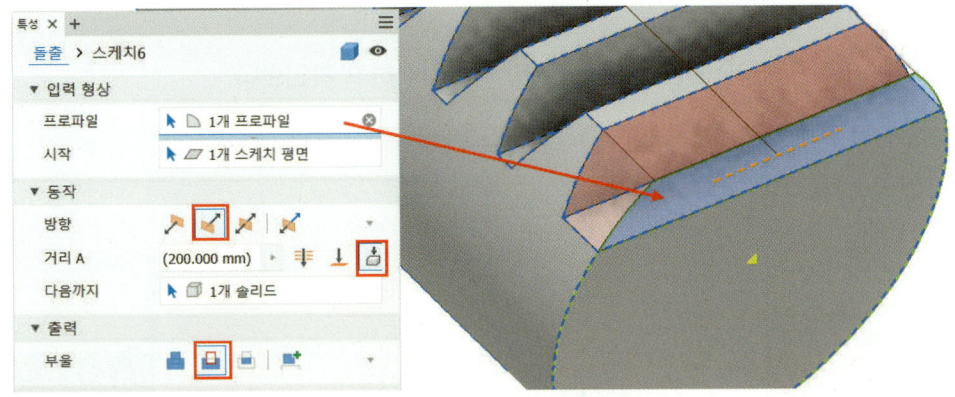

6 평면 아이콘을 선택한 후 두 평면 사이의 중간 평면( )을 클릭하여 양쪽 끝 면을 차례로 선택하고 중앙의 작업 평면을 선택한다.

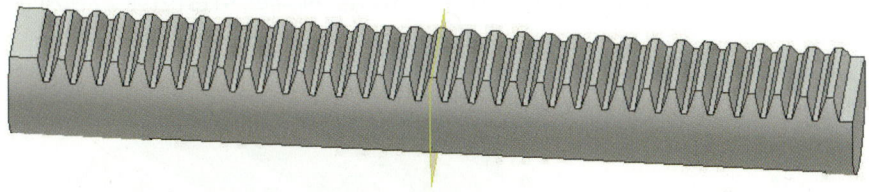

7 위에서 돌출 제거된 면을 패턴에 미러 아이콘을 이용하여 피쳐 선택은 모형에서 돌출, 미러 평면은 작업 평면을 선택하고 확인한다.

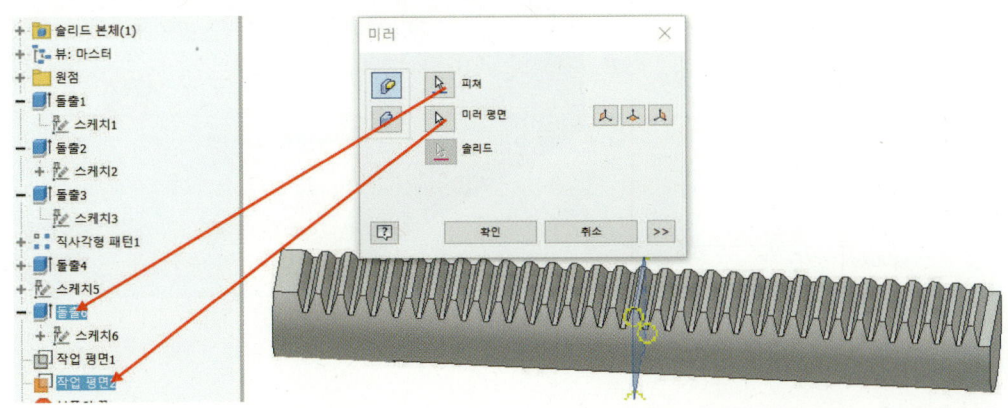

## 4. 모따기 및 양 센터 드릴 작업하기

1 모따기 아이콘을 이용하여 양쪽의 거리 1을 입력하고 확인한다.

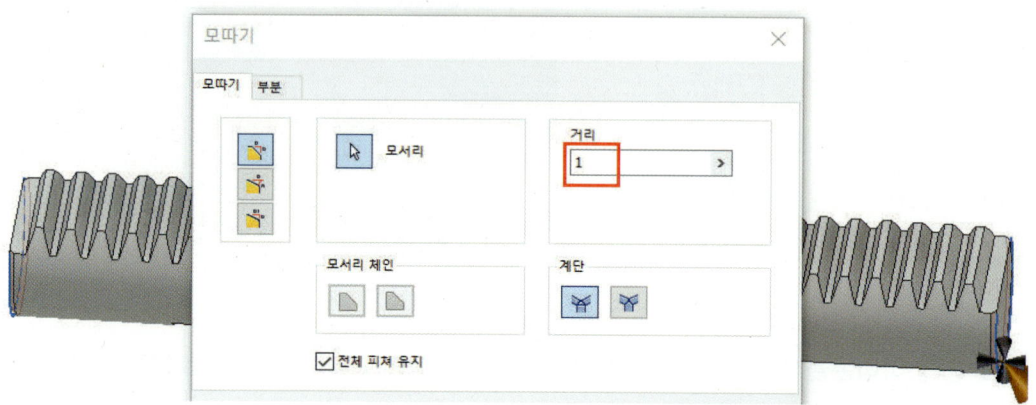

2 구멍 아이콘을 선택하여 형상 투영에서 가시성을 체크한 다음 아래 그림처럼 설정하고 확인한다.

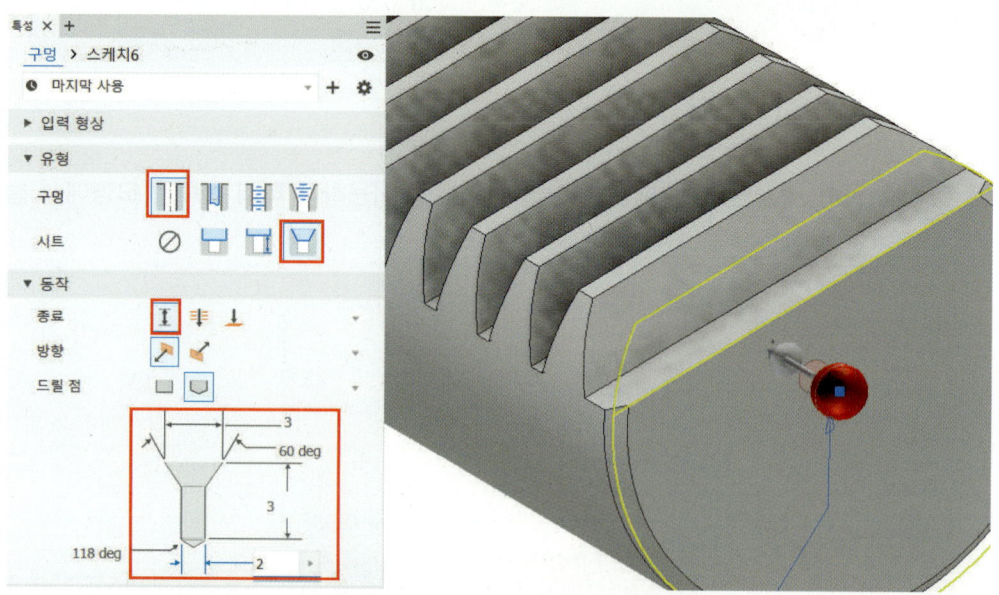

3 미러 아이콘을 이용하여 반대쪽에도 대칭한다.

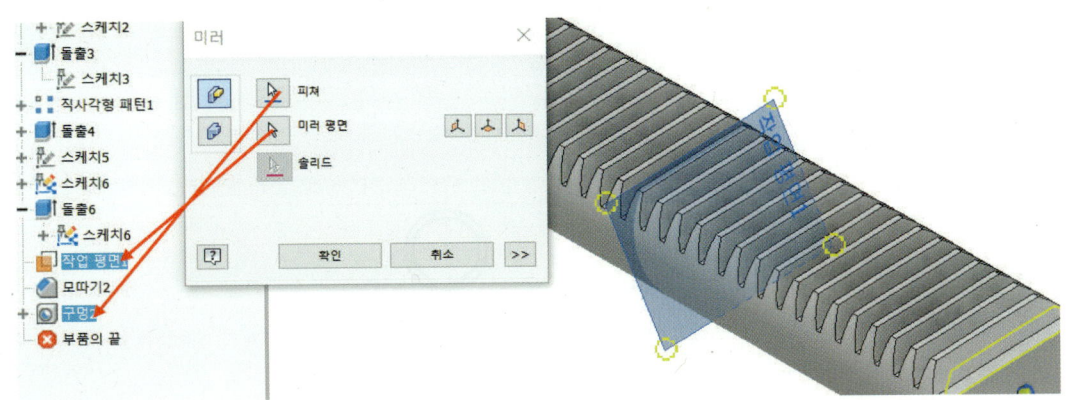

4 아래 그림은 완성된 모델링이다.

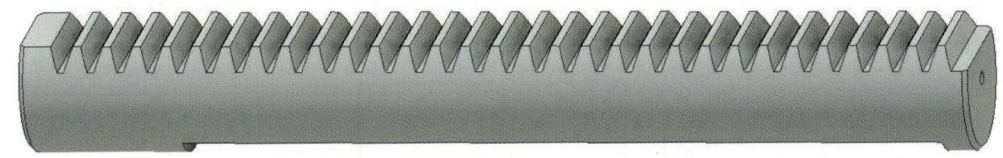

CHAPTER 4 3D 형상 솔리드 모델링 따라 하기

## 📖 20. 피니언 따라 하기

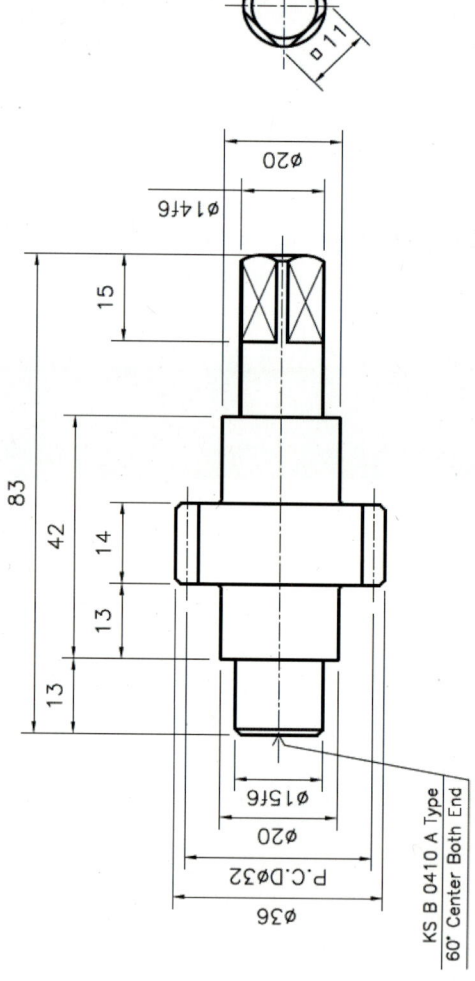

# 1. 피니언 기어 형상 기본 2D 스케치 작성하기

**1** 원 및 선 아이콘을 선택한 후 아래와 같이 스케치 형상을 작성한다.

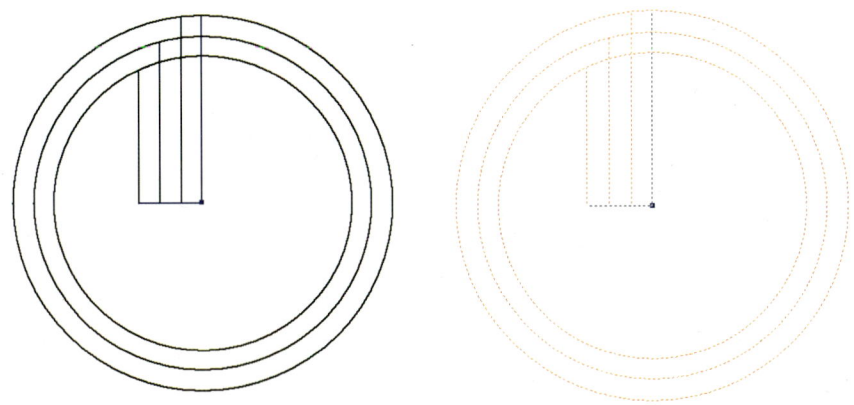

**2** 이 높이: M(모듈2)×2.25 치수기입을 한다.

**3** 피치원 지름(PCD)은 M×Z(잇수:16) 나머지도 아래 그림과 같이 치수기입을 한다.

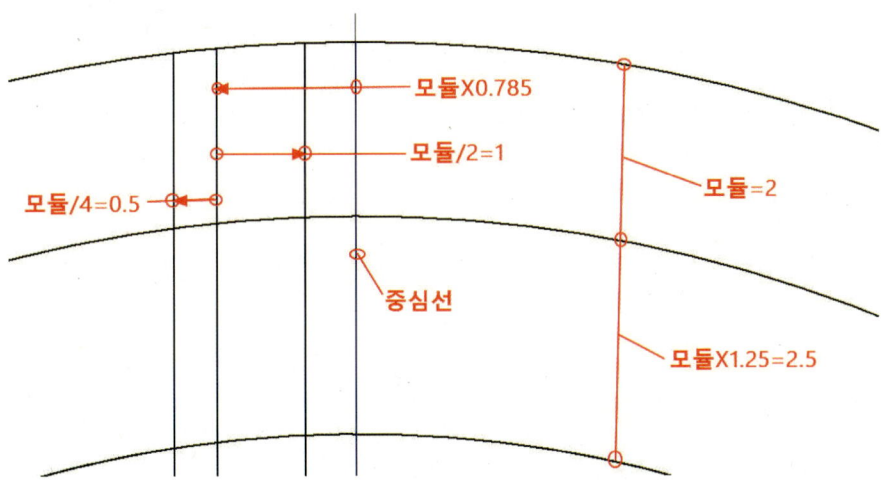

**4** 3점 호 아이콘을 이용하여 아래 그림과 같이 호를 작성한다.

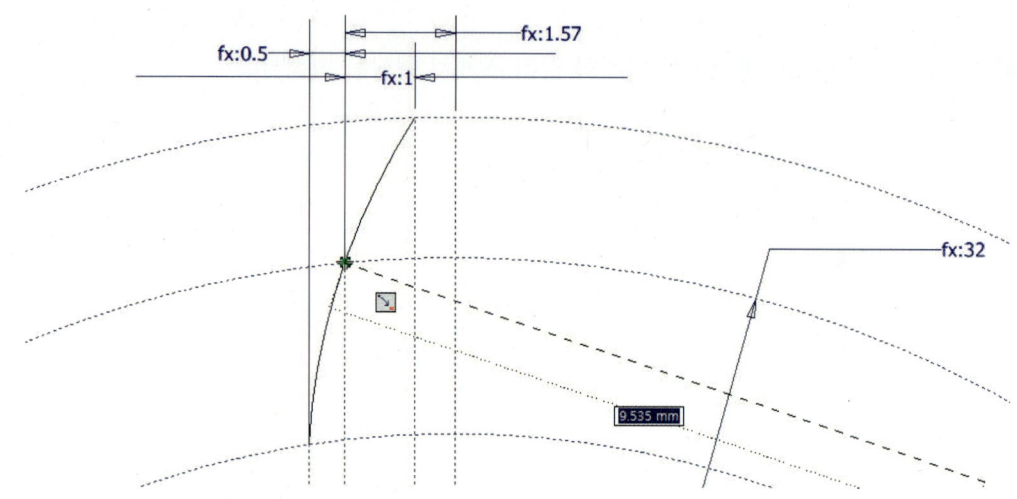

**5** 미러 아이콘을 이용하여 호를 선택하고 대칭선은 구성선을 선택한다.

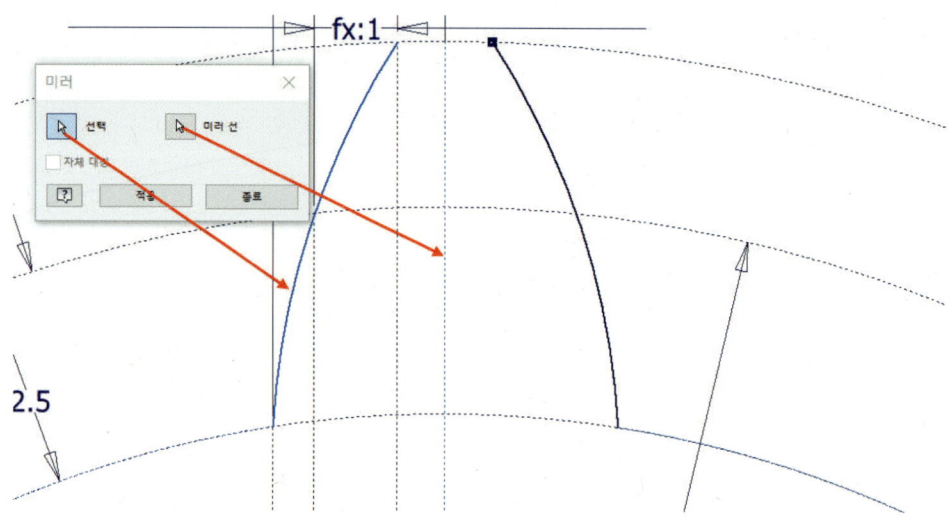

6 중심점 호(  ) 아이콘을 이용하여 아래 그림과 같이 호를 작성한다. 기어 내경과 외경을 완성하고 스케치를 종료한다.

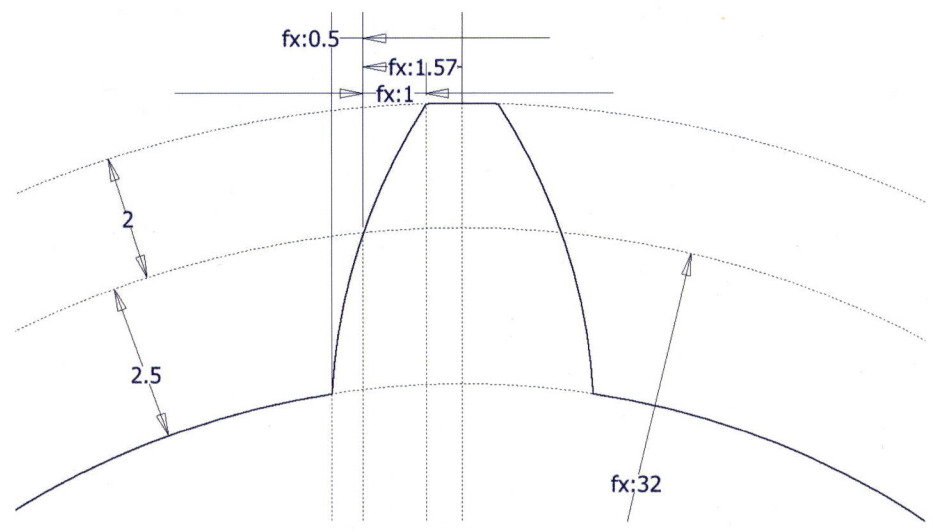

## 2. 돌출 및 원형 패턴으로 기어 작성하기

1 돌출 아이콘을 이용하여 거리 14를 입력하고 확인한다.

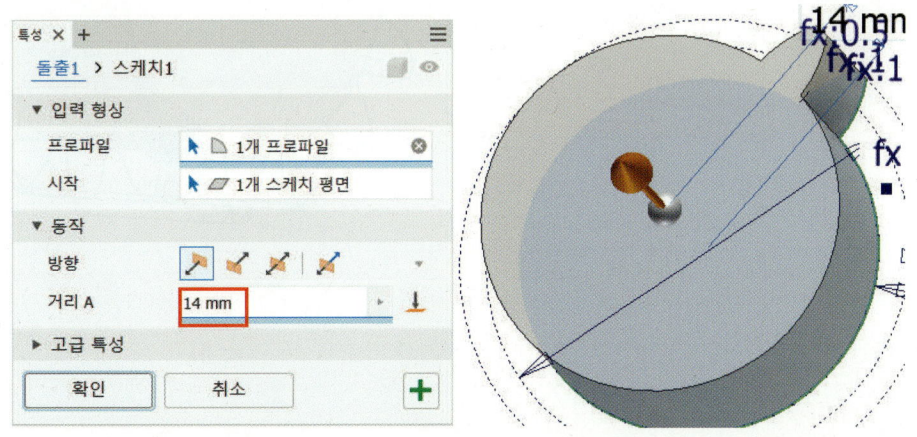

2 모따기 아이콘을 이용하여 그림처럼 1을 입력하고 확인한다.

3 원형 패턴 아이콘을 클릭하여 기어 이 형상 돌출 피쳐를 선택한 후 회전축 화살표를 누르고 회전축으로 피쳐의 원통 면을 선택한다.

4 다시 패턴 대화상자에서 배치에 복사할 개수 16을 입력하고 확인 버튼을 클릭한다.

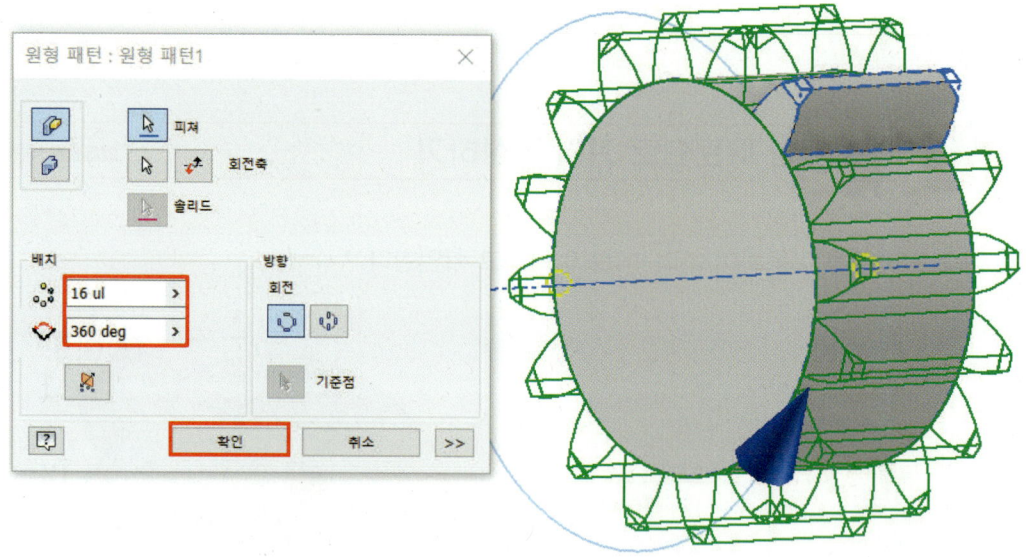

## 3. 돌출로 피니언 축 작성하기

**1** 아래 그림과 같이 새 스케치 면을 선택한다.

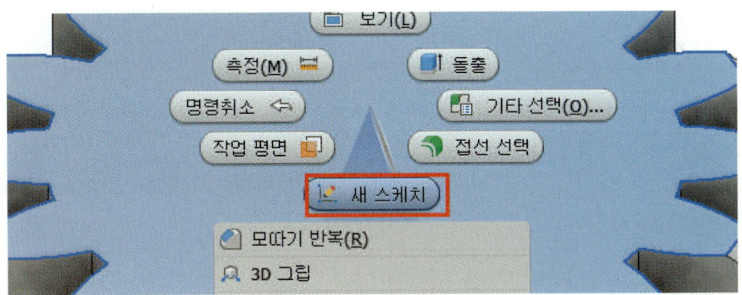

**2** 원 아이콘을 이용하여 스케치하고 종료한다.

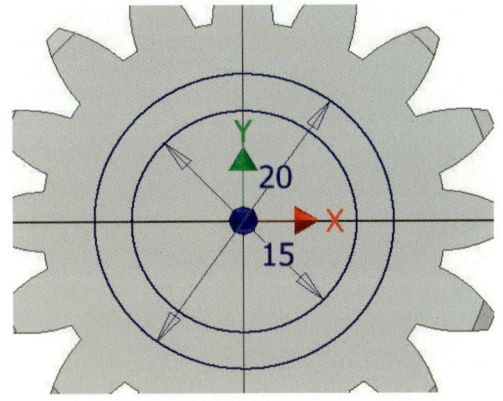

**3** 돌출 아이콘을 이용하여 아래 그림처럼 적용한 후 확인한다.

CHAPTER 4 3D 형상 솔리드 모델링 따라 하기

4 아래 그림과 같이 새 스케치 면을 선택한다.

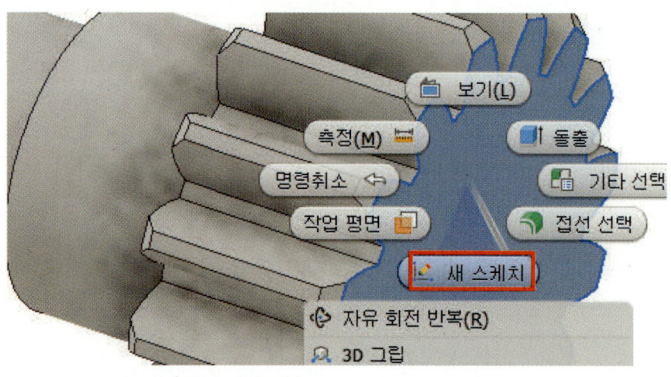

5 원 아이콘을 이용하여 스케치하고 종료한다.

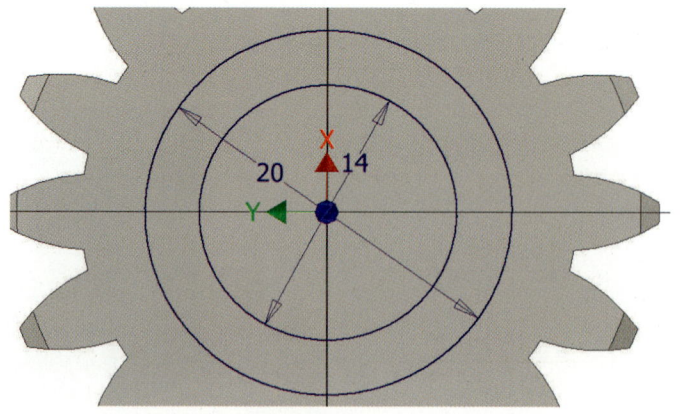

**6** 돌출 아이콘을 이용하여 아래 그림처럼 적용하여 확인한다.

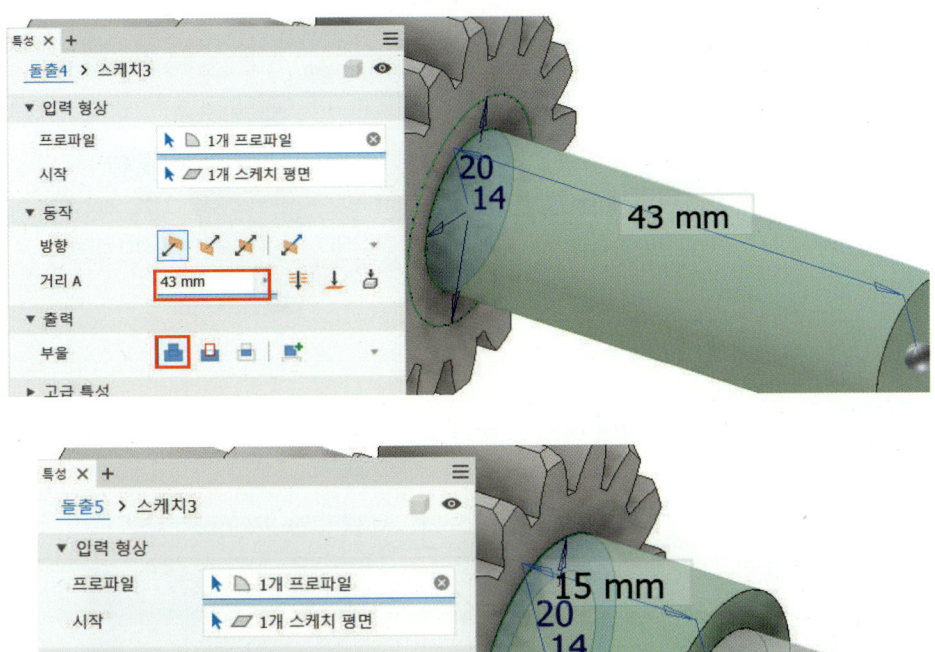

**7** 모따기를 선택하여 아래 그림과 같이 설정하고 확인하다.

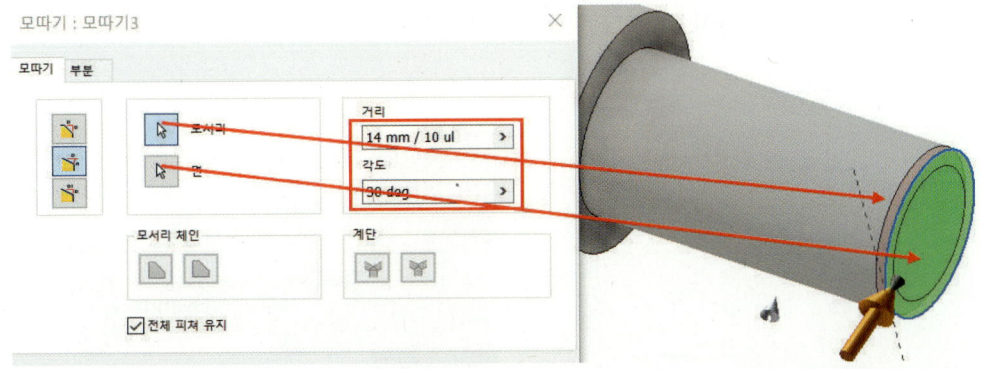

8 아래 그림과 같이 새 스케치 면을 선택한다.

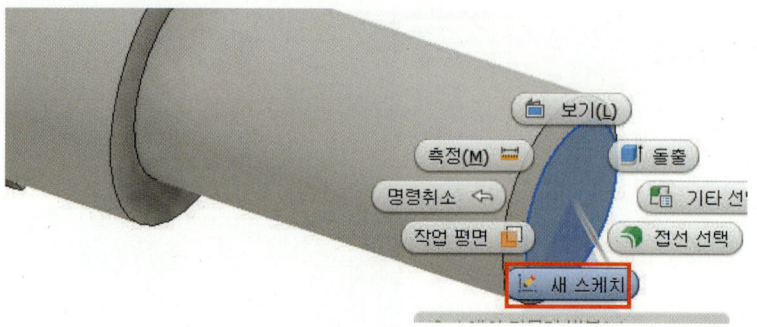

9 폴리곤 아이콘을 이용하여 아래 그림과 같이 사각형을 작성하고 스케치를 종료한다.

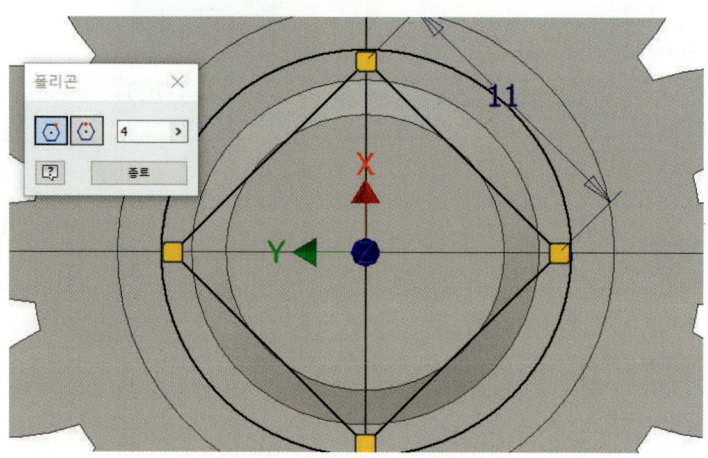

10 돌출 아이콘을 이용하여 아래 그림처럼 적용하여 15mm 제거를 확인한다.

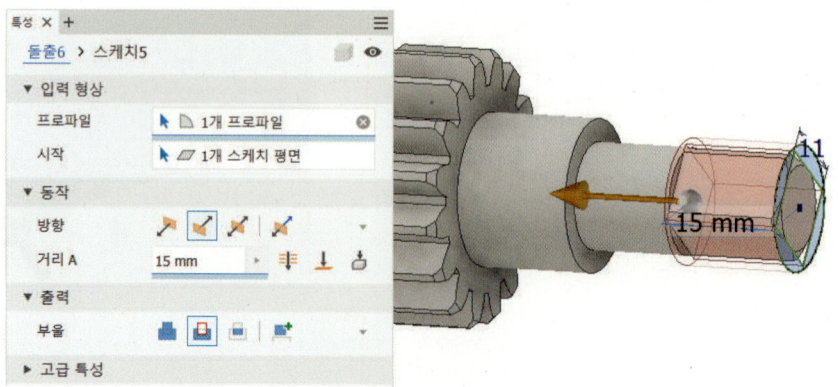

11 아래 그림처럼 1mm로 모따기를 하고 확인한다.

12 아래 그림과 같이 최종 모델링을 완성한다. 양 센터 작업(래크 모델링 참조)은 생략한다.

### 21. 볼베어링(6202) 모델링하기

**1. 베어링 스케치 및 회전하기**

1️⃣ 선 아이콘을 이용하여 베어링 외곽 1/4만 완성한다. 아래 그림처럼 구성선으로 변경하고 스케치를 좌우 대칭하고 상하 대칭한다.

2️⃣ 치수 아이콘을 이용하여 아래 그림처럼 치수기입을 하고 스케치를 종료한다.

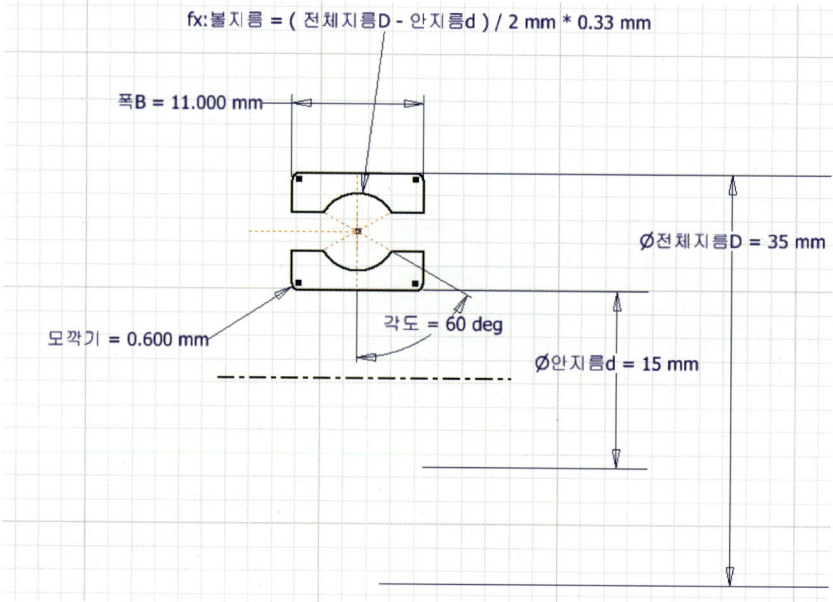

3️⃣ 회전 아이콘을 이용하여 아래 그림처럼 설정하고 확인한다.

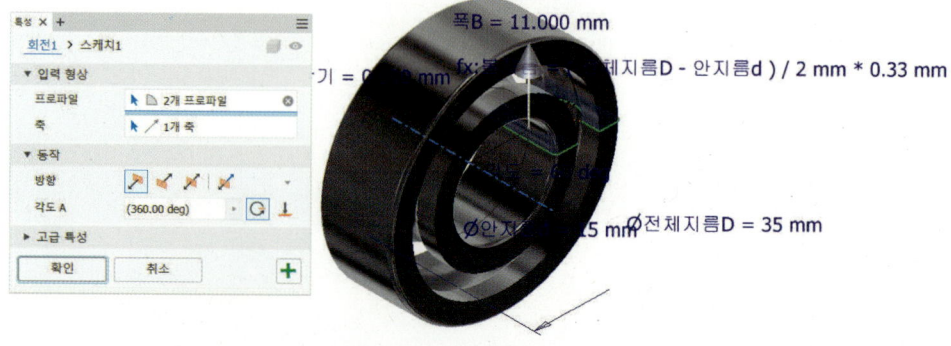

## 2. 볼 스케치 및 회전하기

**1** 작업 축 아이콘을 클릭하여 아래 그림처럼 모서리 1을 선택한다. 작업 평면 아이콘을 선택하고 원점에서 XY 평면 클릭한다. 작업 축을 선택하면 90° 작업 평면이 생성된다.

**2** 아래 그림처럼 위에서 생성된 작업 평면 1을 MB3 버튼을 이용하여 새 스케치를 선택하고, 그림처럼 형상을 투영하여 반구를 스케치하고 종료한다.

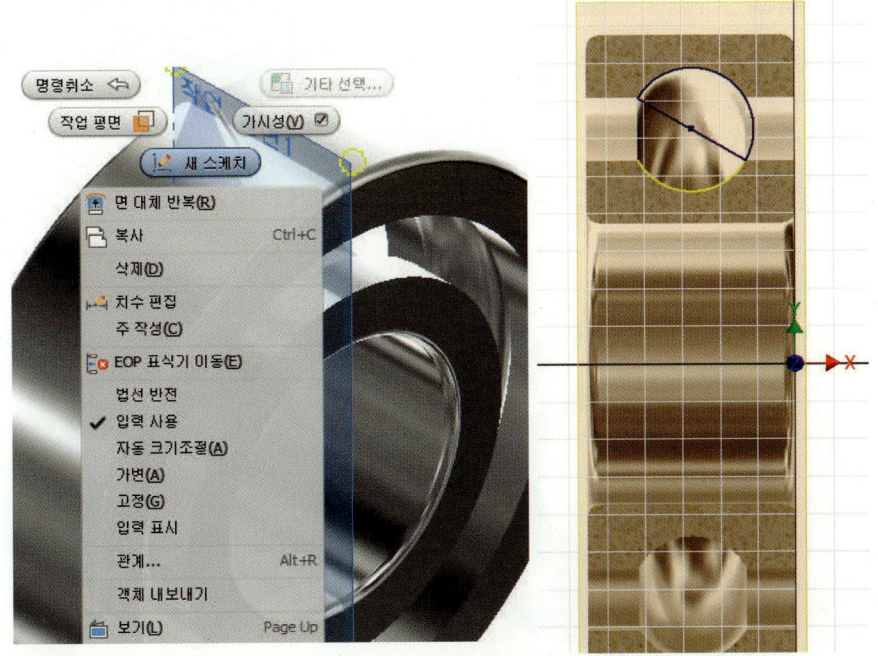

3  회전 아이콘을 이용하여 아래 그림처럼 설정하고 확인한다.

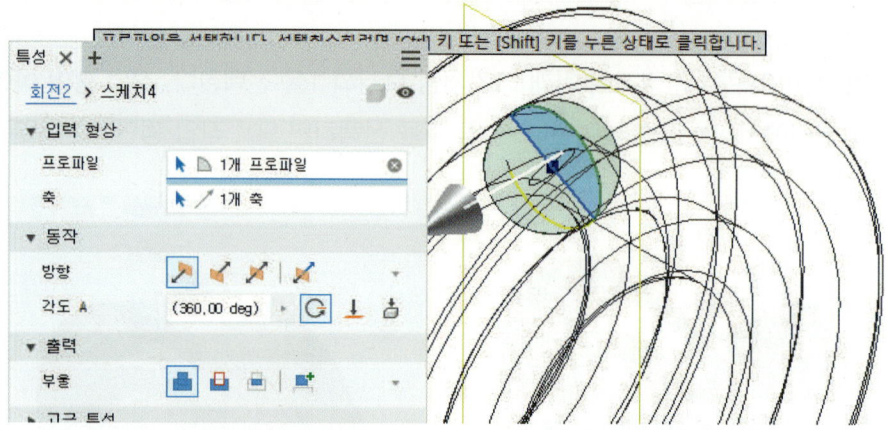

4  원형 패턴 아이콘을 이용하여(볼을 8개 혹은 10개) 아래 그림처럼 설정하고 확인한다.

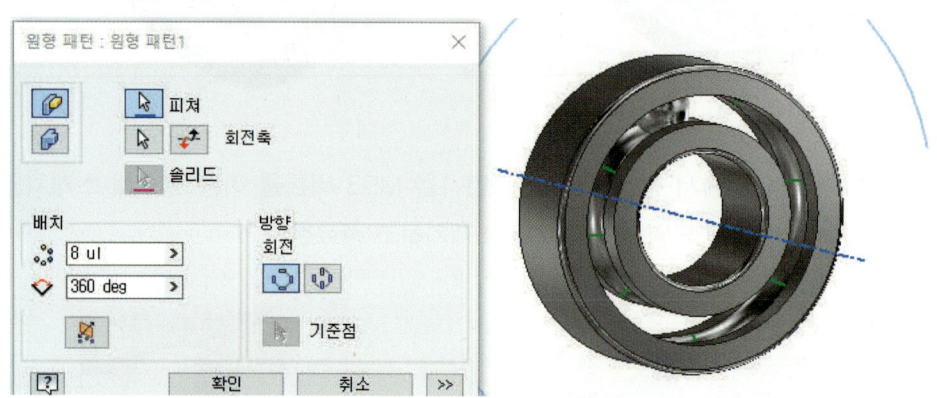

5  아래 그림은 완성된 그림이다. 규격이 다른 베어링 작업 시 스케치에서 치수만 바꾸어서 사용한다.

## 22. 오일실(G계열: d(15)×D(30)×B(7)) 모델링하기

### 1. 스케치 및 회전하기

**1** 직사각형 아이콘을 이용하여 아래 그림처럼 스케치하고 종료한다.

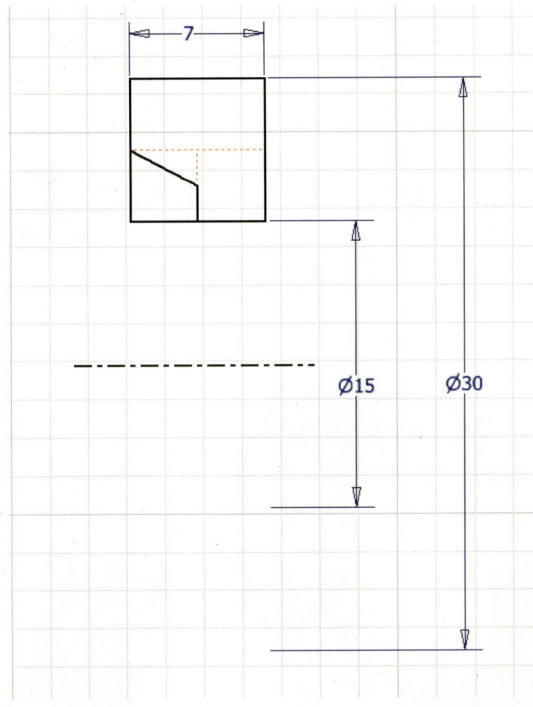

**2** 아래 그림처럼 회전 아이콘을 클릭하고 확인한다.

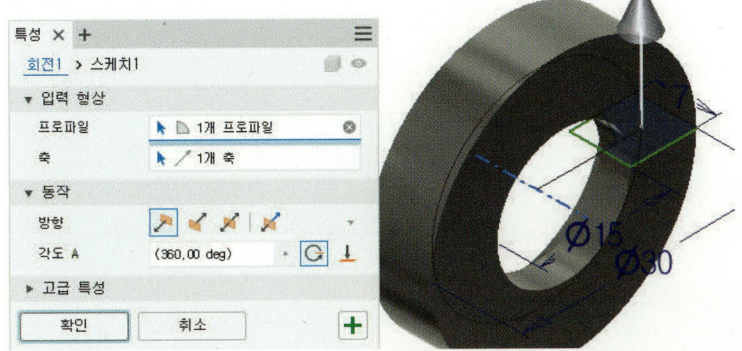

## 2. 쉘 기능으로 완성하기

**1** 쉘 아이콘을 선택하여 아래 그림처럼 두께 1mm로 설정하고 확인한다.

CHAPTER 5

# 하향식 드릴 지그 모델링 따라 하기

1. 어셈블리 방식
2. 어셈블리 구조 만들기

**학습목표**

각종 기계장치 설계기법을 바탕으로
Top Down 방식에 의한 모델링과 조립품을 완성할 수 있고,
치공구설계 및 기계설계(산업)기사 시험을 대비하여 합격할 수 있고,
산업현장에서 많은 도움이 될 수 있다.

# 하향식 드릴 지그 모델링 따라 하기

## 1. 어셈블리 방식

### 1. Bottom UP(상향식 설계)

먼저 부품을 하나씩 Modeling하여 Assembly하는 방식이다. 어셈블리를 구성하기 위한 세부 단품들을 먼저 모델링하여 라이브러리로 구축한 이후에 이 단품들을 어셈블리에서 불러들여 조립하는 방식으로 어셈블리 하위 단품작업들이 선행된다는 점에서 Bottom-UP 방식이라 한다.

앞으로 진행되는 내용 대부분이 Bottom-UP 방식을 이용한 설명이 주가될 것이며, 어셈블리에 대하여 가장 기본이 되는 조립 방식으로 이해하면 될 것이다. 가장 기본이 되는 조립 방법으로 조립작업이 상당히 수월하여 일정한 규칙만 준수하면 누구나 손쉽게 어셈블리를 구성할 수 있다.

### 2. 혼합적용방식

Bottom-UP 방식과 Top-Down 방식을 같이 적용하는 모델링방법으로서 실제 현장에 맞도록 체제를 잡아놓으면 매우 유용한 어셈블리 작업방식이 된다.

실무 현장에서는 Bottom-UP 방식과 Top-Down 방식의 한 가지 방식만을 이용하여 모델링을 하지는 않는다. 필요에 따라서 Bottom-UP 방식과 Top-Down 방식을 혼합하여 함께 이용하여 시간과 노력을 절약한다.

### 3. Top Down(하향식 설계)

한 파트 안에서 Assembly 형태로 Modeling하는 방식이다. 상위 Assembly에서부터 새로이 필요한 단품을 생성하는 모델링 방식으로 이미 조립된 다른 단품으로부터 필요한 정보를

추출하여 단품 모델링이 진행되기 때문에 연관설계모델링이 상당히 간단하다.

　설계 초기에 Lay-Out이라든가 Concept(구상) 설정이 용이하고 어셈블리에 설정한 설계 초기 정보를 모든 단품에 적용이 가능하므로 매우 효과적인 모델링 방식이다. 기존의 단품 및 서브어셈블리를 참고하여야 하므로 연관설계를 위해 필요한 요소가 어떠한 것들인지 미리 파악할 필요가 있으며, 여러 단품으로부터 필요한 요소를 추출하는 경우라면 상당히 복잡해진다. 많은 경험과 사례를 통해서 직접 체험하여 특성을 이해하여야 하므로 원리이해에 상당한 노력이 필요하다.

### (1) Top Down 설계의 필요성

　3D CAD의 보급률이 제조 산업에 약 80% 이상 갈수록 증가하고 있고, 성공적인 사례들이 보고되고 있다. 단순한 도입뿐 아니라 3D를 주사용 CAD로서 실제로 적용하는 비율이 도입기업의 80% 이상으로 전반적인 흐름이 3D로 대세화가 되었다. 현재 여러 기업들은 각자 체계화된 3D 프로세스로 효과적인 설계를 구현하는 곳이 많다. 그럼에도 불구하고 여전히 3D를 도입하였으나 "2D보다 느리고 어렵다", "설계 변경에 힘들다", "3D의 장점을 모르겠다" 등의 많은 불만을 이야기하는 사람들이 가끔 있다. 여러 가지 나름대로 사유가 있겠으나 3D CAD의 장점인 Top Down 설계 기법을 적극 활용하지 않는 것도 원인이라 하겠다.

　3D CAD의 장점인 Top Down 설계를 제대로 적용하지 않고 형상설계에 집중을 하고 있다면 오히려 2D보다 불편한 것이 맞을 수 있다. 다시 말해 3D의 가시성, 정확성 및 확장성 등의 장점을 제대로 적용하기 위해서는 Top Down 설계가 필수적이며, 지식을 이해하고 적용하는 연습이 반드시 필요하다.

### (2) 왜 Top Down 설계인가? Top Down 설계는 어렵지 않다.

　2D이든 3D이든 아니면 종이에다 설계하든 인간은 기본적으로 Top Down 설계를 구현하고 있다. 아주 본능적인 것이다. 종종 설계자들에게 종이에 자기가 살고 있는 방을 그려보라고 한다. 재미있는 것은 2D로 그리는 사람, 3D로 그리는 사람 등의 차이가 있겠지만 공통적으로 나타나는 현상은 당연히 Top Down 설계를 활용한다는 점이다. 즉, Top Down 설계기법은 인간의 자연스러운 사고의 흐름이며 표현의 문제이다. 따라서 '왜?'라는 질문은 어울리지 않는다. 이렇듯 아주 당연한 이야기이지만 3D 설계에 있어 적용하려면 어렵게 느껴지게 된다. 종이에 그리는 도구는 연필과 종이라고 제대로 파악하고 있지만, 3D CAD에서의 연필에 대해 제대로 모르고 있다면 어렵게 느낄 수밖에 없다. 결국, 연필 사용법을 제대로 안다면 전혀 어렵지 않다. 3D 설계를 잘한다고 하는 사람들이 Top Down 설계를 마치 매우 고차원적인 설계방식으로 이야기하는 것은 매우 잘못된 것이라고 생각한다. '할 수 있다', '쉽다'라는 것을 확실히 믿고 연습하여 익혀보기 바란다.

## 2. 어셈블리 구조 만들기

### 1. 새 파일 만들기

**1** 먼저 Inventor를 실행한 후 새 파일 만들기로 standard(mm).iam 실행한다. 파일의 이름 Assembly, 저장될 위치 Assembly 폴더를 만든 후 그곳으로 지정한다.

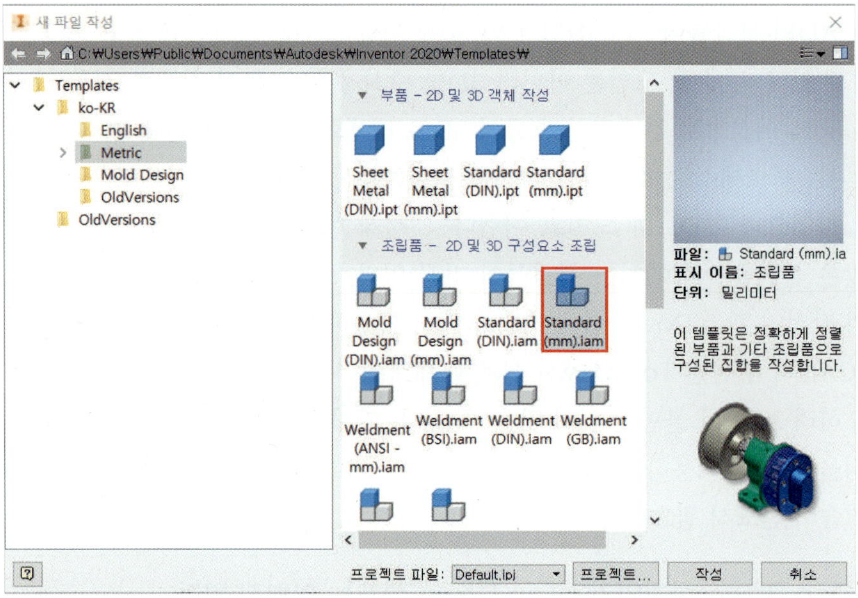

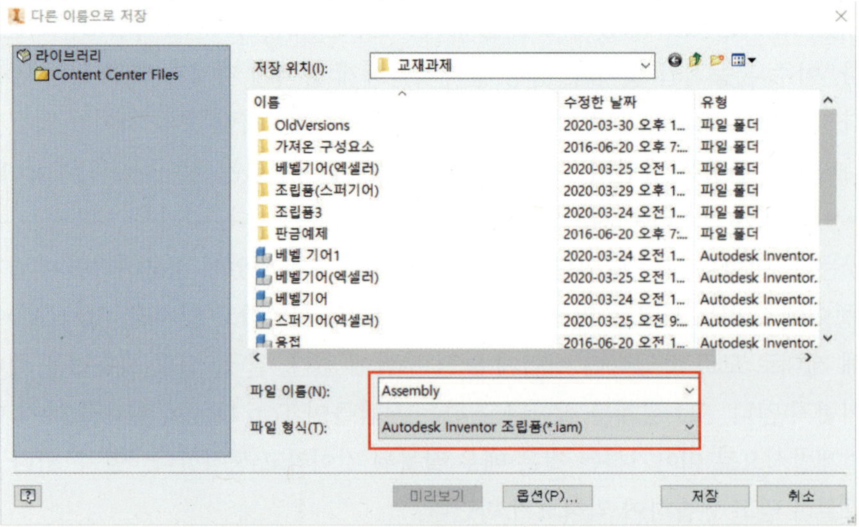

## 2. 1번 제품도 부품 만들기

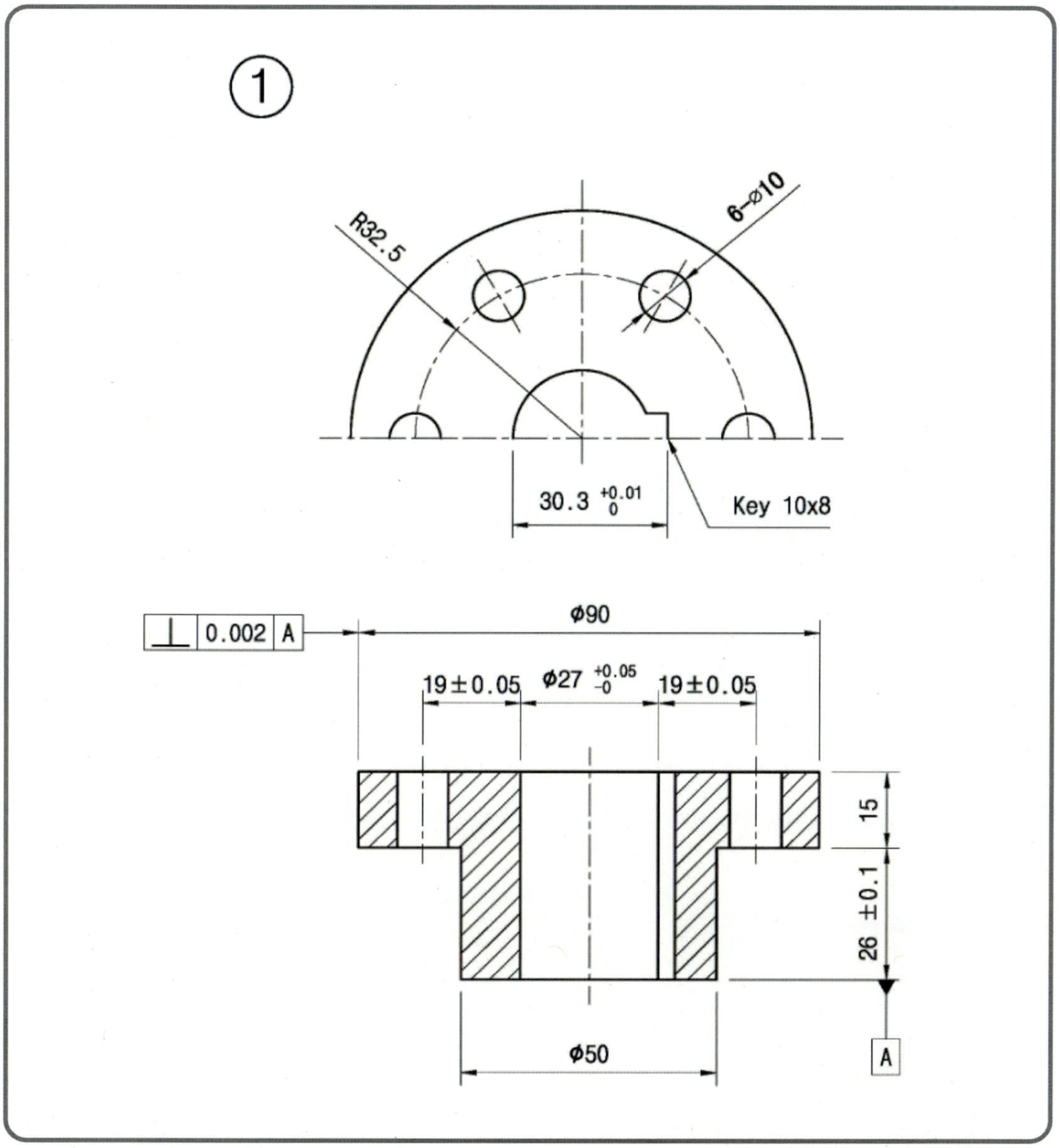

### (1) 파트파일에 저장

1번 부품 생성 작업을 위하여 조립 리본 메뉴 작성을 클릭 후 1.부품이라고 하고, 왼쪽 tree에서 중심점을 클릭한다. 작업공간에 중심점이 나타나면 이 점을 중심으로 배치가 진행된다.

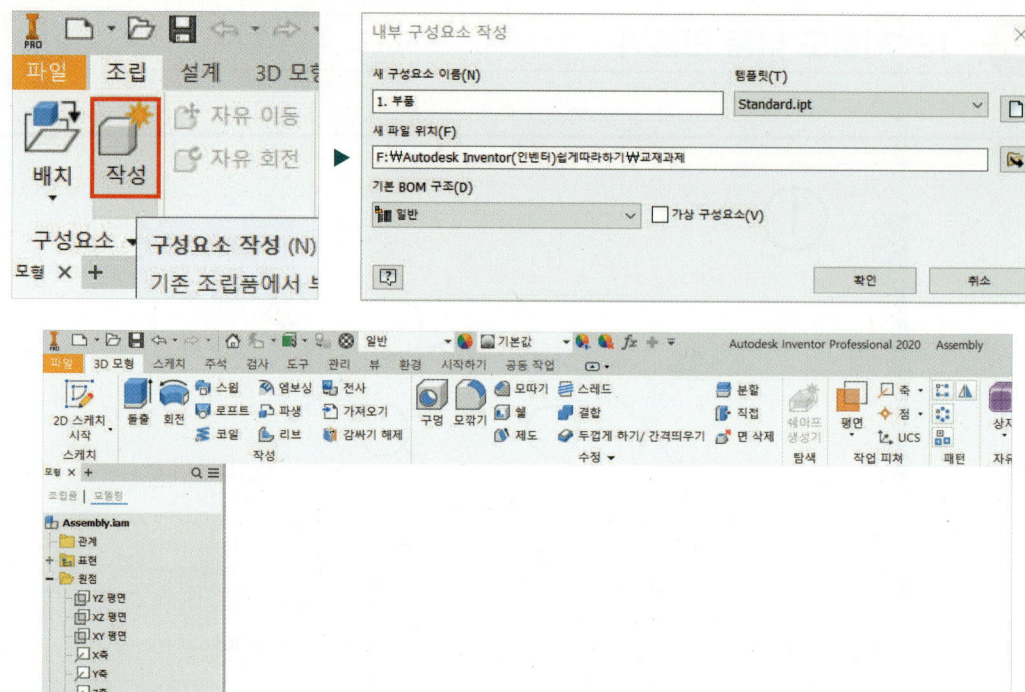

### (2) 스케치 작업

형상 모델링을 위하여 스케치 작업을 진행한다. [3D 모형 → 2D 스케치 시작 스케치]를 실행한 뒤 작업 진행 평면을 XY 평면으로 선택하고 작업을 시작한다.

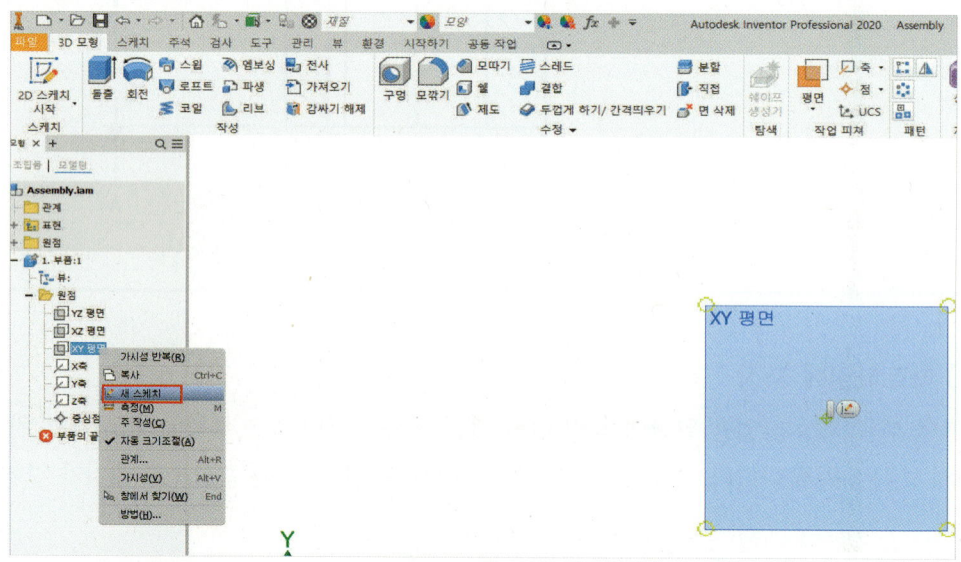

### (3) 치수기입

[스케치 → 원]을 이용하여 원을 생성한 뒤 [스케치 → 치수]를 이용하여 원 치수를 다음과 같이 입력한다.

### (4) 치수 보조선으로 변경

다음 제시되는 지름 65 원을 클릭 후 [스케치 → 형식 → 구성] 아이콘을 선택하여 보조선으로 변경한다.

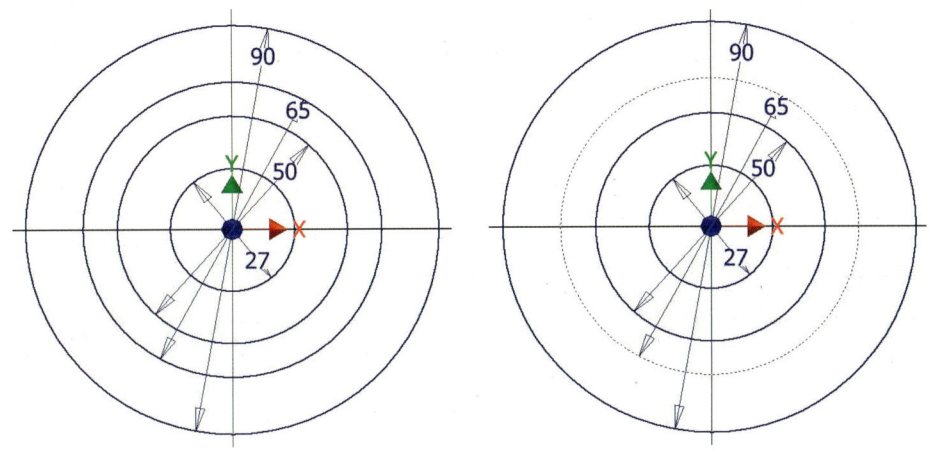

### (5) 구속조건 및 패턴 복사

① 원을 생성하여 참조선으로 변환한 원 선상에 중심 포인트를 클릭하여 생성한다. 원 지름 치수 ∅10을 입력한 후 구속조건을 생성한다.

② 구속조건 생성하기

- 부여할 구속조건을 선택 → 수평( ![icon] ) 아이콘 클릭
- 구속조건을 부여할 개체를 선택 → ∅10 원의 중심점 선택
- 구속조건을 부여할 개체를 선택 → 원점 선택

③ 구속이 이루어지면 파란색으로 고정이 되며, F8 키를 누르면 수평 구속이 원점과 ∅10 원의 중심점에 적용된 것을 확인할 수 있다. 참고로 F9를 누르면 모든 구속조건을 안 보이게 한다.

④ 패턴 복사하기: 스케치 → 패턴 → 원형 선택한다.

- 원형 패턴을 적용할 형상 선택 → ∅10의 원 선택
- 회전 중심 포인트 지정 – 축의 화살표로 클릭하고 원의 중심점 선택

- 패턴의 총 개수-6, 패턴이 적용될 각 360을 입력 후 확인하여 완료

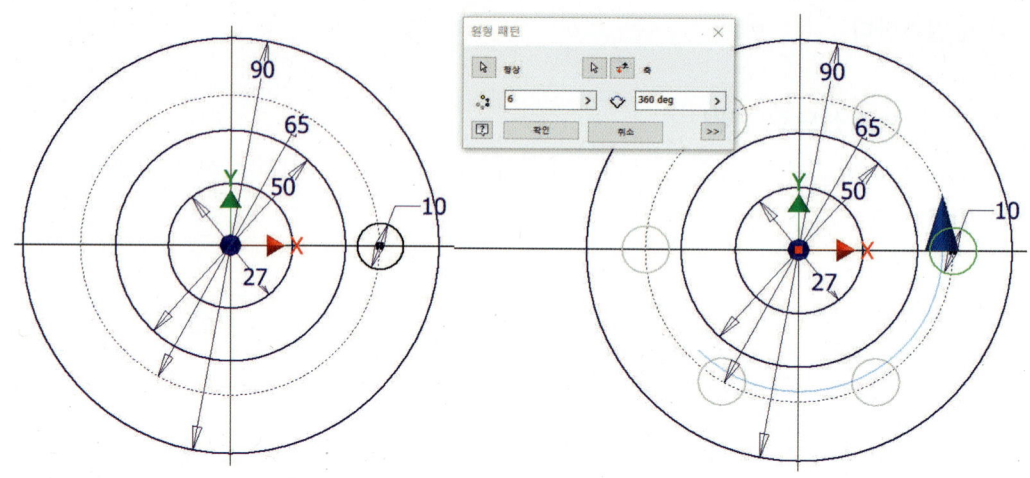

### (6) 스케치 종료

키 홈 자리 형상을 선으로 그어 치수를 입력 후 수평이라는 구속조건으로 키 홈의 선 중심점과 원점을 구속한다(위의 Ø10 구속조건 참조). 스케치 마무리로 종료한다.

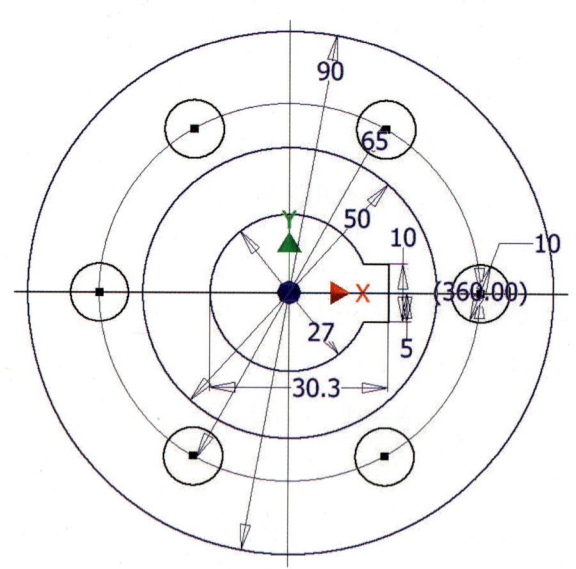

### (7) 솔리드 모델링을 생성

스케치를 이용하여 솔리드 모델링을 생성한다. [3D 모형 → 돌출]을 이용하여 돌출한다. -Z 방향 돌출 거리 값 15를 입력한 후 확인을 클릭한다.

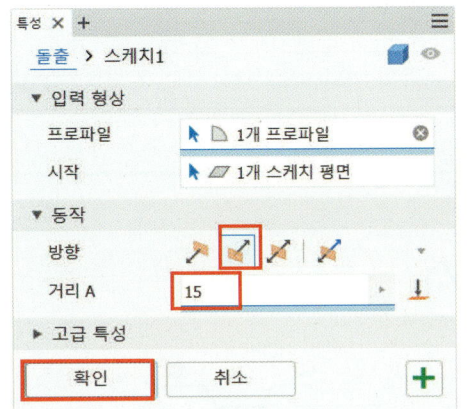 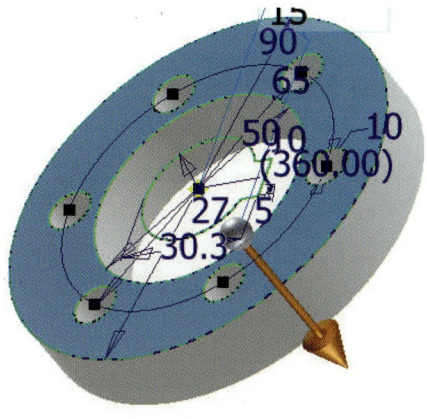

### (8) 돌출 작업

① 왼쪽 트리에서 돌출된 스케치에 마우스 갖다놓고 마우스 우측 버튼을 클릭하여 스케치 공유를 한다. 별도의 스케치가 추가되어 트리에 나타난다.

② 돌출을 이용하여 ⌀50의 원 돌출 작업을 진행한다. -Z 방향, End 거리 41을 입력한 뒤 확인을 누른다.

③ 돌출된 트리의 스케치에서 마우스 우측 버튼을 클릭하여 스케치 가시성의 체크를 해제한다.

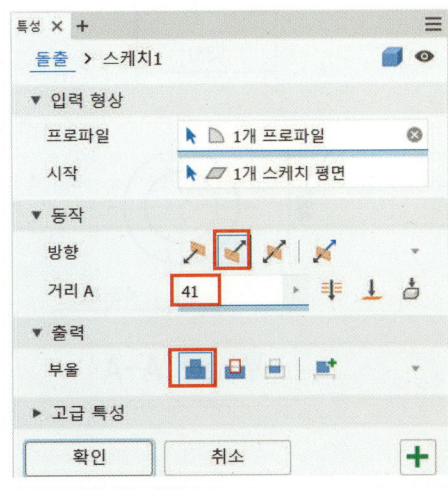 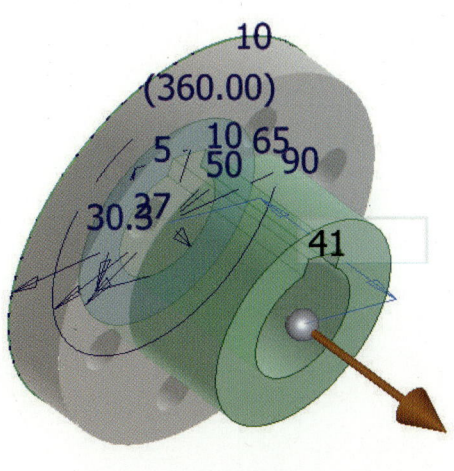

#### (9) 파일 저장

① 1완성된 부품 형상이다. Ctrl+S 누르거나 [메뉴 → 저장]을 눌러 저장한다.

② [3D 모형 → 복귀 → 상위]로 복귀 아이콘으로 이동한다.

## 3. 2번 부품 만들기

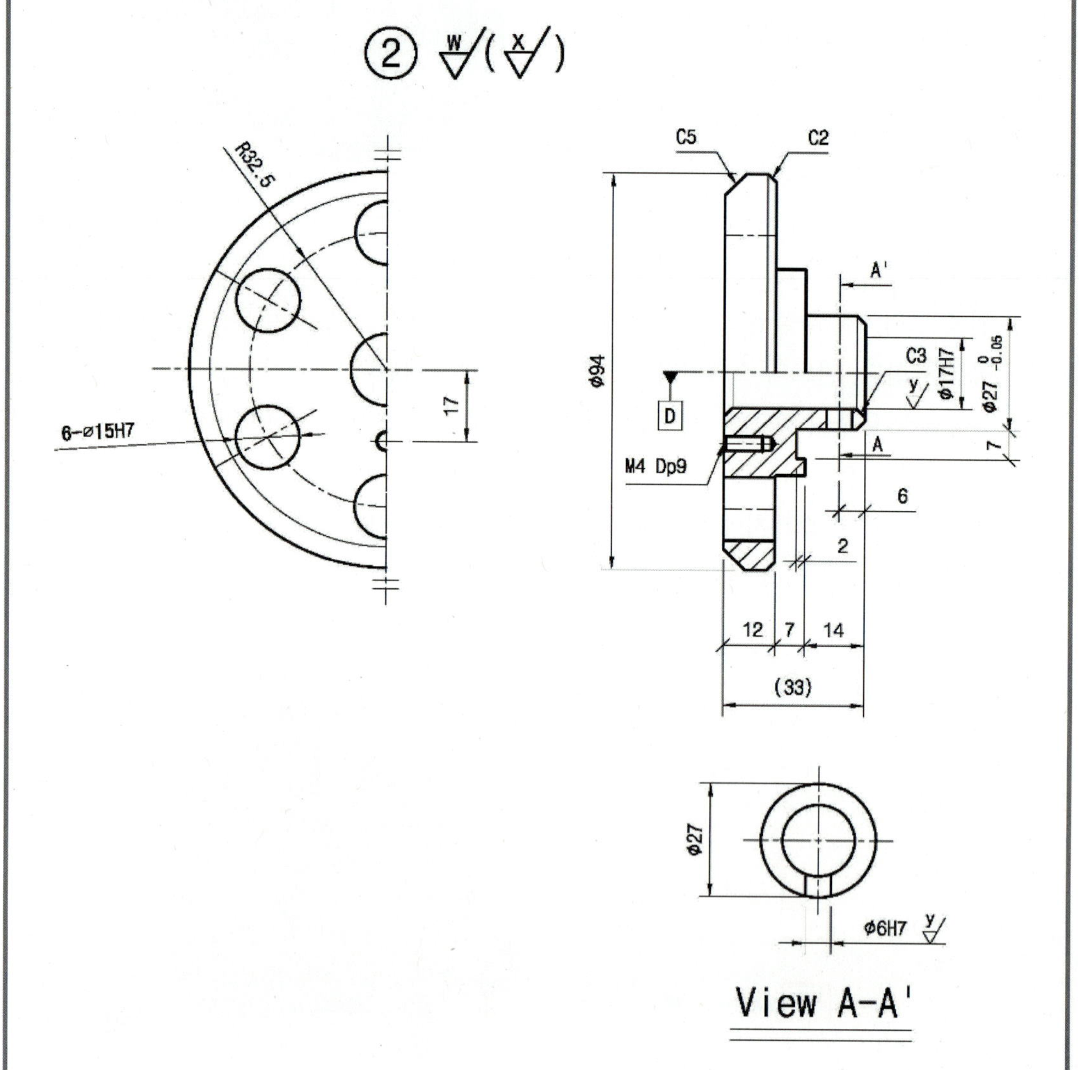

## (1) 파트파일에 저장

2번 부품 생성 작업을 위하여 [메뉴 → 조립 → 작성]에서 새 구성 요소 이름을 '2.부품'으로 하고, 폴더 경로를 Assembly로 한다. 확인 클릭 후 작성 기준점은 트리의 중심점으로 한다.

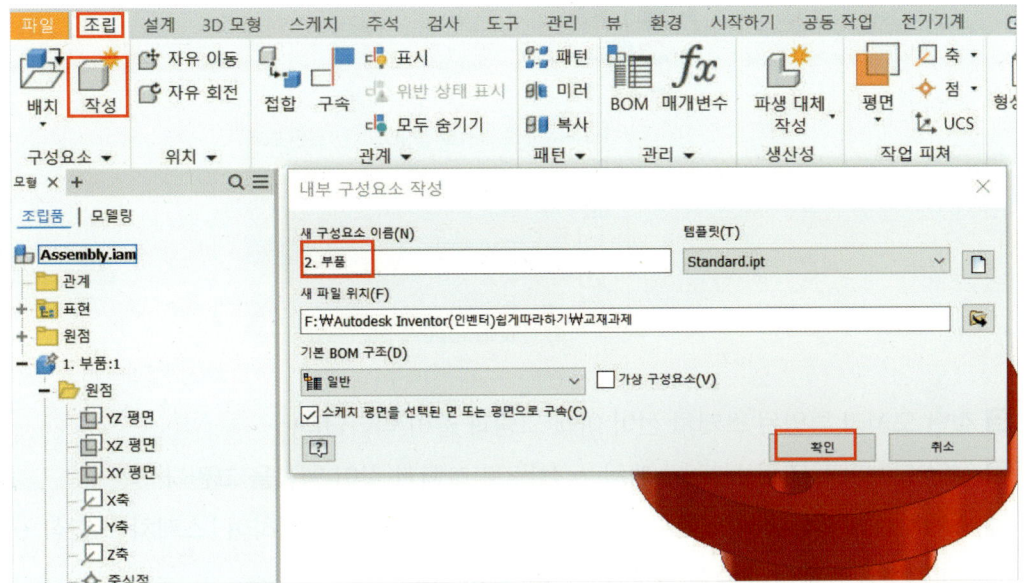

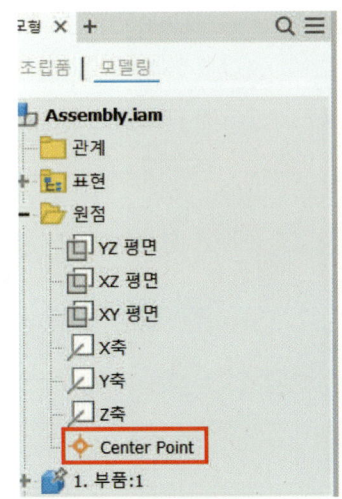
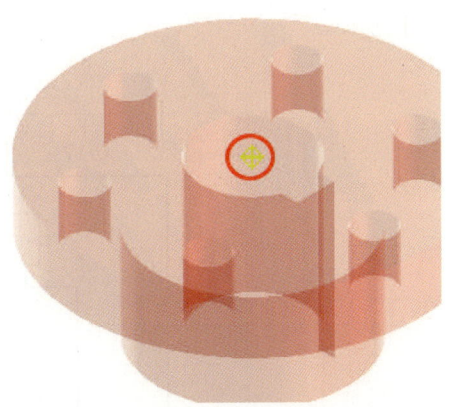

### (2) 회전 프로파일 작성

**1** 스케치로 YZ 평면을 잡는다. [새 스케치 → 작성 → 절단 모서리 투영]으로 부품 1번의 외형을 클릭한다.

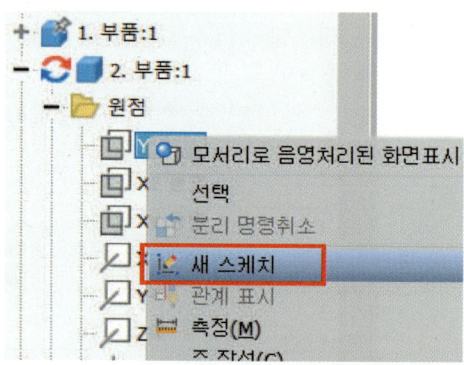

**2** 절단 모서리 투영된 스케치 선이 아래 그림과 같이 나타난다.

**3** 절단 모서리 투영된 선에 [스케치 → 선]으로 그림과 같이 형상을 그린다.

**4** 스케치를 모델링에서 회전시키기 위해 가운데 중간선을 클릭하여 [스케치 → 형식 → 중심선] 경로를 진행하여 중심선을 변경한다.

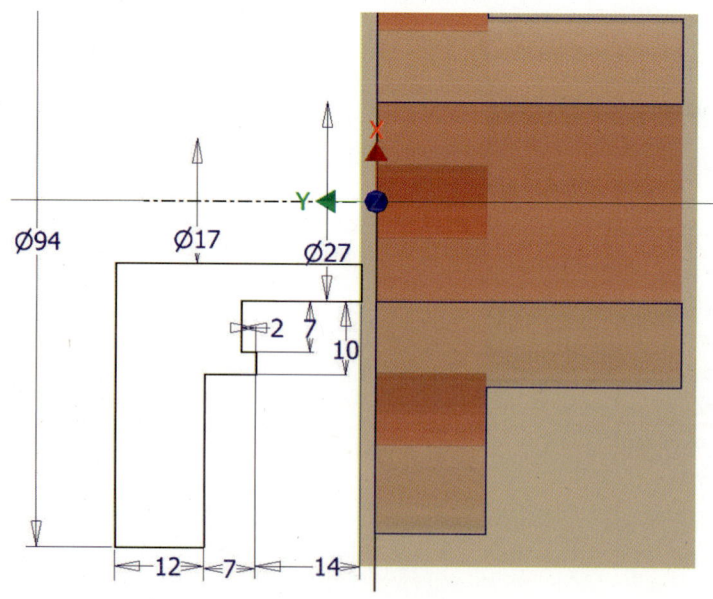

5 구속조건에서 일직선상 구속을 그림과 같이 부품 1의 선과 부품 2의 선을 일직선상으로 구속하면 전체 구속이 된다.

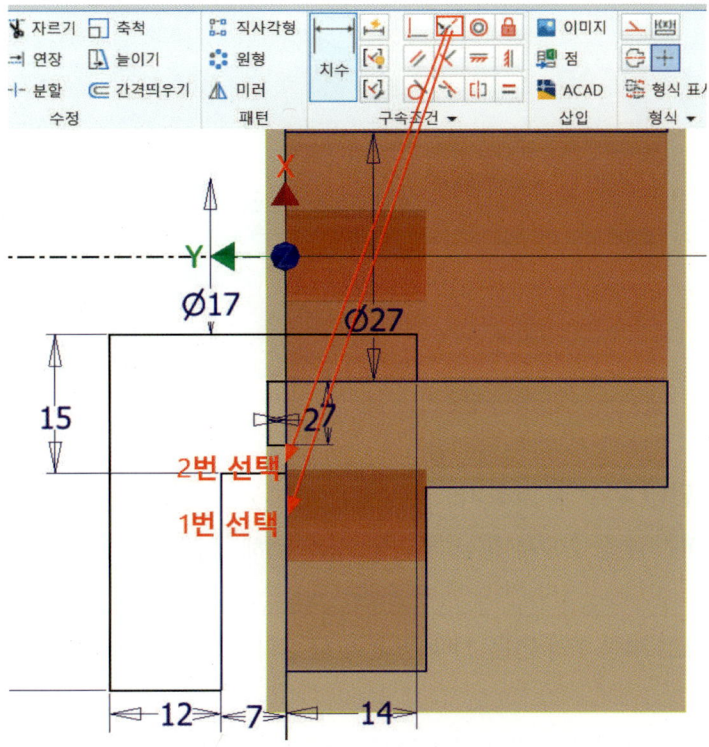

(3) 회전 생성

1 스케치 마무리 후 [3D 모형 → 회전]으로 프로파일과 축을 선택한다.

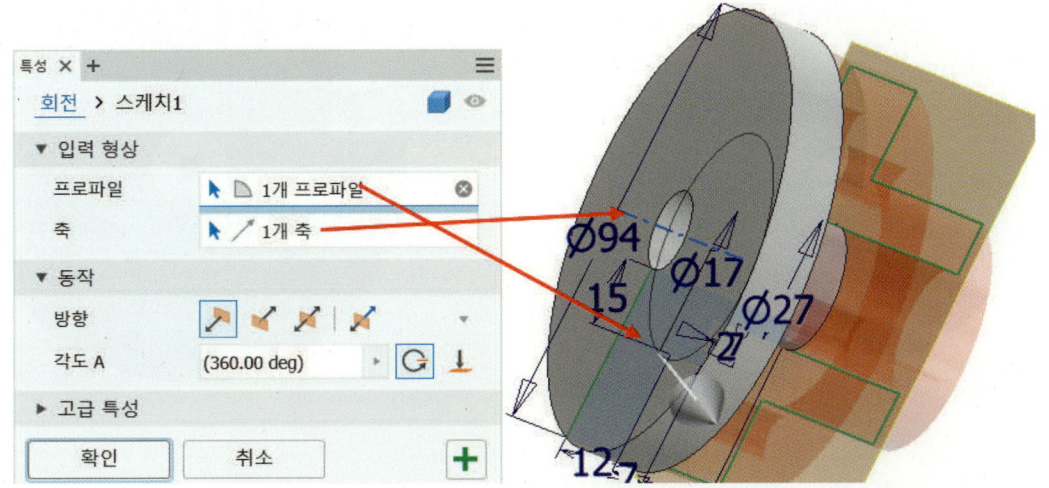

② 2D 스케치에서 부품 2의 TOP 면을 선택하면 그림과 같이 선택된다.

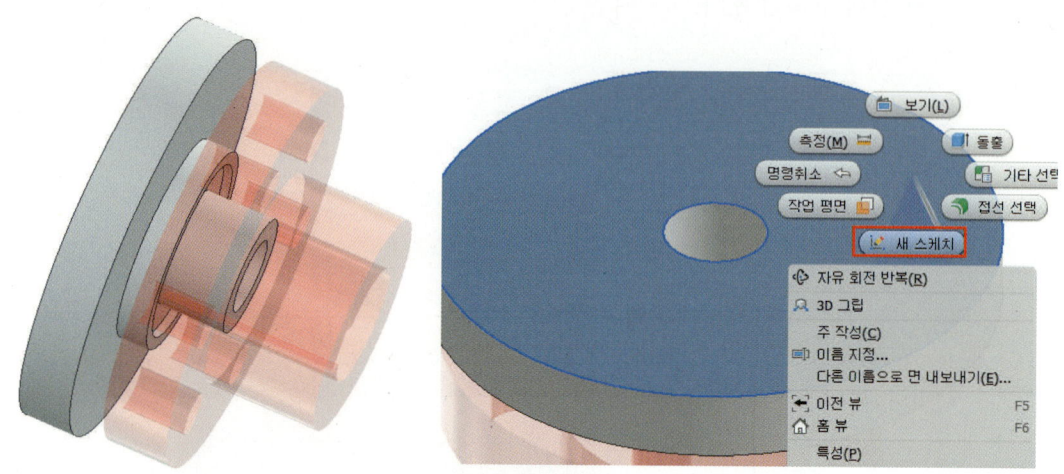

### (4) 부품 1의 단면 형상 투영하기

① 이미 만들어진 부품 2에서 형상 투영을 하기 위해 스케치 상태에서 그림과 같이 View를 회전한다.

② 형상 투영으로 부품 1의 면을 선택한다. 부품 2의 스케치 면에서 형상 투영된 스케치가 나타난다.

③ 형상 투영된 스케치에서 원 지름 15를 만든다. [스케치 → 패턴 → 원형] 아이콘을 눌러 형상과 축을 선택한다. 개수는 6개, 각도는 360deg이다.

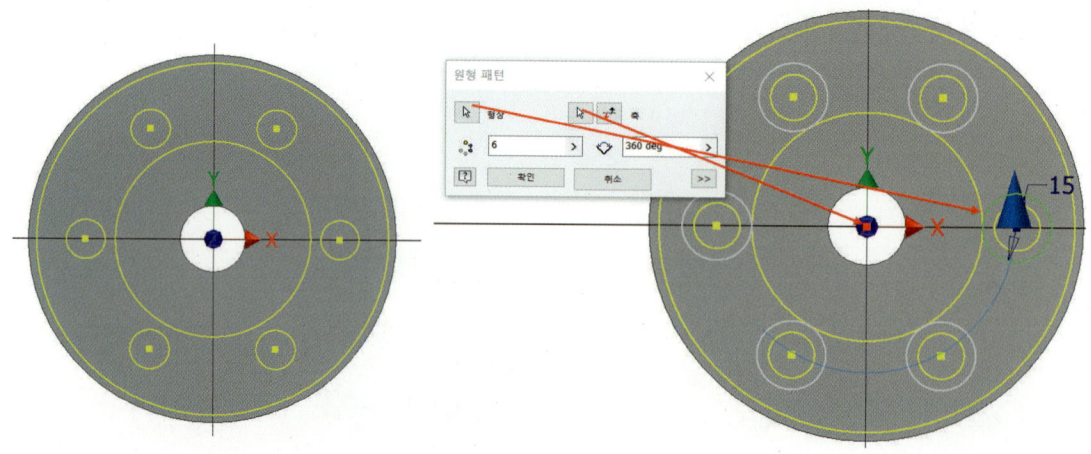

**4** 스케치 마무리 후 [3D 모형 → 돌출]을 선택한 후, 프로파일은 구멍 프로파일 6개를 선택하고, 차집합을 선택, 범위는 전체를 선택한다. 방향은 아랫방향이다.

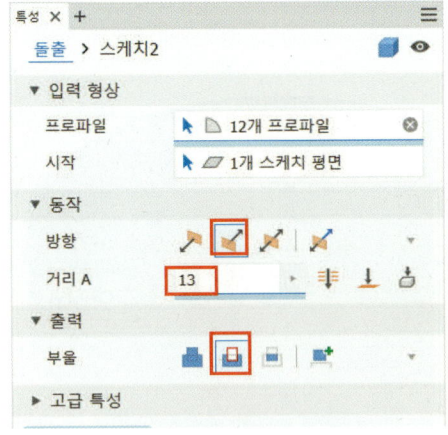
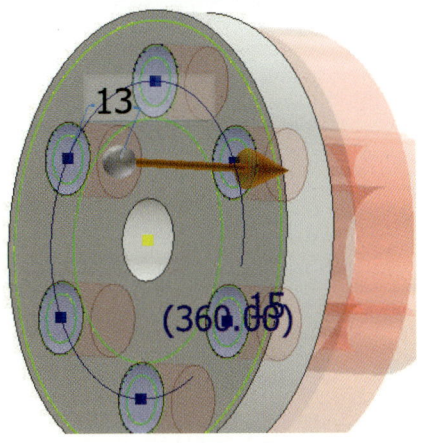

## (5) 스케치로 원의 생성 및 돌출

**1** 스케치로 원을 생성하고 Extrude를 이용하여 돌출 컷한다. 스케치는 다음 그림에 제시되는 형상 윗면을 선택하여 진행한다.

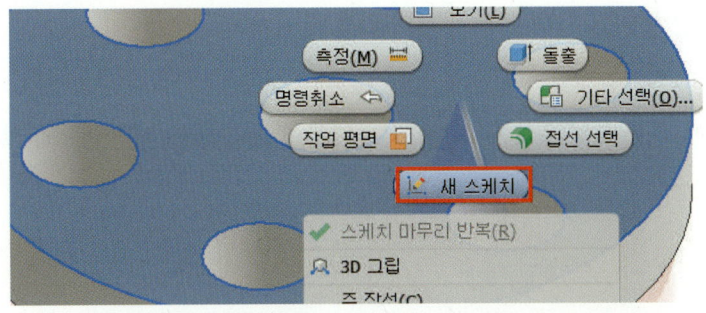

**2** 원점에서 거리 17, x축과 일치 조건으로 지름 4.2 원을 만든다.

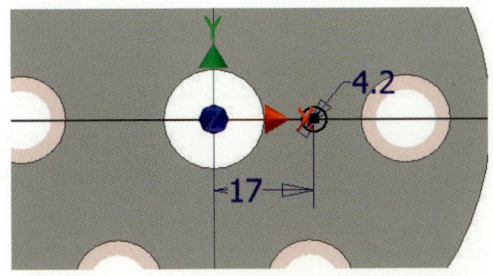

**3** 구멍 아이콘을 이용하여 아래 그림과 같이 설정하고 확인한다.

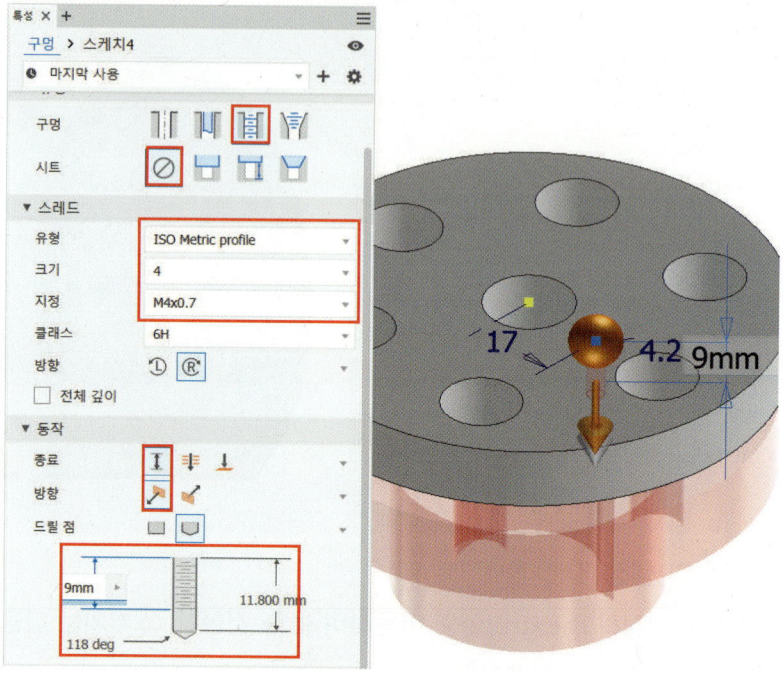

**4** 스케치를 YZ 평면을 선택하여 새 스케치로 들어간다.

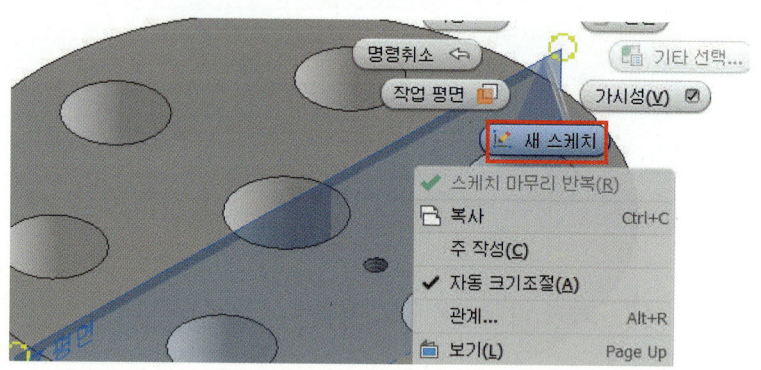

**5** [뷰-비주얼 스타일-와이어프레임]으로 변경한다.

6 지름 6에 밑에서 거리 6인 원을 만든다. 중점과 수직 구속으로 일치시킨다.

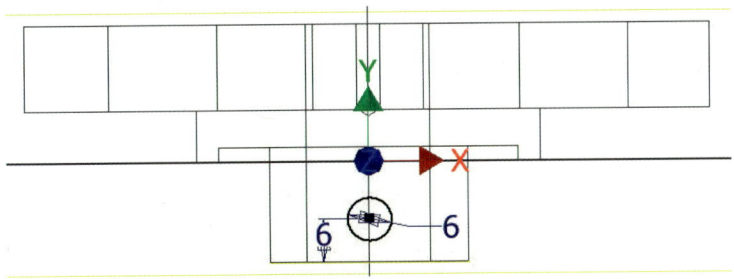

7 진행한 스케치를 이용하여 구멍 아이콘을 이용하여 아래 그림과 같이 진행한다.

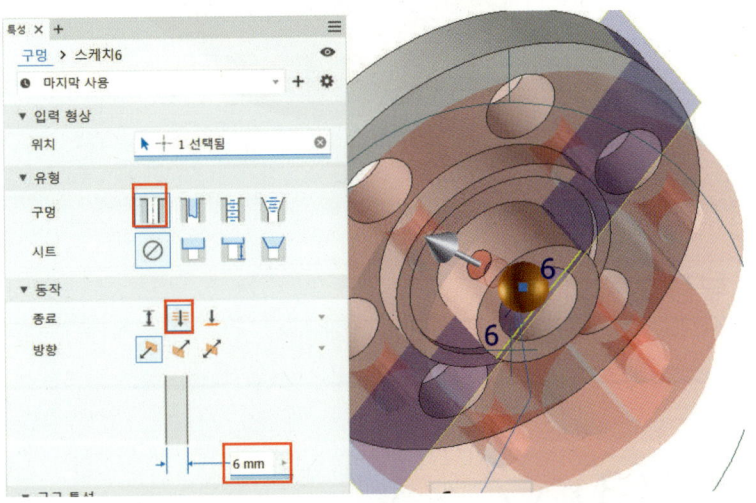

8 마무리 작업인 모따기를 진행한다. [3D 모형 → 모따기] 실행 후 모따기 진행할 모서리 선택, 부여할 모따기 값을 입력 후 확인한다.

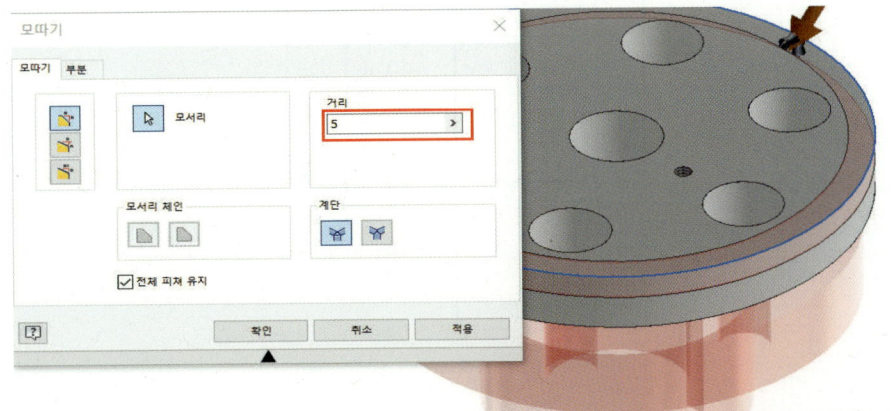

CHAPTER 5 하향식 드릴 지그 모델링 따라 하기

### (6) 모따기 및 저장

도면을 참조하여 나머지 모따기 작업으로 모델링을 마무리한다. 상위로 복귀하고 Save All을 이용하여 현재까지의 작업을 모두 저장한다.

## 4. 3번 부품 만들기

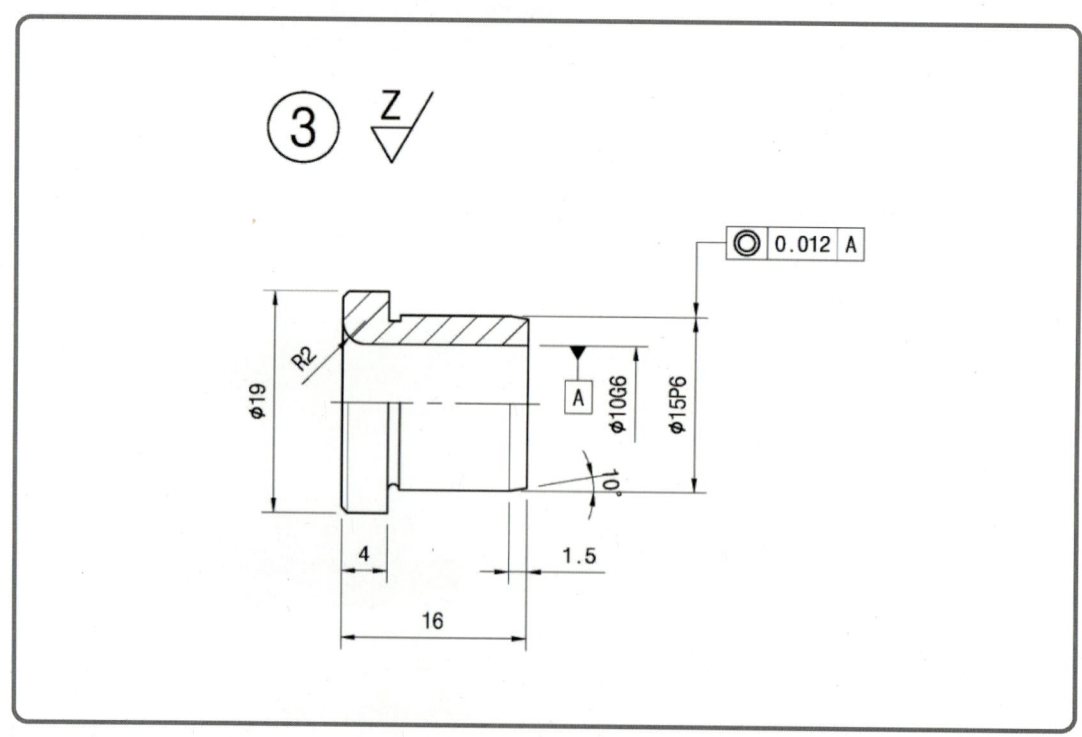

## (1) 파트파일에 저장

3번 부품을 저장한 후 생성 작업을 위해 작성을 클릭한 후 왼쪽 트리에서 중심점을 클릭한다.

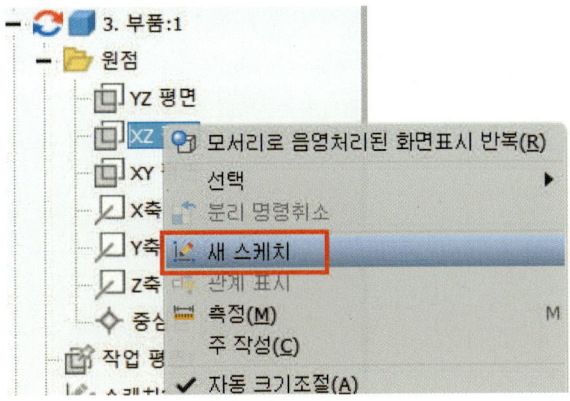

## (2) 스케치 작업

**1** XZ 평면에서 새 스케치를 시작한다.

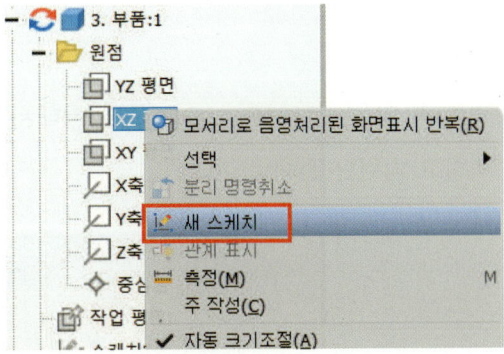

**2** [스케치 → 절단 모서리 투영]을 이용하여 부품 2에서 절단된 모서리를 투영한다.

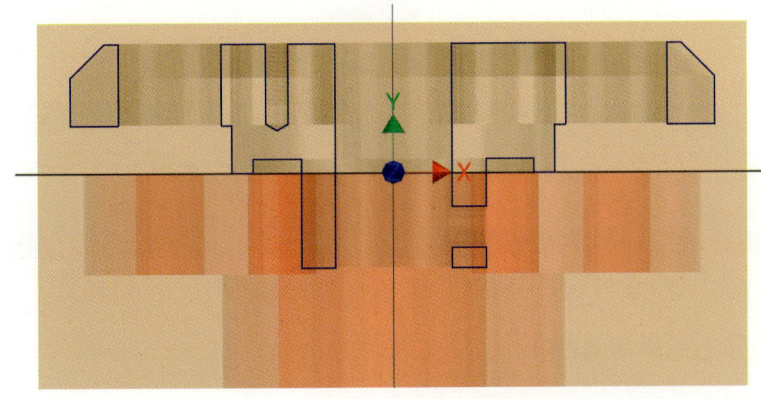

3 다음과 같이 스케치를 진행한 후 종료한다.

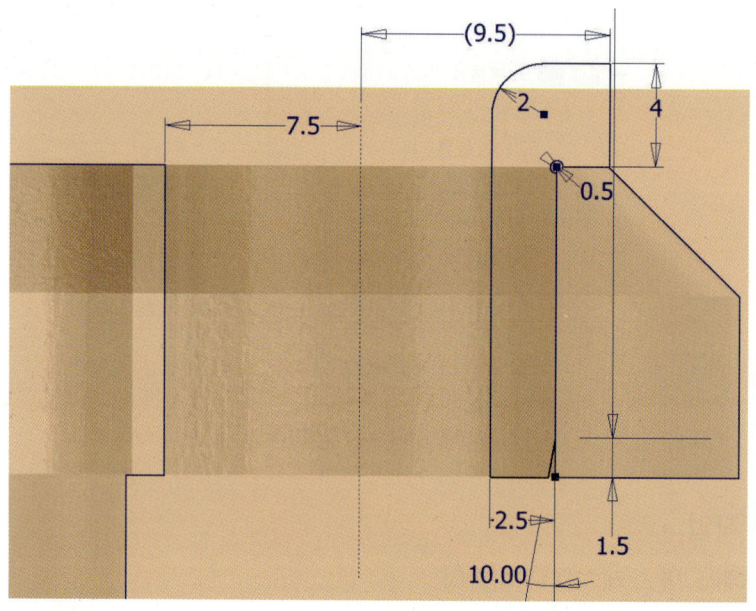

## (3) 회전으로 형상을 완성

1 [3D 모형 → 회전]을 실행한 뒤 프로파일은 다음과 같이 선택하고 진행한다.

2 축은 그림과 같이 선택하고 범위는 전체로 한다.

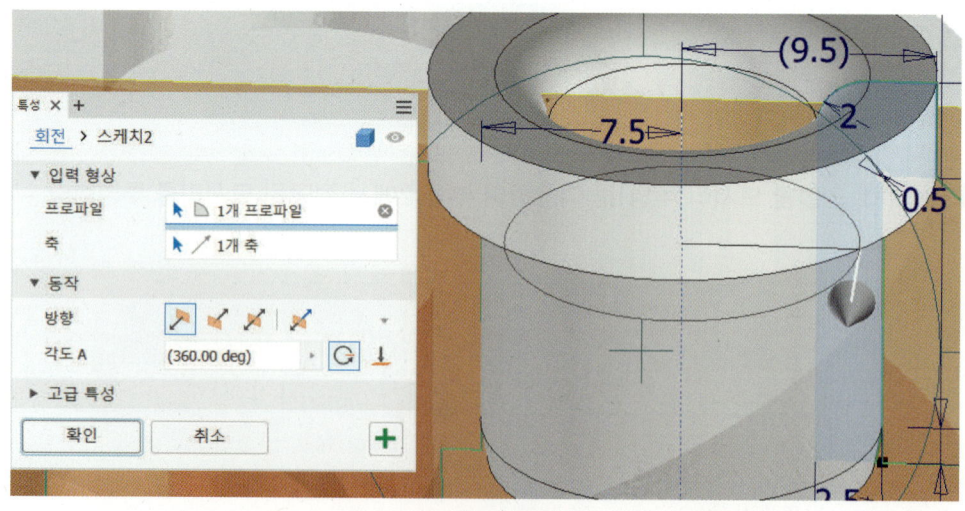

3 SAVE한 후 상위로 복귀한다.

# 5. 4번 부품 만들기

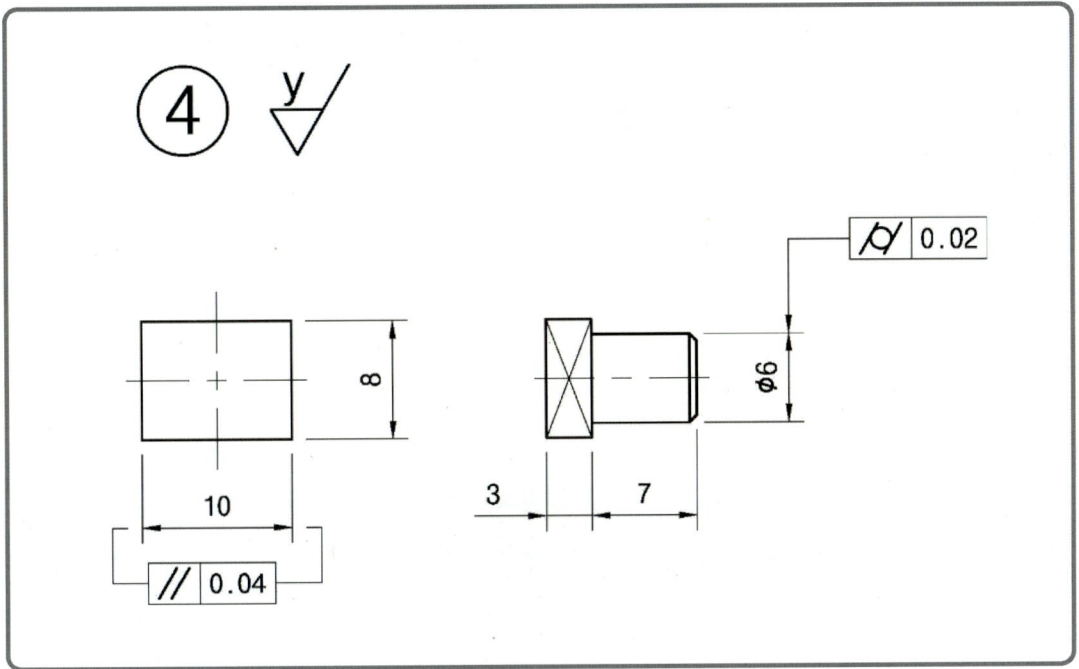

## (1) 파트파일에 저장

1. 4번 부품을 저장 후 생성 작업을 위해 작성 클릭 후 왼쪽 트리에서 중심점을 클릭한다.

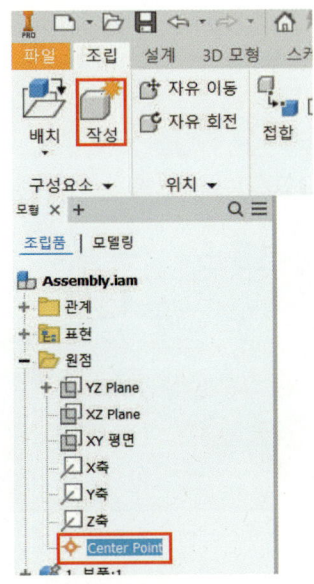 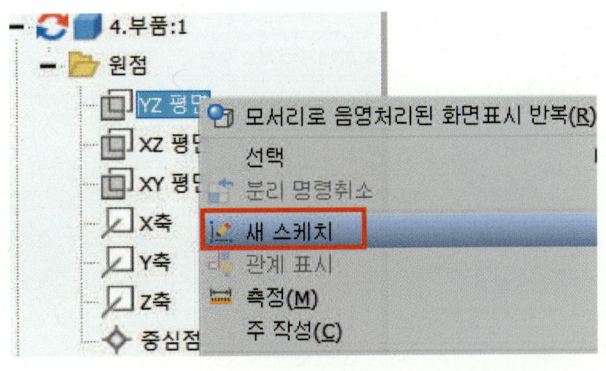

2 형상 모델링을 위하여 YZ 평면을 선택하여 새 스케치를 진행한다.

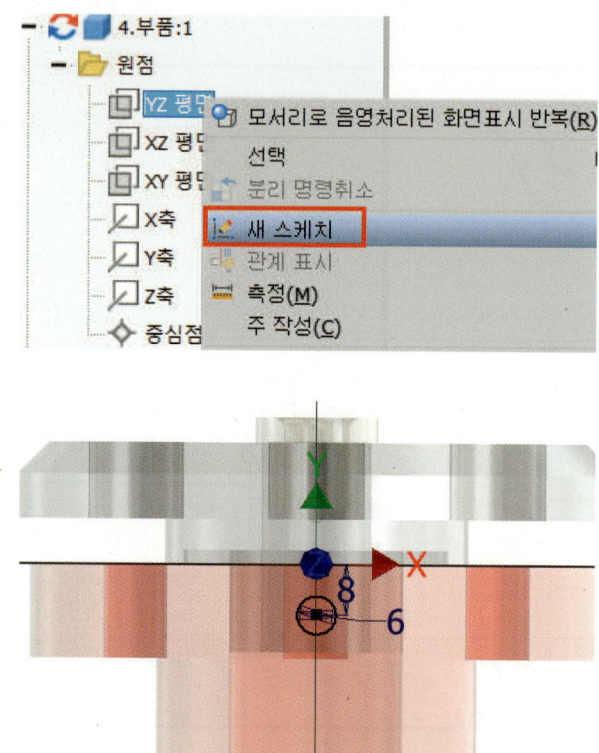

(2) 스케치 후 Extrude

1 아래 그림과 같이 돌출한다.

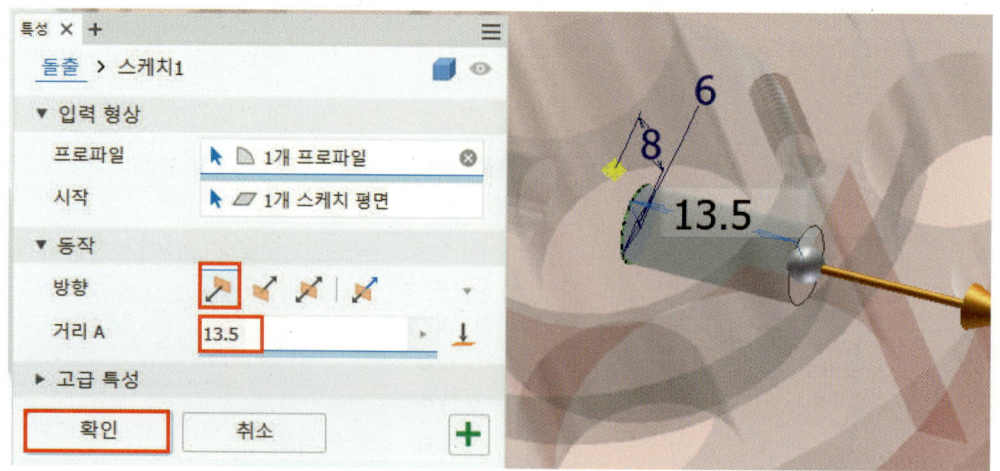

**2** 새 스케치를 그림과 같이 생성된 원통 끝 면을 잡는다.

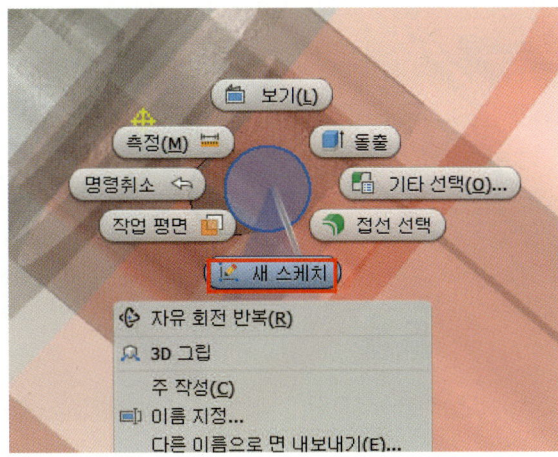

**3** 같은 방법으로 스케치의 사각형을 Extrude한다. 다음과 같이 돌출한다.

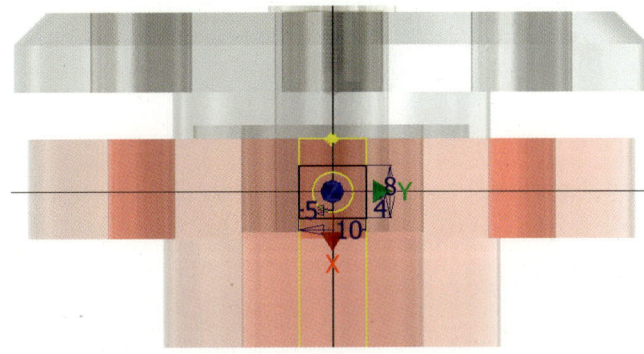

**4** 그림과 같이 스케치 후 돌출 거리 값 3을 입력한다. 방향은 -X 방향이다.

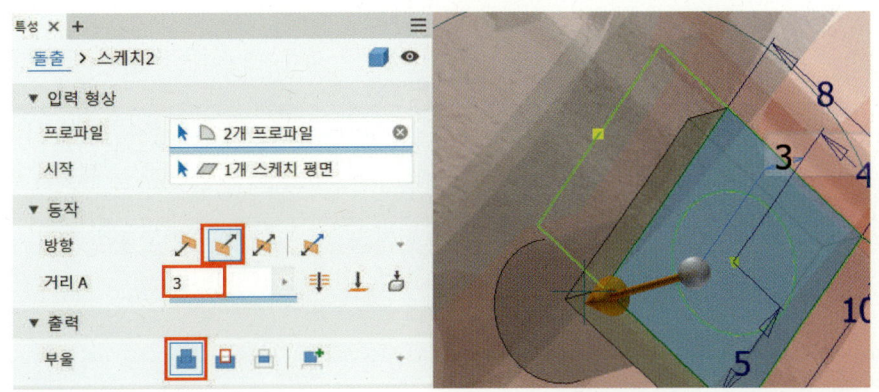

CHAPTER 5 하향식 드릴 지그 모델링 따라 하기

### (3) 모따기

조립이 시작되는 모서리 부분을 모따기 처리한다.

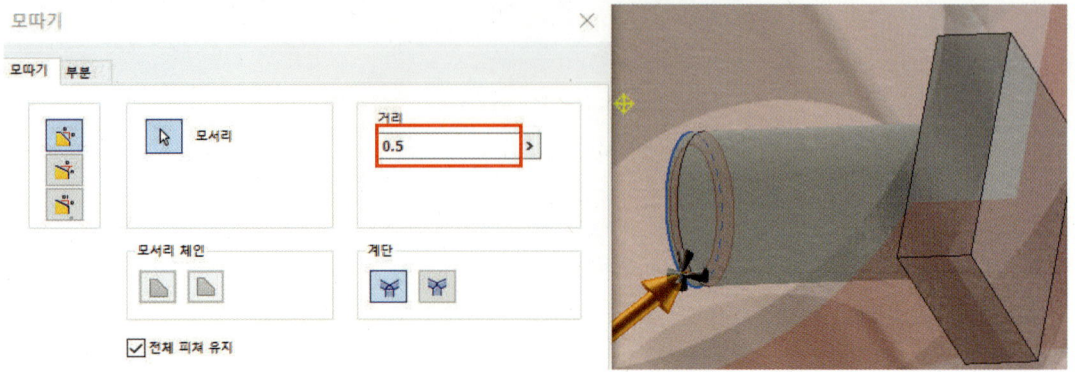

### (4) 저장

4번 부품이 완성되었다. Save한 후 상위로 복귀한다.

## 6. 5번 부품 만들기

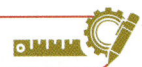

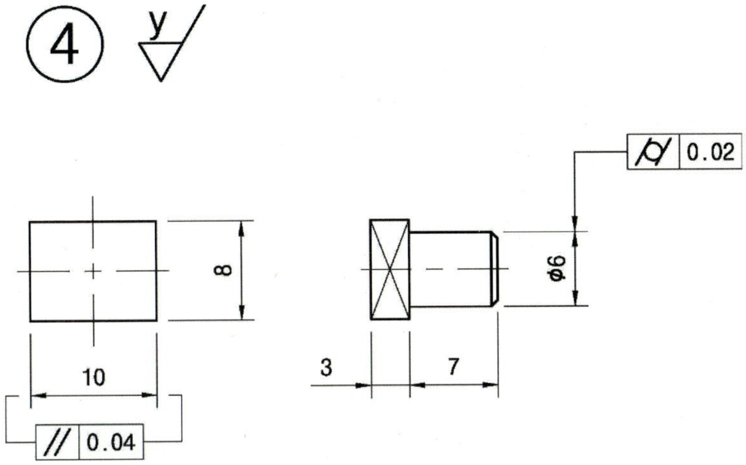

④
y
0.02
8
ϕ6
10
3
7
0.04


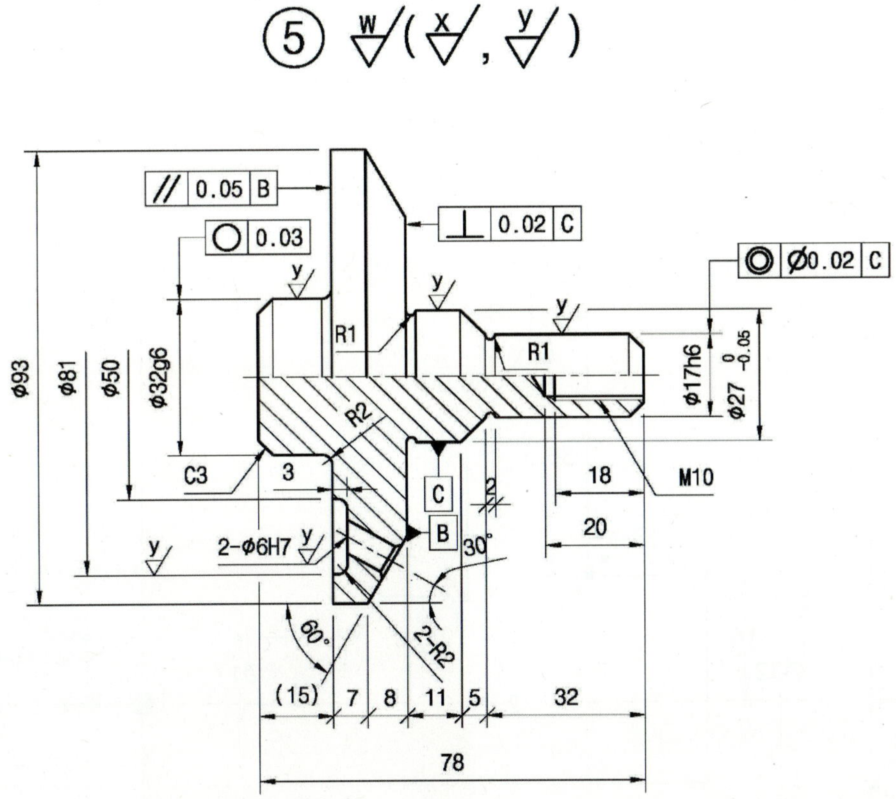

⑤
w
x
y
0.05 B
0.03
0.02 C
Ø0.02 C
R1
R1
R2
ϕ93
ϕ81
ϕ50
ϕ32g6
ϕ17h6
ϕ27
0
-0.05
C3
3
C
B
2
18
M10
20
30°
2-ϕ6H7
60°
2-R2
(15)
7
8
11
5
32
78

## (1) 파트파일에 저장

5번 부품 저장한 후 생성 작업을 위해 작성 클릭 후 왼쪽 트리에서 중심점을 클릭하고 스케치에서 XZ 평면을 클릭한다.

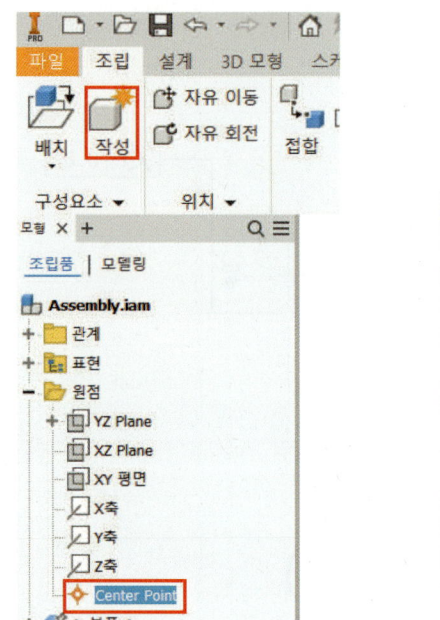
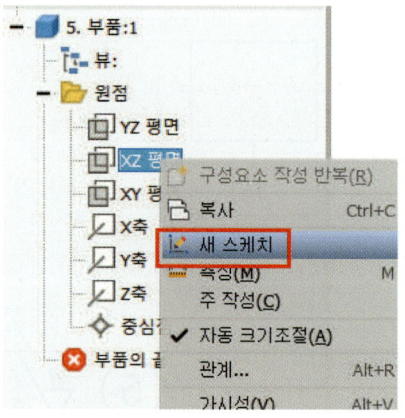

## (2) 프로파일 작성

그림과 같이 스케치에서 치수를 기입하고 종료한다.

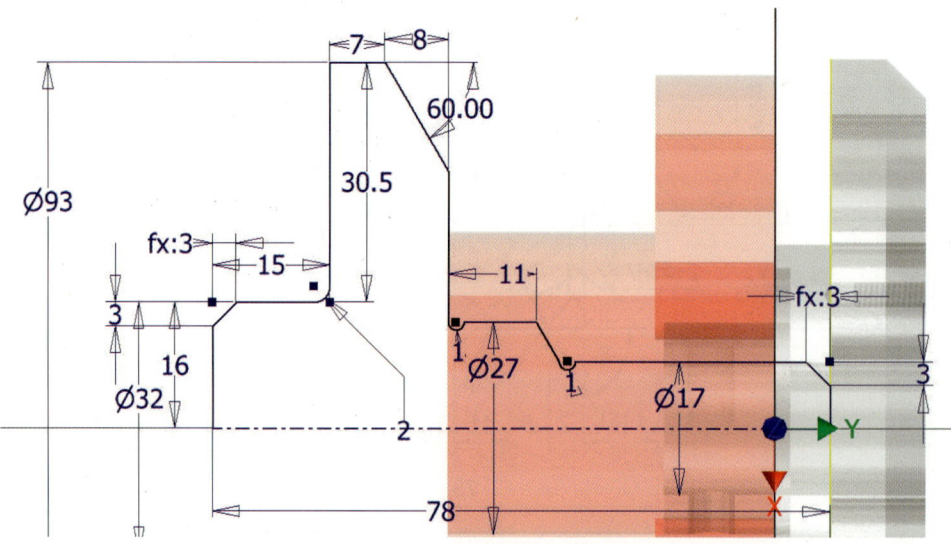

### (3) 회전

[3D 모형 → 회전]을 이용하여 작성한 스케치에서 프로파일과 회전축을 선택하여 3D 모형을 만든다.

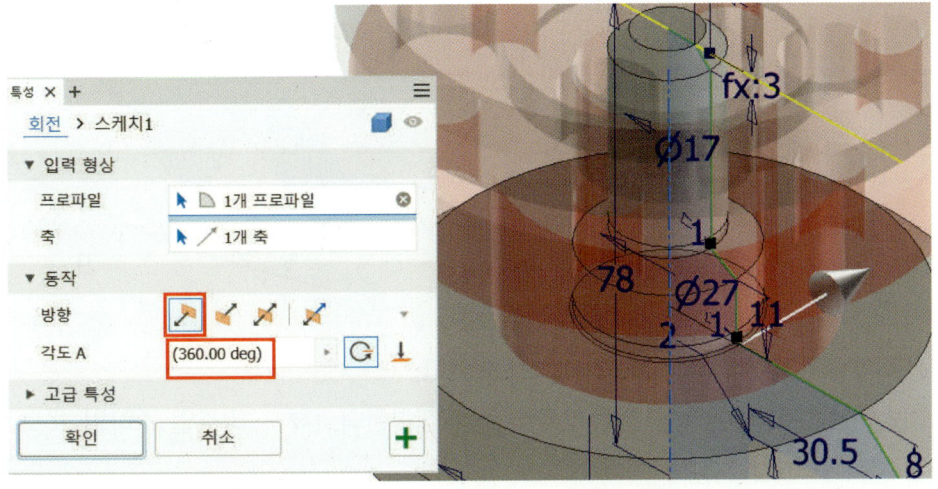

### (4) 스케치 후 회전

① 새 스케치는 XZ 평면을 잡는다. 와이어프레임으로 변경한다.

② 도면을 보고 그림과 같이 스케치를 한 후 스케치 마무리를 한다.

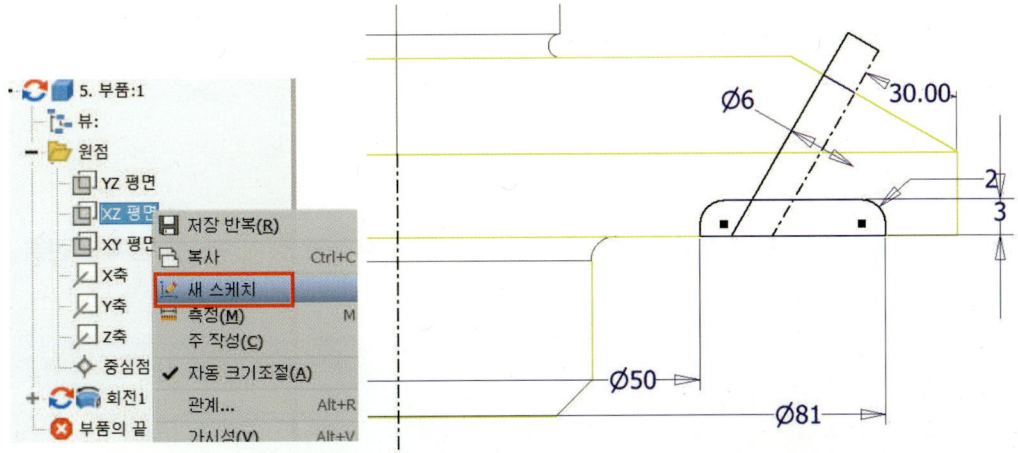

**3** [3D모형 → 회전] 명령어로 먼저 원기둥을 회전하여 차집합으로 한다.

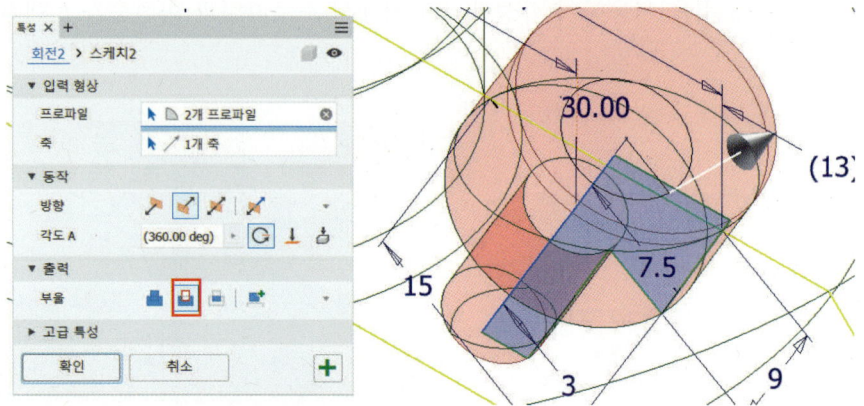

**4** 스케치 공유로 방금 전 만든 스케치를 빼낸다.

**5** 이번에는 바닥의 둘레를 회전 명령어로 차집합한다. [뷰 → 비주얼 스타일 → 모서리로 음영 처리]로 변경한다.

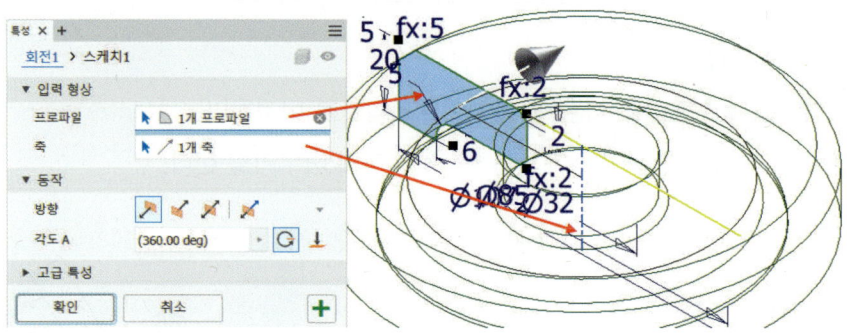

### (5) 대칭 복사하기

**1** [3D 모형 → 미러] 명령어를 실행한다. 피쳐는 이전에 생성한 첫 번째, 두 번째 회전을 선택한다.

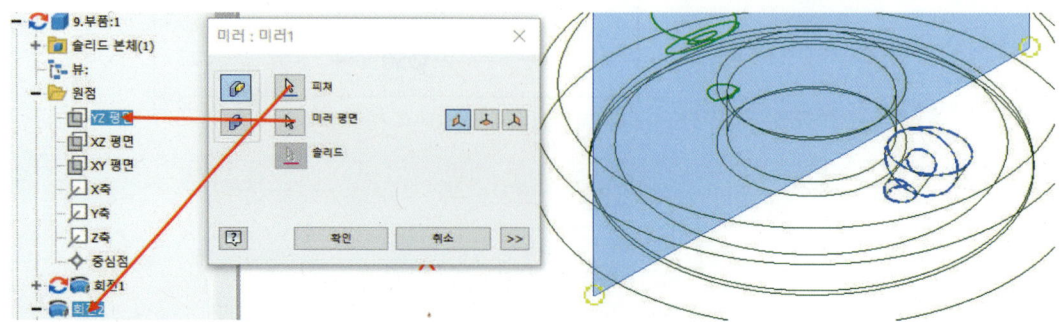

2 아래 그림과 같이 새 스케치를 선택한다.

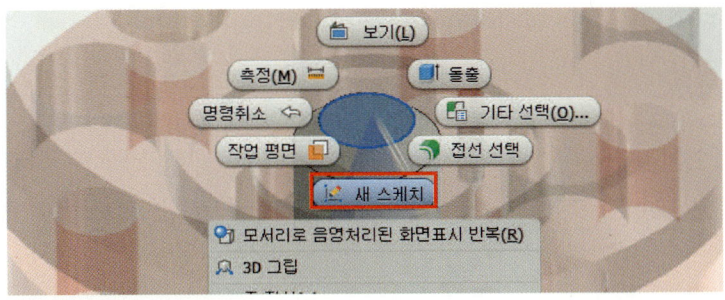

3 점 아이콘을 클릭하여 점 삽입 후 스케치를 종료한다.

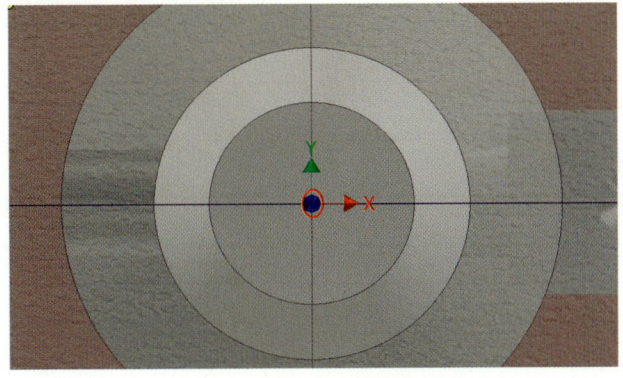

4 구멍 아이콘을 이용하여 아래 그림과 같이 설정하고 확인한다.

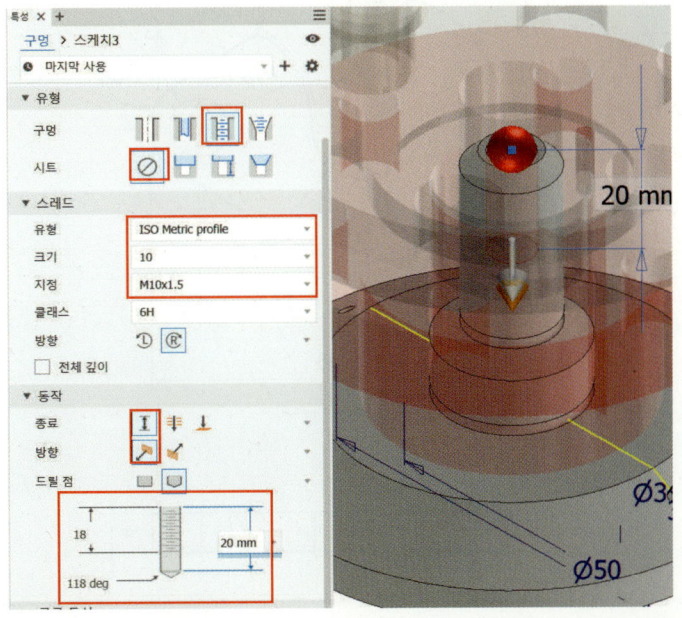

### (6) 모따기 및 저장

모따기 후 단품의 색상을 지정하고 저장한 후 상위로 복귀한다.

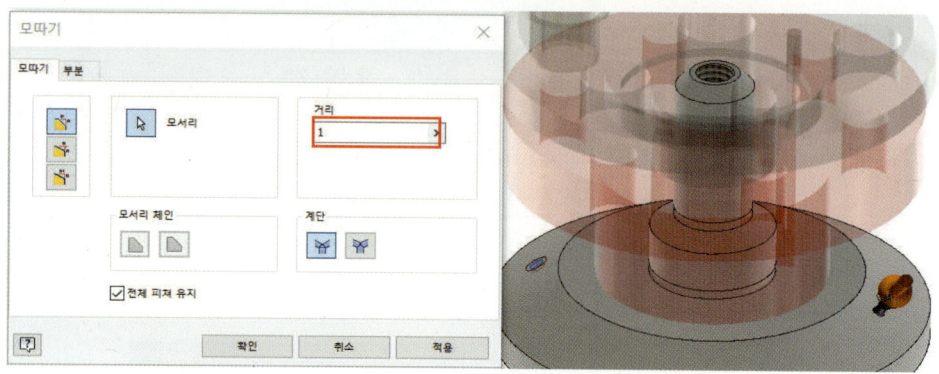

## 7. 6번 부품 만들기

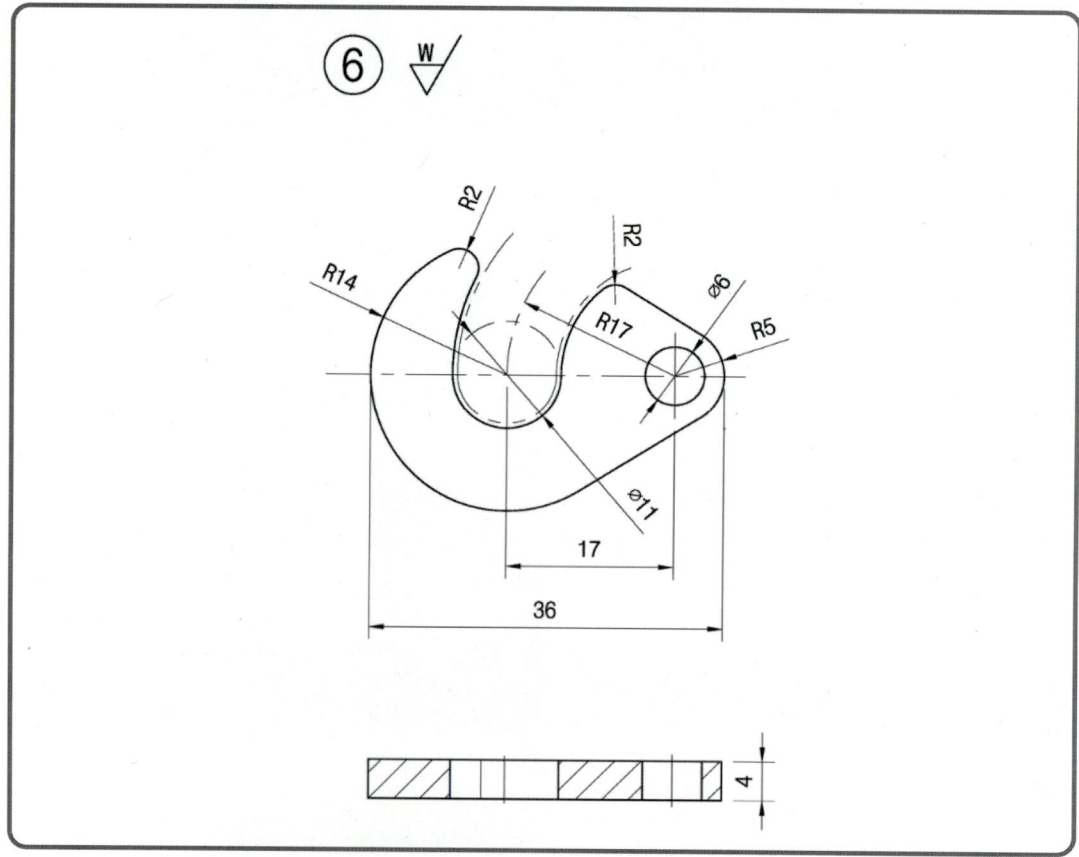

## (1) 파트파일을 작업 파트로 활성화

6번 부품 저장한 후 생성 작업을 위하여 [작성 → 중심점]을 선택한다. 2D 스케치로 그림과 같이 면을 선택한다.

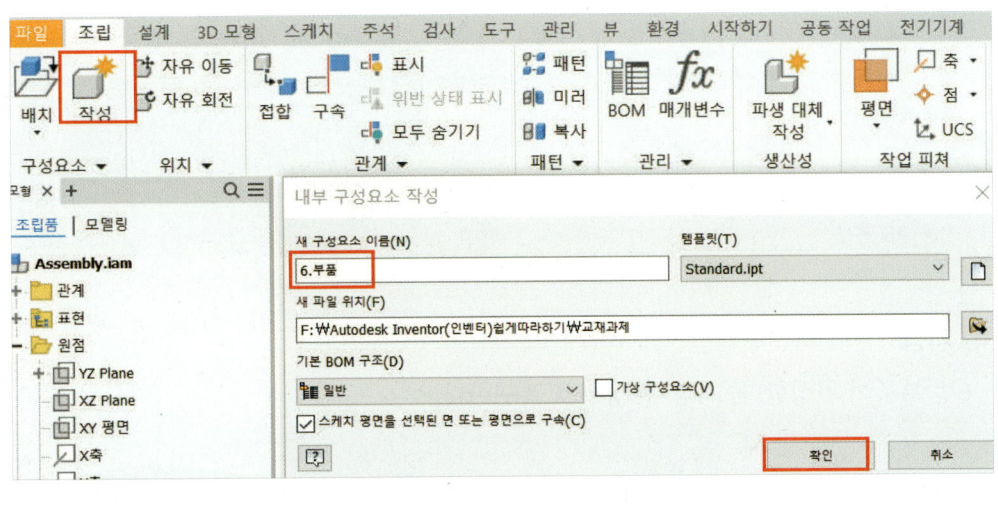

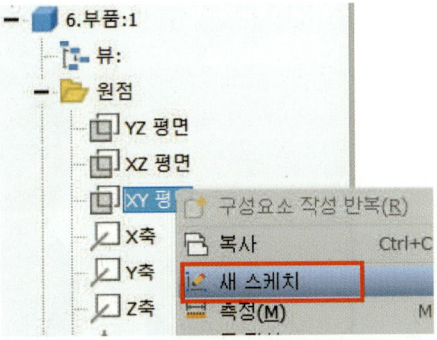

## (2) 스케치 작업

다음과 같이 스케치 진행 후 스케치를 종료한다.

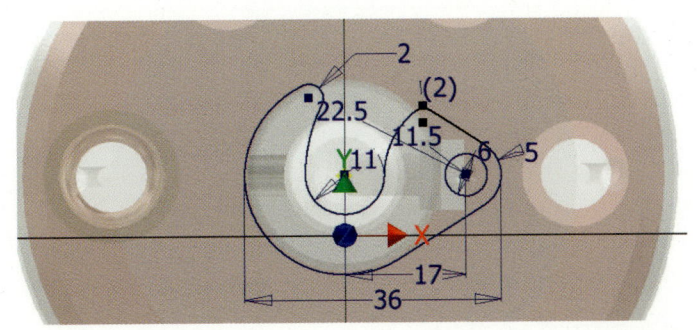

(3) 돌출을 이용하여 스케치 커브를 돌출한다.

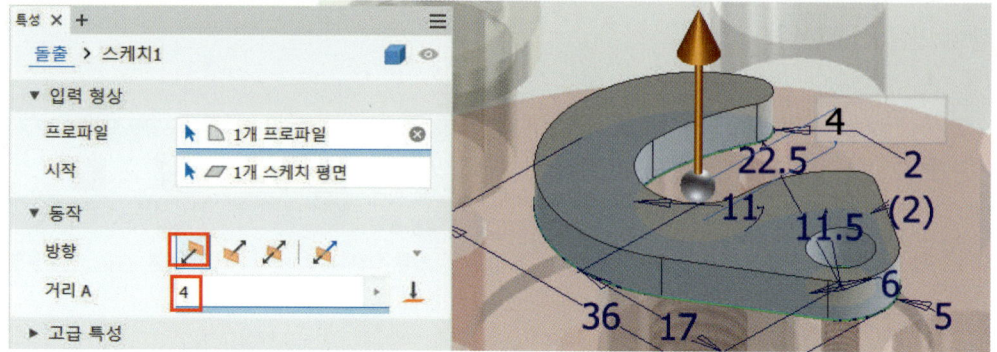

(4) 저장

6번 부품이 완성한다. 저장 후 상위로 복귀한다.

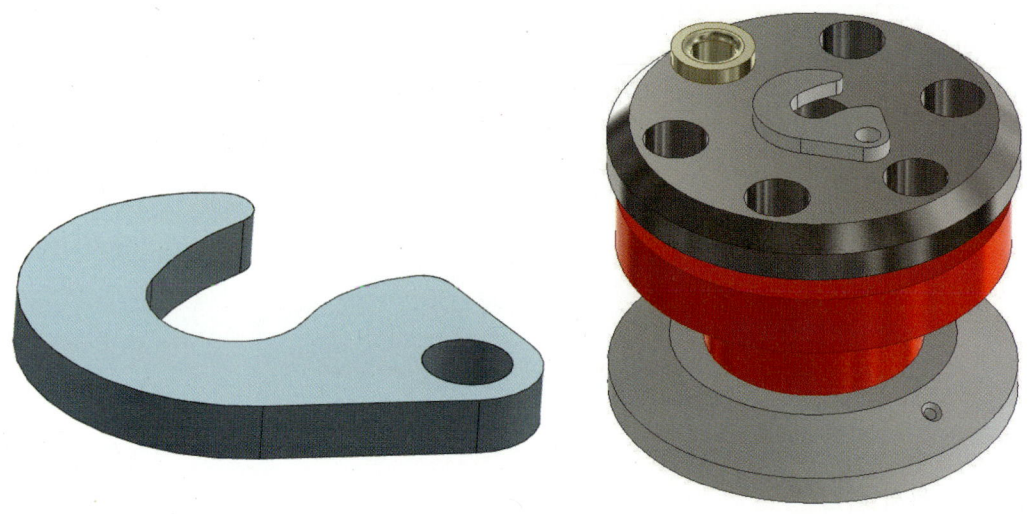

## 8. 7번 부품 만들기

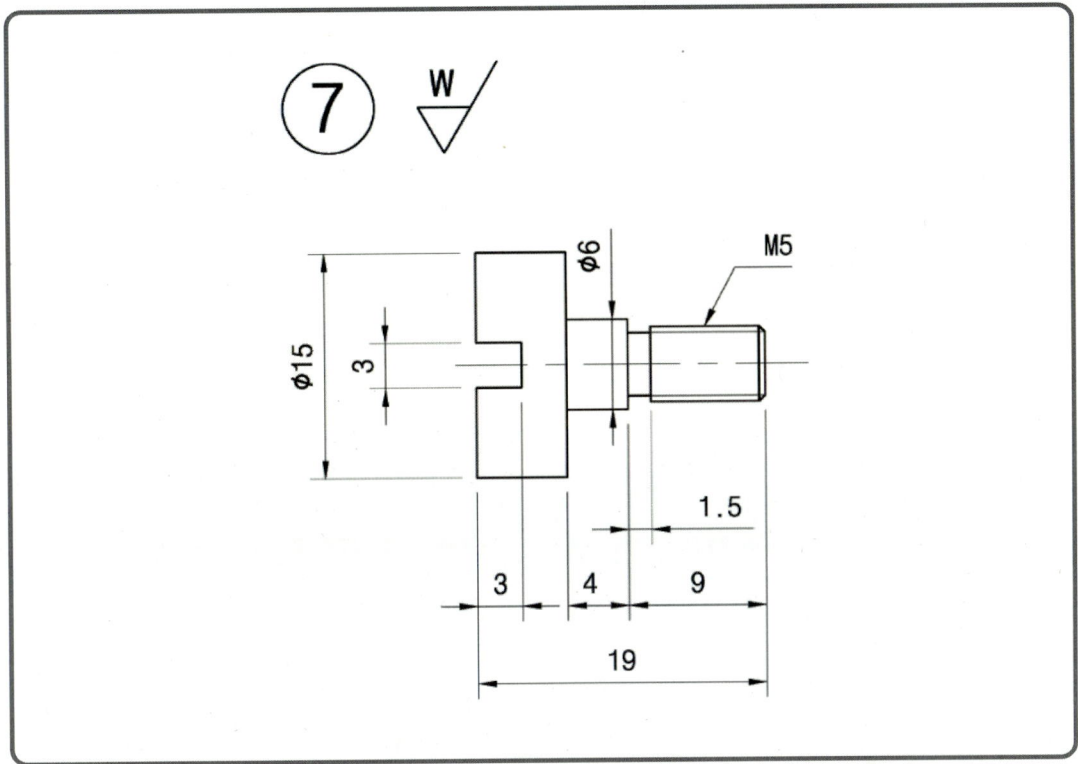

### (1) 파트파일을 작업 파트로 활성화

7번 부품 생성 작업을 위하여 작성 아이콘을 누른 후 왼쪽 트리에서 중심점을 선택한다.

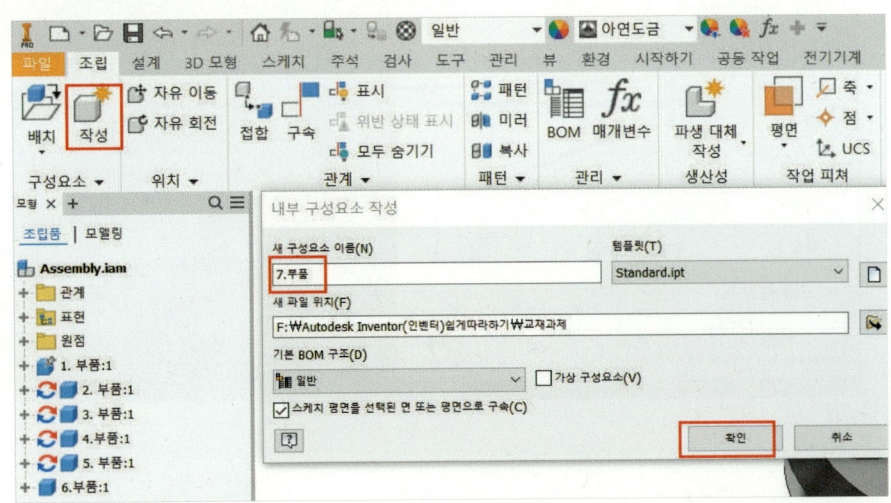

## (2) 스케치 작성

1 2D 스케치에서 XZ 평면을 잡는다. 절단 모서리 투영으로 6.부품을 선택한다.

2 다음과 같이 스케치를 한 후 스케치 마무리를 한다.

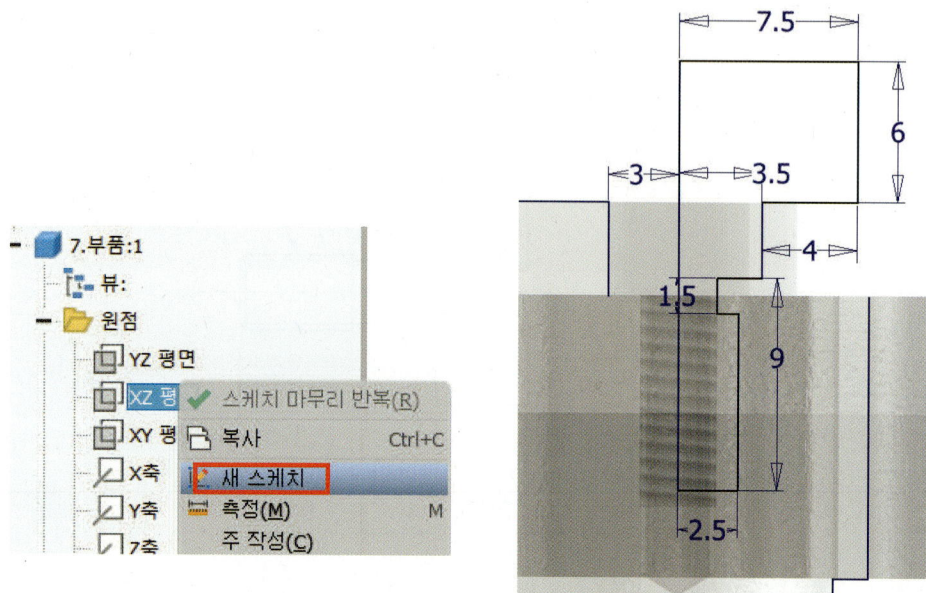

3 아래 그림과 같이 회전 명령 아이콘으로 모델을 생성한다.

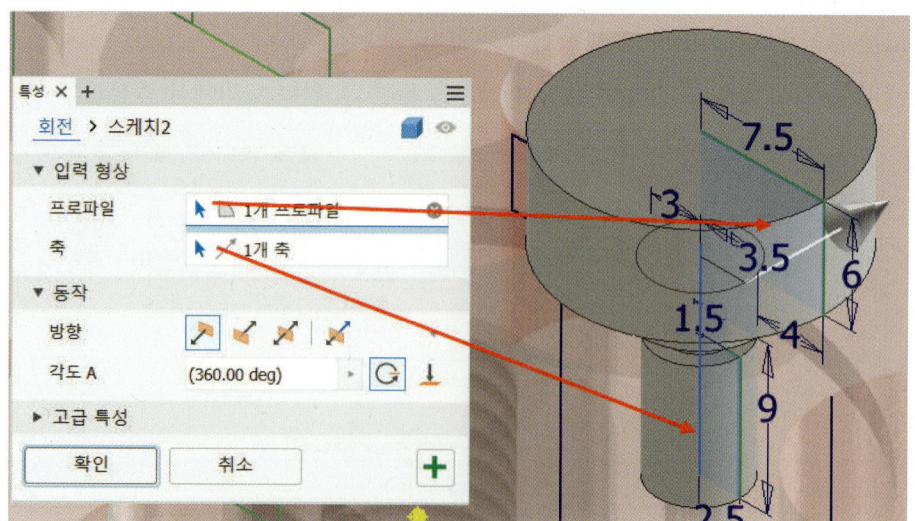

**4** 3D 모형 스레드에서 이미지를 넣는다.

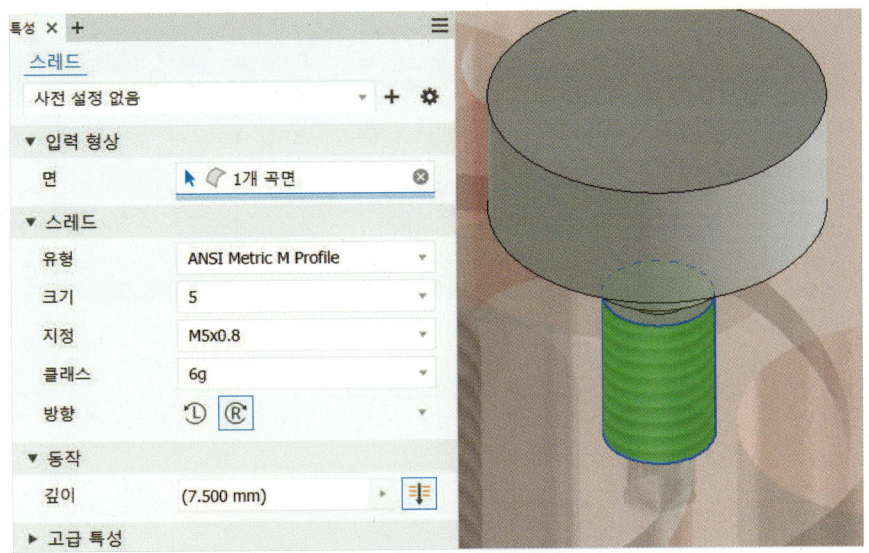

### (3) 스케치를 이용하여 사각 형상을 생성

**1** 아래 그림과 같이 새 스케치를 선택하고 그림과 같이 사각 형상에 치수를 준다.

**2** 스케치 마무리하여 돌출 차집합으로 전체 관통한다.

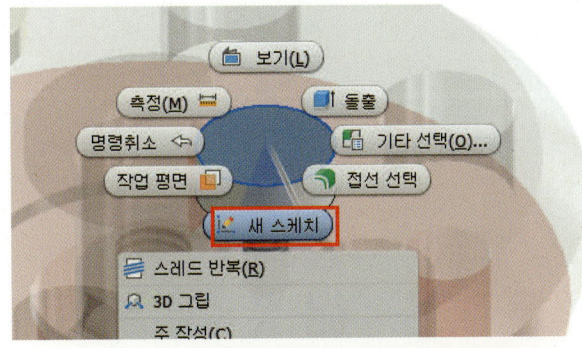

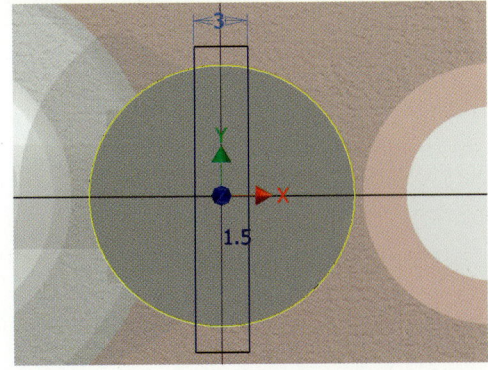

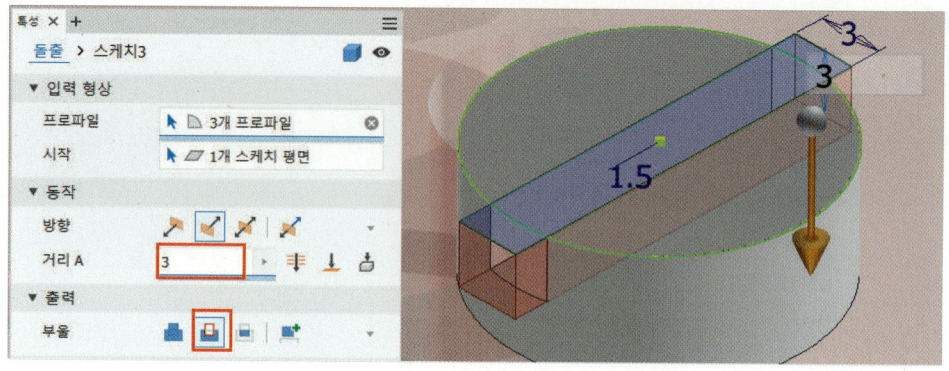

③ 7번 부품이 완성되었다. 저장 후 상위로 복귀한다.

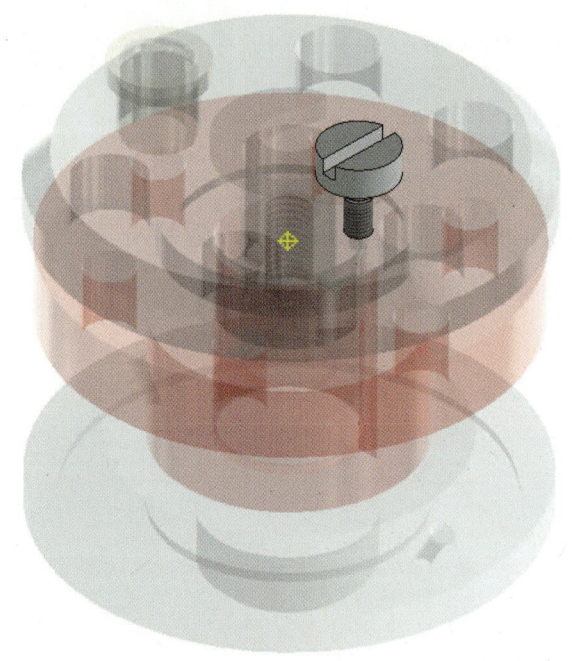

## 9. 8번 부품 만들기

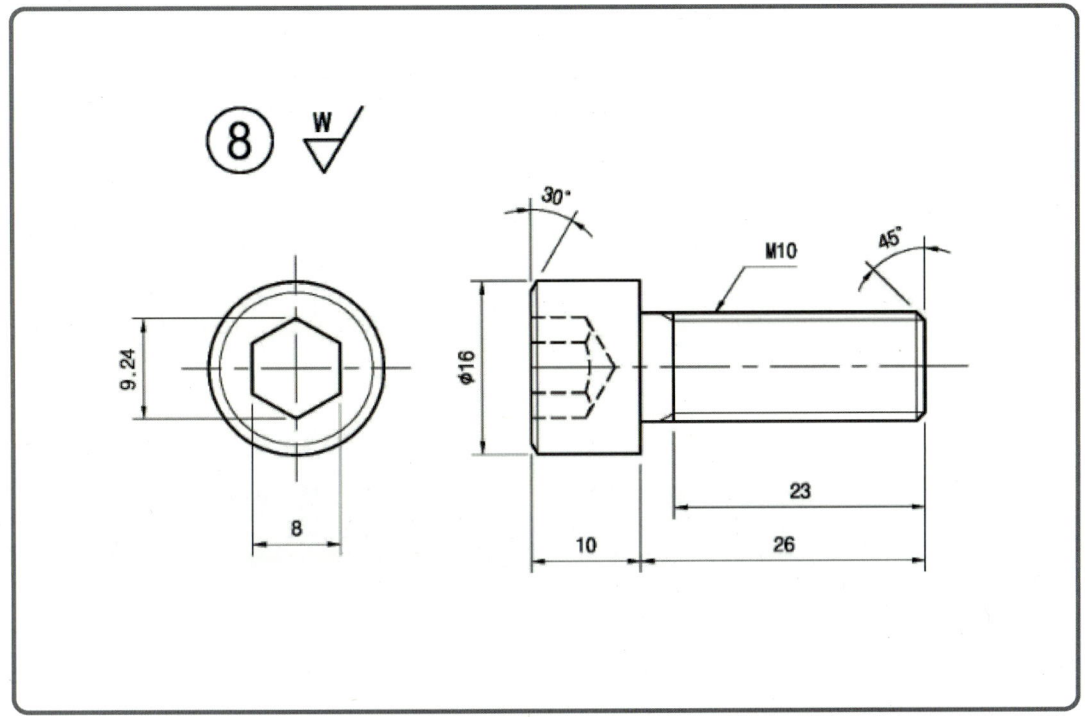

### (1) 파트파일을 작업 파트로 활성화

**1** 8번 부품 생성 작업을 위하여 [작성 → 중심점]을 클릭한다.

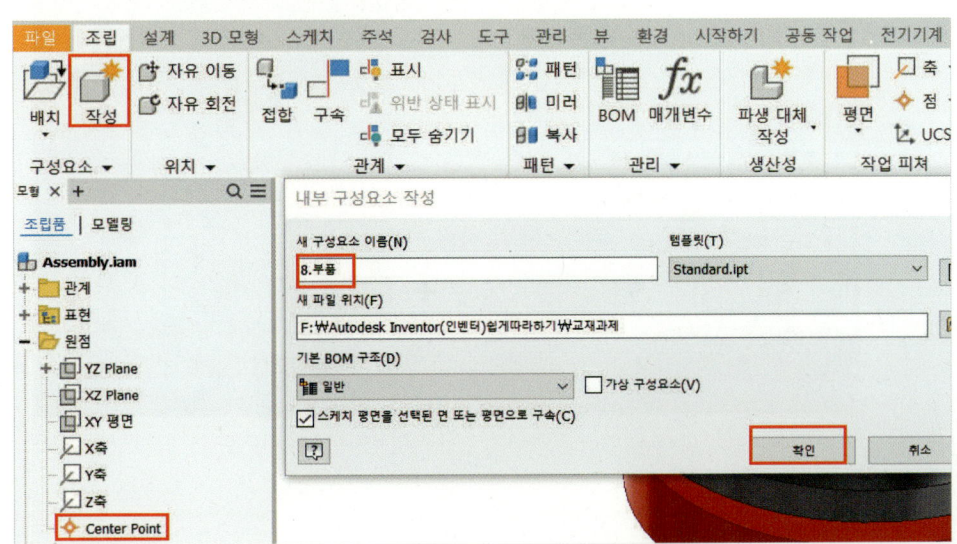

CHAPTER 5 하향식 드릴 지그 모델링 따라 하기

**2** 2D 스케치로 XZ 평면을 선택한다. 절단 모서리 투영으로 7. 부품을 선택한다. 아래 그림과 같이 스케치를 작성한다.

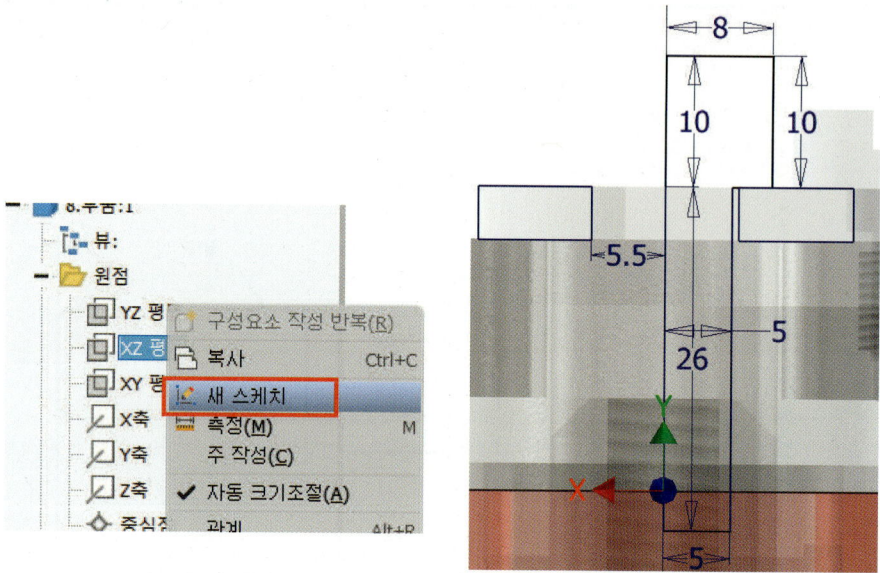

**3** 회전 명령어로 3D 모델링 만든다.

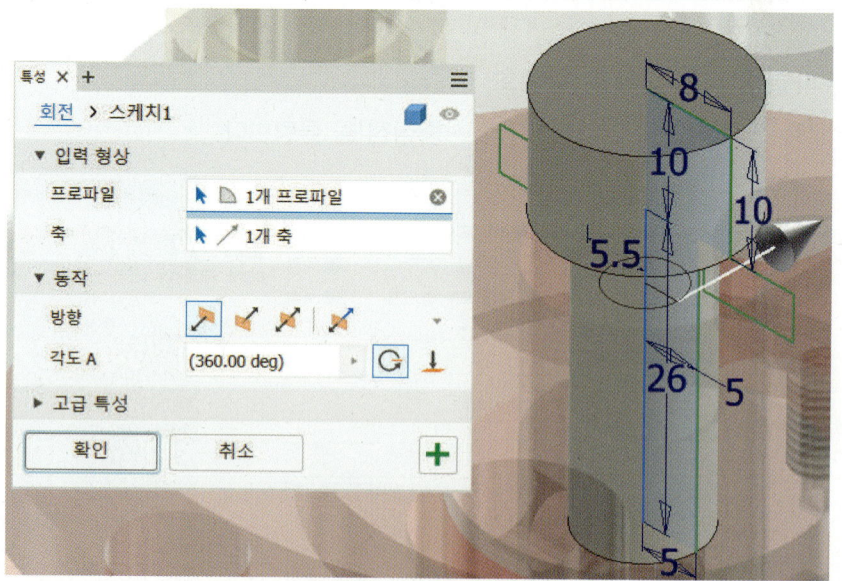

## (2) 스케치를 진행

**1** 스케치를 면의 위쪽을 잡는다. 그림과 같이 한 변이 정육각형 스케치를 만든다.

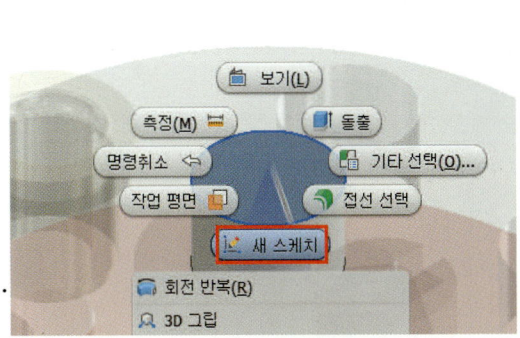
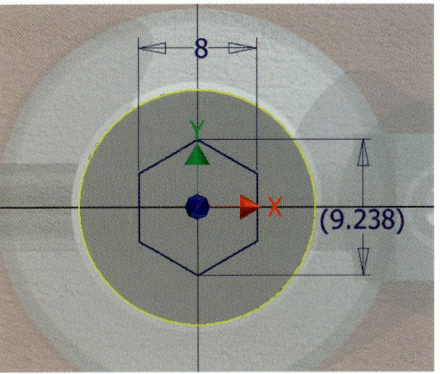

**2** 돌출 차집합을 이용하여 정육각형 프로파일로 파낸다.

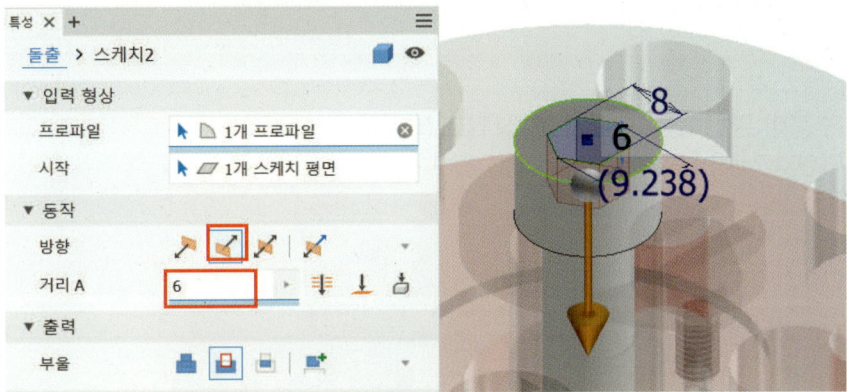

## (3) 모따기 적용

아래 그림처럼 모따기를 적용한다.

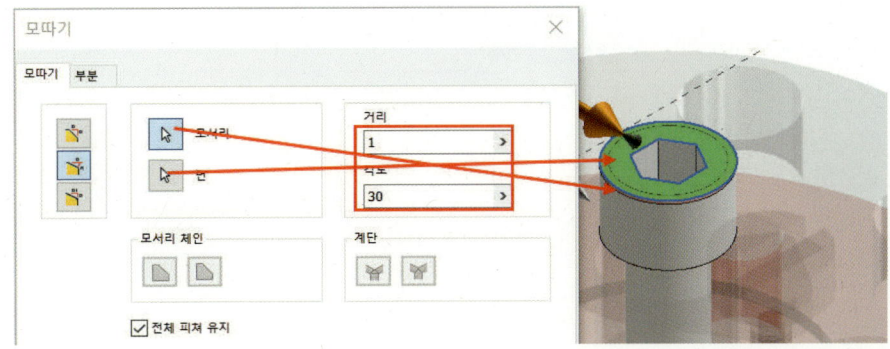

### (4) 나사 스레드 형상 주기

**1** 스레드 아이콘으로 그림과 같이 준다. 길이는 23mm이다.

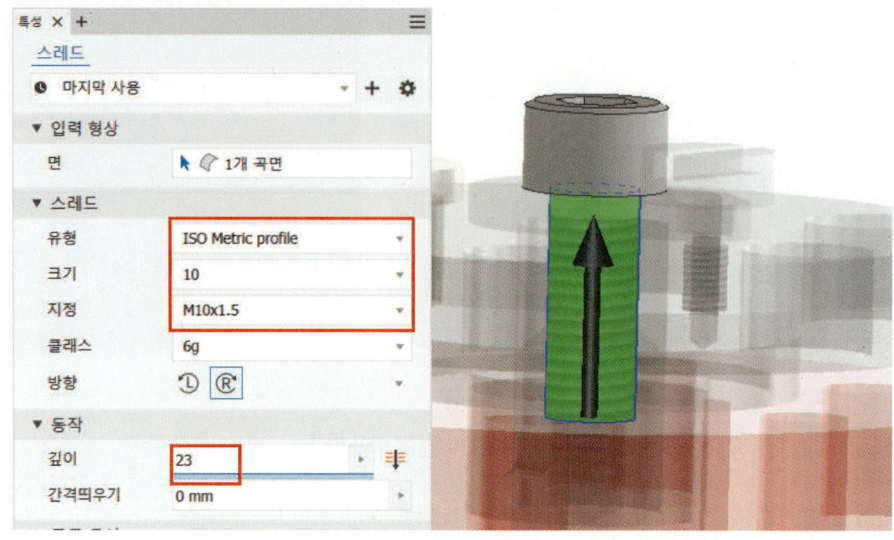

**2** 8번 부품이 완성되었다. 저장 후 상위로 복귀한다.

## 10. 9번 부품 만들기

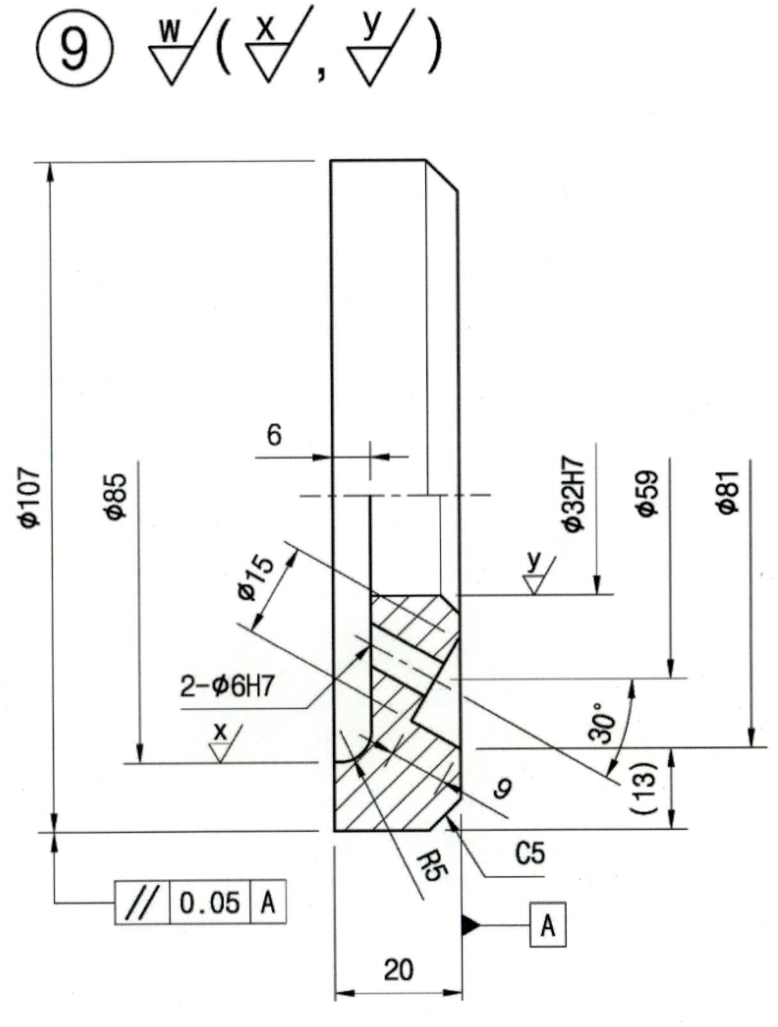

## (1) 스케치 작성하기

**1** 9번 부품 생성 작업을 위하여 작성을 클릭 후 중심점을 선택하고 스케치를 XZ 평면으로 잡는다.

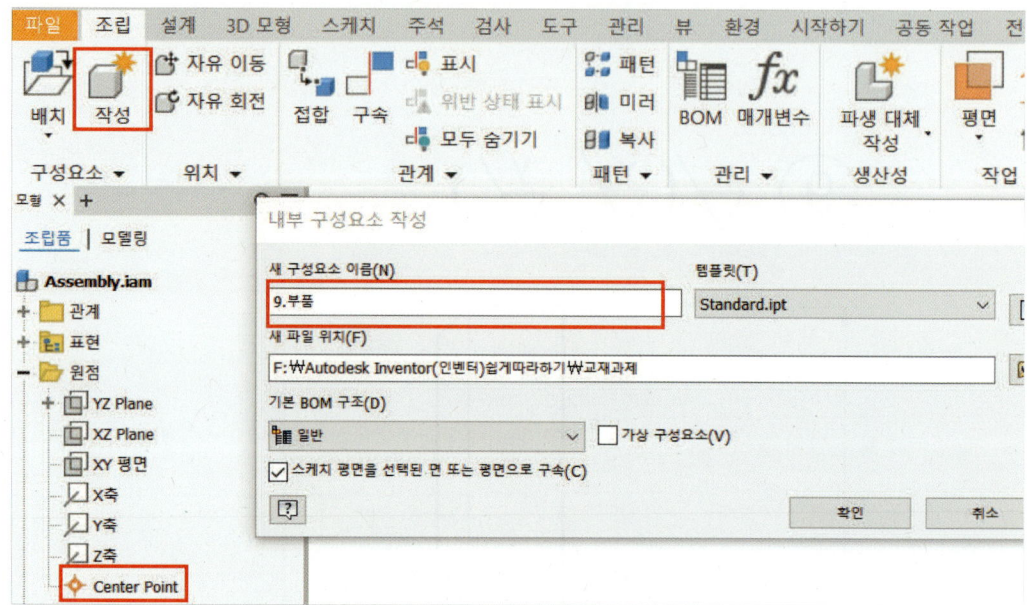

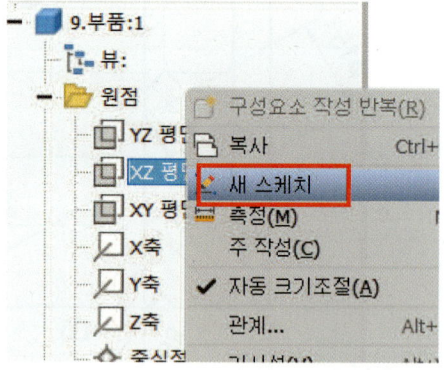

**2** 다음과 같이 스케치를 작성한다.

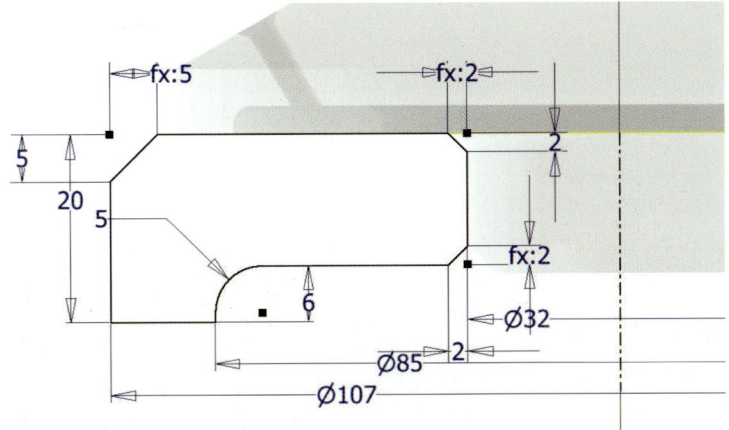

## (2) 회전 작업하기

**1** 회전 기능을 이용하여 3D 모델링을 만든다.

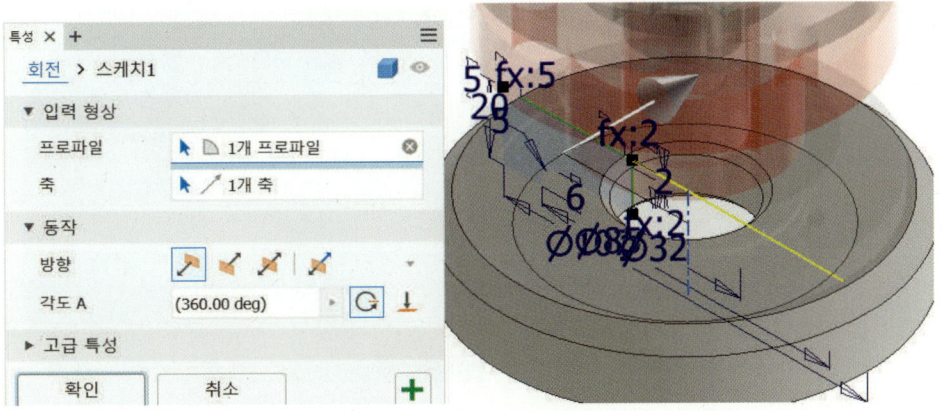

**2** 다시 2D 스케치를 이용하여 XZ 평면을 잡는다.

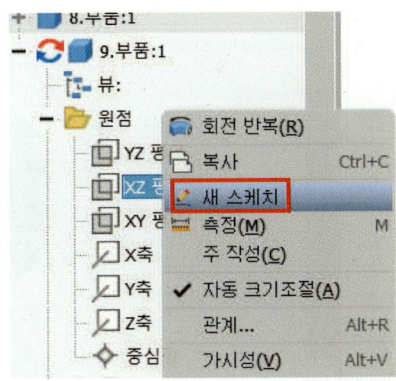

3 절단 모서리 투영과 스케치 라인을 작성하여 그림과 같이 만든 후 회전 아이콘으로 차집합한다.

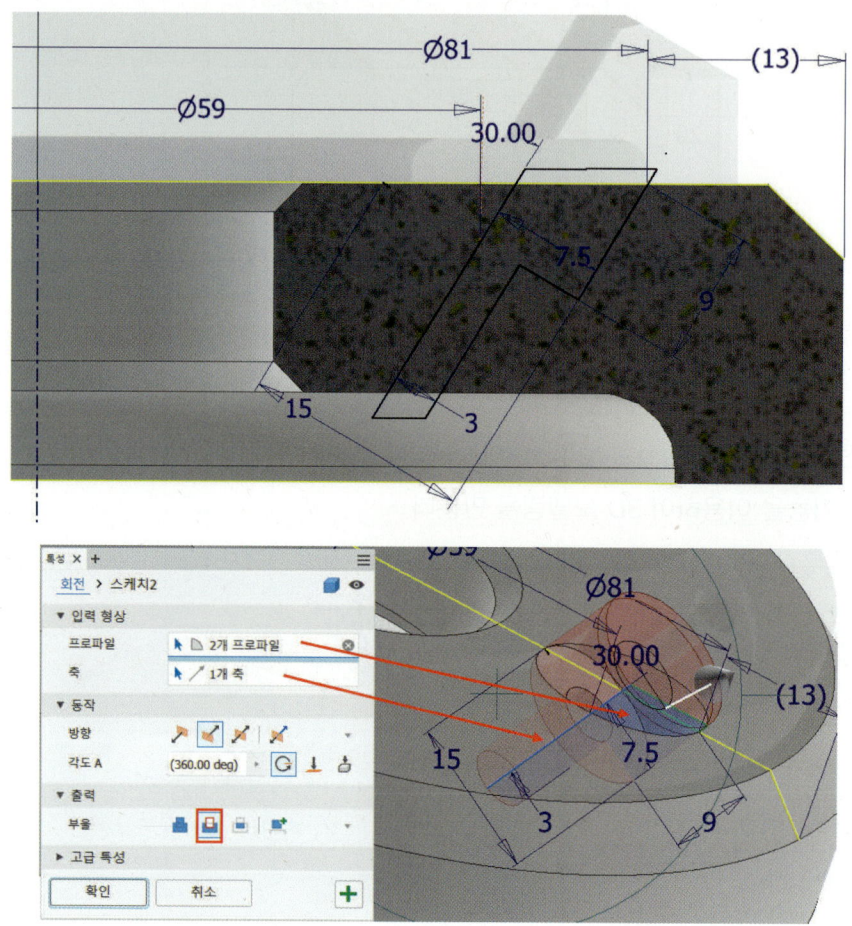

4 회전으로 생성된 피쳐를 미러 아이콘을 이용하여 평면은 YZ로 하여 반대쪽으로 대칭시킨다.

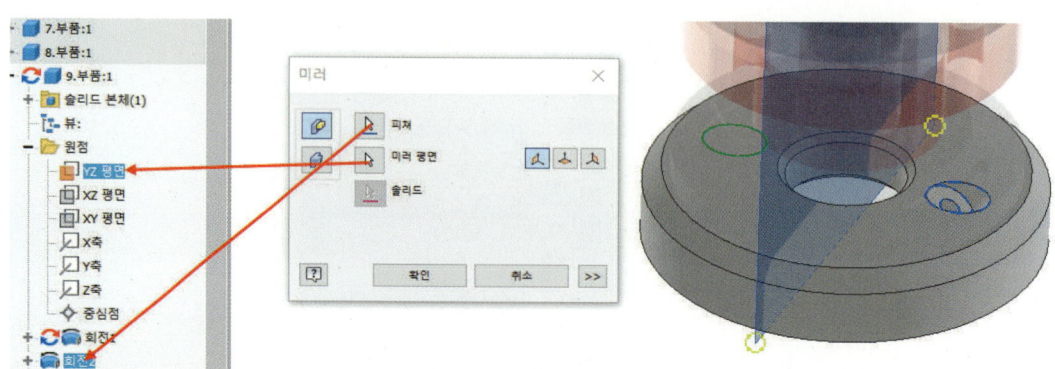

**5** Chamfer를 이용하여 모따기를 진행한다.

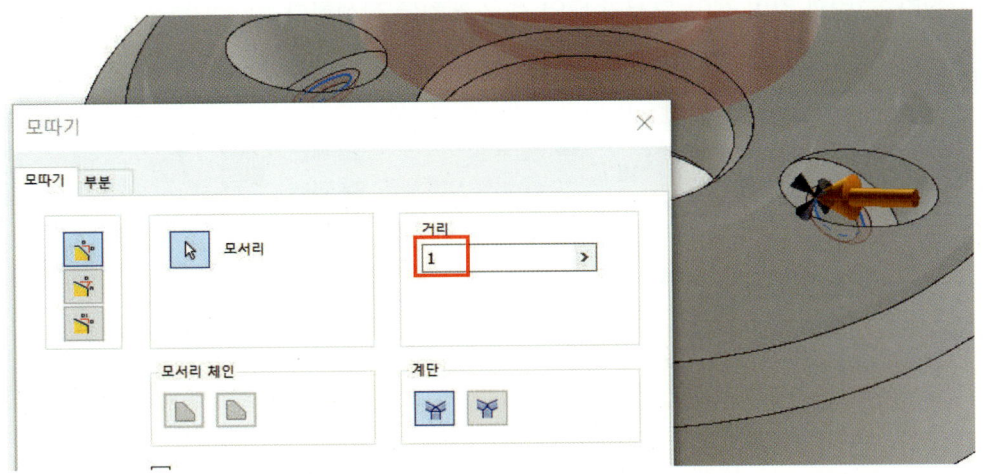

**6** 완성한 9번 부품을 저장 후 상위로 복귀한다.

## 11. 10번 부품 만들기

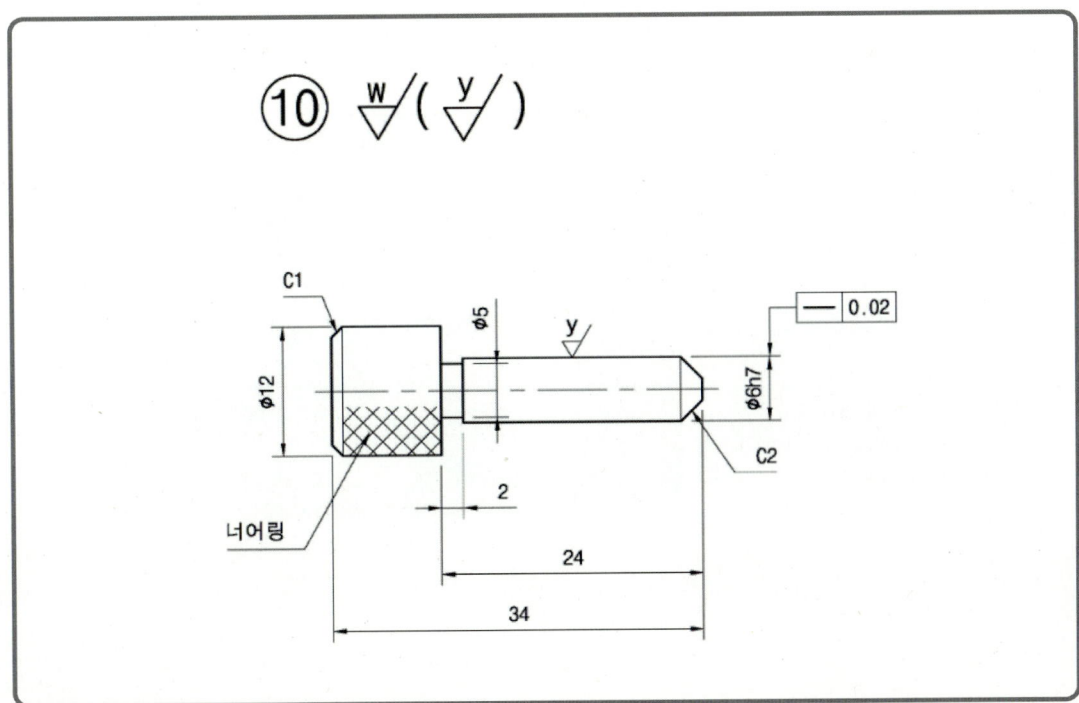

**1** 10번 부품 생성 작업을 위하여 [작성 → 중심점]을 클릭한다. 스케치를 XZ 평면으로 선택한다. 그림과 같이 절단 모서리 투영 후 스케치를 작성한다.

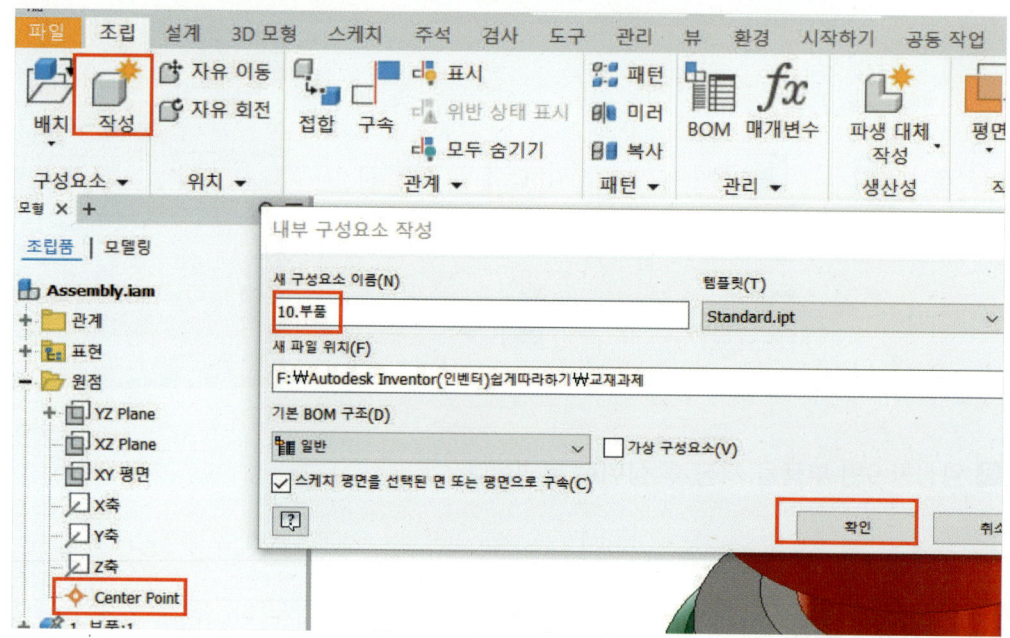

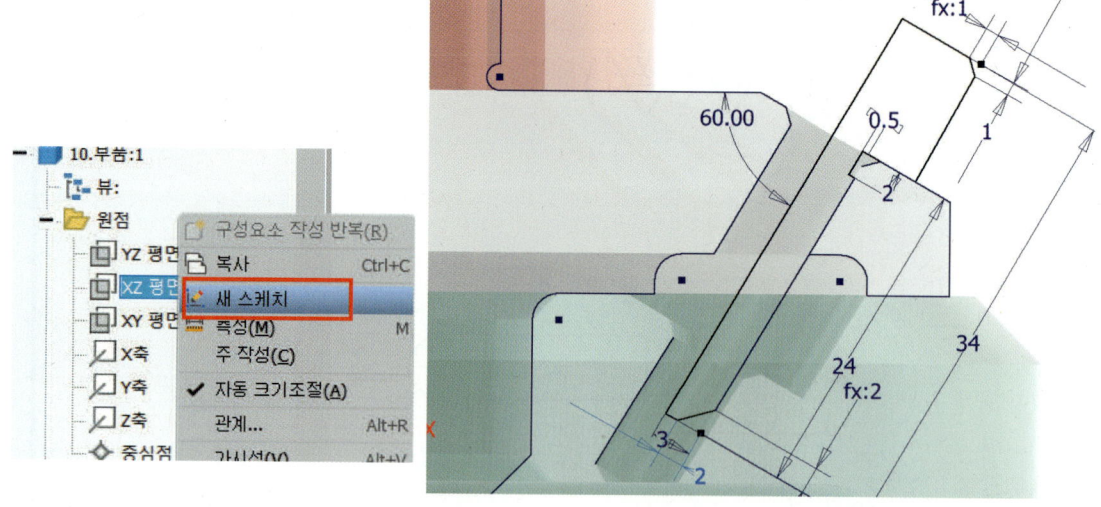

2 회전으로 3D 모델링을 생성한다.

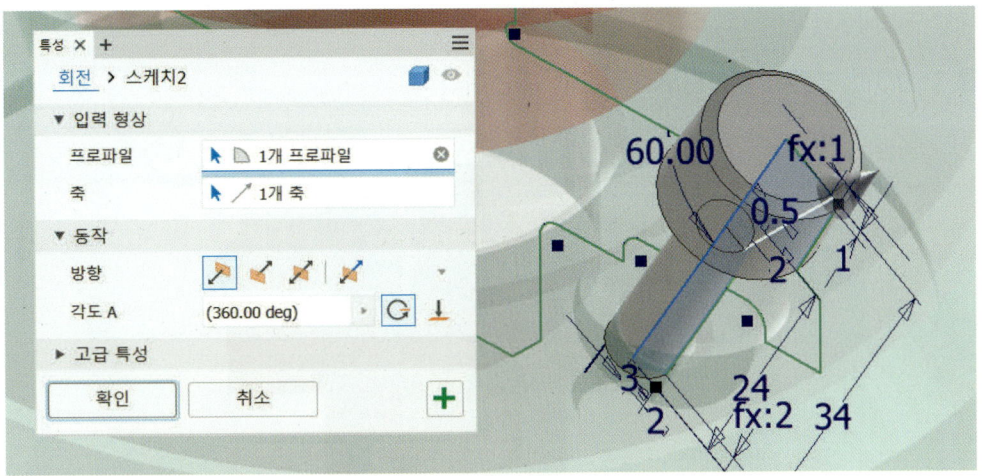

3 미러 아이콘을 이용하여 반대쪽에 복사한다. 9번 부품이 완성되었다.
4 완성한 9번 부품을 저장 후 상위로 복귀한다.

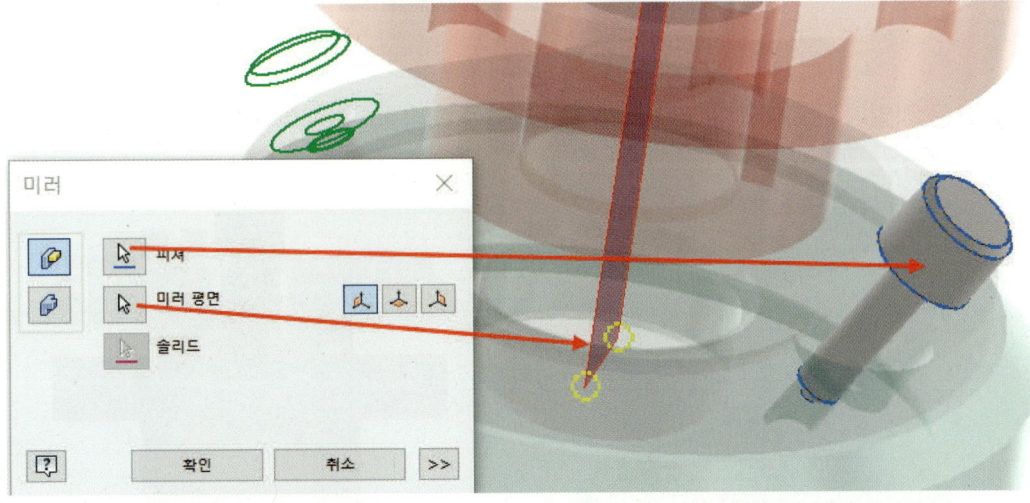

## 12. Assembly 완성하기

**1** 1~10번 부품이 완성된 Assembly 화면이다.

**2** 모든 작업이 완료되었다. Save로 모든 작업을 저장한다.

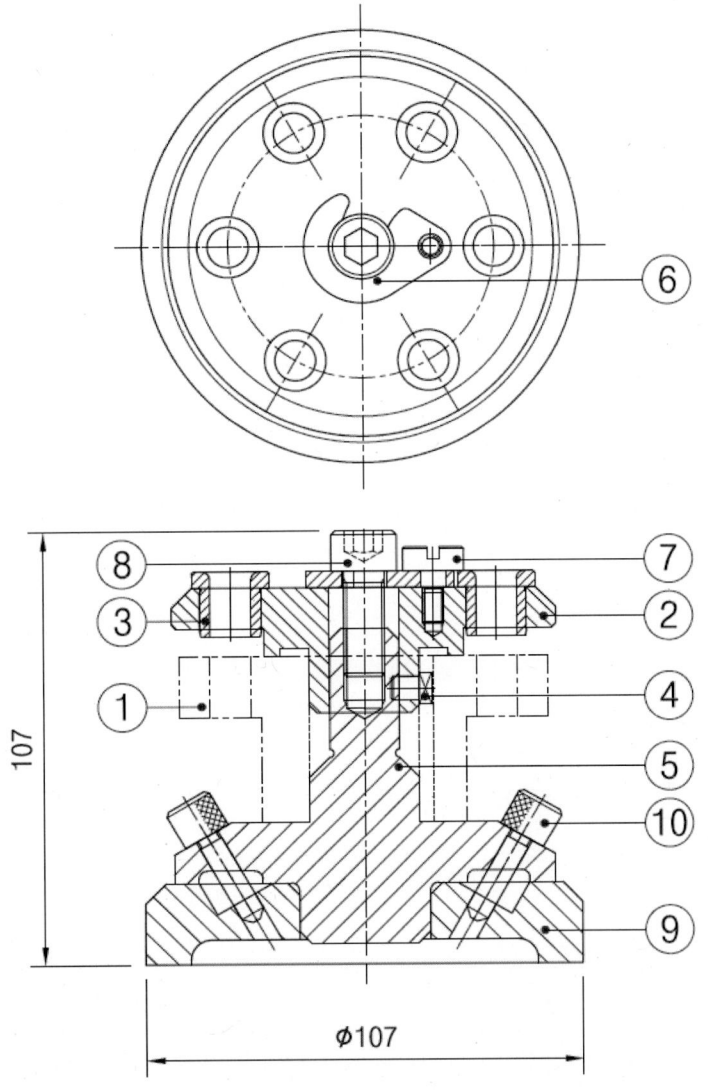

CHAPTER 5 하향식 드릴 지그 모델링 따라 하기

# CHAPTER 6

# 조립품 작성 따라 하기

1. 조립품 응용 프로그램 옵션
2. 구속조건 배치
3. 편심왕복장치 조립품 따라 하기

**학습목표**

Bottom Up 방식에 의해 작성된
부품들을 불러들여 원하는 구속조건을 이용하여
공간상에서 조립하는 방법을 이해하고 작성할 수 있다.

# 조립품 작성 따라 하기

## 1. 조립품 응용 프로그램 옵션

조립품으로 작성하기 위한 기본 설정을 설정한다.

- 명령: [도구 → 응용 프로그램 옵션 → 조립품]을 클릭한다.

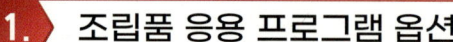

- 업데이트 연기: 구성요소를 편집할 때 조립품 업데이트에 대한 기본 설정을 설정한다. 조립품 파일에 대한 업데이트를 클릭할 때까지 조립품의 업데이트를 연기하려면 상자를 선택한다. 구성요소를 편집한 후 자동으로 조립품을 업데이트하려면 확인란 선택을 취소한다.

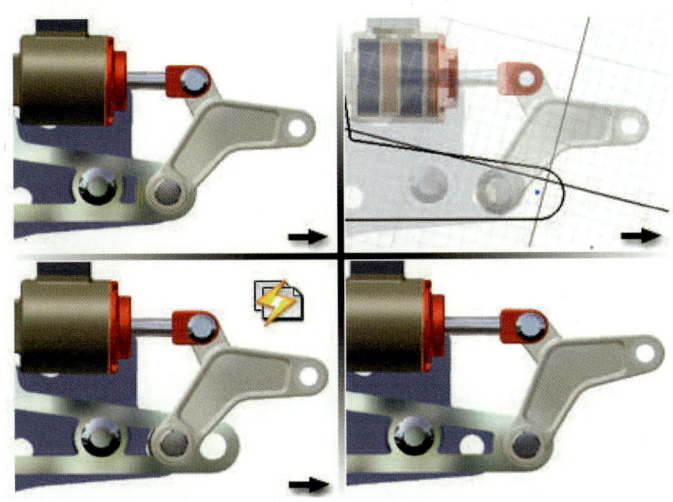

- 구성요소 패턴 원본 삭제: 패턴 요소 삭제 시의 기본 동작을 설정한다. 패턴을 삭제할 때 근원 구성요소를 삭제하려면 이 확인란을 선택한다. 패턴을 삭제할 때 복제된 구성요소(들)의 근원 구성요소를 유지하려면 확인란 선택을 취소한다.
- 구속조건 중복 분석 사용: 모든 조립품 구성요소의 가변성 조정을 분석할 것인지 여부를 지정한다. 기본적으로 선택되어 있지 않는다.
- 관련 구속조건 실패 분석 사용: 구속조건이 실패한 경우 영향을 받은 모든 구속조건과 구성요소를 식별하도록 분석을 수행한다. 기본 설정값은 끄기이다. 이 확인란을 선택하여 구속조건 문제 해결사에 있는 옵션을 활성화하고 분석을 사용한다. 분석 후에는 구속조건을 사용하는 구성요소를 분리하고 개별 구성요소에 대한 처리를 선택할 수 있다.
- 피쳐가 처음에 가변적임: 새로 작성한 부품 피쳐가 자동으로 가변화되는지 여부를 제어한다. 확인란은 기본적으로 선택되지 않는다.
- 모든 부품의 단면: 부품이 조립품에서 단면처리 되는지를 조정한다. 하위 부품의 단면도 동작은 상위 부품과 같다. 기본적으로 선택되어 있지 않는다(부품이 조립품에서 단면처리 되지 않음).
- 구성요소 배치에 마지막 발생 방향 사용: 조립품에 배치된 구성요소가 검색기에서 구성요소의 마지막 발생과 동일한 방향을 상속하는지를 제어한다.

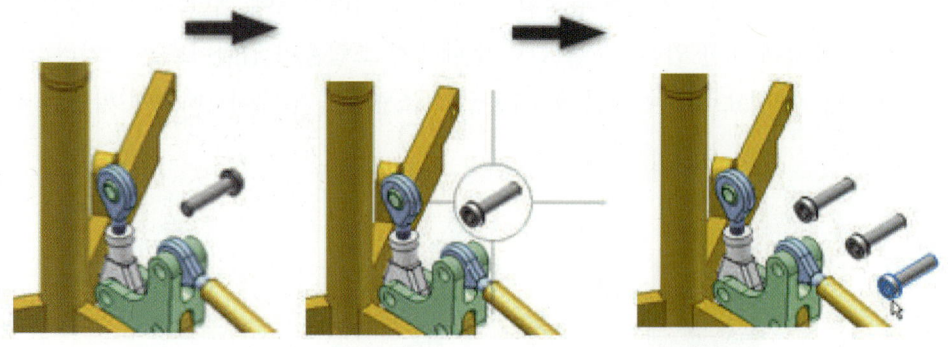

- 구속조건 음성 알림: 구속조건이 작성될 때 음성을 재생하려면 확인란을 선택하고 끄려면 확인란의 선택을 취소한다.
- 구속조건 이름 뒤에 구성요소 이름을 표시: 구속조건에 구성요소 복제 이름을 추가하는지를 지정한다.
- 내부 피쳐: 조립품 내에서 부품을 작성할 때 옵션들을 설정하여 내부 피쳐를 조정할 수 있다.

### (1) 시작/끝 범위(가능할 경우)
① 평면 결합: 피쳐를 원하는 크기로 구성하고 평면에 결합하지만 그 평면에 맞춰 조정하지는 않는다.

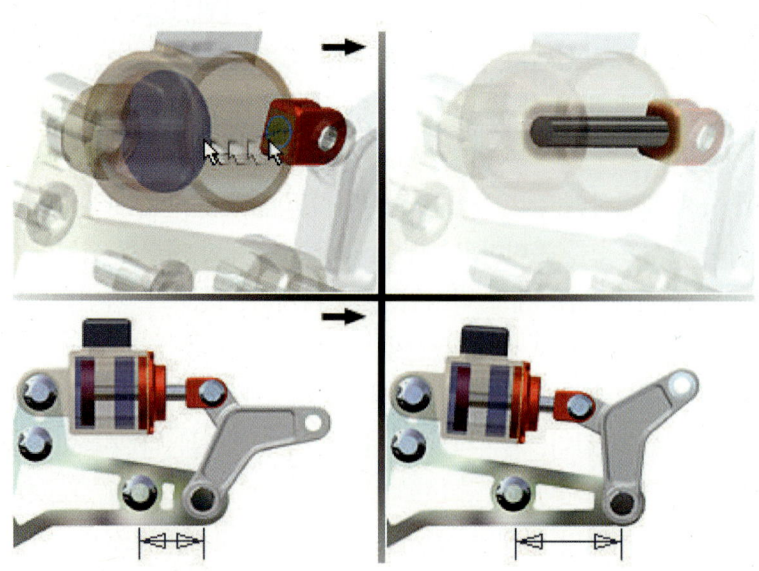

② 가변 피쳐: 내부 피쳐가 구성되는 기반 평면이 변경되면 내부 피쳐의 크기나 위치를 그에 맞춰 자동으로 조정한다.

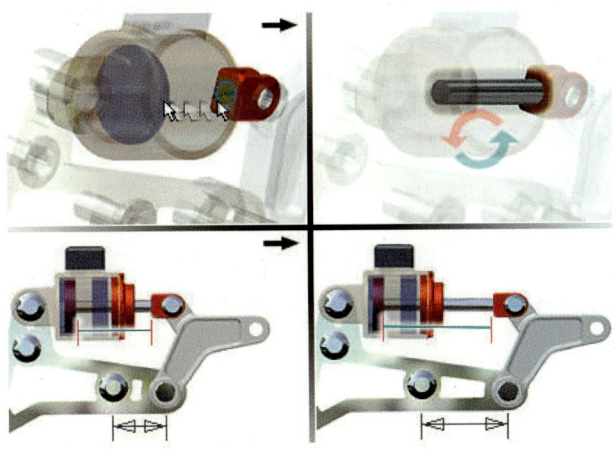

### (2) 교차 부품 형상 투영

① 내부 모델링 시 연관 모서리/루프 형상 투영 작동 가능: 조립품 내에서 새 피쳐 부품을 작성할 때 한 부품에서 선택한 형상을 다른 부품의 스케치에 투영하여 참조 스케치를 작성한다. 투영된 형상은 원래 형상과 연관되어 있기 때문에 상위 부품을 변경하면 그에 따라 업데이트 된다. 투영된 형상을 사용하여 스케치 피쳐를 작성할 수 있다. 기본 설정값으로 켜져 있다. 스케치 연관성을 끄려면 선택 표시를 지운다.

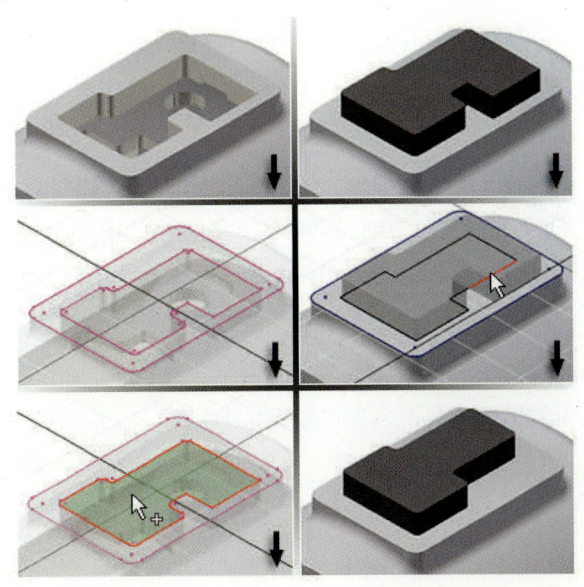

- 구성요소 불투명도: 조립품 단면이 표시될 때 어떤 구성요소가 투명도 스타일로 표시되는지 결정한다. 원하는 표시 옵션을 클릭하여 선택한다.
    - 전체: 모든 구성요소는 표시가 음영처리되거나 모서리가 표시된 상태에서 음영처리될 때 불투명 스타일로 표시된다.
    - 활성만: 비활성 부품을 흐리게 표시할 때 활성 부품을 불투명하게 표시하여 강조한다. 이 표시 스타일은 화면표시 옵션 탭의 일부 설정값을 재지정한다.

    주 표준 도구막대의 불투명도 버튼을 사용하여 구성요소 불투명도를 설정할 수도 있다.

- iMate를 사용하여 구성요소를 배치하기 위한 줌 대상: iMate를 사용하여 구성요소를 배치할 때 그래픽 창의 기본 줌 동작을 설정한다. 클릭하여 원하는 화면표시 줌 옵션을 선택한다.
    - 없음: 원래의 뷰 상태로 둔다. 줌이 수행되지 않는다.
    - 배치된 구성요소: 배치된 부품을 확대하여 그래픽 창에 꽉 차도록 만든다.
    - 전체: 조립품을 줌하여 모형의 모든 도면요소가 그래픽 창에 맞도록 한다.
- 기본 세부 수준: 파일 〉 열기 대화상자에서 옵션 버튼을 사용하여 지정되지 않은 경우 기본적으로 로드되는 세부 수준 표현을 설정한다.
    - 마스터: 마지막으로 저장한 세부 수준 표현을 무시하고 마스터를 로드한다.
    - 모든 구성요소가 억제됨: 해당 세부 표현 수준을 로드한다.
    - 모든 부품이 억제됨: 해당 세부 표현 수준을 로드한다.
    - 마지막 활성: (기본값) 조립품 파일과 함께 마지막으로 저장한 세부 수준 표현을 로드한다.
- 버튼
    - 가져오기: .xml 파일에서 응용프로그램 옵션 설정을 가져온다. 가져오기 버튼을 클릭하여 열기 대화상자를 표시한다. 원하는 파일을 탐색한 다음 열기를 클릭한다.
    - 내보내기: 현재 응용프로그램 옵션 설정을 .xml 파일로 저장한다. 내보내기 버튼을 클릭하여 다른 이름으로 사본 저장 대화상자를 표시한다. 파일 위치를 선택하고 파일 이름을 입력한 다음 저장을 클릭한다.

    주 기본적으로 Autodesk Inventor는 가져오기 또는 내보내기 작업 시 Program Files\Autodesk\Inventor [버전]\Preferences 폴더를 사용한다.

## 2. 구속조건 배치

조립품 구속조건은 조립품의 구성요소를 서로 맞추는 방법을 결정한다. 구속조건을 적용할 때 자유도를 제거하여 구성요소의 이동 방법을 제한한다.

구성요소를 올바르게 배치하기 위해 구속조건을 적용하기 전에 효과를 미리 볼 수 있다. 구속조건 유형 및 두 구성요소를 선택하고 각도 또는 간격띄우기를 설정하면 해당 구성요소들은 구속된 위치로 이동한다. 필요에 따라 설정을 조정한 다음 적용할 수 있다.

- 명령: 조립품 패널 막대-구속조건(C)

### (1) 조립품 구속조건 - 조립품 탭

조립품 구속조건은 선택한 구성요소 사이의 자유도를 제거한다. 구속조건을 적용하면 가변 구성요소의 크기가 조절되거나 쉐이프가 변경될 수 있다.

> **참고**
>
> 조립품의 자유도 (　　): 조립품의 각 구성 요소에는 6개의 자유도가 있다. 해당 자유도는 X, Y 및 Z축을 따라 이동할 수 있으며(변환 자유도) X, Y 및 Z축을 중심으로 회전할 수 있다(회전 자유도).

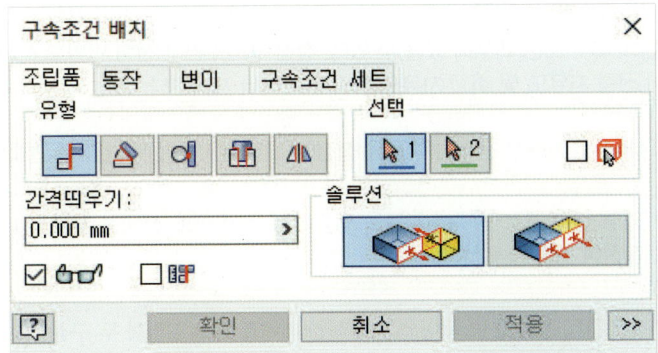

| | |
|---|---|
|  | : 메이트 구속조건은 구성요소들이 서로 마주보도록 배치하거나 면들이 플러쉬된 상태가 되도록 나란히 배치한다. 평면형 곡면들 사이에서 1도의 선형 변환 및 2도의 각도 회전을 제거한다. |
|  | 메이트 구속조건: 선택한 면들이 일치된 상태에서 서로 수직으로 배치한다. |
| | 플러쉬 구속조건: 면들이 플러쉬된 상태가 되도록 구성요소를 나란히 정렬한다. 선택한 면, 곡선 또는 점의 곡면 법선이 같은 방향을 가리키면서 정렬되도록 배치한다. |
| | 2축-반대: 첫 번째 선택한 구성요소의 메이트 방향을 전환하여 축 방향이 반대가 되도록 한다. |
| | 2축-정렬: 구성요소 축을 첫 번째 선택한 구성요소의 메이트 방향으로 정렬한다. |
| | 2축-미지정: 가장 가까운 축을 사용하여 미지정 축 구속조건을 작성한다. |
|  | : 각도 구속조건은 모서리 또는 평면형 면을 지정한 각도로 두 구성요소에 배치하여 피벗 점을 정의한다. 평면형 곡면들 사이에서 1도의 선형 변환 및 2도의 각도 회전을 제거한다. |
|  | 지정 각도: 솔루션은 항상 오른쪽 규칙을 적용한다. |
|  | 미지정 각도: 양방향이 모두 허용되기 때문에 구속조건을 연동하거나 끌 때 구성요소 방향이 반전되는 상황을 해결한다. |
| | 명시적 참조 벡터: 선택 프로세스에 세 번째 선택을 추가하여 Z축 벡터(교차곱)의 방향을 명시적으로 정의한다. 각도 구속조건의 경향을 줄여 구속조건을 연동하거나 끄는 동안 대체 솔루션으로 전환한다. 이 솔루션이 기본값이다. |
|  | : 접선 구속조건은 면, 평면, 원통, 구 및 원추가 접점에 닿도록 한다. 접선은 선택한 곡면 법선의 방향에 따라 곡선의 내부 또는 외부에 있을 수 있다. 접선 구속조건은 선형 변환도 하나를 제거한다. 원통과 평면 사이에서 선형 자유도 및 회전 자유도를 각각 하나씩 제거한다. |
|  | 내부 첫 번째로 선택한 부품을 접점에서 두 번째로 선택한 부품 안쪽에 배치한다. |
| | 외부 첫 번째로 선택한 부품을 접점에서 두 번째로 선택한 부품 바깥쪽에 배치한다. 외부 접선이 기본 솔루션이다. |
| 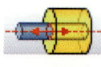 | : 삽입 구속조건은 평면형 면 사이의 직접적인 메이트 구속조건과 두 구성요소 축 사이의 메이트 구속조건을 결합한 것이다. 삽입 구속조건은 볼트 생크를 구멍 안에 배치한다. 생크는 구멍에 맞게 정렬되고 볼트 머리 하단이 평면형 면에 맞춰진다. 회전 자유도는 열린 상태를 유지한다. |
|  | 반대 첫 번째로 선택한 구성요소의 메이트 방향을 반전한다. |
| | 정렬 두 번째로 선택한 구성요소의 메이트 방향을 반전한다. |

① **선택**: 두 구성요소에서 함께 구속할 형상을 선택한다. 하나 이상의 곡선, 평면 또는 점을 지정하여 피쳐를 서로 맞추는 방법을 정의할 수 있다.

구속조건을 적용할 형상을 표시하는 것을 돕기 위해 각 선택 버튼에 있는 색상 막대는 선택한 형상과 일치한다.

| | |
|---|---|
| ▶1 | 첫 번째 선택요소: 첫 번째 구성요소에서 곡선, 면 또는 점을 선택한다. 첫 번째 선택을 종료하려면 두 번째 선택요소 버튼을 클릭한다. 그래픽 창에 첫 번째 선택요소의 미리보기가 빨간색으로 표시된다. |
| ▶2 | 두 번째 선택요소: 두 번째 구성요소에서 곡선, 면 또는 점을 선택한다. 그래픽 창에 두 번째 선택요소의 미리보기가 초록색으로 표시된다. 첫 번째 구성요소에서 다른 형상을 선택하려면 첫 번째 선택요소 도구를 클릭하고 다시 선택한다. |
| 🗗 | 먼저 부품 선택 가능한 형상을 단일 구성요소로 제한한다. 구성요소가 서로 인접해 있거나 서로를 부분적으로 가리는 경우에 사용한다. 선택 모드를 복원하려면 확인란의 선택을 취소한다. |

② **간격띄우기 또는 각도**: 구속된 구성요소들 사이에 간격띄우기를 할 거리를 지정한다.

③ 조립품에 있는 거리 또는 각도와 일치하는 값을 입력할 때 간격띄우기 또는 각도를 모르는 경우에 사용한다. 아래쪽 화살표를 클릭하여 구성요소 사이의 각도 또는 거리를 측정하거나, 선택한 구성요소의 치수를 표시하거나, 최근 사용한 값을 입력한다.

④ 양수 또는 음수 값을 지정한다. 기본 설정값은 0이다. 첫 번째로 선택한 구성요소는 양의 방향을 결정한다. 간격띄우기 또는 각도 방향을 반전시키려면 음수 값을 입력한다.

⑤ **미리보기**

- 👓 : 선택한 형상에 대한 구속조건의 영향을 표시한다. 두 형상을 모두 만들고 난 후 불충분하게 구속된 객체는 자동으로 구속된 위치로 이동한다. 기본 설정값은 켜기이다. 미리보기를 끄려면 확인란의 선택을 취소한다.
- 두 구성요소 중 하나가 가변이면 구속조건을 미리 볼 수 없다.

⑥ **간격띄우기 및 방향 예측**

- 🗐 : 간격띄우기 상자가 비어 있으면 메이트, 플러쉬 및 각도 구속조건의 간격띄우기와 방향을 삽입한다. 기본 설정값으로 켜져 있다.
  - 방향과 간격띄우기를 수동으로 설정하려면 확인란의 선택을 취소한다.
  - 선택한 구성요소 법선(방향 화살표로 표시됨)이 동일한 방향을 가리키면 플러쉬 구속조건이 추정되고 이들 사이의 간격띄우기가 측정된다.

- 선택한 구성요소 법선이 반대 방향을 가리키면 메이트 구속조건이 추정된다.
- 각도 구속조건의 경우, 빈 간격띄우기 상자에서 각도가 측정되고 자동으로 적용된다.

### (2) 조립품 구속조건 - 동작 탭

동작 구속조건은 조립품 구성요소 사이에서 의도한 동작을 지정한다. 동작 구속조건은 열린 자유도에서만 작동하므로 위치 구속조건과 충돌하거나, 가변 부품 크기를 조절하거나, 고정 구성요소를 이동시키지 않는다.

동작 구속조건은 검색기에 표시된다. 구속된 구성요소를 클릭하거나 커서를 검색기 항목 위로 가리키면 그래픽 창에서 강조한다.

구속조건 구동 명령은 동작 구속조건에 사용할 수 없다. 그러나 동작 구속조건에 의해 구속된 부품은 지정된 방향 및 비율에 따라 간접적으로 연동할 수 있다.

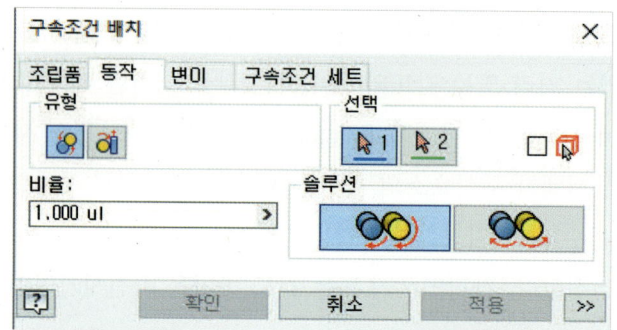

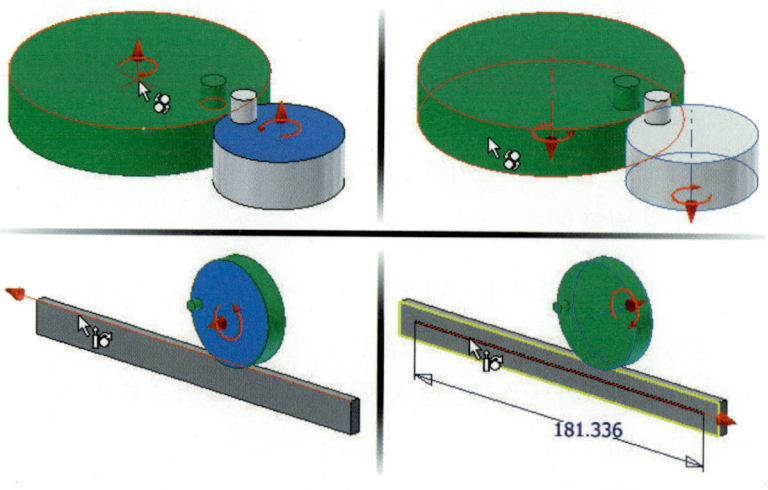

| | |
|---|---|
|  | 회전 구속조건: 첫 번째로 선택한 부품이 지정한 비율에 따라 다른 부품에 상대적으로 회전하도록 지정한다. 일반적으로 기어 및 풀리에 사용한다. |
|  | 회전-변환 구속조건: 첫 번째로 선택한 부품이 지정한 거리만큼 다른 부품의 변환에 상대적으로 회전하도록 지정한다. 일반적으로 랙 및 피니언과 같은 평면형 동작을 표시하기 위해 사용한다. |

① 선택: 두 구성요소에서 함께 구속할 형상을 선택한다. 하나 이상의 곡선, 평면 또는 점을 지정하여 조각들을 맞추는 방법을 정의할 수 있다.

| | |
|---|---|
| ▶1 | 첫 번째 선택요소: 첫 번째 구성요소를 선택한다. 그래픽 화면에 선택요소의 미리보기가 빨간색으로 표시된다. 첫 번째 선택을 종료하려면 두 번째 선택요소 버튼을 클릭한다. |
| ▶2 | 두 번째 선택요소: 두 번째 구성요소를 선택한다. 그래픽 화면에 선택요소의 미리보기가 초록색으로 표시된다. 첫 번째 구성요소에서 다른 형상을 선택하려면 첫 번째 선택요소 도구를 클릭하고 다시 선택한다. |
| | 먼저 부품 선택 선택 가능한 형상을 단일 구성요소로 제한한다. 구성요소가 서로 인접해 있거나 서로를 부분적으로 가리는 경우에 사용한다. 선택 모드를 복원하려면 확인란의 선택을 취소한다. |

② 비율 또는 거리: 두 번째 선택한 구성요소에 상대적으로 첫 번째 선택한 구성요소의 이동을 지정한다.

③ 비율: 회전 구속조건의 경우, 비율은 첫 번째 선택요소가 회전할 때 두 번째 선택요소가

얼마나 회전하는지를 지정한다. 예를 들어, 값을 4.0(4:1)으로 지정하면 첫 번째 선택요소가 1단위 회전할 때마다 두 번째 선택요소는 4단위 회전한다. 예를 들어, 값을 0.25(1:4)으로 지정하면 첫 번째 선택요소가 1단위 회전할 때마다 두 번째 선택요소는 4단위 회전한다. 기본값은 1.0(1:1)이다. 원통형 표면 두 개를 선택하면 두 선택요소의 반지름에 상대적인 기본 비율을 계산하여 표시한다.

④ 거리: 회전-변환 구속조건의 경우, 거리는 첫 번째 선택요소가 1회전할 때 두 번째 선택요소가 얼마나 이동하는지를 지정한다. 예를 들어, 값을 4.0mm로 지정하면 첫 번째 선택요소가 완전히 1회전할 때마다 두 번째 선택요소는 4.0mm 이동한다. 첫 번째 선택요소가 원통형 표면인 경우 첫 번째 선택요소의 원주인 기본 거리를 계산하여 표시한다.

### (3) 조립품 구속조건 – 변이 탭

변이 구속조건은 슬롯의 캠과 같이 일반적으로 원통형 부품 면과 다른 부품의 인접한 면 세트 사이의 의도한 관계를 지정한다. 변이 구속조건은 열린 자유도를 따라 구성요소를 이동시킬 때 면 사이에서 접촉이 유지되도록 한다.

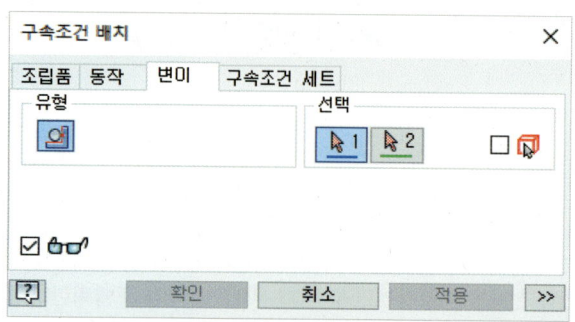
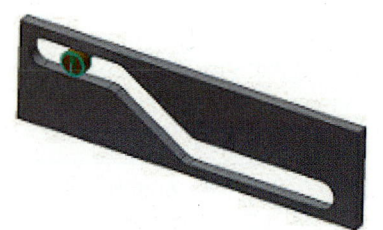

| | |
|---|---|
| ![1] | 첫 번째 선택요소(이동 면): 첫 번째 구성요소를 선택한다. 첫 번째 선택을 종료하려면 두 번째 선택요소를 클릭한다. |
| ![2] | 두 번째 선택요소(변이 면): 두 번째 구성요소를 선택한다. 첫 번째 구성요소에서 다른 형상을 선택하려면 첫 번째 선택요소를 클릭한 다음 재선택한다. |
| ![ ] | 먼저 부품 선택 선택 가능한 형상을 단일 구성요소로 제한한다. 구성요소가 서로 가까이 있거나 서로를 부분적으로 가리는 경우에 사용한다. 피쳐 우선순위 선택 모드를 복원하려면 확인란의 선택을 취소한다. |

### (4) 조립품 구속조건 – 구속조건 세트 탭

구속조건 세트를 사용하면 두 UCS를 함께 구속할 수 있다. 부품 또는 조립품 파일에서 UCS를 선택할 수 있다.

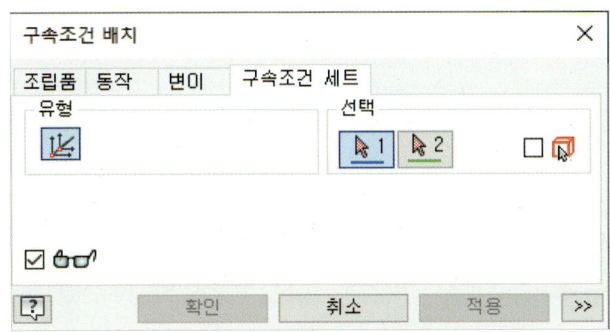

| | |
|---|---|
| ▶1 | 첫 번째 UCS: 첫 번째 UCS를 선택한다. |
| ▶2 | 두 번째 UCS: 두 번째 UCS를 선택한다. 다른 첫 번째 UCS를 선택하려면 첫 번째 UCS를 클릭한 다음 재선택한다. |
|  | 먼저 부품 선택 선택 가능한 UCS를 단일 구성요소로 제한한다. UCS가 서로 가까이 있거나 서로를 부분적으로 가리는 경우에 사용한다. 피쳐 우선순위 선택 모드를 복원하려면 확인란의 선택을 취소한다. |

## 3. 편심왕복장치 조립품 따라 하기

아래와 같은 편심왕복장치를 조립하여 본다.

**[단계 1] Assembly 모델링(iam) 실행하기**

편심왕복장치 조립품을 작성하기 위해 새로 만들기 대화상자의 기본값 탭에서 Standard (mm).iam을 선택한 후 확인 버튼을 눌러 실행시킨다.

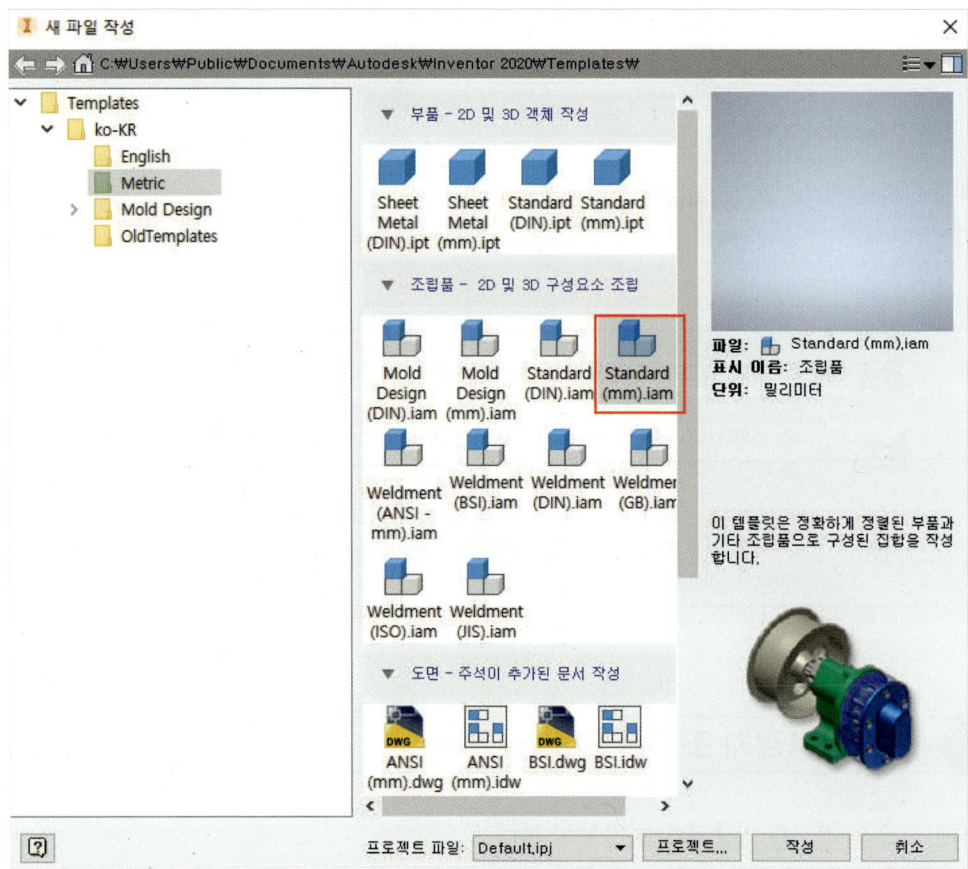

 **[단계 2] 기준부품 파일 불러오기**

❶ 조립하고자 하는 각각의 부품들을 조립품 공간으로 불러온다. (편심왕복장치)

❷ 조립품 패널 창의 구성요소배치( ) 아이콘을 선택한다.

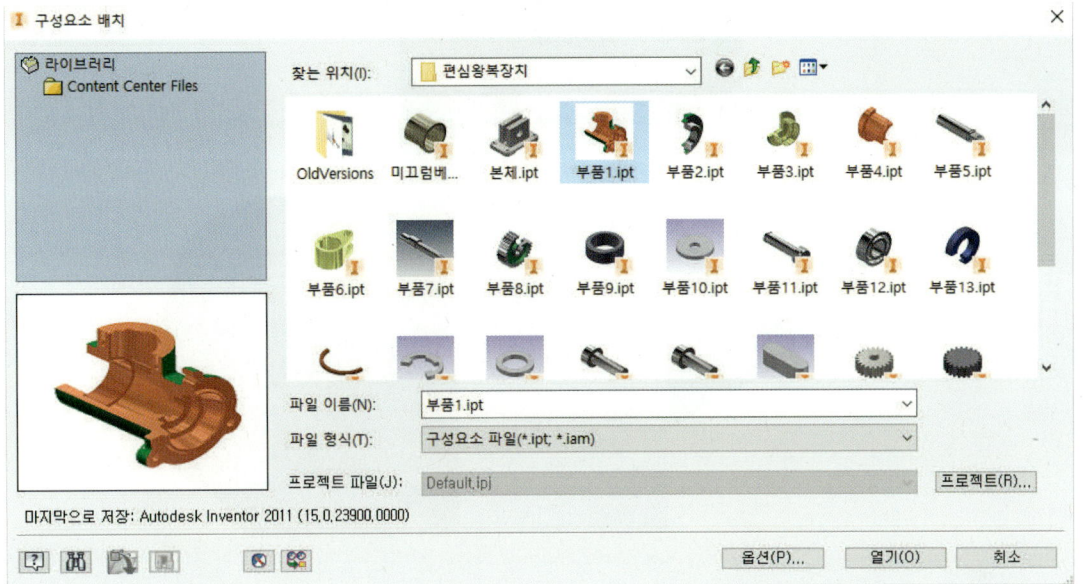

❸ 열기 대화상자에서 부품1(하우징 형상)을 선택한 후 열기 버튼을 누른다. 아래와 같이 마우스를 클릭하지 않아도 작업 창에 하우징 형상이 나타나며 마우스 오른쪽 버튼을 눌러 팝업 메뉴의 종료를 선택하거나 키보드의 Esc 키를 눌러 명령을 종료한다. 마우스 오른쪽 버튼을 클릭하여 고정한다.

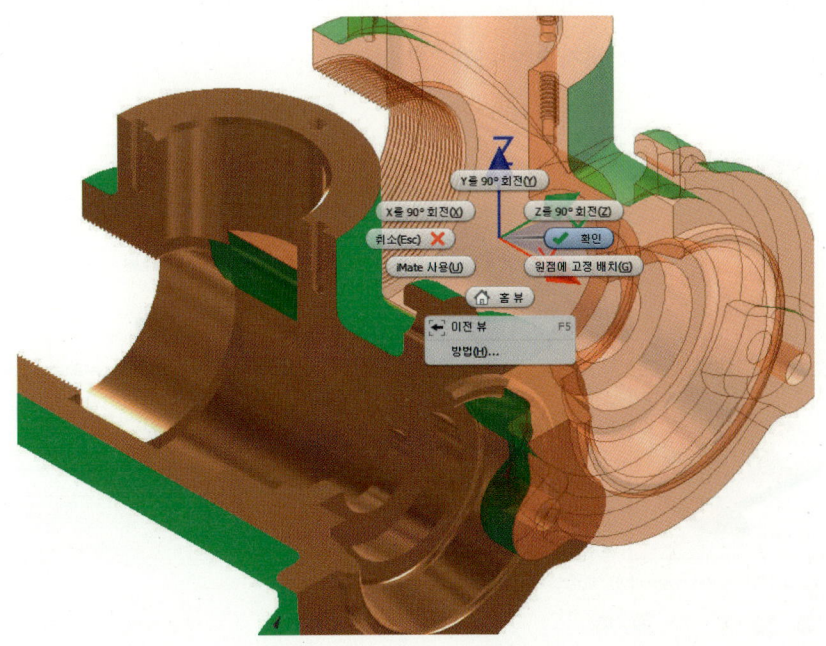

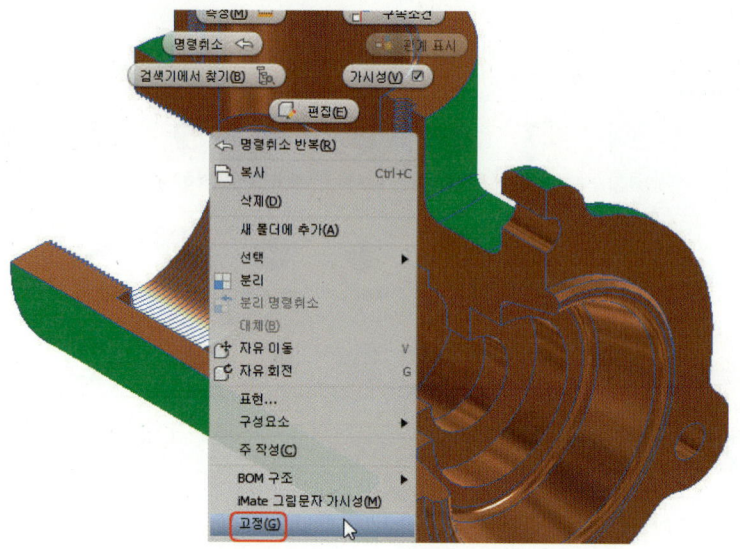

> **참고**
>
> 위 하우징 형상이 전체 동력전달장치 모델링의 기본 부품이 되어 나머지 부품들이 조립되는 기준이 된다.

###  [단계 3] 본체 커버 외에 나머지 부품 불러오기

❶ 조립하고자 하는 각각의 모든 부품을 조립품 작업 창으로 불러와서 배치한다. 조립품 패널 창의 구성요소 배치 아이콘을 선택한다.

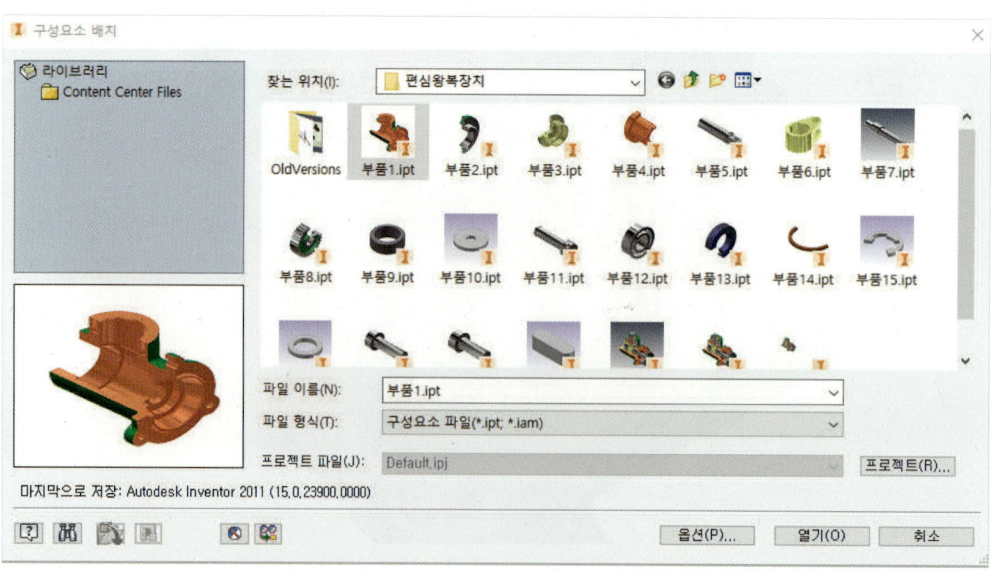

❷ 열기 대화상자에서 본체 커버 부품을 선택한 후 열기 버튼을 누른다. 아래와 같이 작업 창에 본체 커버 형상(부품2)이 나타나면 마우스를 클릭하여 배치시킨 후 오른쪽 버튼을 눌러 팝업 메뉴의 종료를 선택하거나 키보드의 Esc 키를 눌러 명령을 종료한다.

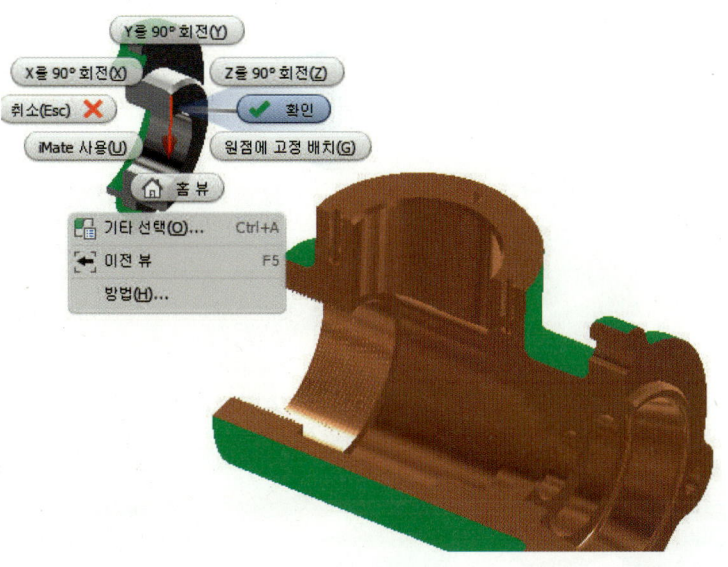

> **참고**
>
> 나머지 부품들에 대해서도 위와 같은 방법으로 조립품 작업 창으로 불러와 아래와 같이 배치시킨다.
>
>

### [단계 4] 하우징과 베어링 커버 조립하기

❶ 위에서 불러온 각각의 부품들에 구속 조건을 부여해 조립한다. 먼저 전체 조립품의 기준이 되는 하우징과 베어링 커버를 조립한다. 두 부품을 자세히 볼 수 있도록 도구 막대의 줌 창 아이콘을 클릭하고 두 부품을 포함하는 영역을 선택한다. 아래와 같이 두 부품이 줌 확대 및 베어링 커버를 마우스로 클릭하여 아래와 같이 이동시킨다.

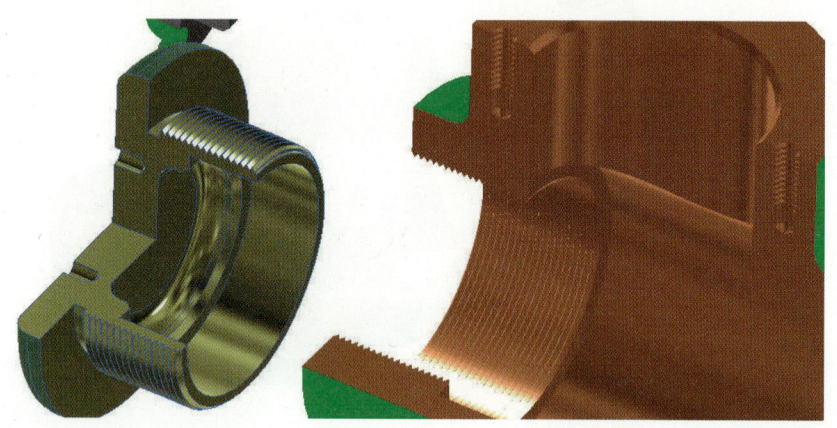

❷ 조립품 패널 창의 구성요소 이동 및 회전 아이콘을 선택하고 베어링 커버를 마우스로 클릭하면 선택한 부품만을 회전할 수 있는 작은 궤도 형상이 나타난다. 이 궤도 안에서 클릭한 채 마우스를 움직여 베어링 커버를 회전시킨다.

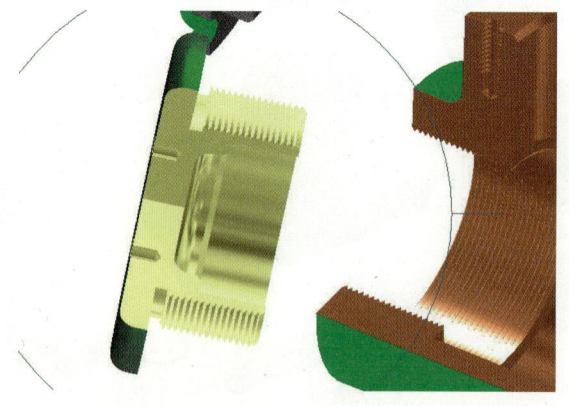

❸ 조립품 패널 창의 구속조건( ) 아이콘을 선택한다.

❹ 구속 유형이 삽입으로 선택하고, 두 부품 간에 서로 맞닿을 두 면을 작업 창에서 마우스로 선택한다. 아래와 같이 작업 창에서 먼저 하우징의 모서리를 클릭한 다음 베어링 커버의 모서리를 클릭하고 적용한다.

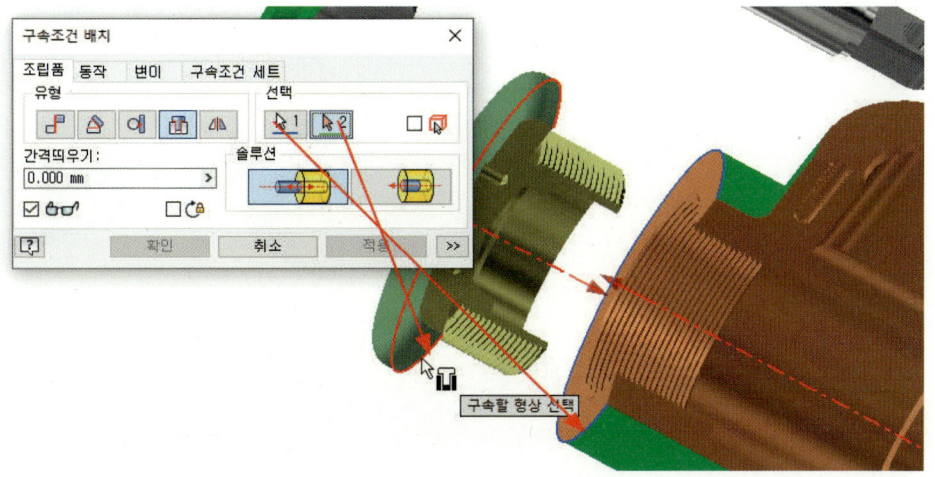

❺ 구속 유형이 첫 번째 메이트(mate)로 선택하고 대화상자의 솔루션을 메이트가 아닌 플러쉬로 선택한다.
- 메이트: 두 부품의 지정한 면들이 서로 마주보며 맞닿도록 구속한다.
- 플러쉬: 두 부품의 지정한 면들이 서로 같은 방향을 바라보도록 구속한다.

이제 마주보아야 할 각각의 부품의 면을 선택하면 된다. 먼저 하우징의 단면 1을 선택한 다음 베어링 커버의 단면 2를 선택한다. 대화상자에서 적용 버튼을 선택하면 두 부품이 완전히 구속이 된다.

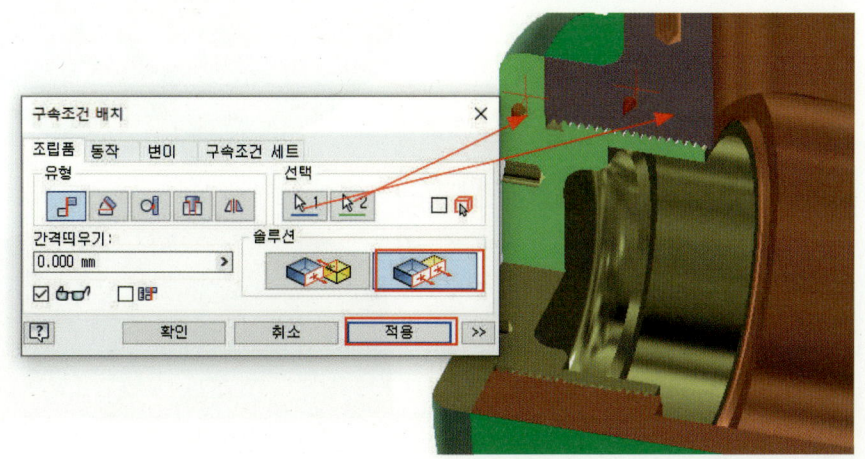

**[단계 5] 하우징과 본체 커버 조립하기**

❶ 다음은 하우징과 본체 커버를 조립한다. 먼저 두 부품을 선택하기 쉽도록 자유회전 아이콘과 줌 창 아이콘, 구성요소 회전 아이콘 등을 이용하여 하우징과 본체 커버를 선택하기 쉽도록 회전 및 확대한다.

❷ 이번에는 삽입 조건과 각도 조건을 사용하여 두 부품을 조립한다. 구속 아이콘을 클릭한다.

❸ 유형에서 마지막 네 번째에 있는 삽입시킬 두 부품을 선택한다. 먼저 하우징의 본체 커버와 접하는 모서리를 선택하고, 다음으로 하우징과 접할 본체 커버의 모서리를 선택한다. 이때 생기는 화살표의 방향은 서로 반대 방향으로 마주 보도록 하고 적용한다.

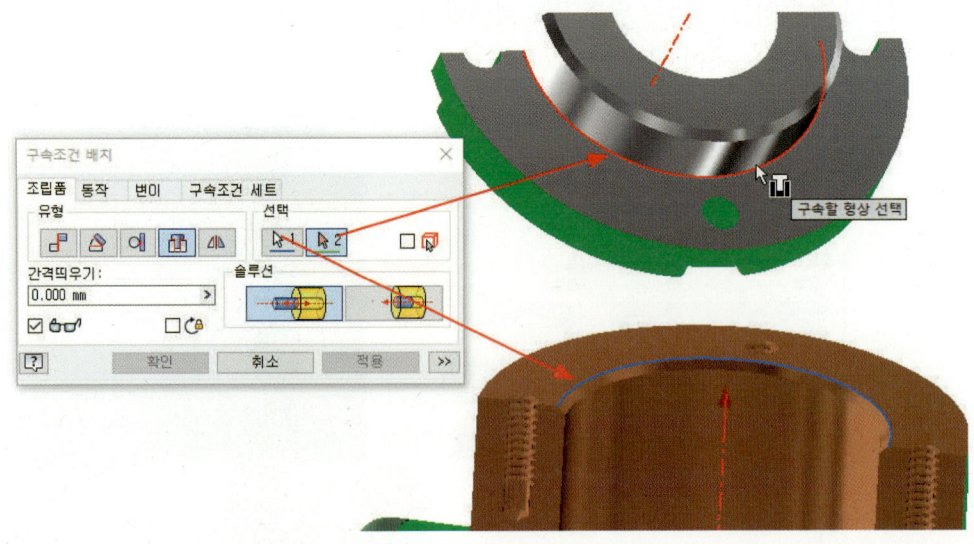

❹ 유형에서 두 번째에 있는 각도를 선택하고, 이제 각도를 부여할 두 면을 선택한다. 하우징의 면과 본체 커버의 면을 클릭한다. 각도 값이 0으로 되어 있으므로 두 면이 0도를 이루며 구속하고 적용한다.

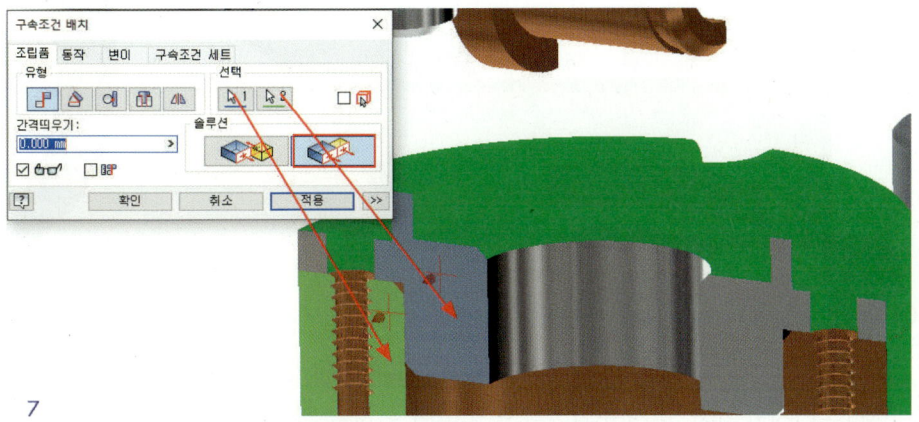

7

 **[단계 6] 가이드 부시와 C형 멈춤 링 조립하기**

❶ 두 부품을 선택하기 쉽도록 회전 아이콘과 줌 창 아이콘, 구성요소 회전 아이콘 등을 이용하여 가이드 부시와 C형 멈춤 링을 선택하기 쉽도록 회전 및 확대한다.

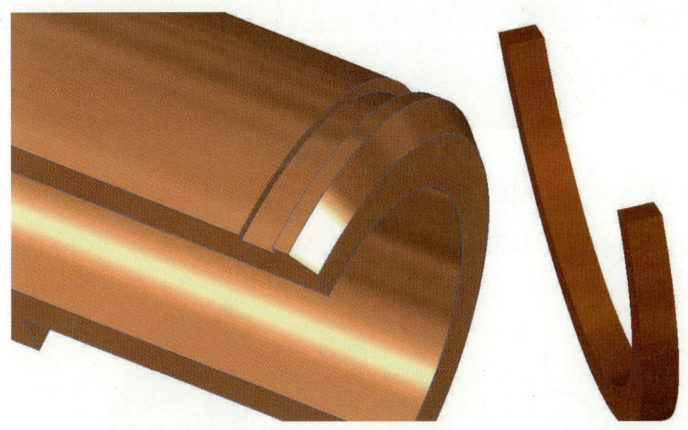

❷ 메이트와 플러쉬, 접선 조건을 이용하여 두 부품을 조립한다. 조립품 패널 창의 구속조건 아이콘을 클릭하여 메이트 기능으로 가이드 부시 면과 C형 멈춤링 면을 선택하여 적용한다.

❸ 메이트 기능으로 가이드 부시 면과 C형 멈춤링 면이 구속한다.

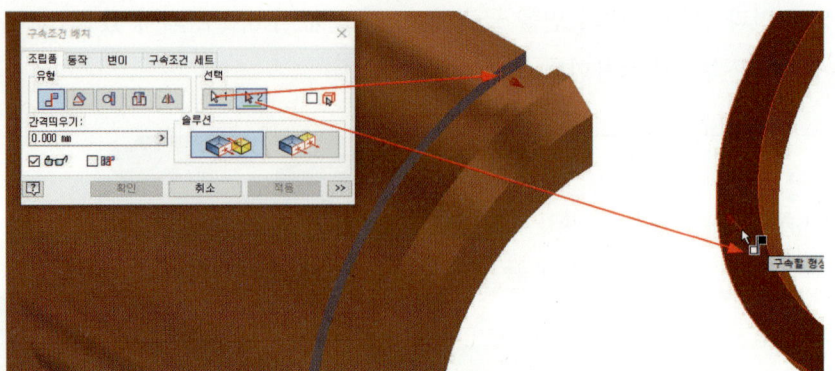

❹ 이번에는 유형에서 접선 기능을 선택하고 솔루션에서 내부를 선택하여 가이드 부시와 C형 멈춤 링 면을 선택하고 적용한다. 가이드 부시 면과 C형 멈춤 링 면에 접선이 구속되었다. 자유이동 및 자유회전을 활용하여 위치를 맞춘다.

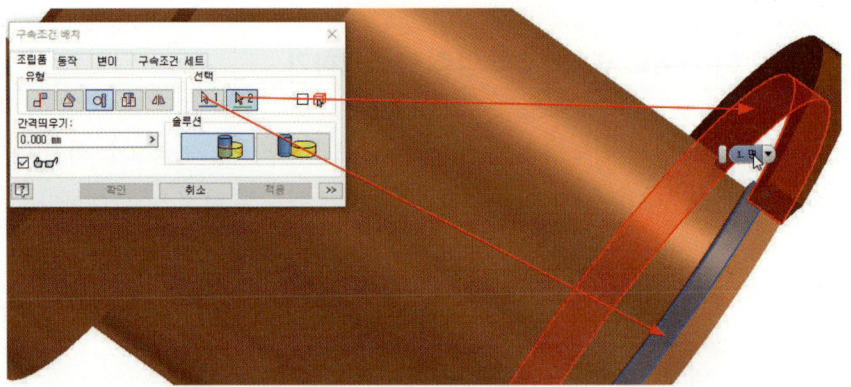

❺ 마지막으로 솔루션에서의 플러쉬 기능을 이용하여 C형 멈춤 링 면과 가이드 부시 면을 선택하여 적용한다. 아래와 같이 가이드 부시와 C형 멈춤 링이 모두 구속되었다.

**[단계 7] 본체 커버와 가이드 부시 조립하기**

❶ 먼저 두 부품을 선택하기 쉽도록 회전 아이콘과 줌 창 아이콘, 구성요소 회전 아이콘 등을 이용하여 본체 커버와 가이드 부시를 선택하기 쉽도록 회전 및 확대한다. 조립품 패널 창의 구속조건 아이콘을 클릭한다. 유형에서 mate를 선택한다. 본체 커버의 면과 가이드 부시의 면을 차례대로 선택하고 적용한다.

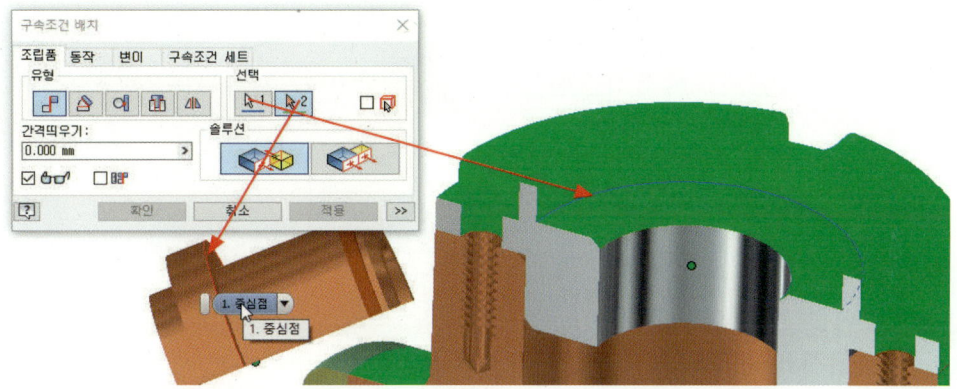

❷ 유형에서 세 번째에 있는 접선을 선택하고 솔루션에서 내부를 선택하다. 다음은 접속시킬 두 부품을 선택한다. 먼저 본체 커버의 원통 내부을 선택하고 다음으로 가이드 부시의 원통의 외부를 선택한다. 지정한 두 원통끼리 내접하고, 플러쉬 조건을 사용하여 나머지 조건을 구속하고 적용한다.

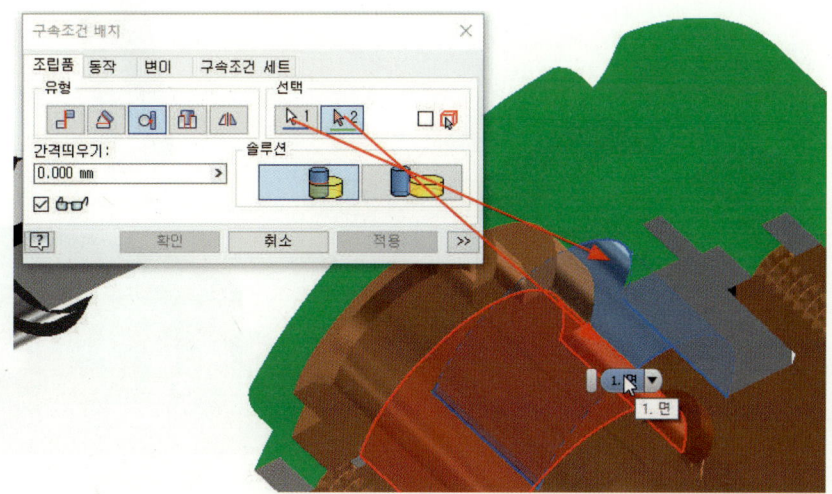

❸ 조립품 패널 창의 구속조건 아이콘을 클릭하고, 유형에서 mate를 선택한 후 솔루션을 플러쉬로 선택한다.

❹ 본체 커버의 면과 가이드 부시의 면을 클릭하고 적용한다.

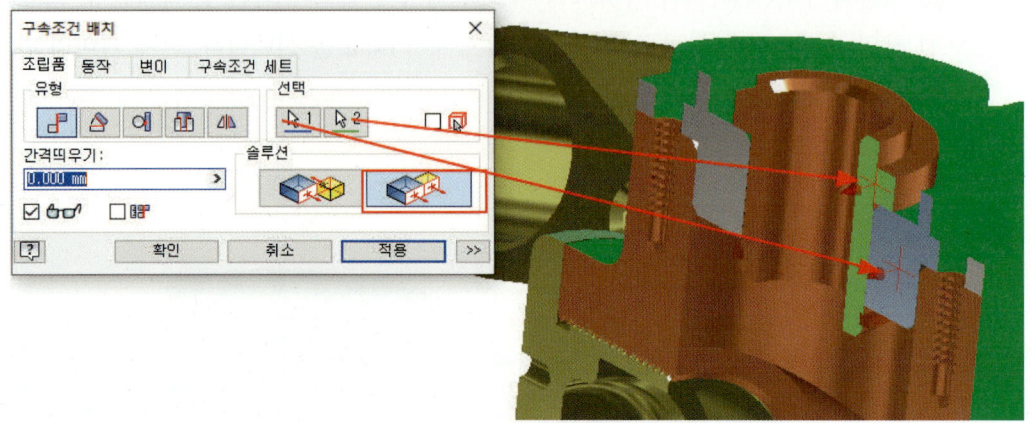

 **[단계 8] 본체와 육각 구멍붙이 볼트 조립하기**

❶ 조립품 패널 창의 구속조건 아이콘을 클릭하여 유형에서 삽입을 선택하여 본체 커버 모서리와 육각 구멍붙이 볼트 모서리를 선택하고 적용한다.

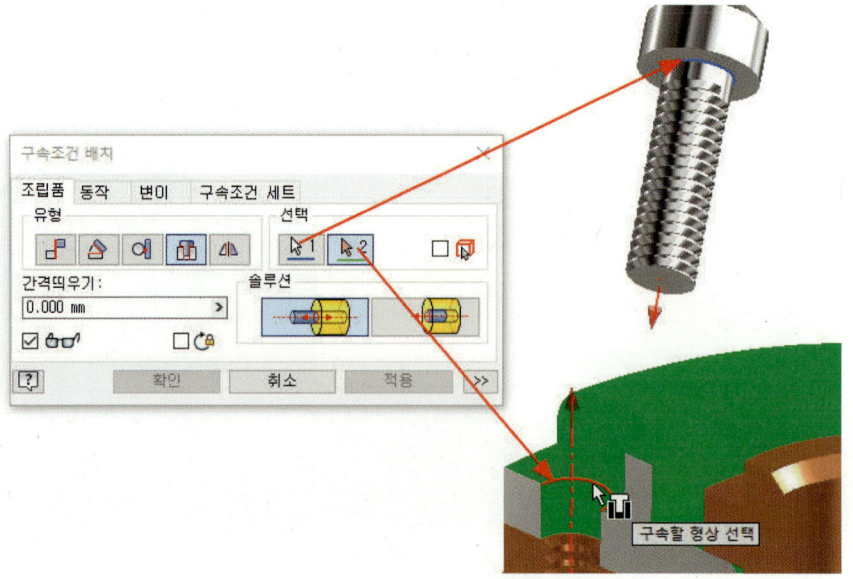

❷ 패턴( 패턴) 아이콘을 클릭한다. 아래 그림처럼 설정하고 확인한다.

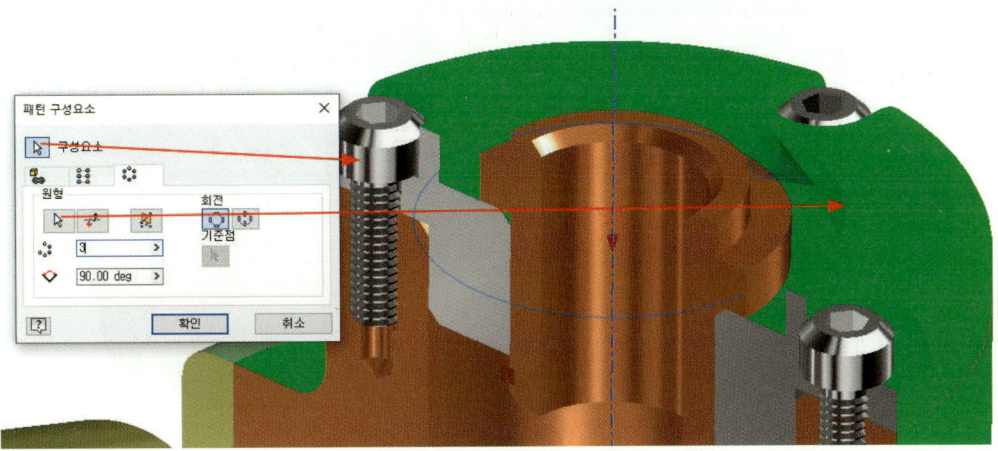

## [단계 9] 깊은 홈 베어링과 본체 조립하기

❶ 그림처럼 유형에서 삽입기능을 이용하여 본체 모서리와 깊은 홈 베어링 모서리를 클릭하고 적용한다.

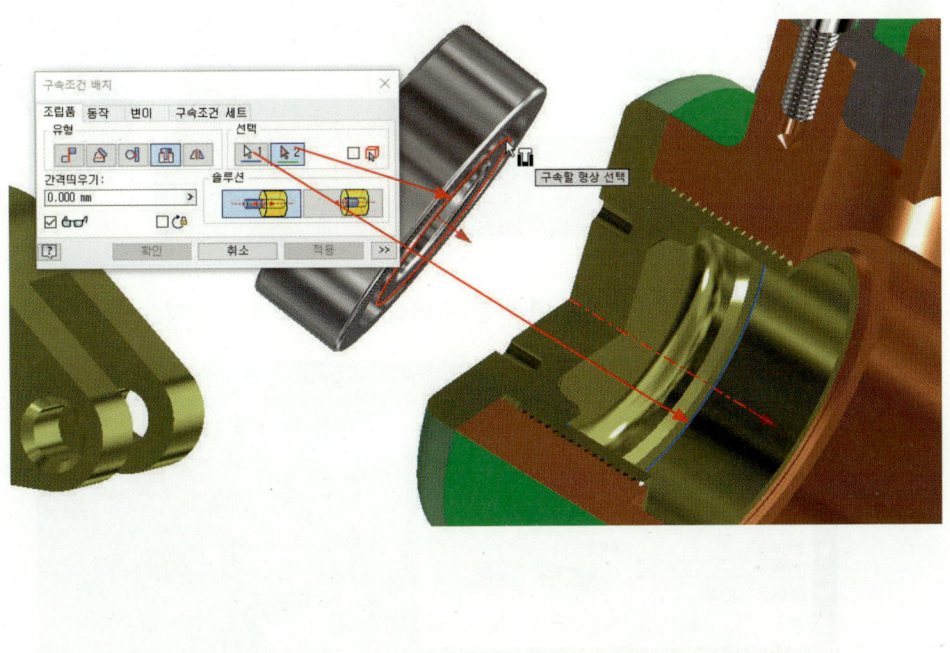

❷ 나머지 깊은 홈 베어링도 위와 같은 방법으로 구속한다.

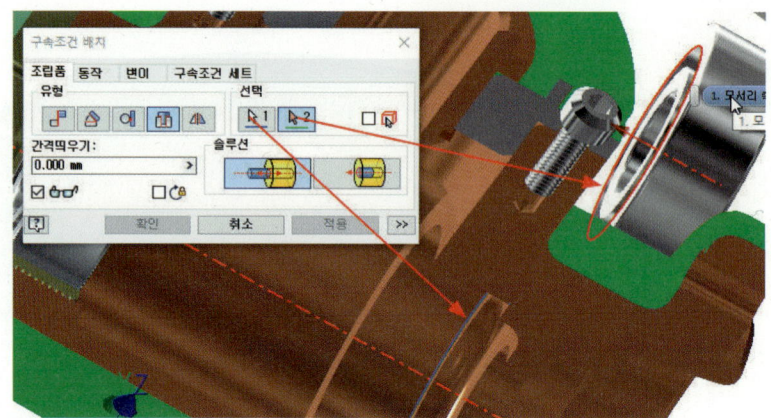

 **[단계 10] 오일 실과 본체 조립하기**

❶ 유형에서의 삽입 기능을 이용하여 오일 실 모서리와 본체 모서리를 클릭하여 적용한다.

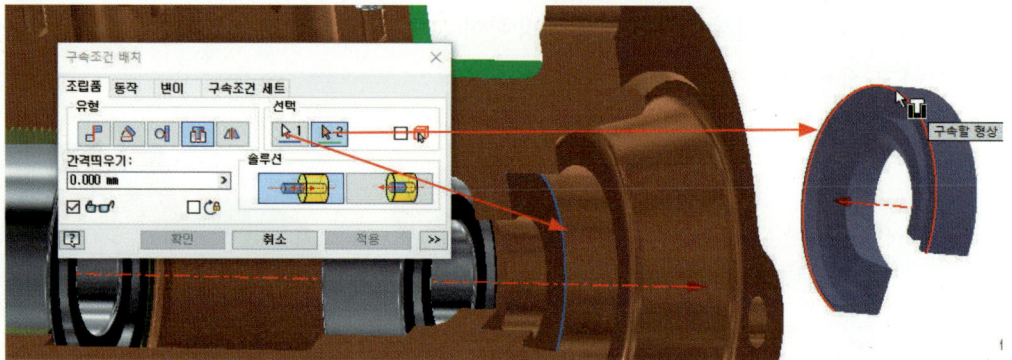

❷ 이제 플러쉬 기능으로 오일 실 면과 본체 면을 클릭하고 적용한다.

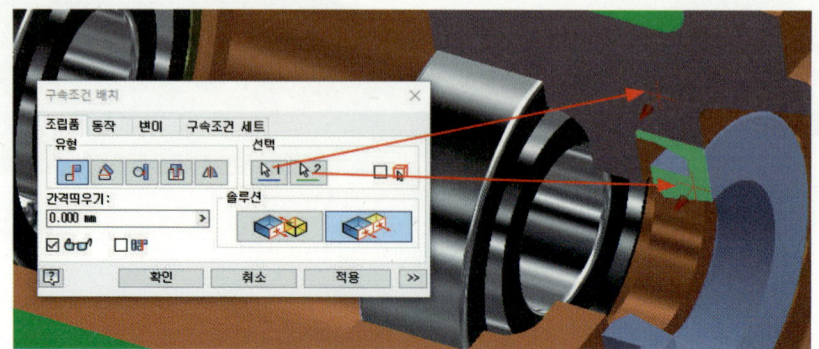

**[단계 11] 편심 축과 칼라 조립하기**

❶ 그림과 같이 조립품 패널 창의 구속조건 아이콘을 클릭하여 유형의 삽입을 선택하여 칼라 모서리와 편심 축 모서리를 선택하여 적용한다.

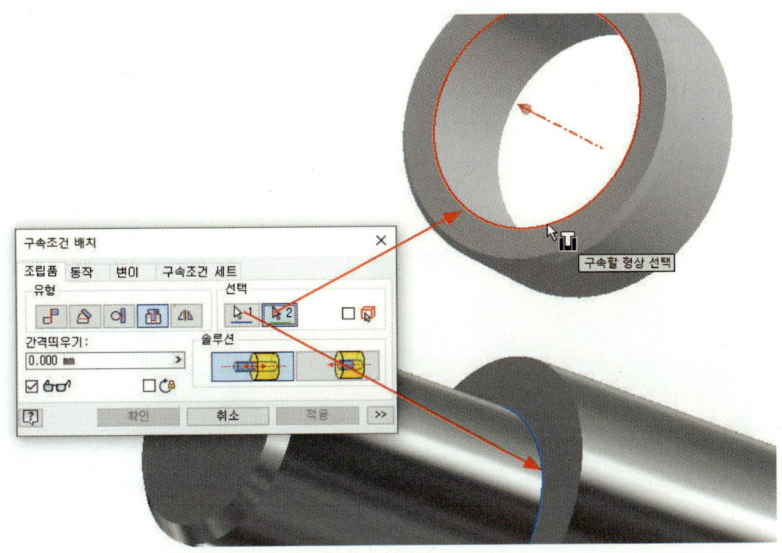

❷ 나머지 칼라도 위와 같은 방법으로 편심 축에 구속한다.

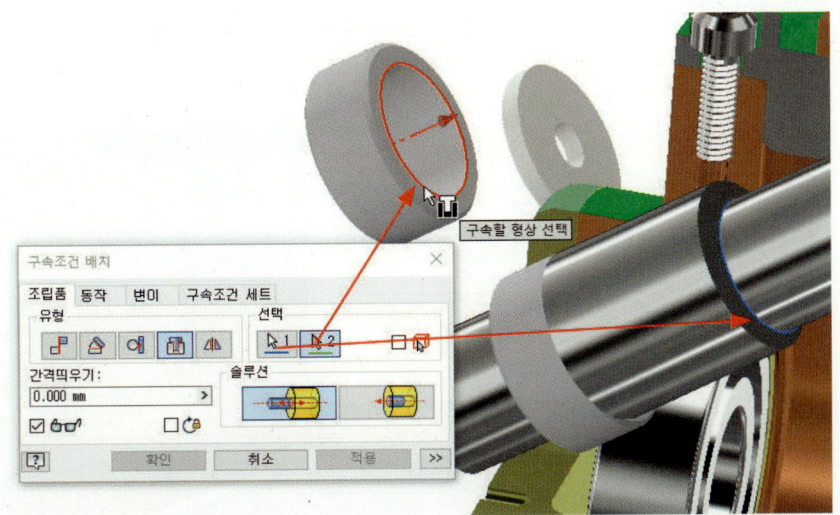

**[단계 12] 편심 축과 베어링 조립하기**

삽입으로 아래와 같이 편심 축에 구속한 칼라 모서리 부분과 본체와 구속된 베어링의 모서리 부분을 선택하여 구속하고 적용한다.

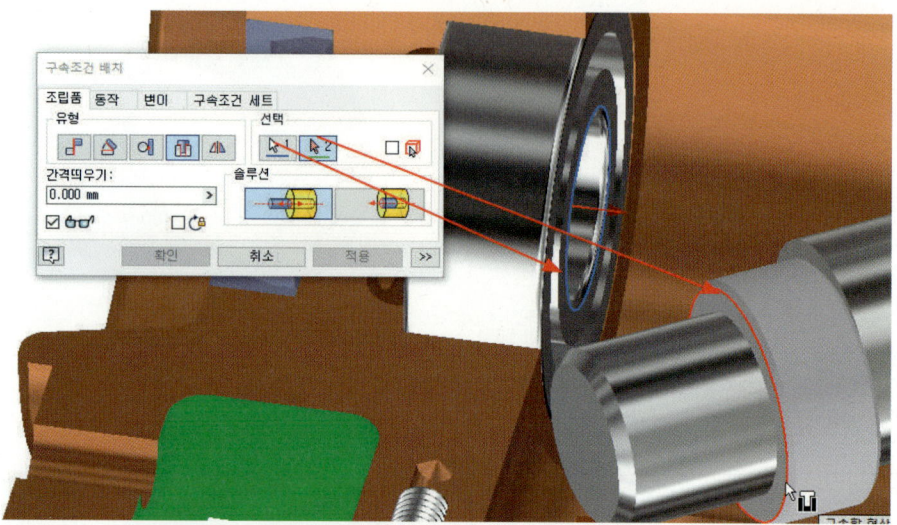

 **[단계 13] 편심 축과 링크 조립하기**

❶ 삽입에서 링크 모서리와 편심 축의 두 모서리를 선택한 후, 솔루션의 정렬을 눌러주고 적용한다.

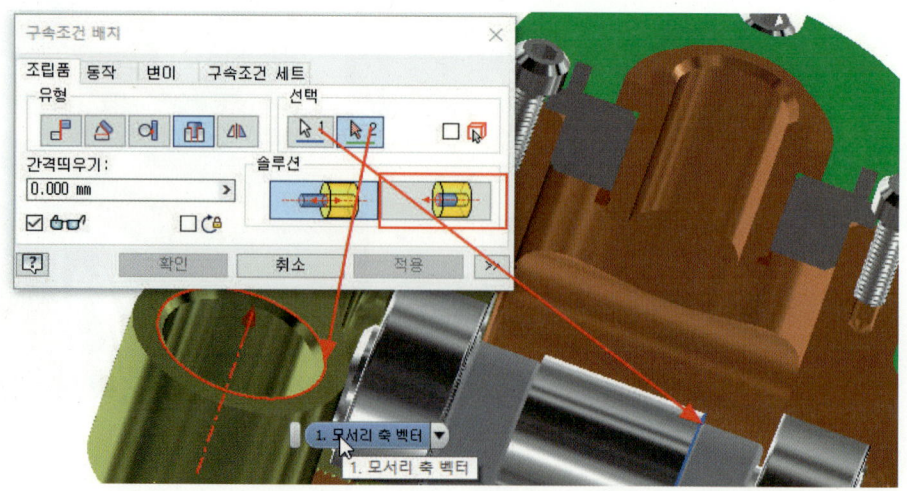

❷ 링크가 삽입 구속이 되었으면 아래와 같이 링크를 선택하여 세워둔다.

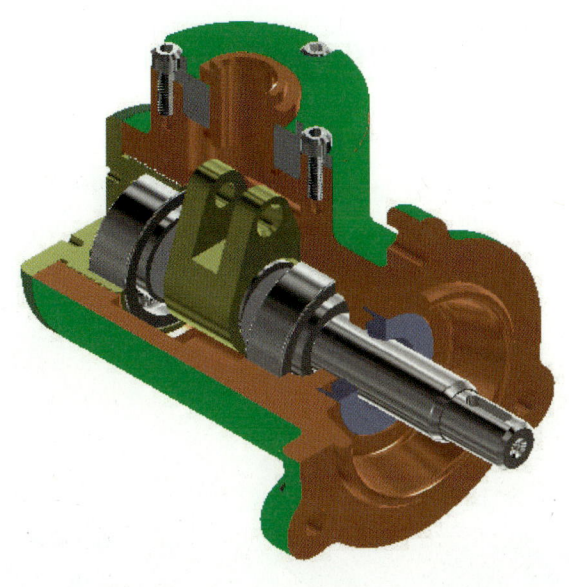

 **[단계 14] 슬라이드와 가이드 부시 조립하기**

가이드 부시와 같이 선택하기 쉽게 회전한 다음 유형에서 메이트를 선택하여 슬라이드 면과 가이드 부시 면을 선택하여 적용한다.

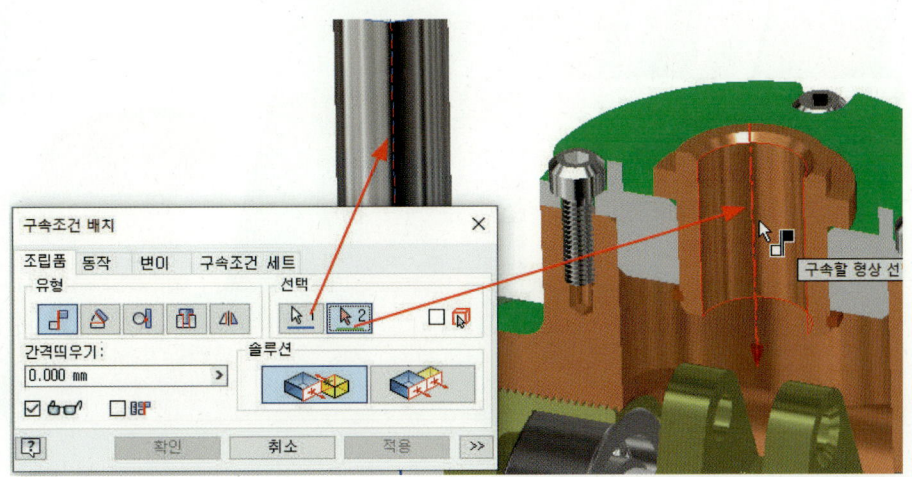

**[단계 15] 슬라이드와 링크 조립하기**

슬라이드와 가이드 부시를 구속시켰으면 아래와 같이 메이트로 슬라이드 면과 링크 면을 선택하여 적용한다.

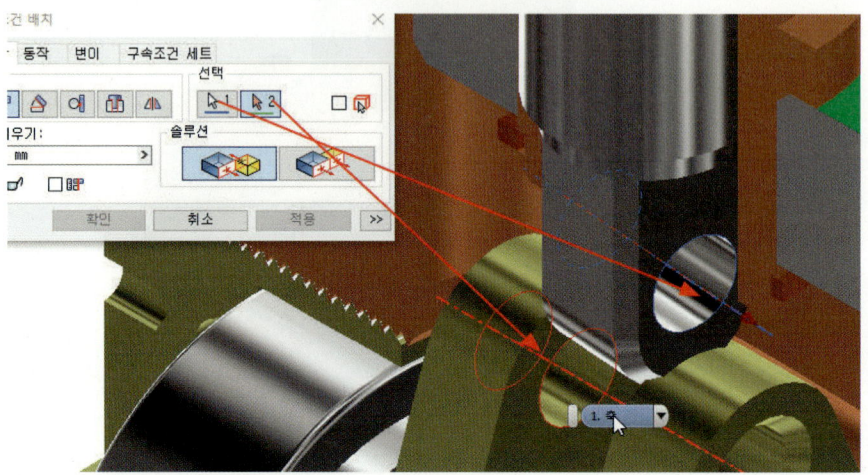

 **[단계 16] 링크와 리프트 축 조립하기**

삽입으로 링크 모서리와 리프트 축 모서리를 선택하여 구속을 적용한다.

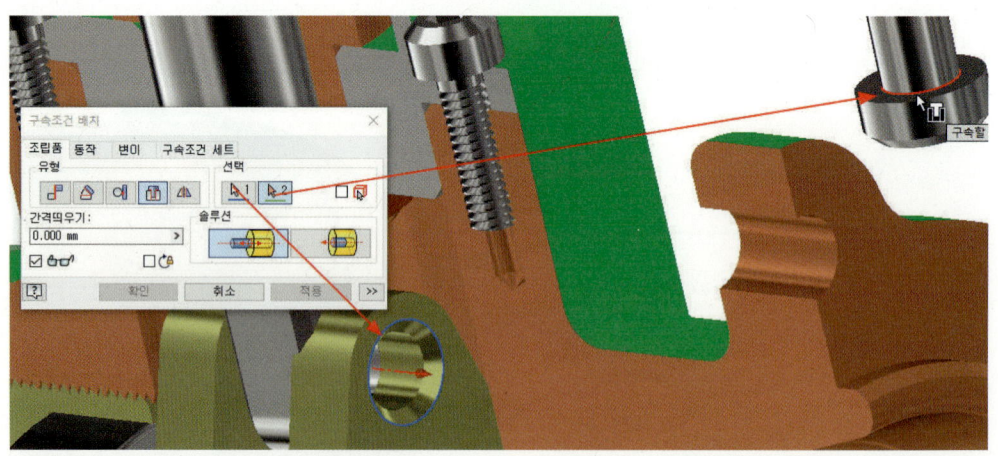

**[단계 17] 리프트 축과 스냅 링 조립하기**

삽입으로 리프트 축 모서리와 스냅 링 모서리를 선택하고 적용한다.

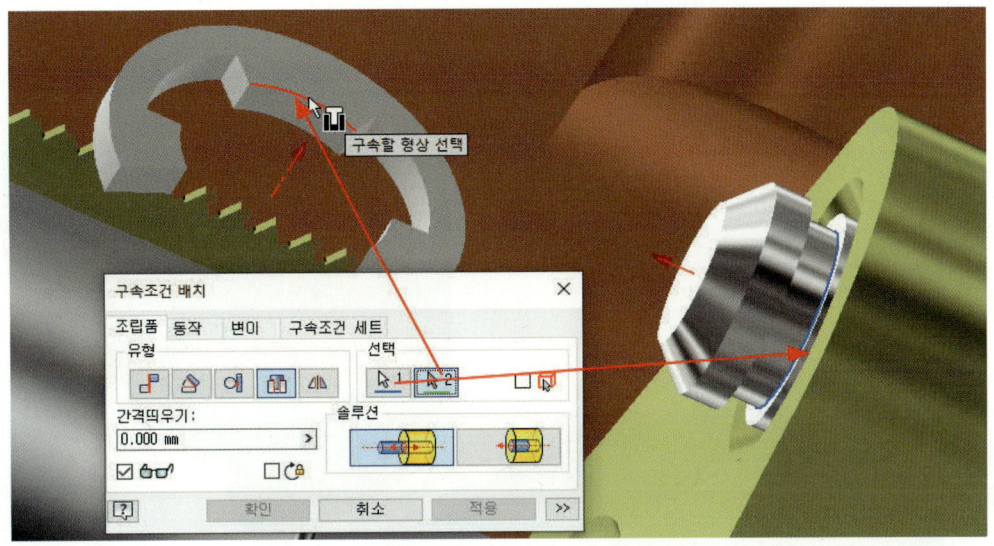

 **[단계 18] 본체와 샤프트 축의 각도 설정(연동구속 설정)**

아래와 같이 유형은 각도 구속을 상용하여 본체의 단면 부분과 샤프트 축의 키 홈 부분을 선택한 후 각도를 0으로 기입하고 적용한다.

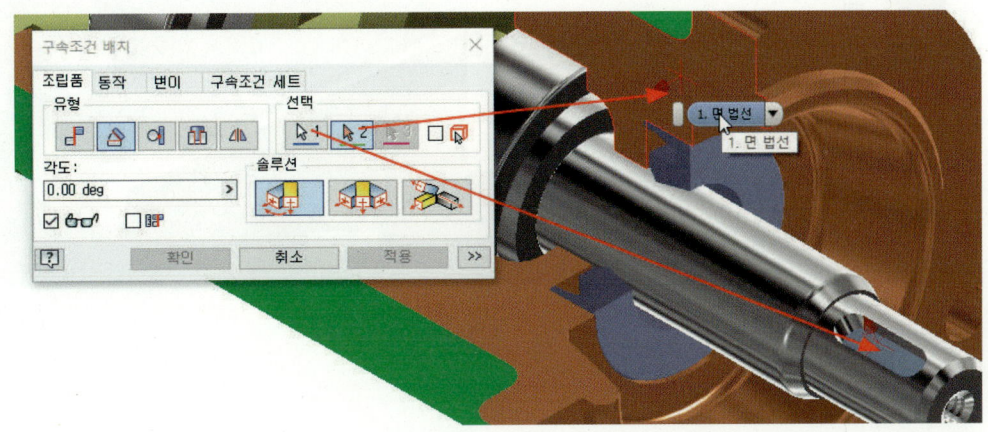

**[단계19]** 편심 축과 스퍼기어 조립하기

❶ 각도 구속을 해주었으면 다음에는 삽입 구속으로 편심 축 부분과 스퍼기어 부분을 선택하여 삽입 구속을 해준다.

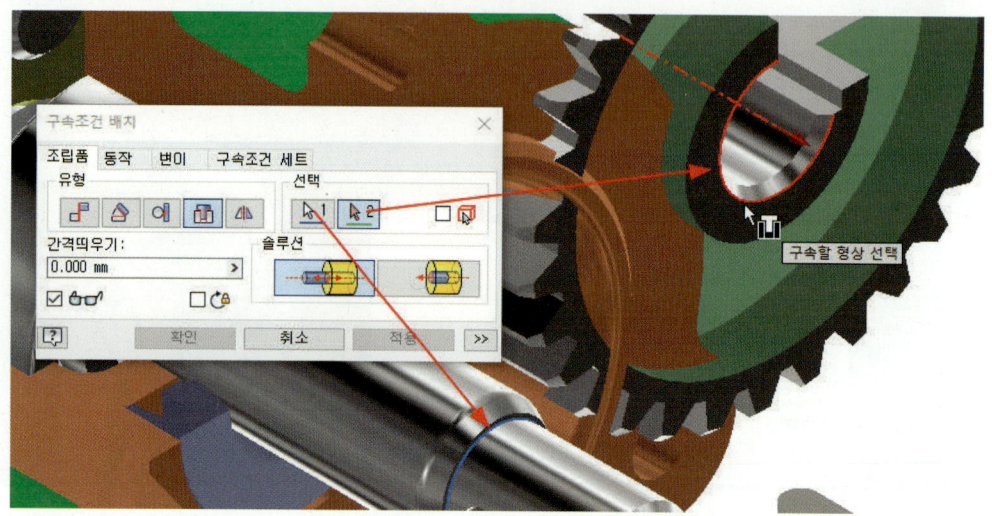

❷ 그 다음 각도 구속으로 아래와 같이 샤프트 축의 키 홈 면과 스퍼기어의 키 홈 면을 선택한 뒤 각도를 0도로 기입한 후 적용한다.

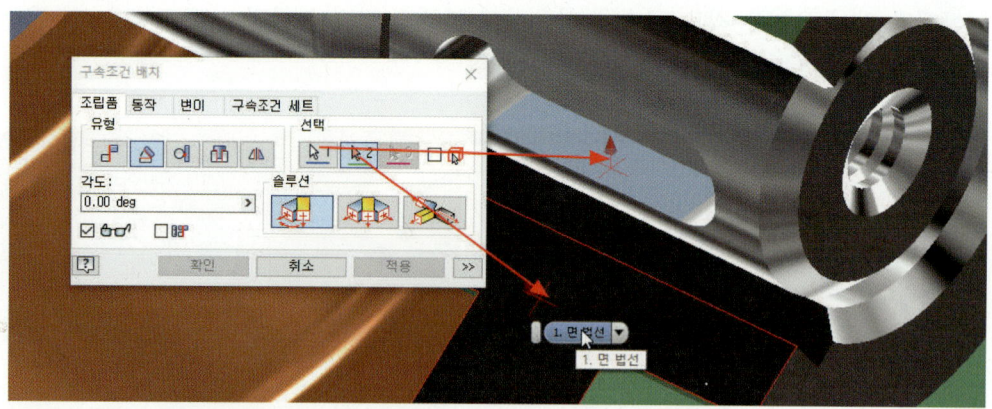

**[단계 20] 키 조립하기**

유형은 삽입으로 키의 모서리와 키 홈의 모서리를 선택한 후 확인을 눌러준다.
같은 방법으로 반대쪽도 키의 모서리와 키 홈의 모서리를 선택한 후 확인을 눌러준다.

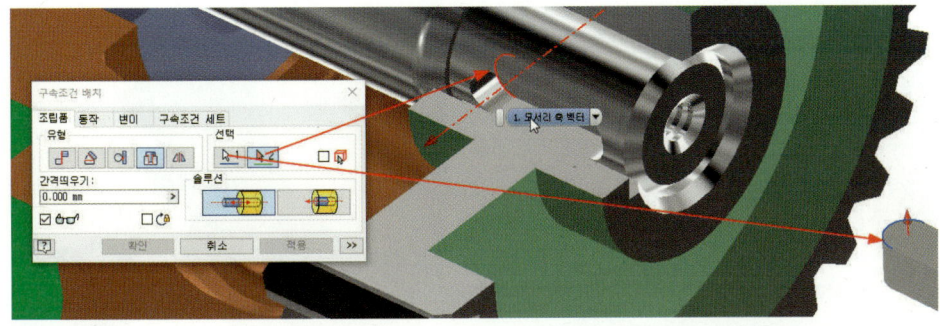

 **[단계 21] 평 와셔 조립하기**

❶ 삽입 기능으로 스퍼기어의 모서리와 평 와셔의 모서리를 클릭한다.

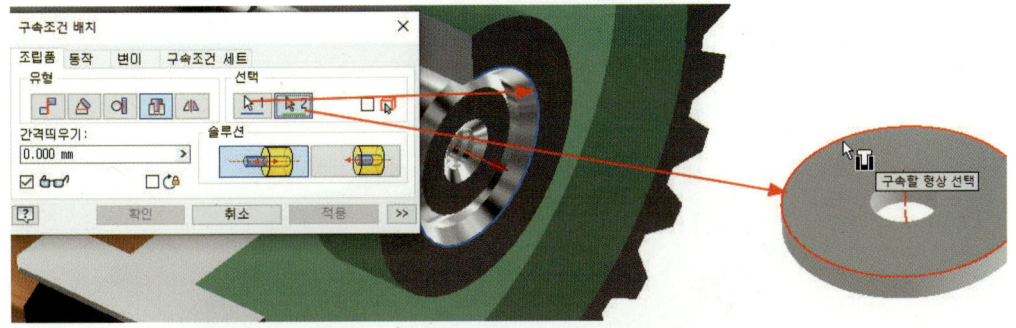

❷ 스프링 와셔도 위와 같은 방법으로 구속시켜 준다.

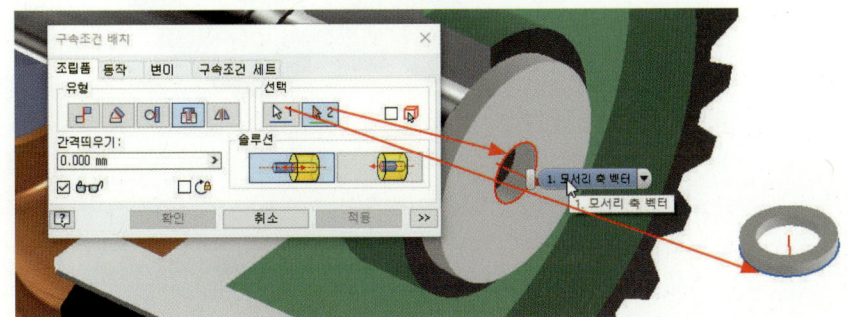

**[단계 22] 볼트 조립하기**

❶ 스프링 와셔까지 구속을 주었으면 볼트를 삽입으로 아래와 같이 스프링 와셔 모서리와 볼트 모서리를 삽입 구속으로 구속을 잡아준다.

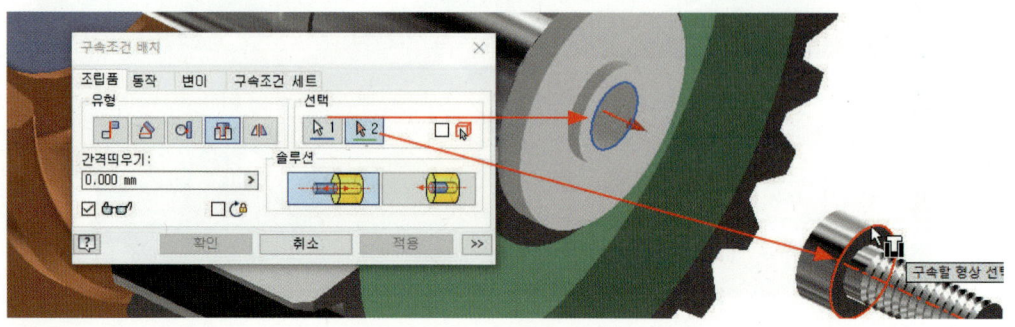

❷ 아래 그림과 같이 조립이 완성이 되었다.

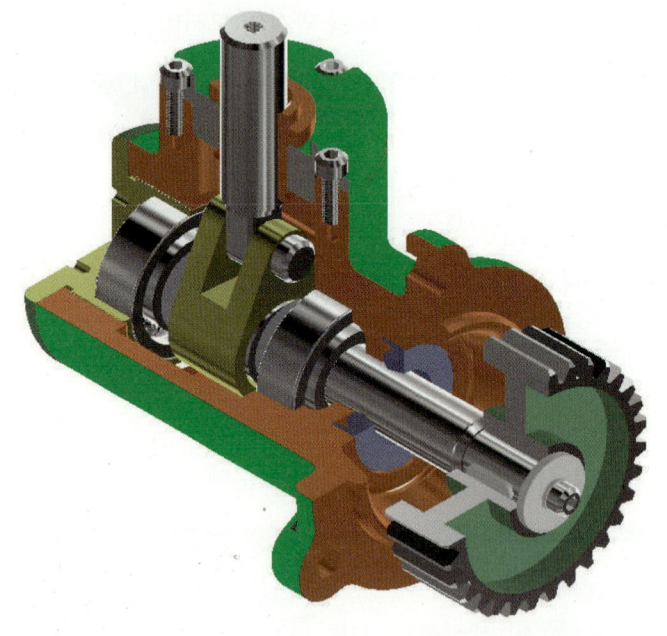

**[단계23] 조립품 구동하기**

❶ 조립품의 구동을 위해서 본체 부분과 축 부분의 각도 구속을 찾는다.
❷ 그 다음 본체와 편심 축을 구속한 각도 구속을 오른쪽 클릭한 후 드라이브를 선택한다.

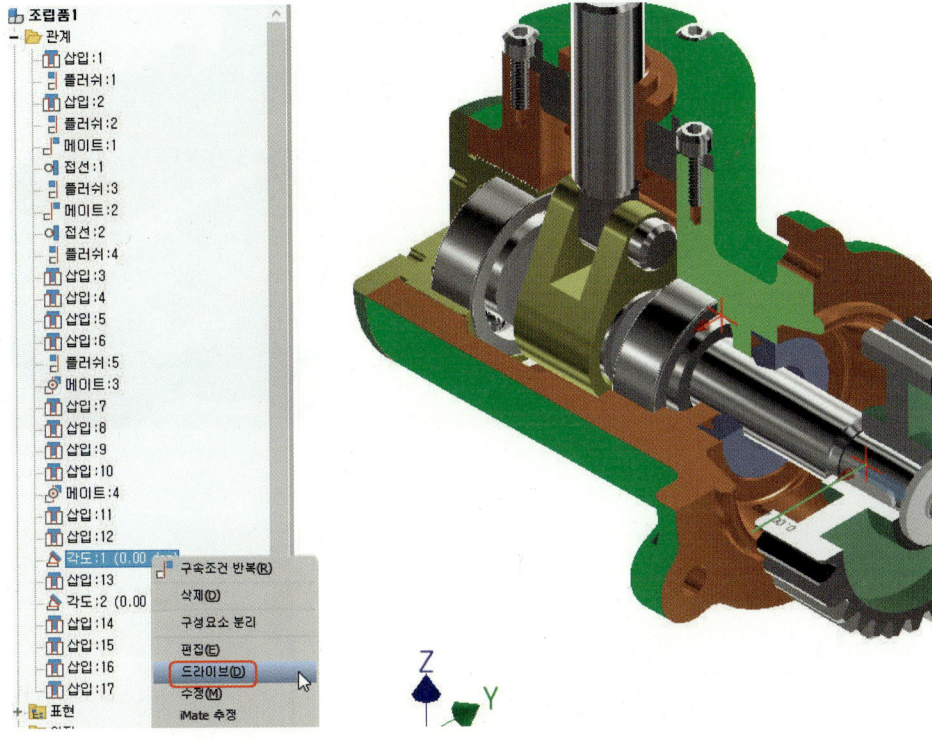

❸ 끝을 360*2로 기입하고, 앞으로 버튼을 누르면 구동이 된다.

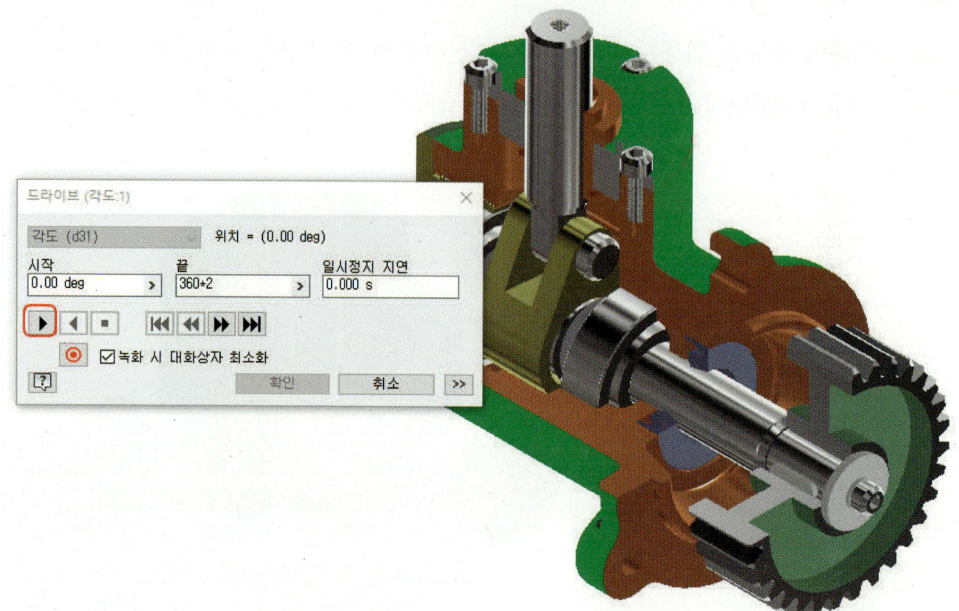

# CHAPTER 7

# 프리젠테이션 작성 따라 하기

1. 프리젠테이션 시작하기
2. 프레젠테이션 작성하기

**학습목표**

분해된 뷰를 애니메이션으로
개발하여 조립품의 동작 상태와 분해 조립도를 확인하고,
동영상 파일로 작성할 수 있다.

# 프레젠테이션 작성 따라 하기

프레젠테이션 파일을 개발하면서 애니메이션 및 특수한 도면 뷰 작성에 필요한 프레젠테이션 뷰를 필요한 만큼 추가할 수 있다. 프레젠테이션 뷰 관리 도구막대의 프레젠테이션 뷰 작성 버튼을 사용한다.

###  프레젠테이션의 용도

❶ 조립품의 부품들이 상호 작용하고 서로 맞춰지는 방법을 보다 분명하게 보여주기 위해 조립품 프레젠테이션을 사용할 수 있다. 예를 들어, 애니메이트된 분해 조립품 뷰를 사용하여 조립품 명령을 나타낼 수 있다. 전개도에 사용할 수 있는 다양한 시각적 스타일을 활용하여 애니메이션을 향상시킨다.

❷ 다른 용도에서는 부분 또는 전체적으로 방해받을 수 있는 부품을 보기 위해 분해 조립품 뷰를 사용할 수 있다. 예를 들면, 프레젠테이션을 사용하여 한 조립품 내의 모든 부품을 표시할 단일 엑소노 메트릭 분해된 조립품 뷰를 작성한다. 그런 다음 해당 뷰를 도면에 추가하고 조립품의 각 부분에 품번 기호를 기입할 수 있다.

##  1. 프리젠테이션 시작하기

프리젠테이션 파일(IPN)을 작성하고 첫 번째 전개도에 모형을 삽입할 수 있다. 하나의 프리젠테이션 파일에서 여러 다양한 원본 모형 또는 다양한 표현 세트를 사용할 수 있도록 추가 전개도를 작성한다.

　① 프리젠테이션 파일을 작성하려면 응용프로그램 메뉴: [파일 → 새로 만들기]를 클릭한다.
　② 새 파일 작성에서 기본 IPN 템플릿을 선택하거나 다른 IPN 템플릿을 찾아 선택한 후 작성을 클릭한다.
　③ 조립품 파일: 검색기에서 조립품 이름을 마우스 오른쪽 버튼으로 클릭하고 상황에 맞는 메뉴에서 프리젠테이션 작성을 선택한다.

④ 뷰는 최신 활성 설계 뷰 표현을 기반으로 하며 삽입 대화상자에서 첫 번째 전개도에 삽입할 모형 파일을 찾아 선택한다. 모형 표현을 지정하려면 조립품 선택 대화상자에서 옵션을 클릭한다.

## (1) 스토리보드를 작성

① 여러 개의 스토리보드가 있는 경우 원본 스토리보드로 사용할 하나를 선택한다.
② 리본에서 [프리젠테이션 탭 → 워크샵 패널 → 새 스토리보드]를 클릭한다.
③ 새 스토리보드 대화상자에서 스토리보드 유형을 선택한다.
- 시작 끝 이전: 새 스토리보드가 선택한 스토리보드 다음에 삽입된다. 원본 스토리보드 끝에 있는 구성요소 위치, 가시성, 불투명도 및 카메라 설정이 새 스토리보드의 초기 상태를 설정한다.
- 깨끗함: 현재 전개도에 사용된 설계 뷰 표현을 기준으로 하는 모형 및 카메라 설정으로 스토리보드를 시작한다. 작업은 상속되지 않는다. 스토리보드 리스트 끝에 새 스토리보드 탭이 추가한다.

④ 확인을 클릭한다. 새 스토리보드가 작성되고 활성화된다.

## (2) 사전 애니메이션 설정

스크래치 영역을 사용하여 카메라 위치 및 방향과 구성요소 가시성 또는 불투명도 설정을 지정한다. 스크래치 영역 작업은 시간 표시 막대에 표시되지 않는다.

① 스토리보드를 선택하거나 작성한다.
② 작업을 기록하지 않고 모형 및 카메라의 초기 상태를 설정하려면 플레이 헤드를 스크래치 영역으로 끌거나 스크래치 영역 아이콘을 클릭하고 다음을 수행한다.
- 구성요소에 대한 가시성을 변경하려면 그래픽 창 또는 검색기에서 구성요소를 선택하고 마우스 오른쪽 버튼으로 클릭한 후 가시성을 클릭한다.

  주 스크래치 영역에 있는 동안 숨겨진 구성요소의 가시성을 편집하려면 모형 검색기에서 구성요소에 액세스한 후 설정을 변경한다.

- 구성요소에 대한 불투명도를 변경하려면 그래픽 창 또는 검색기에서 구성요소를 선택하고 불투명도를 클릭하고 불투명도 미니 도구막대를 사용하여 불투명도 값을 지정한다.
- 카메라 위치를 변경하려면 View Cube 또는 다른 탐색 도구를 사용하여 카메라 설정을 변경하고 리본에서 [프리젠테이션 탭 → 카메라 패널 → 카메라 캡처]를 클릭한다.

  주 스크래치 영역 카메라 위치를 변경하려면 카메라 캡처 프로세스를 반복한다.

### (3) 스토리보드 시간 표시 막대에 작업 추가

① 스토리보드 시간 표시 막대에 작업을 기록하려면 플레이 헤드를 시간 표시 막대의 원하는 위치로 이동한다. 이 플레이 헤드 위치는 구성요소 작업의 시작 시간과 카메라 작업의 끝 시간을 설정한다.

> **TIP**
> ① 플레이 헤드가 표시되지 않으면 시간 표시 막대에서 점을 클릭한다.
> ② 플레이 헤드를 현재 스토리보드의 처음으로 이동하려면 스토리보드 시작으로 돌아가기를 클릭한다.
> ③ 플레이 헤드를 현재 스토리보드 끝으로 이동하려면 스토리보드 끝으로 이동을 클릭한다.

② 구성요소 또는 카메라 설정 변경
- 구성요소를 이동 또는 회전하려면 구성요소 미세조정 명령을 사용한다.
- 카메라 설정을 변경하려면 ViewCube 또는 다른 탐색 도구를 사용하여 모형의 원하는 뷰를 표시합니다. 그런 다음 리본에서 [프리젠테이션 탭 → 카메라 패널 → 카메라 캡처]를 클릭한다.
- 구성요소에 대한 불투명도를 변경하려면 그래픽 창 또는 검색기에서 구성요소를 선택하고 불투명도를 클릭한다. 그런 다음 불투명도 미니 도구막대를 사용하여 불투명도 값을 지정한다.
- 구성요소에 대한 가시성을 변경하려면 그래픽 창 또는 검색기에서 구성요소를 선택하고 마우스 오른쪽 버튼으로 클릭한 후 가시성을 클릭한다.
- 편집한 내용을 확인하면 해당 작업이 현재 스토리보드에 추가된다.

### (4) 애니메이션을 미리 보려면

① 스토리보드 패널의 도구막대를 사용하여 애니메이션 미리보기를 재생할 수 있다.
② 애니메이션을 미리 보려면 현재 스토리보드 재생(▶) 또는 모든 스토리보드 재생(▶)을 클릭한다.
③ 애니메이션을 역순으로 재생하려면 현재 스토리보드 뒤로 재생(◀) 또는 모든 스토리보드 뒤로 재생(◀)을 클릭한다.
④ 미리보기를 일시 중지하려면 현재 스토리보드 일시 중지(❚❚) 또는 모든 스토리보드 일시 중지(❚❚)를 클릭한다.
⑤ 특정 시간에 시작하려면 플레이 헤드를 시간 표시 막대의 원하는 위치로 이동한 후 현재 스토리보드 재생을 클릭한다.

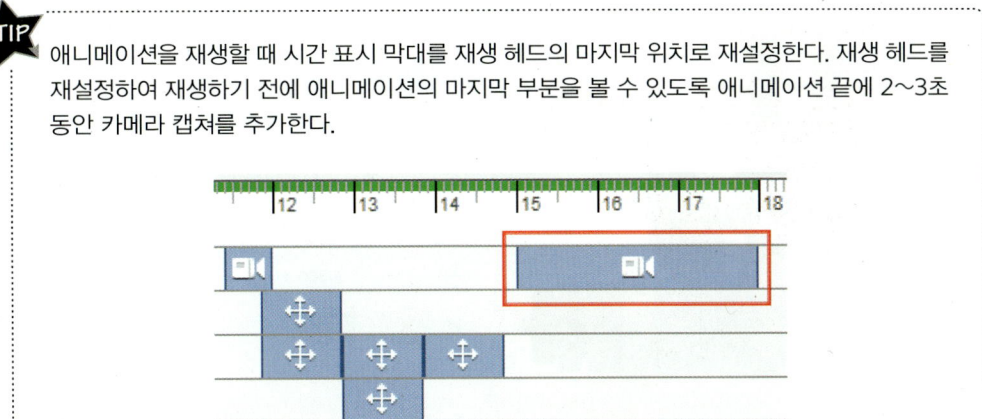

TIP 애니메이션을 재생할 때 시간 표시 막대를 재생 헤드의 마지막 위치로 재설정한다. 재생 헤드를 재설정하여 재생하기 전에 애니메이션의 마지막 부분을 볼 수 있도록 애니메이션 끝에 2~3초 동안 카메라 캡쳐를 추가한다.

### (5) 미세조정을 작성

하나 이상의 구성요소를 선택하고 다음 미세조정 명령을 활성화하며 미세조정 트라이어드가 먼저 선택한 구성요소에 나타난다. 해당 위치를 변경할 수 있다. 여러 구성요소가 동시에 미세 조정되는 경우를 미세조정 그룹이라고 하며 해당 구성요소는 시간 표시 막대에 그룹화되지 않는다.

주 미세조정 그룹에 포함된 해당 구성요소는 동일한 미세조정 특성을 갖는다. 멤버 중 하나에 대한 미세조정 거리를 편집하면 모든 멤버에 영향을 주며 구성요소 위치, 방향, 불투명도 및 가시성으로 변경하고 가시성은 작업으로 시간 표시 막대에 표현된다.

① 미세조정을 추가할 스토리보드를 선택 또는 작성한다.

스토리보드를 작성하려면 [프리젠테이션 탭 → 워크샵 패널 → 새 스토리보드]를 클릭한다. 그런 후 스토리보드 유형을 지정하고 확인을 클릭한다.

② 적절한 경우 플레이 헤드를 시간 표시 막대의 원하는 위치로 이동하여 미세조정 작업의 시작 시간을 지정한다.

③ 리본에서 [프리젠테이션 탭 → 구성요소 패널 → 구성요소 미세조정]을 클릭한다.

또한 미세조정하려는 구성요소를 마우스 오른쪽 버튼으로 클릭하고, 표식 메뉴에서 구성요소 미세조정을 클릭한다.

④ 그래픽 창에서 구성요소를 선택하며 구성요소 로컬 UCS를 사용하여 미세조정 트라이어드를 표시한다. 표준(프리젠테이션, ▣) UCS(▣)를 사용할지 다른 방향을 정의할지를 선택할 수 있다.

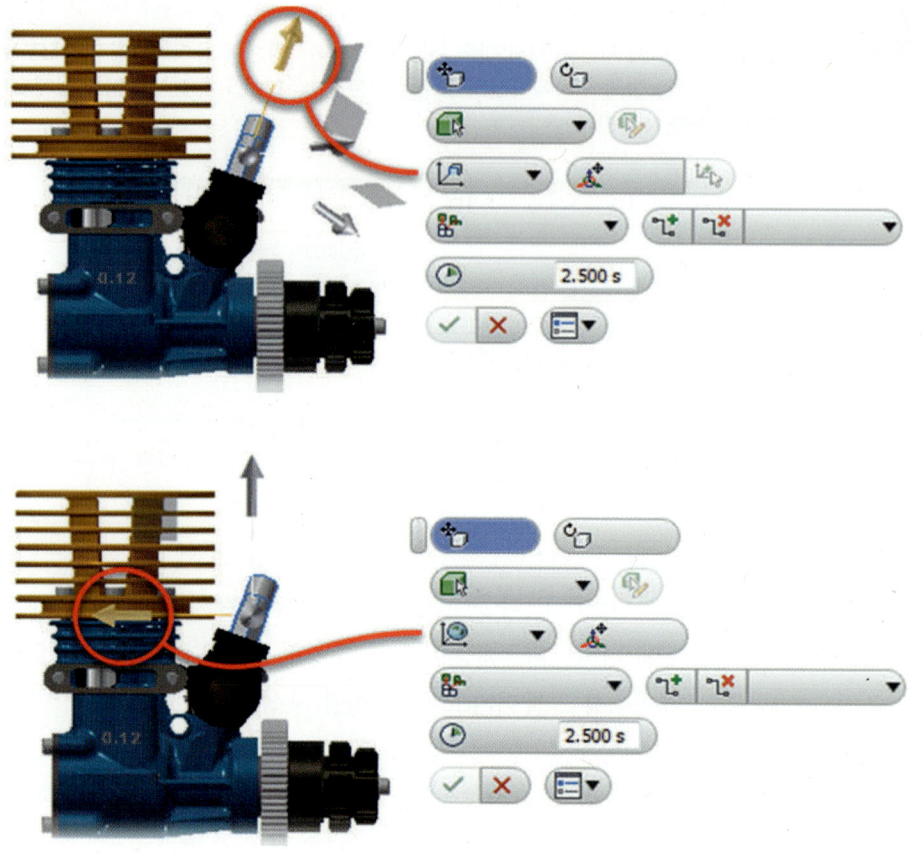

주 다른 미세조정방향을 정의하려면 미세조정 미니 도구막대에서 찾기( )를 클릭하고 면 또는 모서리를 선택하여 벡터를 재정의한다.

⑤ 선택 영역에 구성요소를 추가하려면 Ctrl 키를 누른 상태로 미세조정할 여러 구성요소를 선택하며 구성요소를 추가/제거하려면 먼저 미세조정 동작인 거리 또는 각도를 시작하며 구성요소 추가/제거가 활성화되며 다른 구성요소를 클릭하여 선택 영역에 추가할 수 있다.

⑥ 미세조정 유형을 선택하고 구성요소 미세조정 미니 도구막대에서 회전을 클릭하여 회전 미세조정을 작성하거나 이동을 클릭하여 변환 미세조정을 작성한다.

⑦ 트레일 선을 작성하려면 구성요소 미세조정 미니 도구막대의 리스트에서 트레일 옵션을 선택하고 모든 구성요소는 기본적으로 선택되어 있다.

⑧ 트라이어드 조작기 및 미니 도구막대를 사용하여 선택한 구성요소를 미세조정할 수 있다.

- 선택한 구성요소를 원하는 위치로 이동( ) 하거나 회전( ) 하려면 트라이어드 화살표, 평면, 섹터 또는 원점을 끈다.
- 정확한 미세조정 거리 또는 각도를 지정하려면 미니 도구막대에서 편집 상자에 값을 입력한다.
- 현재 미세조정에 포함된 구성요소 유형을 변경하려면 부품( ) 또는 구성요소( )를 클릭한다.

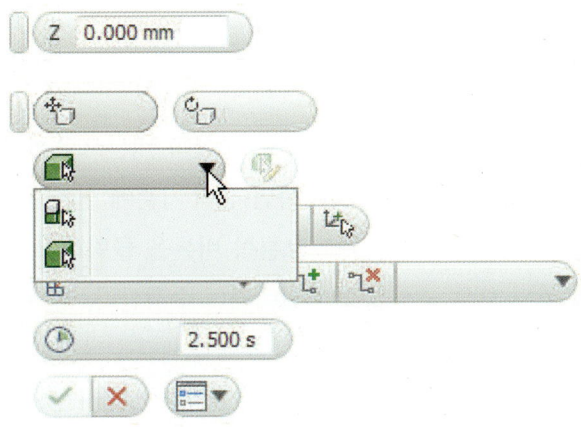

- 선택된 구성요소를 끌어 구성요소 추가/제거 명령을 활성화한 후 을 클릭하고 추가 구성요소를 선택하며, 영역에서 구성요소를 제거하려면 Ctrl 키를 누른 채로 클릭하여 제거할 구성요소를 선택한다.
⑨ 스토리보드에 추가된 미세조정 작업의 기간을 지정하려면 기간 값을 편집하며 작업이 끝나면 확인을 클릭하여 명령을 마친다.
⑩ 미세조정이 스토리보드 및 검색기 둘 다에 저장된다.

### (6) 미세조정 선택

개별 미세조정, 여러 관련되지 않은 미세조정을 선택 및 편집할 수 있으며 여러 미세조정 그룹의 멤버나 하나의 미세조정 그룹의 모든 멤버를 선택할 수 있다. 다음과 같은 다양한 선택 방법이 있다.
- 개별 선택한다.
- Ctrl 키를 누른 채 클릭하여 선택 세트에 추가한다.
- 시간 표시 막대에서 작업을 개선하는 모든 방법을 선택한다.

① 다음 이전, 이후 또는 그룹의 모두 선택하기 사용

재생 헤드 위치 또는 다른 작업의 이전이나 이후에 발생하는 모든 작업을 선택할 수 있다. 또한 그룹 미세조정에서 모든 작업을 선택할 수 있다.

> **참고** **재생 헤드**
> ① 시간 표시 막대에 재생 헤드를 배치한다.
> ② 재생 헤드를 마우스 오른쪽 버튼으로 클릭하고 ▶ 다음 이전의 모두 또는 다음 이후의 모두 선택을 클릭한다. 선택 기준에 일치하는 모든 작업이 선택된다.
> ③ 수정한다.

② 작업
- 선택 제한으로 사용되는 작업을 마우스 오른쪽 버튼으로 클릭하고, 다음 이전의 모두 또는 다음 이후의 모두 선택을 클릭하면 선택 기준에 일치하는 모든 작업이 선택된다.
- 그룹 미세조정을 선택하면 마우스 오른쪽 버튼을 클릭하고, 그룹을 클릭한다. 그룹 미세조정에 포함된 모든 구성요소가 선택되며 수정한다.

### (7) 미세조정을 편집

개별 미세조정 또는 여러 미세조정을 동시에 편집할 수 있다.

**주** 미세조정 그룹에 수정 편집을 사용하여 참가한 모든 구성요소를 수정합니다. 미세조정 그룹에 있는 개별 구성요소도 편집할 수 있다. Ctrl 키를 누른 채 클릭하여 선택 세트에서 구성요소를 추가하거나 제거한다.

① 미니 도구막대를 사용하여 미세조정을 편집하려면
- 스토리보드 시간 표시 막대에서 미세조정( )을 마우스 오른쪽 버튼으로 클릭하고, 이동하거나 회전( )한다.
- 그래픽 창에서 편집하려는 미세조정에 속하는 트레일 선을 마우스 오른쪽 버튼으로 클릭한다.
- 검색기에서 미세조정 폴더를 확장하여 미세조정 리스트를 표시하며 미세조정을 마우스 오른쪽 버튼으로 클릭한다.

② 마우스 오른쪽 버튼을 클릭한 다음 미세조정 편집을 클릭한다. 검색기 미세조정 노드 또는 트레일을 두 번 클릭하여 미세조정을 편집할 수 있다. 선택한 미세조정이 미세조정 그룹의 일부인 경우 해당 그룹의 모든 미세조정이 선택되고 편집되며 관련 구성요소 및 트레일 선은 그래픽 창에서 강조 표시된다.

③ 미세조정 미니 도구막대를 사용하여 미세조정의 특성을 변경할 수 있다. 다음을 변경할 수 있다.
- 미세조정 거리 또는 각도
- 미세조정에 포함되는 구성요소 추가 또는 제거
- 다른 트레일 선 옵션을 선택하여 트레일 선 추가 또는 제거

④ 확인을 클릭하여 편집 내용을 저장한 다음 명령을 마친다. 기존 미세조정의 지속 기간을 편집하려면 스토리보드 편집 방법을 사용하거나 시간 표시 막대 복제를 마우스 오른쪽 버튼으로 클릭한 다음 시간 편집을 클릭하면 미세조정 작업의 시간 편집은 그룹과 관계없이 이루어진다.

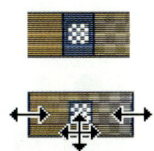

- 시간 표시 막대에 있는 여러 이동 작업 끌어오기
- 여러 작업의 시작, 종료 또는 기간 편집하기
- 작업과 그 이상에 대해 시작 또는 종료 시간 정렬하기
- 상황에 맞는 메뉴 또는 시간 표시 막대 조작기를 사용해서 편집하기

### (8) 미세조정 삭제

미세조정을 삭제하여 포함된 모든 구성요소에 영향을 줄 수도 있고 미세조정에서 구성요소를 삭제하여 완전히 제거할 수도 있다.

① 포함된 모든 구성요소에 대한 미세조정을 삭제하려면 모형 검색기에서 미세조정 노드를 마우스 오른쪽 버튼으로 클릭하고 삭제를 선택한다.
② 미세조정에서 구성요소를 삭제하려면 모형 검색기에서 미세조정 폴더를 확장하고 제거하려는 구성요소를 마우스 오른쪽 버튼으로 클릭한 후 미세조정 삭제를 선택하면 현재 미세조정 또는 전체 그룹을 삭제할 수 있다.
③ 스토리보드 패널에서 구성요소를 마우스 오른쪽 버튼으로 클릭하고 작업 삭제를 클릭하면 해당 구성요소에 대한 모든 미세조정이 삭제되고 구성요소가 원래 위치로 돌아간다.
스토리보드 시간 표시 막대에서 미세조정( ) 복제 또는 회전( )을 마우스 오른쪽 버튼으로 클릭하고 삭제를 선택하면 현재 미세조정 또는 전체 그룹을 삭제할 수 있다.

## 2. 프레젠테이션 작성하기

 **[단계 1] 분해도 환경 시작하기**

❶ 새로 만들기에서 아래 그림과 같이 Standard(mm).ipn을 선택하고 작성을 클릭한다.

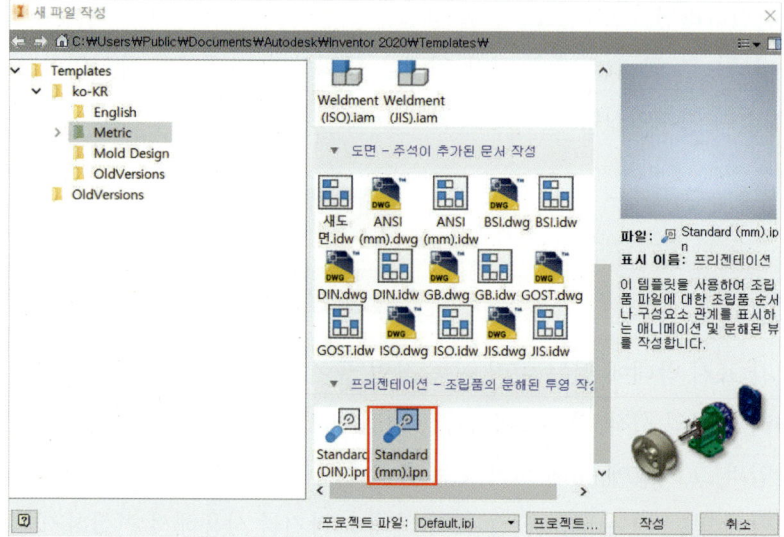

❷ 아래 그림과 같이 교재과제 동력전달장치(프리젠테이션용) 조립품을 선택하고 열기를 한다. 또는 취소하고 모형 삽입을 클릭한다.

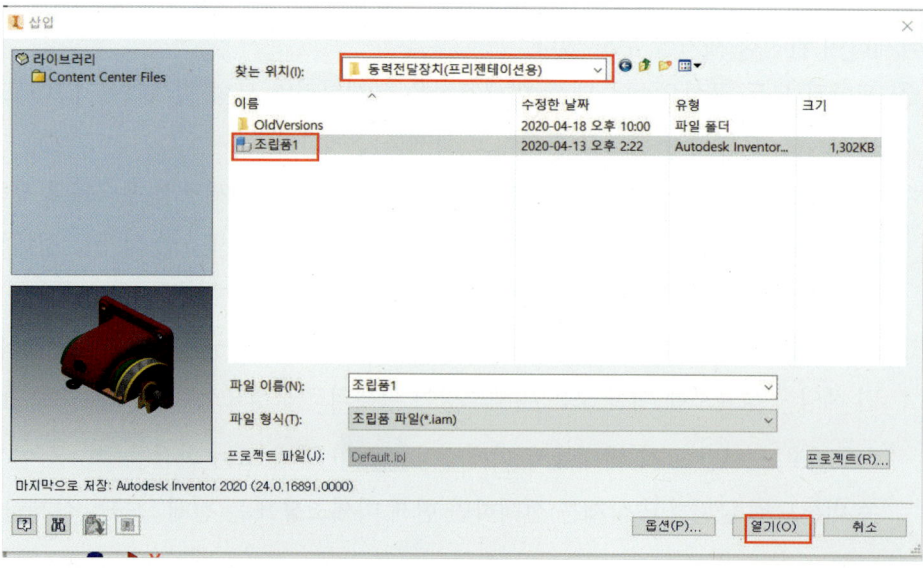

❸ 다음과 같이 조립품이 화면에 배치된다.

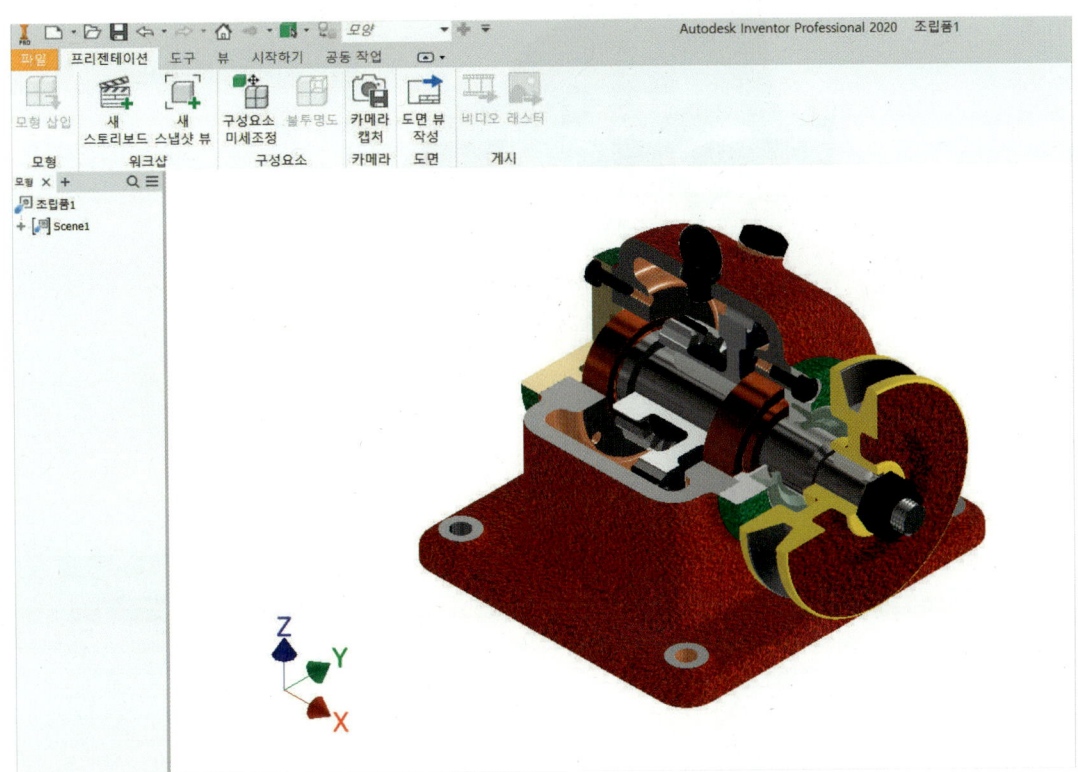

[단계 2] 부품 분해 구성요소 미세조정하기

❶ 프리젠테이션 탭에서 구성요소 미세조정 버튼을 클릭한다.

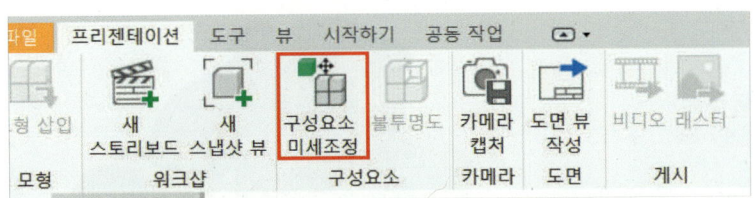

❷ 방향 축을 선택하고, 회전을 클릭하고, Shift 를 선택한 후 너트 2개, 풀리, 기어를 선택한다. 각도는 회전방향(화살표 부분)을 선택하고, 360*2로 입력하고, 마우스를 모든 구성요소에 선택한 후 확인한다. 화살표 부분 선택은 아래 스토리보드 패널을 참조하여 선택한다.

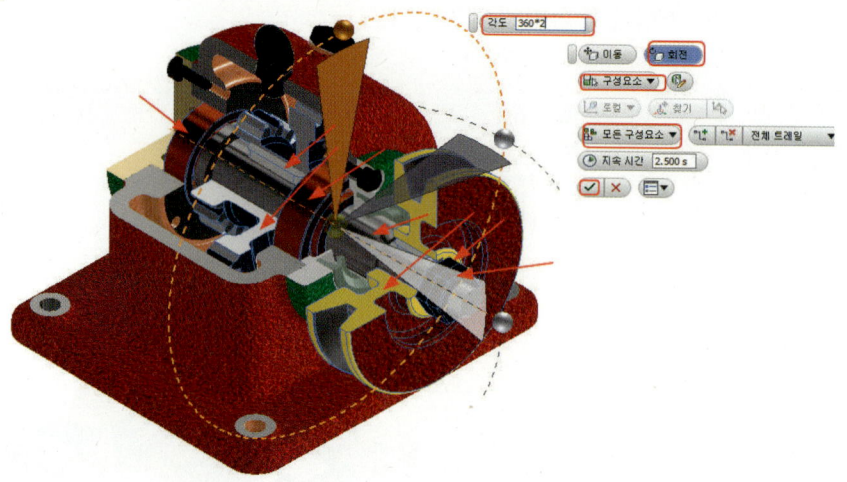

❸ 스토리보드 패널에서 재생 버튼을 클릭한 후 회전 동작을 확인한다.

❹ 이제 분해할 부품을 선택한다. 먼저 너트 부품을 클릭하고 마우스 왼쪽 버튼을 누른 상태에서 Z축으로 적당한 위치에 이동하고, 대략 30mm를 입력 후 적용한다.

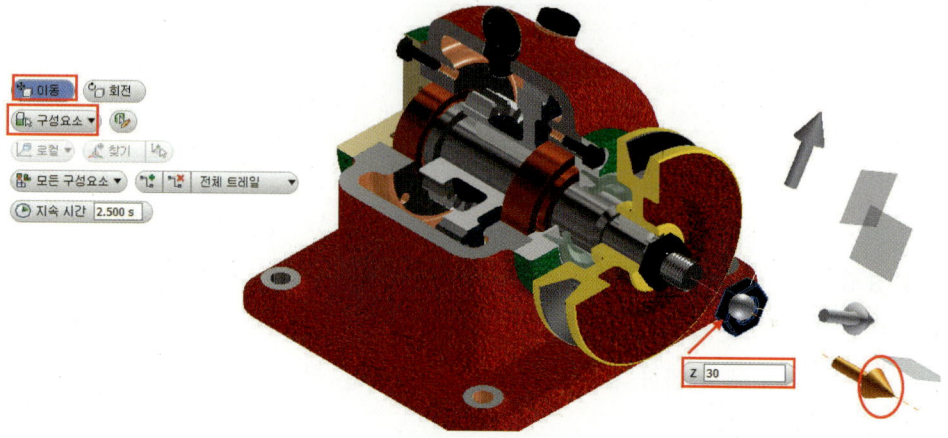

❺ 다시 너트를 선택하고 마우스 왼쪽 버튼을 누른 상태에서 Z축으로 적당한 위치에 이동하고 30mm를 입력 후 적용한다.

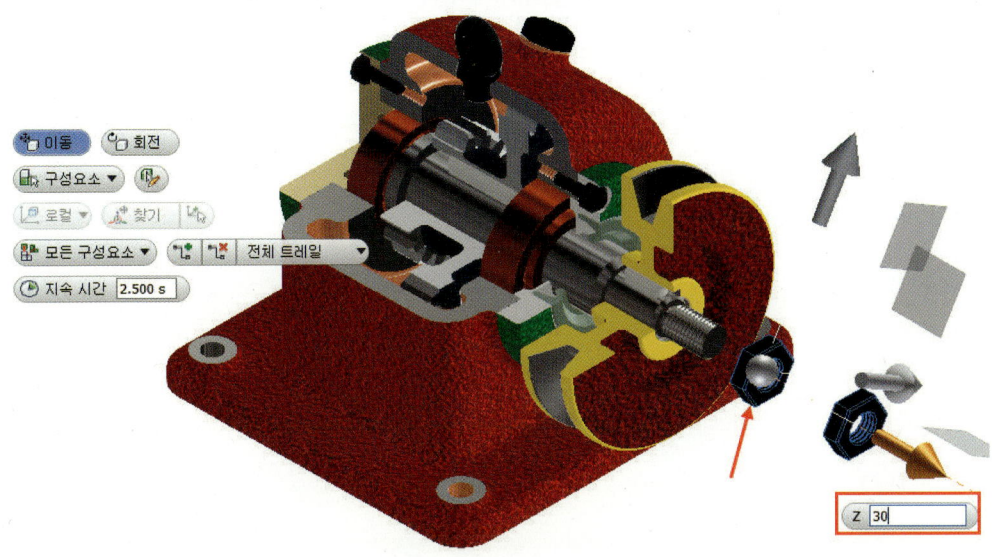

❻ 변환을 회전으로 선택하고 방향을 클릭한다. 각도는 360을 입력하고 적용한다.

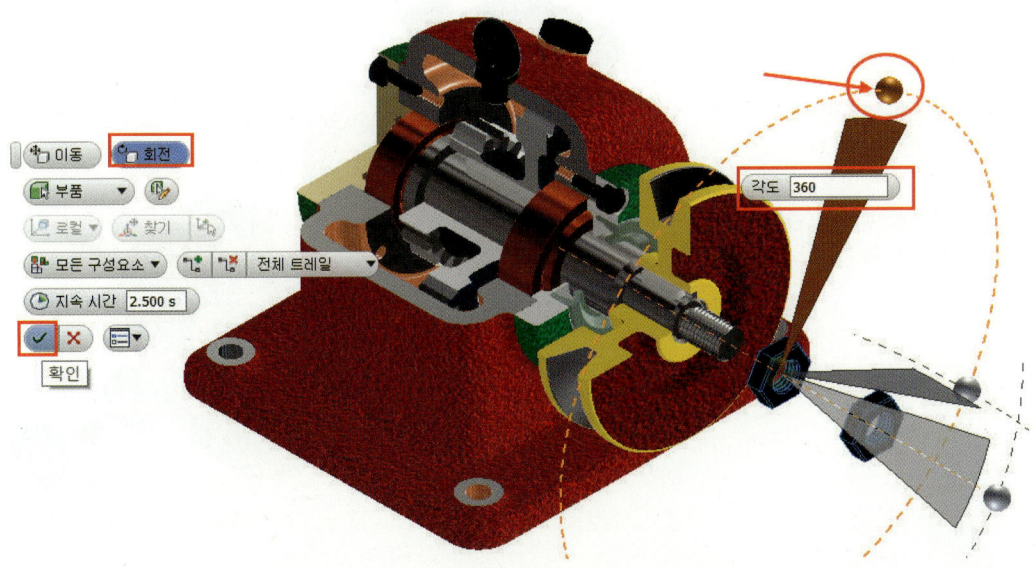

❼ 애니메이트 아이콘을 클릭하고 아래 그림에서 >> 버튼을 클릭한다. 애니메이션에서 너트의 이동과 회전이 동시에 작동할 수 있도록 그림처럼 Shift +마우스로 클릭하여 그룹으로 설정하고, 재생 버튼을 클릭하여 실행시켜 애니메이션을 확인한다. 수시로 재생을 확인하면서 프레젠테이션을 작업한다.

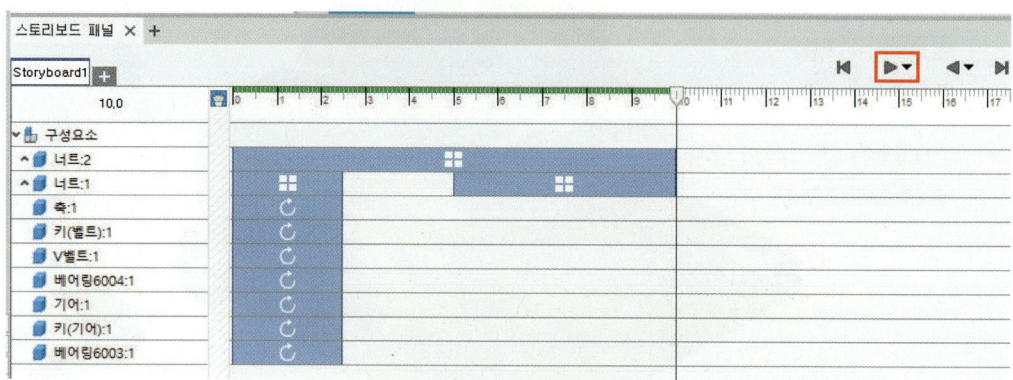

❽ 아래 그림과 같이 앞의 구성요소에서 너트+풀리, 부품을 선택하여 방향 좌표계 X축 기준으로 차례대로 이동시키고 -30을 입력한 후 X축 이동 거리 30mm를 적용한다.

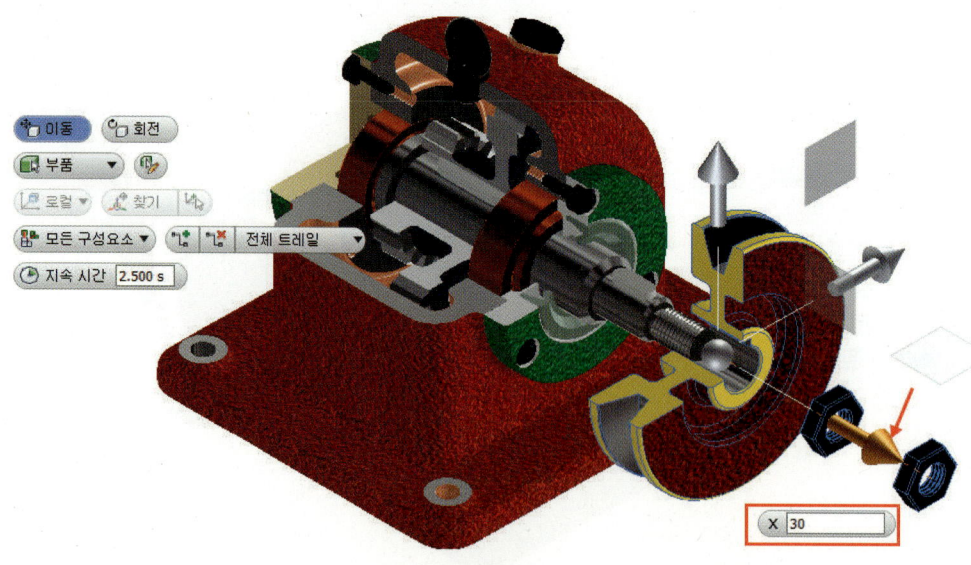

❾ 이제 현재 방향에서 분해할 부품들을 모두 분해하였으므로 대화상자의 지우기 버튼을 눌러 앞에서 선택된 분해 부품들을 지운다. 구성요소 미세조정 아이콘을 클릭한다. 다시 분해할 방향과 요소를 새롭게 지정한다. 자유회전 아이콘을 이용하여 커버에 볼트가 보이도록 돌려놓고 그림처럼 방향을 설정한 후 구성요소에서 육각구멍붙이 볼트를 클릭한 다음, 마우스 왼쪽 버튼을 누른 상태에서 Z축으로 적당한 위치만큼 이동하고 25를 입력한 후 적용한다.

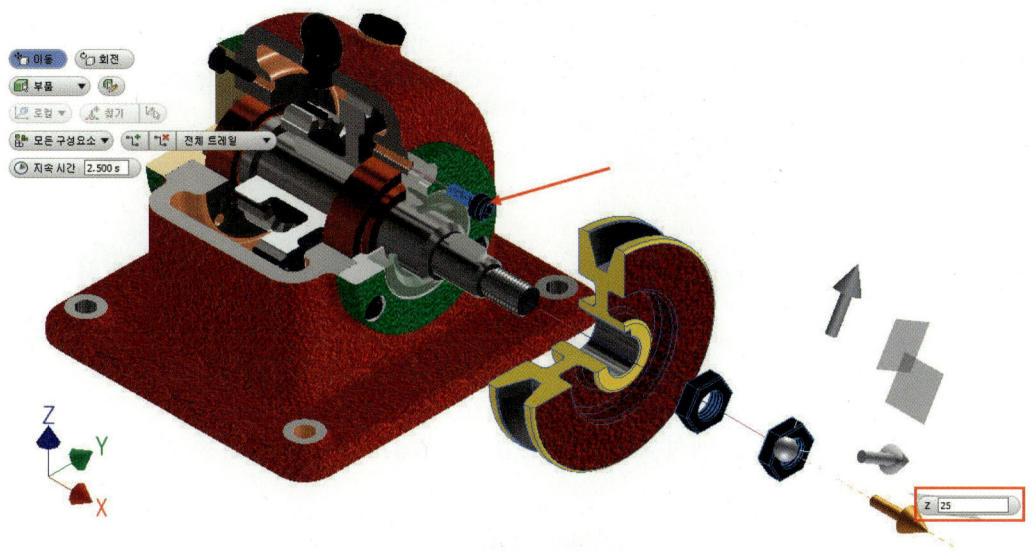

❿ 아래 그림처럼 변환에서 회전으로 변경한 후 각도 360을 입력하고 확인한다.

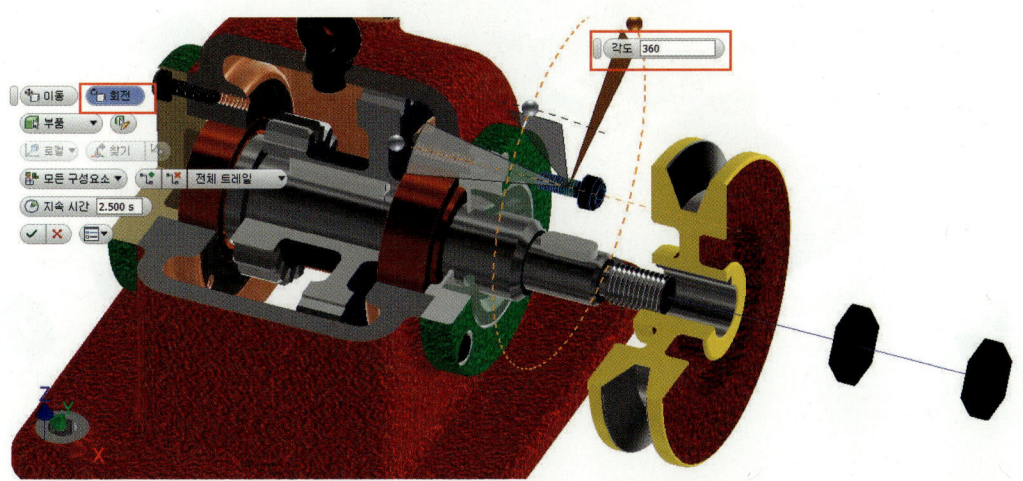

CHAPTER 7 프레젠테이션 작성 따라 하기   463

⑪ 위와 같은 방법으로 그림처럼 방향을 설정하고 구성요소에서 볼트를 선택한다. 마우스 왼쪽 버튼을 누른 상태에서 X축으로 적당한 위치만큼 이동하고 −25mm를 입력한 후 적용한다.

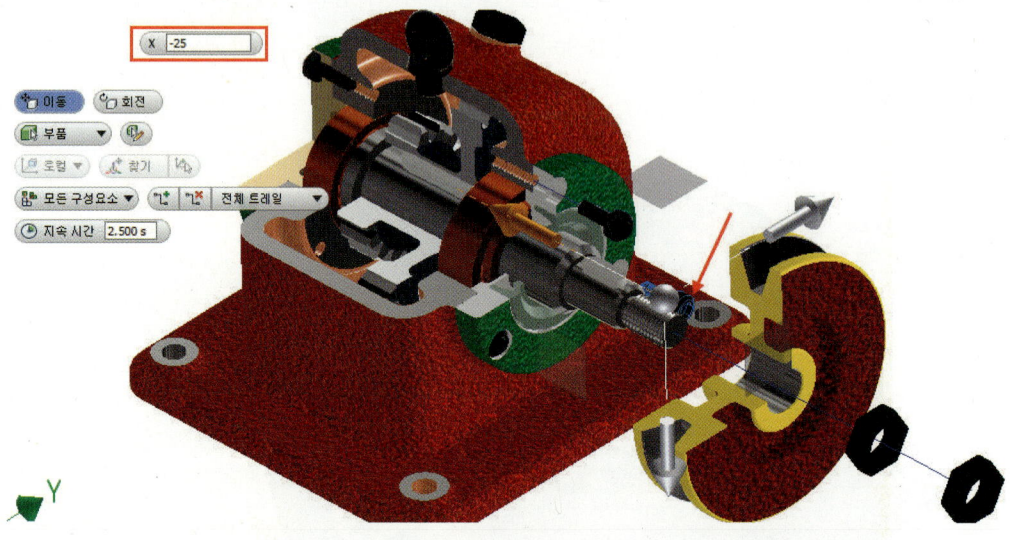

⑫ 아래 그림처럼 변환에서 회전으로 변경하고 각도 360을 입력한 후 적용한다.

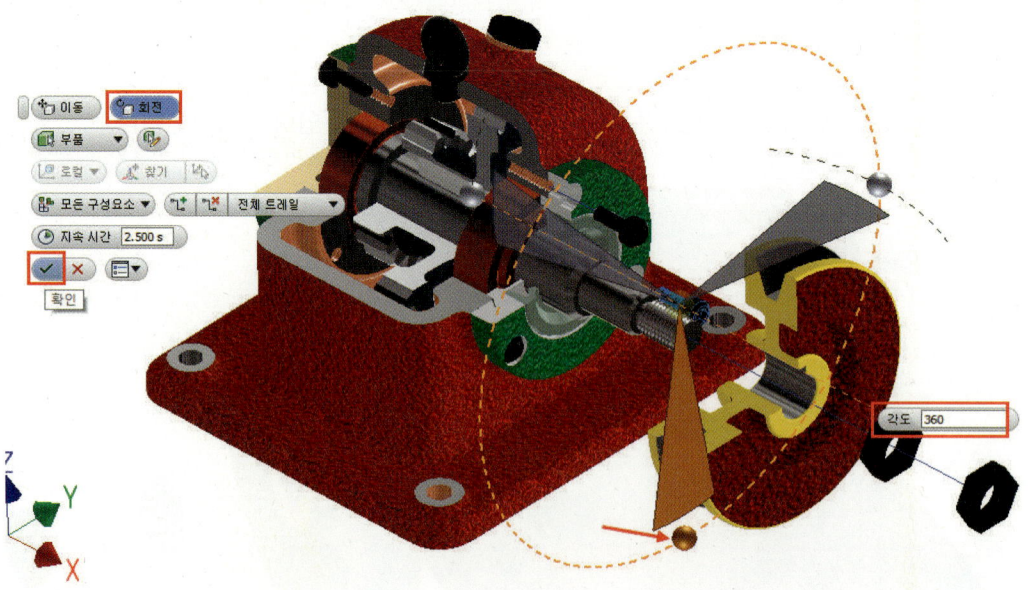

⑬ 위와 같은 방법으로 그림처럼 방향을 설정하고 구성요소에서 볼트를 선택한다. 마우스 왼쪽 버튼을 누른 상태에서 X축으로 적당한 위치만큼 이동하고 −25를 입력한 후 적용한다.

⑭ 아래 그림처럼 변환에서 회전으로 변경하고 각도 360을 입력한 후 적용하고 지우기 버튼을 클릭한다.

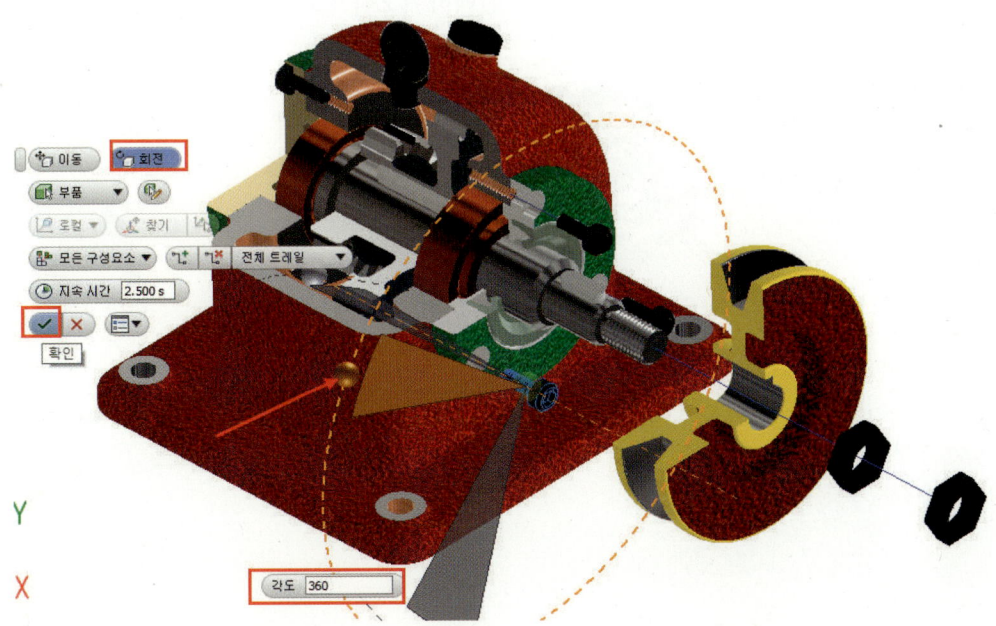

⑮ 구성요소 미세조정 아이콘을 클릭한다. 다시 분해할 방향과 요소를 새롭게 지정한다. 자유회전 아이콘을 이용하여 커버에 볼트가 보이도록 돌려놓고 그림처럼 방향을 설정하고 구성요소에서 너트, 풀리, 볼트, 커버를 클릭한 다음 마우스 왼쪽 버튼을 누른 상태에서 Z축으로 적당한 위치만큼 이동하고 적용한다.

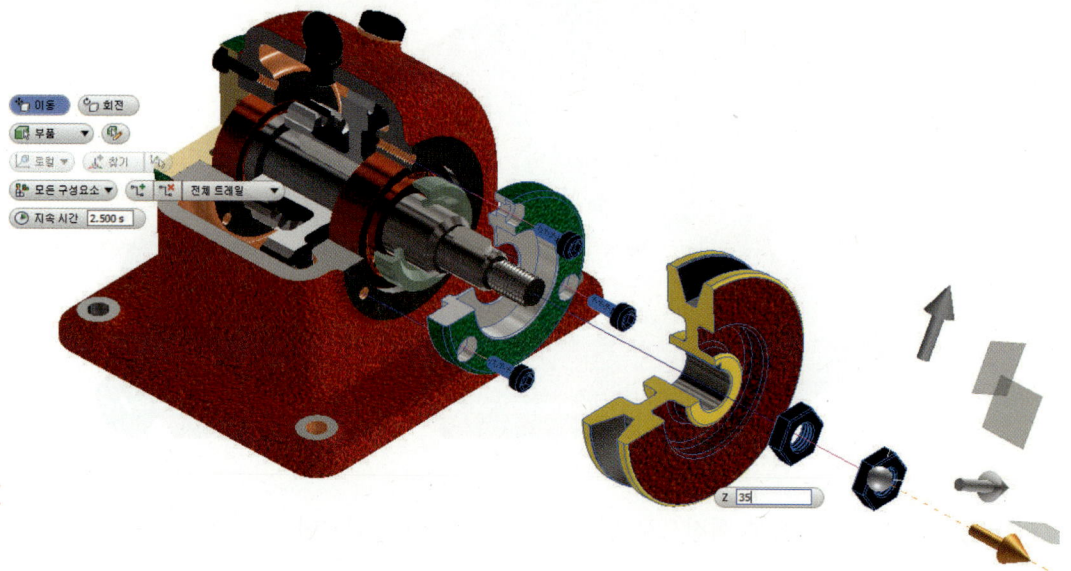

⑯ 다시 구성요소를 클릭하고 오일 실을 선택하여 Z축으로 적당히 이동하고 적용한다.

7

**17** 다시 구성요소를 클릭하고 베어링을 선택하여 Z축으로 적당히 이동하고 적용한다.

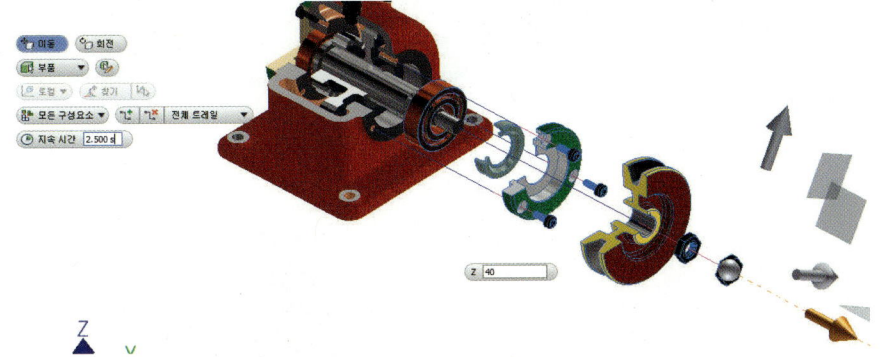

**18** 다시 구성요소를 클릭하고 기어를 선택하여 Z축으로 적당히 이동하고 적용한다.

**19** 변환에서 그림처럼 Y축으로 적당히 이동시키고, 다시 Z축으로 적당히 이동배치하고 적용한다. 그림처럼 적당히 배치한다.

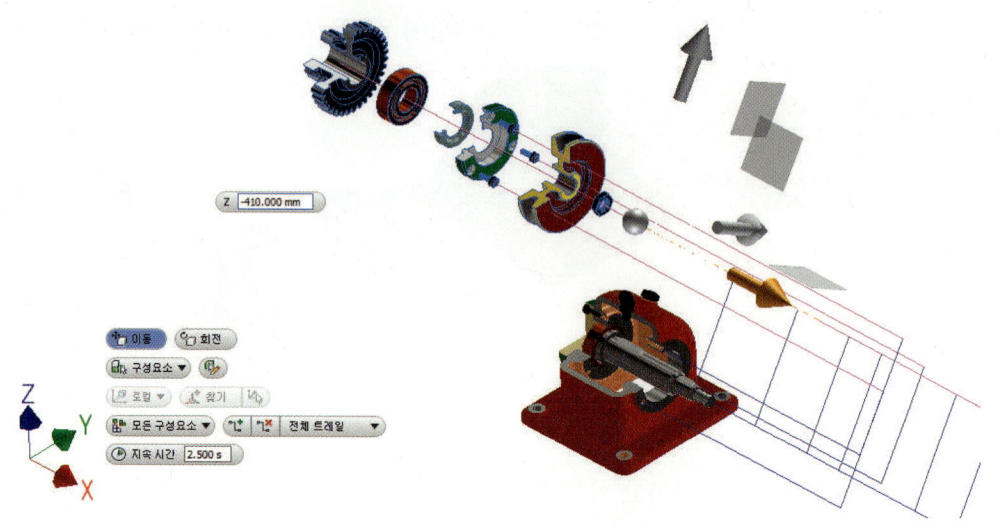

20 구성요소 미세조정 아이콘을 클릭한다. 다시 분해할 방향과 요소를 새롭게 지정한다. 자유회전 아이콘을 이용하여 반대방향의 베어링 커버가 보이도록 돌려놓고, 그림처럼 방향을 설정하여 구성요소에서 볼트를 클릭한 다음 마우스 왼쪽 버튼을 누른 상태에서 X축으로 적당한 위치만큼 이동하고 적용한다.

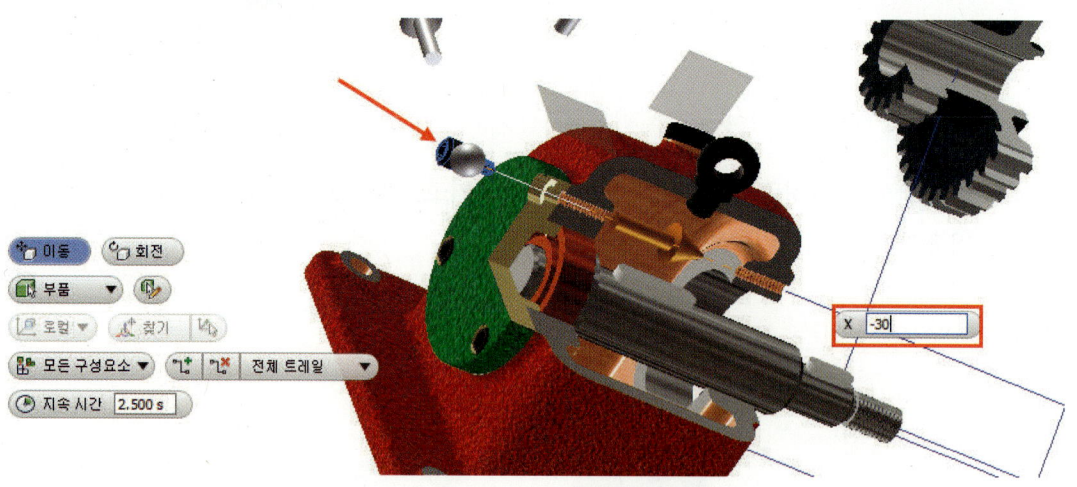

㉑ 아래 그림처럼 변환에서 회전으로 변경하고 값고 360을 입력 후 적용한다.

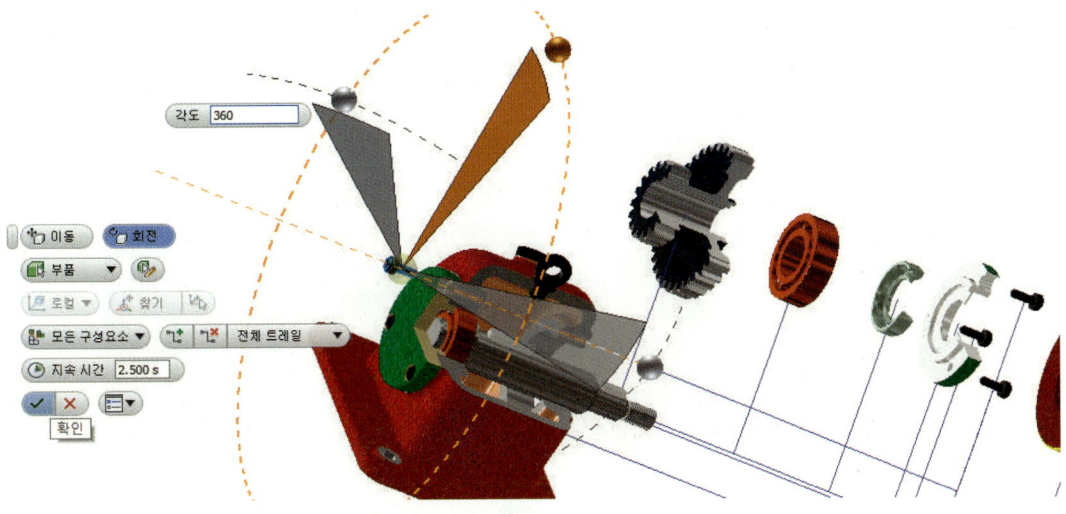

㉒ 위와 같은 방법으로 방향을 그림처럼 설정하고 구성요소에서 볼트를 클릭한 다음 마우스 왼쪽 버튼을 누른 상태에서 X축으로 적당한 위치만큼 이동하고 적용한다.

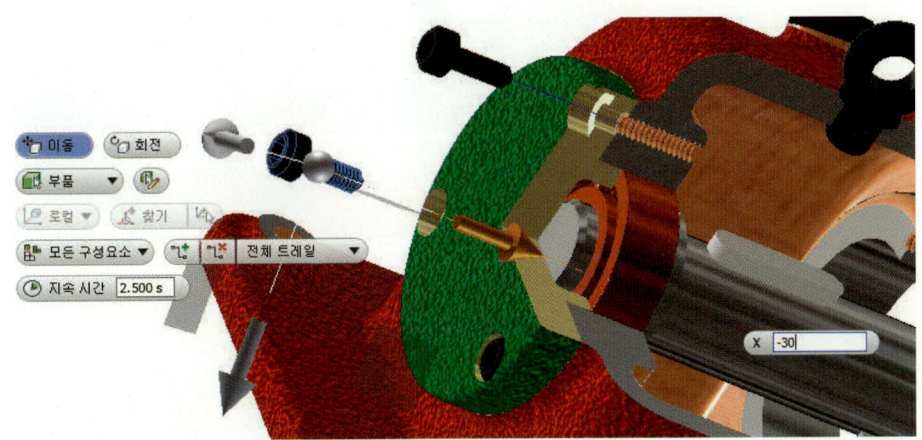

㉓ 다시 변환에서 회전으로 변경하고 각도 360을 입력 후 적용한다. 같은 방법으로 세 번째 볼트도 분해 작업을 하여 적용하고 지우기를 클릭한다.

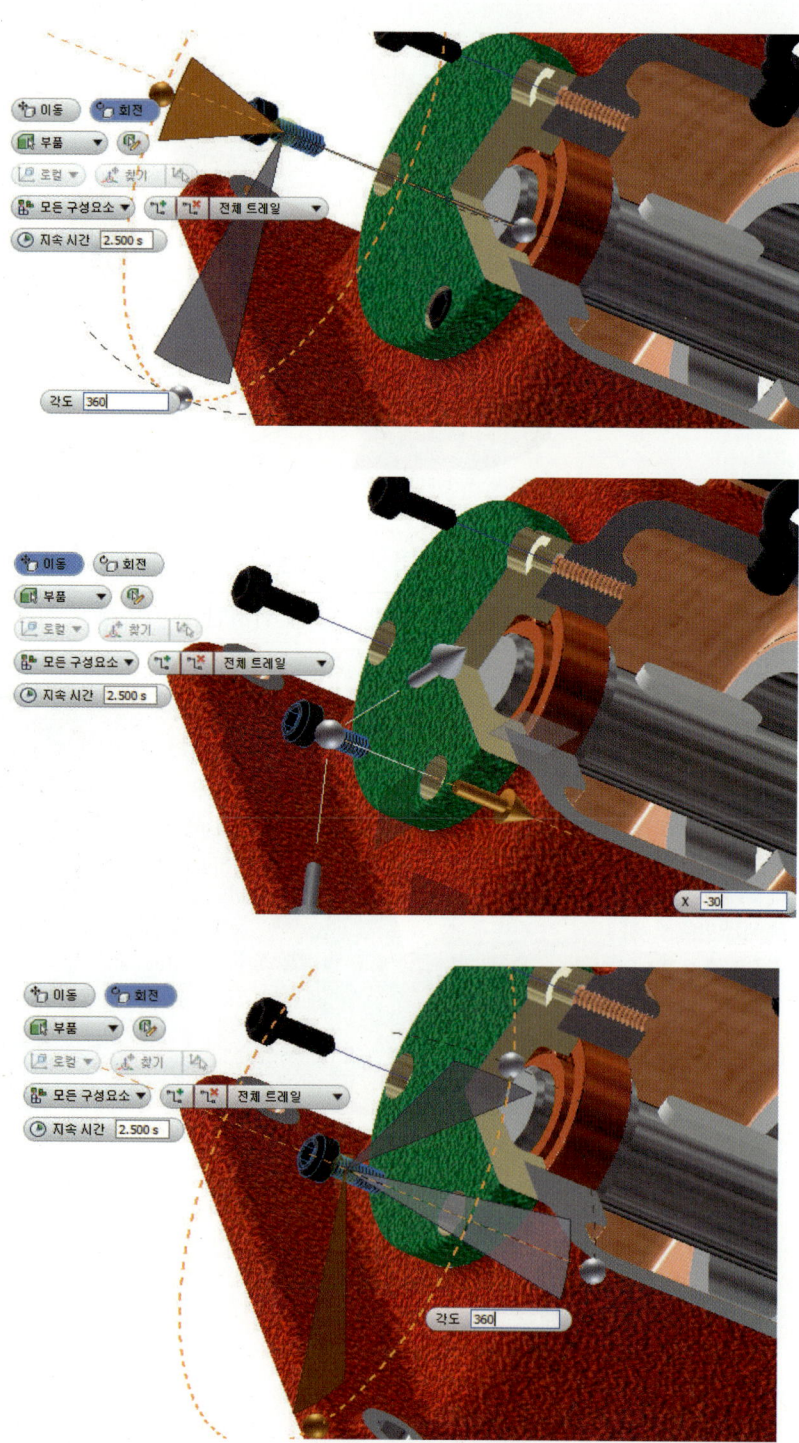

❷❹ 구성요소 미세조정 아이콘을 클릭한다. 다시 분해할 방향과 요소를 새롭게 지정한다. 자유회전( ) 아이콘을 이용하여 그림처럼 방향을 축에 설정하고 구성요소에서 볼트와 커버를 클릭한 다음, 마우스 왼쪽 버튼을 누른 상태에서 X축으로 적당한 위치만큼 이동하고 적용한다.

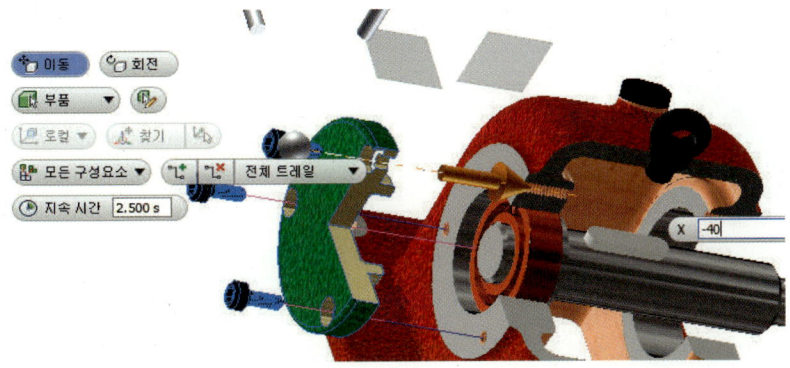

❷❺ 다시 구성요소를 클릭하고 베어링을 선택하여 X축으로 적당히 이동하고 적용한다.

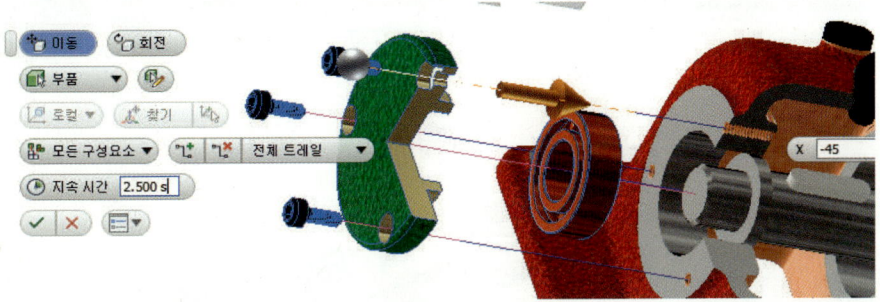

❷❻ 반복해서 구성요소를 클릭하고 샤프트 및 키를 선택하여 X축으로 적당히 이동하고 적용한다. 확인 버튼을 클릭한다.

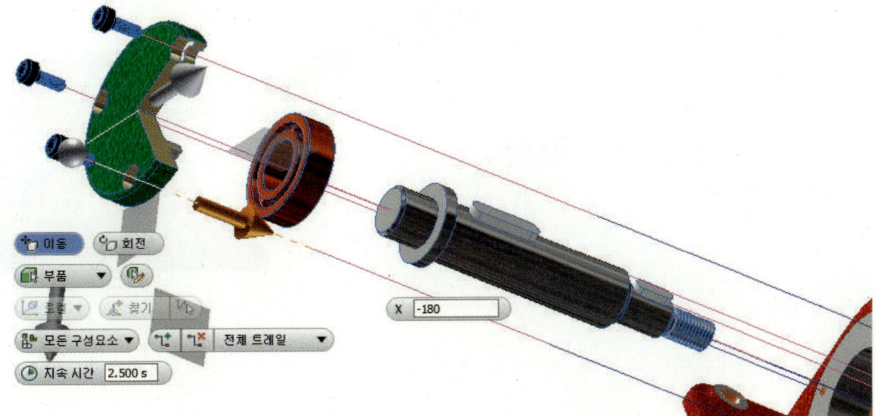

㉗ 구성요소 미세조정 아이콘을 클릭한다. 다시 분해할 방향과 요소를 새롭게 지정한다. 방향을 축에 설정하고 구성요소에서 키를 선택하고 Z축으로 적당한 위치만큼 마우스로 이동시키고 적용 후 지우기 버튼을 클릭한다.

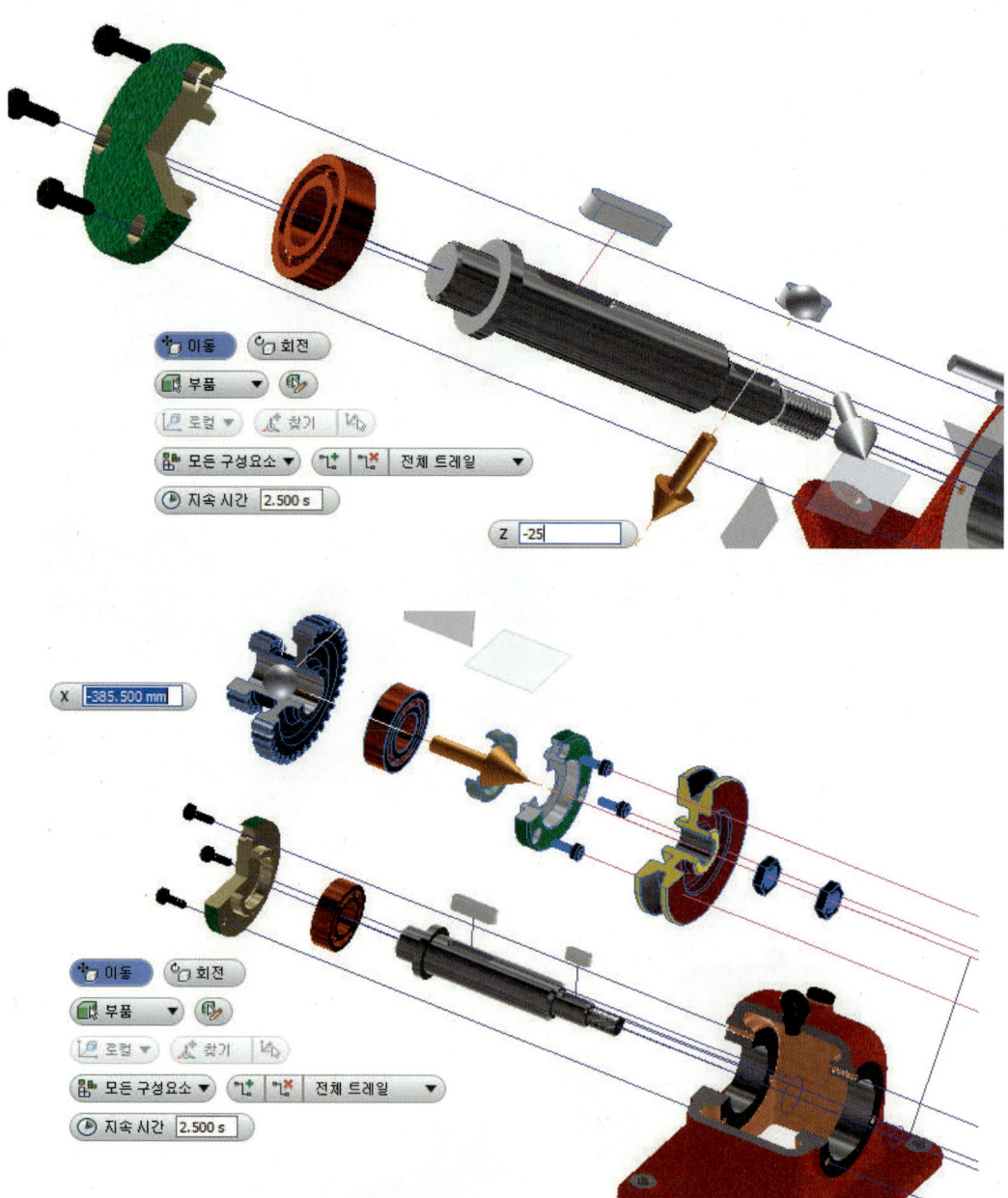

㉘ 구성요소 미세조정 아이콘을 클릭한다. 다시 분해할 방향과 요소를 새롭게 지정한다. 방향을 축에 설정하고 구성요소에서 오일 볼트를 선택하고 Z축으로 적당한 위치만큼 마우스로 이동시키고 -25mm를 입력한 후 적용하고, 다시 구성요소에서 아이볼트를 선택하여 회전으로 변경하고 각도 360을 입력한 후 X축으로 적당한 위치만큼 마우스로 이동시키고 -30mm을 입력 후 적용한다.

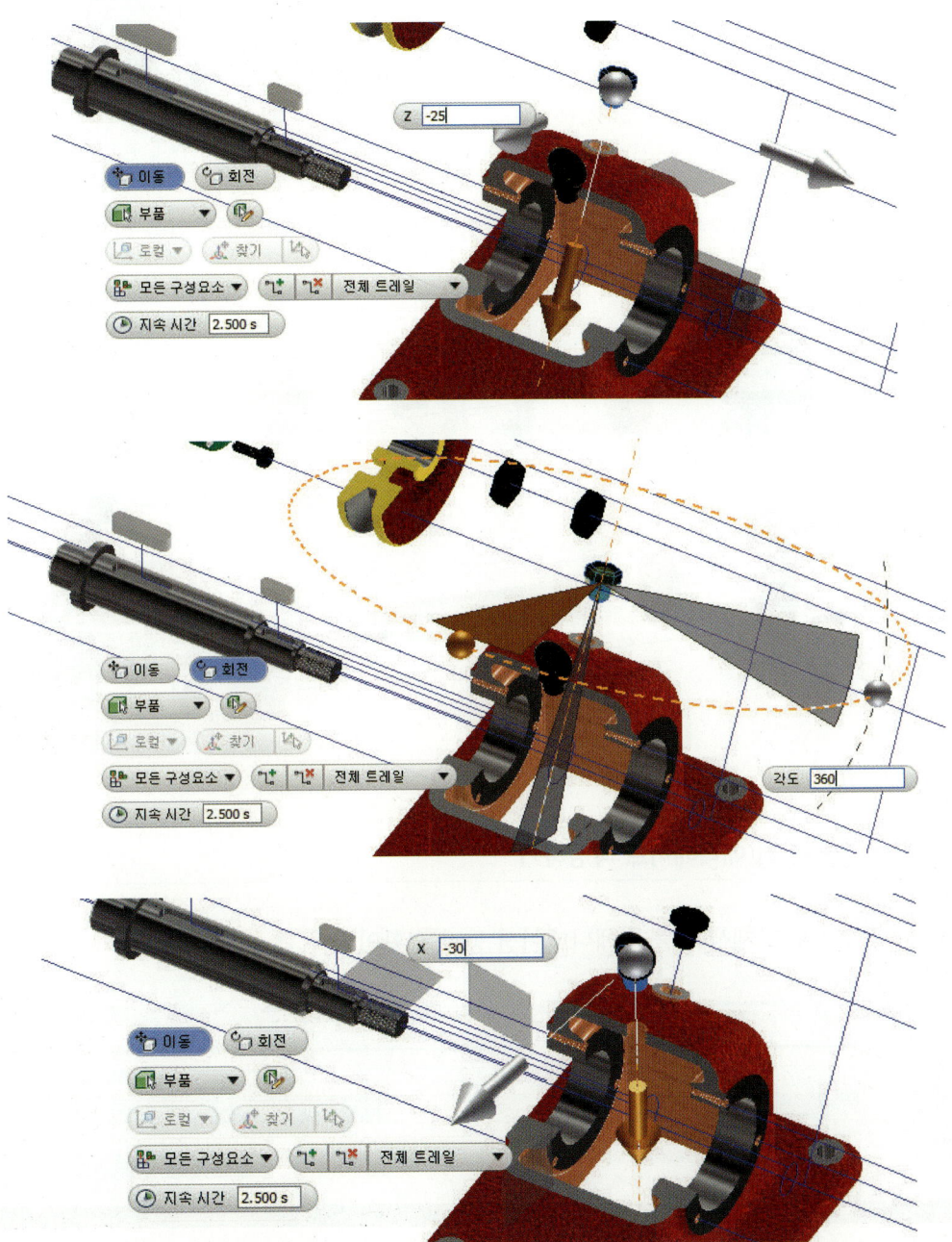

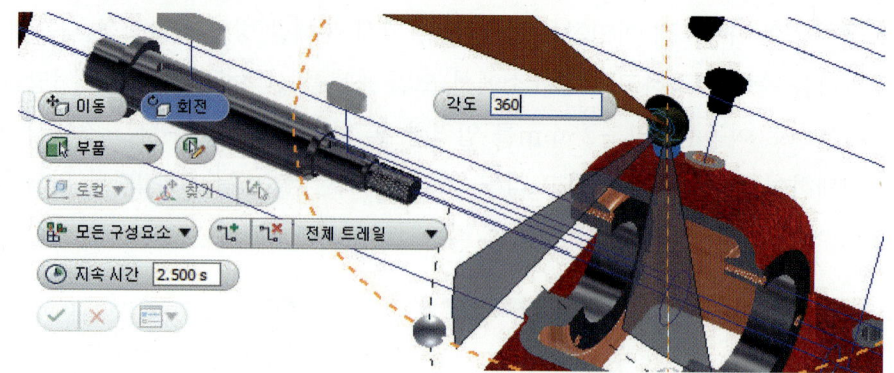

㉙ 위와 같은 과정을 거쳐 아래와 같이 조립품의 분해를 완성하였다. 거리와 위치가 적당하지 않을 경우 위와 같은 방법으로 재조정하여 다시 재배치 작업을 하도록 한다.

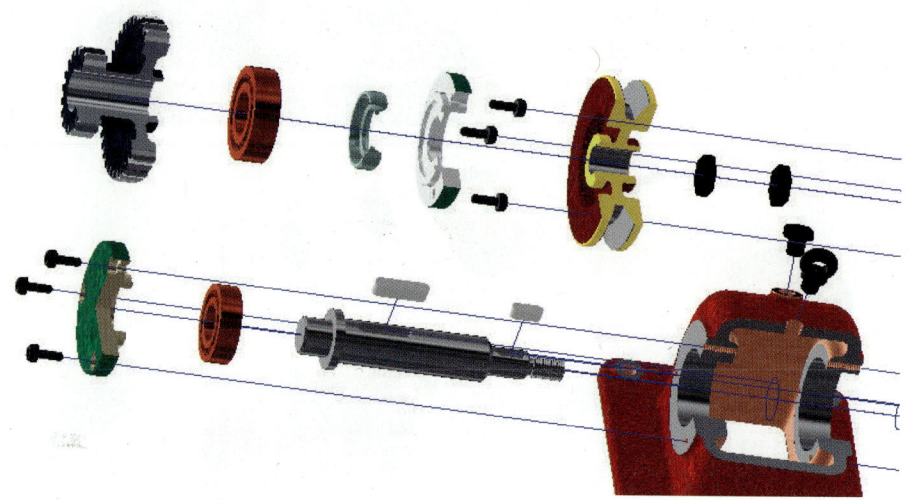

### [단계 3] 애니메이트 작성하기

❶ 스토리보드 재생을 눌러 애니메이션 동작을 확인한다.

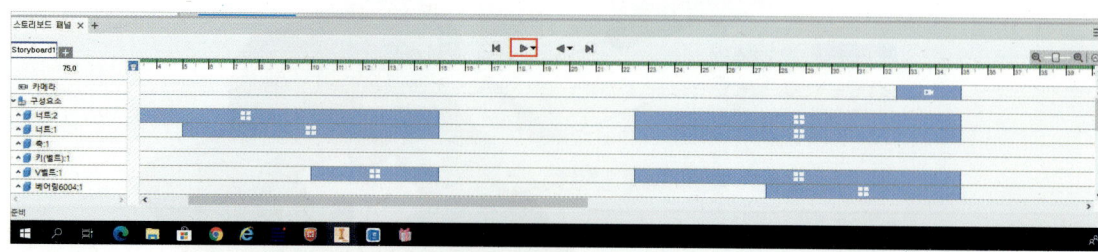

❷ 분해도구를 수정하고 싶을 때는 구성요소의 삭제 및 이동 표시막대를 드래그하여 수정이 가능하다.

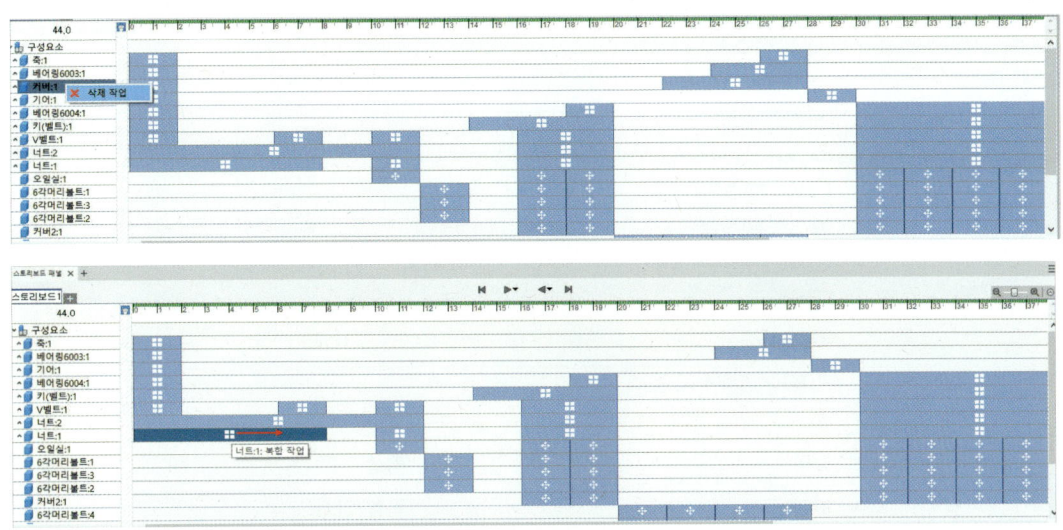

 **[단계 4] 비디오에 프리젠테이션을 게시**

AVI 및 WMV 비디오 파일에 스토리보드를 게시할 수 있다.

❶ 리본에서 프리젠테이션 탭 게시 패널 비디오로 게시를 클릭한다.

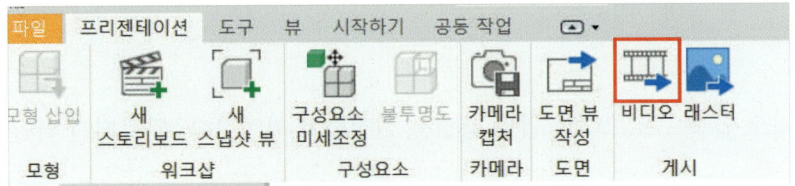

❷ 비디오로 게시 대화상자에서 게시 범위를 설정한다.
  - 모든 스토리보드, 현재 스토리보드 또는 현재 스토리보드 범위를 선택하며, 현재 스토리보드 범위에 대해 게시 시간 간격을 지정한다.
  - 비디오를 거꾸로(끝에서 시작으로) 게시하려면 반전을 선택한다.

❸ 비디오 해상도에서 비디오 출력 창에 미리 정의된 크기를 선택한다. 또는 사용자를 선택하고 사용자 폭 및 높이를 지정할 수 있다.

❹ 출력에서 출력 파일 이름을 입력한 후 파일을 저장할 폴더를 지정한다.

❺ 파일 형식 리스트에서 게시할 형식을 선택한다.

❻ 확인을 클릭하여 비디오로 게시 대화상자를 닫는다.

❼ AVI 비디오 전용: 비디오 압축 대화상자에서 비디오 압축 프로그램을 선택하며, 필요한 경우 압축 품질 설정한 후 확인을 클릭한다.

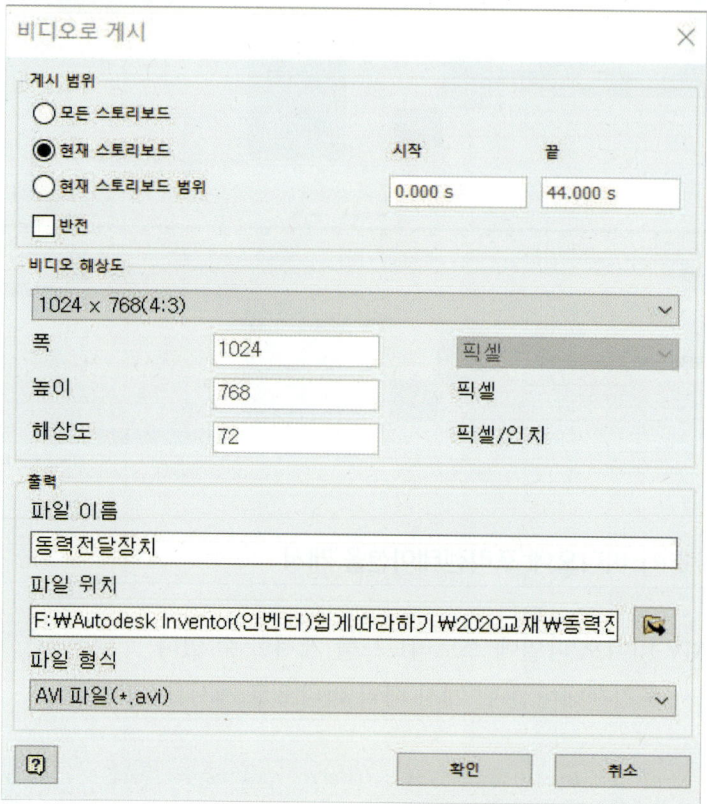

❽ 비디오 압축 프로그램과 압축 품질을 설정하고 확인한다. 완료되면 확인한다.

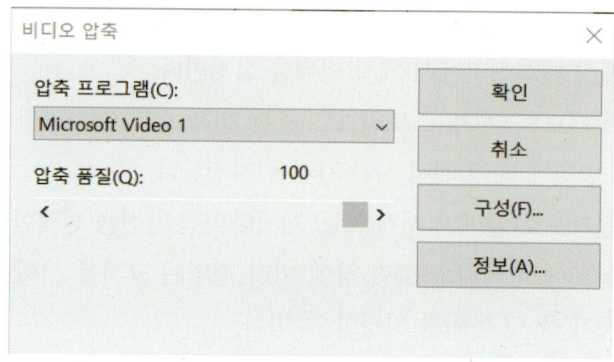

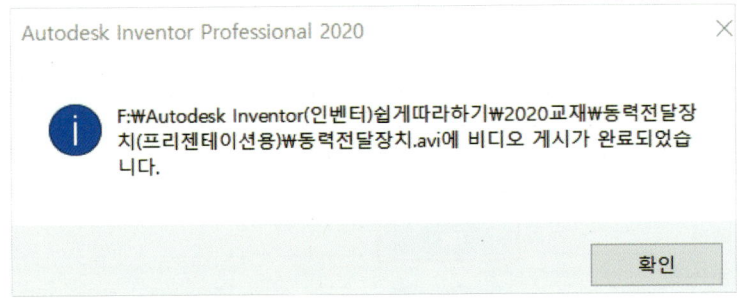

### [단계 5] 분해 뷰 방향 변경하기

분해되는 부품의 장면이 더 잘 보이도록 분해하는 부품별로 카메라를 이용하여 방향을 변경한다.

❶ 회전 장면이나 분해 장면이 잘 나타나도록 줌, 초점이동, 회전을 이용한다.

❷ 카메라 캡처( )를 선택하여 현재 카메라 뷰 방향을 저장한다.

❸ 스토리보드에서 카메라의 위치와 방향전환시간을 조정한다.

# CHAPTER 8

# idw 도면 템플릿 작성 및 3D 도면작업 따라 하기

1. Standard.idw 실행하기
2. 시트 편집
3. 스타일 편집기 수정
4. 도면 층에서 선 굵기 지정하기
5. 텍스트 스타일 설정하기
6. 치수 스타일 설정하기
7. 형상 공차 스타일 설정하기
8. 데이텀 스타일 설정하기
9. 표면 거칠기 스타일 설정하기
10. 객체 기본값 스타일 설정하기
11. 뷰 주석 스타일 설정하기
12. 도면 경계 작성하기
13. 수검란 작성하기
14. 표제란 작성하기
15. Templates에 저장하기
16. 3차원 렌더링 등각 투상도 작성하기
17. 부품 질량 구하기
18. 렌더링 등각 투상도(3D) 출력하기

### 학습목표

도면을 작성할 때 사용되는
idw 기본 템플릿을 작성하여 저장하고
3차원 모델링 도면을 작업할 수 있다.
각종 기계설계제도 관련 기능사, 산업기사, 기사 시험을 대비하여 합격할 수 있다.

# CHAPTER 8
# idw 도면 템플릿 작성 및 3D 도면작업 따라 하기

## 1. Standard.idw 실행하기

새로 만들기 아이콘을 클릭하고 2D 도면을 작업하기 위해서 파일 대화상자의 기본값 탭에서 Standard.idw를 선택한 후 작성 버튼을 눌러 실행시킨다.

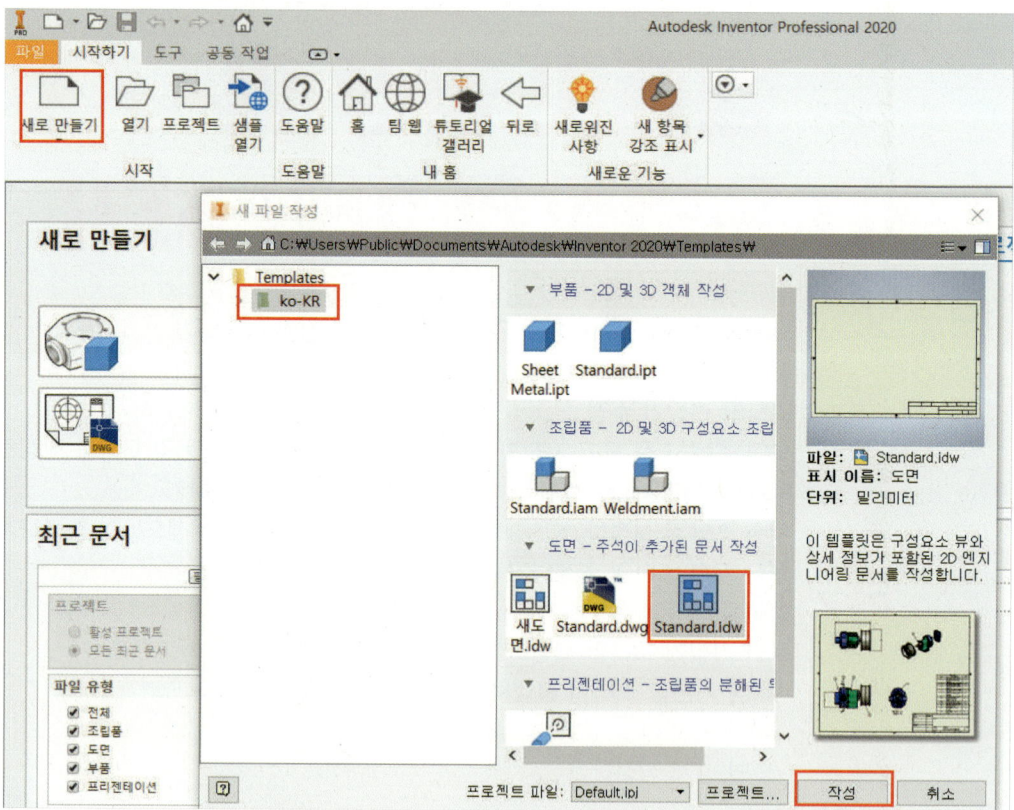

**1** 아래 그림처럼 인벤터 2020 실행 화면이 뜬다.

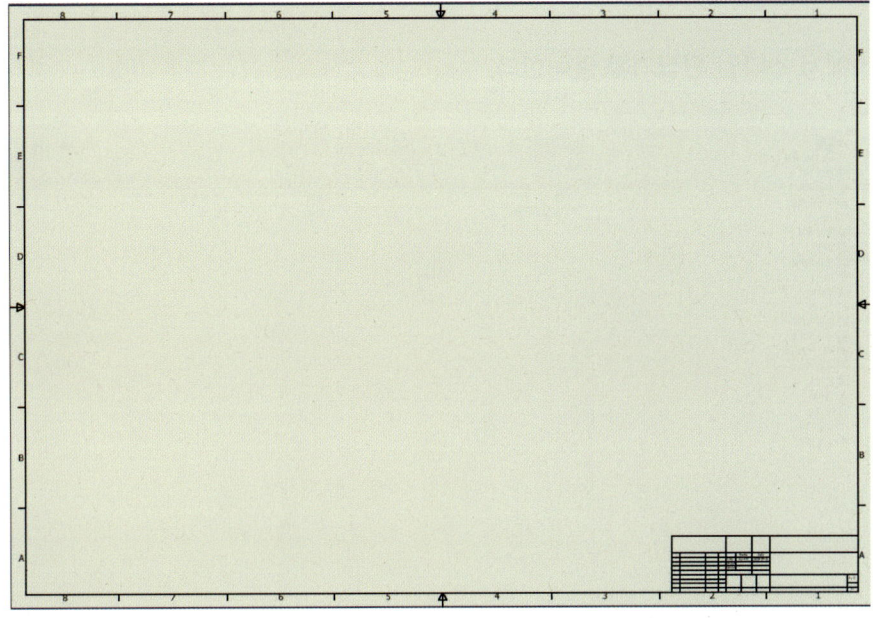

## 2. 시트 편집

**1** 도면 가장자리에 마우스를 대고 MB3 버튼을 클릭하여 시트 편집을 클릭한다.
산업기사, 기사, 기능사 A2로 설정하고 확인한다.

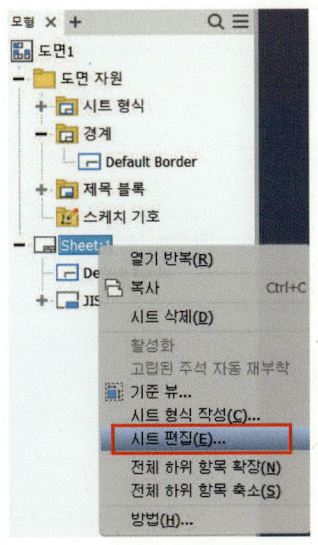
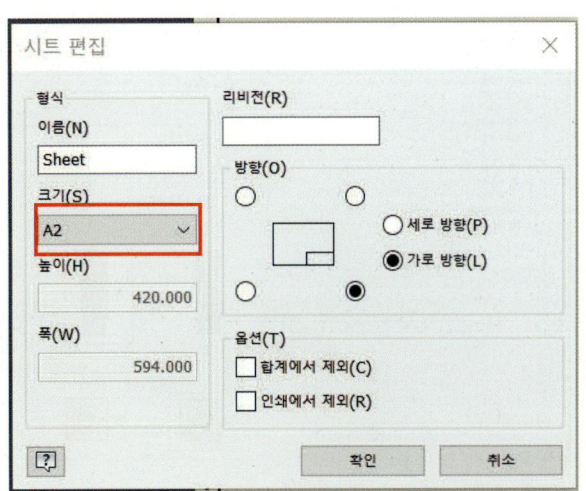

CHAPTER 8 idw 도면 템플릿 작성 및 3D 도면작업 따라 하기

# 3. 스타일 편집기 수정

**1** 관리에서 스타일 편집기를 클릭한다.

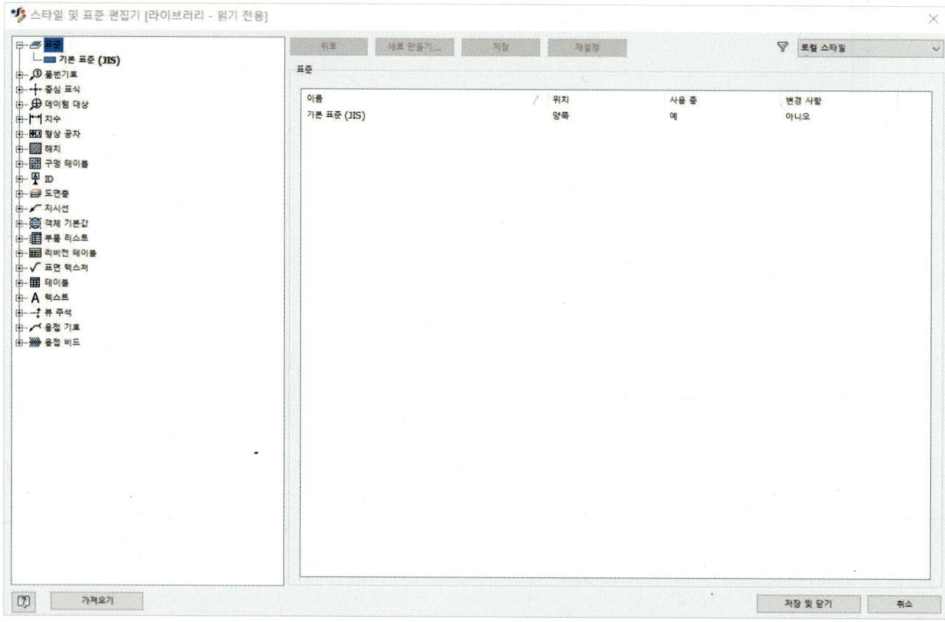

**2** 삼각법 및 암나사 선택한다. [기본 표준 → 뷰 기본 설정 → 투영 유형을 삼각법]으로 선택한 후 저장하고 종료한다.

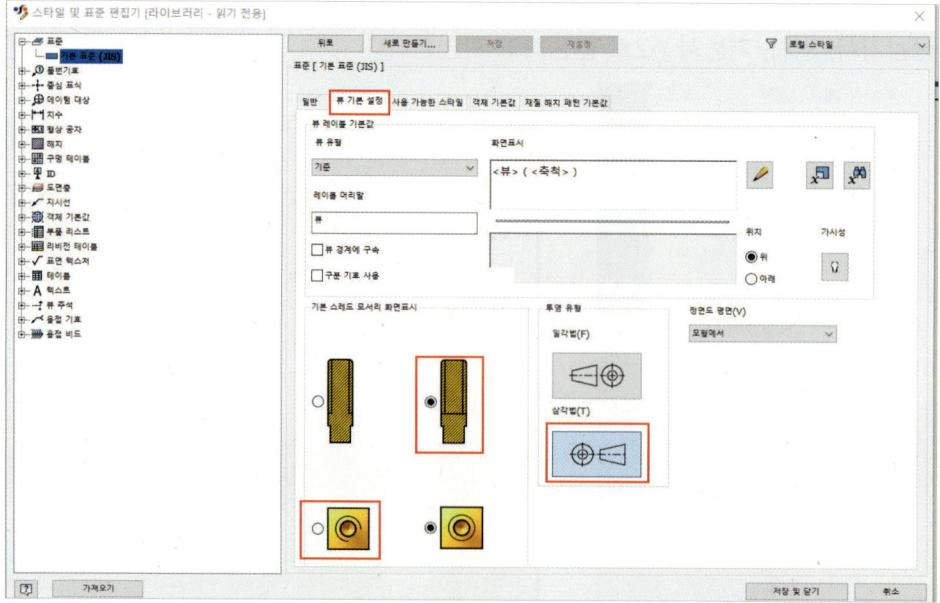

# 4. 도면 층에서 선 굵기 지정하기

**1** 아래 내용처럼 선 굵기를 클릭하여 변경하여 설정하고 저장한다.

| 선 굵기 | 색상(color) | 용도 |
|---|---|---|
| 0.7mm | 하늘색(Cyan) | 윤곽선, 중심마크 |
| 0.35mm | 초록색(Green) | 외형선, 개별주서 등 |
| 0.25mm | 노란색(Yellow) | 숨은선, 치수문자, 일반주서 등 |
| 0.18mm | 빨강(Red) | 치수선, 치수보조선, 중심선 등 |
| 0.18mm | 흰색(White) | 해칭 |

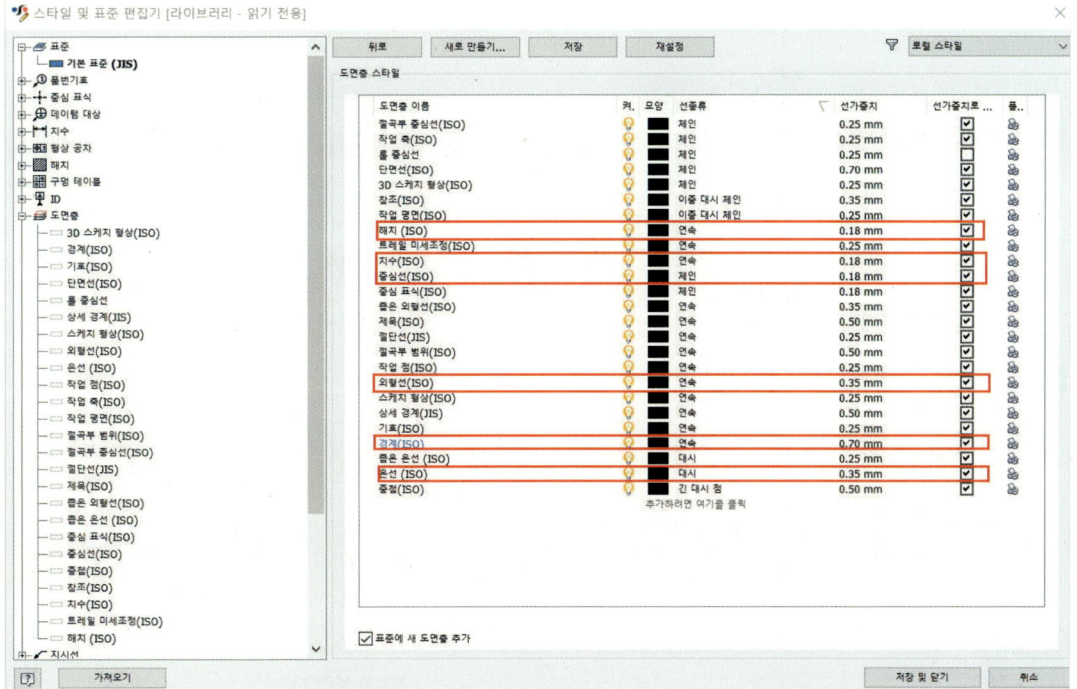

## 5. 텍스트 스타일 설정하기

**1** 텍스트란에서 주 텍스트(ISO)를 마우스 우측 버튼을 클릭하여 새 스타일을 클릭한다.

**2** 스타일 이름을 다음과 같이 설정한다.

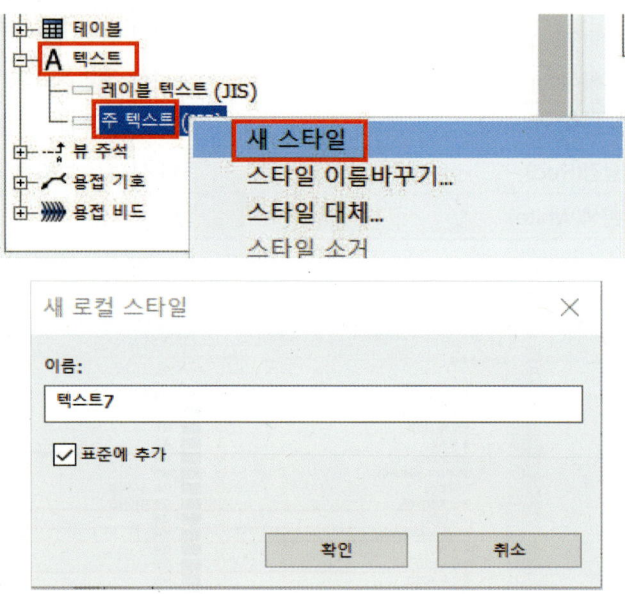

**3** 텍스트를 다음과 같이 설정한다.

4 위와 같은 방법으로 마우스 우측 버튼을 클릭하여 새 스타일을 클릭하고, 스타일 이름을 다음과 같이 설정한다. 텍스트 높이를 텍스트 숫자와 텍스트 높이를 동일하게 수정한다.

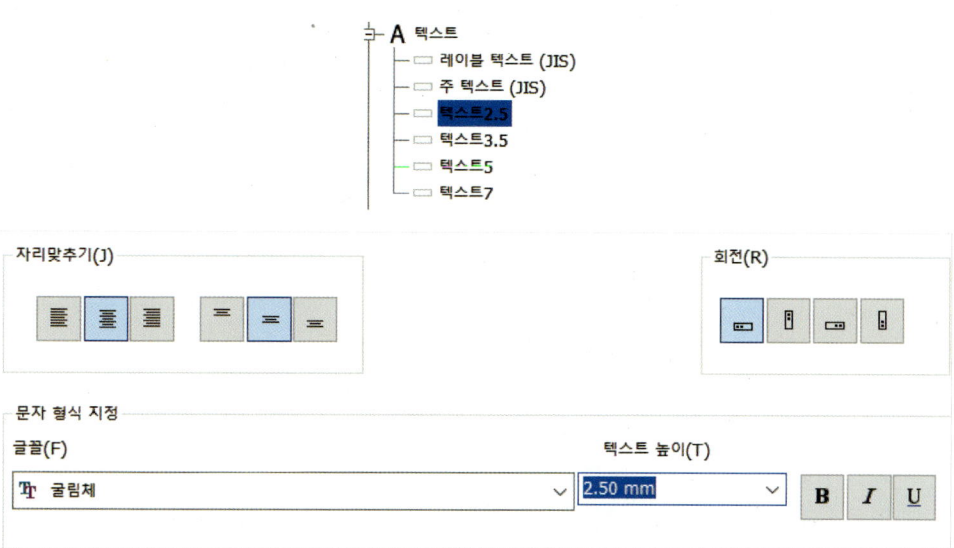

## 6. 치수 스타일 설정하기

1 치수항목에서 기본값(ISO)를 선택하여 수정한다.
2 단위 탭에서 아래와 같이 수정한다.

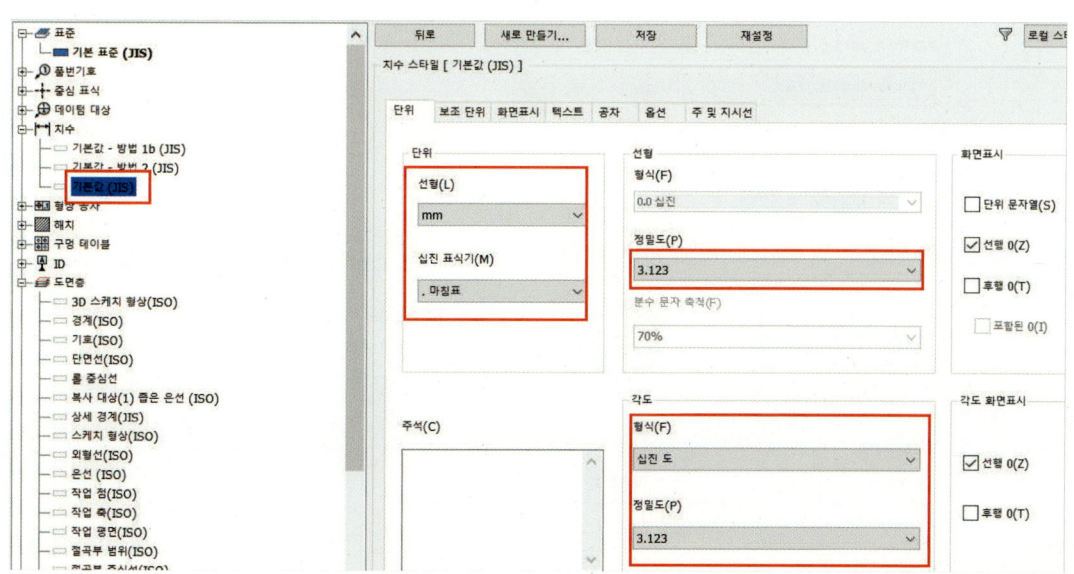

CHAPTER 8 idw 도면 템플릿 작성 및 3D 도면작업 따라 하기

3 화면표시 탭에서 아래와 같이 수정한다.

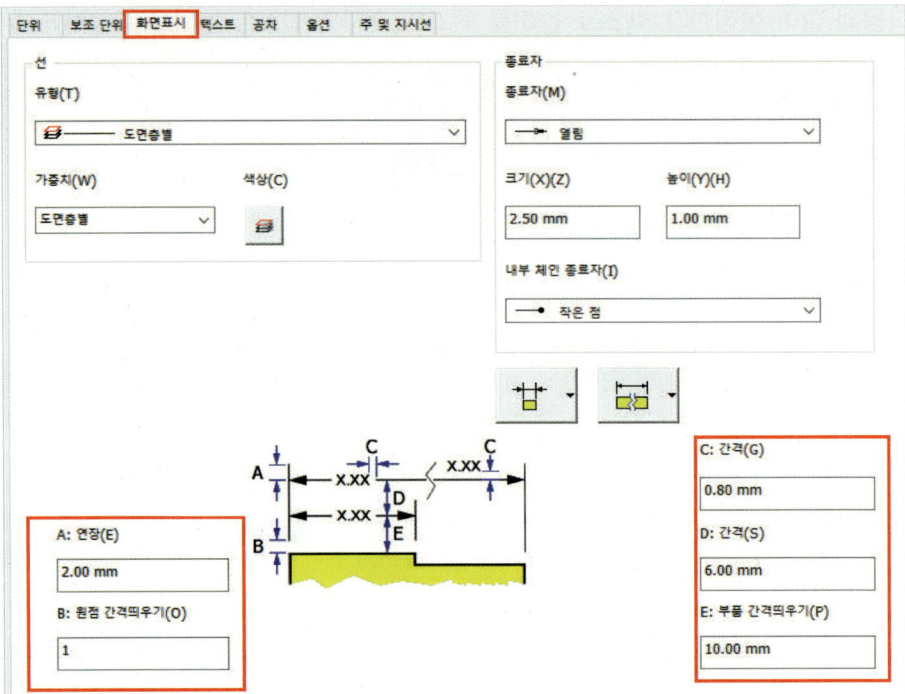

4 텍스트 탭에서 아래와 같이 수정한다.

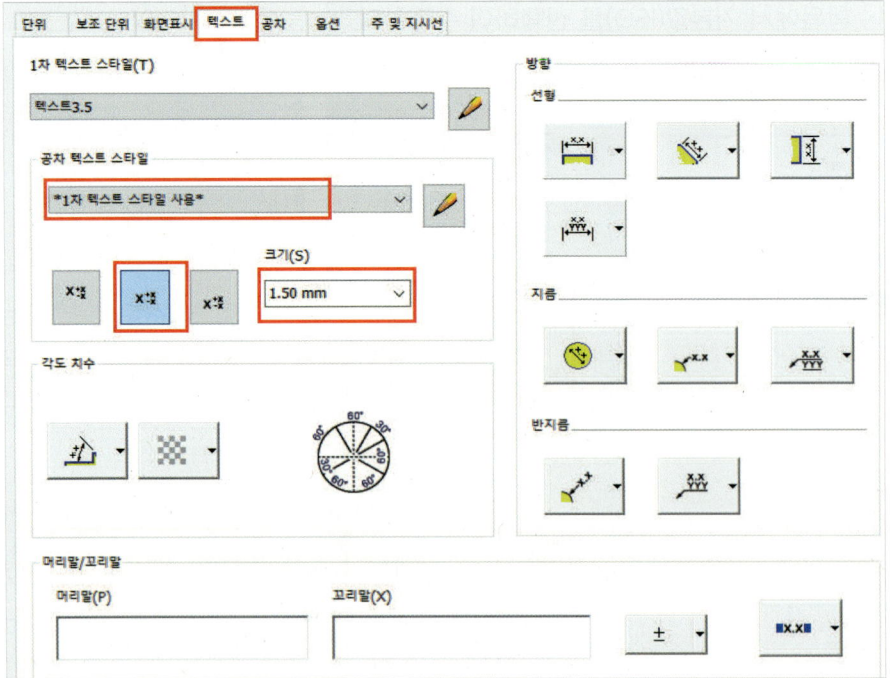

# 7. 형상 공차 스타일 설정하기

■ 형상 공차 항목을 아래와 같이 설정한다.

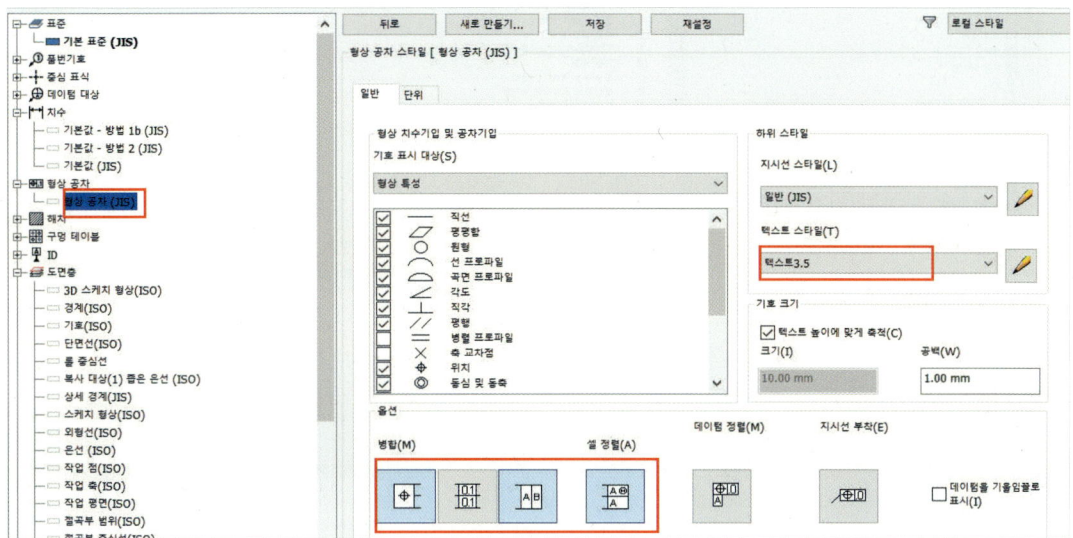

# 8. 데이텀 스타일 설정하기

■ 데이텀 스타일을 아래와 같이 설정한다.

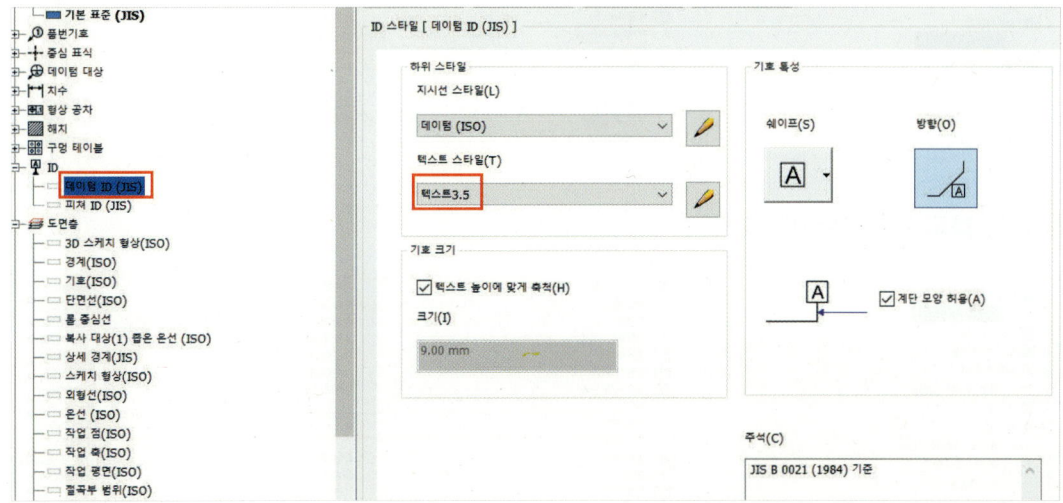

## 9. 표면 거칠기 스타일 설정하기

**1** 표면 거칠기를 아래와 같이 설정한다.

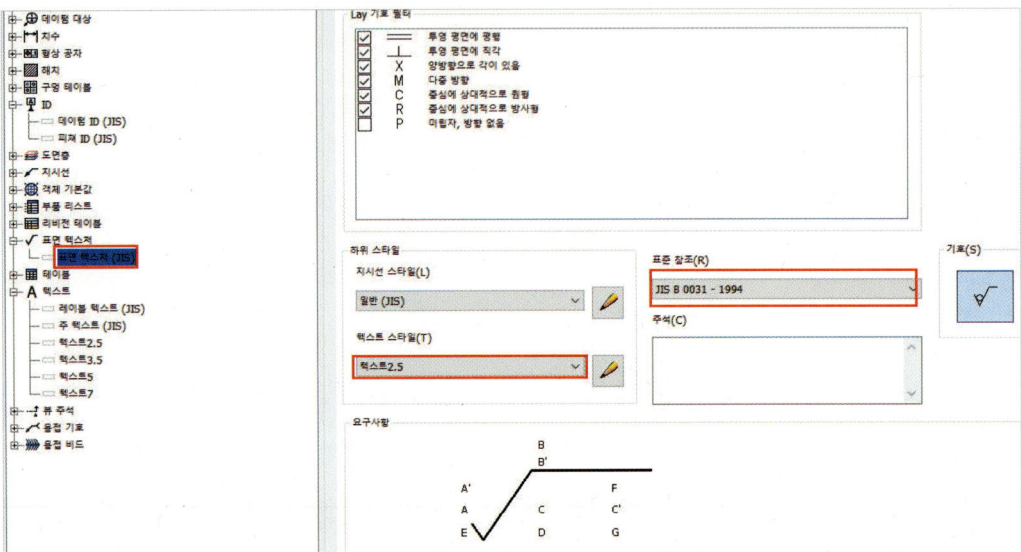

## 10. 객체 기본값 스타일 설정하기

**1** 객체 기본값 스타일에서 뷰/축척 레이블을 아래와 같이 설정한다.

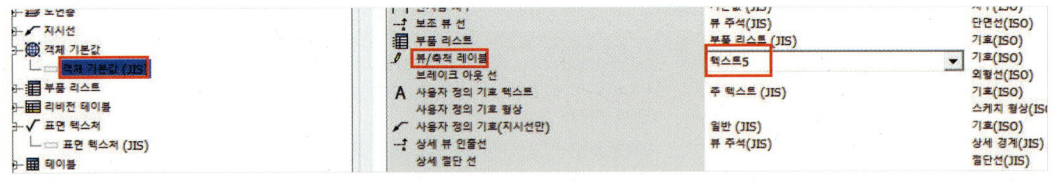

**2** 제목 블록 텍스트는 아래와 같이 설정한다.

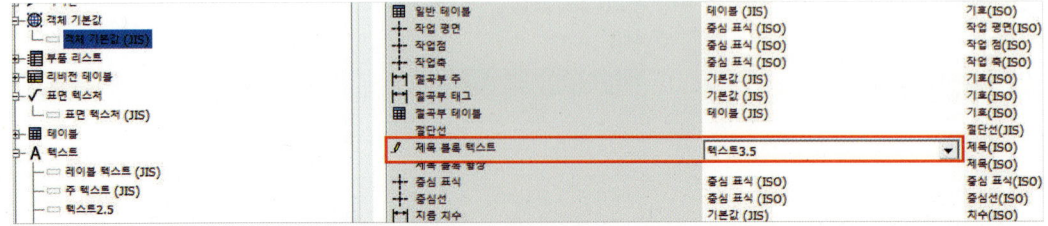

## 11. 뷰 주석 스타일 설정하기

❶ 뷰 주석 스타일을 아래와 같이 설정한다.

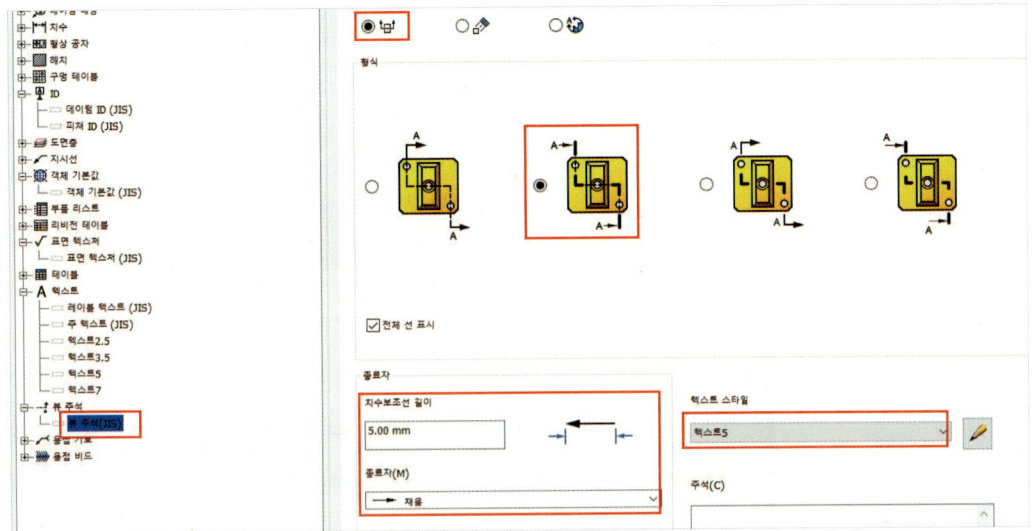

## 12. 도면 경계 작성하기

❶ 시트를 선택하여 MB3(마우스 오른쪽) 버튼을 이용하여 삭제를 클릭한다.
❷ 시트의 경계를 선택하여 MB3(마우스 오른쪽) 버튼을 이용하여 삭제를 클릭한다.

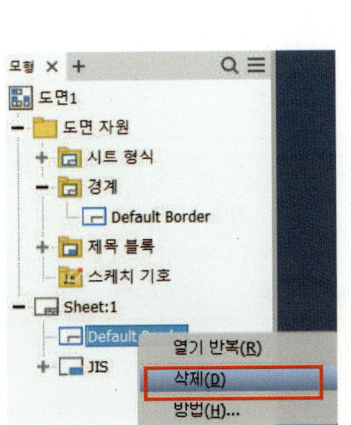
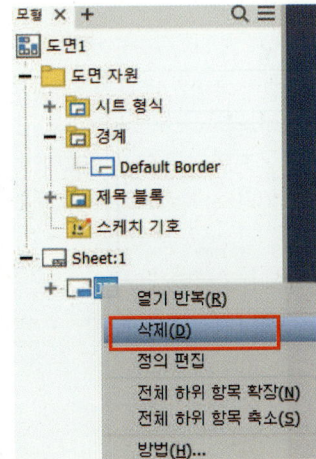

**3** 경계를 선택하여 MB3(마우스 오른쪽) 버튼을 이용하여 새 경계 정의를 클릭한다.

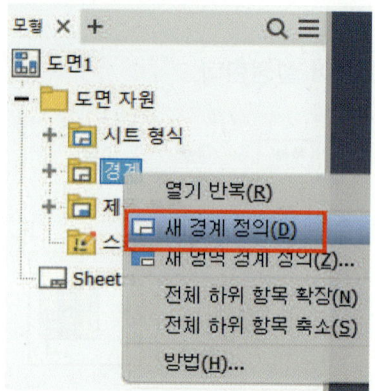

**4** 도면의 크기 및 한계설정(Limits), 윤곽선 및 중심마크 크기는 다음과 같이 설정하고, a와 b의 도면의 한계선(도면의 가장자리 선)이 출력되지 않도록 한다.

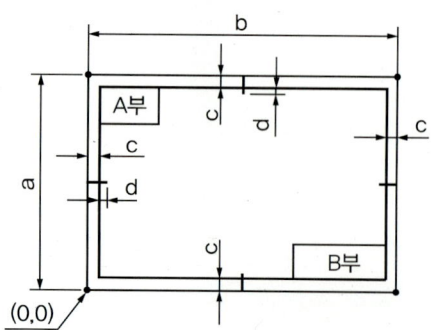

| 구분 | 기호 | 도면의 한계 | | 중심 마크 | |
|---|---|---|---|---|---|
| 도면 크기 | | a | b | c | d |
| A2(부품도) | | 420 | 594 | 10 | 5 |

**5** 외곽선과 중심마크를 아래 그림과 같이 설정한다.

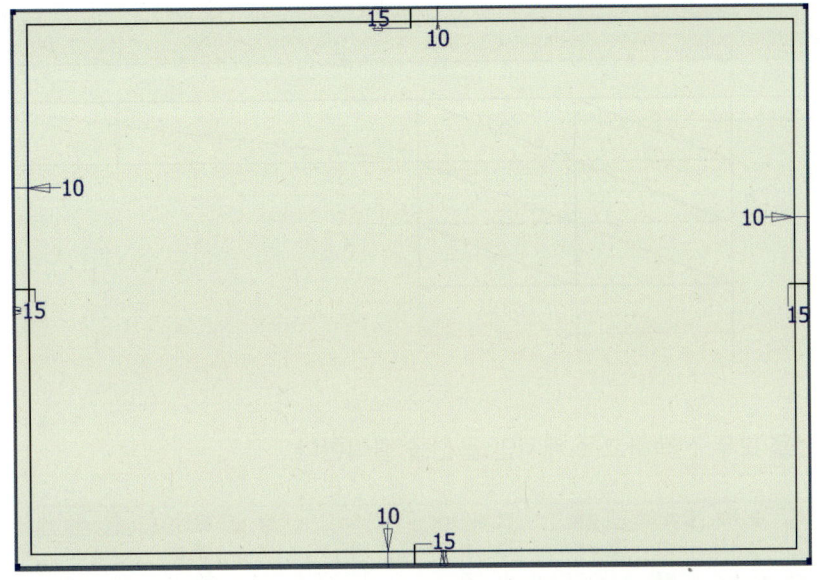

## 13. 수검란 작성하기

**1** 아래 그림을 참고하여 표제란 및 수검란을 작성한다.

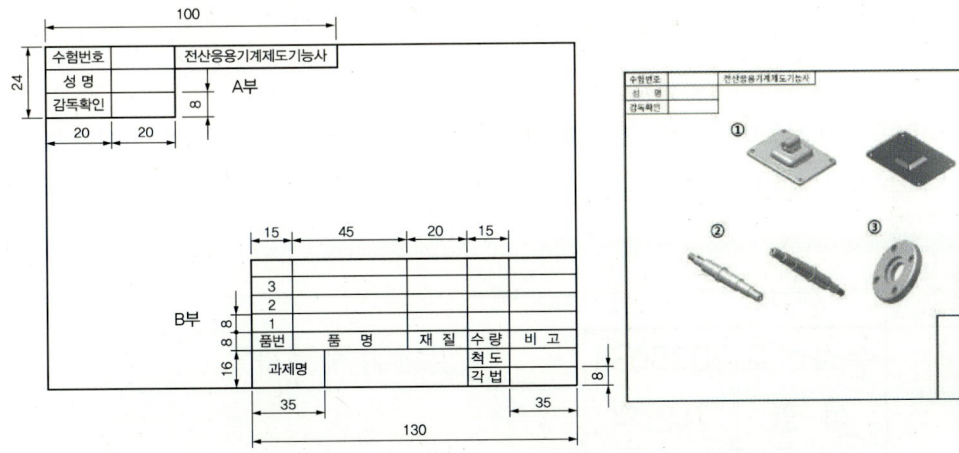

**2** 아래 그림과 같이 수검란을 작성하고 대각선을 그린다.

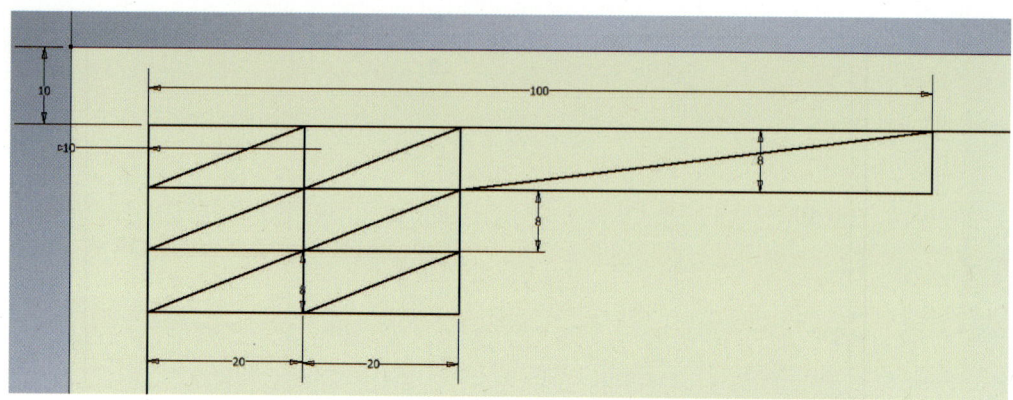

**3** 대각선을 모두 선택하고 스케치만 옵션을 클릭한다.

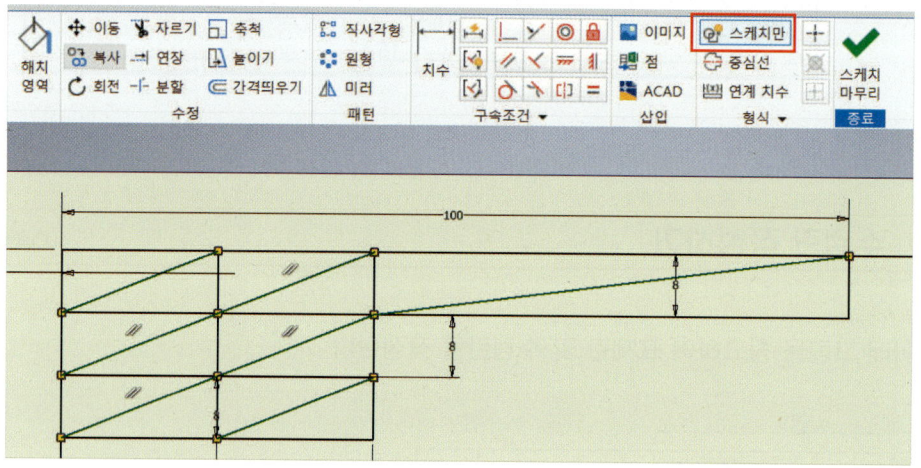

**4** 텍스트 아이콘을 이용하여 화살표 방향의 대각선 중간지점을 선택한다. 아래 그림처럼 설정하고 텍스트를 작성한다.

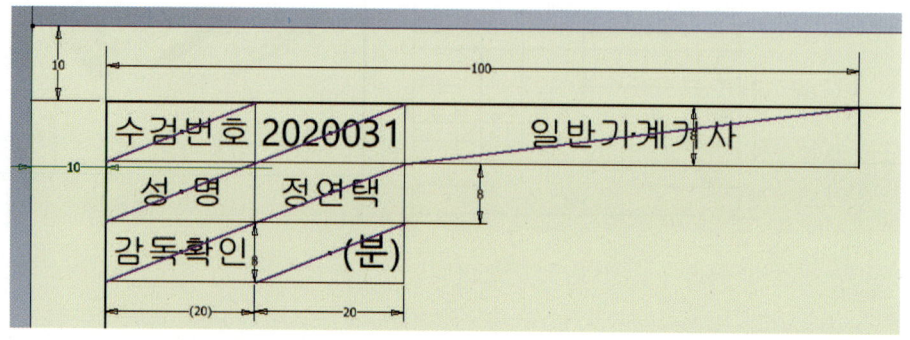

5 아래 그림처럼 윤곽선 및 중심마크를 클릭 후 (녹색) 도면 층을 윤곽선으로 변경한다.

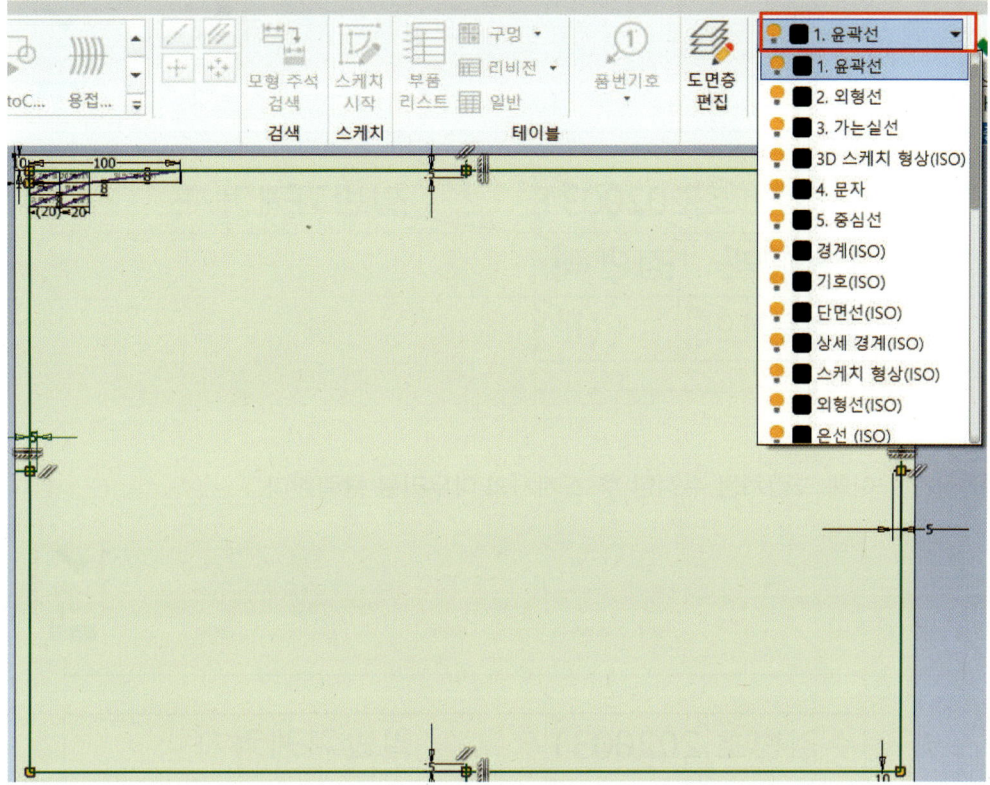

6 아래 그림처럼 수검란 선을 선택 후 (녹색) 도면 층을 가는 실선으로 변경한다.

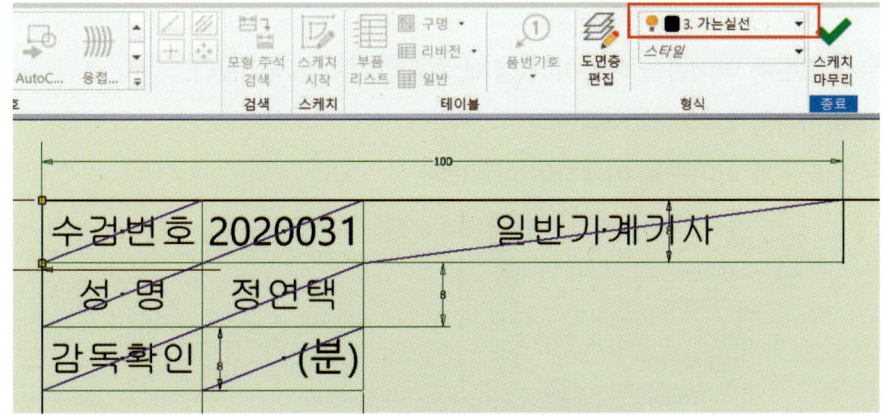

**7** 아래 그림처럼 수검란 문자를 선택 후 (녹색) 도면 층을 문자로 변경한다.

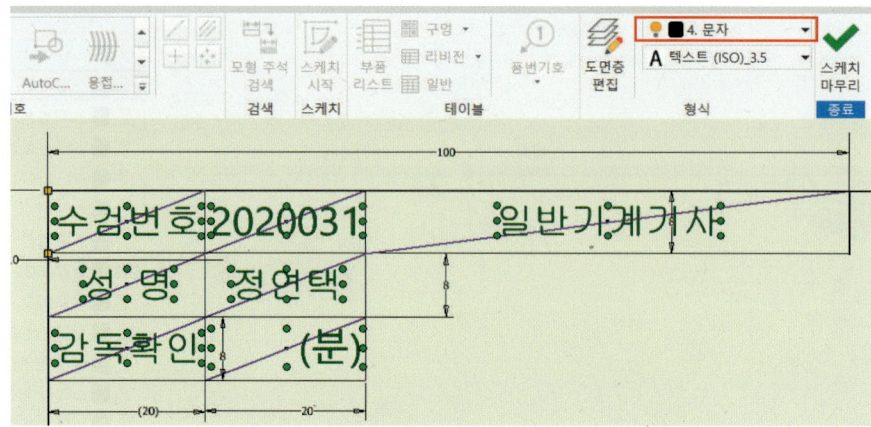

**8** 글자를 아래 그림처럼 수정한 후 스케치의 마무리를 클릭한다.

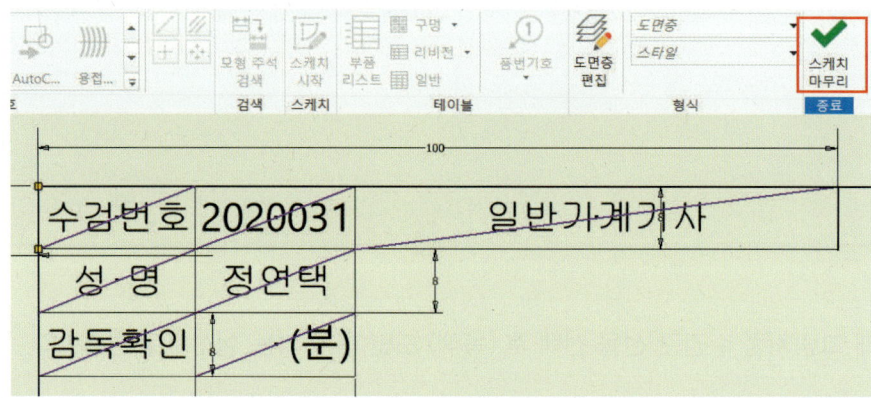

**9** 마우스 오른쪽 아이콘을 이용하여 경계( ➕ 📁 경계 ) 저장한다.

**10** 스타일 이름을 입력하고 저장한다.

**11** 마우스 오른쪽 아이콘을 이용하여 삽입한다.

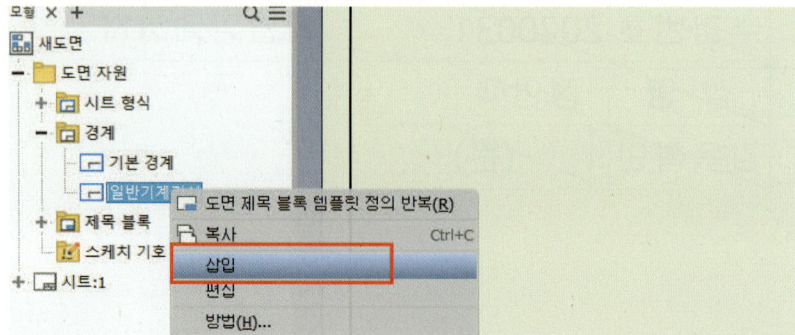

## 14. 표제란 작성하기

**1** 표제란 작성을 위하여 아래 그림처럼 새 제목 블록 정의를 클릭한다.

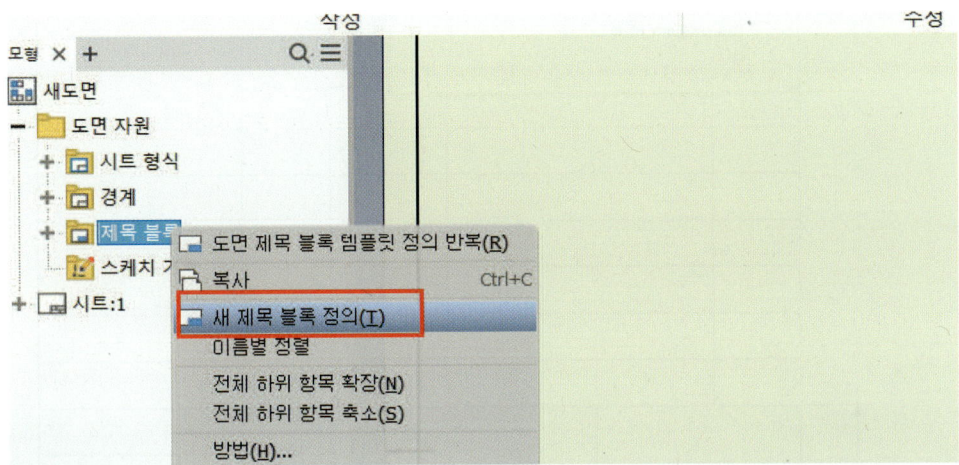

**2** 그림처럼(표제란 치수 참조) 직사각형, 간격띄우기, 선 등 아이콘을 이용하여 스케치 후 치수기입을 한다.

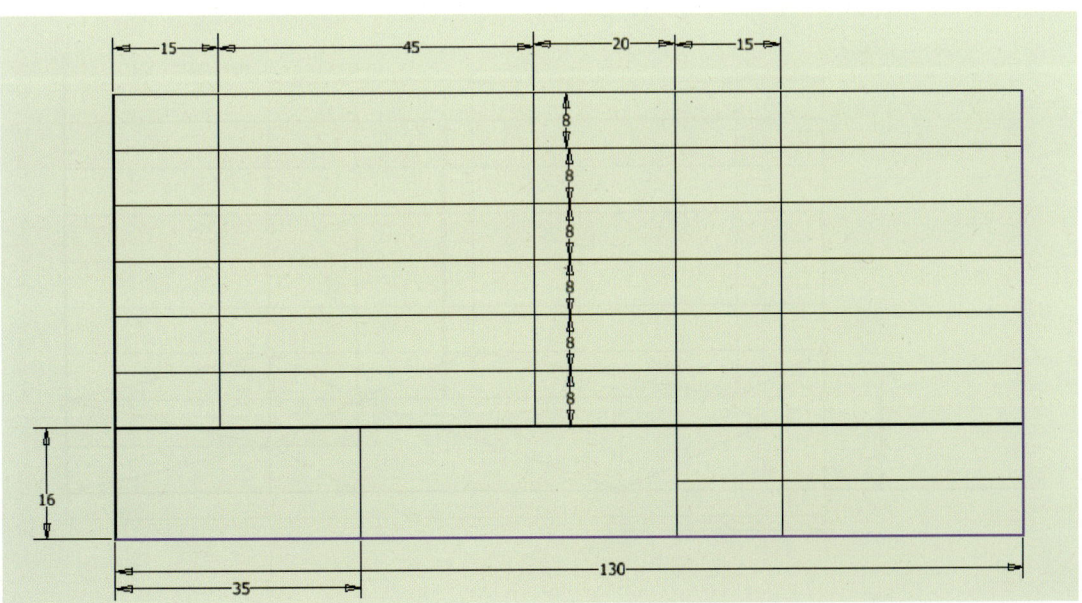

3 아래 그림처럼 이동한다.

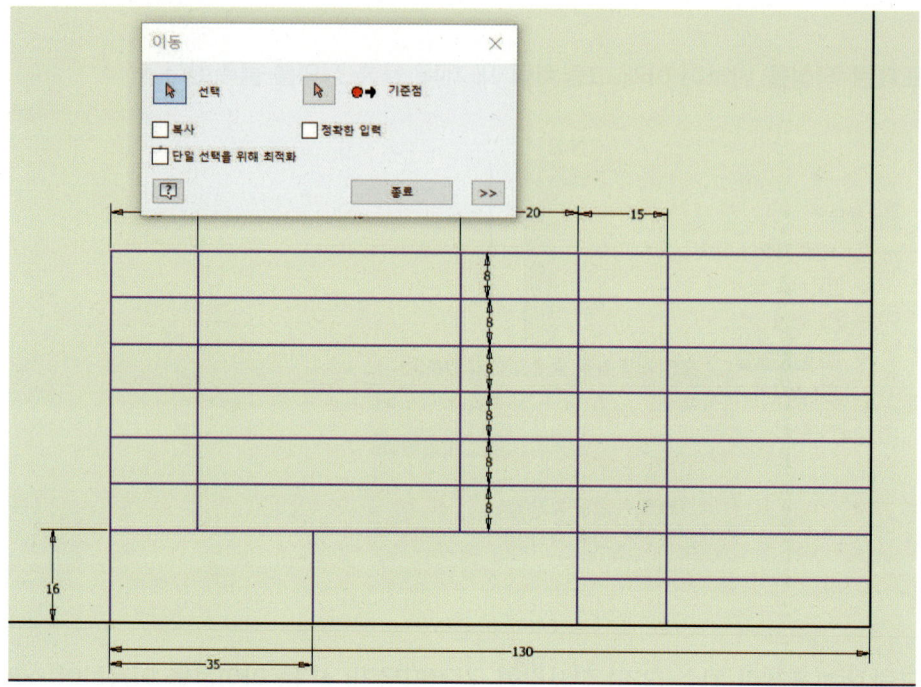

4 그림처럼 각 사각형 부분에 선 아이콘을 이용하여 그림처럼 대각선으로 스케치한다.

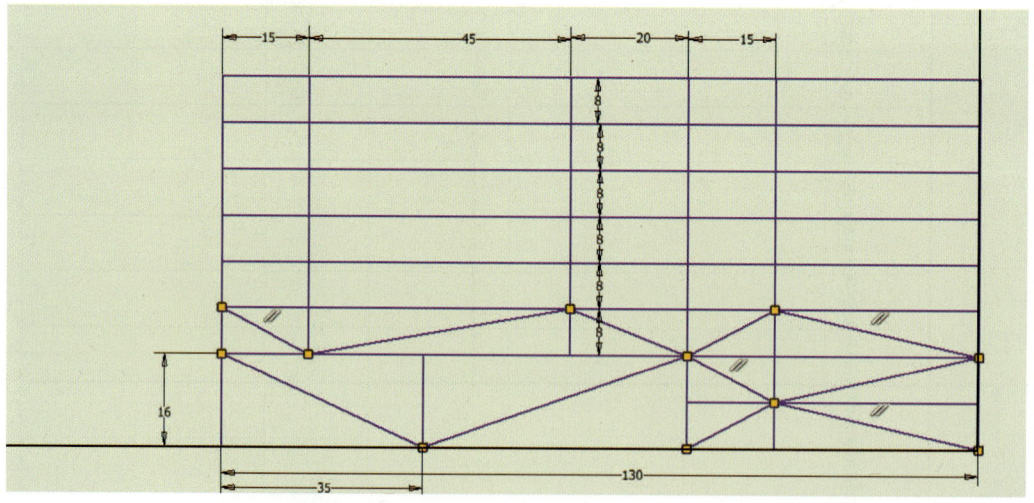

5 텍스트 아이콘을 클릭한 후 화살표 방향 중간점을 선택하고, 그림처럼 작품명이라고 기입한다.

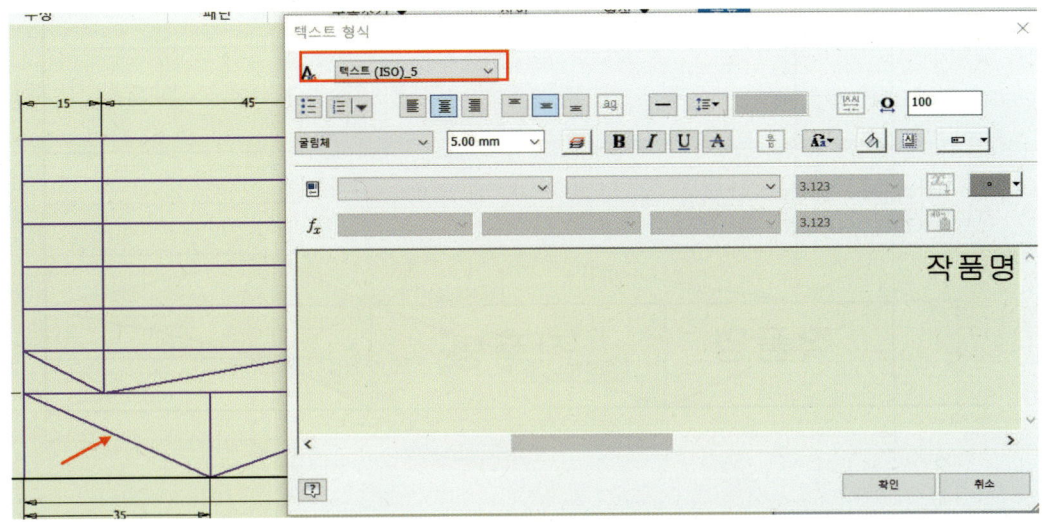

6 구속조건을 이용하여 그림처럼 이동시킨 후 복사한다.

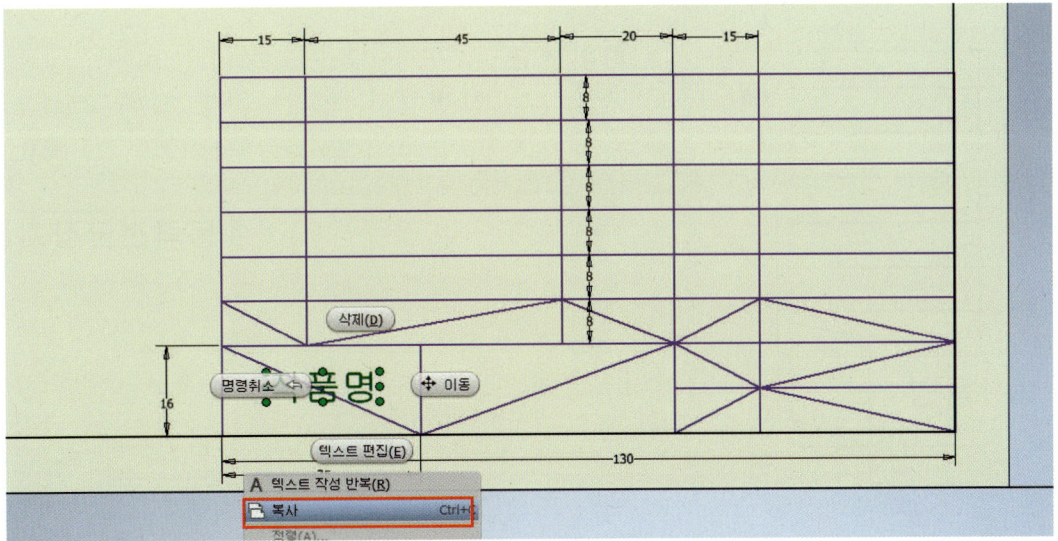

**7** 붙여넣기를 한다. 그림처럼 MB3 버튼을 이용하여 텍스트 편집을 클릭한다.

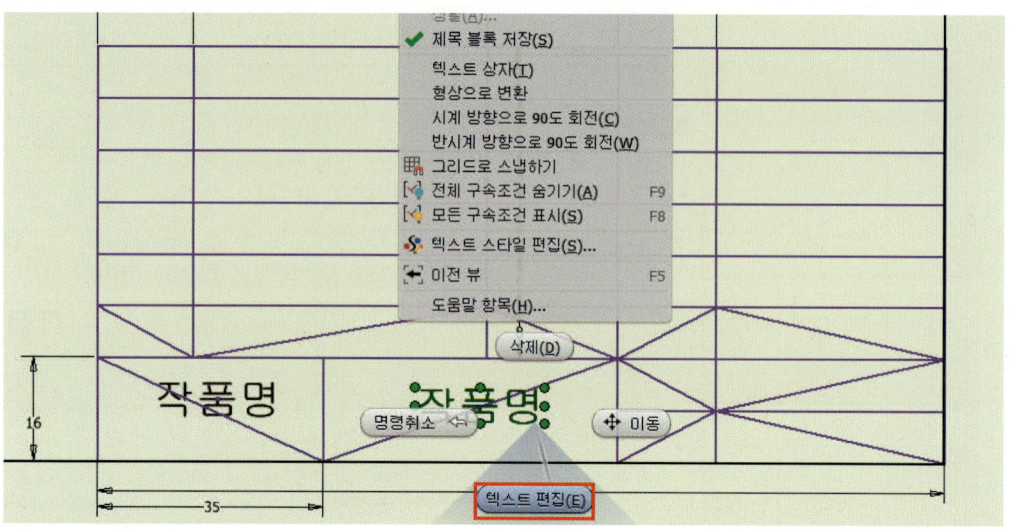

**8** 그림처럼 설정한 후 확인한다.

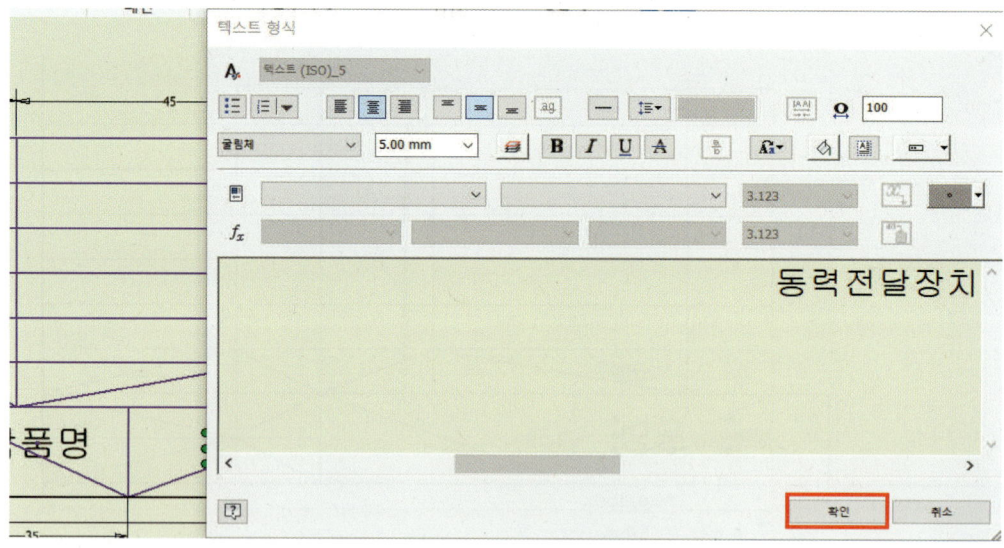

**9** 텍스트 아이콘을 클릭한 후 화살표 방향 중간점을 선택하고, 그림처럼 작품명이라고 기입한다.

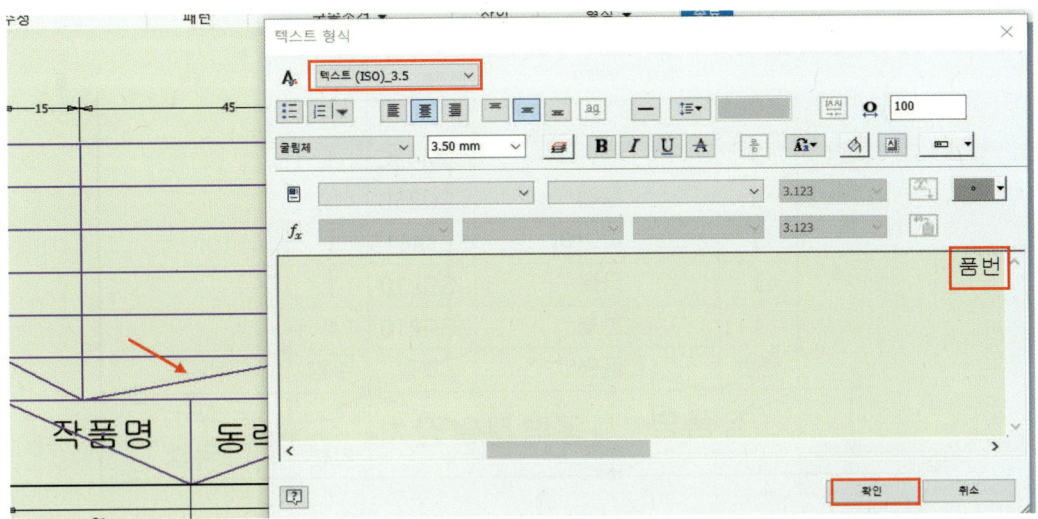

**10** 아래 그림처럼 대각선을 선택하고 스케치만 클릭한다.

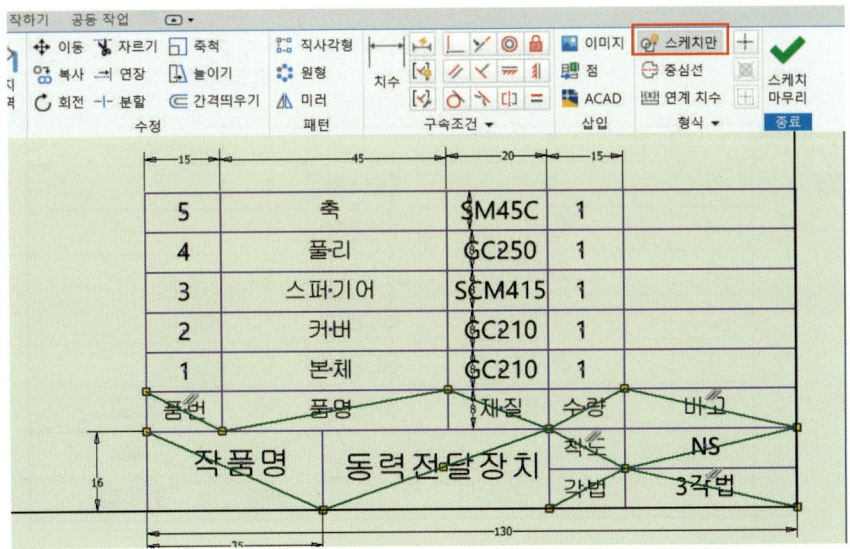

**11** 녹색선 부분을 클릭하고 도면층 가는 실선으로 변경한다.

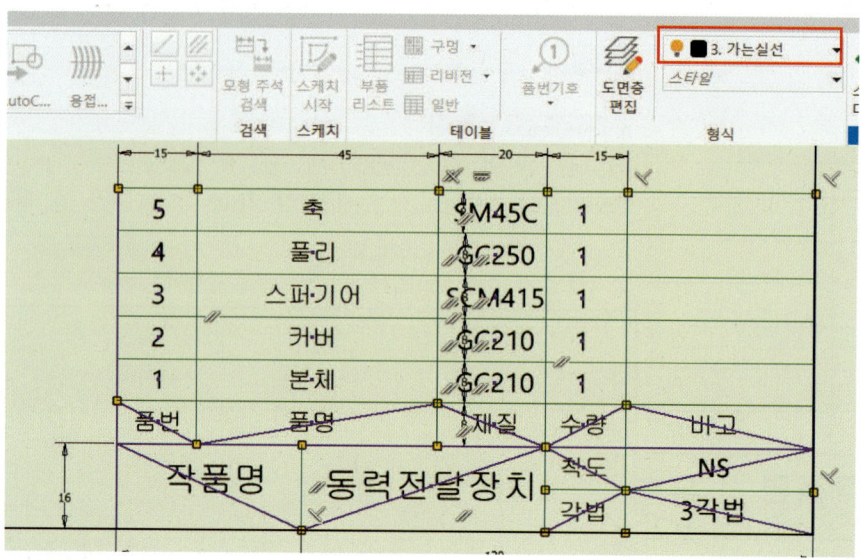

**12** 녹색선 부분을 클릭하고 도면층 윤곽선으로 변경한다.

**13** 녹색선 부분을 클릭하고 도면층 문자로 변경한다.

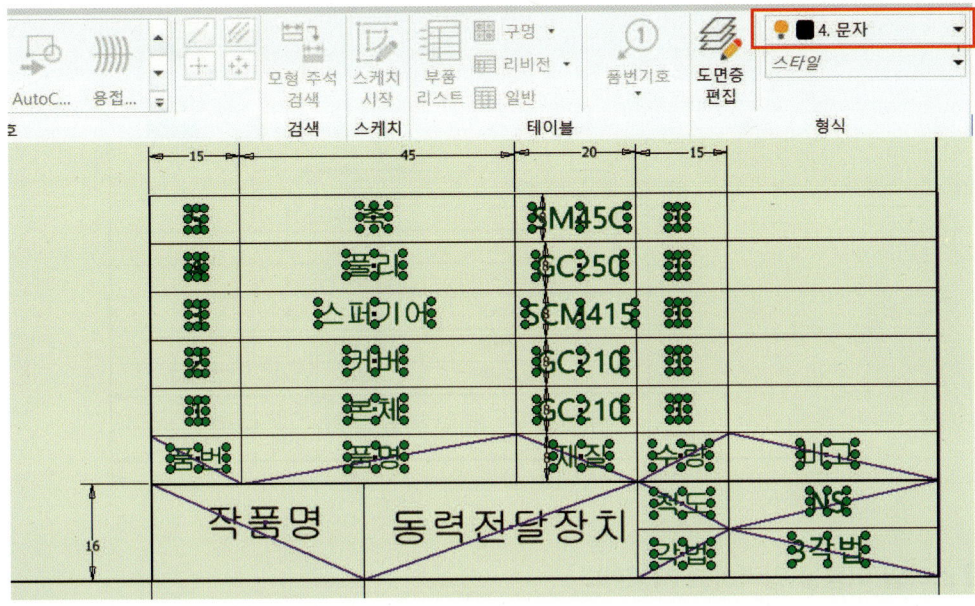

**14** 녹색선 부분을 클릭하고 도면층 외형선으로 변경한다.

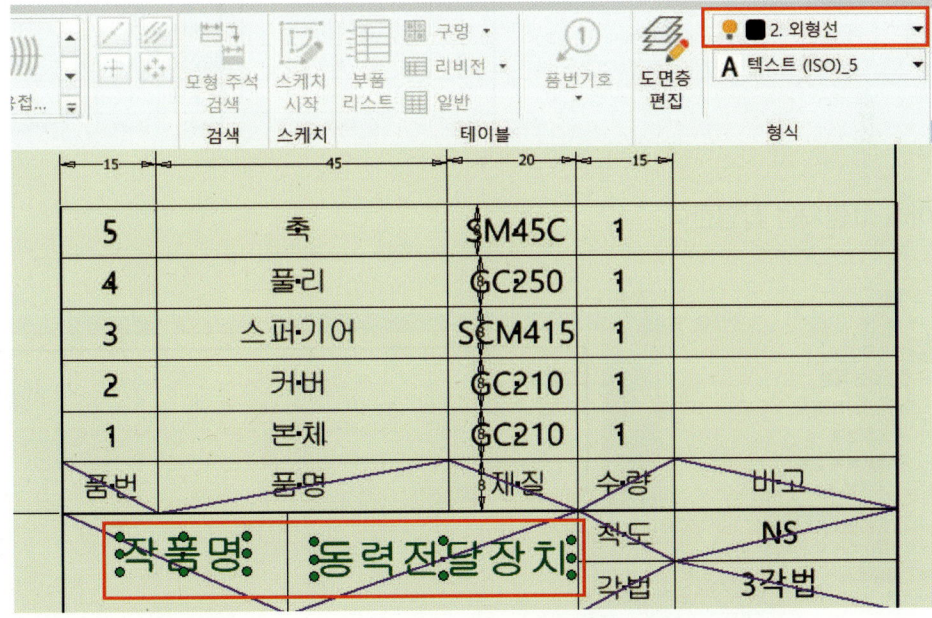

🔢 마무리 아이콘을 클릭하여 스케치를 종료한다.

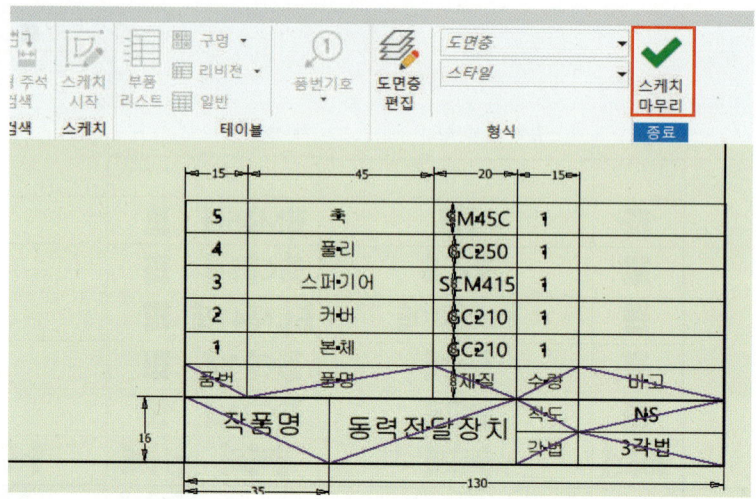

🔢 스타일 이름을 입력하고 저장한다.

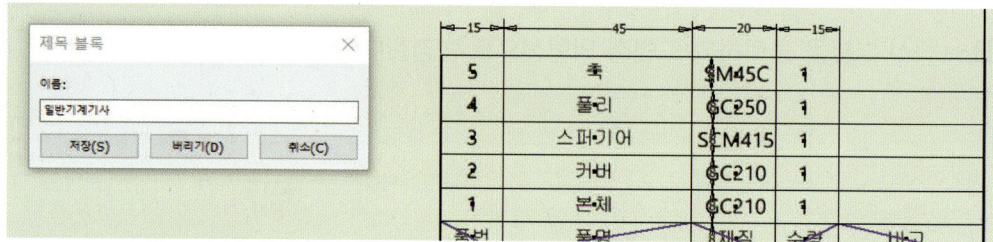

🔢 아래 그림처럼 삽입한다.

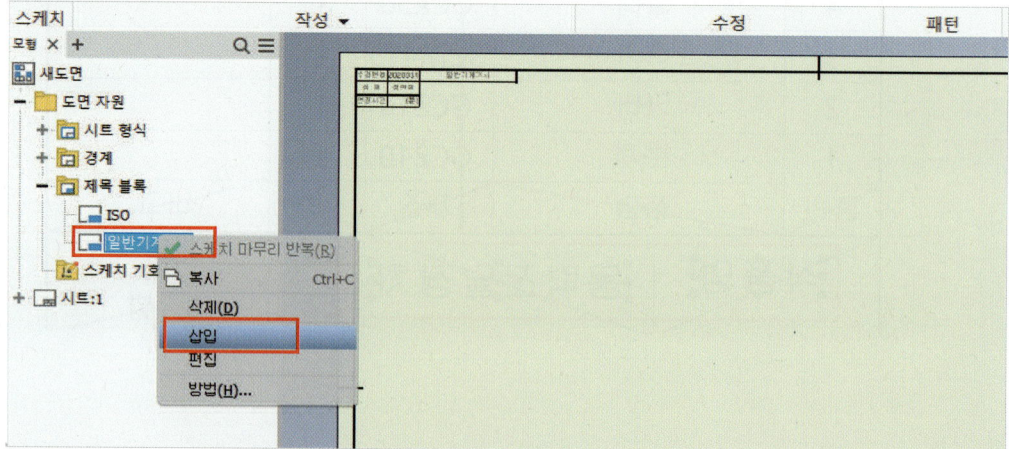

## 15. Templates에 저장하기

**1** 다름 이름으로 사본 저장 메뉴에서 저장 위치를 아래 그림처럼 C 폴더에 Program Filles에 Autodesk에서 Inventor 2020에 Templates를 선택하여 ko-KR에 Metric에 저장한다.

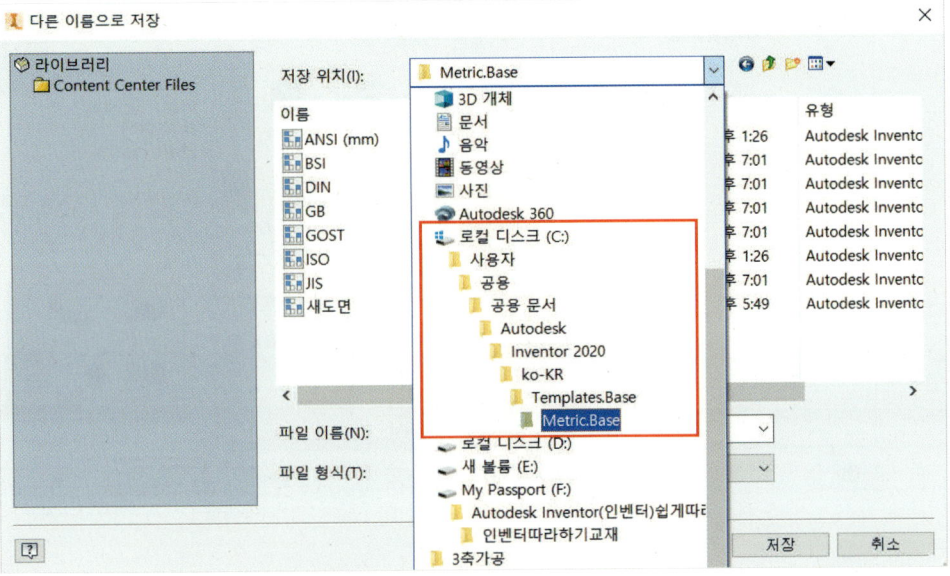

**2** 그림처럼 파일 이름과 파일 형식을 *.idw로 저장한다.

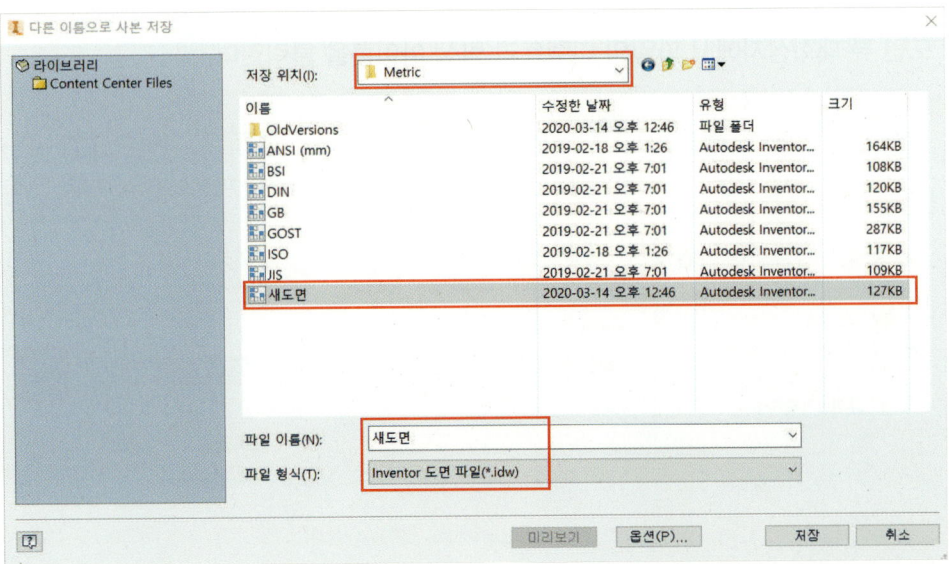

**3** 새로 만들기 버튼을 클릭하면 저장된 Templates를 형식을 확인할 수 있다.

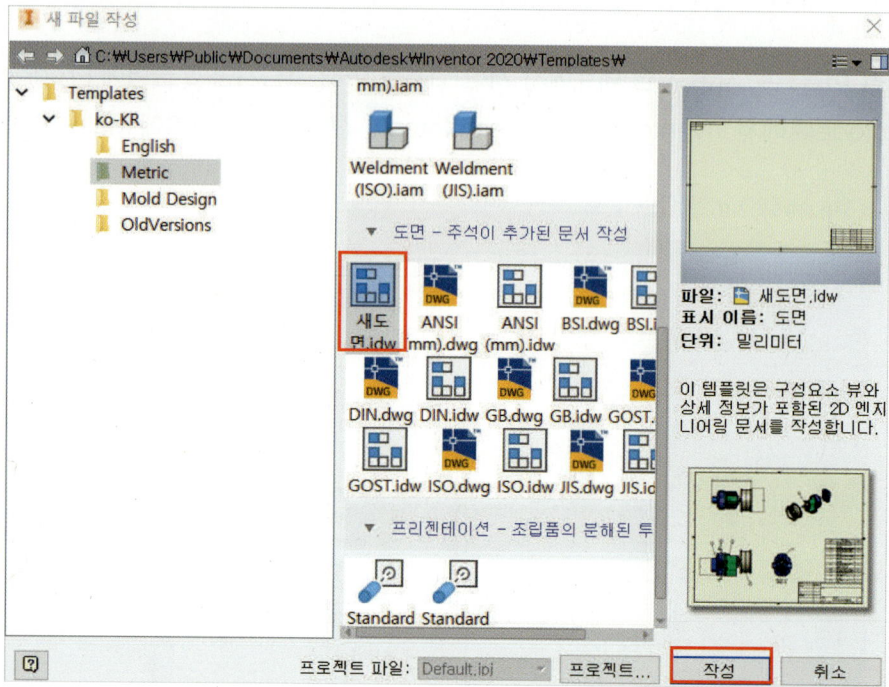

## 16. 3차원 렌더링 등각 투상도 작성하기

**1** 도면 뷰 대화상자에서 파일의 디렉토리 탐색 아이콘을 클릭한다.

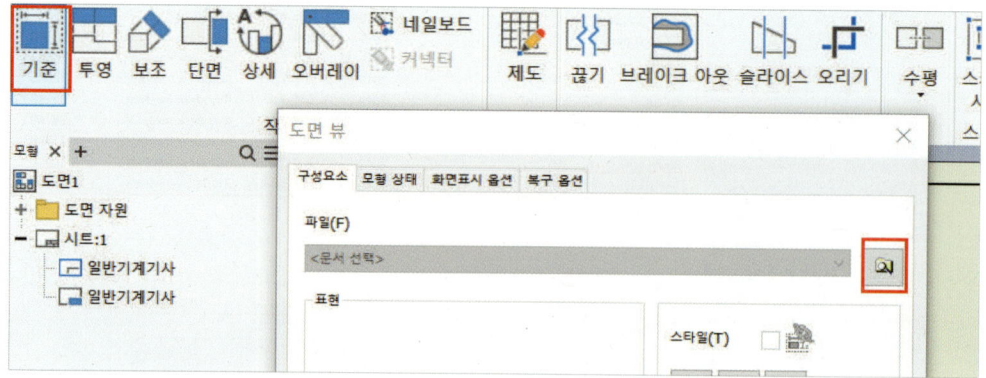

2 열기 대화상자에서 링크 형상 부품을 선택한 후 열기 버튼을 누른다.

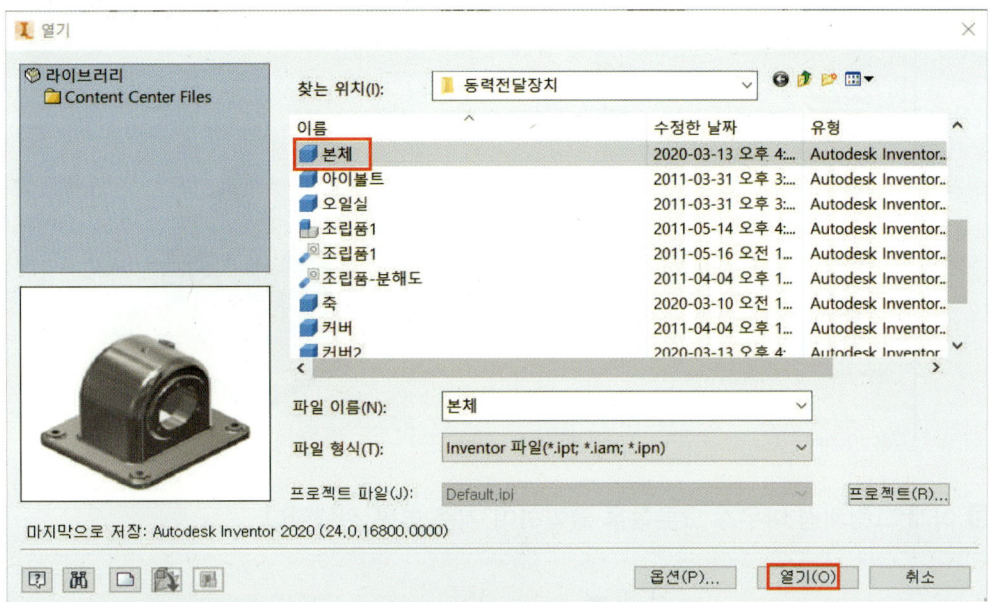

3 아래 그림처럼 설정한다.

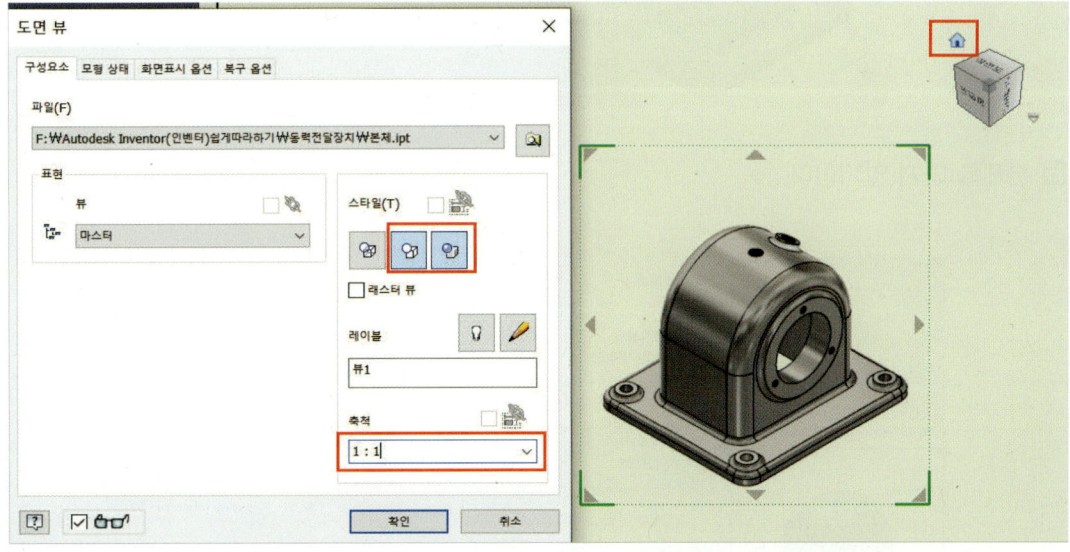

CHAPTER 8 idw 도면 템플릿 작성 및 3D 도면작업 따라 하기

4 화면표시 옵션 탭에서 스레드 피쳐, 접하는 모서리를 체크하고 확인을 누른다.

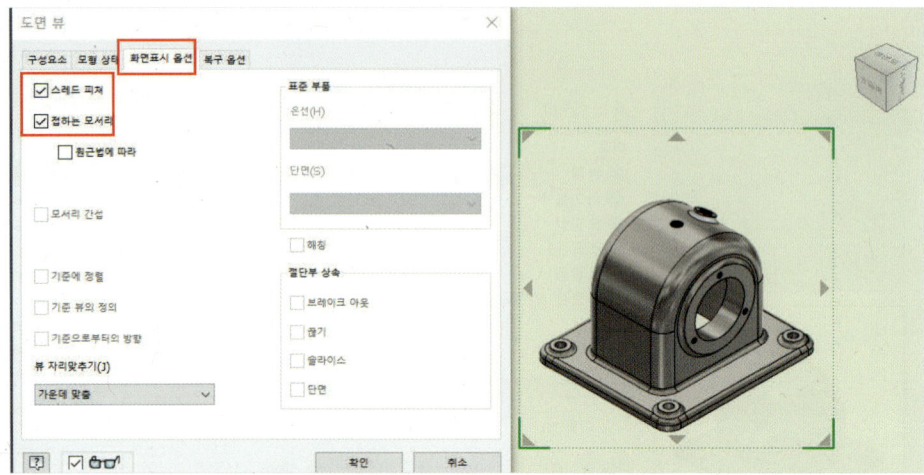

5 아래 그림처럼 마우스 오른쪽을 클릭하여 기준 뷰를 선택한다.

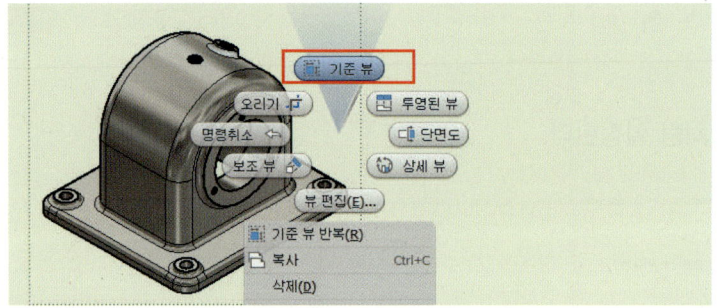

6 본체를 다시 열기한다.

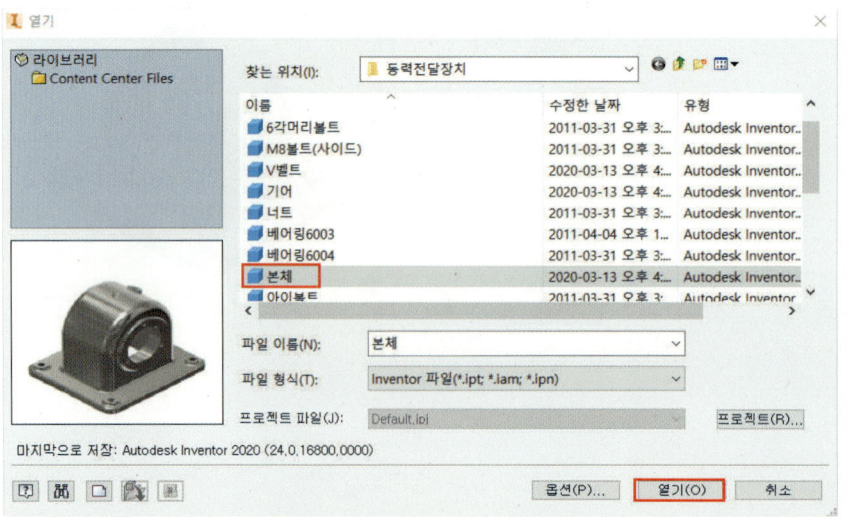

**7** 아래 그림처럼 화살표 표시 부분을 클릭하고 사용자 뷰 방향을 클릭한다.

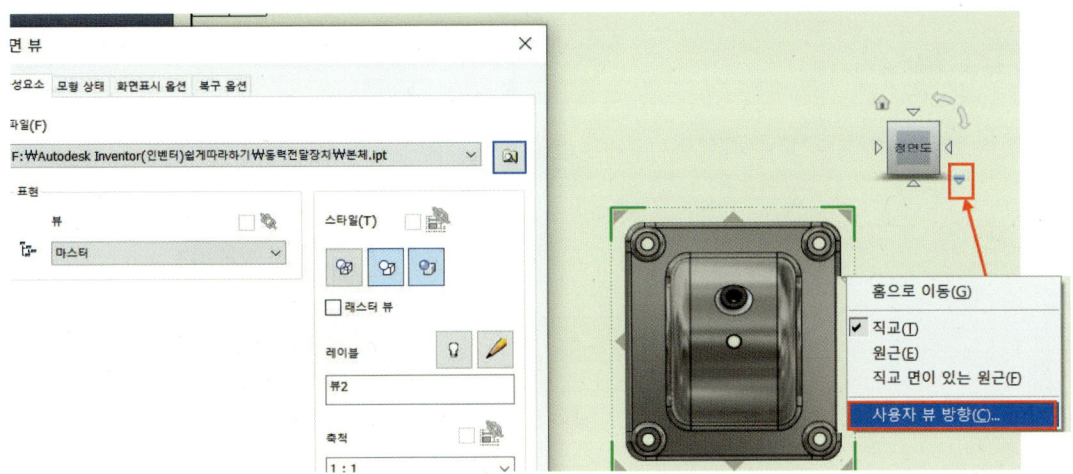

**8** 도구막대의 자유회전 아이콘을 선택한 후 화면의 화살표를 마우스로 클릭하여 알맞은 뷰 배치를 찾는다. 사용자 뷰에서 나가기 아이콘을 클릭한다.

❾ 아래 그림과 같이 설정하고 확인한다.

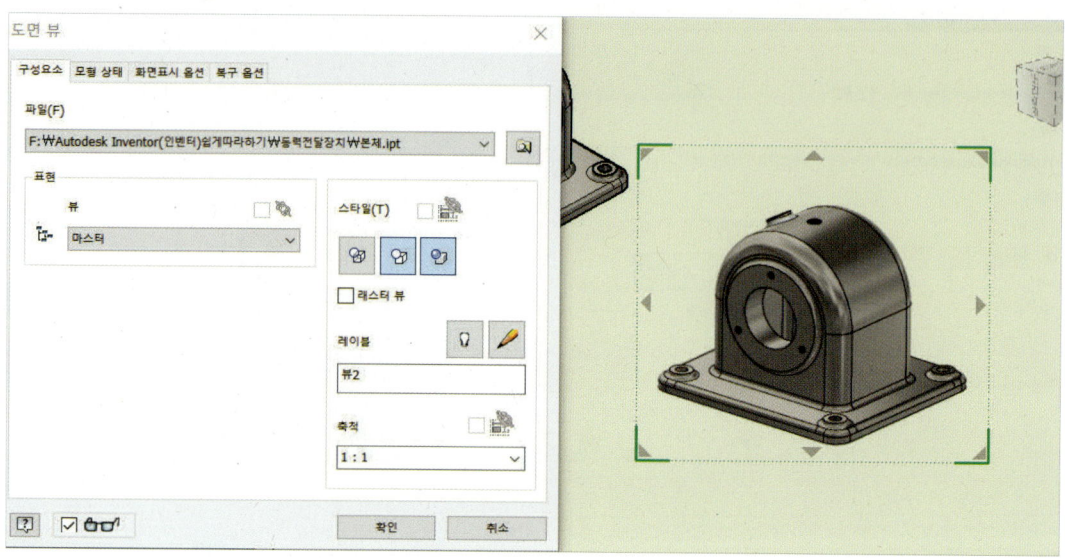

❿ 위와 같은 방법으로 하여 아래 그림처럼 뷰 방향을 배치한다.

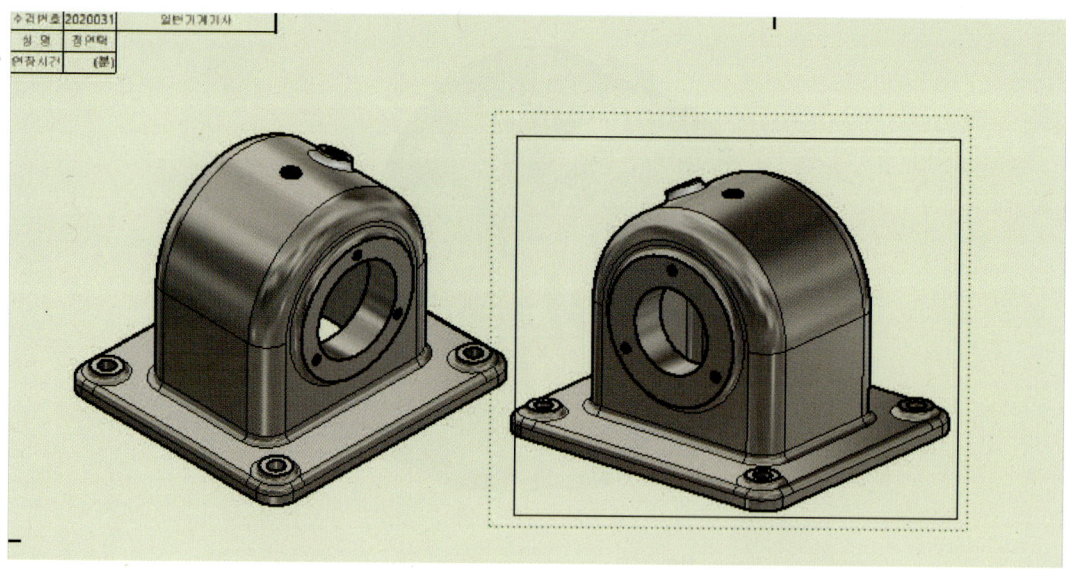

**11** 위와 같은 방법으로 다른 부품도 아래 그림과 같이 배치한다.

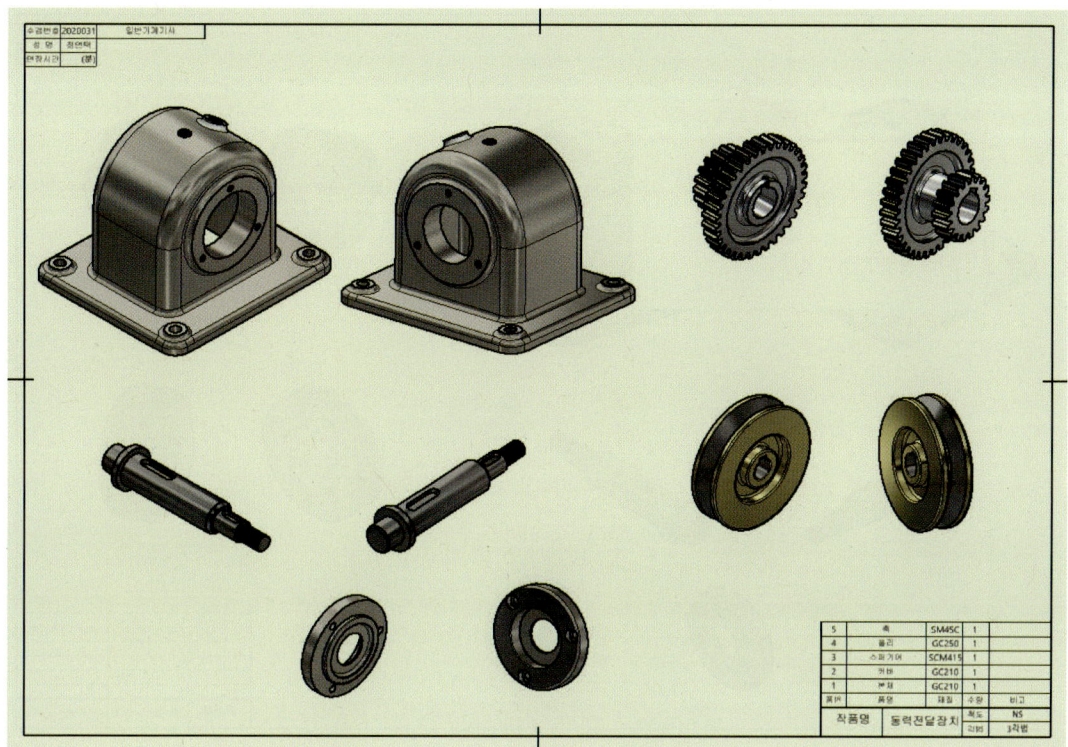

**12** 스케치 탭에서 원 아이콘을 이용하여 아래 그림과 같이 스케치한다.

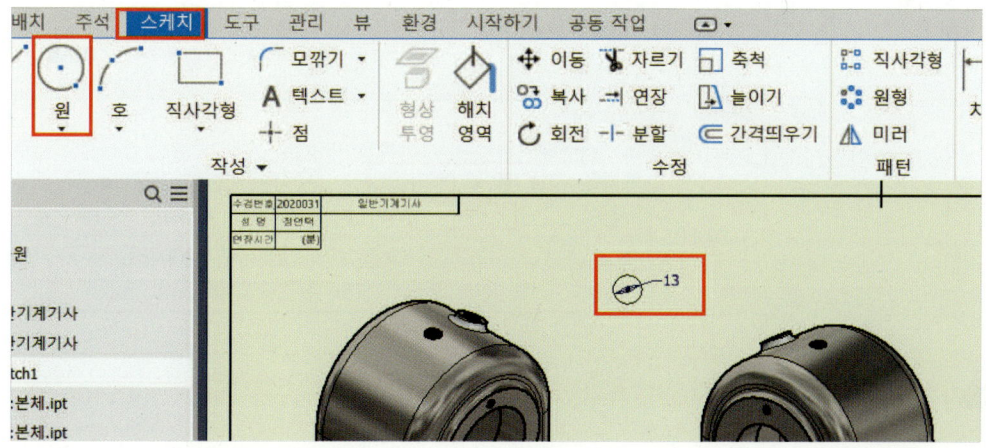

**13** 복사 아이콘을 이용하여 아래 그림과 같이 배치한다. (일반기계기사 및 전산응용기계제도기능사)

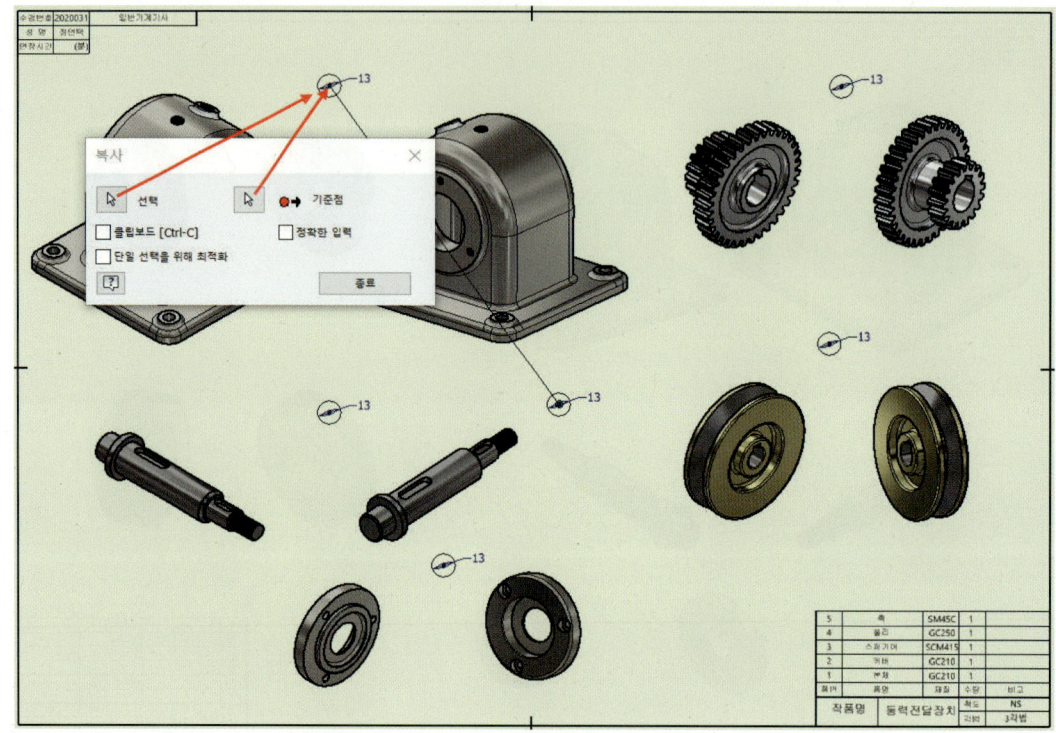

**14** 텍스트 아이콘을 이용하여 아래 그림과 같이 숫자를 입력한다.

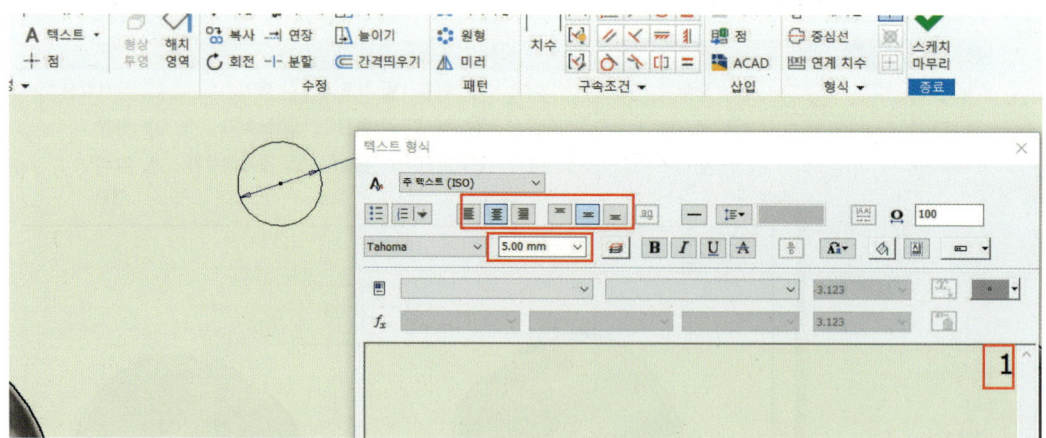

**15** 같은 방법으로 숫자를 입력하고 스케치를 마무리한다.

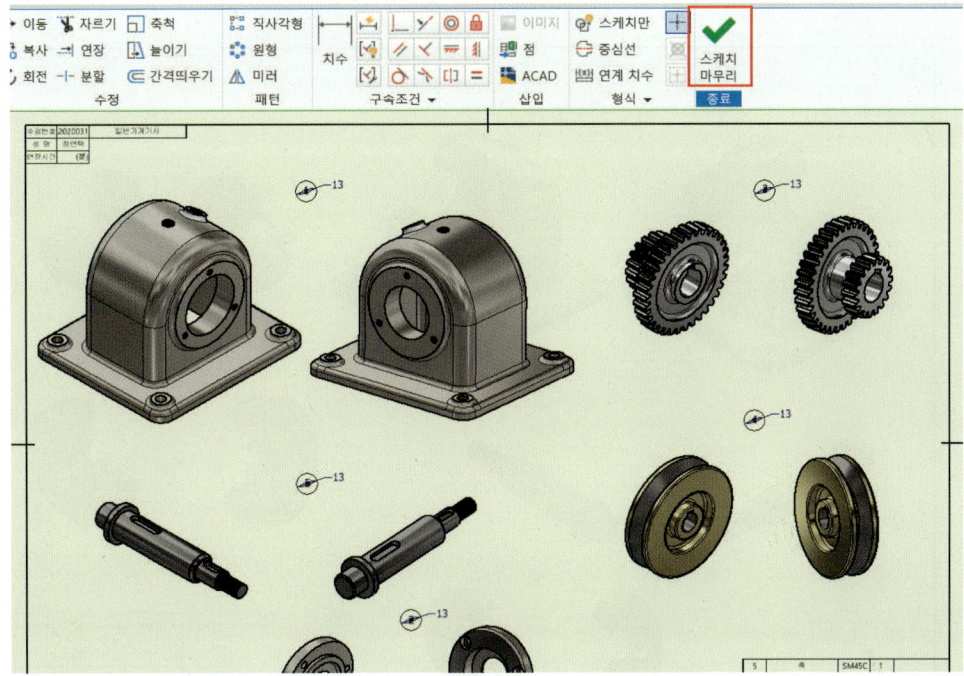

**16** 아래 그림처럼 완성한다. (일반기계기사, 기계설계산업기사, 전산응용기계제도기능사 등 전체 동일함)

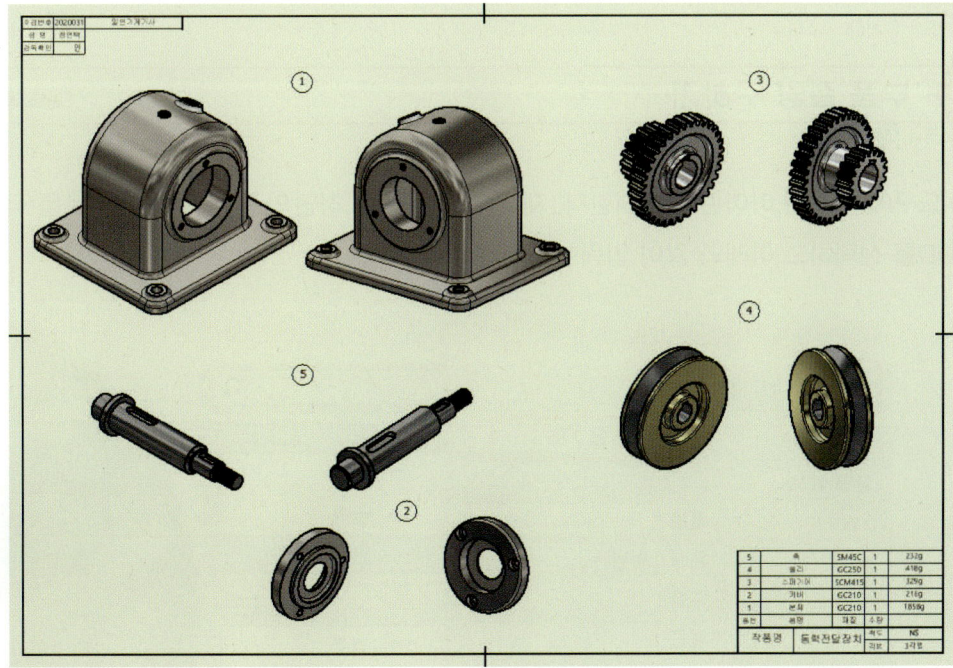

🔟 아래 그림처럼 한쪽 단면도(1/4 단면)를 완성한다. (시험 제도 방식이 아님)

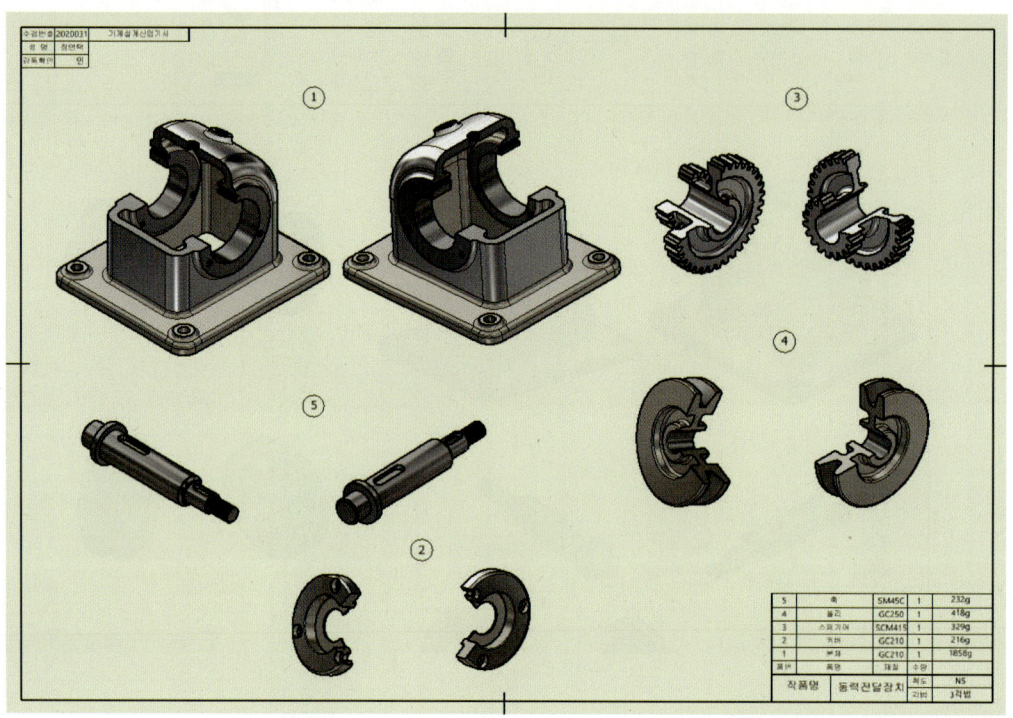

## 17. 부품 질량 구하기

1️⃣ 도구에서 재질 아이콘을 선택한다. 재질 검색기 왼쪽 하단의 문서에서 새 재료를 작성한다.
2️⃣ ID를 선택하고 아래와 같이 입력한다.

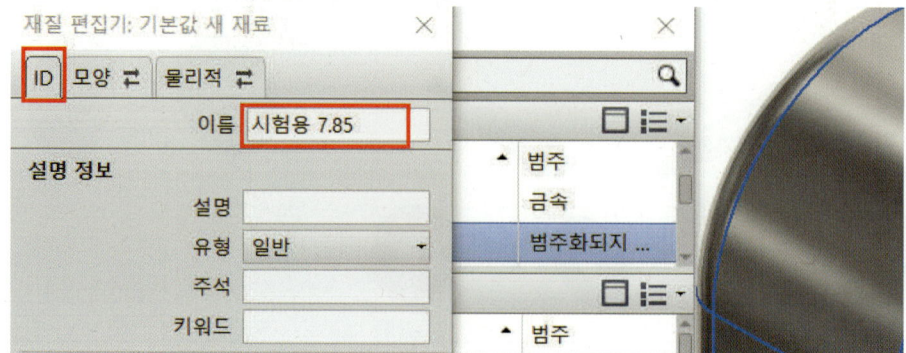

**3** 물리적을 선택하고 아래와 같이 입력하고 확인한다.

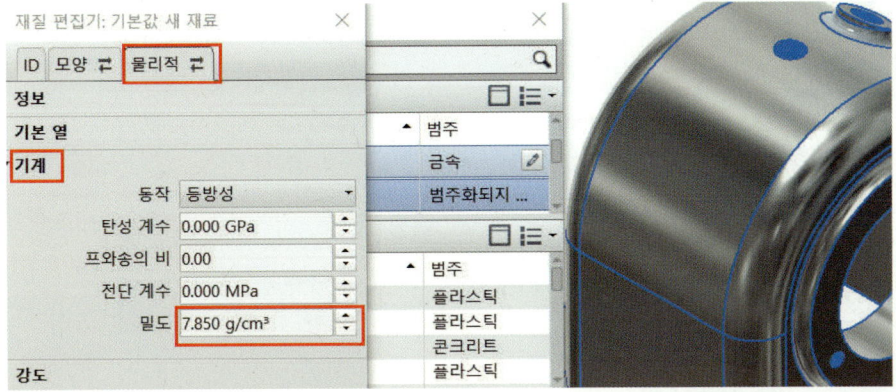

**4** 문서 재질에서 아래 그림과 같이 재질을 추가한다.

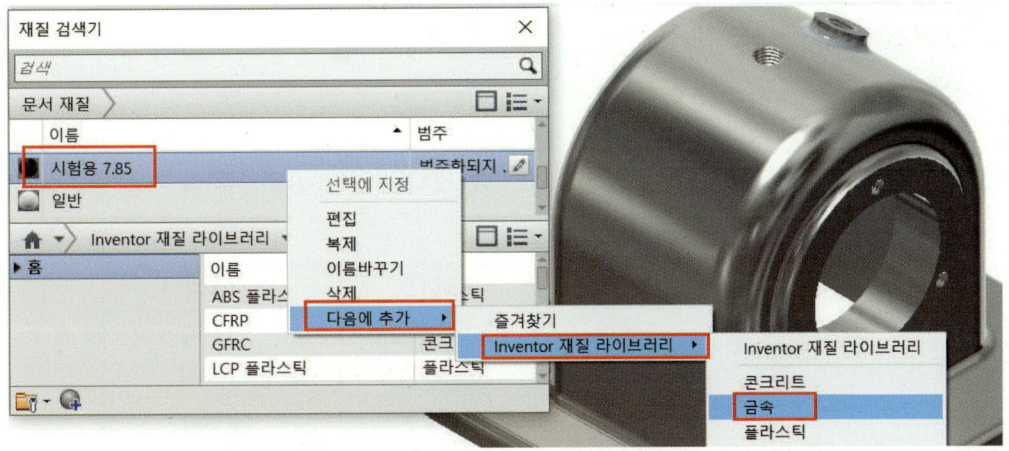

**5** 본체를 선택하고 마우스 오른쪽을 클릭한 후 iProperties를 선택한다.

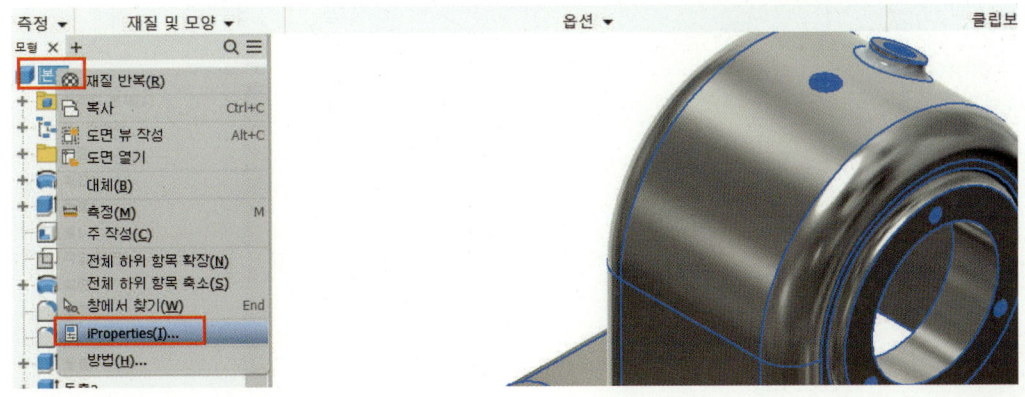

**6** 아래 그림처럼 질량 1.858kg×1000=1858g을 확인이다.

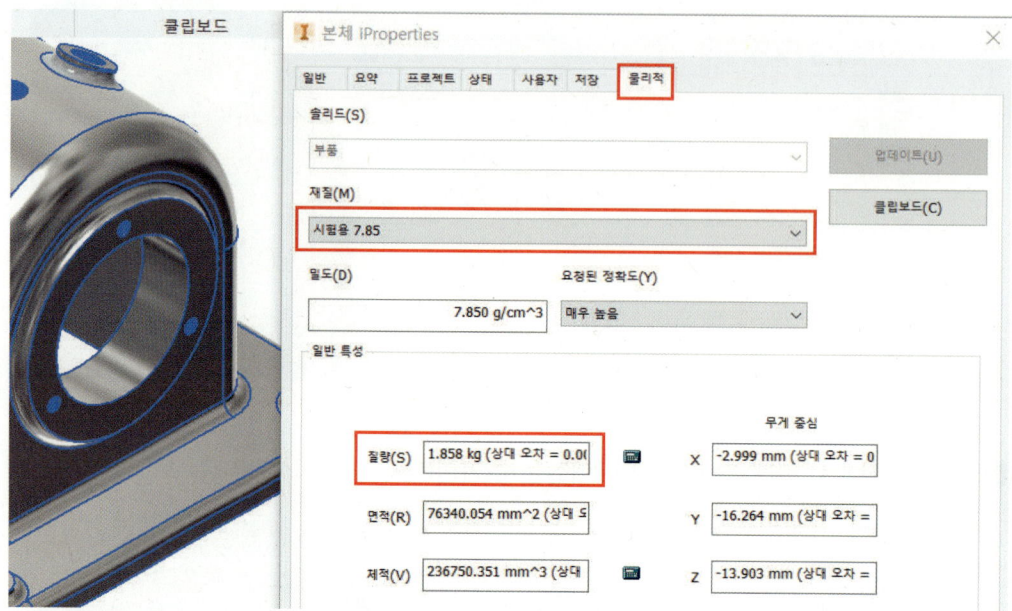

**7** 각 부품의 질량을 구하여 부품란의 비고란에 제시된 단위(g)로 수치를 기입한다.

| 5 | 축 | SM45C | 1 | 232g |
|---|---|---|---|---|
| 4 | 풀리 | GC250 | 1 | 418g |
| 3 | 스퍼기어 | SCM415 | 1 | 329g |
| 2 | 커버 | GC210 | 1 | 216g |
| 1 | 본체 | GC210 | 1 | 1858g |
| 품번 | 품명 | 재질 | 수량 | 비고 |
| 작품명 | 동력전달장치 | | 척도 | NS |
| | | | 각법 | 3각법 |

## 18. 렌더링 등각 투상도(3D) 출력하기

**1** 파일 인쇄를 클릭한다.

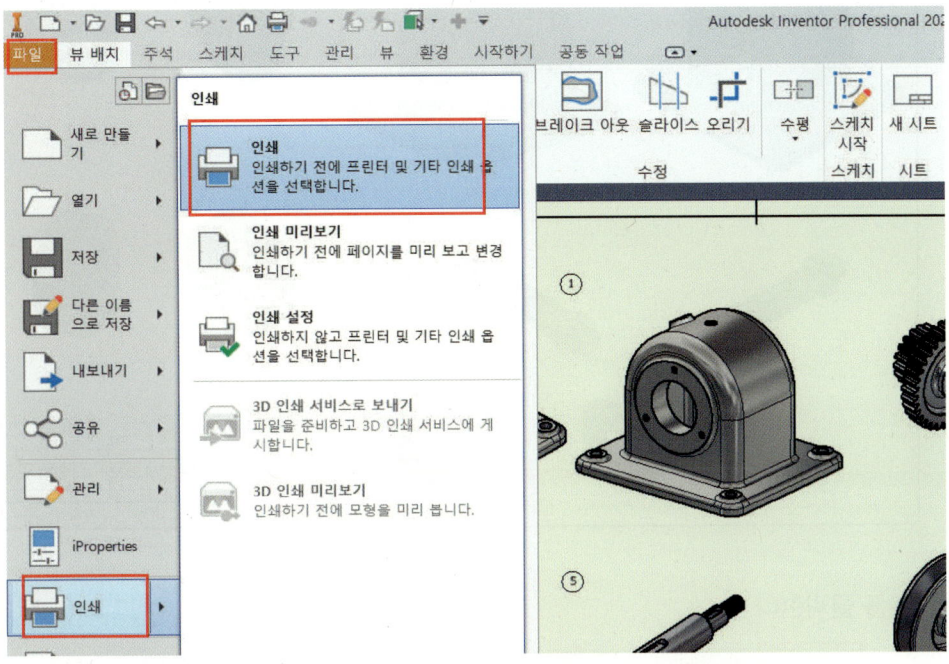

**2** 아래 그림과 같이 PDF와 최적 맞춤으로 설정하고 미리보기를 클릭한다.

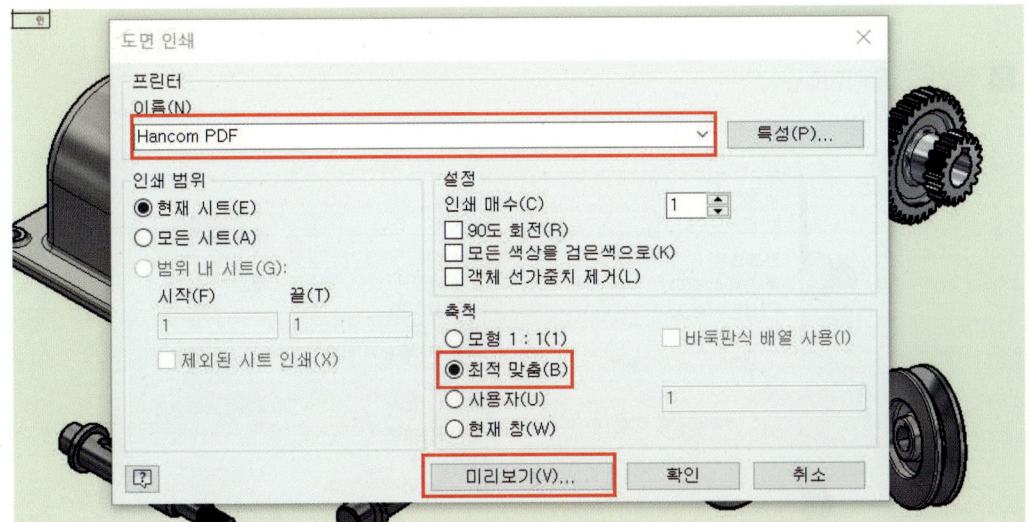

CHAPTER 8 idw 도면 템플릿 작성 및 3D 도면작업 따라 하기

**3** 아래 그림과 같이 미리보기를 확인한다.

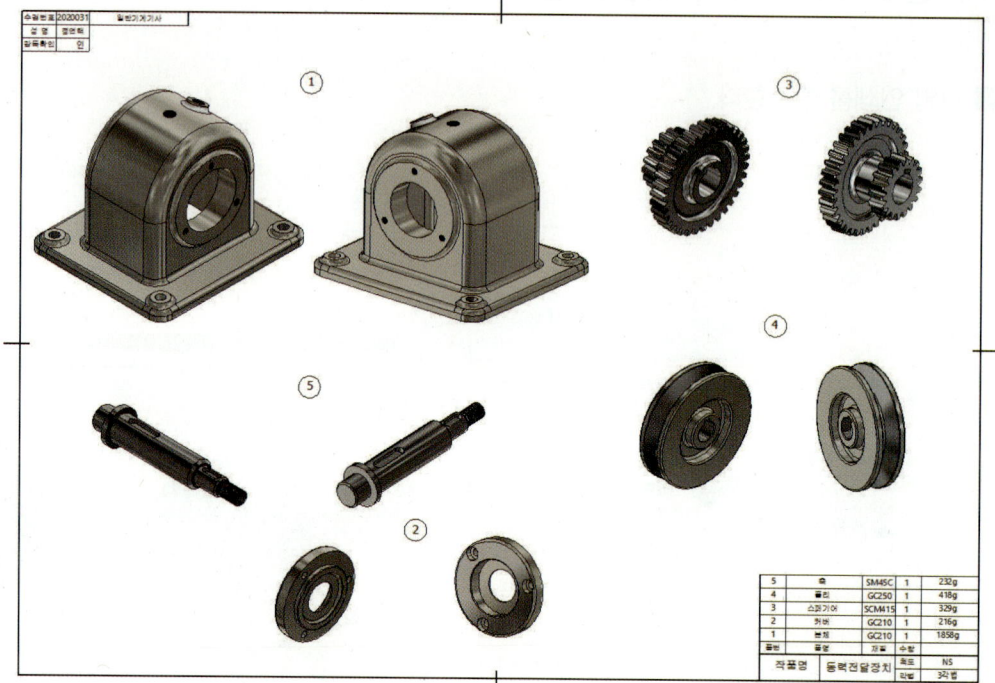

**4** 인쇄를 클릭한다.

**5** 확인을 클릭한다.

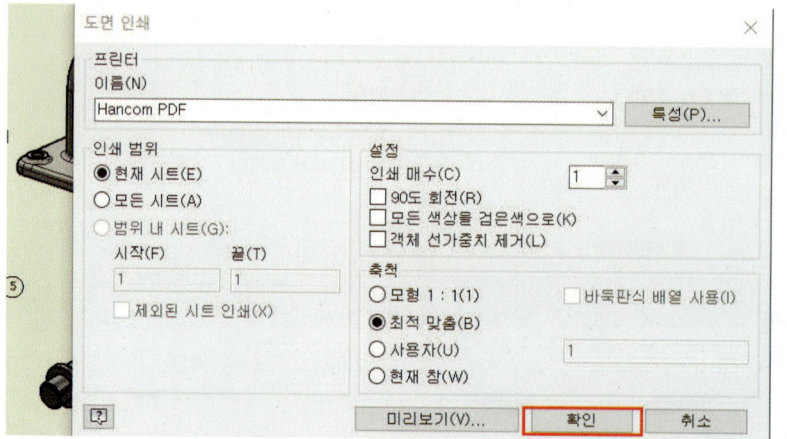

**6** 열기를 선택한다.

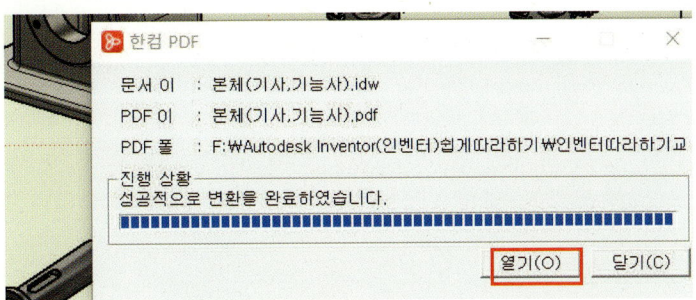

**7** 도면 확인 후 제출한다.

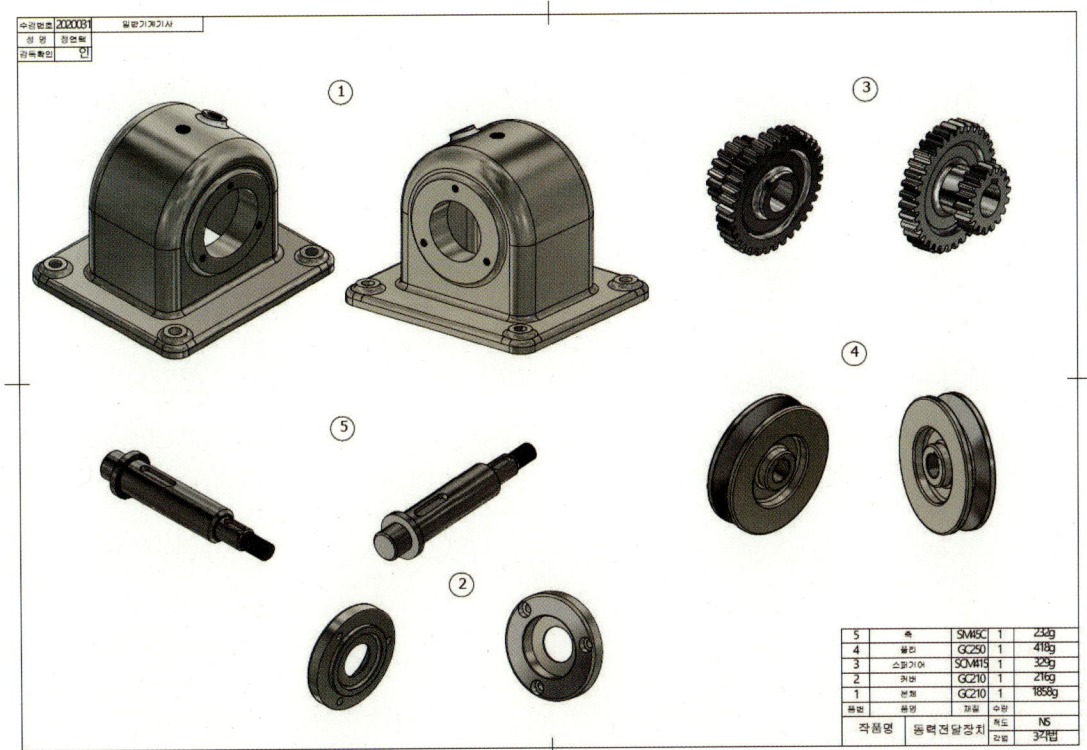

# CHAPTER 9
# 2D 도면작업 따라 하기

1. 도면작업 시작하기
2. 기준 뷰 작성하기
3. 투영 및 브레이크 뷰 작성하기
4. 상세 뷰 작성하기
5. 중심선 작업하기
6. 치수 기입하기
7. 표면거칠기 및 기하공차 기입하기
8. 스케치 기호 만들기
9. 인벤터에서 완성된 최종 완성 2D 부품 도면
10. Auto CAD에서 도면작업하기

**학습목표**

각종 자격증 시험 도면작성에서
부품, 조립품을 투영하고 각종 단면도로 나타내고
치수를 기입하여 부품 및 조립품을 최종도면으로 작성할 수 있다.

# 2D 도면작업 따라 하기

**1.** 도면작업 시작하기

**1** 새로 만들기 아이콘을 클릭해서 아래 그림처럼 새 도면을 선택하고 작성을 선택한다.

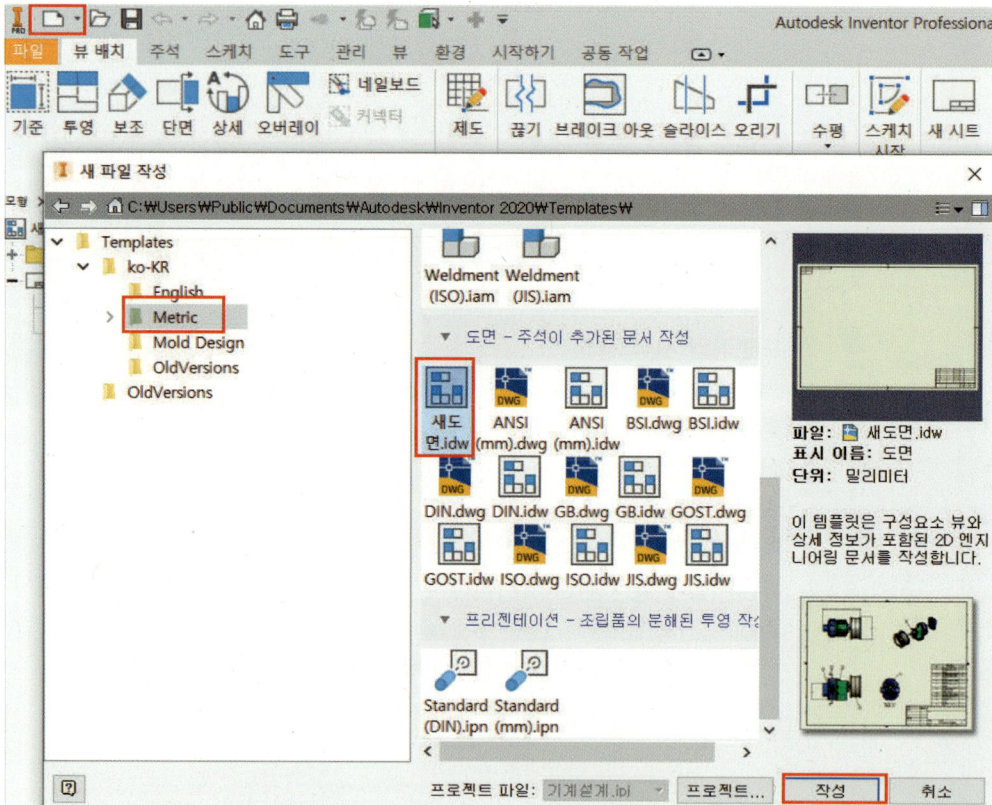

**2** 아래 그림처럼 앞장에서 저장된 템플릿 기준 도면을 불러온다.

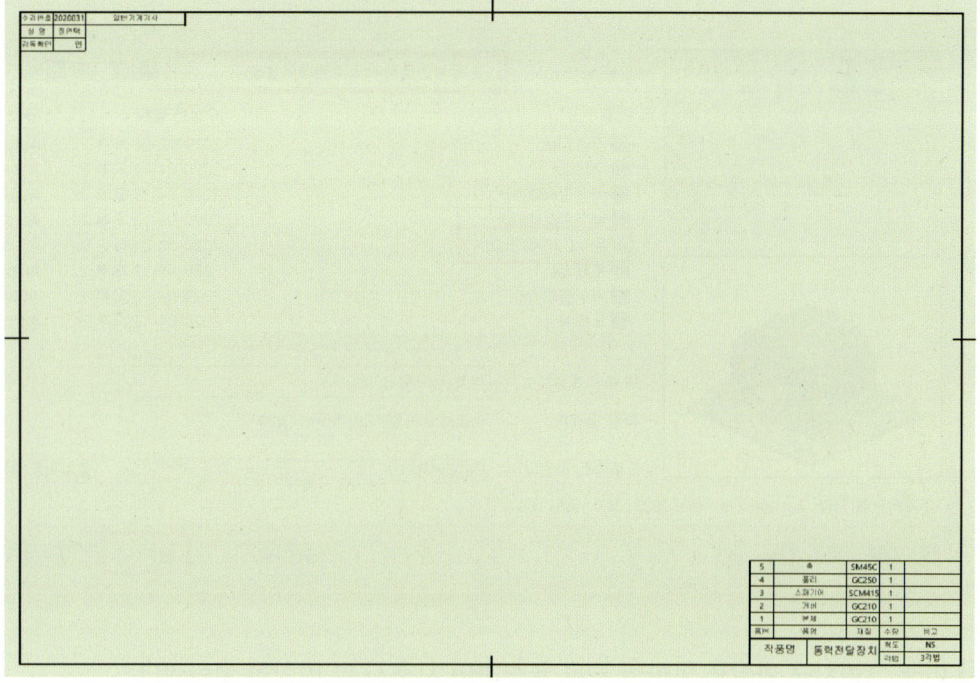

## 2. 기준 뷰 작성하기

**1** 뷰 배치 탭에서 기준 뷰를 선택한 후 기존 파일에서 열기를 클릭한다.

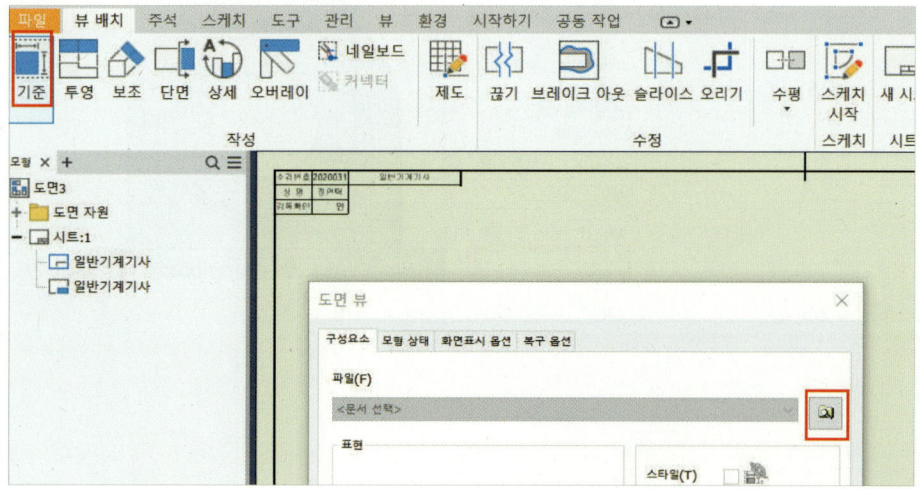

2 아래 그림과 같이 본체를 열기한다.

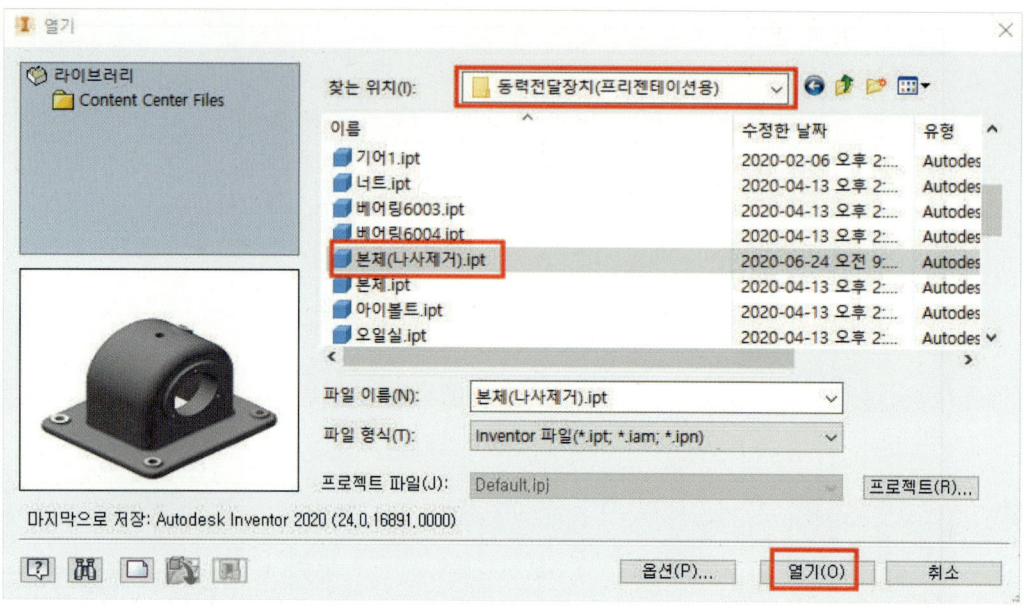

3 아래 그림처럼 화살표 방향의 원을 클릭하여 사용자 뷰 방향을 클릭한다.
홈의 좌측면도에서 은선을 선택하고, 축척은 1:1로 설정한다.

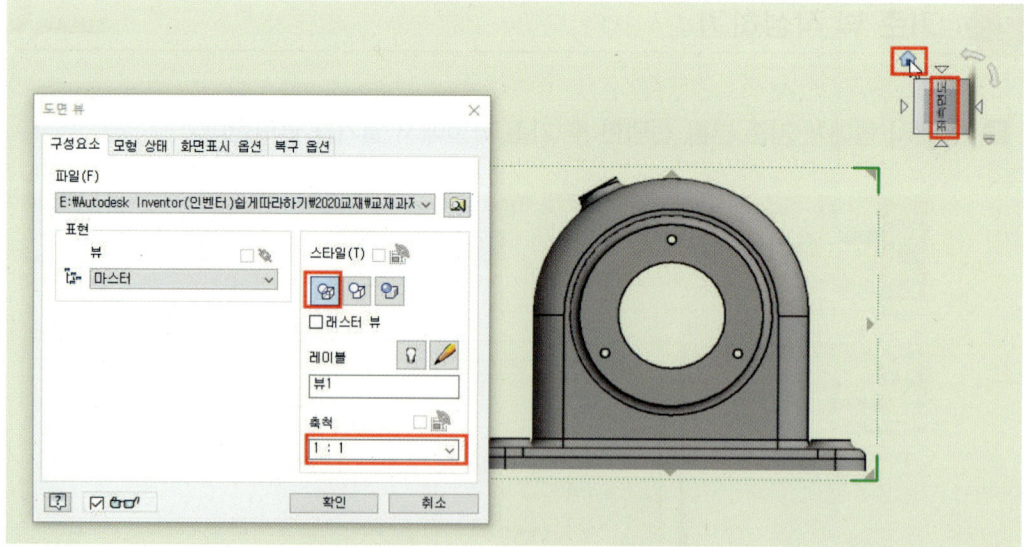

**4** 화면표시 옵션 탭에서 아래 그림처럼 설정하고 확인을 클릭한다.

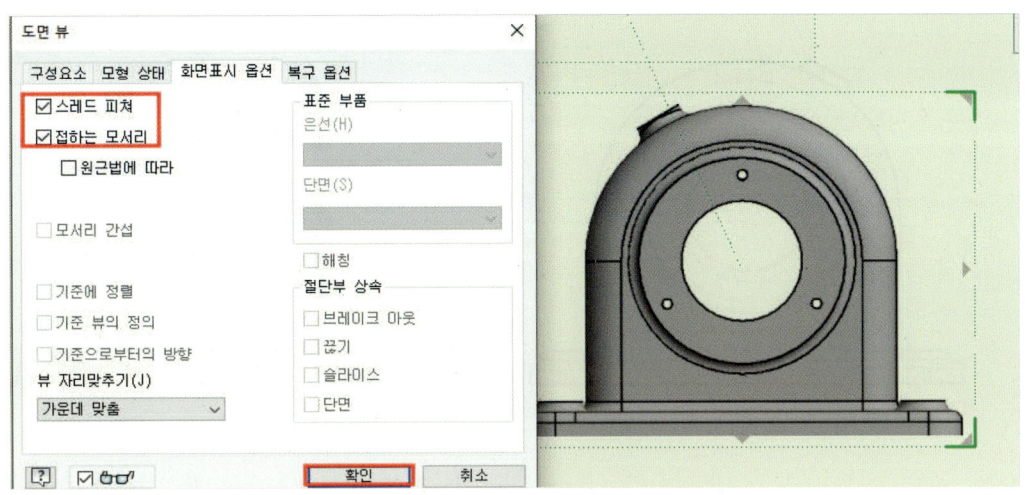

## 3. 투영 및 브레이크 뷰 작성하기

**1** 마우스 오른쪽을 선택하여 투영된 뷰를 선택한다. 또는 리본에서 뷰 배치 → 탭 작성 패널 → 투영을 차례로 클릭한다.

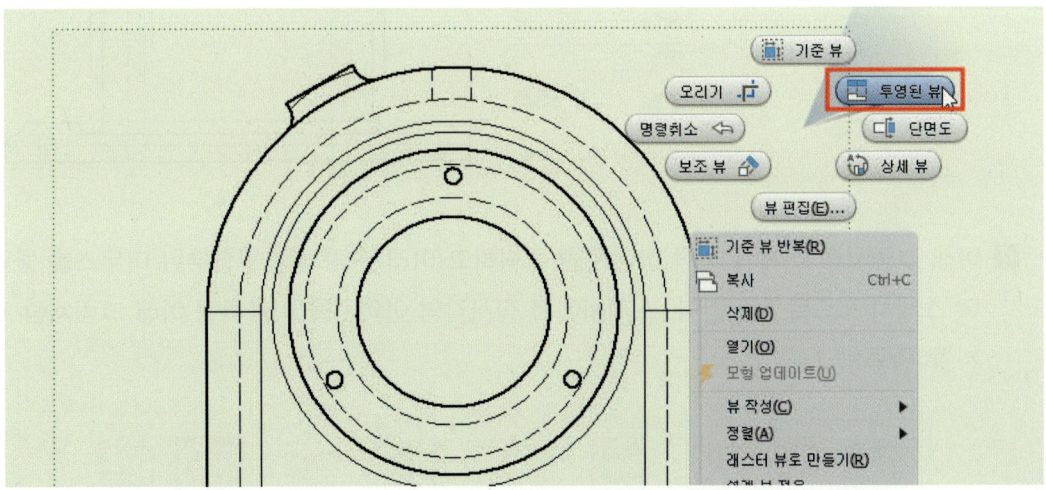

❷ 왼쪽으로 마우스 이동 후 적당한 위치에 선택 확인하고 작성을 클릭한다.

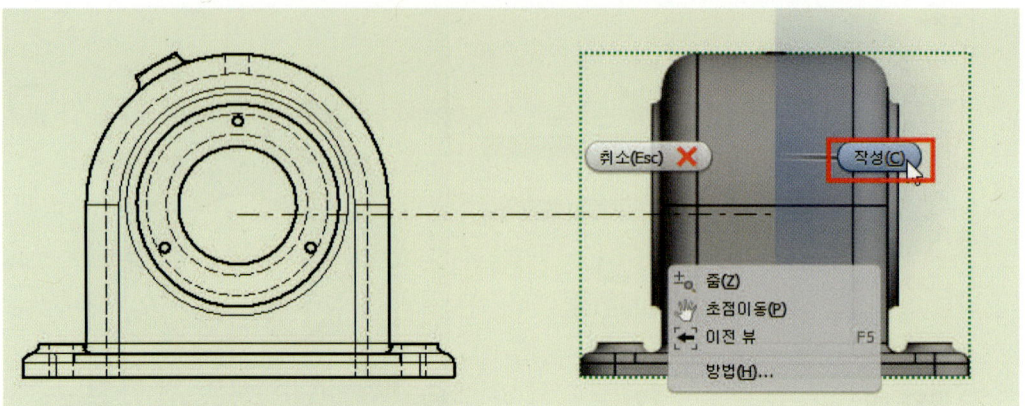

❸ 부분 단면으로 표현할 뷰를 화살표 방향 부위를 더블클릭하고 래스터 뷰를 체크한다.

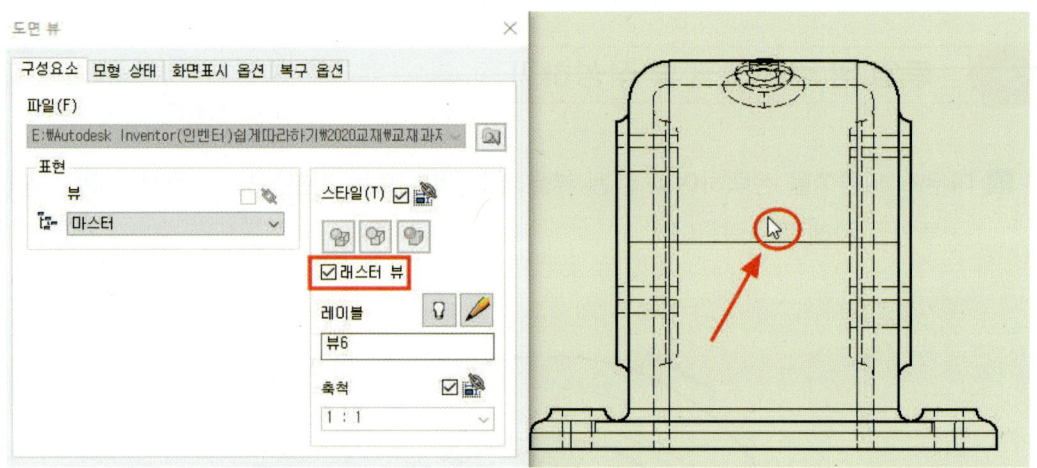

❹ 아래 그림처럼 스케치 시작 아이콘을 클릭하고 아래 그림처럼 원형부위 마우스를 클릭하여 스케치 모드로 들어간다. 스케치에서 직사각형 아이콘을 이용하여 아래 그림처럼 스케치 후 종료한다.

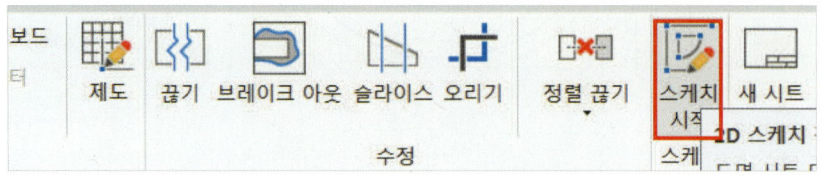

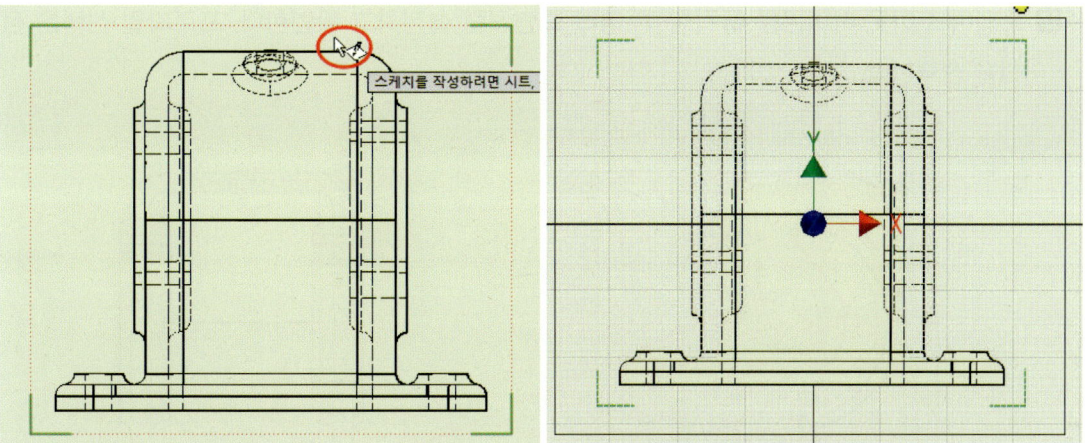

5️⃣ 브레이크 아웃 아이콘을 클릭하고 아래와 같이 설정하고 확인을 클릭한다.

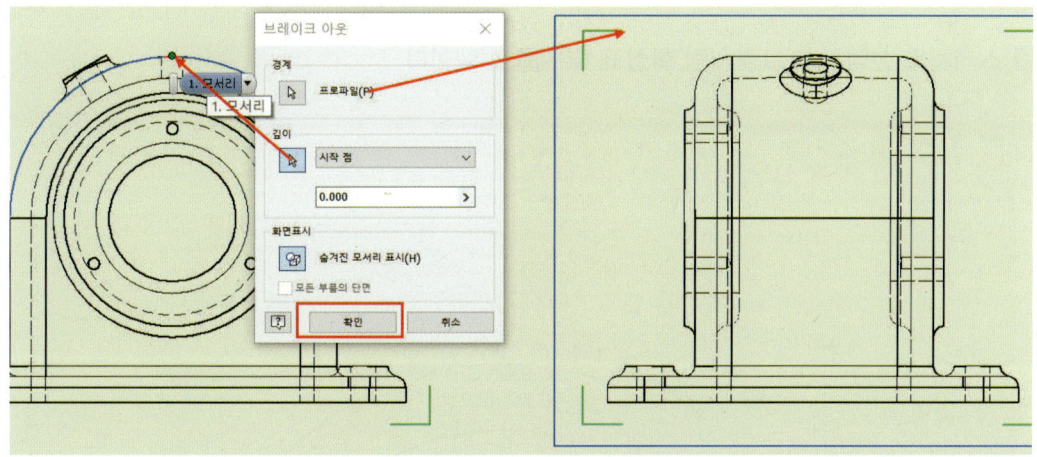

6️⃣ 화살표 부위를 선택한 후 스케치 시작을 클릭하고, 스플라인을 이용하여 아래 그림처럼 스케치하고 종료한다.

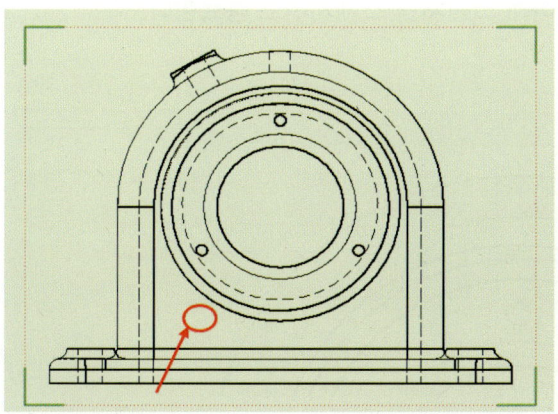
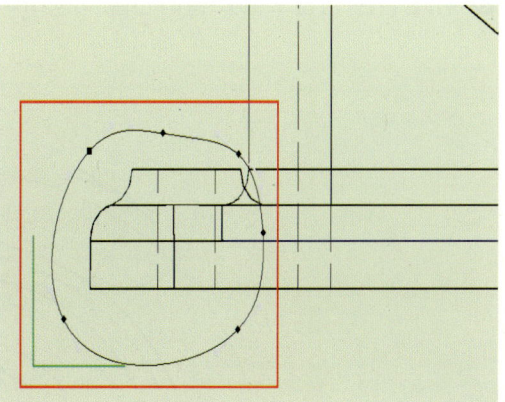

**7** 브레이크 아웃 아이콘을 클릭한 후 아래 그림처럼 설정하고 확인한다. 프로파일 선택은 점선을 선택한다.

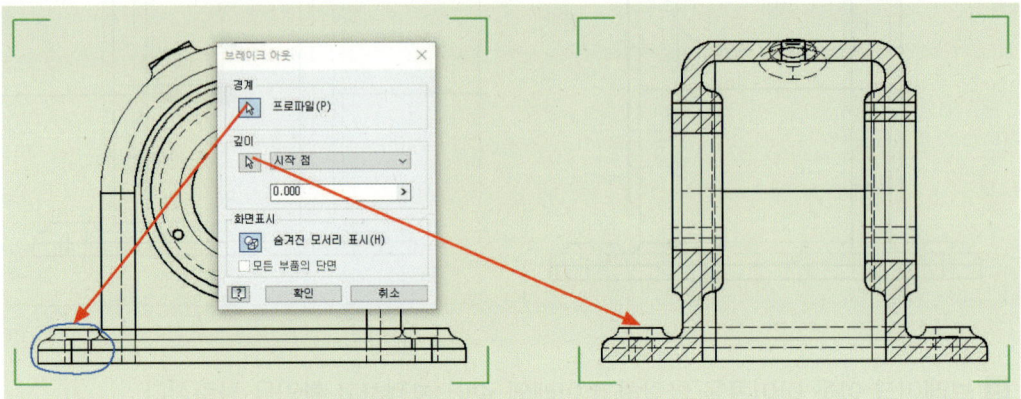

**8** 스케치를 선택하고 그림처럼 화살표 부위를 선택한다.

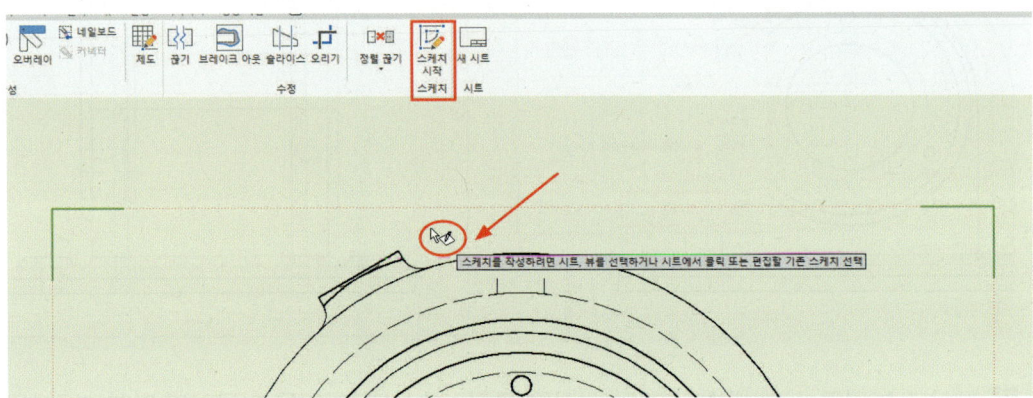

**9** 위와 같은 방법으로 스플라인을 이용하여 아래 그림처럼 스케치하고 종료한다.

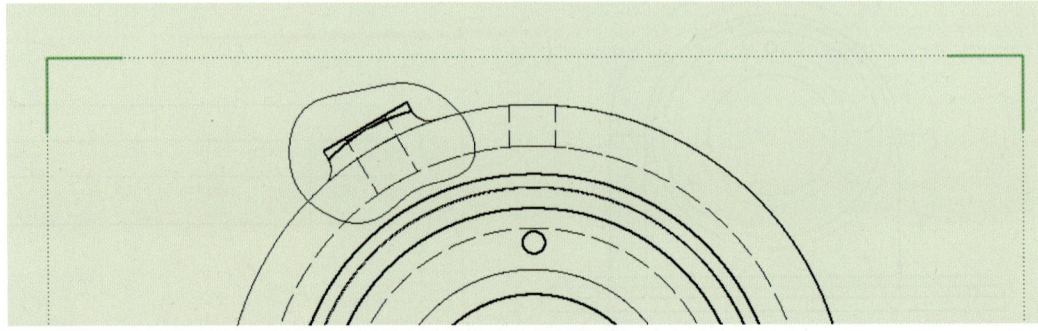

10 브레이크 아웃을 선택하고 화살표 점선 부위를 클릭한다.

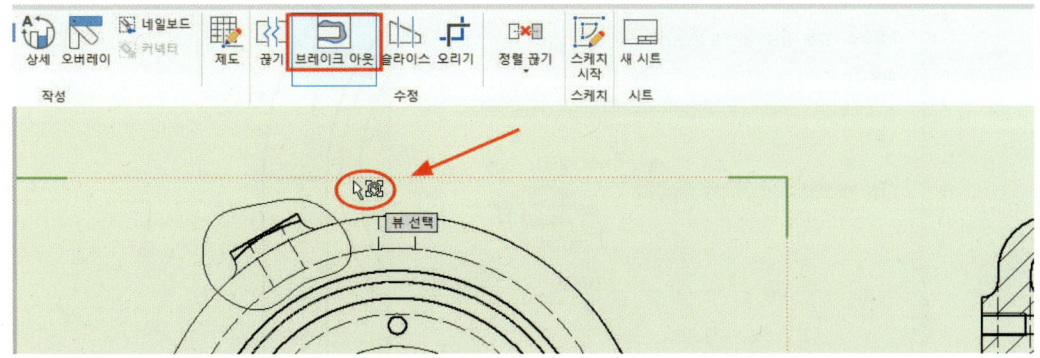

11 아래 그림처럼 프로파일은 점선을 선택하고, 시작점은 구멍의 중심을 선택한다.

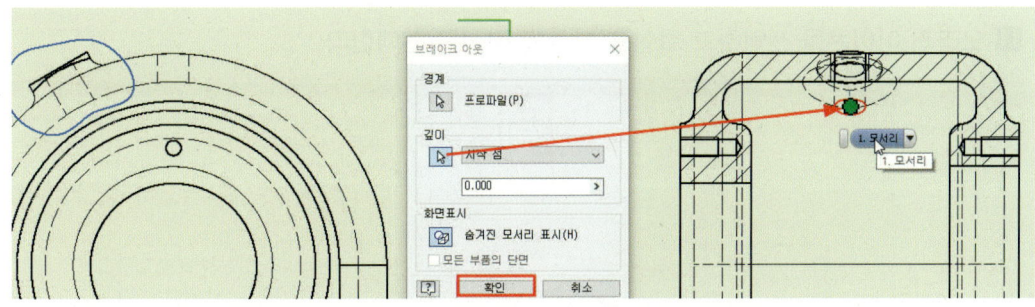

12 아래 그림처럼 마우스 오른쪽 그림을 이용하여 뷰 편집을 선택한다.

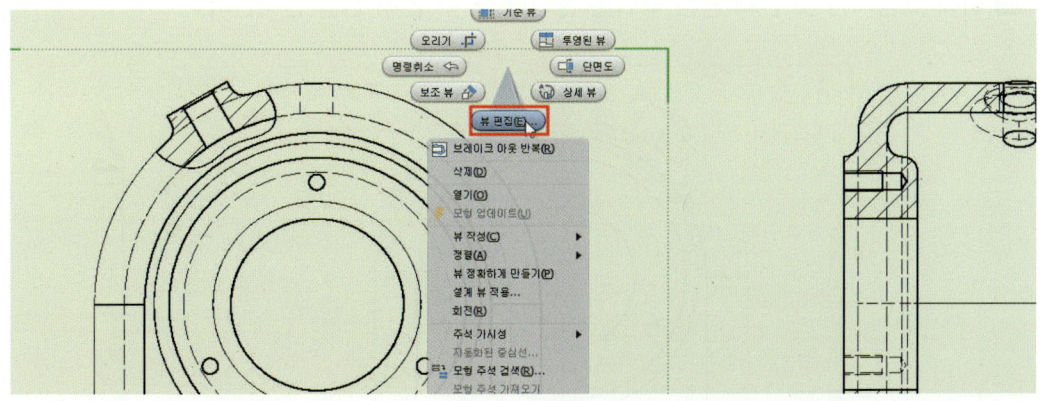

13 아래 그림처럼 은선 제거를 클릭하고 확인한다.

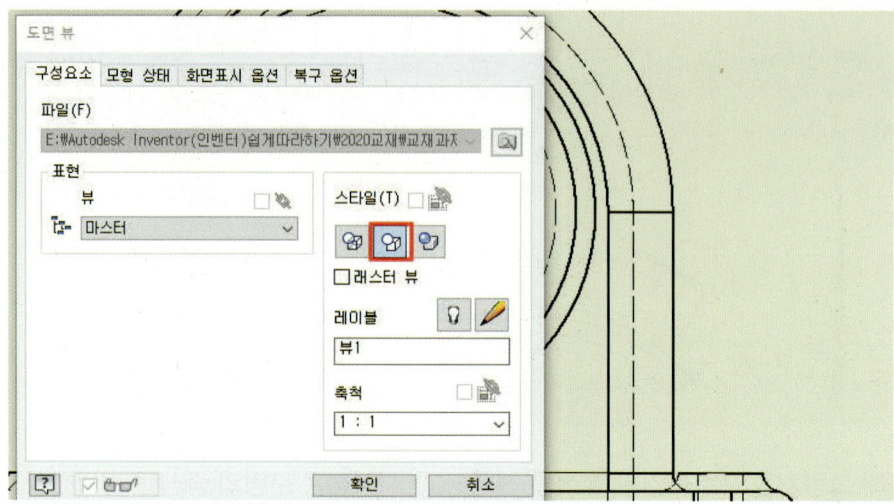

14 오리기 아이콘을 선택하고 화살표 부위의 점선을 선택한다.

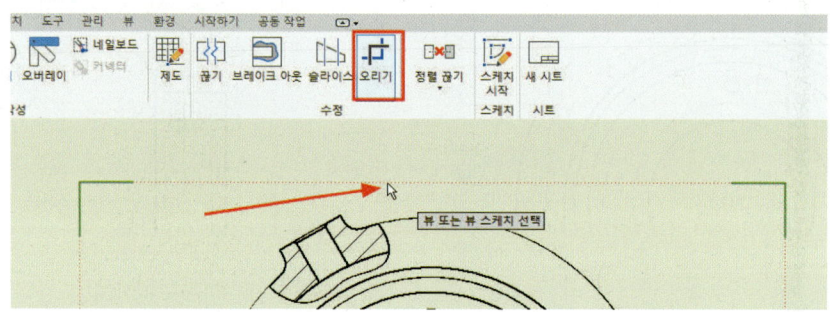

15 아래 그림처럼 첫 번째 중심 부위를 선택한 후 두 번째 점을 선택한다.

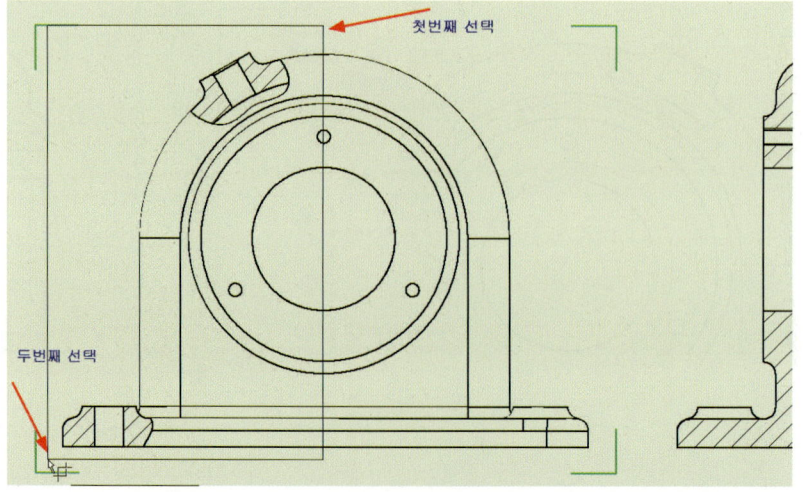

**16** 아래 그림처럼 결과물이 생성된다.

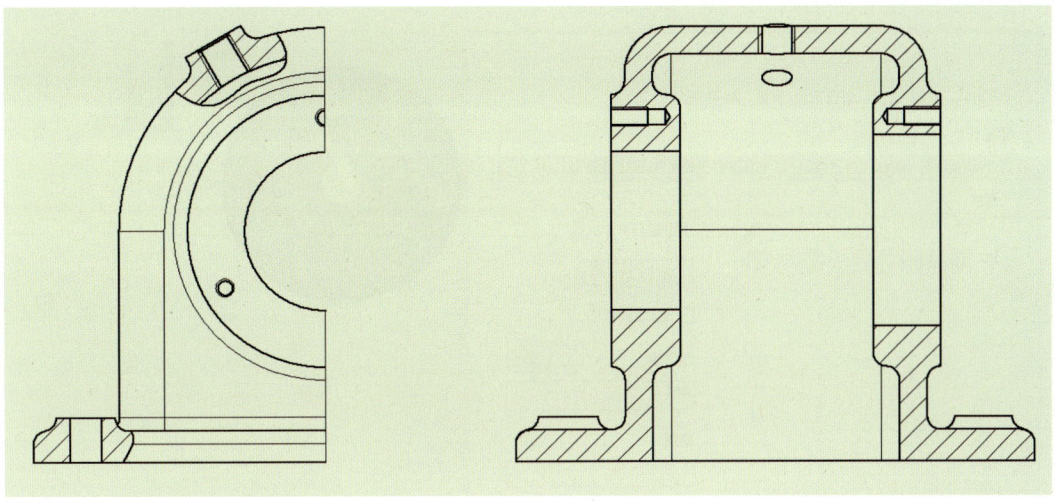

**17** 아래 그림처럼 불필요한 선을 선택하여 마우스 오른쪽을 클릭하여 가시성 체크를 해제한다.

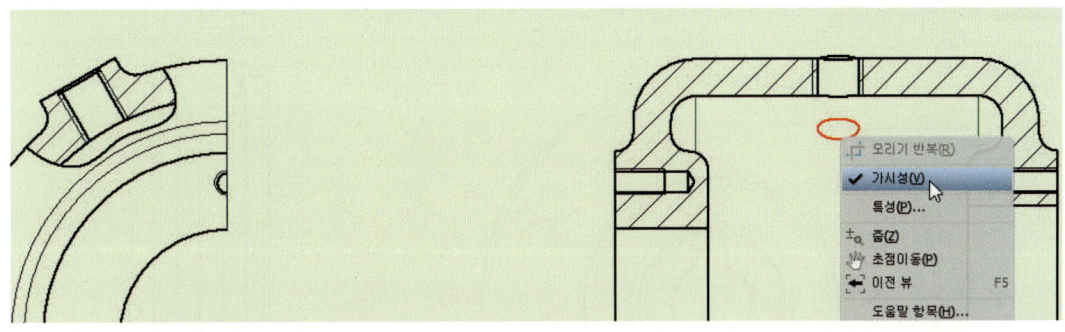

**18** 아래 그림처럼 설정하고 저장한다.

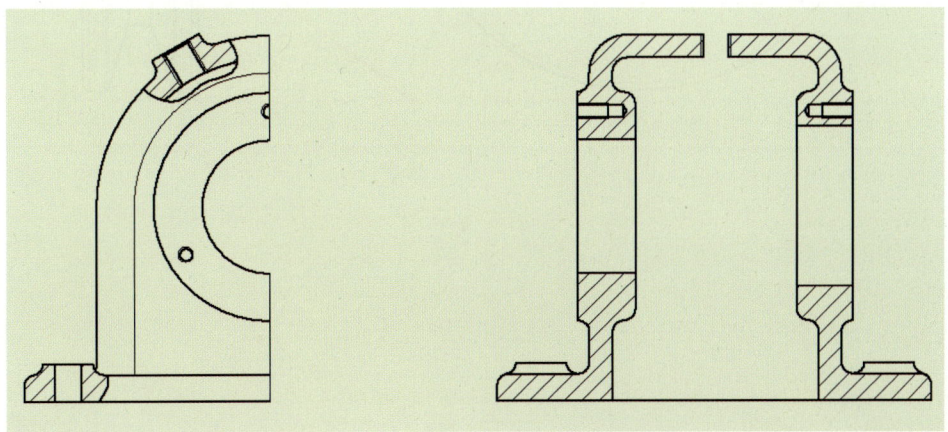

**19** 기준 뷰에서 풀리를 열기하고 아래 그림처럼 배치한다.

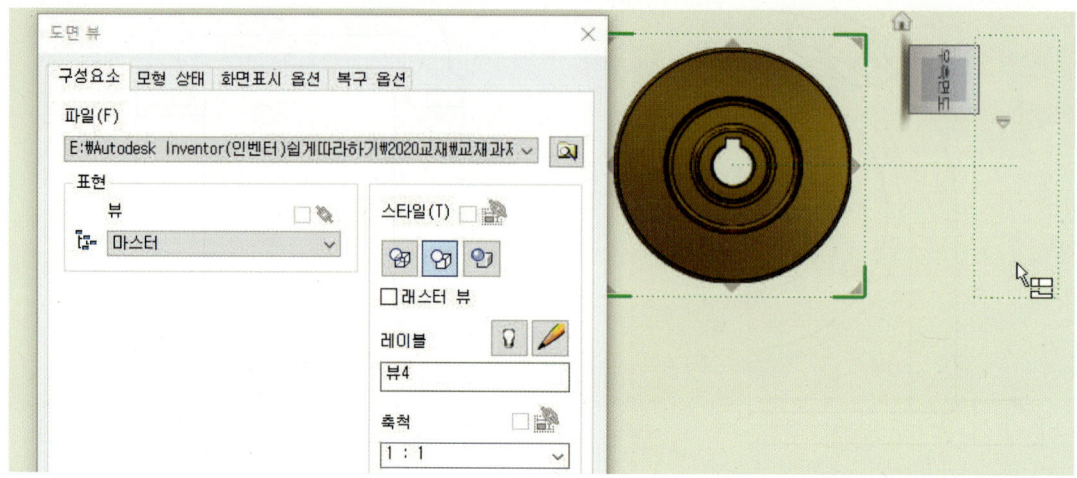

**20** 스케치 시작을 클릭하고 화살표 부위를 선택한다.

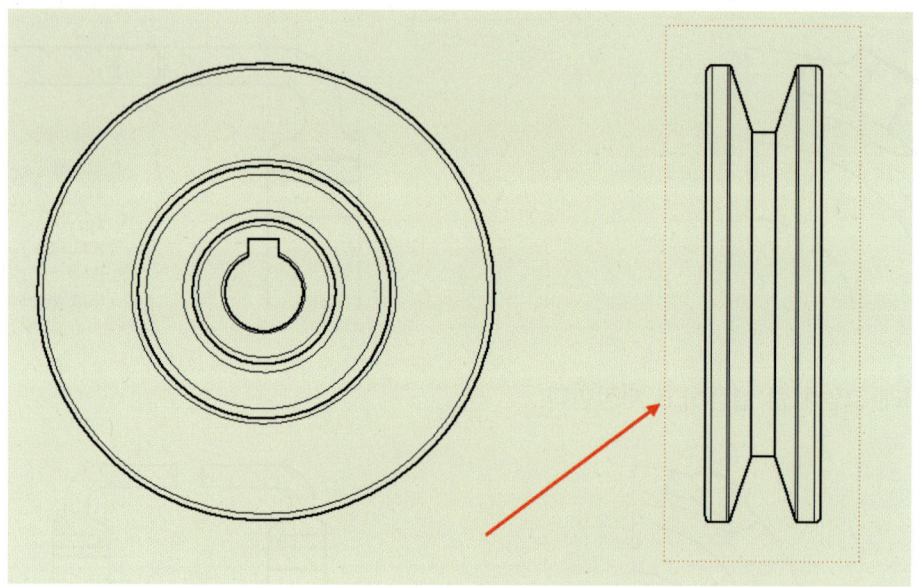

**21** 스케치 시작을 클릭하고 화살표 부위를 선택한다. 직사각형을 그리고 종료한다.

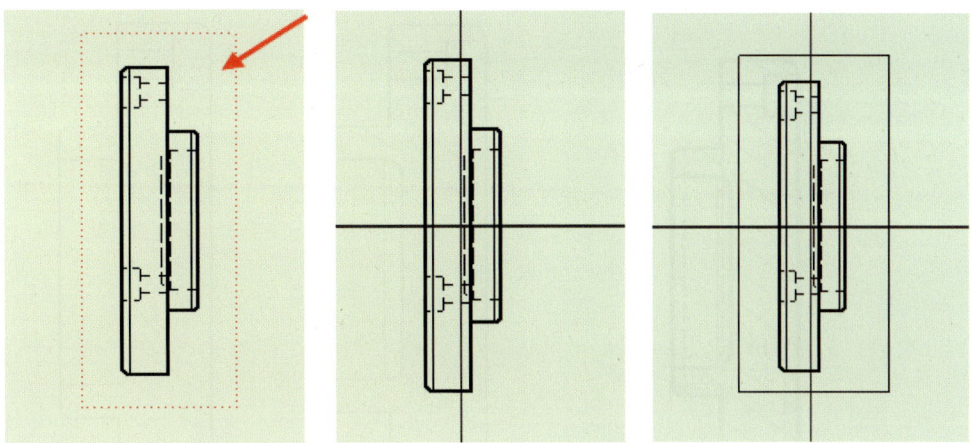

**22** 아래 그림처럼 설정하고 확인한다.

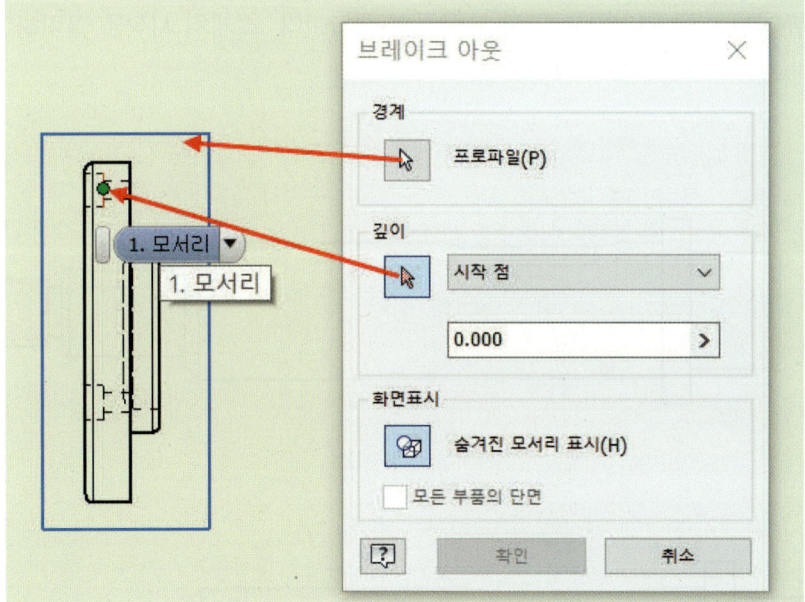

**23** 뷰 편집에 은선 제거로 변환하고 가시성 체크를 해제한다.

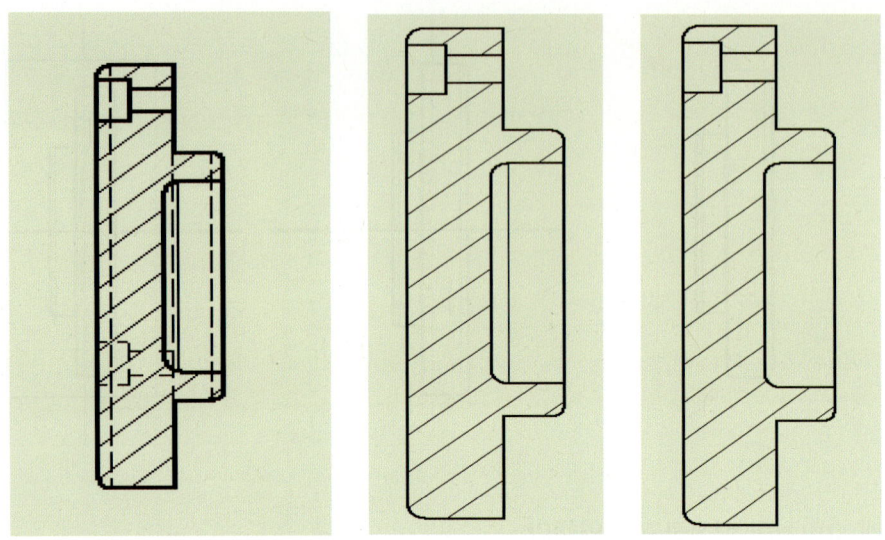

**24** 기준 뷰에서 축을 열기하고 아래 그림처럼 배치한다. 스케치 시작을 클릭하고 점선 부위를 선택한다.

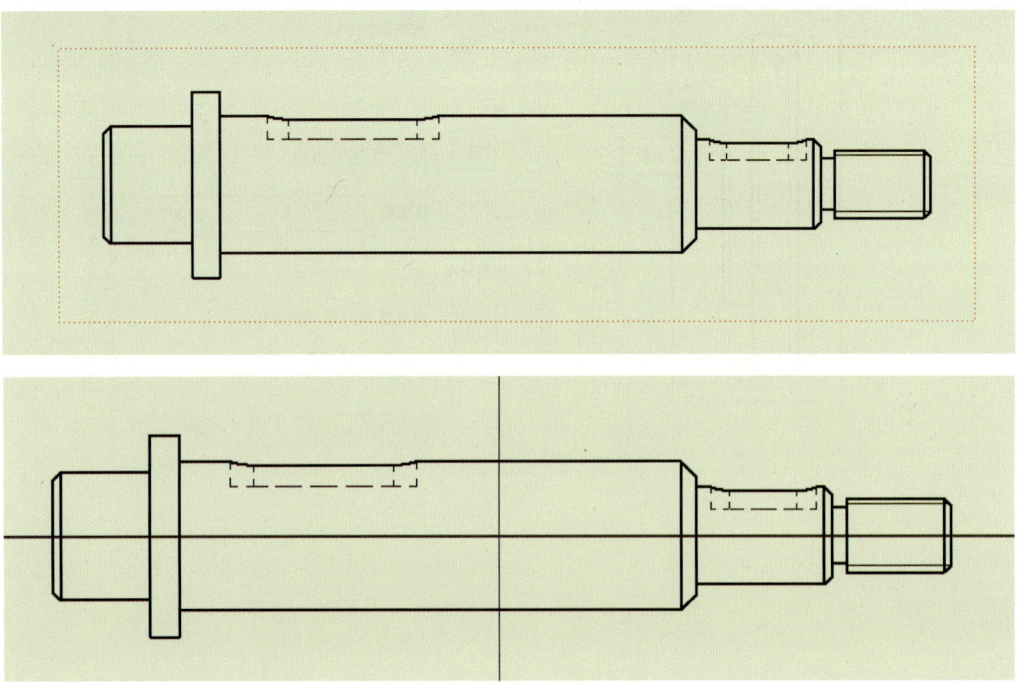

**25** 스플라인을 이용하여 아래 그림처럼 스케치하고 종료한다.

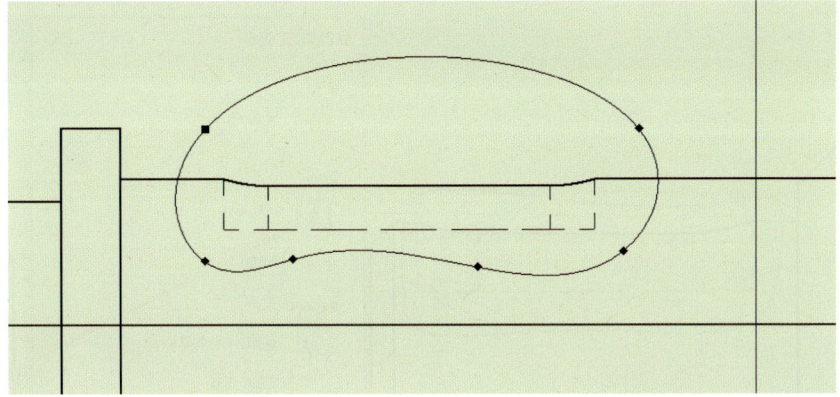

**26** 아래 그림처럼 설정하고 확인한다.

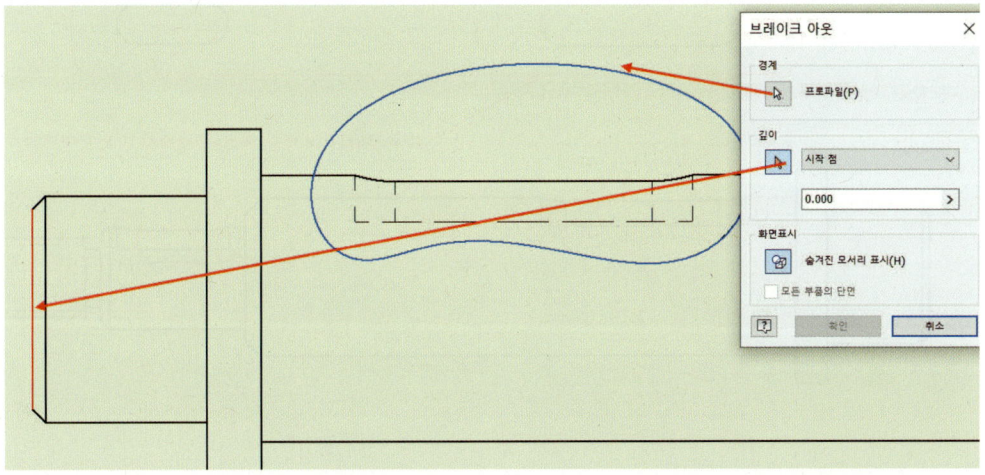

**27** 위와 같은 방법으로 스케치에서 스플라인을 이용하여 아래 그림처럼 스케치하고 종료한다.

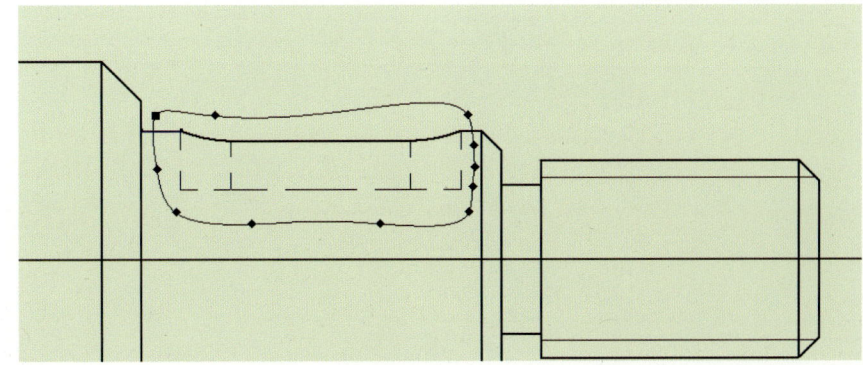

㉘ 아래 그림처럼 설정하고 확인한다. 프로파일은 점선을 선택한다.

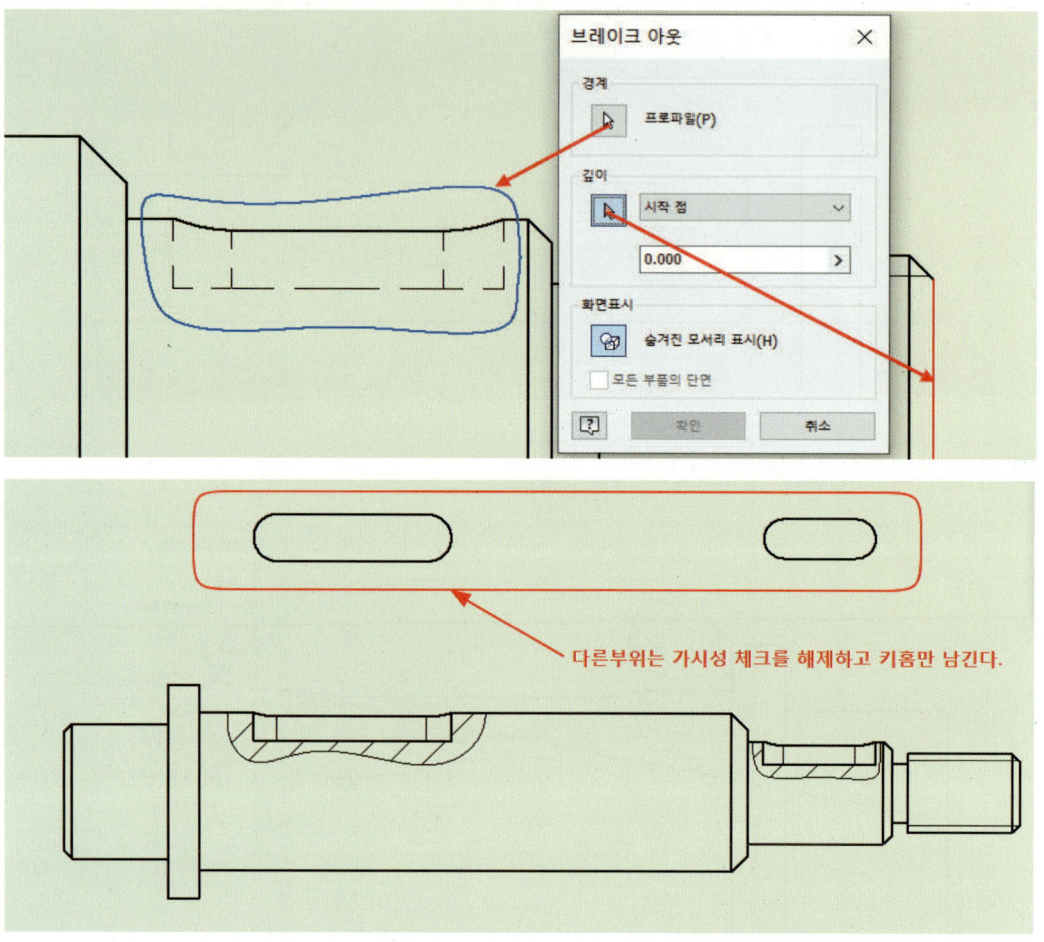

㉙ 기어, 커버 등 다른 부품도 기준 뷰에서 열기하고, 위와 같은 방법으로 작업한다.

## 4. 상세 뷰 작성하기

**1** 상세 뷰 아이콘을 선택하고 점선을 선택한다.

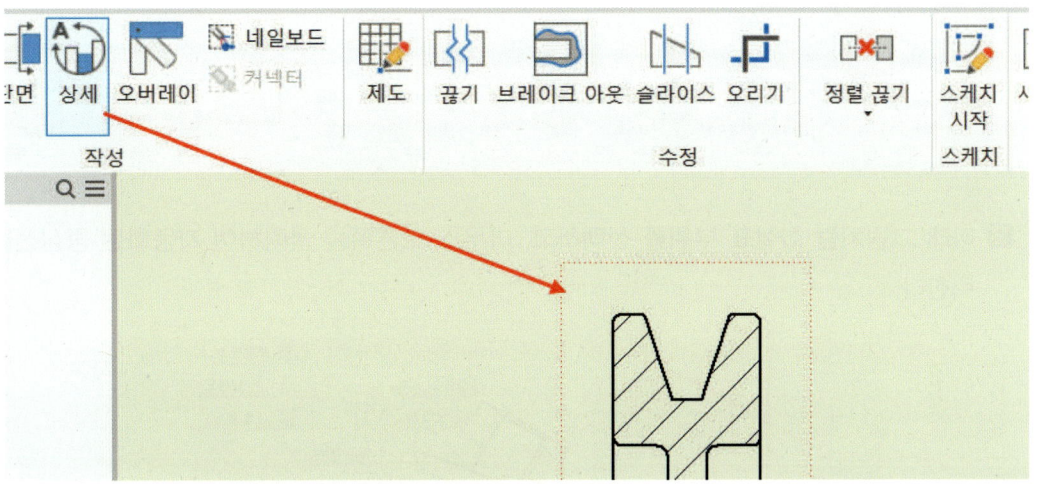

**2** 아래와 같이 설정하고 화살표 방향으로 원을 그린다.

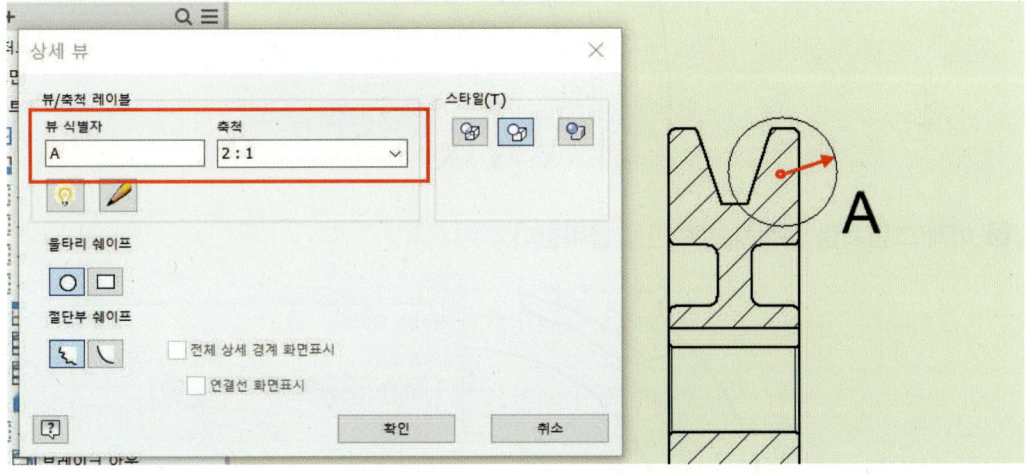

## 5. 중심선 작업하기

1. 투상도에 중심선을 삽입한다. 수동과 뷰 선택 후 마우스 오른쪽 클릭하여 자동화된 중심선을 사용한다.

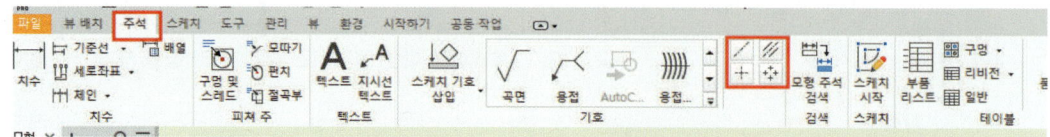

2. 아래 그림처럼 화살표 부위를 선택하고, 마우스 오른쪽을 클릭하여 자동화된 중심선을 클릭한다.

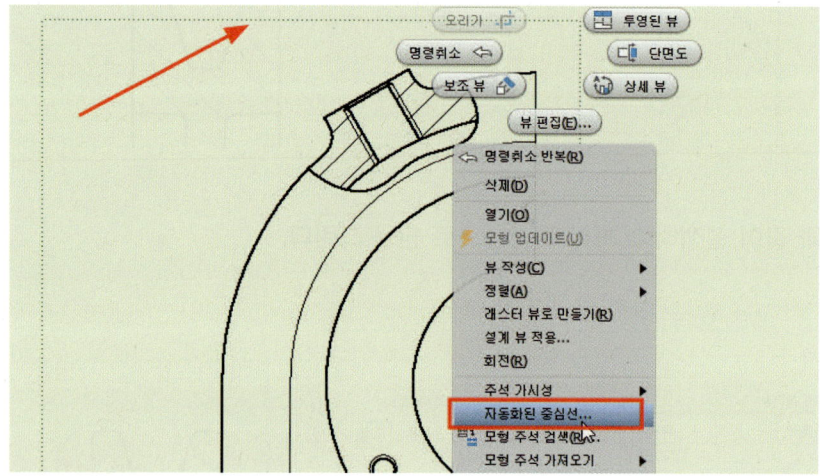

3. 아래 그림처럼 설정하고 확인을 클릭한다.

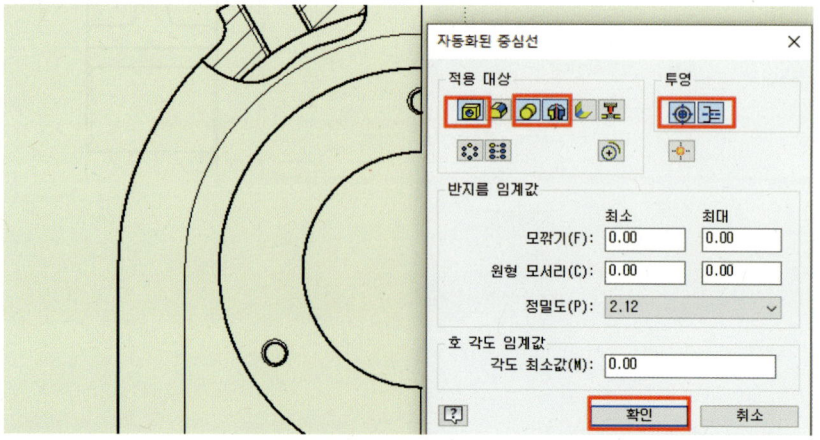

4 아래 그림처럼 녹색점을 선택하여 마우스를 끌어서 당긴다.

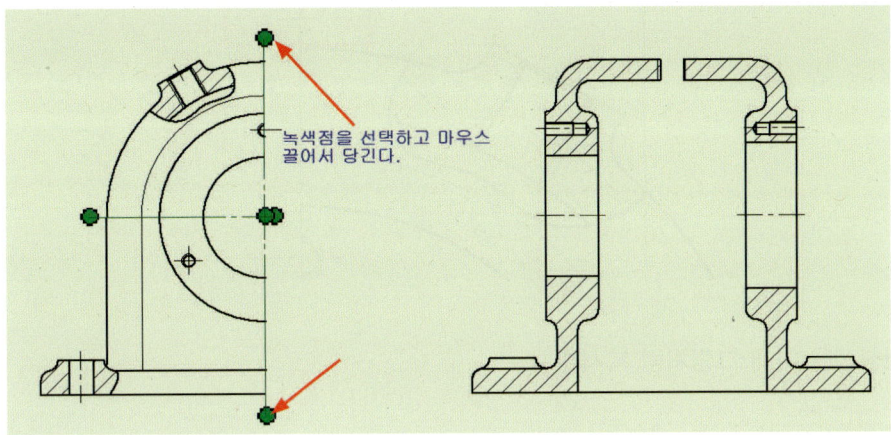

5 아래 그림처럼 스케치를 한다.

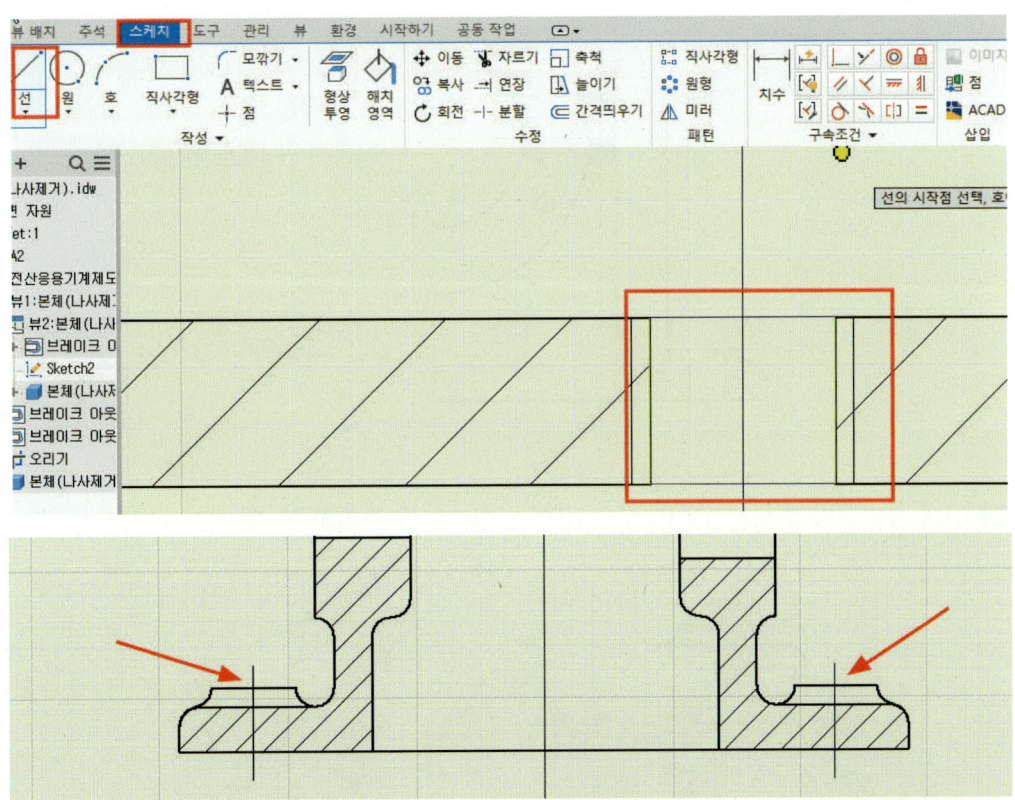

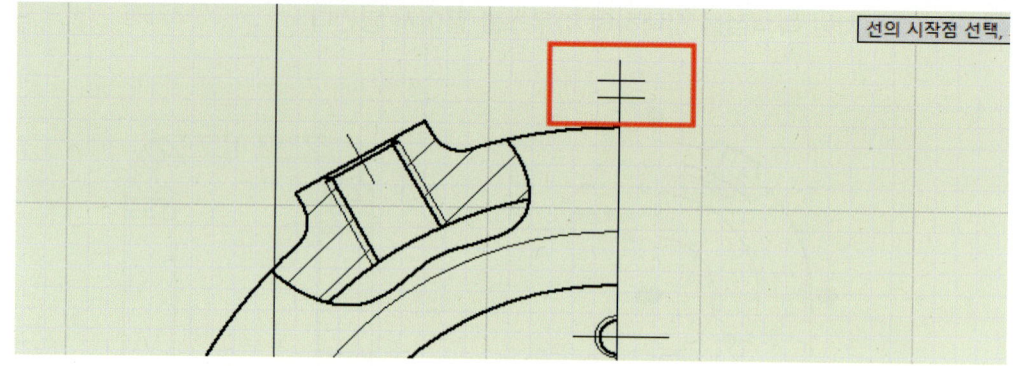

6 대칭선을 아래 그림처럼 복사한다.

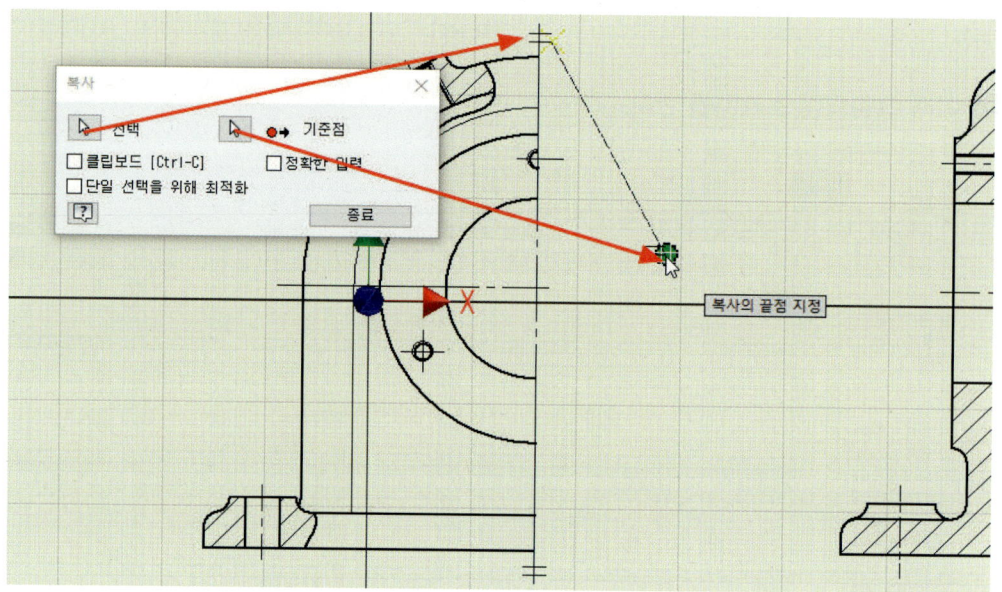

7 아래 그림처럼 중심선을 선택하고 마우스 오른쪽을 클릭한 후 특성을 선택한다.

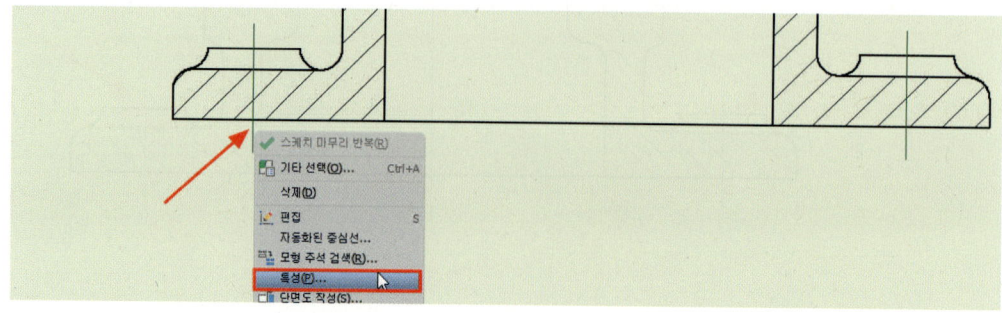

8 아래 그림처럼 특성으로 변경한다.

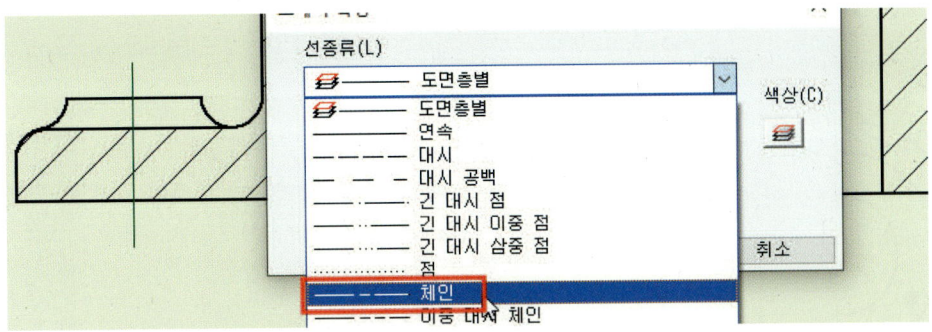

9 아래 그림처럼 중심선 기입을 완성한다. 다른 부품도 같은 방법으로 완성한다.

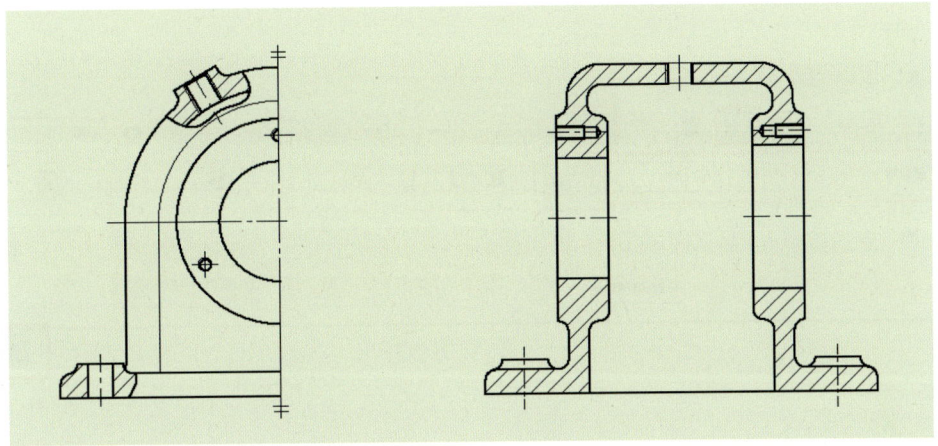

## 6. 치수 기입하기

1 주석 탭에서 치수 아이콘을 클릭한다.

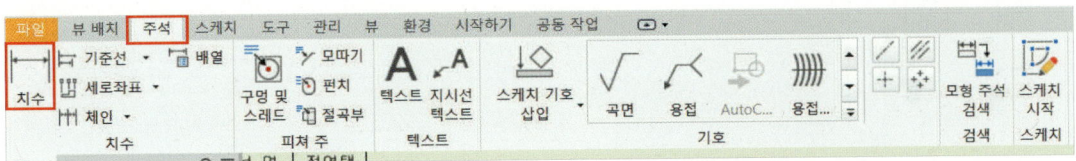

❷ 아래와 같이 설정하고 텍스트 편집기 시작( ✏ ) 아이콘을 선택한다.

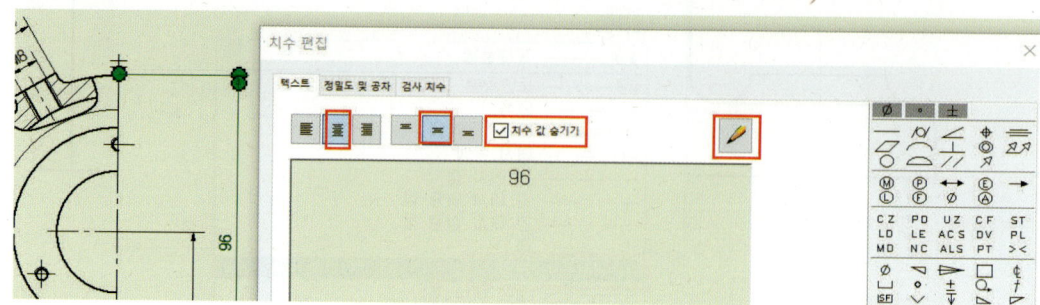

❸ 아래와 같이 설정한다.

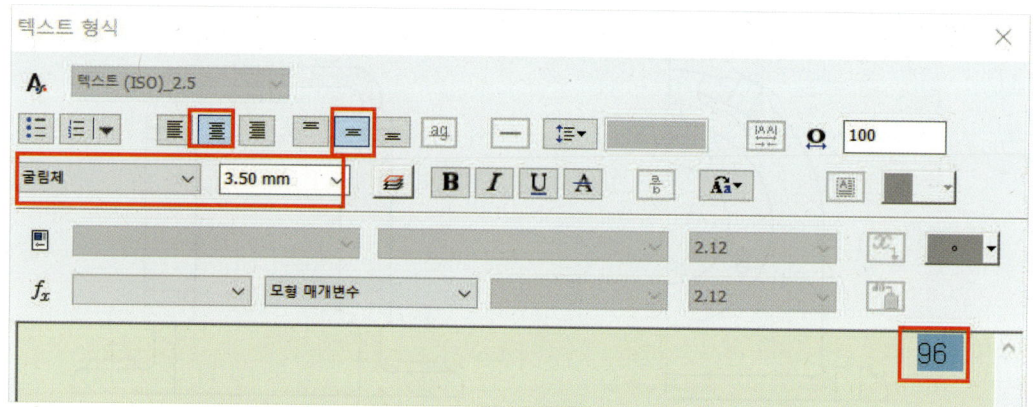

❹ 아래와 같이 설정한다.

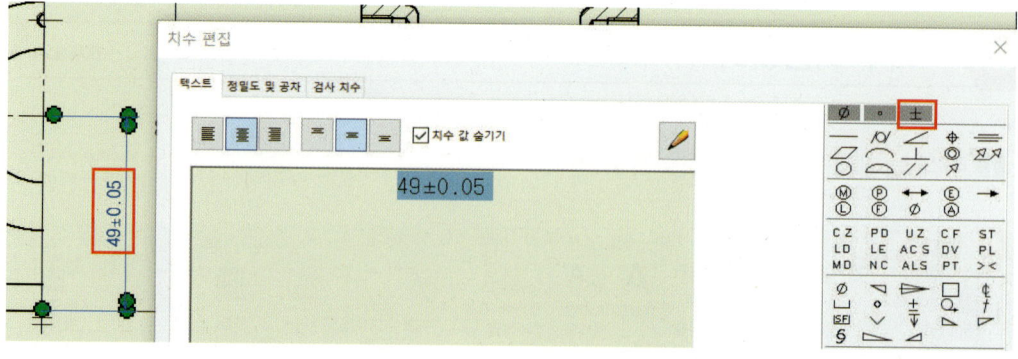

**5** 아래 그림처럼 마우스 오른쪽 클릭하여 치수보조선 숨기기를 한다.

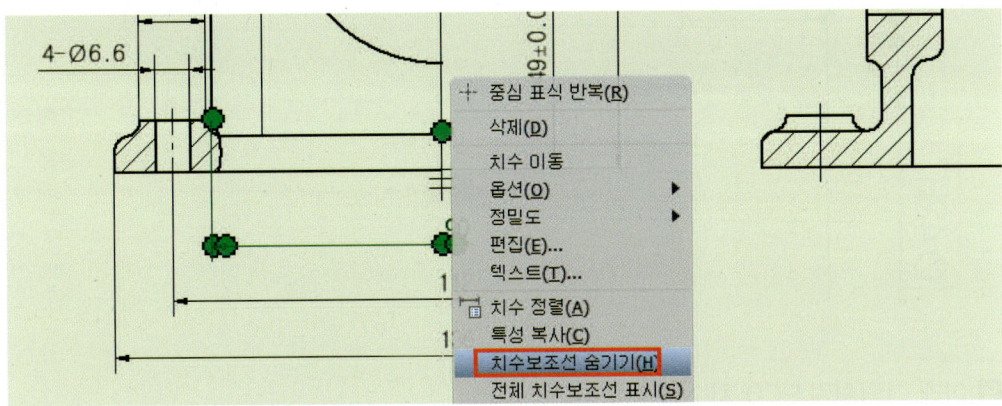

**6** 아래 그림처럼 두 번째 화살촉 내부 체크를 해제한다.

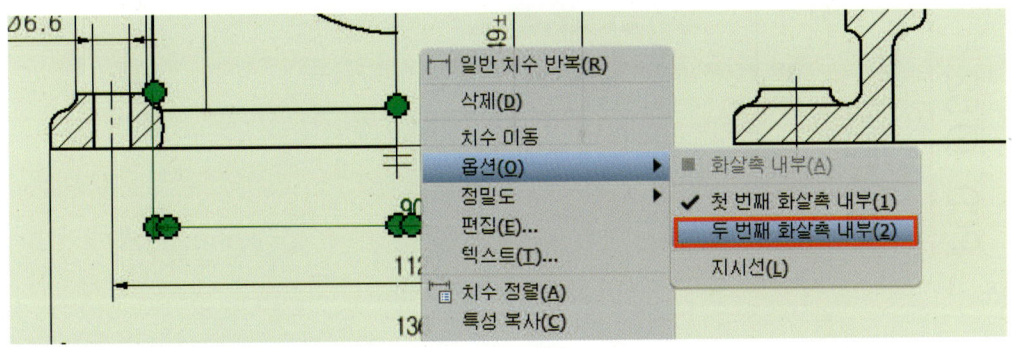

**7** 아래 그림처럼 치수를 기입한다.

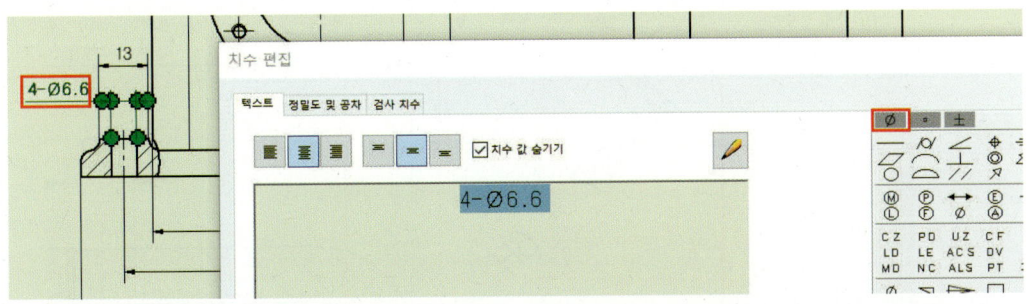

**8** 아래 그림처럼 공차를 기입한다.

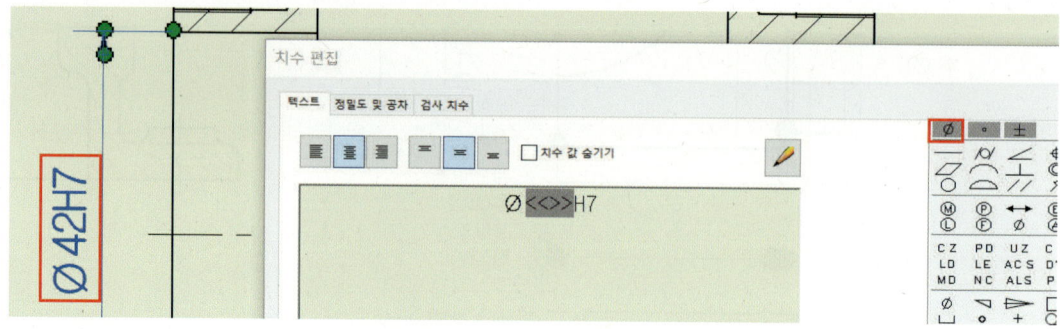

**9** 아래 그림처럼 PCD 치수를 기입한다.

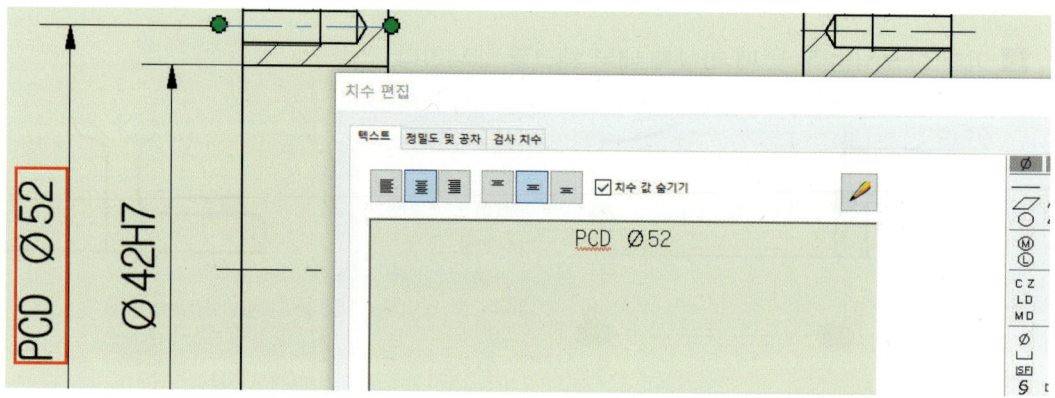

**10** 아래 그림처럼 나사 치수를 기입한다.

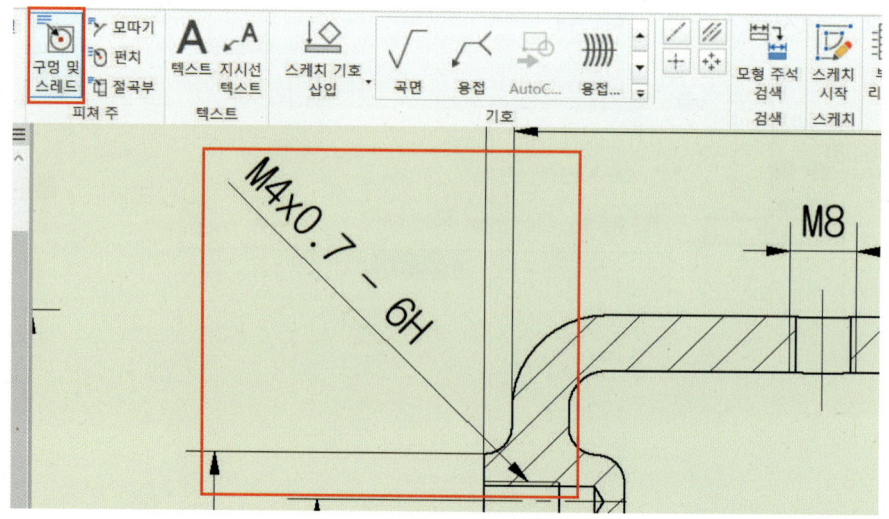

**11** 아래 그림처럼 본체 치수기입을 완성한다.

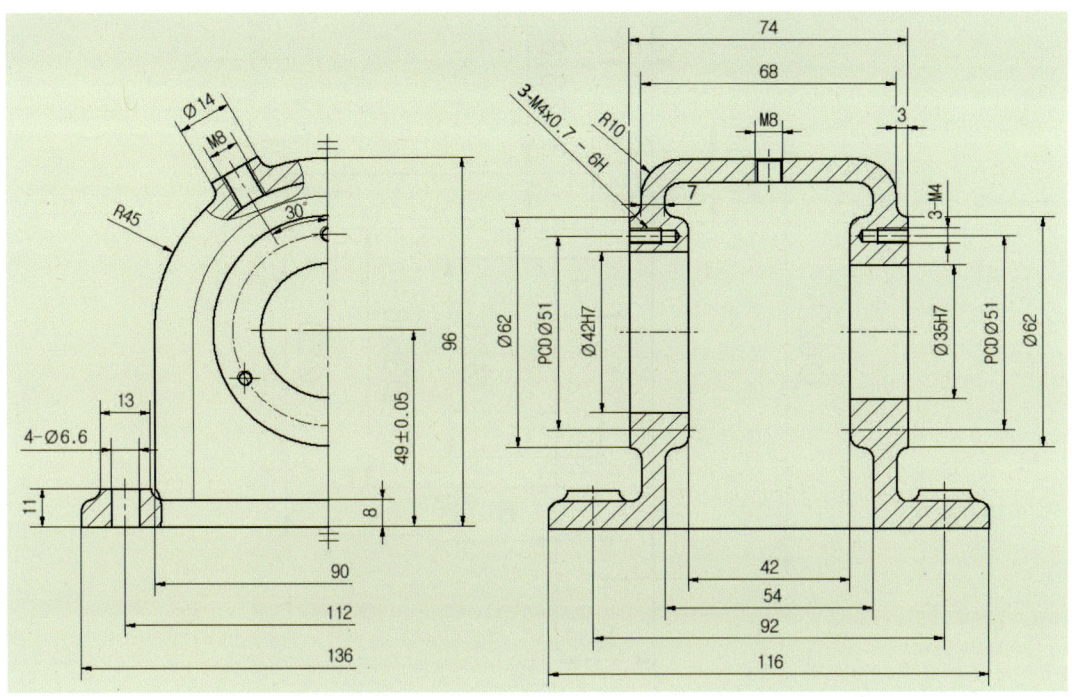

**12** 아래 그림처럼 스퍼기어 치수기입을 완성한다.

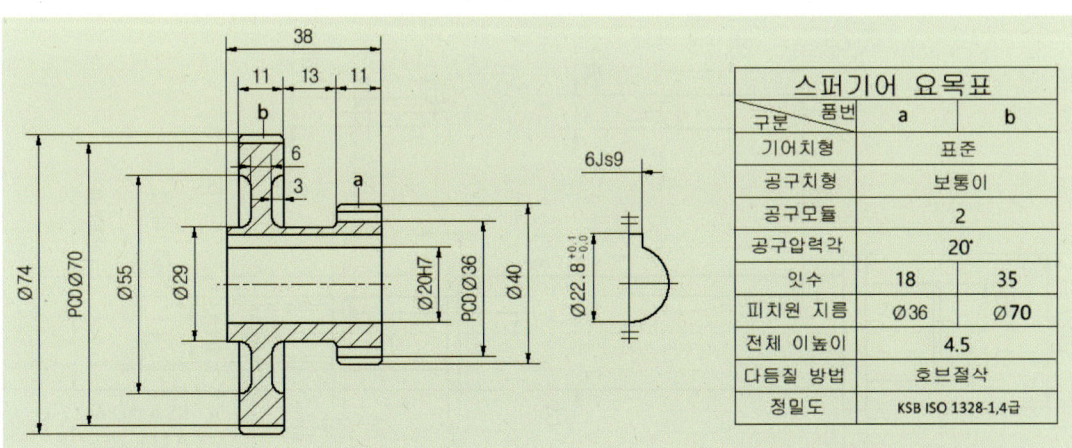

**13** 아래 그림처럼 커버 치수기입을 완성한다.

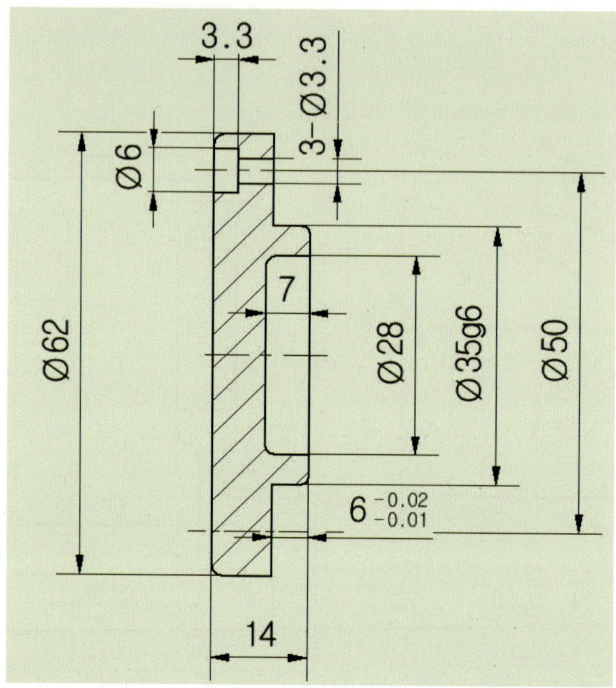

**14** 아래 그림처럼 축 치수기입을 완성한다.

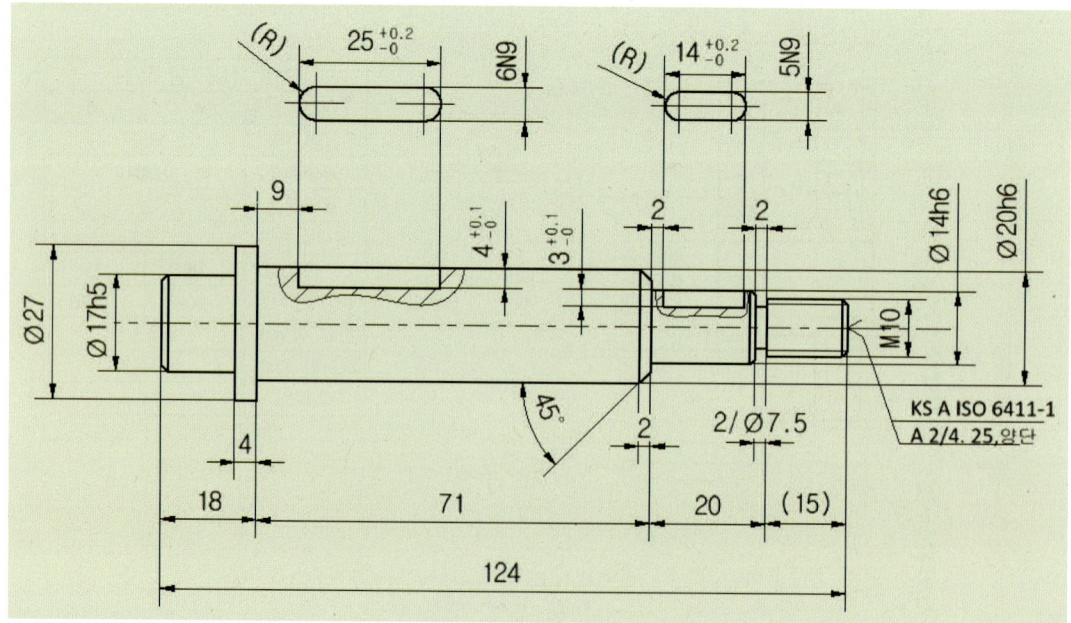

## 7. 표면거칠기 및 기하공차 기입하기

**1** 관리에서 스타일 및 표준 편집기를 선택하여 아래와 같이 설정한다.

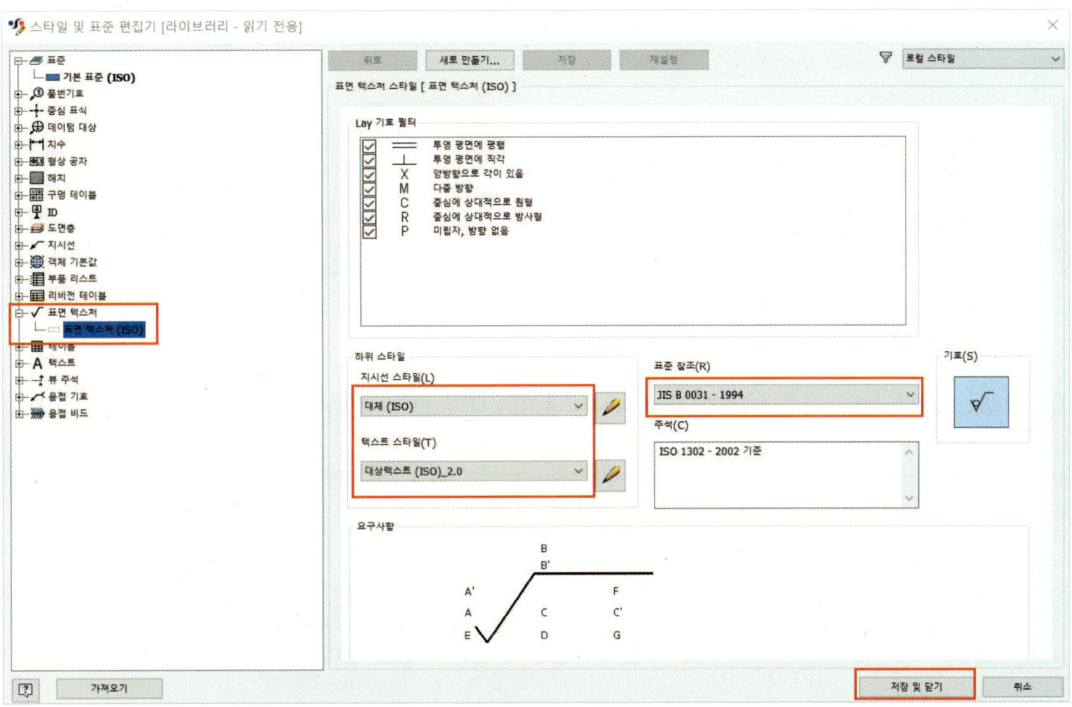

**2** 주석 탭에서 곡면 아이콘을 선택하여 아래와 같이 설정한다.

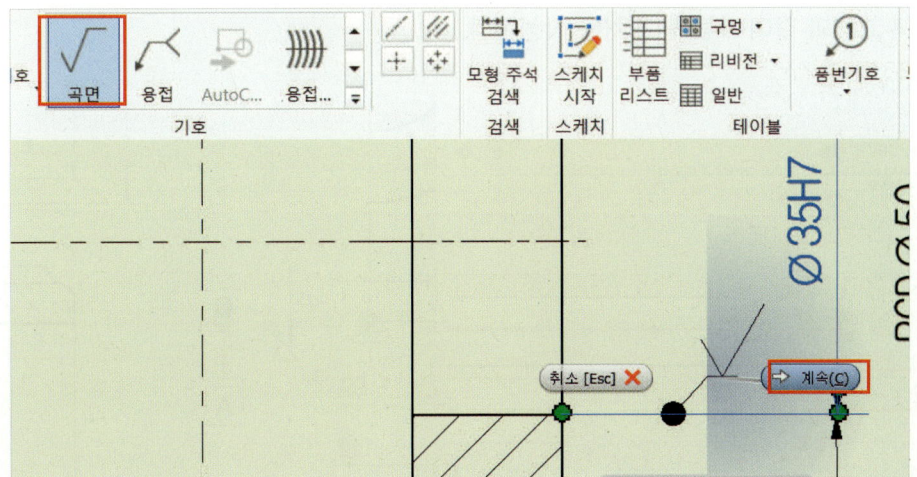

CHAPTER 9 2D 도면작업 따라 하기 | 545

3 아래 그림과 같이 표면 텍스처(Ra 값으로)를 수정하여 확인 버튼을 클릭한다.

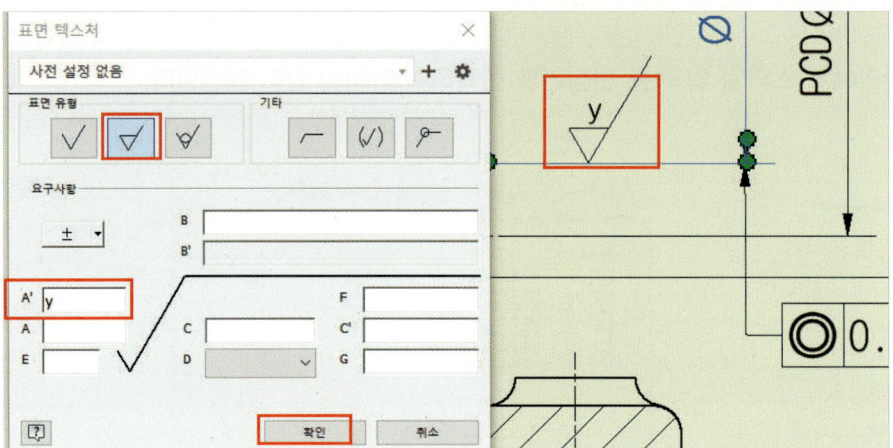

4 아래 그림과 같이 치수 보조선 끝점을 선택하고 마우스 방향을 밑으로 설정하고 계속한다.

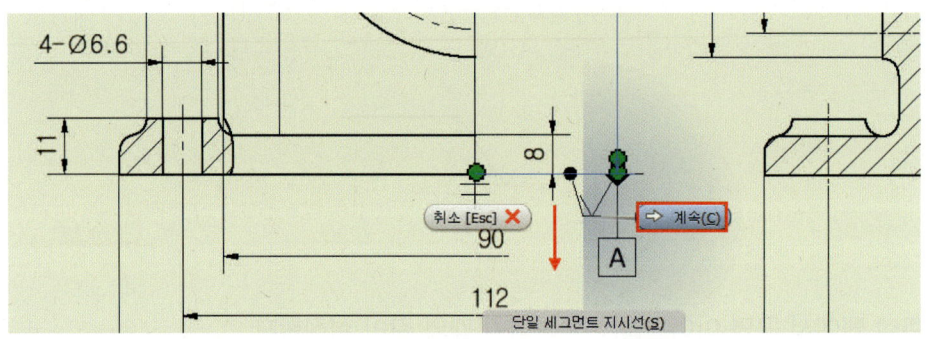

5 아래 그림과 같이 표면 텍스처를 작성한다.

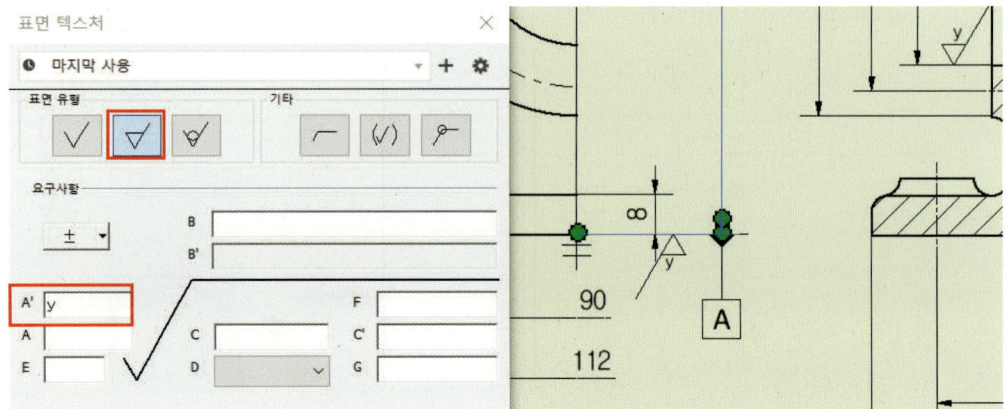

6 마우스를 치수 보조선에 일치하고 클릭한다.

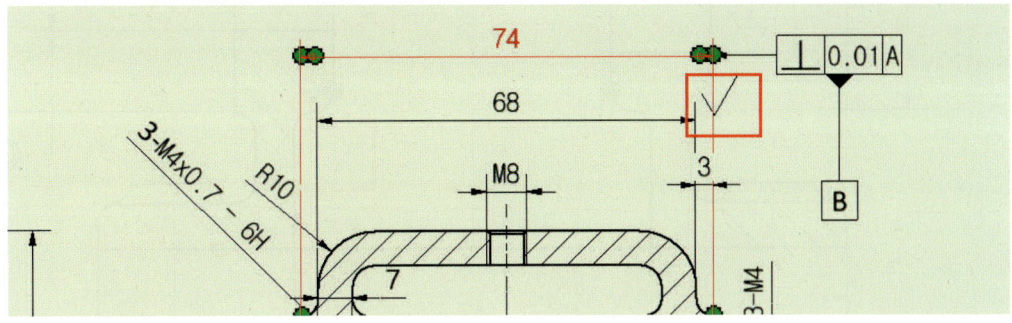

7 마우스 오른쪽 버튼을 클릭하여 계속을 선택한다.

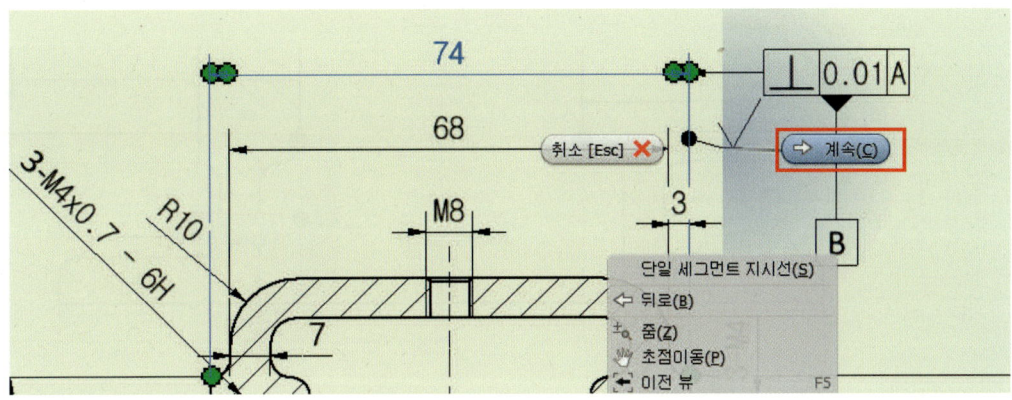

8 아래 그림과 같이 표면 텍스처를 작성한다.

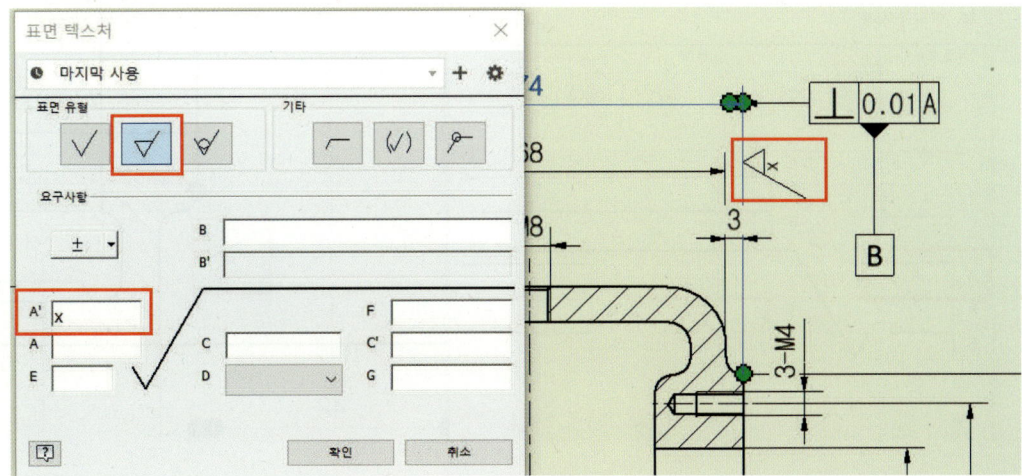

9 마우스를 치수 보조선에 일치하고 클릭한다.

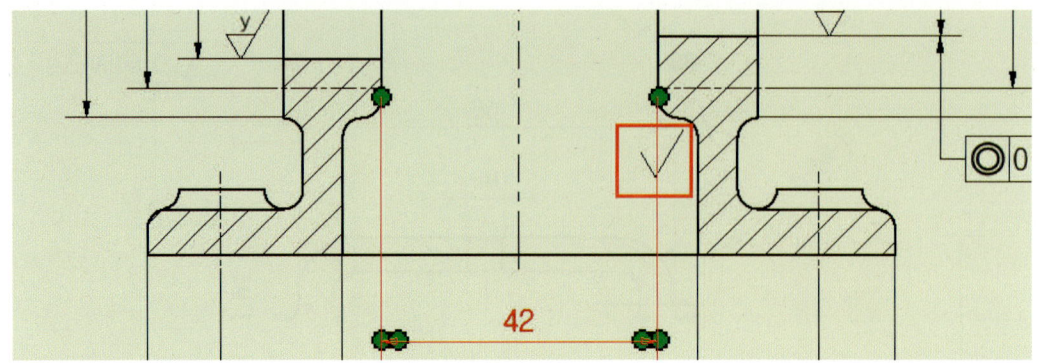

10 마우스를 안쪽으로 선택하고 계속을 클릭한다.

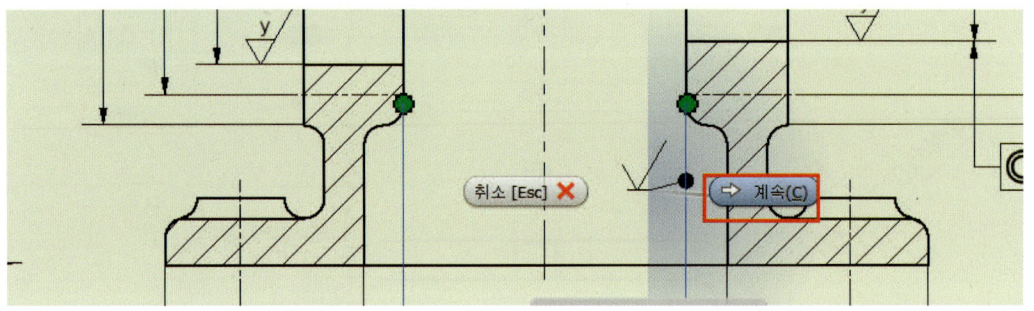

11 아래 그림과 같이 표면 텍스처를 작성한다.

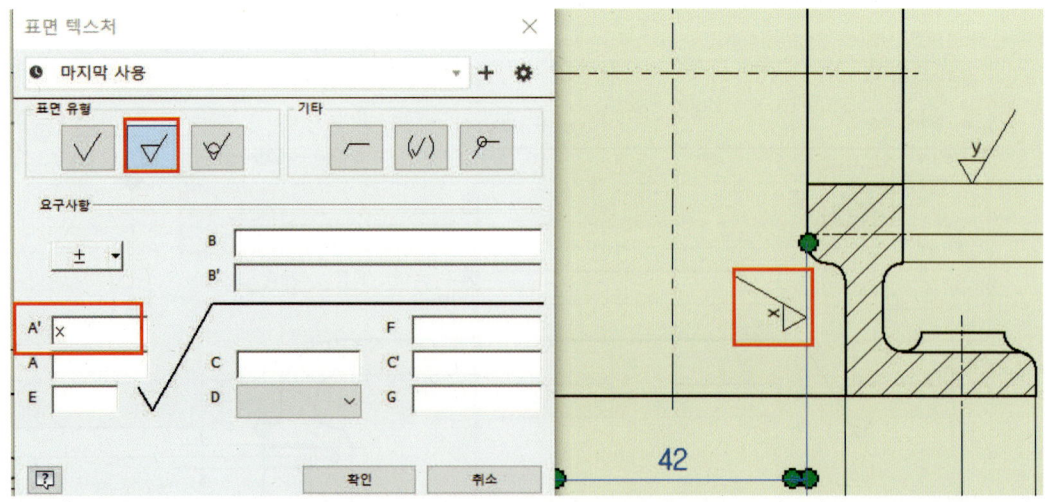

12 아래 그림과 같이 표면 텍스처를 작성한다.

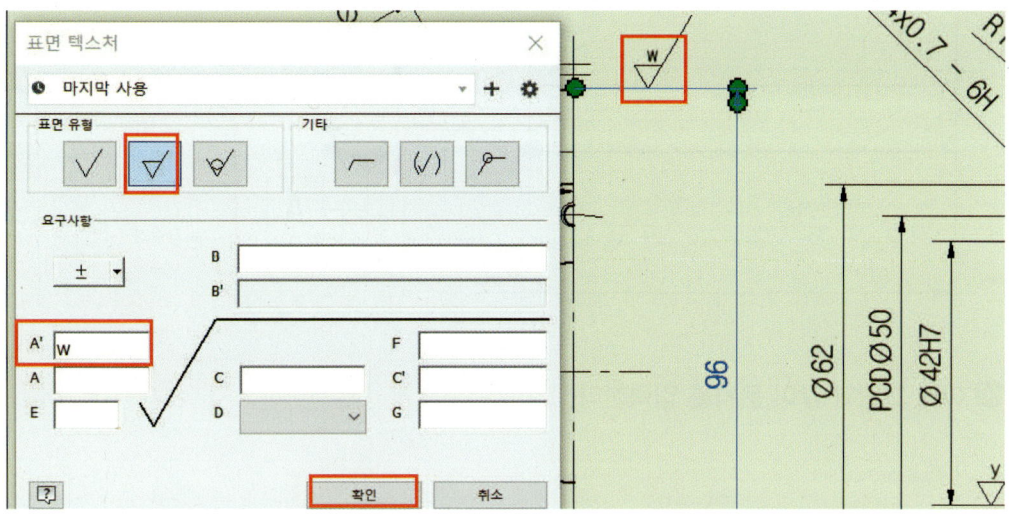

13 주석 탭의 기호에서 데이텀 기호를 선택한다.

14 마우스를 치수 보조선에 일치하고 클릭한다.

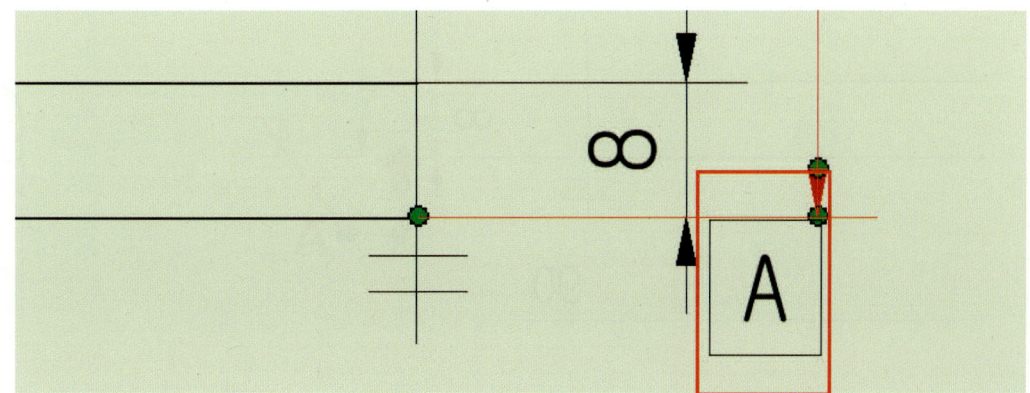

15 마우스를 이용하여 방향을 선택한다.

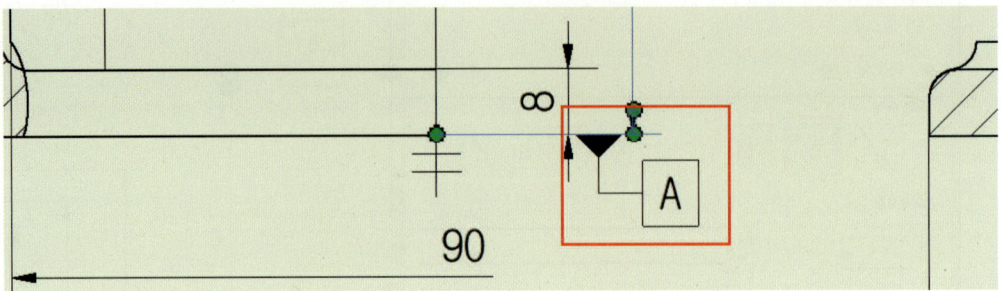

16 아래 그림과 같이 문자를 입력한다.

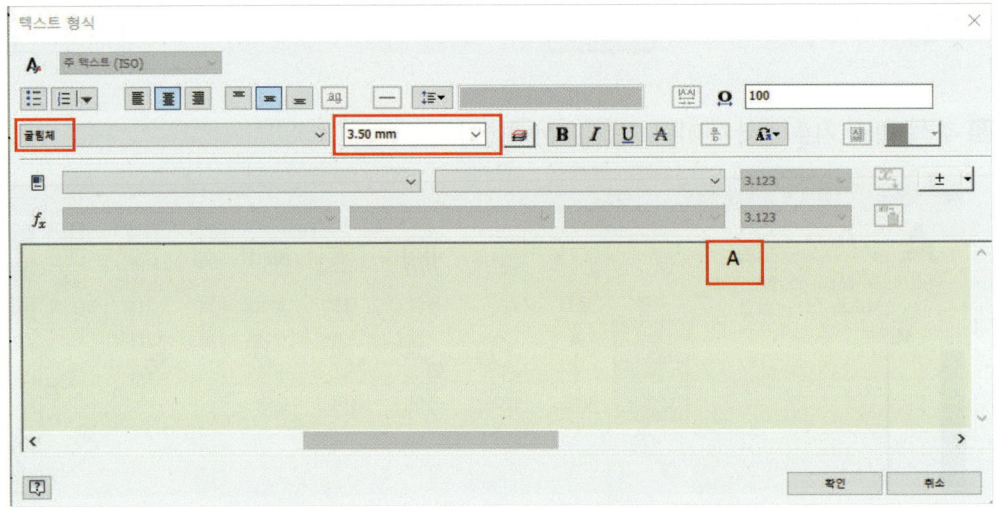

17 마우스로 화살표 위치를 선택한다.

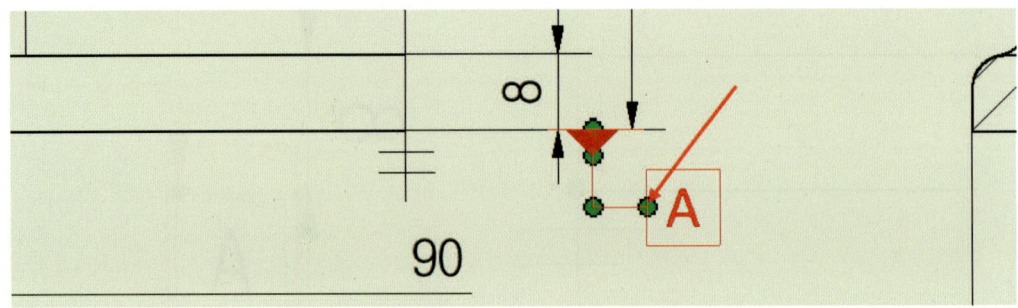

18 테이텀 위치를 밑으로 내린다.

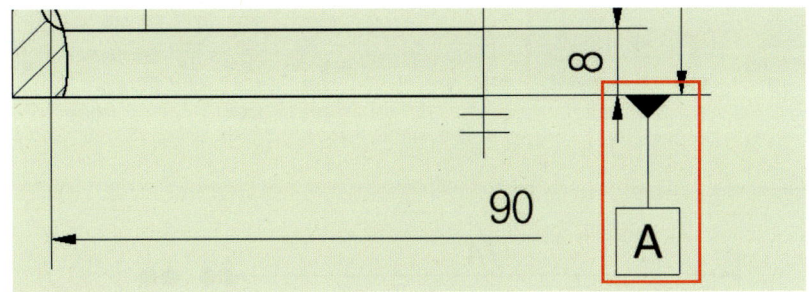

19 주석 탭의 기호에서 형상 공차 기호를 선택하고 화살표 방향의 치수 보조선을 선택한다.

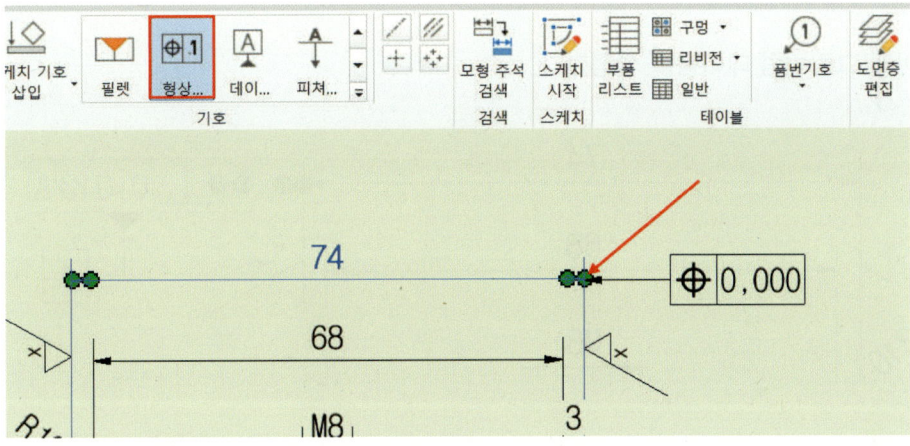

20 아래 그림과 같이 설정하고 확인을 클릭한다.

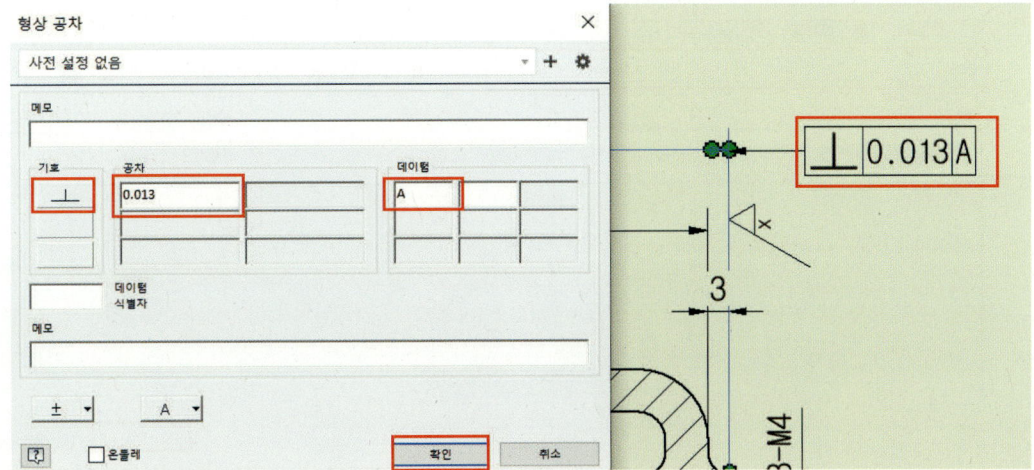

**21** 데이텀 기호를 선택하고 아래 그림처럼 형상 공차 틀에 클릭한다.

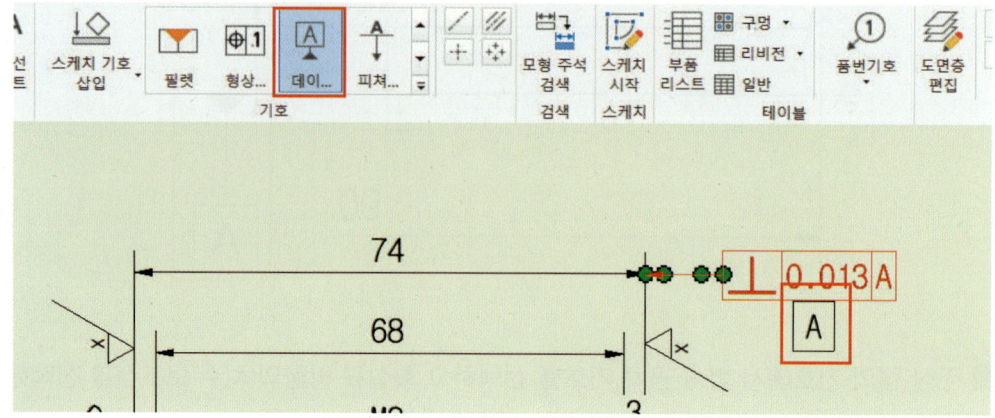

**22** 아래 그림처럼 데이텀을 설정한다.

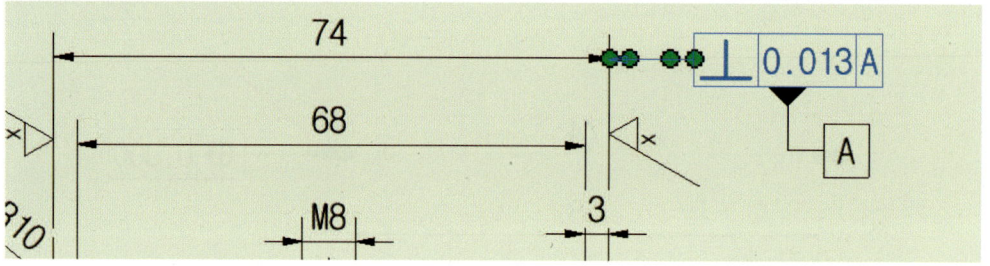

**23** 문자를 입력하고 확인한다.

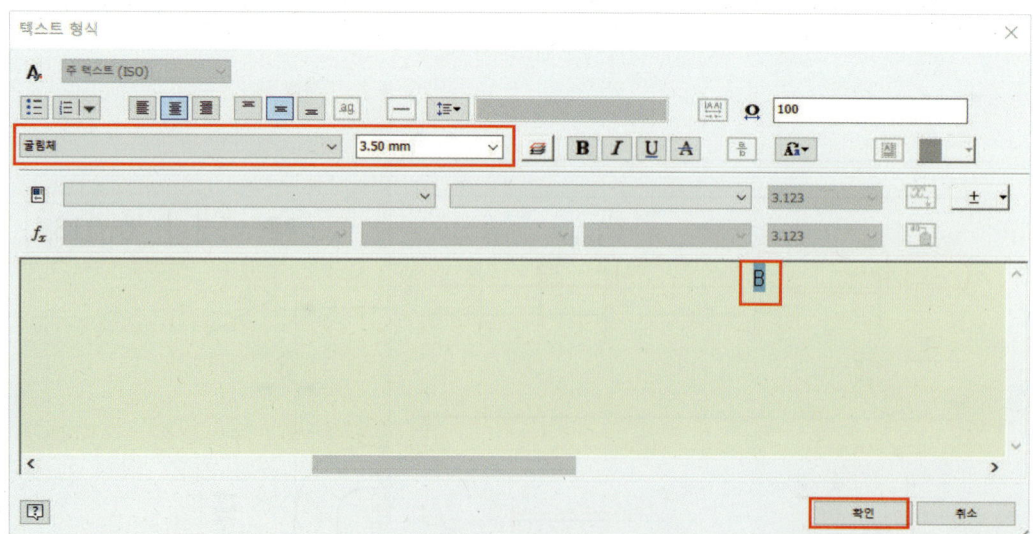

**24** 마우스로 화살표 위치를 선택한다.

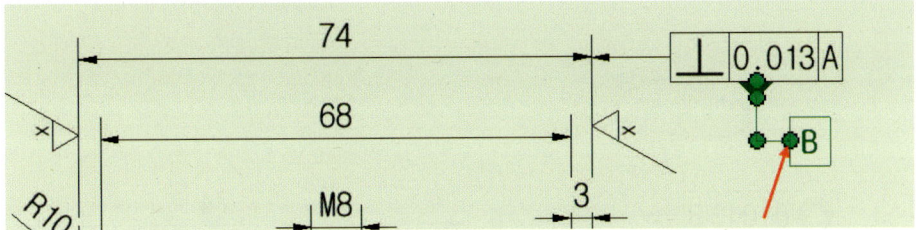

**25** 치수 보조선의 위치에 마우스를 클릭한다.

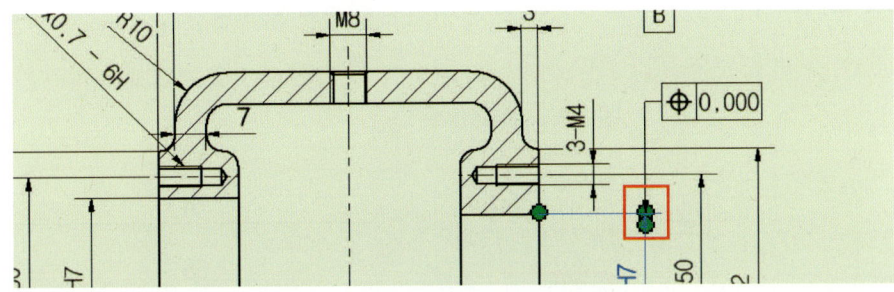

**26** 아래 그림처럼 설정하고 확인한다.

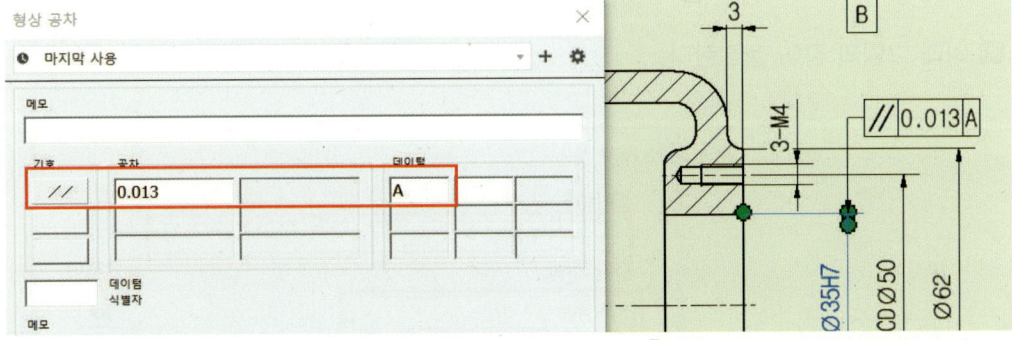

**27** 마우스 오른쪽 버튼을 클릭해서 계속을 클릭한다.

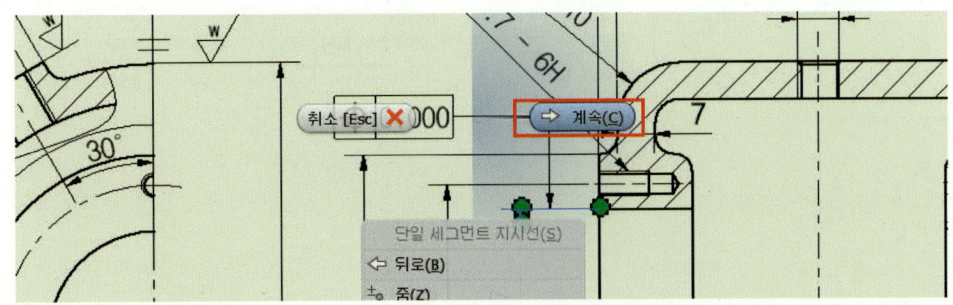

CHAPTER 9 2D 도면작업 따라 하기

㉘ 스케치에서 풍선기호를 아래와 같이 스케치한다.

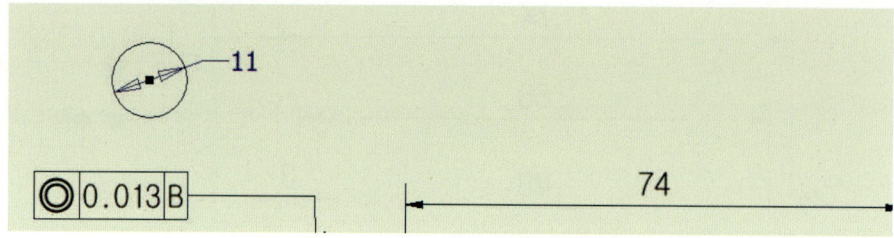

㉙ 원을 선택한 후 마우스 오른쪽 버튼을 클릭하여 특성을 선택한다.

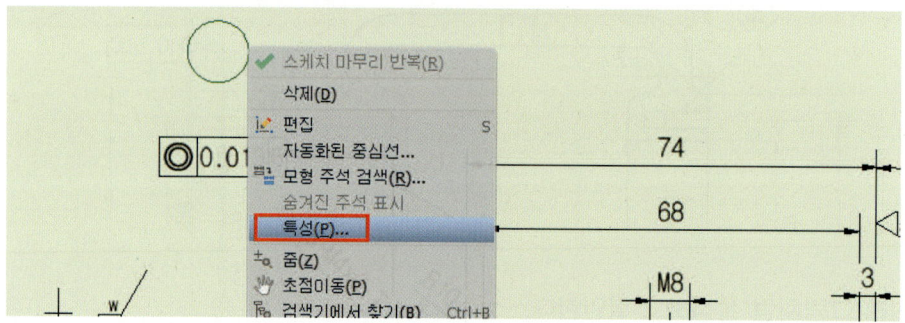

㉚ 아래 그림과 같이 설정한다.

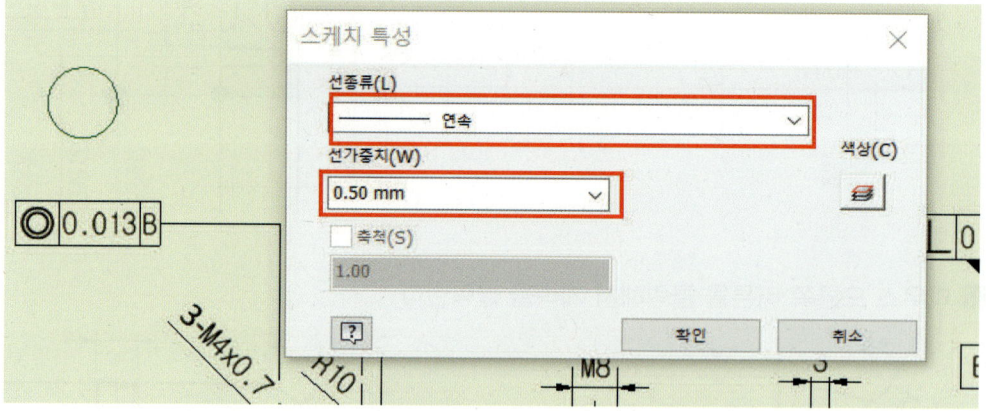

㉛ 텍스트 아이콘을 선택하여 아래 그림과 같이 설정한다.

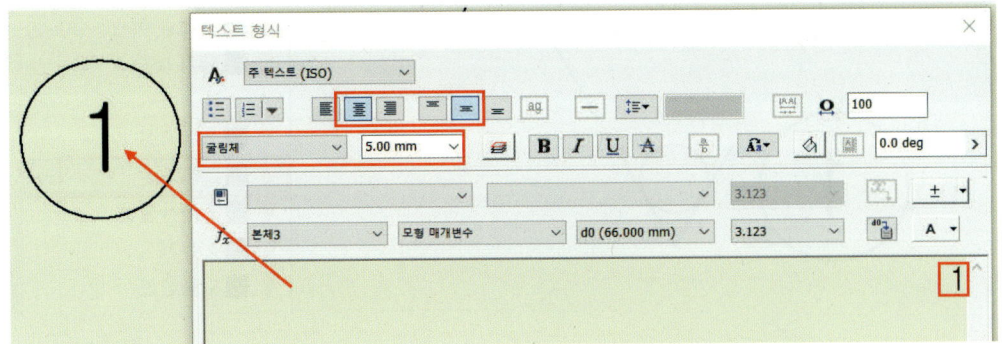

㉜ 관리에 스타일 및 표준 편집기를 선택하여 아래 그림처럼 표면 텍스처를 복사하고 설정한다.

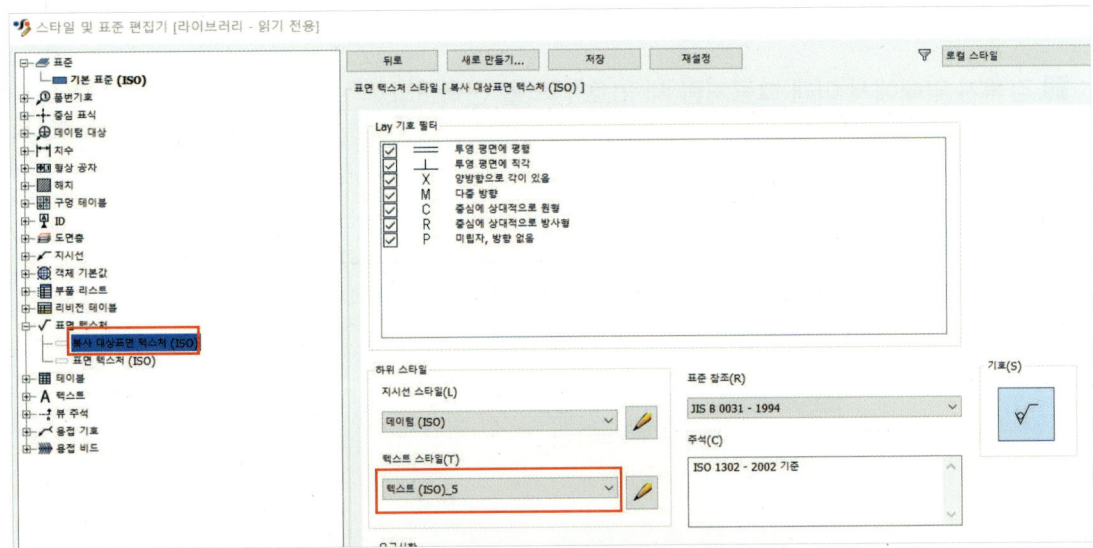

㉝ 화살표 부위를 선택하고 복사 대상표면 텍스처를 선택한다.

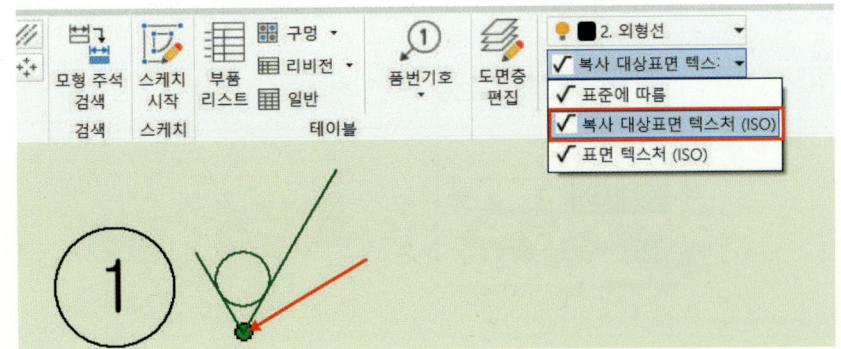

CHAPTER 9 2D 도면작업 따라 하기

**34** 아래 그림처럼 외형선으로 변경한다.

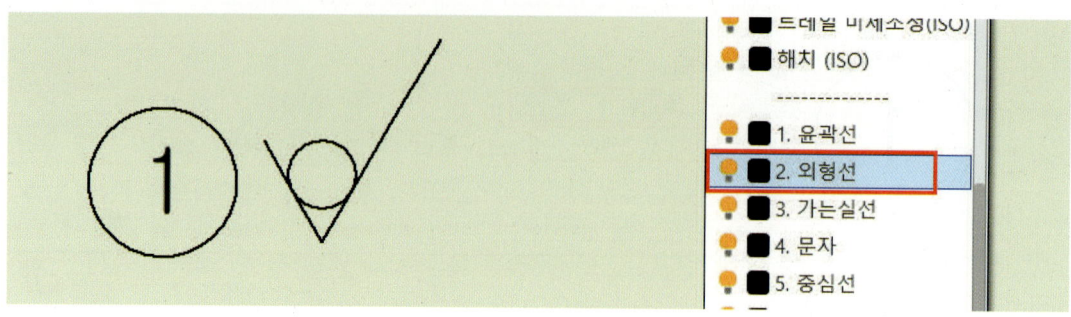

## 8. 스케치 기호 만들기

**1** 검색기 막대에서 아래 그림처럼 새 기호 정의를 선택한다.

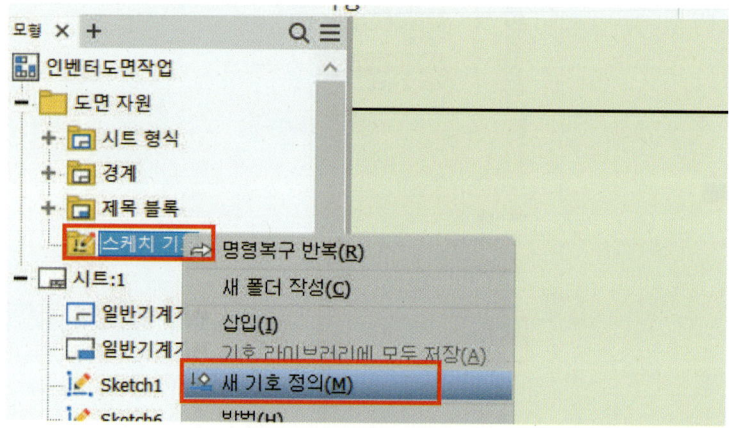

**2** 스케치 화면으로 들어간다. 풍선기호 표면거칠기를 아래 그림과 같이 스케치한다.

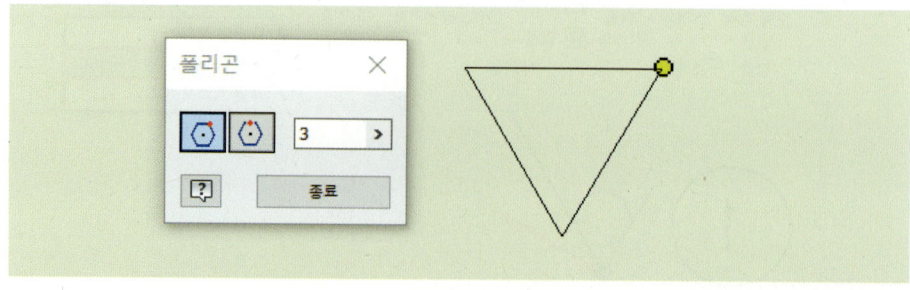

3 아래 그림과 같이 스케치하고 복사한다.

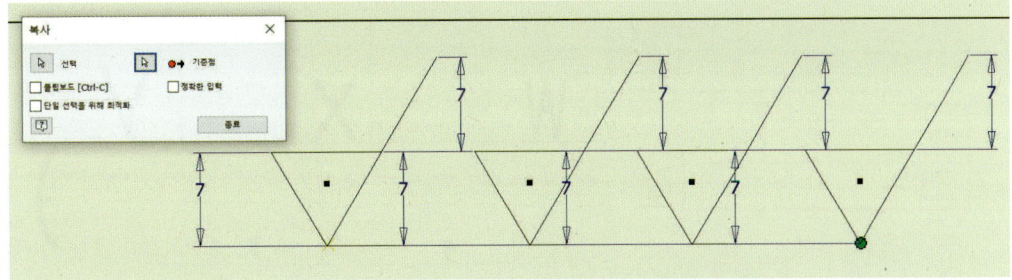

4 아래 그림과 같이 문자를 삽입한다.

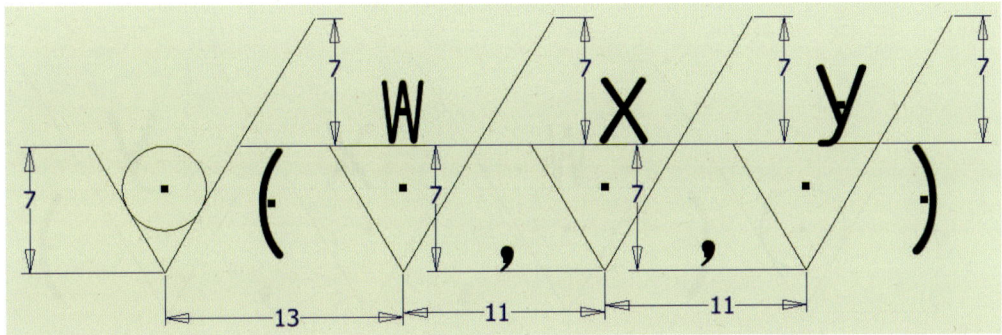

5 화살표 원을 선택하여 선 가중치를 변경한다.

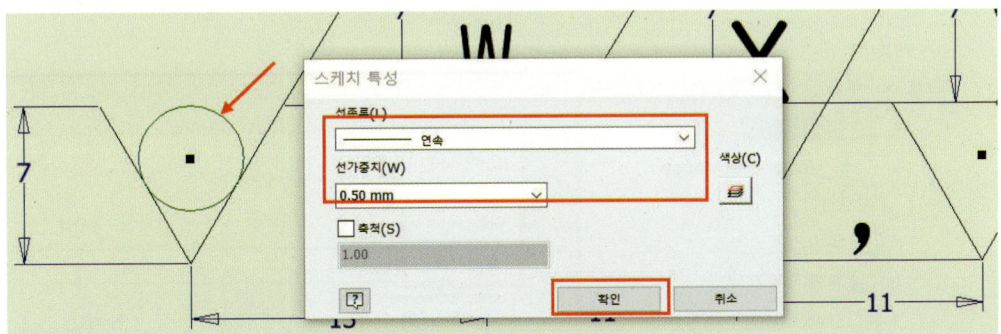

CHAPTER 9 2D 도면작업 따라 하기

6 같은 방법으로 Shift 를 누른 후 선을 선택하고 선 가중치를 변경한다.

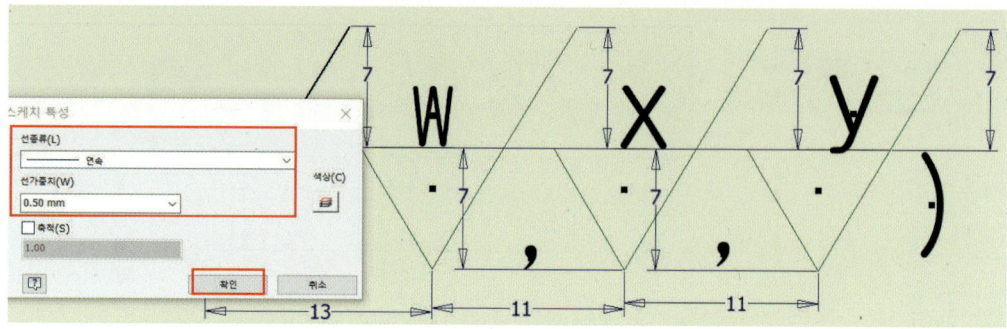

7 아래 그림과 같이 완성한다.

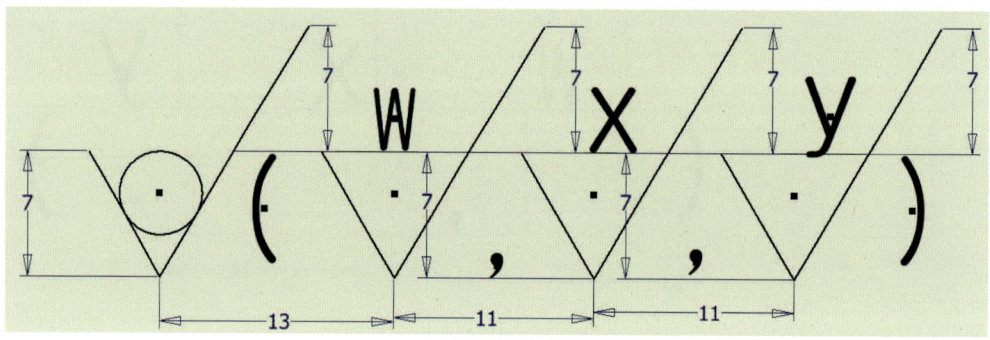

8 스케치를 종료하고 아래 그림처럼 저장한다.

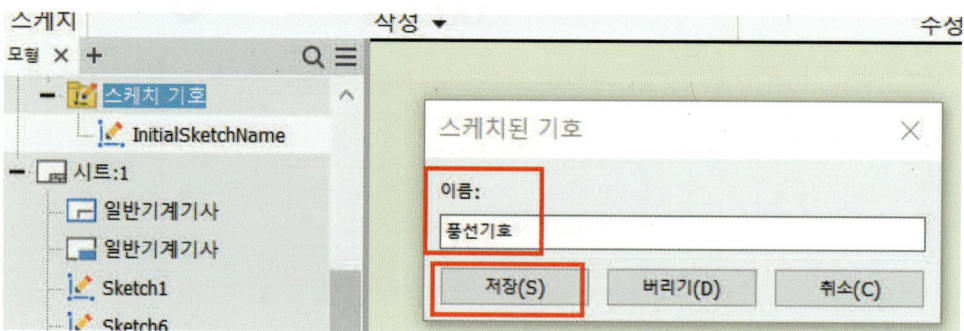

**9** 도면작업에서 불러올 때 삽입을 선택한다.

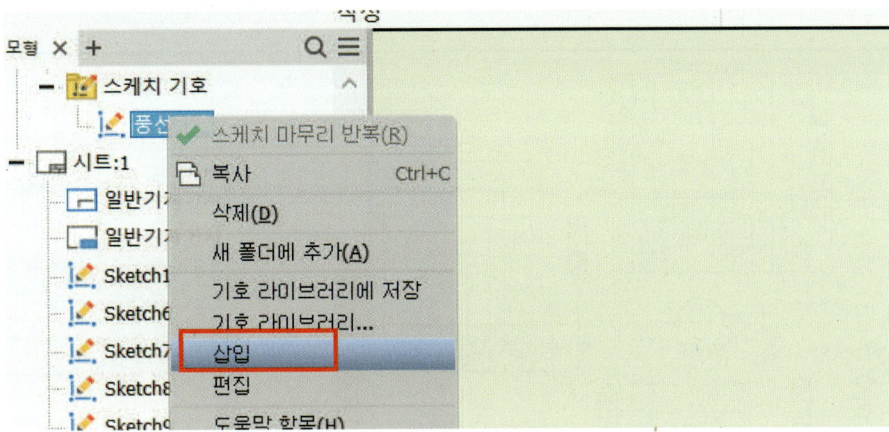

## 9. 인벤터에서 완성된 최종 완성 2D 부품 도면

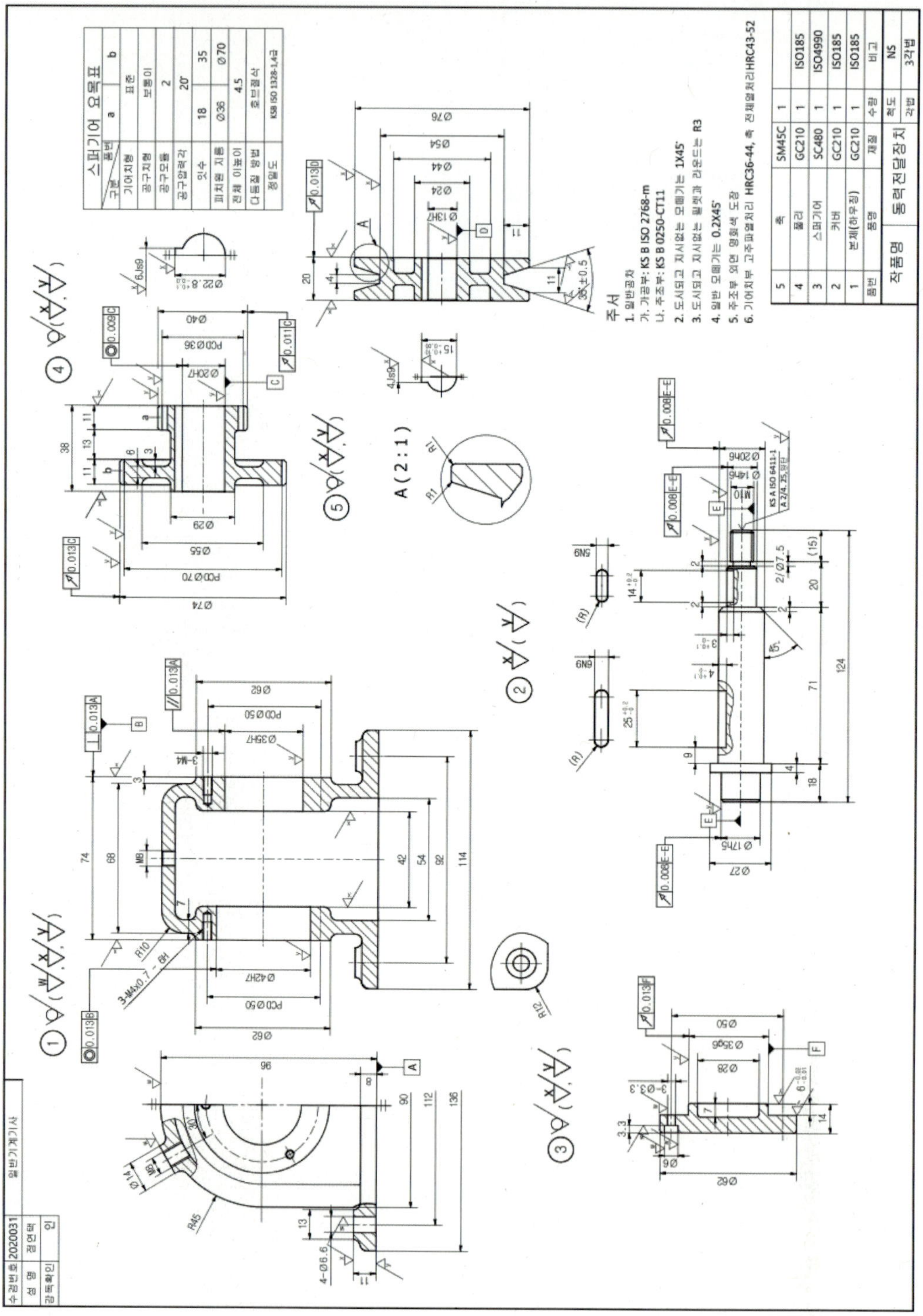

# 10. Auto CAD에서 도면작업하기

**1** 뷰 배치 탭에서 기준 뷰를 선택하고 기존 파일에서 열기를 하여 아래 그림처럼 선택하고, 축척은 1:1로 설정한다.

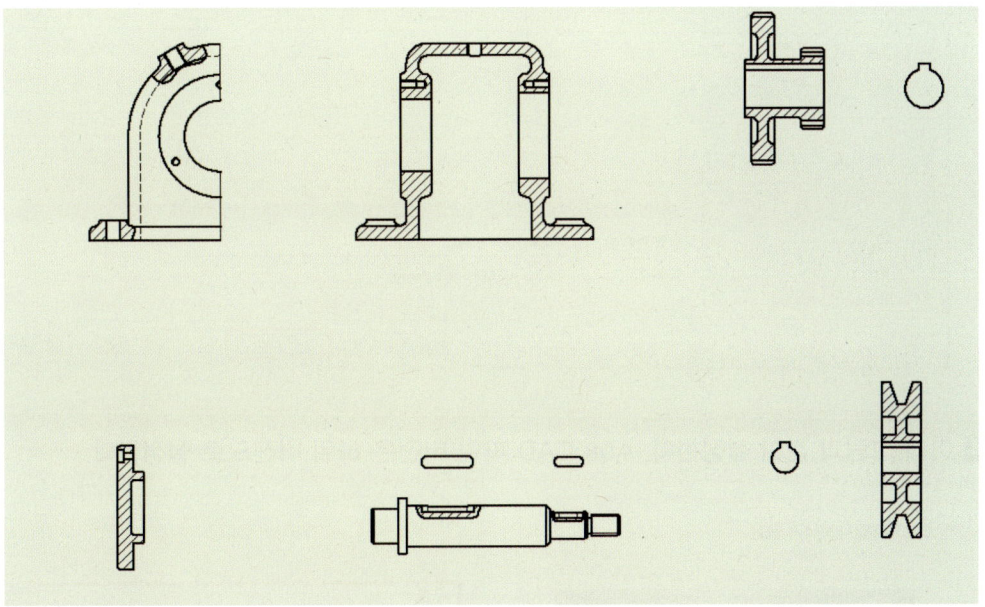

**2** 아래와 같이 다른 이름으로 사본 저장을 한다. 또는 DWG로 내보내기를 선택한다.

※ 산업현장에서는 인벤터보다 기본적으로 Auto CAD 사용이 많으므로 검정시험도 CAD 작업이 좋다.

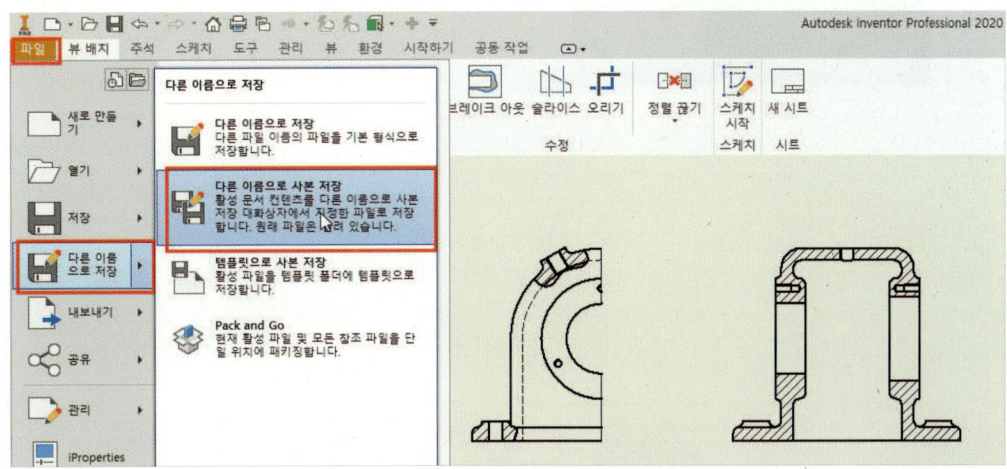

**3** 저장할 위치를 선택하고 옵션을 클릭한다.

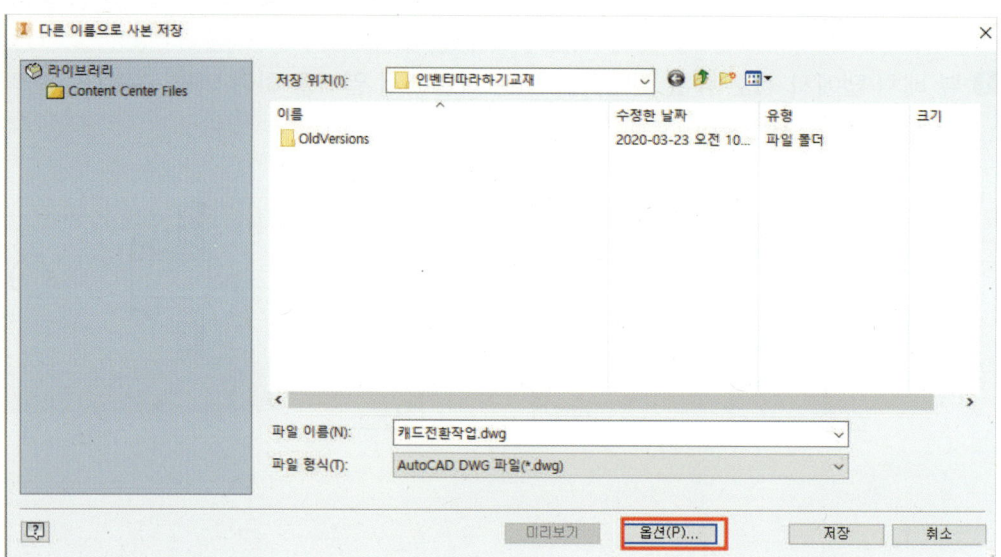

**4** 아래 그림과 같이 설정한다. AutoCAD 파일 버전은 하위 버전으로 설정한다.

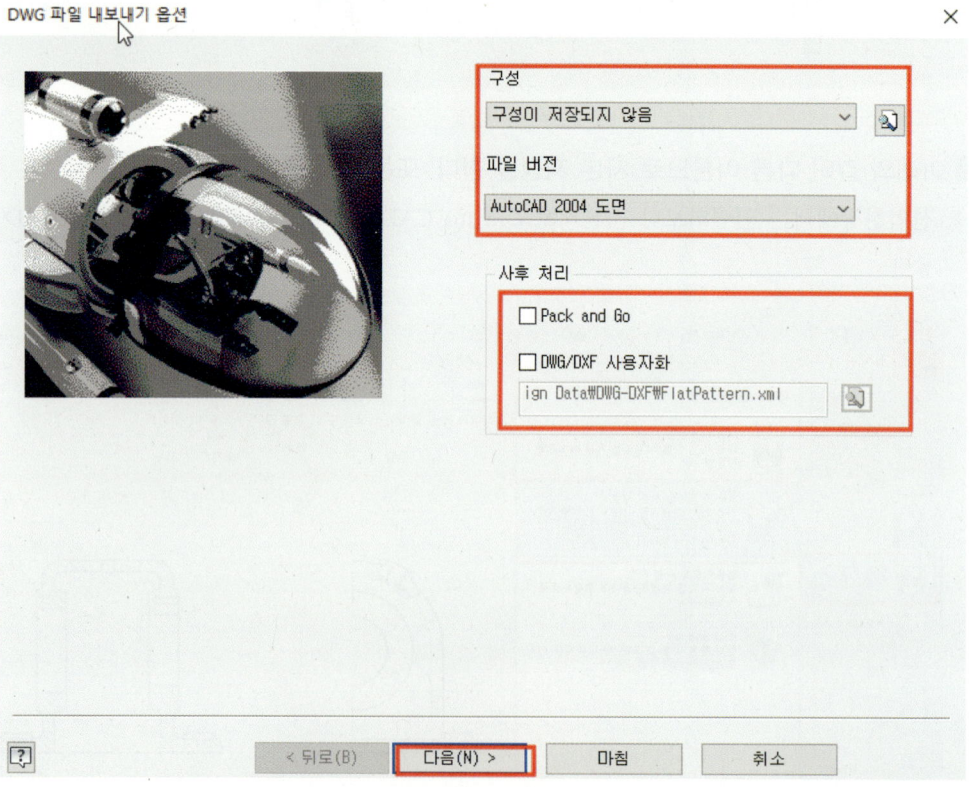

5 아래 그림과 같이 설정하고 마침을 클릭한다.

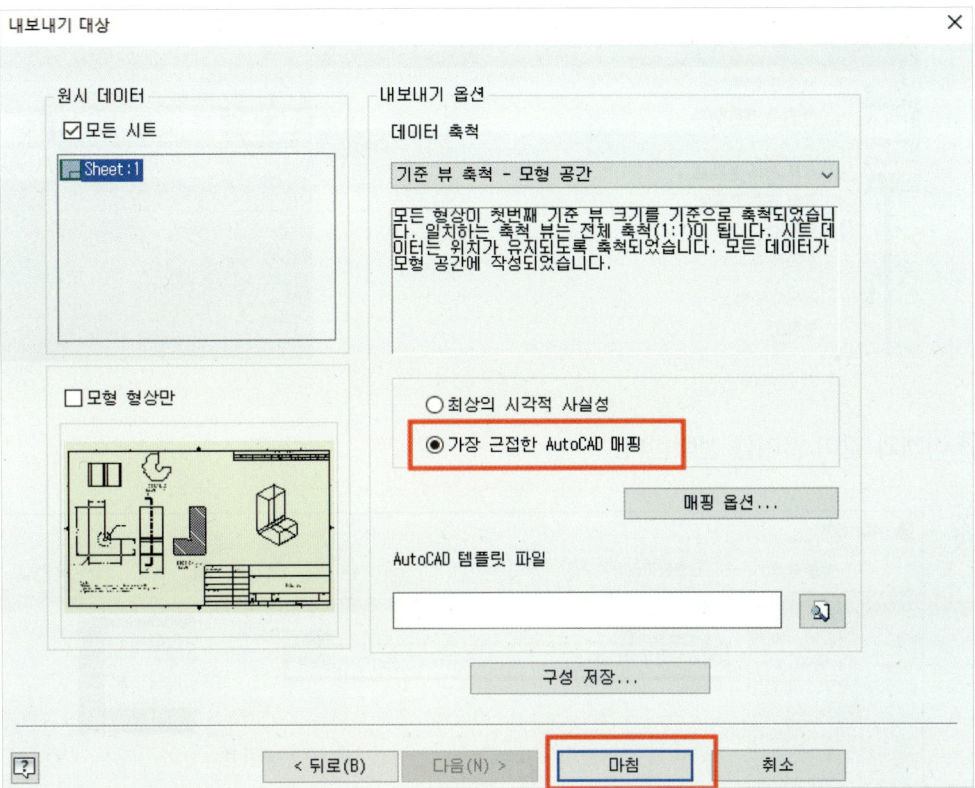

6 아래와 같이 저장한다.

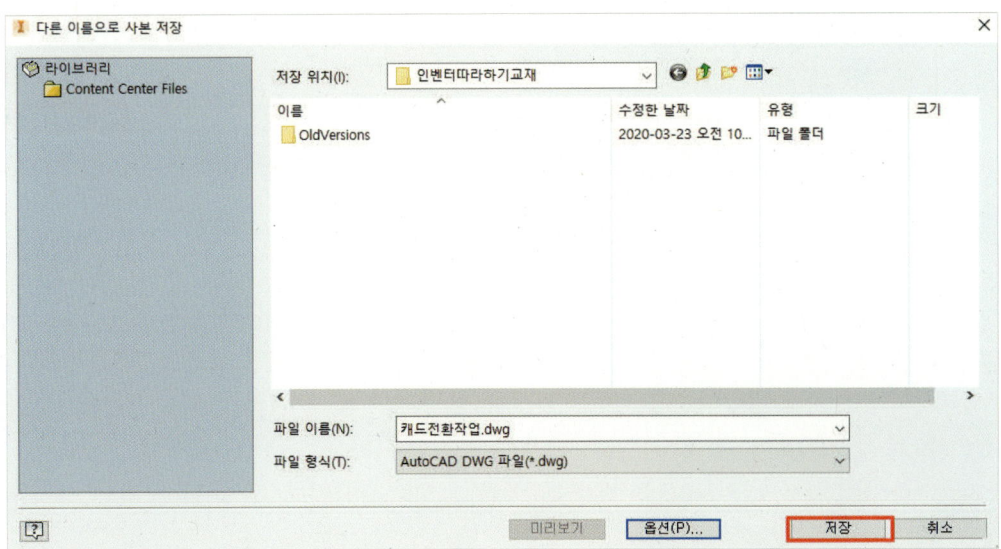

7 파일에서 열기를 클릭한다.

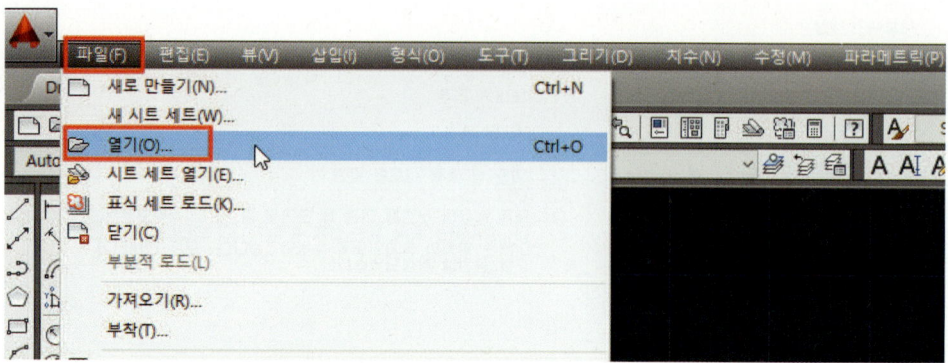

8 아래와 같이 열기를 선택한다.

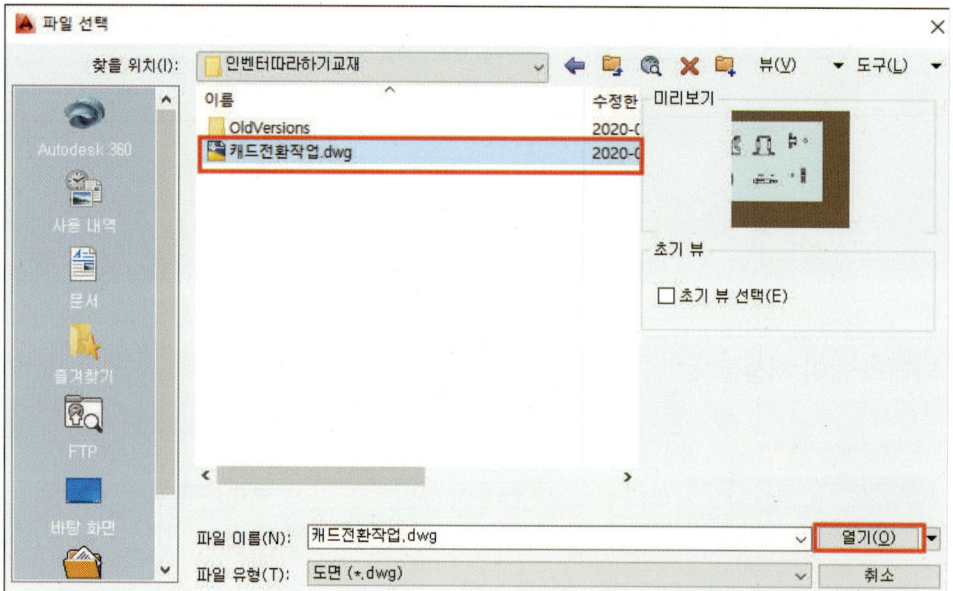

**9** 작업 파일이 열기가 된 상태이다.

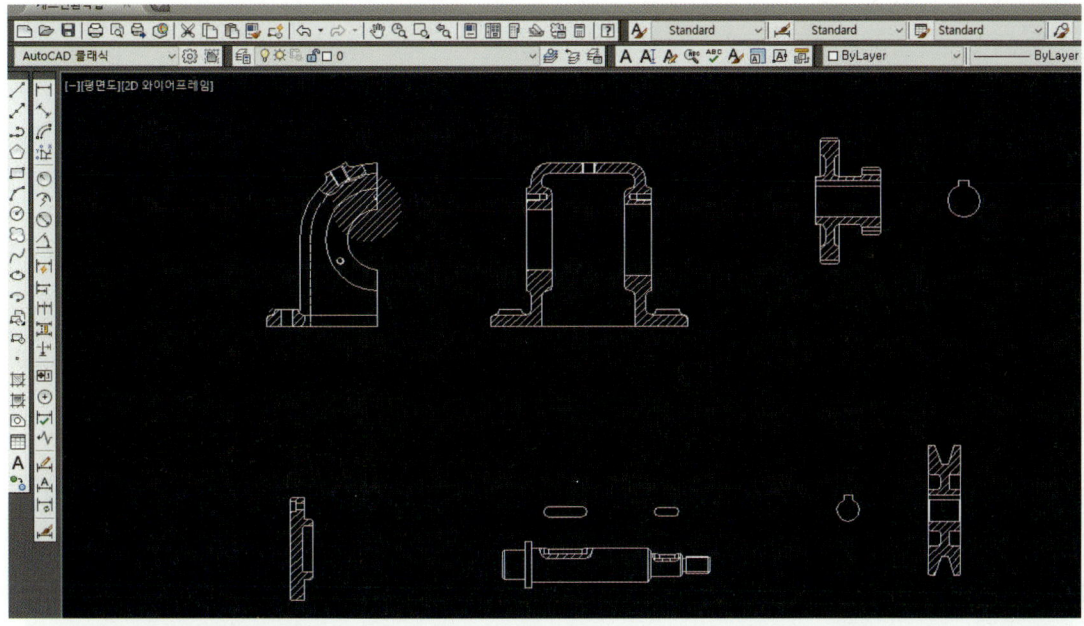

**10** 레이어 설정된 상태이다.

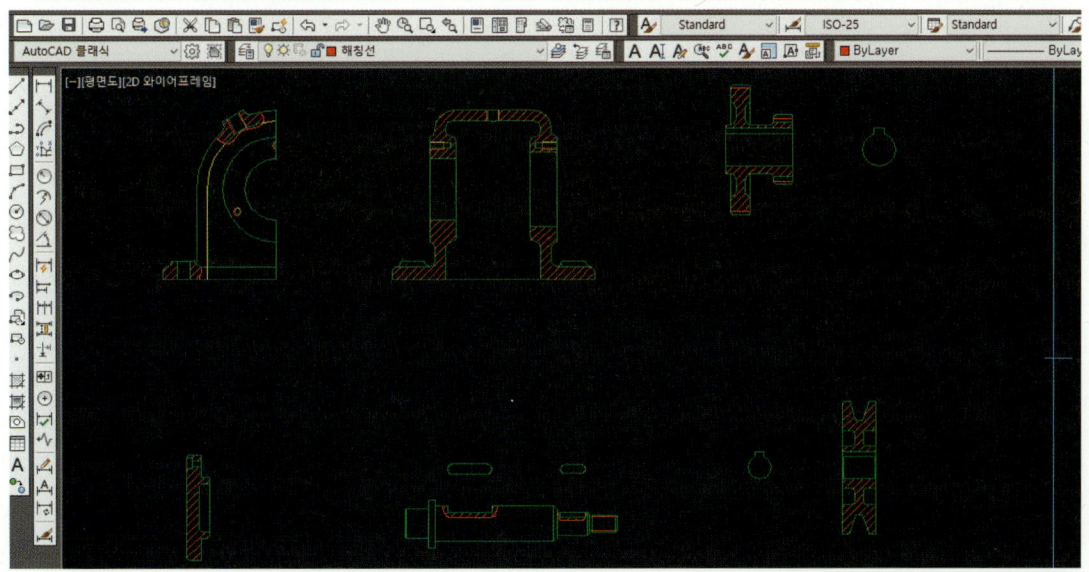

**11** AutoCAD 파일에서 작업된 최종 완성 2D 부품 도면이다.

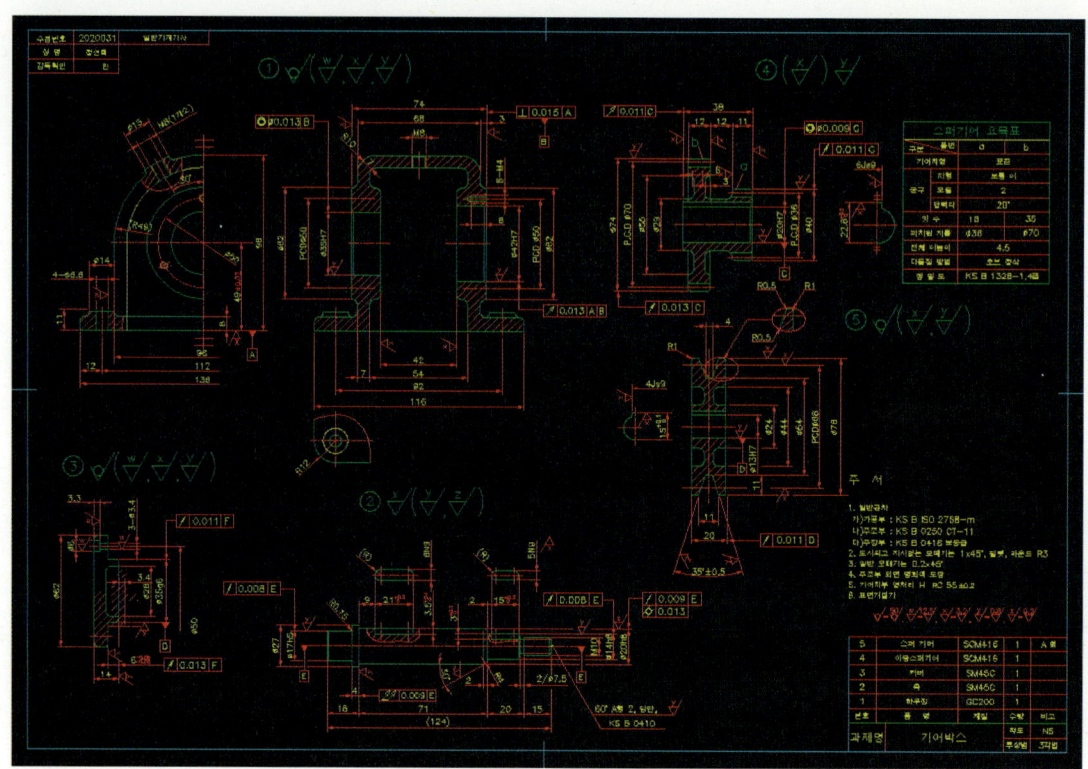

# CHAPTER 10

# 서피스 형상 모델링 따라 하기

1. 충전기 따라 하기
2. 핸드폰 따라 하기
3. 자물쇠 형상 따라 하기
4. 패드 형상 따라 하기
5. 컵 모양 따라 하기
6. 로프트 행거 따라 하기
7. 로프트 브래킷 따라 하기
8. 핸드폰 충전기 따라 하기
9. 광마우스 모델링 따라 하기
10. 핸드폰 본체 커버 따라 하기
11. 서피스 및 솔리드 파일 변환하기

### 학습목표

각종 형상의 제품을 솔리드 및 서피스로 모델링할 수 있고, 하이퍼 밀 CAM에 의한 NC Data 생성할 수 있고, 기계가공기능장, 금형기능장, 컴퓨터응용가공산업기사, 컴퓨터응용밀링기능사 시험을 대비하여 합격할 수 있다.

# 서피스 형상 모델링 따라 하기

## 1. 충전기 따라 하기

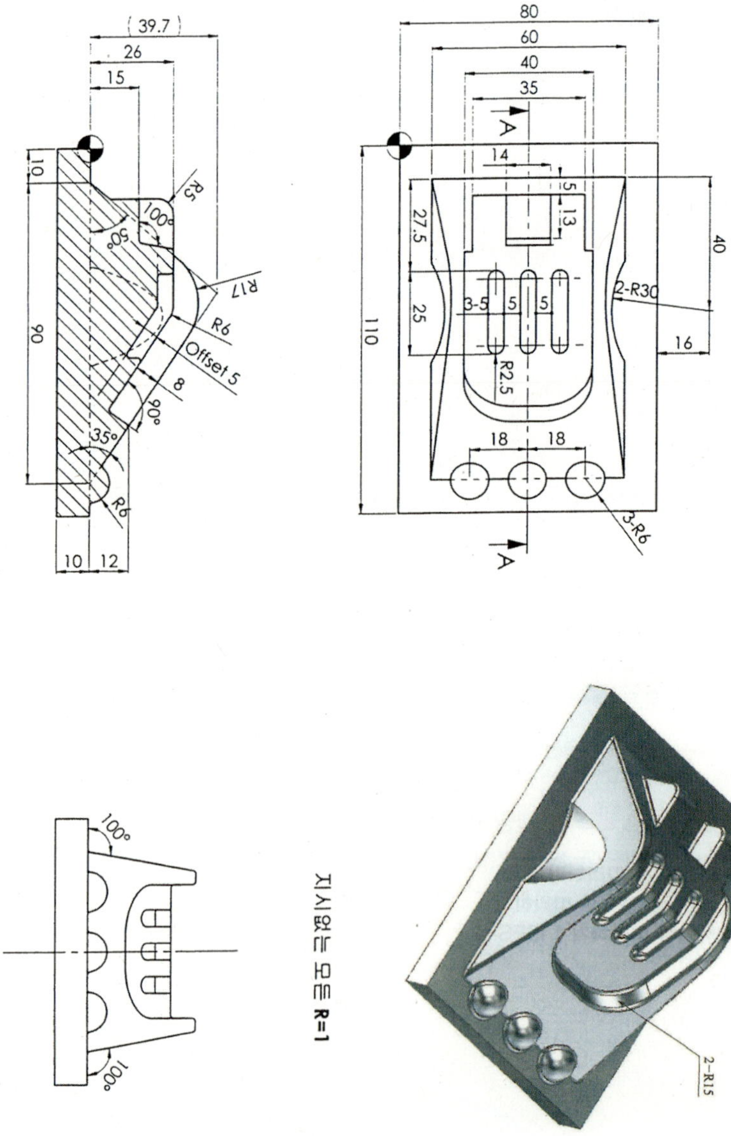

**[단계 1] 형상 기본 2D 스케치 작성하기**

1 XY 평면을 선택하고 스케치를 선택한다. 먼저 2점 직사각형을 클릭하여 원점을 중심으로 사각형을 그린다. 스케치가 끝났으면 메뉴 바의 복귀 버튼을 클릭한다.

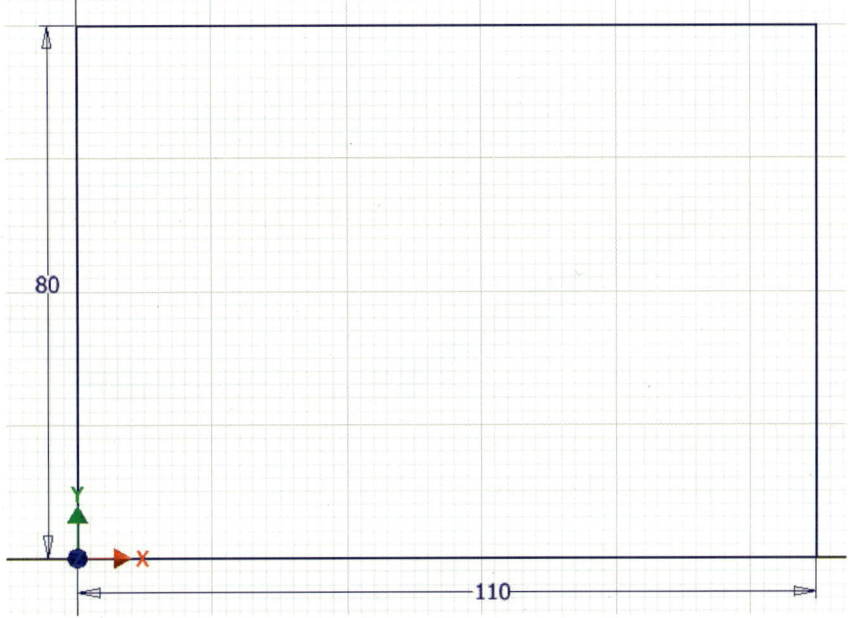

 **[단계 2] 돌출 피쳐 작성하기**

1 돌출을 클릭한다. 처음 돌출을 할 경우 자동으로 스케치된 부분이 미리보기로 표시가 된다. 범위 부분에 10mm를 입력하고 확인을 클릭한다.

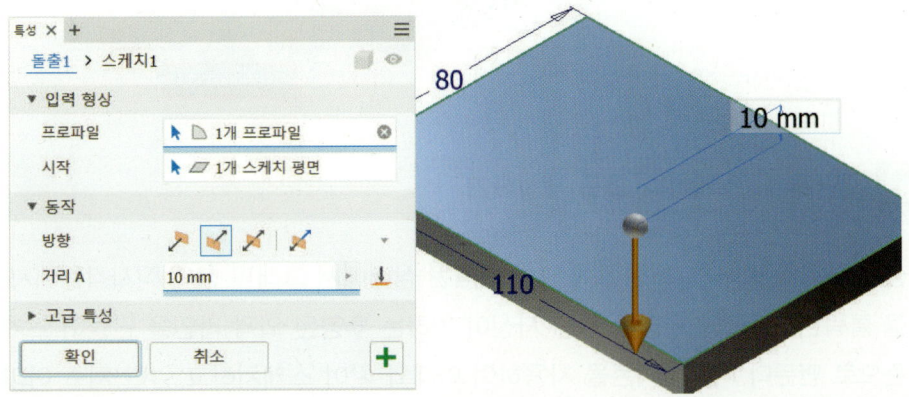

**[단계 3] 작업 평면 작성 및 스케치 평면 작성하기**

1 면을 MB1번이 선택된 상태에서 마우스로 드래그하여 입력 창에 –40을 입력하고 적용한다.

2 그림처럼 작업 평면 2는 MB3 버튼을 클릭하여 그림과 같이 새 스케치란 부분을 선택한다.

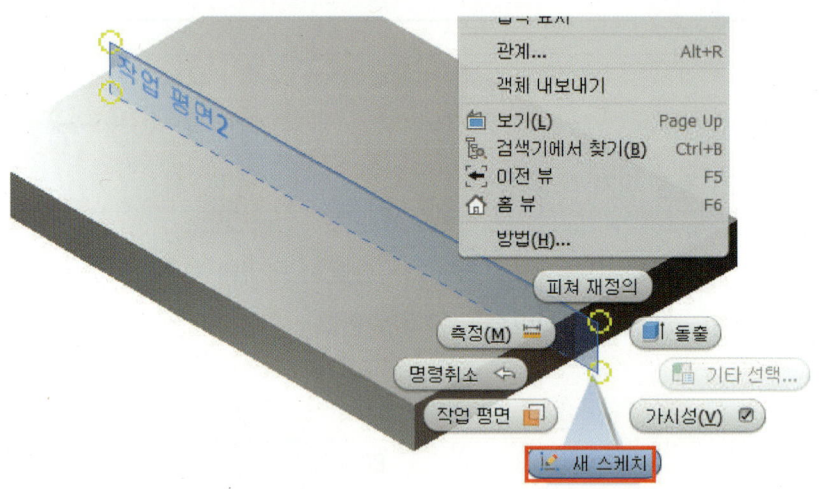

 **[단계 4] 스케치 및 돌출 작성하기**

1 형상 투영을 클릭하고, 형상 투영이 클릭된 상태에서 그래픽 창의 직사각형에서 위쪽 라인을 클릭한다. (형상 투영을 통해 자신이 원하는 투영된 외곽 라인을 만들어 스케치하는 기준으로 만든다.) 선 아이콘을 사용하여 아래와 같이 스케치하고 일반 치수 아이콘을 사용

하여 정확한 치수를 기입한다. 대략적인 라인을 그린 후 도면과 같이 일반 치수를 클릭하여 치수를 입력한다.

> **각도 치수 입력 방법**

일반 치수 명령을 클릭하여 스케치의 경사 라인과 직선 라인을 선택하면 자동으로 각도 치수가 생성된다.

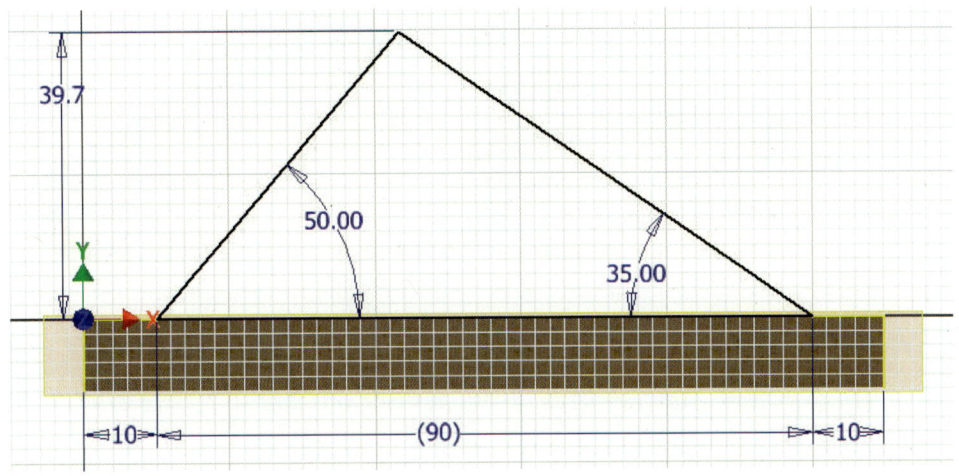

2 돌출 아이콘을 클릭한다. 돌출 명령 창의 프로파일이 활성화된 상태에서 스케치의 돌출에서 원하는 면을 선택한다. 두께 60mm를 입력하고, 하단의 방향성 버튼은 양방향을 클릭한 후 확인한다.

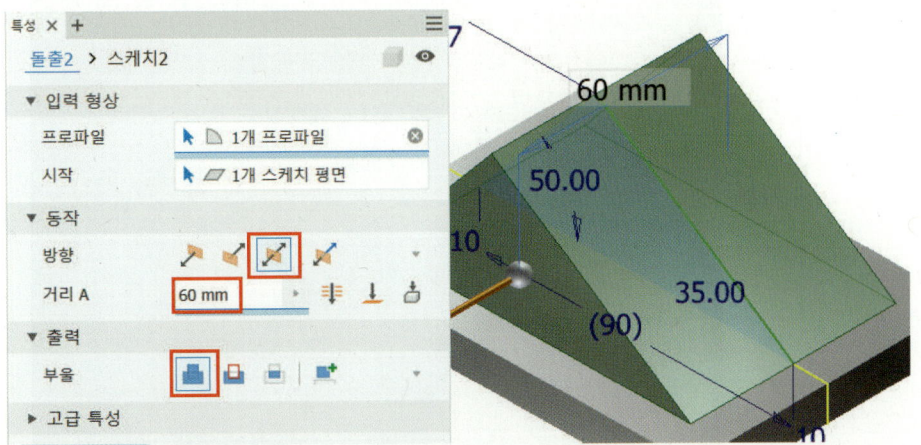

**[단계 5] 스케치 및 형상 절단하기**

1️⃣ 스케치할 면을 마우스로 클릭 후 마우스 오른쪽 버튼을 클릭하여 새 스케치를 클릭한다.

2️⃣ 스케치 모드 상태에서 내부에 숨어 있어 라인을 그려도 보이지 않는다. 이런 경우 그림과 같이 마우스 오른쪽 키를 클릭하면 그래픽 슬라이스가 있습니다. 또는 F7 키를 부르면 스케치를 기준으로 한 단면이 나와 스케치를 하는 데 도움을 준다.

스케치 평면에 직사각형을 그린다. 널 창의 선 아이콘을 사용하여 아래와 같이 스케치하고 일반 치수 아이콘을 사용하여 정확한 치수를 기입하고 스케치를 종료한다.

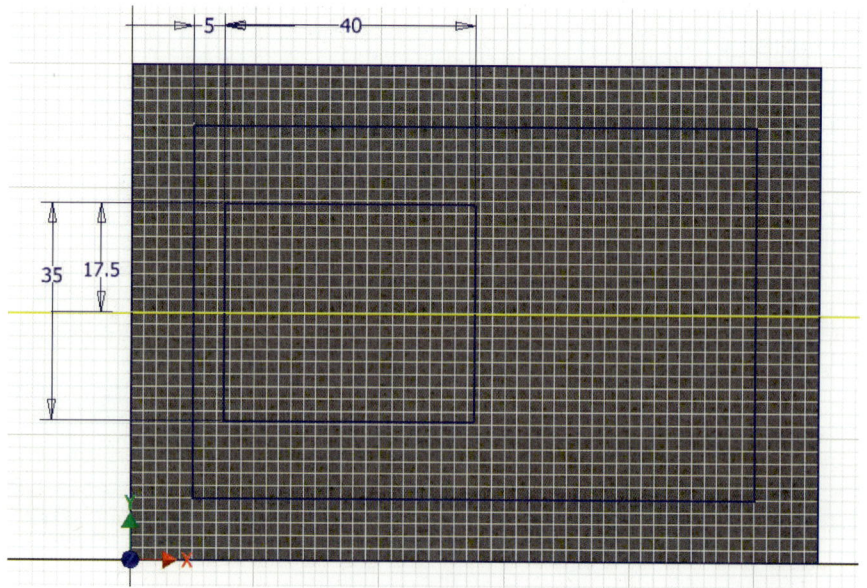

3 돌출 명령을 클릭하고 방금 전에 그렸던 직사각형을 선택한다. 돌출 높이 26을 입력하고 확인을 클릭한다.

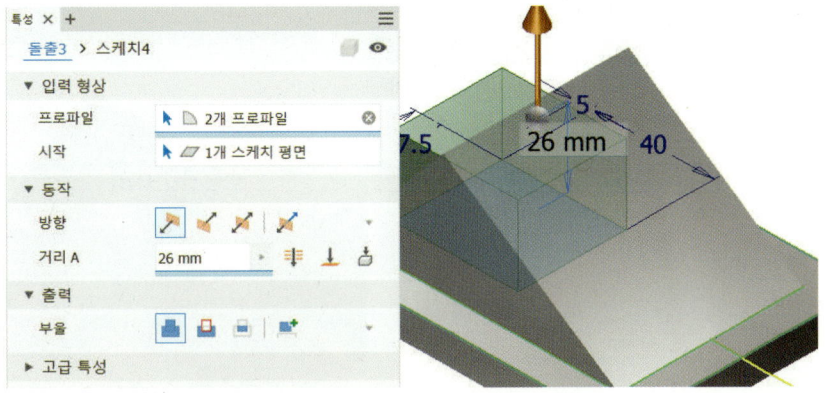

4 그림과 같이 작업 평면을 선택하고 MB3 버튼을 이용하여 새 스케치를 클릭한다.

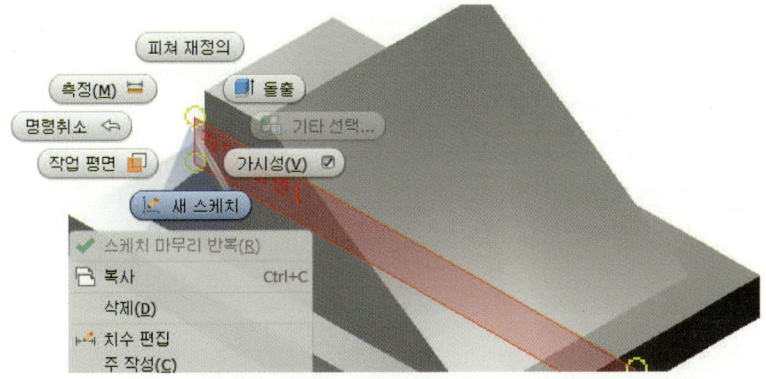

5 형상 투영을 클릭하여 그림과 같이 세 군데의 라인을 선택한다. 키보드 F7(그래픽 슬라이스)을 클릭하고 그림과 같이 라인을 그린 후 치수를 입력하고 스케치를 종료한다.

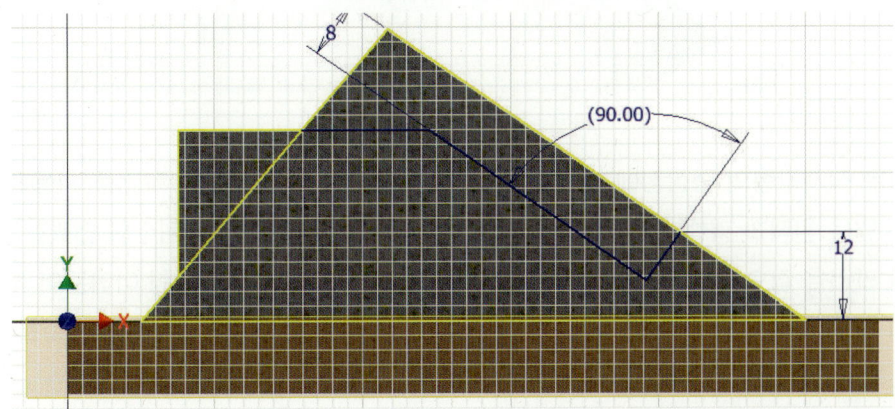

6 돌출 명령을 사용하여 먼저 스케치 부분을 선택하고, 돌출 명령어 창의 컷 아웃에 해당하는 절단(차집합)을 클릭하고, 거리 값 40mm와 양방향을 클릭하고 확인을 한다.

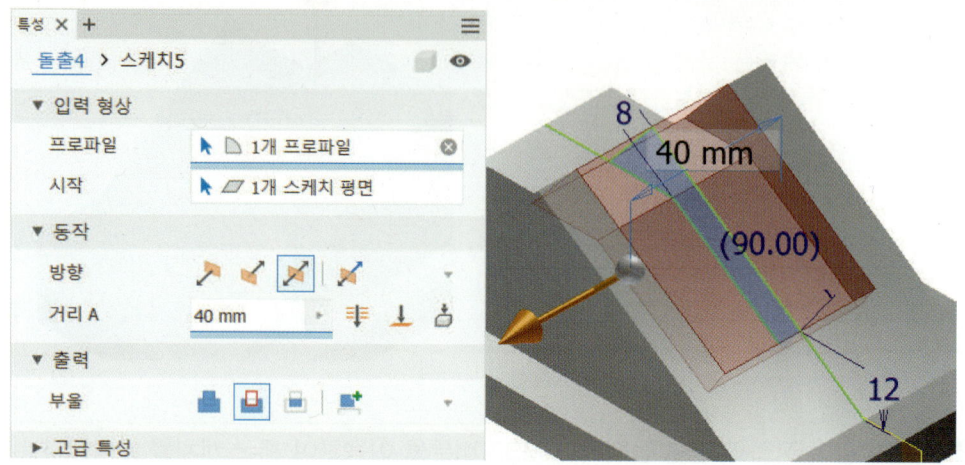

### [단계 6] 엠보싱 작업하기

1 그림과 같이 상단 면을 마우스 클릭한 후 마우스 오른쪽 키를 클릭하여 새 스케치를 선택한다.

2 원은 직사각형의 중심점에서 시작해서 그린다. 구속 조건의 수평 조건을 사용해서 사각형과 원을 원점과 평행하게 만든다. 그림과 같이 치수를 입력한다. 치수를 입력할 때 원의 외곽 라인을 잡으려면 외곽 라인에 마우스를 대보면 그림과 같이 원형 아이콘이 미리 보이는데 이 상태에서 치수를 뽑으면 원형의 외곽에서 치수를 입력할 수 있다. 치수를 입력한 후 스케치를 종료한다.

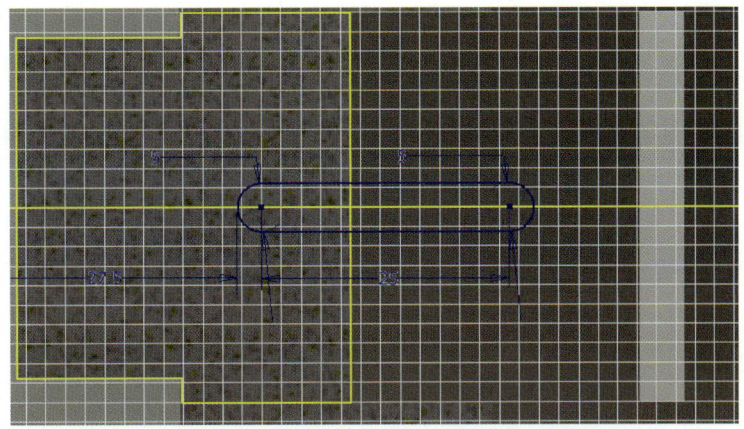

**3** 엠보싱 명령을 클릭한다. 엠보싱을 클릭 후 그림과 같이 스케치를 선택하여 면으로부터 오목한 부분과 방향을 지정한다. 깊이를 5mm 입력하고 확인하면, 그림과 같은 형상이 만들어진다.

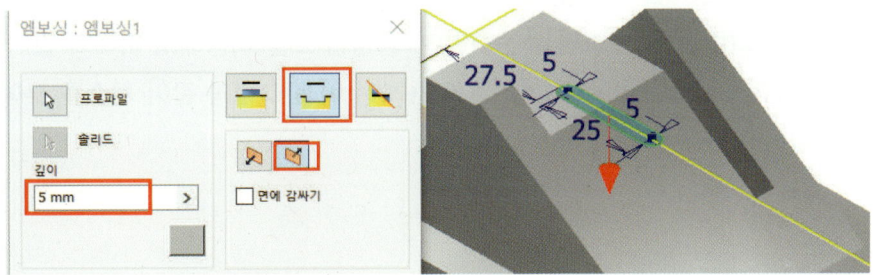

### [단계 7] 직사각형 패턴 배열하기

**1** 직사각형 패턴을 클릭하고, 그림과 같이 피쳐를 선택한다. 피쳐를 선택 후 방향 버튼으로 패턴할 방향을 지정한다. 패턴 개수를 3개, 간격을 10mm 입력한 후 방향은 양방향을 체크하고 확인을 클릭한다.

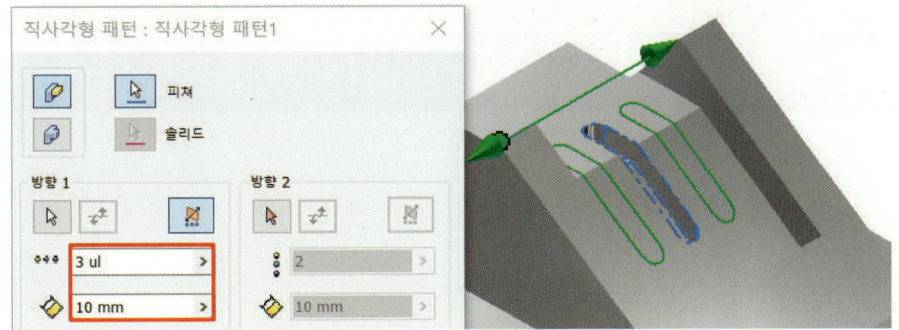

CHAPTER 10 서피스 형상 모델링 따라 하기 **575**

**[단계 8] 스케치 및 구 그리기**

**1** 그림처럼 XZ 작업 평면을 선택하고 MB3 버튼을 이용하여 새 스케치를 클릭한다.

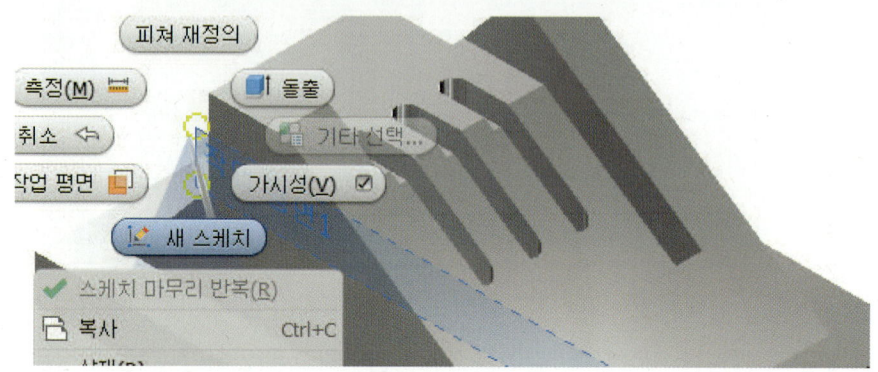

**2** 새 스케치에서 F7 키를 누르면 그래픽 슬라이스 화면이 나타나고, 패널 막대에 형상 투영을 클릭하여 그림과 같이 라인을 선택한다. 중심점 호를 이용해서 아래와 같이 반 호를 스케치를 작성한 후 일반 치수 아이콘을 이용하여 아래 그림과 같이 치수를 부여한 후 스케치를 완성하고 종료한다.

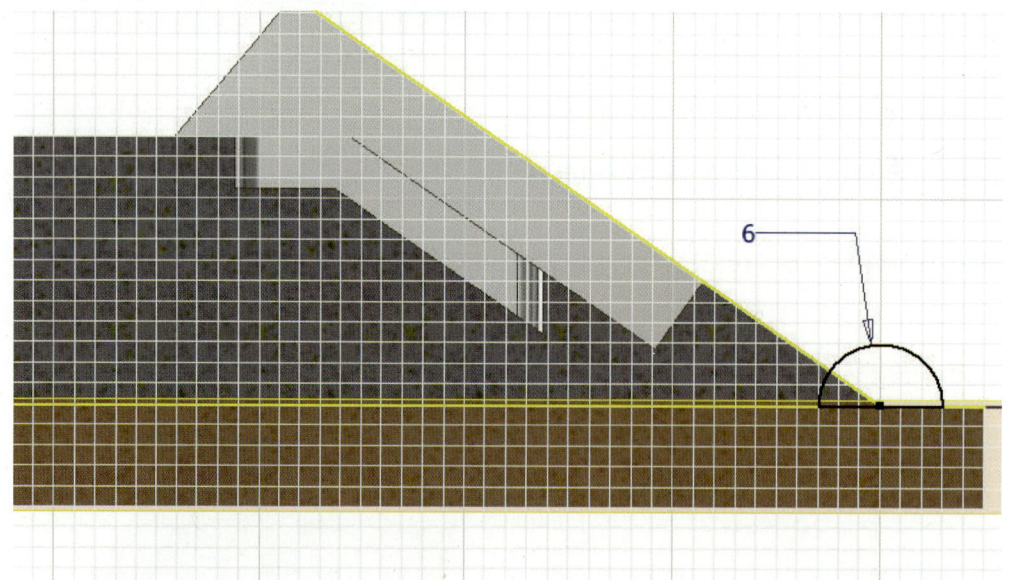

3 회전 명령을 클릭하면 자동으로 반 호의 스케치가 선택이 되고, 회전되어야 할 축을 선택하고 확인을 하면 그림과 같은 형상이 나온다.

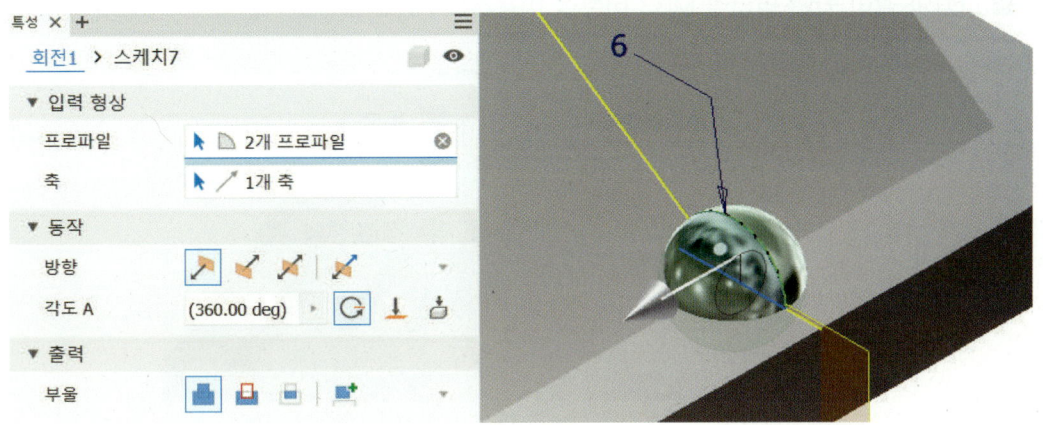

### [단계 9] 직사각형 패턴 배열하기

1 직사각형 패턴 아이콘을 클릭하고, 그림과 같이 피쳐를 선택한다. 피쳐를 선택 후 방향 버튼으로 패턴할 방향을 지정한다. 패턴 개수를 3개, 간격을 18mm로 입력하고 방향은 양방향을 체크한다.

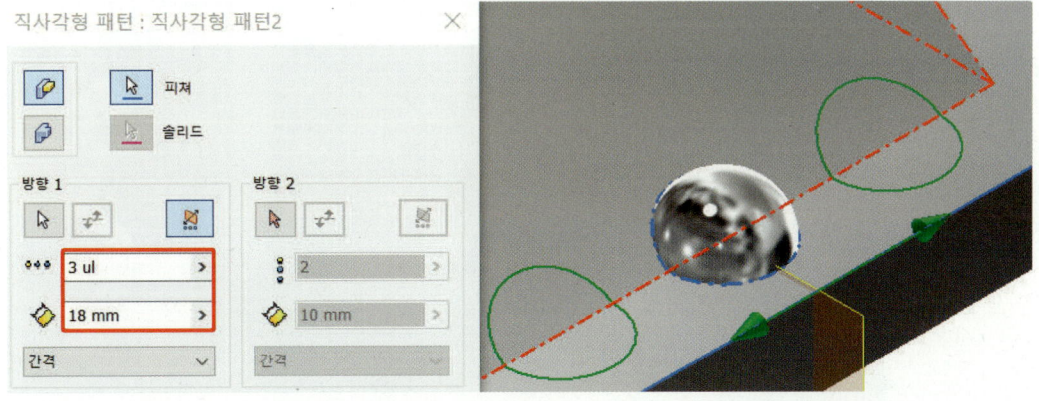

**[단계 10] 스케치 및 형상 절단하기**

■ 그림과 같이 윗면 평면을 MB3 버튼을 이용하여 새 스케치 클릭한다.

■ 그림과 같이 직사각형을 그린 후 치수를 입력하고 스케치를 종료한다.

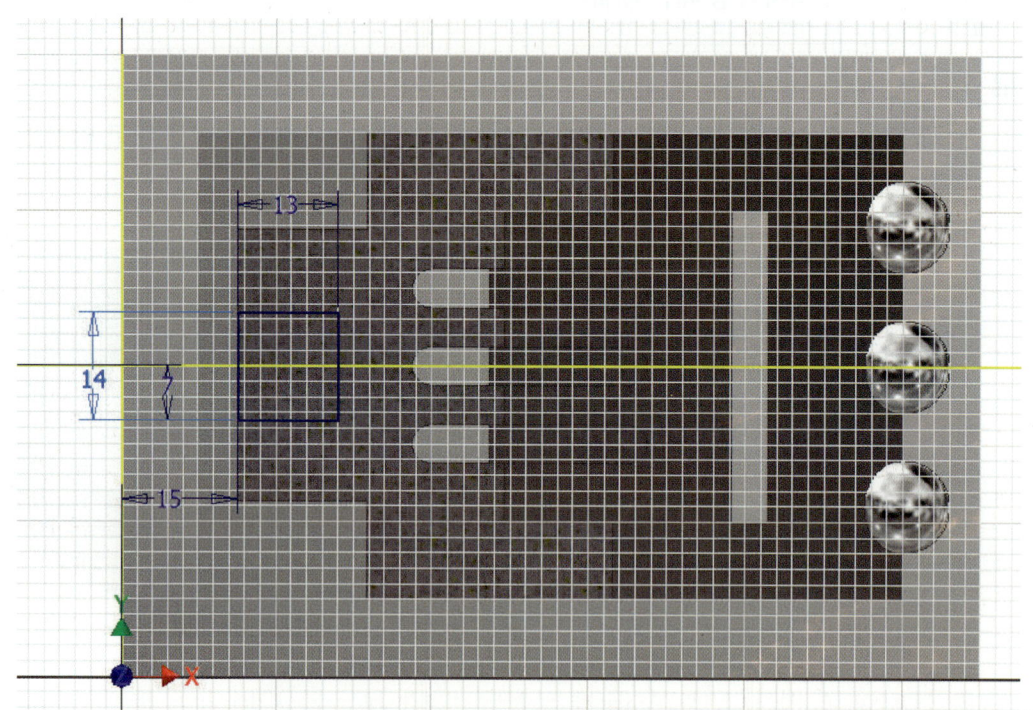

3 아래 그림처럼 돌출의 절단(차집합)을 사용하여 그림과 같이 입력하고 확인한다.

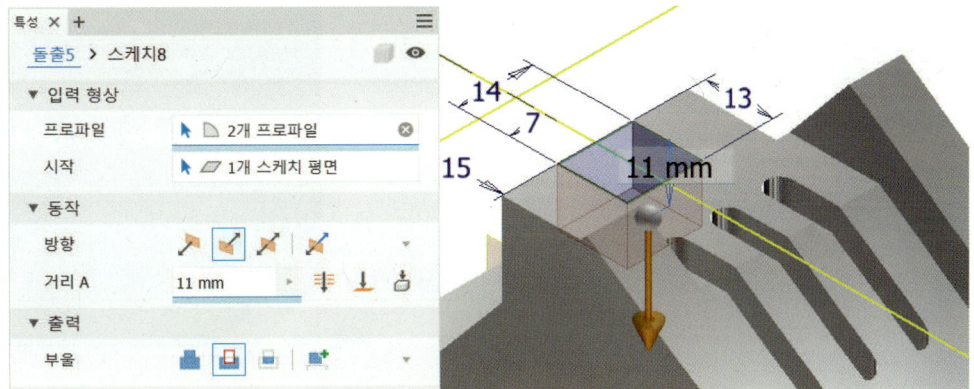

### [단계 11] 면 기울기 작업하기

1 패널 막대의 면 기울기를 클릭하고, 인장 방향을 그림과 같이 선택하고 확인한다. 면을 선택하고 기울기 각도 10을 입력한다.

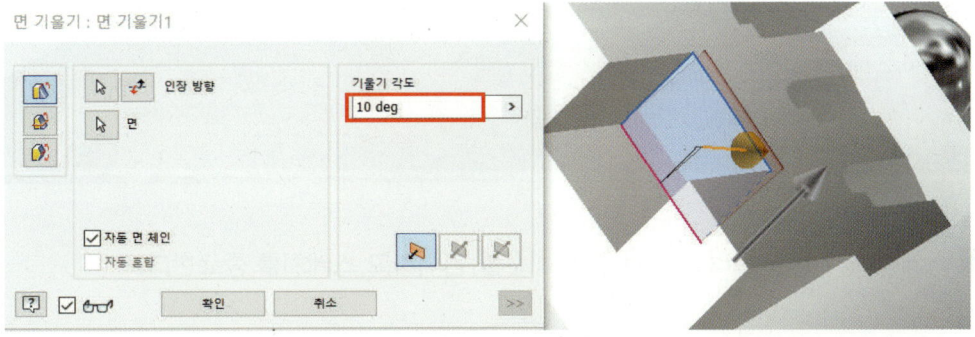

2 위와 같은 방법으로 인장 방향을 그림과 같이 선택하고 확인한다. 면을 선택하고 기울기 각도 10을 입력한다.

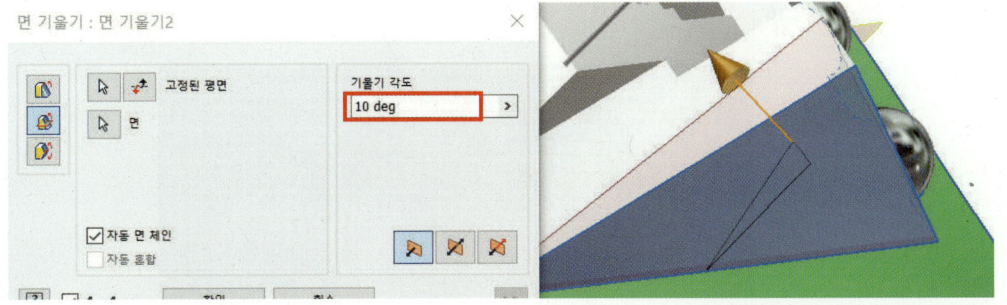

3️⃣ 그림과 같이 기울기가 10도만큼 생성이 된다. 반대편 면도 동일한 방법으로 확인한다.

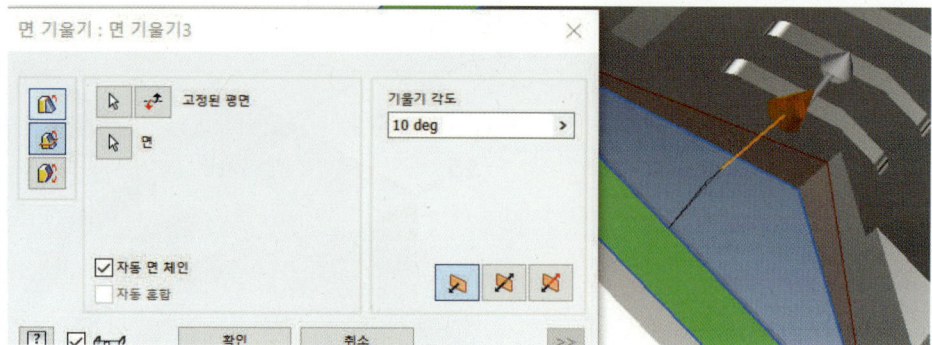

 **[단계 12] 스케치 및 절단하기**

1️⃣ 그림과 같이 바닥 면을 클릭하여 새 스케치를 선택한다.

2️⃣ 스케치에서 원을 그려 그림과 같이 치수를 입력하고 스케치를 종료한다.

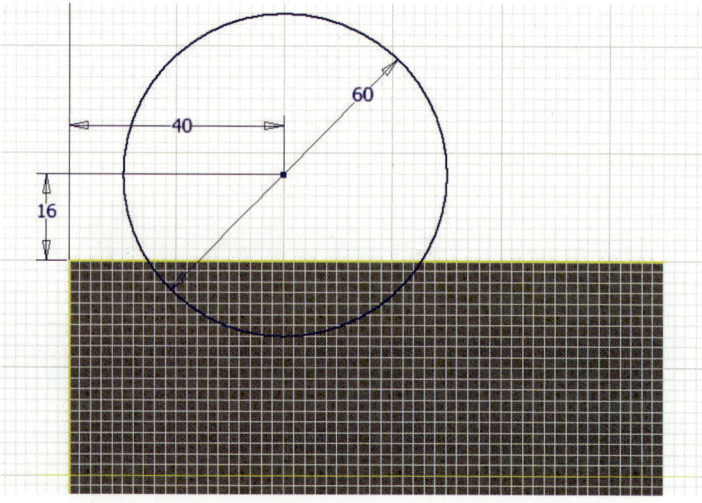

3 돌출 아이콘을 이용하여 절단(차집합)을 클릭하여 그림처럼 하고 확인한다.

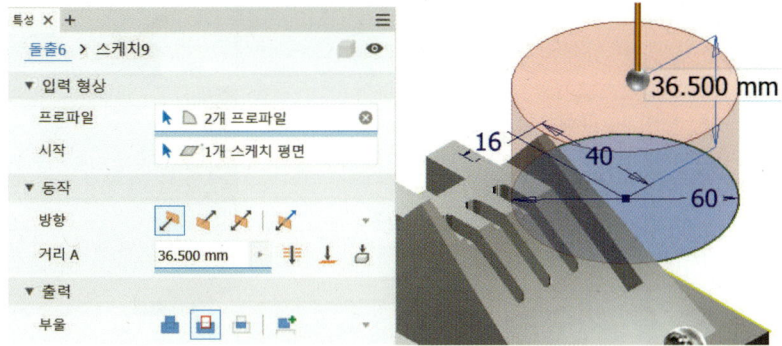

### [단계 13] 미러 및 라운드 모깎기 하기

1 반대편에 대칭을 작업을 하기 위해서 패널 막대의 대칭을 클릭하고, 대칭할 피쳐를 그림과 같이 선택하고 대칭 평면을 클릭 후 대칭 평면을 선택한다.

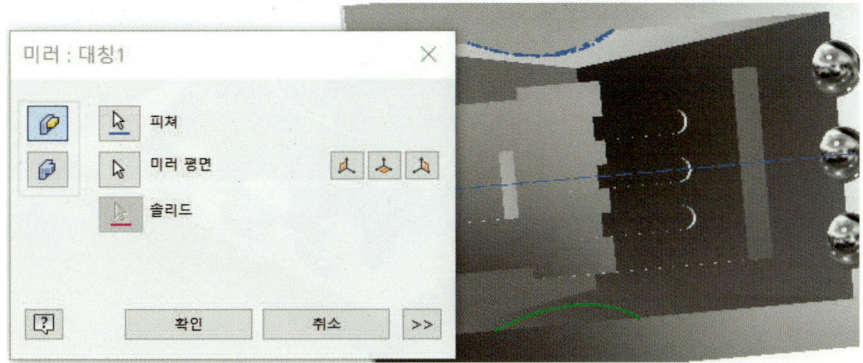

2 모깎기 아이콘을 클릭하고 아래 그림처럼 설정하고 확인한다.

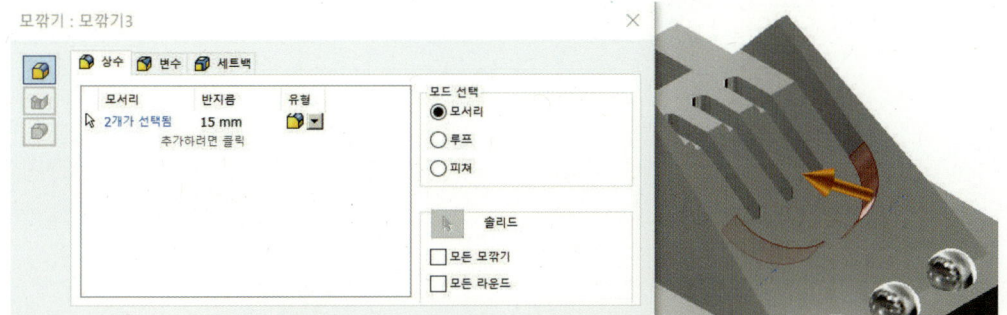

3 나머지도 같은 방법으로 모깎기를 사용하여 도면과 같이 형상을 모두 완성한다.

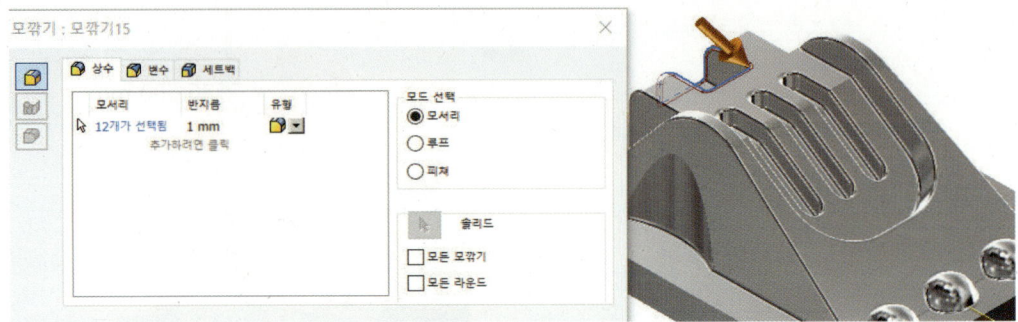

4 마지막으로 재질을 선정하면 아래와 같이 완성품이 나온다.

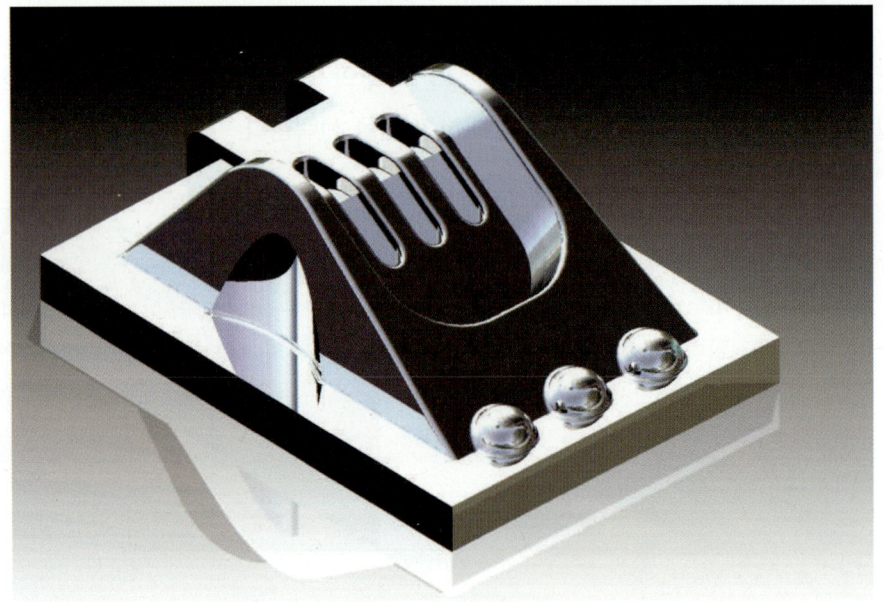

## 2. 핸드폰 따라 하기

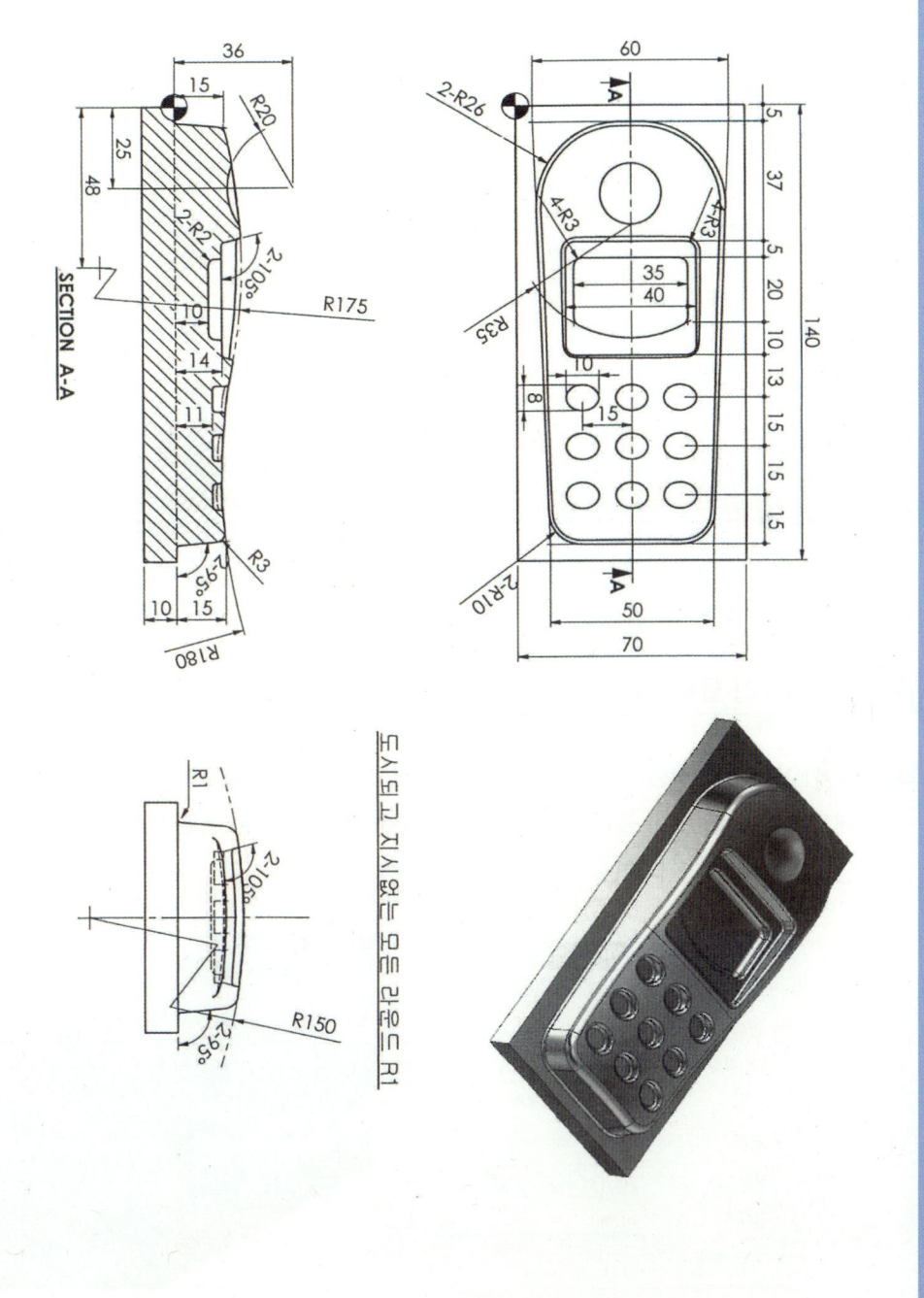

**[단계 1] 형상 기본 2D 스케치 작성하기**

1 XY 평면에서 직사각형 아이콘을 사용하여 대략의 형상을 스케치하고 일반 치수 아이콘을 사용하여 아래와 같이 정확한 치수를 입력한다.

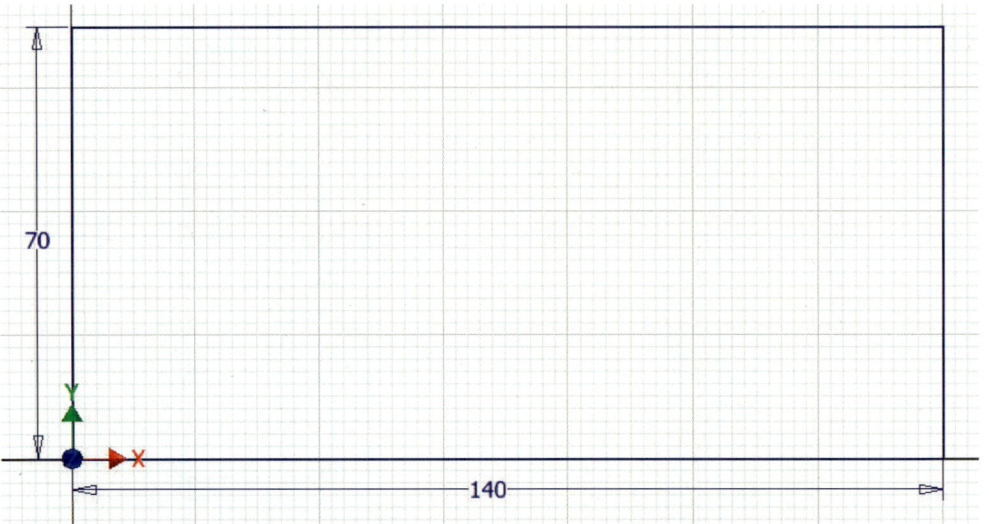

 **[단계 2] 돌출 피쳐 작성하기**

1 돌출 아이콘을 선택한다. 돌출시킬 영역이 단 하나이므로 별도의 선택 없이 앞에서 작업한 스케치가 선택되었다. 돌출 대화상자에서 돌출 거리가 10mm로 되어 있는 것을 확인하고 확인버튼을 누른다.

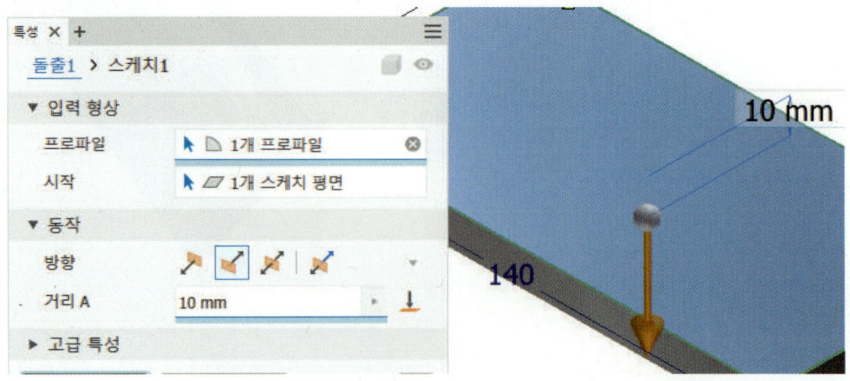

**[단계 3] 스케치 평면 작성하기**

1️⃣ 새로운 스케치를 작성하기 위해 새로운 윗면에서 MB3 버튼을 이용하여 새 스케치를 클릭한다.

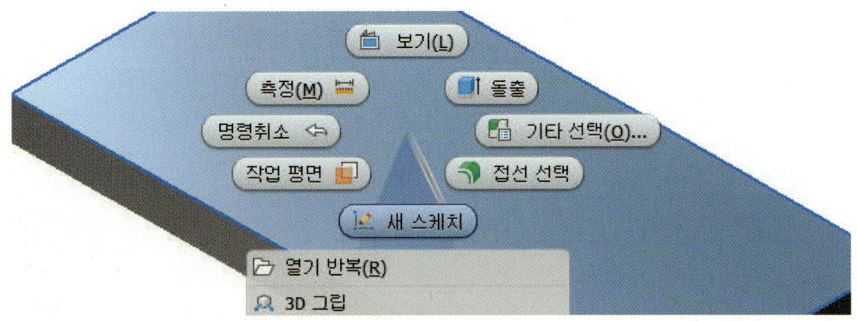

 **[단계 4] 스케치 및 돌출 작성하기**

1️⃣ 선 아이콘을 이용하여 아래와 같이 스케치를 작성하고 일반 치수 아이콘을 이용하여 아래와 같이 정확한 치수를 입력하고 스케치를 마무리한다.

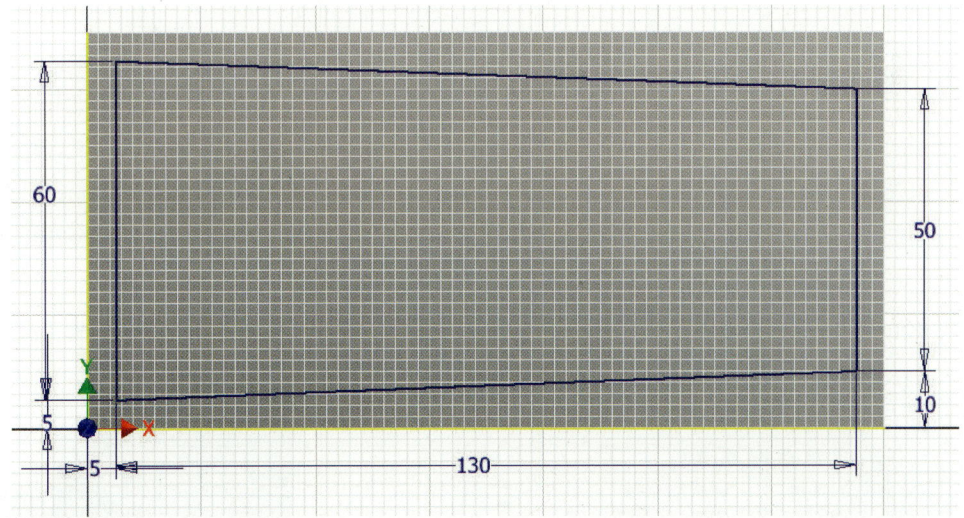

2 돌출 아이콘을 클릭한다. 위에서 스케치한 형상을 돌출할 프로파일로 선택한다. 돌출 거리에 25를 입력한다. 돌출 방향은 정방향으로 한 후 자세히 탭을 누른다. 테이퍼에 -5를 입력하고 확인 버튼을 눌러 돌출을 종료한다.

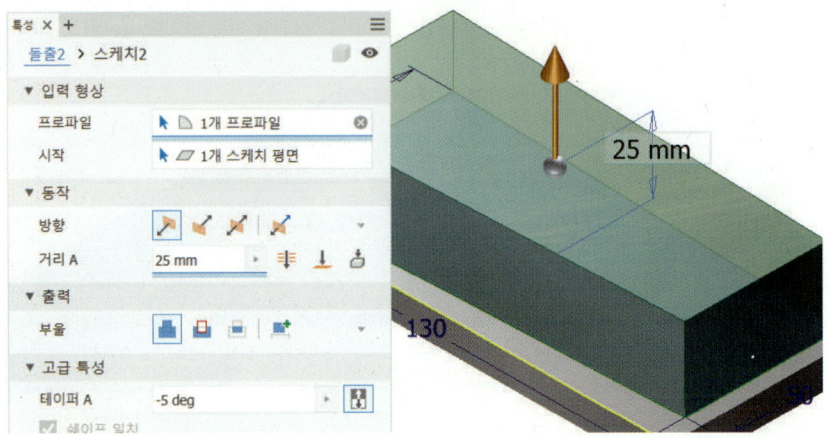

 **[단계 5] 모깎기 작성하기**

1 모깎기 아이콘을 클릭하여 아래 그림처럼 모서리를 선택하고 R26mm를 입력하고 확인을 클릭한다.

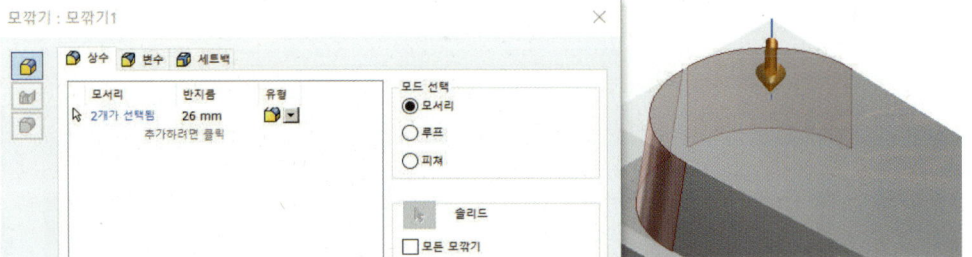

2 다시 아래 그림처럼 모서리를 선택하고 R10mm를 입력하고 확인을 클릭한다.

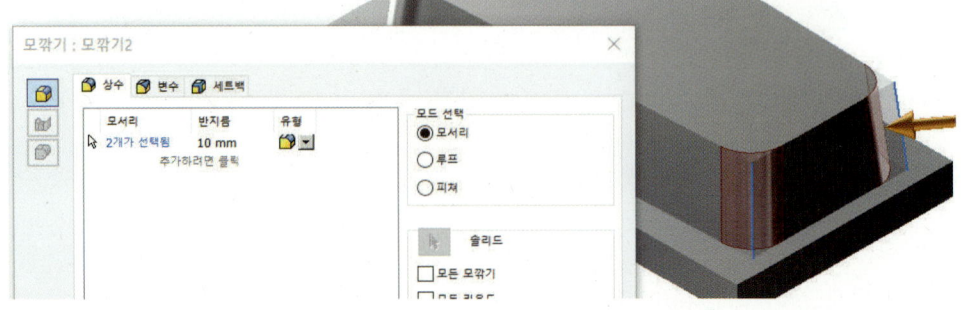

**[단계 6] 작업 평면 작성 및 스케치 평면 작성하기**

① 작업 평면 아이콘을 선택한다. 만들고자 하는 작업 평면에 면을 선택한 후 작업 평면을 만들고자 하는 방향으로 마우스를 드래그한다. 아래와 같은 간격띄우기 창이 나타나면 −35를 입력하고 적용한다.

② 앞에서 만든 작업 평면을 선택하고 MB3 버튼을 이용하여 새 스케치를 클릭한다.

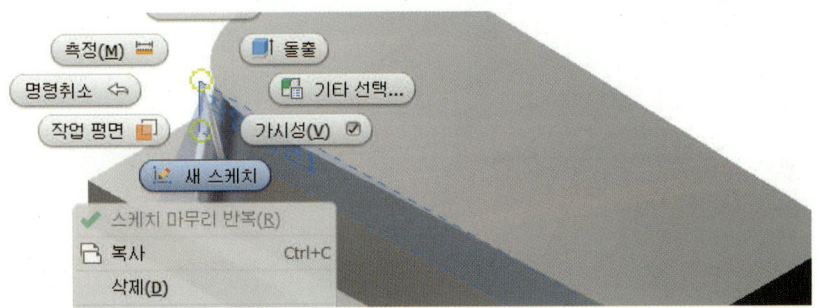

 **[단계 7] 스윕 곡면 작성하기**

① 마우스 오른쪽 버튼을 클릭하여 나타나는 팝업 메뉴에서 그래픽 슬라이스 메뉴를 선택한다.
② 형상 투영 아이콘 옆의 플라이아웃 화살표를 눌러 나타나는 하위 메뉴 중 절단 모서리 투영 메뉴를 선택한다.
③ 선 아이콘과 3점 원호 아이콘 사용하여 아래와 같이 스케치하고 일반 치수 아이콘을 사용하여 정확한 치수를 기입한다.

4 다음 그림에서 두 호를 접선시켜야 하는데 구속조건에 접선이라는 명령을 사용하여 두 호를 연결시키면 된다.

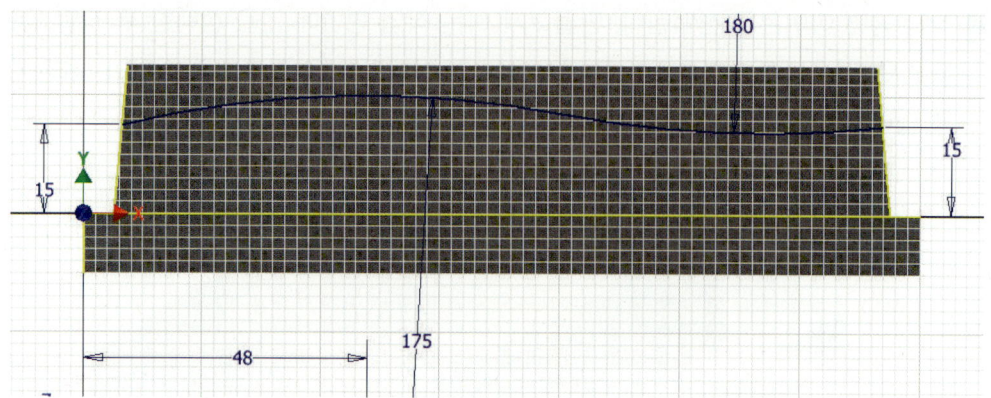

5 이번엔 앞에서 스케치했던 원호의 끝점에 접촉하는 작업 평면을 작성한다. 뷰에서 비주얼 스타일에서 와이어프레임으로 변경한다. 작업 평면 아이콘을 선택하고 점을 클릭하고 곡선이 빨간색으로 변활 때 다시 곡선을 클릭한다.

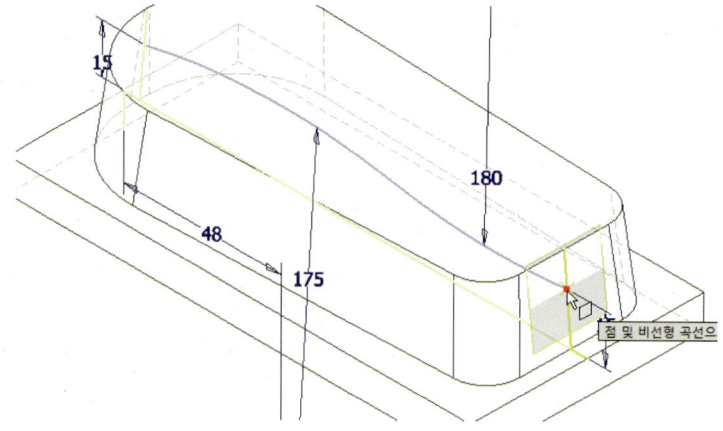

6 그림처럼 새로 만든 작업 평면을 선택하여 MB3 버튼을 이용하여 새 스케치 선택한다.

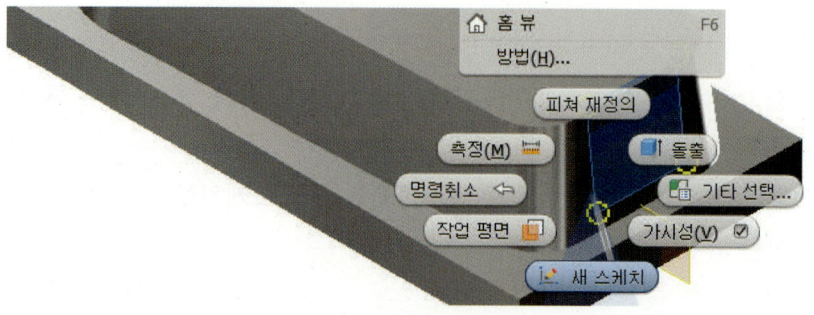

**7** 원호의 끝점을 형상 투영 아이콘 이용하여 형상 투영을 한 후 호 아이콘을 이용하여 투영된 점과 원의 외곽선이 일치하도록 스케치를 대략의 스케치를 작성한다. 일반 치수 아이콘을 이용하여 아래 그림과 같이 치수를 부여하고 스케치를 완료 후 스케치를 마무리한다.

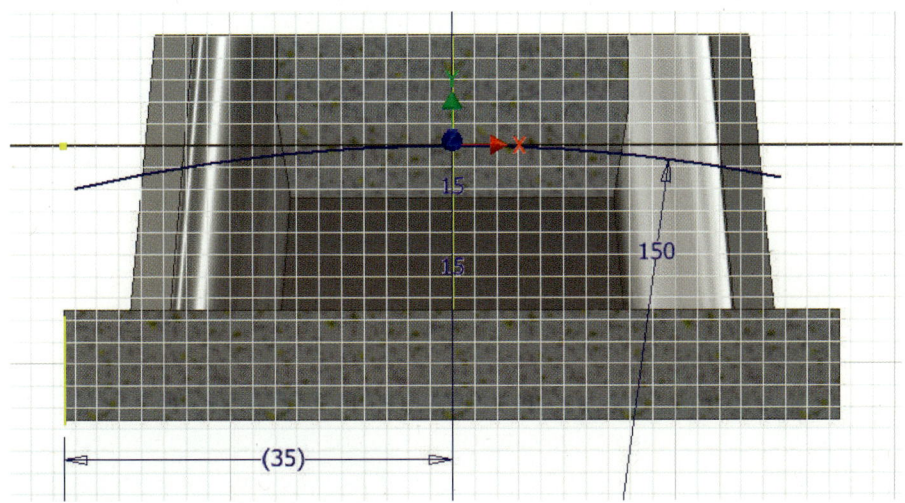

**8** 스윕 아이콘을 클릭한다. 먼저 생성 방법으로는 솔리드가 아닌 곡면을 선택하고 각 원호를 프로파일과 경로로 선택하여 확인 버튼을 눌러 스윕 곡면 작성을 완료한다. (아래 그림과 같이 선택하면 된다.)

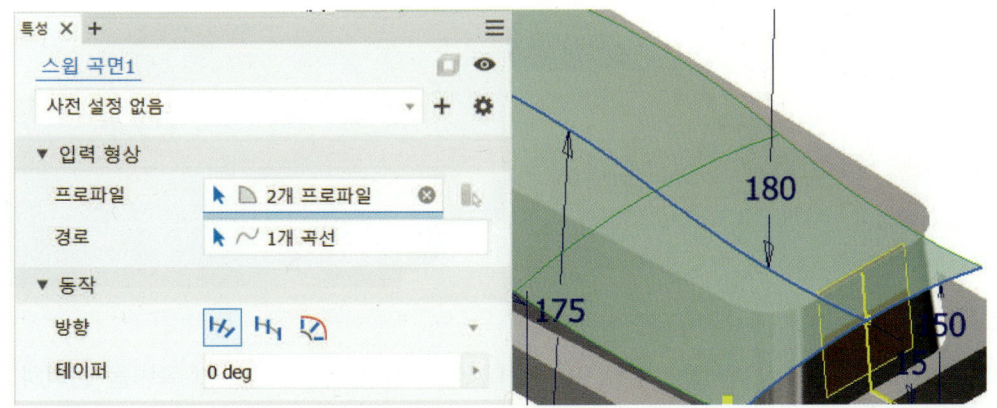

**9** 곡면 연장을 하기 위해서 곡면 연장 아이콘을 선택한다. 모서리를 선택하고 확인한다.

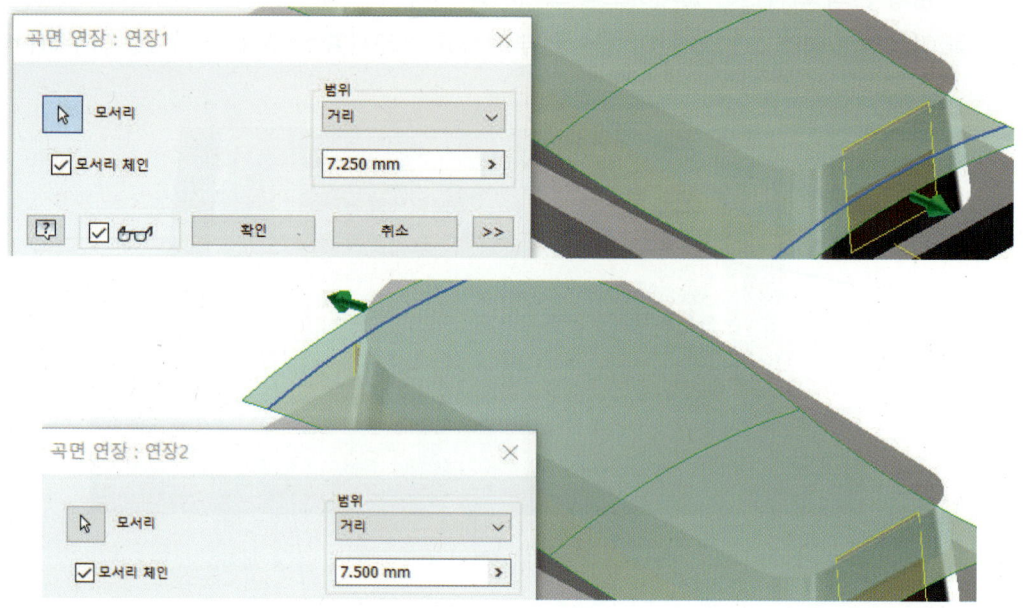

### [단계 8] 분할하기

**1** 분할 아이콘을 선택한다. 그림과 같이 설정하고 위에 부분을 잘라낸다.

**2** 분할이 완료되었으면 히스토리 막대로 마우스 커서를 옮겨서 스윕 곡면을 선택하고 마우스의 오른쪽 버튼을 눌러 팝업 메뉴에 나오는 항목 중 가시성에 체크를 클릭하여 스윕 곡면을 화면상에서 사라지게 한다.

**[단계 9] 형상 절단하기**

**1** 작업 평면 아이콘을 선택한다. 면을 선택한 후 작업 평면을 만들고자 하는 방향으로 마우스를 드래그한다. 아래와 같은 간격띄우기 창이 나타난다. 14를 입력하고 확인한다.

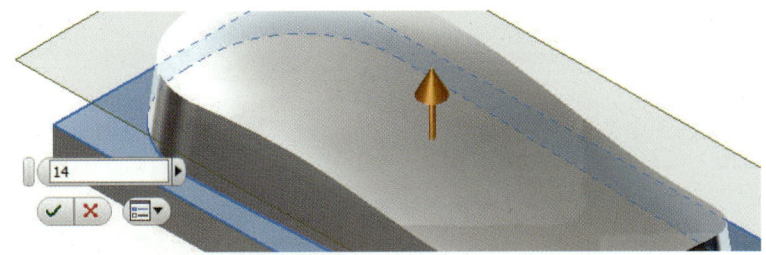

**2** 앞에서 만든 작업 평면을 선택하고 MB3 버튼을 이용하여 새 스케치를 클릭한다.

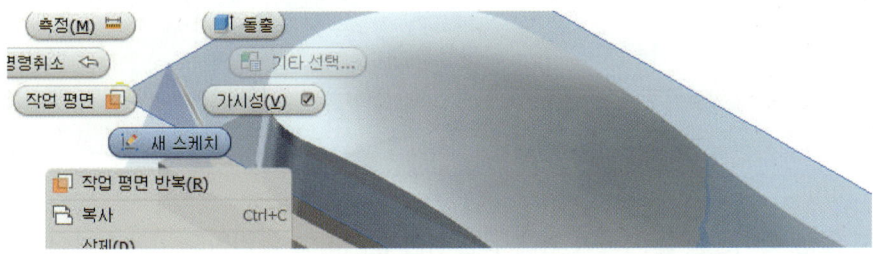

**3** 마우스 오른쪽 버튼을 눌러 나타나는 팝업 메뉴 중 그래픽 슬라이스를 선택하여 작업 평면을 기준으로 하는 단면을 표시한다. 선 아이콘과 3점 호를 이용해서 아래와 같이 스케치를 작성한 후 일반 치수 아이콘을 이용하여 아래 그림과 같이 치수를 부여하고 스케치를 완성한 후 스케치를 마무리한다.

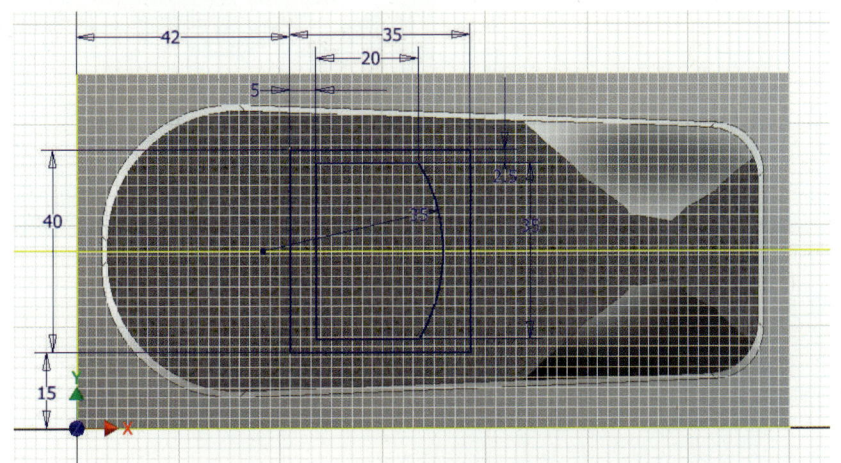

4 돌출 아이콘을 클릭하면 돌출 대화상자가 나타나는데 위에서 작성한 스케치를 프로파일로 지정한다. 가운데 부분을 절단(차집합)으로 선택하고, 범위 부분에 거리를 전체로 전환하고 방향은 아래 그림과 같이 선택한 후 자세히 탭을 눌러 테이퍼 값에 15를 입력하고 확인을 누른다.

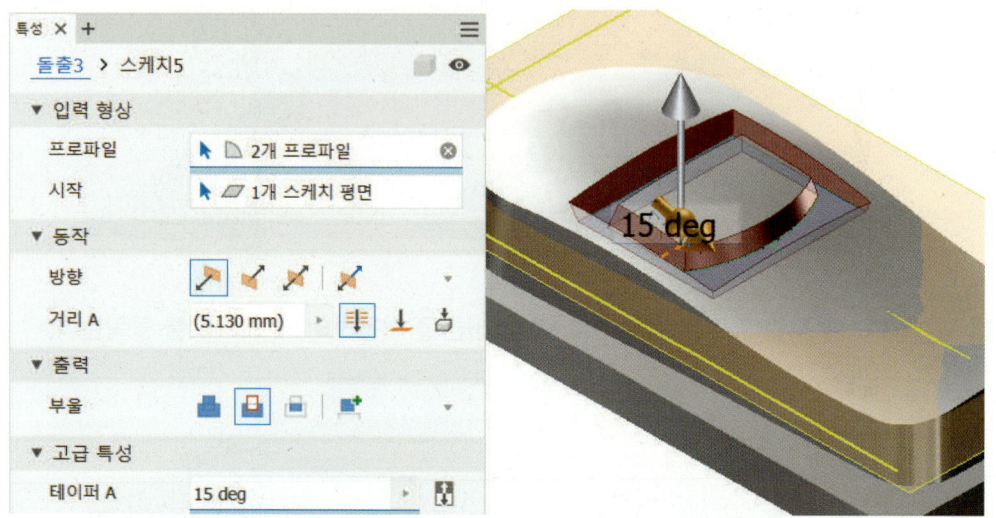

5 다시 돌출 아이콘을 클릭하여 아래 그림처럼 설정하고 확인한다.

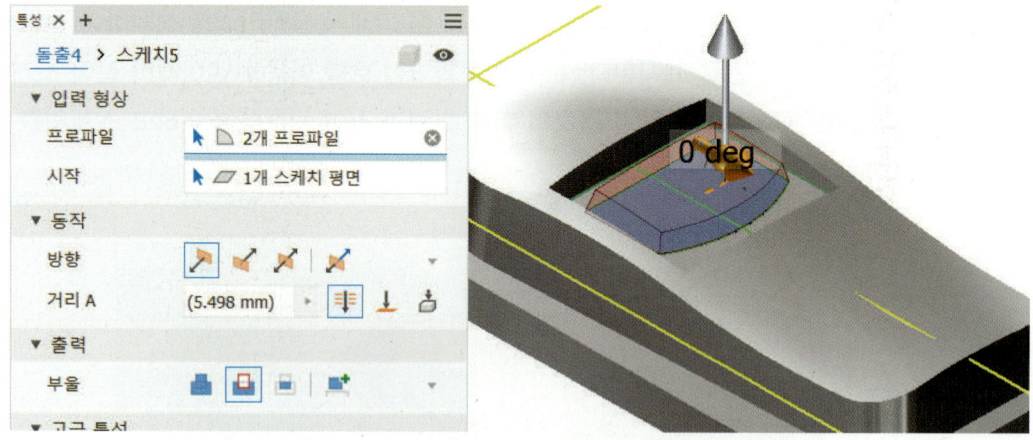

6 다시 큰 사각형 안쪽에 있는 스케치를 선택하여 프로파일로 지정한다. 가운데 부분을 절단(차집합)으로 선택하고 범위 부분에 거리를 선택, 거리 값으로는 4를 입력한 후 확인 한다. 공유되었던 스케치 및 화면에 있는 작업 평면들은 가시성을 끄고 화면을 정리한다.

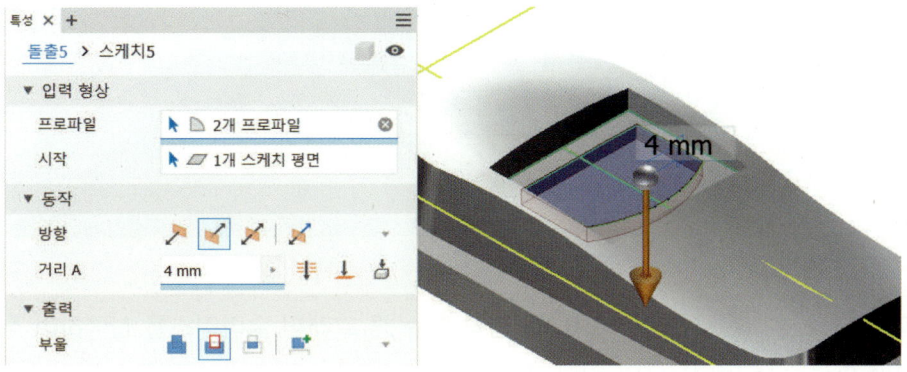

7 모깎기 아이콘을 클릭하여 아래 그림처럼 반지름값 3으로 모서리 8군데를 클릭하여 확인한다.

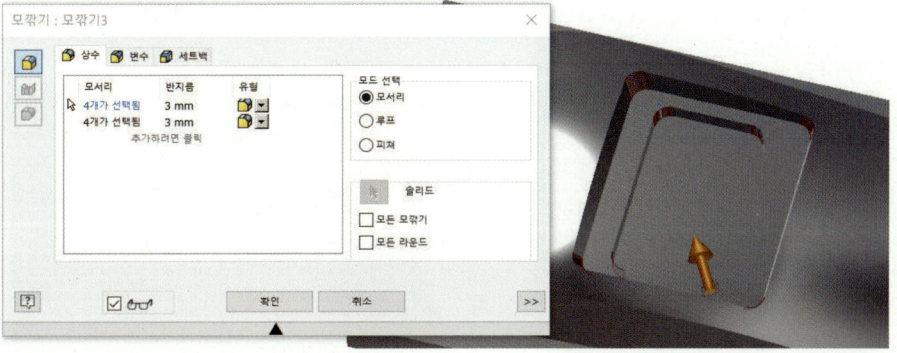

 **[단계 10] 형상 절단 및 사각 배열**

1 작업 평면 아이콘을 선택한다. 바닥 면을 선택한 후 작업 평면을 만들고자 하는 방향으로 마우스를 드래그한다. 아래와 같은 간격띄우기 창이 나타난다. 11을 입력하고 확인한다.

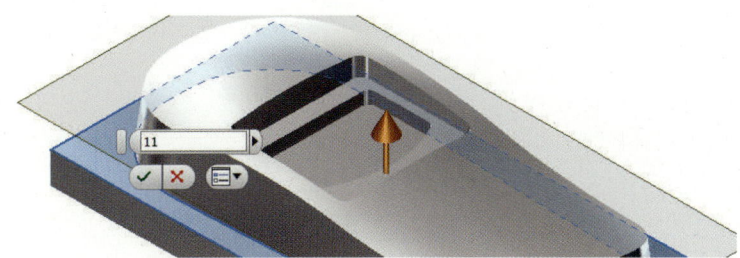

2 작업 평면을 선택하고 MB3 버튼을 이용하여 새 스케치를 클릭한다.

3 마우스 오른 버튼을 눌러 나타나는 팝업 메뉴 중 그래픽 슬라이스를 선택하여 작업 평면을 기준으로 하는 단면을 표시한다. 절단 모서리 투영 아이콘을 이용하여 절단된 면의 외곽선을 투영한다. 타원 아이콘을 이용하여 아래 그림과 같이 스케치를 한 후 일반 치수 아이콘을 이용하여 아래 그림과 같이 치수를 입력한다.

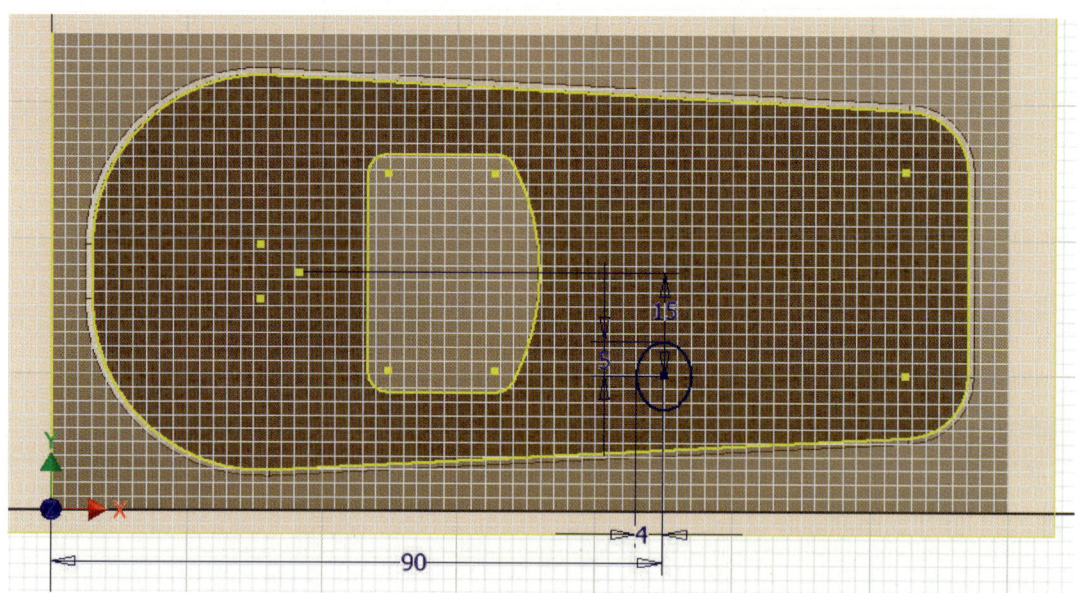

4 직사각형 패턴 아이콘을 이용하여 아래 그림과 같이 설정하고 스케치를 종료한다.

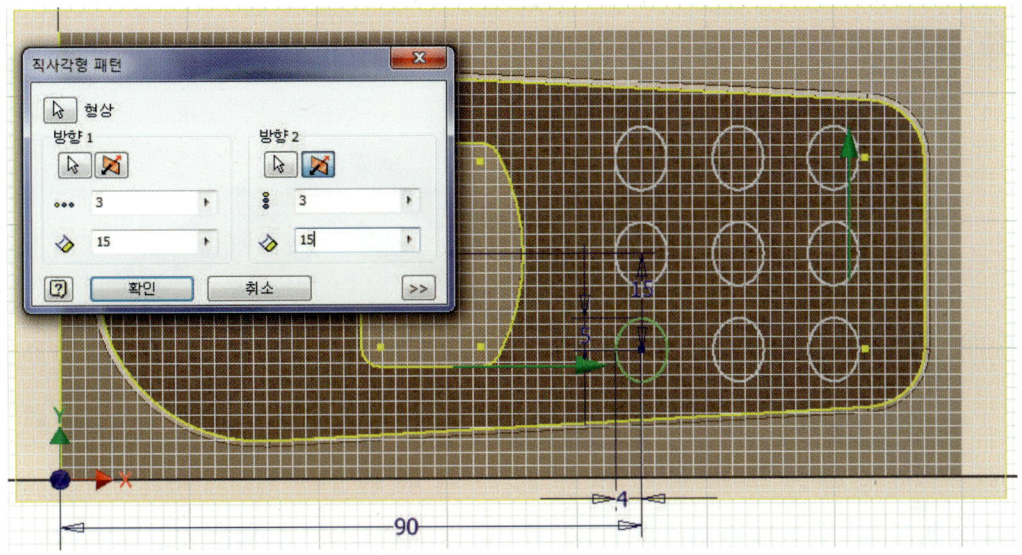

5 돌출 아이콘을 클릭한다. 프로파일은 아래 그림과 같이 선택한다. 아래 그림과 같이 절단을 선택하고 범위에 거리 옆에 있는 플라이아웃 화살표를 눌러 전체를 선택하고, 방향은 아래 그림과 같이 선택한 후 확인 눌러 돌출 아이콘을 이용한 형상 절단을 종료한다. 위에서 만들어진 작업 평면의 가시성을 끈다.

**[단계 11] 돌출형상 절단하기**

**1** 그림과 같이 작업 평면을 선택하고 MB3 버튼을 이용하여 새 스케치 클릭한다.

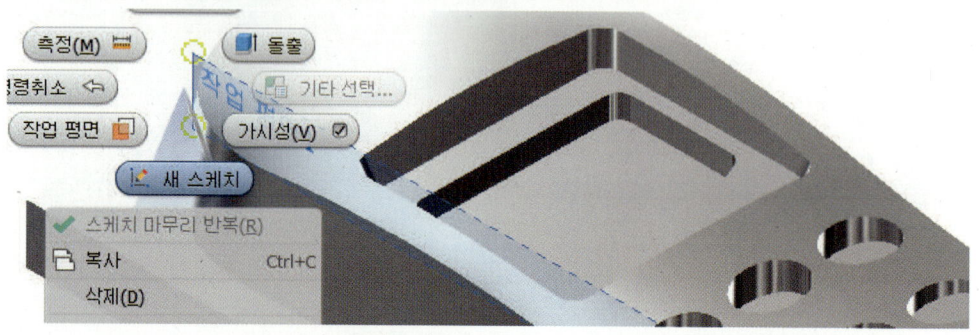

**2** 선 아이콘과 중심점 원 아이콘을 이용하여 스케치를 작성한 후 일반 치수 아이콘을 이용하여 아래 그림과 같이 정확한 치수를 기입한다. 트림 아이콘을 이용하여 아래의 그림과 같이 스케치를 정리하고 스케치를 마무리한다.

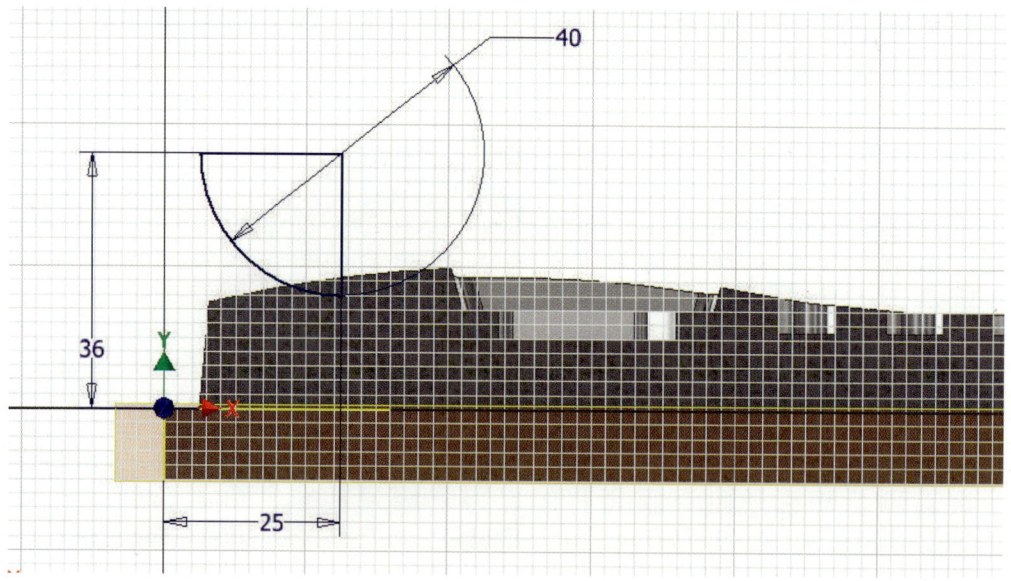

3 회전 아이콘을 실행시키고 위에서 작성한 스케치를 프로파일로 지정하고, 세로선을 회전축으로 선택한다. 절단을 선택하고, 범위에서 전체를 선택한 후 확인한다.

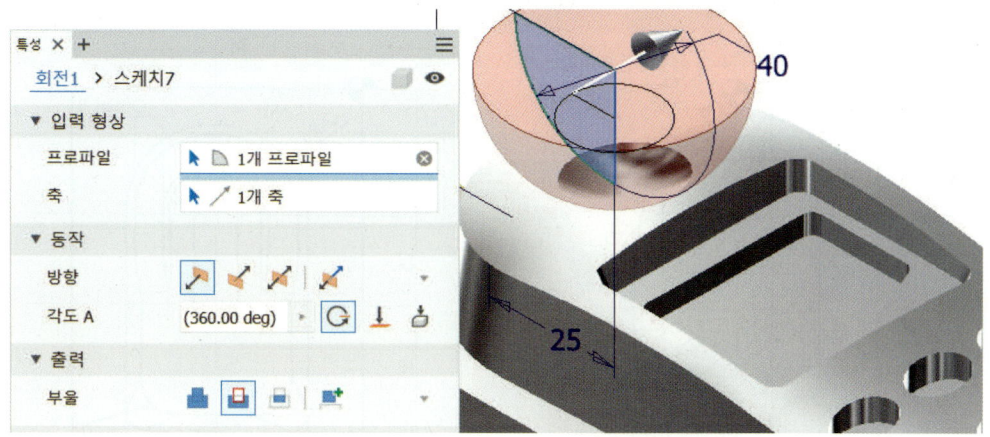

### [단계 12] 필렛 작성하기

1 모깎기 아이콘을 이용하여 필렛을 완성한다. 아래와 그림과 같이 상수 탭을 선택하고 필렛을 할 부분의 모서리를 선택하고, 도면에 나와 있는 반지름값을 입력하고 확인한다.

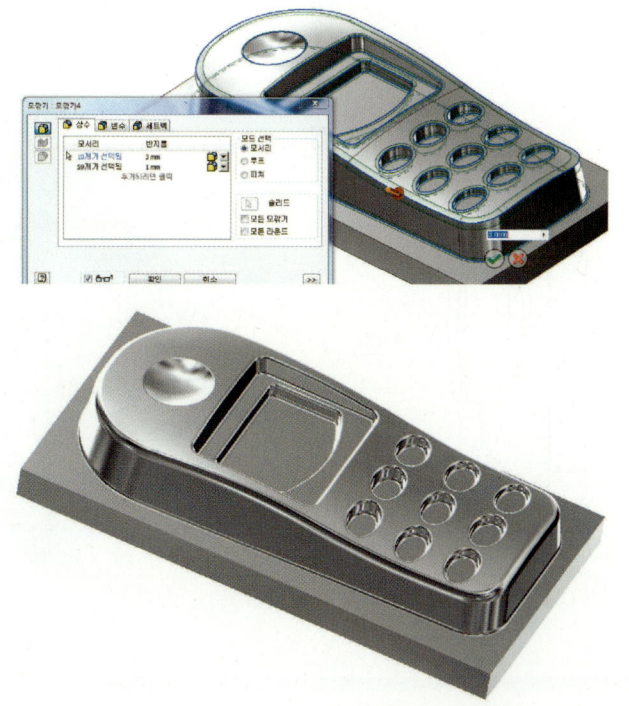

## 3. 자물쇠 형상 따라 하기

**[단계 1] 형상 기본 2D 스케치 작성하기**

**1** XY 평면에서 직사각형 아이콘을 사용하여 대략의 형상을 스케치하고 일반 치수 아이콘을 사용하여 아래와 같이 정확한 치수를 입력한다.

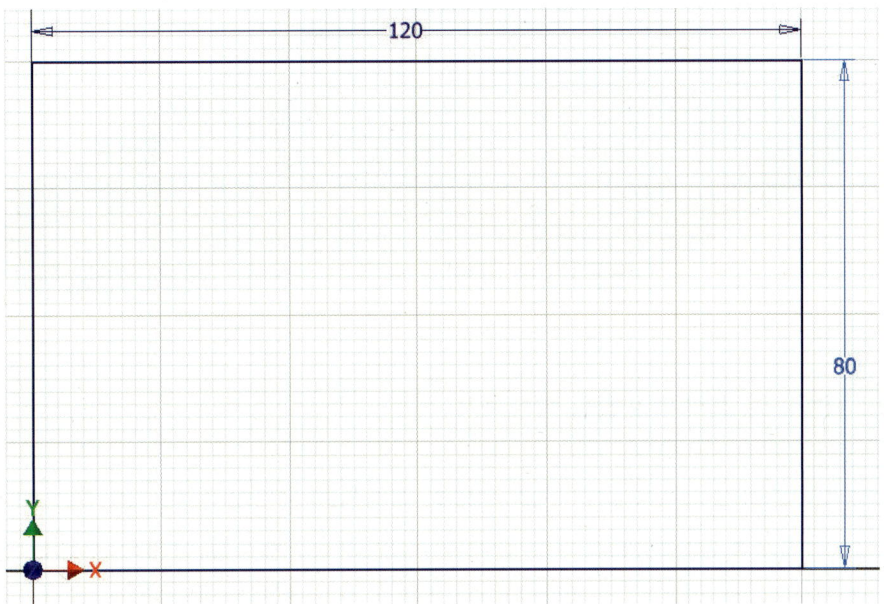

 **[단계 2] 돌출 피쳐 작성하기**

**1** 돌출 아이콘을 선택하고 돌출시킬 영역이 단 하나이므로 별도의 선택 없이 앞에서 작업한 스케치가 선택되었다. 돌출 대화상자에서 돌출 거리가 10mm로 되어 있는 것을 확인하고 확인 버튼을 누른다.

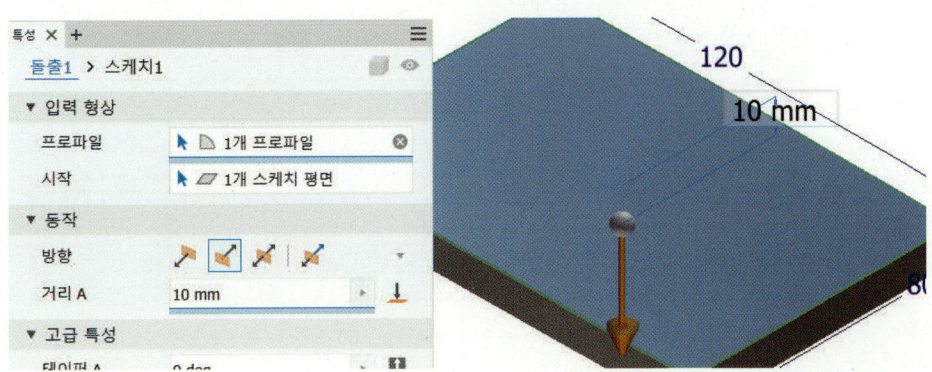

**[단계 3] 스케치 평면 작성하기**

**1** 위에서 작성한 돌출 피쳐의 상판에 새로운 스케치를 작성하기 위해 새로운 작업 평면을 작성한다. 스케치 아이콘을 클릭한 후 앞에서 만든 피쳐의 윗면을 선택한다.

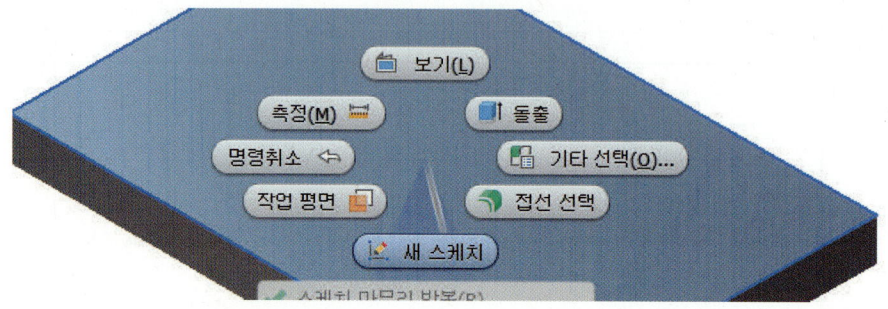

 **[단계 4] 스케치 및 돌출 작성하기**

**1** 앞에서 만들어진 스케치 평면 위에 새로운 스케치를 작성한다. 아래와 같이 대략의 스케치를 선 아이콘과 중심점 원을 이용하여 아래와 같이 스케치를 작성하고, 일반 치수 아이콘을 이용하여 아래와 같이 정확한 치수를 입력한 후 스케치를 종료한다.

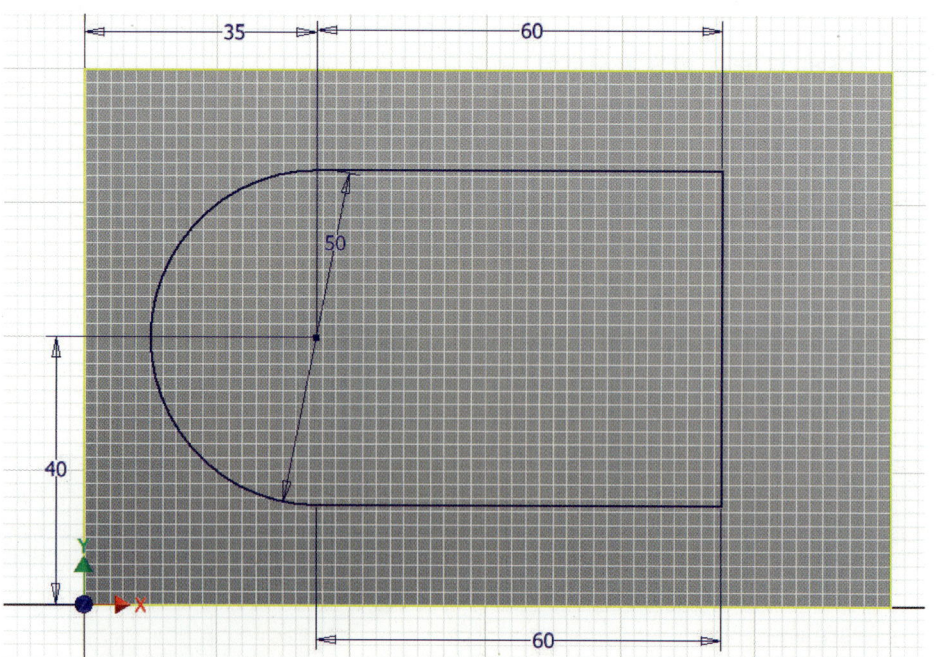

2 돌출 아이콘을 클릭한다. 위에서 스케치한 형상을 돌출할 프로파일로 선택한다. 돌출 거리에 35를 입력한다. 그리고 돌출 방향은 정방향으로 한 후 자세히 탭을 누른다. 테이퍼에 −10을 입력하고 확인 버튼을 눌러 돌출을 확인한다.

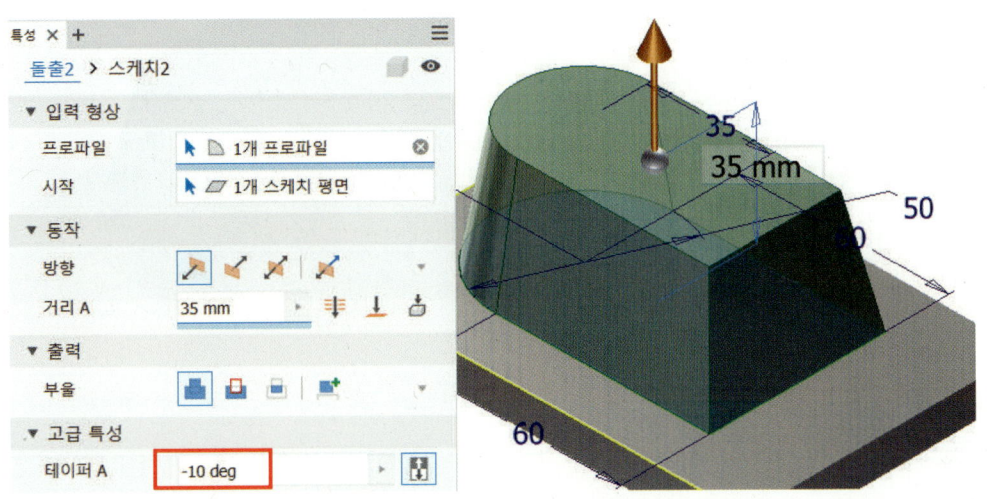

### [단계 5] 작업 평면 작성 및 스케치 평면 작성하기

1 작업 평면 아이콘을 선택한다. 만들고자 하는 작업 평면에 앞면을 선택한 후 작업 평면을 만들고자 하는 방향으로 마우스를 드래그한다. 아래와 같은 간격띄우기 창이 나타난다. −40을 입력하고 적용한다.

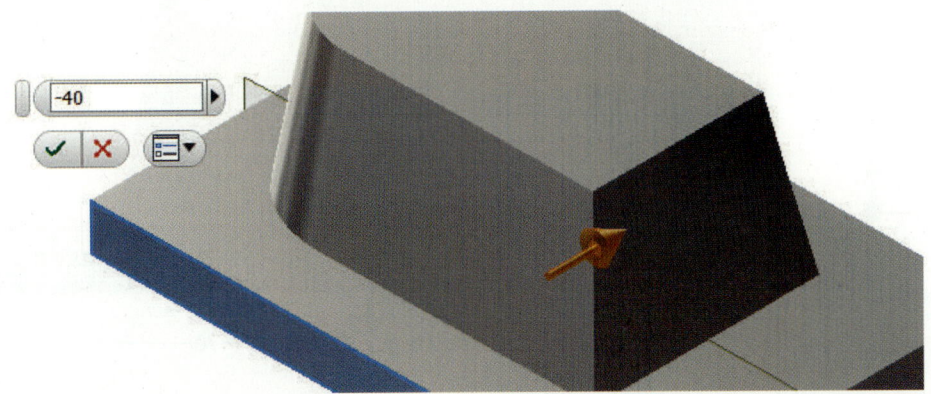

2 스케치 아이콘을 클릭한 후 앞에서 만든 작업 평면을 선택하면 작업 평면 위에 모눈이 나타나고 스케치를 할 수 있게 된다.

 [단계 6] 스케치 및 형상 절단하기

1 마우스 오른쪽 버튼을 클릭하여 나타나는 팝업 메뉴에서 그래픽 슬라이스 메뉴를 선택한다. 스케치 면을 기준으로 하는 피쳐의 단면이 나타난다. 형상 투영 아이콘 옆의 플라이아웃 화살표를 눌러 나타나는 하위 메뉴 중 절단 모서리 투영 메뉴를 선택한다. 선 아이콘을 사용하여 아래와 같이 스케치하고 일반 치수 아이콘을 사용하여 정확한 치수를 기입하고 스케치를 종료한다.

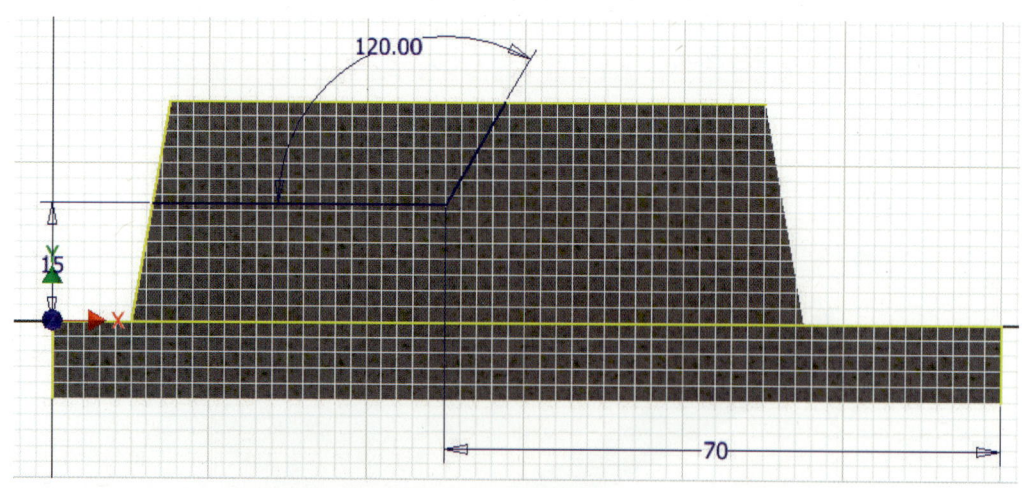

2 돌출 아이콘을 클릭한다. 그림처럼 위에서 스케치한 것을 프로파일로 선택하고 차집합으로 하고 확인한다.

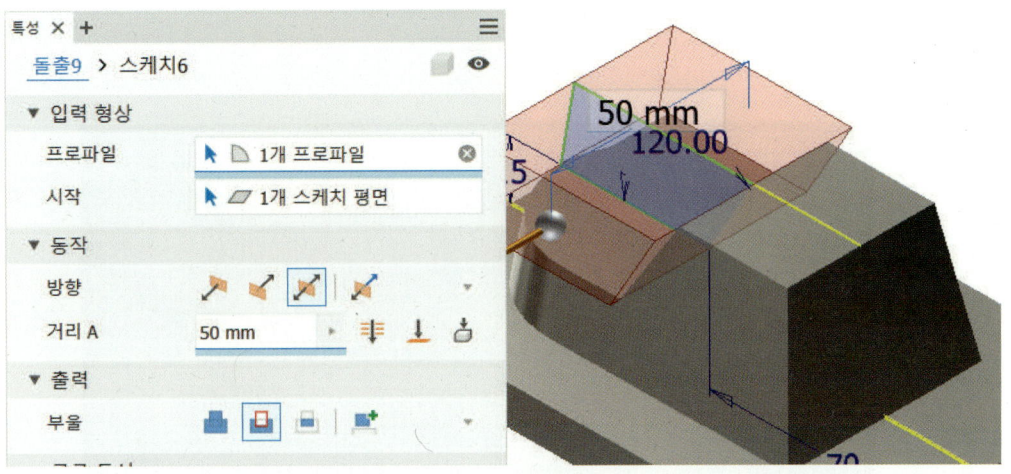

### [단계 7] 돌출 피쳐 작성하기

1 스케치 아이콘을 클릭하고 앞에서 만든 직사각형 피쳐의 상판부 면을 클릭하여 새 스케치 면을 작성한다.

CHAPTER 10 서피스 형상 모델링 따라 하기

**2** 마우스 오른 버튼을 눌러 나타나는 팝업 메뉴 중 그래픽 슬라이스를 선택하여 직사각형 피쳐를 기준으로 하는 단면을 표시한다. 간격띄우기 아이콘을 이용하여 절단면에 투영된 선을 이용하여 대략의 형상을 스케치하고 일반 치수 아이콘을 사용하여 치수 8을 정확히 입력한다. (8mm로 치수를 적용한 모습)

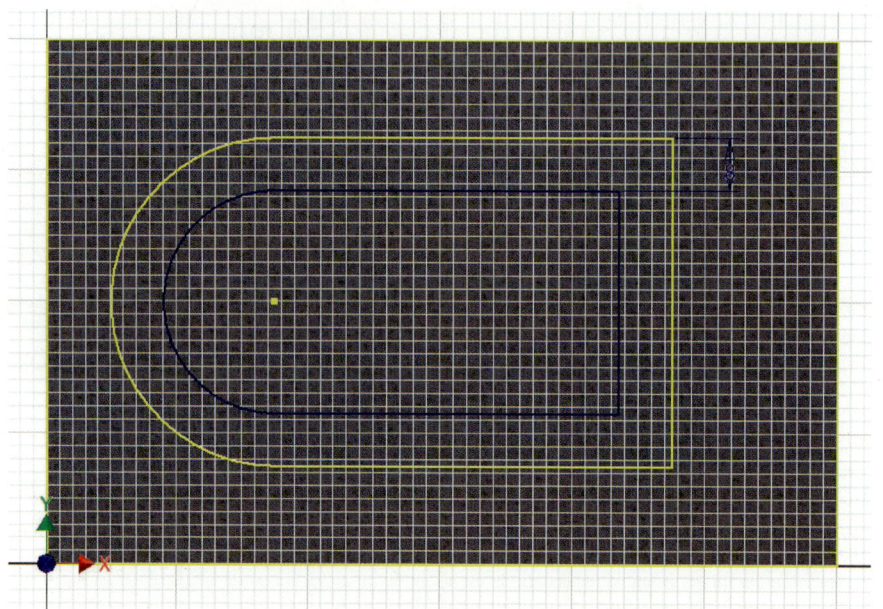

**3** 돌출 아이콘을 클릭한다. 바로 위에서 작성된 스케치를 프로파일로 지정한다. 돌출 대화상자에서 돌출 거리 값 35를 입력하고 돌출 방향은 정방향을 선택한 후 자세히 탭을 클릭하여 테이퍼 값에 –10을 입력한 후 확인 버튼을 누른다.

**[단계 8] 스윕 피쳐 작성하기**

**1** 스케치 아이콘을 선택하고 다시 활성화된 작업 평면을 선택하면 모눈의 새 스케치 면이 작성된다.

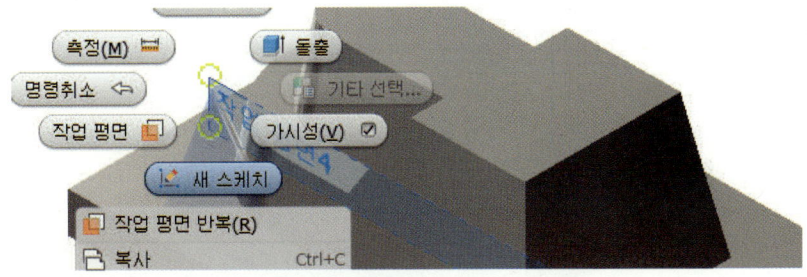

**2** 절단 모서리 투영 아이콘을 이용해 절단면 모서리의 외각선 들을 투영한다.

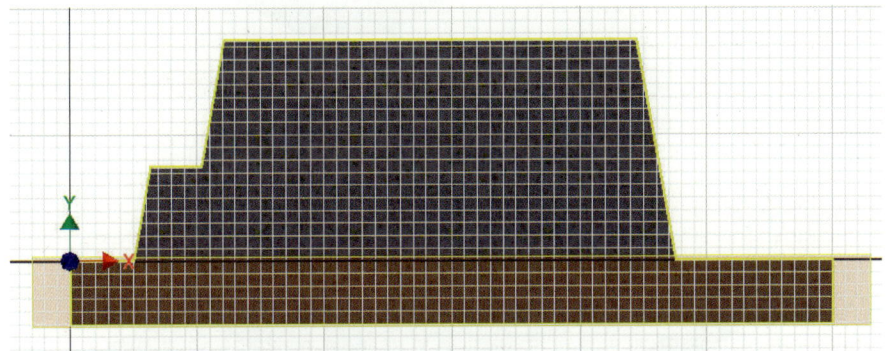

**3** 호 아이콘을 이용하여 그림처럼 스케치하고 일반 치수 아이콘을 이용하여 아래와 같이 정확한 치수를 기입해 스케치를 완성시키고 스케치를 종료한다.

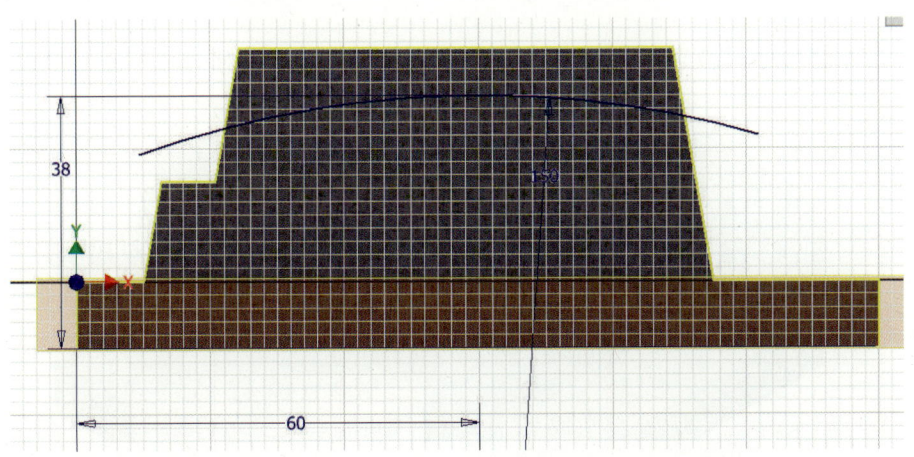

CHAPTER 10 서피스 형상 모델링 따라 하기 | 605

**4** 이번엔 앞에서 만들었던 작업 평면과 교차하는 작업 평면을 작성한다. 위에서 만들었던 스케치와 교차하는 스케치를 작성하기 위한 것으로, 작업 평면 아이콘을 이용하여 호의 끝점을 선택하고 호선이 빨간색으로 변할 때 클릭하면 끝점에 작업 평면이 생성된다.

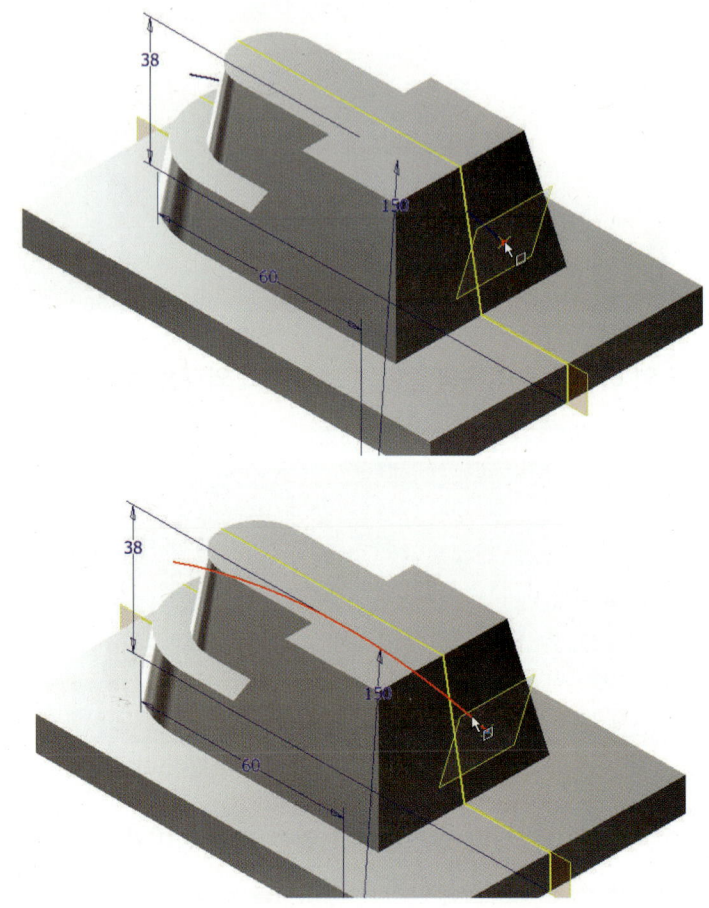

**5** 앞에서 생성된 작업 평면을 선택하고 MB3 버튼을 이용하여 새 스케치를 선택한다.

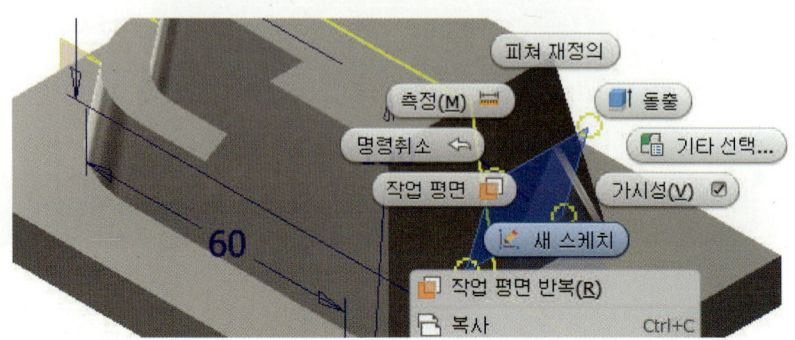

**6** 마우스 오른 버튼을 눌러 그래픽 슬라이스를 눌러 앞에서 만든 작업 평면을 기준으로 한 피쳐 단면을 표시한다. 형상 투영 아이콘을 이용하여 위 스케치에서 작성했던 원호 끝점를 클릭하여 형상을 스케치 면에 투영한다.

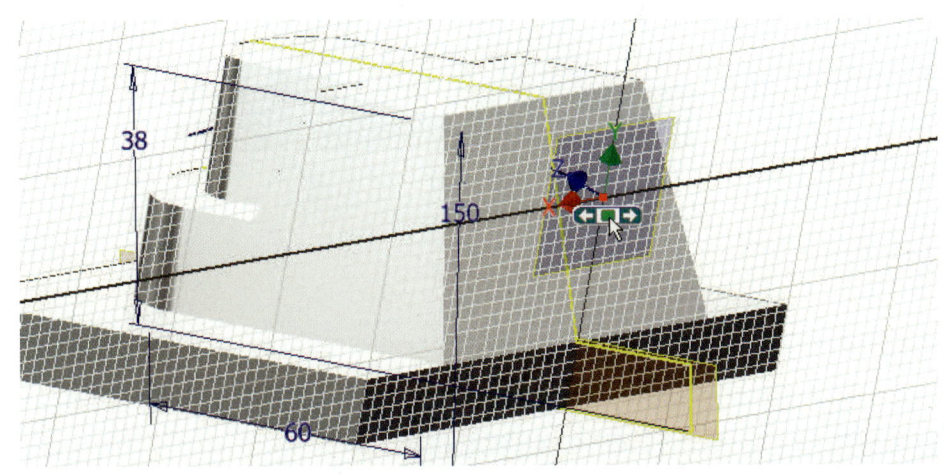

**7** 호 아이콘을 이용하여 그림처럼 스케치하고 끝점을 연결할 때 구속조건을 부여하고, 일반 치수 아이콘을 이용하여 아래 그림과 같이 치수를 부여하고 스케치를 완료한다. 복귀 아이콘을 이용해서 스케치를 마무리한다.

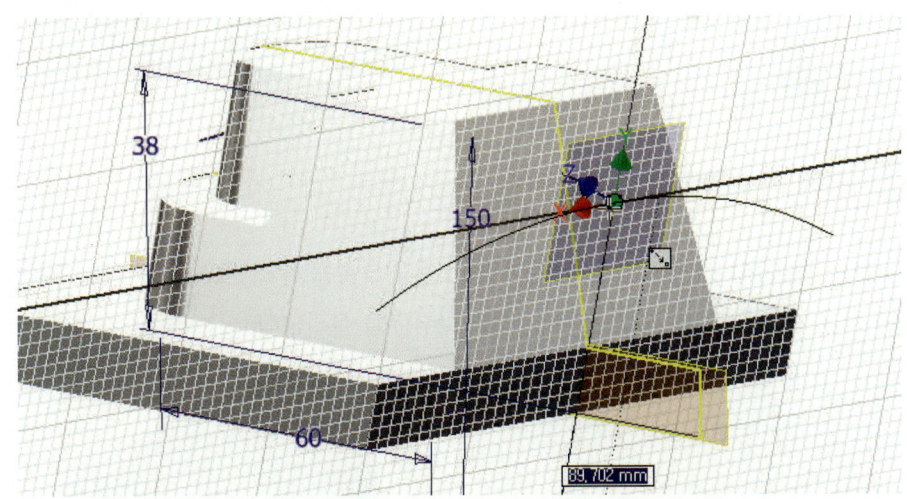

CHAPTER 10 서피스 형상 모델링 따라 하기

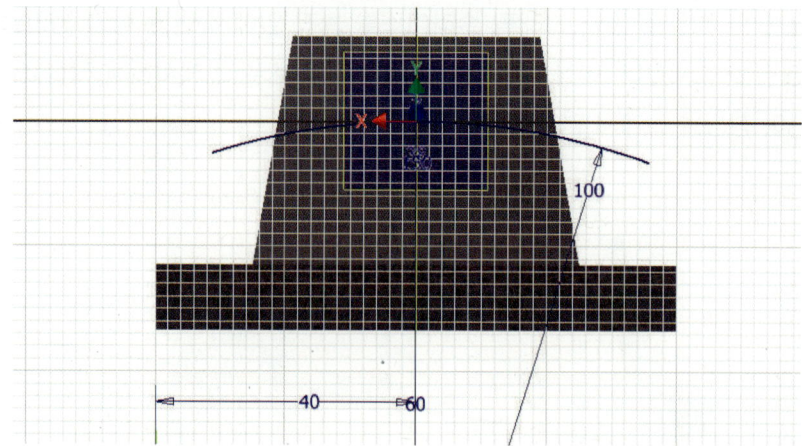

8 스윕 아이콘을 클릭한다. 먼저 생성 방법으로는 솔리드가 아닌 곡면을 선택하고 각 원호를 프로파일과 경로로 선택하여 확인 버튼을 눌러 스윕 곡면 작성을 완료(아래 그림과 같이 선택하면 된다.)한 후 스윕 곡면이 작성되었다.

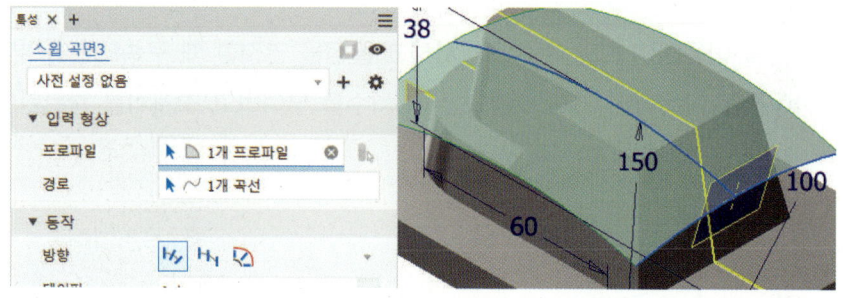

### [단계 9] 분할하기

1 위에서 만들어진 스윕 곡면을 기준으로 하여 윗부분을 잘라낸다. 피쳐 패널 막대에서 분할 아이콘을 선택한다. 다음과 같은 순서로 윗부분을 잘라낸다.

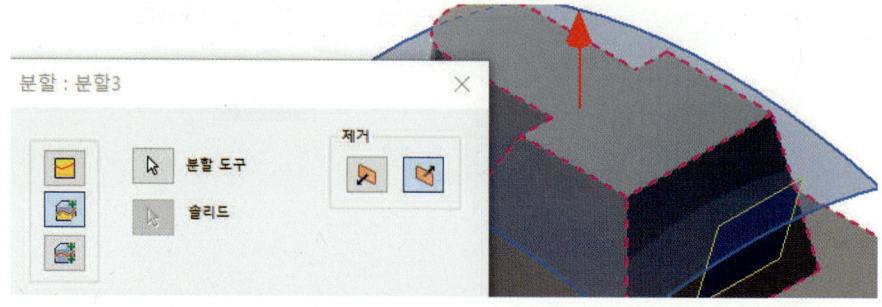

2 히스토리 막대로 마우스 커서를 옮겨서 스윕 곡면을 선택하고 마우스의 오른쪽 버튼을 눌러 팝업 메뉴에 나오는 항목 중 가시성에 체크를 클릭하여 스윕 곡면을 화면상에서 사라지게 한다.

###  [단계 10] 슬롯 형태 구멍 작성하기

1 작업 평면 아이콘을 선택한다. 바닥 면을 선택한 후 작업 평면을 만들고자 하는 방향으로 마우스를 드래그한다. 아래와 같은 간격띄우기 창이 나타난다. 20을 입력하고 엔터 키를 누른다.

2 이제 만들어진 작업 평면을 스케치 평면으로 정의하여 새로운 스케치를 작성한다. 작업 평면을 선택하고 MB3 버튼을 이용하여 새 스케치를 선택한다.

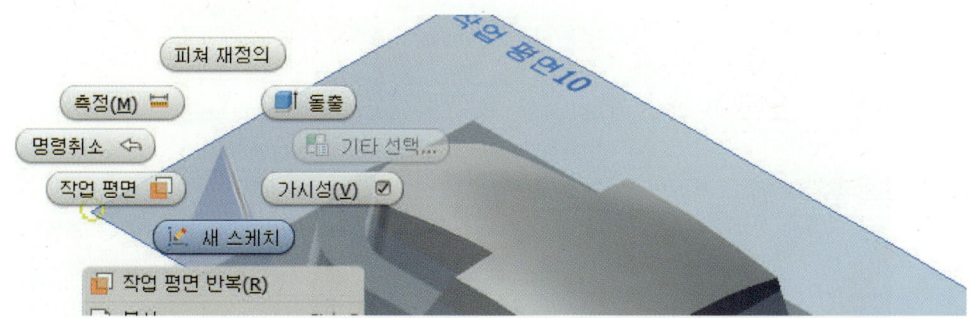

3 그래픽 슬라이스를 선택하여 작업 평면을 기준으로 하는 단면을 표시한다. 절단 모서리 투영하고 선 아이콘과 중심점 원 아이콘을 이용해서 아래와 같이 대략의 스케치를 작성한다. 이때 원과 가로선이 접하는 부분에 구속조건을 추가한다. 직각 아이콘을 옆의 플라이아웃 화살표를 내려 나타나는 하위 메뉴 중 접선을 선택한 후 원과 선을 차례대로 선택한다.(아래 그림과 같이 선택)

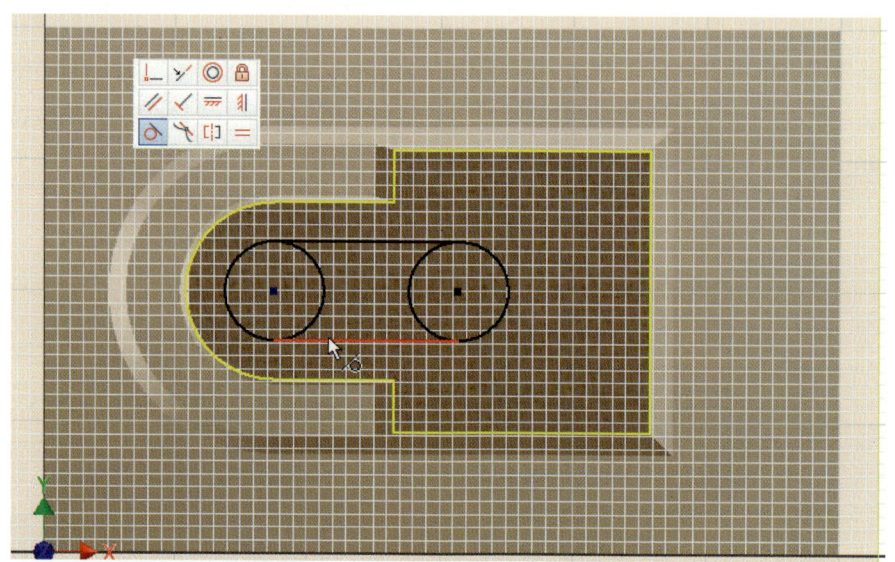

4 자르기 아이콘을 이용하여 원의 불필요한 부분을 제거하고, 일반 치수 아이콘을 이용하여 아래 그림과 같이 정확한 치수를 입력하고 스케치를 종료한다.

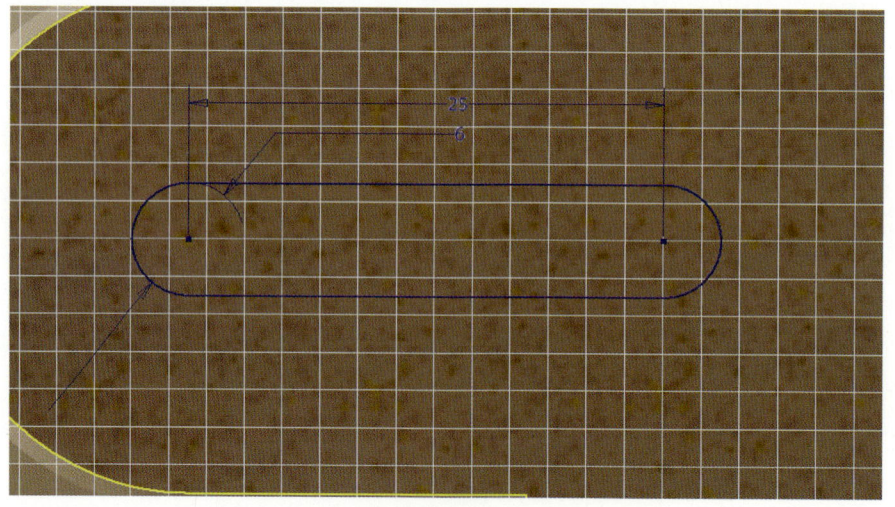

5 돌출 아이콘을 클릭하면 돌출 대화상자가 나타나는데, 위에서 작성한 스케치를 프로파일로 지정한다. 가운데 부분을 절단으로 선택하고 범위 부분에 거리를 전체로 전환하고 방향은 아래 그림과 같이 선택한 후 확인을 눌러 돌출을 완료한다. 작업 평면들은 가시성을 꺼둔다.

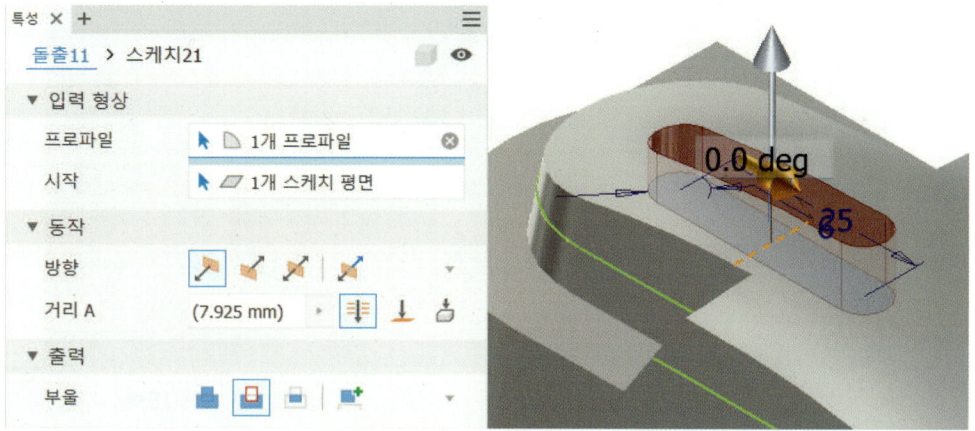

## [단계 11] 돌출 피쳐 작성하기

1 이번엔 뒷부분의 돌출 형상을 작성한다. 윗면을 선택하고 MB3 버튼을 이용하여 새 스케치를 선택한다.

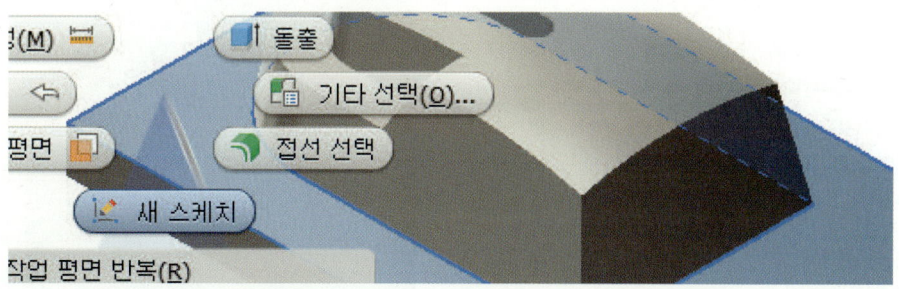

2 마우스 오른쪽 버튼을 클릭하여 나타나는 팝업 메뉴에서 그래픽 슬라이스 메뉴를 선택한다. 형상 투영 아이콘을 클릭하고 선 아이콘을 사용하여 아래와 같이 스케치한 후 일반 치수 아이콘을 사용하여 정확한 치수를 기입하고 종료한다.

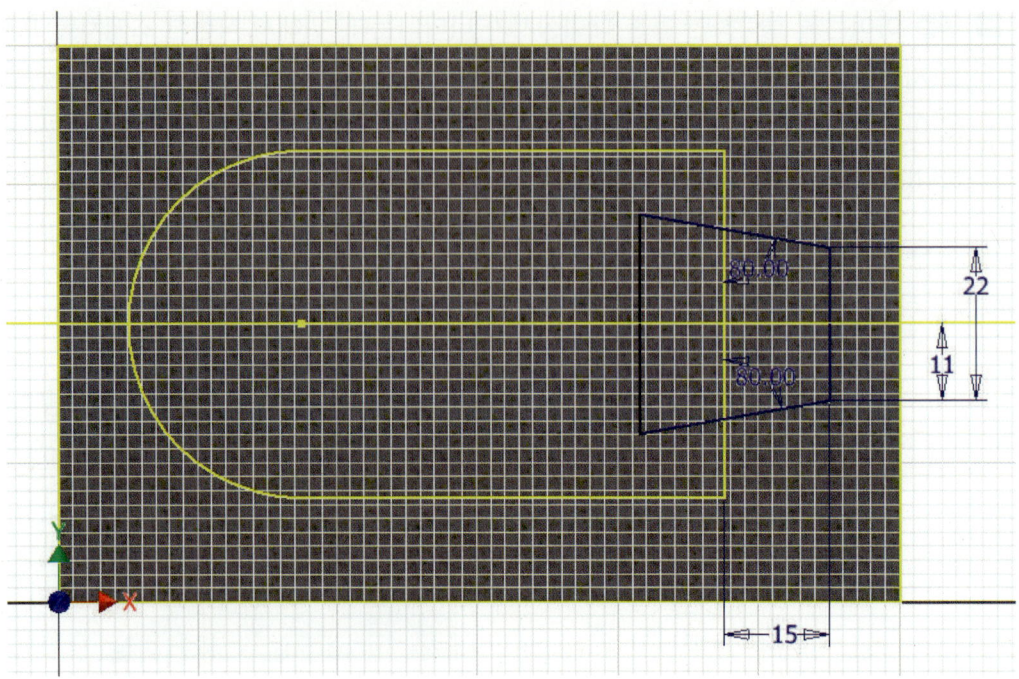

3 돌출 아이콘을 클릭하면 돌출 대화상자가 나타나는데 위에서 작성한 스케치를 프로파일로 지정한다. 돌출 거리에 20을 입력한다. 그리고 돌출 방향은 정방향으로 하고, 확인 버튼을 눌러 돌출을 완료한다.

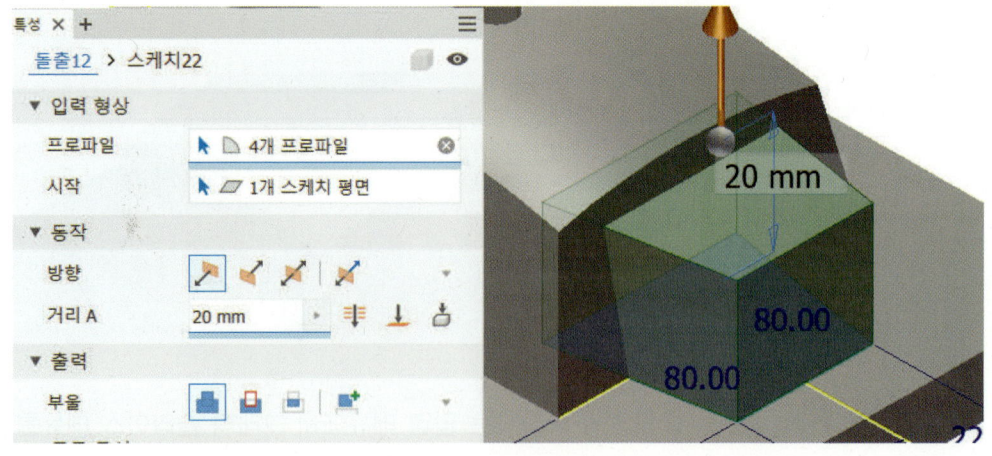

**[단계 12] 돌출 형상 절단하기**

1 먼저 앞에서 작성했던 작업 평면의 가시성을 켜둔다. 작업 평면을 선택하여 MB3 버튼을 이용하여 새 스케치를 선택한다.

2 형상 투영 아이콘을 이용하여 아래 그림과 같이 선택하여 스케치 면에 선을 투영시킨다. 투영된 스케치 선에 일치되는 사선을 선 아이콘을 이용하여 스케치를 작성한 후 일반 치수 아이콘을 이용하여 아래 그림과 정확한 치수를 기입하고 스케치를 완료한다.

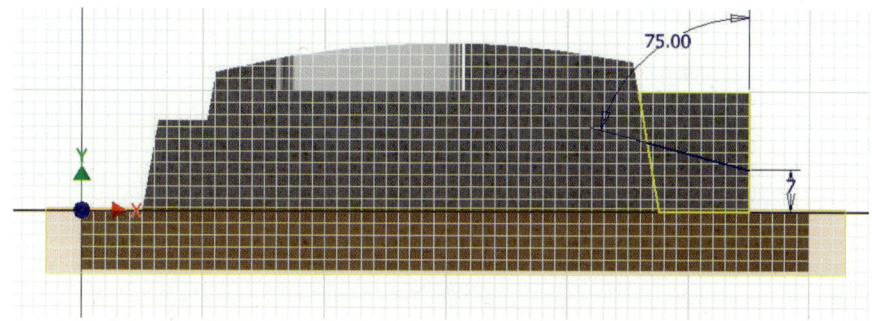

3 돌출 아이콘을 을 클릭하고 프로파일은 아래 그림과 같이 선택한다. 아래 그림과 같이 절단을 선택하고 범위에 거리 옆에 있는 플라이아웃 화살표를 눌러 전체를 선택하고, 방향은 양방향을 선택한 후 확인 눌러 돌출 아이콘을 이용한 형상 절단을 종료한다.

CHAPTER 10 서피스 형상 모델링 따라 하기

**[단계 13] 필렛 작성하기**

1. 모깎기 아이콘을 선택한다. 시작 부분을 클릭한 후 반지름값은 5mm로 입력하고 끝 부분에는 반지름값 10mm를 기입한 후 부드러운 반지름 변이에 체크를 클릭하여 꺼준 후 확인 버튼을 누르고 완료한다. 반대편도 위와 같은 방법으로 필렛을 완성한다.

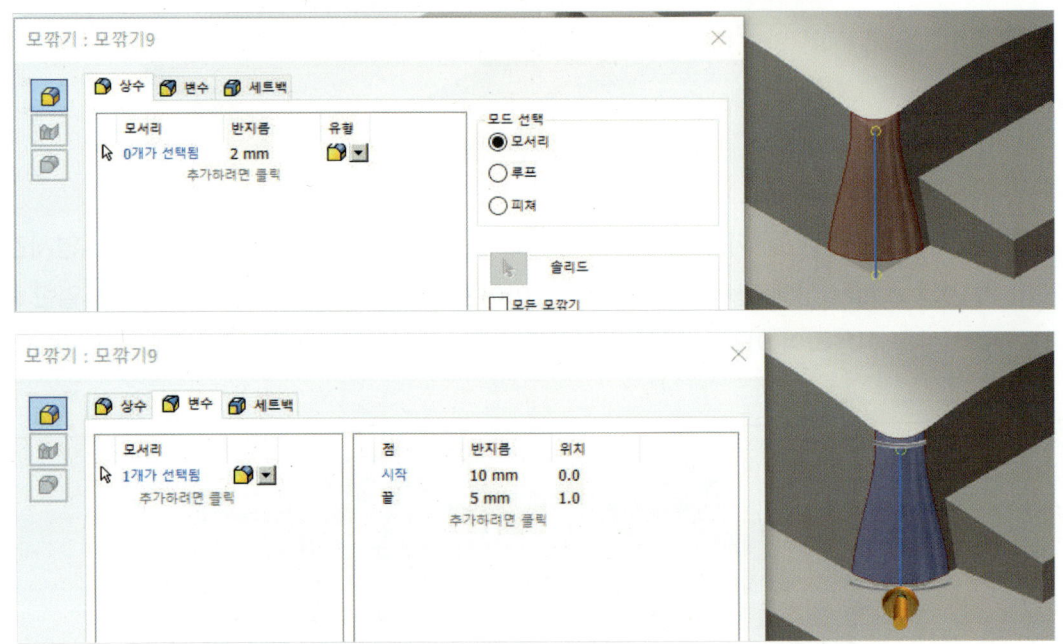

 **[단계 14] 나머지 필렛 작성하기**

1. 모깎기 아이콘을 이용하여 나머지 부분도 필렛을 완성하면 된다. 이번엔 변수가 아닌 상수 탭을 선택하여 도면에 나와 있는 지시대로 반지름값을 주어 필렛을 완성시키면 다음과 같은 형상이 된다.

**2** 아래 그림은 완성된 모델링 그림이다

## 📖 4. 패드 형상 따라 하기

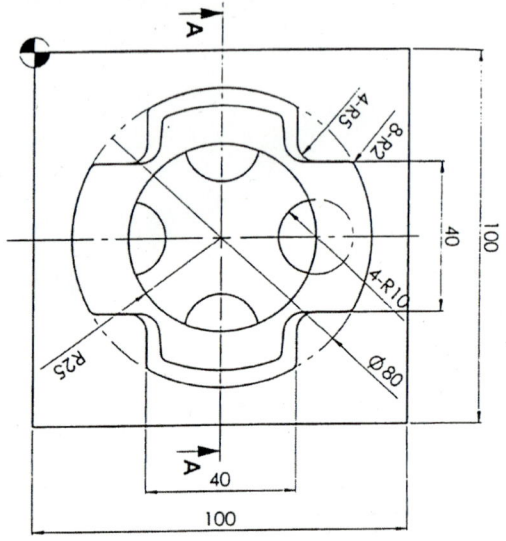

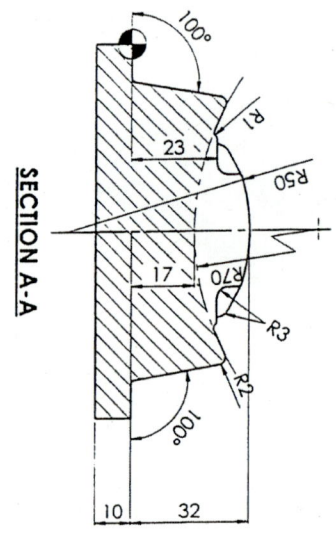

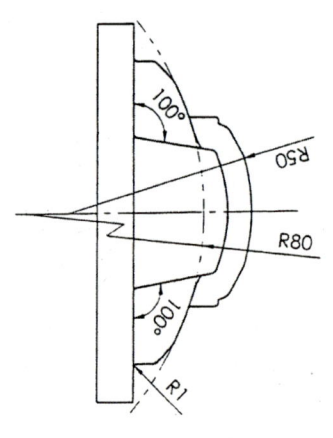

지시없는 모든 라운드는 R1

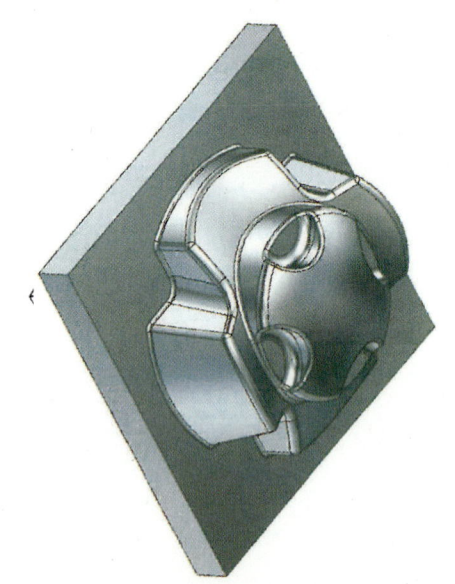

**[단계 1] 형상 기본 2D 스케치 작성하기**

1. XY 평면에서 직사각형 아이콘을 사용하여 대략의 형상을 스케치하고 일반 치수 아이콘을 사용하여 아래와 같이 정확한 치수를 입력하고 스케치를 종료한다.

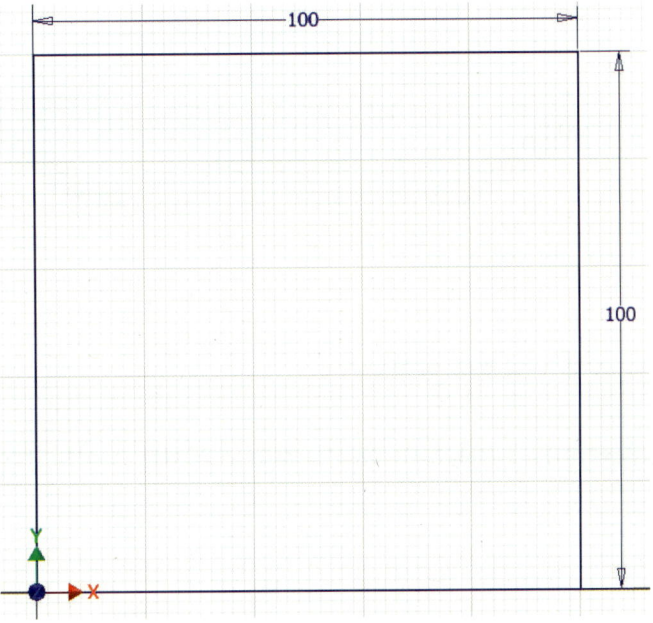

 **[단계 2] 돌출 피쳐 작성하기**

1. 돌출 아이콘을 선택하고 돌출시킬 영역이 단 하나이므로 별도의 선택 없이 앞에서 작업한 스케치가 선택되었다. 돌출 대화상자에서 돌출 거리가 10mm로 되어 있는 것을 확인하고 확인 버튼을 누른다. 돌출이 완성되었다. 마우스 오른쪽 버튼을 클릭하여 등각 투영 뷰 메뉴를 선택하여 완성된 피쳐를 확인한다.

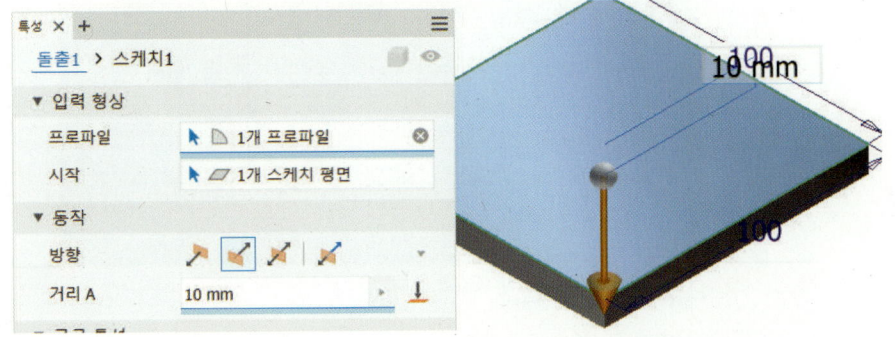

**[단계 3] 스케치 평면 작성하기**

① 윗면을 선택하고 MB3 버튼을 이용하여 새 스케치를 선택한다.

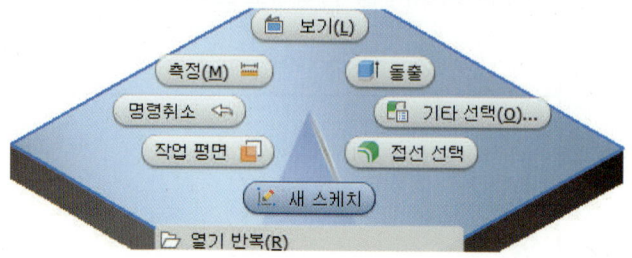

 **[단계 4] 스케치 및 돌출 작성하기**

① 선 아이콘과 중심점 원을 이용하여 아래와 같이 스케치를 작성하고 일반 치수 아이콘을 이용하여 아래와 같이 정확한 치수를 입력한 후 스케치를 종료한다.

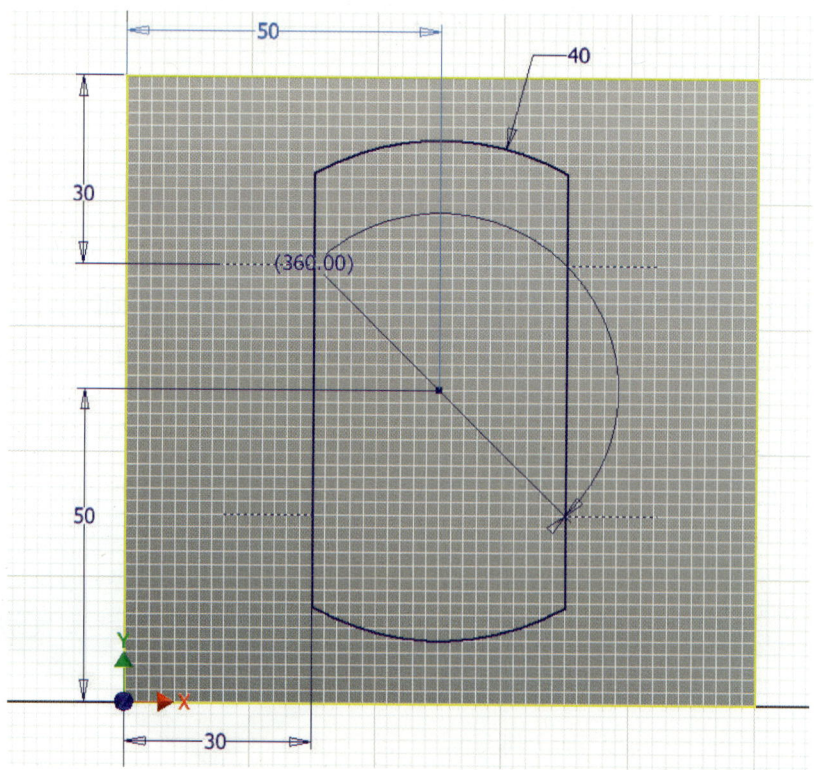

**2** 돌출 아이콘을 선택하고 위에서 작성한 스케치를 프로파일로 지정한다. 돌출 거리에 35를 입력한다. 그리고 돌출 방향은 정방향으로 한 후 자세히 탭을 누른다. 테이퍼에 −10을 입력하고 확인 버튼을 눌러 돌출을 확인한다.

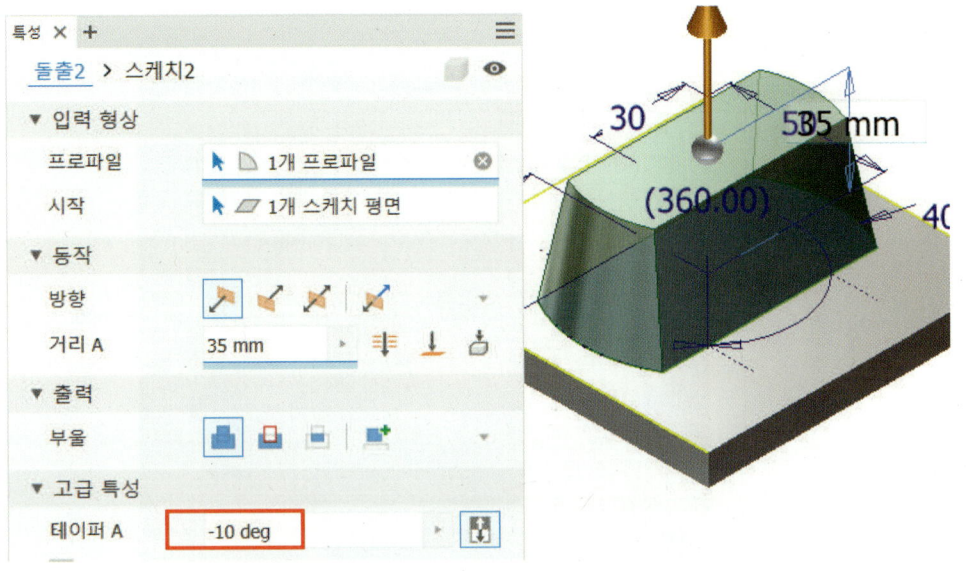

### [단계 5] 스케치 평면 작성하기

**1** 윗면을 선택하고 MB3 버튼을 이용하여 새 스케치를 선택한다.

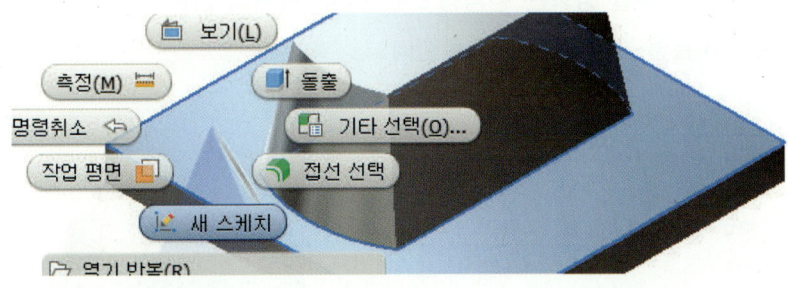

**[단계 6] 스케치 및 돌출 작성하기**

**1** 선 아이콘과 중심점 원을 이용하여 아래와 같이 스케치를 작성하고 일반 치수 아이콘을 이용하여 아래와 같이 정확한 치수를 입력하고 스케치를 종료한다.

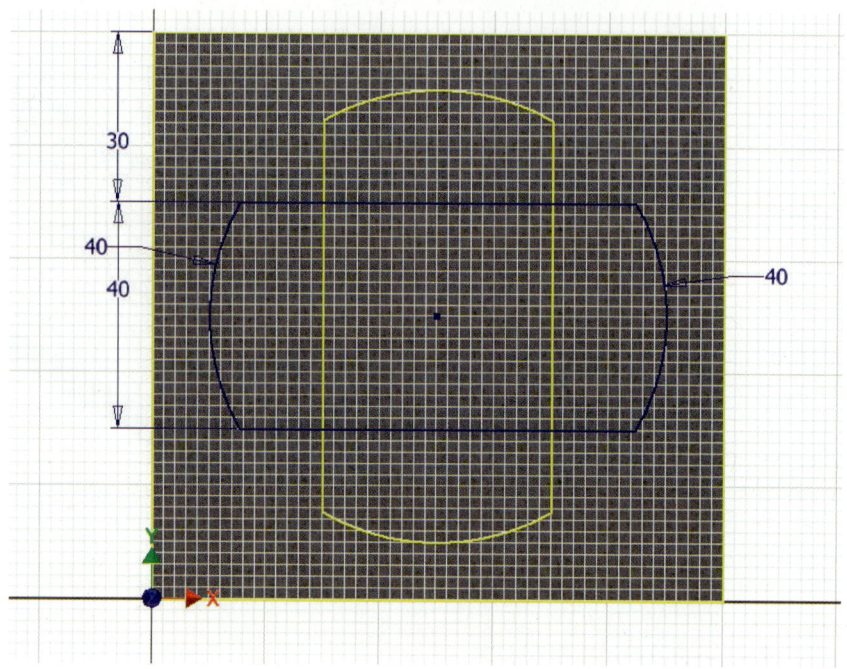

**2** 돌출 아이콘을 선택하고 위에서 작성한 스케치를 프로파일로 지정한다. 돌출 거리에 35를 입력한다. 그리고 돌출 방향은 정방향으로 한 후 자세히 탭을 누른다. 테이퍼에 -10을 입력하고 확인 버튼을 눌러 돌출을 종료한다.

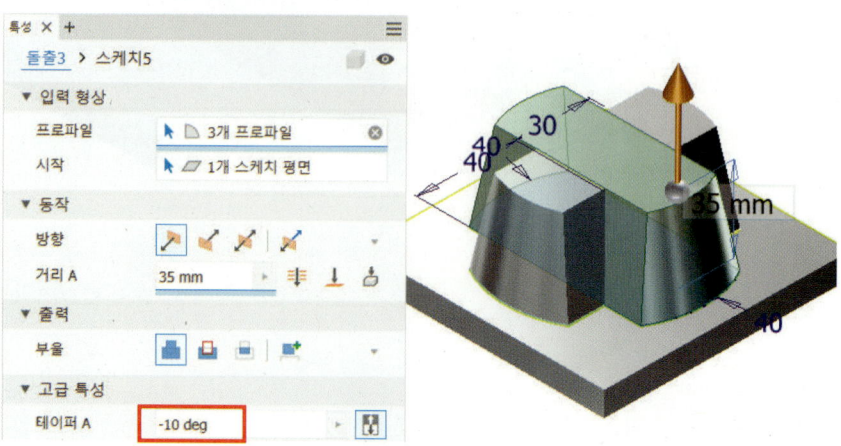

**[단계 7] 작업 평면 작성 및 스케치 평면 작성하기**

**1** 작업 평면 아이콘을 선택하고 앞면을 선택한 후 작업 평면을 만들고자 하는 방향으로 마우스를 드래그한다. 아래와 같은 간격띄우기 창이 나타난다. −50을 입력하고 적용한다.

**2** 새로운 작업 평면을 선택하고 MB3 버튼을 이용하여 새 스케치를 선택한다.

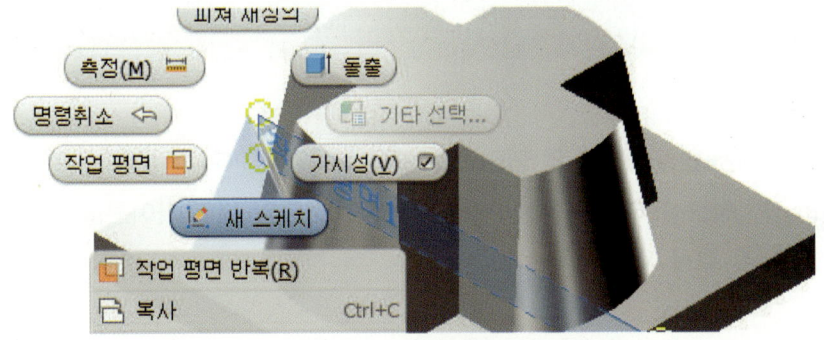

**[단계 8] 스윕 형상 작성하기**

**1** 마우스 오른쪽 버튼을 클릭하여 나타나는 팝업 메뉴에서 그래픽 슬라이스 메뉴를 선택한다. 형상 투영 아이콘 옆의 플라이아웃 화살표를 눌러 나타나는 하위 메뉴 중 절단 모서리 투영 메뉴를 선택한다. 호 아이콘을 이용해서 아래와 같이 대략의 스케치를 작성한다. 일반 치수 아이콘을 이용하여 아래와 같이 정확한 치수를 기입해 스케치를 완성하고 복귀 아이콘을 이용해서 스케치를 마무리한다.

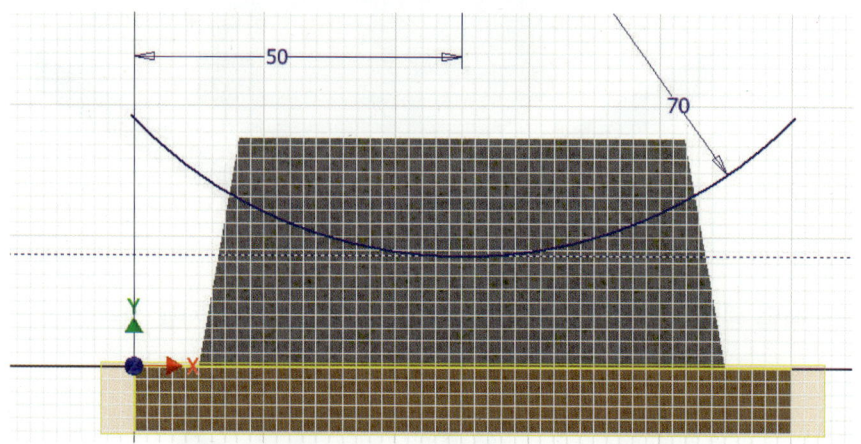

**2** 이번엔 앞에서 만들었던 작업 평면과 교차하는 작업 평면을 작성한다. 위에서 만들었던 스케치와 교차하는 스케치를 작성하기 위한 것으로, 작업 평면 아이콘을 이용하여 호의 끝점을 선택한 후 호를 다시 클릭한다.

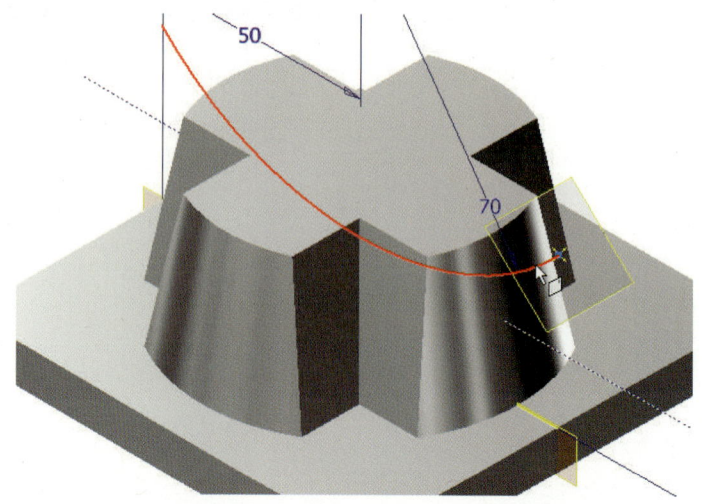

3 새로운 작업 평면을 선택하고 MB3 버튼을 이용하여 새 스케치를 선택한다.

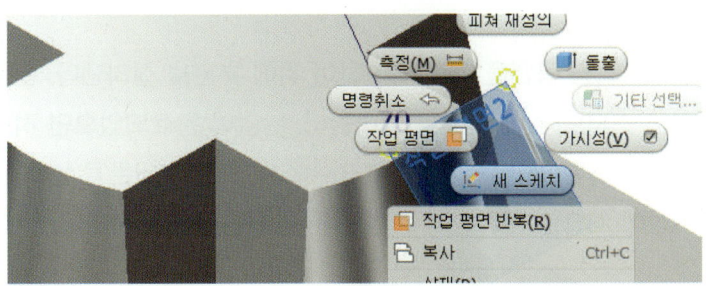

4 마우스 오른 버튼을 눌러 그래픽 슬라이스를 눌러 앞에서 만든 작업 평면을 기준으로 한 피쳐 단면을 표시한다. 형상 투영 아이콘을 이용하여 위 스케치에서 작성했던 원호의 끝점을 클릭하여 형상을 스케치 면에 투영한다. 호 아이콘을 이용하여 끝점을 구속조건을 부여하고, 일반 치수 아이콘을 이용하여 아래 그림과 같이 치수를 부여하고 스케치를 완료한다.

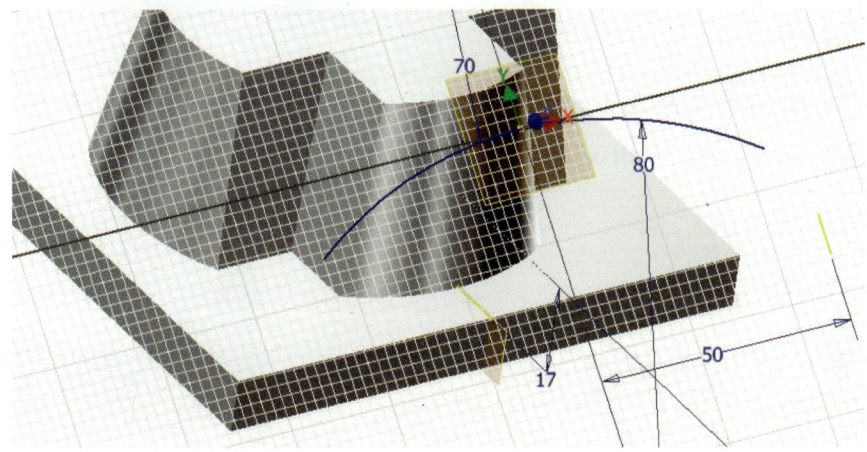

5 스윕 아이콘을 클릭하고 먼저 생성 방법으로는 솔리드가 아닌 곡면을 선택하고 각 원호를 프로파일과 경로로 선택하여 확인 버튼을 눌러 스윕 곡면 작성을 완료한다.

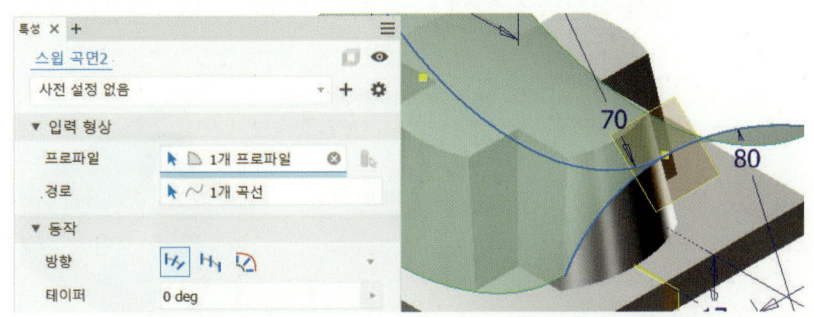

CHAPTER 10 서피스 형상 모델링 따라 하기

**[단계 9] 분할하기**

**1** 위에서 만들어진 스윕 곡면을 기준으로 하여 위에 부분을 잘라낸다. 분할 아이콘을 선택하고 다음과 같은 순서로 위에 부분을 잘라낸다. 분할이 완료되었으면 히스토리 막대로 마우스 커서를 옮겨서 스윕 곡면을 선택하고 마우스의 오른쪽 버튼을 눌러 팝업 메뉴에 나오는 항목 중 가시성에 체크를 클릭하여 스윕 곡면을 화면상에서 사라지게 한다.

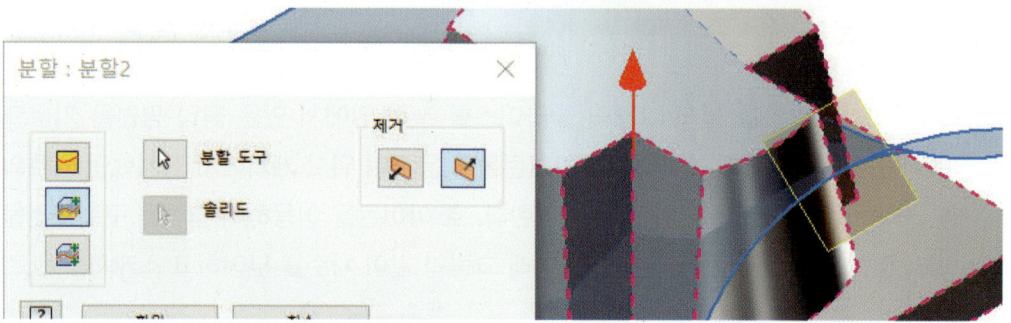

**2** 모깎기 아이콘을 이용하여 상수 탭을 선택하여 도면에 나와 있는 지시대로 반지름값 5mm를 주어 아래 그림과 같이 모서리 4군데를 선택하고 확인한다.

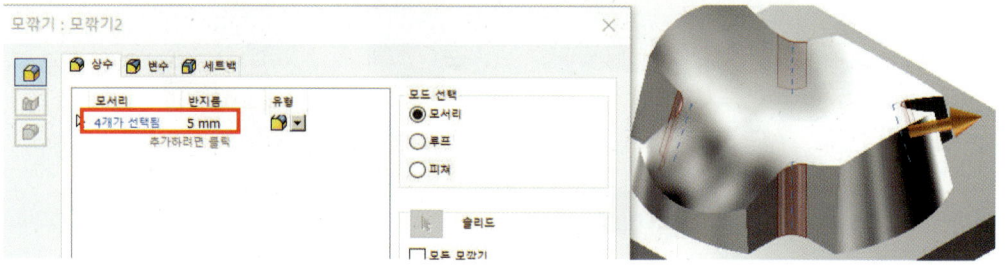

 **[단계 10] 돌출 피쳐 작성하기**

**1** 이번엔 뒷부분의 돌출 형상을 작성한다. 윗면을 선택하고 MB3 버튼을 이용하여 새 스케치를 선택한다.

2 마우스 오른쪽 버튼을 클릭하여 나타나는 팝업 메뉴에서 그래픽 슬라이스 메뉴를 선택한다. 원 아이콘을 사용하여 아래와 같이 스케치하고 일반 치수 아이콘을 사용하여 정확한 치수를 입력하고 스케치를 종료한다.

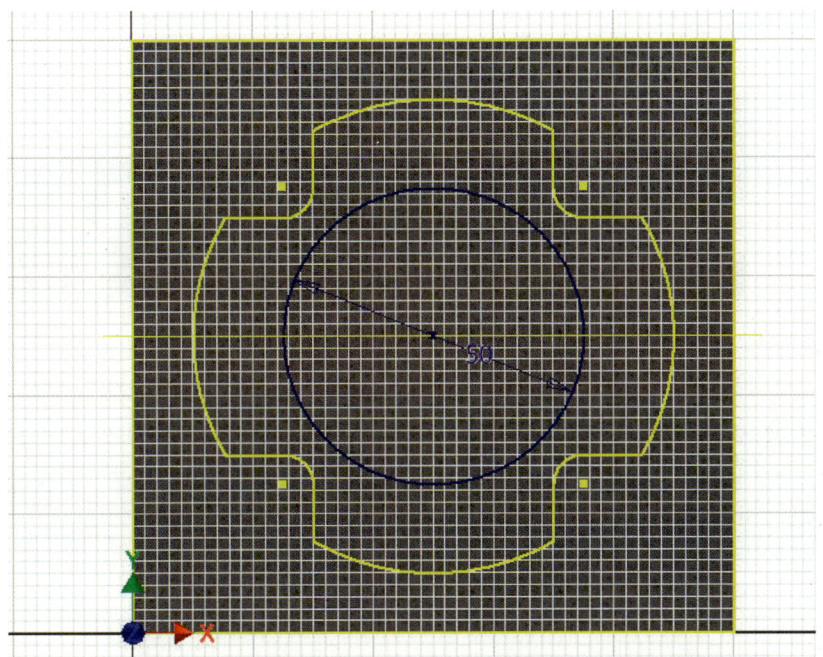

3 돌출 아이콘을 클릭하면 돌출 대화상자가 나타나는데, 위에서 작성한 스케치를 프로파일로 지정한다. 돌출 거리에 32를 입력한다. 그리고 돌출 방향은 정방향으로 하고, 확인 버튼을 눌러 돌출을 완료한다.

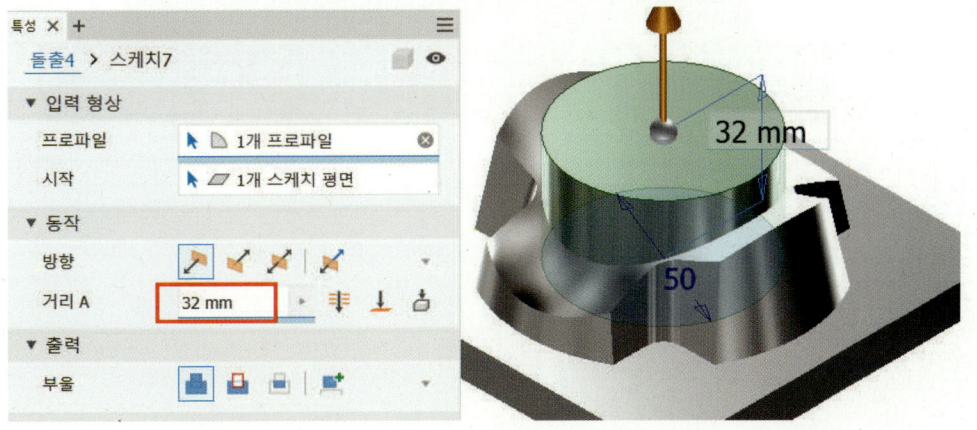

 **[단계 11] 돌출 형상 절단하기**

**1** 작업 평면을 선택하여 MB3을 클릭하고 새 스케치를 클릭한다.

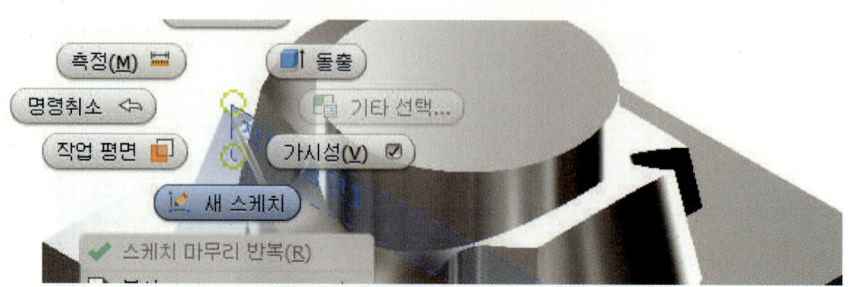

**2** 마우스 오른쪽 버튼을 눌러 그래픽 슬라이스 메뉴를 선택하여 스케치 면을 기준으로 하는 절단면을 만든다. 절단 모서리 투영 아이콘을 이용하여 아래 그림과 같이 선택하여 스케치 면에 선을 투영시킨다. 선 아이콘과 중심점 원 아이콘을 이용하여 스케치를 작성한 후 일반 치수 아이콘을 이용하여 아래 그림과 정확한 치수를 기입하고 종료한다.

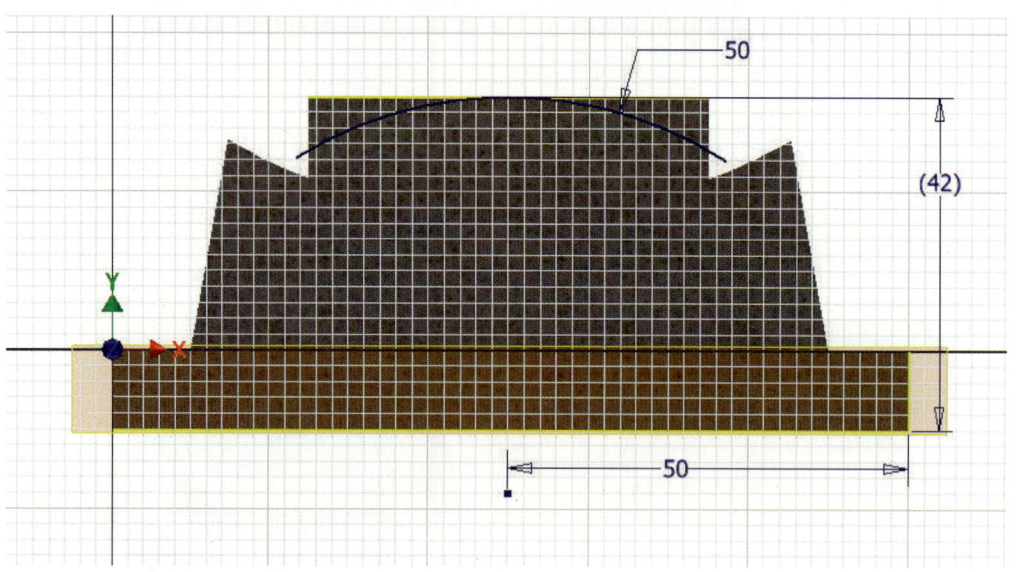

3 이번엔 앞에서 만들었던 작업 평면과 교차하는 작업 평면을 작성한다. 위에서 만들었던 스케치와 교차하는 스케치를 작성하기 위한 것으로, 작업 평면 아이콘을 이용하여 호의 끝점을 선택하고 호선이 빨간색으로 변할 때 클릭하면 끝점에 작업 평면이 생성된다.

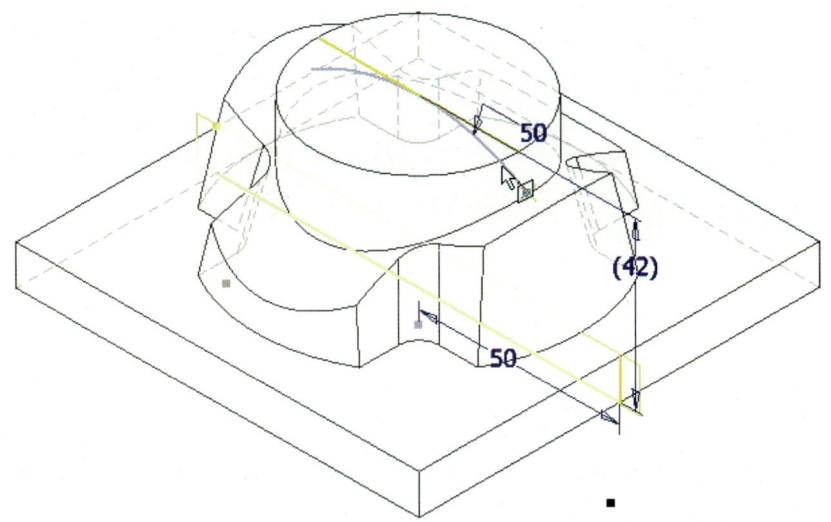

4 앞에서 생선된 작업 평면을 선택하고 MB3 버튼을 이용하여 새 스케치를 선택한다.

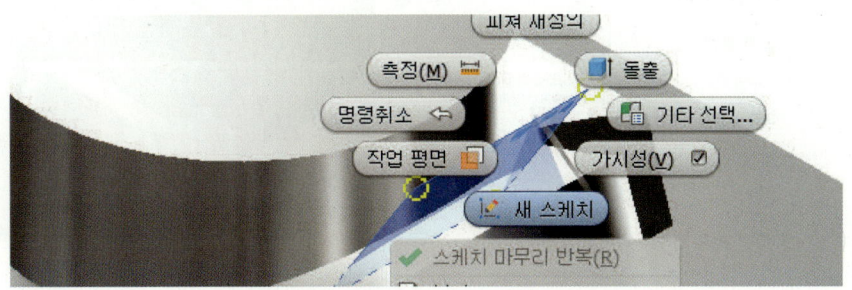

5 마우스 오른 버튼을 눌러 그래픽 슬라이스를 눌러 앞에서 만든 작업 평면을 기준으로 한 피쳐 단면을 표시한다. 형상 투영 아이콘을 이용하여 위 스케치에서 작성했던 원호 끝점을 클릭하여 형상을 스케치 면에 투영한다. 호 아이콘을 이용하여 그림처럼 스케치하고 끝점을 연결할 때 구속조건을 부여하고, 일반 치수 아이콘을 이용하여 아래 그림과 같이 치수를 부여한 후 스케치를 완료한다. 복귀 아이콘을 이용해서 스케치를 마무리한다.

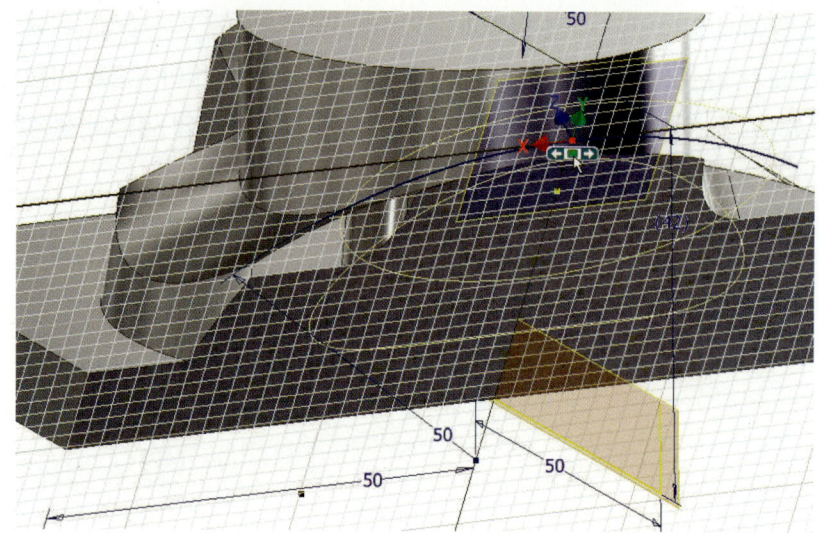

6 스윕 아이콘을 클릭하고 먼저 생성 방법으로는 솔리드가 아닌 곡면을 선택하고, 각 원호를 프로파일과 경로로 선택하여 확인 버튼을 눌러 스윕 곡면 작성을 완료한다. (아래 그림과 같이 선택하면 된다.) 스윕 곡면이 작성되었다.

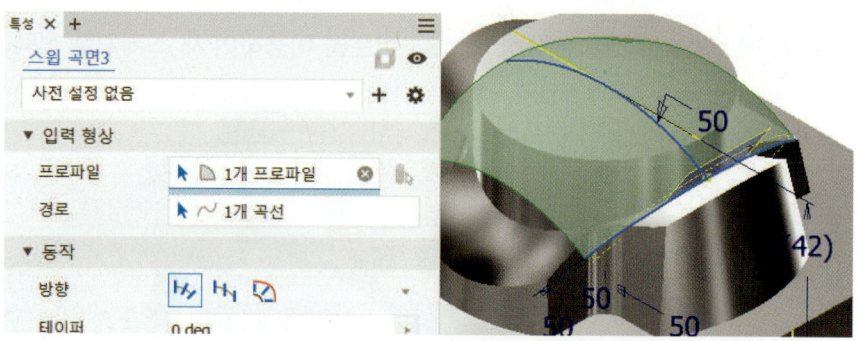

7 위에서 만들어진 스윕 곡면을 기준으로 하여 위에 부분을 잘라낸다. 피쳐 패널 막대에서 분할 아이콘을 선택한다. 다음과 같은 순서로 윗부분을 잘라낸다.

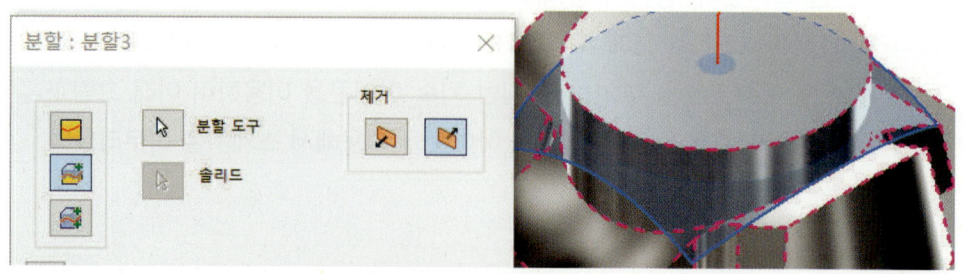

**[단계 12] 형상 절단하기**

**1** 스케치를 하기 위해서는 직사각형 피쳐의 상판에서 23만큼 올라와 있는 작업 평면이 필요하다. 피쳐 패널 창의 작업 평면 아이콘을 선택한다. 바닥 면을 선택한 후 작업 평면을 만들고자 하는 방향으로 마우스를 드래그한다. 아래와 같은 간격띄우기 창이 나타나면 23을 입력하고 확인한다.

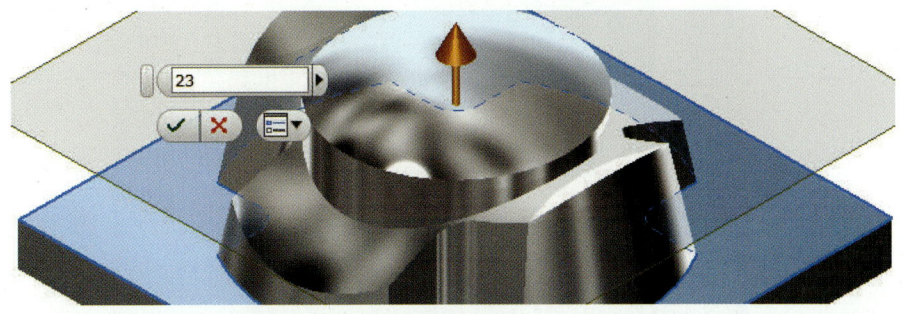

**2** 앞에서 생성된 작업 평면을 선택하고 MB3 버튼을 이용하여 새 스케치를 선택한다.

**3** 마우스 오른쪽 버튼을 눌러 나타나는 팝업 메뉴 중 그래픽 슬라이스를 선택하여 작업 평면을 기준으로 하는 단면을 표시한다. 절단 모서리 투영 아이콘을 이용하여 절단된 면의 외곽선을 투영한다. 중심점 원 아이콘을 이용해서 투영된 외곽선에 중심점이 일치하는 대략의 스케치를 작성하고, 일반 치수 아이콘을 이용하여 아래의 그림과 같이 스케치를 완료한다. 자르기 아이콘을 이용하여 원의 불필요한 부분을 제거하고 스케치를 종료한다.

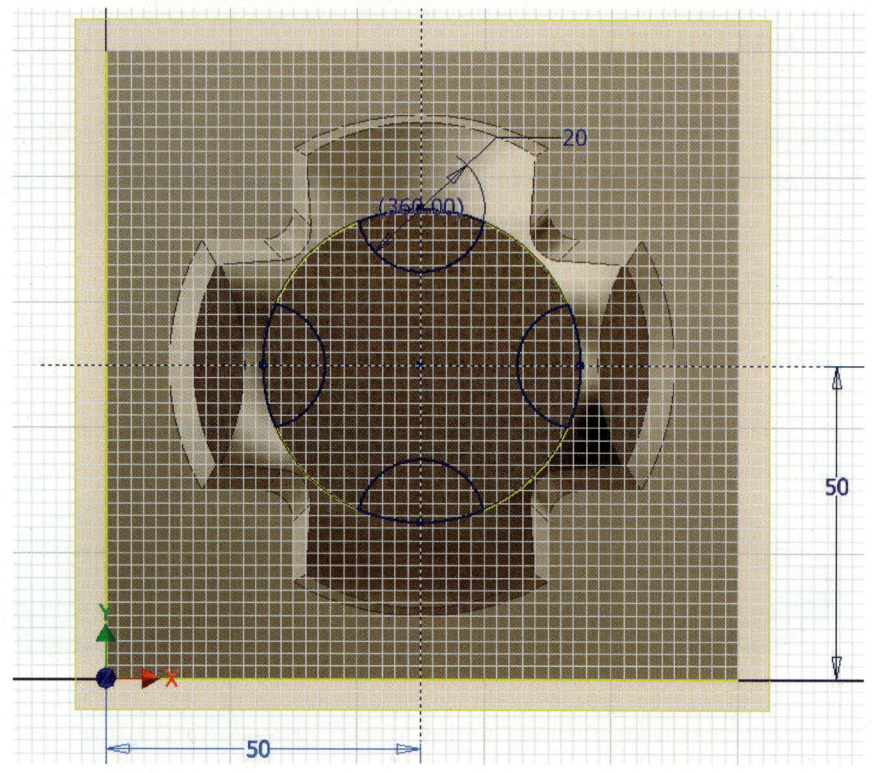

4 돌출 아이콘을 클릭하면 돌출 대화상자가 나타나는데, 위에서 작성한 스케치를 프로파일로 지정한다. 가운데 부분을 절단으로 선택하고 범위 부분에 거리를 전체로 전환하고 방향은 아래 그림과 같이 선택한 후 확인을 눌러 돌출을 완료한다.

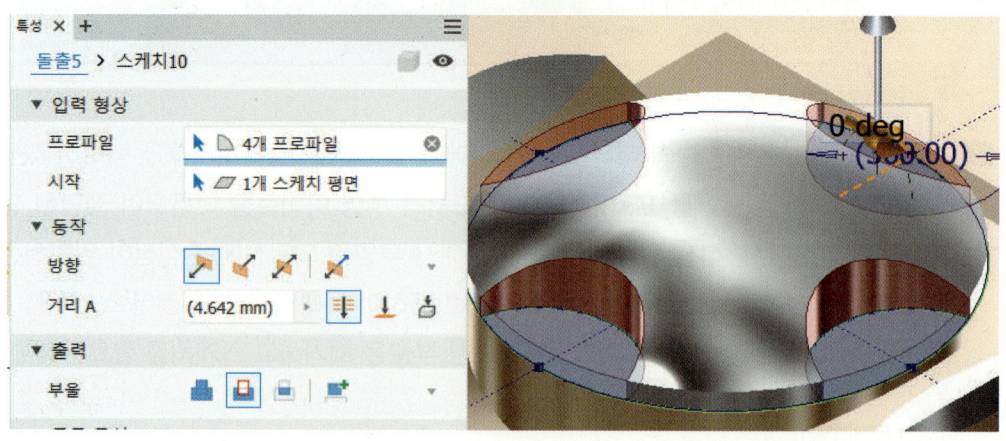

**[단계 13] 나머지 필렛 작성하기**

1. 모깎기 아이콘을 이용하여 필렛을 완성한다. 아래와 그림과 같이 상수 탭을 선택하고 필렛을 할 부분의 모서리를 선택하고, 도면에 나와 있는 반지름값을 입력하고 확인 누른다.

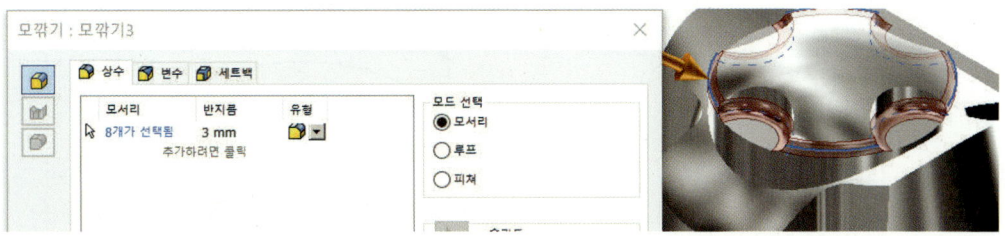

2. 나머지 부분도 위의 방법으로 필렛을 주고 완성한다.

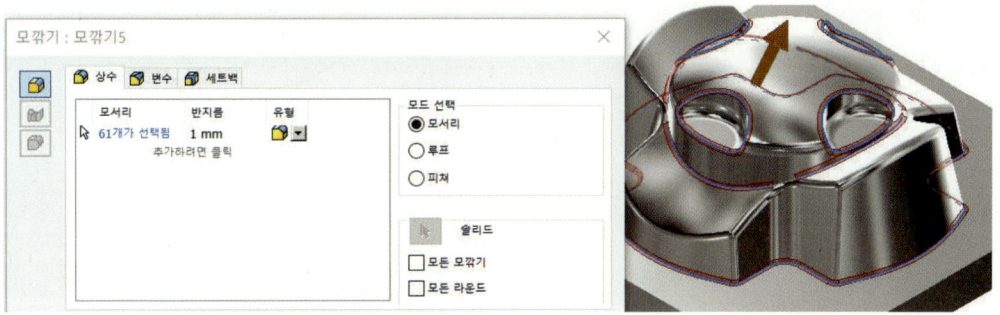

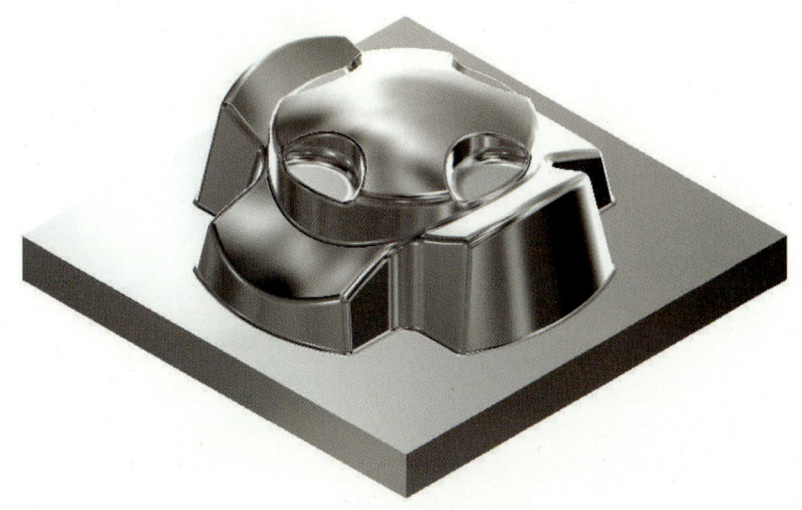

## 5. 컵 모양 따라 하기

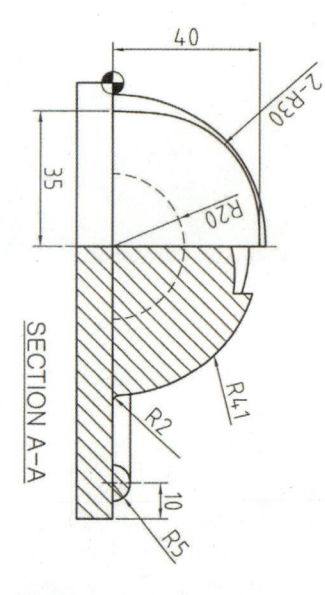
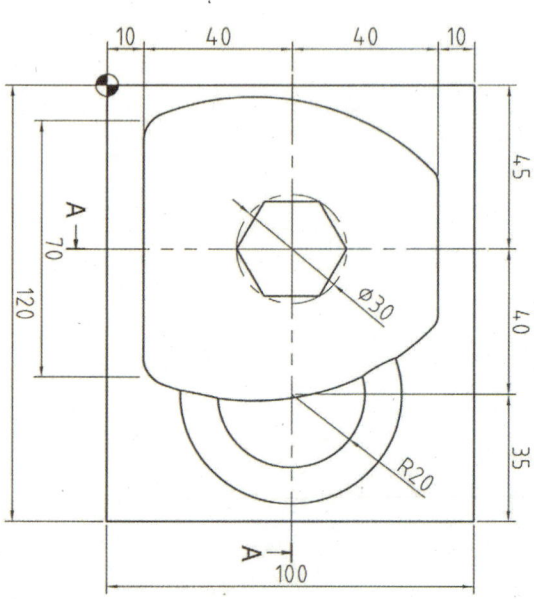
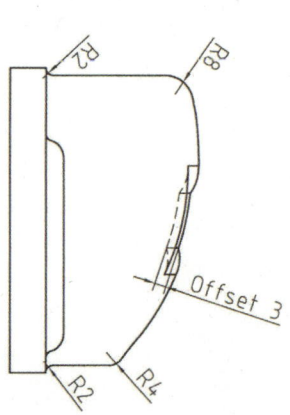
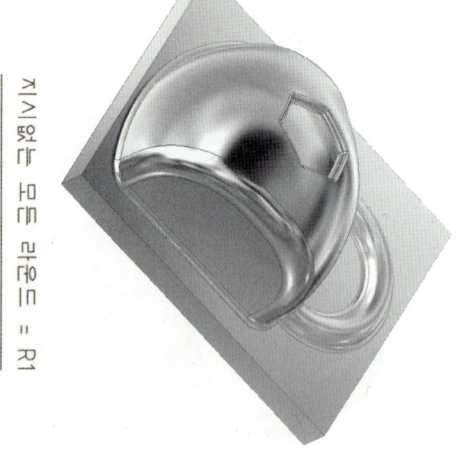

# 1. 평면도 스케치 및 돌출 작성하기

**1** XY 평면을 이용하여 직사각형 아이콘을 선택하고 그림처럼 원점(0,0)에서 시작하는 임의에 직사각형을 그린다. 치수 기입 아이콘을 이용하여 치수기입 후 스케치를 종료한다.

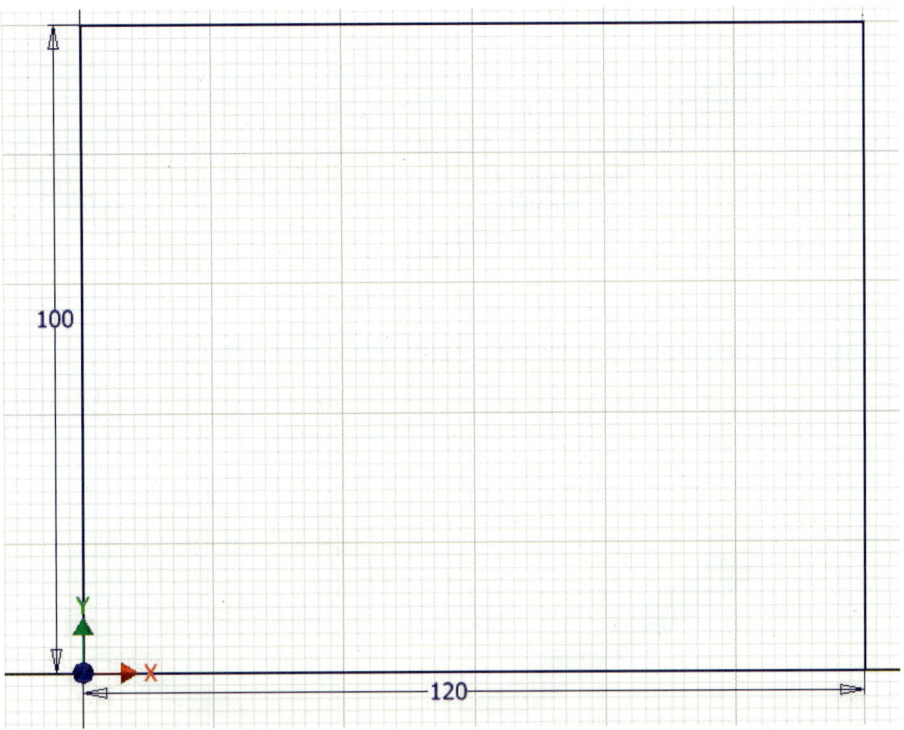

**2** 돌출 아이콘을 선택, 그림처럼 설정하고 거리 값 10을 입력하고 확인한다.

CHAPTER 10 서피스 형상 모델링 따라 하기

## 2. 로프트 작성하기

■ 평면 아이콘을 클릭하고 평면 참조를 선택하고, 드래그하면서 옵셋 거리 -10 입력하고 적용한다.

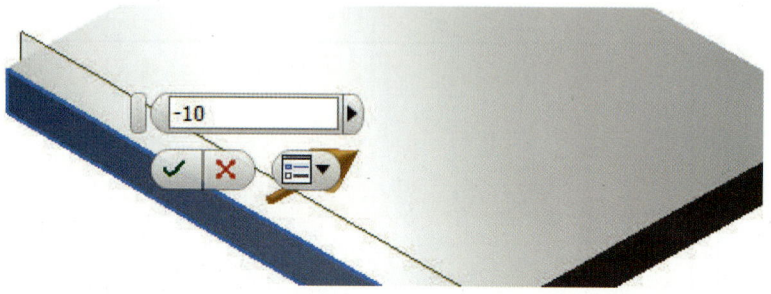

■ 다시 평면 참조를 선택하고 옵셋 거리 -50을 입력하고 적용한다.

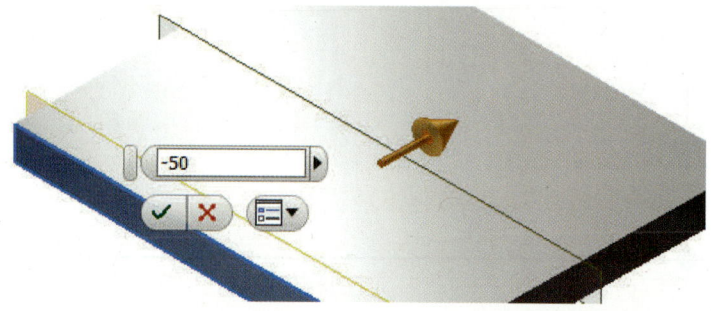

■ 다시 평면 참조를 선택하고 옵셋 거리 -90을 입력하고 확인한다.

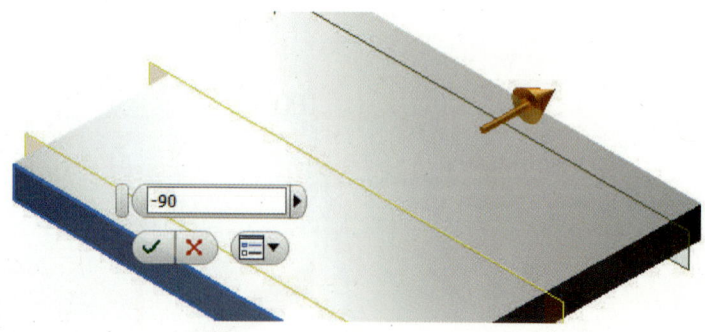

4 작업 평면을 클릭하고 MB3 버튼을 이용하여 새 스케치를 선택한다.

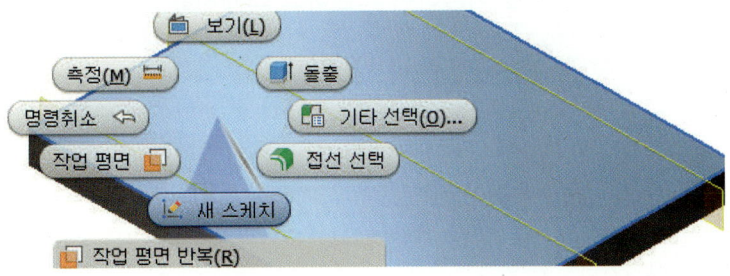

5 선을 형상 투영하고 직사각형 아이콘을 이용하여 모서리를 곡선상에 선택하여 그림과 같이 스케치를 생성한다. 치수 아이콘을 이용하여 그림처럼 치수를 기입하고 모깎기를 이용하여 반경 30을 입력하고 양쪽 모서리를 필렛한 후 스케치를 한다.

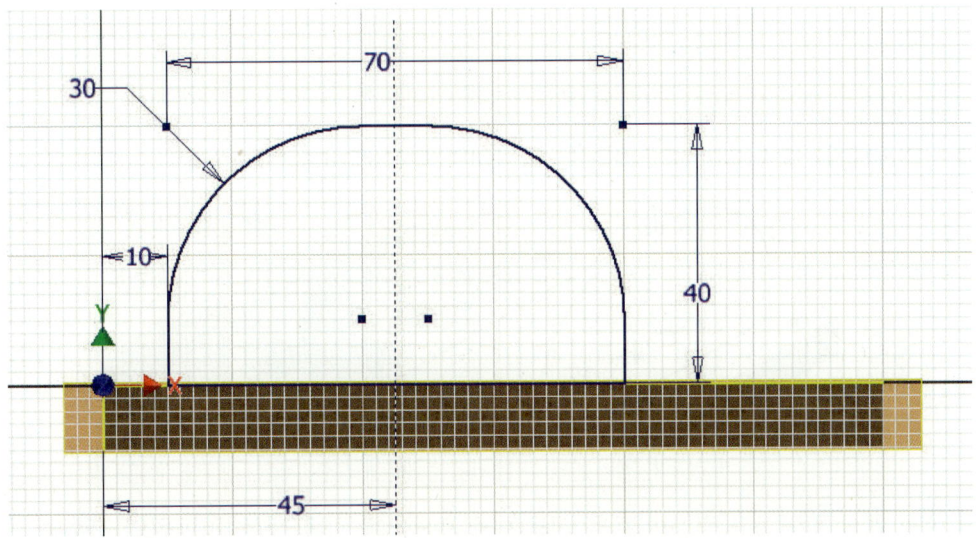

6 작업 평면을 클릭하고 MB3 버튼을 이용하여 새 스케치를 선택한다.

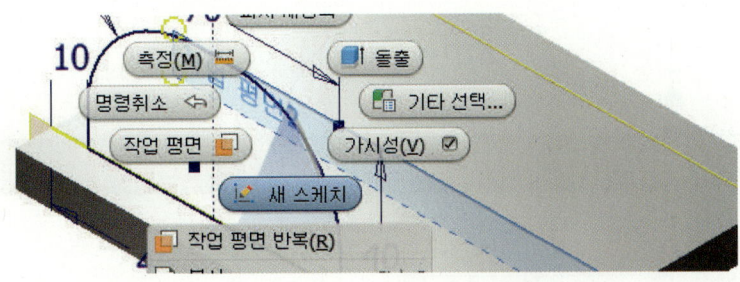

**7** 선을 형상 투영하고 원 아이콘을 선택한 후 곡선상에 원을 생성한다. 원의 치수를 기입하고 선을 연결한다. 자르기를 이용하여 트림하고 스케치를 종료한다.

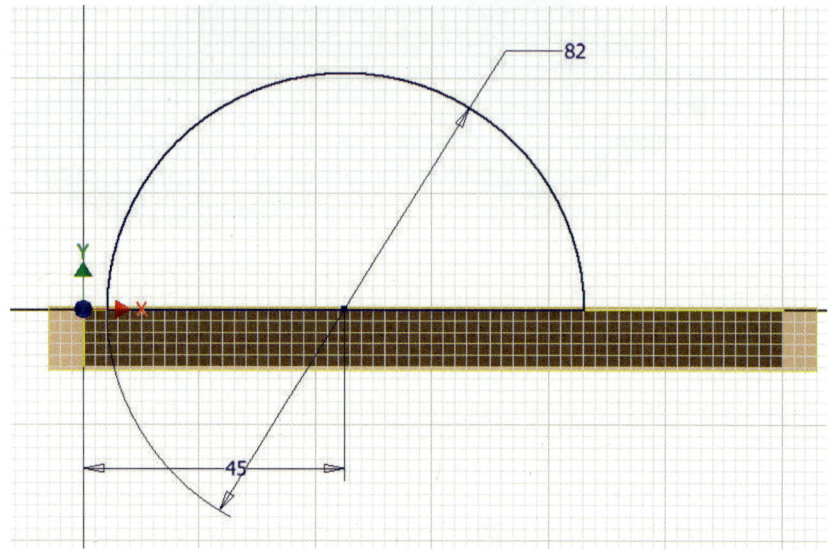

**8** 작업 평면을 클릭하고 MB3 버튼을 이용하여 새 스케치를 선택한다.

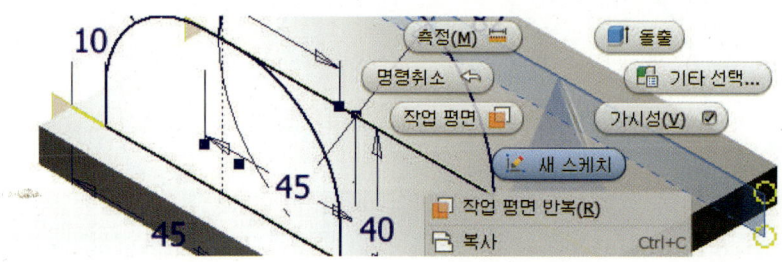

**9** 선을 형상 투영하고 원 아이콘을 이용하여 곡선상에 원을 생성한다. 원의 치수를 기입하고 선을 연결한다. 자르기를 이용하여 트림하고 스케치를 종료한다.

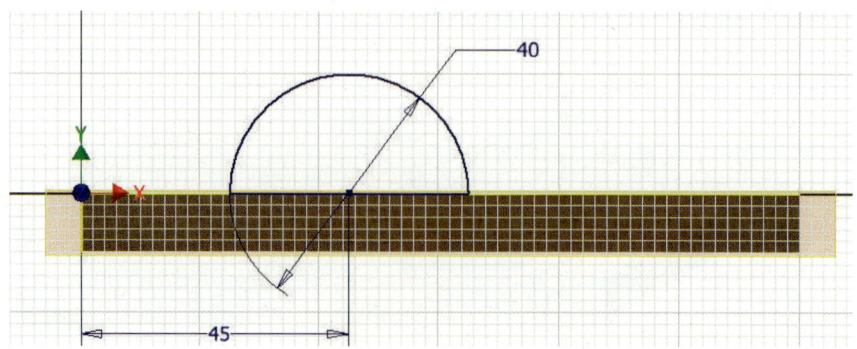

⑩ 작업 평면의 가시성을 체크를 해제하고 다시 그림처럼 윗면을 선택한 후 MB3 버튼을 이용하여 새 스케치를 클릭한다.

⑪ 끝점 부위를 형상 투영한다.

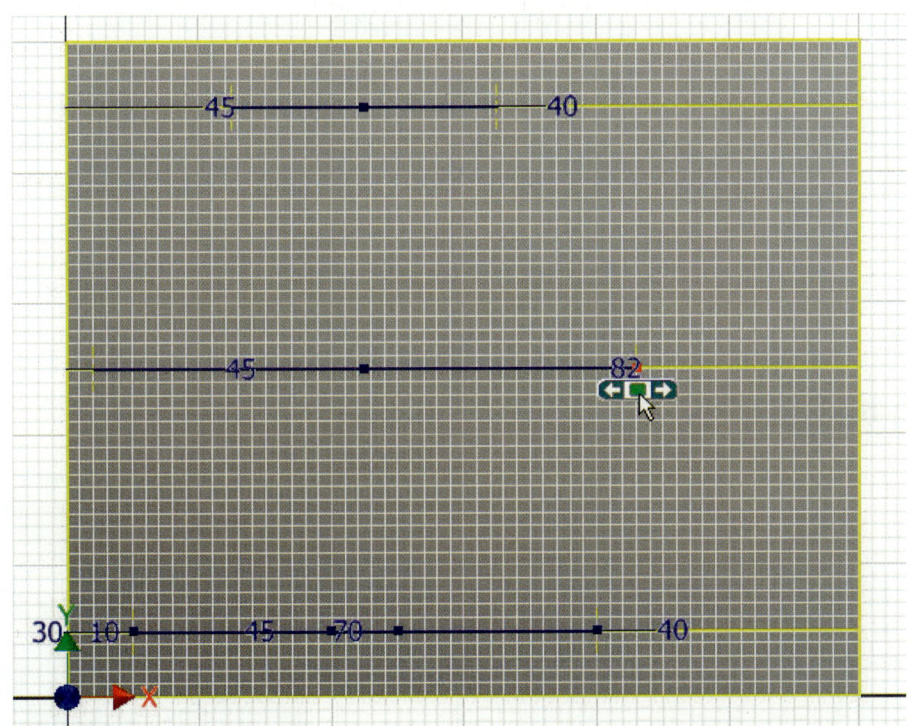

**12** 호 아이콘을 이용하여 객체 스냅 끝점을 이용하여 시작점, 끝점 중간점으로 연결하여 곡선을 연결한 후 스케치를 종료한다.

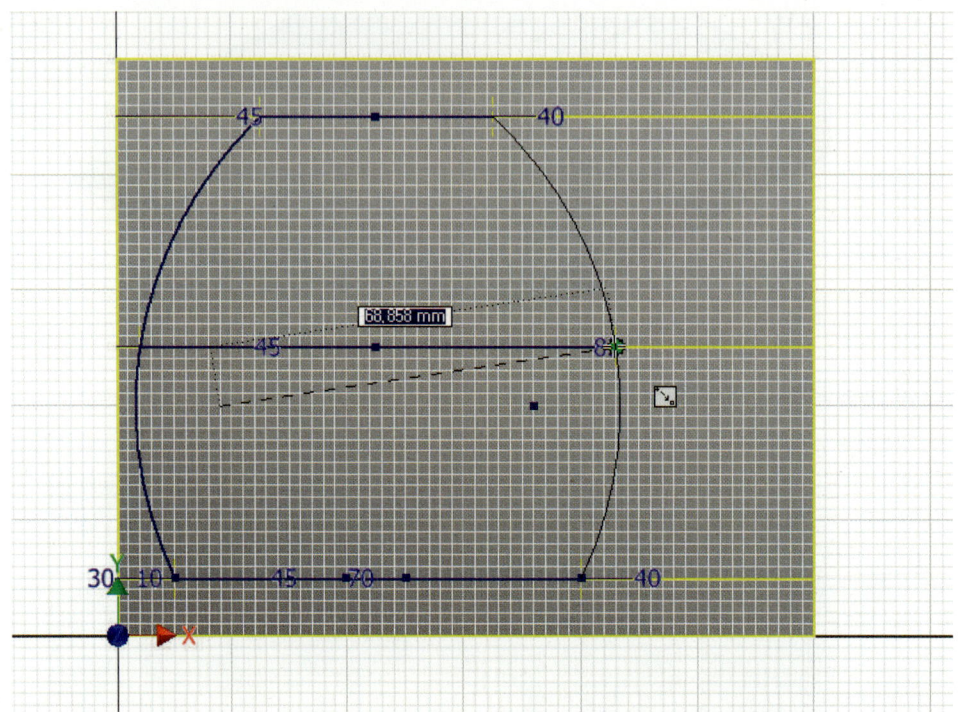

**13** 로프트 아이콘을 클릭하고 단면에서 스케치를 순서대로 선택한 후 레일을 클릭하고 확인한다.

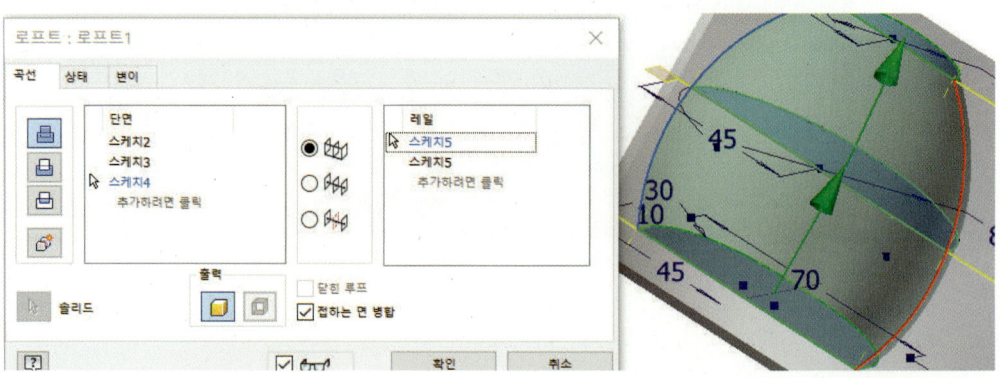

## 3. 엠보싱 작업하기

1. 작업 평면 아이콘을 선택하고 윗면을 선택하고 그대로 그림처럼 드래그하면서 45를 입력하고 적용한다.

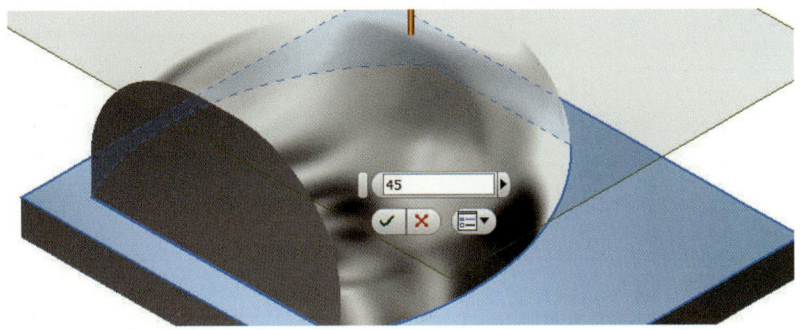

2. 위에서 생성된 작업 평면을 선택하고 MB3 버튼을 이용하여 새 스케치를 클릭한다.

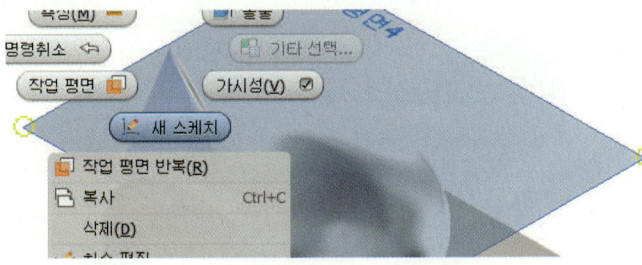

3. 다각형 아이콘을 이용하여 그림처럼 스케치 후 치수기입하고 스케치를 종료한다.

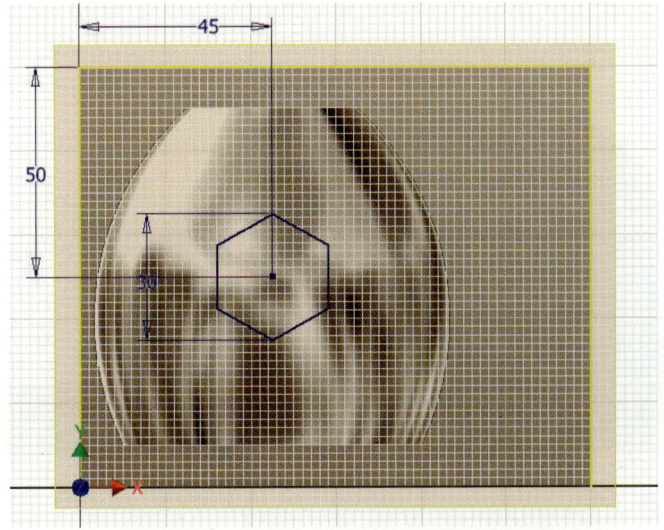

CHAPTER 10 서피스 형상 모델링 따라 하기

4 엠보싱 아이콘을 클릭한다. 그림처럼 설정하고 면으로부터 오목을 선택하고 확인한다.

## 4. 스윕 작업하기

1 아래 그림처럼 작업 평면을 선택하고 MB3 버튼을 이용하여 새 스케치를 클릭한다.

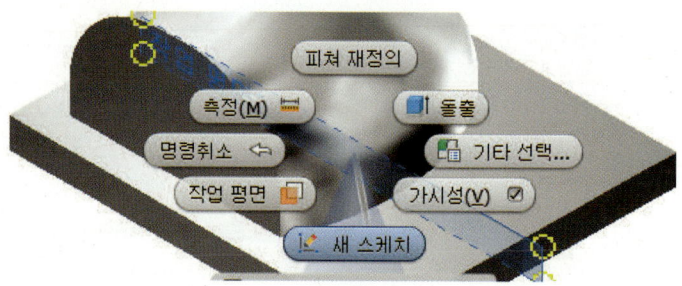

2 그림처럼 선을 형상 투영 후 원 아이콘을 이용하여 스케치 및 치수기입하고 스케치를 종료한다.

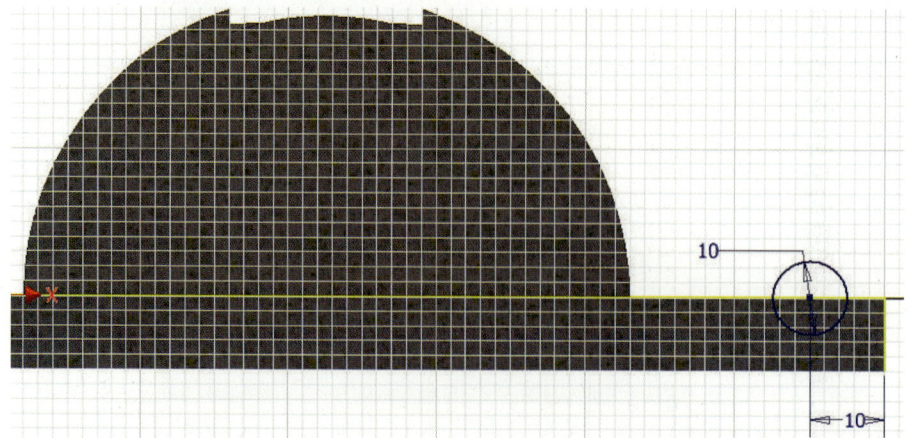

③ 그림처럼 윗면을 선택하고 MB3 버튼을 이용하여 새 스케치를 선택한다.

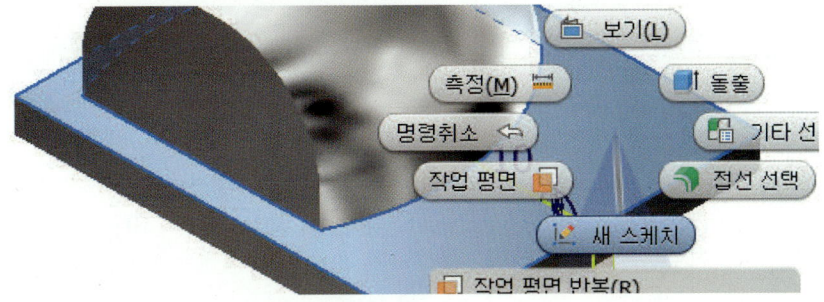

④ 그림처럼 스케치 및 치수기입하고 스케치를 종료한다.

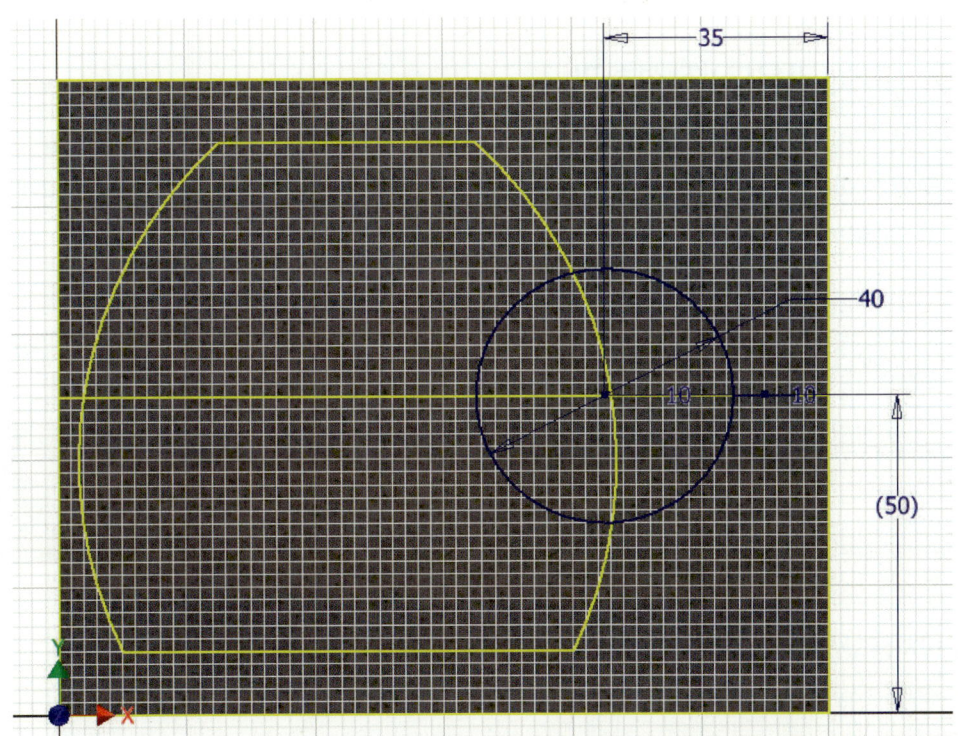

5 스윕 아이콘을 선택하고 그림처럼 프로파일과 경로를 클릭한 후 확인한다.

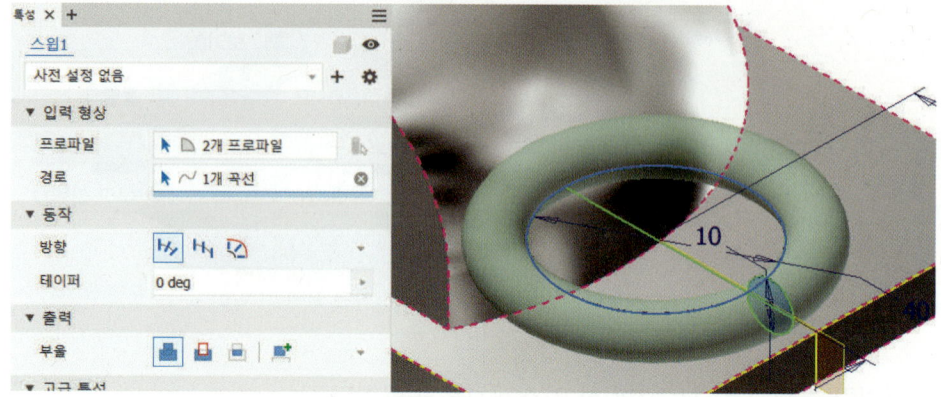

## 5. 필렛(라운드) 작성하기

1 모깎기 아이콘을 클릭한다. 접하는 곡선으로 하고 반지름값 8을 입력 후 모서리를 클릭하고 적용한다. 추가하여 반지름값 4를 입력 후 모서리를 클릭하고 적용한다.

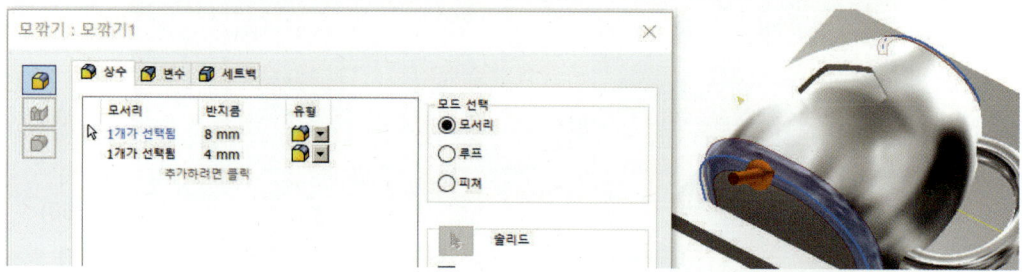

2 반지름값 2를 입력하고 나머지 모서리 선택 후 확인한다. 다른 부위도 완성한다.

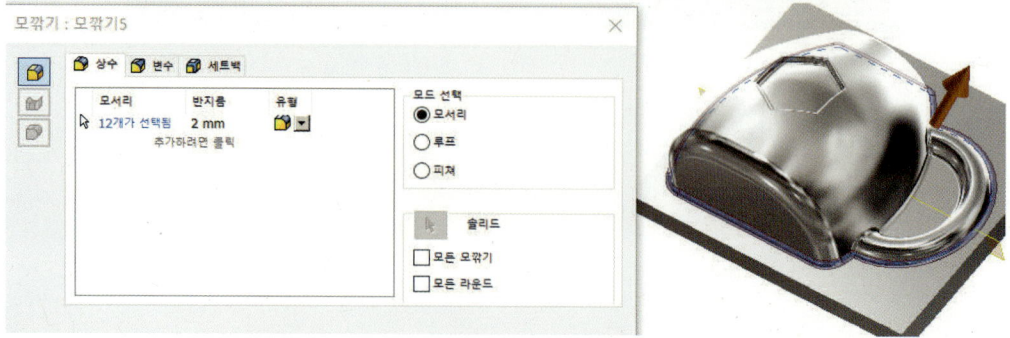

**3** 아래 그림은 완성된 모델링 그림이다.

## 6. 로프트 행거 따라 하기

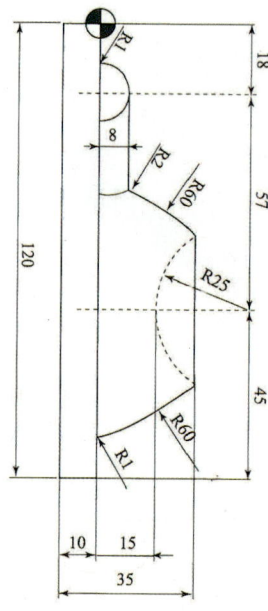
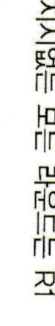
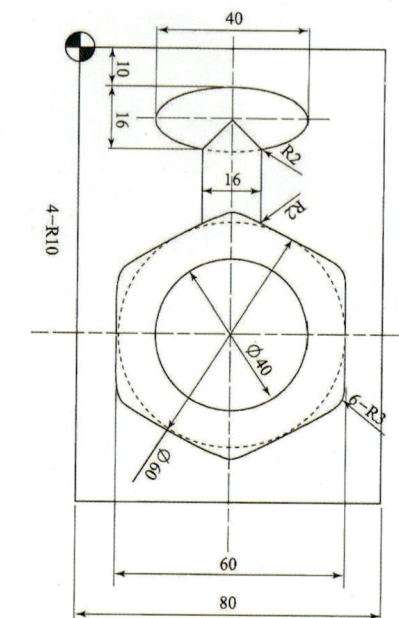

지시없는 모든 라운드는 R1

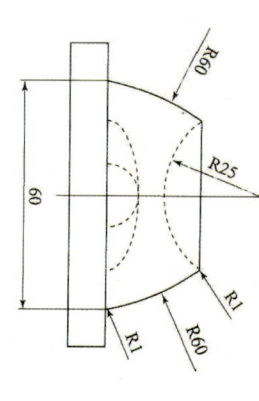

**[단계 1] 형상 기본 2D 스케치 작성하기**

**1** XY 평면에서 직사각형 아이콘을 사용하여 대략의 형상을 스케치하고 치수 아이콘을 사용하여 아래와 같이 정확한 치수를 입력한 후 스케치를 마무리한다.

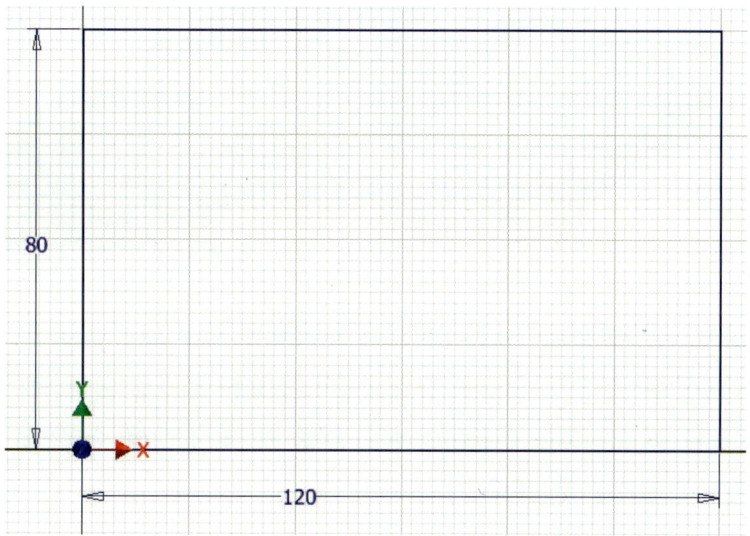

 **[단계 2] 돌출 피쳐 작성하기**

**1** 돌출 아이콘을 선택하고 돌출시킬 영역이 단 하나이므로 별도의 선택 없이 앞에서 작업한 스케치가 선택되었다. 돌출 대화상자에서 돌출 거리 10mm와 방향을 설정하고 확인 버튼을 누른다.

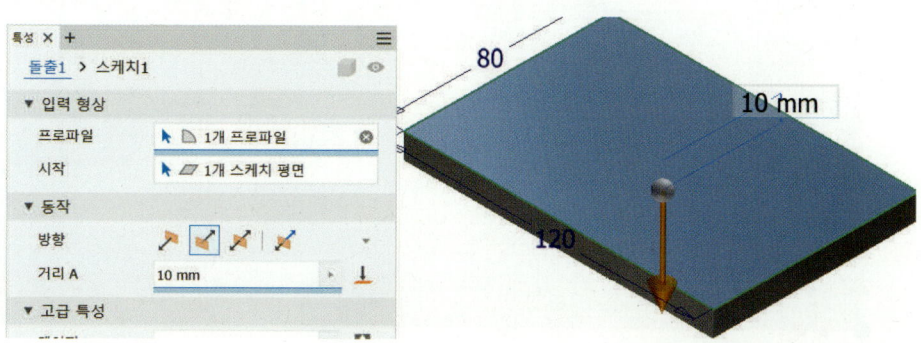

**[단계 3] 로프트 작성하기**

**1** 위에서 작성한 돌출 피쳐의 상판에 새로운 스케치를 작성하기 위해 새로운 작업 평면을 작성한다. 아래 그림처럼 윗면에 새 스케치를 작성한다.

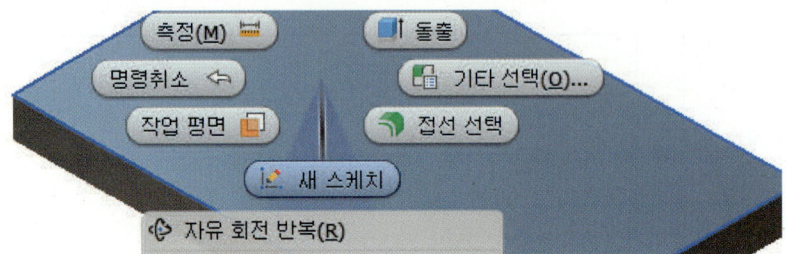

**2** 구성선 아이콘을 선택하고 선 아이콘을 선택하여 아래와 같이 중심선을 스케치를 작성하고, 일반 치수 아이콘을 이용하여 아래와 같이 정확한 치수를 입력한다. 스케치가 완성이 되었으면 다각형 아이콘을 이용하여 변의 수를 6개로 정하여 수평선을 정확히 맞추면서 아래와 같이 스케치를 작성한다.

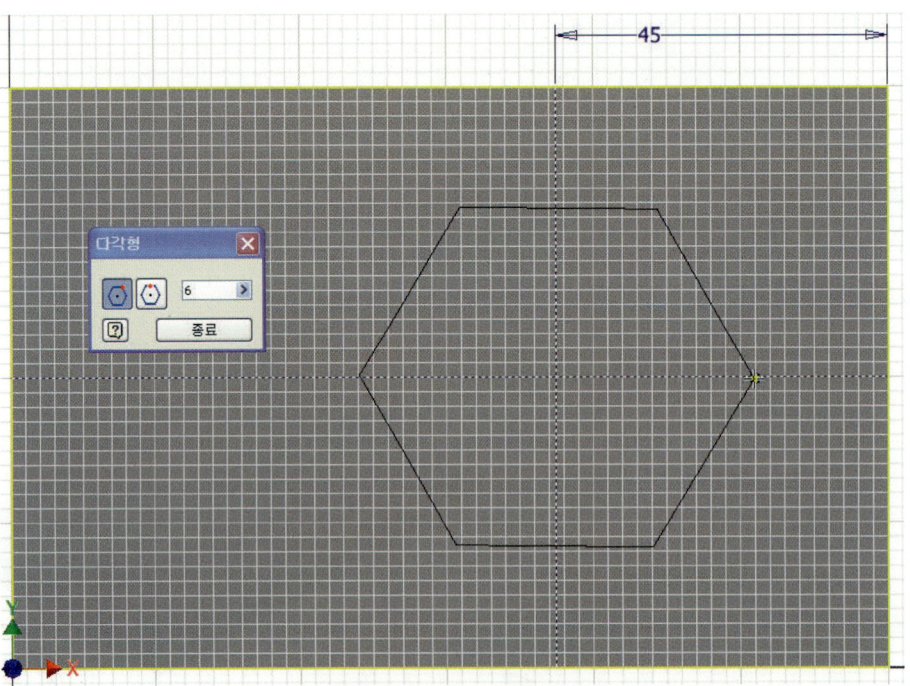

3 치수 아이콘을 이용하여 거리 치수 60mm을 입력하고, 수평 구속조건을 설정하고 스케치를 마무리한다.

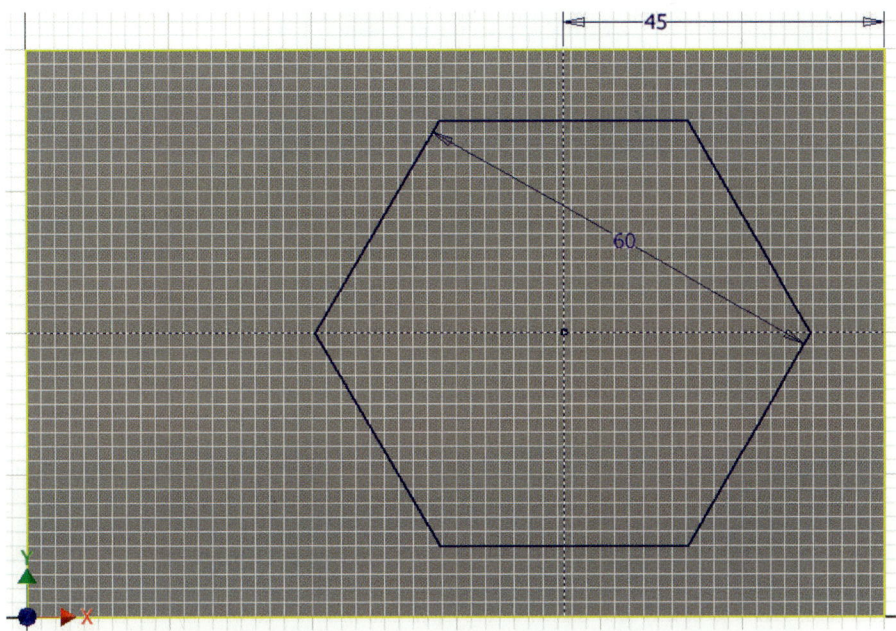

4 위에서 작성한 스케치 위에 새로운 스케치를 작성하기 위해 새로운 작업 평면을 작성한다. 피쳐 패널 창의 작업 평면 아이콘을 선택하여 만들고자 하는 작업 평면에 면을 선택한 후, 작업 평면을 만들고자 하는 방향으로 마우스를 드래그한다. 아래와 같은 간격띄우기 창이 나타나면 25를 입력하고 적용한다.

5 새로운 작업 평면에 새로운 스케치를 작성한다. 작업 평면에 MB3 버튼을 이용하여 새 스케치를 클릭한다.

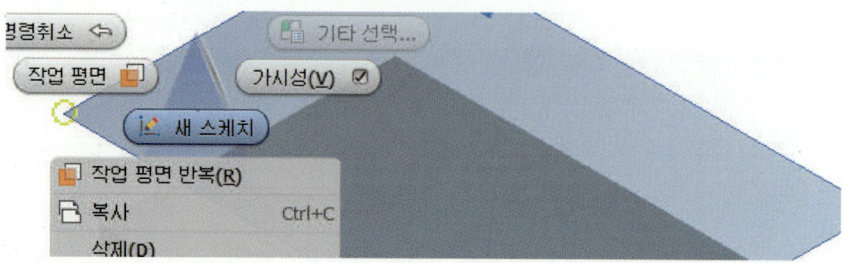

6 형상 투영 아이콘을 선택하여 그림처럼 앞에서 스케치한 내용을 형상 투영한다.

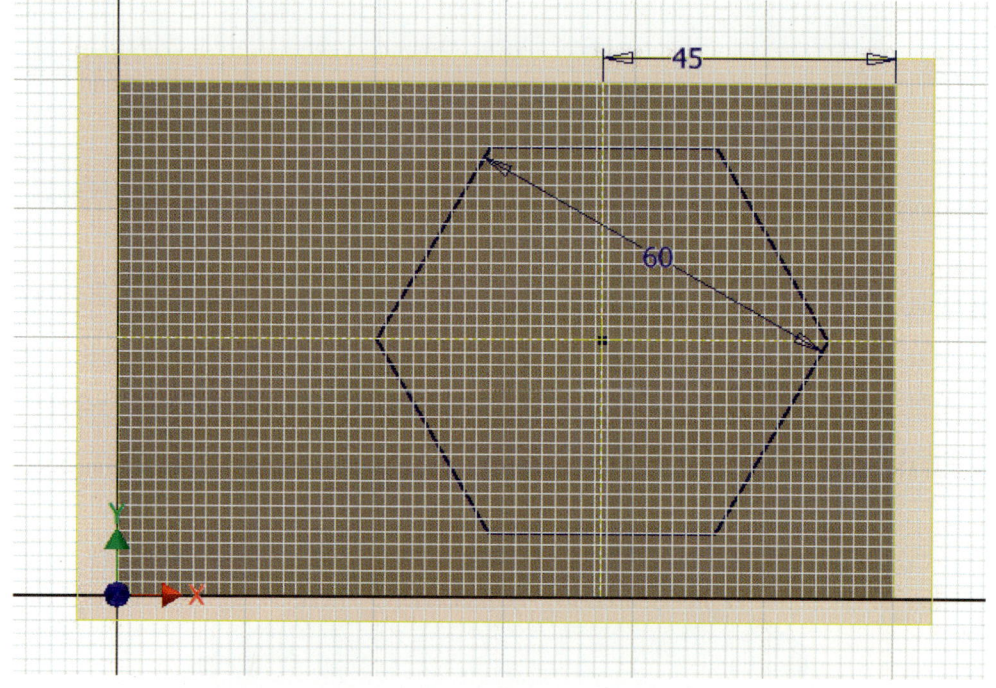

**7** 형상 투영이 되었으면 아래와 같이 형상 투영된 원의 중점에 중심점 원 아이콘을 사용하여 대략의 형상의 원을 스케치하고, 일반 치수 아이콘을 사용하여 아래와 같이 치수를 기입하고 스케치를 종료한다.

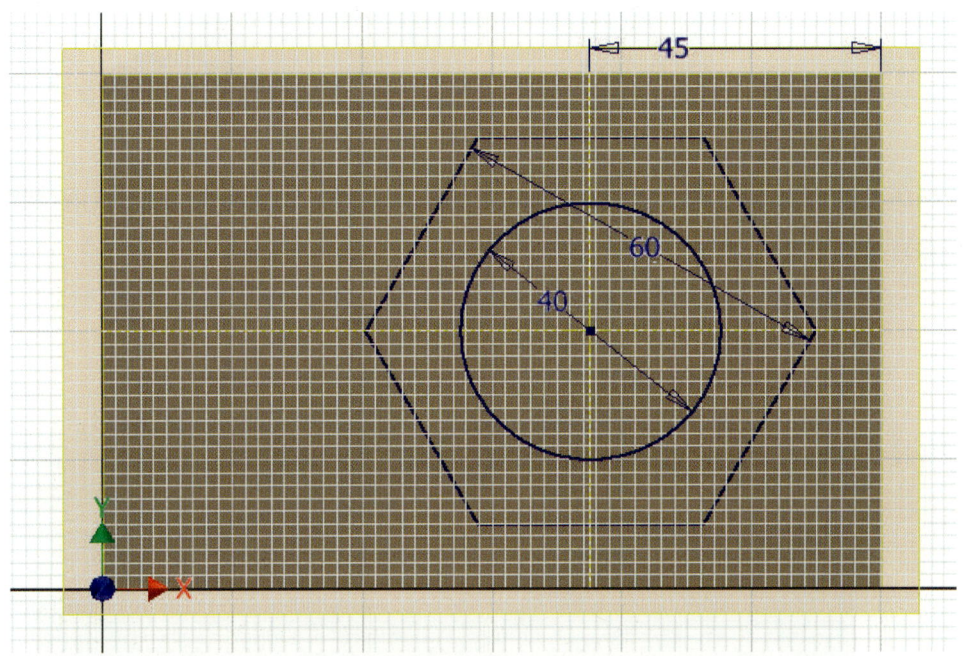

**8** 면을 선택하여 MB1 버튼을 누르고 마우스로 드래그하면서 −40을 입력하고 적용한다.

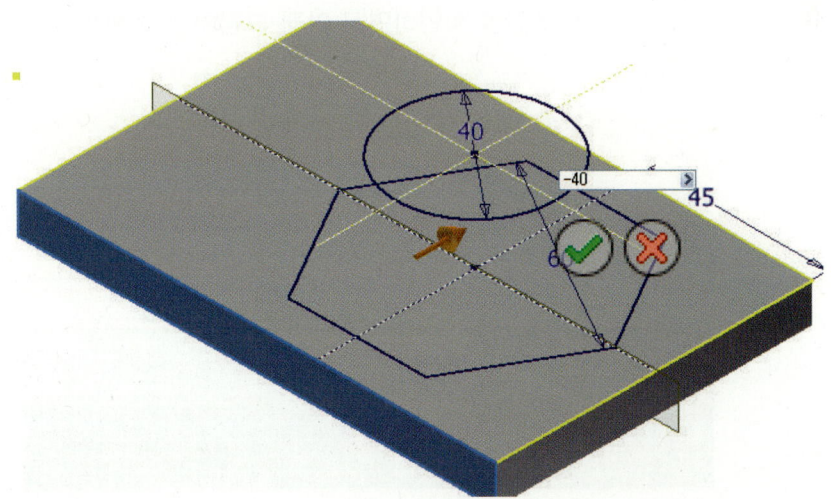

⑨ 작업 평면을 선택하여 MB3 버튼을 이용하여 새 스케치를 선택한다.

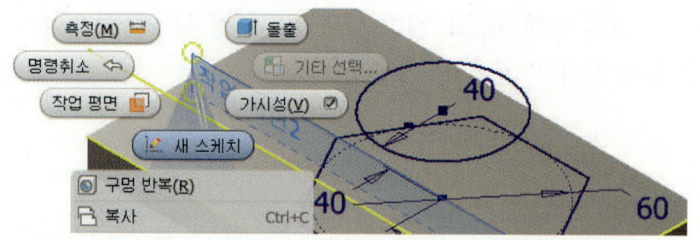

⑩ 아래 그림처럼 형상 투영시키고, 점 아이콘을 이용하여 그림처럼 구속조건을 확인하면서 점을 입력한다.

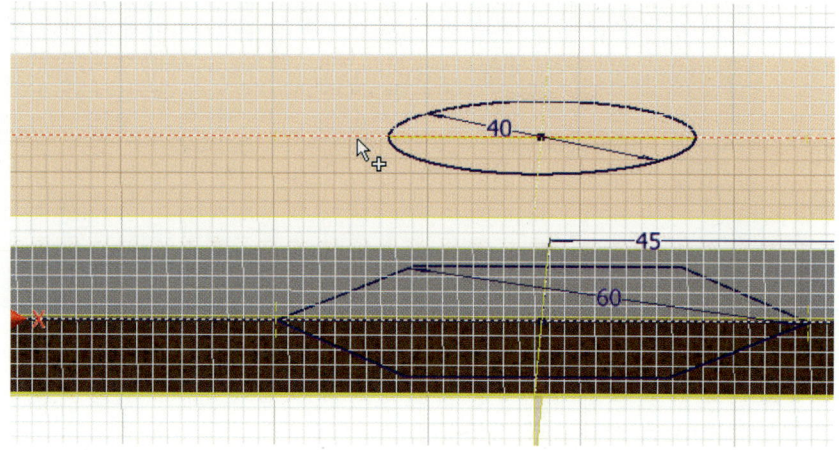

⑪ 호 아이콘을 이용하여 구속조건을 확인하면서 아래 그림처럼 스케치 후 치수기입을 하고 스케치를 마무리한다.

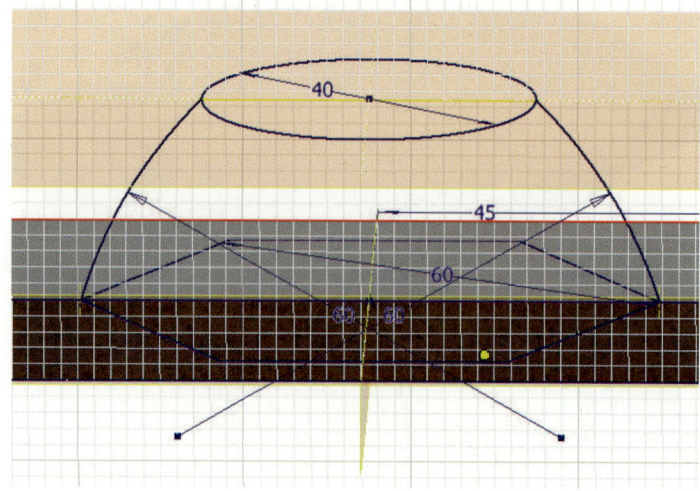

12 다시 우측면을 선택하여 MB1 버튼을 누르고 마우스로 드래그하면서 -45를 입력하고 확인한다.

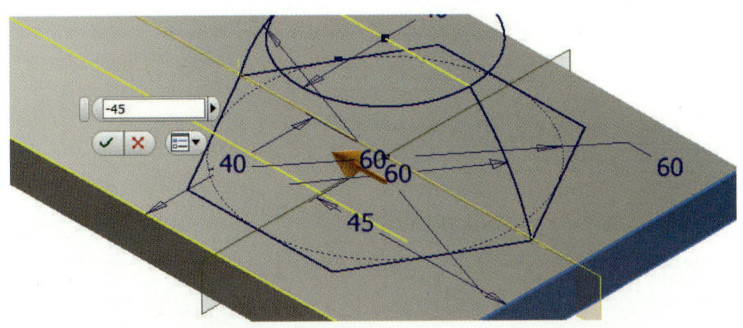

13 작업 평면을 선택하여 MB3 버튼을 이용하여 새 스케치를 선택한다.

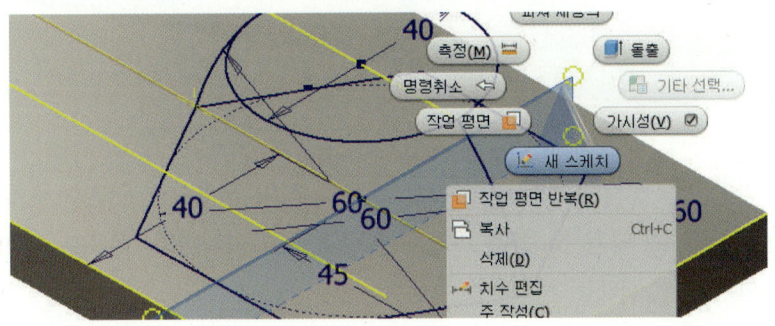

14 아래 그림처럼 형상 투영을 이용하여 투영시키고, 점 아이콘을 이용하여 그림처럼 구속조건을 확인하면서 점을 입력한다.

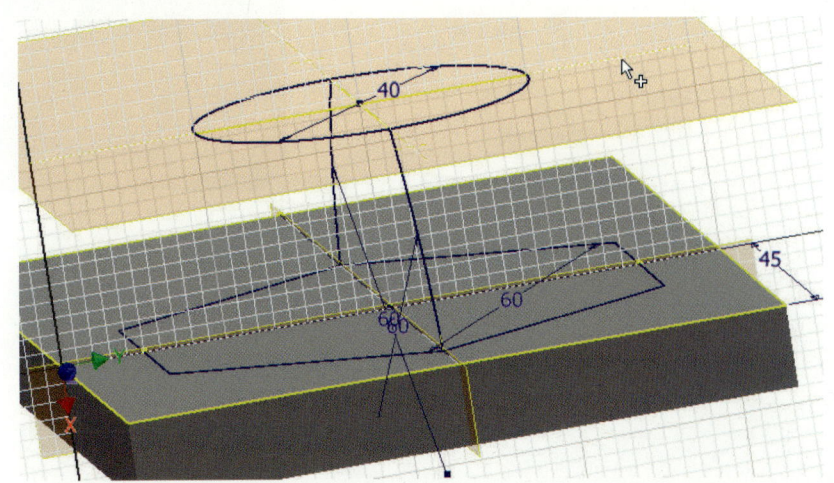

**15** 호 아이콘을 이용하여 구속조건을 확인하면서 아래 그림처럼 스케치 후 치수기입을 한 후 스케치를 마무리한다.

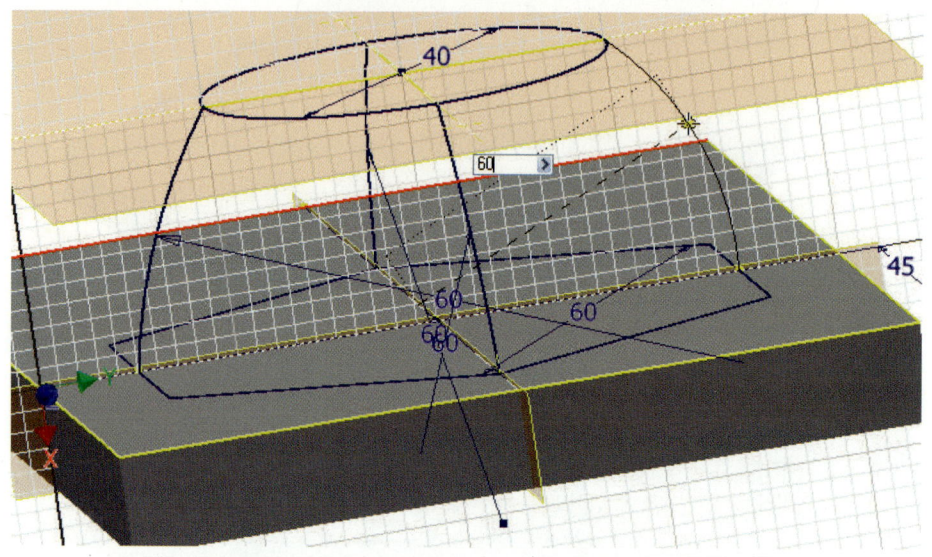

**16** 로프트 아이콘을 선택하고 아래와 같은 로프트 창이 생겼으면 단면에서 두 번째 스케치한 원을 선택한다. 그 다음 첫 번째 스케치한 다각형을 선택한다. 로프트 창이 레일에서 스케치한 호 4개를 순서대로 선택한다.

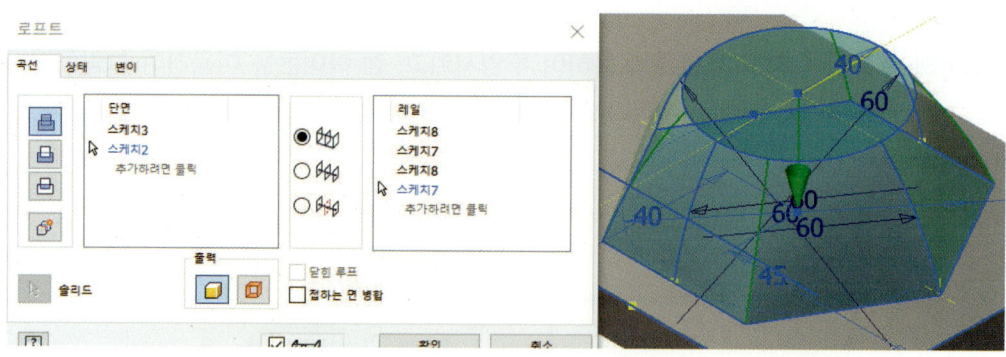

**[단계 4] 타원 스케치 작성 및 회전하기**

**1** 그림처럼 MB3 버튼을 이용하여 평면 위에 새로운 스케치를 작성한다.

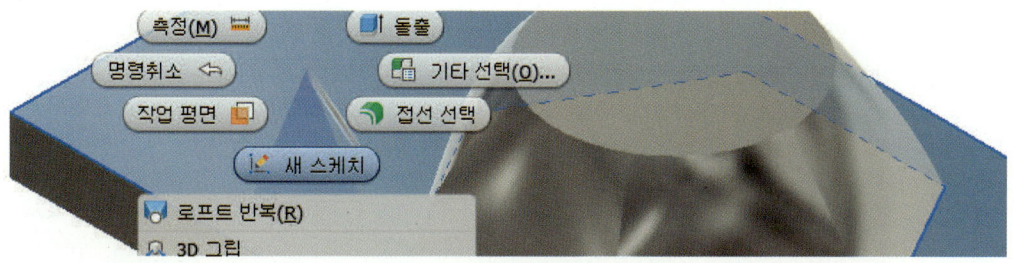

**2** 타원과 선 아이콘을 사용하여 아래와 같이 대략의 형상을 스케치한 뒤 일반 치수 아이콘을 사용하여 아래와 같이 치수를 기입한다.

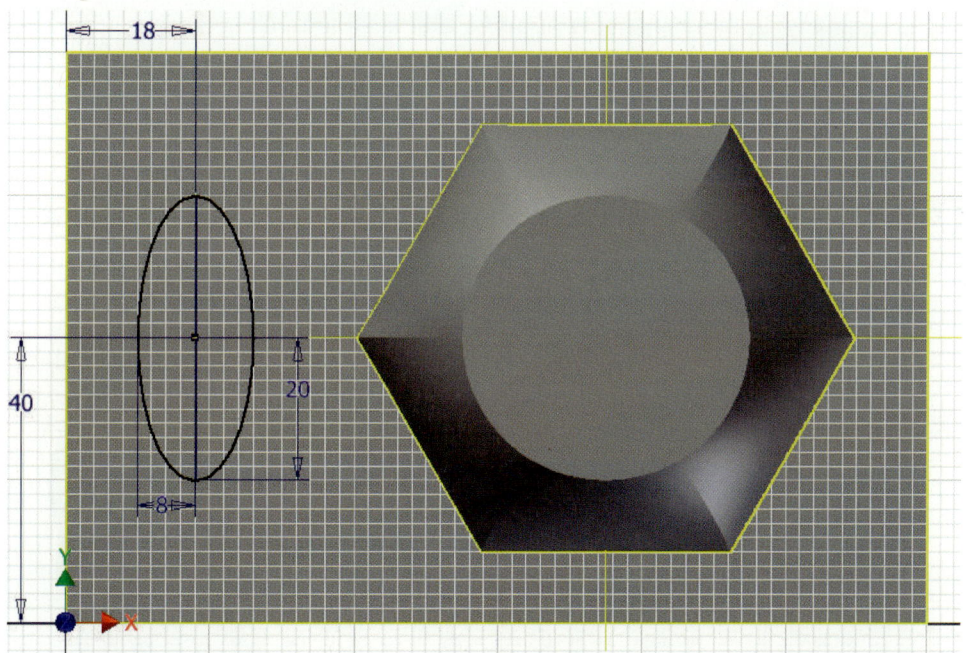

3 스케치가 완성되었으면 자르기 아이콘을 사용하여 타원의 필요 없는 부분을 제거한 다음 스케치를 마무리한다.

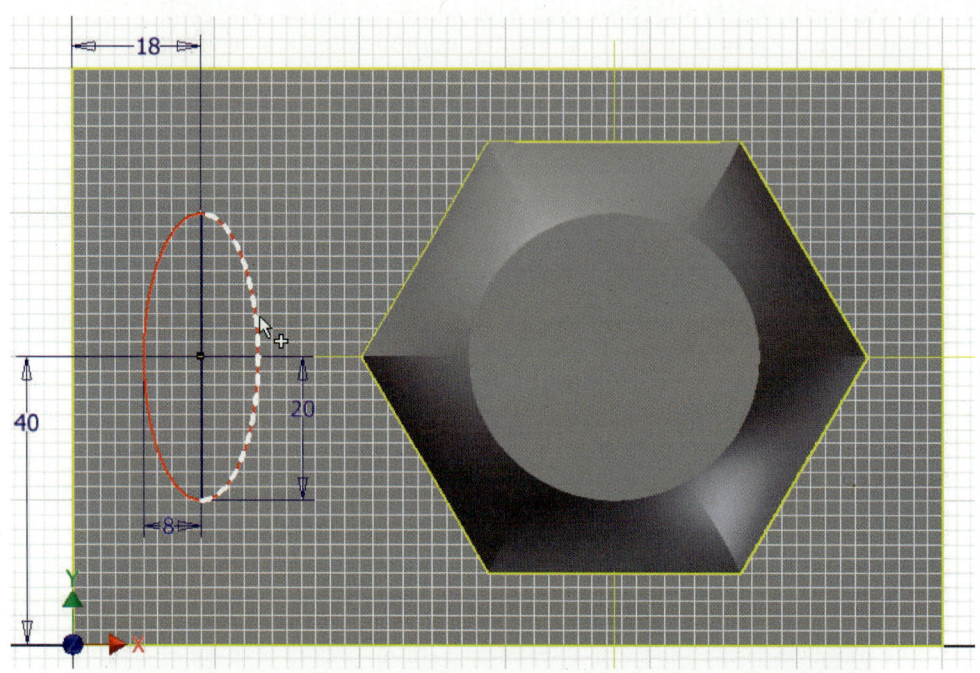

4 회전 아이콘을 선택한 후 방금 스케치한 반원을 선택한다. 그 다음 쉐이프에 축을 선택하여 반원의 축이 되는 부분을 선택한다. 그리고 범위에서 전체로 하고 확인을 한다.

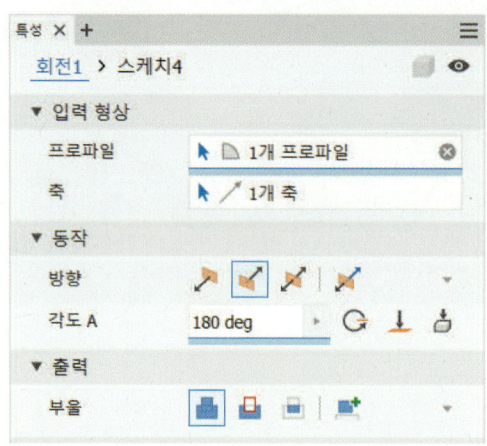 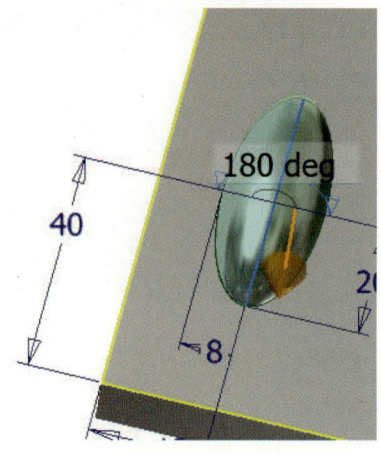

**[단계 5] 스케치 및 원통 회전하기**

**1** MB3 버튼을 이용하여 평면 위에 새로운 스케치를 작성한다.

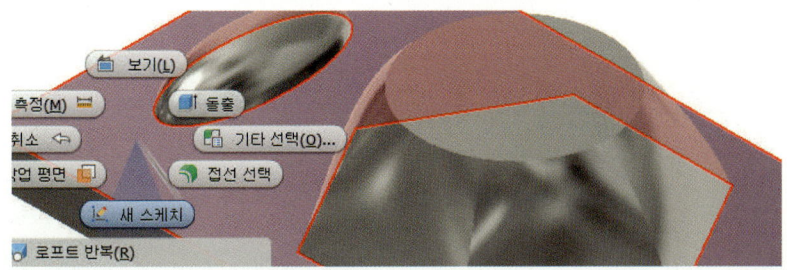

**2** 스케치 작성이 용이하도록 그래픽 슬라이스 메뉴를 선택한다. 그래픽 슬라이스를 하였으면 아래와 같이 직사각형 아이콘을 사용하여 대략의 형상을 스케치하고 일반 치수 아이콘을 사용하여 아래와 같이 정확한 치수를 입력한다. 스케치를 완료하였으면 스케치를 마무리한다.

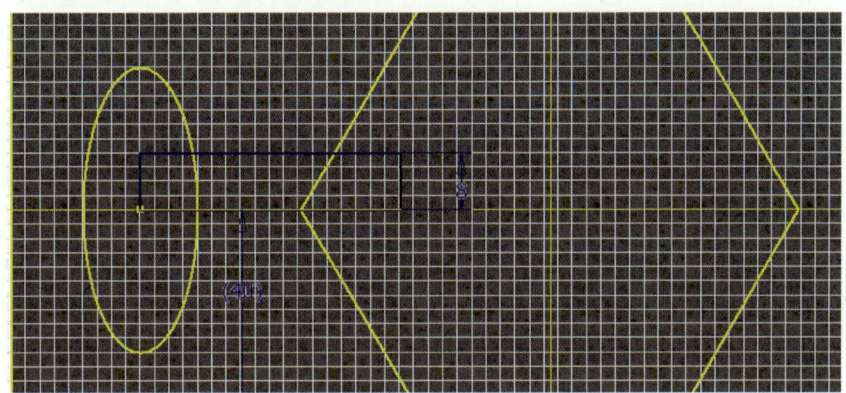

**3** 회전 아이콘을 선택한 후 방금 스케치한 직사각형을 선택한다. 그리고 쉐이프의 축을 선택하고 직사각형의 밑면을 선택한다. 그 다음 범위에서 전체로 하고 확인을 한다.

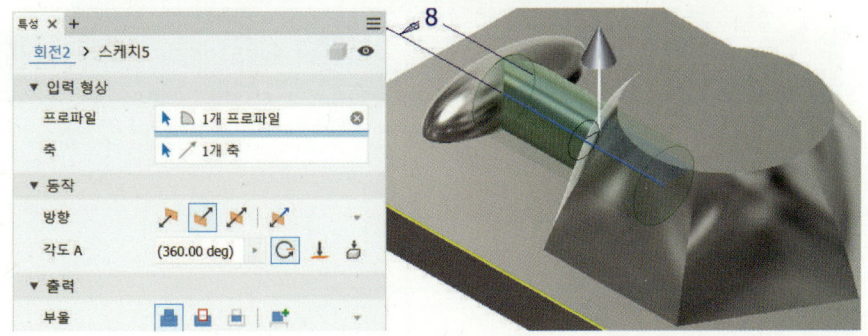

**[단계 6] 스케치 및 회전 제거하기**

**1** 그림처럼 작업 평면을 선택하고 MB3 버튼을 이용하여 새로운 스케치를 작성한다.

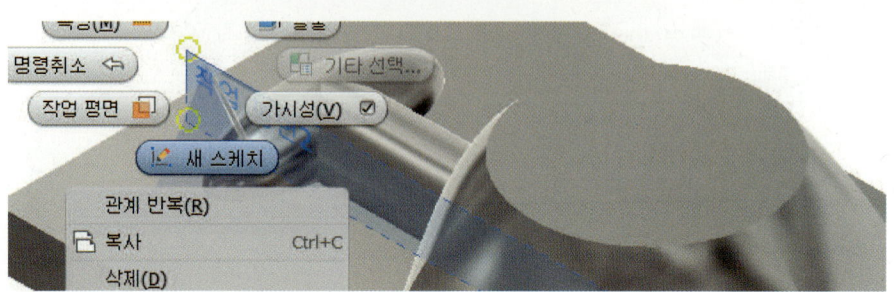

**2** 스케치 작성이 용이 하도록 마우스 오른쪽 버튼을 클릭하여 나타나는 팝업 메뉴에서 그래픽 슬라이스 메뉴를 선택한다. 그래픽 슬라이스를 하였으면 중심점 원 아이콘과 선 아이콘, 자르기 아이콘을 사용하여 아래와 같이 대략의 형상을 스케치하고 일반 치수 아이콘을 사용하여 아래와 같이 치수를 기입하고 마무리한다.

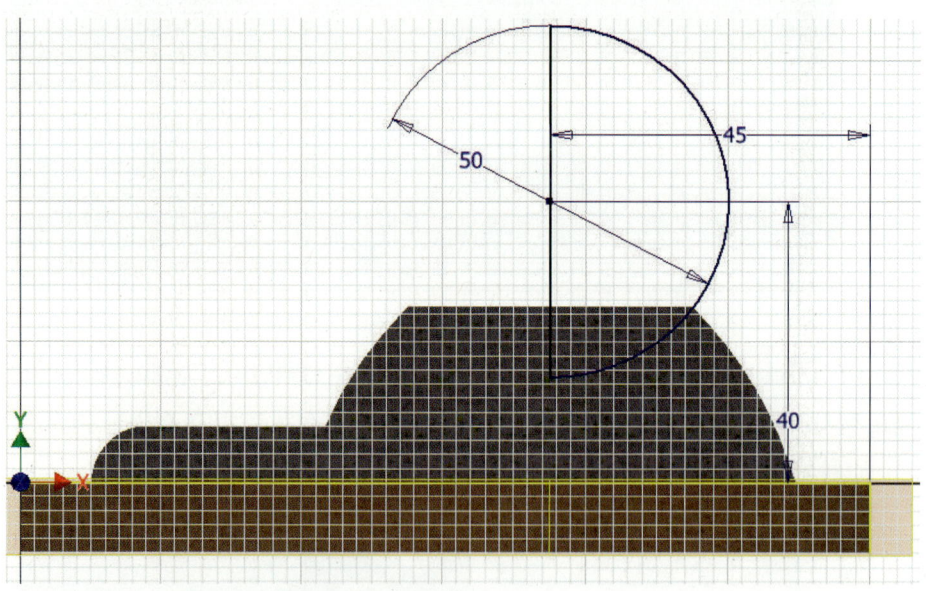

3 회전 아이콘을 선택한 후 방금 스케치한 반원을 선택한다. 그 다음 축을 선택하여 원의 축이 되는 부분을 선택한다. 그리고 필요 없는 부분을 제거하기 위해 절단(차집합)을 선택하고 확인을 눌러준다. 절단이 되었으면 보기 좋게 전에 생성한 작업플랜을 선택하고 마우스 오른쪽 버튼을 클릭하고 가시성 체크를 해제시켜 안 보이게 한다.

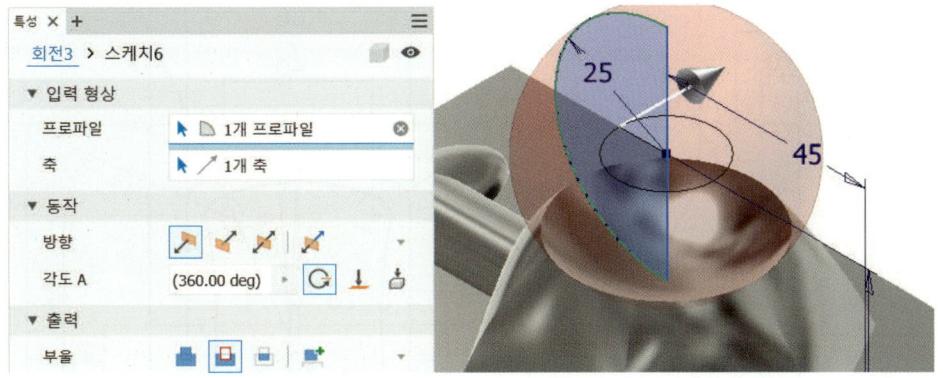

### [단계 7] 라운드 모깎기 하기

1 작업 평면을 안 보이게 했으면 모깎기 아이콘을 이용하여 필렛을 완성한다. 아래와 그림과 같이 상수 탭을 선택하고 필렛을 할 부분의 모서리를 선택하고, 도면에 나와 있는 반지름 값을 입력하고 확인을 누른다. 나머지 부분도 위와 같은 방법으로 라운드를 한다.

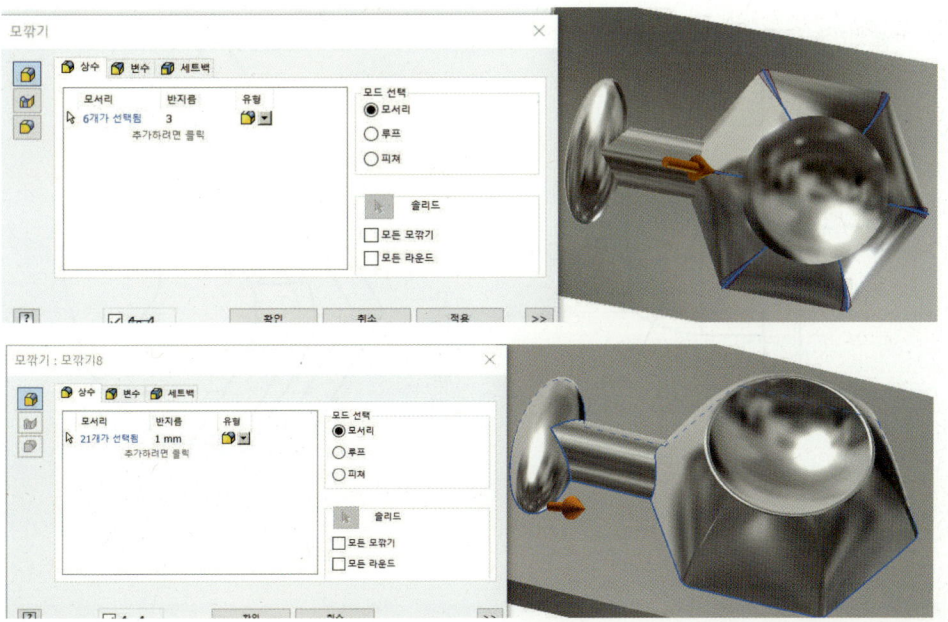

# 7. 로프트 브래킷 따라 하기

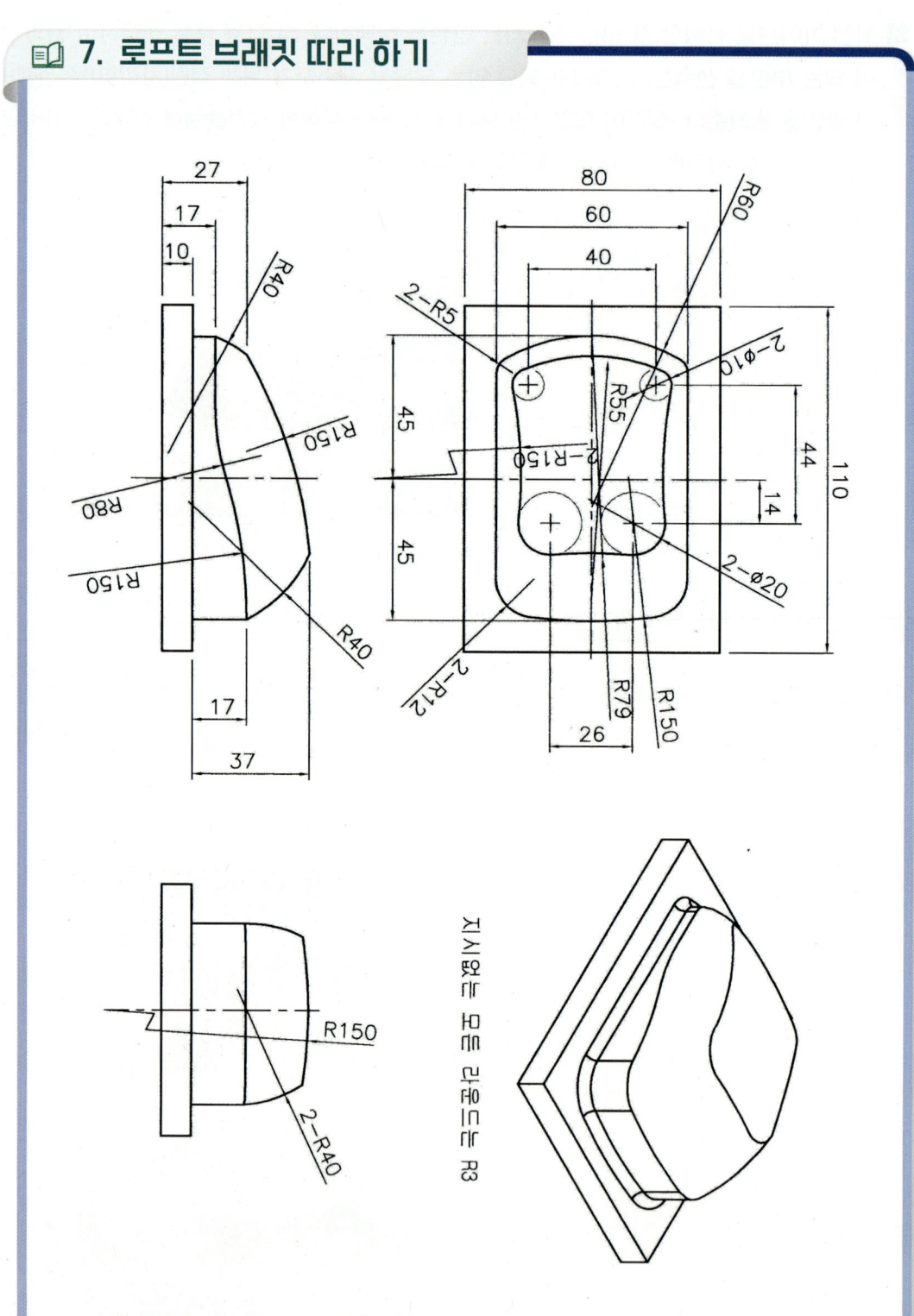

**[단계 1] 스케치 및 돌출 작업하기**

**1** XY 평면에서 아래 그림과 같이 직사각형 아이콘을 이용하여 스케치하고 종료한다.

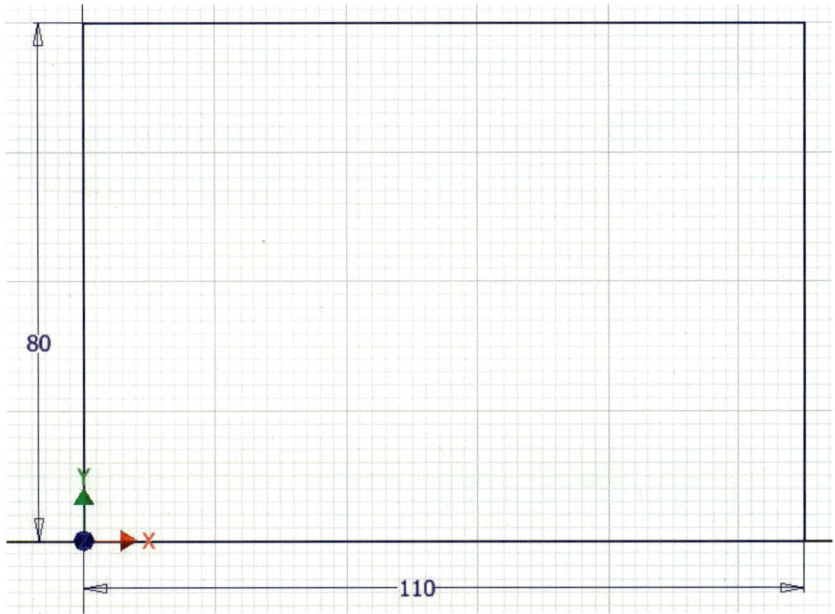

**2** 돌출 아이콘을 이용하여 아래 그림과 같이 돌출하고 확인한다.

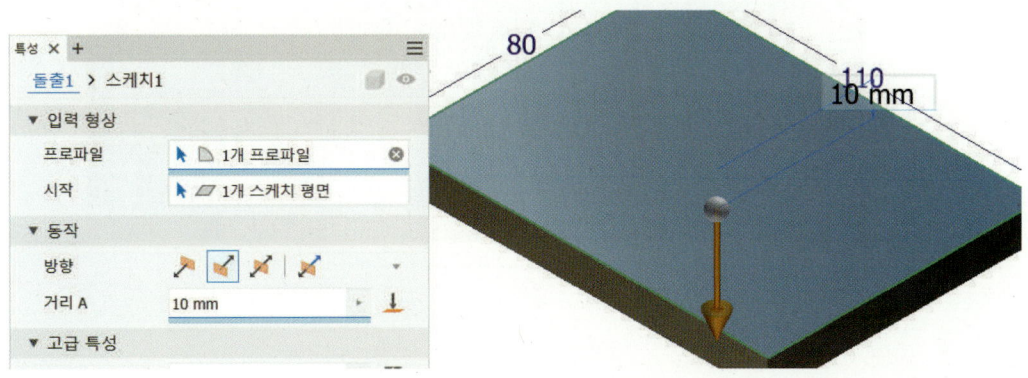

**3** 아래 그림과 같이 윗면을 선택하여 MB3 버튼을 이용하여 새 스케치를 클릭한다.

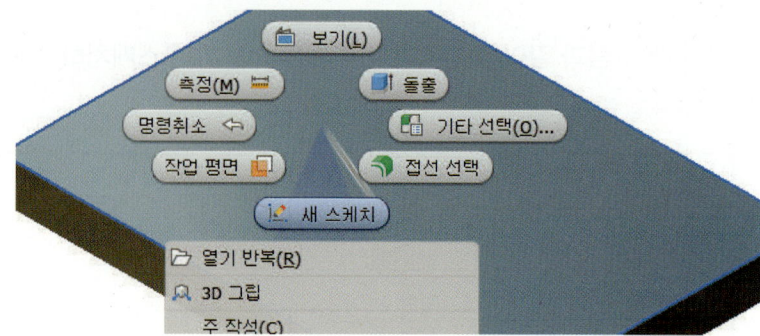

**4** 선 아이콘과 구성선 아이콘을 클릭하고 객체 스냅 중간점을 이용하여 수평선과 수직선을 긋는다.

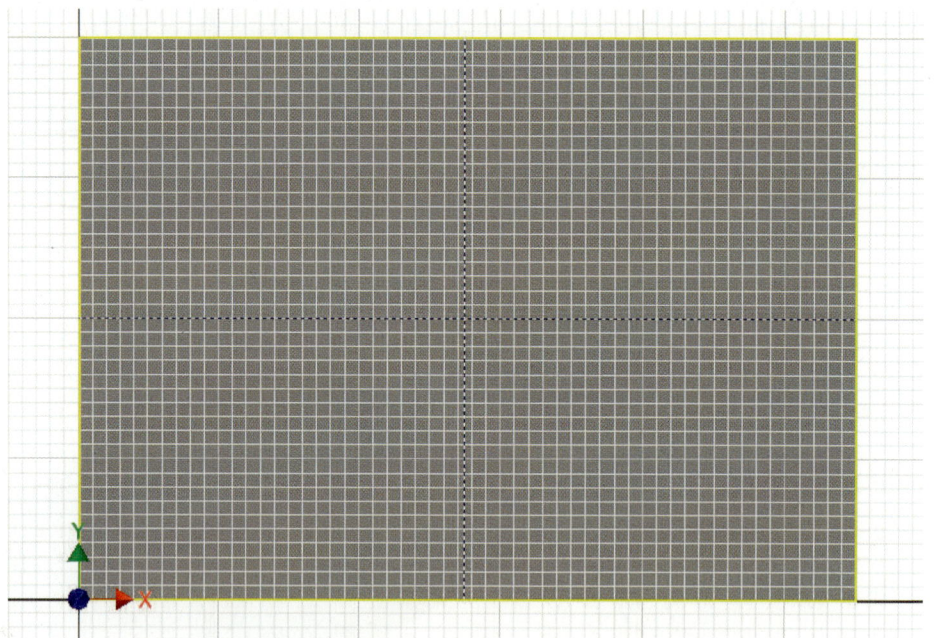

5 선과 호 아이콘을 이용하여 아래 그림처럼 스케치하고 종료한다.

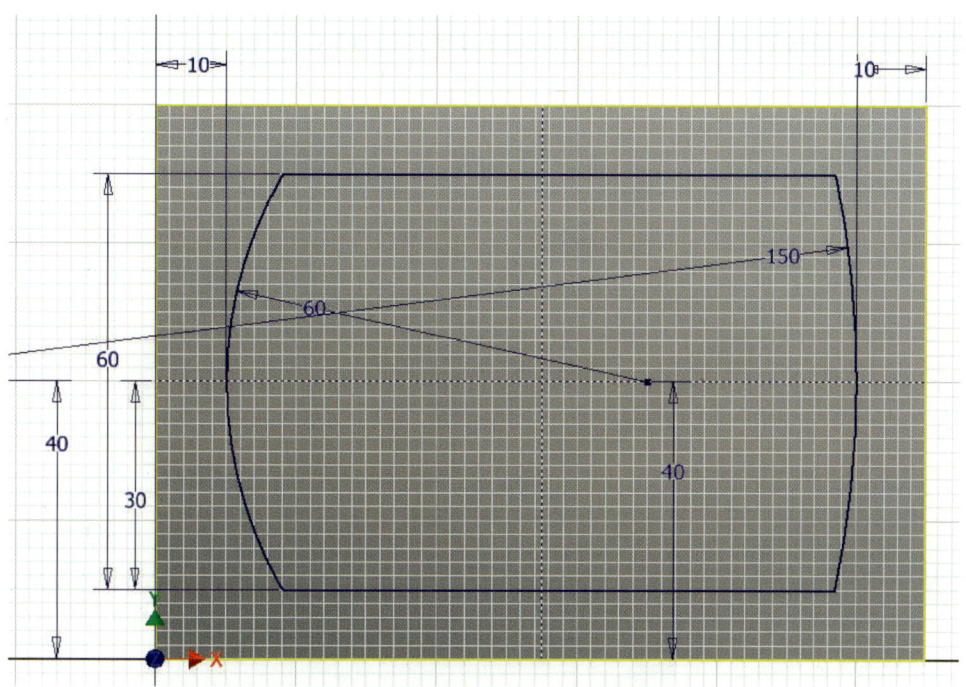

6 돌출 아이콘을 이용하여 아래 그림과 같이 돌출하고 확인한다.

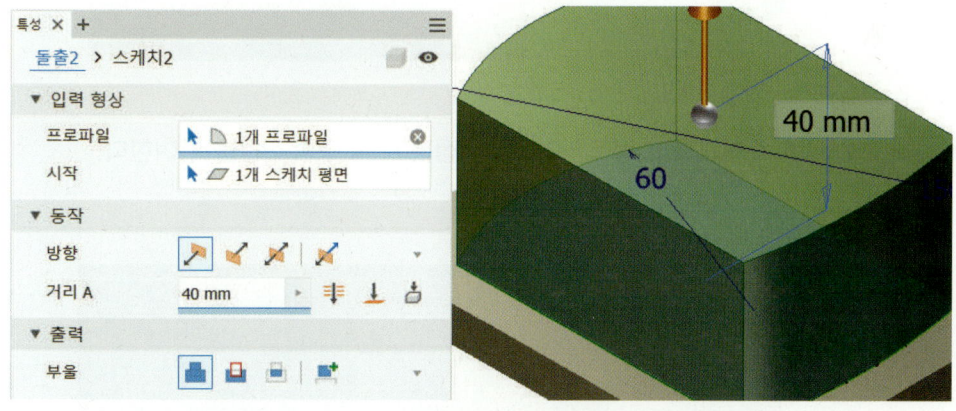

**[단계 2] 곡면 돌출 및 조각 작업하기**

**1** 앞면을 선택하고 MB1 버튼을 누른 상태에서 드래그하다가 활성 창에 –40 입력하고 적용한다.

**2** 새로 생성된 작업 평면에 MB3 버튼을 이용하여 새 스케치를 클릭한다.

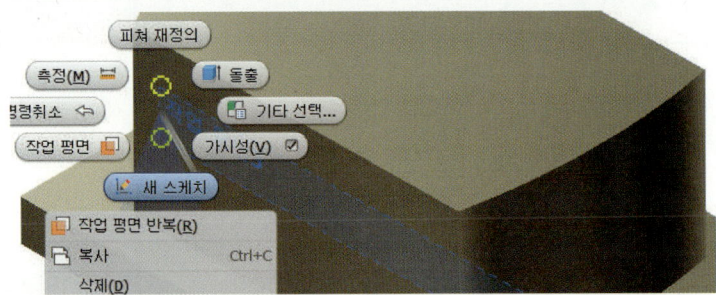

**3** 아래 그림처럼 스케치하고 종료한다. 점과 점은 수직 구속조건을 부여한다.

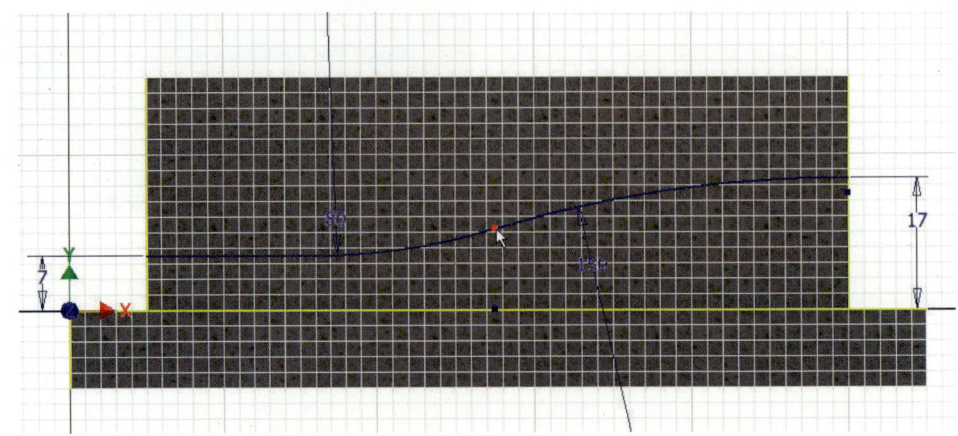

4 아래 그림처럼 돌출 아이콘을 이용하여 아래 그림과 같이 곡면 돌출하고 확인한다.

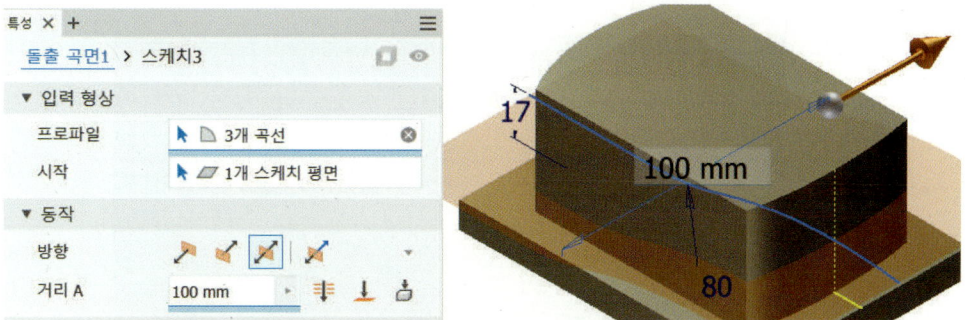

5 분할 아이콘을 이용하여 곡면을 선택하고 화살표를 위로 설정한 후 확인한다.

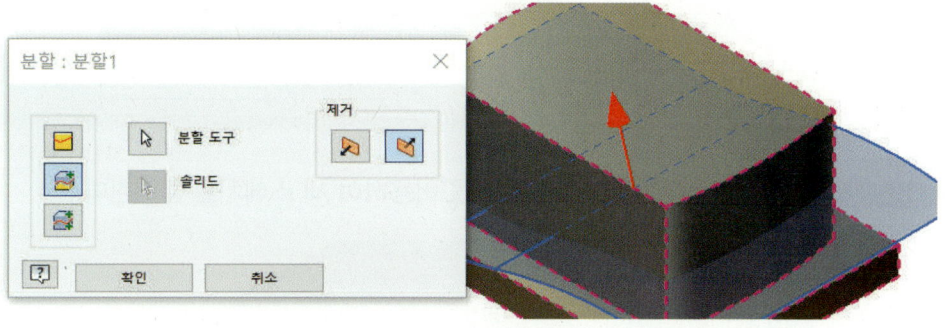

## [단계 3] 곡면 스윕 작업하기

1 그림처럼 바닥 면을 선택하고 MB3 버튼을 선택하여 새 스케치를 클릭한다.

**2** 원, 호, 자르기 등 아이콘 이용하여 아래 그림처럼 스케치하고 종료한다.

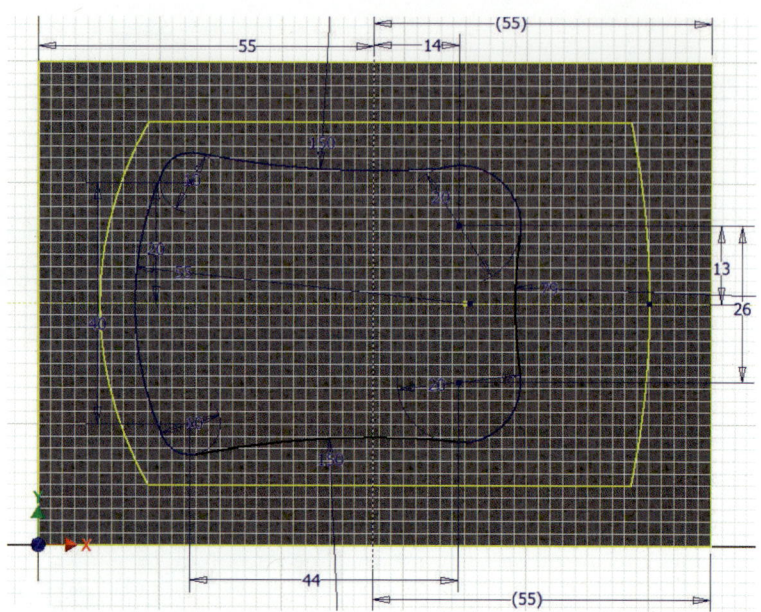

**3** 가운데 작업 평면을 선택하고 MB3 버튼을 이용하여 새 스케치를 클릭한다.

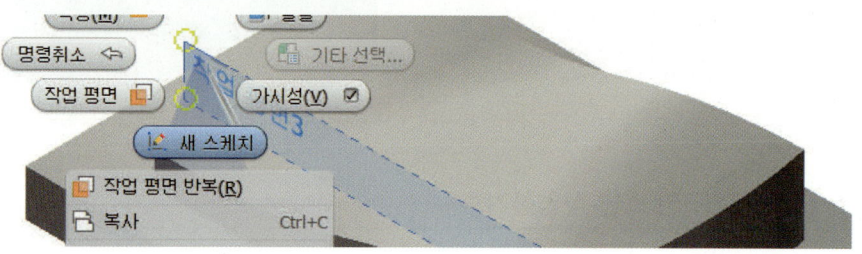

**4** 아래 그림처럼 점을 형상 투영하고 직선으로 구성 선을 긋는다.

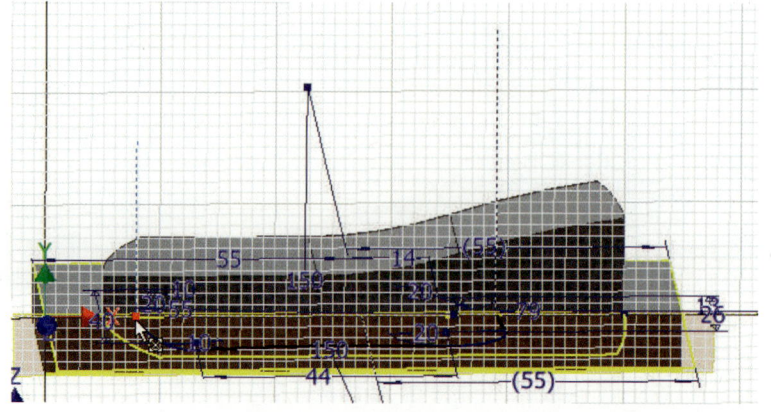

5 아래 그림처럼 호 아이콘을 이용하여 스케치하고 종료한다.

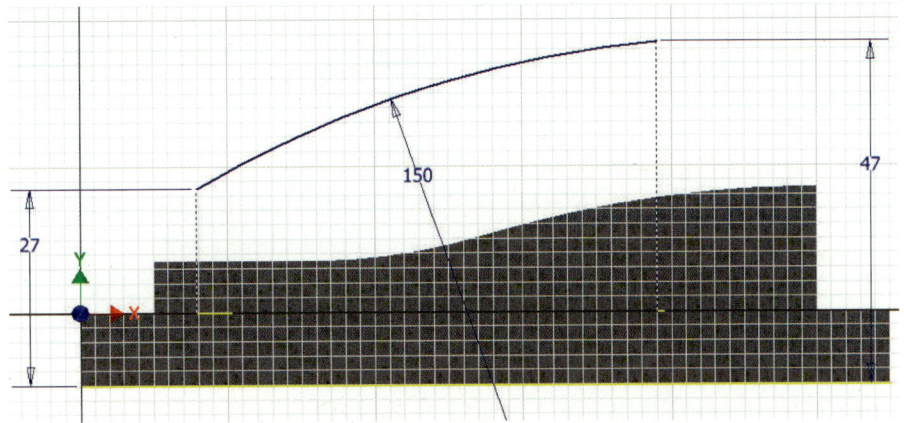

6 작업 평면 아이콘을 선택하고 끝점을 클릭하고 다시 선을 선택한다.

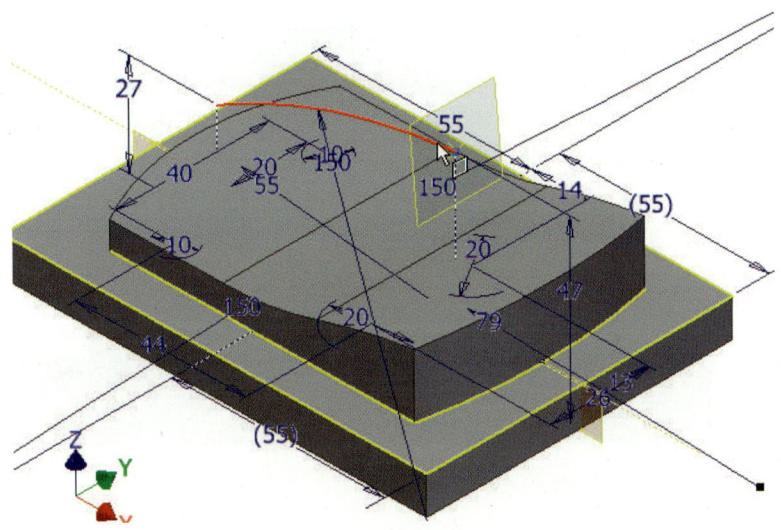

7 그림처럼 새로 생성된 작업 평면을 선택하고 MB3 버튼을 이용하여 새 스케치를 클릭한다.

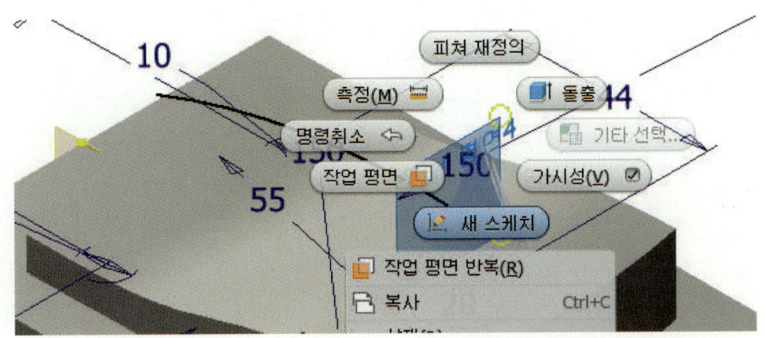

**8** 아래 그림처럼 끝점을 형상 투영한다.

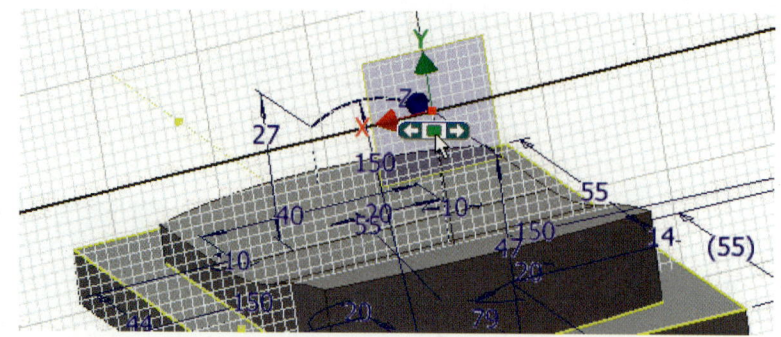

**9** 호 아이콘을 이용하여 그림처럼 스케치하고 종료한다.

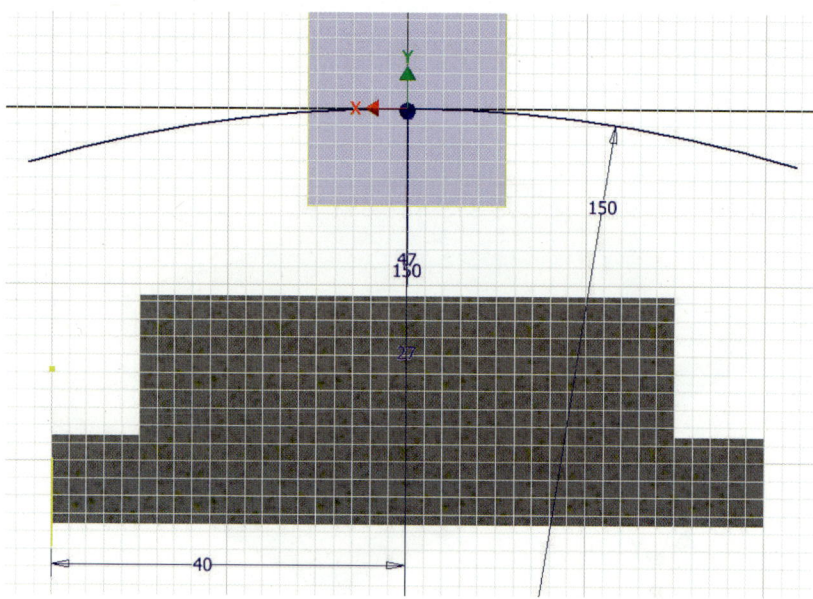

**10** 스윕 아이콘을 이용하여 프로파일과 경로를 선택하고 확인한다.

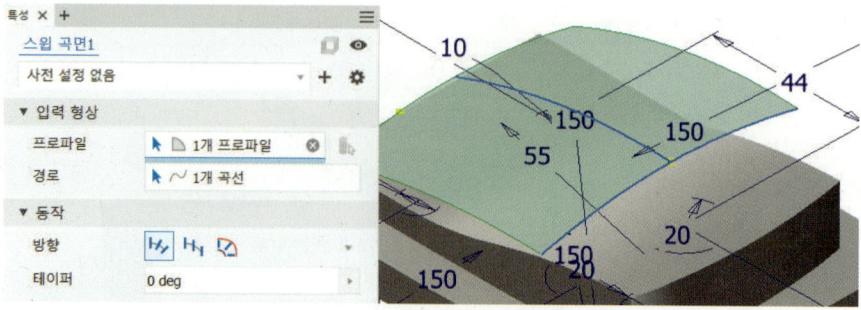

⓫ 아래 그림처럼 돌출 아이콘을 이용하여 범위를 지정 면까지로 하고, 스윕 면을 클릭하고 확인한다.

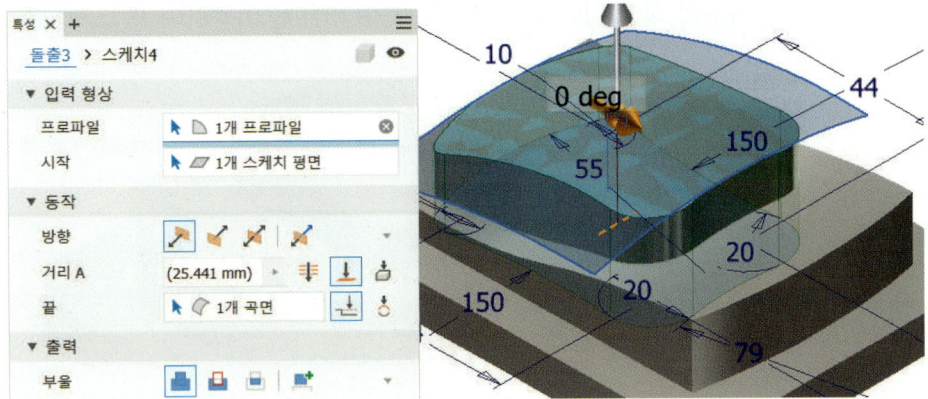

### [단계 4] 모깎기 작업하기

❶ 모깎기 아이콘을 클릭하여 반지름 12mm로 하고 모서리를 선택하고 적용한다.

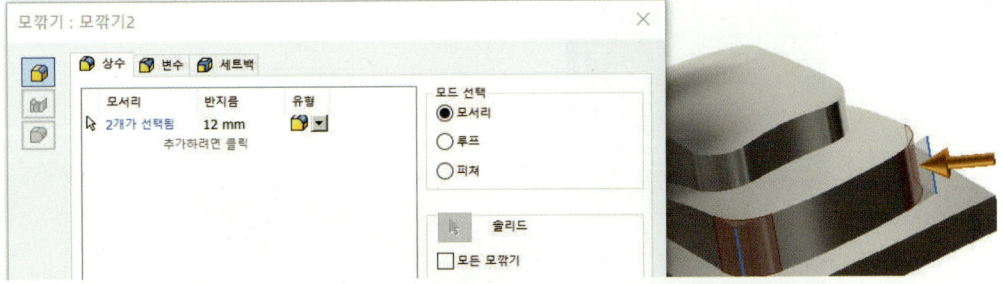

❷ 추가하여 반지름 5mm로 하고 모서리를 선택하고 확인한다.

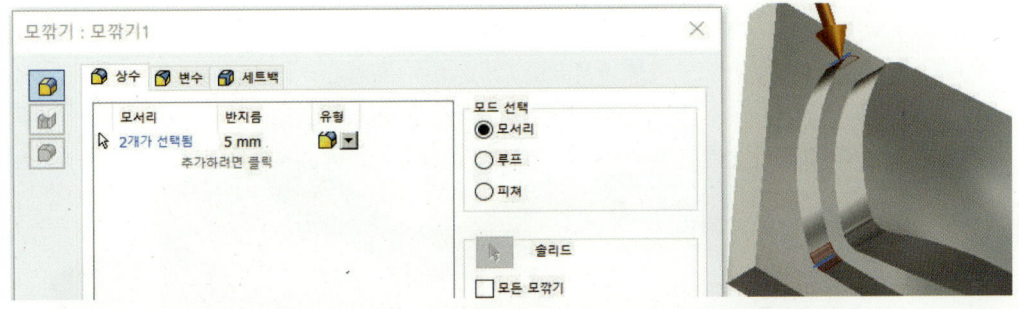

**[단계 5] 로프트 작업하기**

1️⃣ 아래 그림처럼 가운데 작업 평면을 선택하고 MB3 버튼을 이용하여 새 스케치를 클릭한다.

2️⃣ 그림처럼 호 아이콘을 이용하여 스케치하고 종료한다.

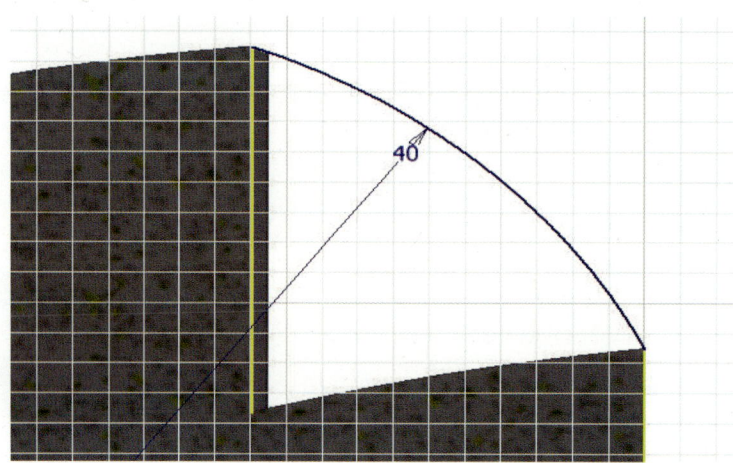

3️⃣ 그림처럼 가운데 작업 평면을 선택하고 MB3 버튼을 이용하여 새 스케치를 클릭한다.

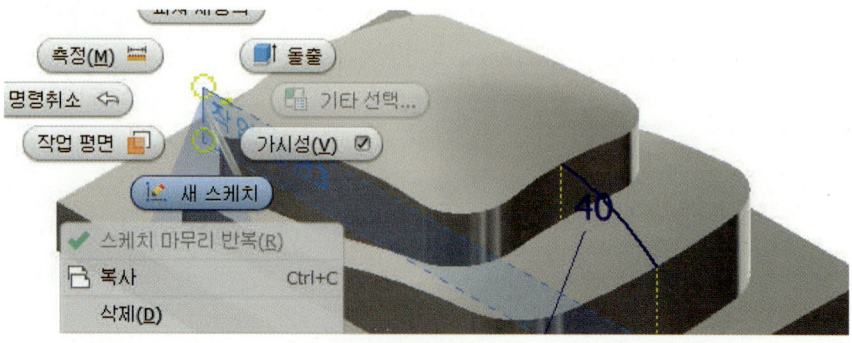

4 그림처럼 호 아이콘을 이용하여 스케치하고 종료한다.

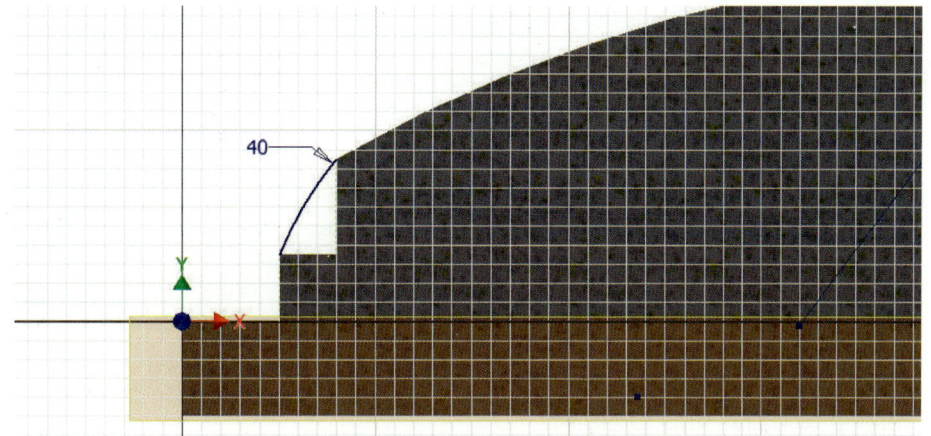

5 3D 스케치 작성을 클릭하고 형상 포함 아이콘을 선택하여 아래 그림처럼 투영한다. 스케치를 종료한다.

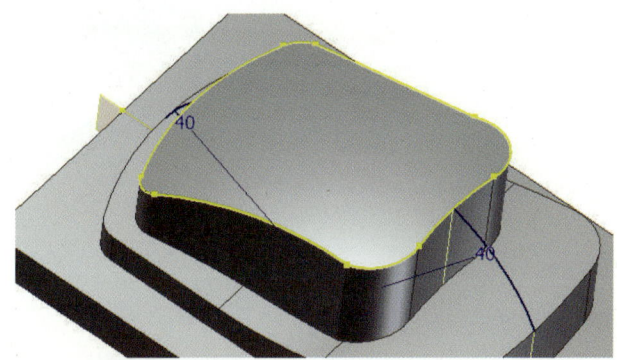

6 다시 3D 스케치 작성을 클릭하고 형상 포함 아이콘을 선택하여 아래 그림처럼 투영한 후 스케치를 종료한다.

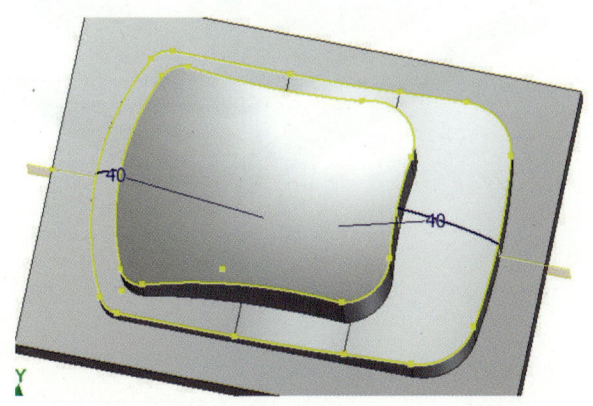

**7** 로프트 아이콘을 클릭하고 단면 스케치 선을 차례로 선택하고 레일에서 선을 차례로 클릭한다. 접하는 면 병합을 체크하고 확인한다.

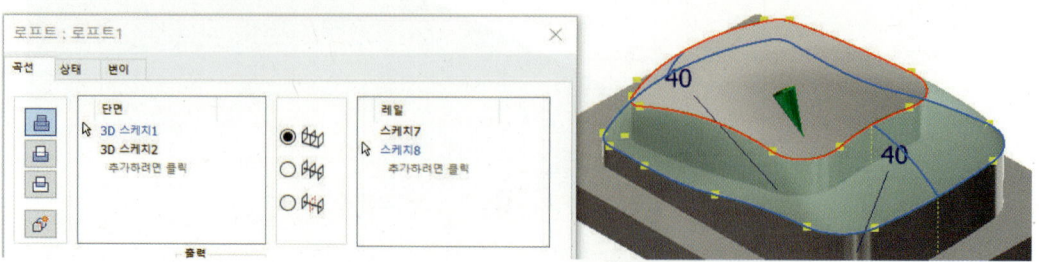

**8** 그림처럼 모깎기를 하고 완성한다.

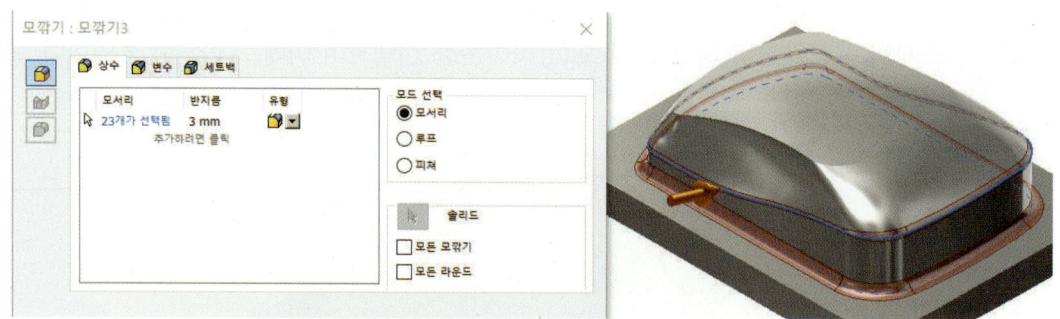

## 8. 핸드폰 충전기 따라 하기

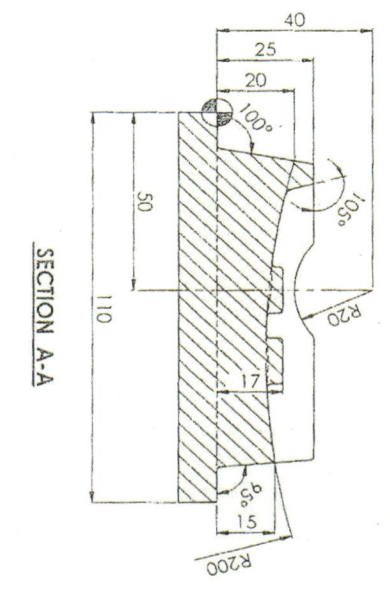
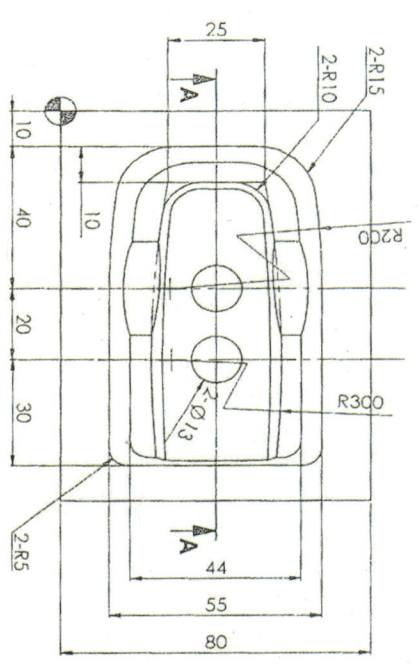
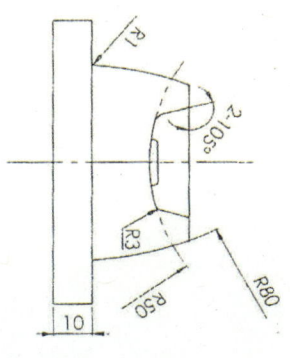

**[단계 1] 스케치 및 돌출하기**

**1** XY 평면에서 직사각형 아이콘을 사용하여 대략의 형상을 스케치하고 일반 치수 아이콘을 사용하여 아래와 같이 정확한 치수를 입력한다.

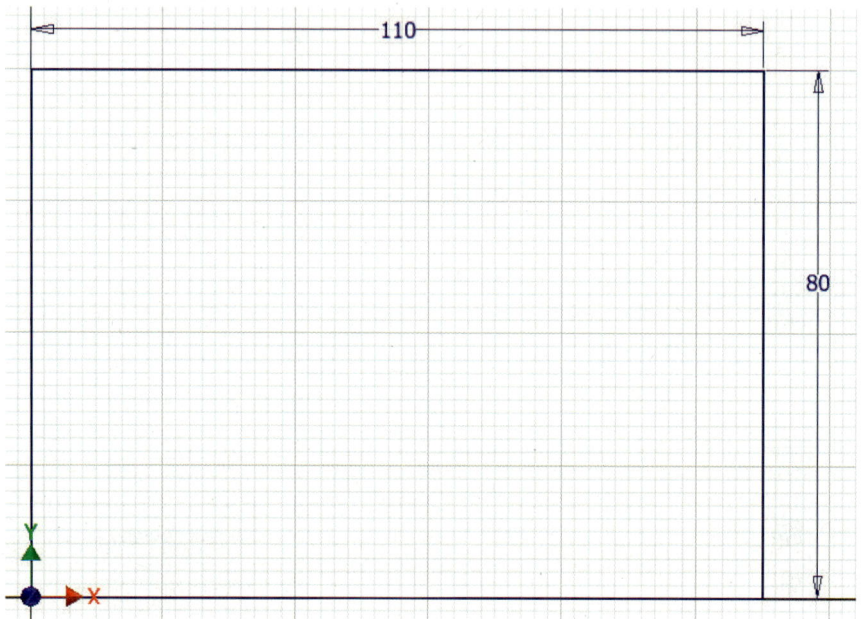

**2** 돌출 아이콘을 선택하고 돌출시킬 영역이 단 하나이므로 별도의 선택 없이 앞에서 작업한 스케치가 선택되었다. 돌출 대화상자에서 돌출 거리가 10mm로 되어 있는 것을 확인하고 확인 버튼을 누른다.

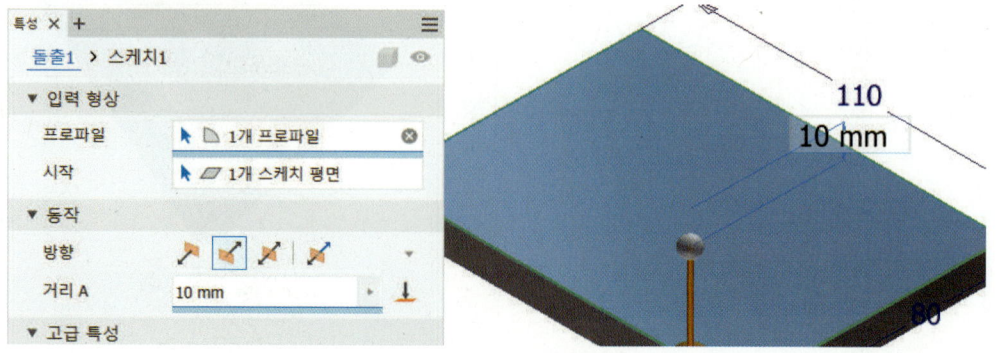

3 새로운 스케치를 작성하기 위해 새로운 윗면에서 MB3 버튼을 이용하여 새 스케치를 클릭한다.

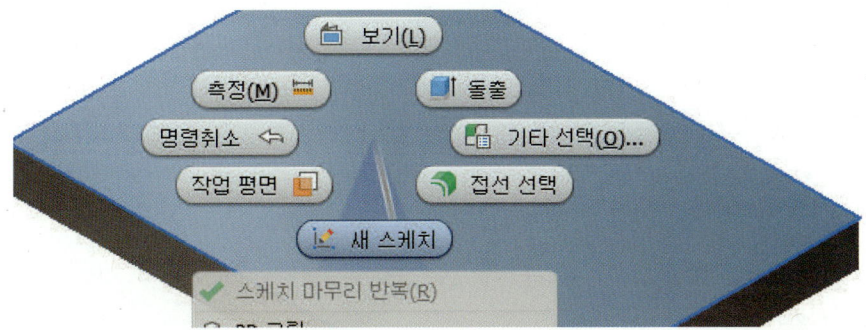

4 선 및 호 아이콘을 이용하여 아래와 같이 스케치를 작성하고 일반 치수 아이콘을 이용하여 아래와 같이 정확한 치수를 입력하고 스케치를 마무리한다.

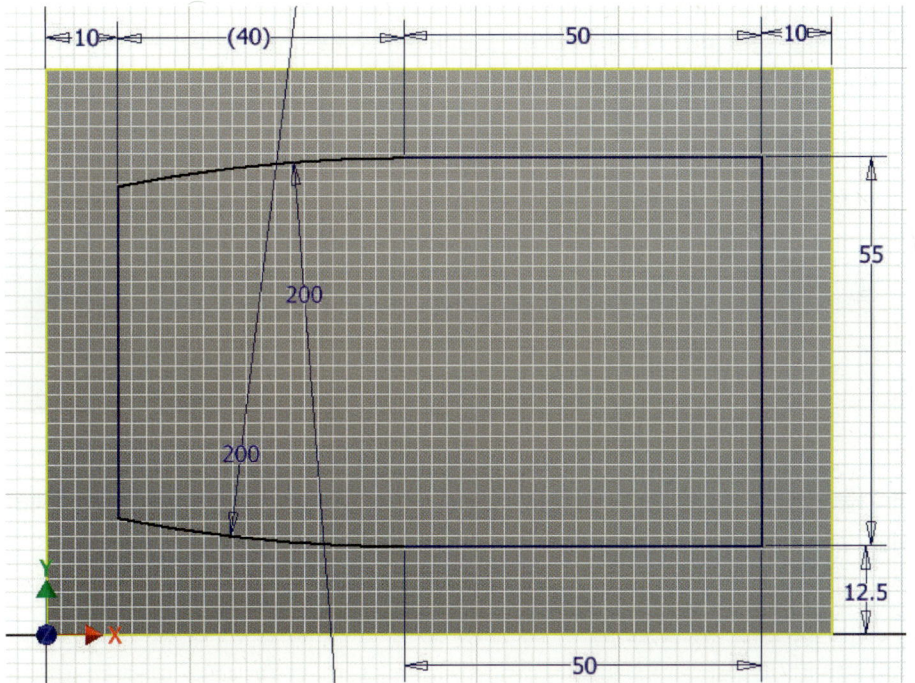

5 돌출 아이콘을 클릭하고 위에서 스케치한 형상을 돌출할 프로파일로 선택한다. 돌출 거리에 20을 입력하고 확인한다.

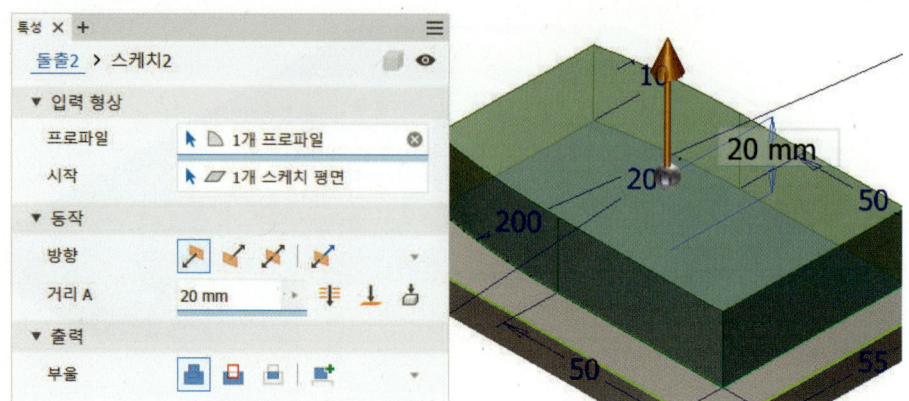

 **[단계 2] 면 기울기 작업하기**

1 면 기울기를 클릭하고, 인장 방향을 그림과 같이 선택하고 확인한다. 면을 선택하고 기울기 각도 5를 입력하고 확인한다.

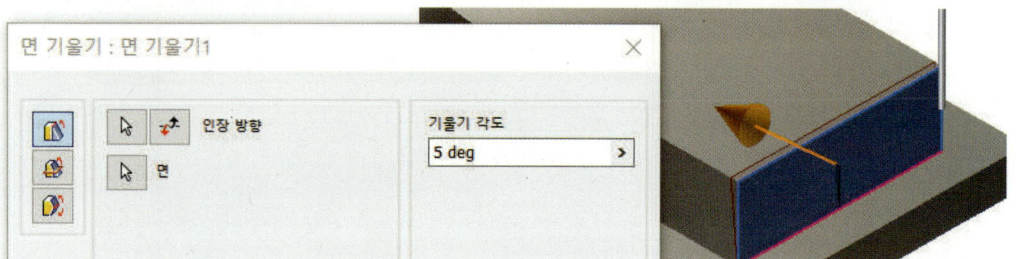

2 면 기울기를 클릭하고, 인장 방향을 그림과 같이 선택하고 확인한다. 면을 선택하고 기울기 각도 10을 입력하고 확인한다.

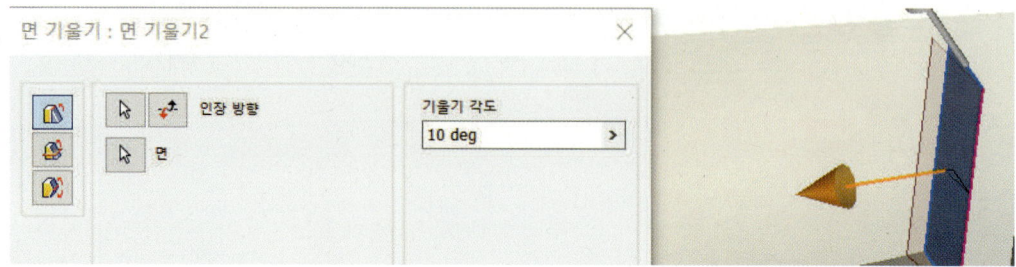

**[단계 3] 스윕 곡면 작성하기**

**1** 작업 평면 아이콘을 선택하고 앞면을 선택한 후 작업 평면을 만들고자 하는 방향으로 마우스를 드래그한다. 아래와 같은 간격띄우기 창이 나타나면 −40을 입력하고 확인한다.

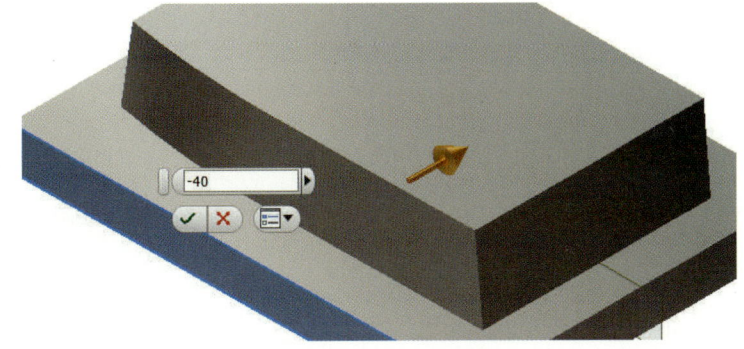

**2** 앞에서 만든 작업 평면을 선택하고 MB3 버튼을 이용하여 새 스케치를 클릭한다.

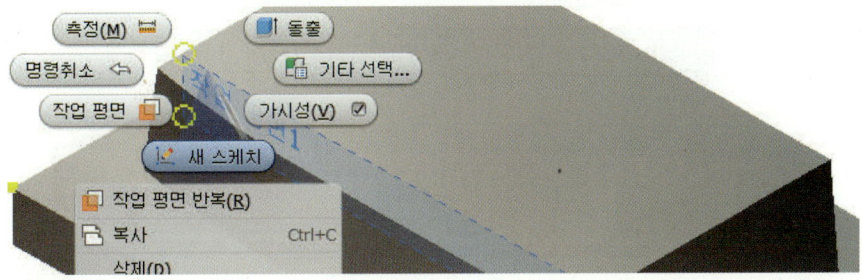

**3** 마우스 오른쪽 버튼을 클릭하여 나타나는 팝업 메뉴에서 그래픽 슬라이스 메뉴를 선택한다. 형상 투영 아이콘 옆의 플라이아웃 화살표를 눌러 나타나는 하위 메뉴 중 절단 모서리 투영 메뉴를 선택한다. 선 아이콘과 3점 원호 아이콘 사용하여 아래와 같이 스케치하고 일반 치수 아이콘을 사용하여 정확한 치수를 기입하고 스케치를 종료한다.

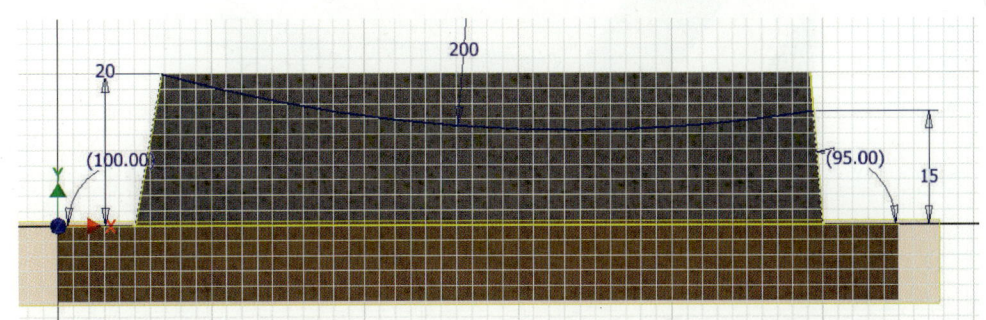

CHAPTER 10 서피스 형상 모델링 따라 하기

4 이번엔 앞에서 스케치했던 원호의 끝점에 접촉하는 작업 평면을 작성한다. 뷰에서 비주얼 스타일에서 와이어프레임으로 변경한다. 작업 평면 아이콘을 선택하고 점을 클릭하고 곡선이 빨간색으로 변활 때 다시 MB1 마우스 버튼을 이용하여 곡선을 클릭한다.

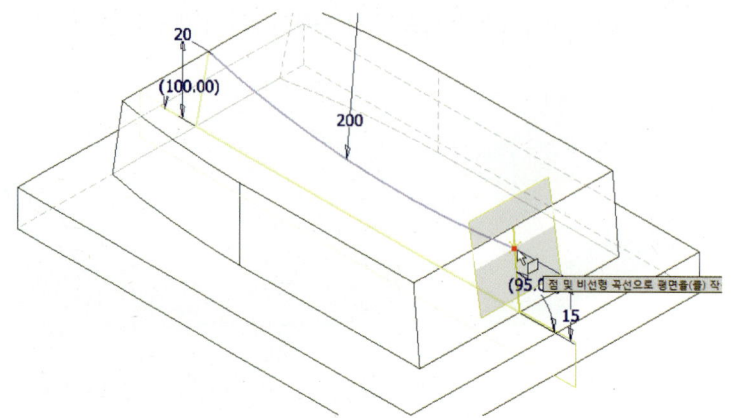

5 그림처럼 새로 만든 작업 평면을 선택하여 MB3 버튼을 이용하여 새 스케치 선택한다.

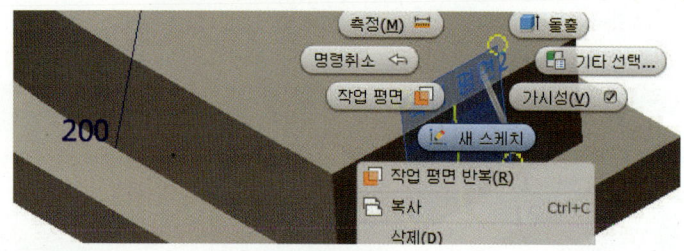

6 원호의 끝점은 형상 투영 아이콘을 이용하여 형상 투영을 한 후 호 아이콘을 이용하여 투영된 점과 원의 외곽선이 일치하도록 스케치를 대략의 스케치를 작성한다. 일반 치수 아이콘을 이용하여 아래 그림과 같이 치수를 부여하고 스케치를 완료한 후 스케치를 마무리한다.

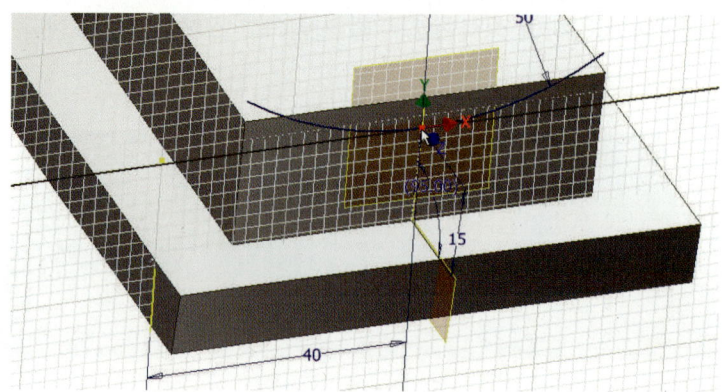

7 스윕 아이콘을 클릭한 다음 생성 방법으로는 솔리드가 아닌 곡면을 선택하고 각 원호를 프로파일과 경로로 선택하여 확인 버튼을 눌러 스윕 곡면 작성을 완료한다. (아래 그림과 같이 선택하면 된다.)

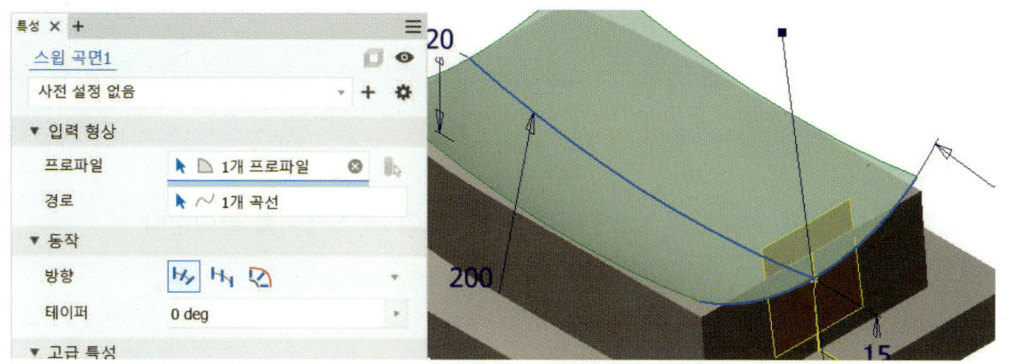

8 곡면 연장을 시키기 위해서 연장 아이콘을 선택한다. 모서리를 선택하고 확인한다.

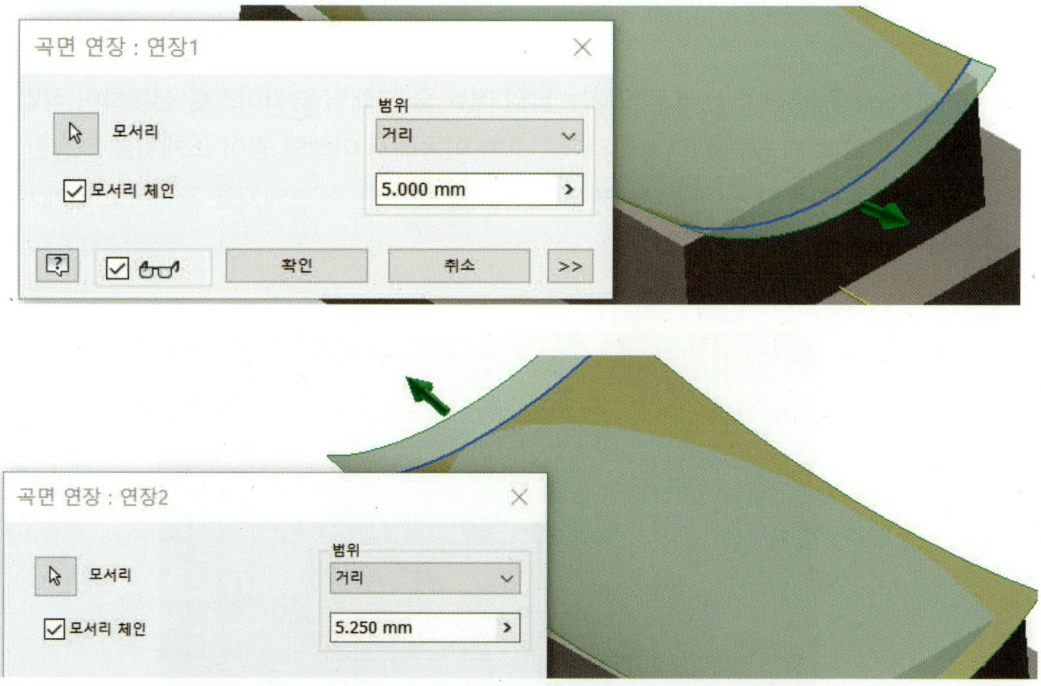

CHAPTER 10 서피스 형상 모델링 따라 하기 677

9 분할 아이콘을 선택하여 그림과 같이 설정하고 윗부분을 잘라낸다.

10 그림에서 평면을 선택하고, MB3 버튼을 이용하여 새 스케치를 클릭한다.

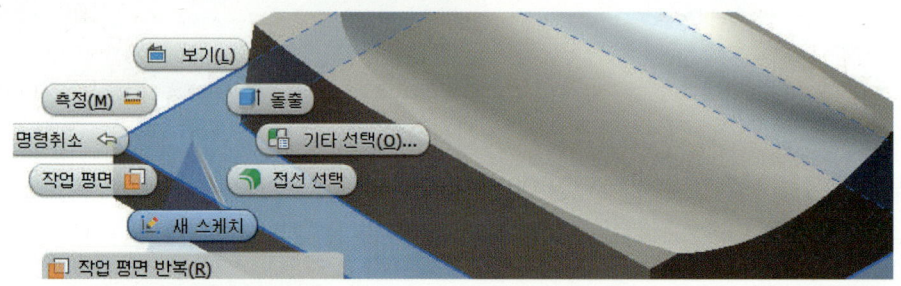

11 마우스 오른쪽 버튼을 눌러 나타나는 팝업 메뉴 중 그래픽 슬라이스를 선택하여 작업 평면을 기준으로 하는 단면을 표시한다. 선, 호를 이용해서 아래와 같이 스케치를 작성한 후 치수 아이콘을 이용하여 아래 그림과 같이 치수를 부여한 후 스케치를 완성하고 스케치를 마무리한다.

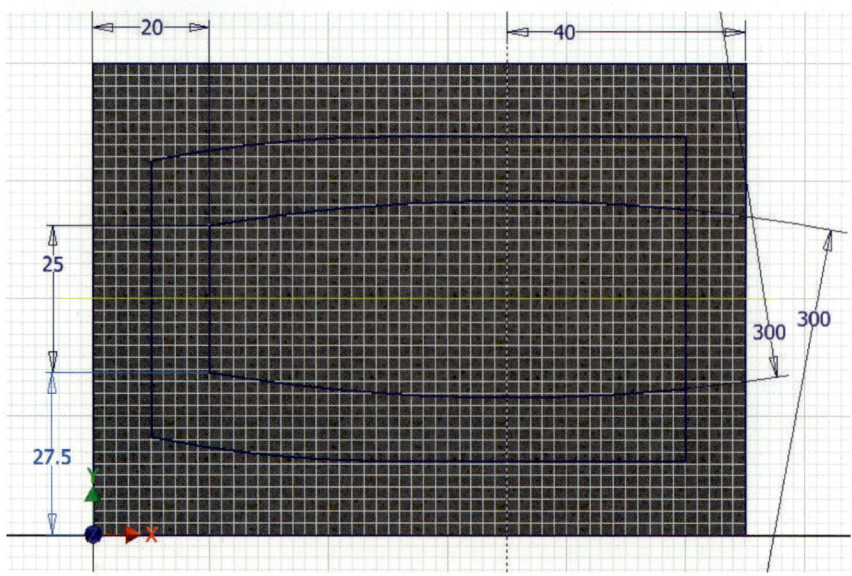

12 돌출 아이콘을 클릭하여 그림처럼 대화상자를 설정하고 확인을 누른다.

13 면 기울기를 클릭하고, 인장 방향을 그림과 같이 선택하고 확인한다. 면을 선택하고 기울기 각도 5를 입력하고 확인한다.

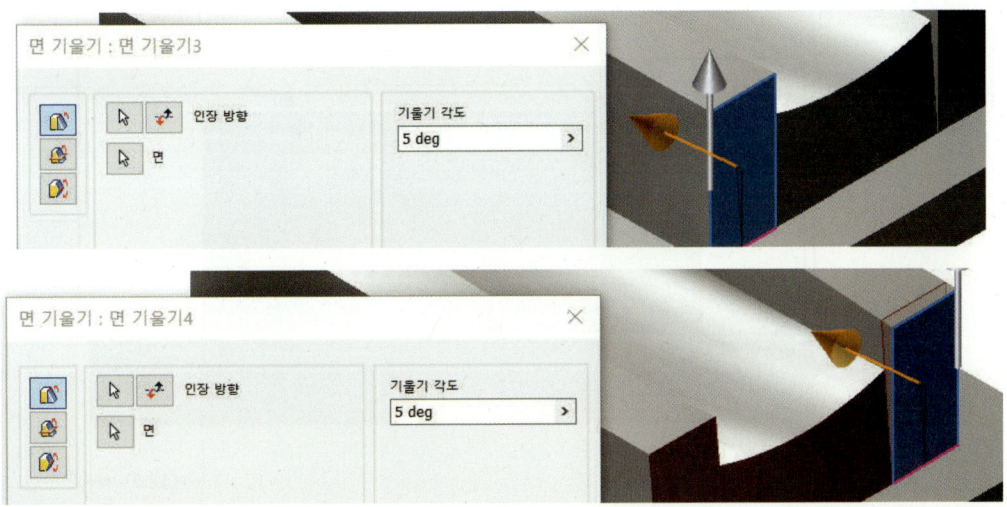

14 면 기울기를 클릭하고, 인장 방향을 그림과 같이 선택하고 확인한다. 면을 선택하고 기울기 각도 10을 입력하고 확인한다.

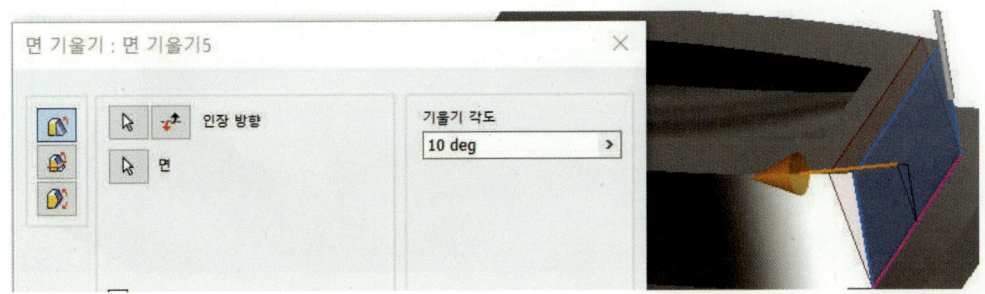

15 그림처럼 측면을 선택하고, MB3 버튼을 이용하여 새 스케치를 클릭한다.

16 선, 호 아이콘을 이용하여 아래 그림과 같이 스케치를 한 후 일반 치수 아이콘을 이용하여 아래 그림과 같이 치수를 입력하고 스케치를 종료한다.

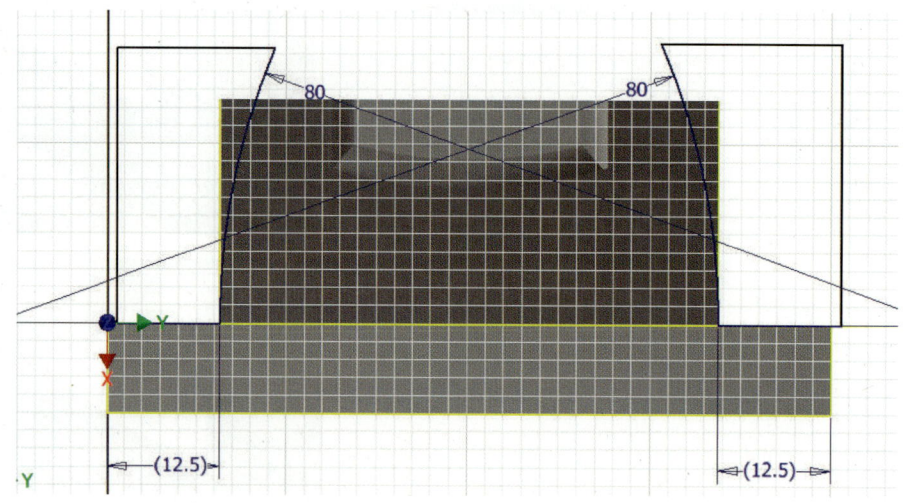

17 그림처럼 바닥 평면을 선택하고, MB3 버튼을 이용하여 새 스케치를 클릭한다.

**18** 절단 모서리 투영 아이콘을 이용하여 절단된 면의 외곽선을 투영하고 종료한다.

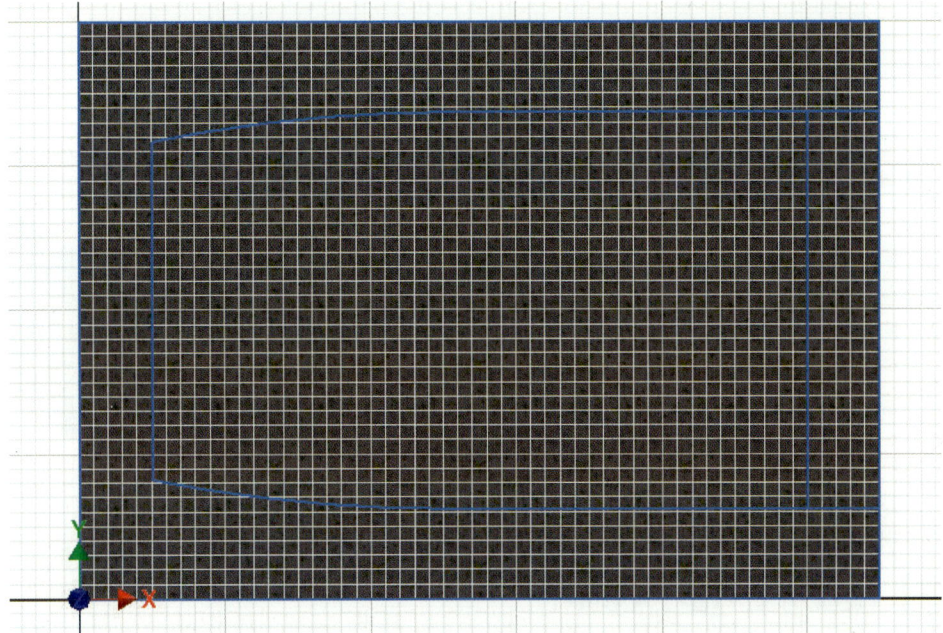

**19** 스윕 아이콘을 클릭하고, 아래 그림처럼 프로파일과 경로로 선택하여 확인한다.

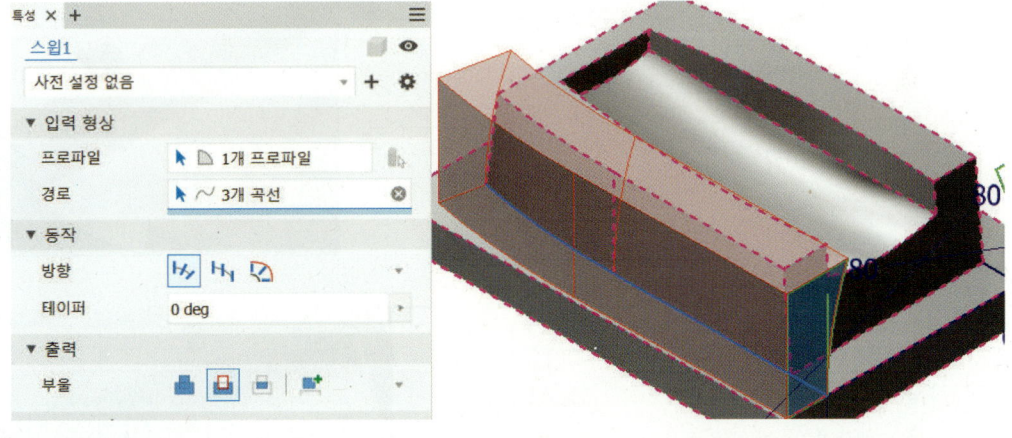

**20** 같은 방법으로 스윕 아이콘을 클릭하고 아래 그림처럼 프로파일과 경로로 선택하여 확인한다.

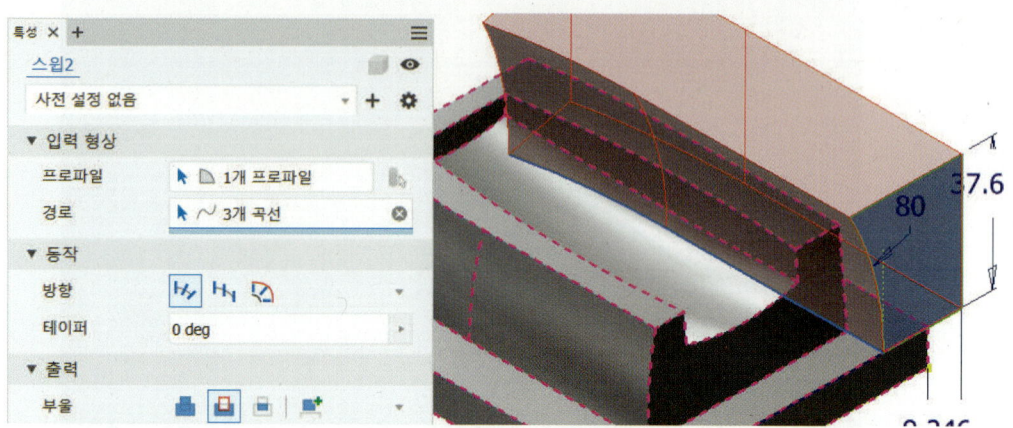

### [단계 4] 면 기울기 작성하기

**1** 면 기울기를 클릭하고, 인장 방향을 그림과 같이 선택하고 확인한다. 면을 선택하고 기울기 각도 −15를 입력하고 확인한다.

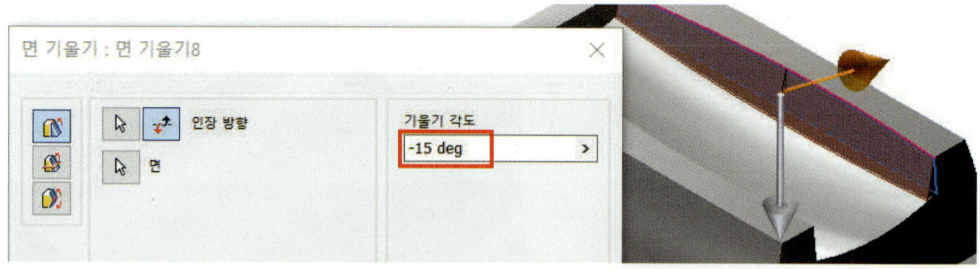

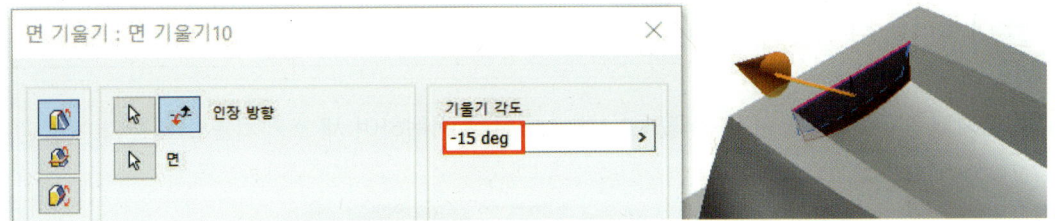

 **[단계 5] 모깎기 작성하기**

**1** 모깎기 아이콘을 클릭하여 아래 그림처럼 모서리를 선택하고 R15mm를 입력하고 확인한다.

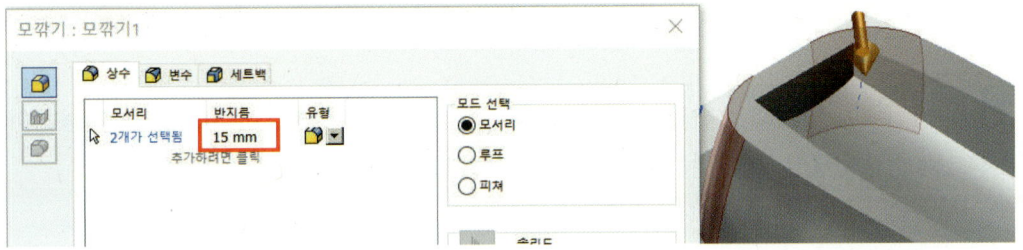

**2** 모깎기 아이콘을 클릭하여 아래 그림처럼 모서리를 선택하고 R10mm를 입력하고 확인한다.

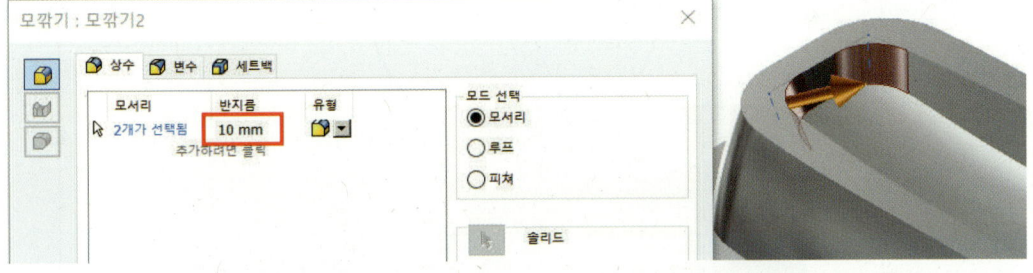

**3** 모깎기 아이콘을 클릭하여 아래 그림처럼 모서리를 선택하고 R5mm를 입력하고 확인한다.

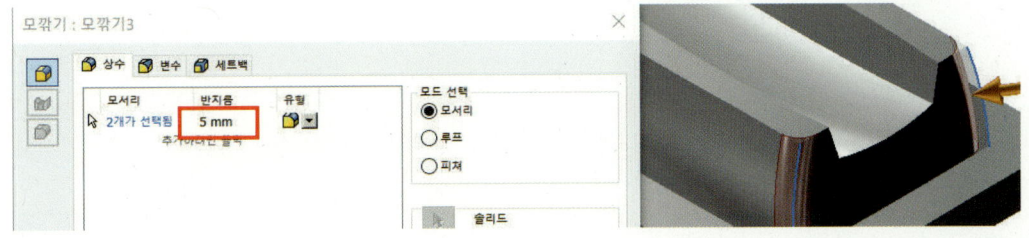

 **[단계 6] 돌출 제거하기**

**1** 앞에서 만든 작업 평면을 선택하고 MB3 버튼을 이용하여 새 스케치를 클릭한다.

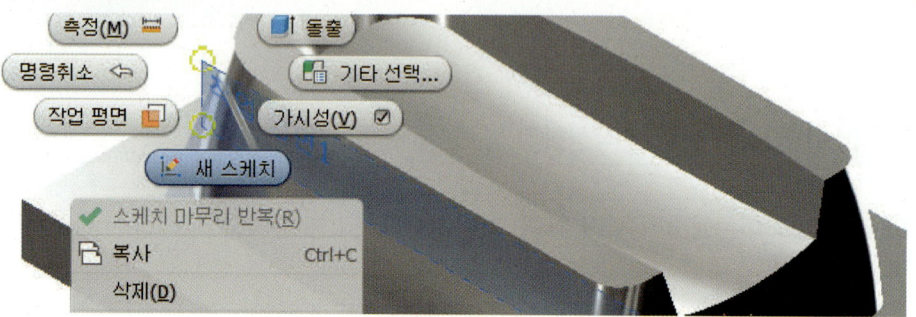

**2** 원 아이콘을 이용해서 아래와 같이 스케치를 작성한 후 일반 치수 아이콘을 이용하여 아래 그림과 같이 치수를 부여하고 스케치를 완성한 후 스케치를 마무리한다.

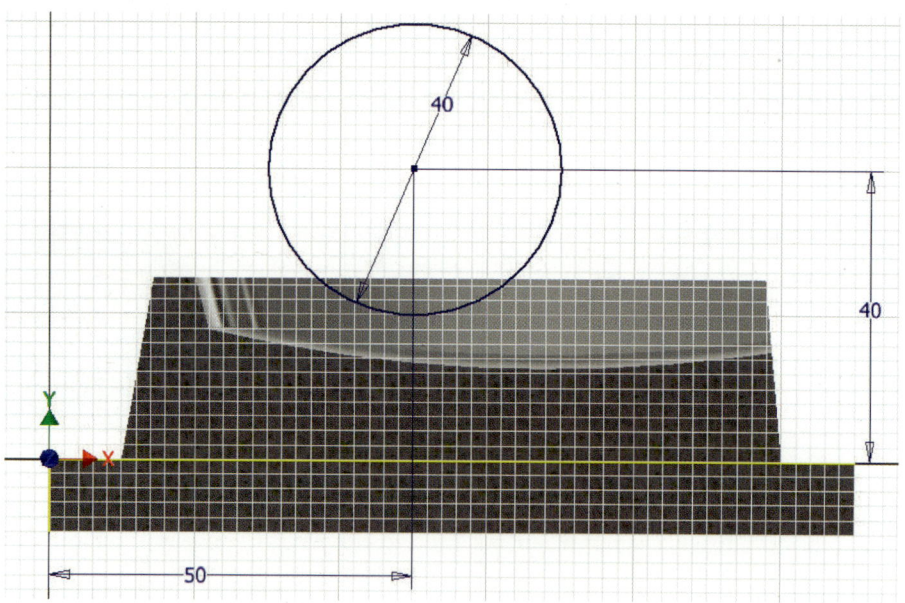

3 돌출 명령을 사용하여 먼저 스케치 부분을 선택하여 돌출 명령어 창의 컷 아웃에 해당하는 절단(차집합)을 클릭하고, 양방향을 클릭한 후 확인을 한다.

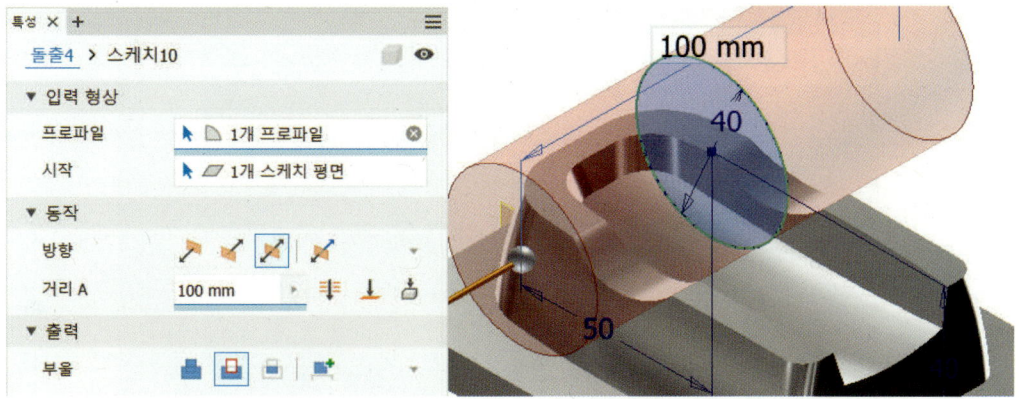

4 작업 평면 아이콘을 이용하여 면을 선택한 후 작업 평면을 만들고자 하는 방향으로 마우스를 드래그하면 아래와 같은 간격띄우기 창이 나타나면 17을 입력하고 확인한다.

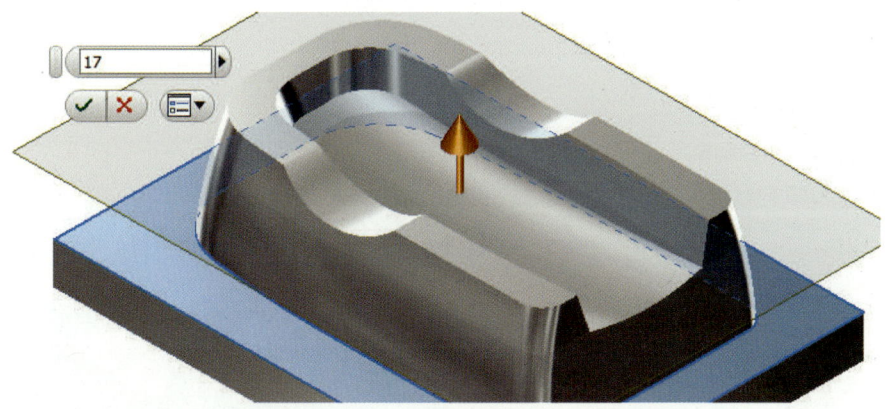

5 작업 평면을 선택하고 MB3 버튼을 이용하여 새 스케치를 클릭한다.

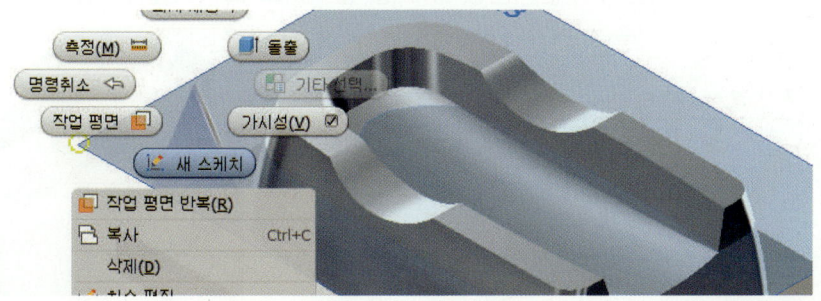

**6** 원 아이콘을 이용해서 아래 그림과 같이 스케치를 작성한 후 치수 아이콘을 이용하여 치수를 기입하여 스케치를 완성하고 종료한다.

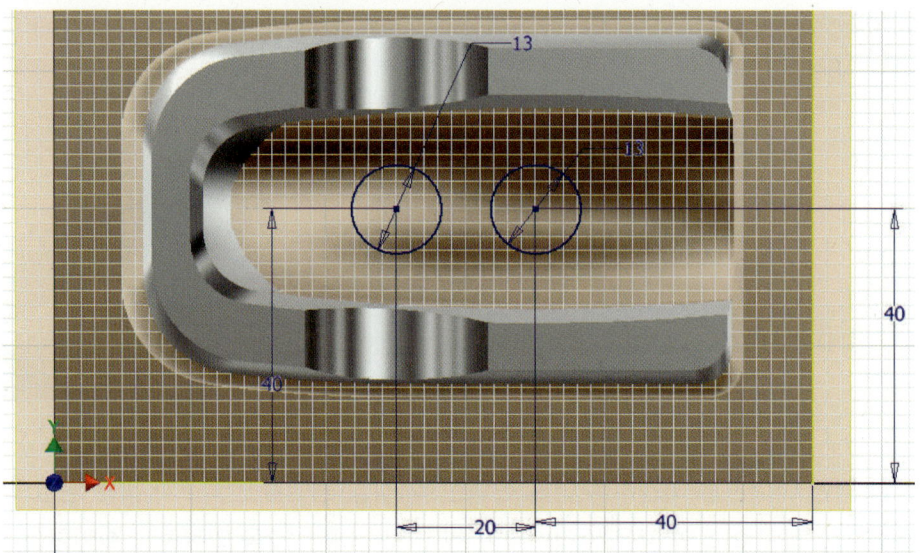

**7** 그림과 같이 돌출하고 확인한다.

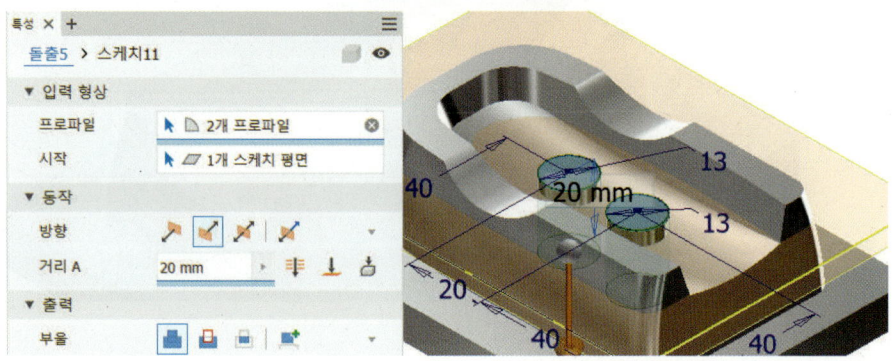

**8** 모깎기 아이콘을 이용하여 반지름값 3mm를 입력하고 모서리를 선택한 후 확인한다.

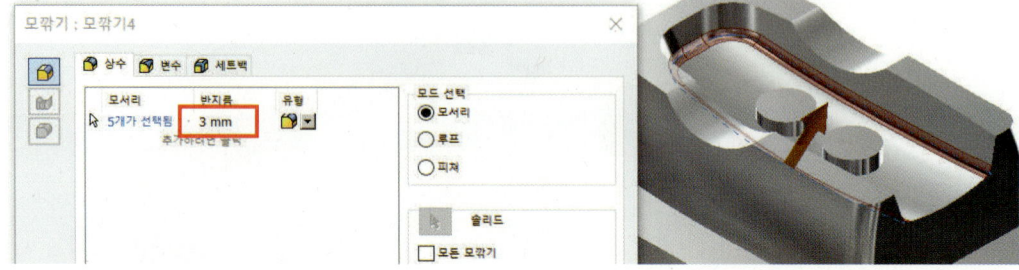

9 모깎기 아이콘을 이용하여 반지름값 1mm를 입력하고 나머지 모서리를 전체를 선택한 후 확인한다.

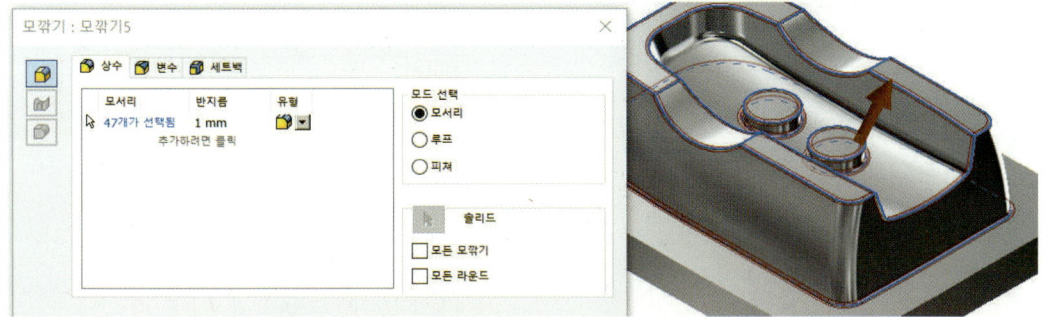

10 최종 모델링을 확인한다.

## 9. 광마우스 모델링 따라 하기

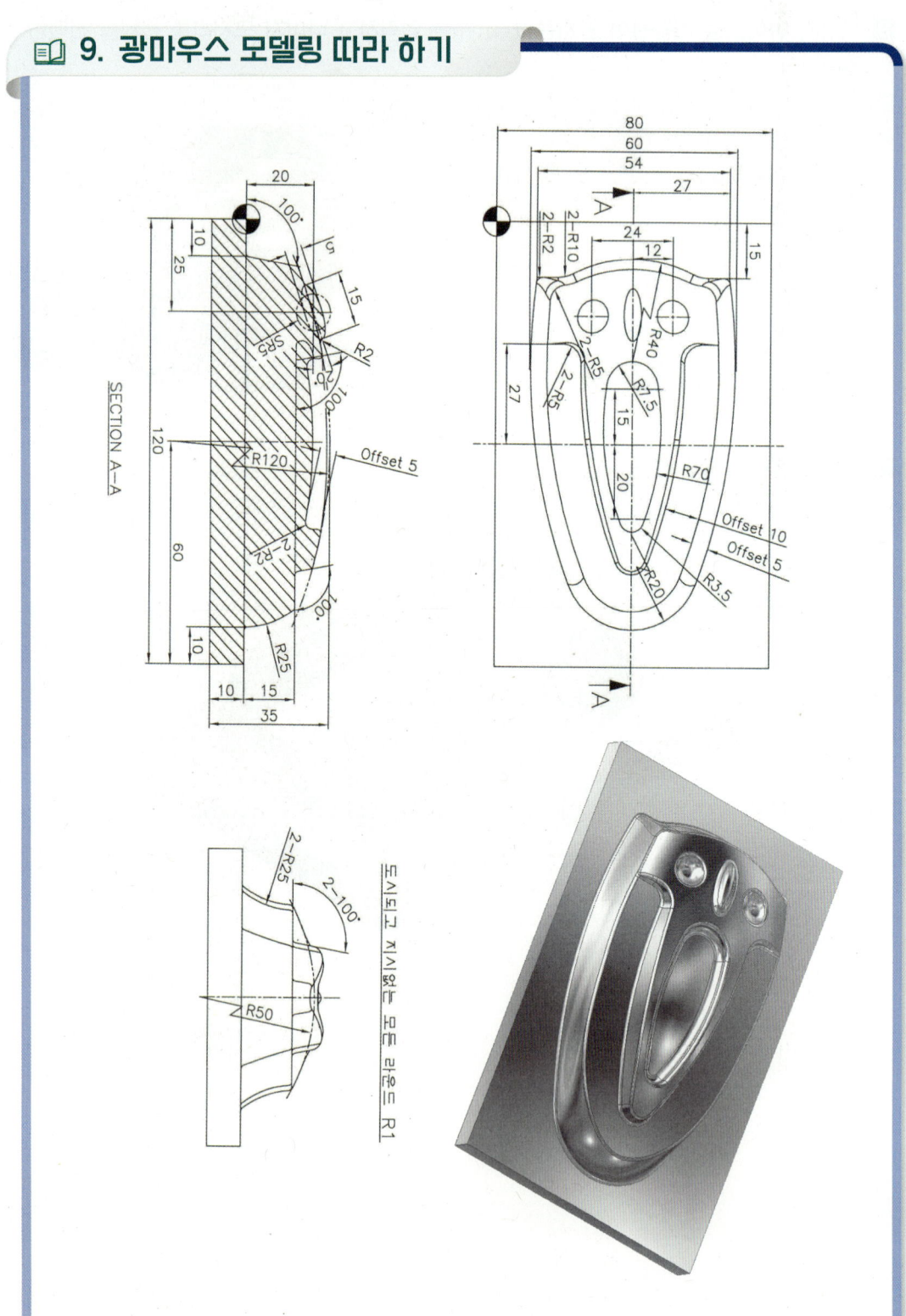

# 1. 평면도 2D 스케치 작성 및 돌출하기

**1** 직사각형 아이콘을 선택하여 그림에서와 같이 2점으로 원점(0,0)에서 시작하는 임의에 직사각형을 그린다. 치수 아이콘을 선택한 후 그림과 같이 치수를 입력하고 종료한다.

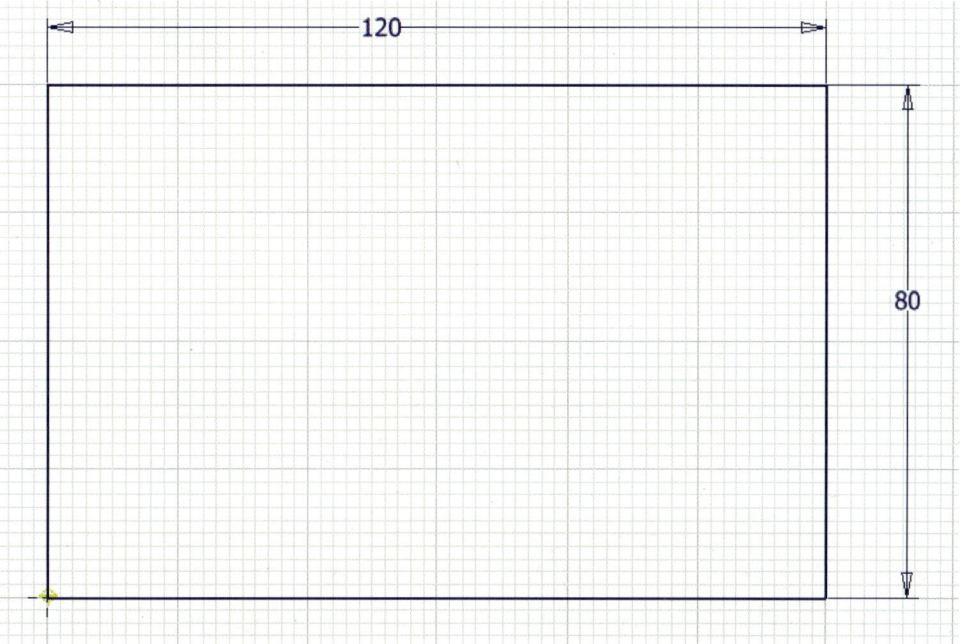

**2** 돌출 아이콘을 선택하여 그림과 같이 10만큼 돌출하고 확인한다.

**3** 아래 그림과 같이 윗면을 선택하고 MB3 버튼을 이용하여 새 스케치를 클릭한다.

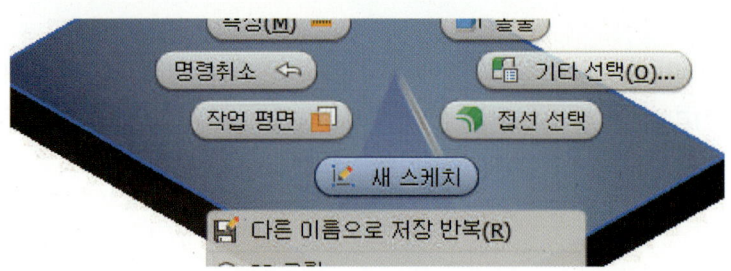

**4** 아래 그림과 같이 선, 원, 호 아이콘을 이용하여 스케치하고, 치수기입 후 스케치를 종료한다.

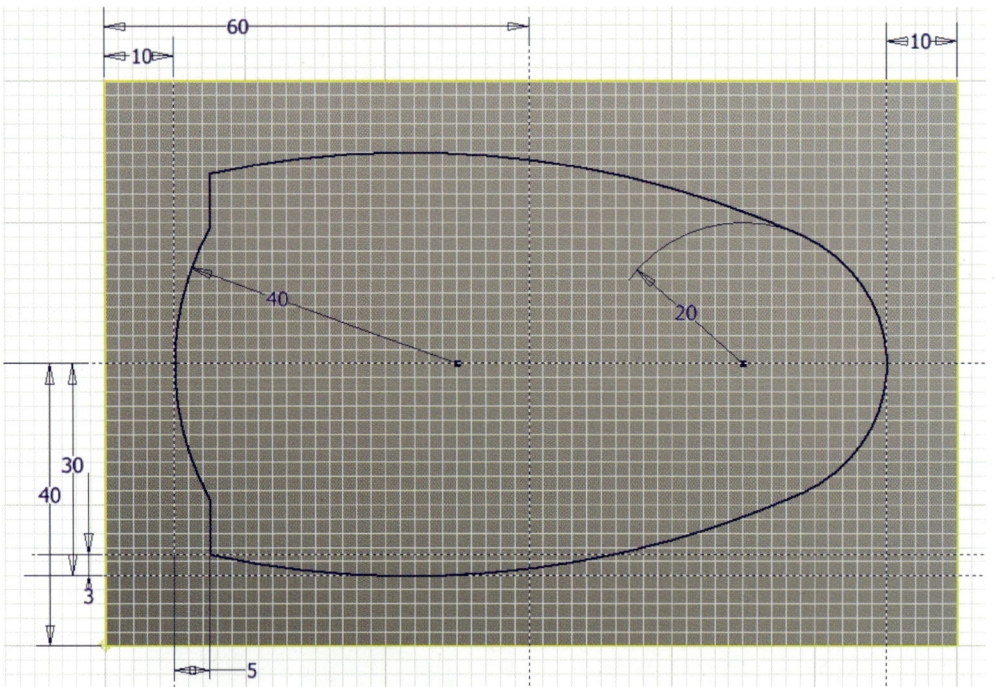

5 돌출 아이콘을 선택하여 그림과 같이 30만큼 돌출하고 확인한다.

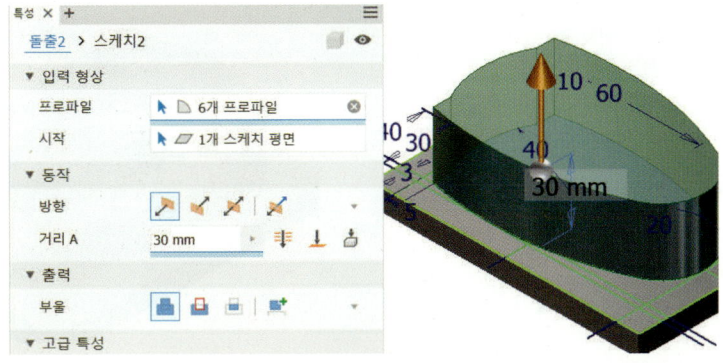

6 아래 그림과 같이 윗면을 선택하고 MB3 버튼을 이용하여 새 스케치를 클릭한다.

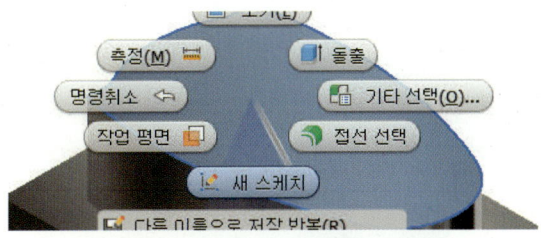

7 절단 모서리 투영 아이콘을 클릭하고, 간격띄우기로 15mm를 입력 후 선 아이콘으로 스케치하고 치수기입한 후 스케치를 종료한다.

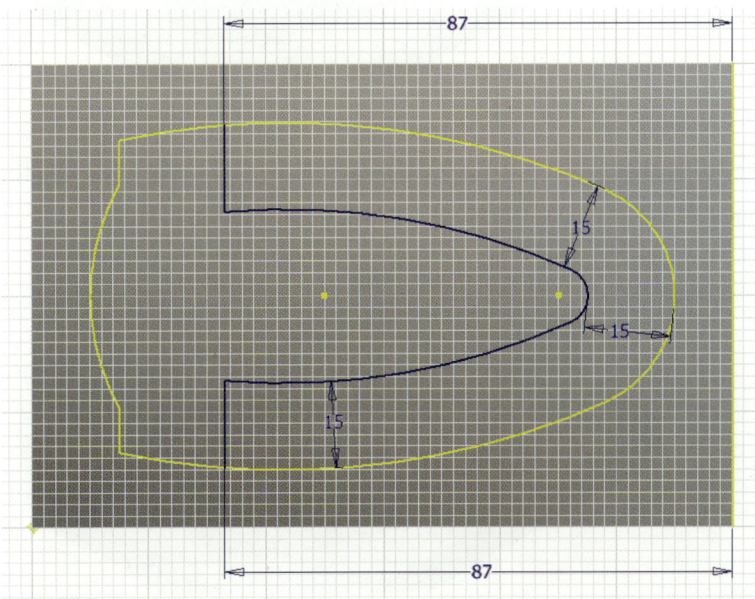

8 돌출 아이콘을 선택하여 그림과 같이 차집합(제거)하고, 15만큼 돌출한 후 확인한다.

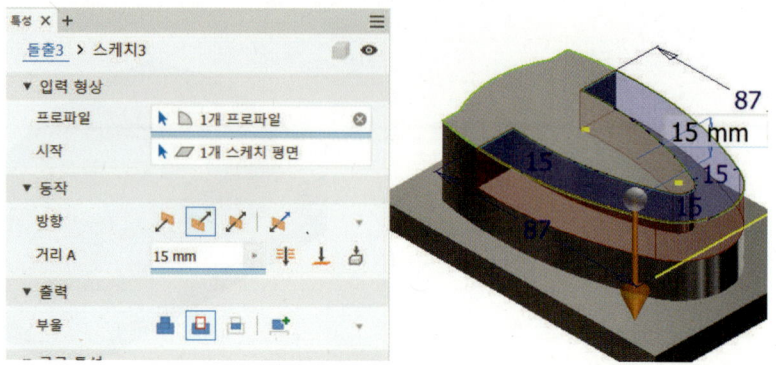

## 2. 스윕 곡면 생성하기

1 작업 평면 아이콘을 클릭하고 그림처럼 면을 선택하여 MB1 버튼을 누른 상태에서 드래그하고, 입력란에 −40을 입력하고 적용한다.

2 위와 같은 방법으로 작업 평면 아이콘을 클릭하고, 그림처럼 면을 선택하여 MB1 버튼을 누른 상태에서 드래그하고, 입력란에 −60을 입력한 후 적용한다.

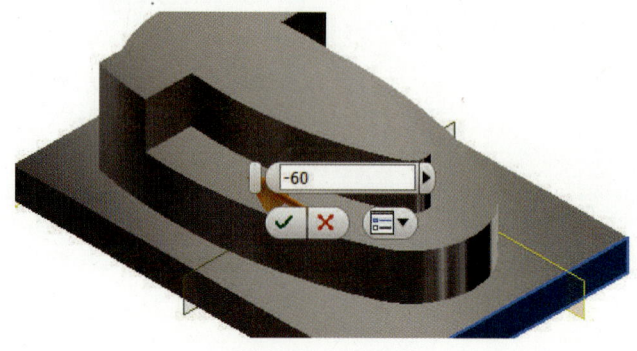

**3** 그림처럼 정면도 작업 평면을 선택하고, MB3 버튼을 이용하여 새 스케치를 클릭한다.

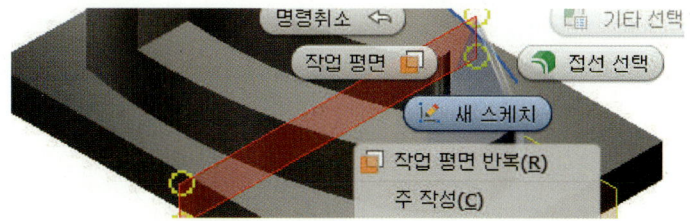

**4** 아래 그림처럼 호 아이콘을 이용하여 스케치 및 치수를 기입하고 스케치를 종료한다.

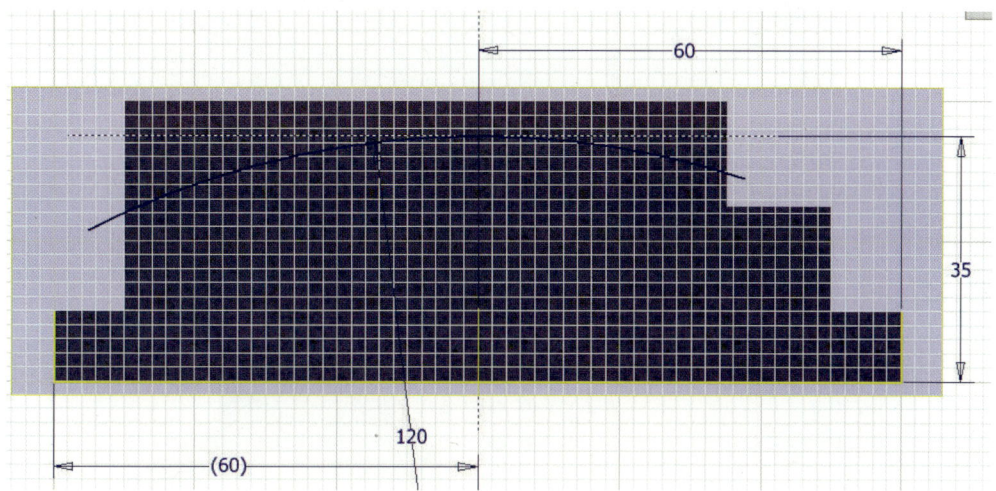

**5** 그림처럼 측면도 작업 평면을 선택한 후 MB3 버튼을 이용하여 새 스케치를 클릭한다.

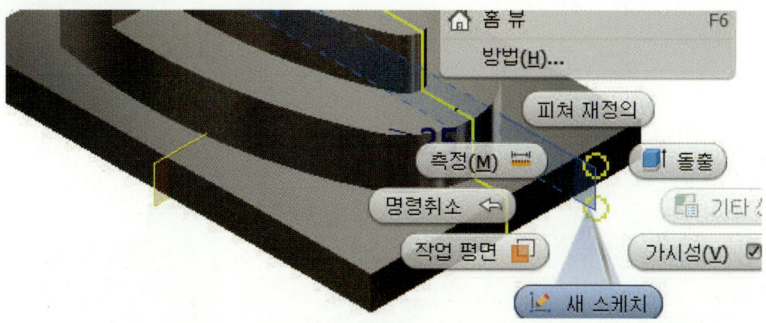

CHAPTER 10 서피스 형상 모델링 따라 하기

6 아래 그림처럼 선, 호 아이콘을 이용하여 스케치 및 치수를 기입하고 스케치를 종료한다.

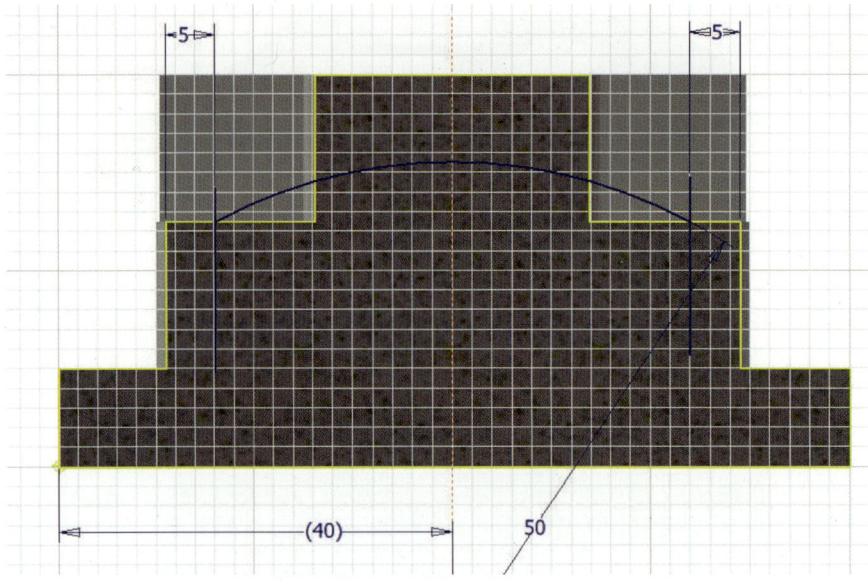

7 스윕 아이콘을 이용하여 그림처럼 프로파일과 경로를 설정하고 확인한다.

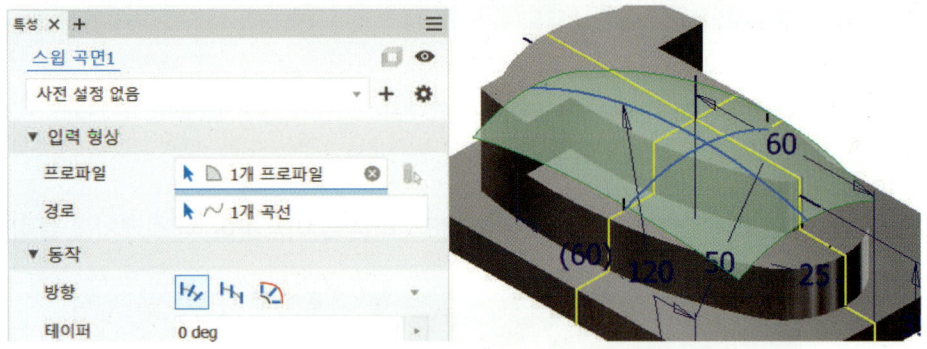

8 곡면 연장 아이콘을 클릭한 후 아래 그림처럼 모서리를 선택하고 확인한다.

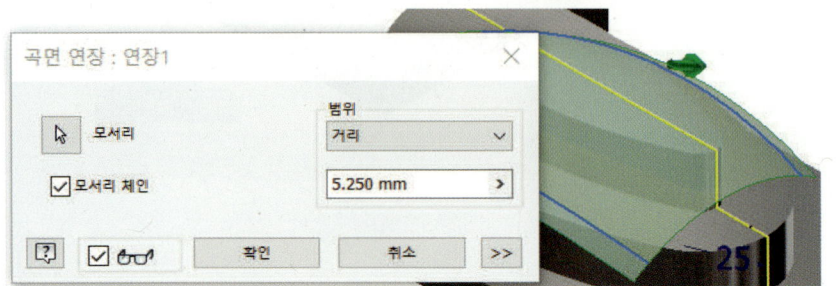

**9** 분할 아이콘을 클릭한 후 아래 그림처럼 솔리드 자르기를 선택하고, 스윕 면을 클릭하고 제거방향을 확인한다.

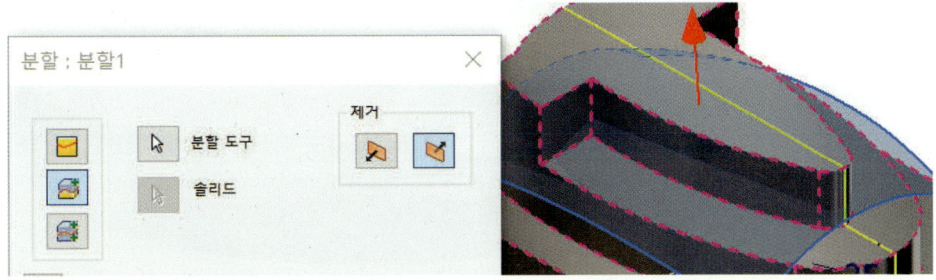

## 3. 로프트 생성하기

**1** 그림처럼 다시 정면도 작업 평면을 선택하고, MB3 버튼을 이용하여 새 스케치를 클릭한다.

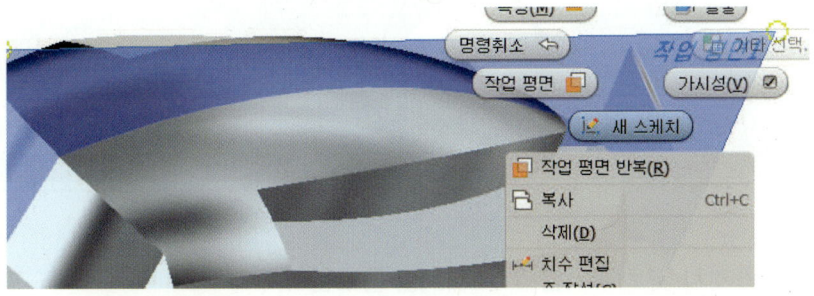

**2** 호 아이콘을 이용하여 그림처럼 스케치 및 R25, 거리 5 치수기입한 후 스케치를 종료한다.

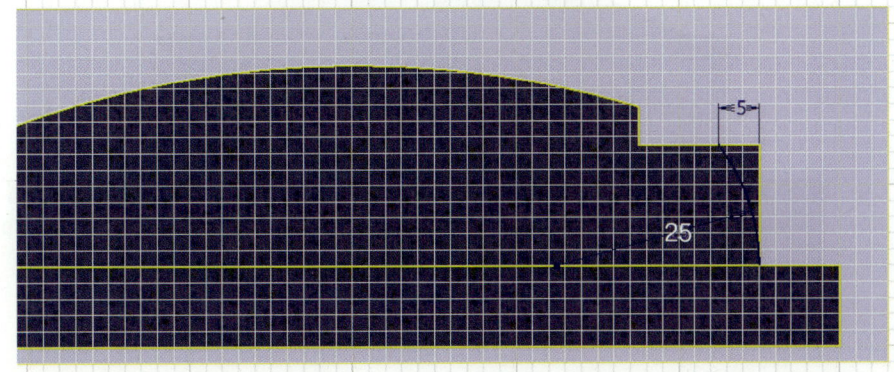

3 작업 평면 아이콘을 클릭하고, 그림처럼 면을 선택하여 MB1 버튼을 누른 상태에서 드래그한 후 입력란에 -15를 입력하고 적용한다.

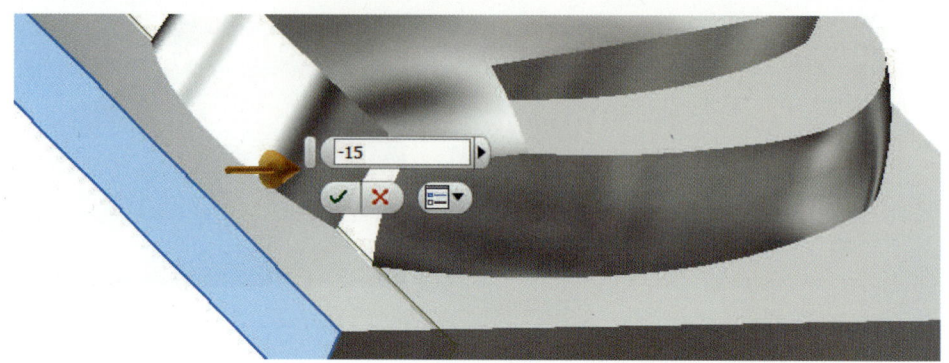

4 위에서 새로 생성된 작업 평면을 선택하고 MB3 버튼을 이용하여 새 스케치를 선택한다.

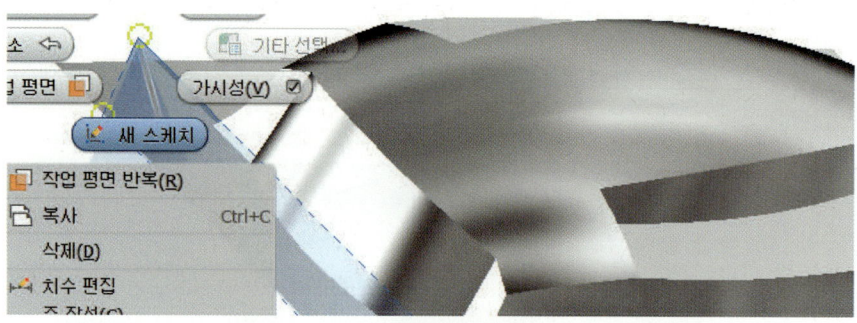

5 그림처럼 스케치 및 치수기입 후 스케치를 종료한다.

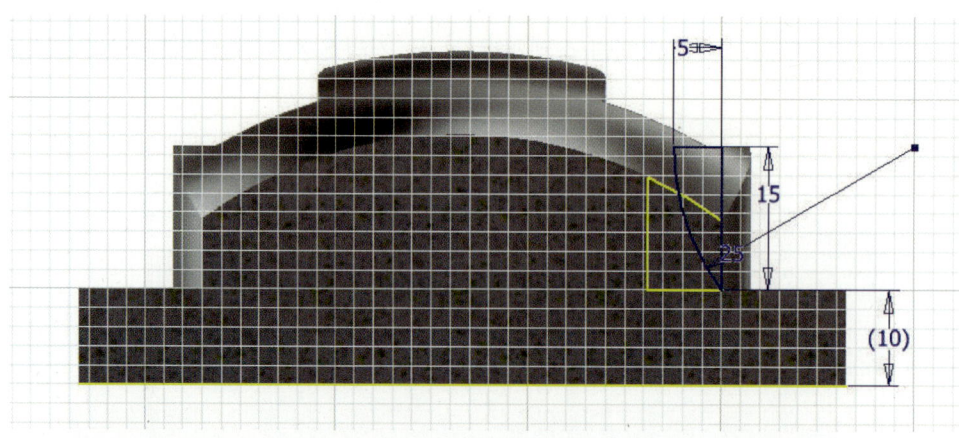

6 위와 같은 방법으로 작업 평면을 선택하고 MB3 버튼을 이용하여 새 스케치를 선택하고, 그림처럼 스케치 및 치수기입 후 스케치를 종료한다.

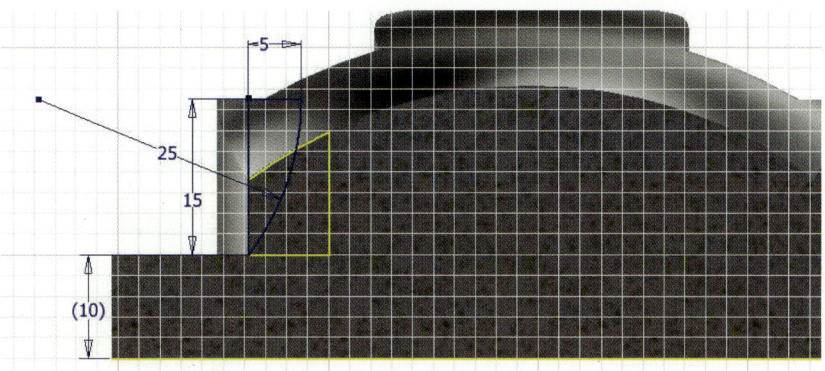

7 그림처럼 윗면을 선택하고 MB3 버튼을 이용하여 새 스케치를 클릭한다.

8 그림처럼 형상 투영하고 스케치를 종료한다.

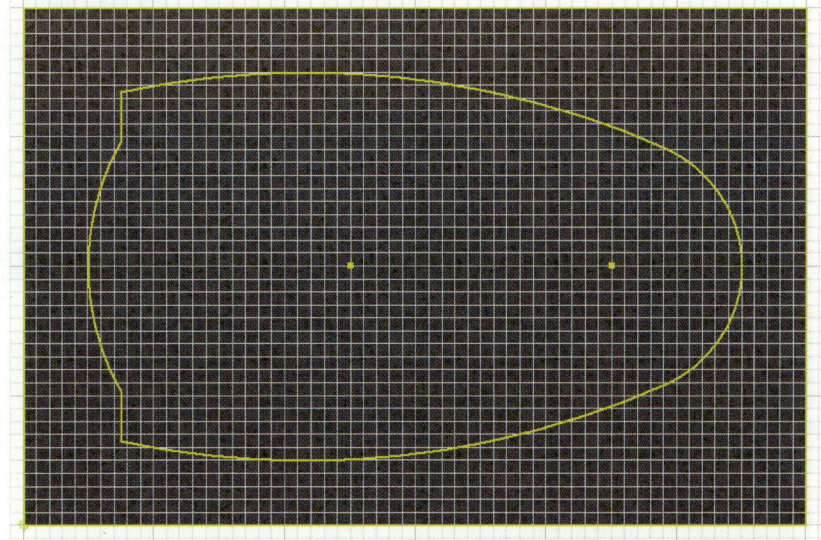

**9** 로프트 아이콘을 선택하여 제거(차집합)로 하고, 단면을 선택한 후 레일을 클릭하고 확인한다.

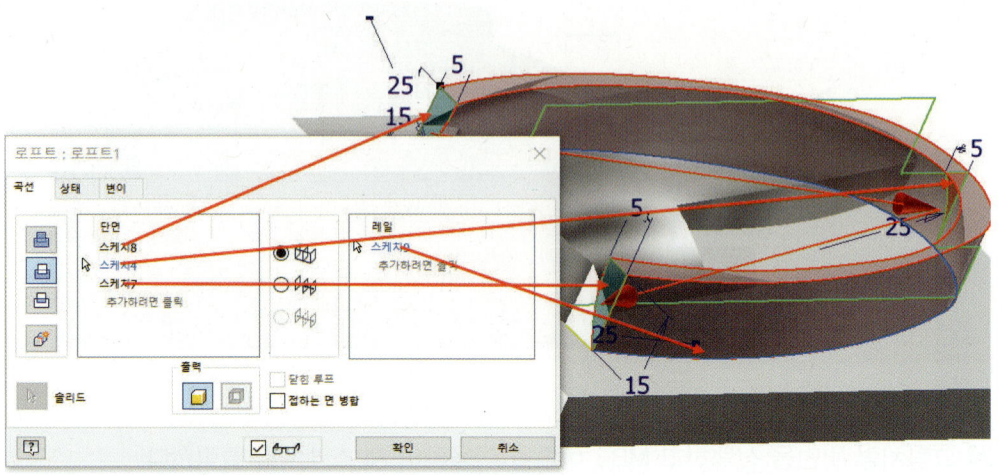

## 4. 구배 작업하기

**1** 면 기울기 아이콘을 선택하여 그림처럼 고정된 모서리를 선택하고, 인장 방향을 선택한 후 기울기 각도 10을 입력하고 확인한다.

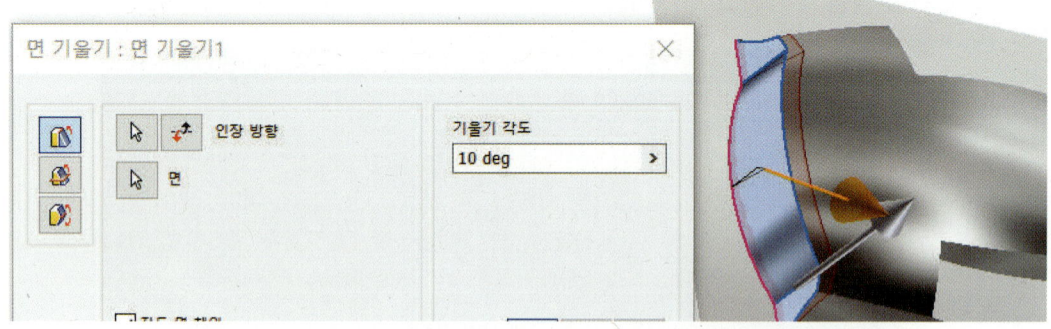

## 5. 휠 및 버튼 회전으로 작업하기

1. 아래 그림처럼 다시 정면도 작업 평면을 선택하고, MB3 버튼을 이용하여 새 스케치를 클릭한다.

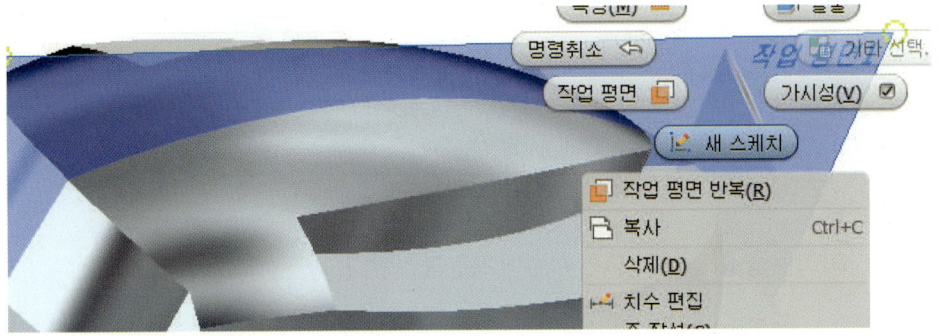

2. 타원 아이콘을 이용하여 그림처럼 스케치 및 치수기입하고 스케치를 종료한다.

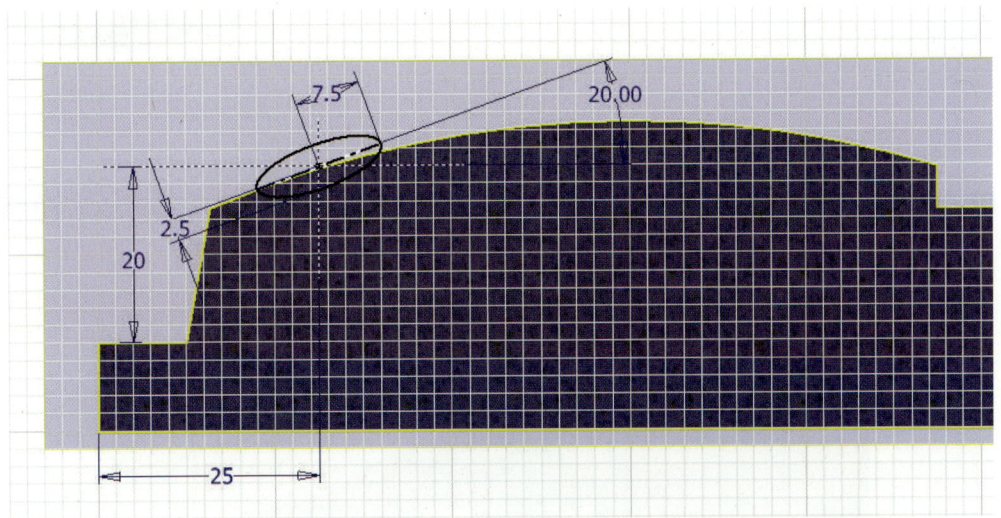

3 회전 아이콘을 선택하여 그림처럼 설정하고 확인한다.

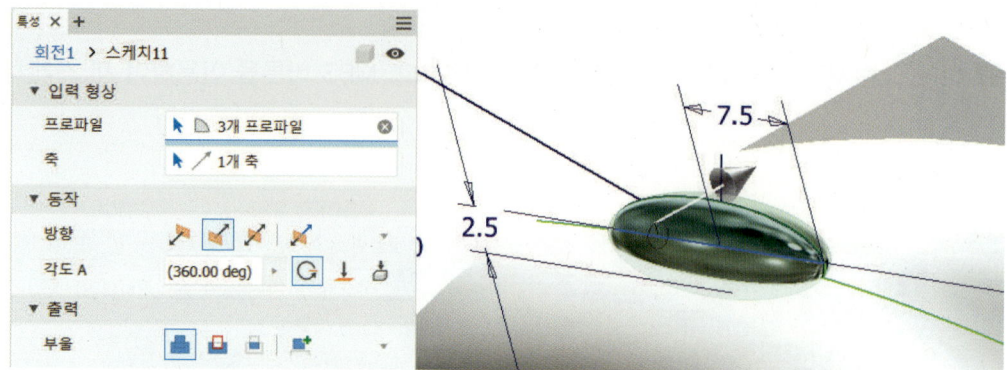

4 모깎기 아이콘을 이용하여 그림처럼 R2를 확인한다.

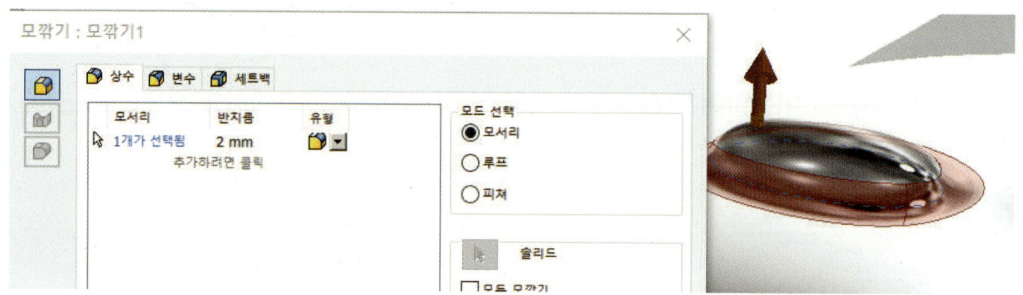

5 그림처럼 평면 아이콘을 선택하고 가운데 작업 평면을 MB1 버튼을 이용하여 선택하면서 드래그하고 -12를 입력한 후 적용한다.

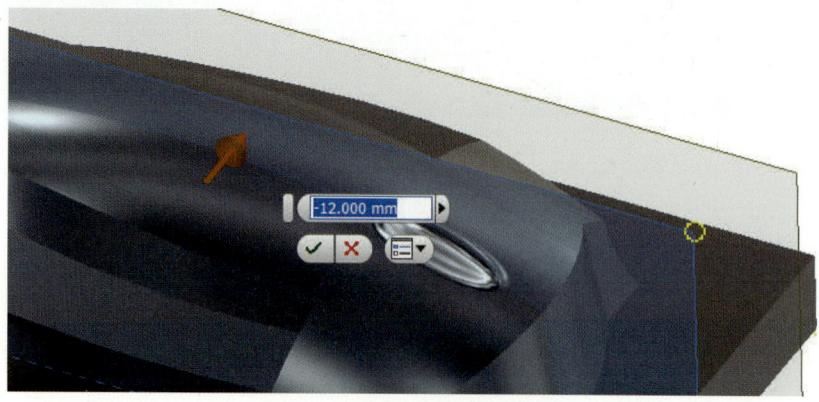

6 그림처럼 새로 생성된 작업 평면을 선택하고, MB3 버튼을 이용하여 새 스케치를 선택한다.

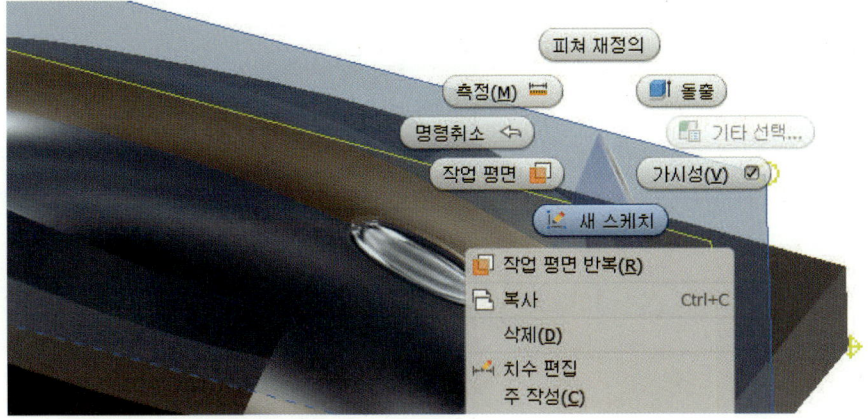

7 원 및 선 아이콘을 이용하여 그림처럼 스케치하고 종료한다.

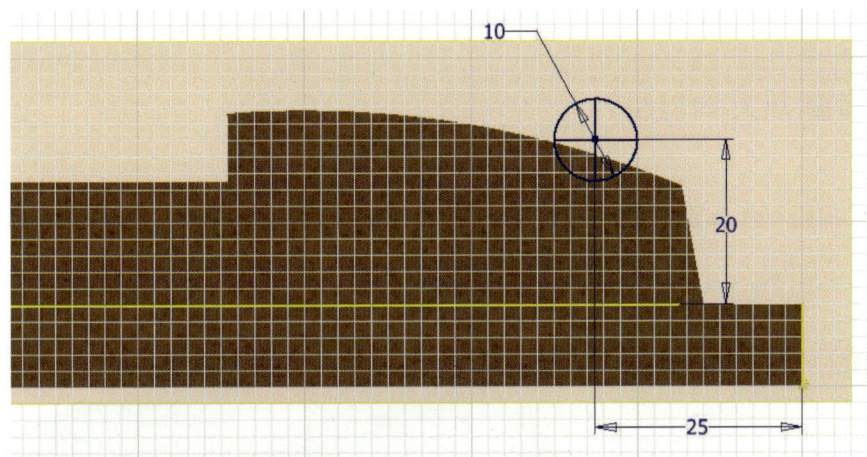

8 회전 아이콘을 선택하여 그림처럼 설정하고 확인한다.

**9** 직사각형 아이콘을 선택하여 그림처럼 피쳐를 선택하고, 방향을 클릭한 후 24mm로 설정하고 확인한다.

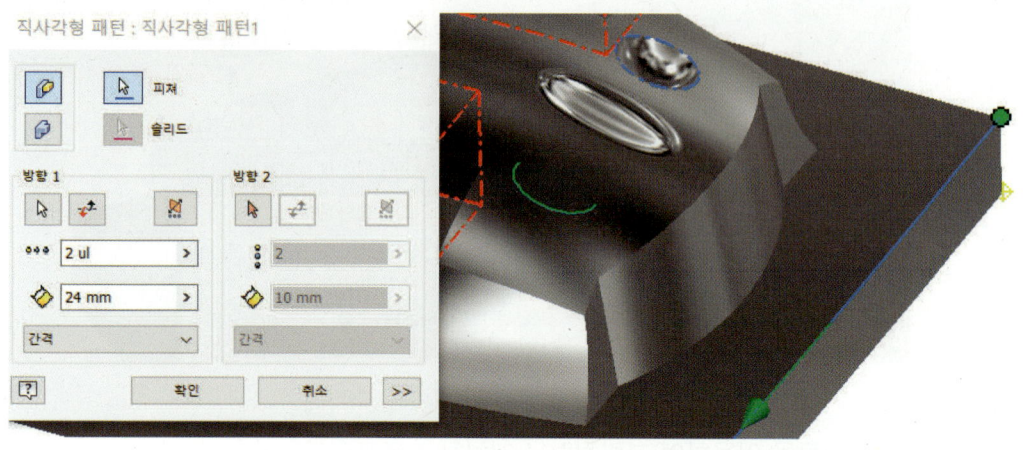

## 6. 돌출 제거 작업하기

**1** 아래 그림처럼 스윕 곡면을 선택하고 MB3 버튼을 이용하여 가시성을 체크한다.

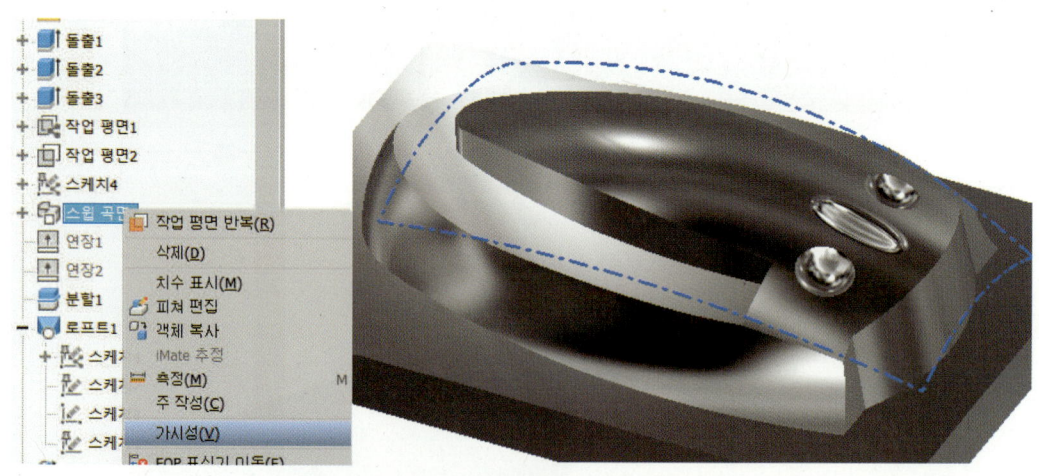

**2** 두껍게 하기/간격띄우기 아이콘을 클릭하여 그림처럼 설정하고, 5mm 간격띄우기를 한 후 확인한다.

**3** 그림처럼 면을 선택하여 새 스케치를 클릭한다.

**4** 원과 호 아이콘을 이용하여 그림처럼 스케치 및 치수기입을 하고 스케치를 종료한다.

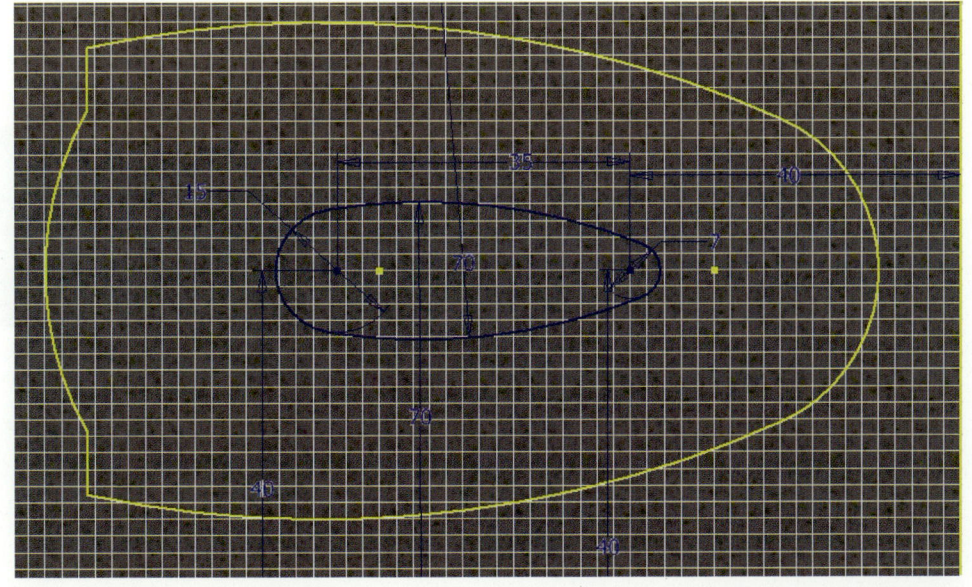

CHAPTER 10 서피스 형상 모델링 따라 하기

5 돌출 아이콘을 선택하여 제거(차집합)로 설정하고, 범위는 사이로 스웹 곡면과 간격띄우기 곡면을 선택하고 확인한다.

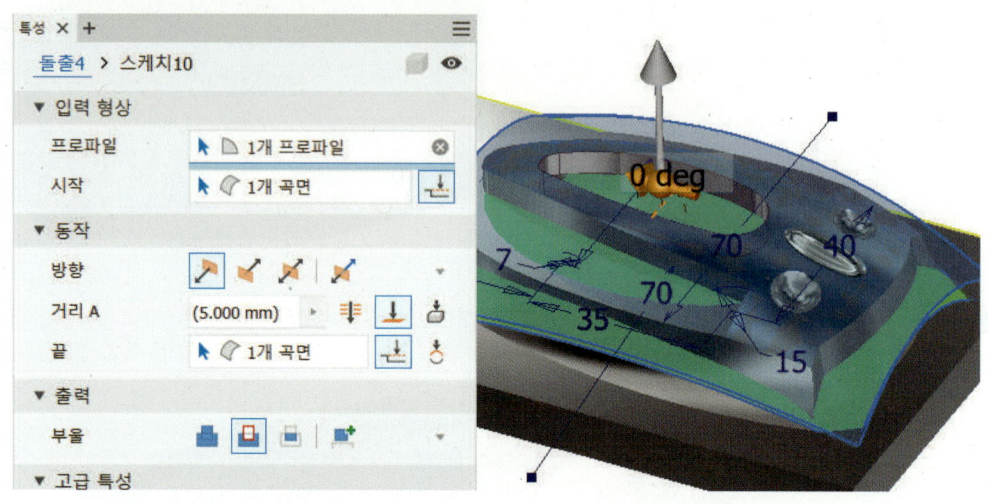

## 7. 기울기 및 라운드 작업하기

1 면 기울기 아이콘을 선택하여 그림처럼 고정된 모서리를 선택하고, 인장 방향과 기울기 각도 -10을 입력하고 확인한다.

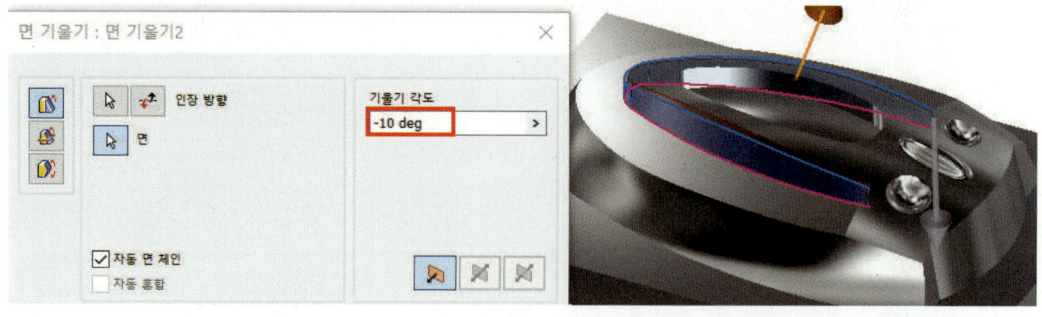

**2** 모깎기 아이콘을 클릭하고, 그림처럼 변수에서 시작점 2mm과 끝점 5mm를 선택 및 입력한 후 확인한다.

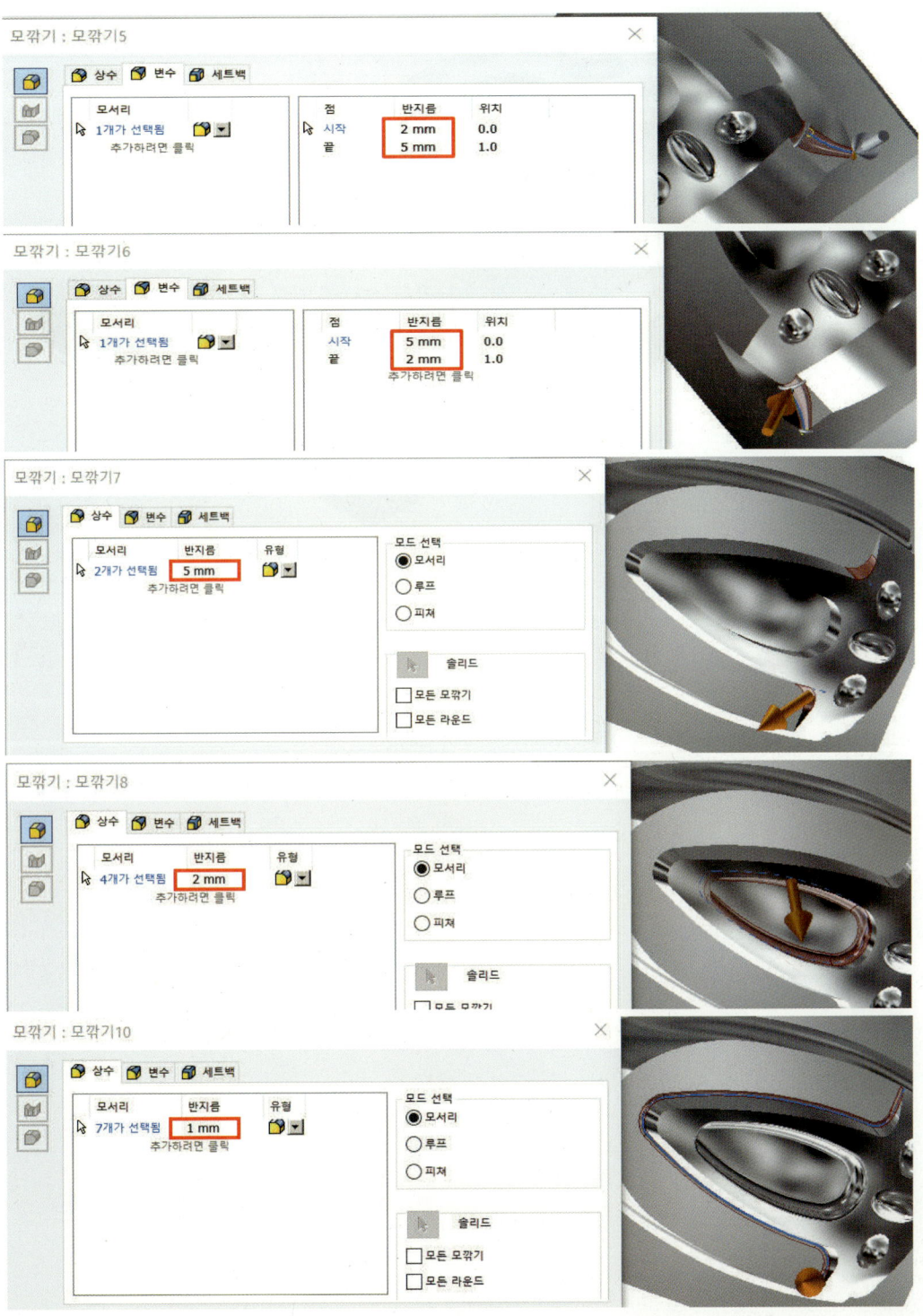

CHAPTER 10 서피스 형상 모델링 따라 하기

**3** 나머지 반지름 값도 입력한 후 확인하여 완성한다.

## 📖 10. 핸드폰 본체 커버 따라 하기

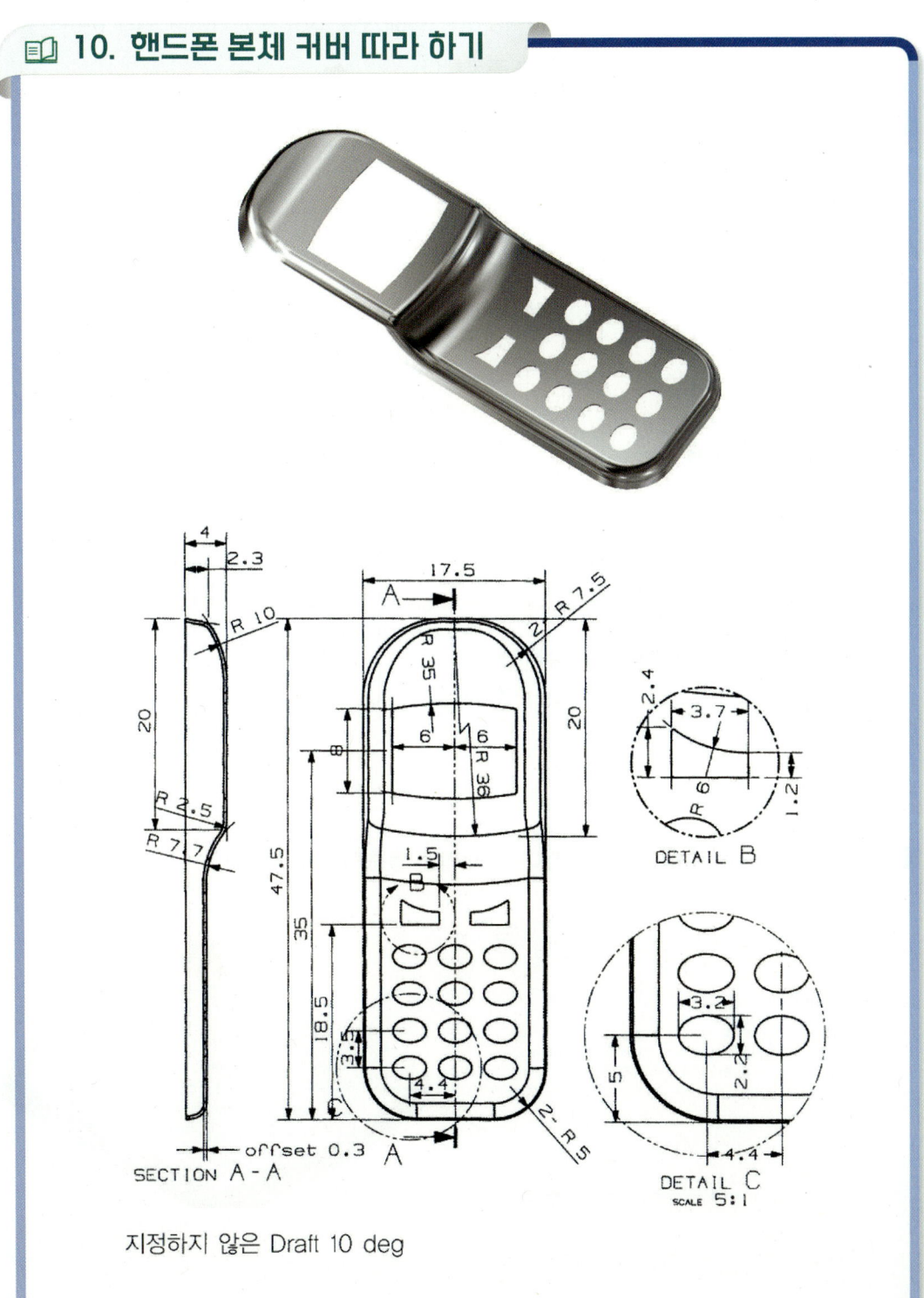

지정하지 않은 Draft 10 deg

1 XY 평면에서 직사각형 아이콘을 선택하여 그림에서와 같이 스케치하고 치수 아이콘을 선택하고 그림과 같이 치수를 입력하고 종료한다.

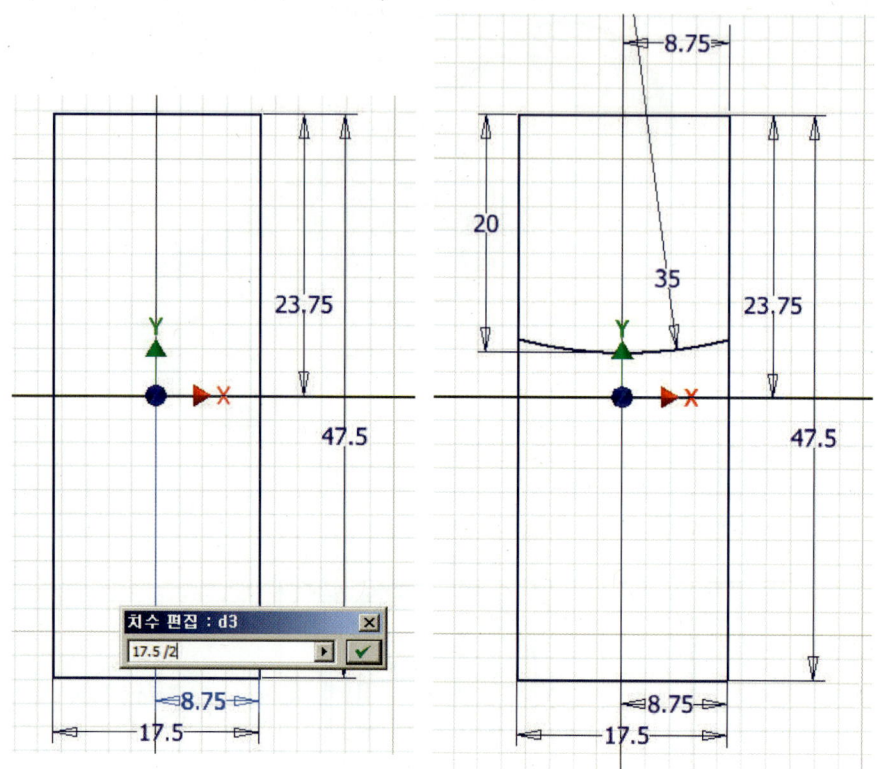

2 돌출 아이콘을 선택하여 그림과 같이 2mm만큼 돌출하고 확인한다.

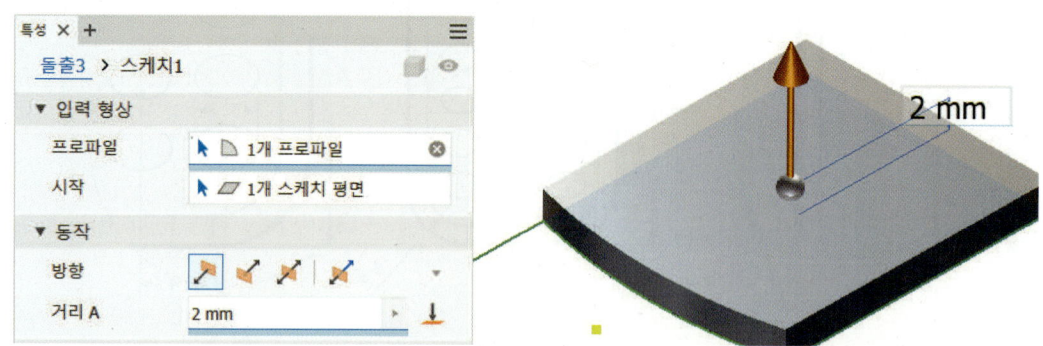

**3** 모깎기 아이콘을 이용하여 R10을 입력하고, 그림처럼 모서리를 선택한 후 확인한다.

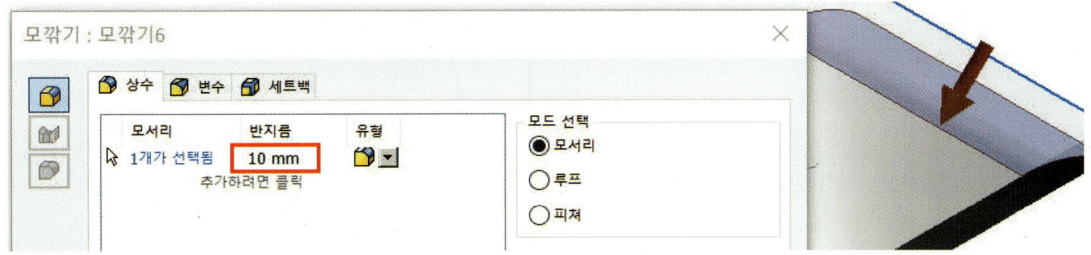

**4** 자유회전 아이콘을 이용하여 바닥 면을 위로 회전시킨다.

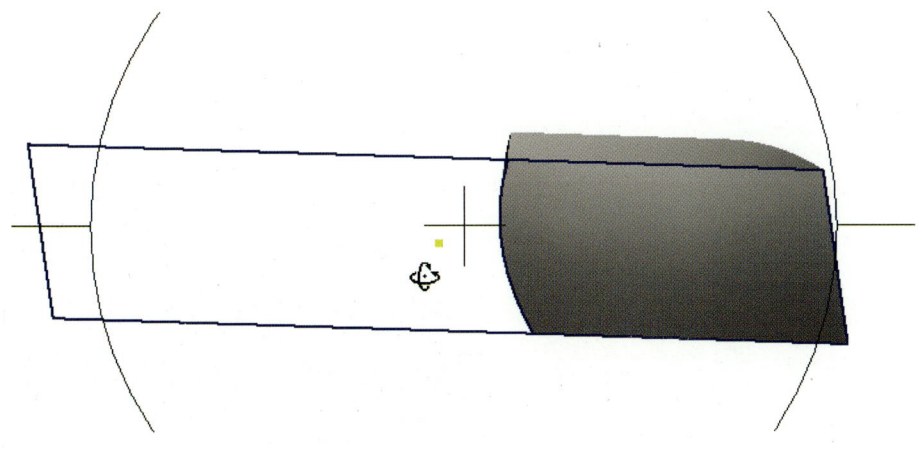

**5** 바닥 면을 선택하고 MB3 버튼을 이용하여 새 스케치를 클릭한다.

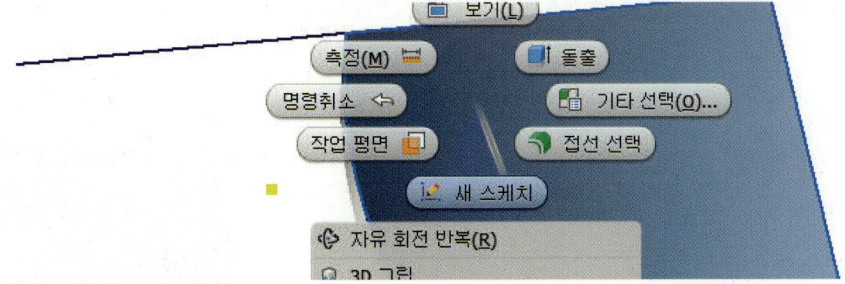

6 형상 투영 아이콘을 이용하여 아래 그림처럼 선을 투영시키고 스케치를 종료한다.

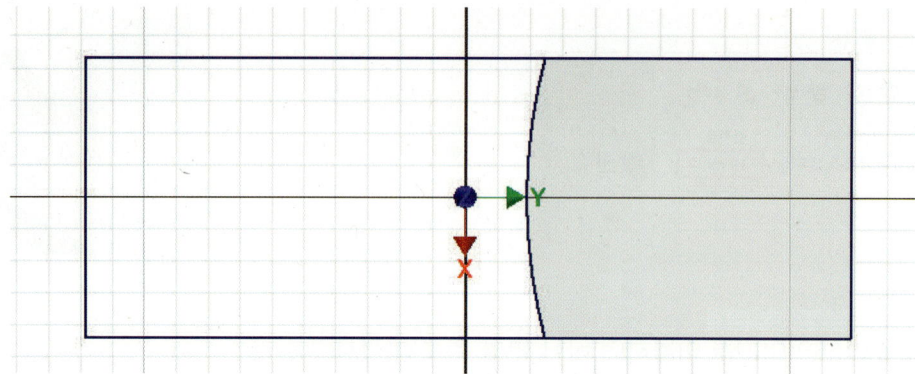

7 돌출 아이콘을 선택하여 그림과 같이 2mm만큼 돌출하고 확인한다.

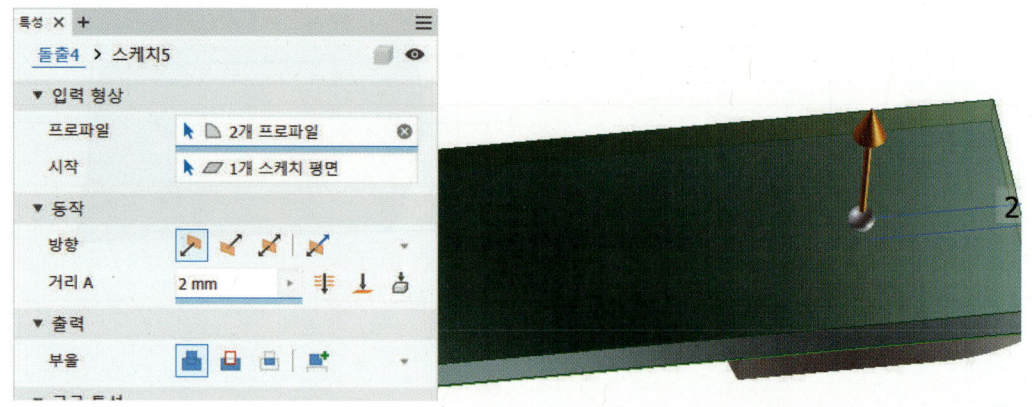

8 모깎기 아이콘을 이용하여 R7.5를 입력하고, 그림처럼 모서리를 선택한 후 확인한다.

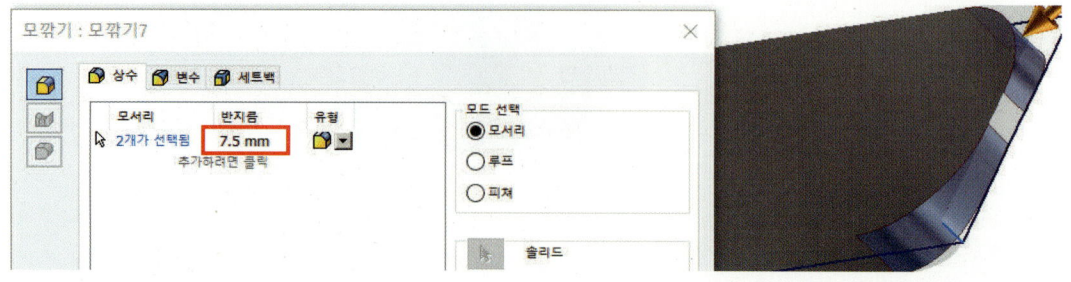

9  모깎기 아이콘을 이용하여 R5를 입력하고, 그림처럼 모서리를 선택한 후 확인한다.

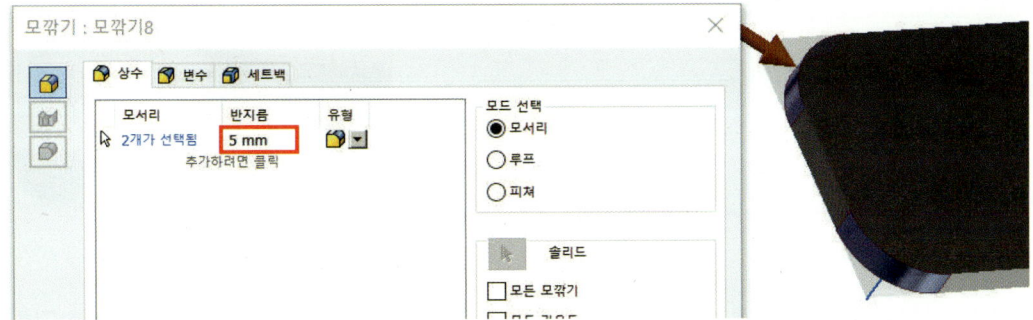

10 면 기울기 아이콘을 선택한 후 그림처럼 고정된 모서리를 선택하고, 인장 방향을 선택한 후 기울기 각도 10을 입력하고 확인한다.

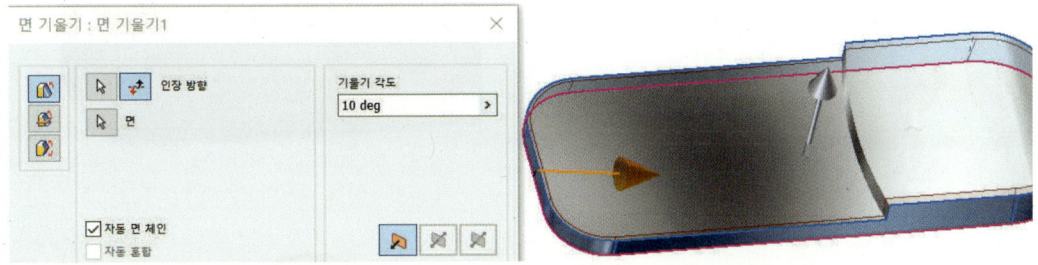

11 모깎기 아이콘을 이용하여 R7.7을 입력하고, 그림처럼 모서리를 선택하고 확인한다.

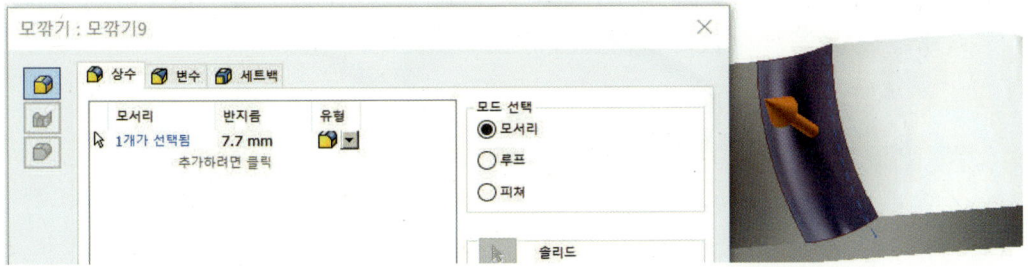

12 모깎기 아이콘을 이용하여 R2.5를 입력하고, 그림처럼 모서리를 선택하고 확인한다.

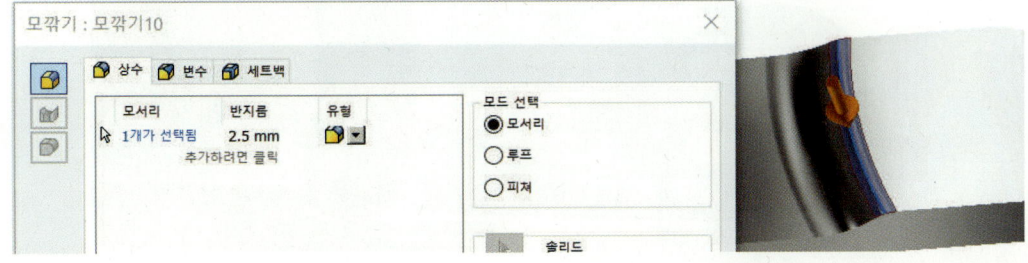

13 모깎기 아이콘을 이용하여 R1.5를 입력하고, 그림처럼 모서리를 선택하고 확인한다.

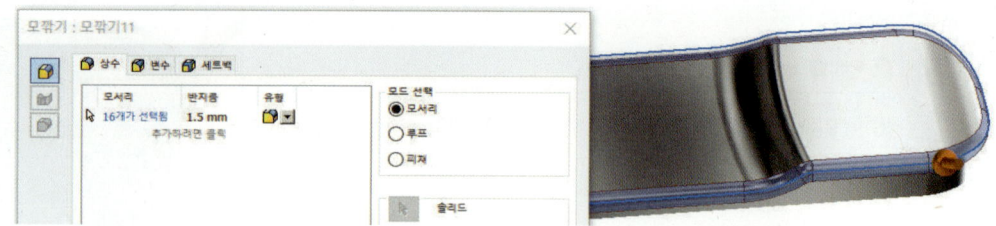

14 셸 아이콘을 선택한 후 아래 그림처럼 면을 선택하고, 두께 0.3mm를 입력하고 확인한다.

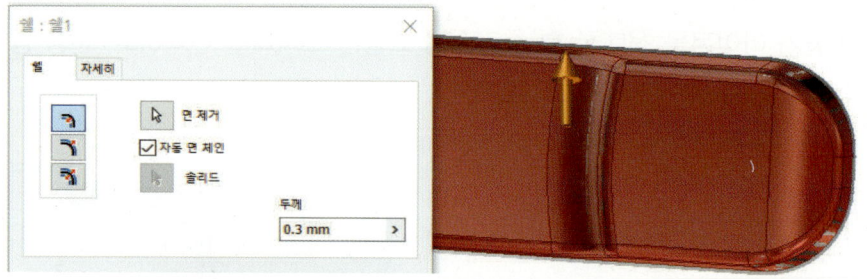

15 그림과 같은 형상의 쉘이 완성되었다.

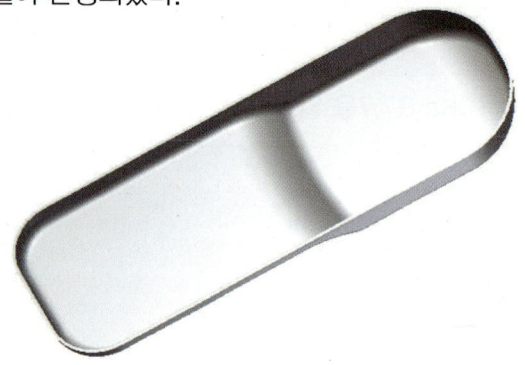

16 아래 그림처럼 면을 선택하여 MB3 버튼을 누르고 새 스케치를 선택한다.

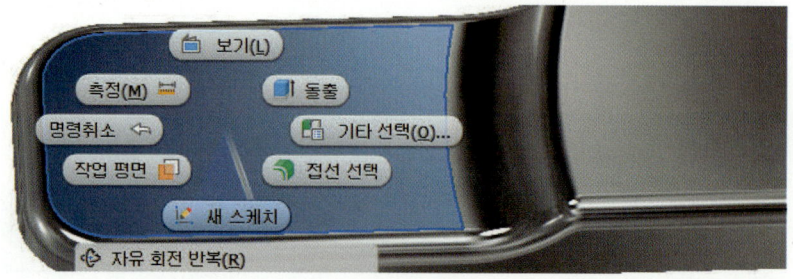

**17** 타원 아이콘을 이용하여 아래 그림처럼 스케치하고, 치수기입을 한 후 스케치를 종료한다.

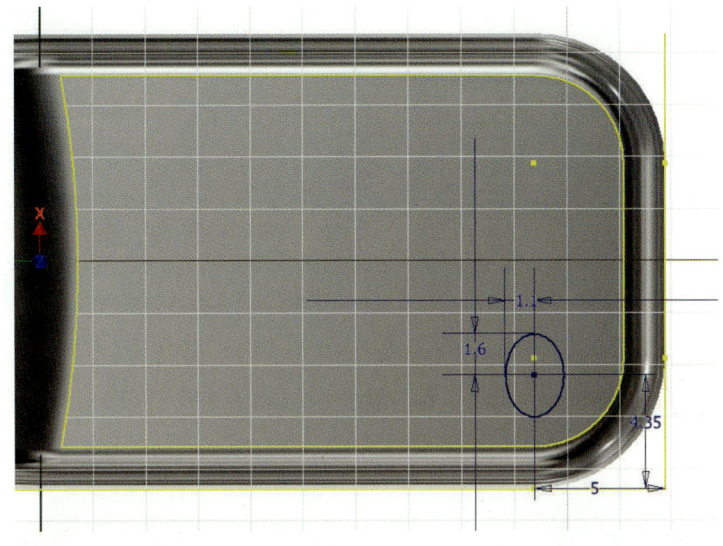

**18** 돌출 아이콘을 이용하여 그림처럼 설정하고 확인한다.

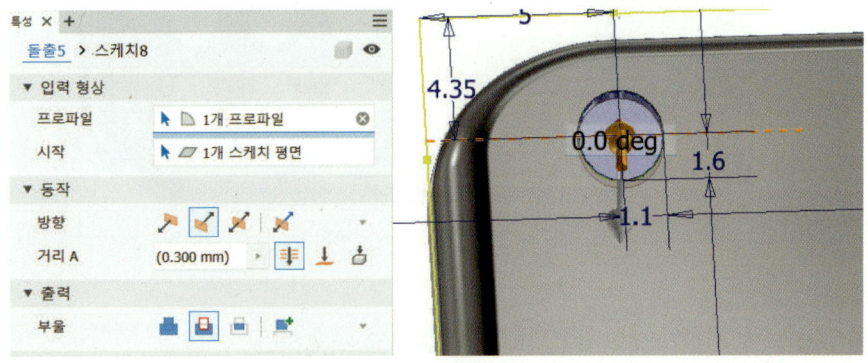

**19** 직사각형 패턴 아이콘을 선택하고, 방향을 아래 그림처럼 설정한 후 확인한다.

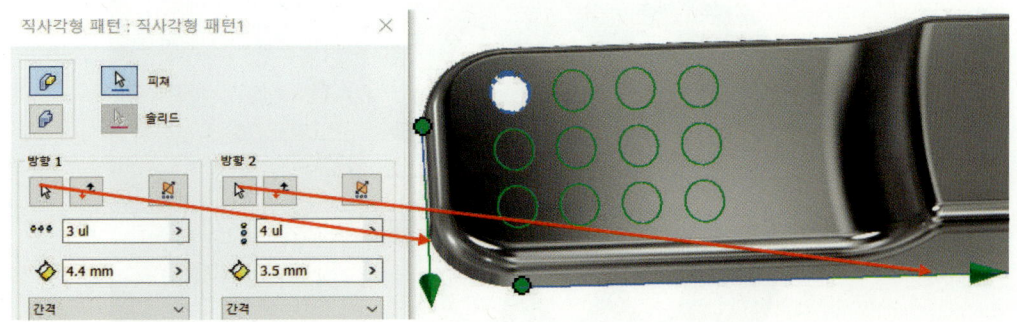

CHAPTER 10 서피스 형상 모델링 따라 하기

20 아래 그림처럼 면을 선택하고 MB3 버튼을 누르고 새 스케치를 선택한다.

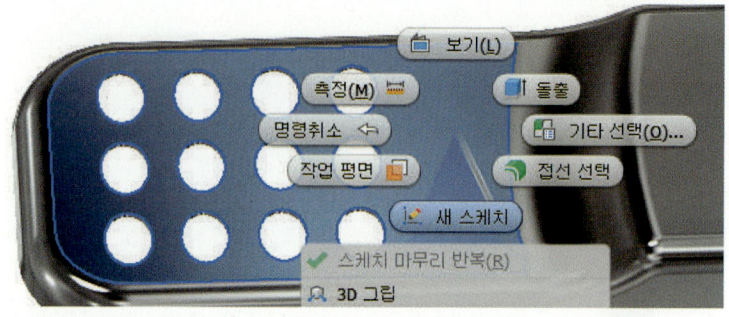

21 선과 호 아이콘을 이용하여 아래 그림처럼 스케치하고, 치수기입을 한 후 스케치를 종료한다.

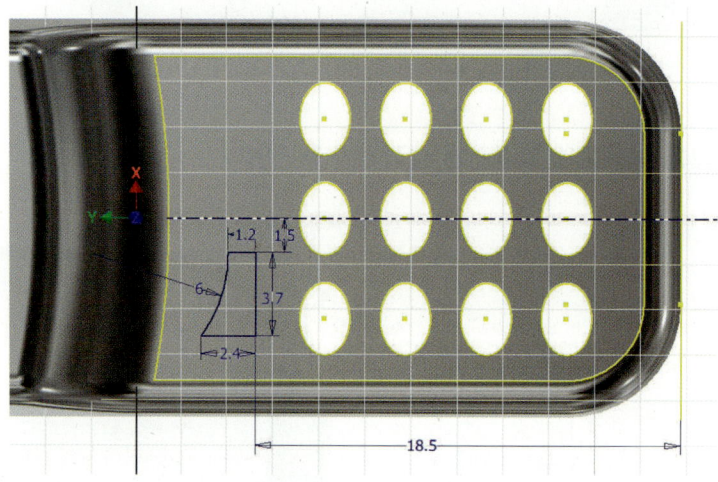

22 미러 아이콘을 선택한 후 아래 그림처럼 대칭을 적용한다.

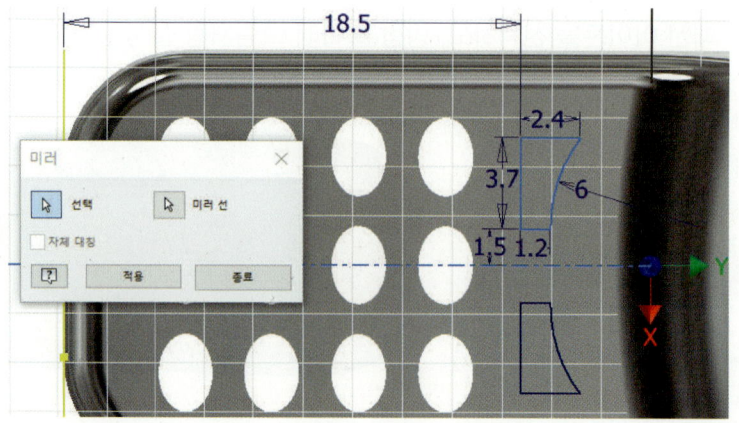

23 돌출 아이콘을 이용하여 그림처럼 설정하고 확인한다.

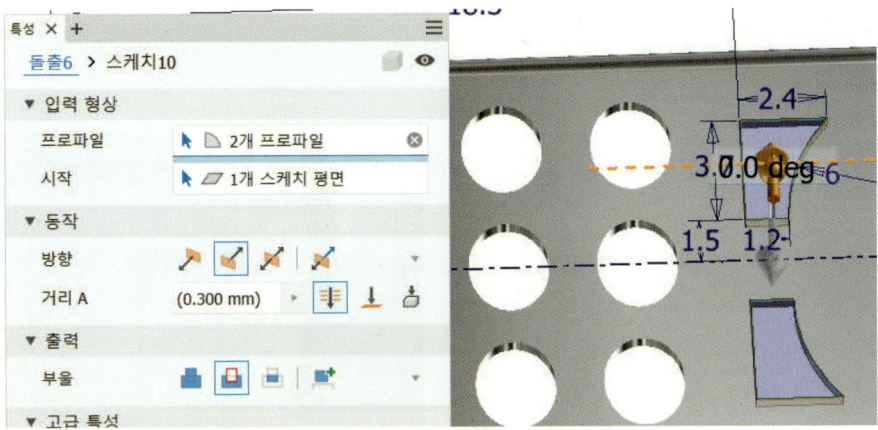

24 다시 아래 그림처럼 면을 선택하고, MB3 버튼을 누르고 새 스케치를 선택한다.

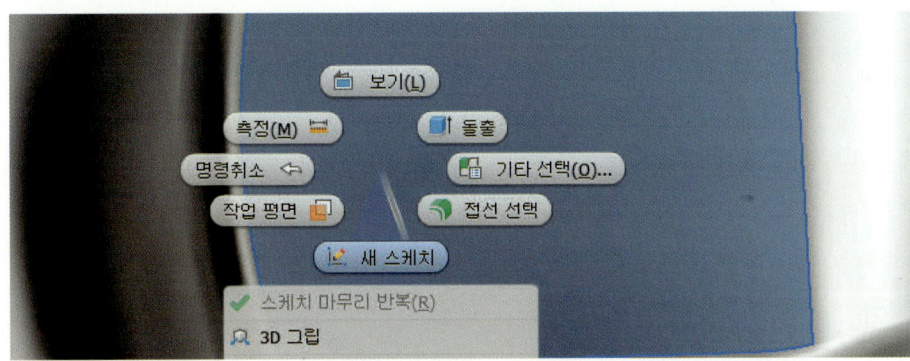

25 선과 호 아이콘을 이용하여 아래 그림처럼 스케치하고 치수기입을 한 후 스케치를 종료한다.

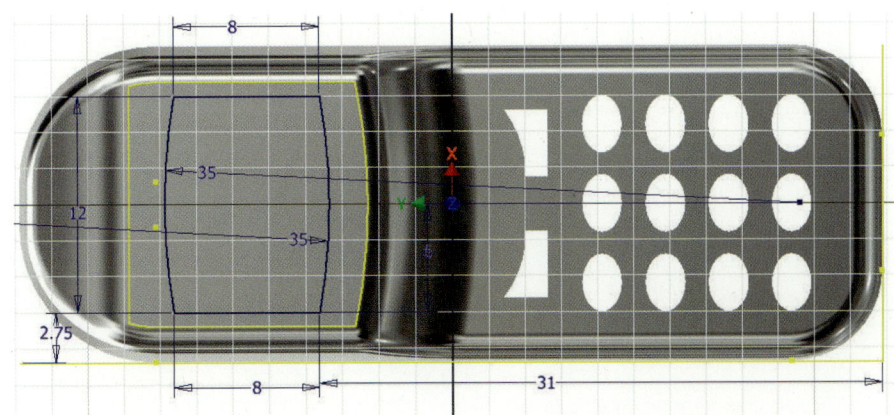

㉖ 돌출 아이콘을 이용하여 그림처럼 설정하고 확인한다.

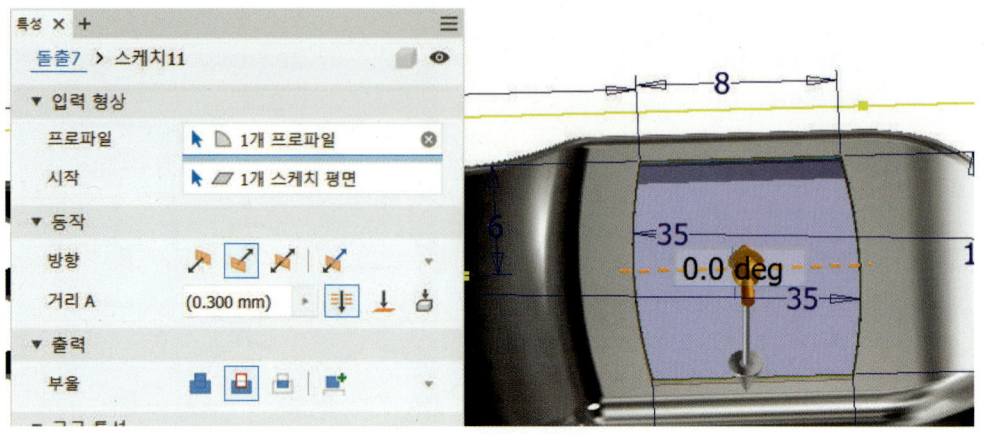

㉗ 최종 완성 모델링을 확인한다.

## 📖 11. 서피스 및 솔리드 파일 변환하기

**1.** 서피스(곡면) IGES 파일로 저장하기

❶ 파일 탭의 다름 이름으로 저장에서 다른 이름으로 사본 저장을 클릭한다.

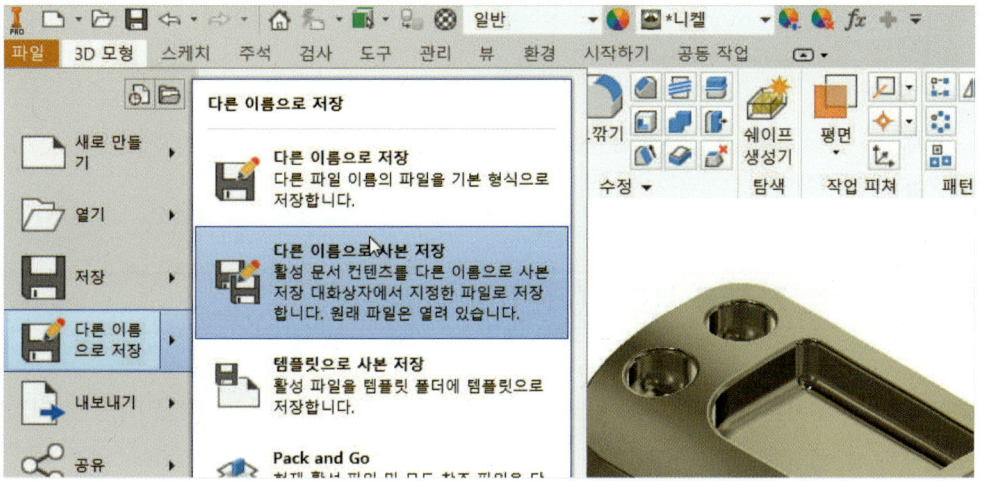

❷ 파일 형식을 IGES 파일을 선택한다.

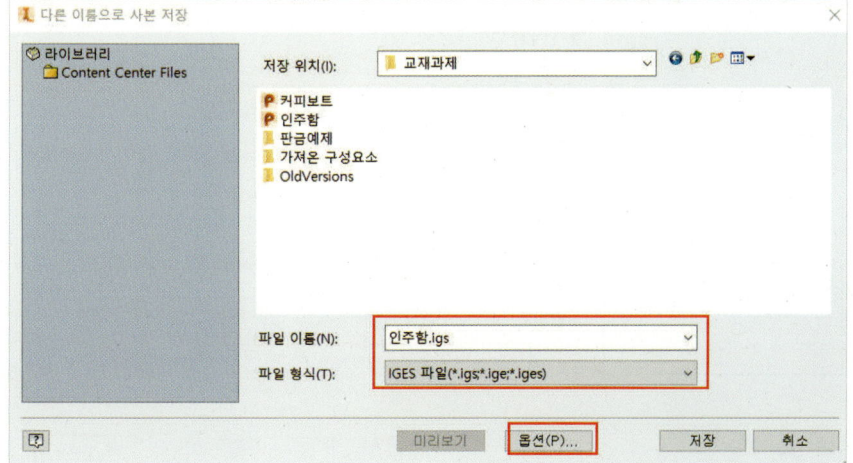

❸ 옵션을 클릭하고 다른 이름으로 솔리드 출력에서 곡면을 선택한 후 확인하고 저장한다.

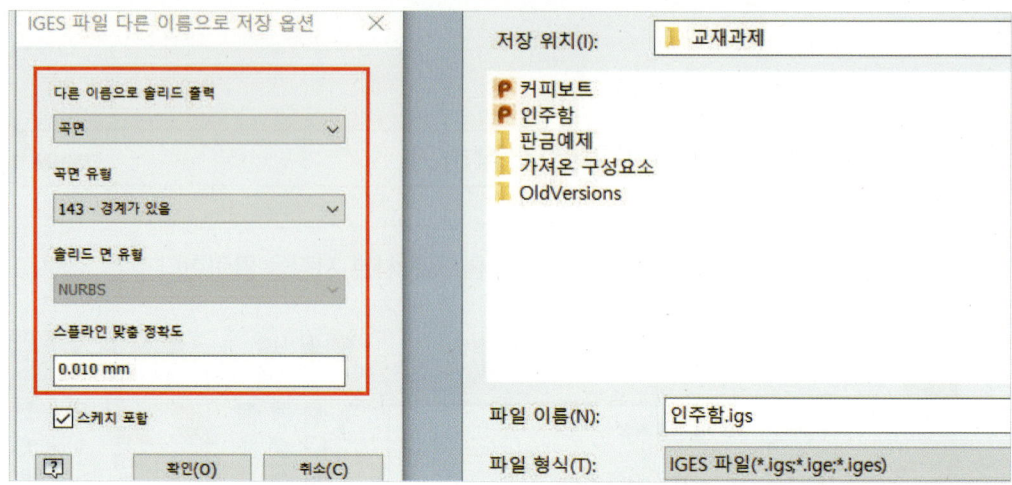

## 2. IGES로 저장된 서피스(곡면) 파일 열기

❶ 파일에서 열기를 선택하고 파일 형식을 IGES 파일을 선택하고, 파일 이름을 커피보트를 선택한 후 옵션을 클릭한다.

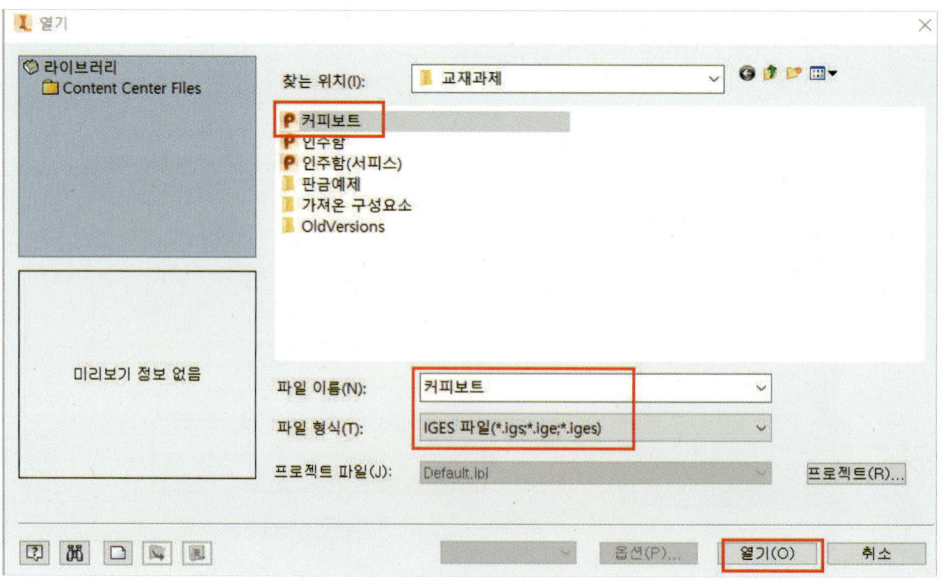

> **참고**

※ IGES는 1980년에 그래픽정보의 교환을 위해 미국 상무부의 국가표준국(NBS, National Bureau of Standards)에서 제정한 표준규격이다. IGES는 제품 정의 데이터의 수치적 표현 및 교환(digital representation and communication)을 위한 중립 데이터 형식(neutral data format)의 제공을 목적으로 하고 있다. IGES 파일 포맷에는 ASCII 포맷과 binary 포맷이 있다.

1~72 칼럼에는 섹션별로 필요한 정보를 기록하고, 73번째 칼럼에는 섹션 구분 문자인 S, G, D, P, T, F 중의 하나를 기록한다. 그리고 74~80 칼럼에는 각 섹션별로 1부터 시작하는 일련번호를 기록한다. 각 섹션에 대해서 간단히 설명을 하면 다음과 같다.

① 개시 섹션(start section): IGES 파일에 대한 임의의 주석을 기록하는 부분이다. 파일 이름, 데이터명, 작성자, 작성일시 등 필요하다고 생각되는 임의의 내용을 기록할 수 있다.

② 글로벌 섹션(grobal section): IGES 파일을 만든 시스템 환경에 대한 정보를 기록하는 부분이다. IGES 버전 번호, 프리프로세서(preprocessor) 버전 번호, 파일 이름, 작성자, 작성일수, 정수 표현 bit 수, 단정도 실수, 배정도 실수를 표현하기 위한 지수의 최댓값 및 유효자릿수, 측정 단위, 최대의 선폭 등 총 24개의 데이터를 기록한다.

③ 디렉토리 섹션(directory section): 파일에 기록되어 있는 모든 형상/비형상 엔티티(entity)에 대한 속성 정보를 기록하는 부분으로, 엔티티들에 대한 색인(index)의 역할을 한다. 엔티티 종류(entity type number), PD 섹션에 대한 포인터, 선의 종류(line font), 선 폭(line weight), 색상 등 총 20개의 데이터를 기록한다.

④ 파라미터 섹션(parameter section): DE 섹션에서 정의된 엔티티들에 대한 실제 데이터를 기록하는 부분이다. 3차원 좌푯값, 패러미터 값 또는 다른 엔티티에 대한 포인터(DE 섹션의 일련번호) 등의 데이터를 기록한다.

⑤ 종결 섹션(terminate section): 5개의 구성 섹션에 사용된 줄 수를 기록한다. 각 섹션별로 색션 구분 문자와 사용된 줄의 수를 기록한다.

⑥ 플래그 섹션(flag section): 압축형 ACSC II와 이진형식에서만 사용되는 것으로 데이터의 표현 형식에 따른 선택사항이다.

\* DXF(Drawing Exchange file Format)은 CAD program과 3D application에서 사용하는 가장 널리 알려진 CAD exchange format이다.

**2** 솔리드에서 서피스 파일로 변환된 그림이다.

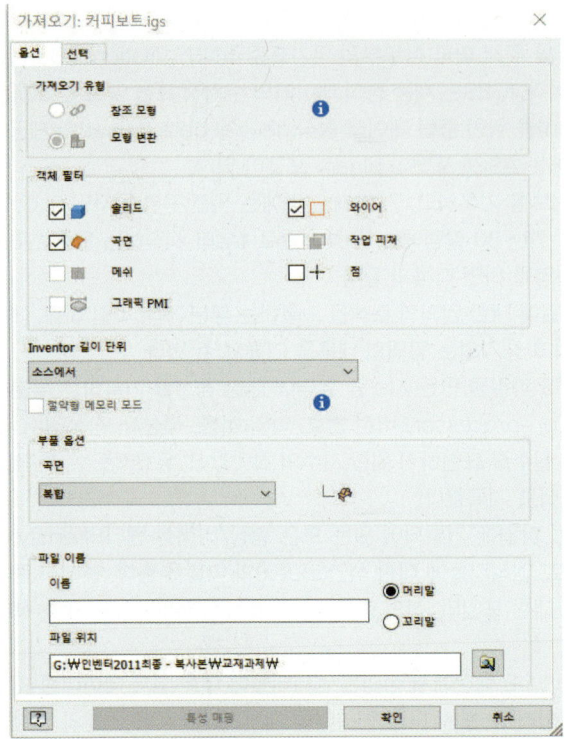
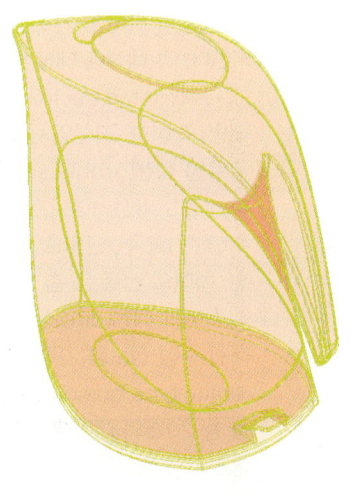

## 3. 서피스 파일을 솔리드 파일로 변환

**1** 모형에서 복합을 선택하고 마우스 오른쪽을 클릭하여 구성에 복사를 선택한다.

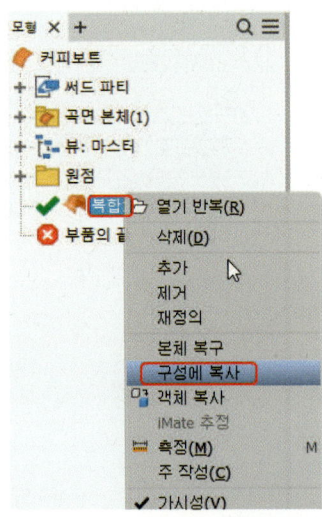
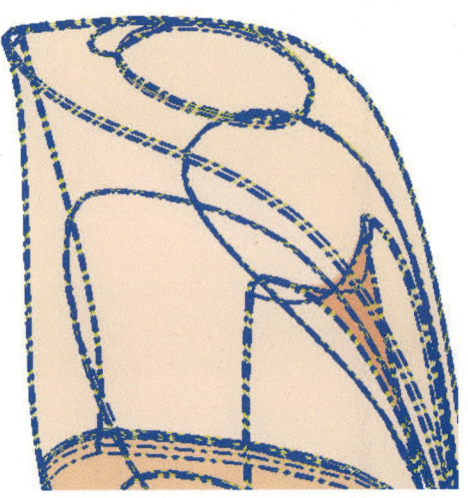

**2** 모형에서 구성을 마우스로 더블클릭한다. 구성 패널에서 품질 검사를 클릭한다.

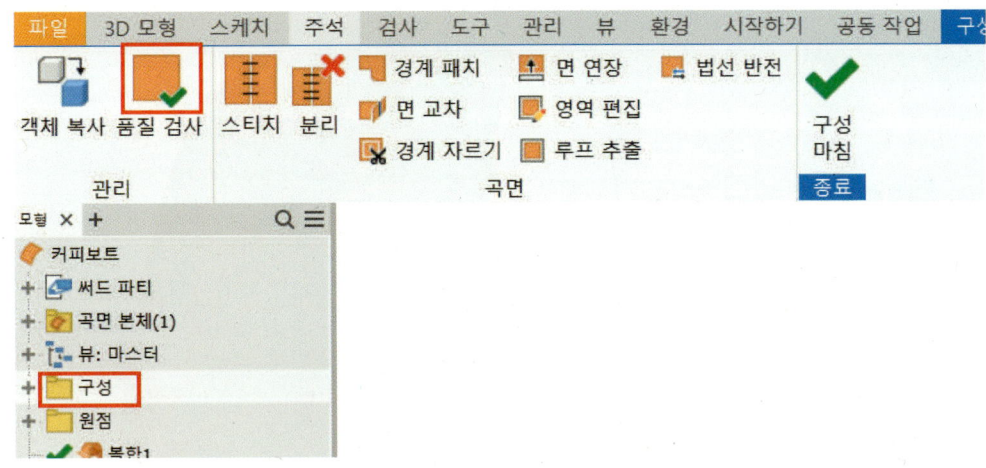

**3** 품질 검사에서 마우스를 그림처럼 마우스 오른쪽을 선택하여 모두 선택을 클릭한 후 검사를 클릭하고 종료한다.

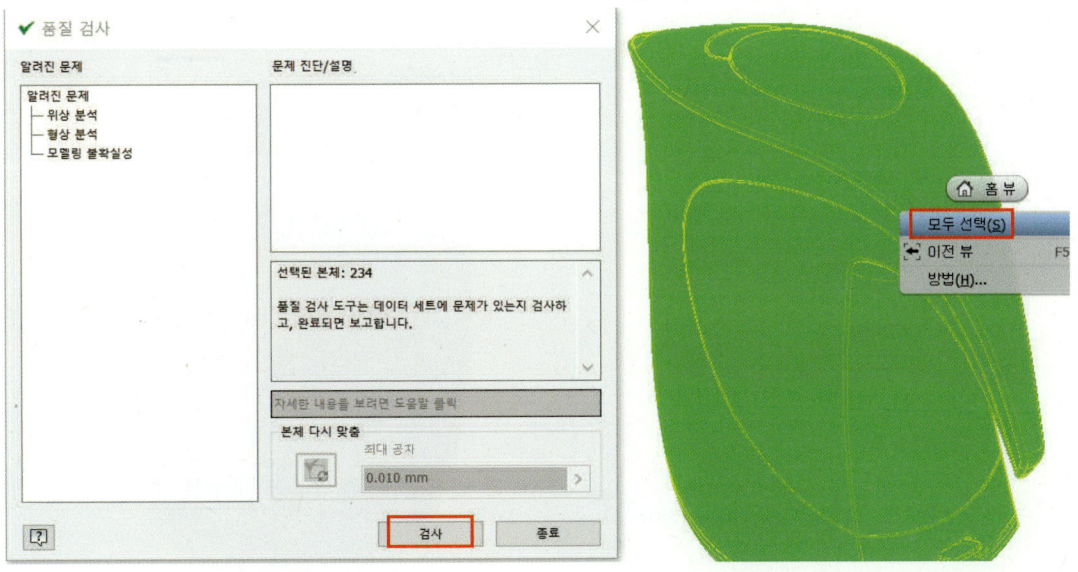

**4** 다시 구성 패널에서 곡면 스티치를 클릭하고, 그림처럼 마우스 오른쪽을 클릭하고 모두 선택한 후 적용하고 종료한다.

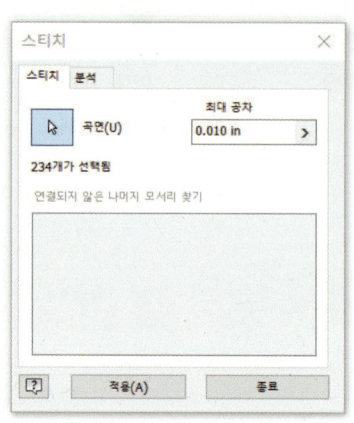
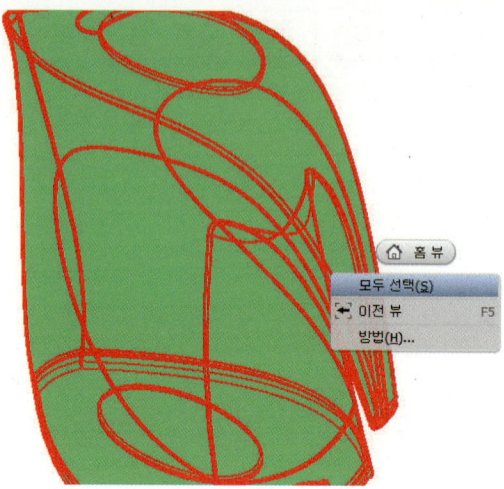

**5** 구성 마침 버튼을 클릭한다. 그림처럼 구성에서 솔리드를 선택하고, 마우스 오른쪽을 클릭하여 객체 복사를 클릭한다.

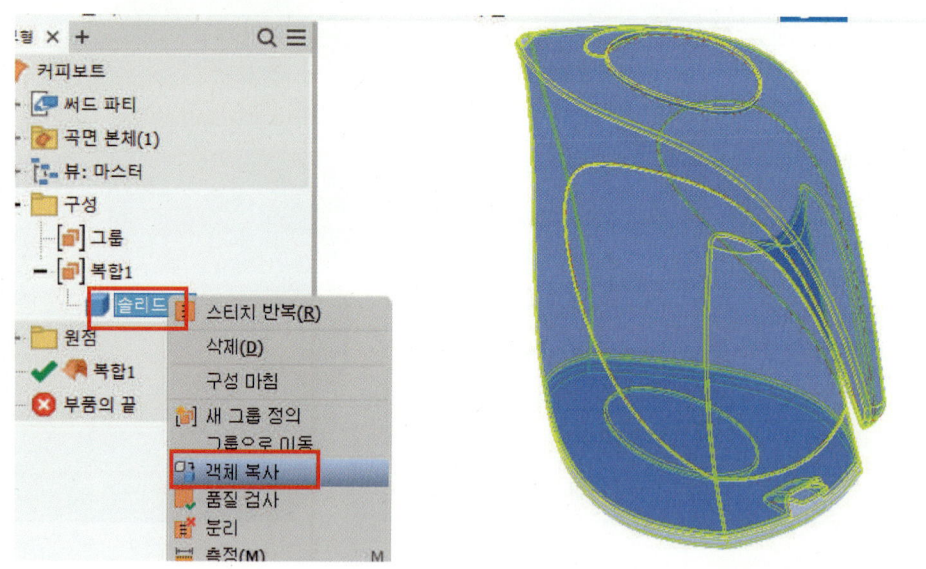

**6** 객체 복사에서 새로 작성의 솔리드를 선택하고 확인을 클릭한다.

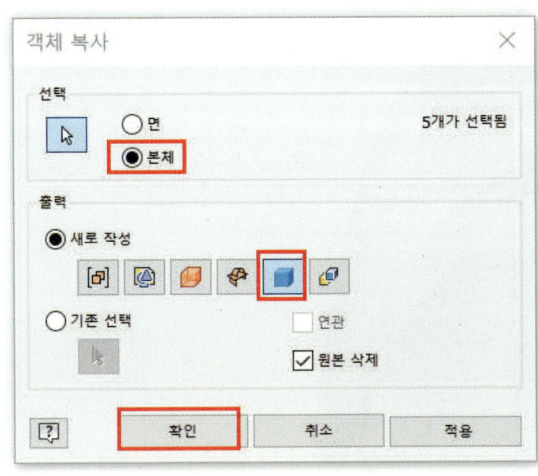 

**7** 구성을 선택하고 마우스 오른쪽 버튼을 클릭한 후 가시성 체크를 해제한다. 같은 방법으로 복합을 선택하고, 마우스 오른쪽 버튼을 클릭하여 가시성 체크를 해제한다.

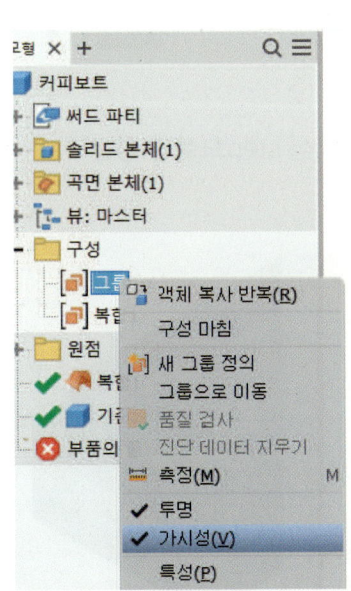 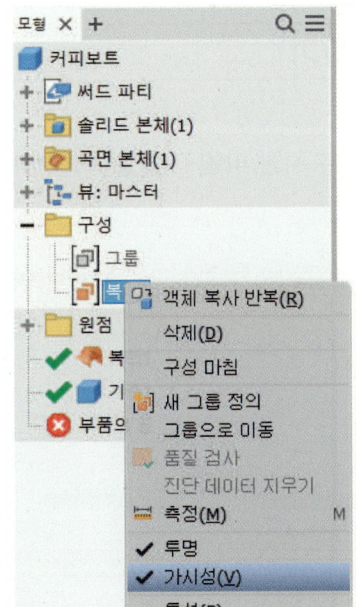 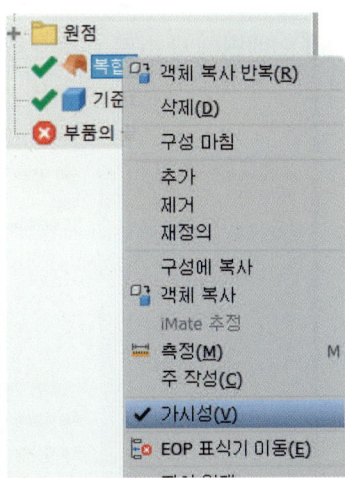

8 서피스(곡면)에서 솔리드로 완전하게 변환된 그림이다.

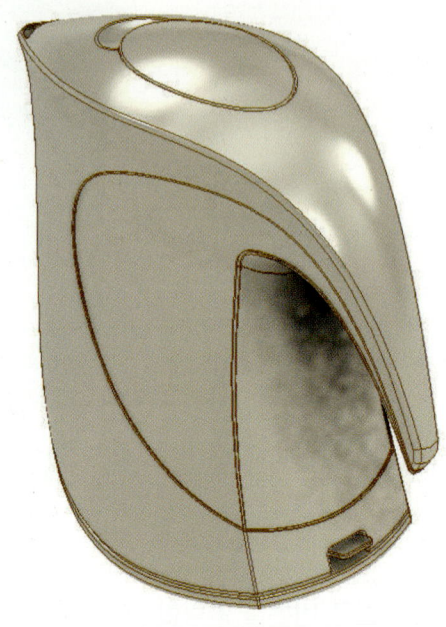

## 4. STEP 파일로 저장하기

1 인벤터에서 다른 이름으로 사본 저장 파일 이름을 주고, 파일 형식 step으로 저장한다.

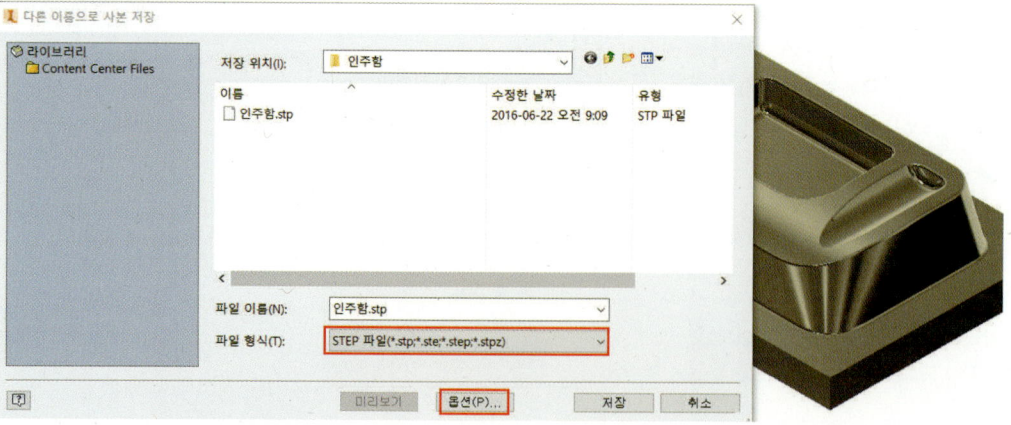

**2** STEP 214 형식의 파일은 바디, 면 및 곡선 색의 불러오기 및 내보내기를 지원한다.
STEP 203 형식의 파일은 색상 구현이 지원되지 않는다.
STEP 242 형식의 파일은 면 처리된 서피스로 구성된 그래픽 표현도 지원한다.

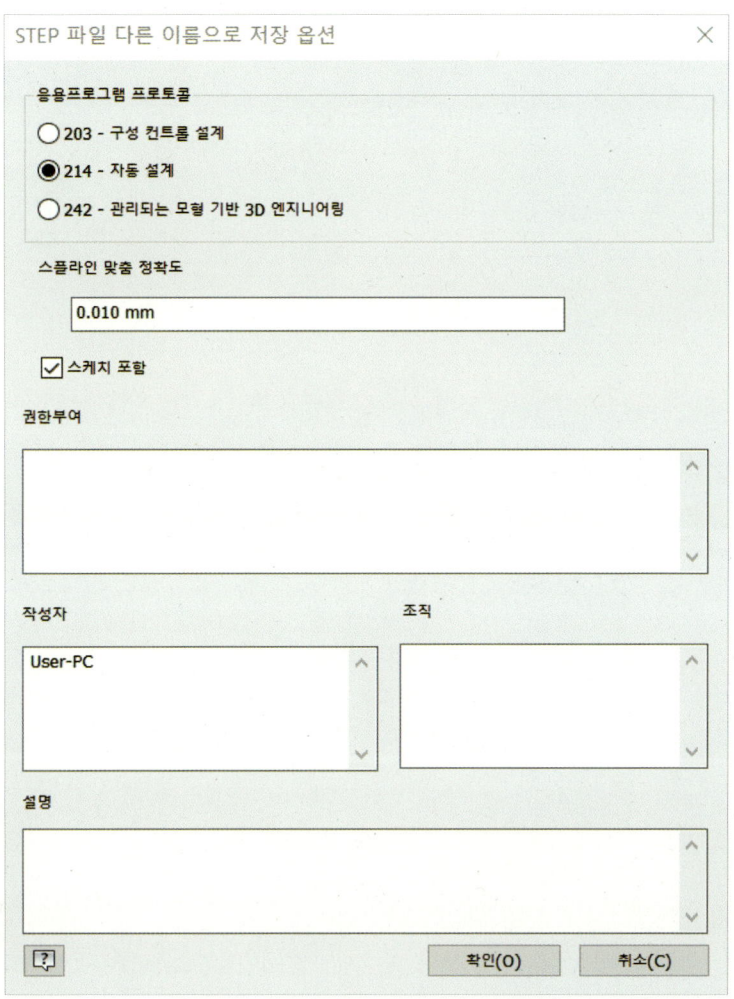

> 참고
>
> ※ STEP 파일은 ISO 10303-21에서 규정한 3D CAD 파일이다. 1994년 처음 만들어졌으며, 확장자는 stp, step, p21이 있다.

# CHAPTER 11

# 판금 부품 작성 따라 하기

1. 판금 시작하기
2. 판금 기본값
3. 판금 면
4. 플랜지
5. 컨투어 플랜지
6. 로프트 플랜지
7. 윤곽선 롤
8. 햄
9. 절곡부
10. 접기
11. 잘라내기
12. 구석 이음매
13. 립
14. 전개/재접힘
15. 판금 따라 하기

**학습목표**

절곡 작업을 통해 제작되는
간단한 판금 부품을 작성하고,
펼쳐진 전개도 형상을 이해하고 작성할 수 있다.

# 판금 부품 작성 따라 하기

## 1. 판금 시작하기

　Sheet Metal은 판재에 재질과 두께를 부여하고 굽힘 및 절단 등을 사용하여 판금작업을 빠르게 할 수 있다.

> **실행:** 새로 판들기 → Sheet Metal(mm).ipt 클릭

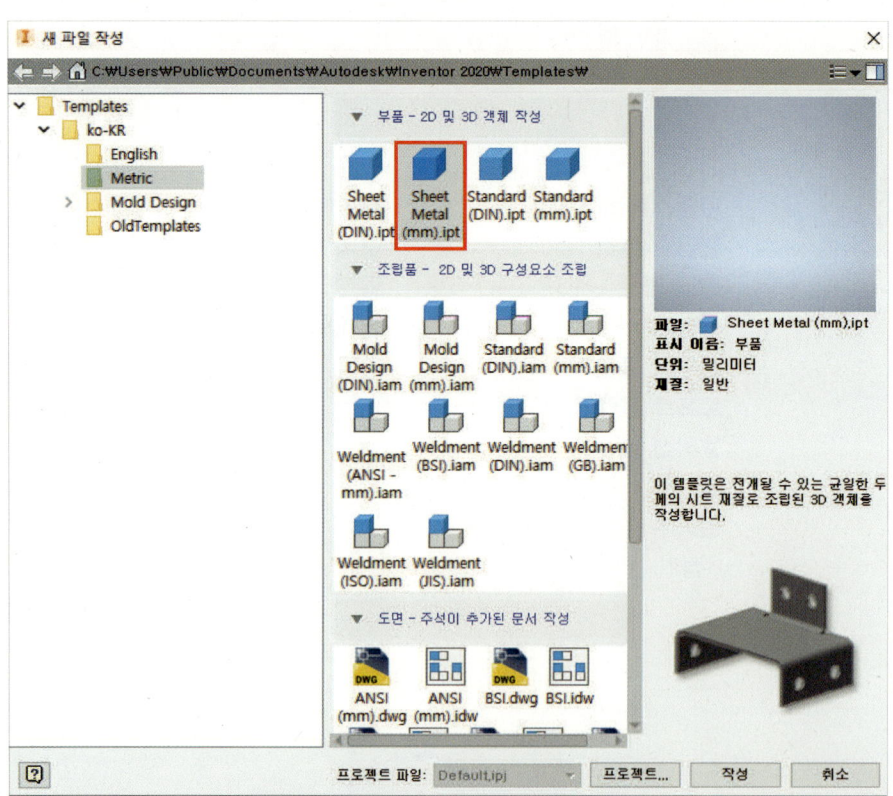

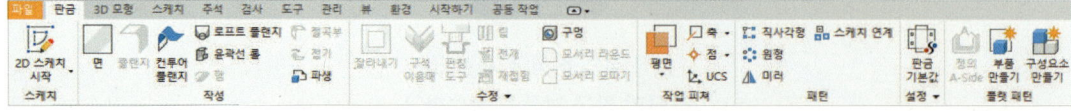

## 2. 판금 기본값

판금 기본값 대화상자에서 활성 판금 부품에 대한 규칙, 두께 및 재질 스타일을 지정한다. 활성 판금 스타일은 펀치에 대한 대체 플랫 패턴 표현과 전개, 절곡부 및 구석 릴리프 옵션을 정의한다.

**실행**: 리본에서 판금 탭 → 설정 패널 → 판금 기본값

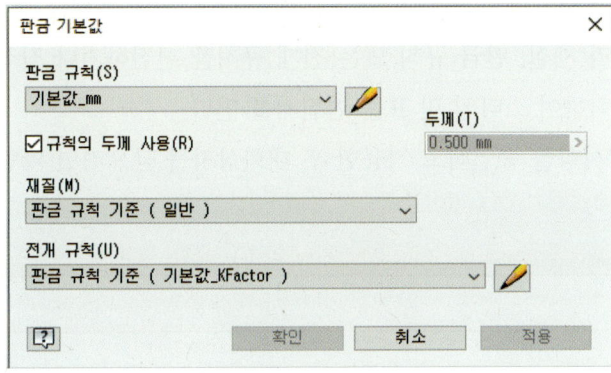

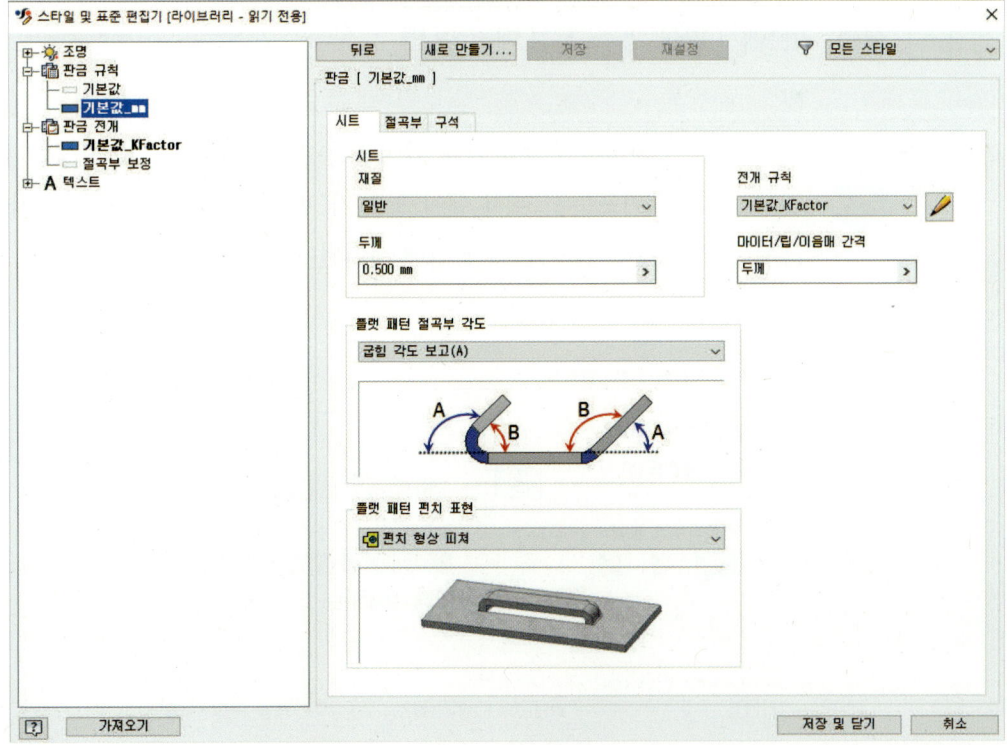

**판금 부품에 대한 기본 규칙 변경**

판금 탭의 설정 패널에 있는 판금 기본값을 사용하여 선택된 판금 규칙에 정의된 옵션에서 활성 판금 부품에 대한 옵션 및 매개변수를 변경한다.

❶ 리본에서 판금 탭 설정 패널 판금 기본값을 차례로 클릭한다.
❷ 활성 부품에 사용된 기본값을 변경하려면 드롭다운 선택 필드와 다른 판금 규칙, 재질 스타일 또는 전개 규칙을 선택하고 설정한다.
❸ 필요에 따라 "규칙의 두께 사용" 확인란을 선택하거나 선택을 취소하고 값을 입력하여 지정된 판금 규칙에 정의되어 있는 두께와 다른 시트 두께를 정의한다.
❹ 필요에 따라 재질, 판금 규칙 또는 전개 규칙을 편집하거나 작성하려면 해당 필드 옆의 편집을 클릭하여 스타일 및 표준 편집기를 연다.
❺ 모든 변경 사항을 승인하고 적용한 후 대화상자를 닫으려면 확인을 클릭한다.

## 3. 판금 면

 **실행**: 리본에서 판금 탭 → 작성 패널 → 면

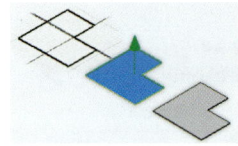 스케치된 프로파일에 깊이를 추가하여 판금 면을 작성한다. 피쳐 쉐이프는 스케치 쉐이프 및 새 판금 면과 기존 판금 면 사이의 절곡부 또는 이음매에 의해 제어된다.

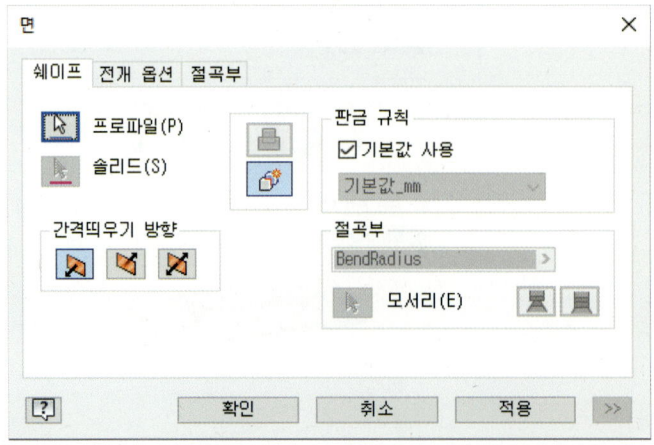

## 4. 플랜지

 **실행**: 리본에서 판금 탭 → 작성 패널 → 플랜지

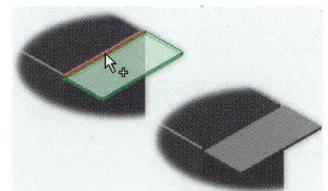
기존 면의 모서리 또는 모서리 루프에 판금 면 및 절곡부를 추가하여 플랜지를 작성한다. 플랜지는 기본 쉐이프 매개변수에 지정된 옵션을 사용하여 작성되며, 새 플랜지에 대해 전개, 절곡부 및 구석 옵션의 기본 옵션을 변경할 필요가 없을 경우 이러한 기본 옵션이 플랜지에 사용된다.

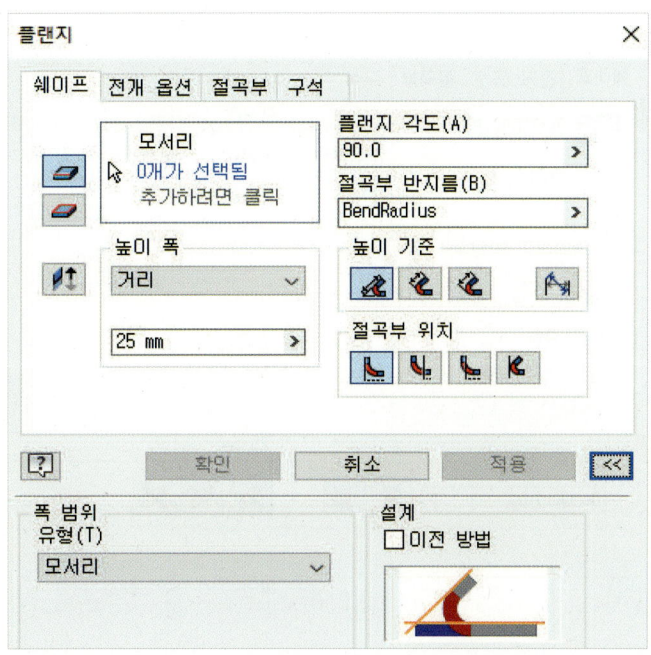

CHAPTER 11 판금 부품 작성 따라 하기

## 5. 컨투어 플랜지

 **실행**: 리본에서 판금 탭 → 작성 패널 → 컨투어 플랜지

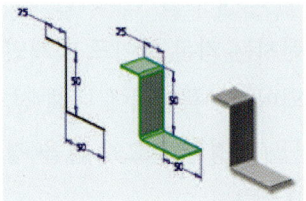 선, 호, 스플라인 및 타원형 호로 구성된 열린 프로파일에서 판금 플랜지를 작성한다. 기존 판금 부품의 모서리에서 종료되는 컨투어 플랜지도 작성할 수 있다.

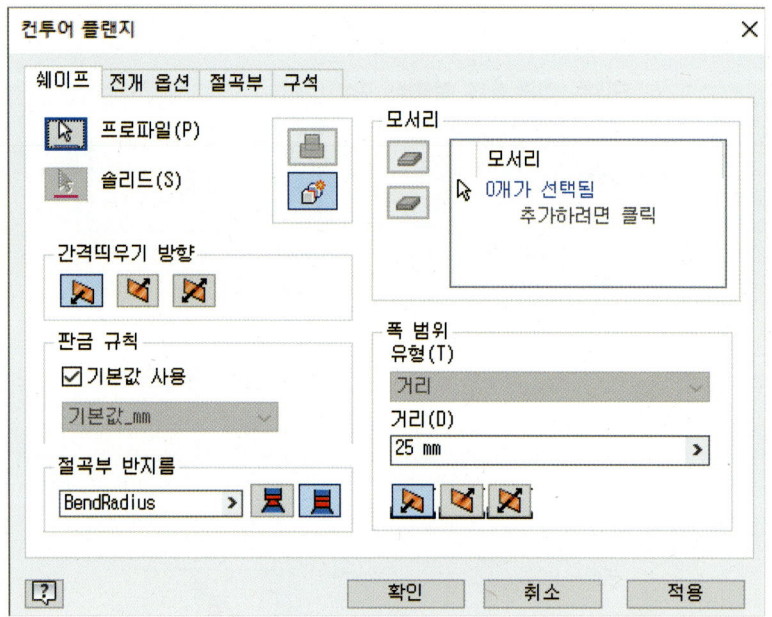

## 6. 로프트 플랜지

 실행: 리본에서 판금 탭 → 작성 패널 → 로프트 플랜지

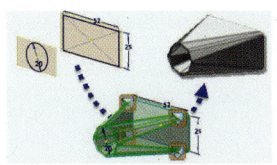 선택한 두 개의 스케치된 프로파일을 사용하여 로프트 플랜지 작성

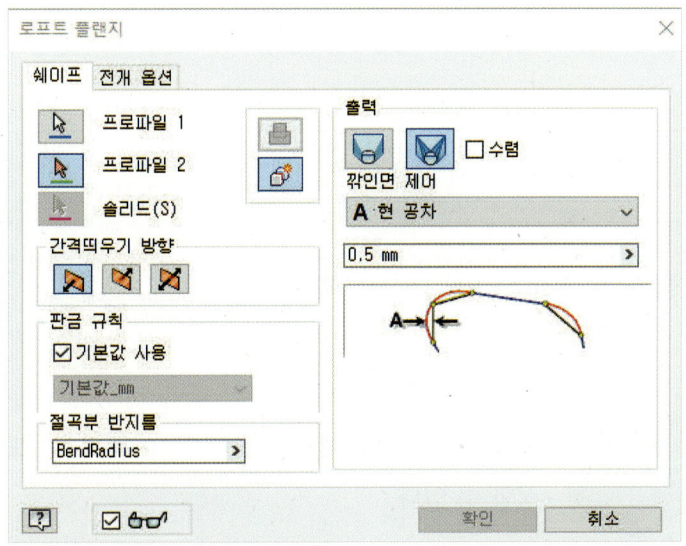

## 7. 윤곽선 롤

 실행: 리본에서 판금 탭 → 작성 패널 → 윤곽선 롤

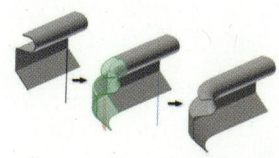 열린 프로파일에서 롤된 판금 피쳐를 작성한다.

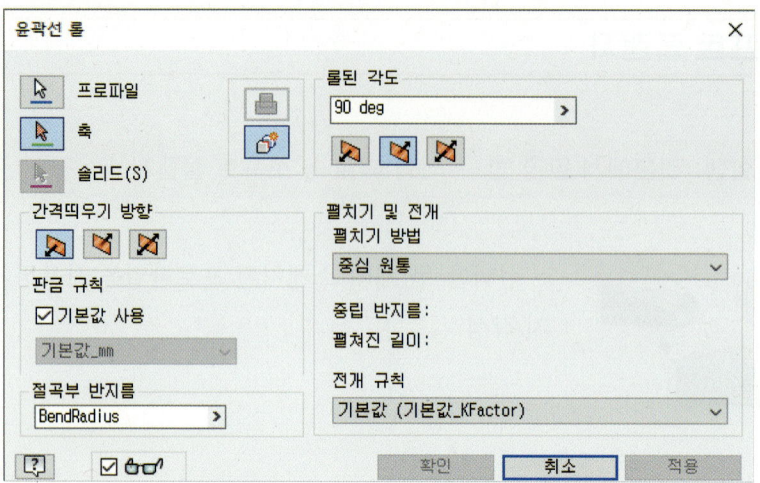

## 8. 햄

 실행: 리본에서 판금 탭 → 작성 패널 → 햄

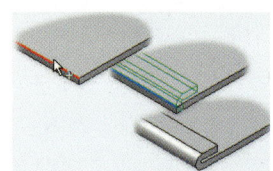 판금 모서리를 따라 접힌 햄을 작성하여 부품을 강화시키거나 뾰족한 모서리를 제거한다. 단일, 이중, 티어 드롭 및 롤된 햄을 작성할 수 있다.

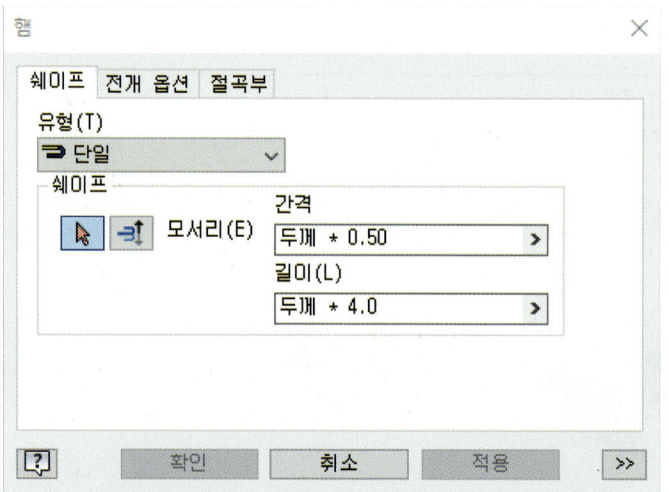

## 9. 절곡부

 **실행**: 리본에서 판금 탭 → 작성 패널 → 절곡부

 두 판금 면 사이에 절곡부를 추가한다. 두 면에 각이 있거나 서로 평행할 수 있다.

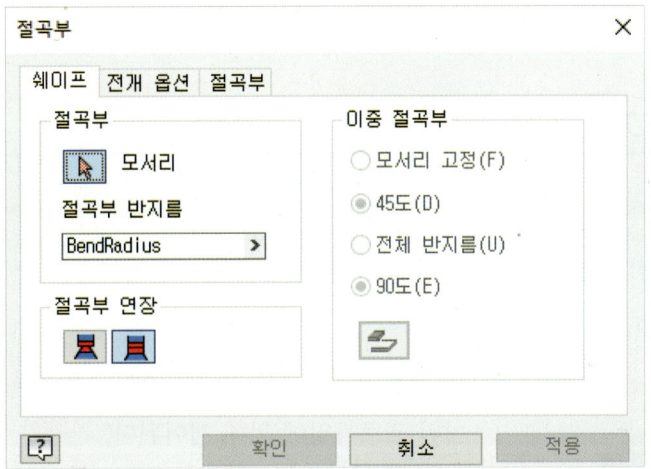

## 10. 접기

 **실행**: 리본에서 판금 탭 → 작성 패널 → 접기

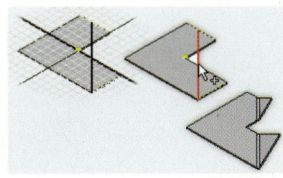 기존 판금 면의 면의 모서리를 따라 종료되는 스케치된 선을 따라 접어서 구부린다.

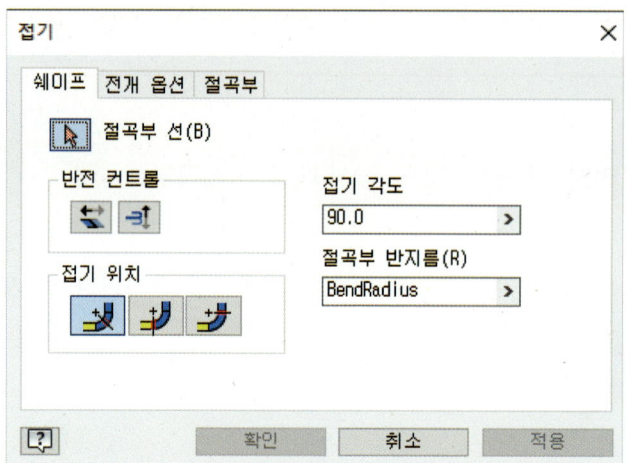

## 11. 잘라내기

실행: 리본에서 판금 탭 → 수정 패널 → 잘라내기

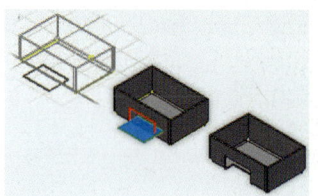
판금 면에서 재질을 제거한다. 절단 피쳐의 쉐이프는 스케치된 프로파일에 의해 제어된다.

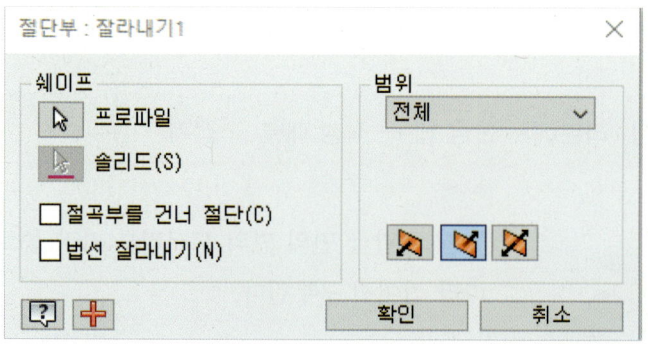

## 12. 구석 이음매

 **실행**: 리본에서 판금 탭 → 수정 패널 → 구석 이음매

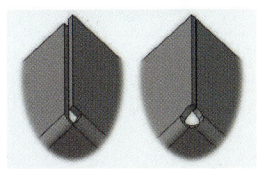 판금 면에 구석 이음매를 추가한다. 교차하거나 동일 평면상에 있는 면 사이의 이음매를 작성할 수 있다.

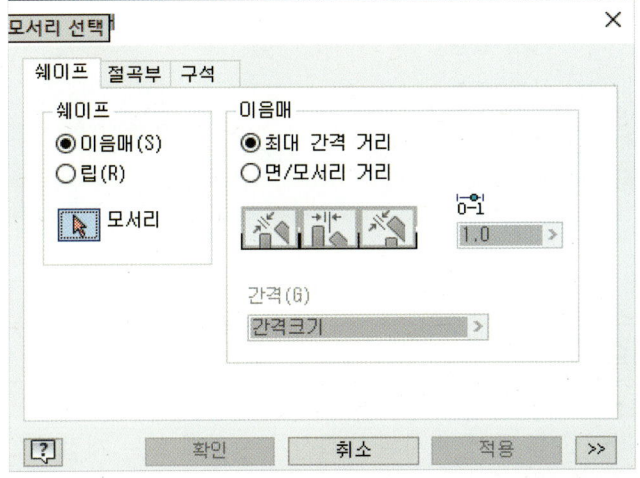

## 13. 립

닫혀 있는 프로파일을 플랫패턴 작성을 위해 분리하는 명령어로 립 피쳐 작성 및 편집 중에 표시되는 대화상자이다.

 **실행**: 리본에서 판금 탭 → 수정 패널 → 립

❋ 단일 점 립 작성

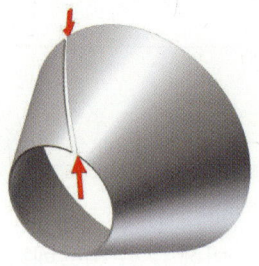
❋ 점 대 점 립 작성

❋ 면 범위 립 작성

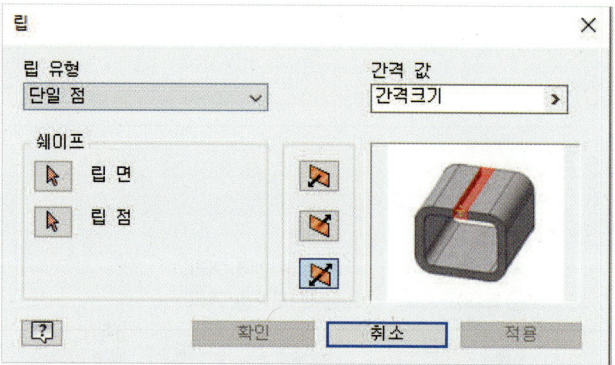

## 14. 전개/재접힘

전개 및 재접힘 작업 흐름 중에 표시된 대화상자는 전개 또는 재접힘으로 기능의 레이블이 지정된다는 점에서만 다르다. 이 참조에서는 두 대화상자를 모두 다룬다. 이 대화상자에는 세 가지 선택 섹션, 상황별 그림 및 맨 아래를 따라 표시되는 명령 세트가 있다.

**실행**: 리본에서 판금 탭 → 수정 패널 → 전개/재접힘

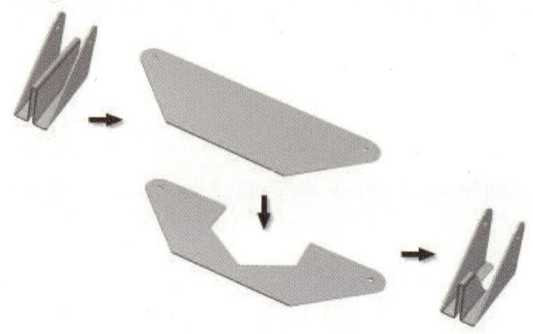

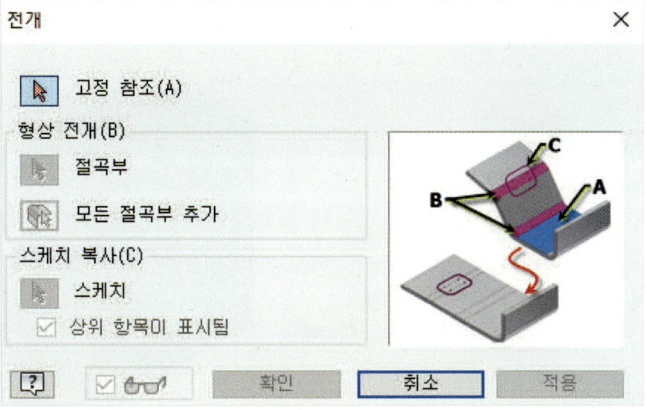

## 15. 판금 따라 하기

**1** 새 파일에서 Sheet Metal. ipt 아이콘 더블클릭한다.

**2** 아래 그림과 같이 스케치 한다.

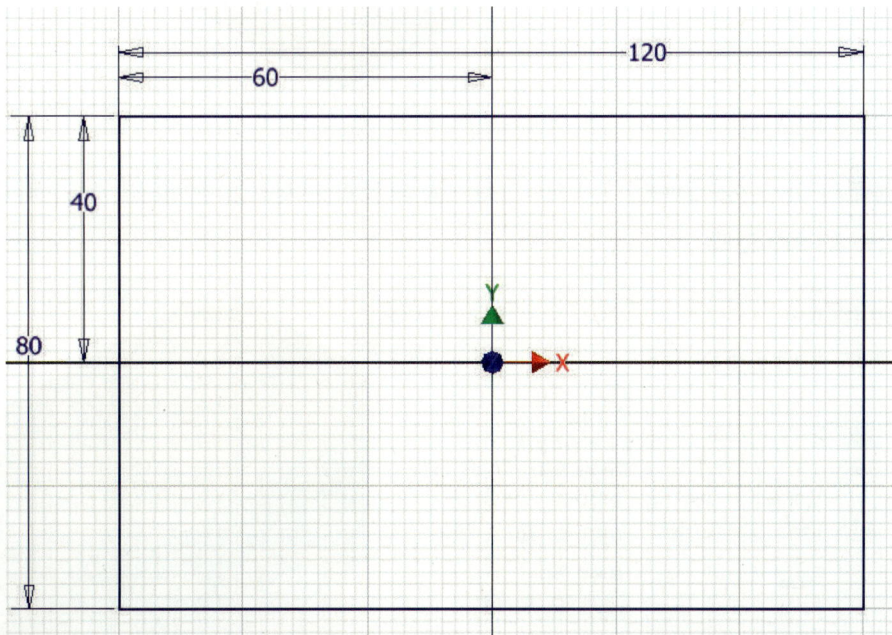

**3** 판금 기본값에서 재질은 황동, 연질 노란색으로 변경하고, 두께는 1.5mm로 변경하고 저장한다.

4 면 아이콘을 클릭하여 기본 설정값으로 확인한다.

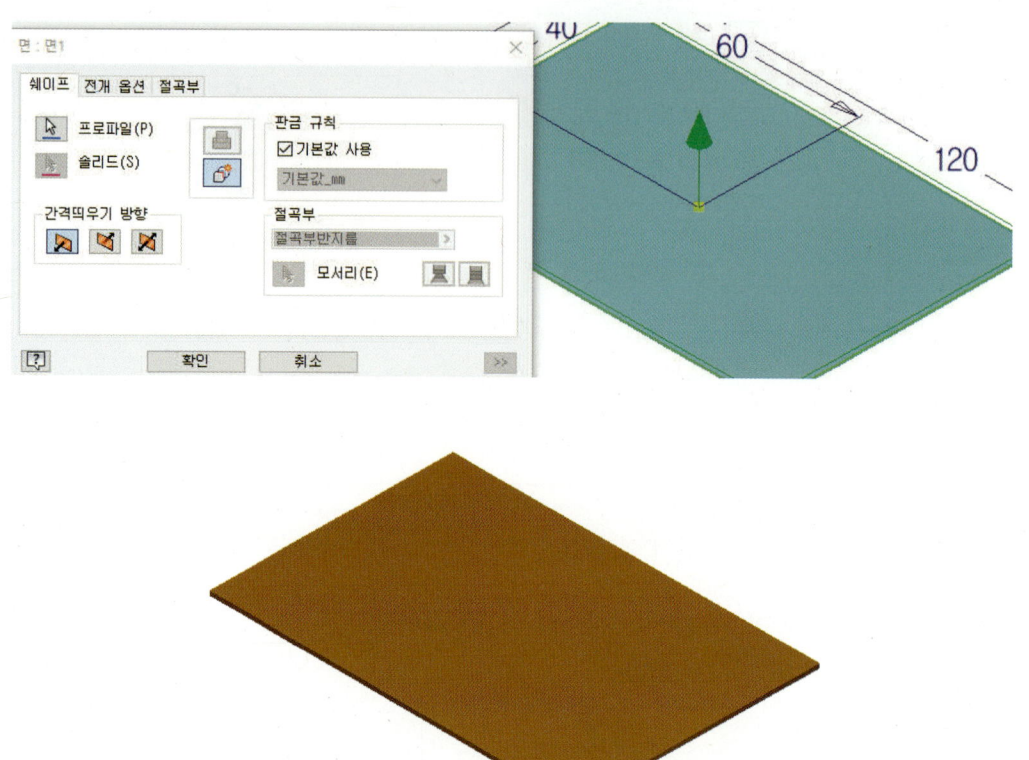

5 플랜지 아이콘을 클릭한다. 아래 그림처럼 부품의 모서리를 선택하고 거리 치수 30mm를 입력 후 확인한다.

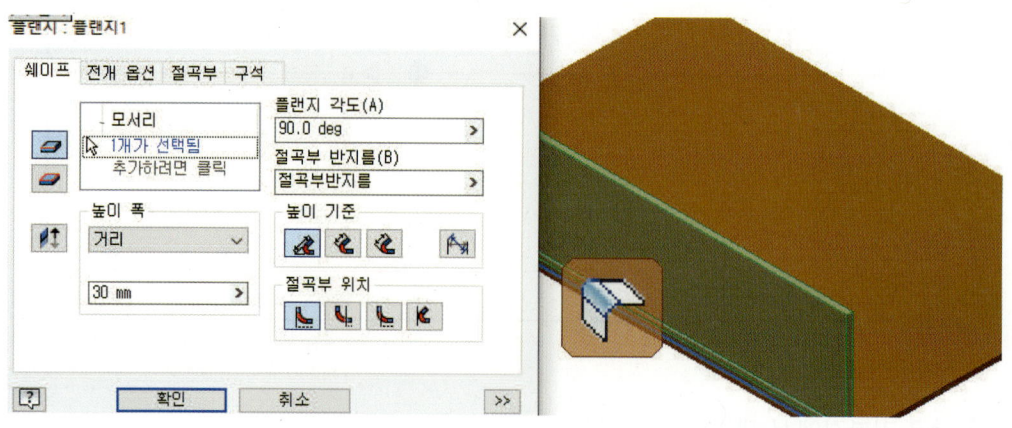

**6** 그림과 같이 면을 선택한 후 MB3 버튼을 이용하여 새 스케치를 클릭한다.

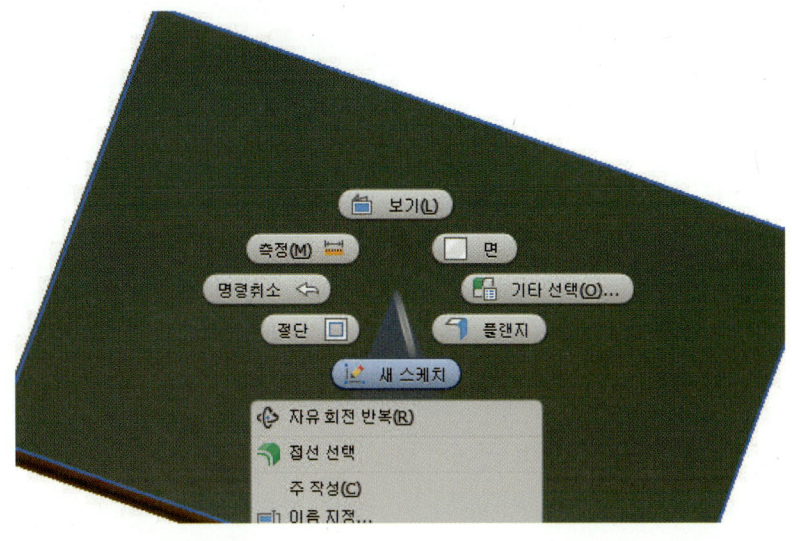

**7** 아래 그림처럼 스케치하고 종료한다.

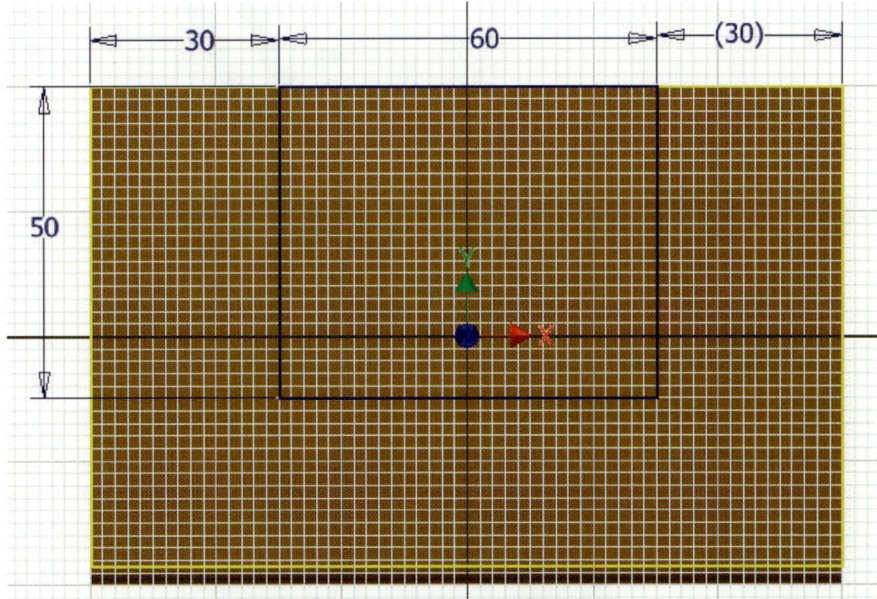

8 잘라내기 아이콘을 클릭하여 아래 그림처럼 설정하고 확인한다.

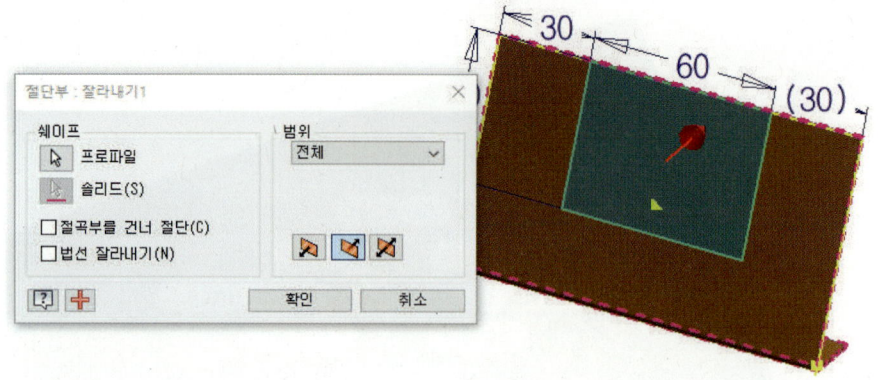

9 작업 평면 아이콘을 클릭하여 면에서 MB1 버튼을 누르고 드래그하면서 −30을 입력하고 적용한다.

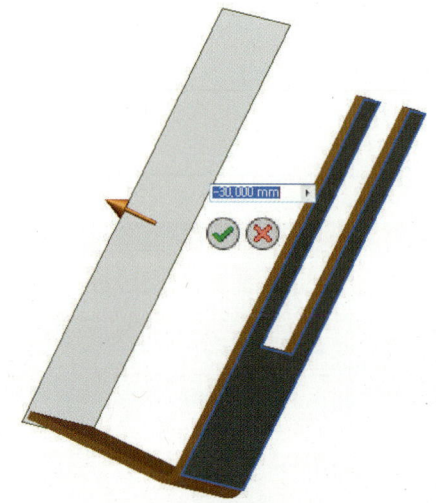

10 새로 만든 작업평면을 선택한 후 MB3 버튼을 누르고 새 스케치를 클릭한다.

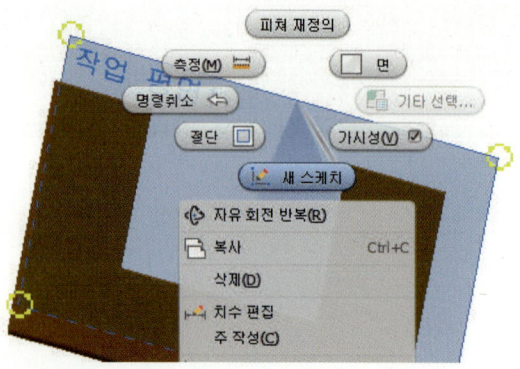

11 아래 그림처럼 스케치하고 종료한다.

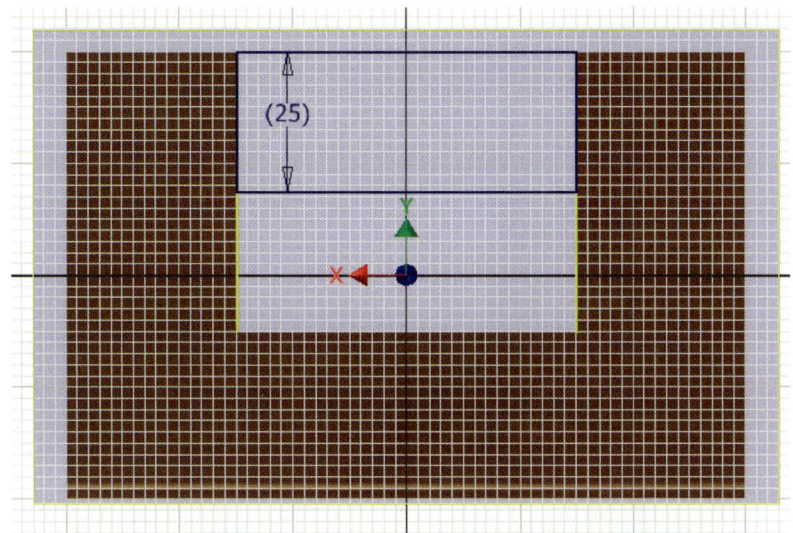

12 면 아이콘을 클릭하고 아래 그림처럼 기본값에서 확인한다.

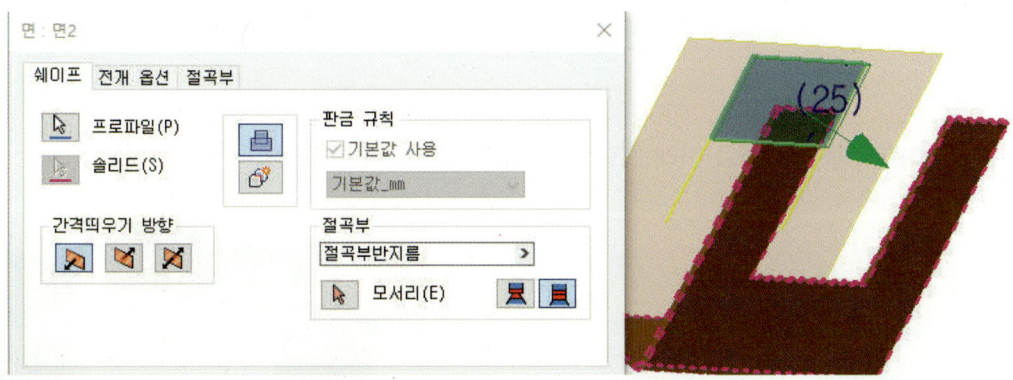

13 아래 그림처럼 작업 평면을 선택하고 MB3 버튼을 이용하여 새 스케치를 클릭한다.

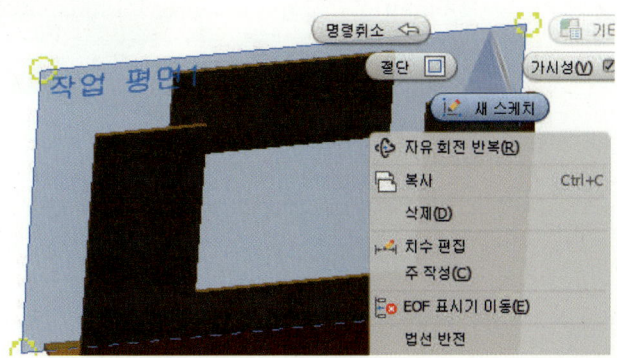

CHAPTER 11 판금 부품 작성 따라 하기

**14** 아래 그림처럼 스케치하고 종료한다.

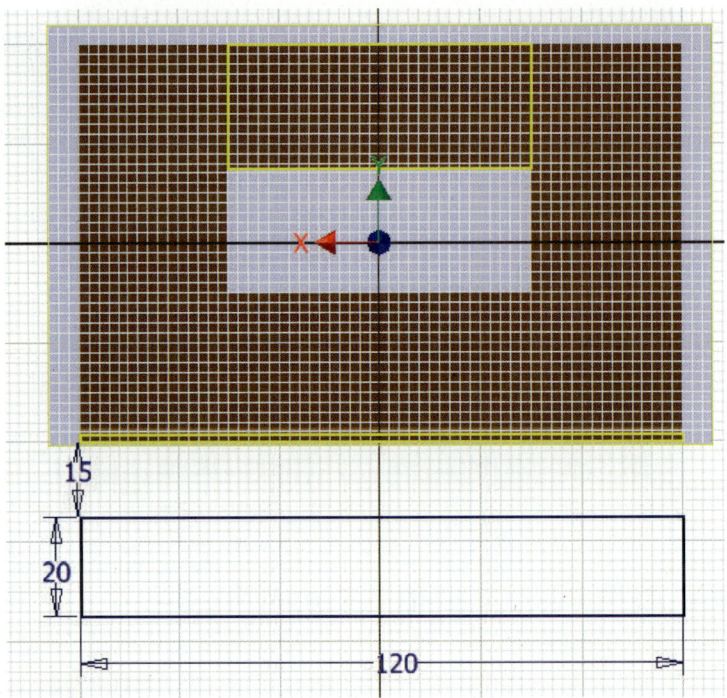

**15** 면 아이콘을 클릭하고 아래 그림처럼 기본값에서 확인한다.

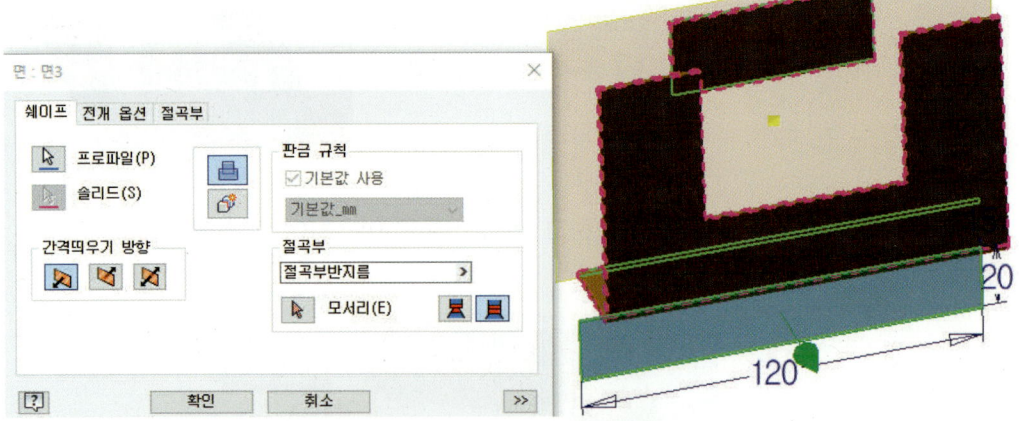

16 플랜지 아이콘을 클릭한다. 아래 그림처럼 부품의 모서리를 선택하고 거리치수 30mm를 입력한 후 확인한다.

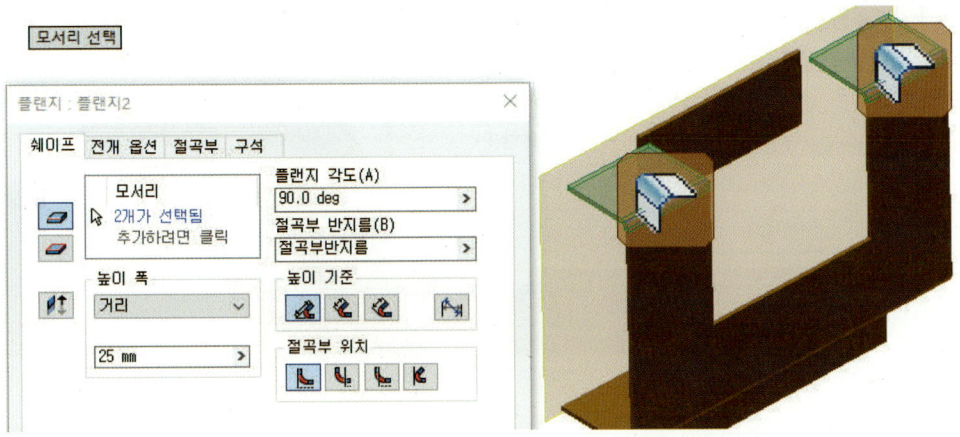

17 절곡부 아이콘을 클릭하여 모서리를 순서대로 클릭하고 적용한다.

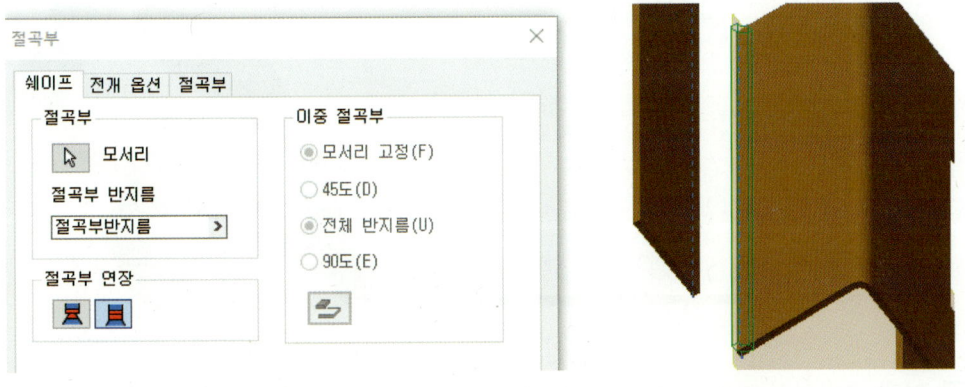

18 다시 절곡부에서 모서리를 순서대로 클릭하고 확인한다.

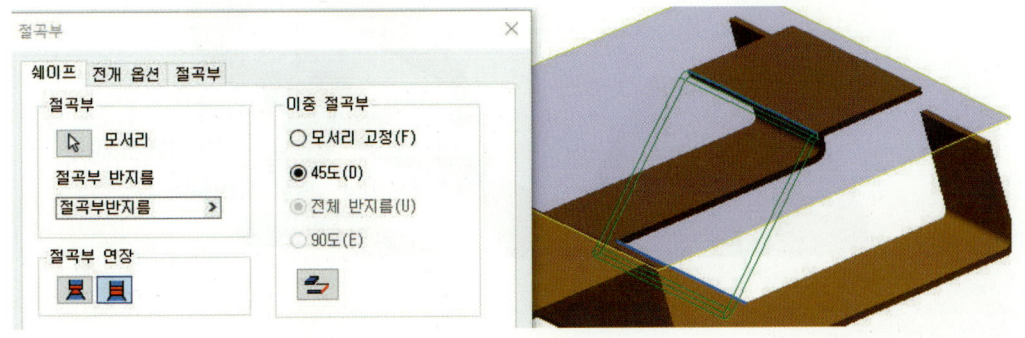

⑲ 모서리 라운드 아이콘을 클릭하여 반지름 20mm를 입력하고, 피쳐에서 모서리를 선택한 후 확인한다.

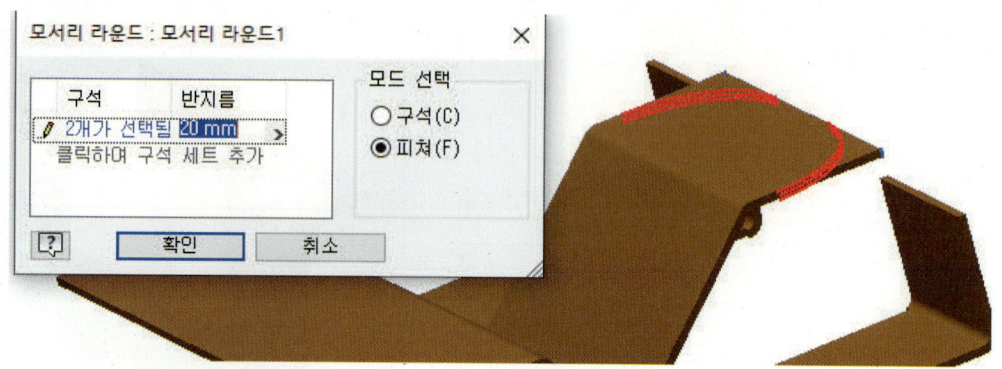

⑳ 모따기 아이콘을 클릭하여 그림처럼 거리 값 5mm를 입력하고, 구석을 선택한 후 확인한다.

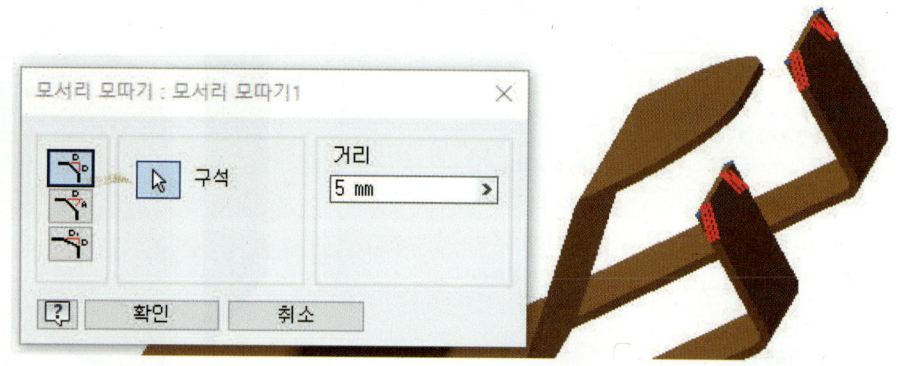

㉑ 아래 그림처럼 면을 선택하고 MB3 버튼을 이용하여 새 스케치를 클릭한다.

**22** 그림처럼 점 아이콘을 이용하여 스케치하고 종료한다.

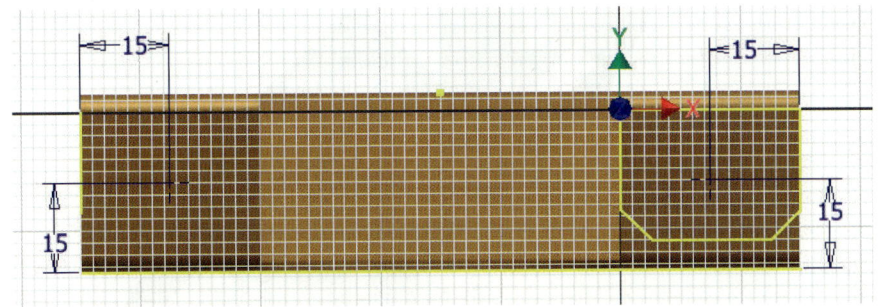

**23** 구멍 아이콘을 클릭하여 그림처럼 설정하고 확인한다.

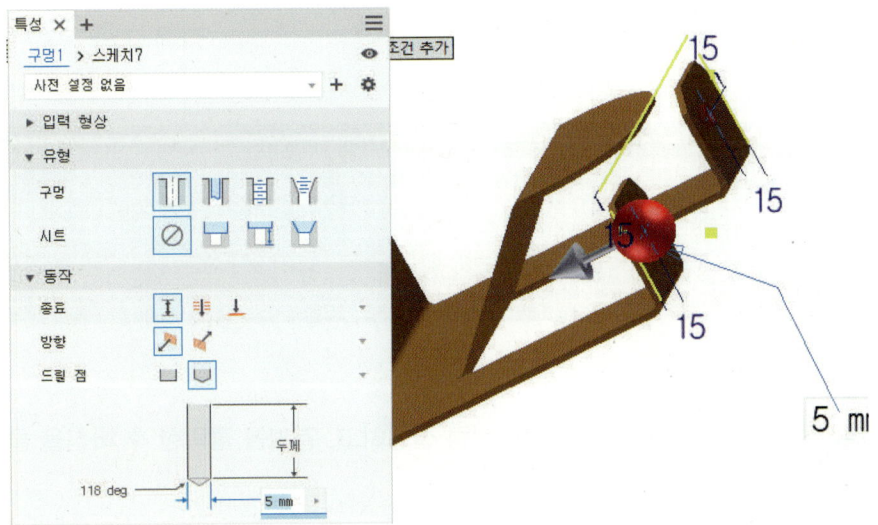

**24** 햄 아이콘을 클릭하여 아래 그림처럼 설정하고, 모서리를 선택하여 확인한다.

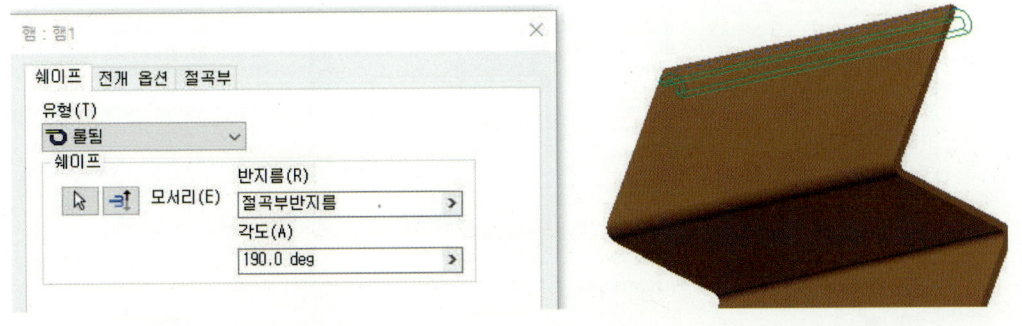

CHAPTER 11 판금 부품 작성 따라 하기

㉕ 아래 그림처럼 면을 선택하고, MB3 버튼을 이용하여 새 스케치를 클릭한다.

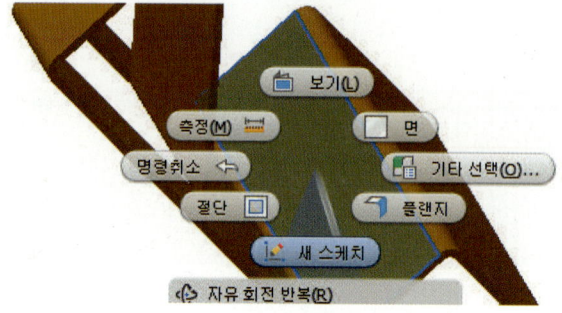

㉖ 그림처럼 점 아이콘을 이용하여 스케치하고 종료한다.

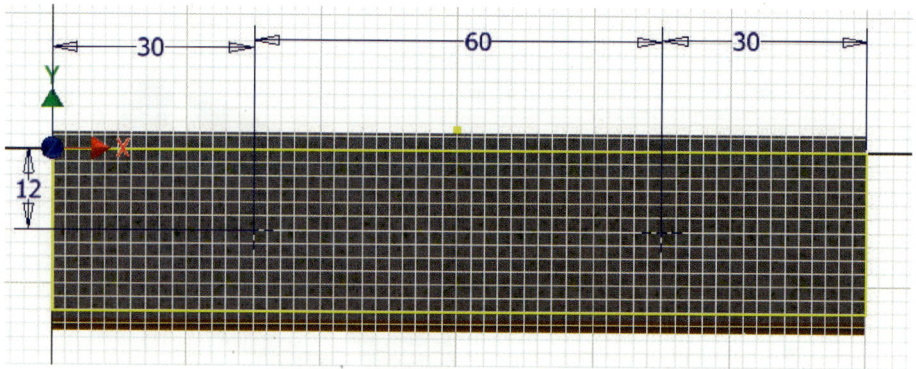

㉗ 펀칭 도구 아이콘을 클릭하여 그림처럼 설정하고, 열기를 클릭한 후 마침을 클릭한다.

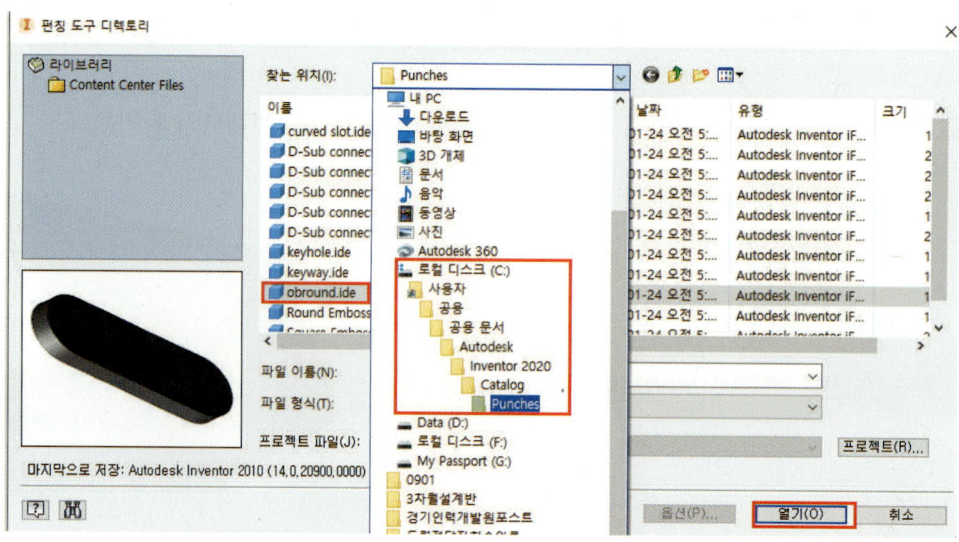

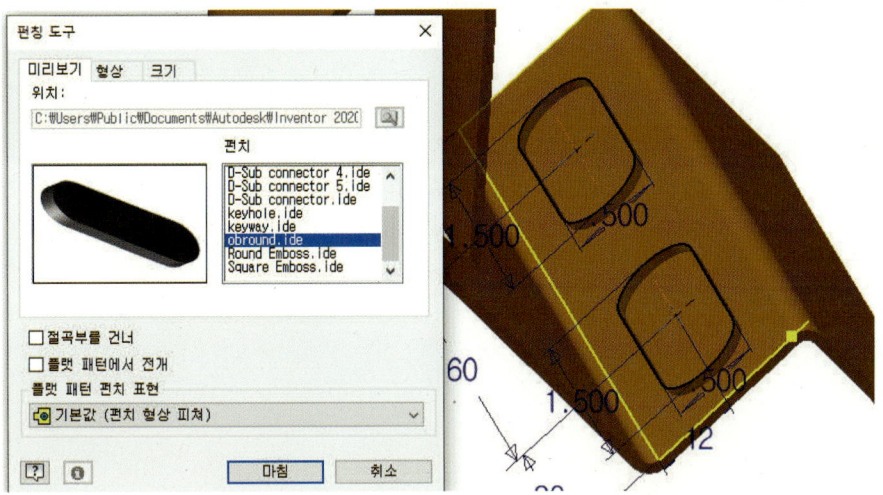

㉘ 아래에서 왼쪽 그림은 완성된 상태이다. 아래 오른쪽 그림은 전개 아이콘을 클릭한 상태이다.

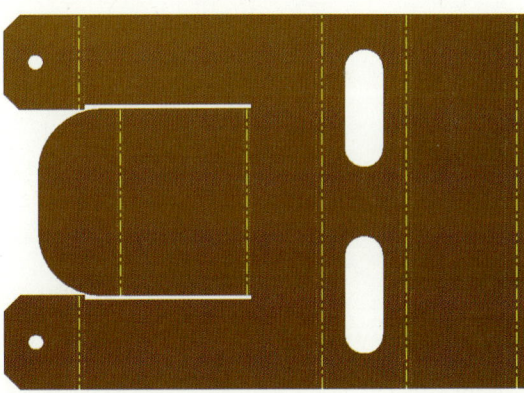

CHAPTER 11 판금 부품 작성 따라 하기

CHAPTER

# 12

# 용접물 작업 따라 하기

1. 용접물 조립품 작성
2. 조립품 및 용접물 조립품 간의 차이
3. 용접 비드 유형
4. 필렛 용접
5. 모깎기 용접
6. 그루브 용접
7. 필렛 용접 따라 하기
8. 그루브 용접 따라 하기

**학습목표**

용접별 명령 및 조립품 명령의
조합을 사용하여 용접물 모형을 작성하거나,
조립품 모형을 용접물로 변환하여 간단한 용접 작업을 할 수 있다.

# 용접물 작업 따라 하기

 **용접물 환경**

용접별 명령 및 조립품 명령의 조합을 사용하여 용접물 모형을 작성하거나 조립품 모형을 용접물로 변환할 수 있다.

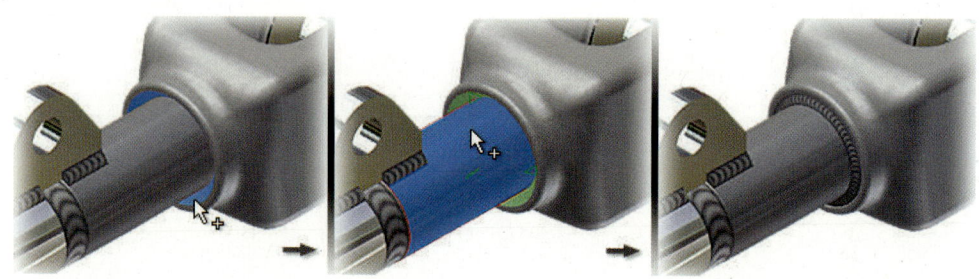

용접물 조립품 설계는 조립품 모델링 환경의 확장이라 할 수 있으며, 용접물은 두 가지 방법으로 작성할 수 있다. 용접물 환경에서 용접별 명령과 조립품 명령을 조합하여 사용하며, 조립품 환경에서 조립품을 용접물로 변환하고, 변환을 하고 나면 용접별 설계 의도를 추가한다.

조립품 용접물에서 조립품을 작성하고, 용접에 대한 모형을 준비하기 위해 조립품 피쳐를 선택적으로 추가한 후 솔리드나 곡면 피쳐로 용접을 추가한 다음 최종 기계가공을 위해 조립품 피쳐를 더 추가할 수 있다. 용접물 모형이 완성되고 나면 모든 부품과 피쳐가 단일 조립품 파일에 저장되고 이를 용접물이라고 부르며, 자세한 용접 기호 및 솔리드 모깎기 용접 주석을 포함하는 모든 용접물 정보는 도면에서 자동으로 복구할 수 있다. 용접물 작성 방법에 따라 용접물의 서로 다른 단계를 나타내는 도면을 작성할 수도 있다.

## 1. 용접물 조립품 작성

다음과 같은 두 가지 방법으로 용접물 조립품을 작성한다.

① 새 용접물 조립품을 시작한다. 조립품을 작성하고 조립품 피쳐 및 용접 피쳐를 해당 용접 그룹에 추가하여 용접물 조립품을 형성하며, 해당 용접물 조립품은 단일 장치로 작동한다.

② 일반 조립품을 작성한 다음 용접물로 변환을 클릭한다. 사용할 표준을 설정하고 기존 조립품 피쳐의 배치를 용접 준비 또는 용접 이후 기계가공 피쳐로 결정하고, 기본 비드 용접 재질을 선택하도록 프롬프트하여 조립품이 용접물로 변환된다.

③ 조립품을 용접물로 지정하면 용접 탭과 검색기를 사용할 수 있으며, 기본 용접물 템플릿을 적용할 수 있다. 조립품에서 변환되면 템플릿을 적용할 수 없다.

주 조립품을 용접물로 변환한 다음에는 일반 조립품으로 다시 변환할 수 없다.

## 2. 조립품 및 용접물 조립품 간의 차이

용접물 파일은 용접물 환경에서 작성하거나 열게 된다. 용접물 환경에는 조립품 환경과 동일한 모든 피쳐 및 명령이 포함되어 있으며, 용접물 제조 프로세스에 최적화된 명령이 있다. 이러한 명령을 사용하여 세 가지 그룹의 조립품 피쳐를 분류하고 조작할 수 있으며, 필요한 경우 표면 또는 솔리드 모깎기 및 그루브 용접을 작성하고 모형 형상에 연관시킬 수 있다. 용접 피쳐 그룹에는 준비 피쳐, 용접 비드 피쳐 및 사후 용접 기계가공 피쳐가 포함된다.

조립품 파일은 조립품 환경에서 작성하거나 열게 되며 조립품 환경에서 조립품 피쳐를 작성할 수 있다. 용접물의 다른 단계를 나타내는 도면 작성을 지원하는 용접 피쳐 그룹에는 조립품 피쳐를 모을 수 없다.

주 조립품 피쳐를 작성한 후 용접 비드를 추가할 때 맨 위 조립품 내 조립품 피쳐의 관계부품으로 추가할 용접 비드를 부분 조립품에서 선택할 수 있다.

## 3. 용접 비드 유형

모형에서 모서리나 루프를 선택하여 표면 용접(2D 및 3D 와이어)을 작성한다.

파일 → iProperties → 물리적 → 표면 용접 포함을 선택하여 물리적 특성에 표면 용접을 포함하거나 제외하도록 요청할 수 있다. 시작/끝 종료(평행)를 지정하여 표면 용접 비드를 자를 수 있다.

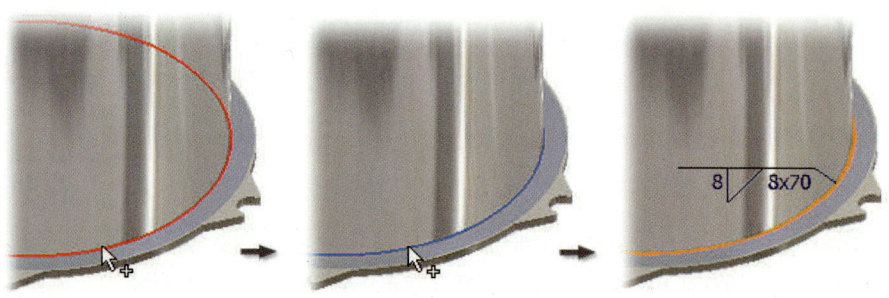

두 개 이상의 구성요소 간에 물리적 간격이 없는 경우 모깎기 용접(3D 솔리드)이 광범위하게 사용되며 모깎기 용접을 통해 서로 닿지 않는 구성요소 간의 간격을 메울 수도 있다. 간격이 있으면 모깎기 용접으로 간격을 메우지만 열 때는 적용되지 않는다. 피치, 길이 및 비드 매개변수의 수를 사용하여 비연속 모깎기 용접을 작성할 수 있으며, 볼록, 오목 또는 플랫 컨투어 옵션을 선택하여 용접의 가공 형태(컨투어)를 제어할 수 있다. 모서리에서 용접이 시작되지 않거나 끝나지 않으면 시작-길이를 선택하여 간격띄우기 거리와 길이 값을 지정한다. 조립품 작업 평면이나 평면형 형상을 사용하여 시작-끝 종료(병렬만 해당)를 지정하여 모깎기 용접 비드의 시작 및 끝 위치를 결정할 수도 있다.

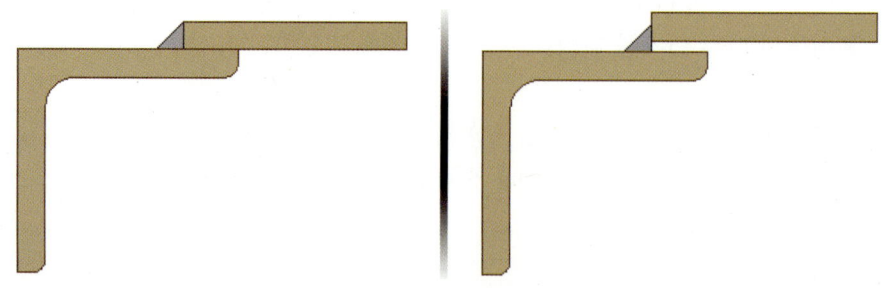

구성요소가 거리나 간격으로 분리된 경우에는 그루브 용접(3D 솔리드)이 유용하며, 하나의 면 세트 또는 나머지 다른 면 세트에서 전체 면 옵션이 선택되어 있지 않은 경우 채우기 방향을

입력하거나 원형 채우기 옵션을 선택한다. 채우기 방향 선택을 사용하여 그루브 용접 비드로 연결할 그루브 용접 면 세트가 서로 투영되는 방향을 지정한다. 방향을 선택할 필요가 없는 경우 원형 채우기를 사용하며, 내부 루프 무시 옵션을 사용하여 내부 루프 내의 용접 유무를 제어한다. 체인 면 옵션을 사용하여 접하는 면 선택을 단순화한다.

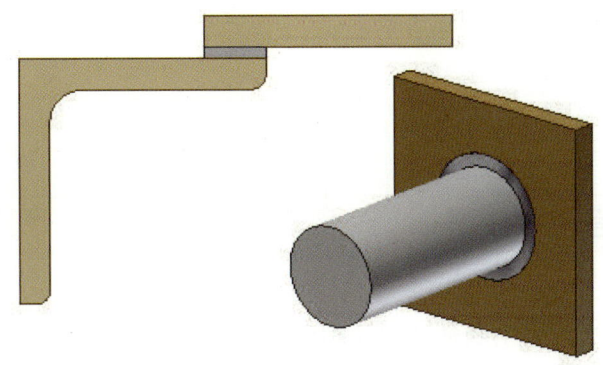

용접 작성을 위해 모깎기와 그루브 용접을 조합해야 하는 경우도 있으며, 필렛 명령을 사용하여 필렛으로 간주되는 면을 명시적으로 지정한다.

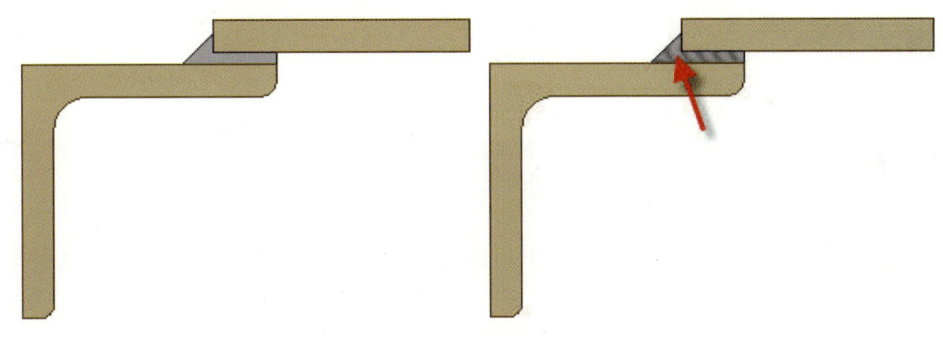

## 4. 필렛 용접

쉐이프, 색상 및 채우기 패턴을 포함하여 용접 비드 끝의 기호를 지정한다.

 **실행**: 리본: 주석 탭 → 기호 패널 → 필렛

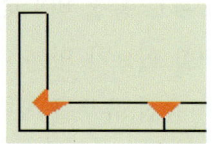 도면 뷰나 3D 용접 비드에서 용접 필렛 주석을 추가하여 용접 비드의 끝을 나타내는 해치된 영역이나 채워진 영역을 표시할 수 있으며, 도면 뷰에서 필렛은 모형으로부터 복구할 수 있다.

주 필렛 명령이 표시되어 있지 않은 경우에는 용접 또는 용접 모양 명령 옆에 있는 화살표를 클릭한 다음 필렛을 클릭한다.
용접물 조립품에서 주석 탭 → 기호 패널 → 용접을 클릭하고 용접 명령 옆에 있는 화살표를 클릭한 다음 필렛을 클릭한다.

## 5. 모깎기 용접

용접물 조립품에서 모깎기 용접 피쳐를 작성한다. 용접 기호와 피쳐를 동시에 작성하거나 개별 작업으로 작성할 수 있으며, 검색기의 용접 폴더에서 용접 비드와 용접 기호는 개별적인 피쳐이다. 용접 기호는 모깎기 비드에 대한 변경 사항이 용접 기호 값을 업데이트 하도록 모깎기 비드 피쳐와 연관될 수 있다. 용접 기호의 변경 사항은 모깎기 비드 피쳐를 업데이트할 수 없다.

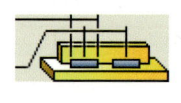 **실행**: 리본: 리본에서 용접 탭 → 용접 패널 → 모깎기를 클릭한다.

| | | |
|---|---|---|
| | 레그 길이 | 레그 길이(높이 및 폭)에 따라 모깎기 용접을 구성하며, 값을 하나만 입력하면 레그 길이가 같아진다. |
| | 목 | 용접 루트와 모깎기 용접 면 사이의 거리를 기준으로 모깎기 용접을 구성한다. |
| | 방향 | 간격띄우기 용접의 시작 위치를 변경한다. |

| | | |
|---|---|---|
| | 인터미튼시 | • 활성 표준에 따라 모깎기 용접 비드의 인터미튼시를 지정한다.<br>• ANSI 표준은 비드 길이와 비드 중심 사이의 거리를 지정한다.<br>• ISO, BSI, DIN 및 GB 표준은 비드 길이, 비드 사이 간격 및 비드 수를 지정한다.<br>• JIS 표준은 비드 길이, 비드 중심 사이 길이 및 비드 수를 지정한다. |

## 6. 그루브 용접

용접물 조립품에서 두개의 면 세트가 솔리드 용접 비드와 연결되는 그루브 용접 피쳐를 작성한다. 용접 기호와 피쳐를 동시에 작성하거나 개별 작업으로 작성할 수 있다.

검색기의 용접 폴더에서 용접 비드와 용접 기호는 개별적인 피쳐이다. 용접 기호와 용접 비드 피쳐 사이에는 아무런 연관이 없으므로 용접 비드 피쳐에 모든 용접 기호 값을 지정할 수 있다. 그루브 용접이 용접 기호에 의해 사용되는 경우 그루브 용접은 용접 기호의 하위 노드이다.

| | | |
|---|---|---|
| | | 리본에서 용접 탭 → 용접 패널 → 그루브를 클릭한다. |
| | | 면 세트 1 및 2: 그루브 용접 비드로 연결할 2개의 면 세트를 선택하며, 각 면 세트는 하나 이상의 고정된 부품 면으로 구성되어야 한다. |
| | | **전체 면 용접**<br>• 두 면 세트에 대한 용접 비드 표시 방법을 지정한다.<br>• 용접 비드가 더 작은 면 세트의 범위에서 끝나도록 지정하려면 확인란의 선택을 취소한다. |
| | | • 용접 비드를 연장하여 두 면 세트를 모두 사용하도록 지정하려면 확인란을 선택한다.<br>• 면 세트 1과 면 세트 2의 길이가 서로 다르면 용접 비드는 두 면에 모두 맞도록 확장된다. |
| | | **내부 루프 무시**<br>• 선택한 면 세트를 속 빈 그루브 용접 또는 솔리드 용접으로 만들지를 결정한다.<br>• 용접 비드가 면이 아닌 루프에 따라 연장되도록 지정하려면 확인란의 선택을 취소한다. |
| | | 용접 비드가 내부 루프에 걸쳐서 전체 면을 덮도록 지정하려면 확인란을 선택한다. |
| | | 처음 선택한 면 세트의 각도로 용접 비드를 투영한다. |
| | | 두 번째로 선택한 면 세트에 수직으로 용접 비드를 투영한다. |
| | | **원형 채우기**<br>• 곡선 주위에 용접 비드를 투영시키며 원형 채우기 확인란을 선택하면 채우기 방향을 사용할 수 없다. |

## 7. 필렛 용접 따라 하기

**1** 열기에서 과제 폴더에 필렛 용접-1.ipt를 선택 후 확인한다.

**2** 용접 아이콘을 선택하고 모깎기 아이콘을 실행한다.

**3** 비드 모드에 면과 면을 차례대로 선택하고 적용한다.

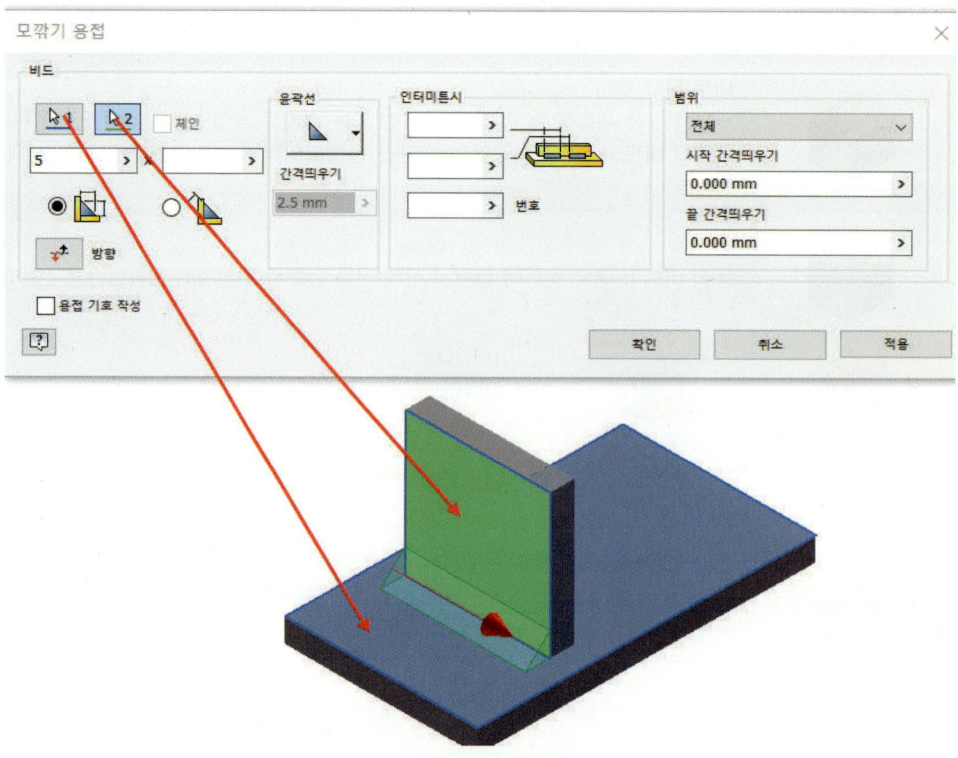

**4** 비드 모드에 면과 면을 차례대로 선택하고 인터미튼 값을 설정하여 적용한다.

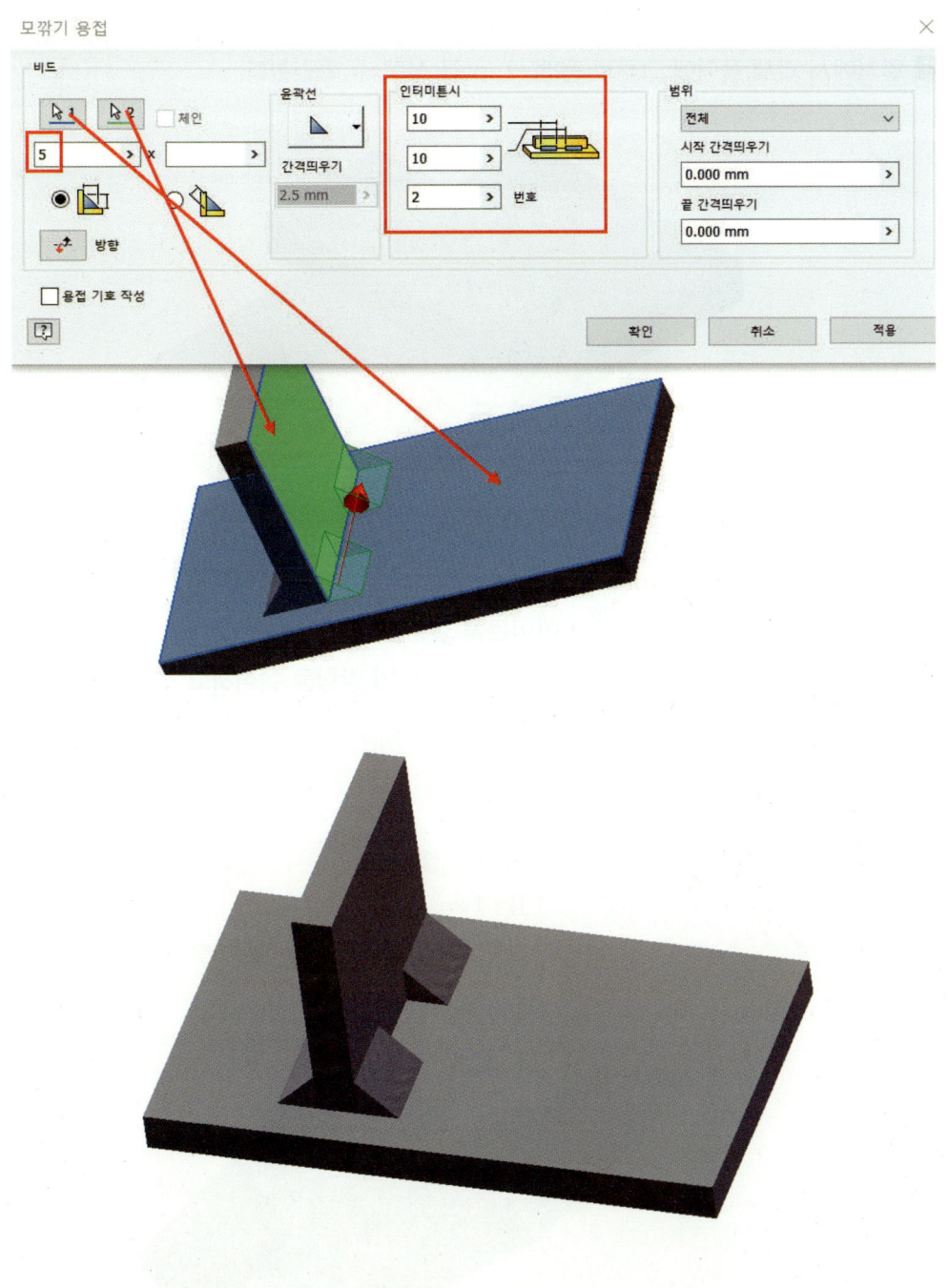

## 8. 그루브 용접 따라 하기

**1** 열기에서 과제 폴더에 그루브 용접-1.ipt를 선택 후 확인한다.

**2** 용접 아이콘을 선택하고 그루브 아이콘을 실행한다.

**3** 비드 모드에 면과 면을 차례대로 선택하고 채우기 방향을 설정하고 적용한다.

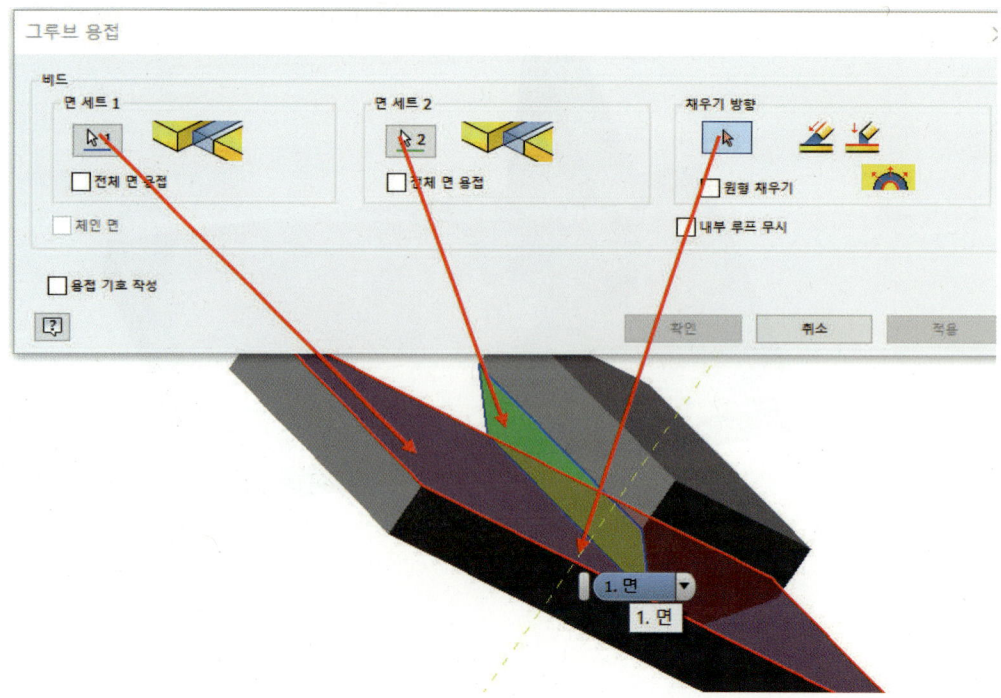

**4** 아래 그림처럼 여러 설정으로 용접하고 적용 및 확인한다.

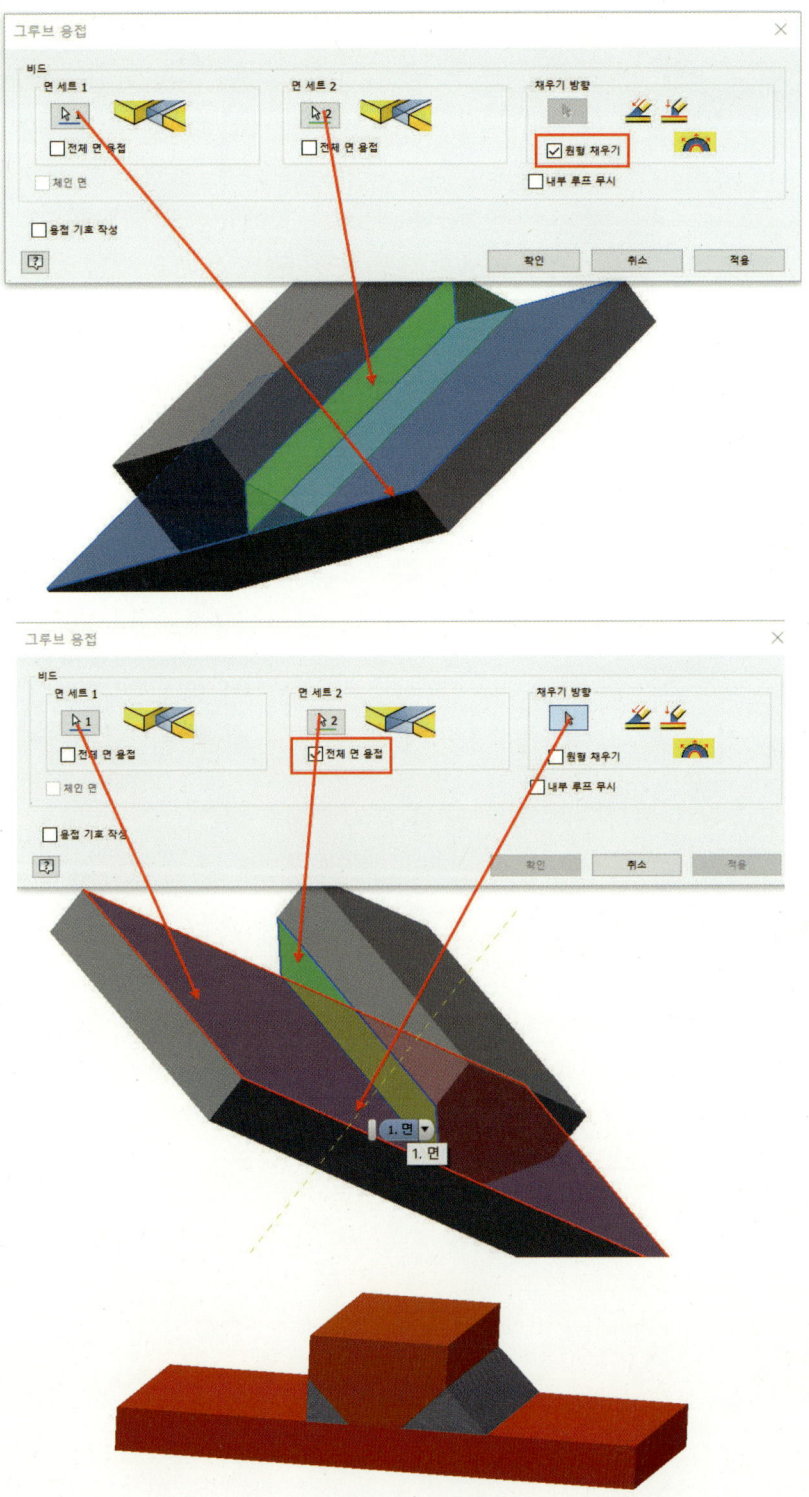

# 부록

## 과년도 실기문제

1. 일반기계기사, 산업기사, 기능사 실기문제
2. 컴퓨터응용가공산업기사 모델링 실기문제
3. 기계설계산업기사, 일반기계기사 실기문제 및 해설도

# 일반기계기사, 산업기사, 기능사 실기문제

## 국가기술자격검정 실기시험문제

| 자격종목 | 기계기사, 산업기사, 기능사 공통 | 작품명 | 도면참조 |
|---|---|---|---|

※ 시험시간 : 5시간(기사, 산업기사), 5시간 30분(산업기사)

### 1. 요구사항

※ 지급된 재료 및 시설을 사용하여 아래 작업을 완성하시오.

**가. 부품도(2D) 제도**

1) 주어진 문제의 조립도면에 표시된 부품번호 ( ○, ○, ○, ○ )의 부품도를 CAD 프로그램을 이용하여 A2 용지에 척도는 1:1로 투상법은 제3각법으로 제도하시오.
2) 각 부품들의 형상이 잘 나타나도록 투상도와 단면도 등을 빠짐없이 제도하고, 설계 목적에 맞는 기능 및 작동을 할 수 있도록 치수 및 치수 공차, 끼워 맞춤 공차와 기하 공차 기호, 표면거칠기 기호, 표면처리, 열처리, 주서 등 부품 제작에 필요한 모든 사항을 기입하시오.
3) 제도 완료 후 지급된 A3(420x297) 크기의 용지(트레이싱지)에 수험자가 직접 흑백으로 출력하여 확인하고 제출하시오.

※ 설계변경작업(기계설계산업기사에 해당함)
  1) 지급된 과제도면을 기준으로 아래 설계변경조건에 따라 설계 변경을 수행하시오.
  2) 설계변경 대상 부품이 변경될 경우 관련된 다른 부품도 설계변경이 수반되어야 합니다.

> 〈설계변경조건 예시〉
> (1) 7302A 베어링 사양을 7203A로 변경하시오.(단, 이 과정에서 하우징과 커버 등의 형상이 베어링에 맞게 변경되어야 한다.
> (2) ②번 부품 기어의 잇수를 40개로 변경하시오.

(3) A 치수를 24로 변경하시오.
(4) ①번 부품의 리브의 두께(B)를 8로 변경하시오.
(5) 과제도면에 직접 명시된 치수는 변경되지 않습니다.
 ※ 설계변경작업을 대부분 하지 않았거나 제시된 문제도면을 그대로 투상한 경우 채점 대상에서 제외

나. 렌더링 등각 투상도(3D) 제도
1) 주어진 문제의 조립도면에 표시된 부품번호(○, ○, ○, ○)의 부품을 파라메트릭 솔리드 모델링을 하고 모양과 윤곽을 알아보기 쉽도록 뚜렷한 음영, 렌더링 처리를 하여 A2용지에 제도하시오.
2) 음영과 렌더링 처리는 예시 그림과 같이 형상이 잘 나타나도록 등각 축 2개를 정해 척도는 NS로 실물의 크기를 고려하여 제도하시오. (단, 형상은 단면하여 표시하지 않습니다.)
3) 부품란 "비고"에는 모델링한 부품 중 (○, ○, ○) **부품의 질량을 g 단위로 소수점 첫째 자리에서 반올림하여 기입**하시오.
 • 질량은 **렌더링 등각 투상도(3D) 부품란의 비고에 기입**하며, 반드시 **재질과 상관없이 비중을 7.85**로 하여 계산하시기 바랍니다.
4) 제도 완료 후, 지급된 A3(420×297) 크기의 용지(트레이싱지)에 수험자가 직접 흑백으로 출력하여 확인하고 제출하시오.

다. 도면작성 기준 및 양식
1) 제공한 KS 데이터에 수록되지 않은 제도규격이나 데이터는 과제로 제시된 도면을 기준으로 하여 제도하거나 ISO 규격과 관례에 따라 제도하시오.
2) 문제의 조립도면에서 표시되지 않은 제도규격은 지급한 KS 규격 데이터에서 선정하여 제도하시오.
3) 문제의 조립도면에서 치수와 규격이 일치하지 않을 때는 해당 규격으로 제도하시오. (단, 과제도면에 치수가 명시되어 있을 때는 명시된 치수로 작성하시오.)
4) 도면작성 양식과 3D 모델링도는 다음 그림을 참고하여 나타내고, 좌측상단 A부에 수험번호, 성명을 먼저 작성하고, 오른쪽 하단에 B부에는 표제란과 부품란을 작성한 후 제도작업을 하시오. (단, A부와 B부는 부품도(2D)와 렌더링 등각 투상도(3D)에 모두 작성하시오.)

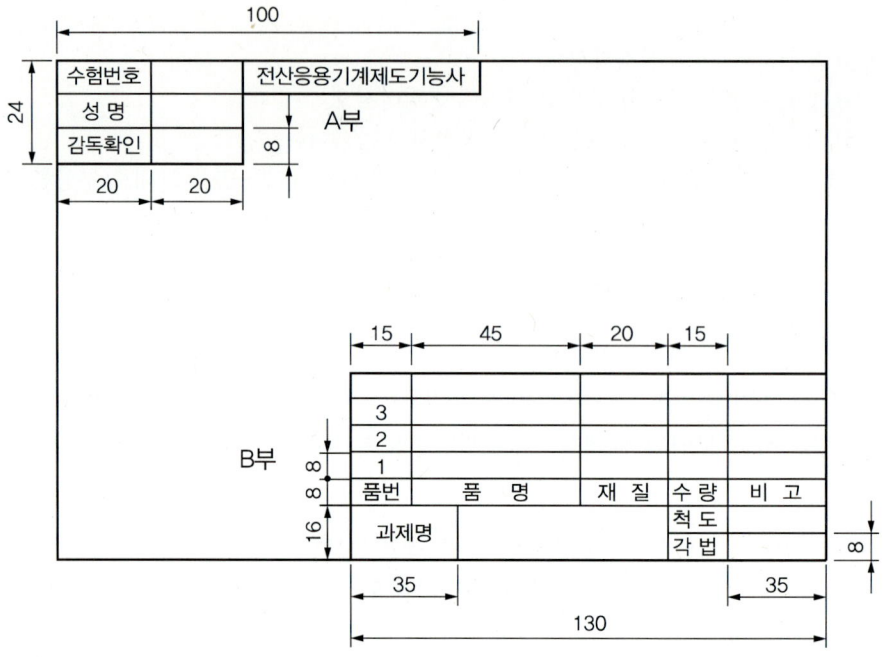

※ 도면 작성 양식(2D 및 3D)

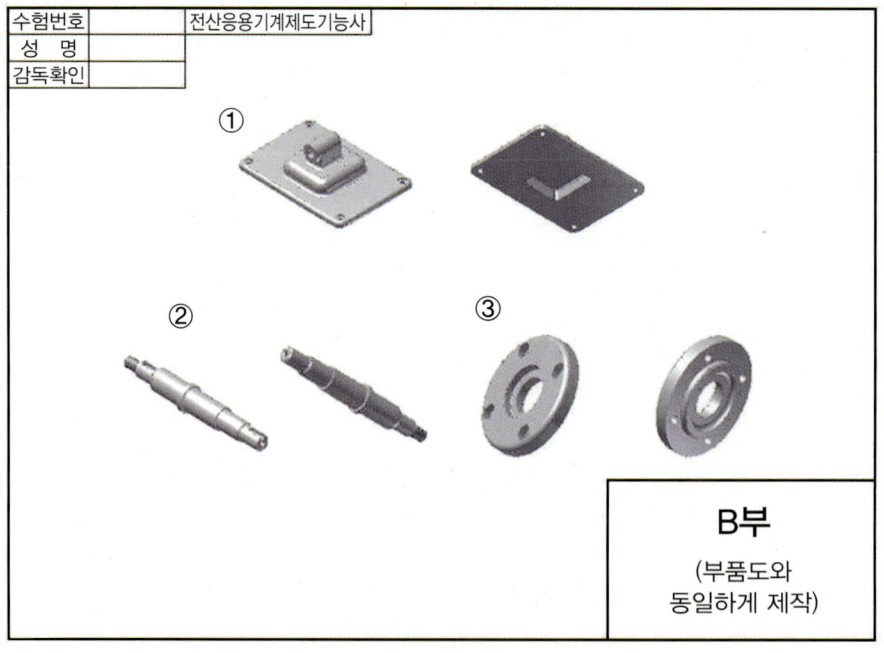

※ 3D 모델링도 예시

| 자격종목 | 기계기사, 산업기사, 기능사 공통 | 작품명 | 도면참조 |

1) 도면의 크기 및 한계설정(Limits), 윤곽선 및 중심마크 크기는 다음과 같이 설정하고, a 와 b의 도면의 한계선(도면의 가장자리 선)이 출력되지 않도록 하시오.

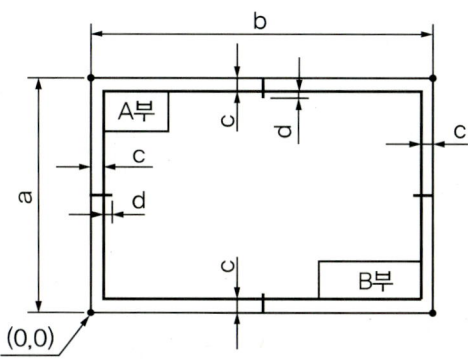

| 구분<br>도면 크기 \ 기호 | 도면의 한계 | | 중심 마크 | |
|---|---|---|---|---|
| | a | b | c | d |
| A2(부품도) | 420 | 594 | 10 | 5 |

✸ 도면의 크기 및 한계설정, 윤곽선 및 중심마크

2) 선 굵기에 따른 색상은 다음과 같이 설정하시오.

| 선 굵기 | 색상 | 용도 |
|---|---|---|
| 0.70mm | 하늘색(Cyan) | 윤곽선, 중심 마크 |
| 0.35mm | 초록색(Green) | 외형선, 개별주서 등 |
| 0.25mm | 노란색(Yellow) | 숨은선, 치수문자, 일반주서 등 |
| 0.18mm | 빨강(Red) | 치수선, 치수보조선, 중심선 등 |
| 0.18mm | 흰색(White) | 해칭 |

3) 문자, 숫자, 기호의 높이는 7.0mm, 5.0mm, 3.5mm, 2.5mm 중 적절한 것을 사용하시오.
4) 아라비아 숫자, 로마자는 컴퓨터에 탑재된 ISO 표준을 사용하고, 한글은 굴림 또는 굴림체를 사용하시오.

## 2. 수험자 유의사항

※ 다음 유의사항을 고려하여 요구사항을 완성하시오.

1) 시작 전 감독위원이 지정한 곳에 본인 비번호로 폴더를 생성한 후 이 폴더에서 비번호를 파일명으로 작업내용을 저장하고, 작업이 끝나면 비번호 폴더 전체를 감독위원에게 제출하시오(파일제출 후에는 도면(파일) 수정 불가). 그리고 시험 종료 후 PC의 작업내용은 삭제합니다.
2) 수험자에게 주어진 문제는 비번호, 시험일시, 시험장 명을 기재하여 반드시 제출합니다.
3) 마련한 양식의 A부 내용을 기입하고 감독위원의 확인 서명을 받아야 하며, B부는 수험자가 작성합니다.
4) 정전 또는 기계고장으로 인한 자료손실을 방지하기 위하여 수시로 저장합니다.
   - 이러한 문제 발생 시 "작업정지시간 + 5분"의 추가시간을 부여합니다.
5) 수험자는 제공된 장비의 안전한 사용과 작업 과정에서 안전수칙을 준수합니다.
   연속적인 컴퓨터 작업 시에는 신체에 무리가 가지 않도록 적절한 몸 풀기(스트레칭) 동작을 취하여야 합니다.
6) 다음 사항에 대해서는 채점 대상에서 제외하니 특히 유의하시기 바랍니다.
   가) 기권
     ① 수험자 본인이 수험 도중 기권 의사를 표시한 경우
   나) 실격
     ① 시험 시작 전 program 설정을 조정하거나 미리 작성된 Part program(도면, 단축키 셋업 등) 또는 LISP과 같은 Block(도면양식, 표제란, 부품란, 요목표, 주서 및 표면 거칠기 등)을 사용한 경우
     ② 채점 시 도면 내용이 다른 수험자와 일부 또는 전부가 동일한 경우
     ③ 파일로 제공한 KS 데이터에 의하지 않고 지참한 노트나 서적을 열람한 경우
     ④ 수험자의 장비조작 미숙으로 파손 및 고장을 일으킨 경우
   다) 미완성
     ① 시험시간 내에 부품도(1장), 렌더링 등각투상도(1장)를 하나라도 제출하지 아니한 경우
     ② 수험자의 직접 출력시간이 10분을 초과한 경우 (다만, 출력시간은 시험시간에서 제외하며, 출력된 도면의 크기 또는 색상 등이 채점하기 어렵다고 판단될 경우에는 감독위원의 판단에 의해 1회에 한하여 재출력이 허용됩니다.)
       - 단, 재출력 시 출력 설정만 변경해야 하며 도면 내용을 수정하거나 할 수는 없습니다.

③ 요구한 부품도, 렌더링 등각 투상도 중에서 1개라도 투상도가 제도되지 않은 경우 (지시한 부품번호에 대하여 모두 작성해야 하며 하나라도 누락되면 미완성 처리)

라) 오작
① 요구한 도면 크기에 제도되지 않아 제시한 출력용지와 크기가 맞지 않는 작품
② 각법이나 척도가 요구사항과 전혀 맞지 않은 도면
③ 전반적으로 KS 제도규격에 의해 제도되지 않았다고 판단된 도면
④ 지급된 용지(트레이싱지)에 출력되지 않은 도면
⑤ 끼워 맞춤공차 기호를 부품도에 기입하지 않았거나 아무 위치에 지시하여 제도한 도면
⑥ 끼워 맞춤 공차의 구멍 기호(대문자)와 축 기호(소문자)를 구분하지 않고 지시한 도면
⑦ 기하공차 기호를 부품도에 기입하지 않았거나 아무 위치에 지시하여 제도한 도면
⑧ 표면거칠기 기호를 부품도에 기입하지 않았거나 아무 위치에 지시하여 제도한 도면
⑨ 조립상태(조립도 혹은 분해조립도)로 제도하여 기본지식이 없다고 판단되는 도면

※ 출력은 수험자 판단에 따라 CAD 프로그램상에서 출력하거나 PDF 파일 또는 출력 가능한 호환성 있는 파일로 변환하여 출력하여도 무방합니다.

| 자격종목 | 기계기사, 기능사 | 과제명 | 편심왕복장치 | 척도 | NS |

### 3. 도면(①, ③, ④, ⑦)

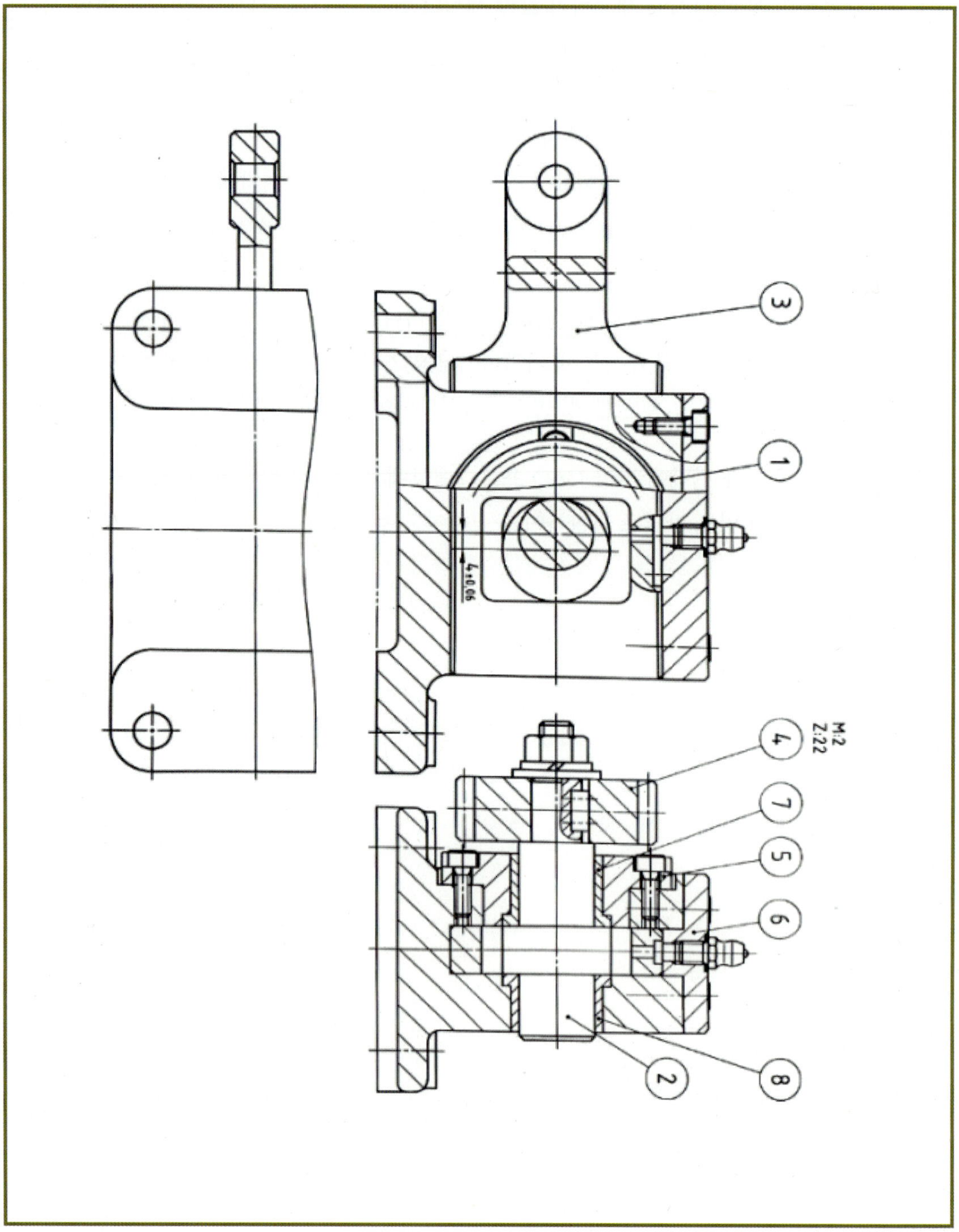

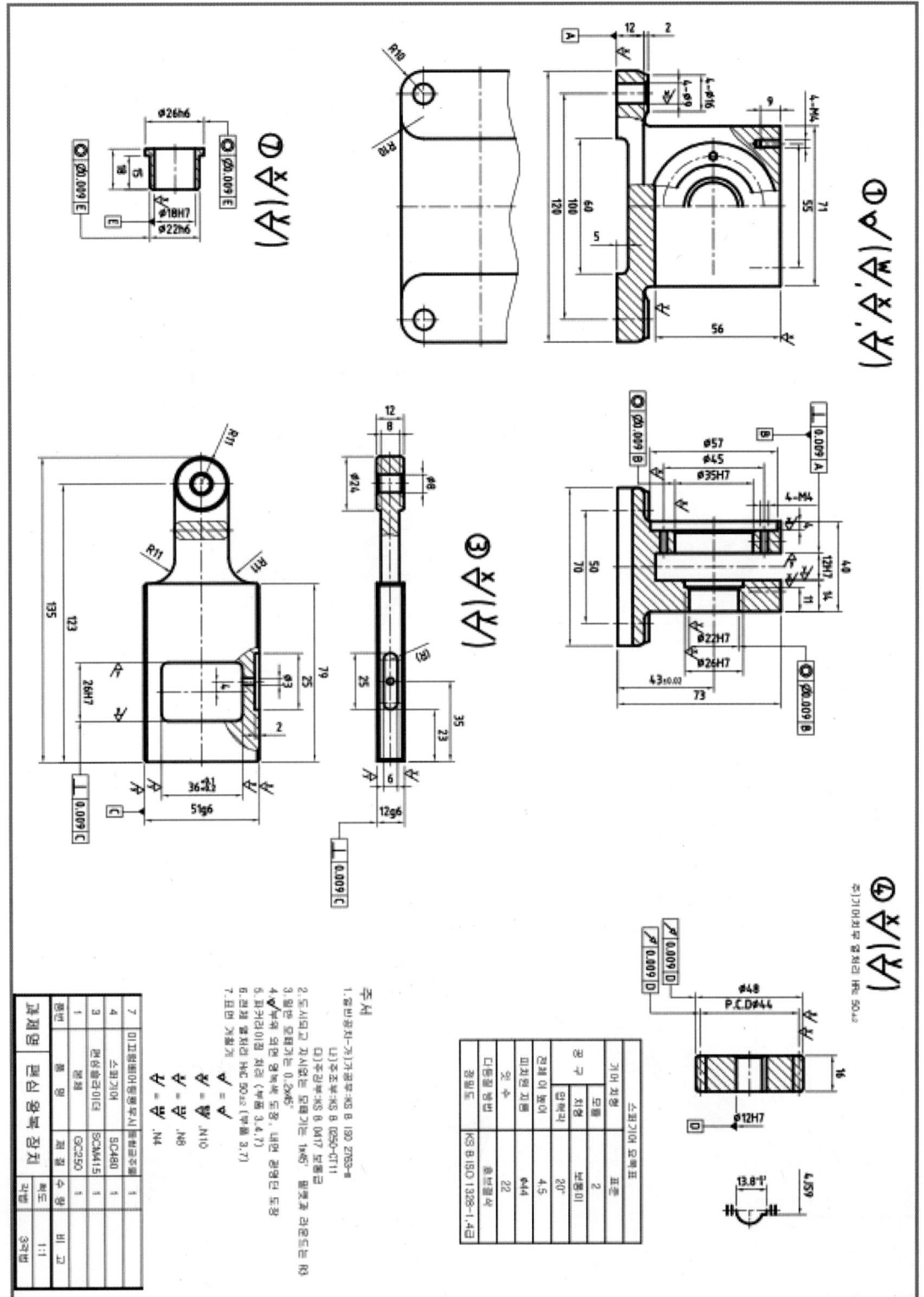

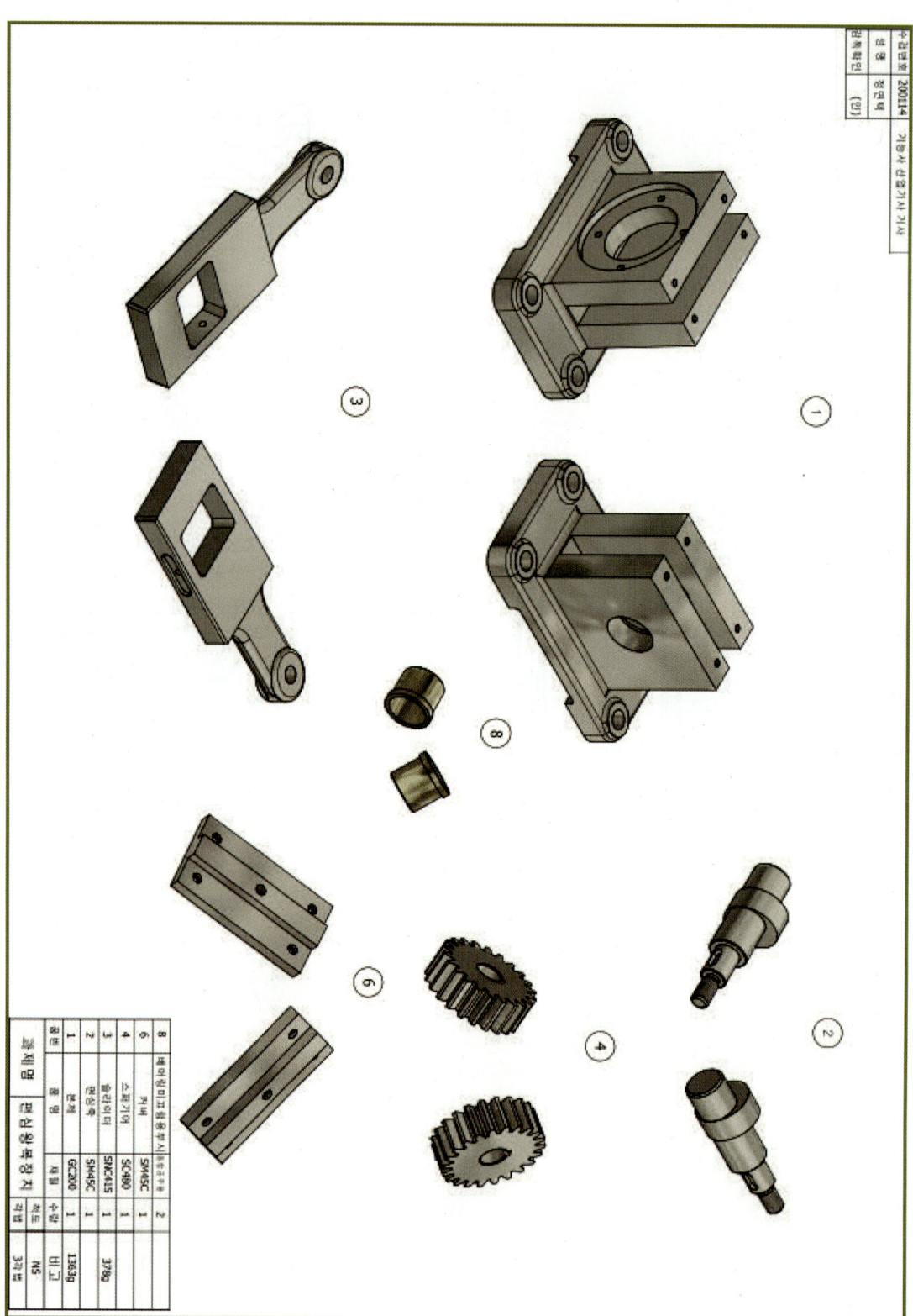

| 자격종목 | 기계기사, 기능사 | 과제명 | 슬라이더 | 척도 | NS |

3. 도면(①, ②, ③, ④)

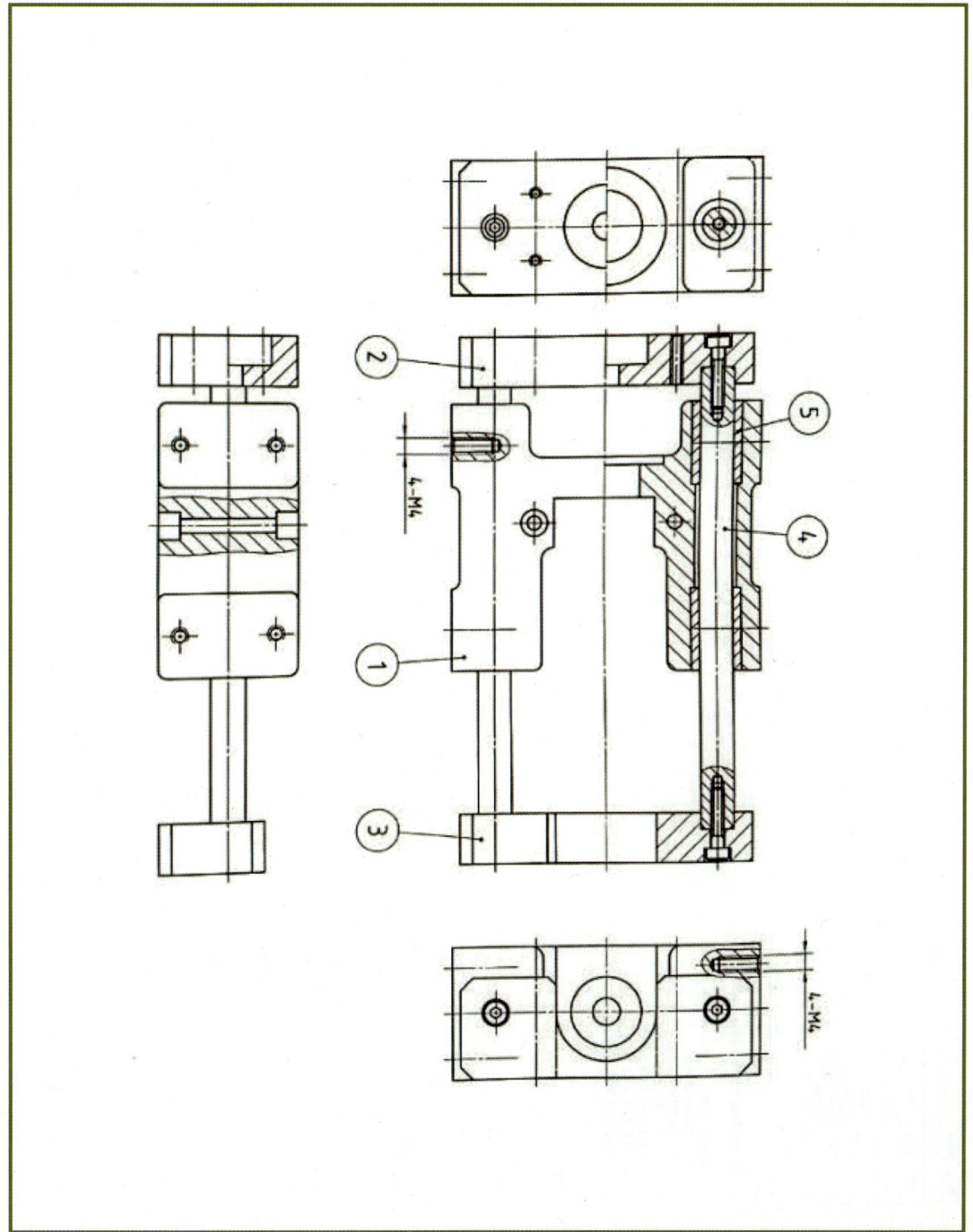

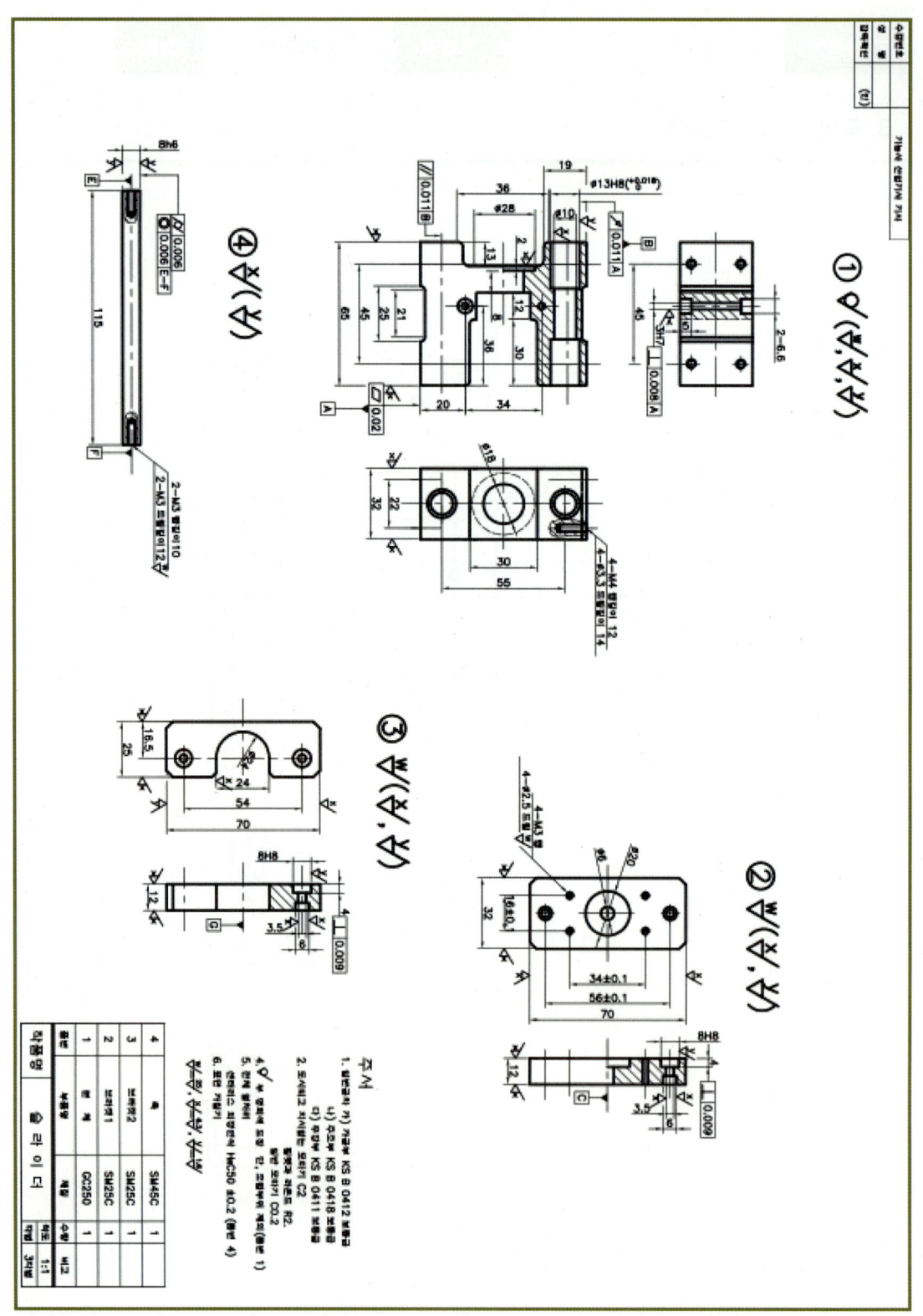

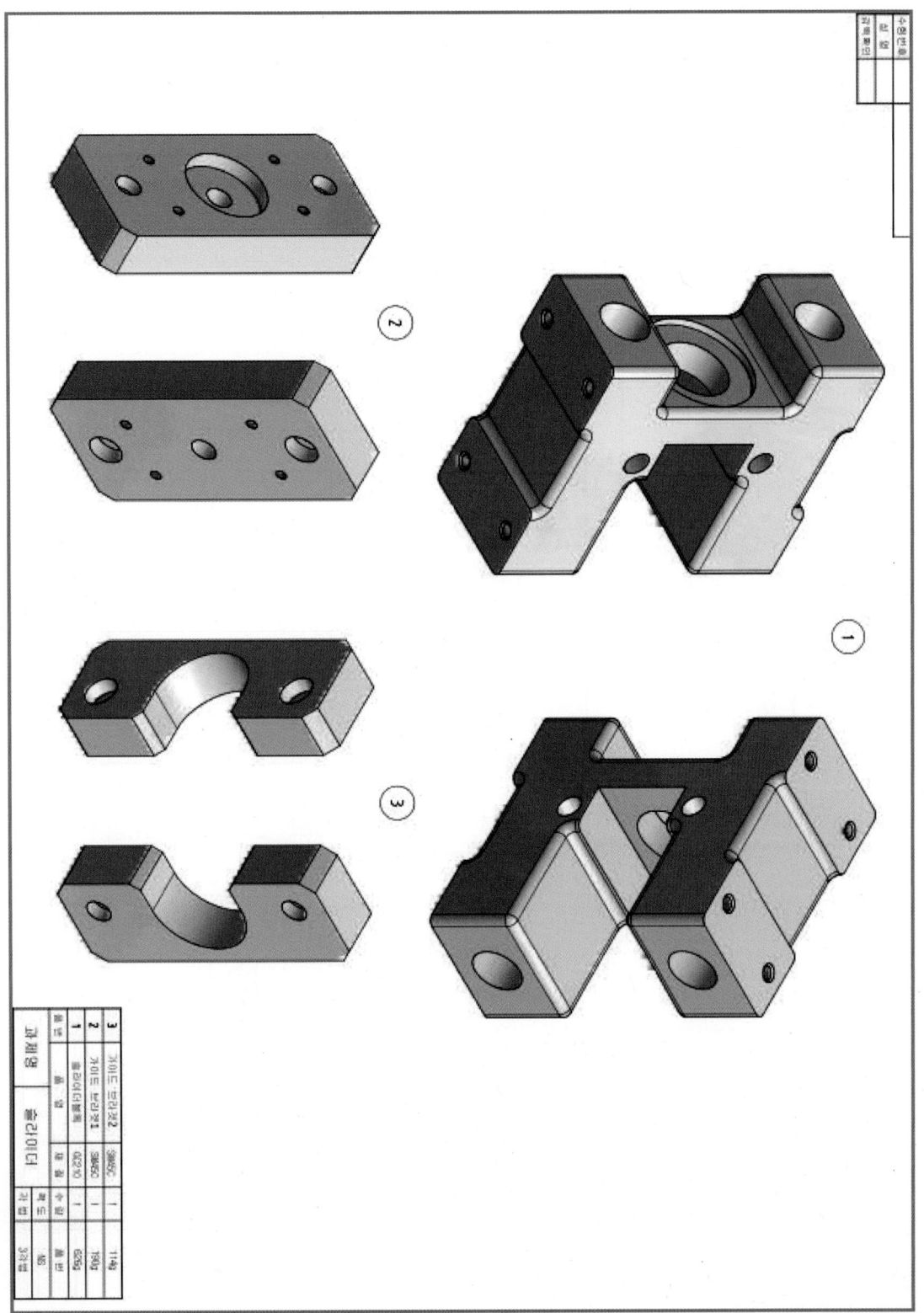

| 자격종목 | 기계기사, 기능사 | 과제명 | 동력전달장치 | 척도 | NS |

### 3. 도면(①, ②, ④, ⑤)

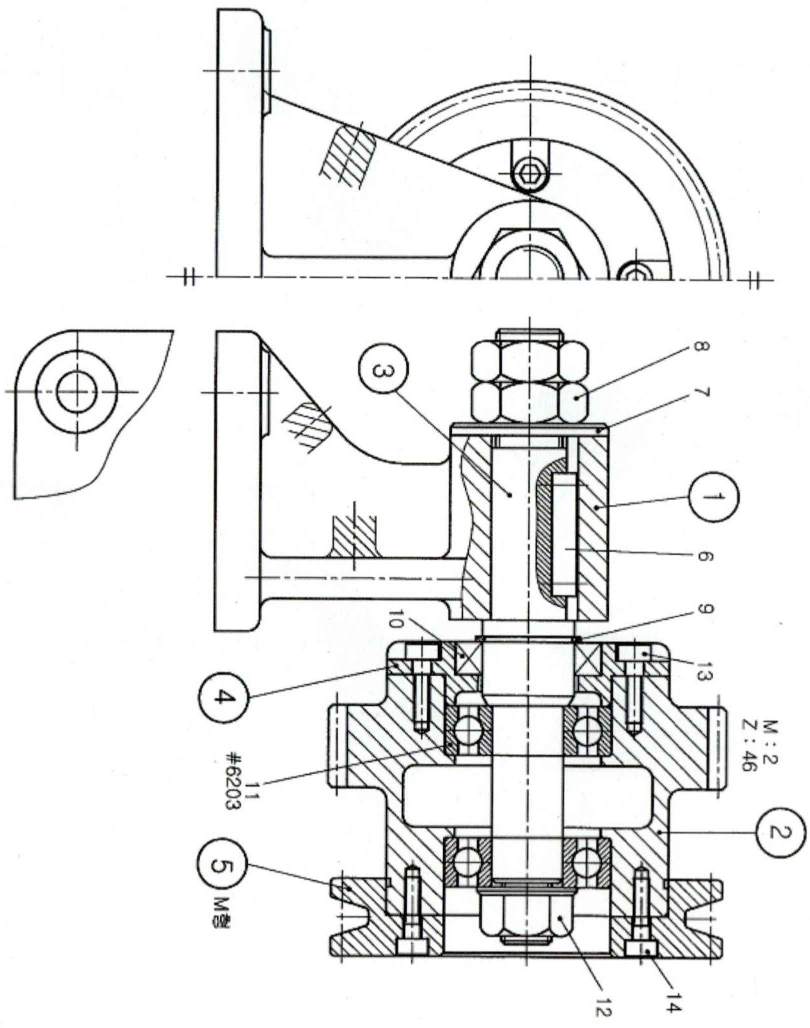

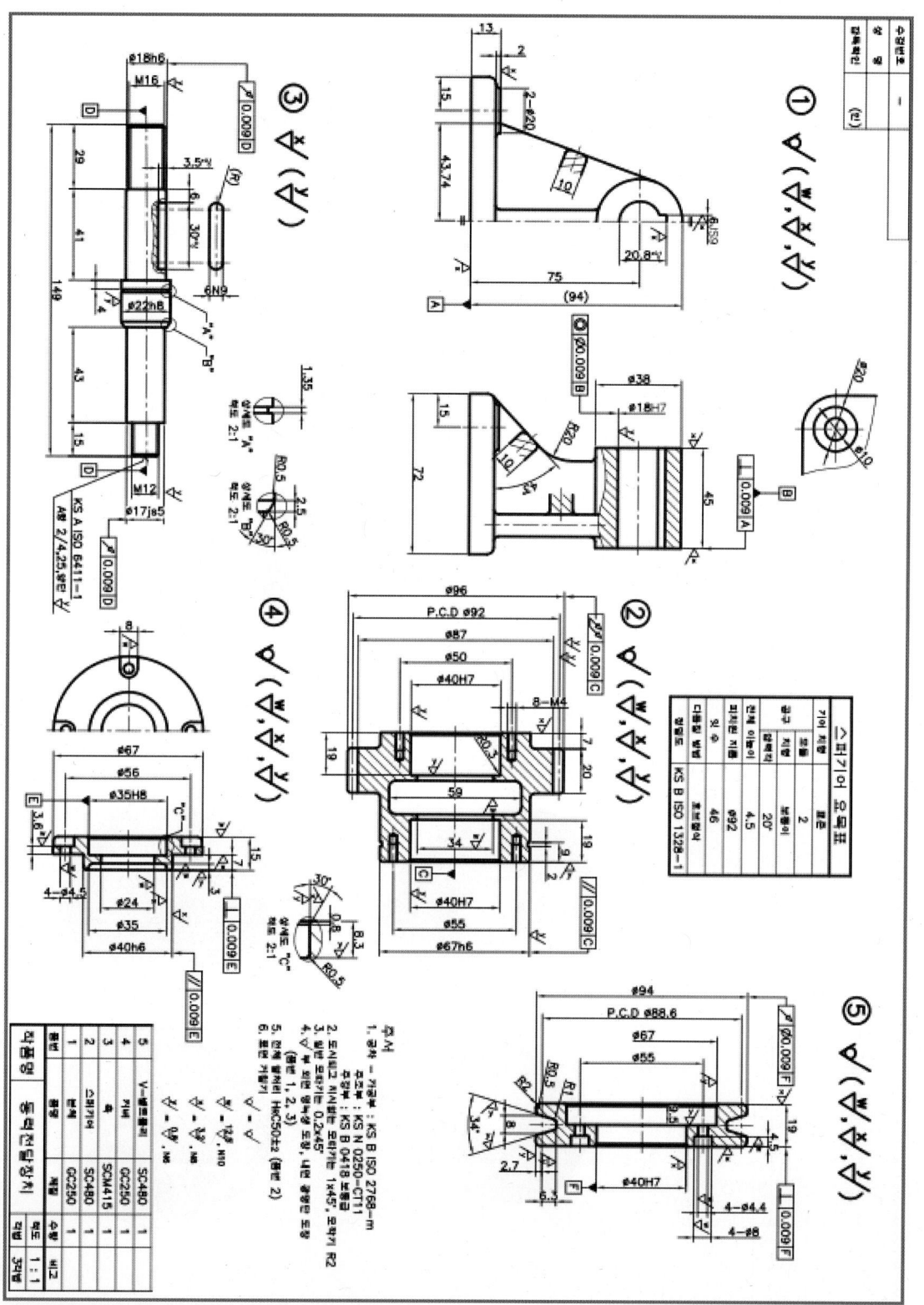

| 자격종목 | 기계기사, 기능사 | 과제명 | 동력전달장치 | 척도 | NS |

3. 도면(①, ②, ③, ④)

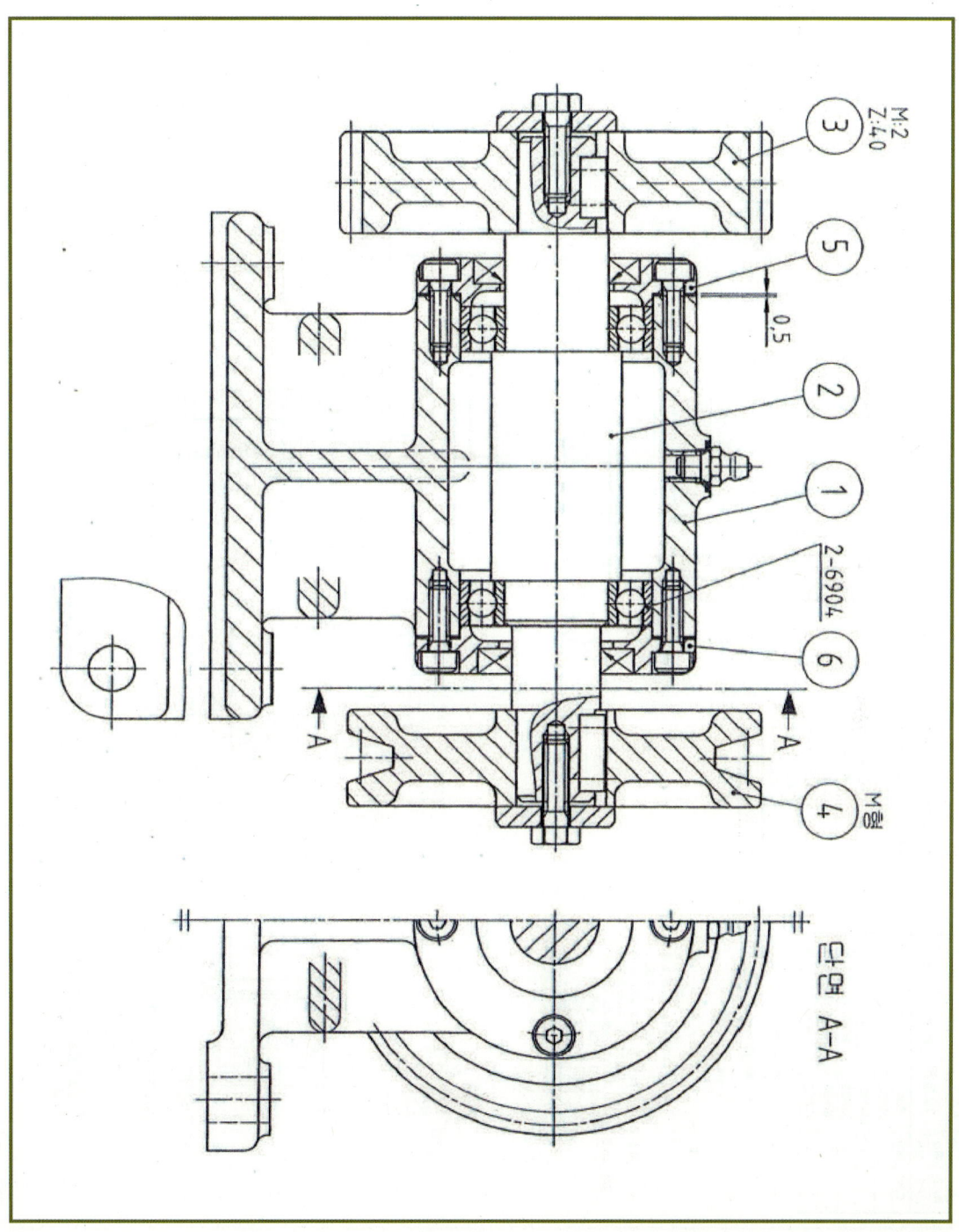

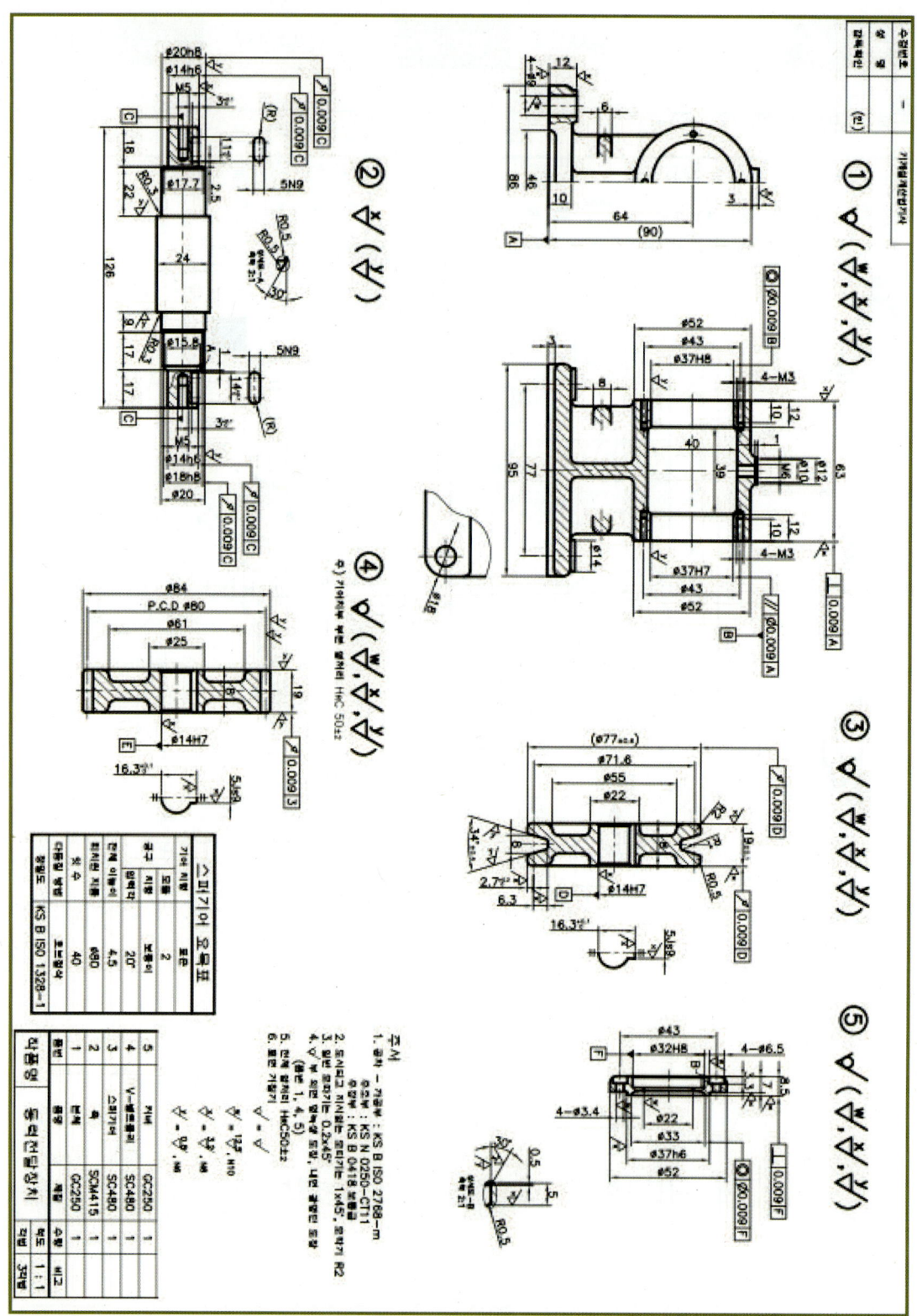

| 자격종목 | 기계기사, 기능사 | 과제명 | 동력전달장치 | 척도 | NS |

### 3. 도면(①, ②, ③, ⑤)

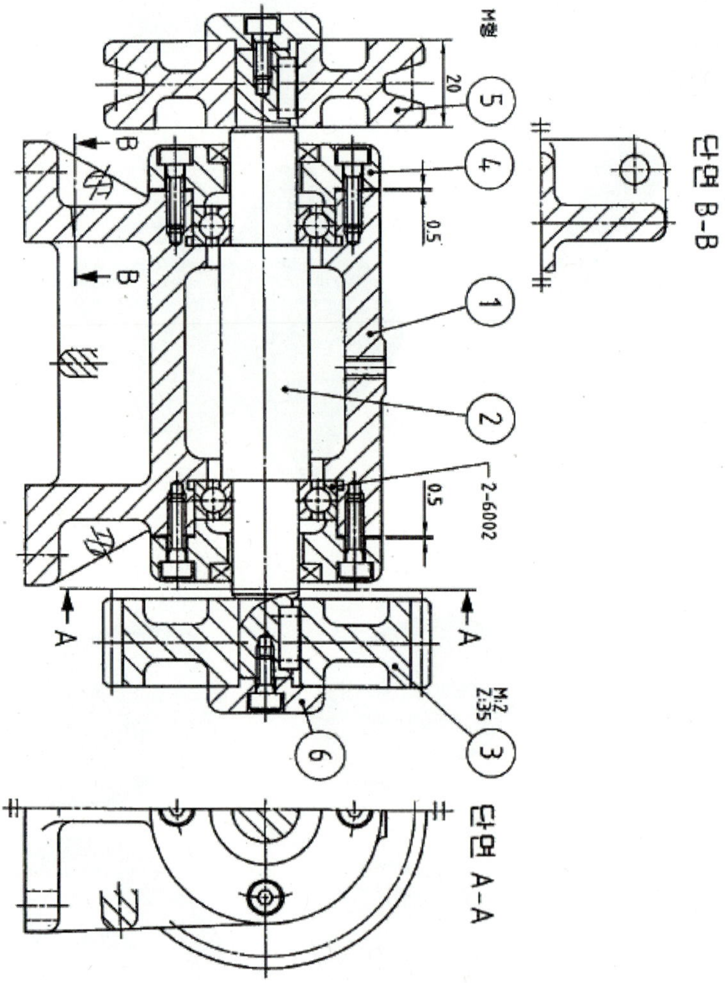

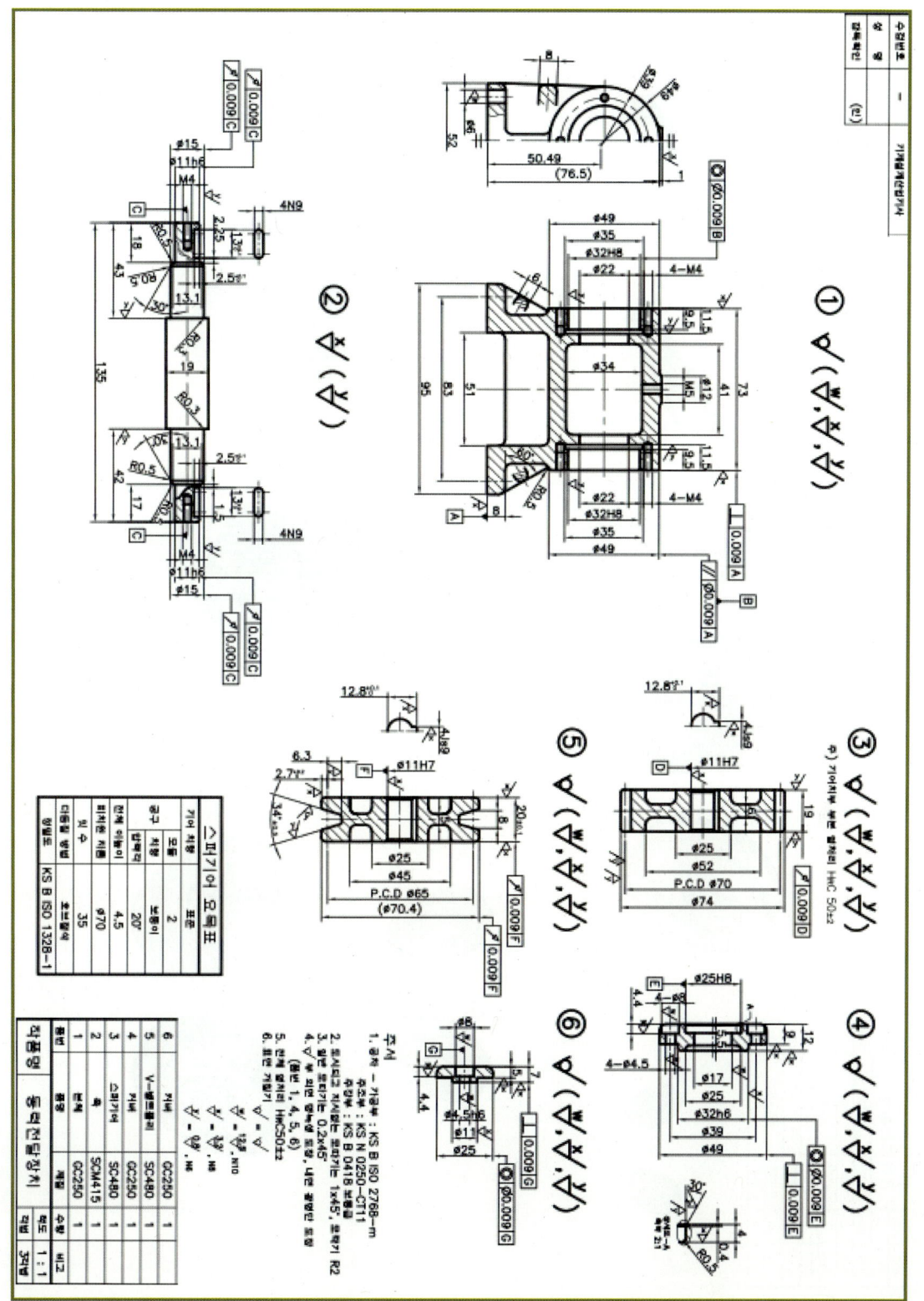

| 자격종목 | 기계기사, 기능사 | 과제명 | 동력전달장치 | 척도 | NS |

## 3. 도면(①, ③, ④, ⑥)

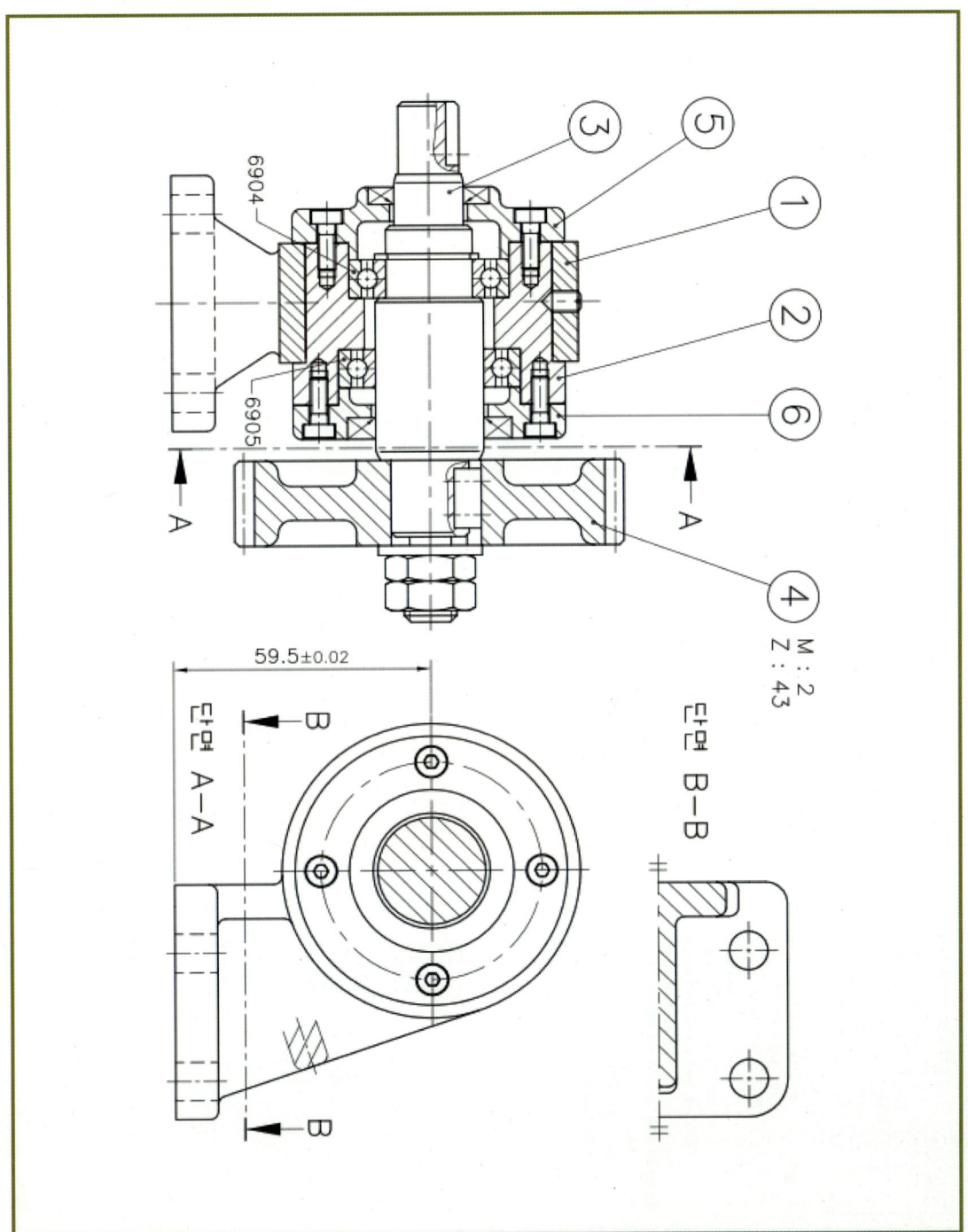

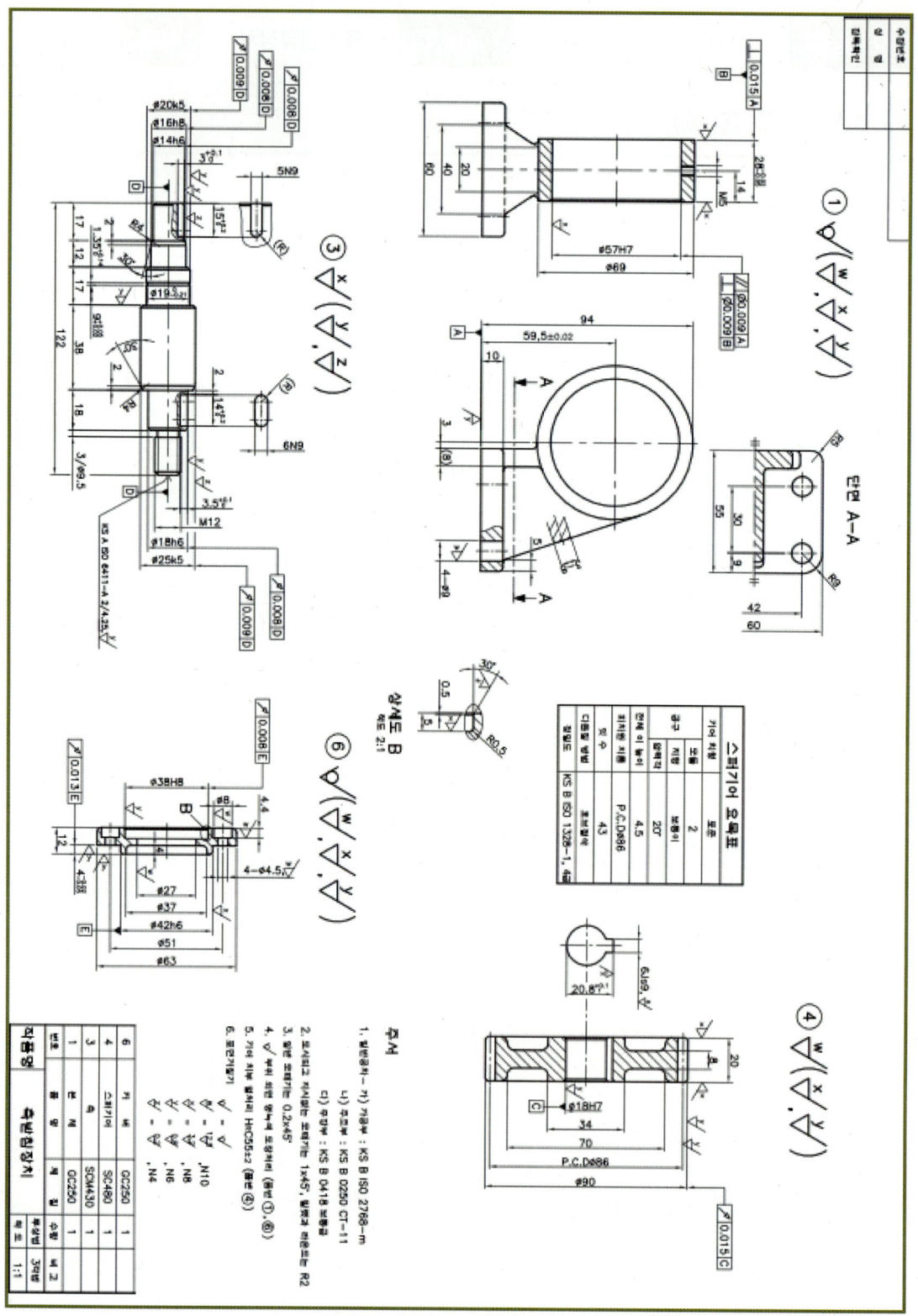

| 자격종목 | 기계기사, 기능사 | 과제명 | 동력전달장치 | 척도 | NS |

### 3. 도면(①, ②, ③, ④)

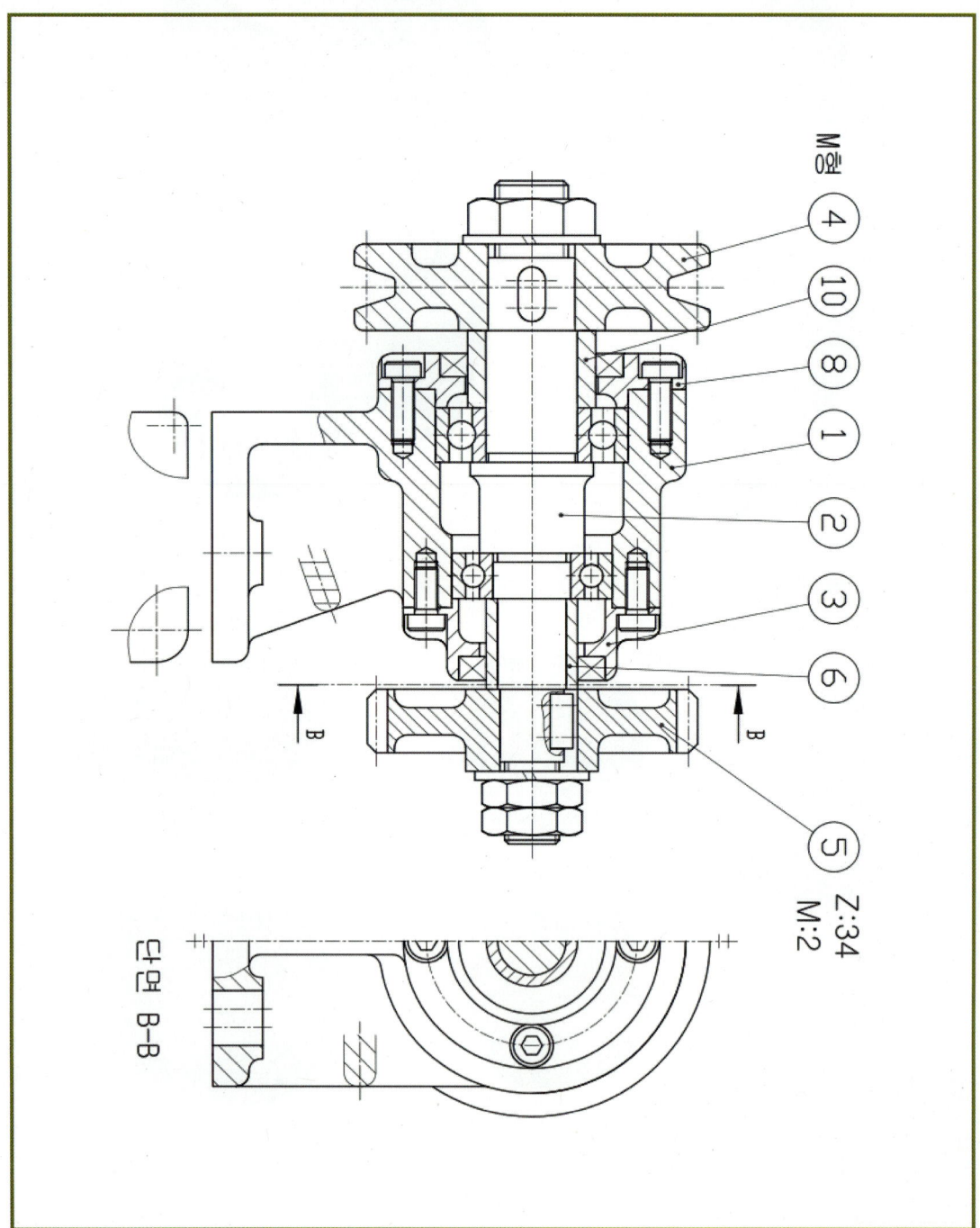

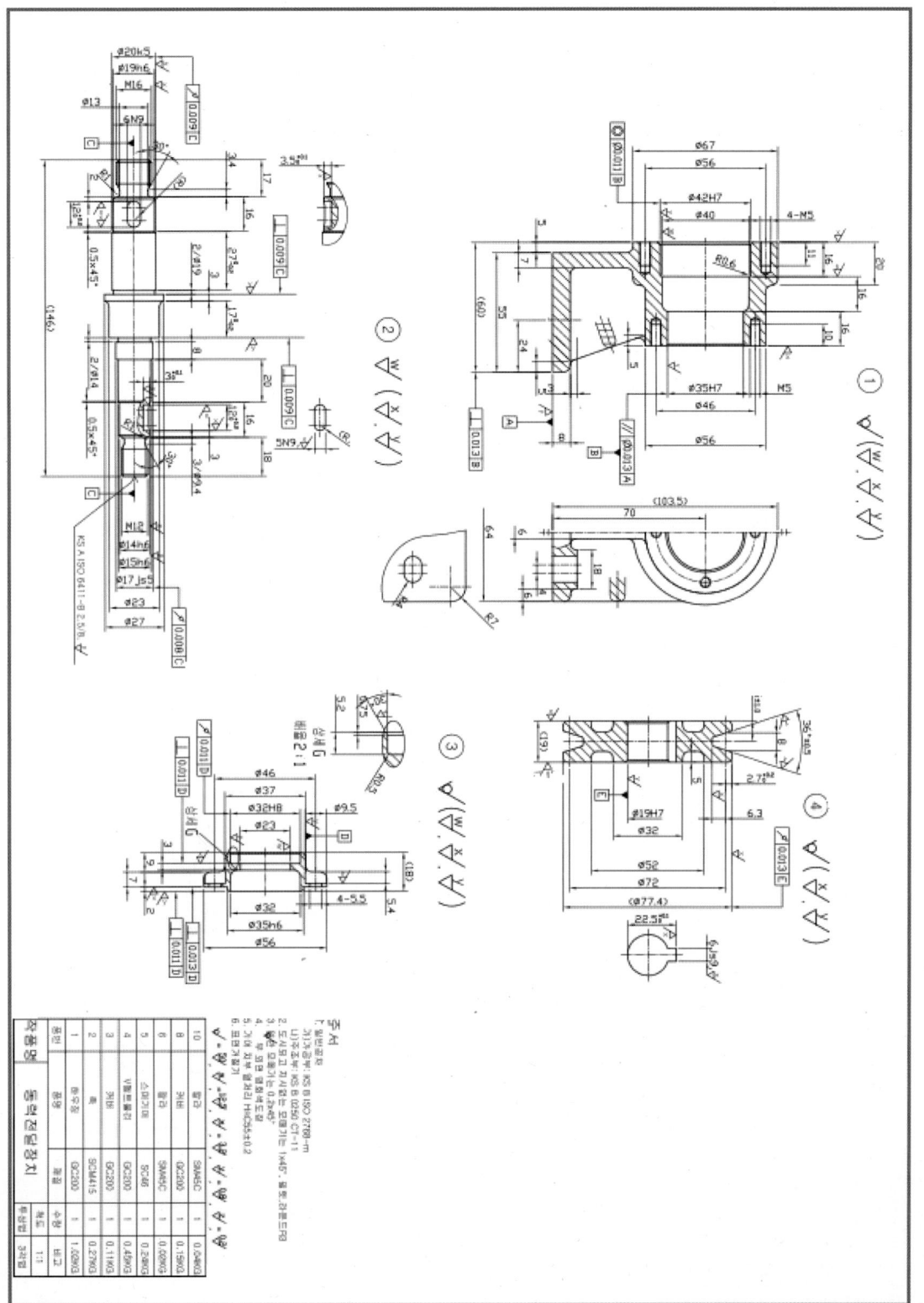

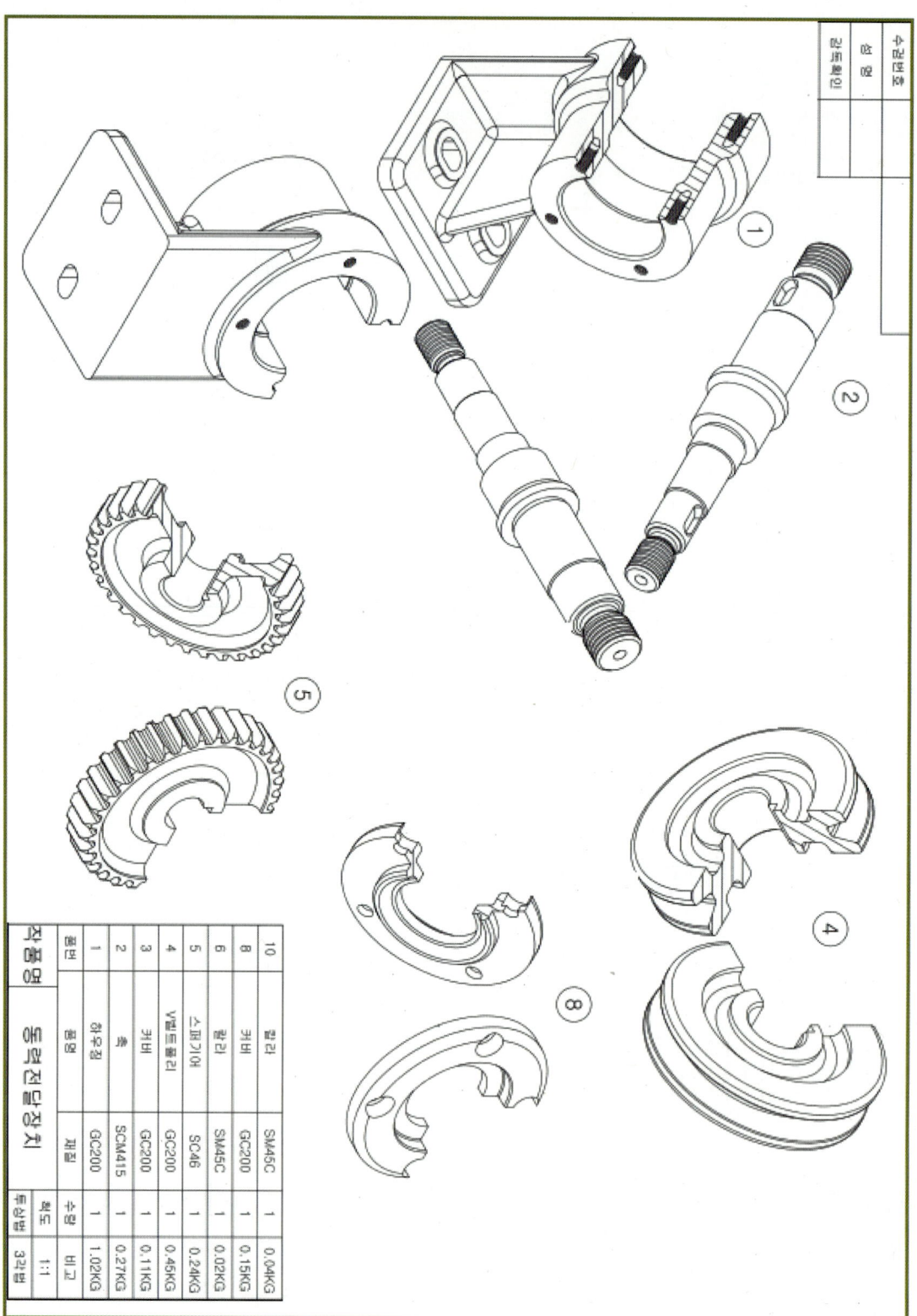

| 자격종목 | 기계기사, 기능사 | 과제명 | 편심왕복장치 | 척도 | NS |

### 3. 도면(①, ②, ④, ⑤)

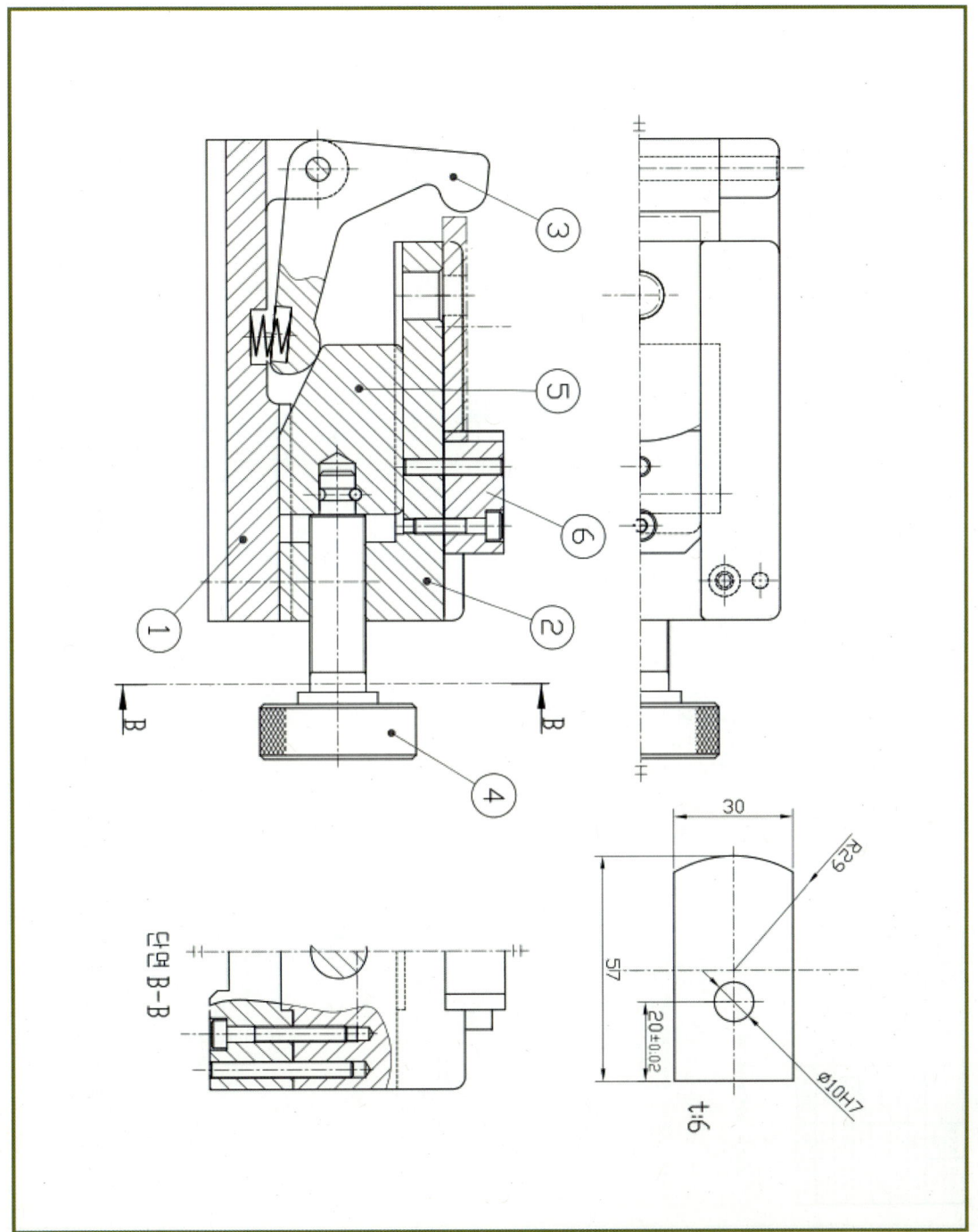

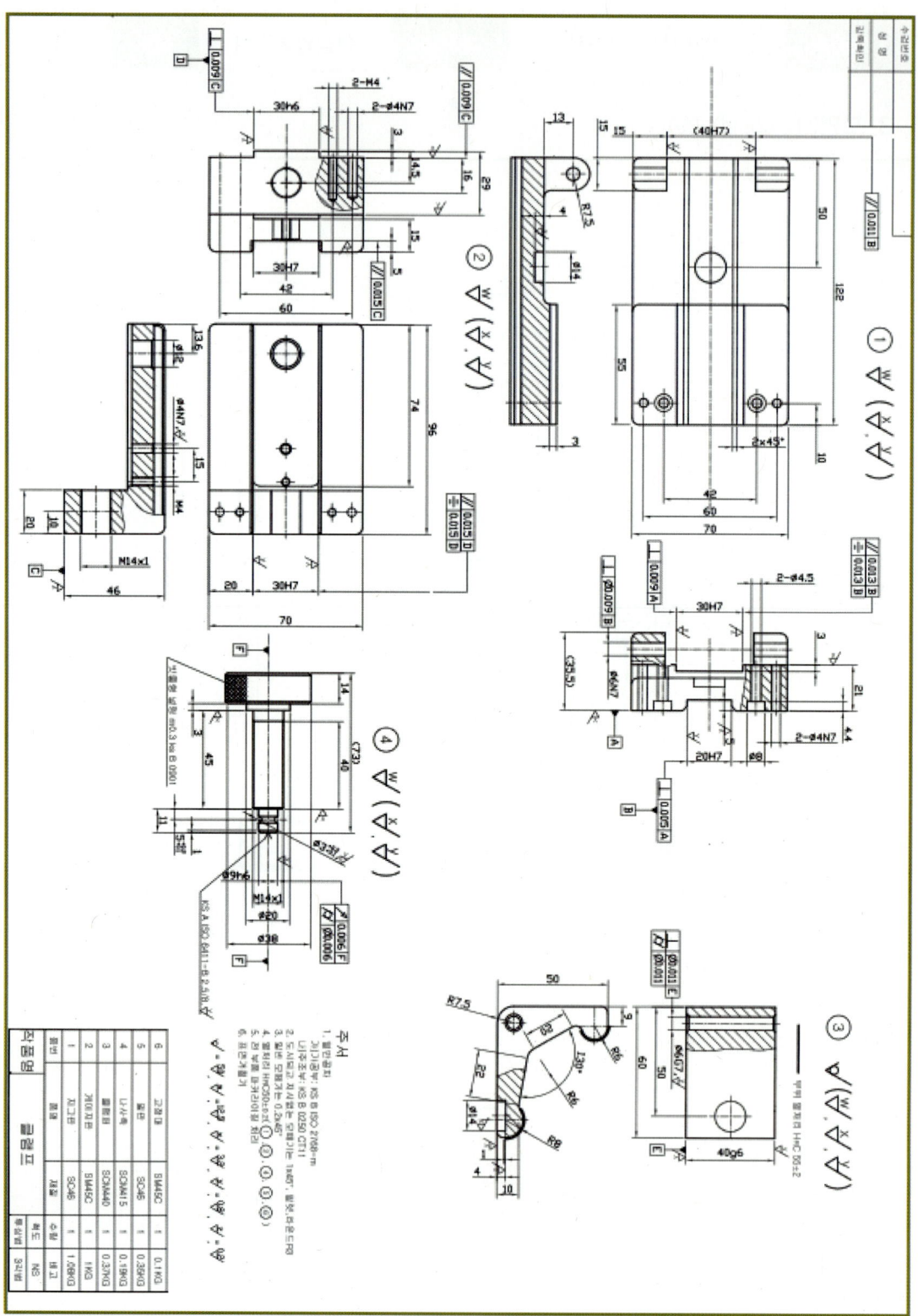

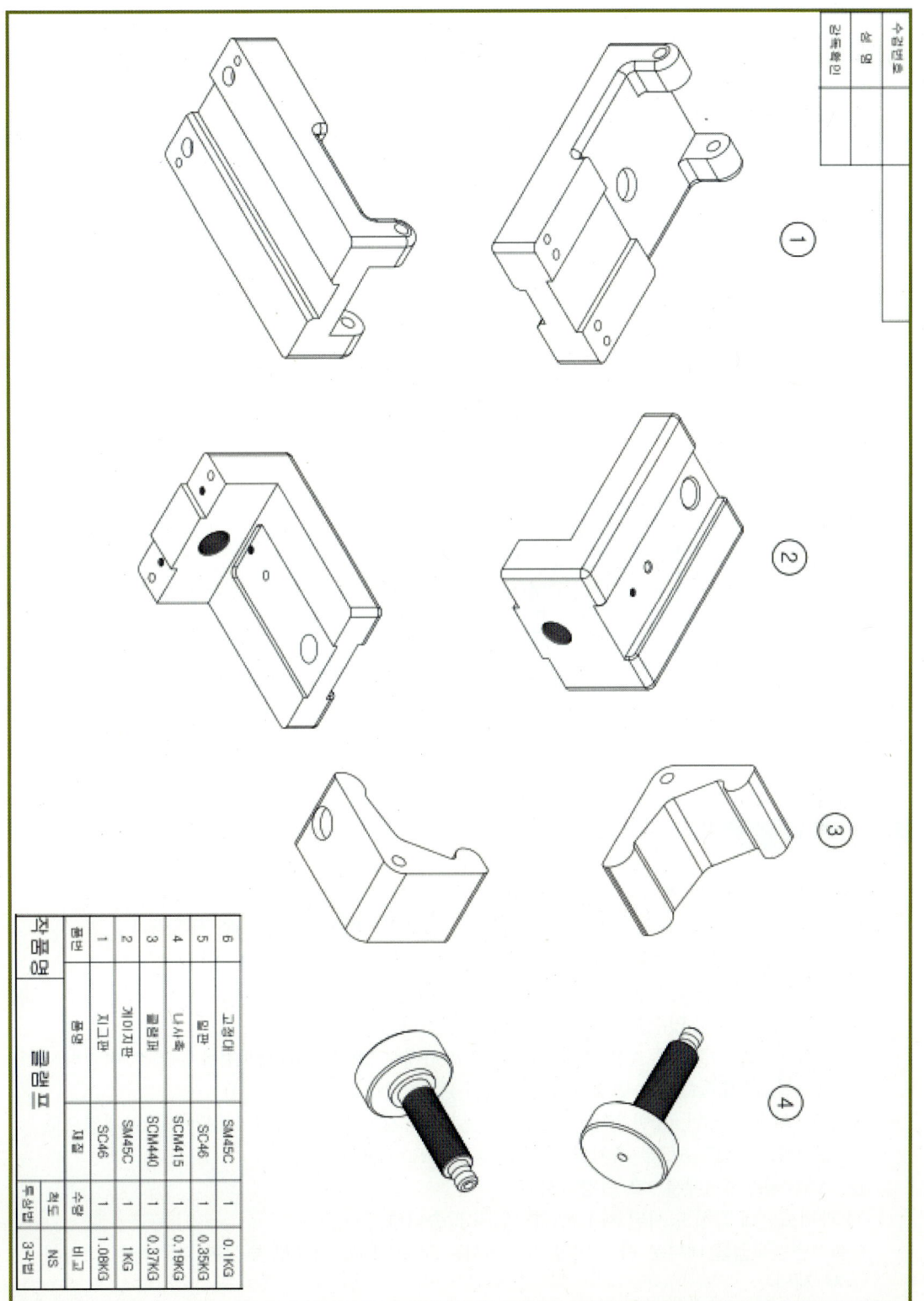

| 자격종목 | 기계설계산업기사 | 과제명 | 동력전달장치 | 척도 | NS |

## 3. 도면(①, ②, ④, ⑤)

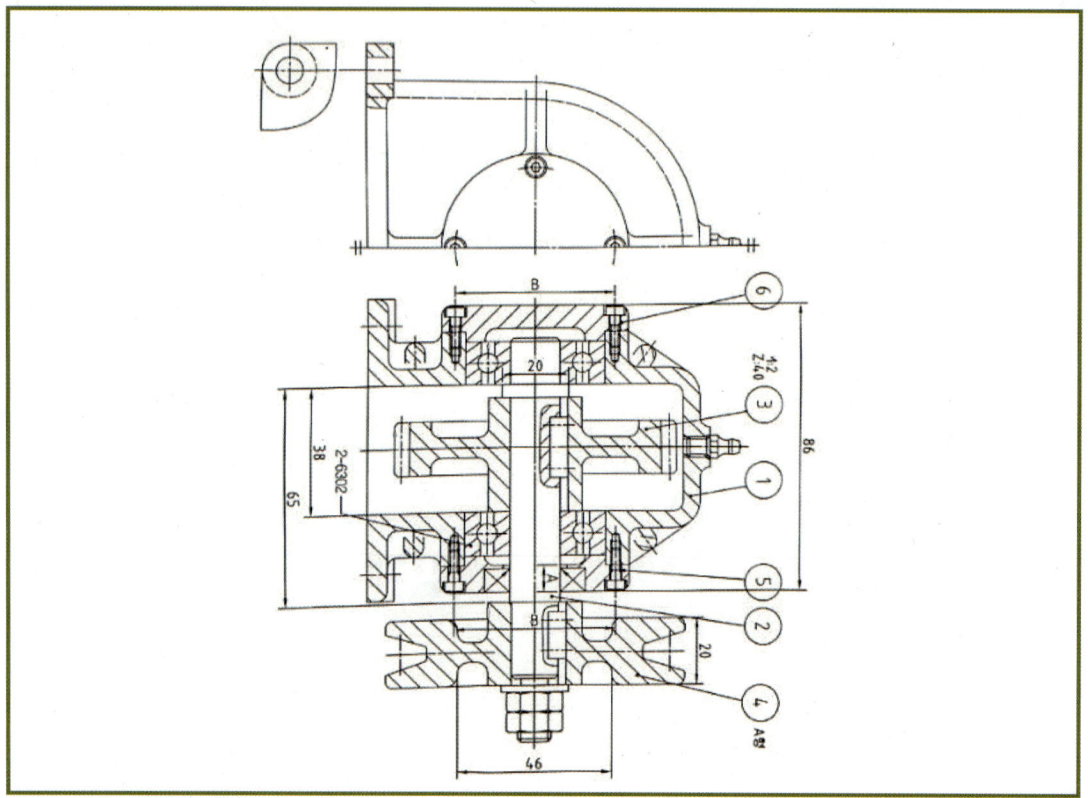

▶ 설계변경조건

(1) 베어링 사양을 두 개 모두 6302에서 6203으로 변경하시오.
   - 이에 따라 축 지름과 기어 보스부 안지름이 변경되어야 하며, 왼쪽 베어링과 조립되는 축의 길이도 베어링 폭에 맞게 조정되어야 합니다.
(2) 오일실의 사양을 15×30×7에서 17×30×5로 변경하시오.
(3) ③번 스퍼기어의 잇수를 40개에서 38개로 변경하시오.
(4) ④번 V-벨트 풀리를 A형의 피치원 지름 $\phi 80$에서 M형의 피치원 지름 $\phi 65$로 변경하시오. (단, 풀리 폭(20)은 변경하지 않습니다.)
(5) ①번 부품과 ⑤번, ⑥번 부품이 조립되는 볼트의 결합개소를 각각 4개씩에서 6O개씩으로 변경하고, 볼트 조립부 피치원 지름(B)을 $\phi 46$으로 변경하시오.
(6) "A"부 치수를 8에서 9로 변경하시오.
(7) 과제도면에 직접 명시된 치수는 변경되지 않습니다.
※ 설계변경작업을 대부분 하지 않았거나 제시된 문제도면을 그대로 투상한 경우 채점 대상에서 제외

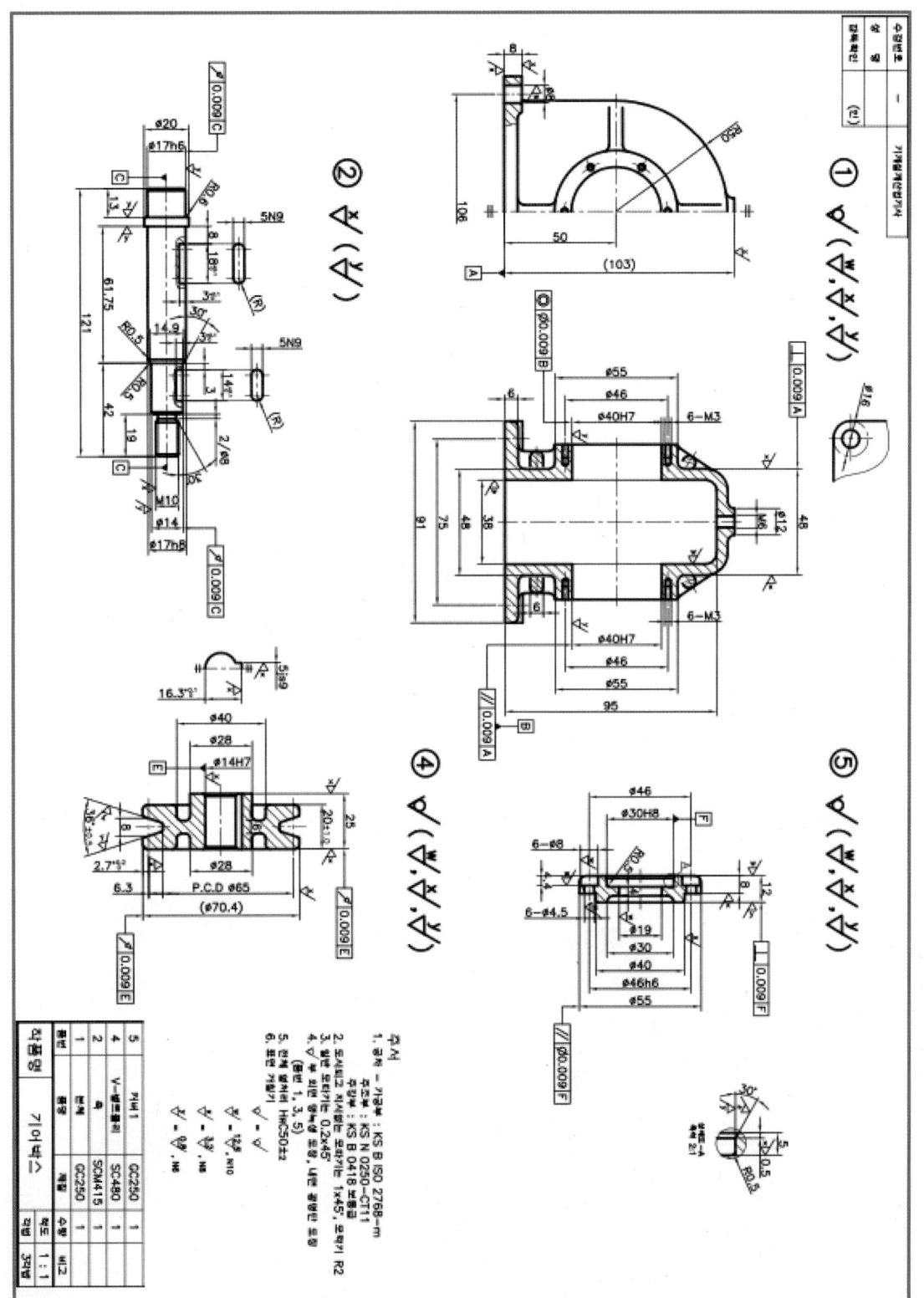

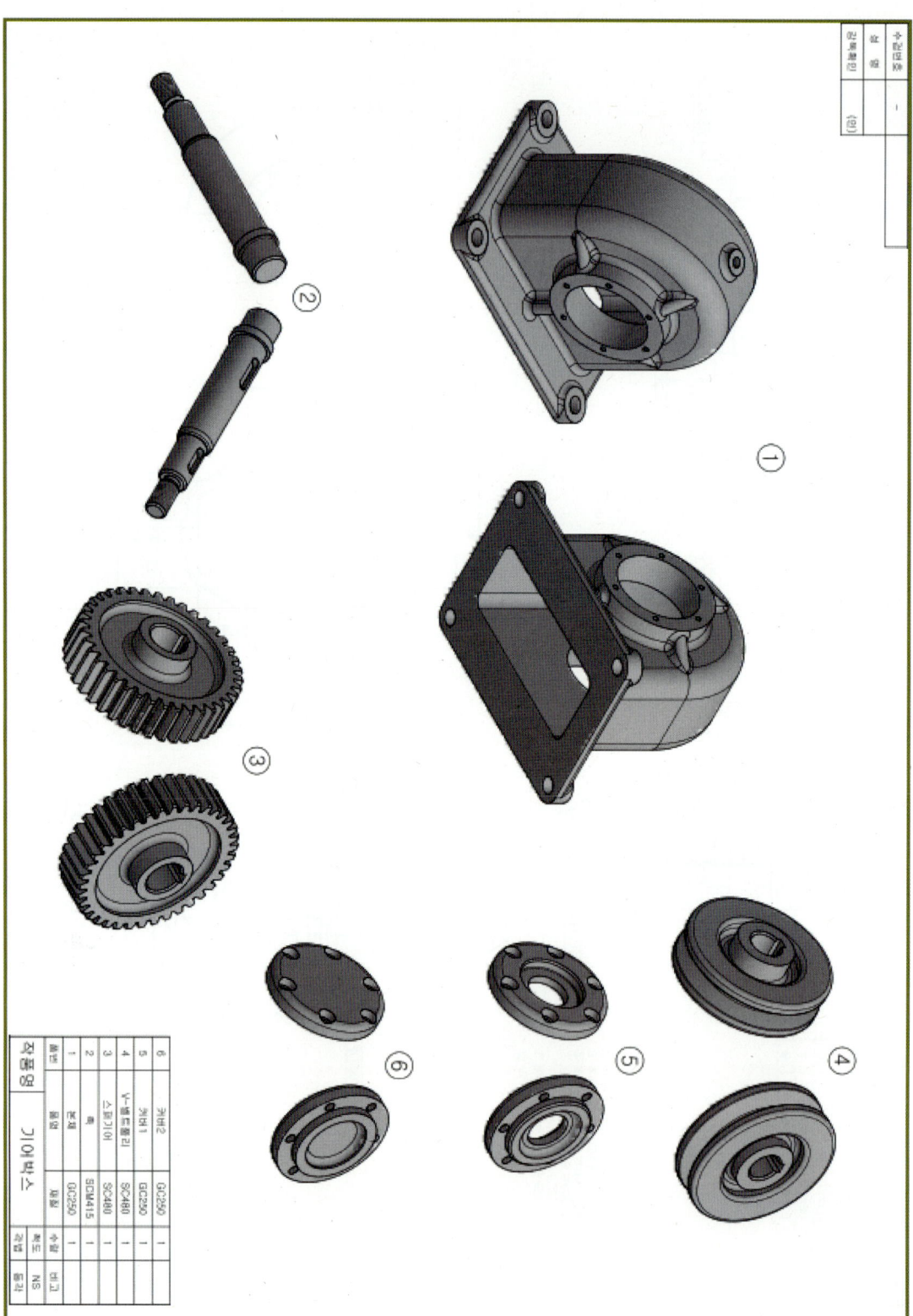

| 자격종목 | 기계설계산업기사 | 과제명 | 동력전달장치 | 척도 | NS |

## 3. 도면(①, ②, ③, ⑤)

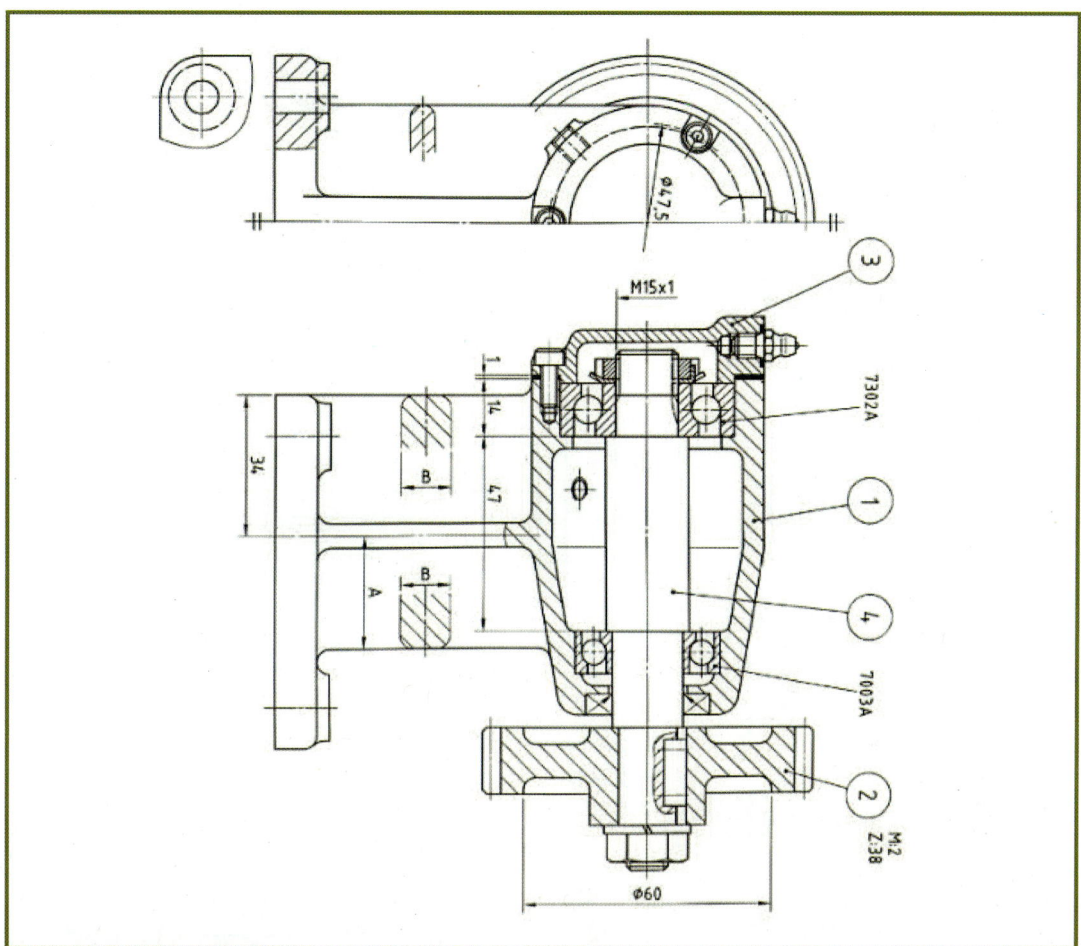

▶ 설계변경조건

(1) 7302A 베어링 사양을 7203A로 변경하시오.
  - 단, 이 과정에서 하우징과 커버 등의 형상이 베어링에 맞게 변경되어야 한다.
(2) ②번 부품 기어의 잇수를 40개로 변경하시오.
(3) A 치수를 24로 변경하시오.
(4) ①번 부품의 리브의 두께(B)를 8로 변경하시오.
(5) 과제도면에 직접 명시된 치수는 변경되지 않습니다.
※ 설계변경작업을 대부분 하지 않았거나 제시된 문제도면을 그대로 투상한 경우 채점 대상에서 제외

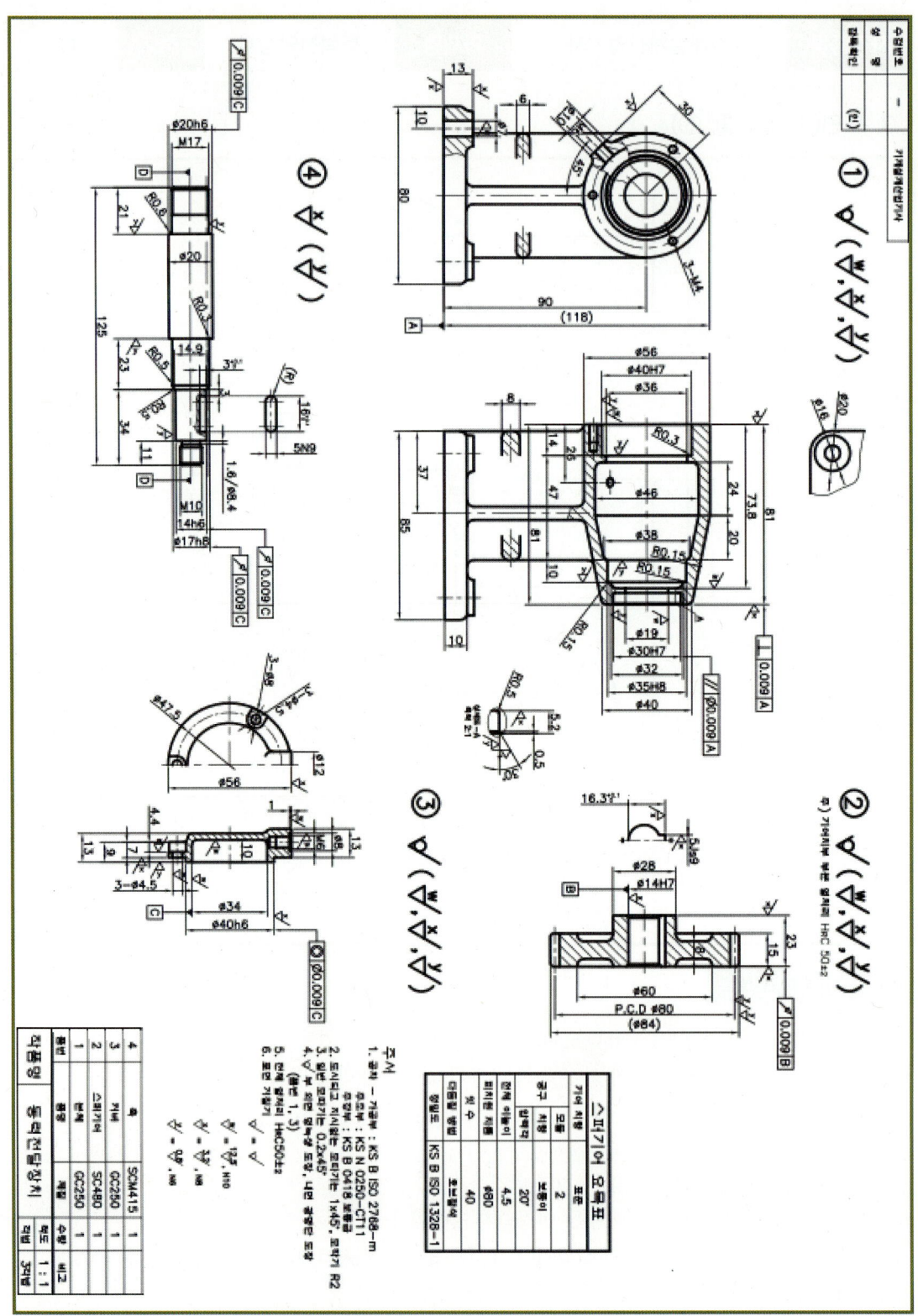

| 자격종목 | 기계설계산업기사 | 과제명 | 탁상바이스 | 척도 | NS |

## 3. 도면(①, ②, ③, ④, ⑦)

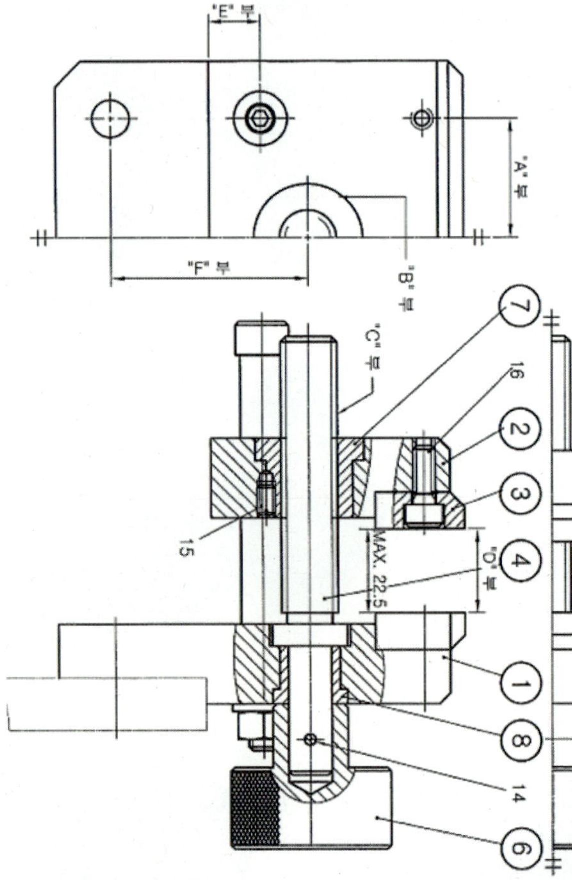

▶ 설계변경조건

(1) "A"부를 30.0mm로 변경하시오
(2) "B"부 나사 개수를 를 4개로 변경하시오.
(3) "C"부 나사 M16으로 변경하시오.
(4) "D"부 최대허용치수를 42.5mm로 변경하시오.
(5) "E"부 치수는 12.0mm로 변경하시오
(6) "F"부 치수는 48.0mm로 변경하시오
※ 설계변경작업을 대부분 하지 않았거나 제시된 문제도면을 그대로 투상한 경우 채점 대상에서 제외

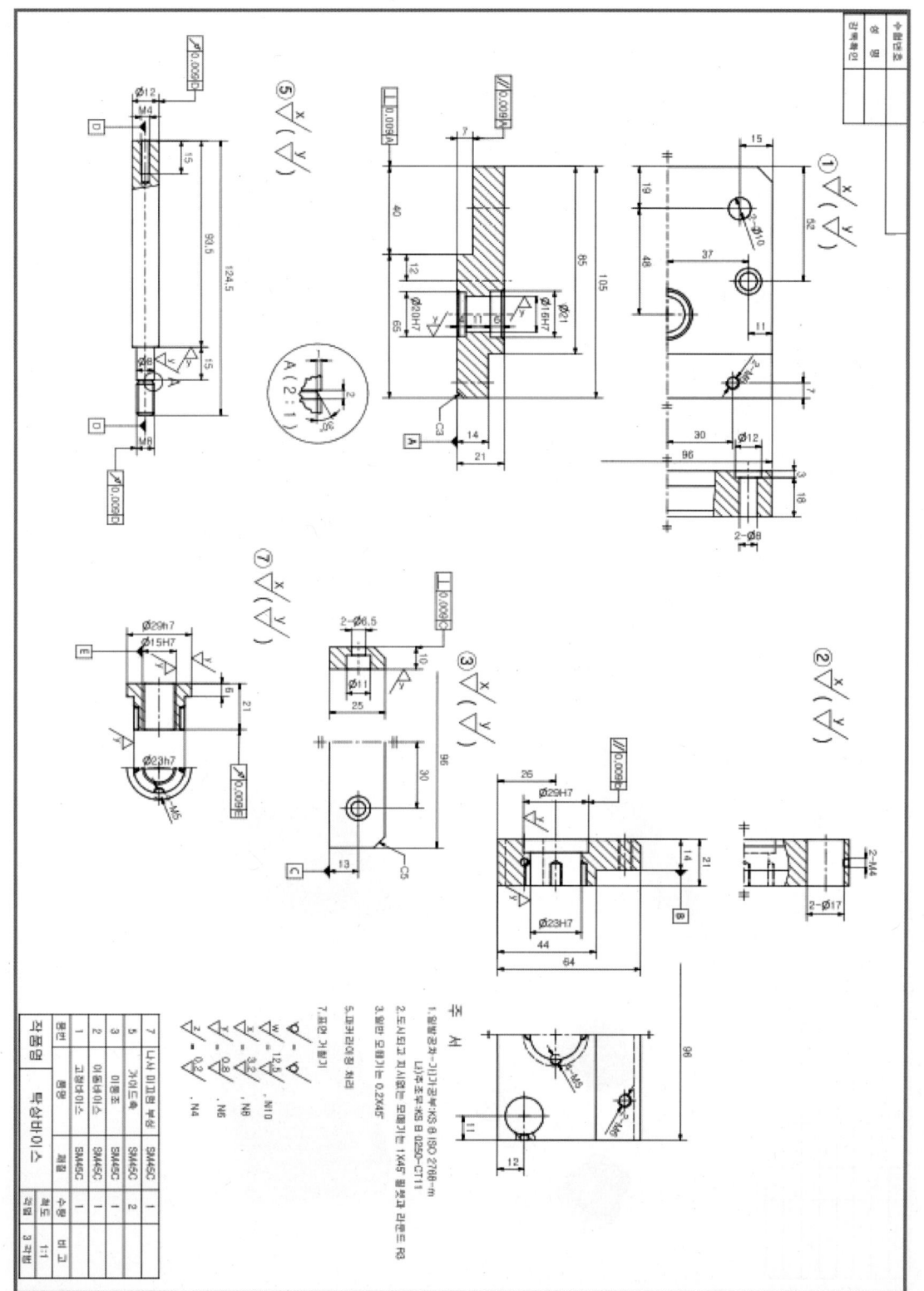

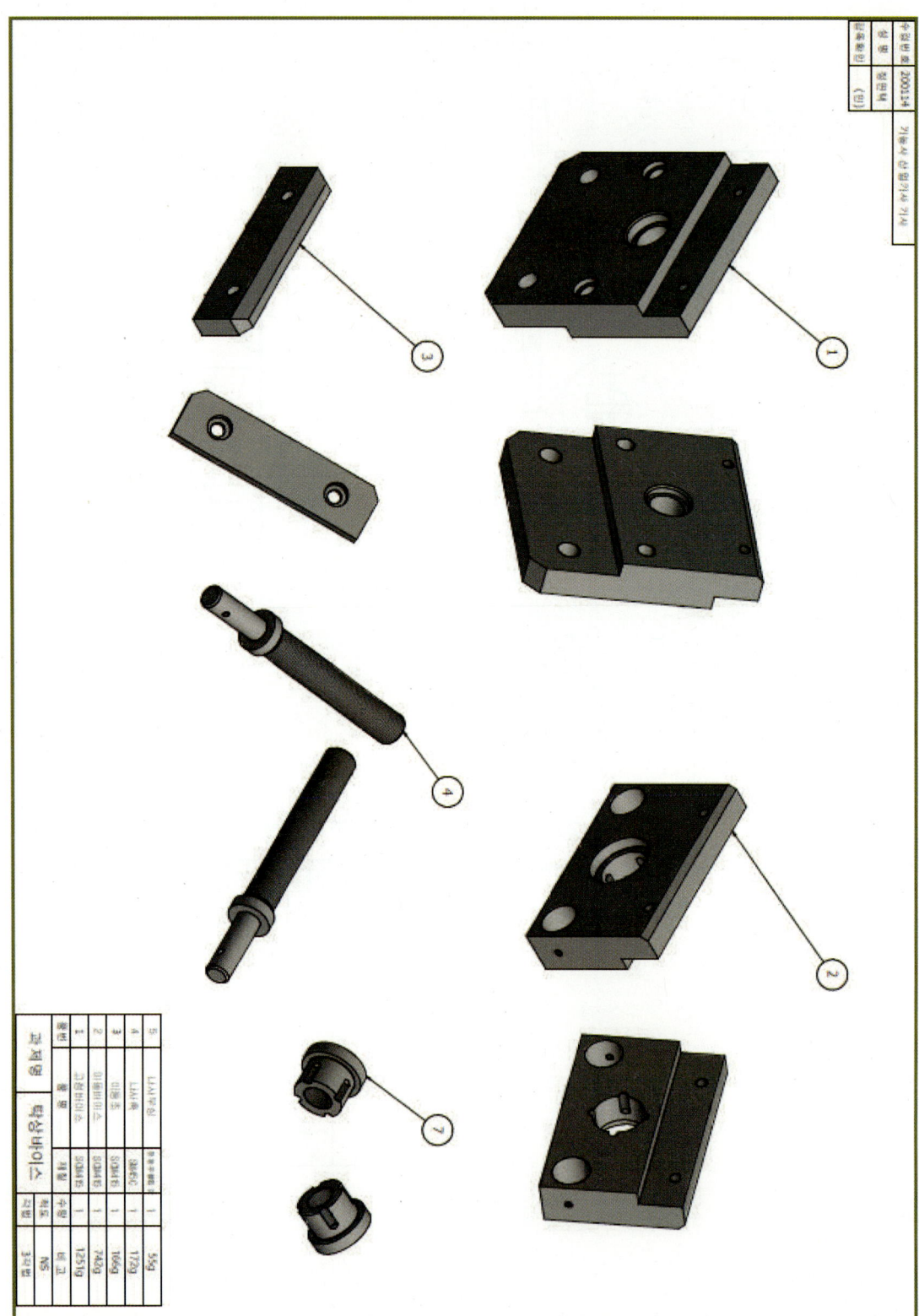

| 자격종목 | 기계설계산업기사 | 과제명 | 하우징드라이버 | 척도 | NS |

### 3. 도면(①, ②, ③, ⑤)

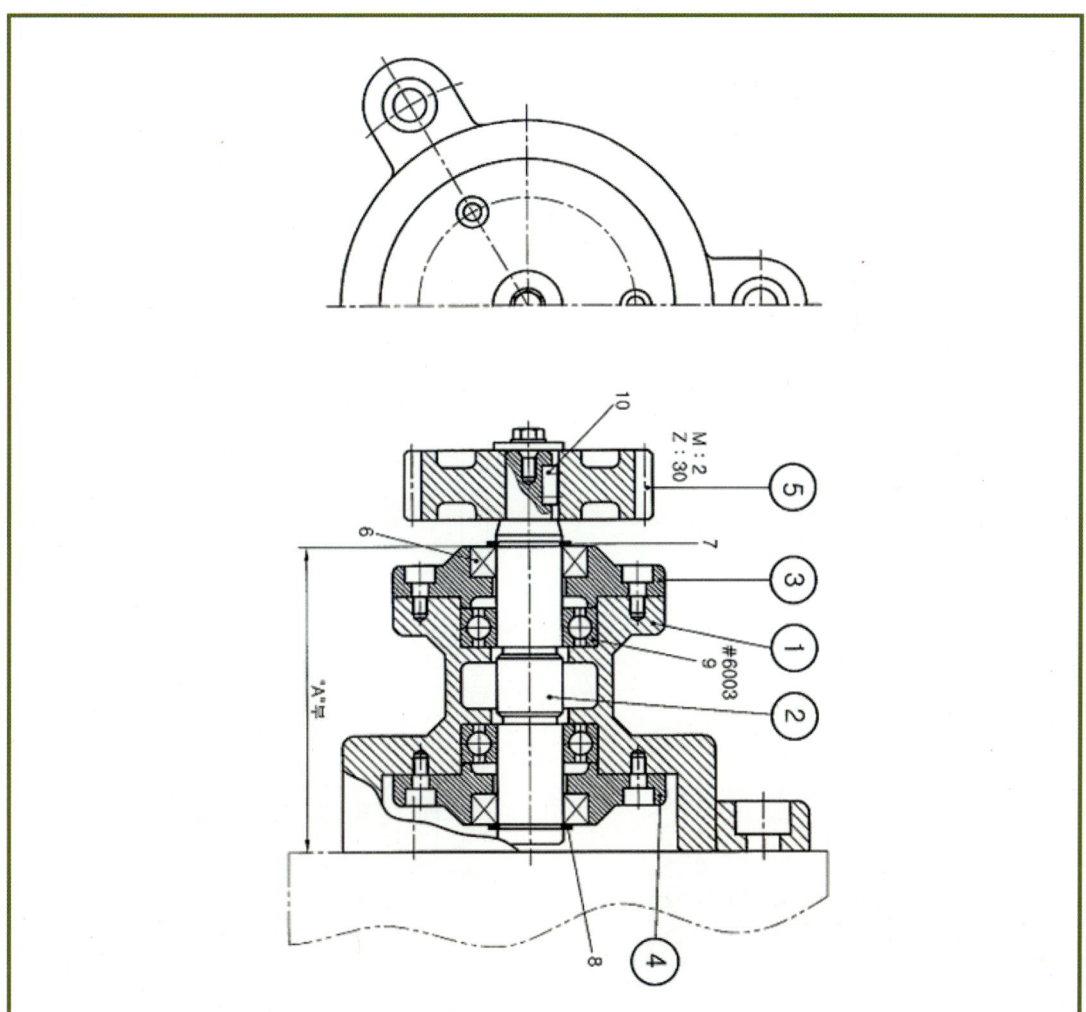

▶ 설계변경조건

(1) 베어링 사양을 번호 6003에서 번호 6002로 변경하시오.
(2) 도면에서 "A"부 치수를 79에서 70±0.3으로 변경하시오.
(3) 기어의 잇수를 30에서 34로 변경하시오.
(4) ③번 부품의 볼트 조립 수 결합 개수를 3개에서 4개로 변경하시오.
※ 설계변경작업을 대부분 하지 않았거나 제시된 문제도면을 그대로 투상한 경우 채점 대상에서 제외

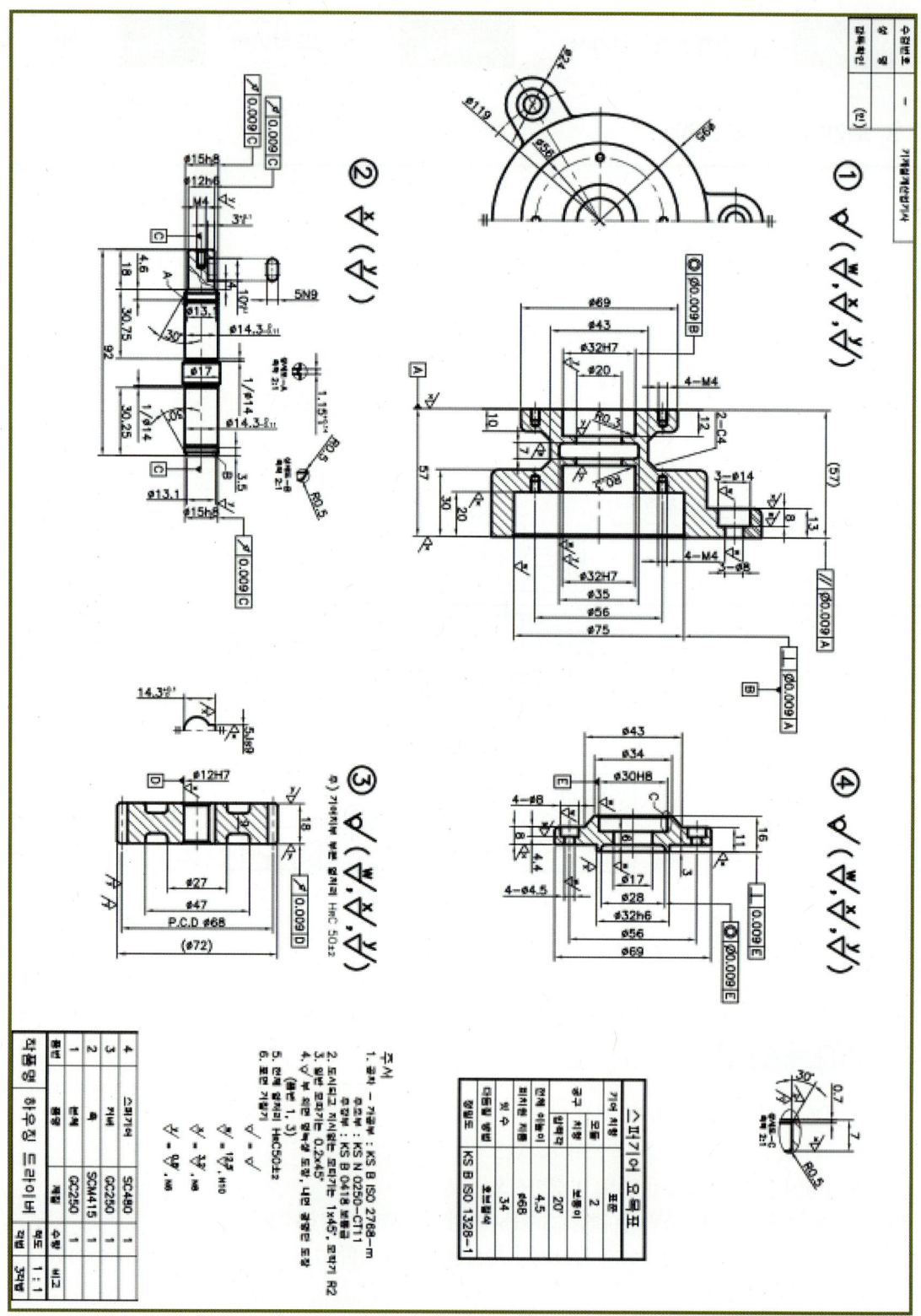

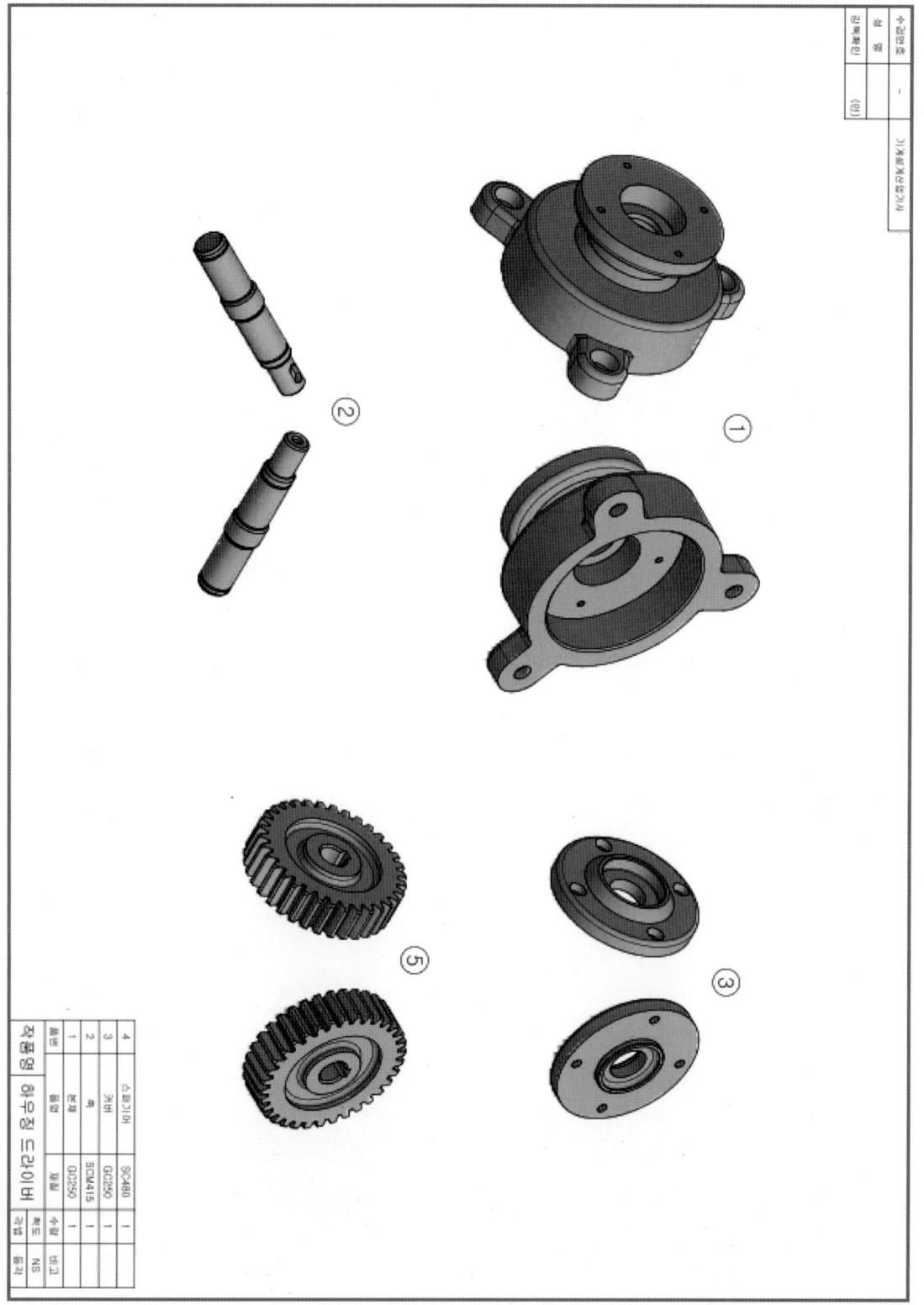

# 컴퓨터응용가공산업기사 모델링 실기문제

| 자격종목 | 컴퓨터응용가공산업기사 | 작품명 | 모델링 작업 | 척도 | NS |
|---|---|---|---|---|---|

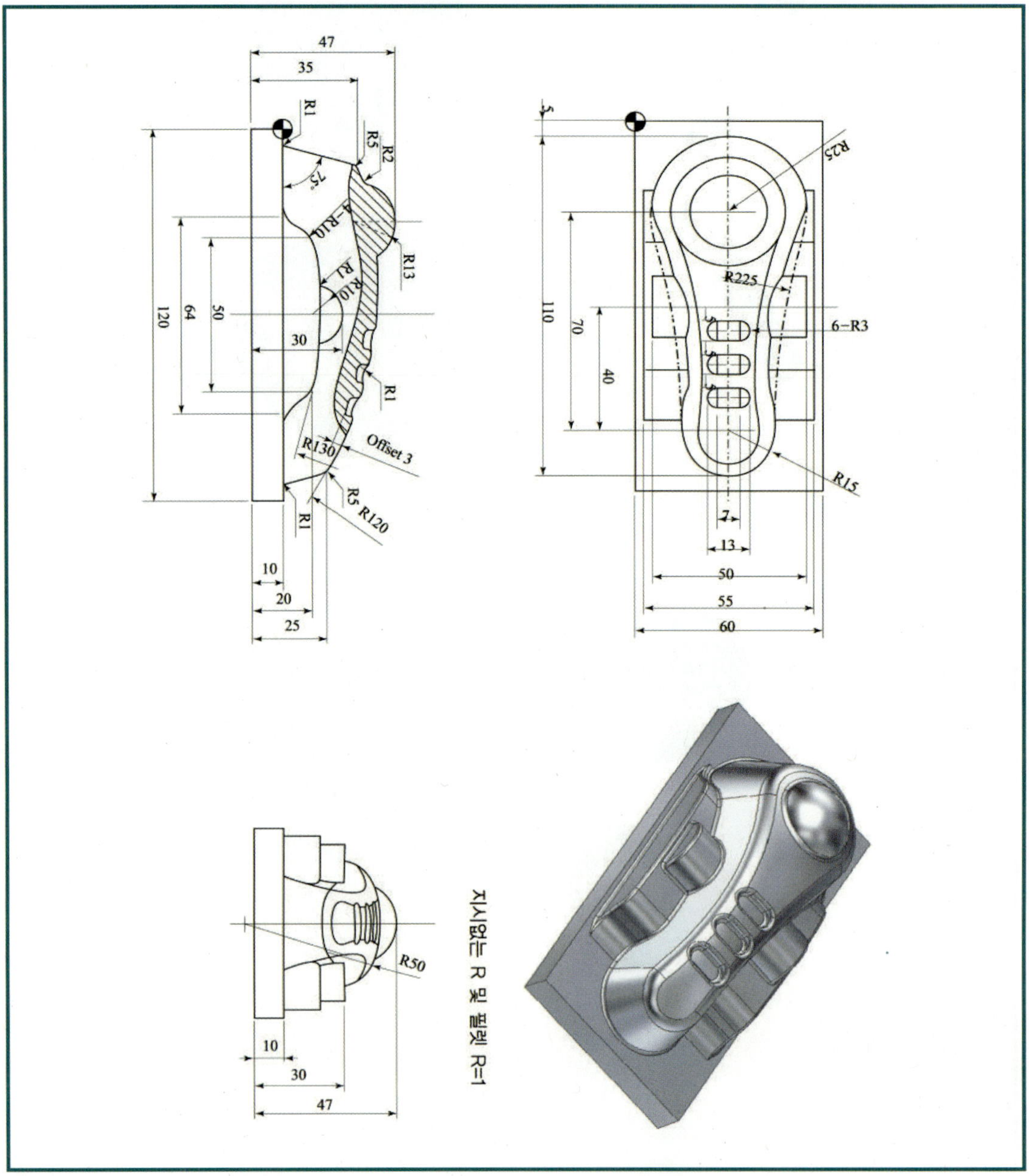

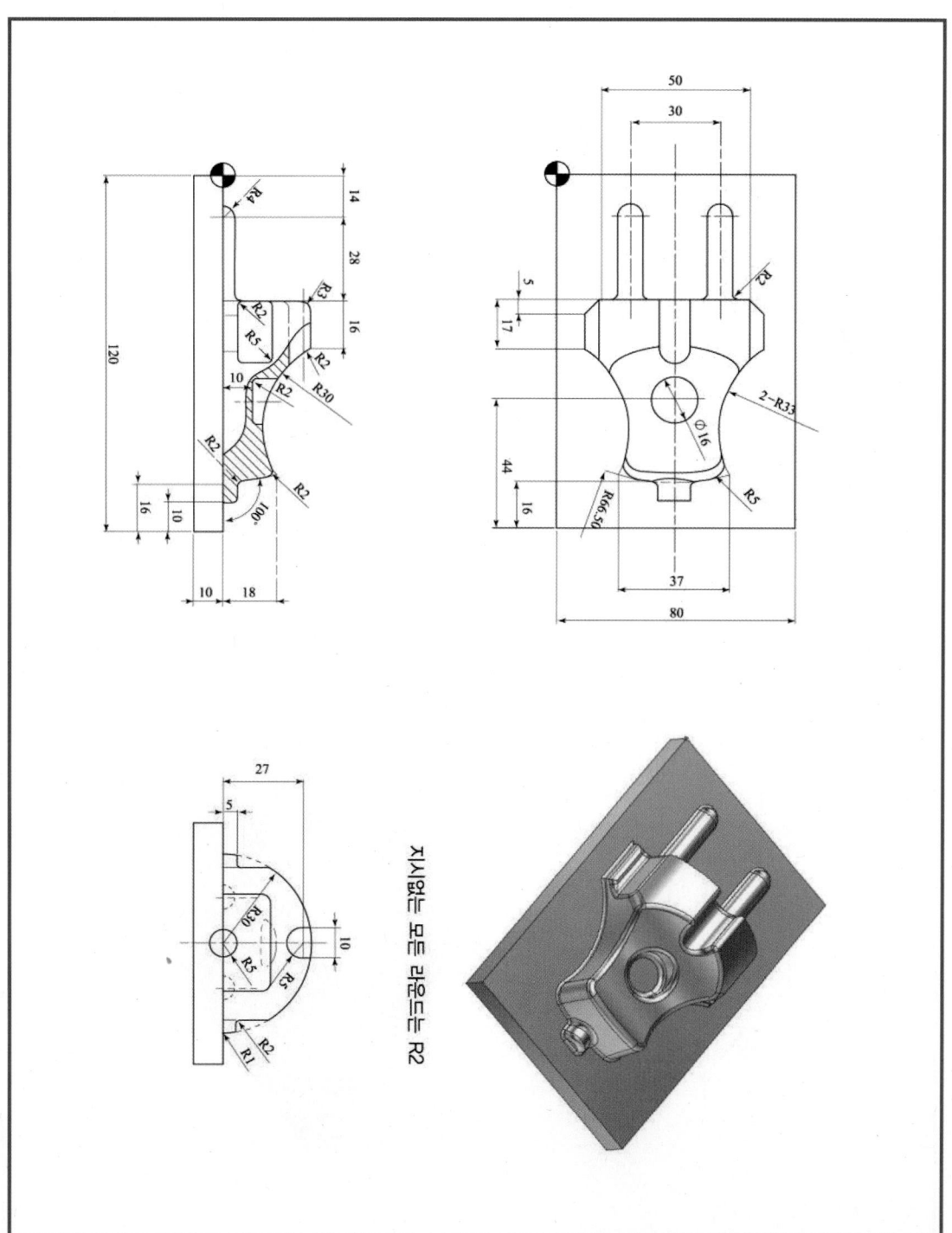

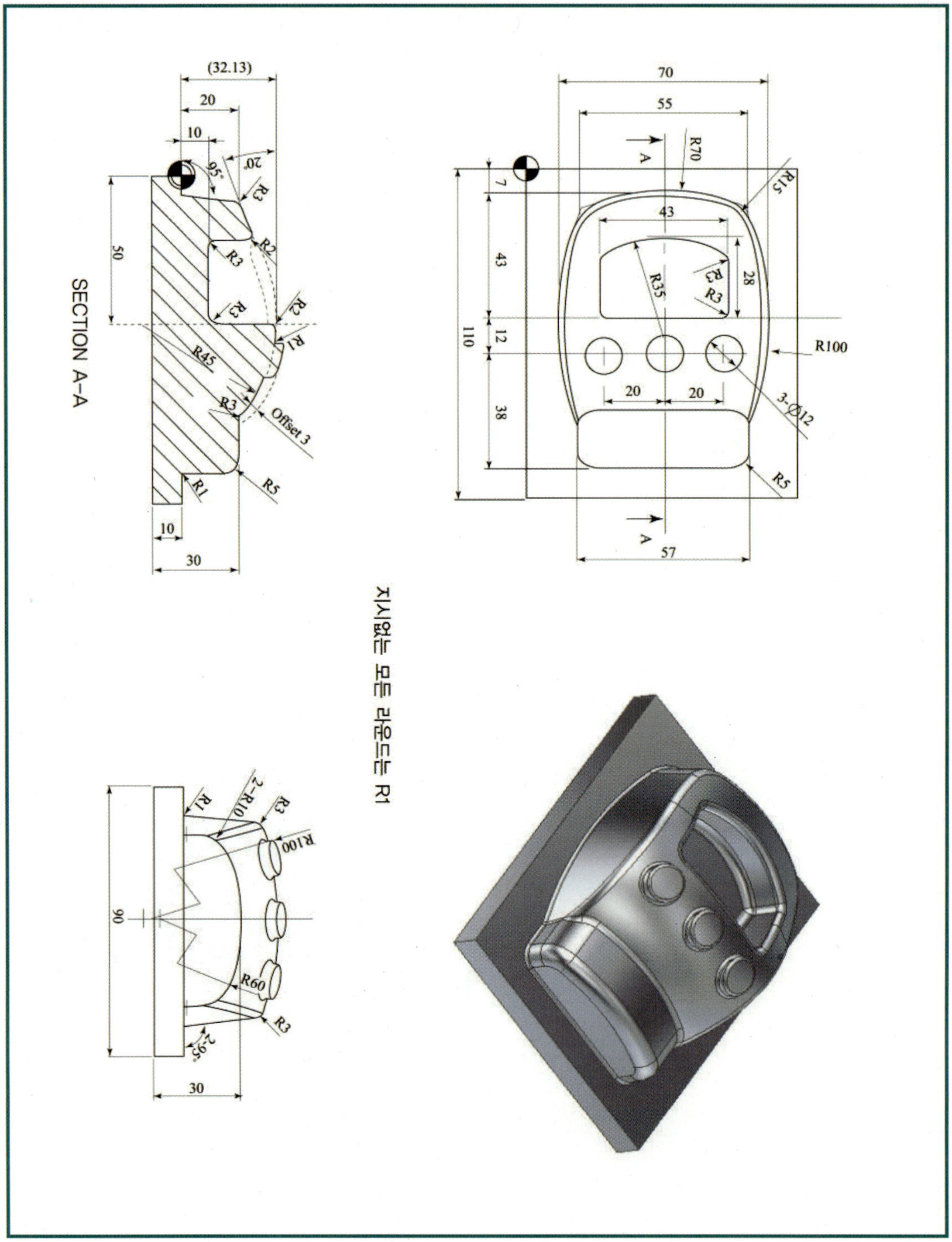

| 자격종목 | 컴퓨터응용가공산업기사 | 작품명 | 모델링 작업 | 척도 | NS |

| 자격종목 | 컴퓨터응용가공산업기사 | 작품명 | 모델링 작업 | 척도 | NS |

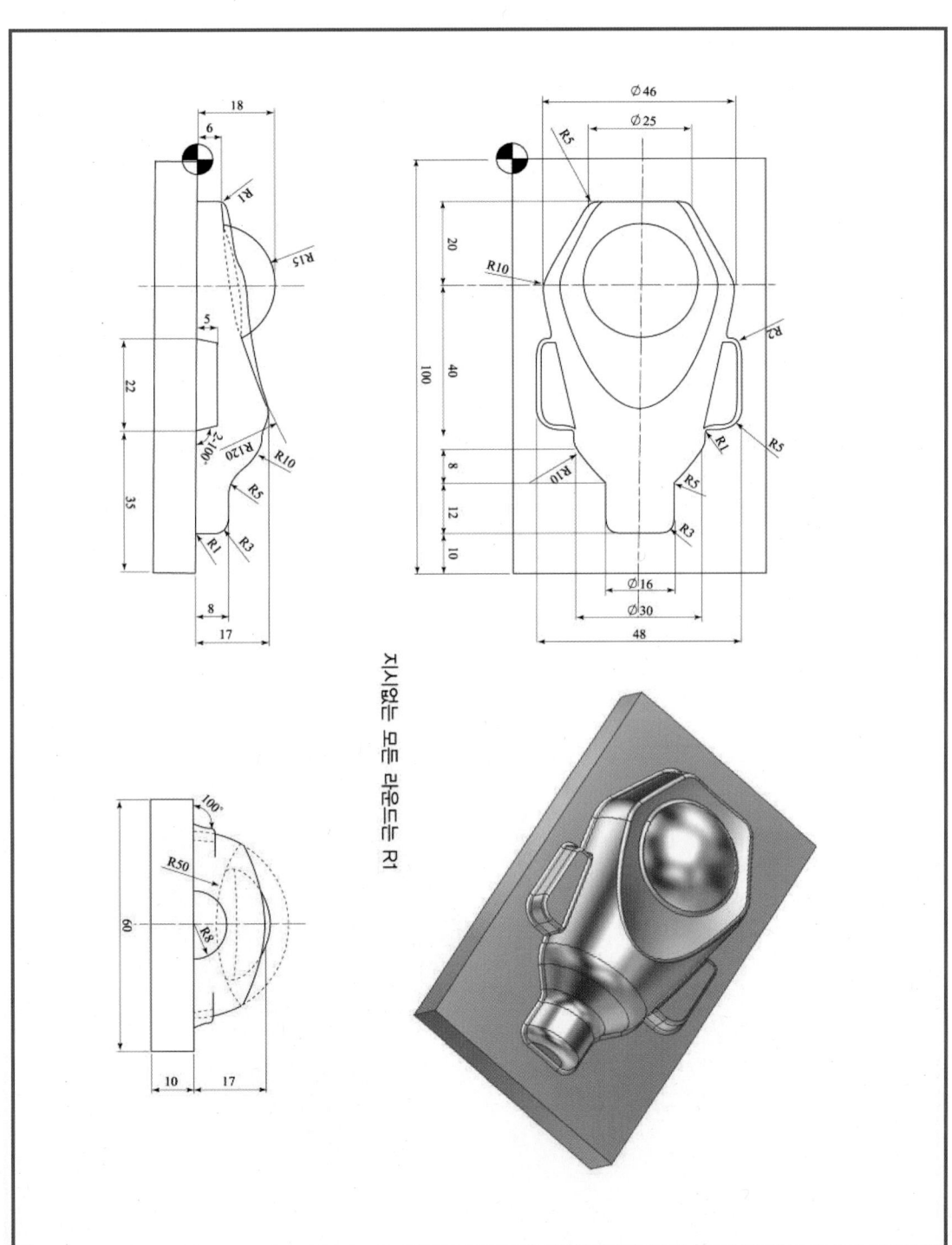

지시없는 모든 라운드는 R1

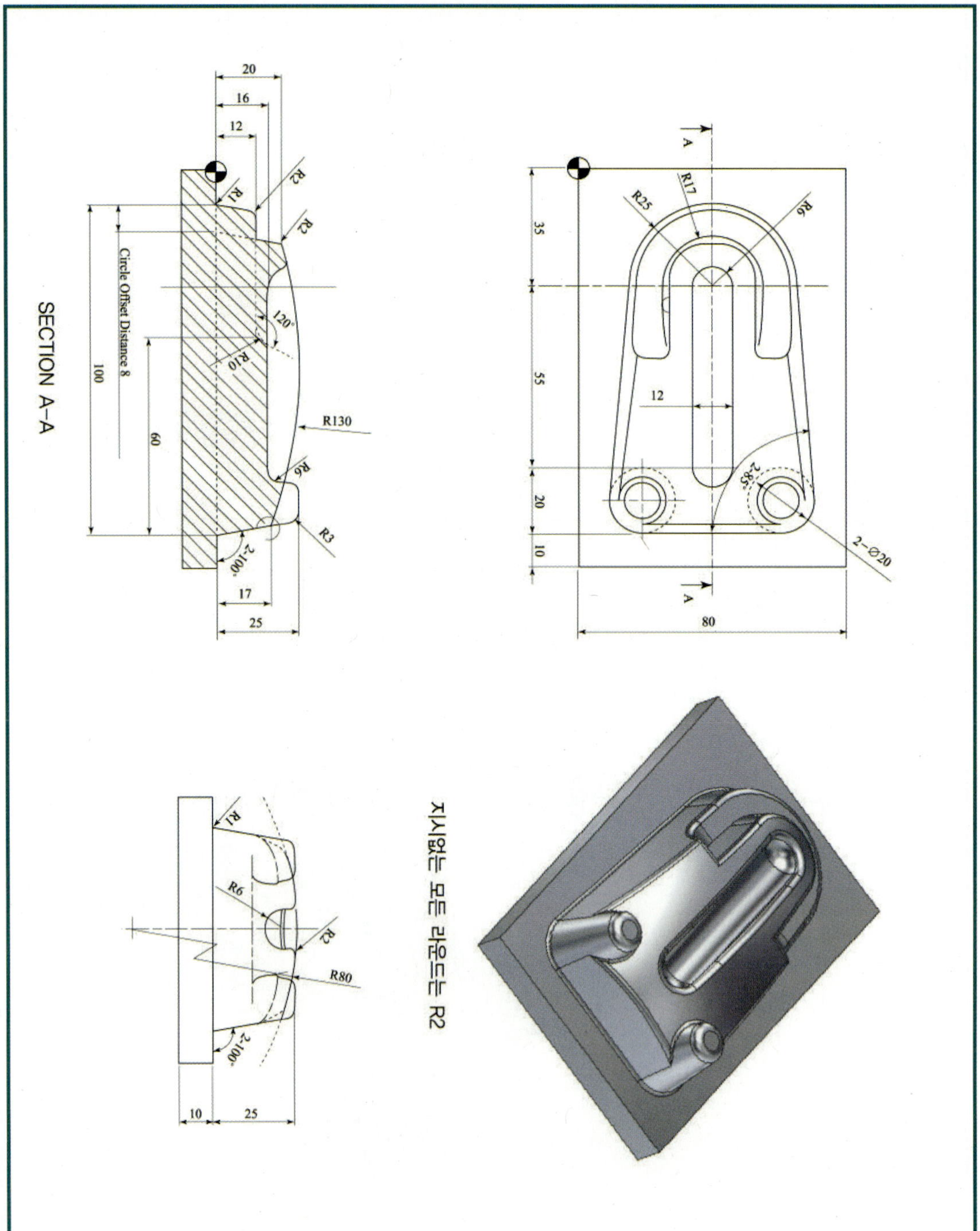

| 자격종목 | 컴퓨터응용가공산업기사 | 작품명 | 모델링 작업 | 척도 | NS |
|---|---|---|---|---|---|

| 자격종목 | 컴퓨터응용가공산업기사 | 작품명 | 모델링 작업 | 척도 | NS |

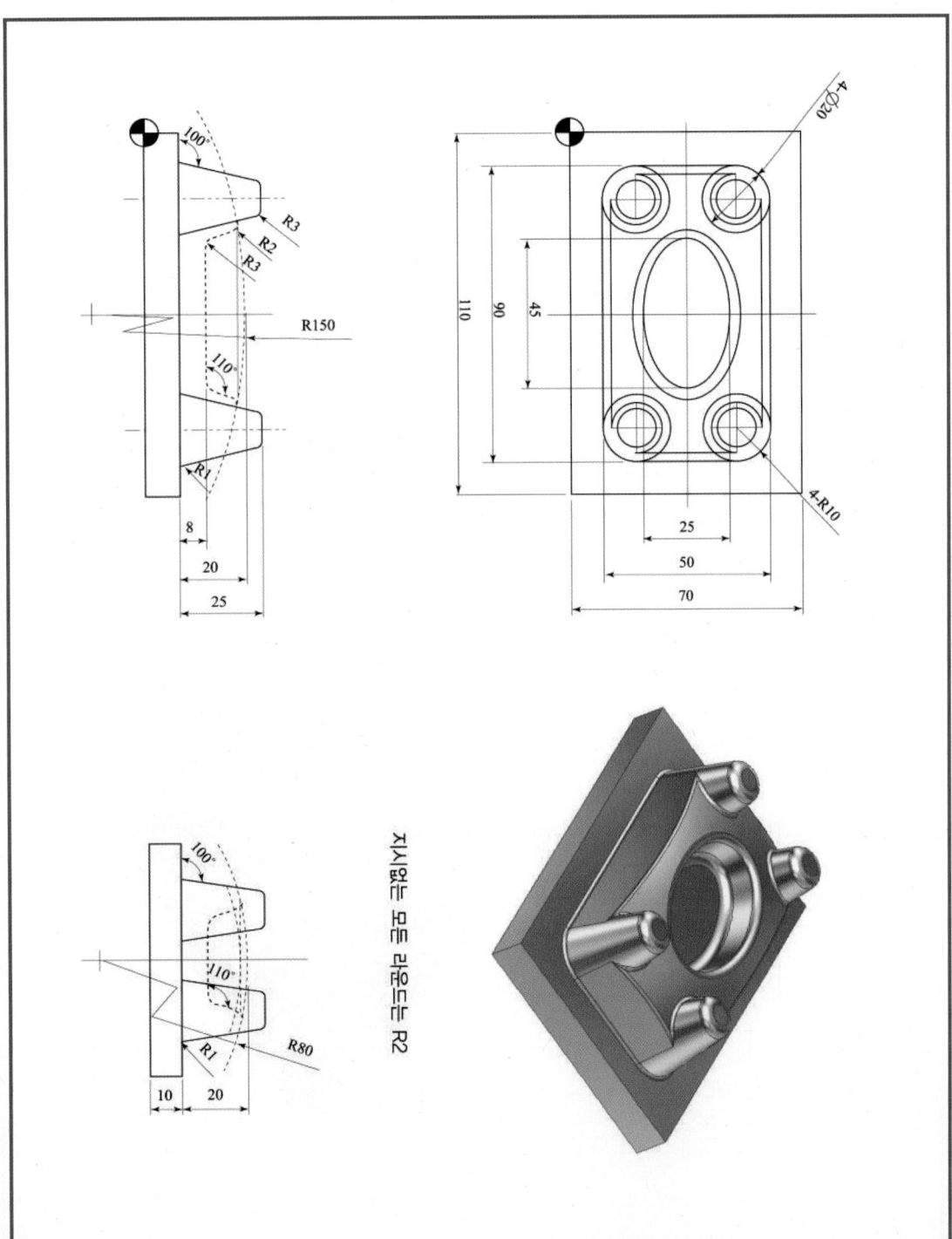

| 자격종목 | 컴퓨터응용가공산업기사 | 작품명 | 모델링 작업 | 척도 | NS |
|---|---|---|---|---|---|

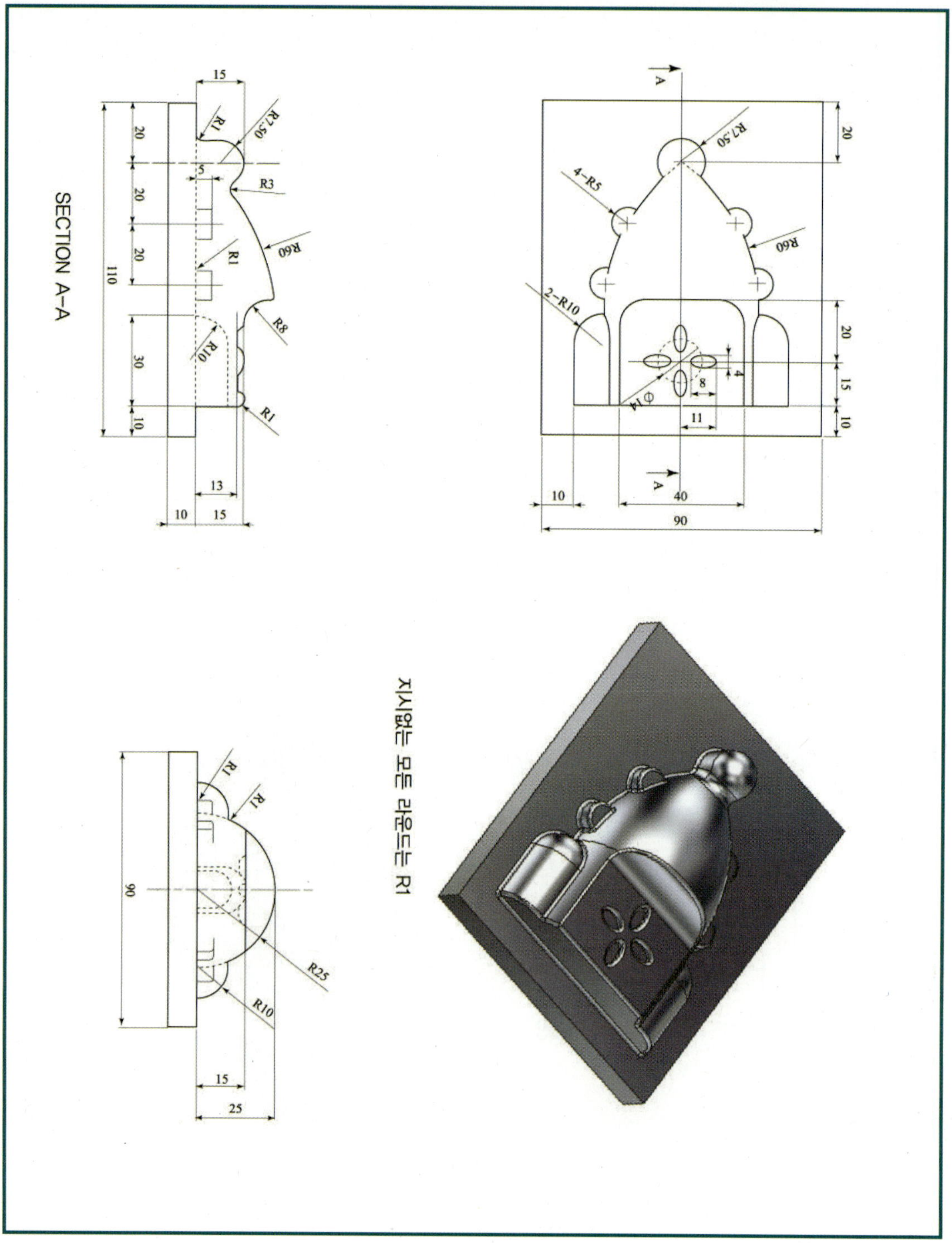

| 자격종목 | 컴퓨터응용가공산업기사 | 작품명 | 모델링 작업 | 척도 | NS |
|---|---|---|---|---|---|

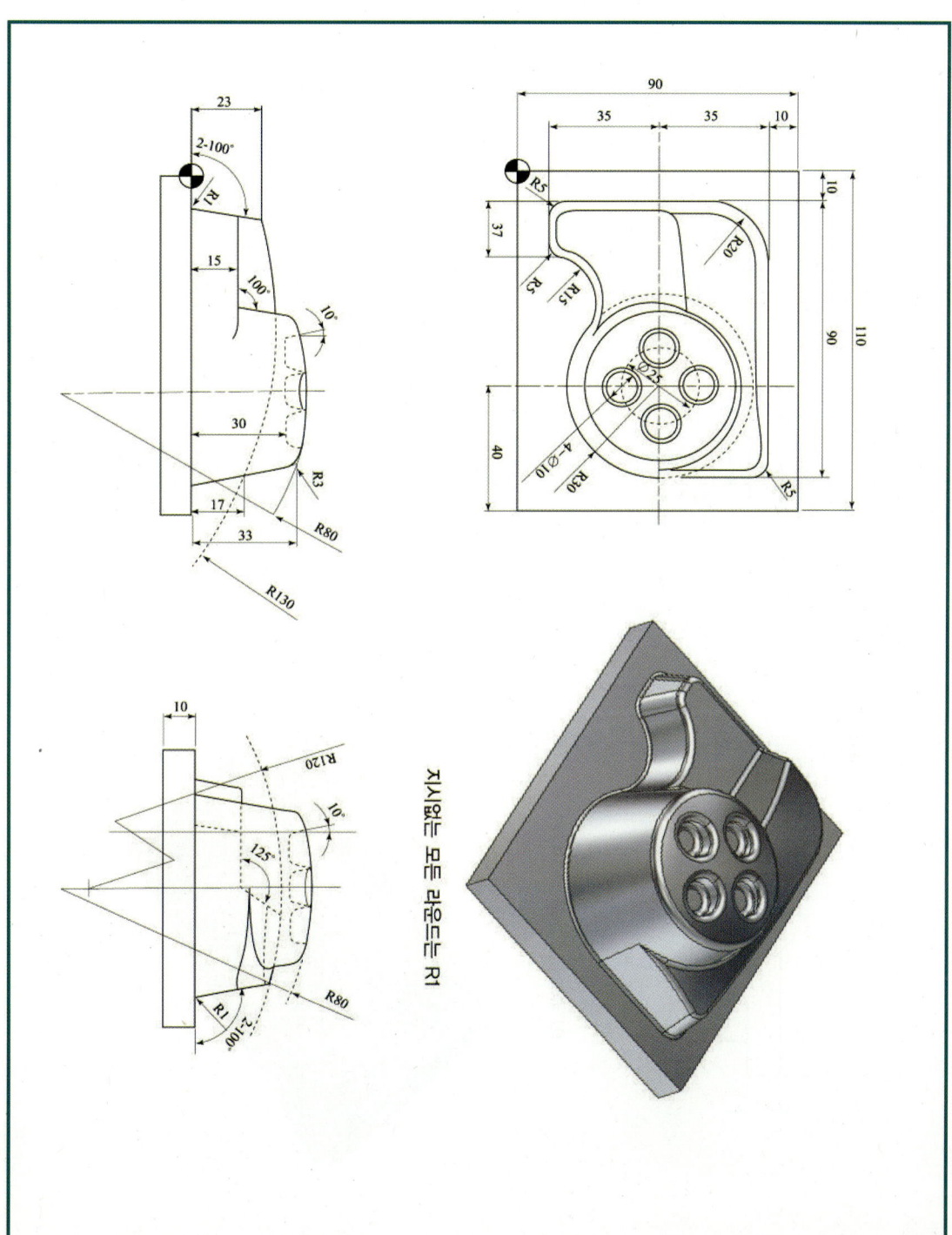

| 자격종목 | 컴퓨터응용가공산업기사 | 작품명 | 모델링 작업 | 척도 | NS |

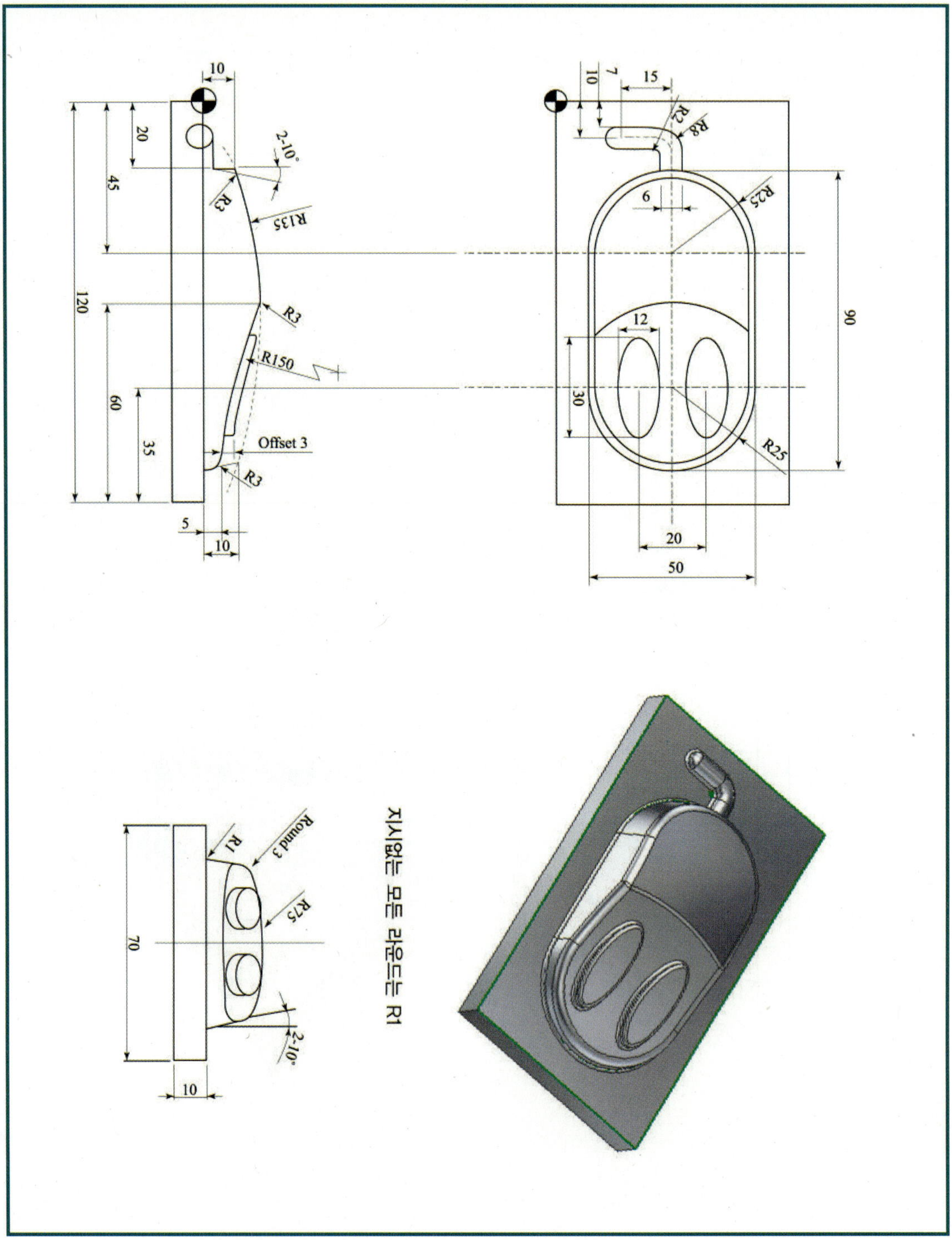

| 자격종목 | 컴퓨터응용가공산업기사 | 작품명 | 모델링 작업 | 척도 | NS |

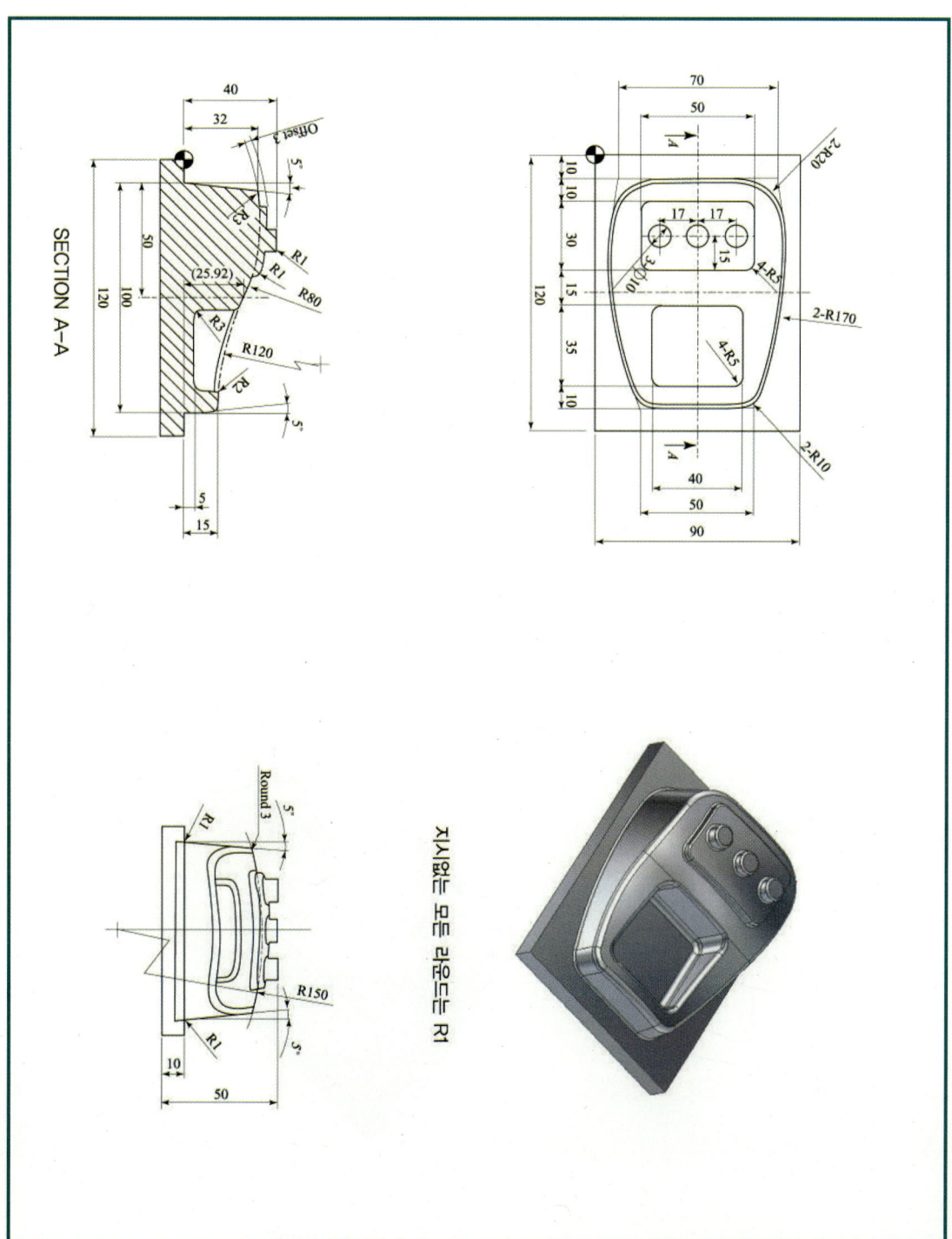

부록 2 컴퓨터응용가공산업기사 모델링 실기문제

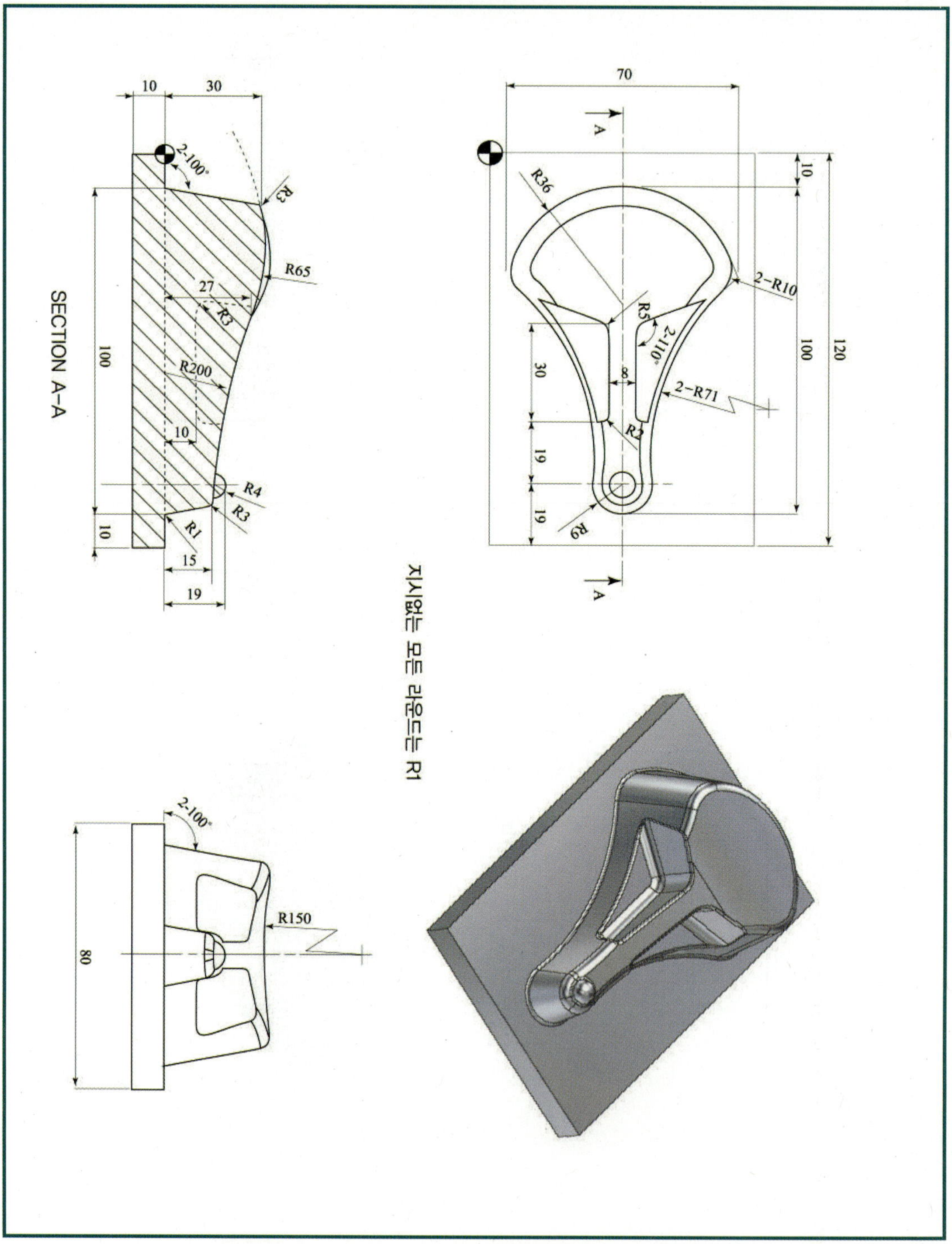

| 자격종목 | 컴퓨터응용가공산업기사 | 작품명 | 모델링 작업 | 척도 | NS |

| 자격종목 | 컴퓨터응용가공산업기사 | 작품명 | 모델링 작업 | 척도 | NS |

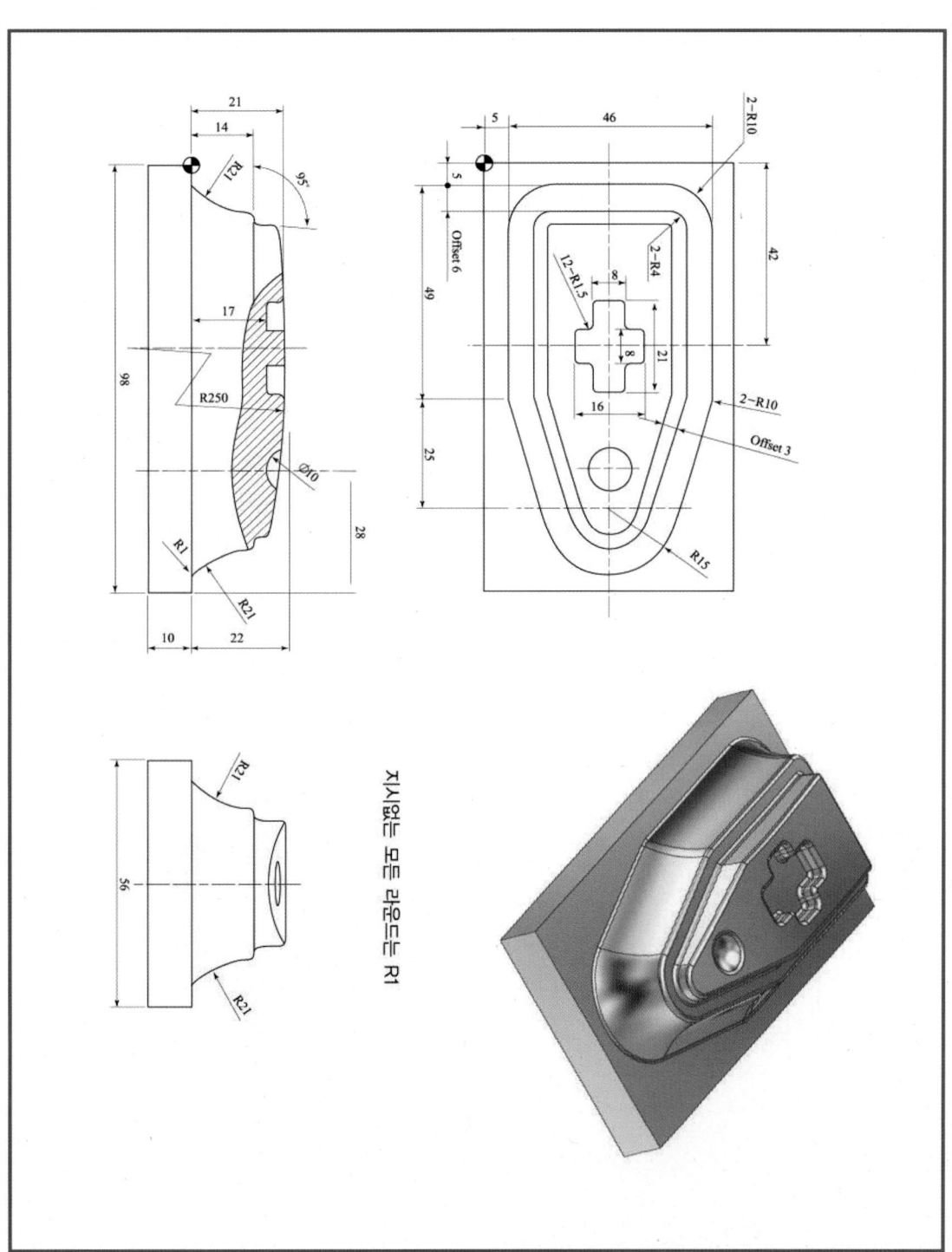

지시없는 모든 라운드는 R1

부록 2 컴퓨터응용가공산업기사 모델링 실기문제

| 자격종목 | 컴퓨터응용가공산업기사 | 작품명 | 모델링 작업 | 척도 | NS |

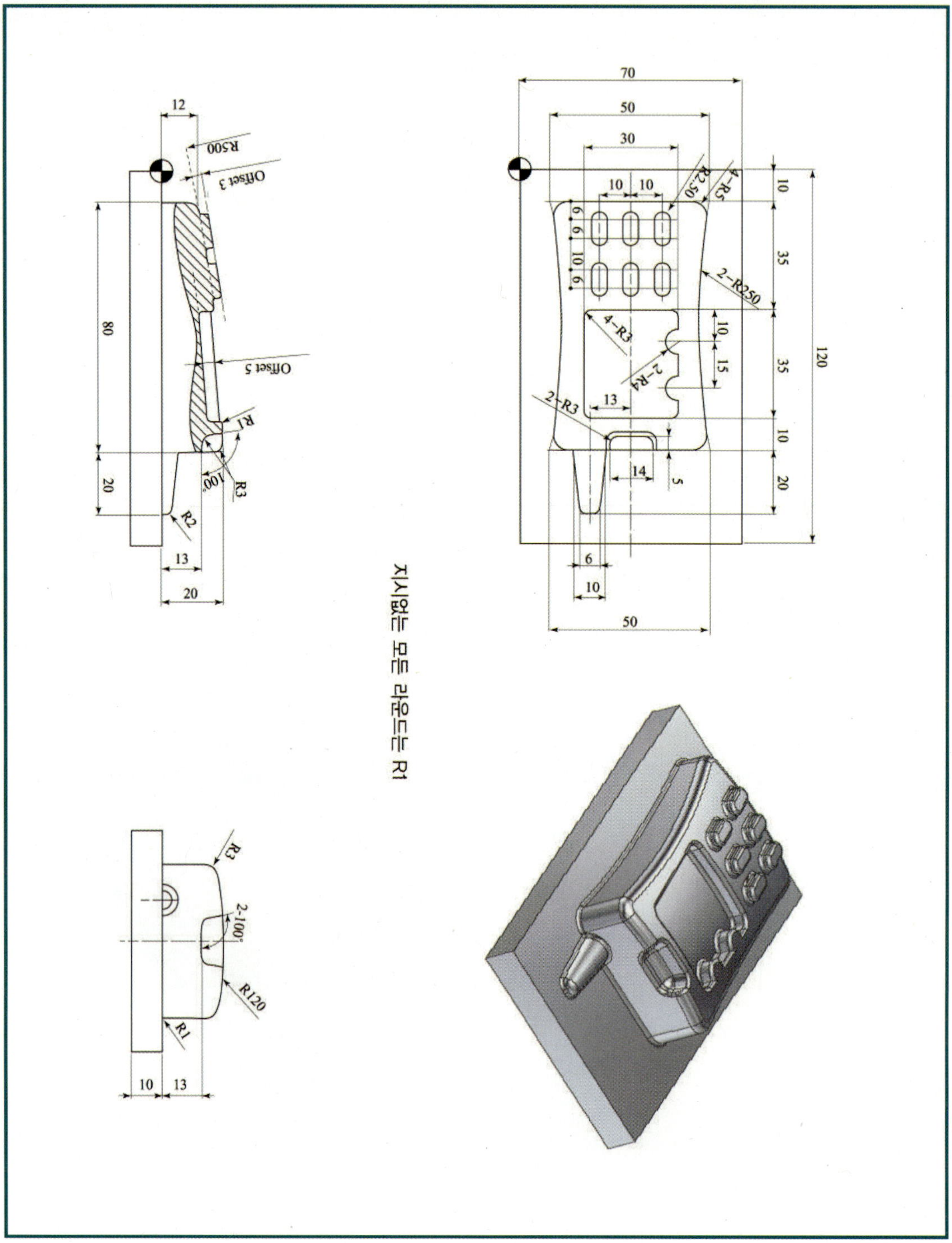

| 자격종목 | 컴퓨터응용가공산업기사 | 작품명 | 모델링 작업 | 척도 | NS |
|---|---|---|---|---|---|

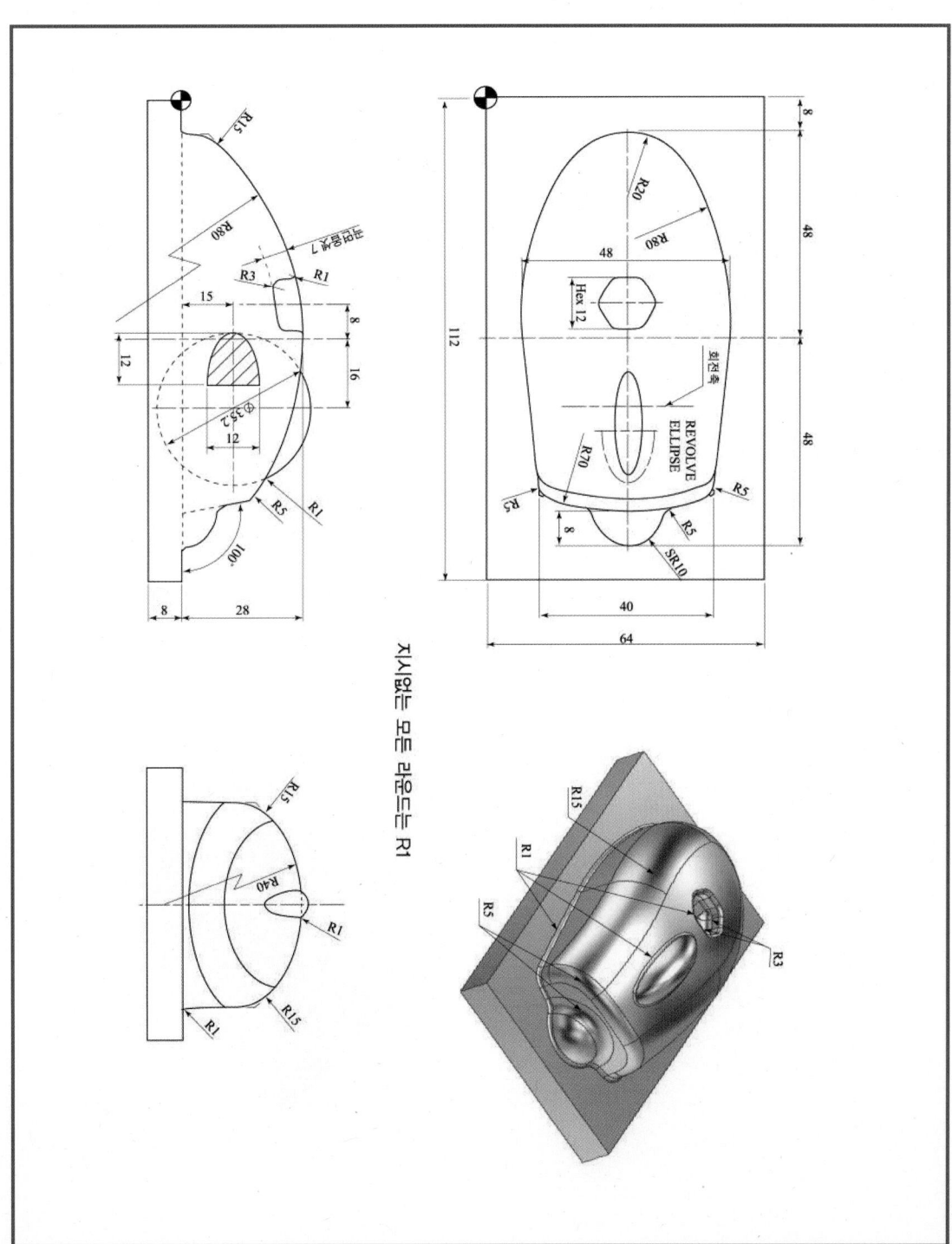

부록 2 컴퓨터응용가공산업기사 모델링 실기문제

| 자격종목 | 컴퓨터응용가공산업기사 | 작품명 | 모델링 작업 | 척도 | NS |

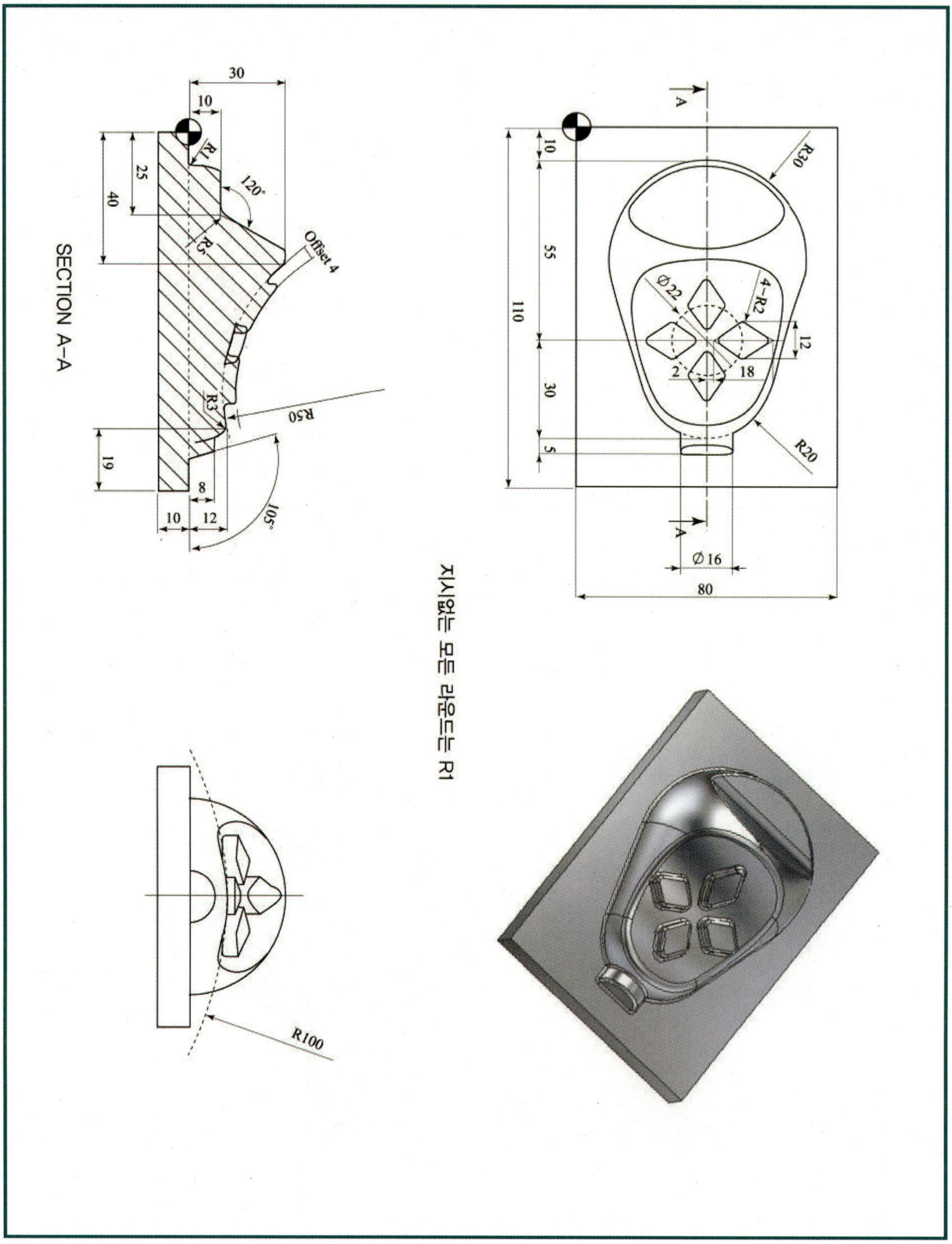

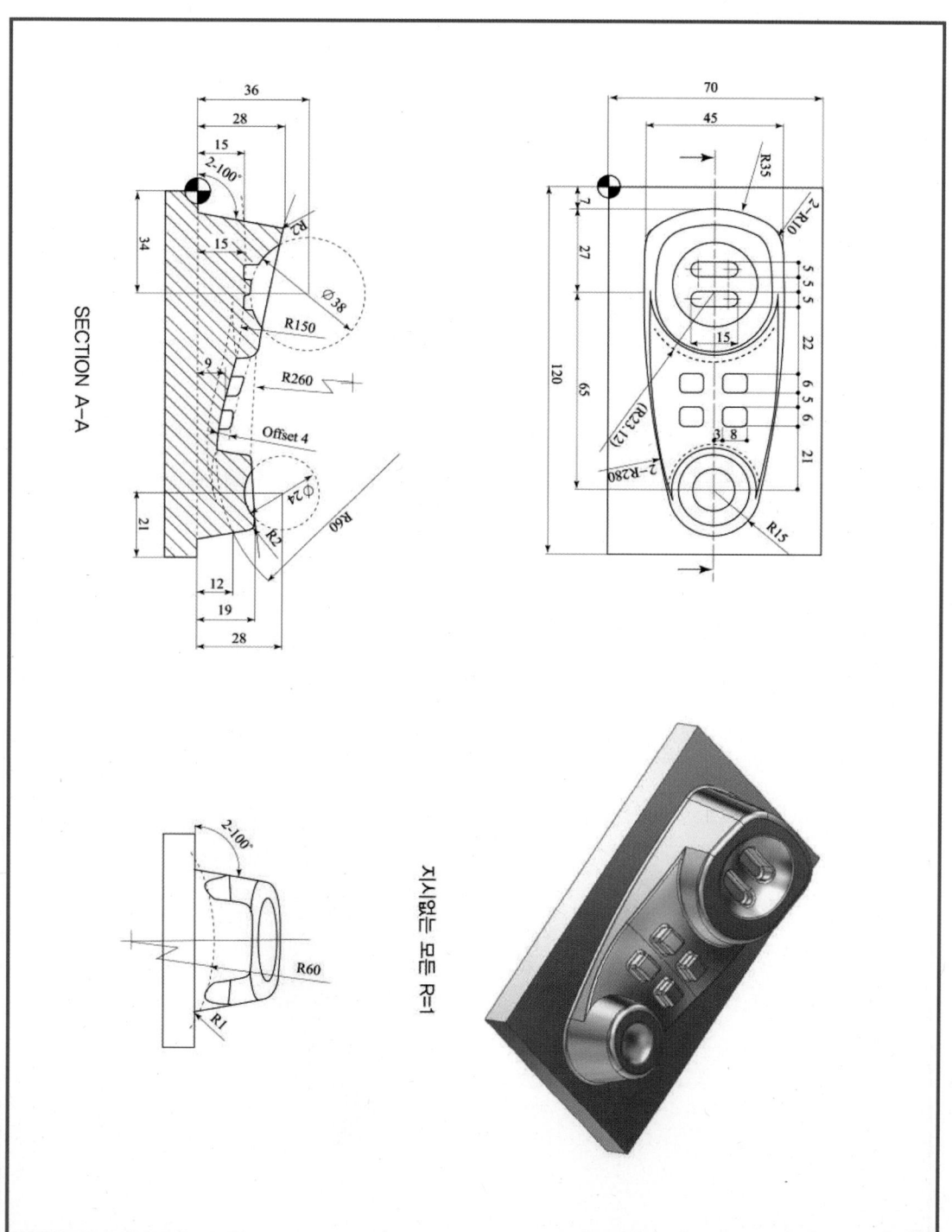

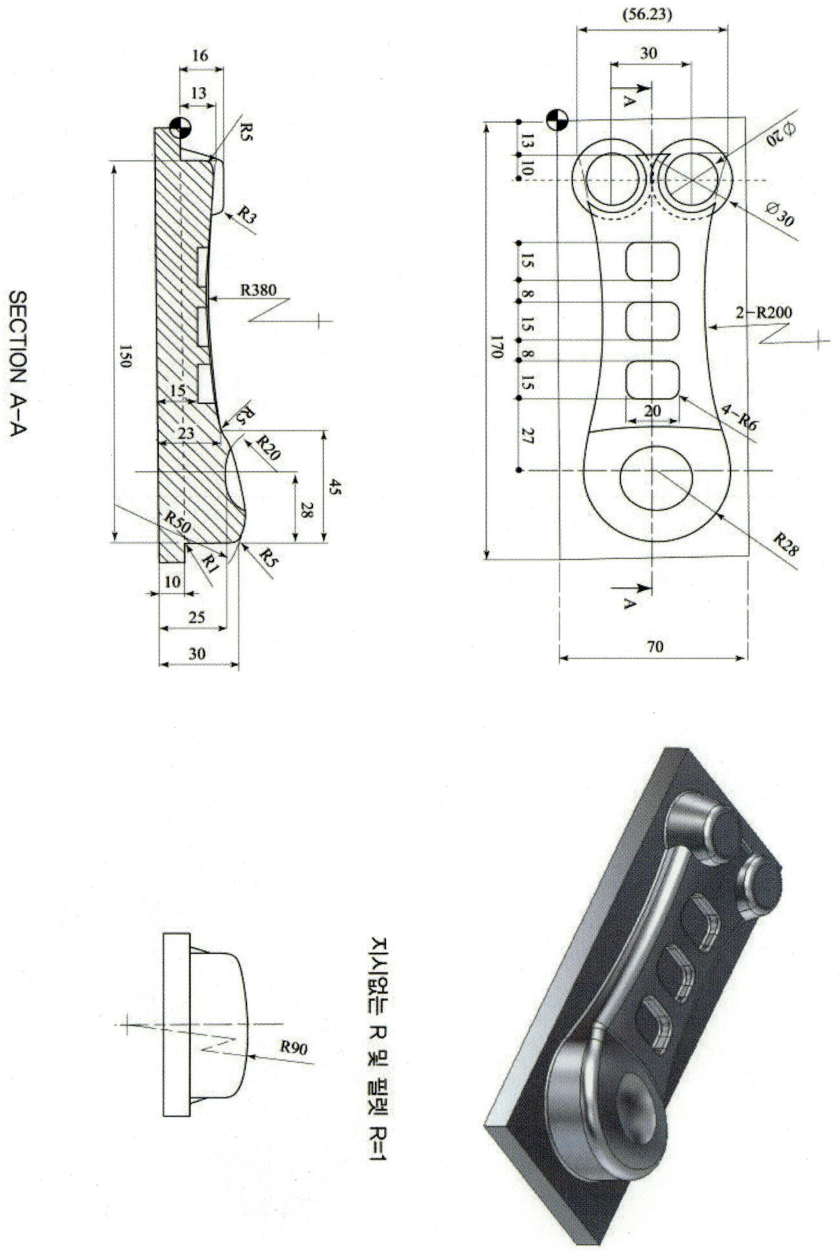

| 자격종목 | 컴퓨터응용가공산업기사 | 작품명 | 모델링 작업 | 척도 | NS |

| 자격종목 | 컴퓨터응용가공산업기사 | 작품명 | 모델링 작업 | 척도 | NS |

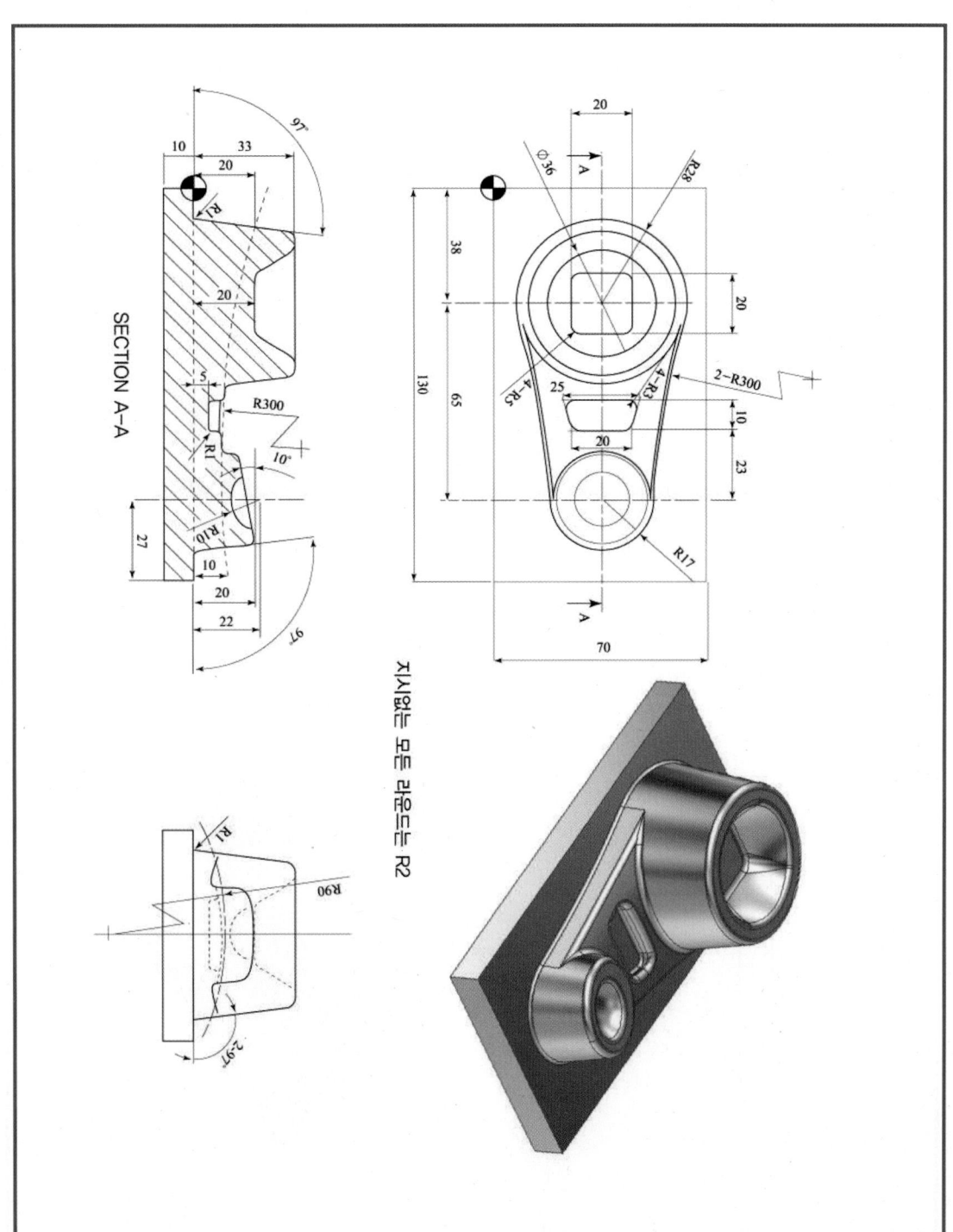

| 자격종목 | 컴퓨터응용가공산업기사 | 작품명 | 모델링 작업 | 척도 | NS |
|---|---|---|---|---|---|

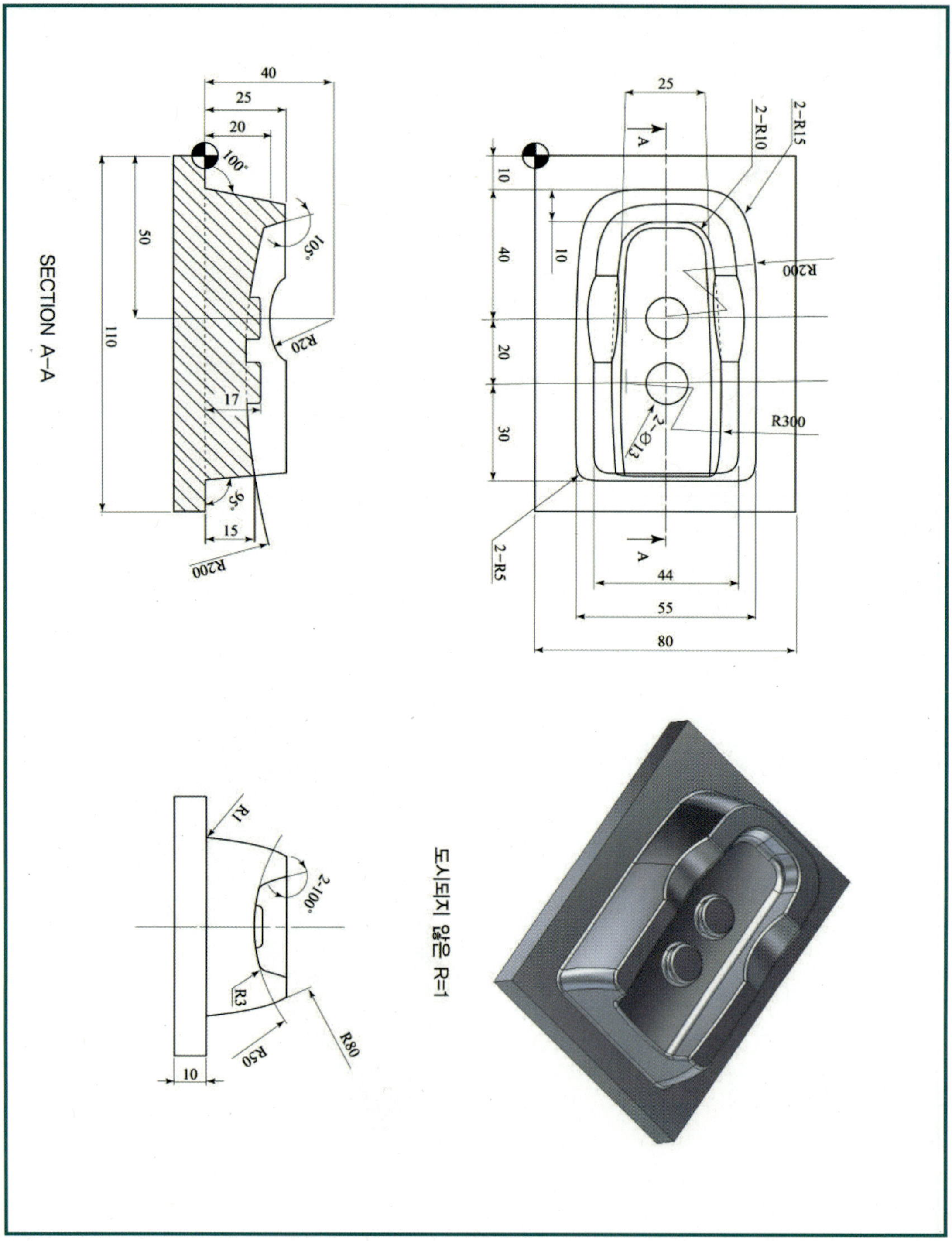

SECTION A-A

도시되지 않은 R=1

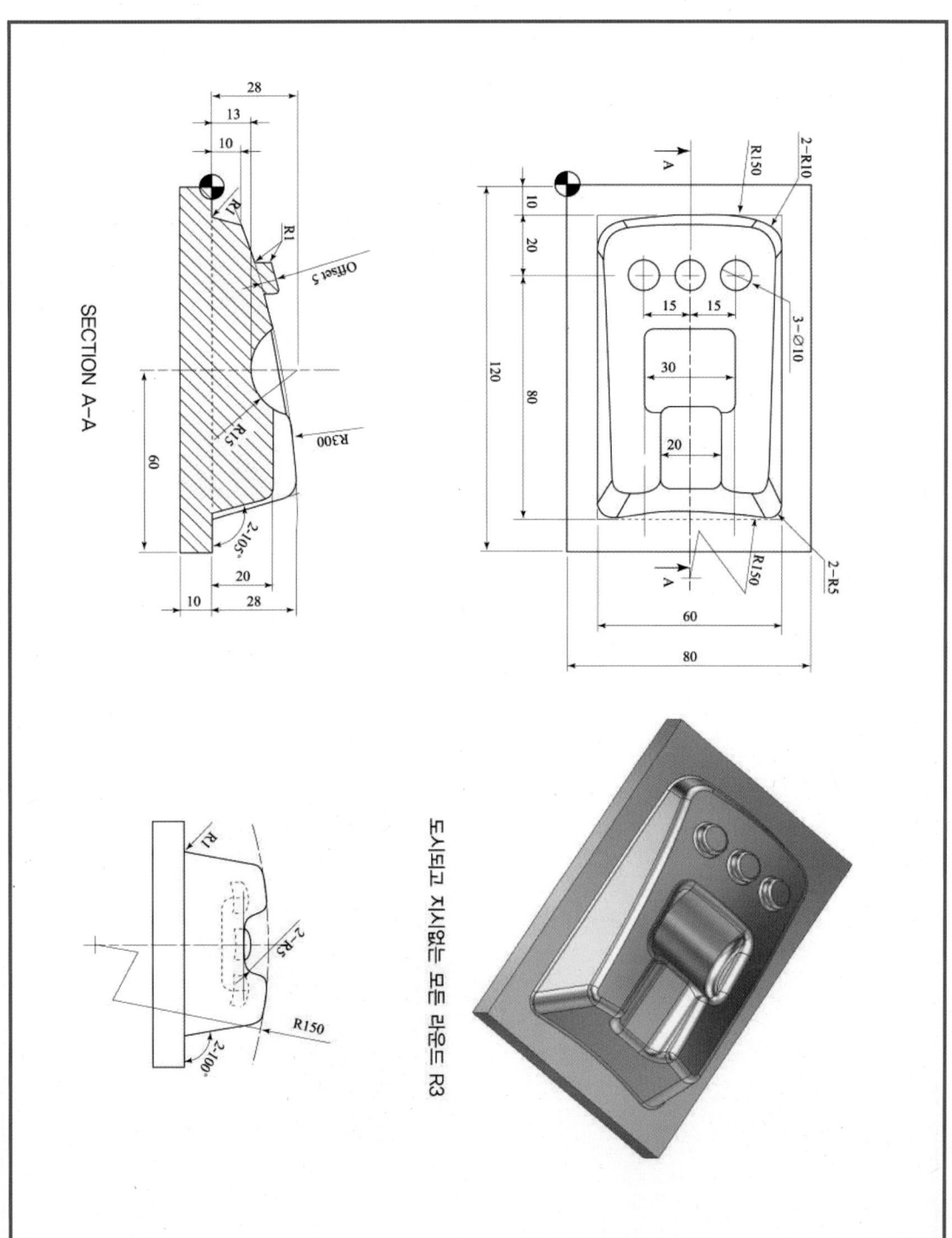

| 자격종목 | 컴퓨터응용가공산업기사 | 작품명 | 모델링 작업 | 척도 | NS |

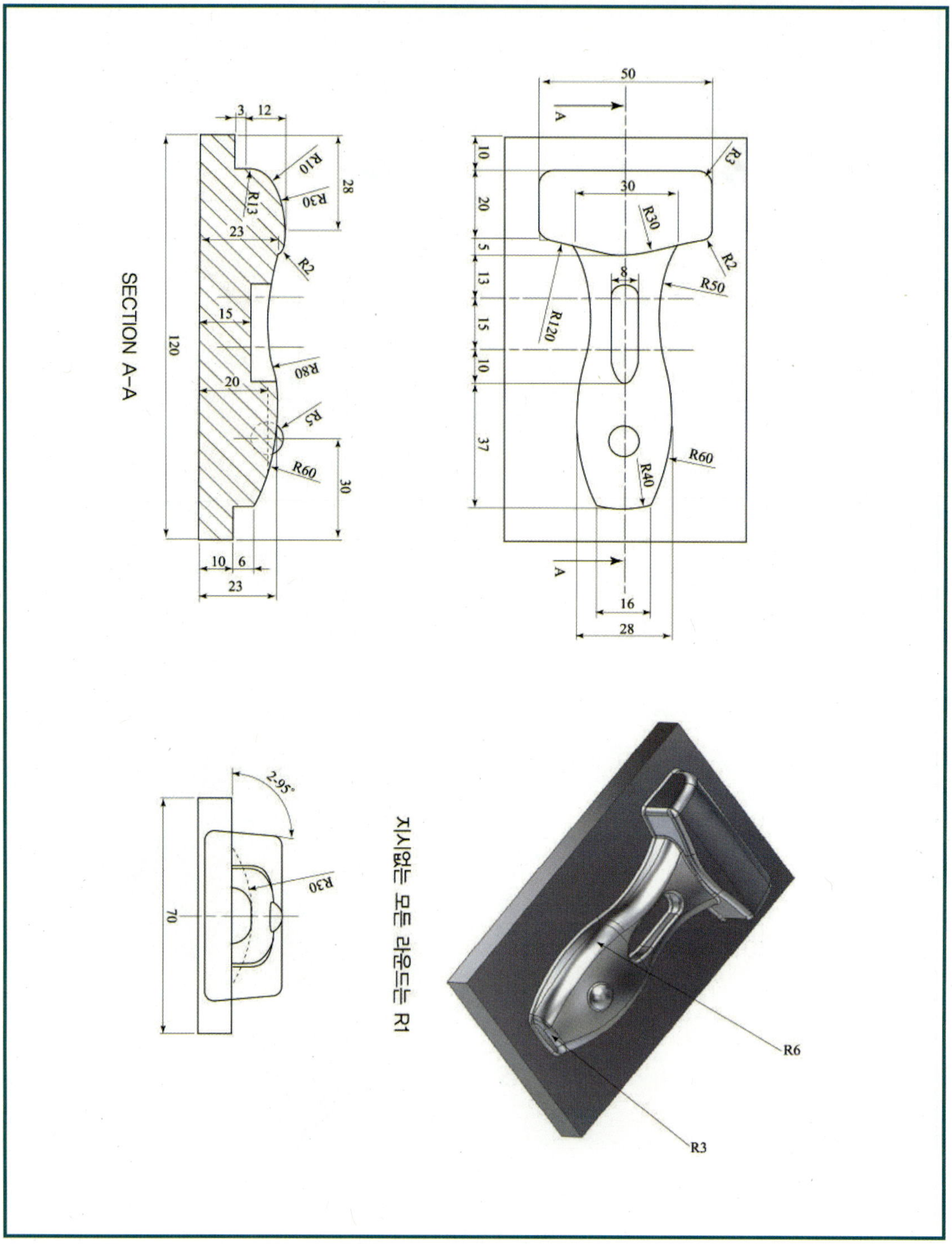

SECTION A-A

지시없는 모든 라운드는 R1

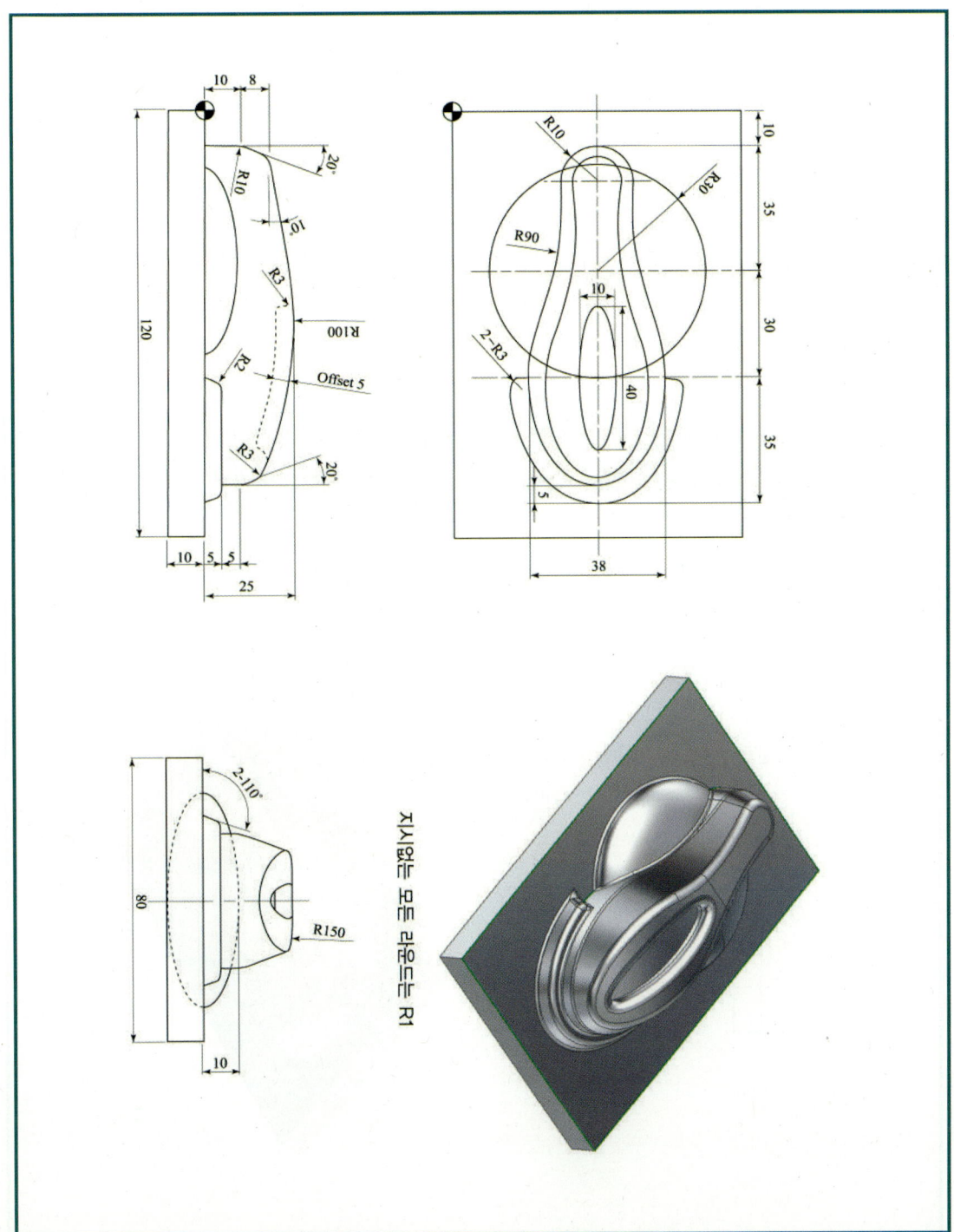

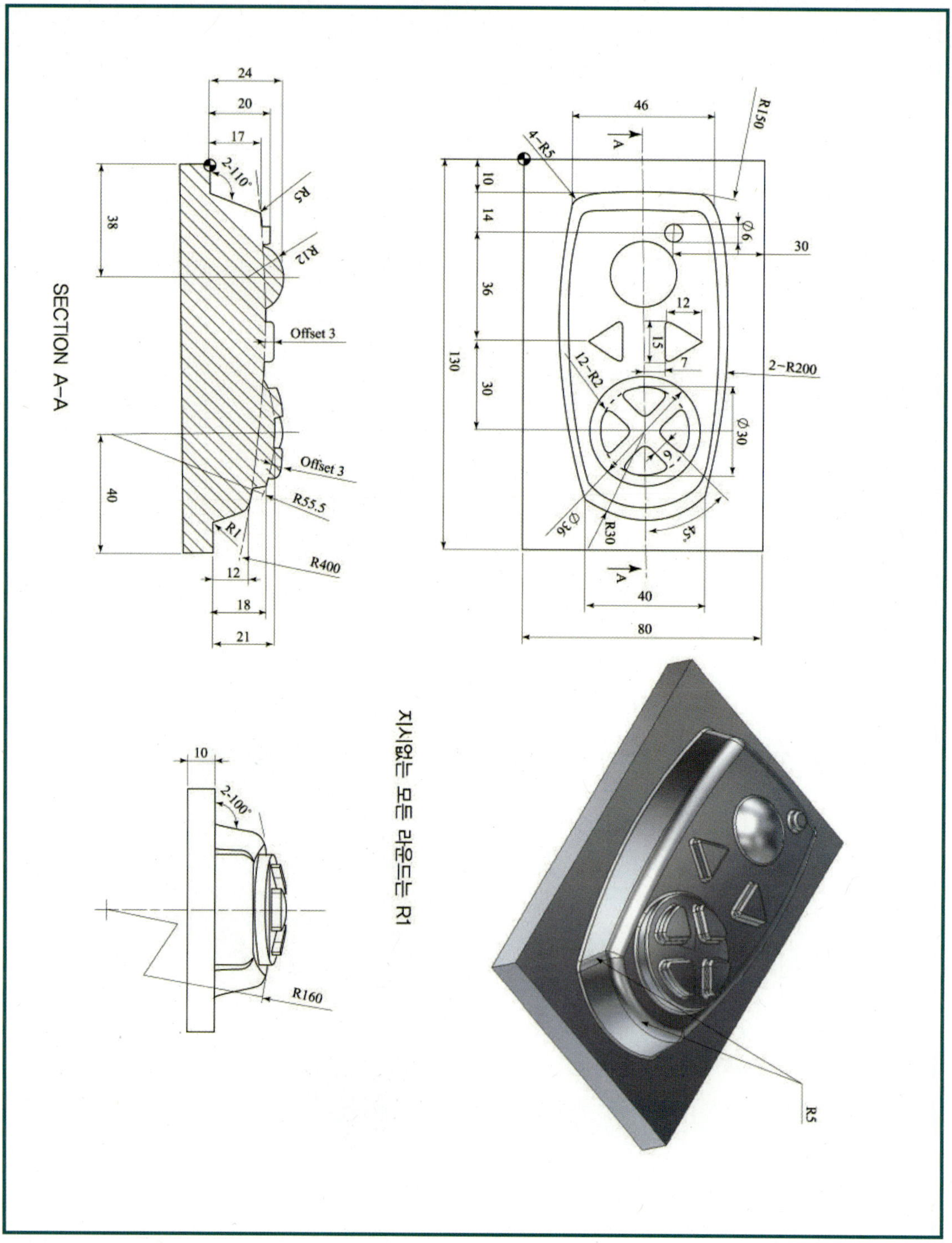

| 자격종목 | 컴퓨터응용가공산업기사 | 작품명 | 모델링 작업 | 척도 | NS |
|---|---|---|---|---|---|

| 자격종목 | 컴퓨터응용가공산업기사 | 작품명 | 모델링 작업 | 척도 | NS |

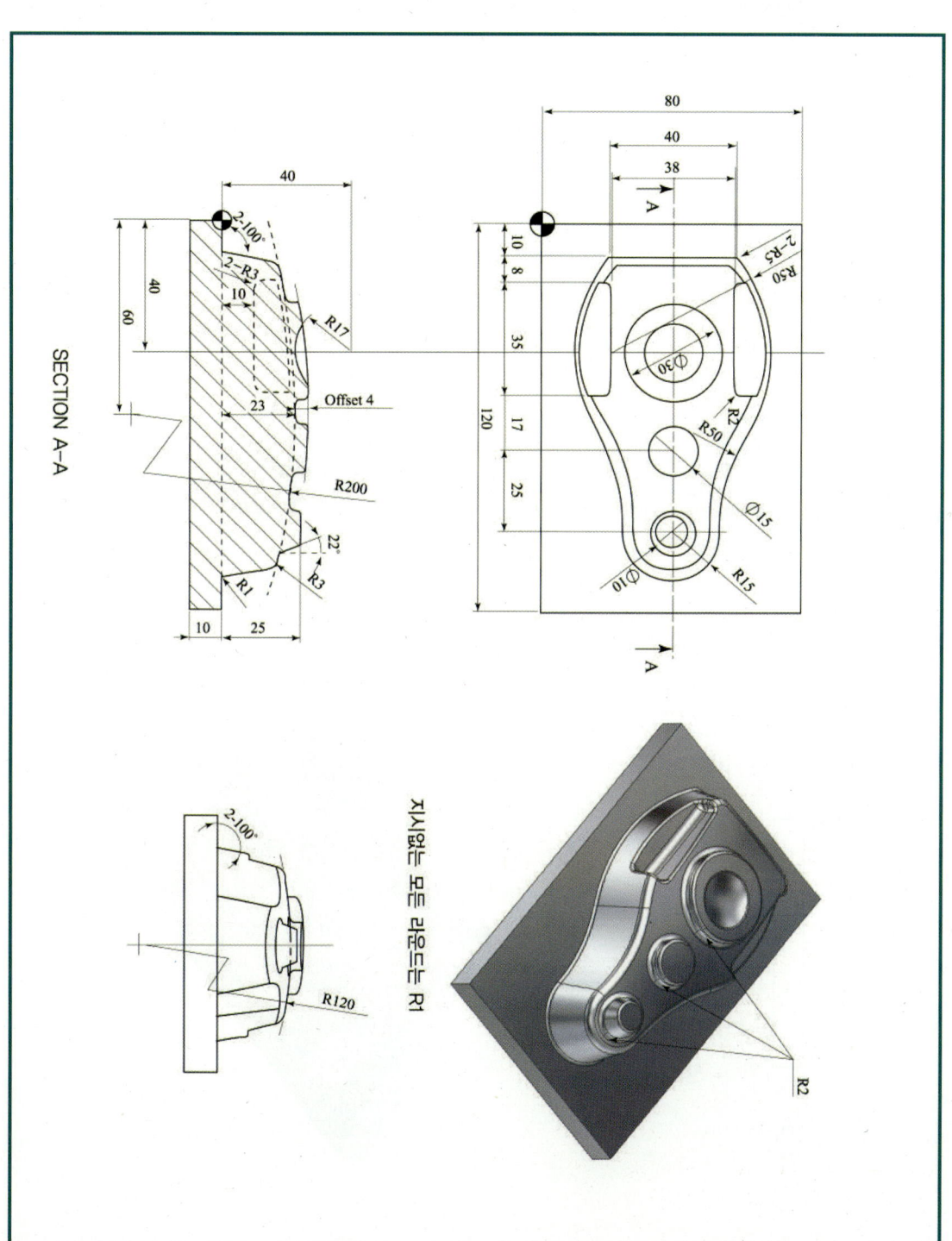

| 자격종목 | 컴퓨터응용가공산업기사 | 작품명 | 모델링 작업 | 척도 | NS |
|---|---|---|---|---|---|

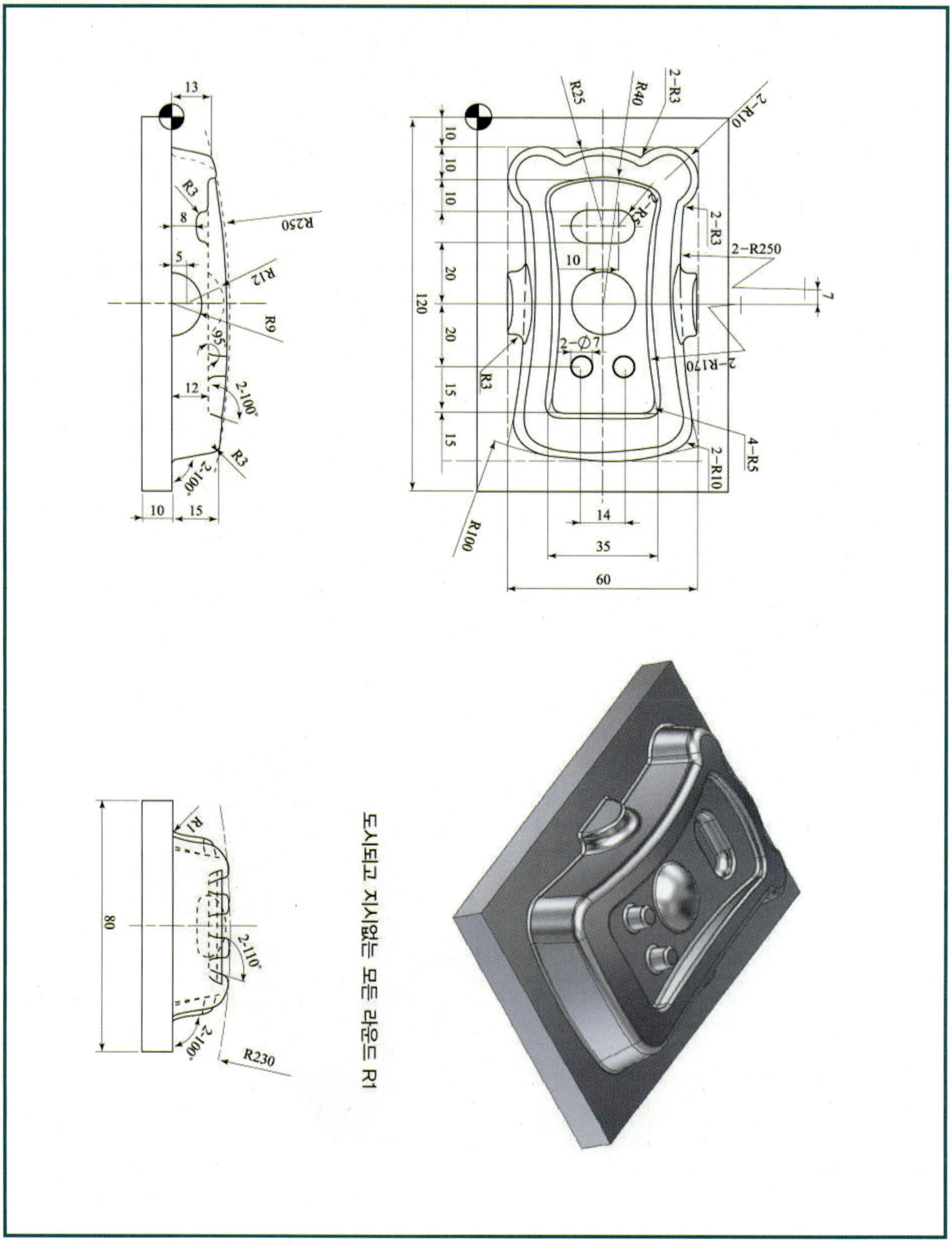

도시되고 지시없는 모든 라운드 R1

| 자격종목 | 컴퓨터응용가공산업기사 | 작품명 | 모델링 작업 | 척도 | NS |

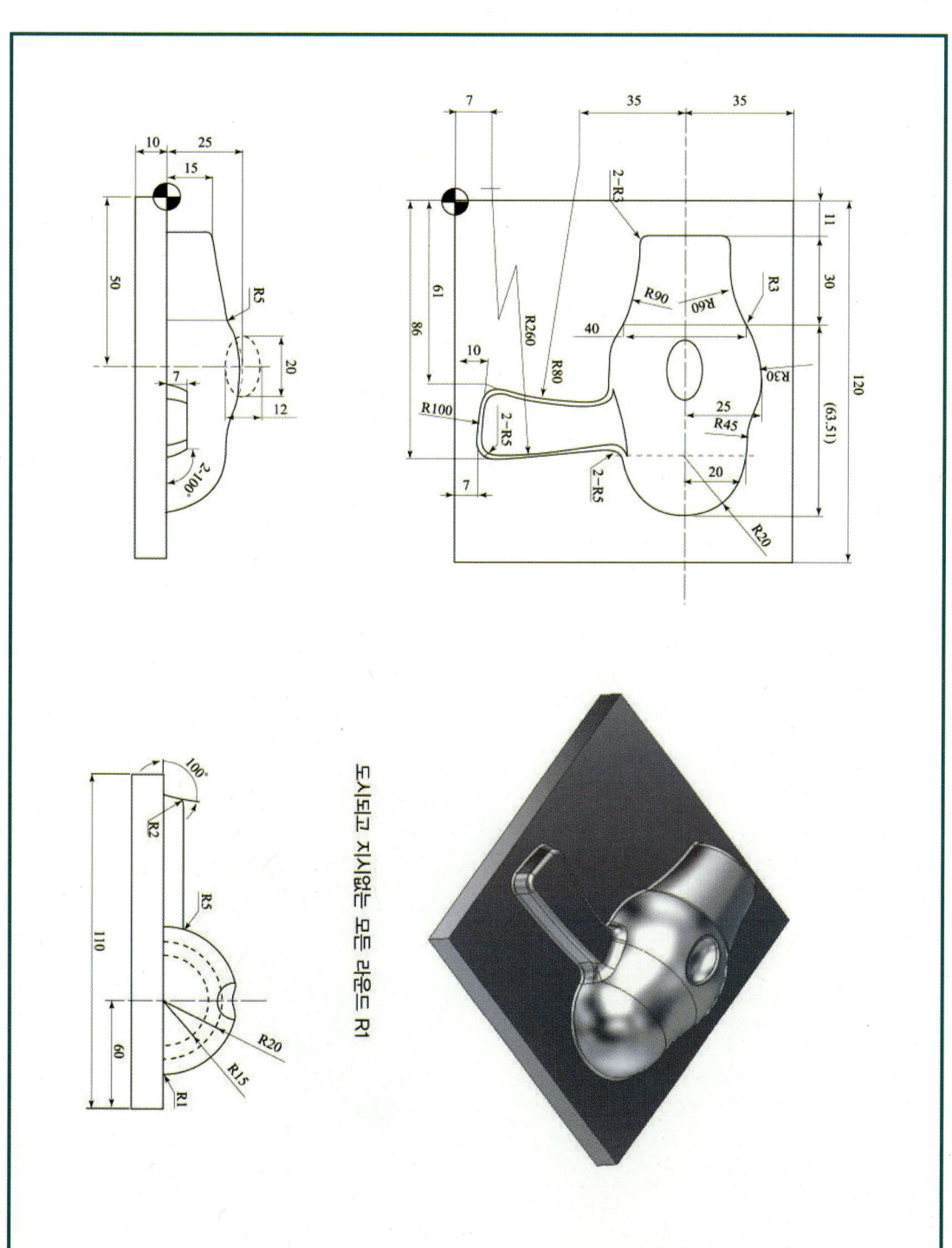

| 자격종목 | 컴퓨터응용가공산업기사 | 작품명 | 모델링 작업 | 척도 | NS |
|---|---|---|---|---|---|

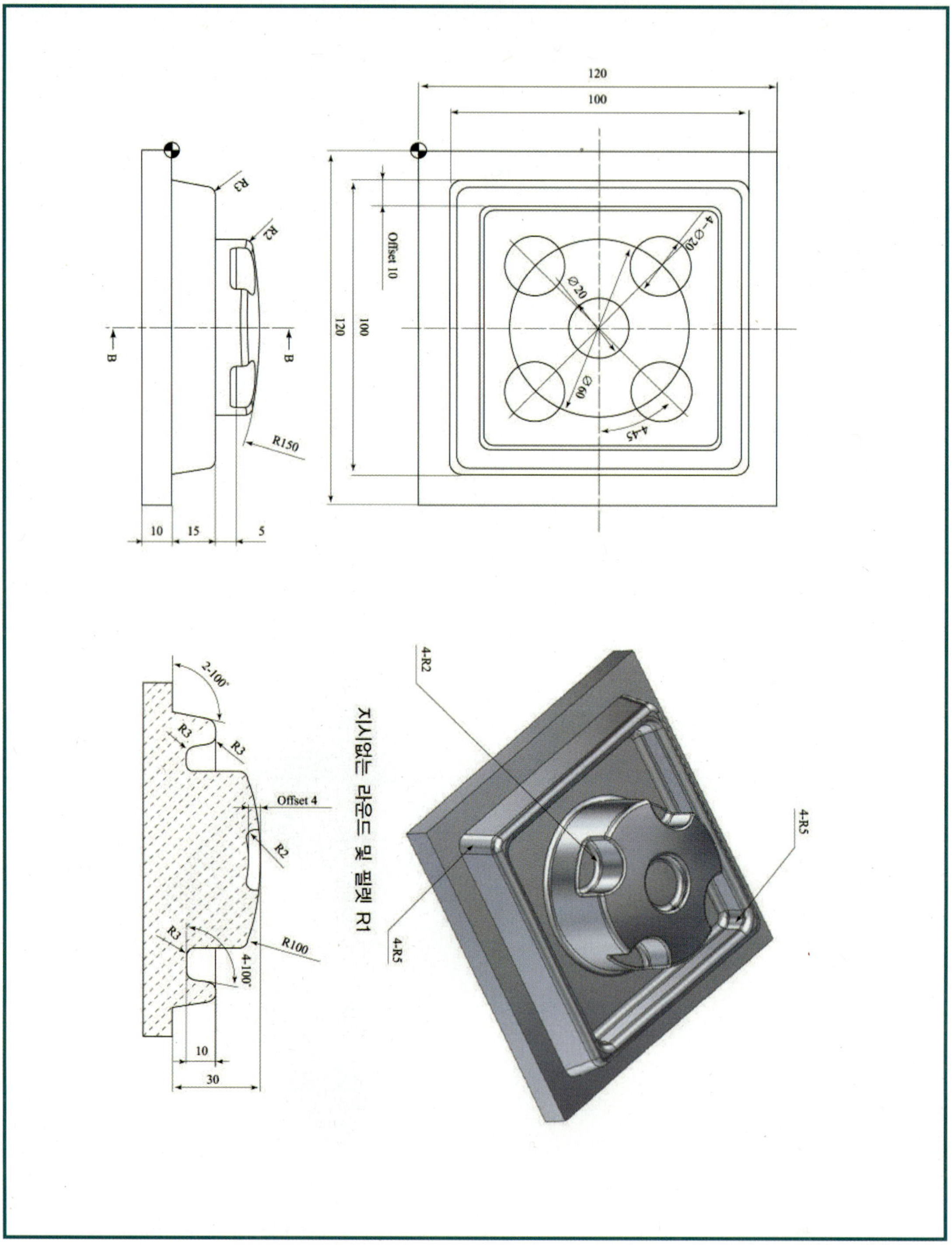

# 부록 3 기계설계산업기사, 일반기계기사 실기문제 및 해설도

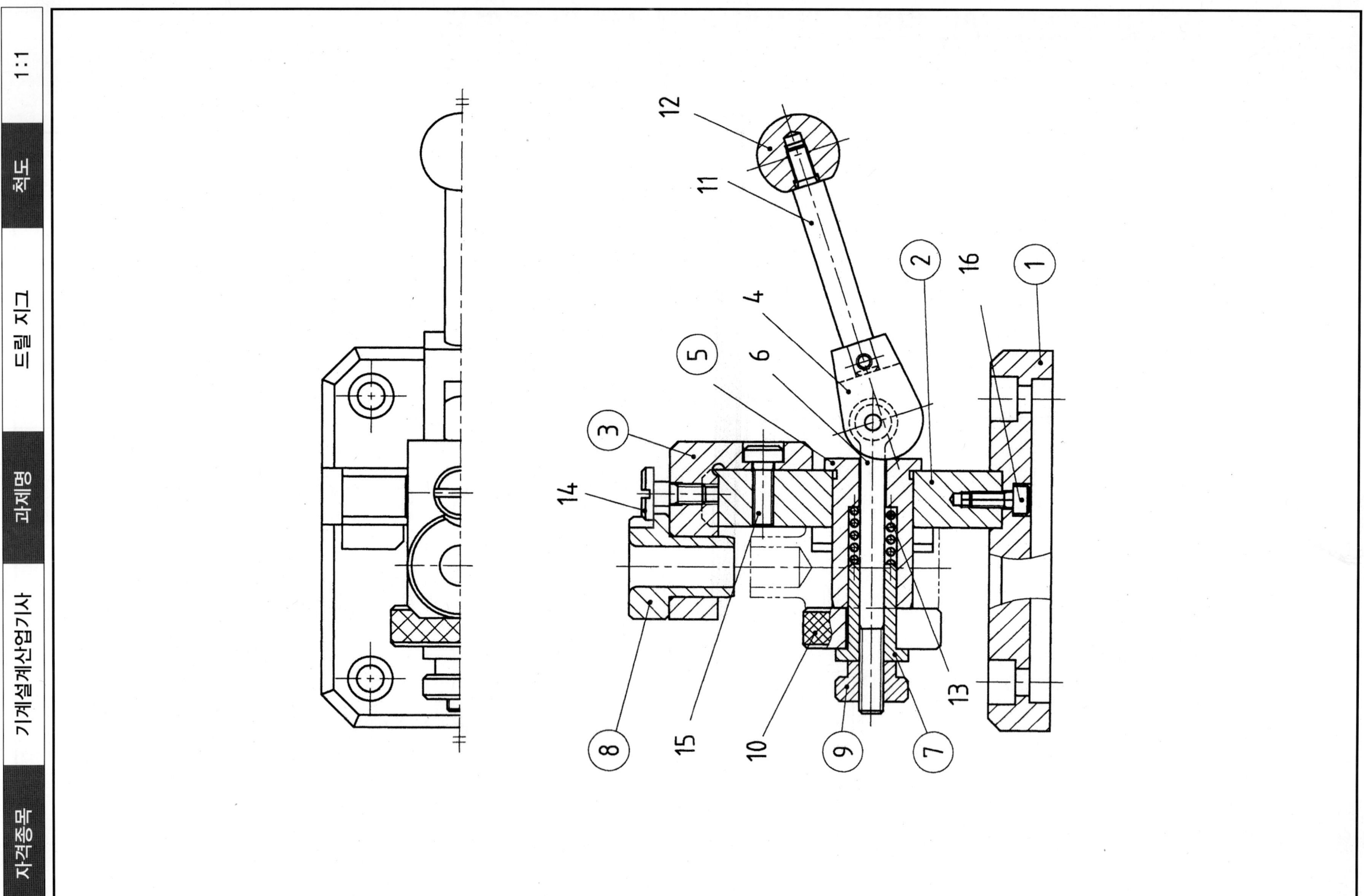

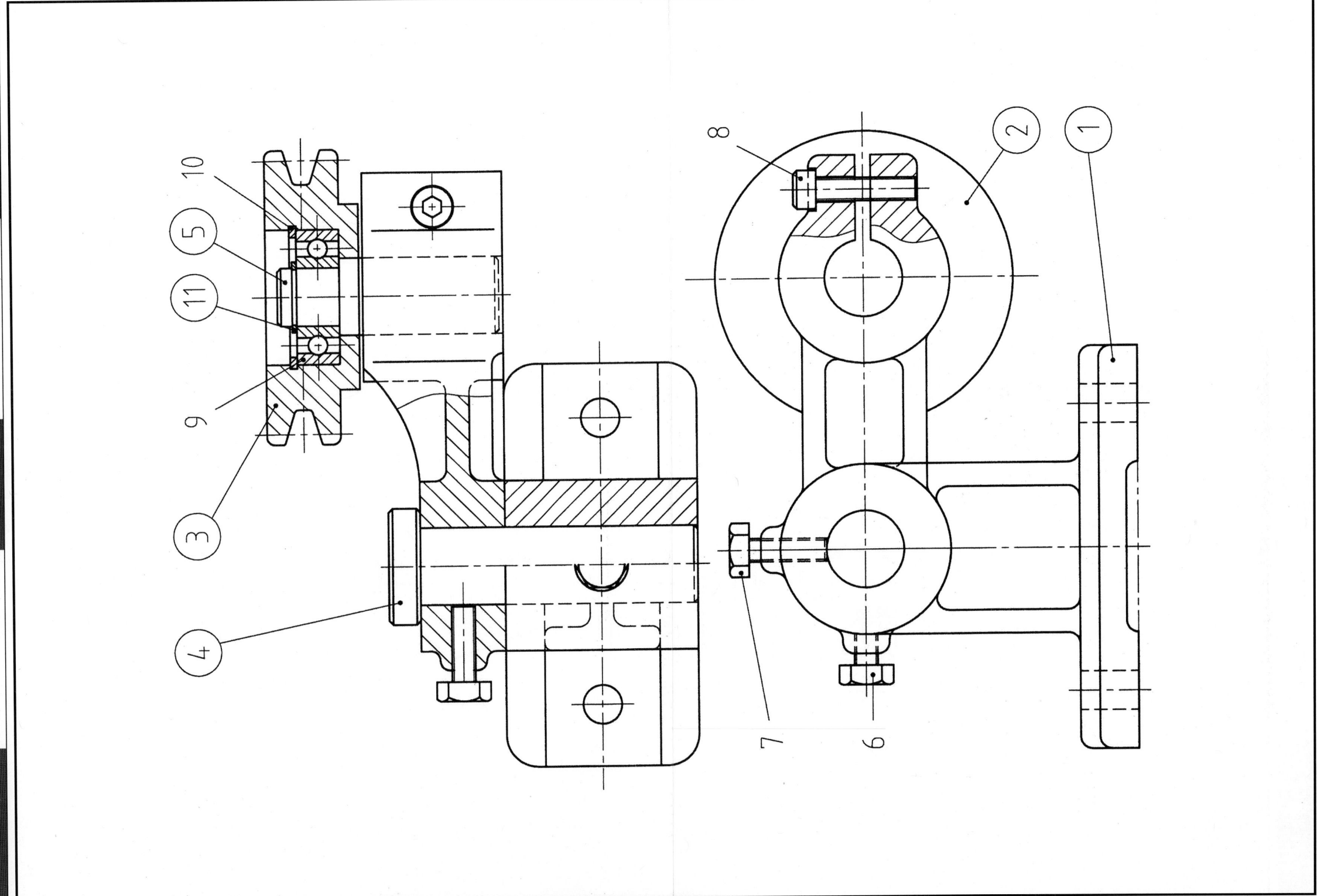

자격종목 | 기계설계산업기사 | 과제명 | 플랜지 타이트너 | 척도 | 1:1

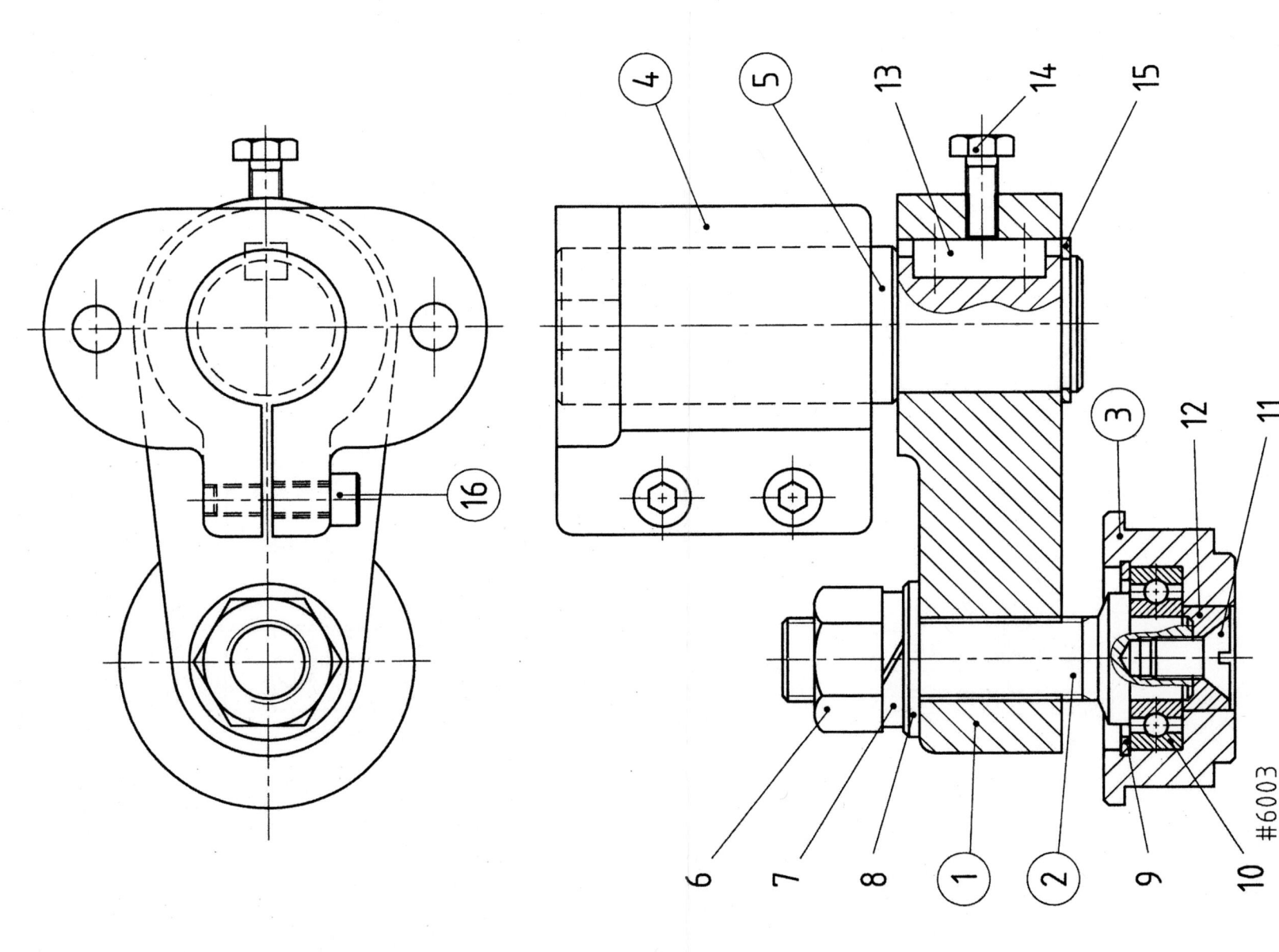

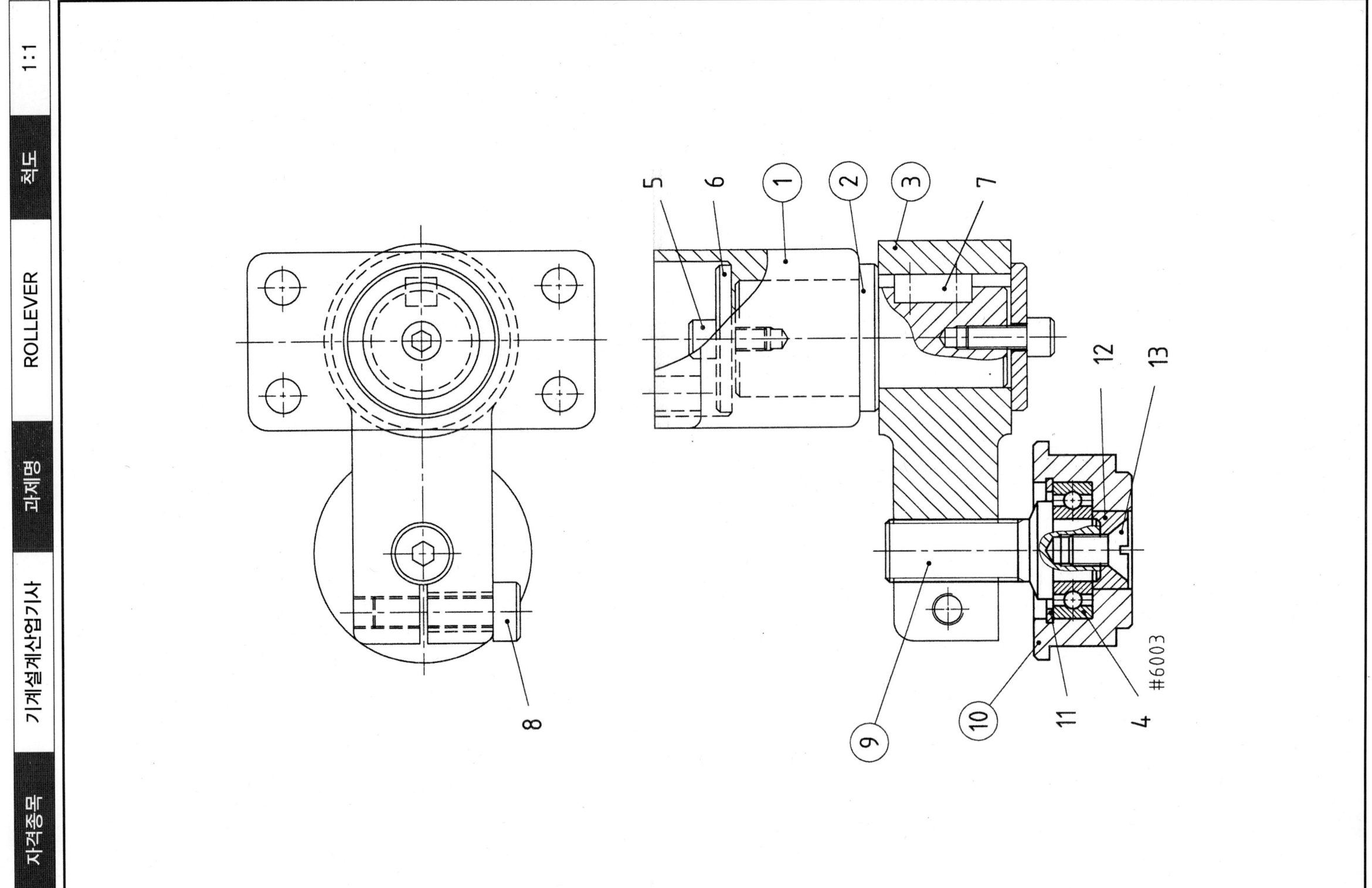

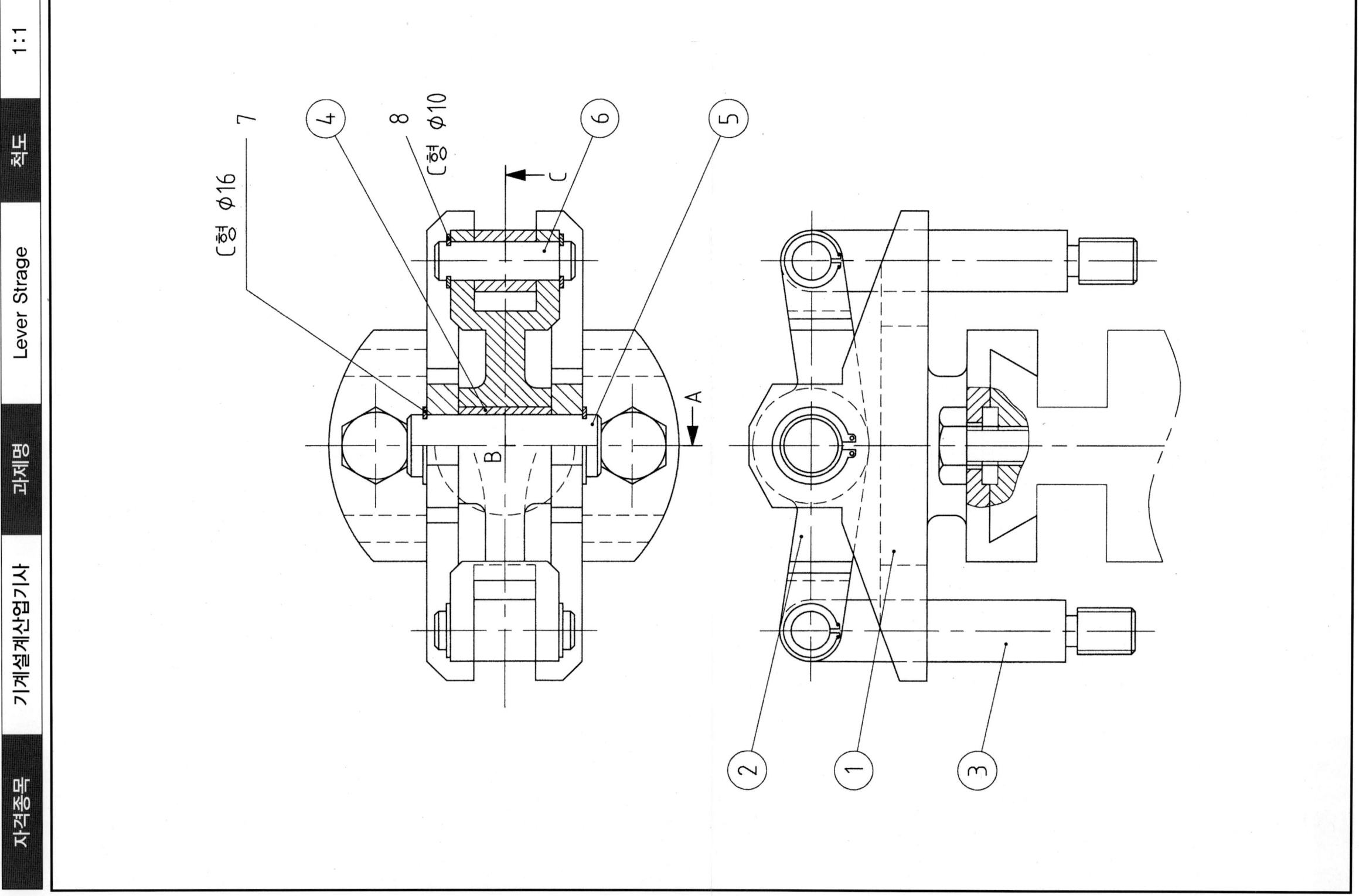

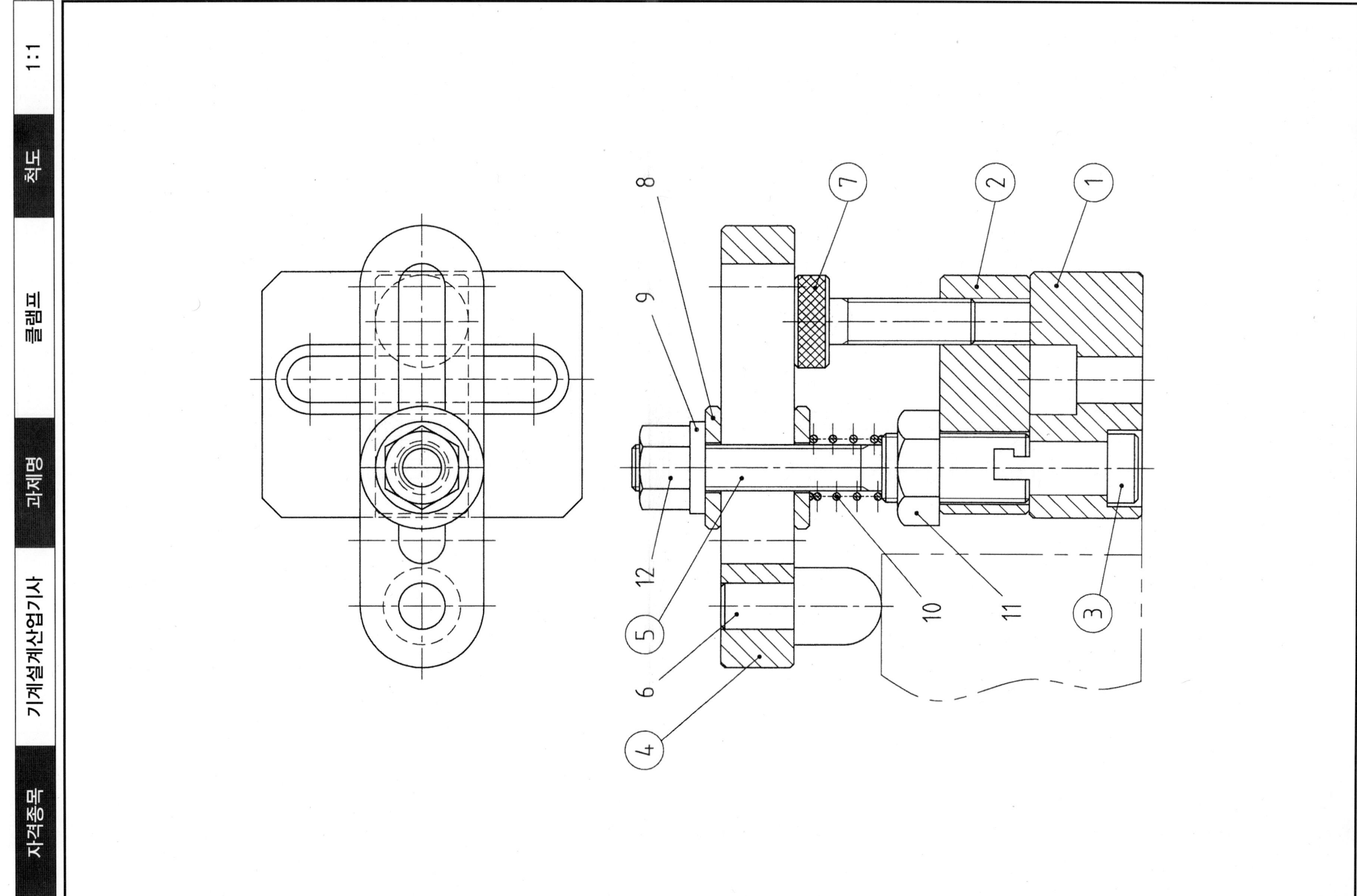

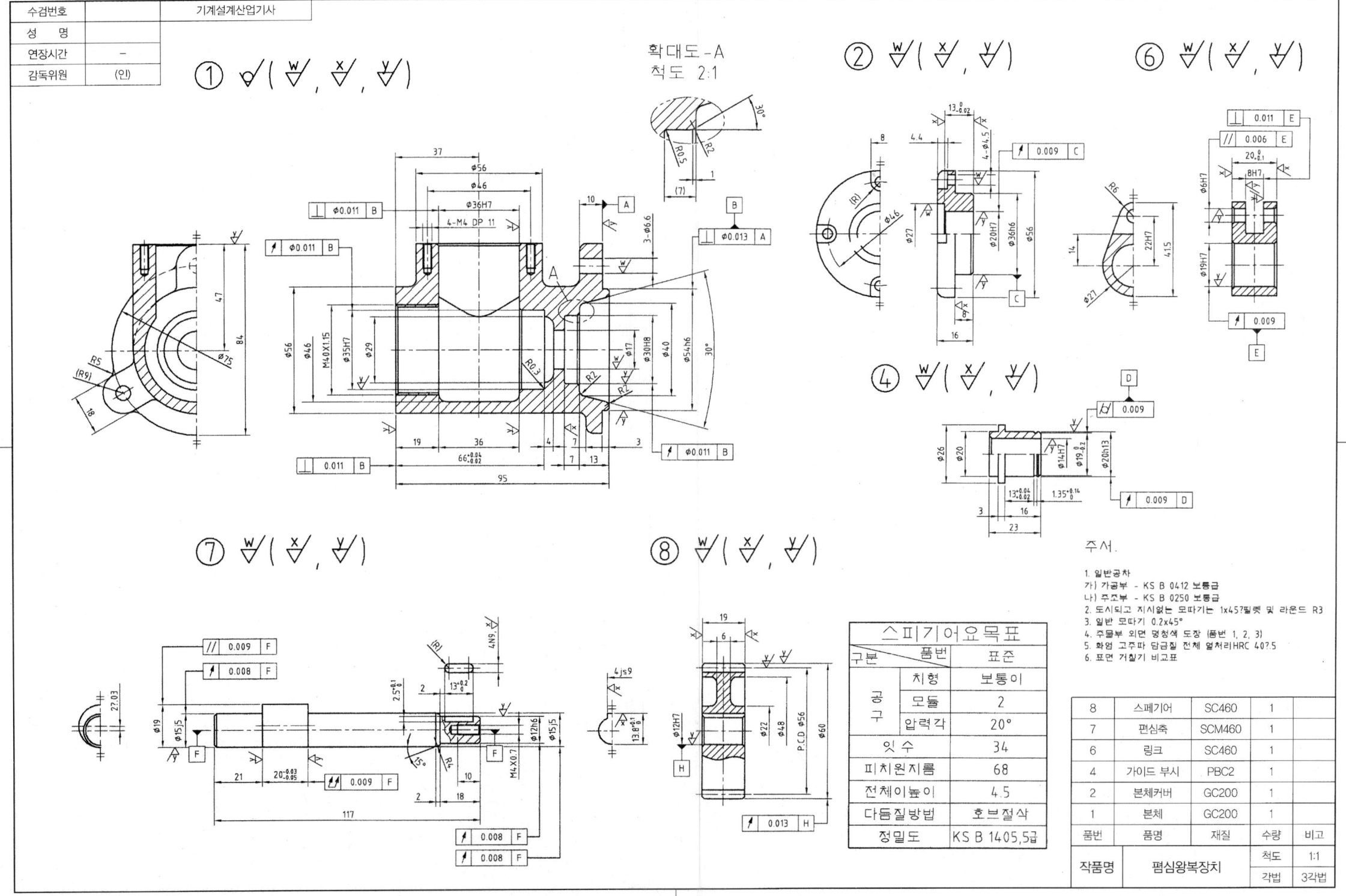

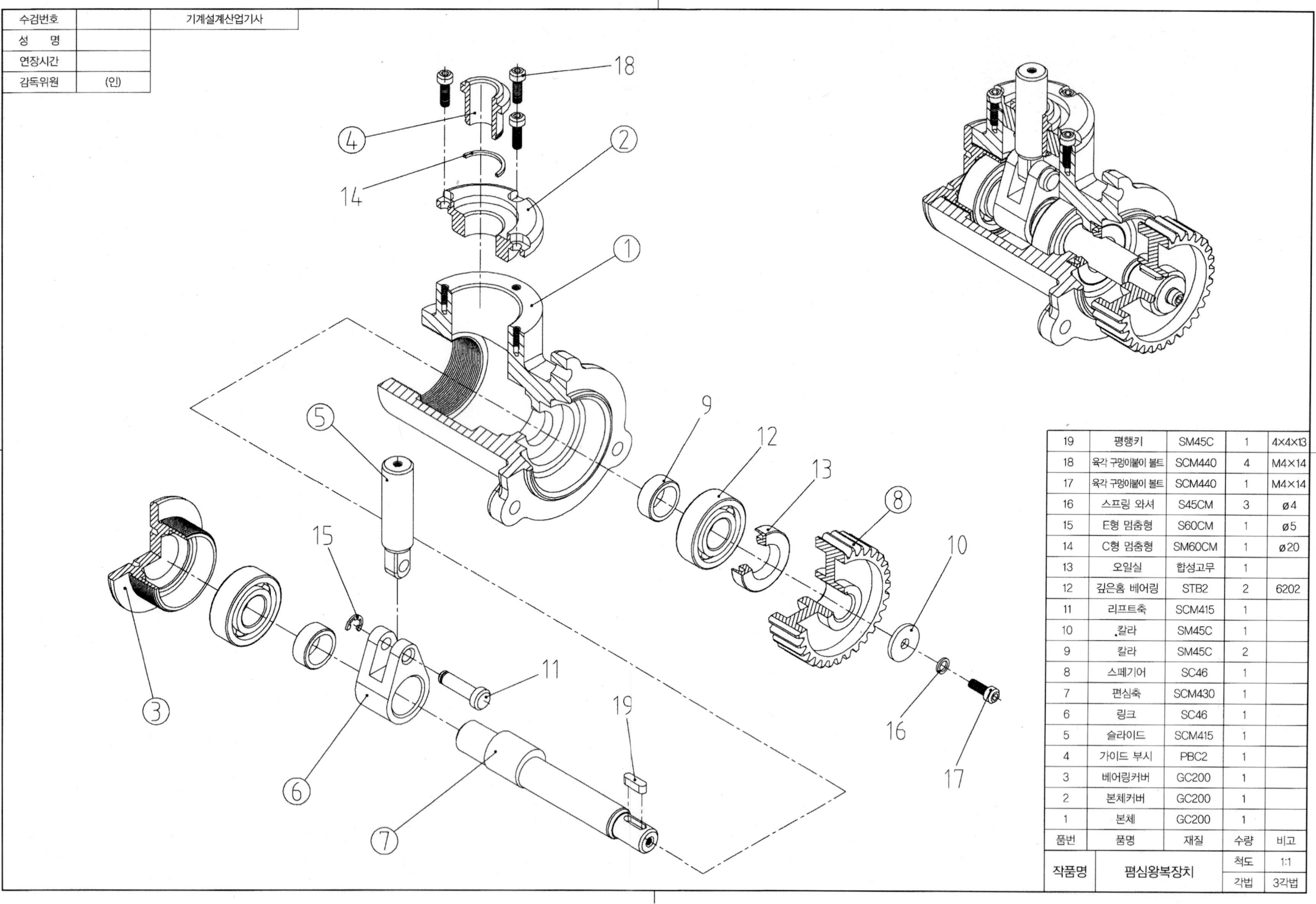

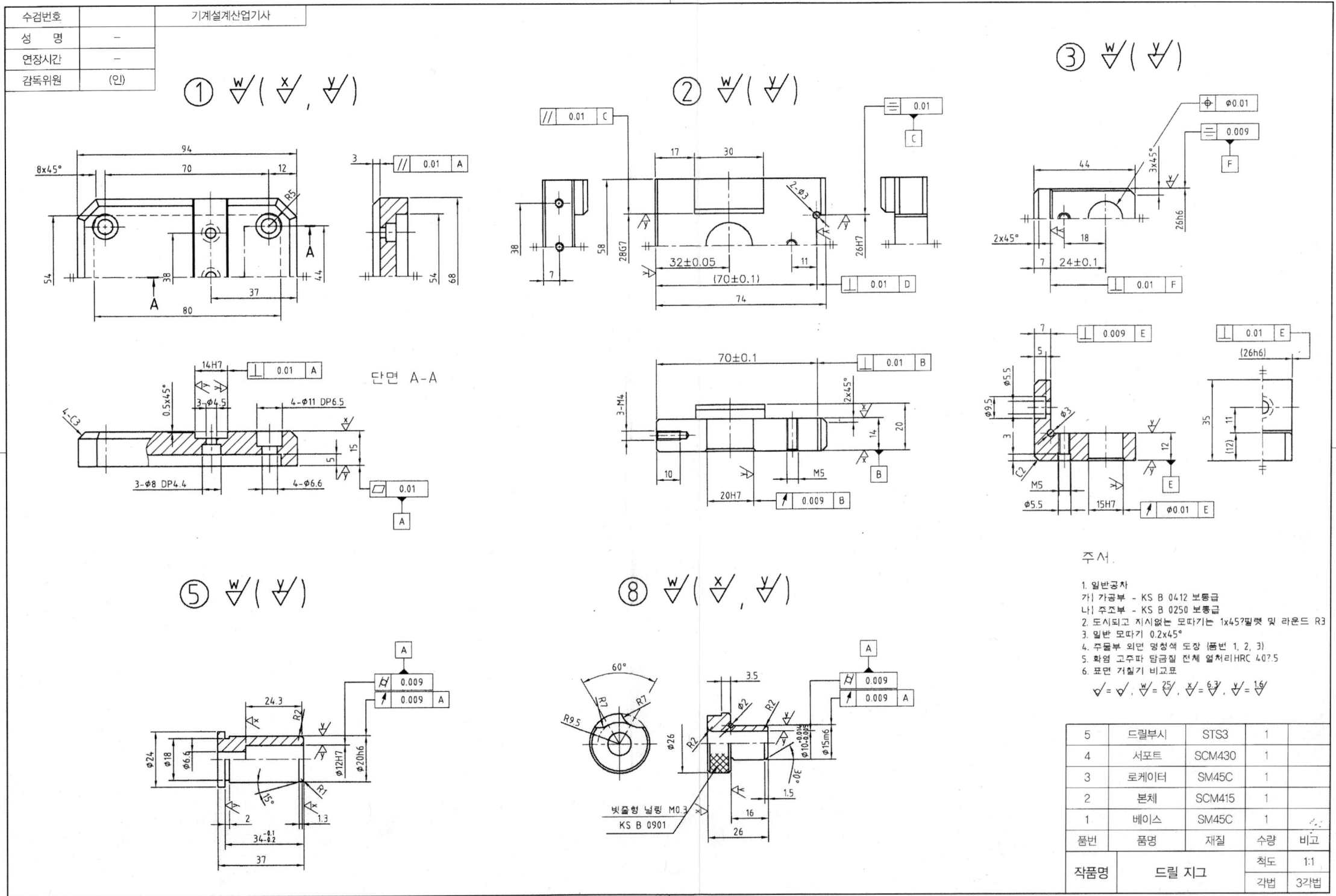

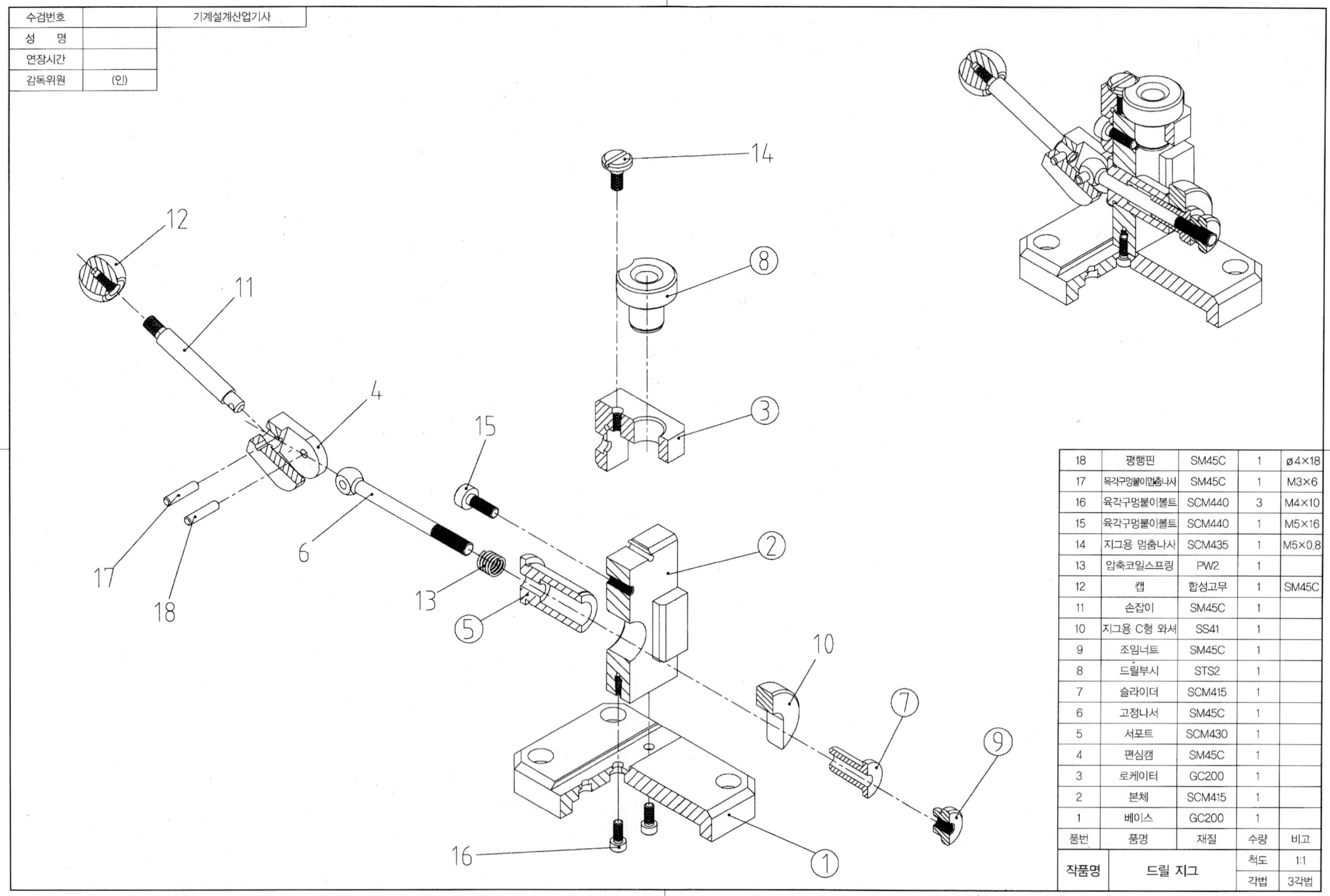

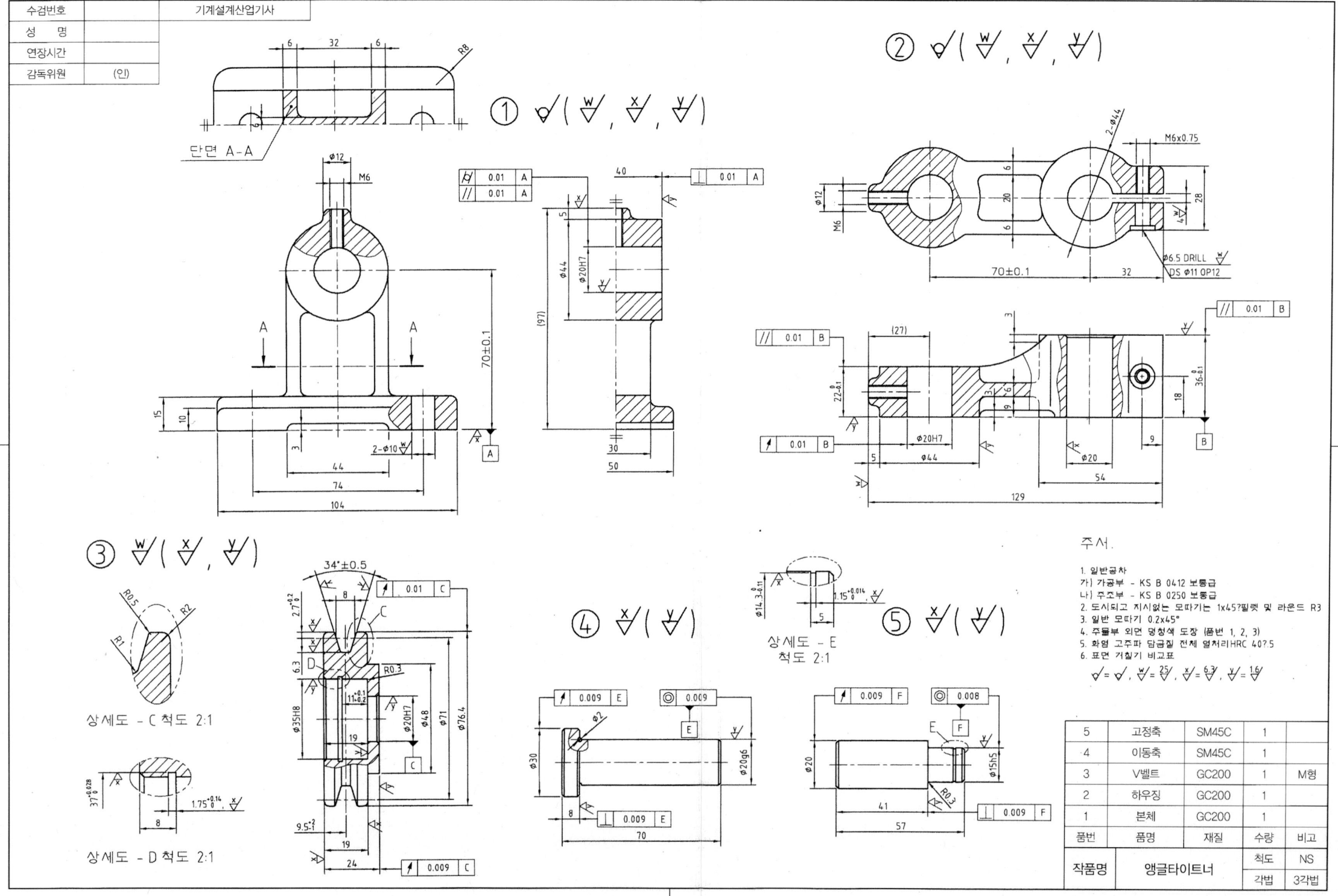

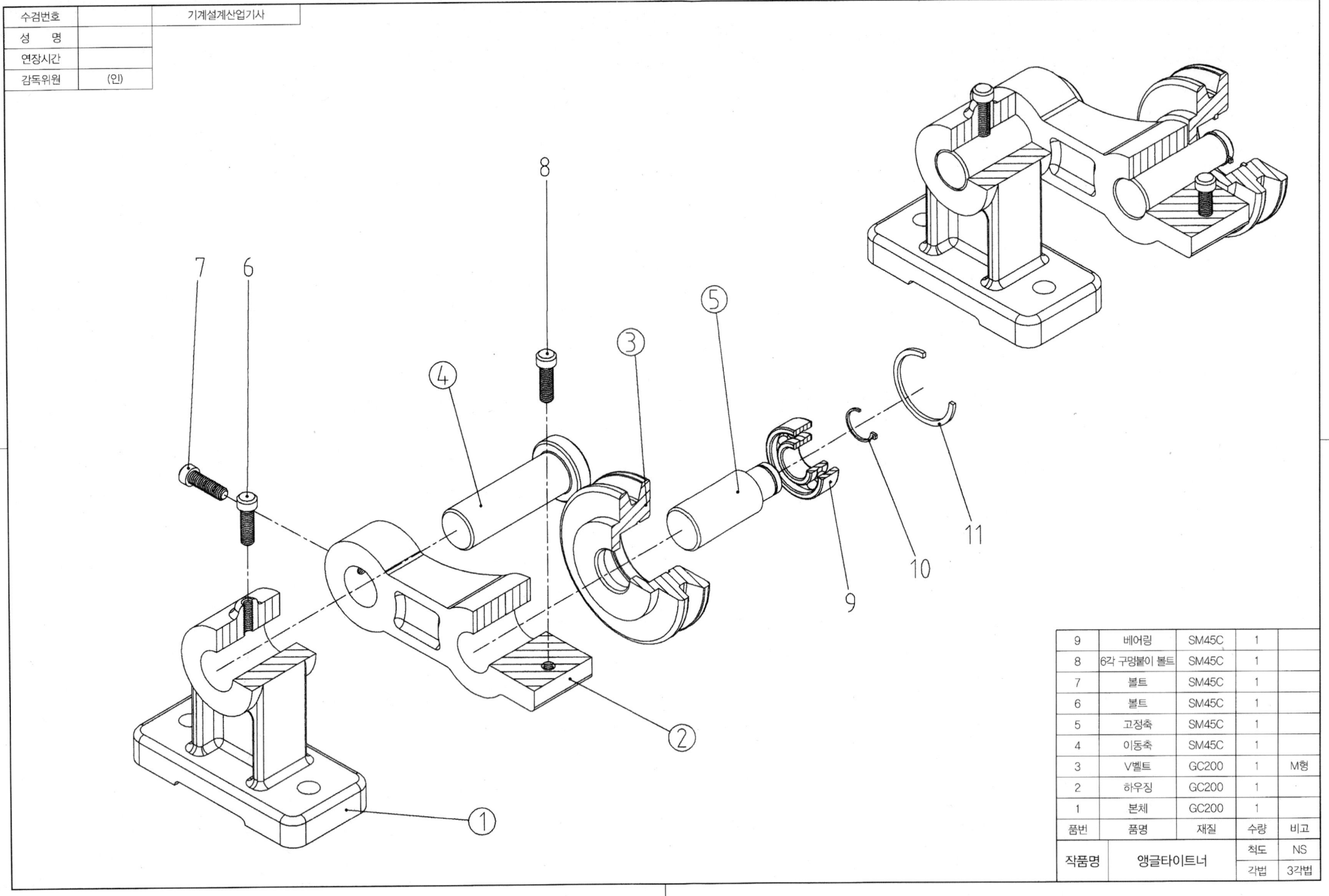

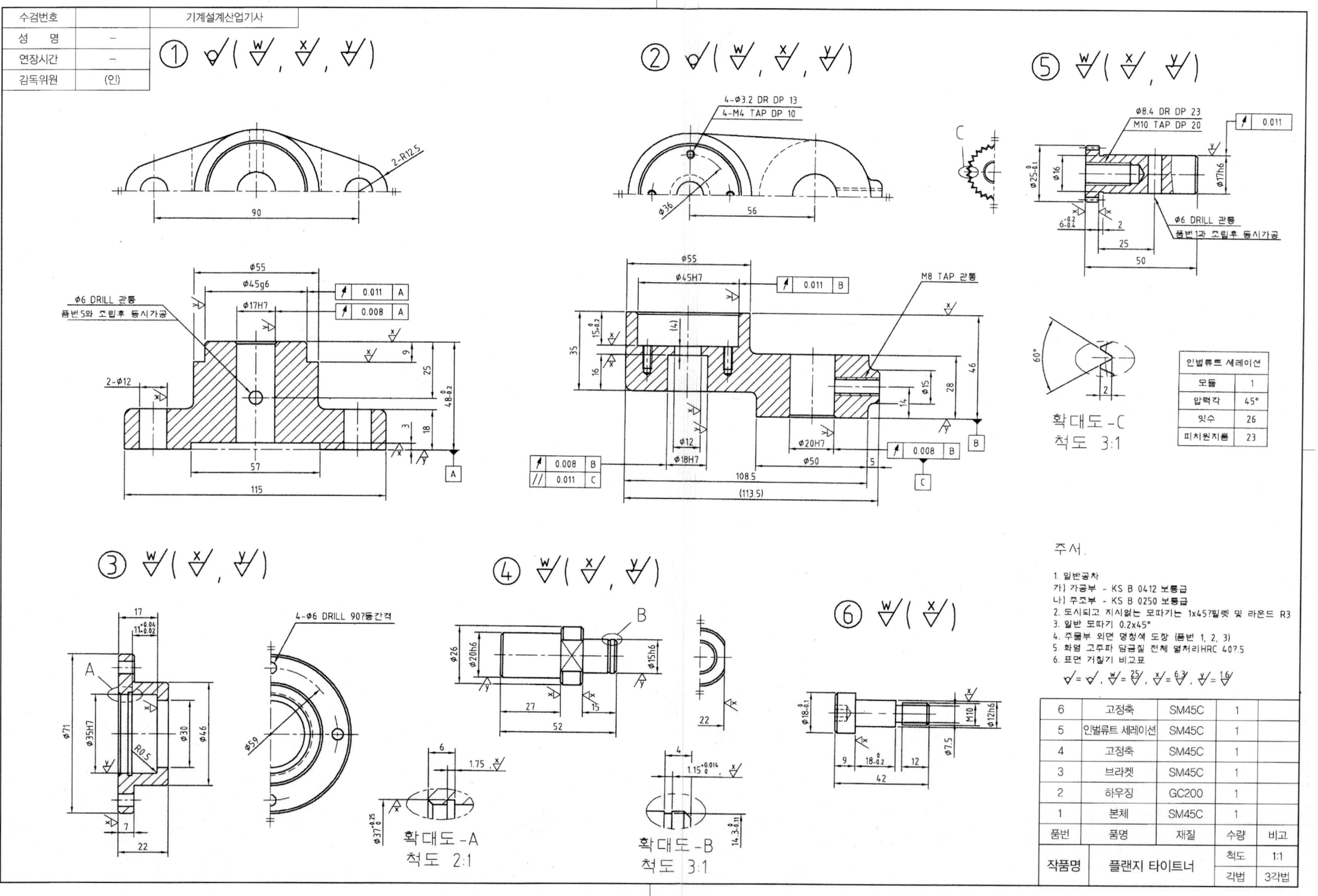

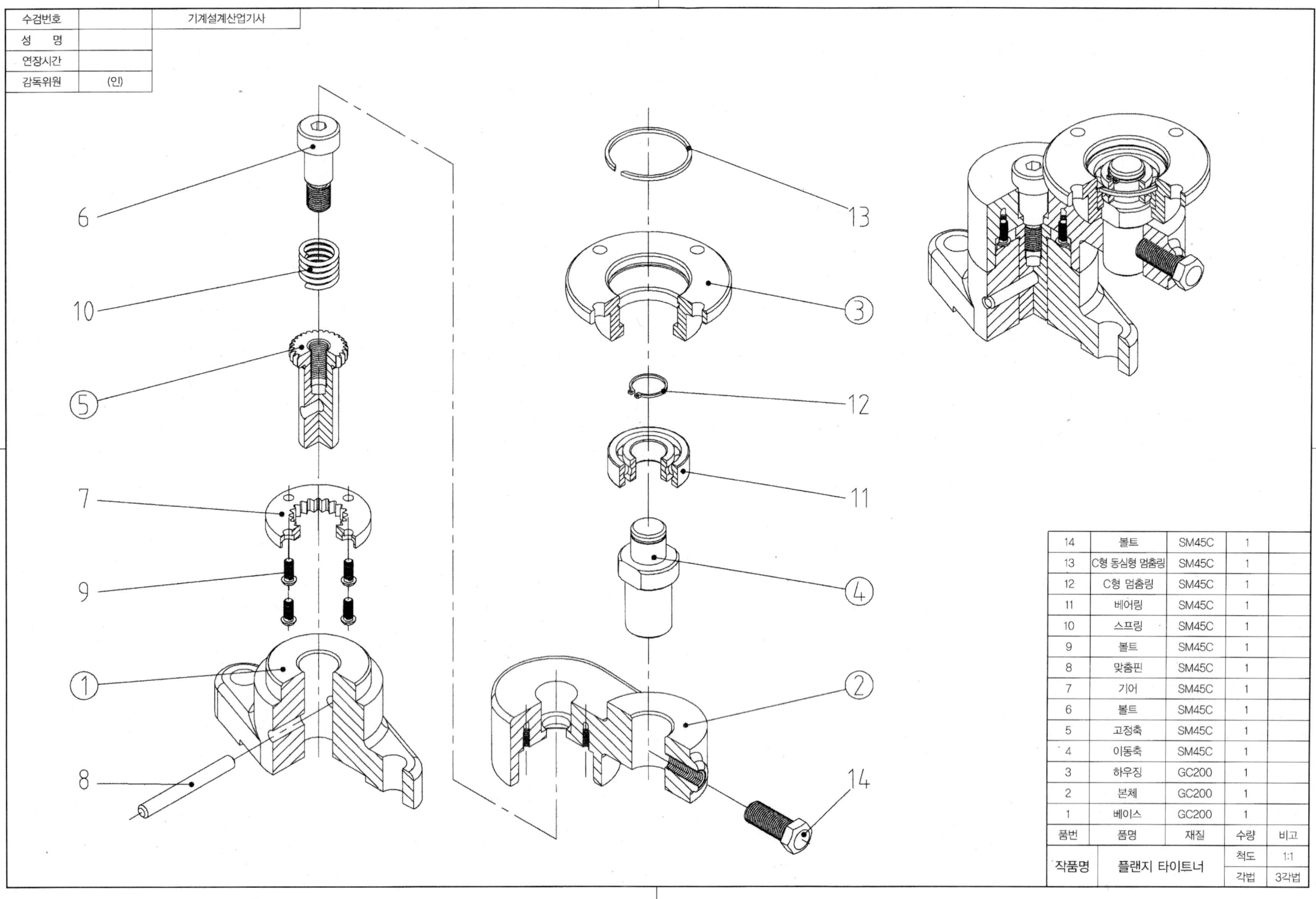

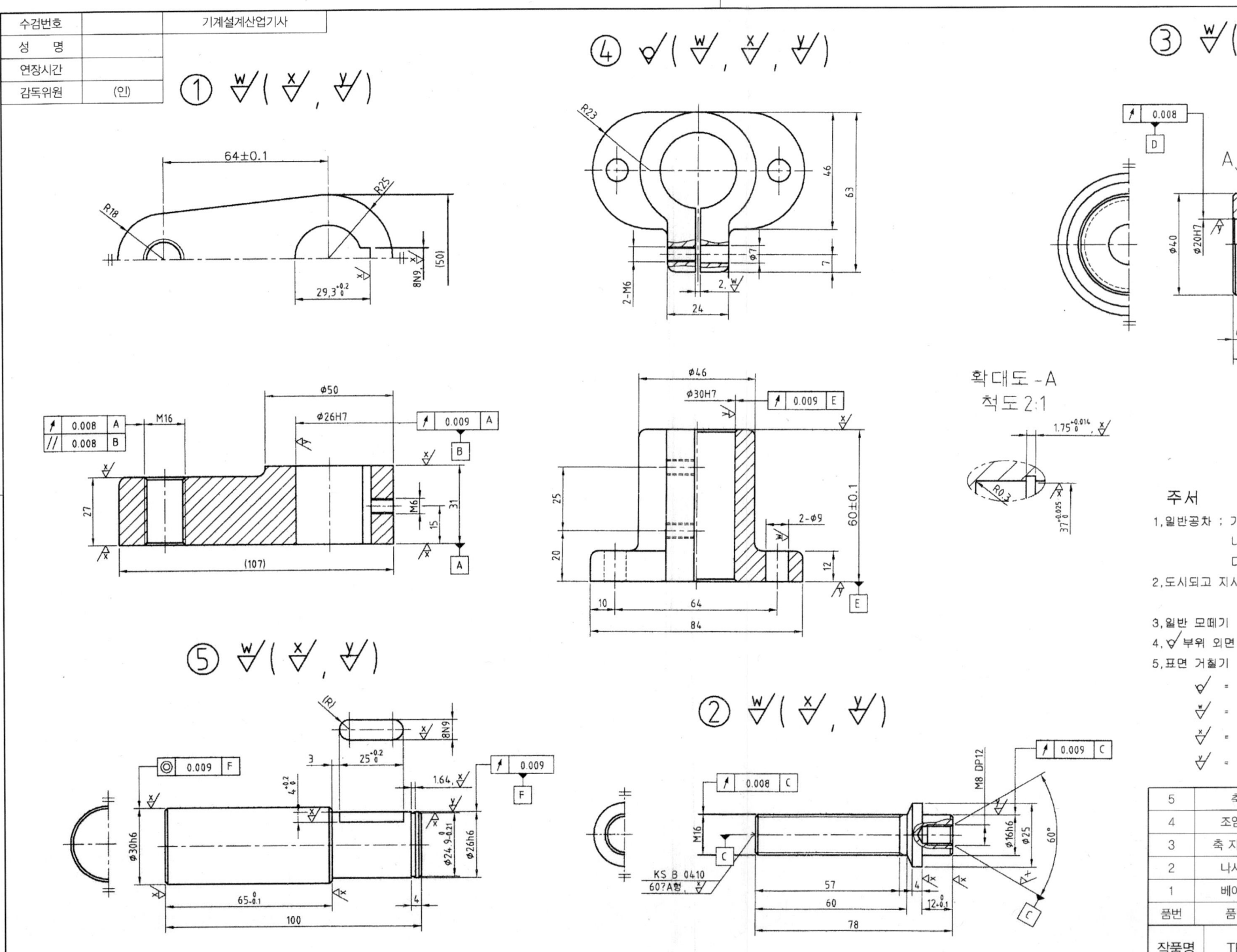

| 16 | 육각구멍붙이볼트 | SCM440 | 3 | |
|---|---|---|---|---|
| 15 | C형 멈춤링 | SCM440 | 1 | |
| 14 | 육각볼트 | SCM435 | 1 | |
| 13 | 압축코일스프링 | PW2 | 1 | |
| 12 | 볼트가이드 | 합성고무 | 1 | |
| 11 | 접시머리볼트 | SM45C | 1 | |
| 10 | 깊은홈 베어링 | SS41 | 1 | |
| 9 | C형 동심형 멈춤링 | SM45C | 1 | |
| 8 | 와셔 | SK3 | 1 | |
| 7 | 와셔 | SCM415 | 1 | |
| 6 | 육각너트 | SM45C | 1 | |
| 5 | C형 멈춤링 | SCM430 | 1 | |
| 4 | 본체 | GC200 | 1 | |
| 3 | 하우징 | SM30C | 1 | |
| 2 | 나사축 | SCM415 | 1 | |
| 1 | 베이스 | SM30C | 1 | |
| 품번 | 품명 | 재질 | 수량 | 비고 |
| 작품명 | TENSION BAR | | 척도 | 1:1 |
| | | | 각법 | 3각법 |

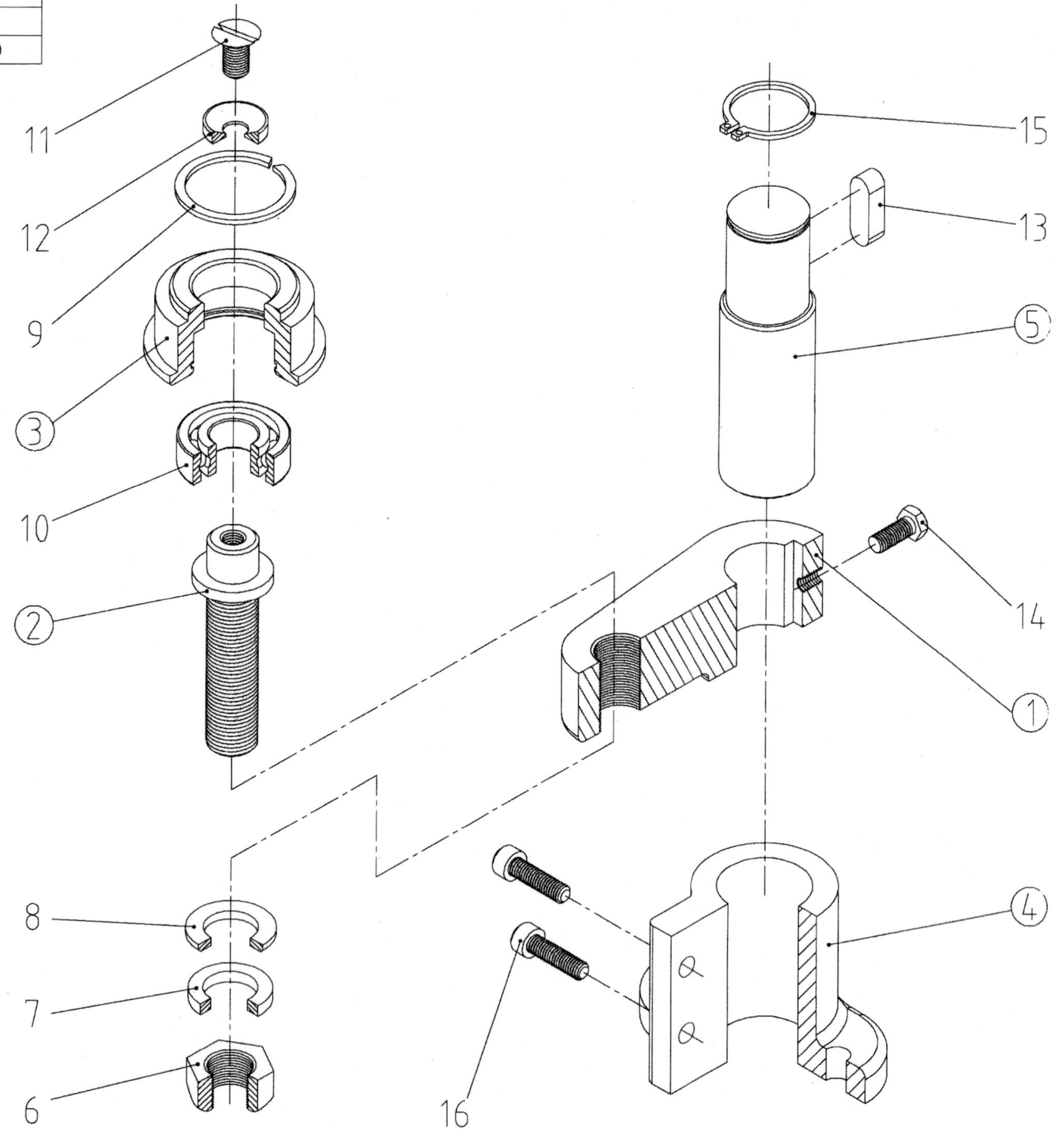

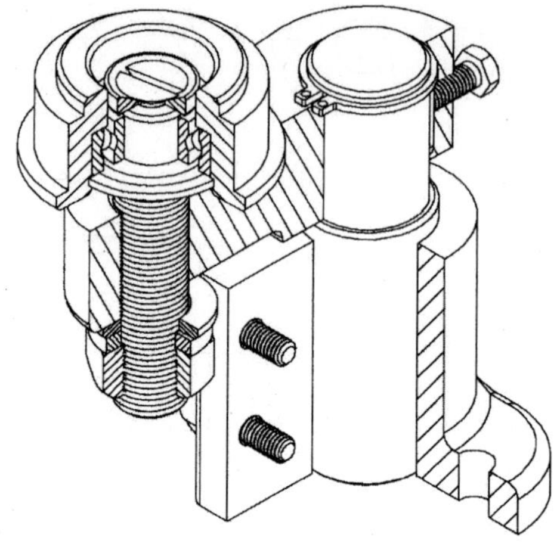

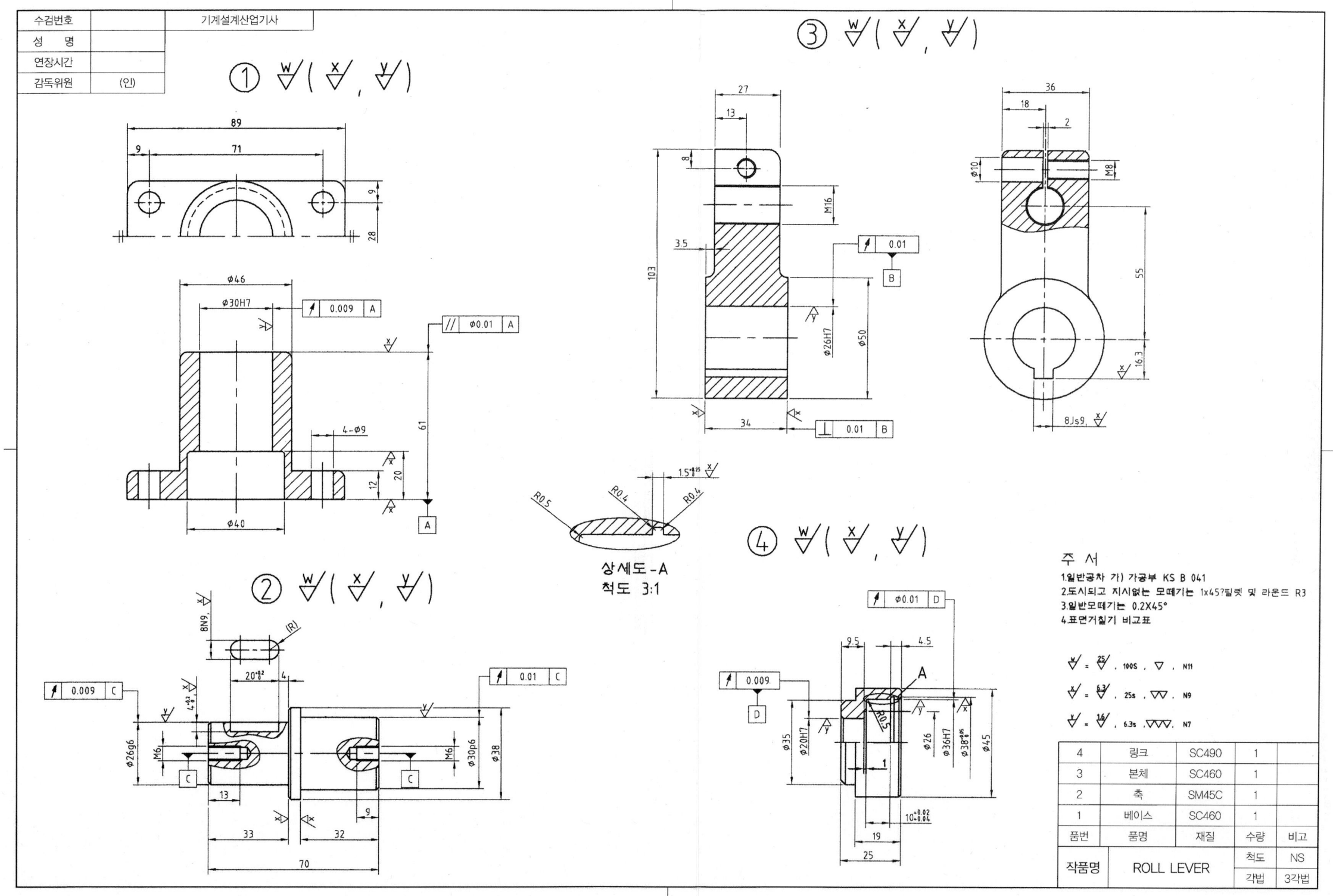

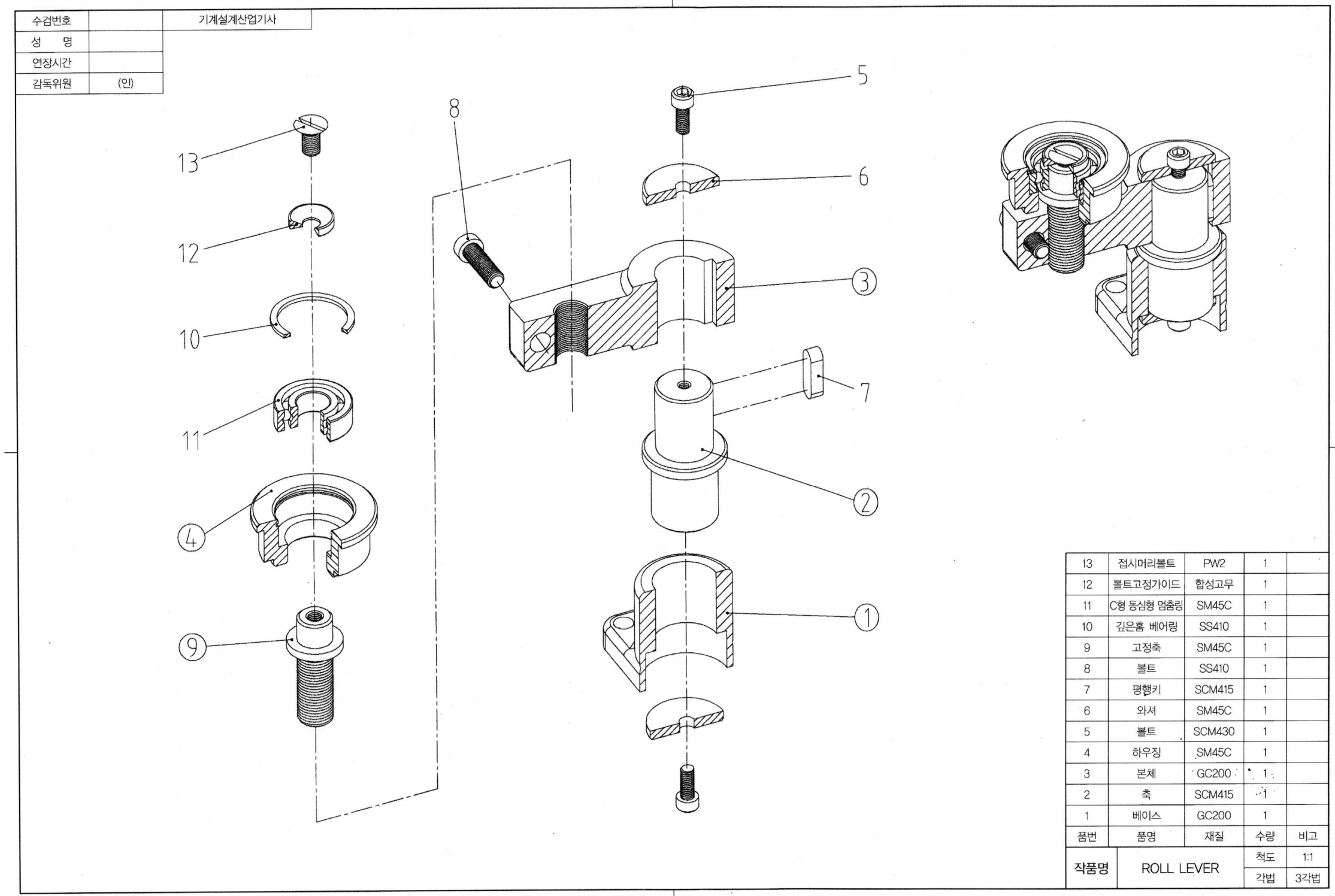

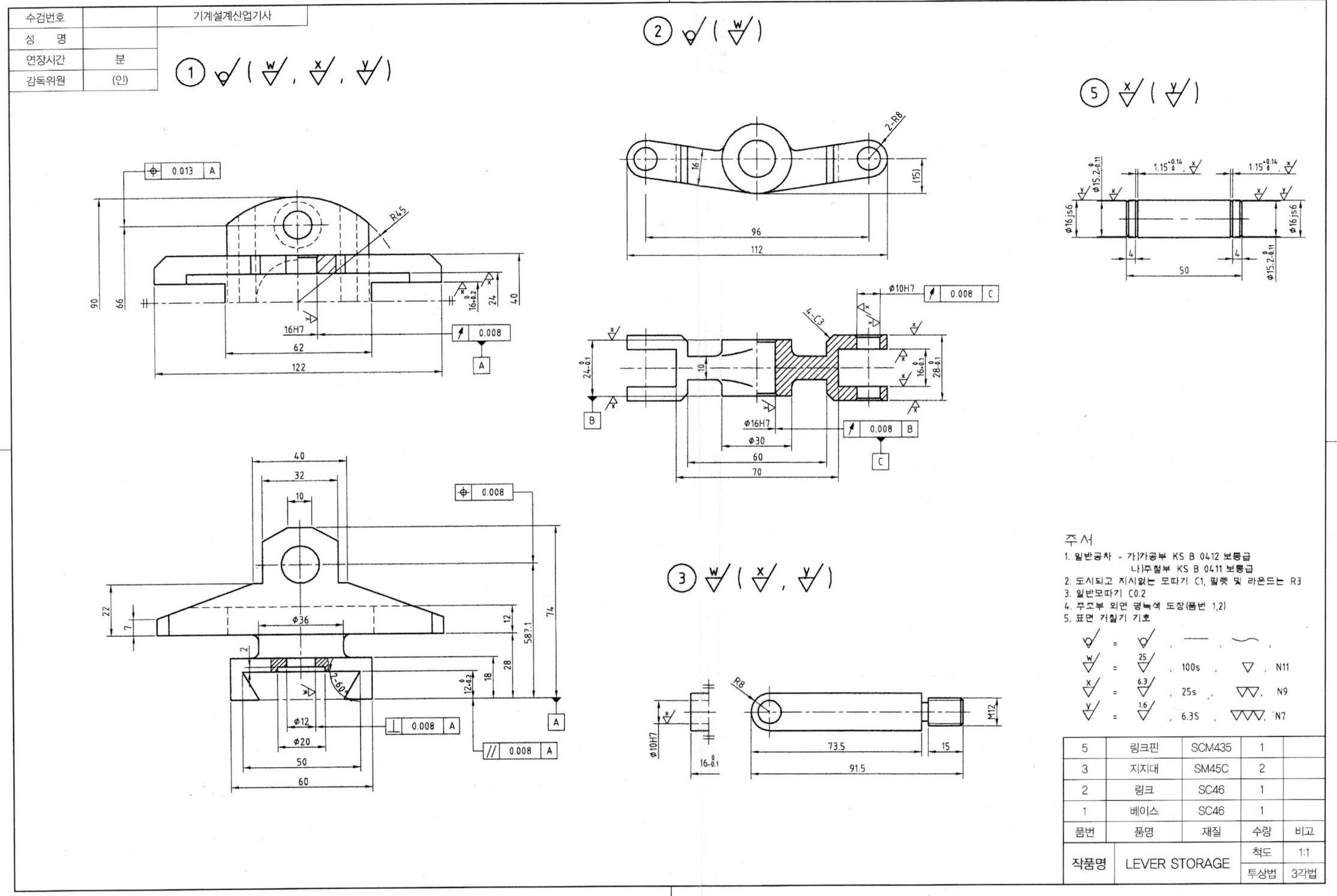

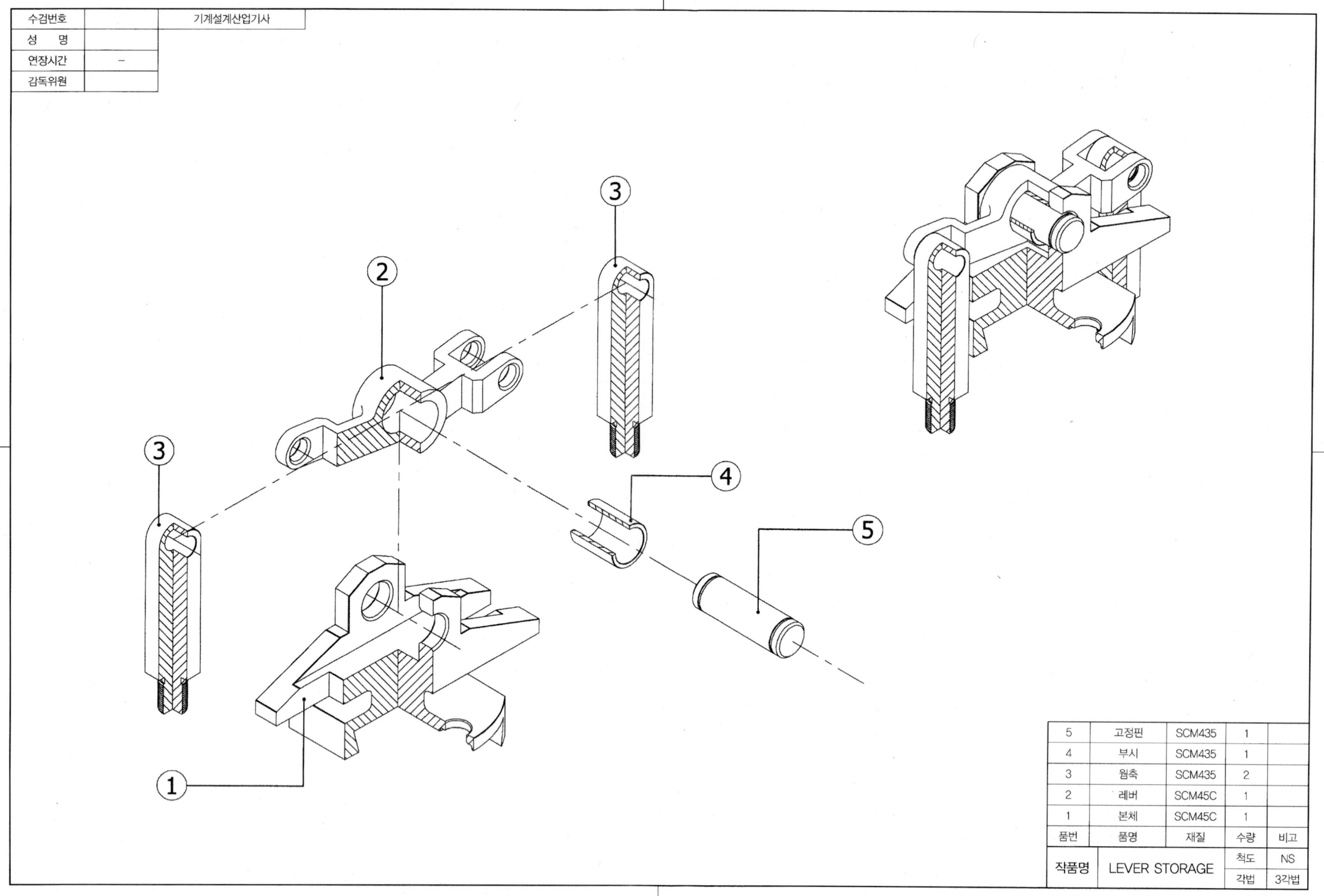

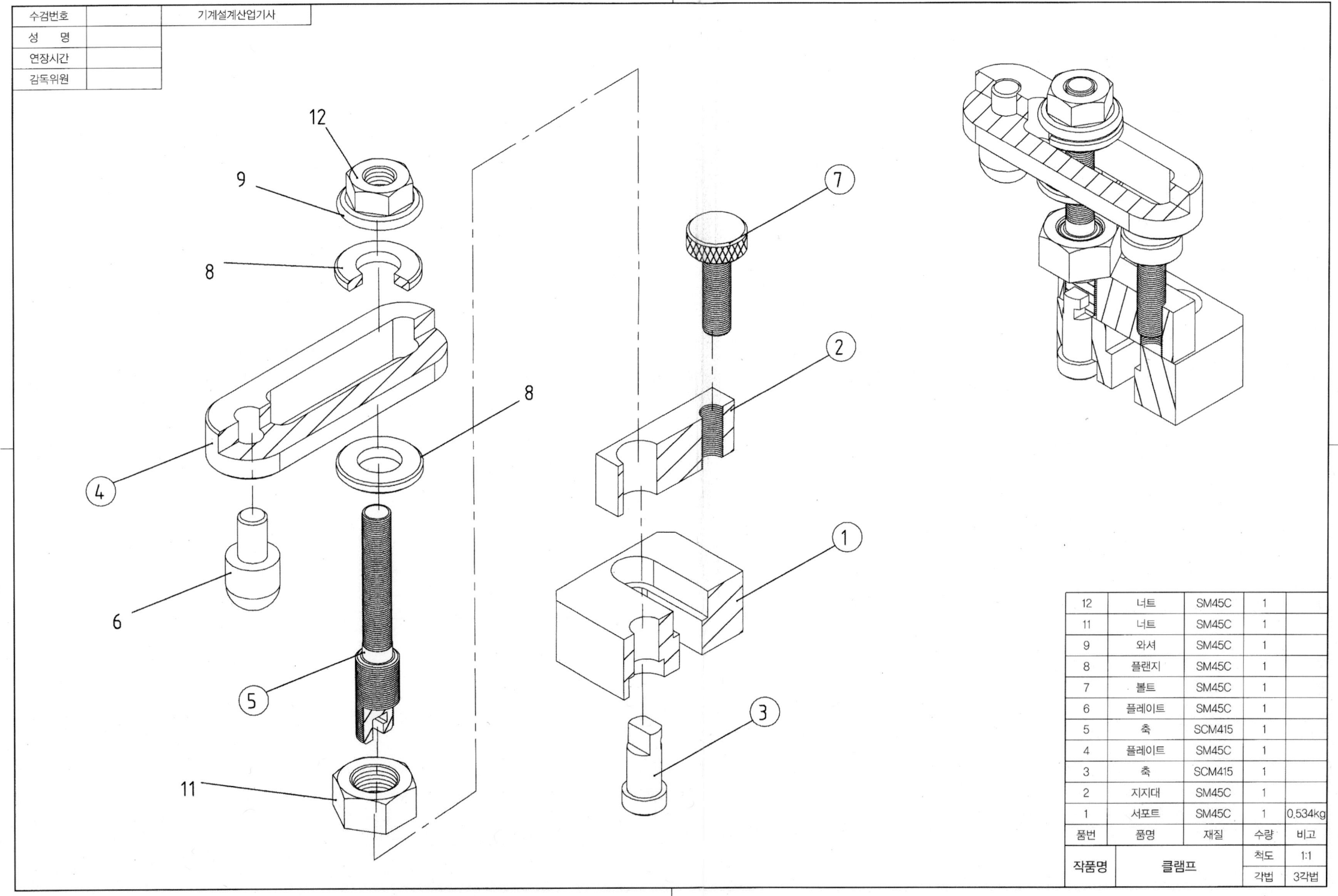

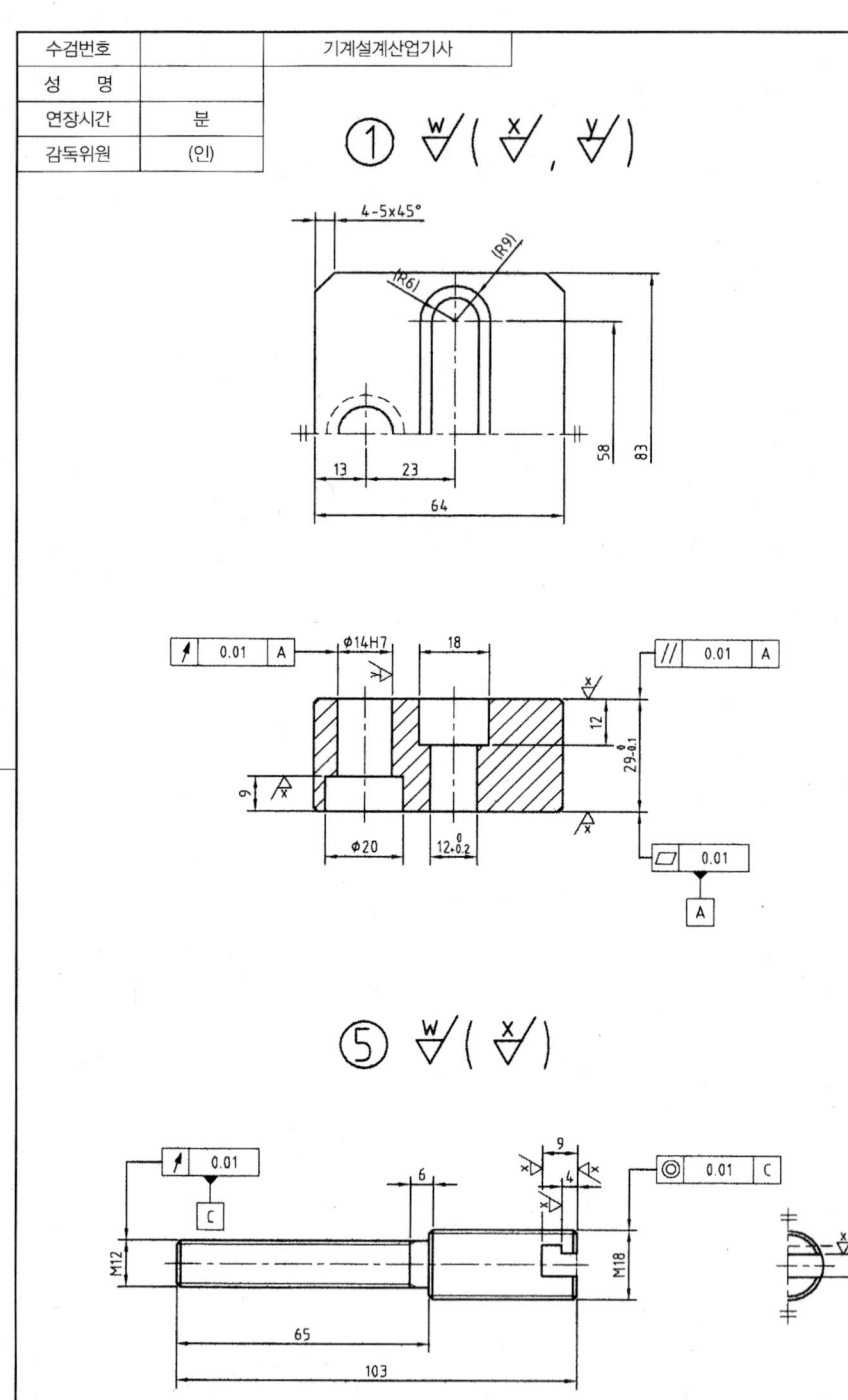

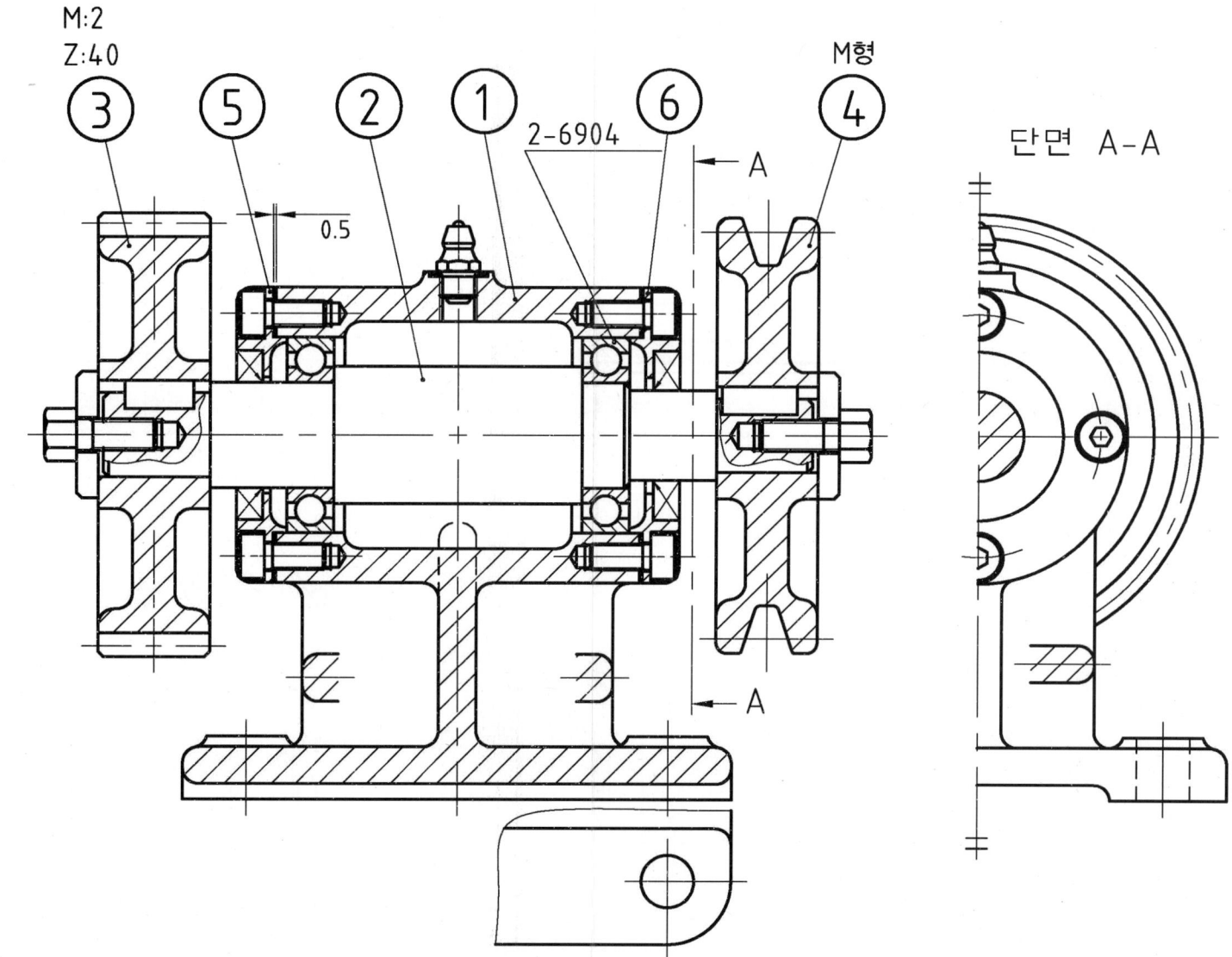

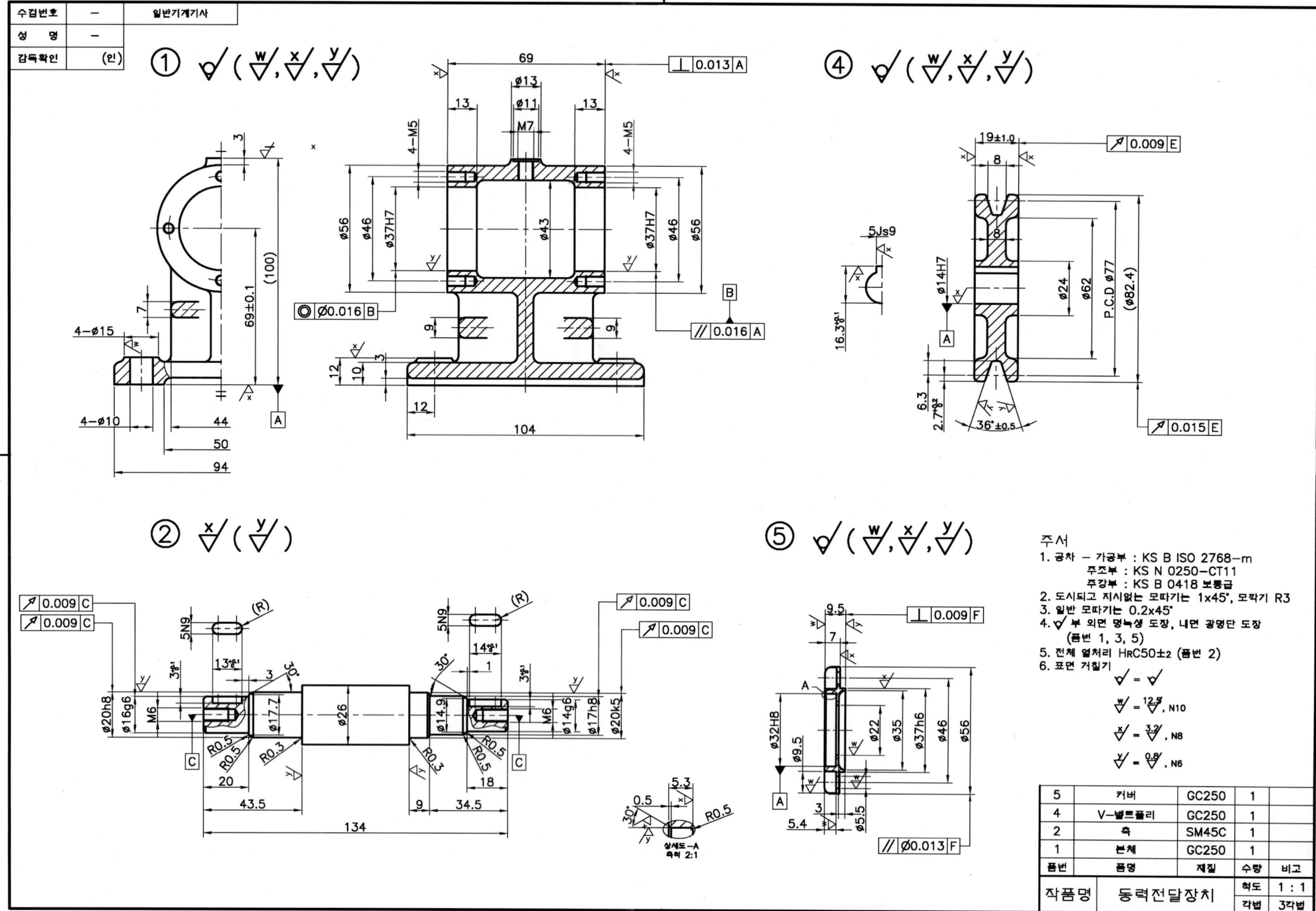

| 수검번호 | - | 일반기계기사 |
|---|---|---|
| 성 명 | - | |
| 감독확인 | (인) | |

① ④ ② ⑤

| 5 | 커버 | GC250 | 1 | 82.716g |
|---|---|---|---|---|
| 4 | V-벨트풀리 | GC250 | 1 | 434.818g |
| 2 | 축 | SCM415 | 1 | 350.127g |
| 1 | 본체 | GC250 | 1 | 1435.758g |
| 품번 | 품명 | 재질 | 수량 | 비고 |

| 작품명 | 동력전달장치 | 척도 | NS |
|---|---|---|---|
| | | 각법 | 등각 |

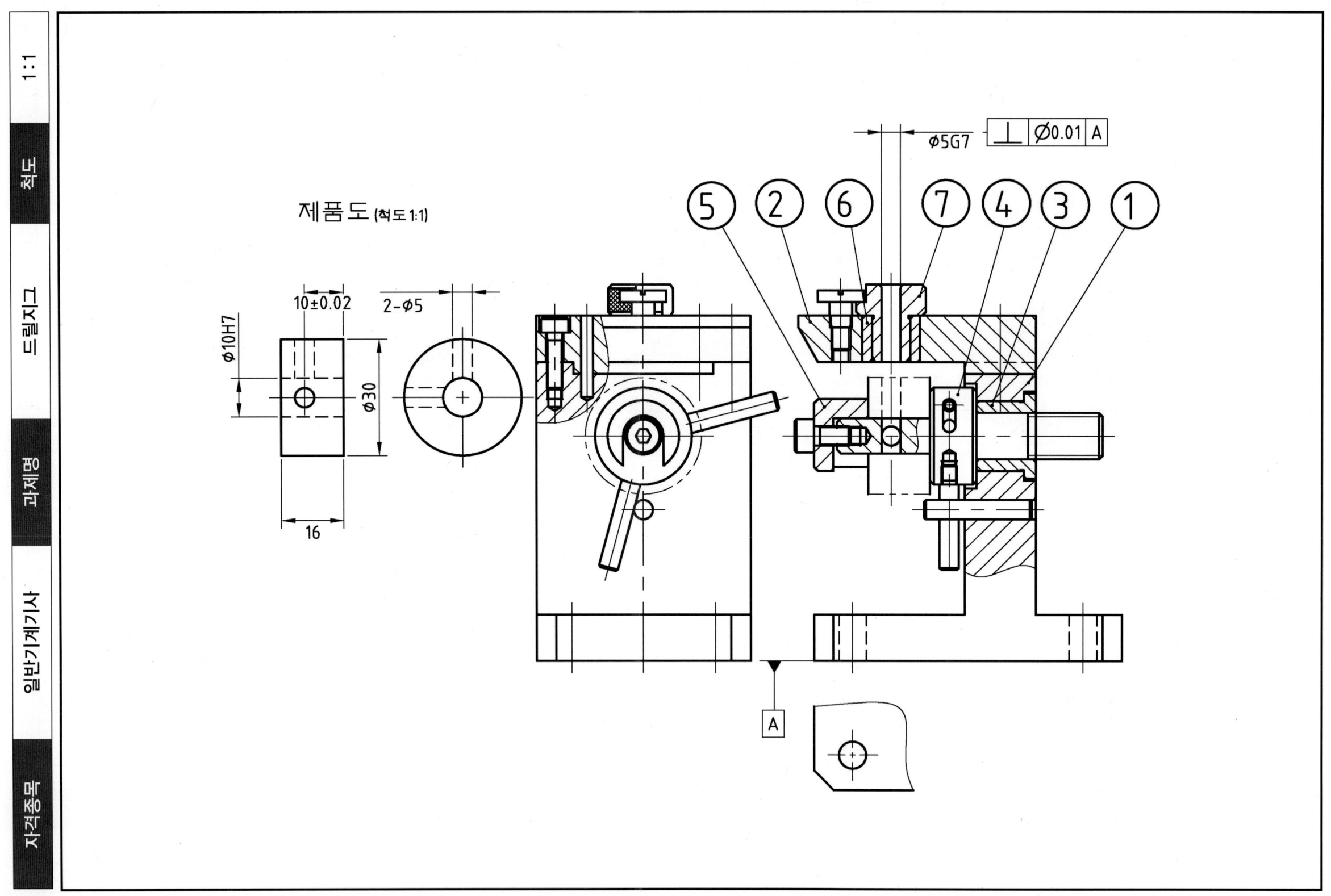

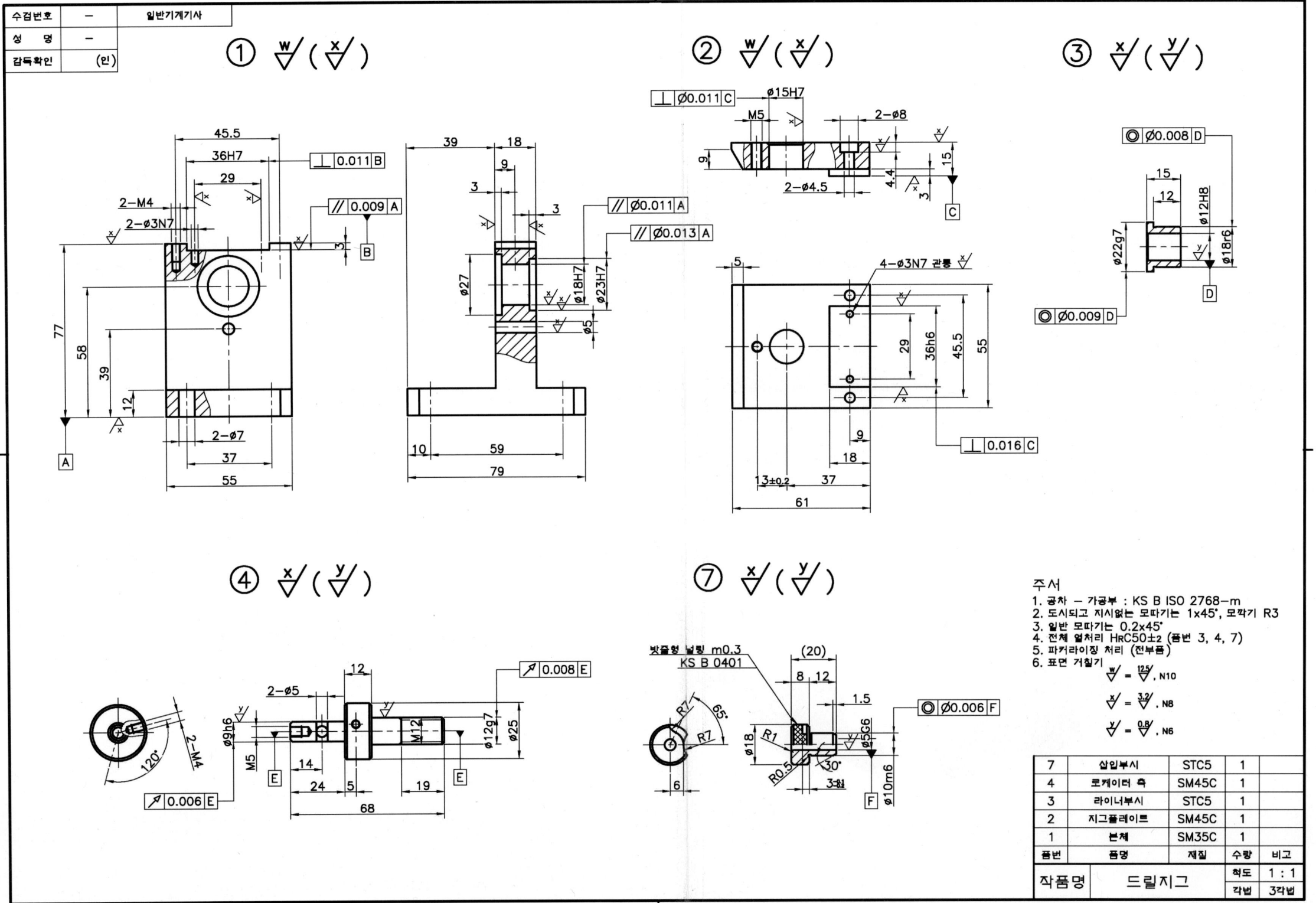

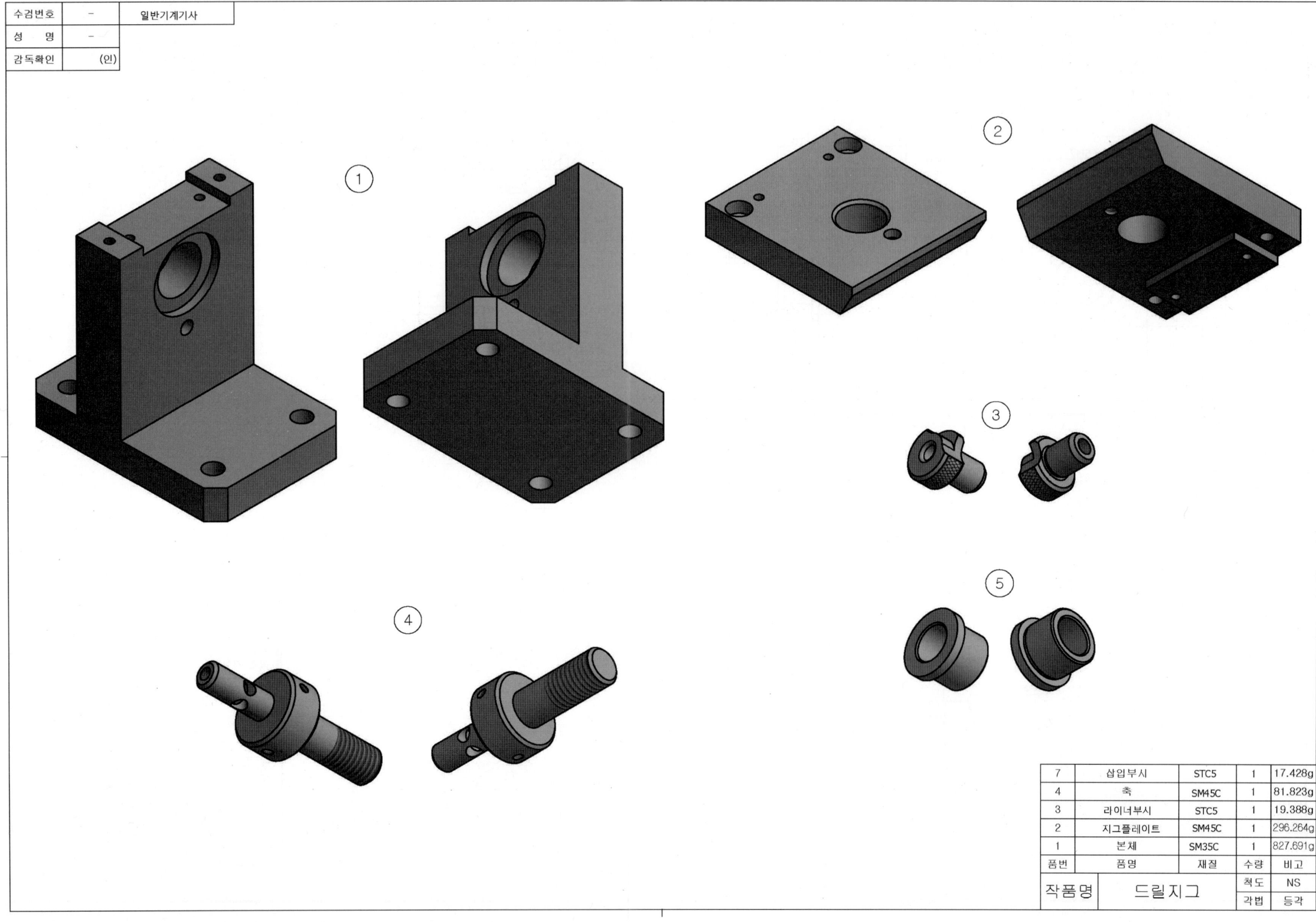

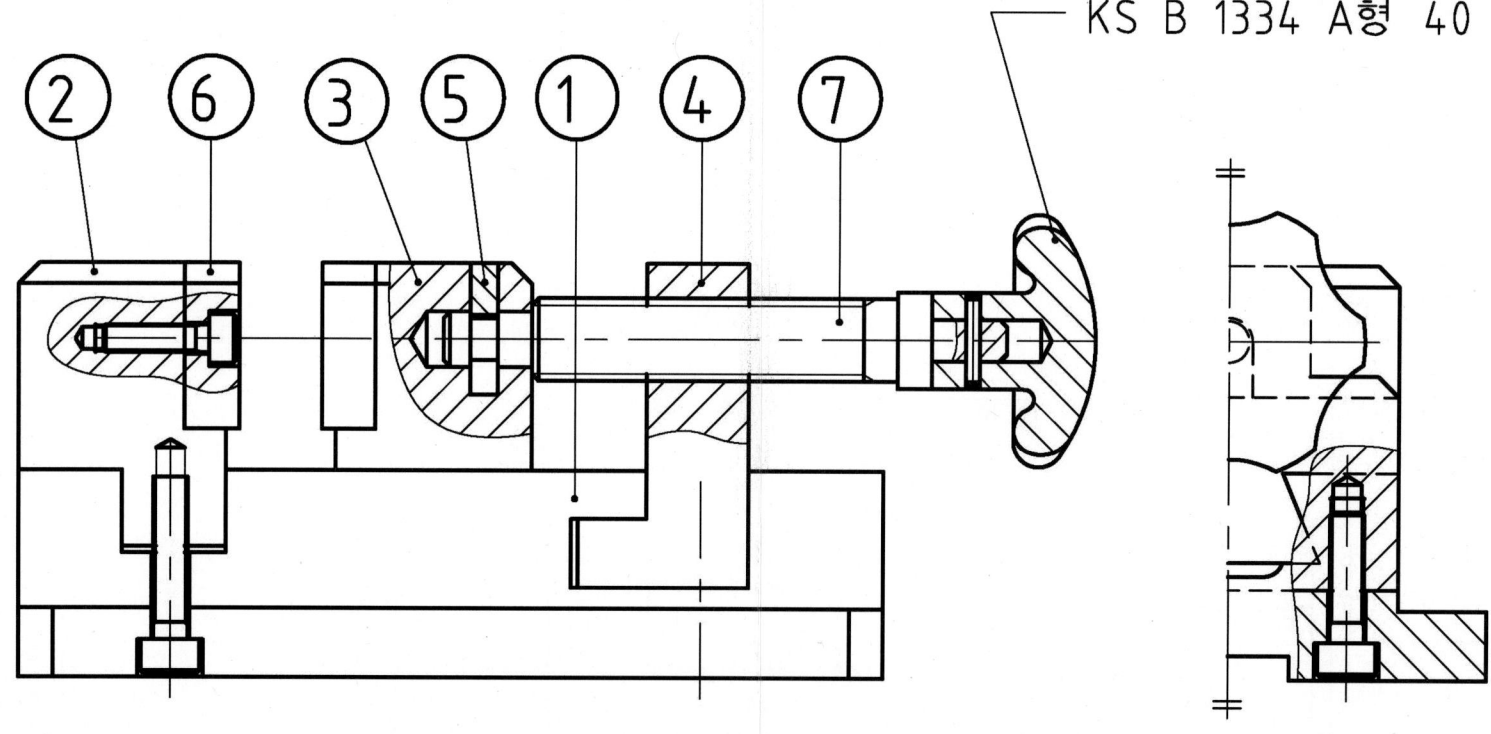

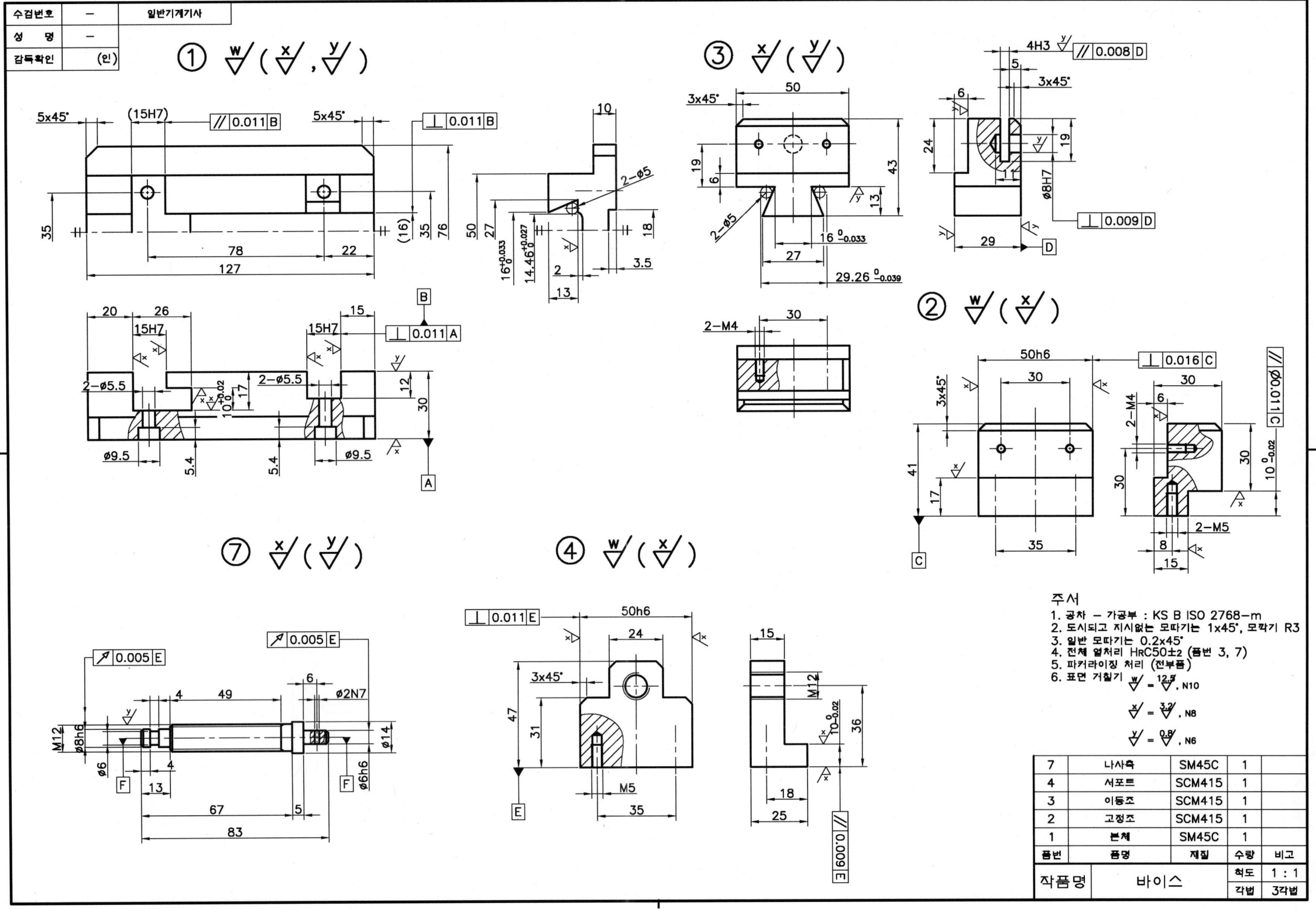

| 수검번호 | - | 일반기계기사 |
|---|---|---|
| 성 명 | - | |
| 감독확인 | (인) | |

① ② ④ ③ ⑦

| 7 | 나사축 | SM45C | 1 | 60.423g |
|---|---|---|---|---|
| 4 | 서포트 | SCM415 | 1 | 248.462g |
| 3 | 이동조 | SCM415 | 1 | 311.637g |
| 2 | 고정조 | SCM415 | 1 | 353.521g |
| 1 | 본체 | SM45C | 1 | 1228.210g |
| 품번 | 품명 | 재질 | 수량 | 비고 |
| 작품명 | 바이스 | | 척도 | NS |
| | | | 각법 | 등각 |

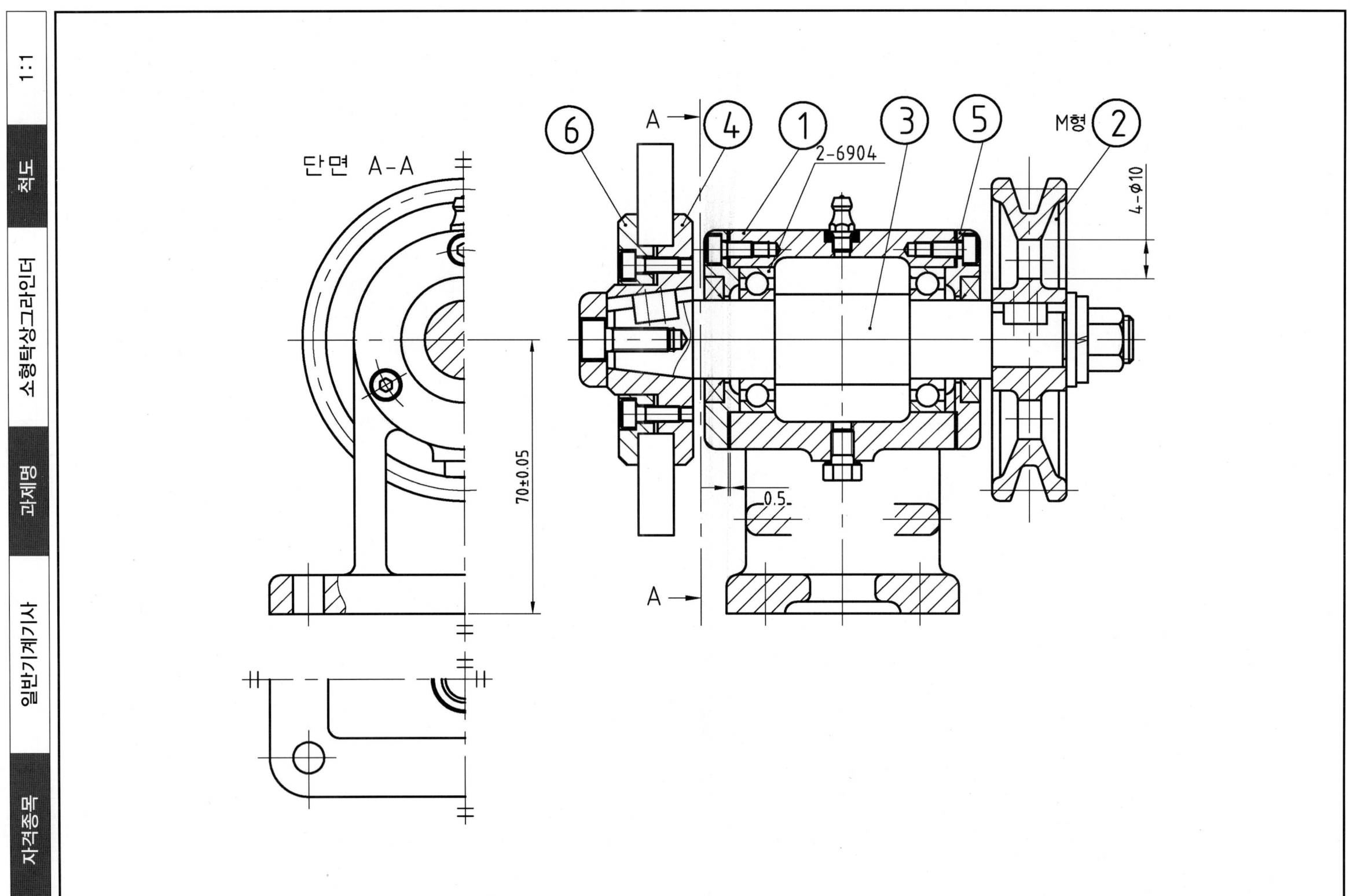

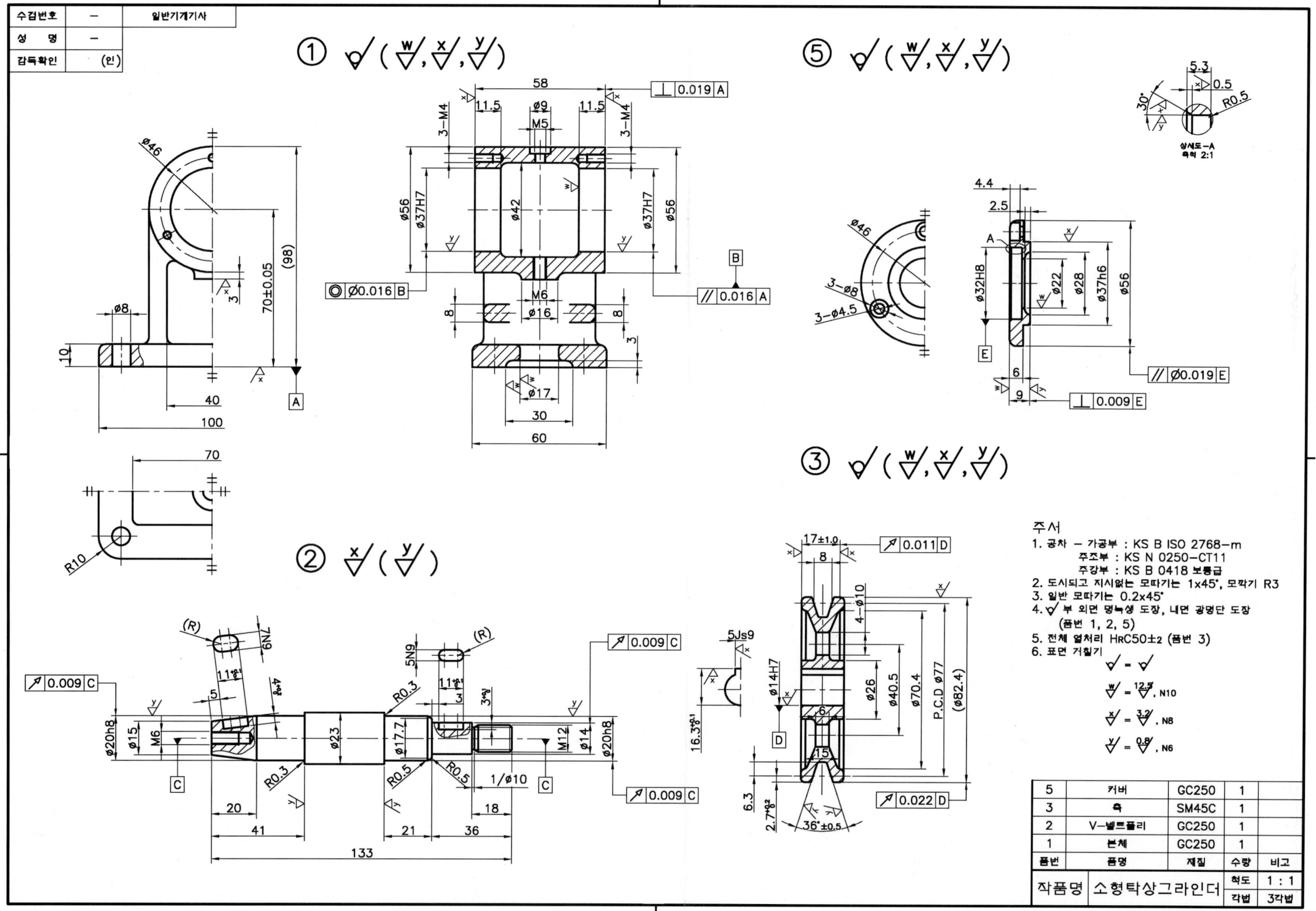

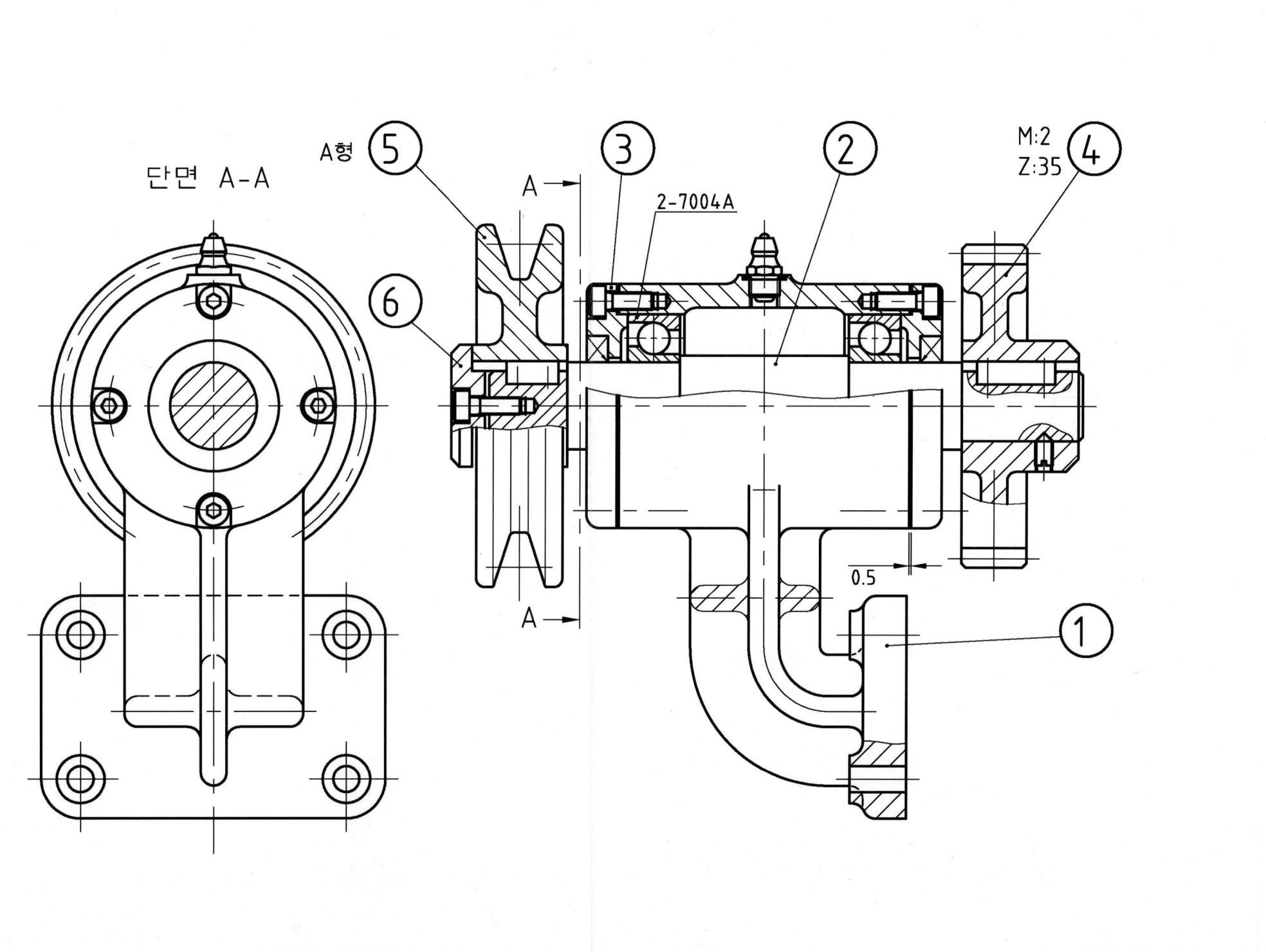

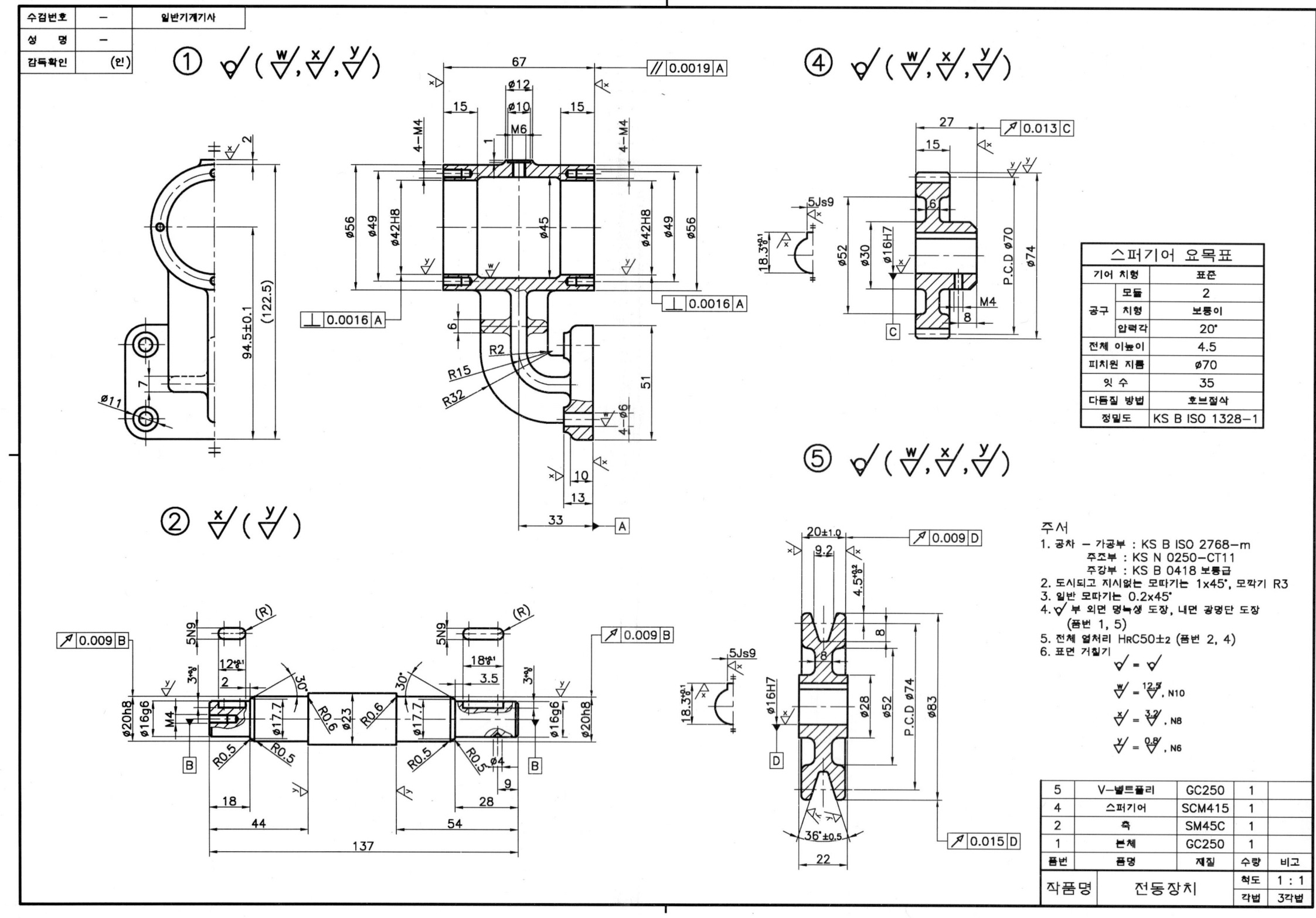

| 5 | V-벨트풀리 | GC250 | 1 | 499.060g |
|---|---|---|---|---|
| 4 | 스퍼기어 | SCM415 | 1 | 368.791g |
| 2 | 축 | SCM415 | 1 | 322.649g |
| 1 | 본체 | GC250 | 1 | 1017.105g |
| 품번 | 품명 | 재질 | 수량 | 비고 |

| 작품명 | 전동장치 | 척도 | NS |
|---|---|---|---|
| | | 각법 | 등각 |

부록 3 기계설계산업기사, 일반기계기사 실기문제 및 해설도

편심왕복장치

M:2
Z:38

2-6203

M형

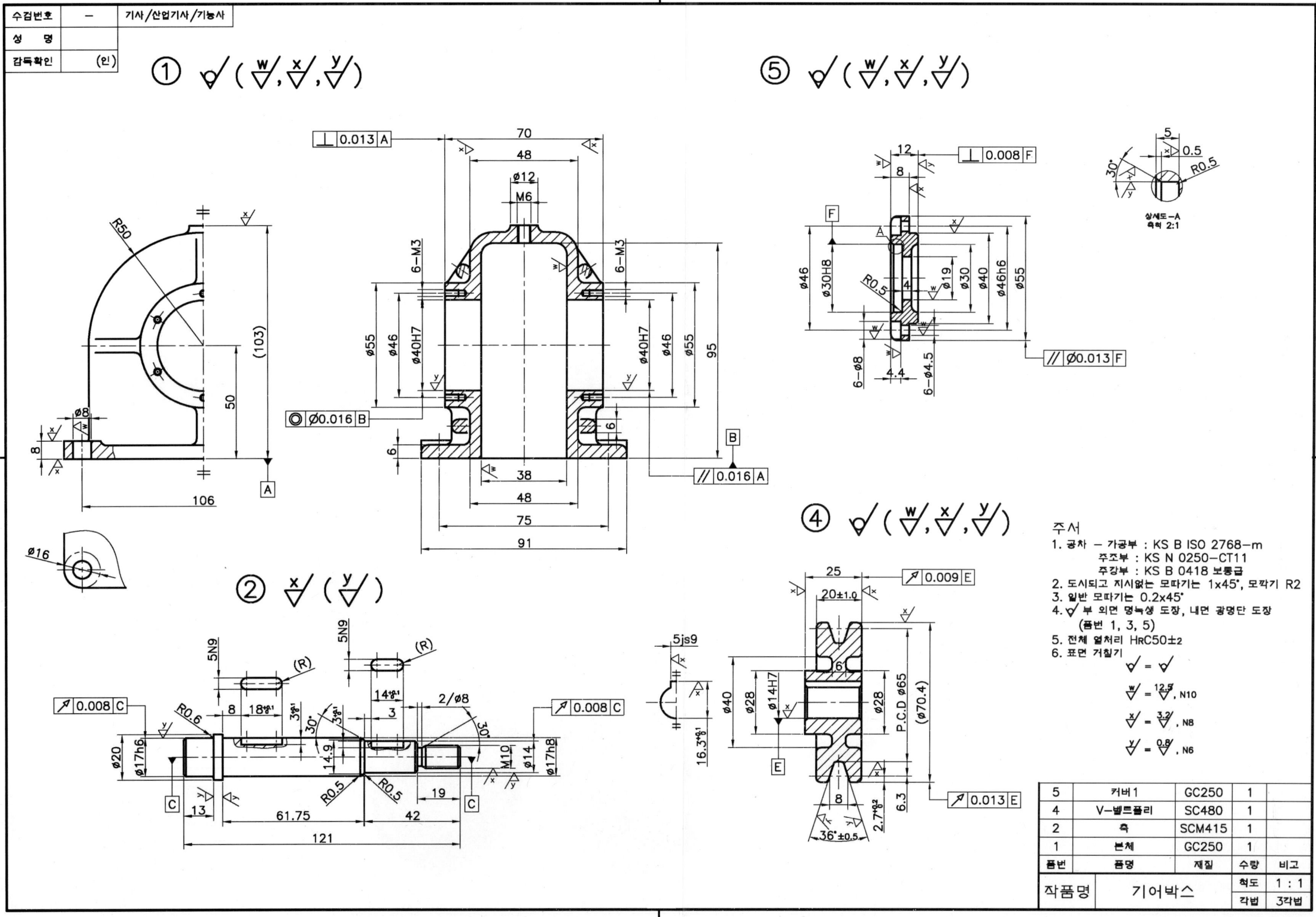

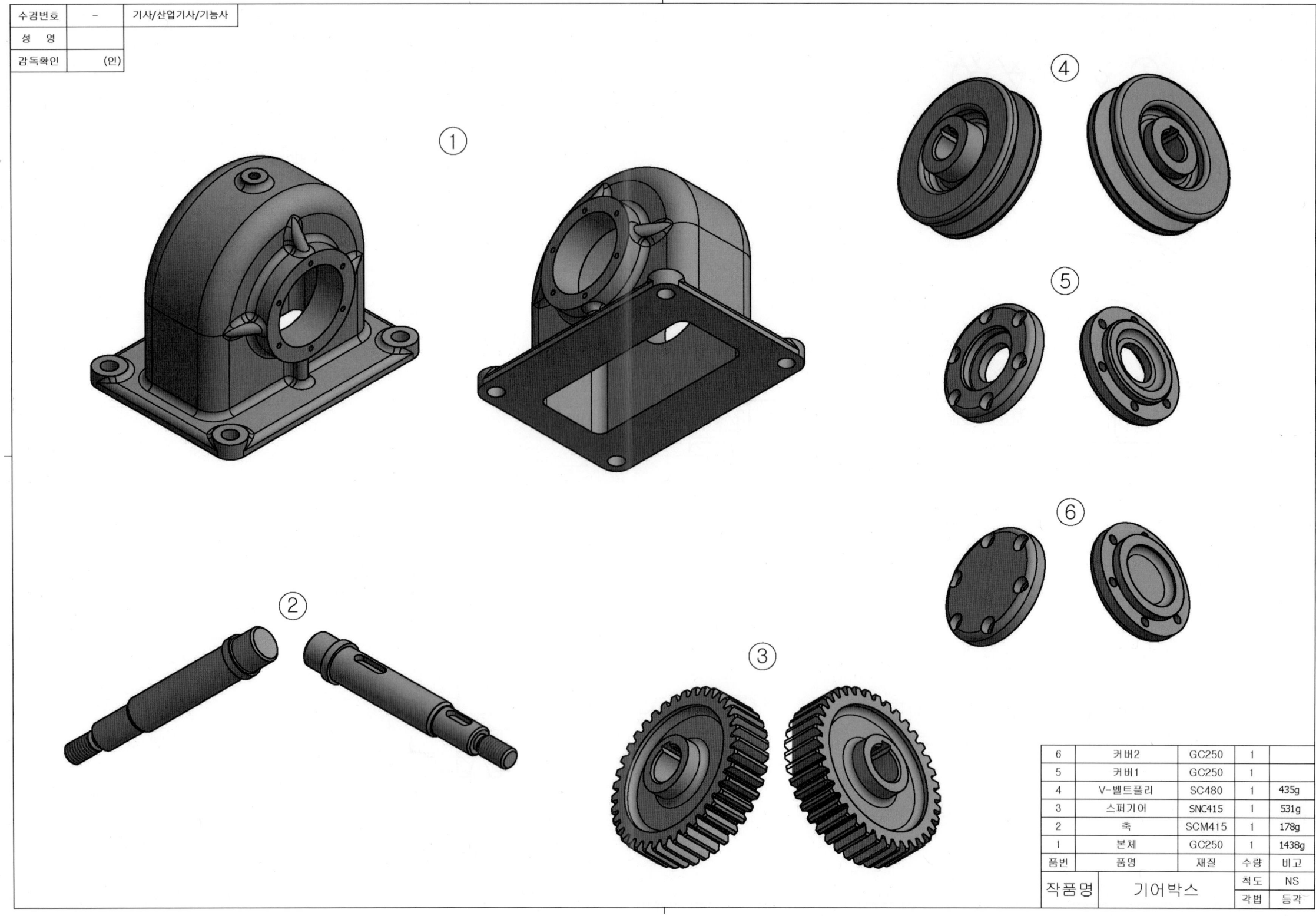

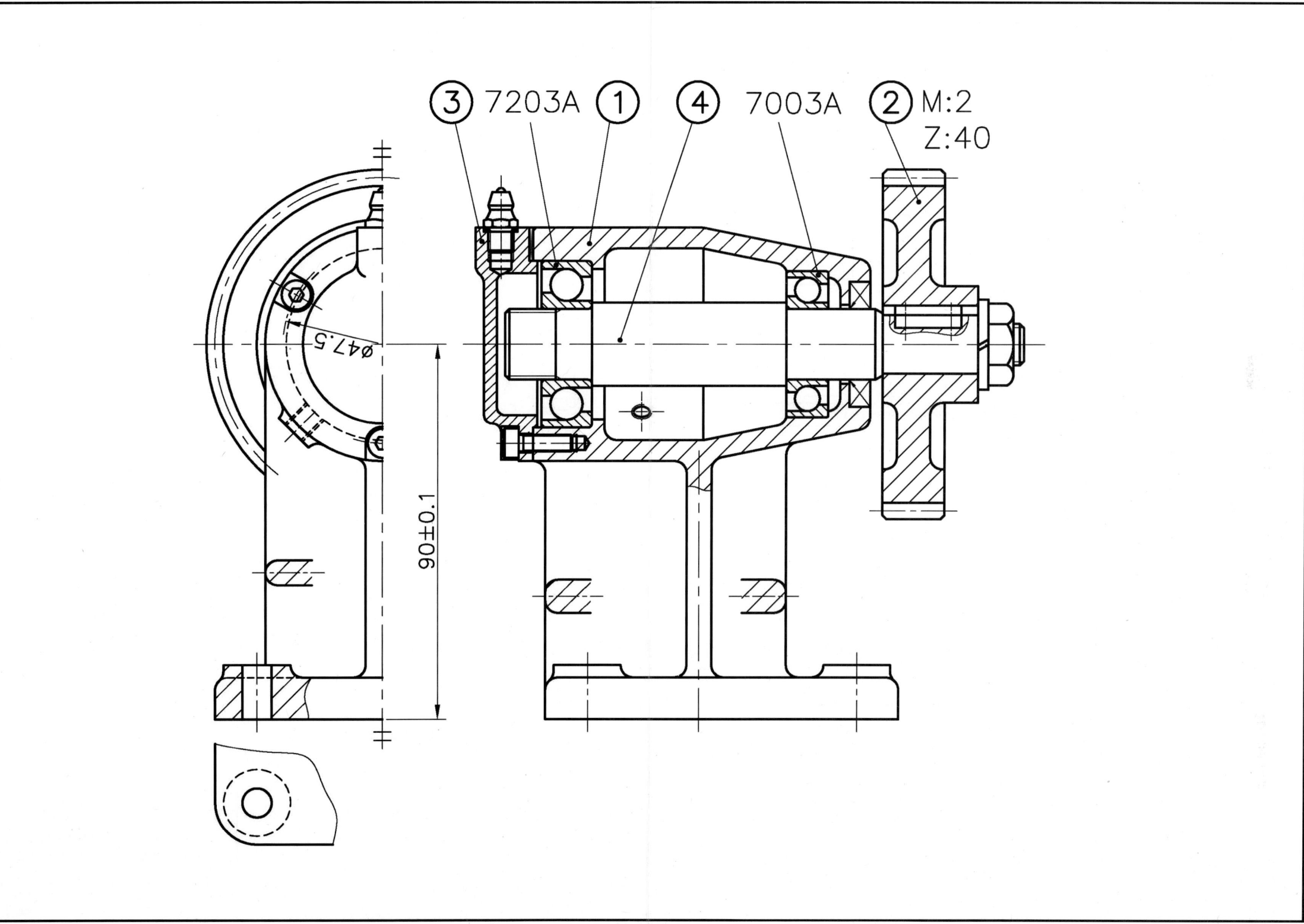

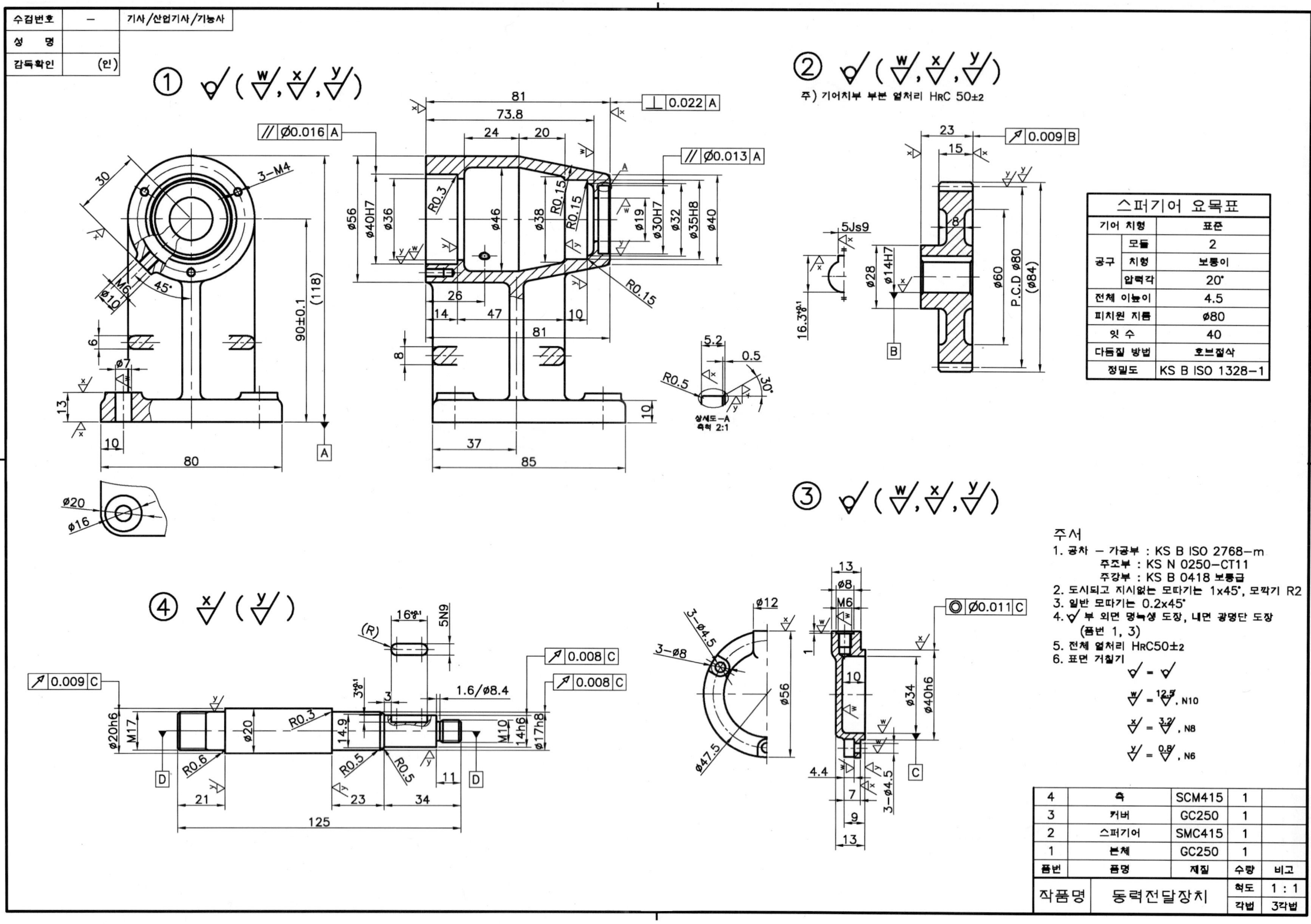

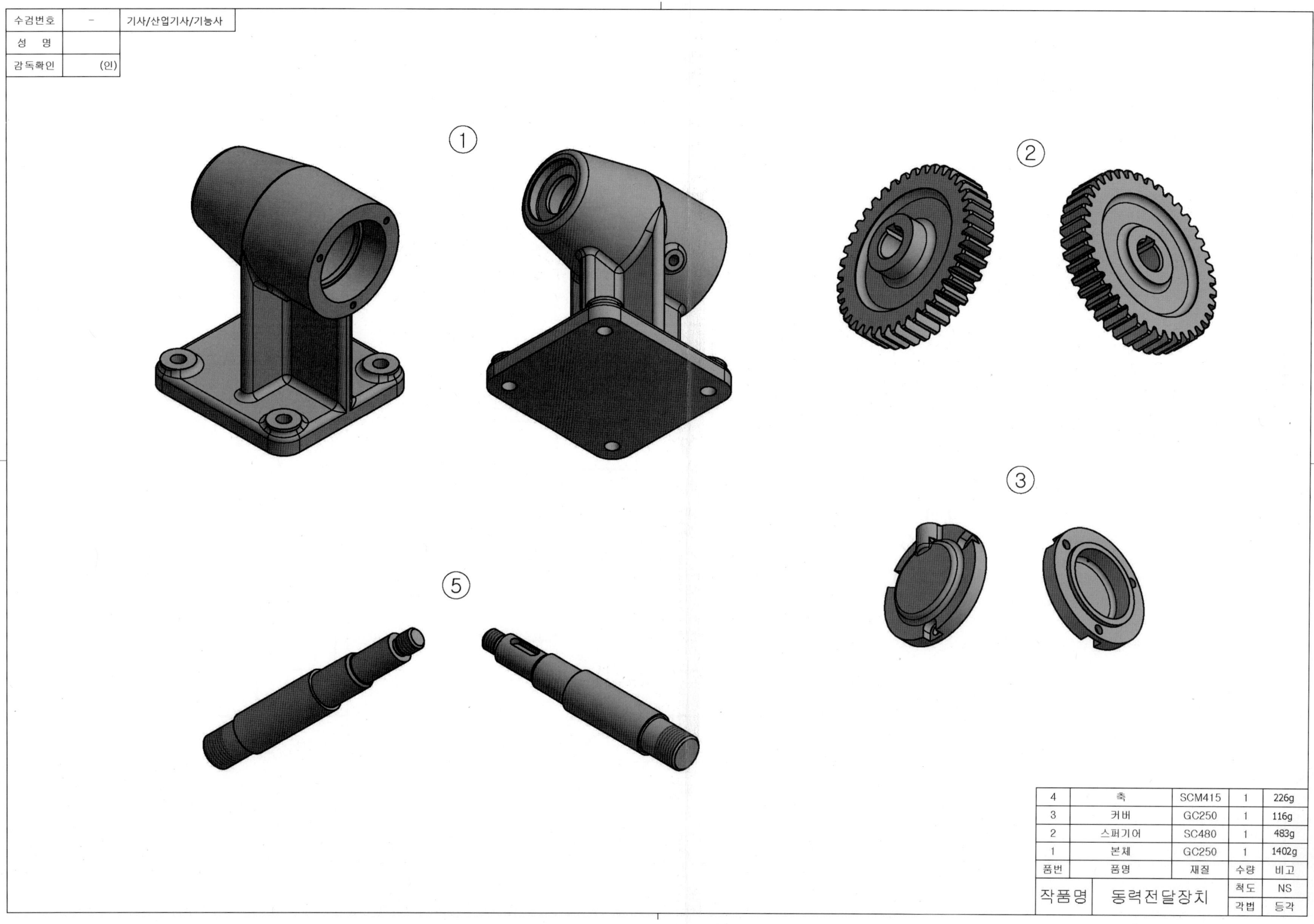

④ M형   ⑩   ⑧   ①   ②   ③   ⑥   ⑤ M:2 Z:34

단면 A-A

척도 1:1
과제명 동력전달장치
자격종목 기사/산업기사/기능사

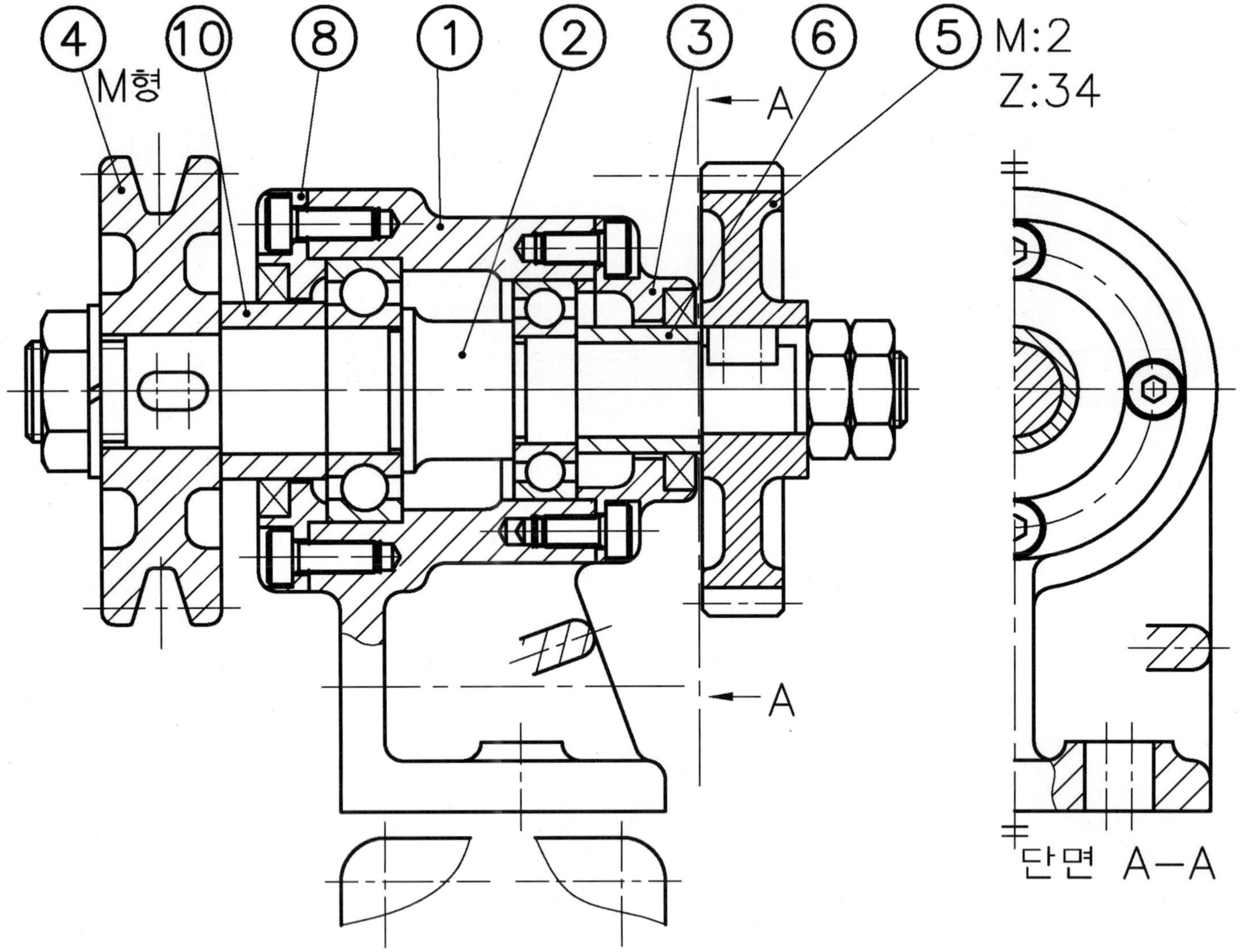

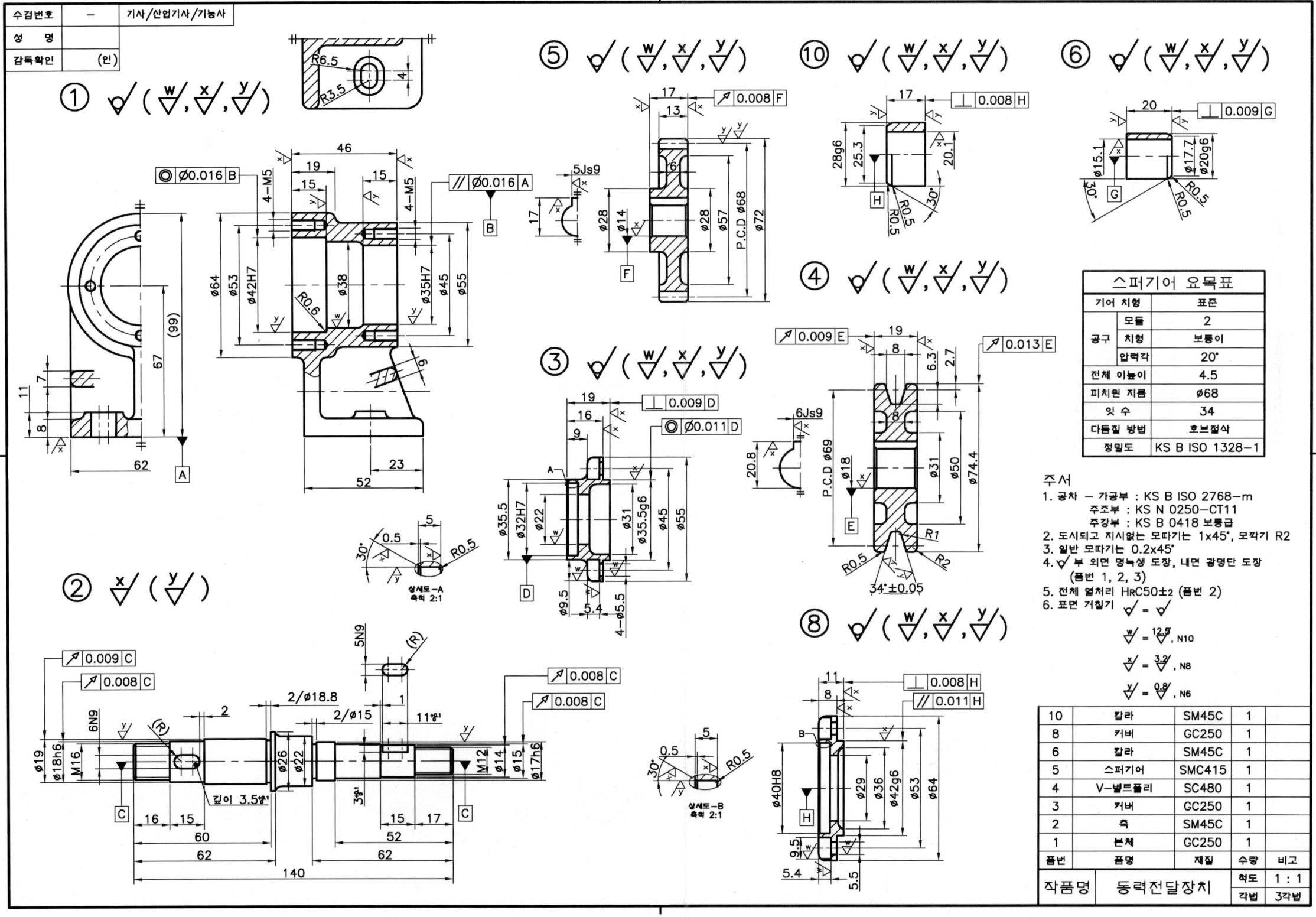

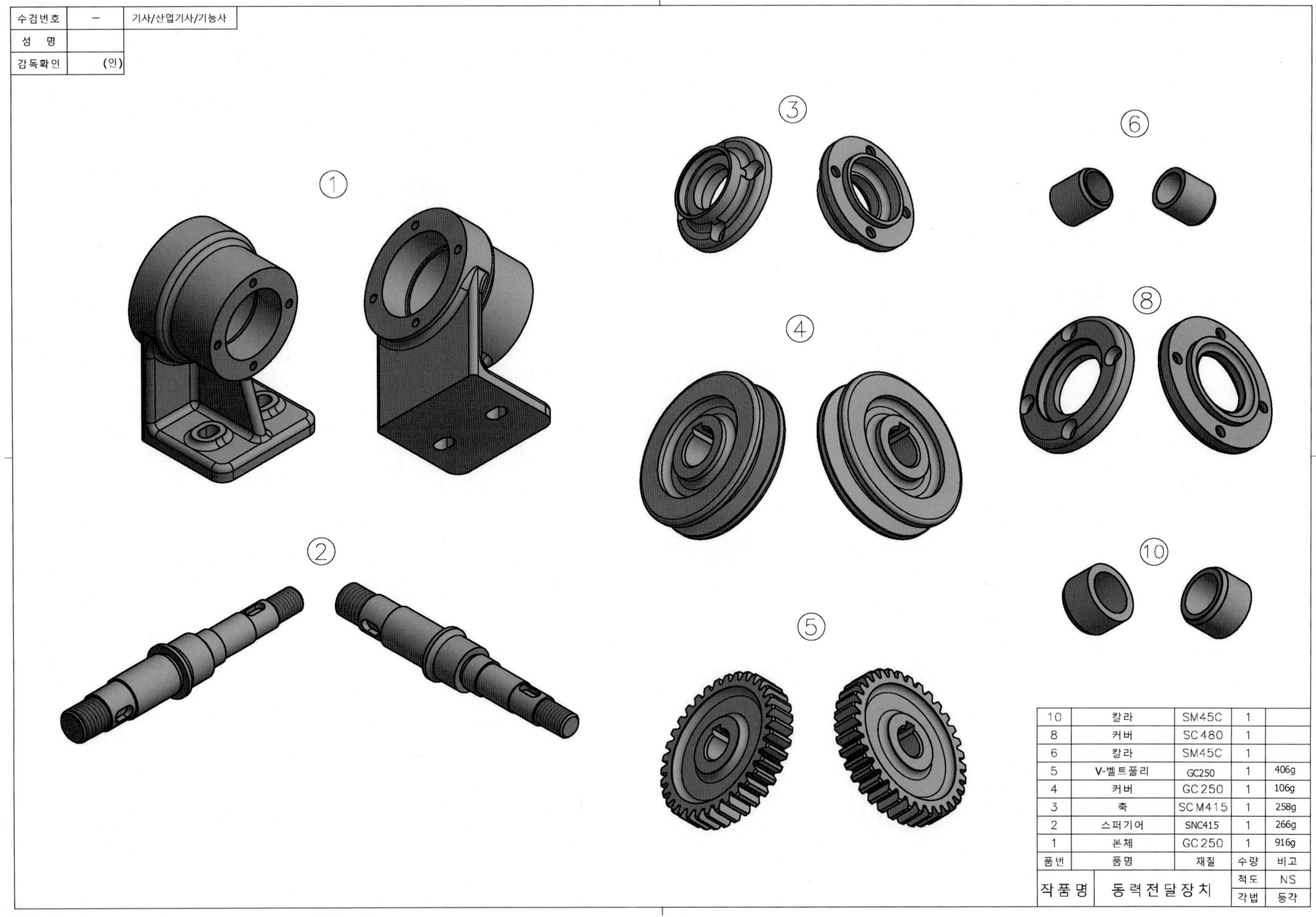

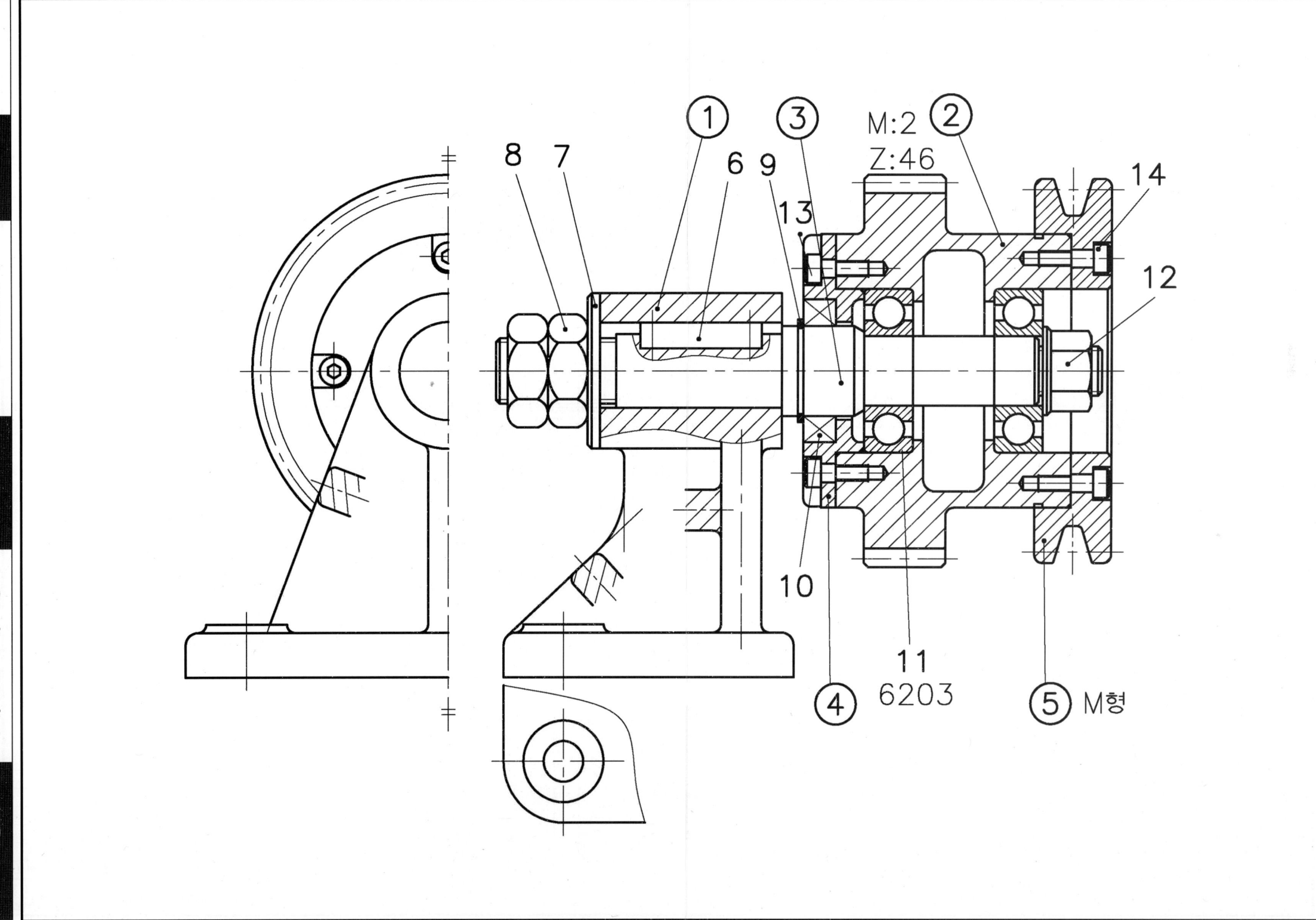

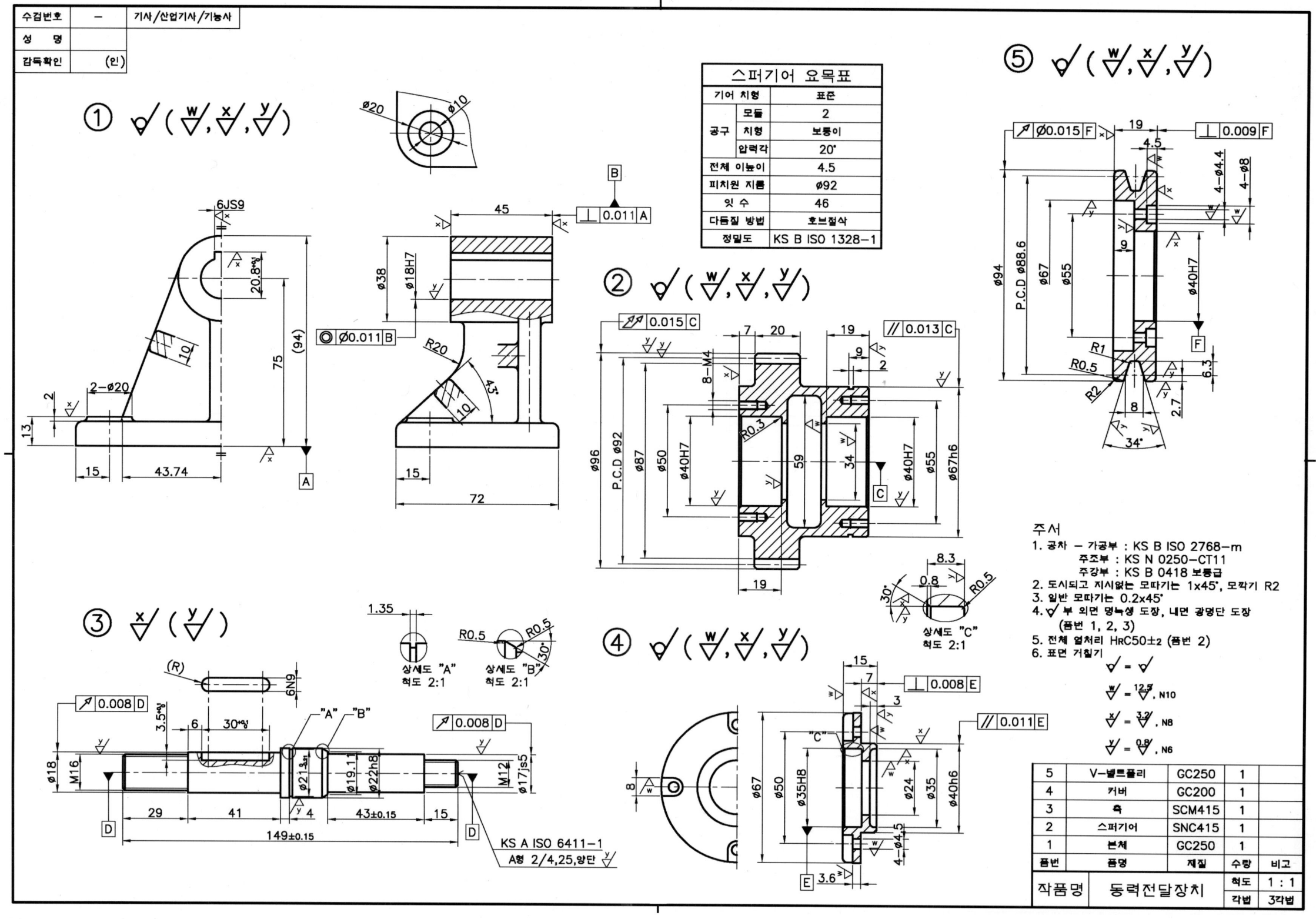

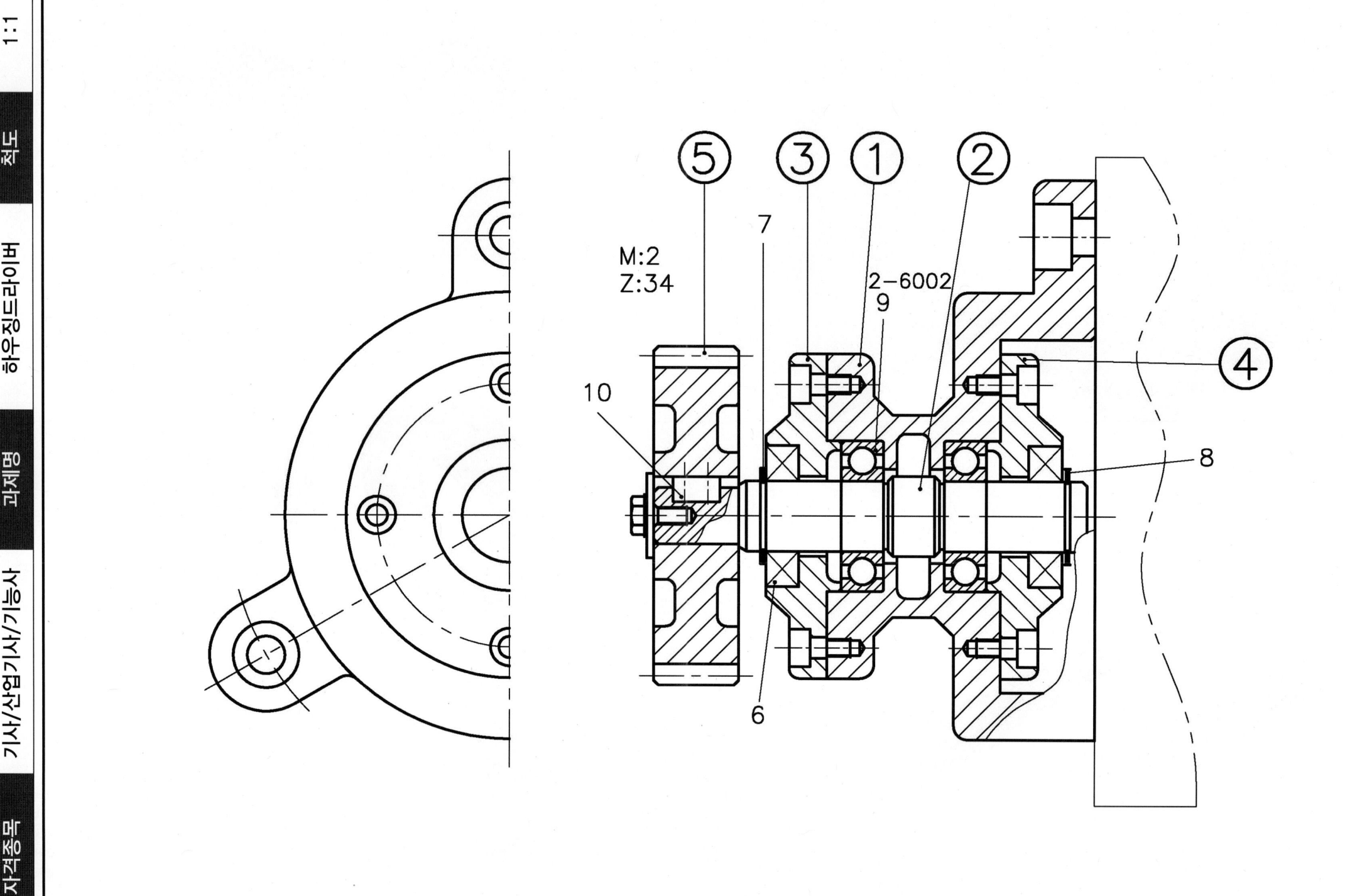

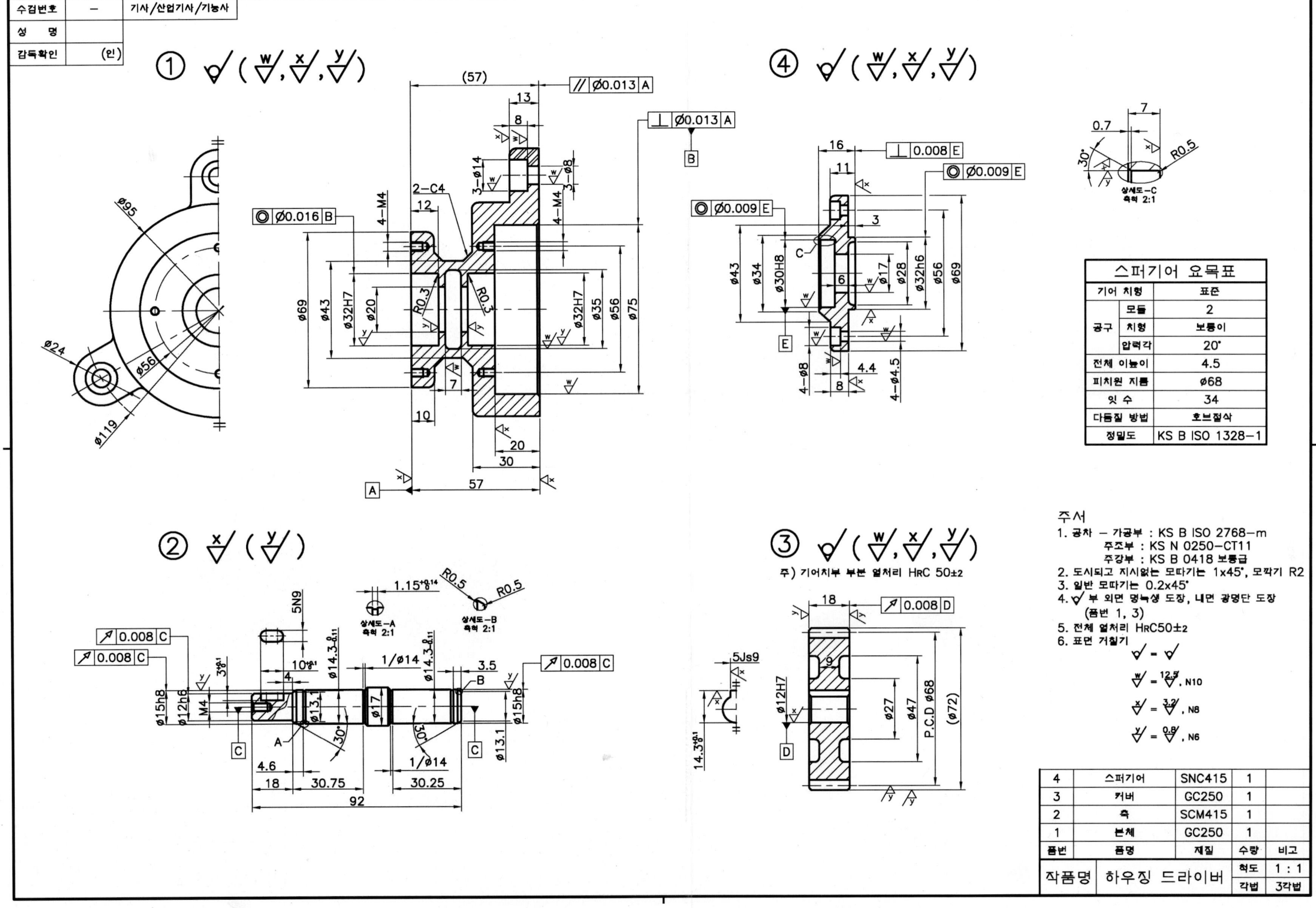

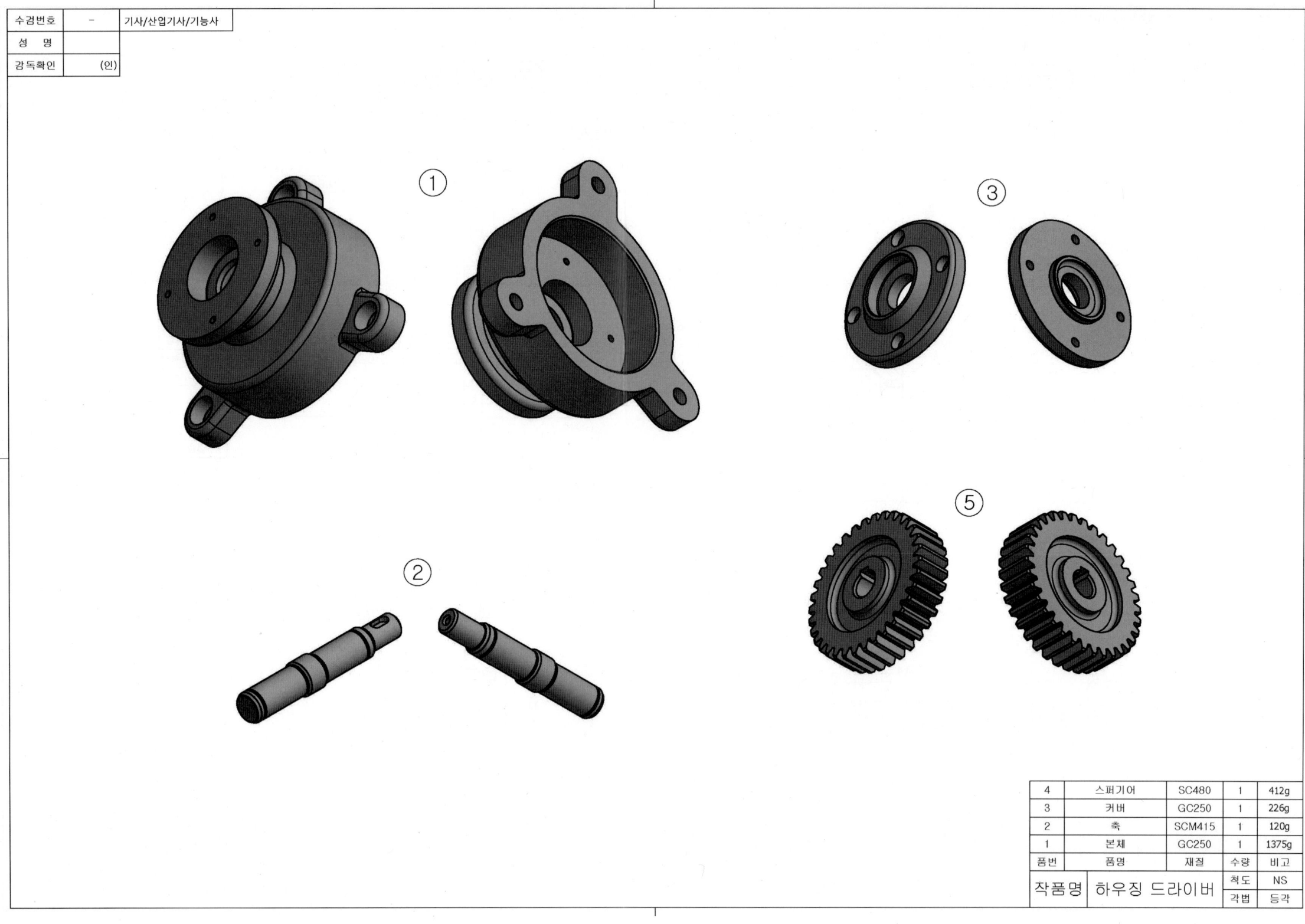